H. Frohne
Elektrische und magnetische Felder

Moeller

Leitfaden der Elektrotechnik

Herausgegeben von
Professor Dr.-Ing. Hans Fricke
Technische Universität Braunschweig
Professor Dr.-Ing. Heinrich Frohne
Universität Hannover
Professor Dr.-Ing. Norbert Höptner
Fachhochschule Pforzheim
Professor Dr.-Ing. Karl-Heinz Löcherer
Universität Hannover
Professor Dr.-Ing. Paul Vaske †

B. G. Teubner Stuttgart

Elektrische und magnetische Felder

Von Dr.-Ing. Heinrich Frohne
Professor an der Universität Hannover

Mit 247 Bildern, 5 Tafeln und 140 Beispielen

B. G. Teubner Stuttgart 1994

Die Deutsche Bibliothek – CIP-Einheitsaufnahme

Leitfaden der Elektrotechnik / Moeller. Hrsg. von Hans Fricke ...
Stuttgart : Teubner.
NE: Moeller, Franz [Begr.]; Fricke, Hans [Hrsg.]
Frohne, Heinrich: Elektrische und magnetische Felder. – 1994

Frohne, Heinrich:
Elektrische und magnetische Felder / von Heinrich Frohne.
Stuttgart : Teubner, 1994
   (Leitfaden der Elektrotechnik)

© B. G. Teubner Stuttgart 1994
Softcover reprint of the hardcover 1st edition 1994

ISBN-13: 978-3-322-89133-4   e-ISBN-13: 978-3-322-89132-7
DOI: 10.1007/ 978-3-322-89132-7

Vorwort

Die in der umfangreichen Literatur über das Gebiet der elektromagnetischen
Felder bestehende Lücke zwischen abstrakter Theorie einerseits und deren ver-
einfachender, anschaulicher Interpretation und Anwendung in praxisrelevanten Beispielen andererseits ließ in dem Autor während der vielen Jahre seiner
Lehrtätigkeit den Plan zu diesem Buch reifen.

In den theorieorientierten Büchern für den universitären Bereich steht die geschlossene Beschreibung der vollständigen, gegenseitigen Verknüpfung elektrischer und magnetischer Felder durch die Maxwellschen Gleichungen im Mittelpunkt. Deshalb werden bei der separaten Betrachtung einzelner Feldarten (z. B.
des elektrostatischen Feldes) diese leicht als Sonderfälle der umfassend gültigen
Maxwellschen Gleichungen erkannt, und damit ist die Gefahr ihrer Mißdeutung
als eigenständige, d. h. unabhängige Phänomene von vornherein eingeschränkt.
Solche Konzeptionen lassen aufgrund des hohen Abstraktionsgrades mit Hilfe
einer mathematisch exakten Beschreibung auf dem Niveau der Vektoranalysis
keine Frage offen. Die Arbeit mit diesen Büchern ist dadurch äußerst effek-
tiv, konfrontiert aber den Anfänger gleichzeitig mit zwei Schwierigkeiten, da
er sein physikalisches Verständnis vom elektromagnetischen Feld über die von
ihm ebenfalls erst zu erlernenden und damit noch ungewohnten mathematischen
Verfahren erarbeiten muß.

In den anwendungsorientierten Büchern sind die verschiedenen Feldarten in einer ausgeprägt separaten Betrachtung, ausgehend vom elektrostatischen Feld
bis zum zeitveränderlichen elektromagnetischen Feld, erläutert. Bei diesen Darstellungen, die im allgemeinen auf dem niedrigeren mathematischen Niveau der
Vektoralgebra erfolgen, kann sich der Anfänger leichter auf das Verständnis der
unterschiedlichen physikalischen Phänomene der einzelnen Feldarten konzentrieren. Dies wird häufig durch vereinfachende Annahmen unterstützt, die die
Entwicklung übersichtlicher Gleichungen mit begrenzter Gültigkeit ermöglichen.
Nachteilig ist bei solchen Darstellungen die geringe Betonung der stets vorhandenen Verknüpfung aller elektrischen und magnetischen Feldarten, wodurch das
Verständnis des elektromagnetischen Feldes in seiner Gesamtheit und damit die
Sicherheit in der Beurteilung und Lösung praktischer Problemstellungen unzu-
reichend gefördert und u. U. sogar blockiert wird.

In dem vorliegenden Band wird die Unterteilung des elektromagnetischen Feldes in seine charakteristischen Komponenten sowie deren gegenseitige Verknüpfung in einem kurzen ersten Kapitel verbal beschrieben und in einer Graphik übersichtlich zusammengestellt. Auf diese Bezug nehmend, werden dann in den Kapiteln 2 bis 5 die einzelnen Feldkomponenten nacheinander und aufeinander aufbauend erläutert, so daß der Lernende Standort und Verknüpfung der Einzelkomponenten im elektromagnetischen Feldmodell von vornherein übersieht und diese trotz separaten Studiums der Einzelkomponenten nicht aus dem Auge verliert. Dabei wird immer wieder deutlich hervorgehoben, aus welchen Komponenten sich die an einem betrachteten Phänomen beteiligten Felder zusammensetzen und welche davon unter welchen Voraussetzungen für die Berechnung bestimmter Effekte grundsätzlich oder für eine Näherung außer acht gelassen werden können. Beispielsweise muß die Kraft auf einen stromdurchflossenen Leiter grundsätzlich mit dem tatsächlich, d. h. meßbar auftretenden Feld berechnet werden; ist der Leiter gerade, der Feldraum linear und bei Außerachtlassen des Leitereigenfeldes das verbleibende Feld homogen, so kann allein mit diesem verbleibenden Feld die Kraft berechnet werden, was wesentlich eleganter ist.

Da die allgemeingültige Darstellung der fundamentalen Grundgleichungen durch den dafür erforderlichen mathematischen Formalismus häufig abstrakt und dadurch physikalisch unanschaulich wirkt, werden sie an einfachen, leicht überschaubaren Modellgegebenheiten erläutert. Durch deren Einkleidung in numerierte Beispiele wird aber deutlich hervorgehoben, daß die Konstellationsvielfalt der durch das jeweils erläuterte Grundgesetz abgedeckten Phänomene lediglich zugunsten der Anschaulichkeit der Erläuterung beispielhaft eingeschränkt wurde.

Ein weiteres Anliegen des vorliegenden Bandes ist es, dem Anfänger einen Überblick zu vermitteln, welche der verschiedenen Grundgesetze bzw. der darauf basierenden Verfahren zur Lösung einer gegebenen Aufgabe überhaupt geeignet bzw. besonders zweckmäßig ist. Bei den äußerst vielfältigen Aufgabenstellungen ist dieses nur möglich, wenn bestimmte Grundmuster vorgestellt werden, in denen die für die Lösung einer Aufgabe charakteristischen Merkmale zusammengefaßt sind. Umfassend geschieht dieses in Kapitel 3, in dem für das elektrostatische Feld, unterstützt durch eine listenmäßige Zusammenstellung, die Anwendung der verschiedenen Verfahren in speziell dafür ausgewählten Beispielen unter Betonung ihrer Vor- und Nachteile demonstriert ist. Das elektrostatische Feld bietet sich hierfür insofern an, als man – anders als bei anderen Feldarten – geometrische Begrenzungen des Feldes (Elektroden, die Äquipotentialflächen sind) vorgeben kann, die einerseits praxisrelevanten Gegebenheiten entsprechen, andererseits aber auch noch geschlossene Lösungen zulassen, bei denen die physikalische Interpretation nicht durch den notwendigen mathematischen Formalismus verschleiert wird. Die bei dieser einfachsten Feldart erläuterte Systematik für das Auffinden eines effektiven Lösungsweges gilt sinngemäß auch für die übrigen Feldarten, führt dort aber auf einen ungleich höheren mathematischen Aufwand, an dem die Lösung selbst einfach erscheinender Aufgaben häufig scheitern kann. Aus diesem Grunde ist – nicht zuletzt mit Rücksicht auf den Umfang des Buches – in den Kapiteln 4 und 5 nicht mehr die volle Breite der Anwendungen demonstriert, sondern in wenigen charakteristischen Beispielen die grundsätzliche Analogie zu den Lösungsstrategien im elektrostatischen Feld aufgezeigt.

In Kapitel 5 sind die Verfahren zur Berechnung magnetischer Felder in Eisenkreisen – die immer nur Näherungen sind – und die Demonstration ihrer Anwendung besonders herausgestellt. Dadurch unterscheiden sich die anwendungsbezogenen Erläuterungen und Beispiele in Kapitel 5 von denen in den Kapiteln 3 und 4, was in Anbetracht der großen praktischen Bedeutung ferromagnetischer Stoffe einerseits und ihres mathematisch schwer zugänglichen, nichtlinearen und hysteresebehafteten Magnetisierungsverhaltens andererseits zweckmäßig erscheint.

Das vorliegende Lehrbuch soll all denen eine Hilfe sein, die sich um ein vertieftes Verständnis des physikalischen Hintergrundes der Feldlehre bemühen und Sicherheit in der Erklärung und Berechnung elektromagnetischer Vorgänge erwerben wollen. Vorausgesetzt werden elementare mathematische Kenntnisse bis zur Differential- und Integralrechnung sowie der Vektoralgebra. Durch die ausführlichen Erläuterungen und die anhand von Beispielen im Charakter von Vorlesungsversuchen eingefügten Erklärungen der Grundphänomene bietet das Buch auch eine Basis zum Selbststudium.

Dieses Lehrbuch wäre sicher nicht in der vorliegenden Fassung entstanden, hätte ich nicht in Herrn Prof. Ueckert einen Kollegen gehabt, mit dem ich in den vielen Jahren unserer Zusammenarbeit immer wieder die Problematik der Grundlagenausbildung in fachlicher wie auch in didaktischer Hinsicht diskutieren konnte. Für diesen ständigen Gedankenaustausch bis hin zur fachlichen Unterstützung bei der Manuskriptbearbeitung bin ich ihm sehr dankbar. Gleichermaßen gilt der Dank meiner Frau. Mit der syntaktischen Bearbeitung des Manuskriptes trug sie zur Verständlichkeit, mit dem Schreiben des Formeltextes und der Bearbeitung des Umbruches für die Druckvorlagen zur Übersichtlichkeit des vorliegenden Buches bei. Schließlich danke ich Herrn Prof. Löcherer für die Durchsicht des gesamten Manuskriptes, Herrn Krümmel für die mit Sachverstand und Sorgfalt angefertigten Druckvorlagen der Bilder sowie auch dem Verlag für die geduldige Begleitung über die lange Entstehungsphase des Bandes.

Hannover, im April 1994   Heinrich Frohne

Inhaltsverzeichnis

1 Wesen und Beschreibung elektrischer Vorgänge

Die Elektrizitätslehre im weitesten Sinne befaßt sich mit der Beschreibung der
Wechselwirkungen zwischen elektrischen Ladungen. Da man elektrische Ladung
nach dem heutigen Wissensstand als Zustandsgröße der Elementarteilchen auffaßt, ist eine allgemeine Elektrizitätslehre so kompliziert wie die Lehre vom
Mikrokosmos selbst. Deshalb führt man elektrische Vorgänge häufig nicht auf
ihre elementaren Ursachen zurück, sondern entwickelt vereinfachte Modellvorstellungen, mit denen sich elektrische Vorgänge allerdings immer nur in eingeschränkten Gültigkeitsbereichen beschreiben lassen.

In der Elektronentheorie erfolgen die Erklärung und Beschreibung selbst
sehr einfach erscheinender elektrischer Vorgänge ihrer äußerst komplizierten
physikalischen Natur entsprechend zwar allgemeingültig, aber damit auch sehr
aufwendig. Beispielsweise werden bei einem an eine Gleichstrombatterie angeschlossenen Widerstand R der Strom I und die Spannung $U = IR$ mit üblichen
Strom- und Spannungsmessern als zeitkonstante Größen angezeigt (s. Bild 1.1a)
und auch als solche aufgefaßt. Das bedeutet aber, daß die zeitlich und räumlich
kompliziert verlaufende Bewegung der Elementarladungsträger im Werkstoff des
Widerstandes als Mittelwert erfaßt ist, wie im folgenden kurz erläutert.

Betrachtet man die zeitliche Abhängigkeit der Spannung u und des Stromes i an dem Widerstand R mit einer genügend feinen zeitlichen Auflösung, so
stellt man fest, daß sich Strom und Spannung auch bei Betrieb des Widerstandes an sogenanntem Gleichstrom zeitlich ändern. Noch deutlicher kann dieser
Effekt bei einem stromlosen Widerstand erklärt werden. Nach dem Ohmschen
Gesetz für Gleichstrom müßte mit $I = 0$ auch die Spannung $U = IR$ an dem Widerstand Null sein. Verbindet man aber ein Meßgerät extremer Empfindlichkeit
und extremer zeitlicher Auflösung (z. B. ein Kathodenstrahl-Oszilloskop) mit
den Anschlüssen des Widerstandes, so zeigt dieses durchaus eine – wenn auch
extrem kleine – Spanung an, deren Betrag sich in einer für den Widerstand
charakteristischen Weise zeitlich ändert, so daß nur der zeitliche Mittelwert die-

ser Spannung Null ist. In Bild **1**.1b ist beispielsweise der zeitliche Verlauf einer solchen Spannung – allgemein als Rauschspannung bezeichnet – dargestellt.

Zur Betrachtung der r ä u m l i c h e n V e r t e i l u n g des Stromes i, also der Strömung der Ladung Q, mit einer genügend feinen räumlichen Auflösung stellt man sich die einzelnen Querschnitte A_j des Leitungsgebietes eines Widerstandes jeweils in sehr kleine Flächenelemente ΔA_{jk} unterteilt vor (s. Bild 1.1c). Zu einem bestimmten Zeitpunkt t bewegt sich durch ein bestimmtes Flächenelement ΔA_{jk} eine bestimmte endliche Anzahl $m_{jk}(t)$ Elementarladungen e mit Geschwindigkeiten $\vec{v}_e$, deren Betrag und Richtung unterschiedlich sind. Die Ladungsströmung durch ein Flächenelement ΔA_{jk} ist somit entsprechend der sich fortwährend ändernden Konstellation der Anzahl $m_{jk}(t)$ der Elementarladungen mit ihren Geschwindigkeiten $\vec{v}_e$ nicht konstant, sondern zeitabhängig. In ähnlicher Weise werden alle Flächenelemente ΔA_{jk} eines Leitungsgebietes von Elementarladungen durchlaufen, allerdings sind die Konstellationen der Anzahl $m_{jk}(t)$ der Elementarladungen und deren Geschwindigkeiten $\vec{v}_e$ von Flächenelement zu Flächenelement anders und unterschiedlich zeitabhängig. Die tatsächliche Ladungsströmung in einem Querschnitt A_j ergibt sich also in komplizierter Weise als Raum- und Zeitfunktion aus den Ladungsbewegungen in der Mikrostruktur, z.B. in metallischen Leitern aus den Elektronenbewegungen zwischen und innerhalb der Atomstrukturen.

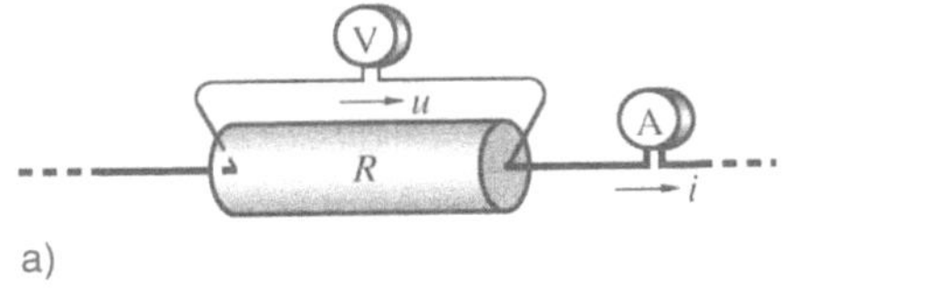

a)

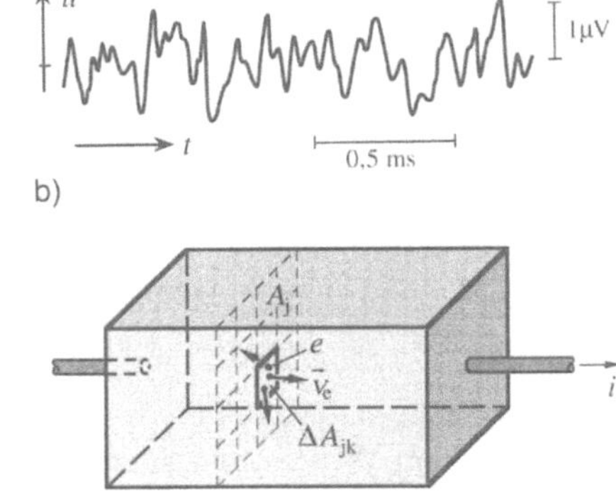

b)

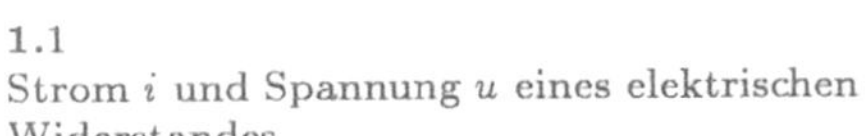

1.1
Strom i und Spannung u eines elektrischen Widerstandes
a) Messung von i und u,
b) Spannung am stromlosen Widerstand,
c) räumliche Verteilung des Stromes und deren elektronentheoretische Erklärung

c)

Die F e l d t h e o r i e ist eine makroskopische Theorie, in der die genannten komplizierten Verteilungen und Bewegungen der Elementarladungen im allgemeinen außer acht gelassen und die Ladung als ein Kontinuum aufgefaßt werden können. Ein solches Ladungskontinuum Q, auf das Volumen V bezogen, in dem es auftritt, führt auf die Raumladungsdichte $\varrho = \mathrm{d}Q/\mathrm{d}V$ und kann damit auch kontinuierlich jedem Orts- und Zeitpunkt zugeordnet werden. Die feldtheoretisch als kontinuierliche Größe definierte Ladungsdichte ist also elektronentheoretisch als räumlicher und zeitlicher Mittelwert der in diskontinuierlicher Verteilung auftretenden Elementarladungen zu deuten.

Ziel der Feldlehre ist nun weniger die Darstellung der Ladung als Kontinuum, sondern vor allem die Beschreibung der zwischen Ladungen auftretenden Wechselwirkungen über ebenfalls kontinuierlich verteilte Raumzustandsgrößen, allgemein als Feldgrößen bezeichnet. Da die Definition dieser Feldgrößen letztlich auf den Kraftwirkungen zwischen Ladungen basiert, erscheint es zweckmäßig, einleitend diese zunächst hinsichtlich ihrer Ursache grundsätzlich danach zu unterteilen, ob sie zwischen ruhenden oder bewegten Ladungen auftreten (s. Bild 1.2). Dabei wird hier in diesem Grundlagenband grundsätzlich vorausgesetzt, daß die Ladungsbewegungen mit Geschwindigkeiten $\vec{v}$ erfolgen, die klein sind gegenüber der Lichtgeschwindigkeit c.

Die zwischen r u h e n d e n e l e k t r i s c h e n L a d u n g e n wirksamen Kräfte werden als C o u l o m b k r ä f t e bezeichnet, die nach dem Coulombschen Gesetz bzw. über die elektrische Feldstärke (s. Abschn.3.1.1) berechnet werden können. In der Feldtheorie ist die Beschreibung der Wirkungen zwischen ruhenden Ladungen als Sonderfall enthalten, der als elektrostatisches Feld bezeichnet wird (s. Abschn. 3).

Die Kraftwirkungen zwischen b e w e g t e n L a d u n g e n faßt man als in zwei Komponenten zerlegt auf (s. Bild 1.2). Eine der Komponenten betrachtet man als die zwischen den Ladungen unabhängig von ihrer Bewegung wirkende Coulombkraft, d.h. als die zwischen ruhenden Ladungen ausschließlich auftretende Kraft. Die zweite Komponente ist dann die allein durch die Bewegung der Ladung verursachte zusätzliche Kraftkomponente, die als L o r e n t z k r a f t bezeichnet wird. In der Feldtheorie werden diese Lorentzkräfte über ein als eigenständig betrachtetes M a g n e t f e l d beschrieben (s. Abschn. 5). Die resultierenden Kraftwirkungen zwischen bewegten elektrischen Ladungen ergeben sich also als Summe der wie für das elektrostatische Feld berechneten Coulombkräfte und der über das magnetische Feld berechneten Lorentzkräfte.

Nach dem heutigen Kenntnisstand könnte die Einführung des Magnetfeldes auch umgangen werden, wenn man die Kraftwirkungen zwischen bewegten Ladungen zunächst als Coulombkräfte berechnet, die dann aber durch eine r e l a t i v i s t i s c h e K o r r e k t u r in das bewegte System transformiert werden müssen (s. Bild 1.2). Da eine solche relativistische Transformation aber zeitraubend sein kann und häufig schwer zu übersehen ist, bleibt man bei der historisch gewachsenen Vorstellung, nach der die bei einer Ladungsbewegung erforderliche Korrektur der für ruhende Ladungen geltenden Coulombkräfte mit Hilfe des zusätzlich eingeführten Magnetfeldes durchgeführt wird, was auf elegantere und einfacher zu handhabende Modellvorstellungen und Rechenvorschriften führt als die relativistische Korrektur.

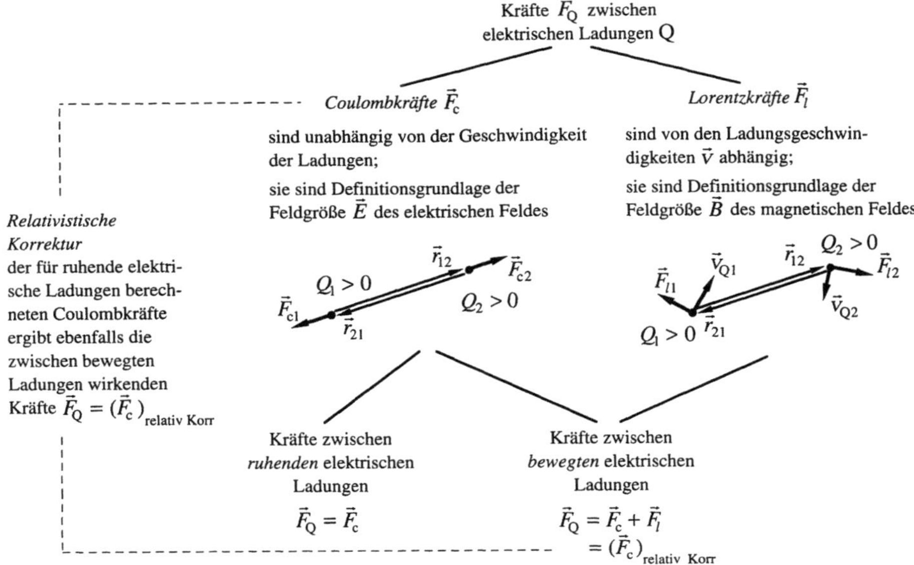

1.2 Kraftwirkung zwischen ruhenden und bewegten Ladungen

Über die Betrachtung der Kraftwirkung zwischen elektrischen Ladungen in Bild 1.2 ist hier gezeigt, daß das magnetische Feld ausschließlich auf den Bewegungszustand der Ladung zurückzuführen ist und im allgemeinen Fall bewegter Ladungen immer gemeinsam mit dem elektrischen Feld auftritt. Die Feldlehre befaßt sich nun mit der Beschreibung der Verknüpfungen dieser Felder untereinander sowie auch mit ihren Ursachen und Wirkungen und unterscheidet dabei verschiedene Feldtypen, so daß sich charakteristische Zustandsbereiche ergeben, für die sich vereinfachte Ansätze und Lösungen mit einer auf diesen Bereich eingeschränkten Gültigkeit ergeben. Im folgenden ist diese Klassifikation der elektromagnetischen Felder sowohl aus den kausalen Zusammenhängen als auch aus den Zeitabhängigkeiten erläutert. Mit dieser bereits in der Einleitung erläuterten Übersicht soll von vornherein der Blick auf den untrennbaren Zusammenhang der einzelnen Feldtypen gelenkt werden, die lediglich aus didaktischen Gründen in der Gliederung jeweils für sich herausgestellt werden. Diese entkoppelte Behandlung darf aber nicht darüber hinwegtäuschen, daß in der Natur im allgemeinen verschiedene Feldtypen gemeinsam auftreten und die dadurch bedingten gegenseitigen Verknüpfungen unbedingt zu beachten sind. Dem Lernenden wird empfohlen, sich beim ersten Lesen dieser Übersicht lediglich den Zusammenhang der Feldtypen einzuprägen. Die angegebenen Formelzeichen kann er dabei zunächst außer acht lassen, sie dienen allein dem fortschreitend Le-

senden, der über Rückverweise auf diese Übersicht dazu angehalten wird, den
jeweils betrachteten einzelnen Feldtyp als Sonderfall des die Wechselwirkungen
zwischen den Ladungen umfassend beschreibenden elektromagnetischen Feldes
zu erkennen.

Primäre Ursache aller Felder ist die elektrische Ladung Q. Die Ladung, ihre
Verteilung im Raum und ihre Bewegung bestimmen die Intensität und die Art
der Felder (s. Bild **1**.3).

Die r ä u m l i c h e V e r t e i l u n g der elektrischen Ladung wird durch die Raumladungsdichte ϱ beschrieben, das ist die pro Volumen auftretende Ladung (s. Bild
1.3, Zeile I und Abschn. 2).

Die B e w e g u n g der elektrischen Ladung wird durch die Stromdichte $\vec{S}$ beschrieben, eine der Geschwindigkeit $\vec{v}$, der Raumladungsdichte ϱ bzw. Driftladungsdichte η proportionale Vektorgröße (s. Bild **1**.3, Zweig 1a, 1b und Abschn.
4.2). Die Darstellung der Ladungsbewegung in einem Raumgebiet durch den
als Orts- und gegebenenfalls auch Zeitfunktion angegebenen Stromdichtevek-
tor $\vec{S}_{(x,y,z,t)}$ nennt man e l e k t r i s c h e s S t r ö m u n g s f e l d (s. Bild **1**.3, Zeile II
und Abschn. 4).

Von elektrischen Ladungen geht, unabhängig davon, ob sie sich und wie sie sich
bewegen, ein elektrisches Feld aus (s. Abschn. 2.1 und 3.1), das als e l e k t r i -
s c h e s P o t e n t i a l f e l d bezeichnet wird (s. Bild **1**.3 Zweige, 2a, 2b, 2c und
Abschn. 3).

Der Sonderfall des zwischen ruhenden Ladungsverteilungen bei zeitlich konstanten Raumeigenschaften auftretenden zeitkonstanten elektrischen Potentialfeldes
wird als e l e k t r o s t a t i s c h e s F e l d bezeichnet (s. Bild **1**.3, Zweig 2a und Abschn. 3).

In Strömungsfeldern in Gebieten inhomogener Leitungseigenschaften (Leitfähigkeit κ ortsabhänagig) treten – von Ausnahmen abgesehen – in den Grenzflächen
oder Übergangsschichten zwischen unterschiedlichen Materialien Ladungen (Polladungen) der Flächen- (σ) oder Raumladungsdichte ϱ auf, die Ursache elektrischer Potentialfelder sind. (s. Abschn. 4). In stationären Strömungsfeldern sind
diese Ladungen und damit die von ihnen verursachten elektrischen Potentialfelder zeitkonstant (s. Bild **1**.3, Zweig 1a, 2b), in instationären Strömungsfeldern
aber zeitvariabel (s. Bild **1**.3, Zweig 1b, 2c).

In Strömungsfeldern in Gebieten homogener Leitungseigenschaften (Leitfähigkeit κ räumlich konstant), z. B. Metalle, besteht das Strömungsfeld aus bewegter
Driftladung ($\vec{S} = \eta\,\vec{v}$). Da die Driftladungen (z. B. Elektronen) im mikrokosmischen Bereich elektrisch kompensiert sind, z. B. durch die Kernladungen, ist
die Raumladungsdichte ϱ in solchen Gebieten Null. Strömungsfelder stellen in
homogenen Leitungsbereichen somit keine Quellen oder Senken für elektrische
Potentialfelder dar.

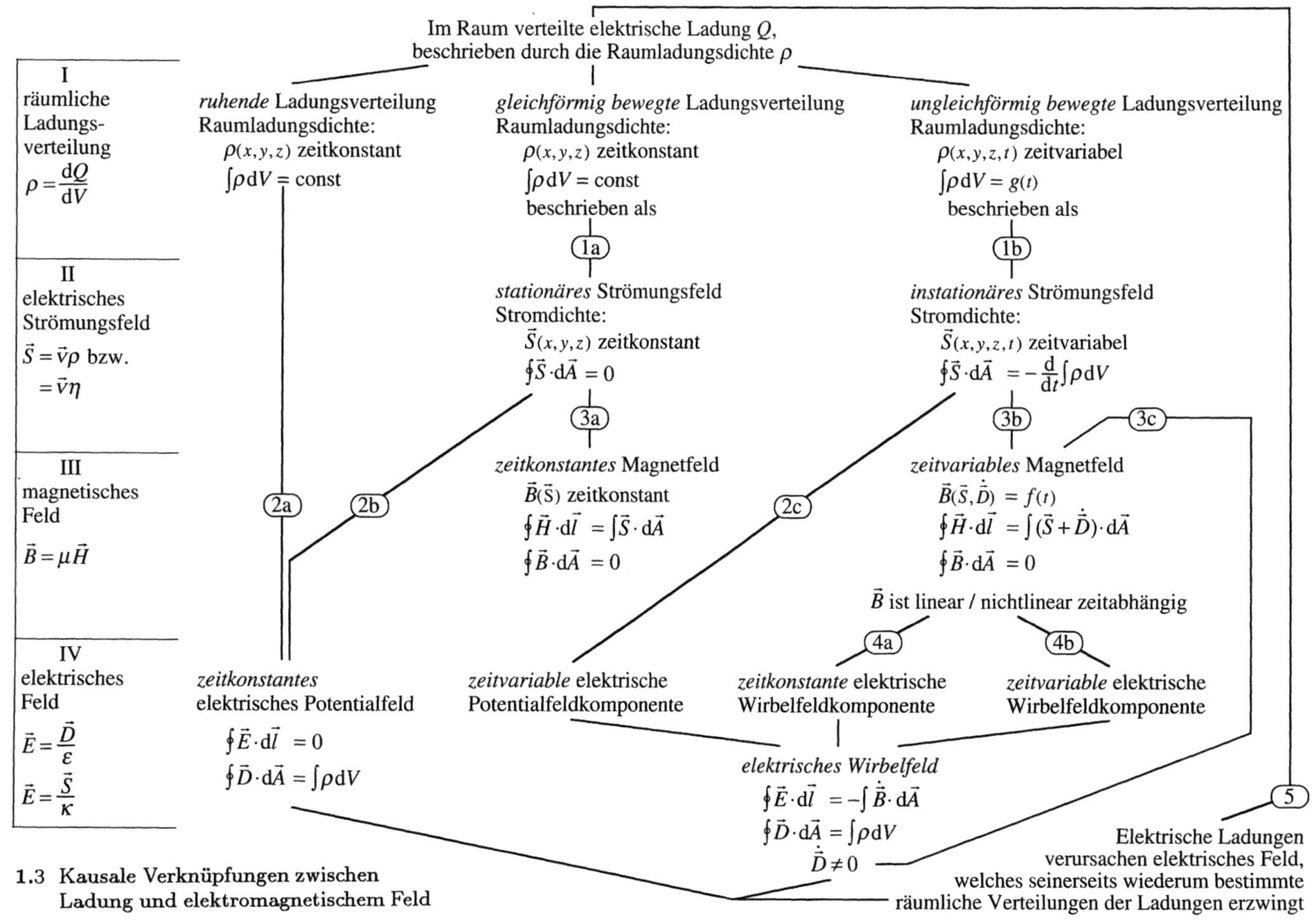

1.3 Kausale Verknüpfungen zwischen Ladung und elektromagnetischem Feld

Elektromagnetische Felder

instationäres Feld		*stationäres Feld*	*elektrostatisches Feld*
mit zeitvariablem Strömungsfeld ist zeitvariables elektrisches Potentialfeld verknüpft (2c) (s. Abschn. 4); zeitvariables Strömungsfeld erregt zeitvariables Magnetfeld (3b) (s. Abschn. 5.1), welches seinerseits wiederum elektrisches Wirbelfeld induziert (4a) , (4b) (s. Abschn. 5.5.1) zeitvariables elektrisches Feld ($\dot{\vec{D}} \neq 0$) erregt Magnetfeld (3c) [$\vec{H}_\mathrm{D} \sim \dot{\vec{D}}$, s. Abschn. 5.3.2.3], das abhängig von der Problemstellung		mit zeitkonstantem Strömungsfeld ist zeitkonstantes elektrisches Potentialfeld verknüpft (2b) (s. Abschn. 4) zeitkonstantes Strömungsfeld erregt zeitkonstantes Magnetfeld (3a) (s. Abschn. 5.1), welches aber kein elektrisches Wirbelfeld induziert	räumliche Ladungsverteilungen und elektrische Raumeigenschaften sind zeitkonstant; das elektrische Potentialfeld ist dadurch auch zeitkonstant (2a) (s. Abschn. 3); elektrische Strömungsfelder und Magnetfelder treten nicht auf
wie das durch das Strömungsfeld erregte (3b) in den Feldgleichungen zu berücksichtigen ist (schnellveränderliche Felder)	gegenüber dem durch das Strömungsfeld erregte (3b) zu vernachlässigen ist. (quasistationäre Felder)		

Maxwellsches Gleichungssystem

I vollständig		*II* mit $\lvert\dot{\vec{D}}\rvert << \lvert\vec{S}\rvert$		*III* mit $\dot{\vec{B}}=0$		*IV* mit $\vec{S}=0$ und $\vec{B}=0$	
$\oint \vec{H}\cdot\mathrm{d}\vec{l} = \int(\vec{S}+\dot{\vec{D}})\cdot\mathrm{d}\vec{A}$	(1.1a)	$\oint \vec{H}\cdot\mathrm{d}\vec{l} = \int \vec{S}\cdot\mathrm{d}\vec{A}$	(1.1b)	$\oint \vec{H}\cdot\mathrm{d}\vec{l} = \int \vec{S}\cdot\mathrm{d}\vec{A}$	(1.1b)		
$\oint \vec{E}\cdot\mathrm{d}\vec{l} = -\int \dot{\vec{B}}\cdot\mathrm{d}\vec{A}$	(1.2a)	$\oint \vec{E}\cdot\mathrm{d}\vec{l} = -\int \dot{\vec{B}}\cdot\mathrm{d}\vec{A}$	(1.2a)	$\oint \vec{E}\cdot\mathrm{d}\vec{l} = 0$	(1.2b)	$\oint \vec{E}\cdot\mathrm{d}\vec{l} = 0$	(1.2b)
$\oint \vec{D}\cdot\mathrm{d}\vec{A} = \int\rho\,\mathrm{d}V$	(1.3)	$\oint \vec{D}\cdot\mathrm{d}\vec{A} = \int\rho\,\mathrm{d}V$	(1.3)	$\oint \vec{D}\cdot\mathrm{d}\vec{A} = \int\rho\,\mathrm{d}V$	(1.3)	$\oint \vec{D}\cdot\mathrm{d}\vec{A} = \int\rho\,\mathrm{d}V$	(1.3)
$\oint \vec{S}\cdot\mathrm{d}\vec{A} = -\dfrac{\mathrm{d}}{\mathrm{d}t}\int\rho\,\mathrm{d}V$	(1.4a)	$\oint \vec{S}\cdot\mathrm{d}\vec{A} = -\dfrac{\mathrm{d}}{\mathrm{d}t}\int\rho\,\mathrm{d}V$	(1.4a)	$\oint \vec{S}\cdot\mathrm{d}\vec{A} = 0$	(1.4b)		
$\oint \vec{B}\cdot\mathrm{d}\vec{A} = 0$	(1.5)	$\oint \vec{B}\cdot\mathrm{d}\vec{A} = 0$	(1.5)	$\oint \vec{B}\cdot\mathrm{d}\vec{A} = 0$	(1.5)		

1.4 Klassifikation der Felder nach Maxwellschen Gleichungen (eingekreiste Ziffern geben Verknüpfung in Bild **1.**3 an)

Elektrische Strömungsfelder (beschrieben durch die Stromdichte $\vec{S} = \varrho\,\vec{v}$), d. h. die mit der Geschwindigkeit $\vec{v}$ bewegte Raumladung (ϱ) oder die Driftladung (η), verursachen **Magnetfelder** (s. Bild **1.3**, Zeile III). Stationäre Strömungsfelder erregen bei zeitkonstanten Raumeigenschaften zeitkonstante Magnetfelder, die ihrerseits kein elektrisches Feld induzieren (s. Bild **1.3**, Zweig 3a und Abschn. 5). Instationäre Strömungsfelder erregen zeitvariable Magnetfelder (s. Bild **1.3**, Zweig 3b), die wiederum elektrische Felder induzieren, die als **Wirbelfelder** bezeichnet werden. Bei zeitlich nichtlinearer Änderung des Magnetfeldes ist das induzierte Wirbelfeld zeitvariabel und nur im Sonderfall zeitlich linearer Änderung des Magnetfeldes zeitkonstant (s. Bild **1.3**, Zweig 4a, 4b und Abschn. 5.5).

Im allgemeinen Fall des instationären Strömungsfeldes tritt ein elektrisches Wirbelfeld auf, das auch elektrische Potentialfeldkomponenten enthält (s. Bild **1.3**, Zweig 2c und 4b oder im Sonderfall Zweig 4a). Die Bezeichnung „Wirbelfeld" wird also auch übergeordnet verwendet, d. h., ein Wirbelfeld besteht im allgemeinen aus einer „reinen" Wirbelfeldkomponente und einer Potentialfeldkomponente.

Die Änderungsgeschwindigkeit $\mathrm{d}\vec{D}/\mathrm{d}t$ der Feldgröße $\vec{D} = \varepsilon\vec{E}$ des elektrischen Feldes ist gleichermaßen wie die Geschwindigkeit der Ladungsdichte, d. h. wie Stromdichte $\vec{S} = \eta\,\vec{v}$ bzw. $\vec{S} = \varrho\,\vec{v}$, Ursache eines magnetischen Feldes (s. Bild **1.3**, Zweig 3c und Abschn. 5.3.2.4).

Bei den Erläuterungen zu Bild **1.3** ist hier die Ladung, besser die räumliche Ladungsverteilung, als primäre Ursache aller Felderscheinungen dargestellt. Dies ist insofern berechtigt, als sie letztlich über ihre Bindung an die Elementarteilchen scheinbar körperlich erfaßbar ist, darf aber keinesfalls dahingehend mißverstanden werden, daß die Ladungsverteilungen immer gegeben seien und man somit die Felder entsprechend der anhand von Bild **1.3** erläuterten Kausalkette von der Ladung ausgehend berechnen könne. Vielmehr muß man die bisher erläuterte Kausalkette in Bild **1.3** sozusagen zu einem Kausalring schließen (s. Bild **1.3**, Zweig 5) in dem Sinne, daß das von Ladungen bzw. Ladungsbewegungen (s. Bild **1.3**, Zeile I bzw. II) verursachte elektromagnetische Feld (s. Bild **1.3**, Zeile III u. IV) wiederum auf die dieses Feld verursachende Ladungsverteilung zurückwirkt und eine der Feldverteilung entsprechende Ladungsverteilung erzwingt. Räumliche Ladungsverteilung, elektrisches und magnetisches Feld stehen also in ständiger gegenseitiger Abhängigkeit; ändert sich eine Komponente, so ändern sich zwangsläufig alle übrigen unabhängig davon, an welcher Stelle des Kausalringes der Verknüpfungen und wie eine Änderung eingeleitet wird. Beispielsweise wird die Übertragung elektromagnetischer Wellen im elektrisch und magnetisch neutralen Feldraum zwischen Sende- und Empfangsantenne beschrieben durch einen Kausalring, der in Bild **1.3** mit den Zweigen 3c und 4b dargestellt ist. Die Änderungsgeschwindigkeit $\mathrm{d}\vec{D}/\mathrm{d}t = \dot{\vec{D}}$ des elektrischen Wirbelfeldes und die Änderungsgeschwindigkeit $\mathrm{d}\vec{B}/\mathrm{d}t = \dot{\vec{B}}$ des Magnetfeldes sind gleichermaßen Ursache und Wirkung ohne Beteiligung von Raumladungen oder Strömungsfeldern. Im unmittelbaren Bereich der Antenne sind die elektromagnetischen Felder auch mit Raumladungen und Strömungsfeldern verknüpft, die sich in der elektrisch leitenden Antenne ausbilden können, so daß hier der Gleichgewichtszustand in den Kausalringen 1b; 3b, 2c; 4b; 3c; 5 nach Bild **1.3** besteht.

Die Erläuterung der kausalen Zusammenhänge im elektromagnetischen Feld anhand von Bild **1.3** zeigt, daß die Zeitabhängigkeit der Ladungsverteilung von entscheidender Bedeutung ist für die Komplexität des zu betrachtenden Feldes, d. h. dafür, welche der verschiedenen Feldkomponenten in die Beschreibung eines Problems aufzunehmen sind.

Umfassend und allgemeingültig wird das elektromagnetische Feld durch das System der M a x w e l l s c h e n G l e i c h u n g e n beschrieben [s. Bild **1.4**, Spalte I, Gln.(1.1a)bis(1.5)]. Elektromagnetische Felder, deren Beschreibung dieses vollständige Gleichungssystem erfordert, sind i n s t a t i o n ä r e F e l d e r, insbesondere solche mit sehr großer zeitlicher und räumlicher Änderungsgeschwindigkeit und/oder sehr großer räumlicher Ausdehnung. Ein bedeutendes Anwendungsbeispiel hierfür ist die Nachrichtenübertragung mit hochfrequenten elektromagnetischen Feldern. Man bezeichnet diese Art von instationären Feldern im allgemeinen auch als s c h n e l l v e r ä n d e r l i c h e F e l d e r oder W e l l e n f e l d e r. Im vorliegenden Grundlagenband wird auf solche Felder, in denen die magnetische Wirkung der zeitlichen Änderungsgeschwindigkeit $\dot{D}$ des elektrischen Wirbelfeldes nicht mehr zu vernachlässigen ist, nicht näher eingegangen.
Instationäre elektromagnetische Felder, bei denen die magnetischen Wirkungen der Änderungsgeschwindigkeit der elektrischen Feldgröße $\dot{D}$ (s. Bild **1.3**, Zweig 3c) gegenüber denen der Stromdichte $\vec{S}$ des elektrischen Strömungsfeldes (s. Bild **1.3**, Zweig 3b) zu vernachlässigen sind, werden als q u a s i s t a t i o n ä r e F e l d e r bezeichnet. Beispiele hierfür sind elektromagnetische Vorgänge niedriger Frequenz im Zusammenhang mit galvanischen Stromkreisen. Zur Beschreibung quasistationärer Felder vereinfacht sich im Maxwellschen Gleichungssystem Gl.(1.1a) in Gl.(1.1b) [s. Bild **1.4**, Spalte II, Gln.(1.1b)bis(1.5)].
S t a t i o n ä r e S t r ö m u n g s f e l d e r, d. h. Strömungsfelder mit zeitkonstanten Stromdichten, sind mit zeitkonstanten magnetischen Feldern und zeitkonstanten elektrischen Potentialfeldern verknüpft, wodurch sich in dem Maxwellschen Gleichungssystem die Gln.(1.2a)u.(1.4a) in die Gln.(1.2b)u.(1.4b) vereinfachen. Stationäre Strömungsfelder genügen somit dem Maxwellschen Gleichungssystem in der Form der in Bild **1.4**, Spalte III angegebenen Gln.(1.1b)bis(1.5).
In e l e k t r o s t a t i s c h e n F e l d e r n sind die Ladungsverteilung und das von dieser verursachte elektrische Feld zeitkonstant, ein elektrisches Strömungsfeld ist ausgeschlossen. Damit existiert kein Magnetfeld, und das Maxwellsche Gleichungssystem reduziert sich auf die Gln.(1.2b)u.(1.3) in Bild **1.4**, Spalte VI.

Das Maxwellsche Gleichungssystem (Maxwellsche Theorie) ist eine geschlossene Darstellung elektromagnetischer Vorgänge auf der Basis der als Kontinuum vorgestellten Ladung. Die Maxwellsche Theorie wird daher auch als eine makroskopische Theorie bezeichnet, allerdings bezieht sich diese Bezeichnung mehr auf die Art der Betrachtung und weniger auf den Bereich ihrer Gültigkeit. Viele Vorgänge im Mikrokosmos können mit Hilfe der Maxwellschen Theorie erklärt und berechnet werden, sie gilt lediglich innerhalb und in unmittelbarer Umgebung der Elementarladungsträger nicht mehr. Die Maxwellsche Theorie wird allein aus Zweckmäßigkeitsgründen weiter in die Feld- und die Netzwerktheorie unterteilt. Der Begriff der Feldtheorie ist damit nicht unbedingt als Synonym zu dem der Maxwellschen Theorie zu sehen.

In der Lehre von den N e t z w e r k e n werden Stromkreise, d. h. Raumgebiete modellmäßig so in diskrete Schaltelemente unterteilt, daß die elektrischen Vorgänge als ausschließlich in diesen Schaltelementen ablaufend anzusehen und über die an diesen auftretenden integralen Größen Spannung und Strom zu beschreiben sind. Die elektrische Größe Spannung wird als zwischen den jeweiligen zwei Anschlußpunkten eines diskreten Schaltelementes wirkend und die elektrische Größe Strom als die Ladungsströmung durch das Schaltelement angenommen. Ihre räumliche Verteilung in dem Bauelement wird also außer acht gelassen. Das bedeutet, der Raumzustand zwischen den Anschlußklemmen eines Bauelementes wird pauschal als Ganzes erfaßt und über integrale Kenngrößen beschrieben. Beispielsweise kann der Zusammenhang zwischen dem Klemmenstrom I und der Klemmenspannung U für ein Leitungsgebiet (s. Bild **1.1**a, Widerstand) über das Ohmsche Gesetz beschrieben werden mit der – unter bestimmten Voraussetzungen – konstanten Größe Widerstand R dieses Bauelementes.

Im vorliegenden Band über die Grundlagen der Feldlehre wird auf die Netzwerktheorie nur insofern eingegangen, als die Definition der Grundschaltelemente (auch als Zwei- oder Vierpole bezeichnet) und ihre Kenngrößen wie z. B. elektrischer Widerstand, Quelle (s. Abschn. 4.3), Kapazität (s. Abschn. 3.1.3.7), Induktivität und Gegeninduktivität (s. Abschn. 5.5.1.5) feldtheoretisch erklärt und hergeleitet werden. Gleichermaßen sind auch die elementaren Grundgleichungen der Netzwerklehre, der Spannungs- und der Knotenpunktsatz (s. Abschnitte 3.1.3.2; 4.5; 5.5.1) feldtheoretisch begründet.

2 Elektrische Ladung

Unter elektrischer Ladung versteht man einen bestimmten atomaren Teilchen
eigenen Elementarzustand, der über Kraftwirkungen in Erscheinung tritt. Es
besteht also eine Analogie zur Masse, die auch als ein Zustand der Elementarteilchen aufgefaßt wird, der sich in Kraftwirkungen äußert. Quantität und Qualität der Kraftwirkungen beider Elementarzustände sind aber so unterschiedlich
(s. Beispiel 3.1), daß man Ladung und Masse als zwei voneinander unabhängige
Elementarzustände ansehen muß. Ladung und Masse lassen sich trotz einiger formaler Ähnlichkeiten ihrer Wirkungsgesetze nach heutigen Erkenntnissen
nicht noch weiter auf einen beiden gemeinsamen „Urzustand" zurückführen.

Im vorliegenden Abschnitt 2 werden die Merkmale der elektrischen Ladung und
die Verfahren zur Beschreibung ihrer räumlichen Verteilung erläutert. Mit diesem Basiswissen sind dann in den folgenden Abschnitten 3 bis 5 die Wirkungen
zwischen den Ladungen beschrieben.

2.1 Definition und Erklärung der elektrischen Ladung

Die elektrische Ladung kann in ihrer physikalischen Natur zwar nicht erklärt, wohl aber über ihre physikalischen Wirkungen und Eigenschaften unmißverständlich als physikalische Größe definiert werden (s. Abschn. 3.1.1.1), die
mit dem Symbol Q bezeichnet wird. In dem SI-Einheitensytem ist für die Ladung eine Definitionseinheit mit dem besonderen Namen Coulomb und dem
Symbol C festgelegt, die aus den Basiseinheiten Ampere (A) und Sekunde (s)
entsprechend

$$1\,\mathrm{C} = 1\,\mathrm{As} \tag{2.1}$$

abgeleitet ist. Aus den vielen Versuchen, die heute allgemein bekannt sind und
hier nicht angeführt werden müssen, läßt sich die elektrische Ladung als eine

Zustandsgröße mit folgenden Merkmalen ableiten (s. Bild **2.1**).

– Ladung ist ein Elementarzustand, der bestimmten Elementarteilchen des Mikrokosmos eigen ist.

– Diese nur bestimmten Elementarteilchen eigene Ladung hat immer den gleichen Betrag, der als E l e m e n t a r l a d u n g

$$e = 1,602{\cdot}10^{-19}\,\text{C} \tag{2.2}$$

bezeichnet wird.

– Man kennt nur zwei unterschiedliche Arten des Ladungszustandes, die als p o s i t i v e oder n e g a t i v e elektrische Ladung bezeichnet werden.

Die elektrische Ladung Q ist somit naturgemäß eine w e r t d i s k r e t e Größe deren Betrag immer ein ganzzahliges Vielfaches der Elementarladung e ist.

Elektrische Ladung kann als ein an Elementarteilchen gebundener, unveränderbarer Zustand weder erzeugt noch vernichtet werden (s. Abschnitt 2.3).

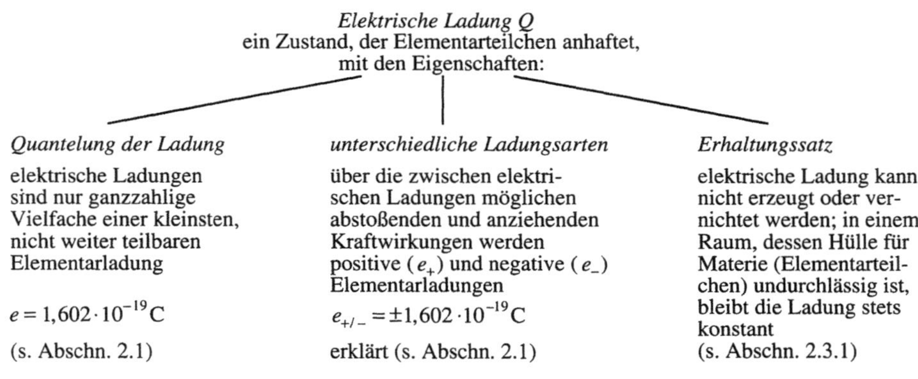

2.1 Merkmale elektrischer Ladungen

Es entspricht dem physikalischen Wesen der elektrischen Ladung, daß sich grundsätzlich in allen Körpern – oder allgemeiner in allen m a t e r i e b e h a f t e t e n R ä u m e n – elektrische Ladungen befinden, nämlich in Form der Elementarladungen der Elektronen und Protonen. Aus makroskopischer Sicht neutralisieren sich aber die positiven und negativen Ladungen der Elementarteilchen innerhalb der Atomstrukturen, so daß von einem Raum mit gleich vielen gleichmäßig verteilten negativen wie positiven Elementarladungen keine Ladungswirkungen ausgehen; man sagt, der Raum sei ungeladen. Sind in einem Raum aber beispielsweise mehr (oder weniger) negative als positive Elementarladungen, so sagt man, er sei negativ (oder positiv) geladen (s. Beispiel 2.1). Für die makroskopische elektrische Wirkung eines Raumes ist also nicht die L a d u n g s m e n g e

$$Q_\mathrm{M} = e(n_+ + n_-) \qquad (2.3)$$

im Sinne des Betrages der Gesamtanzahl aller Elementarladungen von
$\quad n_+$ Elementarteilchen positiver Elementarladung $(e_+ = e)$ und
$\quad n_-$ Elementarteilchen negativer Elementarladung $(e_- = -e)$
maßgebend, sondern die e l e k t r i s c h e L a d u n g

$$Q = e(n_+ - n_-)\,. \qquad (2.4)$$

– Die Ladung eines Körpers oder Raumes ist die algebraische Summe aller Elementarladungen en_+ und $-en_-$ unter Beachtung ihres Vorzeichens. Die Ladung in einem Raum kann also nur geändert werden, indem die Anzahl der Elementarladungsträger geändert wird.

Zu beachten ist, daß für die von einem Raum ausgehende elektrische Wirkung nicht nur seine Ladung Q maßgebend ist, sondern auch die Art ihrer Verteilung, wie in Abschn. 2.2.1.2 näher erläutert.

Im vorliegenden Band wird unmißverständlich auf die grundsätzlich unterschiedlichen elektrischen Wirkungen der Ladungsmenge Q_M nach Gl.(2.3) und der Ladung Q nach Gl.(2.4) durch konsequente Verwendung der beiden unterschiedlichen Begriffe hingewiesen. In Literatur und Sprachgebrauch findet man aber auch noch den Begriff „Gesamtladung", wobei nicht immer offensichtlich ist, ob darunter die Ladungsmenge im Sinne von Gl.(2.3) oder die Ladung im Sinne von Gl.(2.4) zu verstehen ist, so daß im Zweifelsfall immer aus dem Zusammenhang geklärt werden sollte, was jeweils gemeint ist.

Beispiel 2.1. Zwei Kugeln *1* und *2* aus Kupfer mit dem Radius $R = 0,5\,\mathrm{cm}$ sind gegeneinander isoliert angeordnet. Ein Kupferatom besteht aus 29 Protonen im Atomkern und 29 Elektronen; die Dichte der Kupferatome beträgt ca. $n'_\mathrm{Cu} = 10^{23}$ Atome $/\mathrm{cm}^3$. Sind die Kupferkugeln elektrisch ungeladen, haben beide die gleiche Anzahl Elektronen und Protonen

$$n = n_+ = n_- = 29n'_\mathrm{Cu}R^3 4\pi/3 = 29 \cdot 10^{23}\,\mathrm{cm}^{-3}(0,5\,\mathrm{cm})^3 4\pi/3 = 15,2 \cdot 10^{23}\,.$$

Jede der Kugeln hat die Ladung

$$Q_1 = Q_2 = e(n_+ - n_-) = 0\,,$$

aber die von Null verschiedene Ladungsmenge

$$Q_{\text{M1}} = Q_{\text{M2}} = e(n_+ + n_-) = 1{,}602 \cdot 10^{-19}\,\text{C} \cdot 2 \cdot 15{,}2 \cdot 10^{23} = 487 \cdot 10^3\,\text{C}\,.$$

In einem Kupferleiter kann man für jedes Kupferatom ungefähr ein sogenanntes freies Elektron annehmen, welches für die durch den elektrischen Strom I beschriebene Ladungsströmung zur Verfügung steht (s. Abschn. 4.1). Würde man nun $10^{-6}\,\%$ dieser freien Elektronen, also die Anzahl $n_{\text{f}} = n'_{\text{Cu}} \cdot R^3 4\pi/3 = (10^{23} \cdot 10^{-8}/\text{cm}^3)(0{,}5\,\text{cm})^3 4\pi/3 = 0{,}524 \cdot 10^{15}$, von der Kupferkugel 1 abziehen und sie auf die Kupferkugel 2 bringen, so haben die Kugeln die elektrischen Ladungen

$$Q_1 = e[n_+ - (n_- - n_{\text{f}})] = 1{,}602 \cdot 10^{-19}\,\text{C} \cdot 0{,}524 \cdot 10^{15} = 8{,}4 \cdot 10^{-5}\,\text{C}$$

$$Q_2 = e[n_+ - (n_- + n_{\text{f}})] = -1{,}602 \cdot 10^{-19}\,\text{C} \cdot 0{,}524 \cdot 10^{15} = -8{,}4 \cdot 10^{-5}\,\text{C}\,.$$

2.2   Räumliche Ladungsverteilung

In Raumgebieten mit Materie, d. h. mit Elementarladungsträgern, ist die Ladungsmenge $e(n_+ + n_-)$ naturgemäß immer ungleich Null. Für die makroskopische elektrische Wirkung, die von solchen Gebieten ausgeht, ist aber nicht die Ladungsmenge $e(n_+ + n_-)$ nach Gl.(2.3) maßgebend, sondern ihre räumliche Verteilung. Dabei ist zu unterscheiden, ob in einzelnen begrenzten Raumgebieten die Ladung $Q = e(n_+ - n_-)$ gleich oder ungleich Null ist und ob bei einer Ladung Null ($n_+ = n_-$) die Elementarladungen innerhalb des Mikrokosmos oder makroskopisch gesehen räumlich gleichmäßig oder ungleichmäßig verteilt sind (s. Abschn. 2.2.1.2 und Bild **2.5**).

In diesem Abschn. 2.2 werden die Verfahren zur Beschreibung einer gegebenen Ladungsverteilung ohne Bezug darauf erläutert, wie diese Verteilung zustande kommt. Beispielsweise kann ein ungeladener Körper aus Isolierstoff elektrisch neutral sein, diese Neutralität aber verlieren, wenn er einem elektrischen Feld ausgesetzt wird (s. Abschn. 3.2.2.1).

2.2.1   Reale Ladungsverteilung und deren Beschreibung

Für die Beschreibung der elektrischen Wirkung eines Raumgebietes aus makroskopischer Sicht kann der mikrokosmisch diskrete Charakter der Ladung außer acht gelassen werden. Man stellt sich also vor, die „körnig" (punktuell, diskret) über den Raum verteilten Elementarladungen seien kontinuierlich über den Raum „verschmiert" (über ihre Zwischenräume hinweg verteilt). Die Ladung wird also als ein K o n t i n u u m betrachtet und läßt sich somit als eine r a u m d i f f e r e n t i e l l e   G r ö ß e, d. h. als eine im Raumpunkt (Ausdehnung gleich Null) eindeutig definierte Größe darstellen (s. Abschn. 2.2.1.1), die man sich als abstrakten Raumzustand ohne Bindung an Materie vorstellt (s. Abschn. 2.2.1.3).

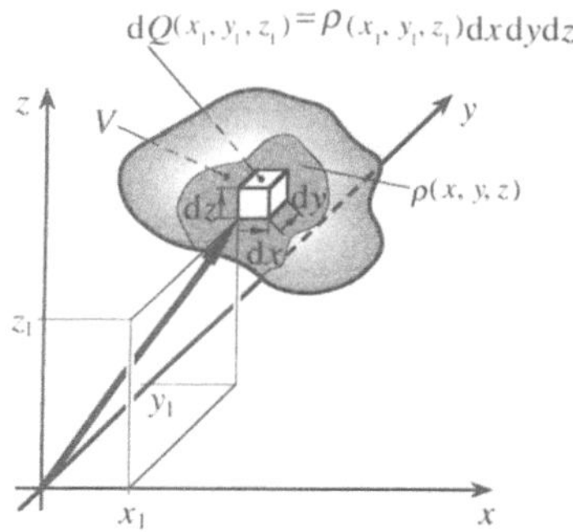

2.2 Begrenztes Volumen V mit der Raumladungsdichte $\varrho(x,y,z)$ als Ortsfunktion

2.2.1.1 Raumladungsdichte. In Bild 2.2 ist schematisch ein Raumgebiet V mit einer Ladung Q dargestellt, die ungleichmäßig über dieses Gebiet verteilt ist. [Beispielsweise könnte V ein Bereich in einem nur mit Elektronen gefüllten Raum sein, in dem sich die frei beweglichen Elektronen infolge eines elektrischen Feldes ungleichmäßig verteilt haben (s. Beispiel 2.3)]. In einem bestimmten Volumenelement $\Delta V = \Delta x\,\Delta y\,\Delta z$ des Raumgebietes V soll sich die Ladung $e(\Delta n_+ - \Delta n_-)$ entsprechend Gl.(2.4) befinden. Sind die betrachteten Volumenelemente ΔV extrem klein, so kann in ihnen (zufällig) die Ladung Null oder größer bzw. kleiner als Null sein, je nachdem, ob das Volumenelement ΔV gerade zwischen den Elementarladungsträgern oder in ihnen liegt. Um diese Unstetigkeit des Mikrokosmos außer acht lassen zu können, betrachtet man zunächst ein größeres Volumenelement ΔV mit einer so großen Anzahl Elementarladungen, daß man die eingeschlossene, diskret verteilte Ladung $e(\Delta n_+ - \Delta n_-)$ als über das Volumenelement ΔV kontinuierlich „verschmiert" annehmen und damit in sinnvoller Weise eine m i t t l e r e   L a d u n g s d i c h t e

$$\left(\frac{\Delta Q}{\Delta V}\right)_{\text{mit}} = \left[\frac{e(\Delta n_+ - \Delta n_-)}{\Delta V}\right] \tag{2.5}$$

bilden kann, die jedem Raumpunkt im Volumenelement ΔV zugeordnet und so als Grenzwert für ein gegen Null strebendes Volumen ΔV punktbezogen definiert ist.

Mit dieser als R a u m l a d u n g s d i c h t e

$$\varrho = \lim_{\Delta V \to 0} \left(\frac{\Delta Q}{\Delta V}\right)_{\text{mit}} = \frac{dQ}{dV} \tag{2.6}$$

bezeichneten raumkontinuierlichen Größe lassen sich Ladungsverteilungen als

Raumfunktion angeben, z. B. $\varrho(x,y,z)$ in kartesischen Koordinaten oder $\varrho(\vec{r})$, wenn $\vec{r}$ der Ortsvektor ist.

- Die **Raumladungsdichte** $\varrho = dQ/dV$ ist als Grenzwert der mittleren Ladungsdichte $(\Delta Q/\Delta V)_{\mathrm{mit}}$ definiert mit der Annahme, daß sich die Elementarladungen kontinuierlich über die Zwischenräume ihrer Trägerteilchen hinweg erstrecken.

Ist die Raumladungsdichte ϱ nach Gl.(2.6) für ein Raumgebiet als Ortsfunktion $\varrho(x,y,z)$ bekannt, läßt sich die in diesem Raumgebiet befindliche Ladung

$$Q = \int\limits_V \varrho \, dV = \iiint\limits_V \varrho(x,y,z) \, dx \, dy \, dz \tag{2.7}$$

durch Integration berechnen (s. Beispiel 2.3). Umgekehrt läßt sich aber aus der für einen Raum gegebenen Ladung Q nicht unbedingt auch deren Verteilung, also die Raumladungsdichte $\varrho(x,y,z)$ berechnen, da diese im Zusammenhang mit dem von ihr verursachten Feld zu bestimmen ist (s. Abschn. 3.3). Nur in Fällen einer homogen über den Raum V verteilten Ladung Q ist die Raumladungsdichte

$$\varrho = Q/V \, . \tag{2.8}$$

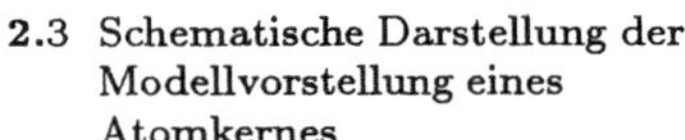

2.3 Schematische Darstellung der Modellvorstellung eines Atomkernes

Beispiel 2.2. Im Atomkern sind die Protonen mit den Neutronen „vermischt" (s. Bild **2.3**), d. h., die positive Elementarladung e_+ ist, an diskrete Raumteile gebunden, im Atomkern verteilt. Da die „Packungsdichte" der Protonen und Neutronen im Kern extrem groß ist, ergibt sich auch nach makroskopischer Betrachtung eine unvorstellbar große Raumladungsdichte ϱ für den Kern, wie folgende Rechnung zeigt.

Nach einfachen Modellvorstellungen nimmt man den Atomkern kugelförmig an. Dann ist sein Radius näherungsweise $R_{\mathrm{k}} = R_{\mathrm{p}} \sqrt[3]{A}$, mit dem Radius des Protons $R_{\mathrm{p}} = 1,2 \cdot 10^{-12}$ mm und der Massenzahl $A = Z + N$ des Kerns, der aus N Neutronen und Z Protonen besteht. Läßt man die „Körnigkeit" der Elementarladungsverteilung im Kern außer acht und nimmt diese als über das Kernvolumen gleichmäßig „verschmiert" an, so ergibt sich für den Atomkern eine Raumladungsdichte

$$\varrho_{\mathrm{k}} = \frac{Ze_+}{\left(R_{\mathrm{p}}\sqrt[3]{A}\right)^3 4\pi/3} = \frac{e_+}{R_{\mathrm{p}}^3 4\pi/3} \cdot \frac{Z}{A} = \varrho_{\mathrm{p}} \frac{1}{(1 + N/Z)} \, . \tag{2.9a}$$

Mit der in Gl.(2.9a) eingeführten rechnerischen Raumladungsdichte eines Protons

$$\varrho_\mathrm{p} = \frac{e_+}{R_\mathrm{p}^3 4\pi/3} = \frac{1,6\cdot 10^{-19}\,\mathrm{As}}{(1,2\cdot 10^{-12}\,\mathrm{mm})^3 4\pi/3} = 22,1\cdot 10^{15}\,\frac{\mathrm{As}}{\mathrm{mm}^3} \qquad (2.9\mathrm{b})$$

ergibt sich beispielsweise für den Atomkern eines Kupferatoms mit $Z_\mathrm{Cu} = 29$ Protonen und $N_\mathrm{Cu} = 34$ Neutronen die Raumladungsdichte

$$\varrho_\mathrm{k\,Cu} = \frac{\varrho_\mathrm{p}}{1 + N_\mathrm{Cu}/Z_\mathrm{Cu}} = \frac{22,1\cdot 10^{15}\,\mathrm{As/mm}^3}{1 + 34/29} = 10,17\cdot 10^{15}\,\frac{\mathrm{As}}{\mathrm{mm}^3}\,. \qquad (2.9\mathrm{c})$$

In Beispiel 2.2 ist die extrem große Ladungsdichte in Atomkernen aufgezeigt. In makroskopischen Räumen ist die Materie aufgrund der verhältnismäßig großen Abstände zwischen Elektronenbahnen und Kern äußerst „luftig" aufgebaut. Dementsprechend ist der Raum auch nur sehr „dünn" besetzt mit Elementarladungsträgern, so daß in der Technik mit Raumladungsdichten zu rechnen ist, die nur einen extrem geringen Bruchteil der in Atomkernen vorhandenen Raumladungsdichte ausmachen.

Beispiel 2.3. In Bild 2.4a ist eine als Diode wirkende Vakuumröhre skizziert. Die Diode besteht aus konzentrisch zueinander angeordneter Anode 1 und Kathode 2. Die Kathode 2 wird durch einen Heizstrom I_H erwärmt, so daß Elektronen aufgrund ihrer thermischen Bewegungsenergie aus der Kathodenoberfläche austreten. Ein Teil dieser Elektronen füllt den Raum zwischen Kathode und Anode, so daß man von einem „Elektronengas" spricht oder besser sagt, es stelle sich eine negative Raumladung ein. Ihre räumliche Verteilung läßt sich mit Hilfe der Raumladungsdichte wie folgt beschreiben.

Damit die Erläuterungen anhand möglichst einfacher mathematischer Ausdrücke erfolgen können, stellt man sich eine Modelldiode entsprechend Bild **2.4b** vor, bei der die Kathode eine beheizte ebene Fläche 2 ist, der die ebenfalls ebene Anode 1 planparallel mit dem Abstand d in einer evakuierten Röhre gegenübersteht. Im stationären Gleichgewichtszustand bei einer zwischen Anode und Kathode wirkenden Spannung U_A verweilt eine bestimmte Anzahl von Elektronen in einer bestimmten räumlichen Verteilung zwischen Kathode und Anode, so daß sich in zur Kathode planparallelen Ebenen ($x = \mathrm{const}$) jeweils eine gleichmäßig verteilte, aber über den Abstand x von der Kathode eine ungleichmäßig verteilte Ladung einstellt. Diese Ladungsverteilung wird – näherungsweise – durch die Raumladungsdichte

$$\varrho(x) = -\frac{4}{9}\cdot\frac{\varepsilon_0 U_\mathrm{A}}{d^2}\left(\frac{x}{d}\right)^{-2/3} \qquad (2.10\mathrm{a})$$

als Funktion von x beschrieben [Gl.(2.10a) läßt sich über das von $\varrho(x)$ erregte elektrische Feld herleiten], [26].

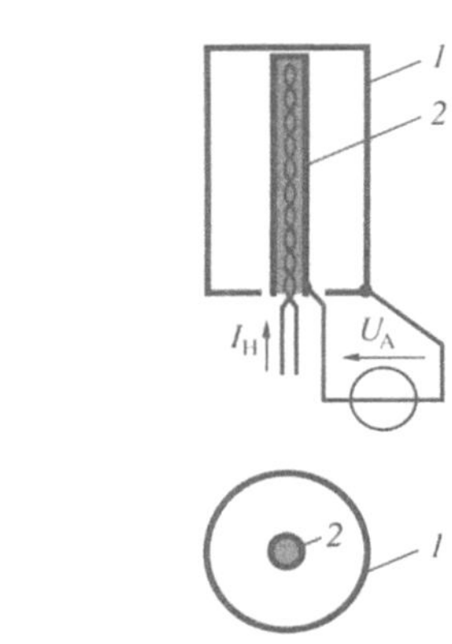

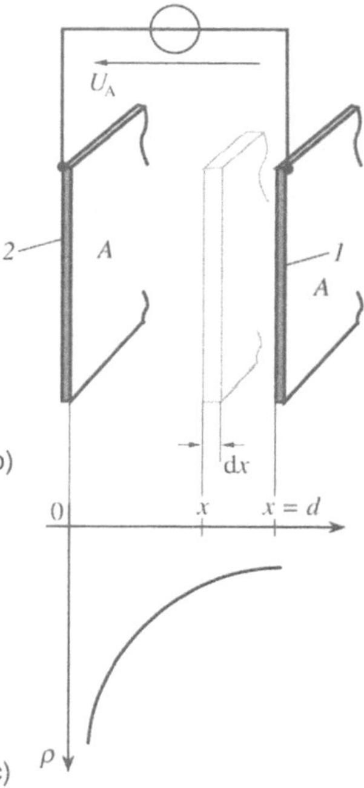

2.4 Als Diode wirkende Vakuumröhre
  a) reale zylindrische Ausführung,
  b) Modelldiode mit ebener Kathode (2) und
  Anode (1),
  c) Raumladungsdichte ϱ, abhängig vom Abstand x von der Kathode

Einen quantitativen Eindruck vermittelt die für eine Röhre mit einem Kathoden-Anoden-Abstand $d = 10\,\text{mm}$ und einer Anodenspannung $U_A = 200\,\text{V}$ berechnete Raumladungsdichte

$$\varrho(x) = -\frac{4}{9}\cdot\frac{8,85\cdot10^{-12}\,(\text{As/Vm})\cdot200\,\text{V}}{(10^{-2}\,\text{m})^2}\left(\frac{x}{d}\right)^{-2/3} = -7,87\cdot10^{-15}\left(\frac{x}{d}\right)^{-2/3}\frac{\text{As}}{\text{mm}^3}\,, \qquad (2.10b)$$

die in Bild **2.4c** abhängig von x dargestellt ist. In unmittelbarer Nähe der Kathode $(x \to 0)$ gilt die als Näherung hergeleitete Gl.(2.10) nicht mehr. Die für $x = 0$ berechnete Raumladungsdichte $\varrho(x) \to \infty$ ist also ein fiktiver Wert ohne praktische Bedeutung. Um einen Eindruck von der Anzahl der Elektronen pro Volumen zu vermitteln, berechnet man mit der Raumladungsdichte $\varrho(x)$ nach Gl.(2.10b) für ein von Null verschiedenes Volumen $\Delta V = 1\,\text{mm}^3$ an der Stelle x den Mittelwert der Elektronendichte

$$\begin{aligned}
\frac{\Delta n_e(x)}{\Delta V} &= \frac{\Delta V\varrho(x)/e_-}{\Delta V} = \frac{-7,87\cdot10^{-15}(x/d)^{-2/3}\,\text{As/mm}^3}{-1,6\cdot10^{-19}\,\text{As}} \\
&\approx 49\,000\left(\frac{x}{d}\right)^{-2/3}\frac{\text{Elektronen}}{\text{mm}^3}\,.
\end{aligned} \qquad (2.11)$$

Die große Zahl scheint die Auffassung einer kontinuierlichen Ladungsverteilung zu rechtfertigen, was allerdings noch eindrucksvoller bei Ladungsgebieten in Metallen auffällt (s. Beispiel 2.4). Dies darf nun aber nicht über die dennoch dünne Verteilung der Elektronen hinwegtäuschen. Beispielsweise beträgt im Gebiet $(x/d)=0{,}5$ mit einer Raumladungsdichte $\varrho = -12,5\cdot10^{-15}\,\text{As/mm}^3$ die Elektronendichte $\Delta n_\ominus/\Delta V \approx 78\,000$ Elektronen/mm^3, d. h., im Mittel kommt jedem Elektron ein Raum von $1\,\text{mm}^3/(78\,000$ Elektronen)$= 13\cdot10^{-6}\,\text{mm}^3/$Elektron zu. Bei regelmäßiger Verteilung der Elektronen liegen sie also in einem (mittleren) Abstand von etwa $\sqrt[3]{13\cdot10^{-6}\,\text{mm}^3} \approx 24\cdot10^{-3}$ mm, der etwa dem 10^{10}-fachen ihres Durchmessers $2R_\mathrm{e} \approx 2\cdot1,4\cdot10^{-12}$ mm entspricht.

Die Ladung Q in dem Gebiet zwischen Kathode und Anode bekommt man durch Integration der Raumladungsdichte entsprechend Gl.(2.7). In einer zur Kathode bzw. Anode planparallelen Fläche A ist die Raumladungsdichte konstant, ebenfalls über eine infinitesimale Schichtdicke $\mathrm{d}x$. In dem Volumen $\mathrm{d}V = A\,\mathrm{d}x$ an der Stelle x (s. Bild 2.4b) ist also die Ladung $\mathrm{d}Q = \varrho(x)A\,\mathrm{d}x$. Mit Gl.(2.10b) ergibt sich somit für das Gebiet zwischen $x = 0$ und $x = d$ die Ladung

$$
\begin{aligned}
Q \;&=\; \int\limits_V \varrho\,\mathrm{d}V = \int\limits_{x=0}^{d} \varrho(x)A\,\mathrm{d}x = -A\cdot7,87\cdot10^{-15}\,\frac{\text{As}}{\text{mm}^3}\int\limits_{x=0}^{d}\left(\frac{x}{d}\right)^{-2/3}\mathrm{d}x\\[2mm]
&=\; -A\cdot7,87\cdot10^{-15}\,\frac{\text{As}}{\text{mm}^3}\cdot3d\left.\left(\frac{x}{d}\right)^{1/3}\right|_0^d = -A\cdot2,36\cdot10^{-13}\,\frac{\text{As}}{\text{mm}^2}\,.
\end{aligned}
\tag{2.12}
$$

2.2.1.2 Elektrische Wirkung der Ladungsverteilung. Ladungsverteilungen können abhängig von den von ihnen ausgehenden makroskopischen elektrischen Wirkungen in charakteristische Arten unterteilt werden, wie im folgenden anhand von Bild **2.5** erläutert.

Nur in Gebieten ohne Ladungsmenge ($n_+ = n_- = 0$), z. B. im leeren Raum, ist naturgemäß überall die Raumladungsdichte Null ($\varrho = 0$). Von solchen Gebieten gehen keine elektrischen Wirkungen aus.

In Gebieten mit Materie ist die Ladungsmenge ungleich Null [$e(n_+ + n_-) \neq 0$]. Ist die Anzahl der positiven Elementarladungen ungleich der der negativen ($n_+ \neq n_-$), so hat das Gebiet eine Ladung ungleich Null [$Q = e(n_+ - n_-) = \int \varrho\,\mathrm{d}V \neq 0$] und damit auch eine Raumladungsdichte, die nicht – an allen Stellen des Gebietes – Null ist ($\varrho \neq 0$). Von einem solchen Gebiet geht aus makroskopischer Sicht immer eine elektrische Wirkung aus, es ist elektrisch nicht neutral.

Sind in einem Gebiet gleich viele positive wie negative Elementarladungen ($n_+ = n_-$), so ist seine Ladung Null [$Q = e(n_+ - n_-) = \int \varrho\,\mathrm{d}V = 0$], es ist deshalb aber nicht unbedingt auch elektrisch neutral. Nur wenn die Elementarladungen über das ganze Gebiet auch in der mikrokosmischen Struktur so gleichmäßig „ineinander verschachtelt” sind, daß sie sich vollkommen neutralisieren, ist die Raumladungsdichte in dem ganzen Gebiet Null ($\varrho = 0$), und es gehen von

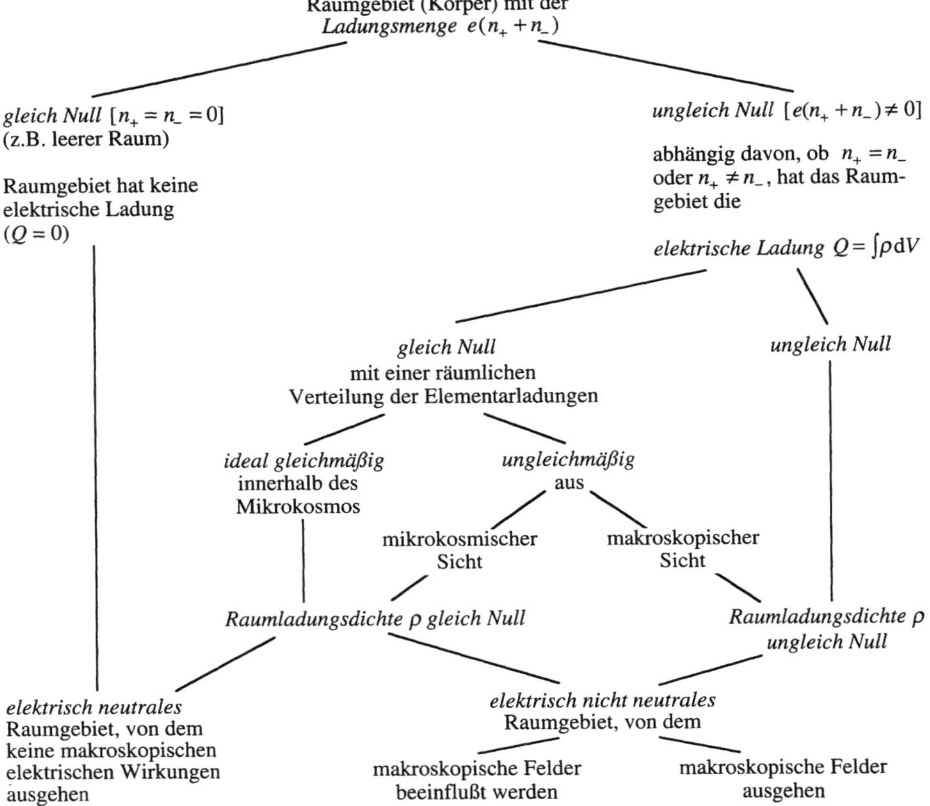

2.5 Elektrische Wirkung der Ladungsverteilung

diesem Gebiet keine makroskopischen elektrischen Wirkungen aus, es ist also
e l e k t r i s c h n e u t r a l.

Sind in einem Gebiet der Ladung Null $[Q = e(n_+ - n_-) = 0]$ die gleich vielen
positiven wie negativen Elementarladungen makroskopisch ungleichmäßig verteilt (z. B. durch einseitiges „Zusammendrängen" der freien Elektronen auf einer
Metallelektrode), so ist die Raumladungsdichte ϱ nicht mehr über das gesamte
Gebiet Null $(\varrho \neq 0)$. Von dieser Raumladungsdichte gehen makroskopische elektrische Wirkungen aus, das Gebiet ist trotz der Ladung Null $(Q = \int \varrho \, dV = 0)$
elektrisch n i c h t n e u t r a l, man sagt auch, es sei e l e k t r i s c h g e l a d e n.

Sind in einem Gebiet der Ladung Null $[Q = e(n_+ - n_-) = 0]$ die gleich vielen positiven wie negativen Elementarladungen nur innerhalb der mikrokosmischen Struktur „ungleichmäßig verschachtelt" (z. B. dadurch, daß ein elektri-

sches Feld die Elementarladungsträgerstruktur der Atome oder Moleküle verzerrt (s. Abschn. 3.2.2.1), so gilt in makroskopischer Betrachtung die Raumladungsdichte in diesem Gebiet dennoch gleich Null ($\varrho = 0$). Dadurch ist dieses Gebiet allerdings nicht unbedingt auch als elektrisch neutral anzusehen, da eine solche „Verzerrung" der mikrokosmischen Ladungsstruktur ein der Materie eigenes Feld bewirkt, welches als Polarisation bezeichnet wird (s. Abschn. 3.2.2.2). In praktischen Rechnungen im Ingenieurbereich wird allerdings das materieeigene Feld nicht über die Polarisation, sondern über eine Materialkennziffer (Permittivität ε) berücksichtigt (s. Abschn. 3.2.2.2).

2.2.1.3 Ladung als abstrakter Raumzustand. Nach der elektronentheoretischen Modellvorstellung ist die Ladung Q eine Zustandsgröße der Elementarteilchen und damit wie diese diskontinuierlich über den Raum verteilt. In der Feldtheorie ist diese Ladung Q auf den Raum V bezogen als Raumladungsdichte $\varrho = \mathrm{d}Q/\mathrm{d}V$ definiert und so als eine kontinuierlich über den Raum verteilt vorgestellte, abstrakte Zustandsgröße beschrieben (s. Abschn. 2.2.1.1). Damit wird der – häufig als hilfreich empfundenen – Vorstellung, das abstrakte elektrische Feld letztlich auf eine körperlich existente Ursache zurückführen zu können, insofern nicht widersprochen, als man die abstrakte, kontinuierlich verteilte Ladungsdichte ϱ auch als „von Elementarteilchen getragen" auffassen kann. Die Abstraktion des Ladungsbegriffes bezieht sich also zunächst mehr auf die formale Beschreibung der räumlichen Verteilung und weniger auf ihre Bindung an eine Materie.

Bei der Erklärung der elementaren Feldgesetze wird nun im allgemeinen der leere Raum vorausgesetzt (s. Abschn. 3.1), d. h., die Ladungsdichte wird wie die aus ihr hergeleiteten Feldgrößen als ein abstrakter Raumzustand angenommen, der an keine körperlich existente Träger gebunden ist. Die Ladungsdichte unterscheidet sich allerdings insofern von den Feldgrößen, als sie über die Elementarteilchen untrennbar mit Materie verbunden ist. Um auf diese Unterschiede zwischen realen Feldräumen und deren definitiver Beschreibung als leerer Raum hinzuweisen, wird in diesem Grundlagenband auch von der „Ladung im ansonsten leeren Raum" gesprochen. Zur Beurteilung, wann ein Raumgebiet im feldtheoretischen Sinn als „leer" gilt, ist die Erkenntnis nützlich, daß zwar der Materie die zwei Zustandsgrößen Masse und Ladung zugeordnet sind, aber das elektromagnetische Feld nur von der Ladung beeinflußt wird, wie folgende beispielhaften Betrachtungen zeigen.

Ein besonders einfacher Fall ist ein nur mit Elektronen besetztes Raumgebiet (s. Beispiel 2.3). Für die Berechnung des elektrischen Feldes kann dieses Raumgebiet als nur mit der Ladung der Elektronen besetzt angenommen werden. Die körperliche Existenz der Elektronen wie auch ihre Masse können außer acht gelassen werden.

Spricht man allgemein von Materie, so meint man die aus Atomen bzw. Molekülen bestehenden festen, flüssigen oder gasförmigen Stoffe. Diese Stoffe beeinflussen ein elektrisches Feld weder durch ihre körperliche Existenz als solche noch durch ihre Masse, wohl aber über die – bei bestimmter Materie mögliche – Änderung der Verteilung der Elementarladungsträger, d. h. über die Änderung der Ladungsverteilung in der Mikrostruktur (s. Abschn. 2.2.1.2). Sind die Elementarladungsträger in der Materie so verteilt, daß sich mikrokosmisch die positiven und negativen Ladungen vollständig neutralisieren und bleibt diese Verteilung auch unter Einwirkung eines elektromagnetischen Feldes erhalten, so wirkt auch diese Materie aus feldtheoretischer (makrokosmischer) Sicht wie ein leerer Raum. Beispielsweise kann ein Luftraum für die Berechnung elektrischer Felder als „leer" angenommen werden. Kann sich dagegen die Ladungsverteilung in einer Materie so ändern, daß sich die positiven und negativen Elementarladungen nicht mehr mikrokosmisch neutralisieren (z. B. durch die Einwirkung eines Feldes), so darf ein mit solcher Materie gefüllter Raum feldtheoretisch nicht mehr als „leerer Raum" betrachtet werden.

2.2.1.4 Zeitabhängigkeit der Raumladungsdichte. Die räumliche Ladungsverteilung in einem Gebiet kann zeitkonstant sein, kann sich aber auch zeitlich ändern. Ist beispielsweise ein Kondensator an eine Gleichspannung U angeschlossen, so ist die über die Oberfläche der Kondensatorplatten verteilte Ladung zeitlich konstant; ist er dagegen an eine Wechselspannung $u = f(t)$ angeschlossen, so ist sie eine Funktion der Zeit. Bei der in Beispiel 2.3 beschriebenen Vakuumröhre ist die Raumladungsdichte zwischen Kathode und Anode abhängig von der Anodenspannung u_A [s. Gl.(2.10a)], also nur dann eine zeitkonstante Raumfunktion $\varrho(x)_{U_A=\text{const}}$, wenn die Anodenspannung $u_A = U_A$ konstant ist. Ändert sich die Anodenspannung zeitlich, z. B. durch Anschließen einer Wechselspannung $u_A = \hat{U}\sin(\omega t)$, ändert sich auch an jeder Stelle x die Raumladungsdichte zeitlich. Die damit von x und t abhängige Raum-Zeit-Funktion der Raumladungsdichte $\varrho(x,t)$ bekommt man allerdings nicht einfach durch Ersetzen der Gleichspannung U_A durch die Wechselspannung u_A in Gl.(5.10a), sondern auch die Zeitfunktion des Stromes zwischen Kathode und Anode muß in die Herleitung einbezogen werden.

Allgemein ist also die Raumladungsdichte

$$\varrho = f(x,y,z,t) \tag{2.13}$$

eine Orts-Zeit-Funktion. Die Raumladungsdichte $\varrho(x,y,z,t)$ kann sich grundsätzlich in verschiedenen Raumpunkten nach unterschiedlichen Zeitfunktionen ändern, d. h., die räumliche Ladungsverteilung als solche ändert sich mit der Zeit. Ein nicht seltener Sonderfall der allgemeinen Orts-Zeit-Funktion nach Gl.(2.13) ist gegeben, wenn sich die Raumladungsdichte ϱ in allen Raumpunkten (x,y,z)

nach der gleichen Zeitfunktion $g(t)$ ändert. Dann kann die Raumladungsdichte

$$\varrho_{(x,y,z,t)} = f(x, y, z) \cdot g(t) \tag{2.14}$$

als Produkt ihrer Orts- $[f(x, y, z)]$ und Zeitfunktion $[g(t)]$ geschrieben werden.

2.2.2 Idealisierte Ladungsverteilungen

Einheitliche Materie und damit einheitliche Ladungsstrukturen erstrecken sich
nie über einen unendlich ausgedehnten Raum, sondern immer nur über mehr
oder weniger scharf begrenzte Gebiete unterschiedlichster Geometrie und Ausdehnung. Beispiele sind Metallkugeln, die sich im Luftraum gegenüber stehen oder Metallplatten, die durch eine Isolierstoffschicht getrennt sind (s. Beispiel 2.1 oder 2.6). Praktisch stellt sich daher im allgemeinen die Aufgabe,
die Ladungsverteilung jeweils in begrenzten Raumgebieten zu beschreiben. Dabei läßt sich häufig der Raum so diskretisiert betrachten, daß einzelne Gebiete
mit extrem unterschiedlichen Ladungsverteilungen vorliegen. Weiter ermöglicht
es die Art der Raumdiskretisierung auch häufig, daß man für einzelne begrenzte Gebiete, abhängig von ihrer Ausdehnung und dem Betrachtungsab-
stand, i d e a l i s i e r t e L a d u n g s v e r t e i l u n g e n annehmen kann, die sich mit
vereinfachten Definitionen relativ leicht beschreiben und berechnen lassen. Diese
idealisierten Ladungsverteilungen werden, ausgehend von der allgemeinen Definition der Raumladungsdichte (s. Abschn. 2.2.1.1), in den folgenden Abschnitten
2.2.2.1 bis 2.2.2.3 erläutert (s. Tafel **2.6**).

2.2.2.1 Flächenladungsdichte. Bei leitenden Elektroden, z. B. Metallkugeln
in Bild **3**.41c, befindet sich die Ladung im allgemeinen in bzw. auf der Oberfläche
mit einer „Schichtdicke", die vernachlässigbar klein ist. Beispielsweise ist in Bild
2.7a eine allgemeine Fläche A dargestellt, auf der sich die Ladung Q in einer
beliebigen gleich- oder ungleichmäßigen Verteilung befindet. In einem Flächenelement dA befindet sich dann die Ladung dQ, die als homogen über dA verteilt
aufgefaßt werden kann, da dA infinitesimal klein ist ($dA \to 0$). Bezieht man nun
die mit der Fläche $dA \to 0$ gegen Null strebende Ladung $dQ \to 0$ auf die Fläche
dA, so bekommt man einen Grenzwert, der die F l ä c h e n l a d u n g s d i c h t e

$$\sigma = \lim_{\Delta A \to 0} \frac{\Delta Q}{\Delta A} = \frac{dQ}{dA} \tag{2.15}$$

definiert. Mit der Flächenladungsdichte σ läßt sich die Verteilung der Ladung –
konzentriert in einer Schichtdicke Null angenommen – über eine Fläche beschreiben mit einer der Geometrie der Fläche entsprechenden Ortsfunktion $\sigma_{(x,y,z)}$.

Tafel 2.6 Definitionsgrößen zur Beschreibung der Ladungsverteilung

Räumliche Verteilung der als Kontinuum vorgestellten Ladung

allgemeingültig beschrieben durch — *idealisiert* angenommen und näherungsweise beschrieben durch

	Raumladungsdichte	Flächenladungsdichte	Linienladungsdichte	Punktladung
Definition	$\rho = \lim\limits_{\Delta V \to 0} \dfrac{\Delta Q}{\Delta V} = \dfrac{\mathrm{d}Q}{\mathrm{d}V}$ im Raum ausgedehnte Ladung, bezogen auf den Raum	$\sigma = \lim\limits_{\Delta A \to 0} \dfrac{\Delta Q}{\Delta A} = \dfrac{\mathrm{d}Q}{\mathrm{d}A}$ in einer Fläche konzentriert $(\rho \to \infty)$ angenommene Ladung, bezogen auf die Fläche	$\lambda = \lim\limits_{\Delta l \to 0} \dfrac{\Delta Q}{\Delta l} = \dfrac{\mathrm{d}Q}{\mathrm{d}l}$ in einer Linie konzentriert $(\rho \to \infty$ oder $\sigma \to \infty)$ angenommene Ladung, bezogen auf die Länge	Q_p in einem Punkt konzentriert $(\rho \to \infty,\ \sigma \to \infty$ oder $\lambda \to \infty)$ angenommene Ladung
Berechnung der Ladung eines Gebietes bei gegebener Ladungsverteilung	$Q = \int\limits_V \rho\,\mathrm{d}V$	$Q = \int\limits_A \sigma\,\mathrm{d}A$	$Q = \int\limits_l \lambda\,\mathrm{d}l$	$Q = \sum Q_\mathrm{p}$
Ladungsdichte in einem Gebiet mit *homogener* Verteilung der Ladung Q	$\rho = \dfrac{Q}{V}$	$\sigma = \dfrac{Q}{A}$	$\lambda = \dfrac{Q}{l}$	
Beziehung zwischen den Ladungsdichten		$\sigma = \int\limits_\delta \rho\,\mathrm{d}\delta$ δ Schichtdicke der Raumladung an der Oberfläche	$\lambda = \int\limits_{A_\mathrm{q}} \rho\,\mathrm{d}A_\mathrm{q}$ oder $= \int\limits_{b_\mathrm{u}} \sigma\,\mathrm{d}b_\mathrm{u}$ A_q Querschnitt, b_u Umfang des Leiters	

Ist die Flächenladungsdichte $\sigma(x,y,z)$ als Ortsfunktion bekannt, kann die in einer Fläche A befindliche Ladung

$$Q = \int_A \sigma \, \mathrm{d}A \qquad (2.16)$$

berechnet werden. Umgekehrt kann allerdings aus Gl.(2.16) nicht unbedingt für eine gegebene Ladung Q deren Verteilung σ in einer gegebenen Fläche A berechnet werden, da die Ladungsverteilung im Zusammenhang mit dem von dieser ausgehenden elektrischen Feld zu bestimmen ist, wie in Abschn. 3.3.1 erläutert. Nur in den Fällen einer homogen über eine Fläche A verteilten Ladung Q gilt

$$\sigma = Q/A \qquad (2.17)$$

mit σ konstant über A.

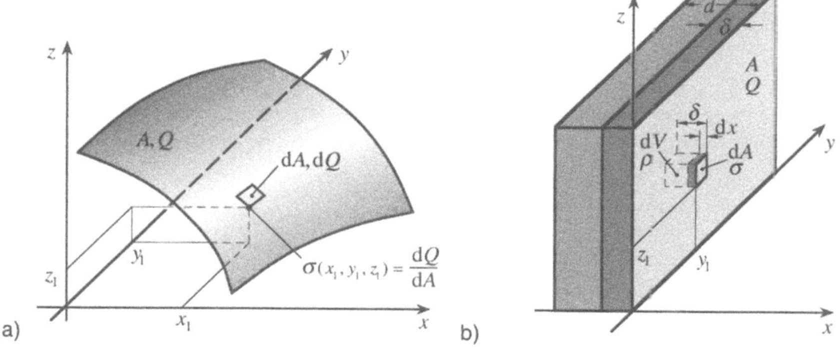

2.7 Flächenladungsdichte $\sigma(x,y,z)$ idealisiert (a) und aus der in einer Schichtdicke δ auftretenden Raumladungsdichte ϱ nach Gl.(2.19) bestimmt (b)

Beispiel 2.4. Für die in Bild 5.2 dargestellte Doppelleitung an einer Spannung von 1000 V ist in Beispiel 5.2, Gl.(5.2) die Ladung pro Länge $Q/l = 5,68 \cdot 10^{-9}$ C/m berechnet, die sich – mit unterschiedlichen Vorzeichen – auf jedem der beiden Leiter einstellt.

Nimmt man nun näherungsweise an, die Oberflächenladung verteile sich gleichmäßig auf der Leiteroberfläche, so ergibt sich nach Gln.(2.15)bzw.(2.17) eine mittlere Flächenladungsdichte

$$|\sigma| = \frac{|\mathrm{d}Q|}{\mathrm{d}A} = \frac{|Q|}{A} = \frac{|Q|}{l2\pi R} = \frac{5,68 \cdot 10^{-9}\ \text{C/m}}{\pi \cdot 15\,\text{mm}} = 1,2 \cdot 10^{-13}\ \frac{\text{C}}{\text{mm}^2}\ . \qquad (2.18)$$

Diese Ladung besteht in den metallischen Leitern aus freien Elektronen, die durch die Feldkräfte zwischen den beiden Leitern in deren Oberfläche gehalten werden. Es ist somit gerechtfertigt, die Ladung als eine Oberflächenladung mit vernachlässigbarer radialer Schichtdicke aufzufassen und so als Flächenladungsdichte σ anzugeben. Mit der Flächenladungsdichte σ ist die Ladung als kontinuierlich über die Leiteroberfläche verteilt definiert, was bei der großen Elektronendichte von $\Delta n/\Delta A = \sigma/e = (1,2 \cdot 10^{-13}\ \mathrm{C/mm^2})/(1,6 \cdot 10^{-19}\ \mathrm{C}) = 7,5 \cdot 10^5$ Elektronen/mm^2 gerechtfertigt erscheint. Dennoch ist die Ladung aufgrund des geringen Elektronendurchmessers $2R_e \approx 2 \cdot 1,4 \cdot 10^{-12}$ mm mit dem mittleren Abstand $a_e \approx \sqrt{\Delta A/\Delta n} \approx 1,15 \cdot 10^{-3}$ mm, der etwa dem 10^9-fachen des Elektronendurchmessers entspricht, in ihrer Diskretisierung unvorstellbar „lückenhaft" in der Oberfläche verteilt.

Für viele Aufgaben darf man einen realen Leiter mit seiner Oberflächenladung auch idealisiert als Linienleiter mit der als kontinuierlich verteilt definierten Linienladungsdichte $\lambda = Q/l$ (s. Abschn. 2.2.2.2) annehmen, für die Leiter in Beispiel 5.2 also mit $\lambda = 5,68 \cdot 10^{-9}$ C/m. Stellt man sich nun aber diesen „Ladungsfaden" diskret mit den die Ladung tragenden Elektronen vor, so wären diese auf der Ladungslinie mit einem Abstand $a = e_e/\lambda = 1,6 \cdot 10^{-19}$ C$/(5,68 \cdot 10^{-9}$ C/m$) = 2,82 \cdot 10^{-8}$ mm aufgereiht, der dem 10^4-fachen ihres Durchmessers entspricht.

Real tritt die in einer Oberfläche befindliche Ladung natürlich mit einer von Null verschiedenen Schichtdicke auf. Beispielsweise könnte sich in der in Bild **2.7b** skizzierten ebenen Platte A eine Raumladung $\varrho(x,y,z)$ über eine Schichtdicke δ unter der rechtsseitigen Oberfläche A erstrecken. Die Ladung der Oberflächenschicht $Q = \int_A \int_\delta \varrho(x,y,z)\,\mathrm{d}x\,\mathrm{d}A$ ergibt sich dann entsprechend Gl.(2.7) durch Integration von ϱ über die Schichtdicke δ und die Fläche A. Bezieht man diese Ladung Q auf die Oberfläche, d. h., bestimmt man entsprechend Gl.(2.15) die Flächenladungsdichte $\sigma = \mathrm{d}Q/\mathrm{d}A$, entfällt die Integration über A, und man bekommt die Flächenladungsdichte

$$\sigma(y,z) = \int_\delta \varrho(x,y,z)\,\mathrm{d}x \qquad (2.19)$$

an der Stelle (y, z) durch Integration der Raumladungsdichte $\varrho(x,y,z)$ über δ an dieser Stelle.

Man erkennt aus dem Integral in Gl.(2.19), daß die Definiton der Flächenladungsdichte $(\sigma > 0)$ die Vorstellung einer in der Fläche der Dicke Null $(\delta \to 0)$ idealisiert angenommenen Ladung mit einer gegen Unendlich strebenden Raumladungsdichte $(\varrho \to \infty)$ erfordert.

Bei in einer Schichtdicke $\delta > 0$ über die Flächen gleichmäßig verteilter endlicher Raumladungsdichte ϱ vereinfacht sich Gl.(2.19) für die ebene Fläche zum Produkt

$$\sigma = \varrho\delta\ . \qquad (2.20)$$

2.2.2.2 Linienladungsdichte. Wird ein Leiter aus einer Entfernung betrachtet, die groß ist gegenüber seinen Querschnittsabmessungen, so können diese als vernachlässigbar klein, also mit Null und damit der Leiter als Linie angenommen werden. Die Geometrie der Leitermittellinie wird als die des Linienleiters angenommen. In Bild 2.8a ist beispielsweise ein Linienleiter der Länge l dargestellt,

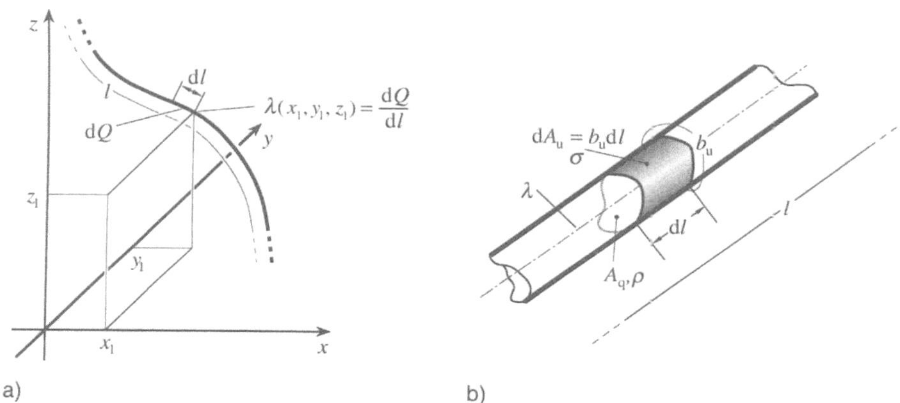

2.8 Linienladungsdichte $\lambda(x,y,z)$ idealisiert (a) und aus der Flächen- bzw. Raumladungsdichte auf der Oberfläche bzw. über den Querschnitt eines Leiters nach Gl.(2.25) bestimmt (b)

entlang dem sich die Ladung Q beliebig gleich- oder ungleichmäßig verteilt. In einem Leiterelement Δl befindet sich die Ladung ΔQ, deren Verteilung als homogen aufgefaßt werden kann, wenn Δl gegen Null strebt ($\Delta l \to 0$). Man kann dann die mit der Länge ($\Delta l \to 0$) auch gegen Null strebende Ladung ($\Delta Q \to 0$) auf die Länge Δl beziehen und bekommt so einen Grenzwert, der die L i n i e n l a d u n g s d i c h t e

$$\lambda = \lim_{\Delta l \to 0} \frac{\Delta Q}{\Delta l} = \frac{\mathrm{d}Q}{\mathrm{d}l} \qquad (2.21)$$

definiert. Die Linienladungsdichte ist entsprechend der Leitergeometrie eine Ortsfunktion $\lambda(x,y,z)$. Ist die Linienladungsdichte λ bekannt, so kann auch für einen Linienleiter der Länge l die Ladung

$$Q = \int_l \lambda(x,y,z)\,\mathrm{d}l \qquad (2.22)$$

berechnet werden. Umgekehrt kann allerdings nicht unbedingt aus der Ladung Q auch deren Verteilung, also die Linienladungsdichte λ, berechnet werden, da diese im Zusammhang mit dem von ihr ausgehenden Feld bestimmt ist, wie in Abschn. 3.3.1 erläutert ist. Nur für den Sonderfall der gleichmäßig über eine Leiterlänge l verteilten Ladung Q gilt

$$\lambda = Q/l \tag{2.23}$$

mit λ konstant über l.

In bzw. auf realen Leitern erstreckt sich die Ladungsverteilung naturgemäß immer in von Null verschiedenen Ausdehnungen. In Bild **2.8b** ist beispielsweise ein Leiter mit dem Querschnitt A_q und dem Umfang b_u skizziert. Erstreckt sich die Ladungsverteilung über seinen Querschnitt oder seine Oberfläche, so ist sie mit der Raumladungsdichte ϱ oder der Flächenladungsdichte σ angegeben. Entsprechend Gln.(2.7)o.(2.16) ergibt sich dann für einen Leiter der Länge l die Ladung

$$Q = \iint\limits_{l\,A_\mathrm{q}} \varrho\, \mathrm{d}A_\mathrm{q}\, \mathrm{d}l \qquad \text{oder} \qquad Q = \iint\limits_{l\,b_\mathrm{u}} \sigma\, \mathrm{d}b_\mathrm{u}\, \mathrm{d}l\,. \tag{2.24}$$

Bezieht man diese Ladung Q auf die Länge des Leiters, d. h., bestimmt man entsprechend Gl.(2.21) die Linienladungsdichte $\lambda = \mathrm{d}Q/\mathrm{d}l$, so entfällt die Integration über die Länge, und man bekommt die Linienladungsdichte

$$\lambda = \int\limits_{A_\mathrm{q}} \varrho\, \mathrm{d}A_\mathrm{q} \qquad \text{oder} \qquad \lambda = \int\limits_{b_\mathrm{u}} \sigma\, \mathrm{d}b_\mathrm{u} \tag{2.25}$$

an einer bestimmten Stelle des Leiters durch Integration der Raumladungsdichte ϱ über den Leiterquerschnitt A_q oder der Flächenladungsdichte σ über den Leiterumfang b_u an dieser Stelle.

Man erkennt aus den Integralen der Gl.(2.25), daß die Definition der Linienladung die Vorstellung einer idealisiert in oder auf der Linie konzentrierten Ladung mit einer gegen Unendlich strebenden Raumladungsdichte oder Flächenladungsdichte erfordert.

Bei gleichmäßiger Verteilung der Raumladungsdichte ϱ über den Leiterquerschnitt A_q bzw. der Flächenladungsdichte σ über den Leiterumfang b_u vereinfacht sich Gl.(2.25) für den geraden Leiter zum Produkt

$$\lambda = \varrho A_\mathrm{q} \qquad \text{bzw.} \qquad \lambda = \sigma b_\mathrm{u}\,. \tag{2.26}$$

2.2.2.3 Punktladung. Sind die räumlichen Abmessungen eines geladenen Gebietes mit dem Volumen V (s. Bild **2**.9) vernachlässigbar klein gegenüber dem Betrachtungsabstand r, so läßt sich ihre Ladung Q als in einem Punkt (Abmessung Null) konzentriert annehmen. Die so idealisiert angenommene Ladung, als Punktladung Q_p bezeichnet, läßt sich (einfacher, als wenn sie über ein Raumgebiet verteilt ist) mit einer einzigen Ortsangabe, z. B. in Bild **2**.9 mit x_1, y_1, z_1, beschreiben.

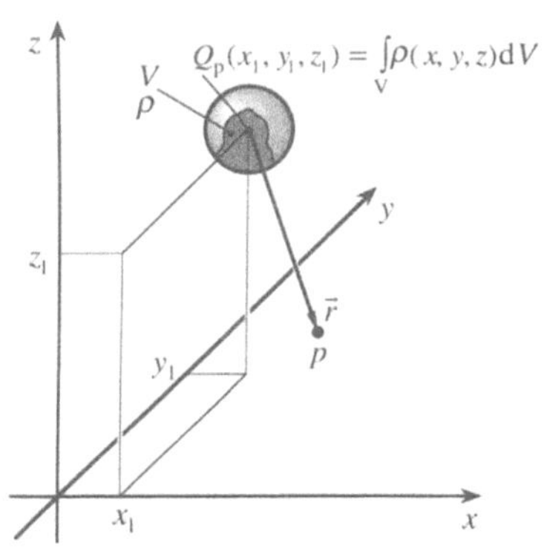

2.9 Ladungsgebiet V als Punktladung Q_p dargestellt

Die Punktladung Q_p unterscheidet sich von der infinitesimalen Ladung $\mathrm{d}Q$, die ebenfalls als in einem gegen Null gehenden Volumen $\mathrm{d}V$ auftretend angenommen und somit auch häufig – abgekürzt – als Punktladung bezeichnet wird. Die i n f i n i t e s i m a l e L a d u n g $\mathrm{d}Q$ geht zusammen mit ihrem infinitesimalen Volumen $\mathrm{d}V$ gegen Null, so daß der Grenzwert des Quotienten $\mathrm{d}Q/\mathrm{d}V$ dem endlichen Wert der Raumladungsdichte ϱ nach Gl.(2.6) entspricht; dagegen erfordert die Punktladung $Q_\mathrm{p} = \int_V \varrho\,\mathrm{d}V$ die Vorstellung einer Integration der gegen Unendlich strebenden Raumladungsdichte ($\varrho \to \infty$) über das gegen Null strebende Volumen ($V \to 0$). Wenn Flächen- bzw. Linienladungen als Punktladungen $Q_\mathrm{p} = \int_A \sigma\,\mathrm{d}A$ bzw. $Q_\mathrm{p} = \int_l \sigma\,\mathrm{d}l$ aufgefaßt werden, müssen die Annahmen $\sigma \to \infty$ und $A \to 0$ bzw. $\lambda \to \infty$ und $l \to 0$ getroffen werden. Den infinitesimalen Punktladungen $\sigma\,\mathrm{d}A$ bzw. $\lambda\,\mathrm{d}l$ entsprechen dagegen endliche Flächen- bzw. Linienladungsdichten.

– P u n k t l a d u n g e n Q_p erfordern die Vorstellung einer gegen Unendlich strebenden Raumladungsdichte ($\varrho \to \infty$); in i n f i n i t e s i m a l e n P u n k t l a d u n g e n $\mathrm{d}Q$ ist die Raumladungsdichte endlich.

Beispiel 2.5. Ein Elektron wird häufig als Punktladung $e = -1,6 \cdot 10^{-19}$ C aufgefaßt. Das erfordert aber die Vorstellung, daß für ein so aufgefaßtes Elektron mit dem Volumen $V \to 0$ eine Raumladungsdichte $\varrho = e/V \to -\infty$ anzunehmen ist. Da das Elektron zwar unvorstellbar klein ist, aber immer noch räumliche Ausdehnungen hat, ist auch seine Raumladungsdichte endlich. Nimmt man es beispielsweise kugelförmig mit dem Radius $R_\mathrm{e} \approx 1,4 \cdot 10^{-12}$ mm an, berechnet man entsprechend Gl.(2.8) die Raumladungsdichte $\varrho_\mathrm{e} \approx -1,6 \cdot 10^{-19}$ C/$[(1,4 \cdot 10^{-12}$ mm$)^3 4\pi/3] \approx -13,9 \cdot 10^{15}$ C/mm^3 mit einem unvorstellbar großen, aber endlichen Wert.

2.3   Grundgesetze über die räumliche Ladungsverteilung

Aus dem in Abschn. 2.1 erläuterten wichtigen Merkmal der Ladungserhaltung können zwei fundamentale Gesetze abgeleitet werden (s. Bild **2**.10), denen alle Änderungen räumlicher Ladungsverteilungen, wie immer sie erfolgen, genügen. Sie liefern somit den Ansatz für die Lösungen vieler Aufgabenstellungen.

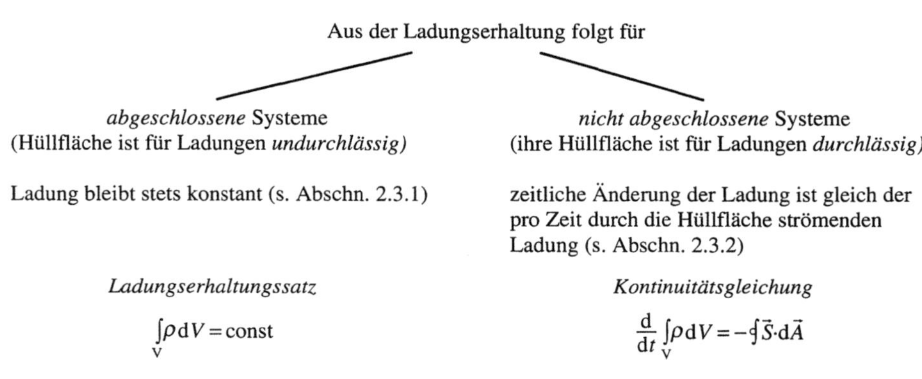

$$\int_V \rho\, dV = \text{const} \qquad \frac{d}{dt} \int_V \rho\, dV = -\oint \vec{S}\cdot d\vec{A}$$

2.10   Grundgesetze der Ladungserhaltung

2.3.1   Ladungserhaltungssatz

In einem Gebiet, dessen Grenzen für Materie, d. h. auch für Elektronen oder Protonen, undurchlässig sind, bleibt die Ladung Q entsprechend Gl.(2.4) stets konstant. Man bezeichnet diese bis heute nicht widerlegte Erfahrung als Ladungserhaltungssatz und bezeichnet das Gebiet, in dem er gilt, als ein a bg e s c h l o s s e n e s   S y s t e m.

Befinden sich in einem abgeschlossenen System n Ladungen Q_ν, von denen jede für sich in einem beliebigen Teilgebiet dieses Systems beliebig verteilt sein kann, z. B. auf unterschiedlichen Elektroden konzentriert, so lautet die mathematische Formulierung des L a d u n g s e r h a l t u n g s s a t z e s

$$\sum_{\nu=1}^{n} Q_\nu = \text{const} \tag{2.27}$$

oder mit der Raumladungsdichte nach Gl.(2.6)

$$\int_{\substack{V \text{ des abgeschlos-}\\ \text{senen Systems}}} \varrho \, dV = \text{const} \, . \tag{2.28}$$

Sind idealisierte Ladungsverteilungen gegeben, so kann in Gl.(2.28) das Produkt $\varrho \, dV = dQ$ durch das Produkt $\sigma \, dA$ nach Gl.(2.15) bzw. $\lambda \, dl$ nach Gl.(2.21) ersetzt werden.

$$\int_{\substack{A \text{ innerhalb des abge-}\\ \text{schlossenen Systems}}} \sigma \, dA = \text{const} \tag{2.29}$$

$$\int_{\substack{l \text{ innerhalb des abge-}\\ \text{schlossenen Systems}}} \lambda \, dl = \text{const} \tag{2.30}$$

– In abgeschlossenen Gebieten V kann sich die räumliche Verteilung der Ladung immer nur so ändern, daß ihre Summe konstant bleibt ($\sum Q = \text{const}$ bzw. $\int \varrho \, dV = \text{const}$). Man spricht daher auch häufig statt von einer Ladungsverschiebung von einer Ladungstrennung.

Beispiel 2.6. In Bild **2.11** sind zwei Metallplattenpaare (Plattenkondensatoren) *1* und *2* dargestellt, die wie skizziert über einen Schalter *3* leitend miteinander verbunden werden können.

Im Anfangszustand sollen die beiden Platten des Paares *1* die gleich großen Ladungen $Q_{11a} > 0$ und $Q_{12a} = -Q_{11a}$ unterschiedlicher Polarität und das zweite Plattenpaar keine Ladung aufweisen, d. h., es gilt

$$Q_{11a} + Q_{12a} = 0 \qquad \text{und} \qquad Q_{21a} = Q_{22a} = 0 \, .$$

Solange der Schalter geöffnet ist, bleibt dieser Ladungzustand erhalten.

Wird der Schalter geschlossen, findet ein Ladungsausgleich zwischen den dann leitend miteinander verbundenen Plattenpaaren *1* und *2* statt, der aber nur so erfolgen kann, daß der Ladungserhaltungssatz [Gl.(2.27)] erfüllt ist.

Betrachtet man den ganzen Raum $V = V_1 + V_2$, so gilt für die sich nach erfolgtem Ladungsausgleich auf beiden Plattenpaaren einstellende Endladung

$$\sum_V Q_{\nu e} = Q_{11e} + Q_{12e} + Q_{21e} + Q_{22e} = \sum_V Q_{\nu a} = Q_{11a} + Q_{12a} = 0 \, .$$

Da die Ladung sich nur innerhalb der leitenden Verbindungen bewegen kann, läßt sich ein in Bild **2.11** gestrichelt eingezeichneter Raum V_1 vorstellen, dessen Grenzfläche zwischen den Plattenpaaren verläuft, so daß er jeweils nur eine Platte und deren leitende Verbindung einschließt. Dieser Raum gilt als abgeschlossen, da durch seine Oberfläche keine leitende Verbindung geht, also keine Ladung ein- oder austreten kann. Der Ladungserhaltungssatz verlangt für diesen abgeschlossenen Raum, daß die eingeschlossene Ladung konstant bleibt, also vor und nach Schließen des Schalters gleich ist. Damit gilt, daß die bei göffnetem Schalter eingeschlossene Ladung Q_{11a} gleich ist der sich nach Schließen des Schalters einstellenden $Q_{11e} + Q_{21e}$. Sinngemäße Betrachtungen gelten für den Raum V_2 mit den Plattenladungen Q_{12} und Q_{22}.

$$\sum_{V_1} Q_{\nu e} = Q_{11e} + Q_{21e} = \sum_{V_1} Q_{\nu a} = Q_{11a}\,;\qquad \sum_{V_2} Q_{\nu e} = Q_{12e} + Q_{22e} = \sum_{V_2} Q_{\nu a} = Q_{12a}$$

Um bei bekannter Anfangsladung Q_a des Plattenpaares *1* die zwei sich bei geschlossenem Schalter einstellenden unbekannten Ladungen der Plattenpaare *1* und *2* bestimmen zu können, benötigt man noch eine weitere Gleichung, die aus dem Spannungssatz gewonnen wird, der erst in den späteren Abschnitten erläutert ist.

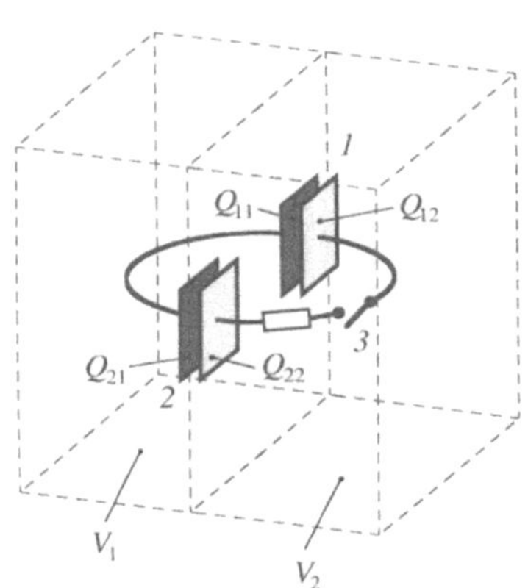

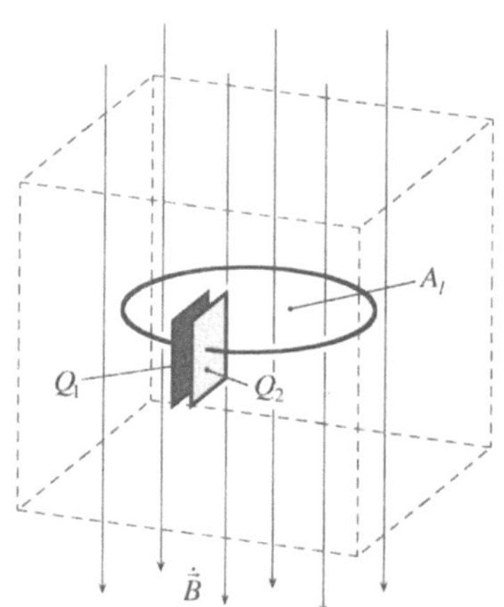

2.11 Ladungsaustausch (Umladung) zwischen zwei Plattenkondensatoren

2.12 Ladungstrennung im Plattenkondensator durch Einwirkung eines zeitveränderlichen Magnetfeldes

Beispiel 2.7. In Bild **2.12** sind zwei Metallplatten dargestellt, die einander planparallel, durch eine Isolationsschicht getrennt, gegenüberstehen und die durch einen Leiter, der die Fläche A_l einschließt, miteinander verbunden sind. Tritt in der Fläche A_l ein sich zeitlich änderndes Magnetfeld ($\mathrm{d}\vec{B}/\mathrm{d}t = \dot{\vec{B}} \neq 0$) auf, so werden Elektronen von der einen Platte auf die andere verschoben, d. h., die eine Platte wird positiv, die andere negativ geladen (die hier zunächst nicht interessierende Erläuterung dieses Vorganges erfolgt erst in Abschn. 5). Diese Ladungsverschiebung kann aber nur so erfolgen, daß in einem das Plattenpaar und dessen leitende Verbindung einschließenden Raum (in

Bild **2.**12 gestrichelt eingezeichnet) die Ladung stets konstant ist. Sind beispielsweise die Platten ungeladen ($Q_{1a} = Q_{2a} = 0$) und tritt dann ein sich zeitlich änderndes Magnetfeld auf, so kann sich die Plattenladung in der Folge nur so ändern, daß immer

$$\sum_{\nu=1}^{n} Q_\nu = Q_1 + Q_2 = 0 \qquad \text{also} \qquad Q_1 = -Q_2$$

gilt. Die Platten können also nur eine jeweils gleich große Ladung unterschiedlichen Vorzeichens haben.

Schon hier sei darauf verwiesen, daß mit einer Ladungsverschiebung (Ladungstrennung) immer Energiewandlungen verbunden sind. Bei der durch das Magnetfeld in Beispiel 2.7 verursachten Ladungstrennung wird magnetische Energie in elektrische umgeformt. Hier ist also der im Sinne des Ladungserhaltungssatzes als abgeschlossen geltende Raum V im Sinne des E n e r g i e e r h a l t u n g s - s a t z e s nicht abgeschlossen, d. h., über seine Oberfläche kann durch das sich zeitlich ändernde Magnetfeld $\dot{\vec{B}}$ zwischen dem eingeschlossenen und dem umgebenden Raum Energie ausgetauscht werden. Bei der Ladungsverschiebung zwischen den Plattenpaaren in Beispiel 2.6 wird elektrische Energie in Wärmeenergie umgeformt, die im Leitungswiderstand R auftritt. Hier gilt nur der gesamte Raum $V = V_1 + V_2$ im Sinne des Ladungs- und des Energieerhaltungssatzes als abgeschlossen.

Abschließend sei noch festgestellt, daß die Ladung relativistisch invariant ist, d. h., eine Ladung Q wird von Beobachtern in Systemen, die gegenüber dieser Ladung Q unterschiedliche Geschwindigkeiten haben, immer mit dem gleichen Wert Q festgestellt. In diesem Merkmal unterscheidet sich also die Ladung grundsätzlich von der Masse, die geschwindigkeitsabhängig ist.

2.3.2 Kontinuitätsgleichung

Kann durch die ein Raumgebiet V begrenzende Hüllfläche Ladung fließen, so muß sich die Ladung Q in diesem Raumgebiet genau um den durch die Hüllfläche fließenden Ladungsanteil ändern, da Ladung nicht entstehen oder verschwinden kann. Um diesen verbal einleuchtenden Tatbestand auch mathematisch auswertbar zu formulieren, werden die durch die Hüllfläche strömenden Ladungen und die dadurch bedingte Ladungsänderung innerhalb des durch die Hüllfläche begrenzten Raumes auf die Zeit bezogen und gleich gesetzt, wie im folgenden erläutert ist.

Wie in Abschn. 4, Gl.(4.15)u.(4.32a) hergeleitet, läßt sich die pro Zeit dt durch eine Fläche A fließende Ladung $dQ/dt = \int_A \vec{S}\cdot d\vec{A} = I$ auch über die Stromdichte

$\vec{S}$ oder den Strom I beschreiben. Betrachtet man ein Raumgebiet, z. B. das in Bild **2.**13 skizzierte, so ist das Integral der Stromdichte $\vec{S}$ über die das Raumgebiet V einschließende Hüllfläche A entsprechend Gl.(4.32a) die pro Zeit durch diese Hüllfläche strömende Ladung $\mathrm{d}Q_H/\mathrm{d}t = \oint \vec{S}\cdot\mathrm{d}\vec{A}$, die aber gleich sein muß der zeitlichen Ladungsänderung $\mathrm{d}Q_\mathrm{V}/\mathrm{d}t$ in dem eingeschlossenen Raumgebiet V. Bestimmt man über die Raumladungsdichte ϱ die Ladung des Raumgebietes $Q_\mathrm{V} = \int_V \varrho\,\mathrm{d}V$ [s. Gl.(2.7)] und setzt deren zeitliche Änderung $\mathrm{d}Q_V/\mathrm{d}t$ gleich der pro Zeit durch die Hüllfläche strömenden Ladung $\mathrm{d}Q_\mathrm{H}/\mathrm{d}t$, ergibt sich die allgemeine Form der K o n t i n u i t ä t s g l e i c h u n g

$$\frac{\mathrm{d}}{\mathrm{d}t} \int\limits_V \varrho\,\mathrm{d}V = - \oint \vec{S}\cdot\mathrm{d}\vec{A}\,. \qquad (2.31)$$

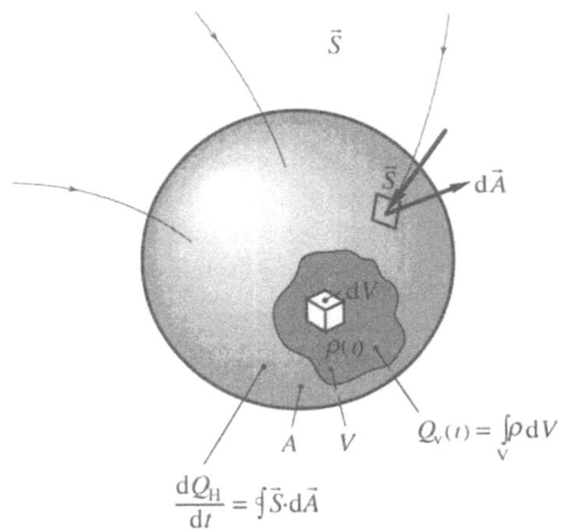

2.13 Änderung der Raumladung Q_v im Volumen infolge Stromdichte $\vec{S}$ durch die Hüllfläche um V

Das negative Vorzeichen folgt aus der allgemeinen formalen Festlegung, daß der Flächenvektor $\mathrm{d}\vec{A}$ einer Hüllfläche als aus dem eingeschlossenen Volumen herausweisend anzutragen ist (s. Bild **2.**13). Eine in die Hüllfläche gerichtete Stromdichte $\vec{S}$, die also die Ladung im Inneren vergrößert ($\mathrm{d}Q/\mathrm{d}t$ positiv), ergibt aber mit dem aus der Hülle herausweisenden Flächenvektor $\mathrm{d}\vec{A}$ einen negativen Wert des Skalarproduktes $\vec{S}\cdot\mathrm{d}\vec{A}$, der durch das negative Vorzeichen in Gl.(2.31) wieder auf ein positives $\mathrm{d}Q/\mathrm{d}t$ führt, was einer größer werdenden, eingeschlossenen Ladung entspricht.

Je nach Aufgabenstellung kann in Gl.(2.31) selbstverständlich $\varrho\,\mathrm{d}V$ durch $\sigma\,\mathrm{d}A$ bzw. $\lambda\,\mathrm{d}l$ ersetzt werden (s. Tafel **2.**6), oder es können die integralen Größen $\sum Q = \int \varrho\,\mathrm{d}V$ [s. Gl.(2.7)] und $\sum I = \oint \vec{S}\cdot\mathrm{d}\vec{A}$ [s. Gl.(4.62b)] eingeführt werden.

$$\frac{\mathrm{d}}{\mathrm{d}t} \sum_{\nu=1}^{n} Q_\nu = - \sum_{\mu=1}^{m} I_\mu \qquad (2.32)$$

Zu beachten ist, daß definitionsgemäß die Zählpfeile für die Ströme I_μ wie die Vektoren $\mathrm{d}\vec{A}$ aus der Hülle herausweisend anzutragen sind (s. Abschn. 4.5.1.1).

– Das Hüllenintegral der elektrischen Stromdichte $\vec{S}$ bzw. die Summe aller aus einer Hüllfläche fließenden Ströme ist gleich der negativen Änderungsgeschwindigkeit der von der Hüllfläche eingeschlossenen Ladung.

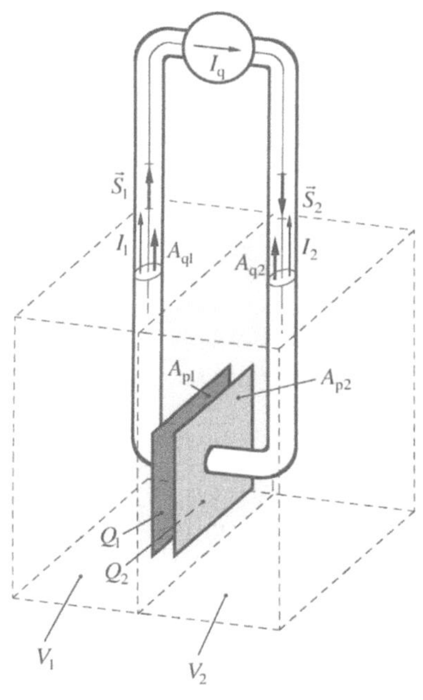

Beispiel 2.8. In Bild **2.14** sind zwei planparallele Platten A_p1 und A_p2 dargestellt, die durch Leitungen mit einer Stromquelle I_q verbunden sind. Stellt man sich das Plattenpaar in dem in Bild **2.14** gestrichelt eingezeichneten Raum $V = V_1 + V_2$ eingeschlossen vor (die skizzierte Trennwand ist zunächst nicht zu beachten), so gilt dieser als nicht abgeschlossen, da ihm über die Leitungen mit den Querschnitten A_q Ladungen zugeführt oder entzogen werden können. Mit den Bezeichnungen nach Bild **2.14** und den Umrechnungen $\int_V \varrho\,\mathrm{d}V = \int_{A_\mathrm{p1}} \sigma\,\mathrm{d}A_1 + \int_{A_\mathrm{p2}} \sigma\,\mathrm{d}A_2 = Q_1 + Q_2$ bzw. $\oint \vec{S}\cdot\mathrm{d}\vec{A} = \int_{A_\mathrm{q1}} \vec{S}_1\cdot\mathrm{d}\vec{A}_1 + \int_{A_\mathrm{q2}} \vec{S}_2\cdot\mathrm{d}\vec{A}_2$ gilt die Kontinuitätsgleichung

$$\frac{\mathrm{d}}{\mathrm{d}t}(Q_1 + Q_2) = -\left[\int\limits_{A_\mathrm{q1}} \vec{S}_1\cdot\mathrm{d}\vec{A}_1 + \int\limits_{A_\mathrm{q2}} \vec{S}_2\cdot\mathrm{d}\vec{A}_2 \right].$$

$$(2.33)$$

2.14 Zur Erläuterung der Kontinuitätsgleichung in Beispiel 2.8 und 2.9

Ist der aus dem Raum V fließende Strom $I_1 = \int_{A_\mathrm{q1}} \vec{S}\cdot\mathrm{d}\vec{A}_1 = I_\mathrm{q}$ betragsgleich dem hineinfließenden $I_2 = \int_{A_\mathrm{q2}} \vec{S}\cdot\mathrm{d}\vec{A}_2 = -I_\mathrm{q}$, so folgt aus der Kontinuitätsgleichung

$$\frac{\mathrm{d}}{\mathrm{d}t}(Q_1 + Q_2) = -(I_1 + I_2) = -[I_\mathrm{q} + (-I_\mathrm{q})] = 0, \qquad (2.34)$$

daß

$$\frac{\mathrm{d}Q_1}{\mathrm{d}t} = -\frac{\mathrm{d}Q_2}{\mathrm{d}t} \qquad (2.35)$$

ist. Die Ladung Q nimmt auf beiden Platten mit der gleichen Änderungsgeschwindigkeit $\mathrm{d}Q/\mathrm{d}t$ zu bzw. ab.

Beispiel 2.9. Für die in Beispiel 2.8 beschriebene Anordnung ist die Flächenladungsdichte σ auf der Platte *1* zeitabhängig zu berechnen für den Fall, daß zum Zeitpunkt $t = 0$ die Flächenladungsdichte Null ist ($\sigma = 0$) und eine Quelle mit konstantem Strom I_q in der eingezeichneten Orientierung eingeschaltet wird.

Man stellt sich den in Bild **2.14** gestrichelt eingezeichneten Raum V_1 vor, dessen Hüllfläche zwischen dem Plattenpaar verläuft (in Bild **2.14** gerastert gezeichnet).Er schließt also die Platte A_{p1} ein und schneidet die Zuleitung in deren Querschnitt A_{q1}. Für diesen Raum V_1 gilt die Kontinuitätsgleichung

$$\frac{\mathrm{d}}{\mathrm{d}t} \int\limits_{V_1} \varrho\,\mathrm{d}V = - \oint\limits_{V_1} \vec{S}\cdot\mathrm{d}\vec{A} = - \int\limits_{A_{q1}} \vec{S}_1\cdot\mathrm{d}\vec{A} = -I_1 = -I_q\,. \tag{2.36}$$

Wie in Beispiel 3.7 erläutert, sammeln sich bei planparallelen Platten geringen Abstandes die Ladungen unterschiedlicher Polarität ausschließlich auf den innen liegenden Plattenoberflächen an und verteilen sich dort gleichmäßig, so daß $\int_{V_1} \varrho\,\mathrm{d}V$ durch $\int_{A_{p1}} \sigma_1\,\mathrm{d}A$ und dieses dann durch $\sigma_1 A_{p1}$ ersetzt werden kann. Damit ergibt sich Gl.(2.36) in der Form

$$\frac{\mathrm{d}}{\mathrm{d}t} \int\limits_{V_1} \varrho\,\mathrm{d}V = \frac{\mathrm{d}}{\mathrm{d}t}(\sigma_1 A_{p1}) = -I_1 = -I_q\,, \tag{2.37}$$

die sich explizit nach der Flächenladungsdichte

$$\sigma_1 = -\frac{1}{A_{p1}} \int\limits_{t=0}^{t} I_1\,\mathrm{d}\tau = -\frac{I_q}{A_{p1}}t \tag{2.38}$$

auflösen läßt. Wird also ein konstanter Strom I_q in der in Bild **2.14a** skizzierten Orientierung ($I_q > 0$) von der Quelle eingeprägt, steigt auf der Platte *1* eine negative Flächenladungsdichte linear mit der Zeit an (die entgegen der positiven Stromrichtung fließenden Elektronen sammeln sich auf der Plattenoberfläche).

Stellt man die gleiche Rechnung für den Raum V_2 um die Platte *2* an, so ergibt sich für diese aus $\mathrm{d}/\mathrm{d}t[\sigma_2 A_{p2}] = - \int_{A_{q2}} \vec{S}_2\cdot\mathrm{d}\vec{A} = -I_2 = -(-I_q)$ die ebenfalls ansteigende, aber positive Flächenladungsdichte [$\sigma_2 = (I_q/A_{p2})\,t$]. Auf jeder der Platten A_{p1} und A_{p2} hat also die Ladung $Q_1 = \sigma_1 A_{p1}$ bzw. $Q_2 = \sigma_2 A_{p2}$ zu jeder Zeit bei unterschiedlichen Vorzeichen den gleichen Wert ($Q_1 = -Q_2$).

3 Elektrostatisches Feld

In diesem Abschnitt wird der einfachste Fall ortsfest gegebener Ladung betrachtet, so daß die räumliche Ladungsverteilung über eine zeitkonstante Ortsfunktion beschrieben werden kann. Die Definitionen und Gesetze des von solchen ortsfesten Ladungen ausgehenden zeitkonstanten elektrischen Feldes (s. Bild 1.3, Zweig 2a) sind zunächst in Abschnitt 3.1 für den leeren Raum und erst in Abschnitt 3.2 für den materieerfüllten Raum erklärt.

Diese Aufteilung erscheint zweckmäßig, da die Gültigkeit der für den leeren Raum abgeleiteten Gleichungen durch die Einführung einer Materialkennziffer (Permittivität ε_r), mit der die elektrische Feldkonstante ε_0 multipliziert wird ($\varepsilon = \varepsilon_0 \varepsilon_r$), weitgehend auf den Materieraum ausgedehnt werden kann.

3.1 Elektrostatisches Feld im leeren Raum

Bei der feldtheoretischen Erläuterung elektrostatischer Felder im leeren Raum ist die Raumladungsdichte ϱ wie die daraus abgeleitete elektrische Feldstärke als eine abstrakte Zustandsgröße des leeren Raumes aufzufassen, der keine körperliche Existenz zugeordnet ist (s. Abschn. 2.2.1.3). Wird also in diesem Zusammenhang z. B. eine Ladung Q als gleichmäßig über ein begrenztes Kugelvolumen $V = R^3 4\pi/3$ verteilt angenommen, so kommt diesem Kugelvolumen wohl der Raumzustand der Ladungsdichte $\varrho = Q/V$ zu, er kann aber im feldtheoretischen Sinne als körperlich leer angenommen werden. Viele einfache Felder der Elektrostatik im leeren Raum werden nun aber gerade durch die Beibehaltung der Vorstellung, daß sie von einer letztlich in den Elementarladungen körperlich existenten Ladung ausgehen, als noch relativ anschaulich empfunden. In diesem Abschnitt wird daher insofern ein Kompromiß zwischen streng abstrakter Theorie und deren anschaulicher Erläuterung geschlossen, als von „Ladungen im ansonsten leeren Raum" gesprochen wird. Bei diesen beispielhaft angezogenen Erläuterungen werden dann räumlich begrenzte Ladungsverteilungen angesprochen, z. B. in einem Kugelvolumen oder auf einer Fläche verteilt, und dabei wird dem Eindruck nicht explizit widersprochen, sie könnten auch an körperliche Träger gebunden sein. Ausdrücklich betont sei aber, daß dabei nur Vorstellungen von körperlichen Trägern zulässig sind, die in ihrer Art oder/und räumlicher Anordnung so beschaffen sind, daß sie das Feld, welches mit den streng nur für den leeren Raum gültigen Gesetzen berechnet wird, in keiner Weise beeinflussen.

3.1.1 Wesen und Definition des elektrischen Feldes

Die Theorie des elektromagnetischen Feldes basiert letztlich auf der allein experimentell nachgewiesenen Kraftwirkung zwischen Ladungen, wie sie im Coulombschen Gesetz formuliert ist. Es ist daher im folgenden, ausgehend vom Coulombschen Gesetz (s. Abschn. 3.1.1.1), die Modellvorstellung des elektrischen Feldes erläutert (s. Abschn. 3.1.1.2).

3.1.1.1 Coulombsches Gesetz und Überlagerungsprinzip. Nach allen Erfahrungen und experimentellen Untersuchungen ist die Kraftwirkung zwischen zwei Ladungen Q_1 und Q_2 (s. Bild **3.1**a) proportional dem Produkt dieser Ladungen, aber umgekehrt proportional dem Quadrat ihres Abstandes r.

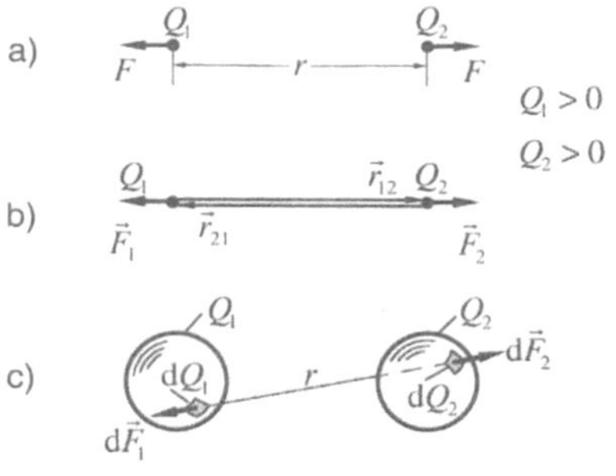

$$|\vec{F}| \sim \frac{|Q_1 Q_2|}{r^2} \tag{3.1}$$

Diese Gesetzmäßigkeit wurde bereits von Priestley verbal formuliert, aber erst von Coulomb als mathematische Gleichung mit Hilfe einer Torsionswaage 1785 quantitativ bestätigt. Nahezu gleichzeitig wurde diese Gesetzmäßigkeit auch durch Henry Cavendish 1772 bereits mit einer Genauigkeit von 2% experimentell bewiesen, was aber lange unbekannt blieb.

3.1 Kraftwirkung zwischen elektrischen Ladungen: a) und b) Punktladungen, c) räumlich ausgedehnte Ladungen

In der historischen Entwicklung schrieb man die Proportion nach Gl.(3.1) zunächst als Gleichung $F = Q_1 Q_2 / r^2$, nach der die Ladung Q als Definitionsgröße in das elektrostatische Maßsystem (Dreiersystem) eingeführt wurde [7]. In dem heute üblichen SI-Einheitensystem (Vierersystem) [7] ist der Strom als elektrische Basisgröße eingeführt, so daß bei der Überleitung der Proportion Gl.(3.1) in eine Gleichung eine zusätzliche Größe eingeführt werden muß, die als elektrische Feldkonstante ε_0 bezeichnet wird. Damit ergibt sich in rationaler Schreibweise, d.h. mit der Konstanten 4π [7], die Betragsgleichung

$$|\vec{F}| = \frac{1}{4\pi\varepsilon_0} \frac{|Q_1 Q_2|}{r^2}, \tag{3.2}$$

die heute als Coulombsches Gesetz bezeichnet wird. Die elektrische Feldkonstante ε_0 kann experimentell über Wägeverfahren oder neuerdings auch über die Ausbreitungsgeschwindigkeit $c_0 = (\varepsilon_0 \mu_0)^{-1/2}$ elektromagnetischer Wellen im Vakuum bestimmt werden.

Die elektrische Feldkonstante

$$\varepsilon_0 = 8,854188 \cdot 10^{-12} \frac{\text{As}}{\text{Vm}} \tag{3.3}$$

ist entsprechend Gl.(3.2) dimensionsbehaftet, ihr in Gl.(3.3) angegebener Wert gilt als das derzeit beste Meßergebnis.

Entsprechend den zwei Ladungsarten (positive bzw. negative) können anziehende oder abstoßende Kräfte zwischen Ladungen auftreten. Um mit dem Betrag auch Richtung und Orientierung der Kraft gleichungsmäßig formulieren zu können, wird entsprechend Bild **3.**1b der Abstand zwischen den Ladungen als Vektor $\vec{r}$ eingeführt mit folgender Vereinbarung. Der Abstandsvektor $\vec{r}$ wird als auf die Ladung Q weisend angenommen, deren Kraft berechnet werden soll. Zur Berechnung von $\vec{F}_1$ bzw. $\vec{F}_2$ ist also $\vec{r}_{21}$ als von Q_2 nach Q_1 bzw. $\vec{r}_{12}$ als von Q_1 nach Q_2 orientiert anzunehmen. Damit läßt sich das C o u l o m b s c h e   G e s e t z

$$\vec{F}_{1/2} = \frac{1}{4\pi\varepsilon_0} \frac{Q_1 Q_2}{r^2} \left(\frac{\vec{r}_{21/12}}{r} \right) \tag{3.4}$$

als Vektorgleichung schreiben, nach der sich unter Beachtung der Vorzeichen der Ladungen Q_1 und Q_2 die Kraft mit Betrag, Richtung und Orientierung ergibt. Für quantitative Auswertungen wird die experimentell bestimmte elektrische Feldkonstante entsprechend Gl.(3.3) eingesetzt. Das Coulombsche Gesetz nach Gl.(3.4) beschreibt vollständig die Eigenheiten der Kraftwirkungen zwischen ruhenden Ladungen:

- Gleichnamige Ladungen stoßen sich ab, ungleichnamige ziehen sich an, d.h.,
  ist $Q_1 \cdot Q_2$ positiv, wirkt $\vec{F}_{1/2}$ jeweils in der Orientierung $\vec{r}_{21/12}$ (Abstoßung),
  ist $Q_1 \cdot Q_2$ negativ, wirkt $\vec{F}_{1/2}$ jeweils entgegen der Orientierung $\vec{r}_{21/12}$ (Anziehung).
  Es gilt das Reaktionsprinzip, d.h., $\vec{F}_1$ und $\vec{F}_2$ wirken mit gleichen Beträgen, aber entgegengesetzten Orientierungen in der Verbindungsgeraden zwischen Q_1 und Q_2 ($\vec{F}_1 = -\vec{F}_2$).

Das Coulombsche Gesetz Gl.(3.4) gilt streng nur für Punktladungen Q_1 und Q_2 (s. Abschn. 2.2.2.3). Dies ist schon formal einzusehen, da räumlich ausgedehnte Ladungen Q nicht mehr durch eine einzige Ortsangabe $\vec{r}$ in ihrer räumlichen

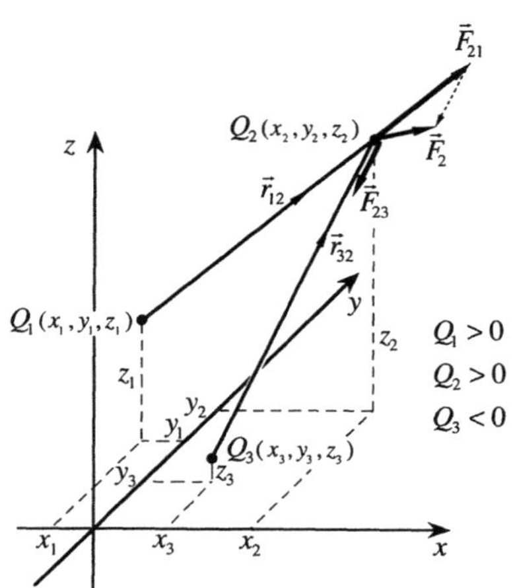

3.2 Überlagerung der Kraftwirkungen

Lage zueinander beschrieben werden können, sondern in infinitesimale Ladungen dQ zerlegt werden müssen, die dann wie Punktladungen mit unterschiedlichen Abständen $\vec{r}$ zueinander liegen (s. Bild **3.1**c). Für praktische Gegebenheiten gilt es aber mit ausreichender Genauigkeit auch für räumlich ausgedehnte Ladungen Q_1 und Q_2, wenn ihre Abmessungen klein sind gegenüber ihrem Abstand.

Das Coulombsche Gesetz ist zwar nur experimentell bewiesen, trotzdem kann nach heutigem Kenntnisstand seine Gültigkeit – wenn überhaupt – nur für extrem kleine Abstände $r <$ $10^{-16}\,$m oder extrem große $r > 10^8\,$m angezweifelt werden.

Überlagerungsprinzip. Befinden sich mehr als zwei, z. B. n Ladungen Q_1, Q_2, ..., Q_n in einem leeren Raum, so läßt sich für die zwischen ihnen wirkenden Kräfte (wenn auch ebenfalls nur experimentell) folgende Regeln beweisen, die nicht selbstverständlich ist.

– Die Kraftwirkung zwischen je zwei Ladungen Q_ν, Q_μ kann für sich, ohne die übrigen Ladungen zu beachten, nach dem Coulombschen Gesetz Gl.(3.4) bestimmt werden, d. h., die jeweils für sich betrachtete Kraftwirkung zwischen je zwei Ladungen wird nicht beeinflußt durch weitere vorhandene Ladungen.

Die auf eine Ladung Q_ν von n Ladungen wirkende Kraft

$$\vec{F}_\nu = \sum_{\substack{\mu=1 \\ \text{außer } \mu=\nu}}^{n} \vec{F}_{\nu\mu} = \sum_{\substack{\mu=1 \\ \text{außer } \mu=\nu}}^{n} \frac{1}{4\pi\varepsilon_0}\frac{Q_\nu Q_\mu}{r_{\mu\nu}^2}\left(\frac{\vec{r}_{\mu\nu}}{r_{\mu\nu}}\right) \tag{3.5}$$

ist gleich der Summe der zwischen dieser Ladung Q_ν und jeder der übrigen Ladungen Q_μ (mit $\mu = 1$ bis n außer ν) wirkenden Einzelkräfte $\vec{F}_{\nu\mu}$.

Beispielsweise werden die in Bild **3.2** skizzierten drei Ladungen betrachtet. Zwischen den Ladungen Q_2 und Q_1 bzw. Q_2 und Q_3 wirkt jeweils die Kraft $\vec{F}_{21}$ bzw. $\vec{F}_{23}$, die nach dem Coulombschen Gesetz Gl.(3.4) – ohne jeweils die dritte Ladung zu beachten – bestimmt ist. Die auf die Ladung Q_2 wirkende resultierende

Kraft

$$\vec{F}_2 = \vec{F}_{21} + \vec{F}_{23} = \frac{Q_2 Q_1}{4\pi\varepsilon_0 r_{12}^2}\left(\frac{\vec{r}_{12}}{r_{12}}\right) + \frac{Q_2 Q_3}{4\pi\varepsilon_0 r_{32}^2}\left(\frac{\vec{r}_{32}}{r_{32}}\right) \tag{3.6}$$

ist gleich der geometrischen Summe der Einzelkräfte $\vec{F}_{21}$ und $\vec{F}_{23}$.

Beispiel 3.1. Das Coulombsche Gesetz ist formal ähnlich dem die Kraftwirkung zwischen zwei Massen m_1 und m_2 beschreibenden Gravitationsgesetz

$$F_\mathrm{m} = \frac{k}{4\pi}\,\frac{m_1 m_2}{r^2} \tag{3.7}$$

mit $k = 8,38 \cdot 10^{-10}\,\mathrm{Nm^2/kg^2}$. Trotz dieser formalen Ähnlichkeit besteht aber zwischen den beiden fundamentalen Grundgleichungen ein qualitativer wie quantitativer Unterschied. Zwischen Massen können nur anziehende, zwischen Ladungen aber anziehende oder abstoßende Kräfte auftreten. Berechnet man für zwei Elektronen bzw. Protonen mit ihren Ruhemassen und Ladungen nach Anhang 2 das Verhältnis der Beträge von Coulomb- zu Gravitationskraft

$$\frac{F_\mathrm{c}}{F_\mathrm{m}} = \frac{Q^2/(4\pi\varepsilon_0 r^2)}{m^2 k/(4\pi r^2)} = \left(\frac{Q}{m}\right)^2 \frac{1}{k\varepsilon_0}\quad \begin{aligned}&\approx 4,2\cdot 10^{42}\ \text{für Elektronen}\\[2ex]&\approx 1,3\cdot 10^{36}\ \text{für Protonen,}\end{aligned} \tag{3.8}$$

so erkennt man den extremen Unterschied.

3.1.1.2 Feldtheorie. Das Coulombsche Gesetz wird der F e r n w i r k u n g s - t h e o r i e zugeordnet, da eine Ladung Q_1 über beliebige räumliche Entfernungen hinweg die an einer zweiten Ladung Q_2 angreifende Kraft $\vec{F}_2$ bewirkt und umgekehrt. Der Ursache – Ladung – wird also eine in entfernten Raumgebieten auftretende Wirkung – Kraft auf eine zweite Ladung – unmittelbar zugeschrieben. Der die Ladungen umgebende Raum hat nach dieser Auffassung keine die Kraftwirkung vermittelnde Funktion.

Die N a h w i r k u n g s - oder F e l d t h e o r i e dagegen erklärt alle zu beobachtenden Wirkungen als besondere physikalische Zustände des Raumes und ordnet konsequenterweise jeder Wirkung, hier der Kraftwirkung, eine in demselben Raumpunkt zur selben Zeit auftretende Feldgröße zu, die Ausdruck der im Raumzustand begründeten Ursache ist.

3.3 Zur Definition der Feldgrößen aus der Kraftwirkung

Im folgenden wird diese Vorstellung unmittelbar aus dem Coulombschen Gesetz anhand der in Bild **3.3** skizzierten zwei Punktladungen Q_1 und Q_2 entwickelt. Auf die im Raumpunkt *1* befindliche Ladung Q_1 wirkt nach Gl.(3.4) die Coulombkraft

$$\vec{F}_1 = Q_1 \underbrace{\left[\frac{Q_2}{4\pi\varepsilon_0 r_{21}} \left(\frac{\vec{r}_{21}}{r_{21}} \right) \right]}_{\text{als Raumzustand aufgefaßt}} .$$

Nach der Feldtheorie soll nun diese Kraftwirkung über eine mit ihr zusammen an ein und demselben Ort auftretenden Feldgröße beschrieben werden. Die Kraft $\vec{F}_1$ selbst darf offensichtlich nicht als Feldgröße im Sinne der Zustandsgröße des Raumes aufgefaßt werden, da sie auch von Betrag und Vorzeichen einer dort – zufällig – auftretenden Ladung Q_1 abhängt. Bezieht man aber die Kraft $\vec{F}_1$ auf die Ladung Q_1, auf die sie wirkt, bekommt man einen Quotienten

$$\frac{\vec{F}_1}{Q_1} = \frac{Q_2}{4\pi\varepsilon_0 r_{21}^2} \left(\frac{\vec{r}_{21}}{r_{21}} \right) = \vec{E}_1 , \tag{3.9}$$

der unabhängig von der im Raumpunkt *1* vorhandenen Ladung Q_1 ist. Er kann daher als der allein dem Raumpunkt eigene Zustand angesehen werden, der sozusagen das Vermögen des Raumes beschreibt, in diesem Punkt eine Kraft auf eine Ladung auszuüben. Der Quotient Kraft pro Ladung ist also eine allein dem Raum eigene Feldgröße, die als e l e k t r i s c h e   F e l d s t ä r k e mit dem Symbol $\vec{E}$ bezeichnet wird. Nach der erläuterten Definition wird das elektrostatische Feld durch eine Kraft auf eine Ladung festgestellt; die Ladung wirkt also als Indikator, man spricht deshalb auch von einer P r o b e l a d u n g. Welchen Betrag in einem gegebenen Feldraum diese Probeladung auch hat, der Quotient Kraft durch Ladung, d. h. die dem Raumpunkt eigene elektrische Feldstärke $\vec{E}$, ist von dem Wert der Probeladung unabhängig. Der Feldzustand besteht auch dann, wenn infolge des Fehlens einer Probeladung keine Kräfte beobachtet werden.

Die nach Gl.(3.9) definierte elektrische Feldstärke $\vec{E} = \vec{F}/Q$ ist zwar unmittelbar im Raumpunkt ihrer Wirkung definiert (Nahwirkungstheorie), sie ist aber über die Rechenanweisung dieser Gleichung immer noch der räumlich entfernt liegenden primären Ursache Q_2 zugeordnet. Der Einfluß der Raumeigenschaften auf die Verknüpfungen zwischen der körperlich existenten Ladung (primäre Ursache) und der von ihr in einem beliebigen Raumpunkt verursachten Feldgröße (Wirkungsgröße des Raumes) kann also in diesem einfachen Beispiel noch nicht aufgezeigt werden, sondern erst im Zuge der in den folgenden Abschnitten erläuterten sukzessiven Ausweitung der Feldtheorie auf kompliziertere Gegebenheiten geklärt werden. Es erweist sich dabei insbesondere für den Materieraum

(s. Abschn. 3.2.2) als zweckmäßig, eine weitere Feldgröße – als e l e k t r i s c h e
F l u ß d i c h t e $\vec{D}$ bezeichnet – einzuführen mit der Definitionsgleichung

$$\vec{E} = \vec{D}/\varepsilon_0 \,. \tag{3.10}$$

Setzt man Gl.(3.10) in Gl.(3.9) ein, wird deutlich, daß man die Ladung Q als
die körperlich existente primäre Ursache des elektrischen Feldes über die Raumgeometrie in die dem Raumpunkt zugeordnete Feldgröße elektrische Flußdichte

$$\vec{D}_1 = \frac{Q_2}{4\pi r_{21}^2} \left(\frac{\vec{r}_{21}}{r_{21}} \right) \tag{3.11}$$

umrechnen kann. Dementsprechend wird die elektrische Flußdichte $\vec{D}$ als die
Feldgröße der Ursache angesehen (verursachende Feldgröße). Mit ihrer Defi-
nition entsprechend Gl.(3.10) sind der die Wirkung des Feldes beschreibende
Feldvektor Feldstärke $\vec{E}$, der der Ursache des Feldes zugeordnete Feldvektor
Flußdichte $\vec{D}$ und die Feldkonstante ε_0 so miteinander verknüpft, daß alle drei
Größen in demselben Raumpunkt und zu derselben Zeit auftreten (s. Bild **3.3**).
In der auch für Materieräume gültigen allgemeineren Formulierung der Gl.(3.10)
wird ε_0 durch $\varepsilon = \varepsilon_0\varepsilon_r$ ersetzt (s. Abschn. 3.2.2.2), so daß auch der Einfluß
der Materie auf den Zusammenhang zwischen Ursachen- ($\vec{D}$) und Wirkungs-
feldgröße ($\vec{E}$) raumpunktbezogen über die Materialkennziffer ε_r beschrieben
ist. (Die Zweckmäßigkeit dieser Definition erkennt man aus der Vorstellung eines inhomogenen Materieraumes, für den ε nicht als konstante Größe, sondern
als Ortsfunktion gegeben ist.) In der Feldtheorie kommt der Ladung also eine
doppelte Bedeutung zu.

– Eine elektrische Ladung verursacht ein elektrisches Feld und erfährt im elektrischen Feld eine Kraftwirkung.

Vorstehende Erläuterungen mögen den Eindruck erwecken, daß die Felddarstellung ein – entbehrlicher – mathematischer Formalismus sei, da nach dem
Coulombschen Gesetz Gl.(3.4) bzw. Gl.(3.5) die Kraftwirkung des Feldes auch
unmittelbar auf die dieses Feld erregenden Ladungen zurückführbar ist. Gerade
in der Einführung der Feldvorstellung zeichnet sich jedoch der entscheidende
Wandel der physikalischen Auffassung ab, deren Bedeutung erst bei der Behandlung schnell veränderlicher Felder und deren räumlicher Ausbreitung in
vollem Umfang erkennbar wird.

3.1.2 Vektorielle Feldgrößen

Ausgehend von dem Coulombschen Gesetz (s. Abschn. 3.1.1.1) sind in diesem
Abschnitt die Definitionen der vektoriellen Feldgrößen allgemeingültig angege-

ben. Auf ihre praktische Berechnung wird dabei nur bedingt eingegangen, da diese häufig über die integralen Größen erfolgt und daher erst in Abschnitt 3.3 zusammenhängend erklärt wird. Bei allen Erläuterungen in diesem Abschnitt 3 sind zunächst noch ruhende Ladungen vorausgesetzt; auf die bei bewegten Ladungen gegebenenfalls zusätzlich zu beachtenden Phänomene wird erst in den Abschnitten 4 und 5 eingegangen.

3.1.2.1 Elektrische Feldstärke. Die in Abschnitt 3.1.1.2 für den speziellen Fall zweier Punktladungen erläuterte elektrische Feldstärke hat allgemeine Bedeutung.

– Ein Raumzustand, der sich durch Kraftwirkungen auf Ladungen äußert, wird unabhängig von der Ursache dieses Raumzustandes als elektrisches Feld bezeichnet. Die die Feldwirkung beschreibende Feldgröße e l e k t r i s c h e   F e l d s t ä r k e

$$\vec{E} = \frac{\vec{F}}{Q_{\mathrm{P}}} \tag{3.12}$$

ist in jedem Raumpunkt als die auf eine Probeladung Q_{P} bezogene Kraftwirkung des Feldes definiert. Da die Ladung Q eine skalare Größe ist, hat die elektrische Feldstärke $\vec{E}$ ebenso wie die von ihr auf eine Ladung ausgeübte Kraft $\vec{F}$ Vektorcharakter.

Führt man entsprechend dem SI-Einheitensystem die Einheit N der Kraft über die Energie auf elektrische Einheiten zurück (1 Nm=1 VAs), so folgt unmittelbar aus Gl.(3.12) die Einheit der elektrischen Feldstärke.

$$[E] = \frac{[F]}{[Q]} = \frac{\mathrm{VAs/m}}{\mathrm{As}} = \frac{\mathrm{V}}{\mathrm{m}} \tag{3.13}$$

Nach Gl.(3.12) ist die elektrische Feldstärke als Vektor für einen Raumpunkt definiert, d. h., bei einer vollständigen Angabe sind zu dem Feldstärkevektor noch die Ortskoordinaten des Raumpunktes, in dem er auftritt, anzugeben, z. B. in kartesischen Koordinaten $\vec{E}_{(x,y,z)}$. Häufig kann das elektrostatische Feld auch durch einen geschlossenen mathematischen Ausdruck als Ortsfunktion für ein Raumgebiet angegeben werden, z. B. $\vec{E} = \vec{E}_{(\vec{r})}$ als Funktion des Ortsvektors $\vec{r}$, der den Raumpunkt kennzeichnet, in dem $\vec{E}$ auftritt (s. Beispiel 3.2). Außer solchen analytischen sind auch graphische Darstellungen des elektrostatischen Feldes in Form von Feldlinienbildern üblich.

– **Feldlinienbilder** beschreiben die elektrische Feldstärke $\vec{E}$ in dem zugehörigen Feldraum so, daß der Vektor $\vec{E}$ tangential zu den Feldlinien liegt mit einem Betrag, der proportional der Feldliniendichte ist (s. Beispiel 3.2).

Aus der Definitionsgleichung (3.12) für die elektrische Feldstärke $\vec{E}$ wird auf der Basis des Coulombschen Gesetzes im folgenden Beispiel 3.2 das Feld einer Punktladung bestimmt [Gl.(3.14)]. Dieses Feld gilt als Elementarfeld, auf das alle komplizierteren Felder beliebiger räumlich ausgedehnter Ladungsverteilungen mit Hilfe des Überlagerungsatzes zurückgeführt werden können.

Beispiel 3.2. Eine positive Punktladung Q befindet sich ortsfest (unbeweglich) im unendlich ausgedehnten, leeren Raum. Das von ihr verursachte elektrische Feld $\vec{E}_{(Q)}$ ist als Ortsfunkton zu bestimmen.

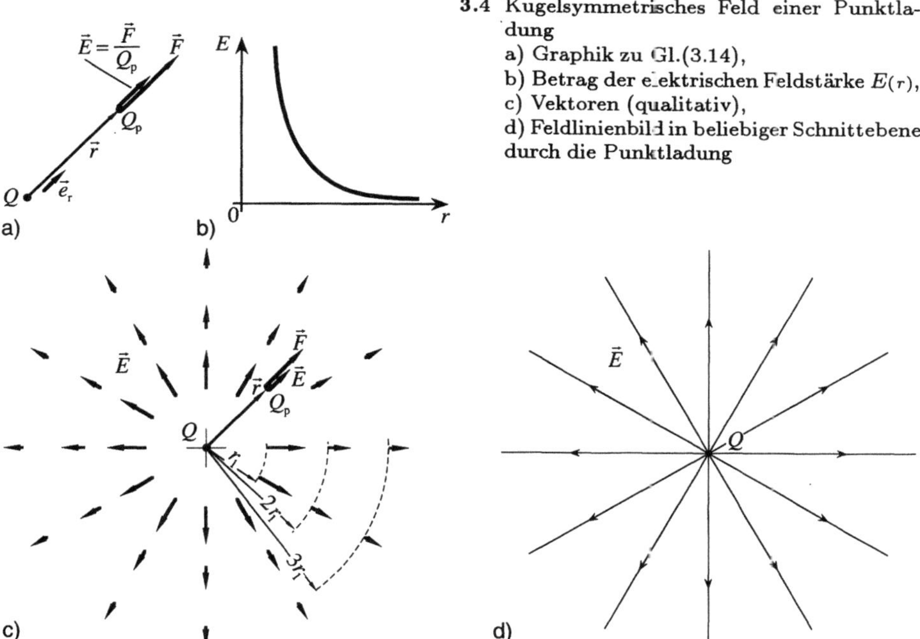

3.4 Kugelsymmetrisches Feld einer Punktladung
a) Graphik zu Gl.(3.14),
b) Betrag der elektrischen Feldstärke $E_{(r)}$,
c) Vektoren (qualitativ),
d) Feldlinienbild in beliebiger Schnittebene durch die Punktladung

In einem beliebigen Punkt, der durch den Ortsvektor $\vec{r}$ gekennzeichnet ist (s. Bild 3.4a), stellt man sich eine positive Probeladung Q_p vor. Auf diese würde nach dem Coulombschen Gesetz Gl.(3.4) die Kraft $\vec{F} = Q_\mathrm{p}Q\,\vec{r}/(4\pi\varepsilon_0 r^3)$ wirken, aus der entsprechend Gl.(3.12) die elektrische Feldstärke

$$\vec{E} = \frac{\vec{F}}{Q_\mathrm{p}} = \frac{Q}{4\pi\varepsilon_0 r^2}\left(\frac{\vec{r}}{r}\right) = \frac{Q}{4\pi\varepsilon_0 r^2}\,\vec{e}_\mathrm{r} \tag{3.14}$$

berechnet wird. Für den Einsvektor $(\vec{r}/r)$ ist das Symbol $\vec{e}_r = (\vec{r}/r)$ eingeführt. Gleichung (3.14) beschreibt also die elektrische Feldstärke in Abhängigkeit von $\vec{r}$ als Ortsfunktion. Sie zeigt, daß die elektrische Feldstärke $\vec{E}$ in Richtung des von der Punktladung ausgehenden Radialstrahles $\vec{r}$ liegt mit Beträgen, die proportional $1/r^2$ sind (s. Bild **3.4**b u. **3.4**c). In Punkten konstanten Abstandes von der Punktladung Q, also in Kugeloberflächen konzentrisch zu Q, ist der Betrag der elektrischen Feldstärke konstant (s. Bild **3.4**c). Graphisch läßt sich das von der Punktladung Q ausgehende E-Feld darstellen, indem man Feldlinien so zeichnet, daß die E-Vektoren immer tangential zu den Feldlinien liegen mit einer Dichte (Anzahl der Linien pro Fläche), die proportional dem Betrag des Feldvektors ist (s. Bild **3.4**d). Für das E-Feld der Punktladung Q ergibt sich danach das Feldlinienbild als ein von Q ausgehender symmetrischer Radialstrahlenstern, wie folgende Überlegung zeigt. Wählt man für die Darstellung – willkürlich – n Feldlinien als symmetrischen Strahlenstern, so haben diese in konzentrischen Kugelschalen um Q die Dichte $n/A = n/4\pi r^2$, die wie der Betrag der elektrischen Feldstärke nach Gl.(3.14) proportional $(1/r^2)$ ist. Man bekommt ein kugelsymmetrisches Feld, das in der x-y- und der y-z-Ebene – wie auch in allen weiteren Ebenen, die durch die Punktladung Q gehen – das gleiche Feldlinienbild ergibt (s. Bild **3.4**d). Das räumliche Feld einer Punktladung läßt sich also infolge der Kugelsymmetrie bereits mit einer einzigen durch die Punktladung gehenden Ebene vollständig beschreiben.

– Das elektrische Feld einer Punktladung [Gl.(3.14)] ist ein k u g e l s y m m e t r i s c h e s   F e l d, d. h., in allen Ebenen durch die Punktladung bilden die Feldlinien einen symmetrischen Strahlenstern.

Die allgemeine Definitionsgleichung Gl.(3.12) für die elektrische Feldstärke $\vec{E}$ ist unmittelbar aus der Kraftwirkung $\vec{F}$ des Feldes auf eine Ladung Q sozusagen aus einer experimentellen Vorstellung abgeleitet. Dabei wird aber vorausgesetzt, daß die Ladung Q beim Einbringen in das Feld zum Zwecke der Kraft- und damit Feldstärke-Bestimmung das ursprüngliche Feld nicht verändert, was aber nur dann der Fall ist, wenn die das elektrische Feld erregenden Ladungen ortsfest gegeben sind, d. h., wenn deren räumliche Lage durch Einbringen einer weiteren Ladung nicht verändert wird. Ist diese Voraussetzung nicht haltbar, müßte die einzubringende Ladung als gegen Null strebend angenommen werden, dabei wäre aber keine Kraftwirkung mehr feststellbar. Deshalb hilft man sich mit der Vorstellung einer sogenannten Probeladung Q_p, die zwar größer Null ist, aber noch so klein, daß ihr Einbringen in den Feldraum keine Feldänderung nach sich zieht, d. h., die Feldstärke $\vec{E}$ ist in einem Punkt mit einer Probeladung Q_p dieselbe wie die, die hier ohne Probeladung auftritt.

Sind alle ein Feld verursachenden Ladungen als Punktladung Q_ν mit ihrer räumlichen Lage bekannt, so kann in einem beliebigen Punkt p eines Raumes nach dem Überlagerungsprinzip [s. Gl.(3.5)] und mit den für jede einzelne Punktladung Q_ν nach Gl.(3.14) bestimmten Einzelkomponenten $E_{p\nu}$ die elektrische

Feldstärke

$$\vec{E}_\mathrm{p} = \sum \vec{E}_{\mathrm{p}\nu} = \frac{1}{4\pi\varepsilon_0} \sum \frac{Q_\nu}{r_{\nu\mathrm{p}}^2} \left(\frac{\vec{r}_{\nu\mathrm{p}}}{r_{\nu\mathrm{p}}}\right) \tag{3.15}$$

auch ohne Bezug auf eine Probeladung bestimmt werden (s. Bild 3.5).

Die Gl.(3.14) für die elektrische Feldstärke einer Punktladung wird für $r \to 0$ singulär, d. h., der Feldstärkevektor $\vec{E}$ läßt sich nicht stetig von $r > 0$ nach $r \to 0$ fortsetzen. Man könnte sich aber bildhaft vorstellen, daß der Betrag der Feldstärke zwar mit $r \to 0$ gegen Unendlich geht $[E(r\to 0) \to \infty]$, daß aber im Punkt $r \to 0$ nicht mehr einer, sondern unendlich viele kugelsymmetrisch in alle Richtungen weisende $\vec{E}$-Vektoren auftreten, die sich gegenseitig zu Null ergänzen. Diese Aussage, daß die Punktladung in ihrem Raumpunkt $(r \to 0)$ kein Feld verursacht, entspricht auch der Herleitung

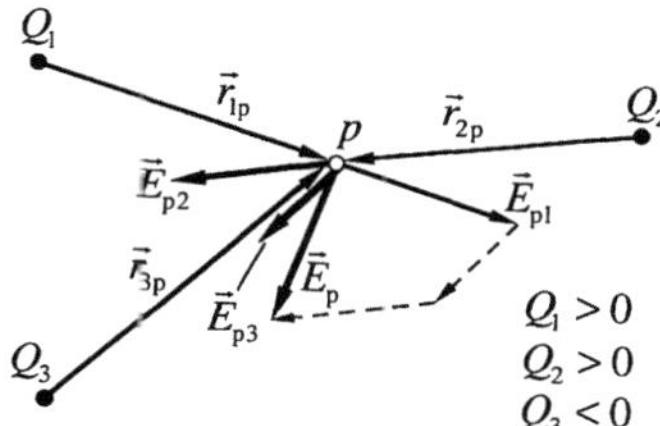

3.5 Resultierendes Feld von Punktladungen [Gl.(3.15)]

der elektrischen Feldstärke aus dem Coulombschen Gesetz, nach dem eine Punktladung in ihrem eigenen Feld keine Kraftwirkung erfährt, sondern lediglich jeweils in dem der Gegenladung [s. Abschn. 3.1.1.2, Gl.(3.9)]. Erwähnt sei, daß die Singularität der Gl.(3.14) rein mathematischer Natur ist und insofern keine praktische Bedeutung hat, als letztlich nur räumlich ausgedehnte Ladungen existieren und in Gebieten mit kontinuierlichen Ladungsverteilungen Singularitäten umgangen werden können.

Unabhängig von den hier zunächst erläuterten Überlegungen für eine theoretisch exakte Definition der Feldstärke $\vec{E}$ ist bei praktischen Feldbestimmungen immer der Bezug auf die Problemstellung zu beachten. Dient eine reale Ladung als Sensor zur experimentellen Bestimmung der Feldstärke $\vec{E}$, so ist unbedingt zu prüfen, ob diese Ladung eine Änderung des zu bestimmenden, also ursprünglichen Feldes bewirkt und ob der dadurch bedingte Fehler zu vertreten ist. Soll aber die auf eine in ein Feld gebrachte reale Ladung wirkende Kraft berechnet werden, so ist dafür nicht das ursprüngliche Feld maßgebend, sondern dasjenige, welches sich unter Einwirkung der eingebrachten Ladung einstellt. Diese weniger die Definition der elektrischen Feldstärke als ihre praktische Berechnung berührenden Probleme sind in Abschn. 3.3 näher erläutert.

Beispiel 3.3. An einem Faden der Länge l hängt eine Kunststoffkugel mit dem Durchmesser d, dem Gewicht G und der Ladung $Q_1 > 0$ (s. Bild **3.6**). Die von dieser Ladung im Punkt p in der Entfernung $r \gg d$ von der Ladung verursachte elektrische Feldstärke $\vec{E}$ soll bestimmt werden.

Vom Punkt p betrachtet kann die räumliche Ausdehnung der Ladung Q_1 vernachlässigt und diese als Punktladung Q_1 angesehen werden. Damit ergibt sich nach Gl.(3.14) in Punkt p die elektrische Feldstärke (s. Bild **3.6**a).

$$\vec{E} = \frac{Q_1}{4\pi\varepsilon_0 r^2}\left(\frac{\vec{r}}{r}\right) \tag{3.16}$$

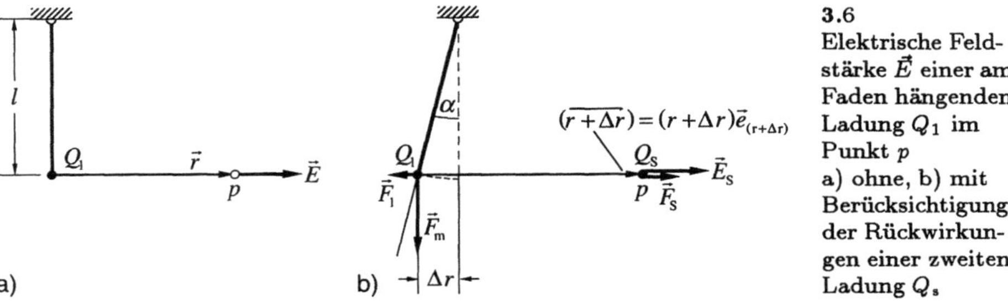

3.6 Elektrische Feldstärke $\vec{E}$ einer am Faden hängenden Ladung Q_1 im Punkt p a) ohne, b) mit Berücksichtigung der Rückwirkungen einer zweiten Ladung Q_s

Bringt man als Meßsonde eine reale Ladung $Q_s > 0$ in den Punkt p (s. Bild **3.6**b) und bestimmt über die Messung der auf diese wirkenden Kraft $\vec{F}_s$ die in p auftretende elektrische Feldstärke $\vec{E}_s = \vec{F}_s/Q_s$ entsprechend Gl.(3.12), so weicht diese von der nach Gl.(3.16) berechneten ab, wie folgende Überlegung zeigt. Die in Punkt p gebrachte Ladung Q_s verursacht ihrerseits eine Reaktionskraft $\vec{F}_1 = -\vec{F}_s$ auf die Ladung Q_1, die dadurch um Δr ausgelenkt wird. In der Gleichgewichtslage gilt mit der Gewichtskraft $\vec{F}_m$ der Kugel für kleine Auslenkungen $\Delta r \ll l$ die Näherung $\tan\alpha \approx \Delta r/l \approx F_1/F_m$ und damit für die Auslenkung $\Delta r \approx lF_1/F_m$. Um diese Auslenkung Δr verändert sich der Abstand des Punktes p von der Ladung Q_1, und damit beträgt entsprechend Gl.(3.14) die elektrische Feldstärke

$$\vec{E}_s = \frac{Q_1}{4\pi\varepsilon_0(r + \Delta r)^2}\,\vec{e}_{(r+\Delta r)}\,. \tag{3.17}$$

Mit dieser im Punkt p auftretenden elektrischen Feldstärke $\vec{E}_s$ ergibt sich der Betrag der an Q_s angreifenden Kraft $F_s = Q_s E_s$, der gleich ist dem Betrag der an Q_1 angreifenden Rückwirkungskraft $F_1 = F_s$ und damit die Auslenkung $\Delta r = lF_1/F_m = E_s Q_s l/F_m$.

Setzt man Δr in die als Betragsgleichung geschriebene Gl.(3.17) ein, so ergibt sich eine Gleichung dritten Grades

$$E_s^3 + E_s^2\,2\,\frac{rF_m}{lQ_s} + E_s\left(\frac{rF_m}{lQ_s}\right)^2 - \frac{Q_1}{4\pi\varepsilon_0 r^2}\left(\frac{rF_m}{lQ_s}\right)^2 = 0\,,$$

nach der der Betrag der elektrischen Feldstärke E_s bestimmt wird, die sich im Punkt p einstellt, wenn sich hier eine Ladung Q_s befindet.

Um Fehlinterpretationen vorzubeugen, sei ausdrücklich festgestellt, daß mit der Ladung Q_s die elektrische Feldstärke $\vec{E}_\mathrm{s} = \vec{F}_\mathrm{s}/Q_\mathrm{s}$ entsprechend Gl.(3.17) richtig gemessen wird in dem Sinne, daß dieses die Feldstärke ist, die im Punkt p zusammen mit der Ladung Q_s tatsächlich auftritt. Dies ist allerdings nicht die Feldstärke, die entsprechend Gl.(3.16) in diesem Punkt auftreten würde, wenn Q_s nicht vorhanden ist.

Im allgemeinen sind die Rückwirkungen von Ladungen auf ein Feld nicht so einfach zu beurteilen oder zu berechnen, wie hier für zwei Punktladungen erläutert. Sind beispielsweise mehrere an Fäden hängende Ladungen Q_ν gegeben, so haben sich diese infolge der zwischen ihnen wirkenden Kräfte in bestimmten Gleichgewichtslagen eingestellt, die maßgebend sind für die Bestimmung der elektrischen Feldstärke in einem Punkt p. Bringt man nun in diesen Punkt p eine Ladung Q_s, so wirkt diese auf alle Ladungen Q_ν mit einer Kraft zurück, durch die sich deren Auslenkungen verändern. Da sich damit aber nicht nur die Abstände r_ν der Ladungen Q_ν zum Punkt p, sondern auch ihre Abstände untereinander ändern, muß unter Berücksichtigung der Abstandskonstellationen aller Ladungen ein Gleichungssystem aufgestellt werden zur Bestimmung der elektrischen Feldstärke $\vec{E}_\mathrm{s}$ im Punkt p, wenn sich hier eine Ladung Q_s befindet, deren Rückwirkung nicht mehr zu vernachlässigen ist. Noch schwieriger ist die Lösung, wenn die das Feld erregenden Ladungen in Form frei beweglicher Elementarladungen gegeben sind (s. Abschn. 3.3).

3.1.2.2 Elektrische Flußdichte. In Abschnitt 3.1.1.2 ist am speziellen Fall der Kraft zwischen zwei Punktladungen die Einführung einer der Feldursache zugeordneten Feldgröße elektrische Flußdichte $\vec{D}$ erläutert. Daran anknüpfend genügt hier die Feststellung, daß die dort insbesondere mit Gl.(3.11) auf die Punktladung bezogenen Erklärungen allgemein für beliebige räumliche Ladungsverteilungen gelten, da man diese in Punktladungen, gemeint sind hier die Ladungen $\mathrm{d}Q = \varrho\,\mathrm{d}V$ eines infinitesimalen Raumgebietes $\mathrm{d}V$ (s. Abschn. 2.2.2.3), zerlegen und so das Feld als Überlagerung der Feldkomponenten aller Punktladungen bestimmen kann (s. Abschn. 3.1.2.3).

– Die e l e k t r i s c h e   F l u ß d i c h t e wird durch ihre allgemeingültige Definitonsgleichung

$$\vec{D} = \varepsilon\vec{E} \tag{3.18}$$

allein über die die Raumeigenschaft beschreibende Permittivität

$$\varepsilon = \varepsilon_0\varepsilon_\mathrm{r} \tag{3.19}$$

der elektrischen Feldstärke $\vec{E}$ zugeordnet, so daß der Zusammenhang zwischen der das elektrische Feld primär verursachenden Ladung und der diese Ursache als Feldgröße beschreibenden elektrischen Flußdichte $\vec{D}$ allein durch die Raumgeometrie gegeben ist (s. Bild **3.7**).

– Die Permittivität $\varepsilon = \varepsilon_0\varepsilon_r$ ist das Produkt aus der elektrischen Feldkonstanten ε_0, die definitionsgemäß aus dem SI-Einheitensystem folgt (s. Abschn. 3.1.1.1), und der Permittivitätszahl ε_r, mit der die Wirkung der mikrokosmischen Ladungsverteilungen in Materie auf das Feld der elektrischen Feldstärke beschrieben wird (s. Abschn. 3.2.2.2).

3.7 Demselben Raumpunkt p zugeordnete Feldvektoren und Raumeigenschaft ε

Die Permittivitätszahl ε_r ist ein reiner Zahlenwert (s. Abschn. 3.2.2.2) der Dimension 1. Da im leeren Raum keine mikrokosmische Ladung existiert, gilt für diesen die allgemeine Definitionsgleichung Gl.(3.18) mit $\varepsilon_r = 1$, also mit $\varepsilon = \varepsilon_0$.

Für die elektrische Flußdichte ergibt sich im SI-Einheitensystem entsprechend den Gln.(3.3), (3.13), (3.18) die Einheit

$$[D] = [\varepsilon]\cdot[E] = \frac{\mathrm{As}}{\mathrm{Vm}}\cdot\frac{\mathrm{V}}{\mathrm{m}} = \frac{\mathrm{As}}{\mathrm{m}^2}\,. \tag{3.20}$$

Für die Bestimmung der elektrischen Flußdichte $\vec{D}$ aus gegebenen Punktladungen im ansonsten leeren Raum gelten die Erläuterungen zur elektrischen Feldstärke $\vec{E}$ in Abschnitt 3.1.2.1 sinngemäß. Mit Gl.(3.18) folgt aus Gl.(3.14) die elektrische Flußdichte

$$\vec{D} = \frac{Q}{4\pi r^2}\vec{e}_r \tag{3.21a}$$

einer Punktladung und nach dem Überlagerungssatz Gl.(3.15) die elektrische Flußdichte

$$\vec{D} = \frac{1}{4\pi}\sum_{\nu=1}^{n}\frac{Q_\nu}{r_\nu^2}\left(\frac{\vec{r}_\nu}{r_\nu}\right)\,, \tag{3.21b}$$

die von n Punktladungen erregt wird. Die elektrische Flußdichte ist also offensichtlich nur von den erregenden Ladungen Q_ν und der Geometrie ihrer Verteilung abhängig.

Die hier für den leeren Raum einfach und anschaulich dargestellte Umrechnung der Ladung als die körperlich existente Ursache eines Feldes in die ihr adäquate abstrakte Feldgröße $\vec{D}$ darf allerdings nicht dahingehend gedeutet werden, daß sie auch so in Materieräume übertragbar sei. In Materieräumen kann nur in bestimmten Fällen eine explizit nach der elektrischen Flußdichte aufgelöste Berechnungsgleichung angegeben werden, wie in Abschnitt 3.3. ausführlich erläutert ist.

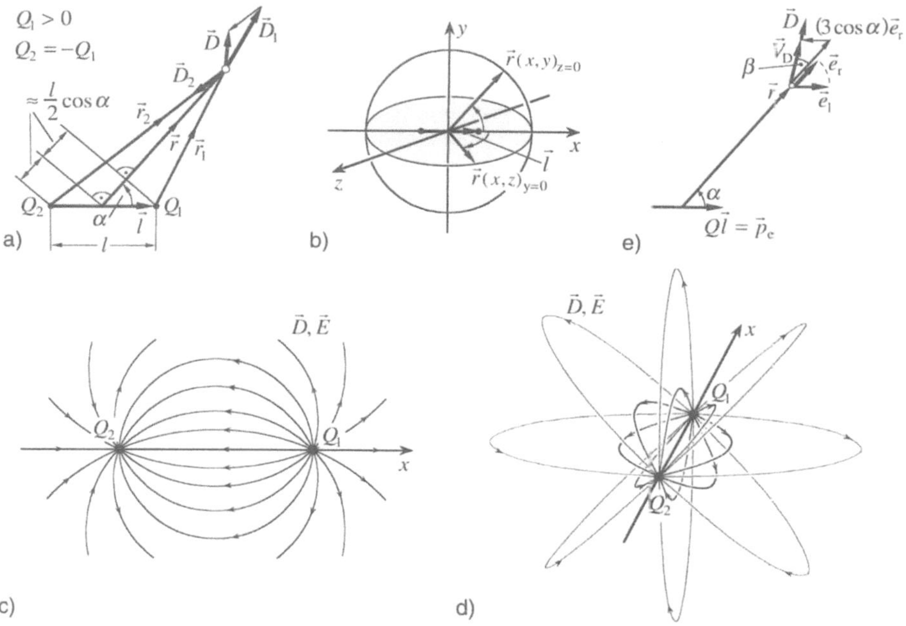

3.8 Elektrostatisches Feld eines Dipols: a) Geometrie zu Gl.(3.22), b) x-y- und x-z-Ebene durch Q_1, Q_2, in denen a) gilt, c) Feldlinienbild in beliebiger Schnittebene durch Q_1 und Q_2, d) räumliches Feldlinienbild, e) Geometrie zur Näherungsgl.(3.24)

Beispiel 3.4. Zwei Punktladungen $Q_1 > 0$ und $Q_2 = -Q_1$ gleichen Betrages, aber mit entgegengesetzten Vorzeichen, die im Abstand l voneinander angeordnet sind, werden als D i p o l bezeichnet (s. Abschn. 3.1.2.4). Das von diesen Ladungen im leeren Raum erregte Feld ist zu berechnen.

E x a k t e R e c h n u n g. Nach dem Überlagerungssatz entsprechend Gl.(3.21b) wird von den beiden Punktladungen $Q_1 = Q$, $Q_2 = -Q$ in beliebigen Punkten, die durch den Ortsvektor $\vec{r}$ bestimmt sind (s. Bild **3.**8a), die elektrische Flußdichte

$$\vec{D} = \frac{1}{4\pi}\left[\frac{Q}{r_1^2}\left(\frac{\vec{r_1}}{r_1}\right) + \frac{-Q}{r_2^2}\left(\frac{\vec{r_2}}{r_2}\right)\right] = \frac{Q}{4\pi}\left(\frac{\vec{r_1}}{r_1^3} - \frac{\vec{r_2}}{r_2^3}\right) \tag{3.22}$$

erregt.

Man erkennt, daß die in Gl.(3.22) verknüpften Größen Q_1, Q_2, $\vec{r_1}$, $\vec{r_2}$ und $\vec{D}$ alle in einer Schnittebene durch die beiden Ladungen Q_1 und Q_2 liegen. Das Bild **3.**8a kann sich also in dem in Bild **3.**8b dargestellten kartesischen Koordinatensystem auf die x-y-Ebene oder auf die x-z-Ebene, aber auch auf jede andere Schnittebene durch die Verbindungslinie von Q_1 und Q_2 (in der die x-Achse liegt) beziehen. Es gelten also die für eine beliebige Schnittebene durch Q_1 und Q_2 anhand von Bild **3.**8a durchgeführten Feldberechnungen gleichermaßen für alle Schnittebenen durch Q_1 und Q_2. Das räumliche Feld der beiden Ladungen ist rotationssymmetrisch zur Achse durch

Q_1 und Q_2 und kann somit bereits in einer Schnittebene abhängig von nur zwei Ortskoordinaten (z. B. in Polarkoordinaten mit Betrag und Winkel α des Ortsvektors $\vec{r}$) eindeutig beschrieben werden.

In Bild **3.**8c ist das nach Gl.(3.22) für eine Schnittebene bestimmte Feldlinienbild skizziert. Stellt man n solcher ebenen Feldlinienbilder dar, die in jeweils gleichen Winkelabständen um die Achse durch Q_1, Q_2 gegeneinander verdreht sind (symmetrischer Stern), hat man das räumliche Feldlinienbild des seiner Natur nach auch räumlichen Dipolfeldes (s. Bild **3.**8d). Man erkennt, daß das ebene Feldlinienbild bei einiger Übung leicht in die räumliche Vorstellung übertragen werden kann und somit bei erheblich verringertem Aufwand einen vollständigen Eindruck von dem Feldverlauf liefert (s. auch Beispiel 3.5).

N ä h e r u n g s r e c h n u n g. Für Raumpunkte, deren Abstand r vom Dipol groß ist gegenüber seiner Länge $l \ll r$, gilt $r_{1/2} \approx r \pm (l/2)\cos\alpha$ (s. Bild **3.**8a). Damit kann unter Berücksichtigung nur der ersten beiden Glieder der Potenzreihenentwicklung $[(1 \pm \delta)^n = 1 \pm \binom{n}{1}\delta + \binom{n}{2}\delta^2 \pm \ldots]$ für $r_{1/2}^{-3}$ aus Gl.(3.22) die Näherung

$$
\begin{aligned}
\vec{D} &\approx \frac{|Q|}{4\pi r^3}\left[\vec{r}_1\left(1 + 3\frac{l}{2r}\cos\alpha\right) - \vec{r}_2\left(1 - 3\frac{l}{2r}\cos\alpha\right)\right] \\
&\approx \frac{|Q|}{4\pi r^3}\left(3\underbrace{\frac{\vec{r}_1 + \vec{r}_2}{2r}}_{\approx \vec{r}/r}\, l\cos\alpha + \underbrace{\vec{r}_1 - \vec{r}_2}_{-\vec{l}}\right)
\end{aligned}
\tag{3.23}
$$

entwickelt werden. Wird l ausgeklammert $l[3(\vec{r}/r)\cos\alpha - (\vec{l}/l)]$, so stehen in der eckigen Klammer nur noch die Einsvektoren $(\vec{r}/r) = \vec{e}_r$ und $(\vec{l}/l) = \vec{e}_l$, die Richtung und Orientierung des Ortsvektors $(\vec{e}_r \uparrow\uparrow \vec{r})$ bzw. des von der negativen zur positiven Ladung weisenden Vektors $\vec{l}$ der Dipollänge $(\vec{e}_l \uparrow\uparrow \vec{l})$ angeben. Damit ist der Vektor der elektrischen Flußdichte

$$
\vec{D} \approx \frac{|Ql|}{4\pi r^3}\left[(3\cos\alpha)\,\vec{e}_r - \vec{e}_l\right]
\tag{3.24a}
$$

auf die Summe der beiden Vektoren $(3\cos\alpha)\vec{e}_r$ und $\vec{e}_l$ zurückgeführt (s. Bild **3.**8e). Häufig wird $\cos\alpha$ auch durch das Skalarprodukt $\vec{e}_r\cdot\vec{e}_l = \cos\alpha$ ersetzt.

Aus der Geometrie der Vektoren in der eckigen Klammer (s. Bild **3.**8e) bestimmt man nach dem Kosinussatz $[V_D^2 = 1^2 + (3\cos\alpha)^2 - 2(1\cdot 3\cos\alpha)\cos\alpha]$ den Betrag der elektrischen Flußdichte

$$
|\vec{D}| \approx \frac{|Ql|}{4\pi r^3}\sqrt{3\cos^2\alpha + 1}
\tag{3.24b}
$$

und nach dem Tangenssatz $[\tan\beta = 1\cdot(\sin\alpha)/(3\cos\alpha - 1\cdot\cos\alpha)]$ den Winkel

$$
\angle(\vec{D}, \vec{r}) = \arctan\left(\frac{1}{2}\tan\alpha\right)
\tag{3.24c}
$$

zwischen den Vektoren $\vec{D}$ und $\vec{r}$.

Dividiert man Gl.(3.24a) durch ε_0, so bekommt man die elektrische Feldstärke

$$\vec{E} \approx \frac{|Ql|}{4\pi\varepsilon_0 r^3}[(3\cos\alpha)\,\vec{e}_r - \vec{e}_l] \tag{3.25}$$

des Dipolfeldes. Da das Dipolfeld Grundlage für die Erklärung vieler Feldprobleme (z. B. in Materie) ist, haben die Näherungsgleichungen (3.24) wegen ihrer übersichtlichen Aussage große Bedeutung. Beispielsweise ist offensichtlich, daß das Feld des Dipols mit $1/r^3$ kleiner wird (das Feld der Einzelladung nimmt mit $1/r^2$ ab). Um bei den theoretischen Erklärungen den Näherungscharakter außer acht lassen zu können, ist der P u n k t d i p o l definiert mit $l \to 0$, aber einem bestimmten Dipolmoment $\vec{P} = Q\vec{l} \neq 0$, der die Voraussetzung $r \gg l$ immer erfüllt (s. Abschn. 3.1.2.4).

3.1.2.3 Berechnung der elektrischen Feldstärke bei ortsfest gegebener Ladung (Coulombintegral).

Reale Ladungen erstrecken sich immer über räumlich ausgedehnte Gebiete oder Teilgebiete, in denen sie nach der makroskopischen Theorie mit einer kontinuierlichen Verteilung angenommen werden, die mit der Ortsfunktion der Raumladungsdichte $\varrho(x,y,z)$ beschrieben wird (s. Abschn. 2.2.1). Auch die von solchen räumlich ausgedehnten Ladungen erregten elektrostatischen Felder können mit den bisher erläuterten Elementarsätzen berechnet werden.

– Die Berechnung des elektrischen Feldes räumlich ausgedehnter Ladungen im ansonsten leeren Raum basiert auf
  a. dem P u n k t l a d u n g s f e l d [Gl.(3.21a)], das aus dem Coulombgesetz abgeleitet ist, und
  b. dem Ü b e r l a g e r u n g s s a t z [Gl.(3.21b)], nach dem die Summe aller Punktladungsfelder der räumlich ausgedehnten Ladung das resultierende Feld ergibt (s. Bild **3.9**).

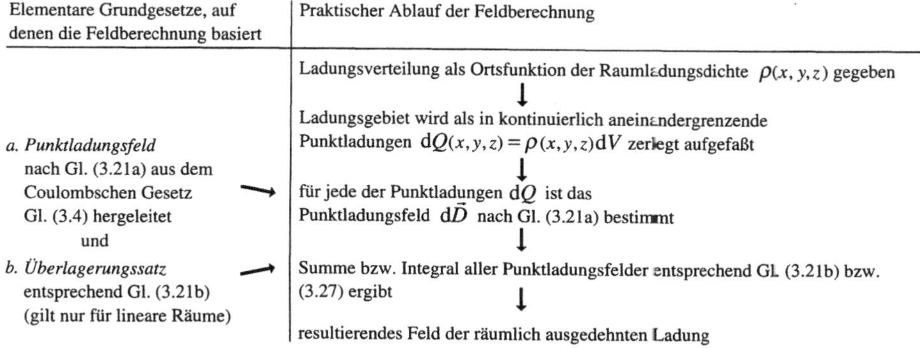

Elementare Grundgesetze, auf denen die Feldberechnung basiert	Praktischer Ablauf der Feldberechnung
	Ladungsverteilung als Ortsfunktion der Raumladungsdichte $\rho(x,y,z)$ gegeben $\downarrow$
a. Punktladungsfeld nach Gl. (3.21a) aus dem Coulombschen Gesetz Gl. (3.4) hergeleitet und	Ladungsgebiet wird als in kontinuierlich aneinandergrenzende Punktladungen $dQ(x,y,z)=\rho(x,y,z)dV$ zerlegt aufgefaßt $\downarrow$ für jede der Punktladungen dQ ist das Punktladungsfeld $d\vec{D}$ nach Gl. (3.21a) bestimmt $\downarrow$
b. Überlagerungssatz entsprechend Gl. (3.21b) (gilt nur für lineare Räume)	Summe bzw. Integral aller Punktladungsfelder entsprechend Gl. (3.21b) bzw. (3.27) ergibt $\downarrow$ resultierendes Feld der räumlich ausgedehnten Ladung

3.9 Verfahren zur Berechnung elektrostatischer Felder

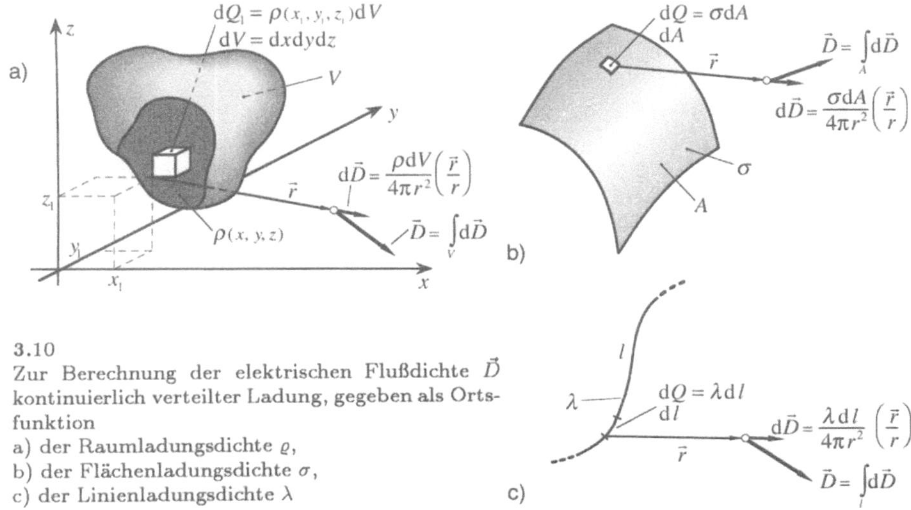

3.10
Zur Berechnung der elektrischen Flußdichte $\vec{D}$
kontinuierlich verteilter Ladung, gegeben als Ortsfunktion
a) der Raumladungsdichte ϱ,
b) der Flächenladungsdichte σ,
c) der Linienladungsdichte λ

Ist also für ein bestimmtes Raumgebiet V die Raumladungsdichte $\varrho(x,y,z)$ als
Ortsfunktion gegeben, stellt man sich dieses als in infinitesimale Volumenele-
mente zerlegt vor mit der infinitesimalen Ladung $\mathrm{d}Q = \varrho\,\mathrm{d}V$, die als Punktladung aufgefaßt werden kann (s. Bild **3.10**a). Entsprechend können bei idealisiert
angenommenen Ladungsverteilungen mit der Flächenladungsdichte σ bzw. Linienladungsdichte λ die in den infinitesimalen Flächenelementen $\mathrm{d}A$ oder Lini-
enelementen $\mathrm{d}l$ auftretenden Ladungselemente $\mathrm{d}Q = \sigma\,\mathrm{d}A$ bzw. $\mathrm{d}Q=\lambda\,\mathrm{d}l$ ebenfalls als Punktladungen angenommen werden (s. Abschn. 2.2.2). Jede dieser in-
finitesimalen Punktladungen erregt entsprechend Gl.(3.21a) ein infinitesimales
Punktladungsfeld der elektrischen Flußdichte

$$\mathrm{d}\vec{D} = \frac{\mathrm{d}Q}{4\pi r^2}\left(\frac{\vec{r}}{r}\right) \tag{3.26}$$

(s. Bild **3.10**). Die Summe der unendlich vielen Komponenten $\mathrm{d}\vec{D}$, als Integral
über das Ladungsgebiet gebildet, ergibt die von einer räumlich kontinuierlich
verteilten Ladung erregte elektrische Flußdichte

$$\vec{D} = \int\limits_V \mathrm{d}\vec{D} = \frac{1}{4\pi}\int\limits_V \frac{\mathrm{d}Q}{r^2}\left(\frac{\vec{r}}{r}\right). \tag{3.27}$$

Diese Gl.(3.27) wird auch als C o u l o m b i n t e g r a l bezeichnet. Entsprechend
der gegebenen Ladungsverteilung wird $\mathrm{d}Q$ ersetzt (s. Bild **3.10**), und es ergibt

sich so die von einem R a u m g e b i e t V der Raumladungsdichte ϱ erregte elektrische Flußdichte

$$\vec{D} = \frac{1}{4\pi} \int\limits_{V} \frac{\varrho}{r^2} \left(\frac{\vec{r}}{r}\right) \, dV \, , \tag{3.28}$$

die von einer F l ä c h e A der Flächenladungsdichte σ erregte elektrische Flußdichte

$$\vec{D} = \frac{1}{4\pi} \int\limits_{A} \frac{\sigma}{r^2} \left(\frac{\vec{r}}{r}\right) \, dA \tag{3.29}$$

und die von einer L i n i e l der Linienladungsdichte λ erregte elektrische Flußdichte

$$\vec{D} = \frac{1}{4\pi} \int\limits_{l} \frac{\lambda}{r^2} \left(\frac{\vec{r}}{r}\right) \, dl \, . \tag{3.30}$$

Unbedingt zu beachten ist, daß zur Berechnung eines elektrischen Feldes mit dem Coulombintegral a l l e im Raum vorhandenen Ladungen zu berücksichtigen sind. In Räumen mit Materie müßten also auch die mikrokosmischen Elementarladungen in der Rechnung berücksichtigt werden, was aber auf unüberwindliche Schwierigkeiten stoßen würde, so daß das Coulombintegral für Materieräume praktisch keine Bedeutung hat.

Soll nach den Gln.(3.28)bis(3.30) die elektrische Flußdichte $\vec{D}$ für Punkte innerhalb des Ladungsgebietes berechnet werden, wird bei einem endlichen Wert für ϱ, σ bzw. λ in diesem Punkt infolge $r \rightarrow 0$ der Integrand singulär (s. Abschnitt 3.1.2.1). Diese Singularität läßt sich aber in Gebieten kontinuierlich verteilter Raumladungsdichte ϱ auflösen, wenn, wie in Gl.(3.28), dQ durch $\varrho \, dV$ ersetzt wird. Beschreibt man z. B. das Volumenelement dV in Kugelkoordinaten ($dV = r \, d\varphi \, r \, d\vartheta \, dr$), erkennt man, daß für einen Punkt $r \rightarrow 0$ das Volumenelement $dV = r^2 \, dr \, d\varphi \, d\vartheta$ und damit bei endlichem ϱ die Ladung dQ dieses Volumenelementes mit r^2 gegen Null geht, so daß das Integral Gl.(3.28) auch innerhalb von Ladungsgebieten auf endliche Werte für die elektrische Flußdichte $\vec{D}$ führt. Bei der Berechnung der elektrischen Flußdichte in Flächen- oder Linienladungen nach Gln.(3.29)oder(3.30) lassen sich die auftretenden Singularitäten nicht auflösen. Dies hat aber praktisch insofern keine Bedeutung, als Flächen- bzw. Linienladungen idealisierte Verteilungen sind, die in Wirklichkeit immer dreidimensionale Ausdehnungen haben, innerhalb derer sich dann wieder mit Gl.(3.28) endliche Werte für die elektrische Flußdichte ergeben.

Beispiel 3.5. Ein unendlich langer, gerader Linienleiter hat eine gleichmäßig verteilte Ladung der Linienladungsdichte λ. Die Gegenladung hat man sich im Unendlichen vorzustellen. Die elektrische Flußdichte $\vec{D}$ ist als Ortsfunktion zu bestimmen.

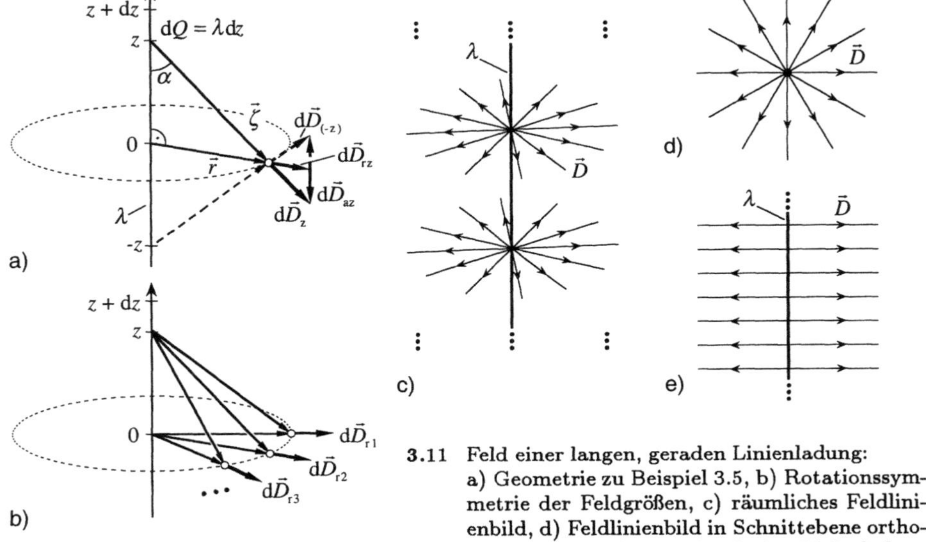

3.11 Feld einer langen, geraden Linienladung: a) Geometrie zu Beispiel 3.5, b) Rotationssymmetrie der Feldgrößen, c) räumliches Feldlinienbild, d) Feldlinienbild in Schnittebene orthogonal zur und e) längs durch eine Linienladung

Man berechnet das elektrische Feld für beliebige Punkte, die durch den Ortsvektor $\vec{r}$ in einer Ebene senkrecht zum Linienleiter gekennzeichnet sind (s. Bild **3.11**a). Die Ebene kann an einer beliebigen Stelle im endlichen Bereich des Leiters angenommen sein, für die $z = 0$ gewählt wird, so daß sich der Leiter von $(-\infty)$ bis $(+\infty)$ erstreckt ($-\infty \leq z \leq +\infty$). Weiter wird der Leiter in Elemente dz zerlegt mit den Ladungen $dQ = \lambda\,dz$, die als Punktladungen gelten. Von einer solchen Punktladung $dQ = \lambda\,dz$ an der Stelle z wird in einem durch $\vec{r}$ (normal zur Leiterachse) beschriebenen Punkt eine nach Gl.(3.26) bestimmte infinitesimale elektrische Flußdichte $d\vec{D}_z$ erregt. Da jeweils eine bei $(-z)$ befindliche Punktladung $\lambda\,dz$ eine spiegelbildlich zu $\vec{r}$ liegende infinitesimale elektrische Flußdichte $d\vec{D}_{(-z)}$ erregt, erkennt man, daß sich die Axialkomponenten $d\vec{D}_a$ ($dD_a = dD_z\cos\alpha$) immer gegenseitig aufheben ($dD_{az} = dD_{a(-z)}$; $d\vec{D}_{az} \updownarrow d\vec{D}_{a(-z)}$), so daß nur die Radialkomponenten $\vec{D}_{rz} = (\vec{r}/r)\,dD_z\sin\alpha$ zum resultierenden D-Feld beitragen. Mit $\zeta^2 = r^2 + z^2$ und $\sin\alpha = r/\zeta = r/\sqrt{r^2 + z^2}$ ergibt sich nach Gl.(3.26) die in Richtung $\vec{r}$ wirkende ($d\vec{D}_{rz}\|\vec{r}$) Radialkomponente der elektrischen Flußdichte

$$d\vec{D}_{rz} = \left(\frac{\vec{r}}{r}\right)dD_z\sin\alpha = \left(\frac{\vec{r}}{r}\right)\frac{\lambda\,dz}{4\pi\zeta^2}\sin\alpha = \frac{1}{4\pi}\cdot\frac{\lambda\,dz}{r^2 + z^2}\cdot\frac{r}{\sqrt{r^2 + z^2}}\left(\frac{\vec{r}}{r}\right). \qquad (3.31)$$

Durch Integration aller Komponenten $d\vec{D}_{rz}$ über die Leiterlänge von $(-\infty)$ nach $(+\infty)$ entsprechend dem Coulombintegral Gl.(3.30) ergibt sich das resultierende D-Feld des

Linienleiters

$$\vec{D} = \left[\frac{r\lambda}{4\pi} \int\limits_{z=-\infty}^{\infty} \frac{\mathrm{d}z}{(r^2 + z^2)^{3/2}} \right] \left(\frac{\vec{r}}{r} \right) = \frac{\lambda}{2\pi r} \left(\frac{\vec{r}}{r} \right) . \tag{3.32}$$

Man erkennt, daß die anhand Bild **3.**11a abgeleitete Gl.(3.32) für jede beliebige Ebene gilt, in der der Leiter (z-Achse) liegt (s. Bild **3.**11b). Damit ergibt sich in einer Ebene normal zum Leiter das Feldlinienbild als symmetrischer Strahlenstern ($D \sim 1/r$, Dichte der Feldlinien proportional $1/r$; s. Beispiel 3.2, Feldbild für Punktladung). Da nun weiter für den unendlich langen, geraden Leiter an jeder Stelle $z = 0$ angenommen werden kann, gilt mit Gl.(3.32) in allen Ebenen normal zum Leiter immer das gleiche Feldbild des symmetrischen Strahlensterns (s. Bild **3.**11c). Das Feld einer Linienladung kann also bereits in einer einzigen Ebene dargestellt werden.

– Das elektrische Feld der unendlich langen, geraden Linienladung ist ein z y l i n d e r - s y m m e t r i s c h e s   F e l d (rotationssymmetrisch zum Linienleiter), d. h.,
a. in Ebenen normal zum Linienleiter bilden die Feldlinien einen symmetrischen Strahlenstern (s. Bild **3.**11d), aber
b. in Ebenen, in denen der Linienleiter liegt, verlaufen die Feldlinien parallel (s. Bild **3.**11e).

Letzteres darf selbstverständlich nicht dahingehend fehlgedeutet werden, daß das Feld in dieser Ebene homogen sei, vielmehr ist in dieser Schnittebene durch das räumliche Feldlinienbild die Dichte $n/(l2\pi r)$ der Feldlinien (Anzahl n der pro Leiterlänge l gewählten Feldlinien durch die Zylinderoberfläche $l2\pi r$) ebenso wie der Betrag der elektrischen Flußdichte nach Gl.(3.32) umgekehrt proportional dem Abstand r vom Linienleiter.

Die elektrische Feldstärke $\vec{E} = \vec{D}/\varepsilon$ kann für den homogenen Raum nach Gl.(3.18) berechnet und durch das gleiche Feldlinienbild wie für $\vec{D}$ dargestellt werden. Die Maßstabsfaktoren, mit denen $\vec{E}$ und $\vec{D}$ aus dem gleichen Feldlinienbild folgen, unterscheiden sich natürlich um den dimensionsbehafteten Faktor ε.

Die Lösung der Gleichung (3.32) ist für die Linienladungsdichte $\lambda > 0$ und $r \rightarrow 0$, singulär [s. entsprechende Erläuterung zu Gl.(3.15)]. Dies hat ähnlich wie bei der Punktladung keine Bedeutung, da reale geladene Leiter immer eine radiale Ausdehnung haben. Wird diese berücksichtigt, d. h. das Feld eines Leiters mit einem Durchmesser $d > 0$ berechnet, auf dem sich die Linienladung [$\lambda = \pi d\delta\varrho$, s. Gl.(2.26)u.Gl.(2.20)] mit einer endlichen Raumladungsdichte ϱ in einer Schichtdicke $\delta > 0$ unter der Oberfläche befindet, so verschwindet die Singularität, und man bekommt für alle Punkte innerhalb und außerhalb des Leiters einen endlichen Wert für die elektrische Flußdichte.

Beispiel 3.6. Eine kreisförmige Linienladung hat die gleichmäßig verteilte Ladung Q, deren Gegenladung $(-Q)$ man sich im Unendlichen vorstellt (s. Bild **3.**12). Die elektrische Flußdichte $\vec{D}_z$ in der z-Achse ist zu bestimmen.

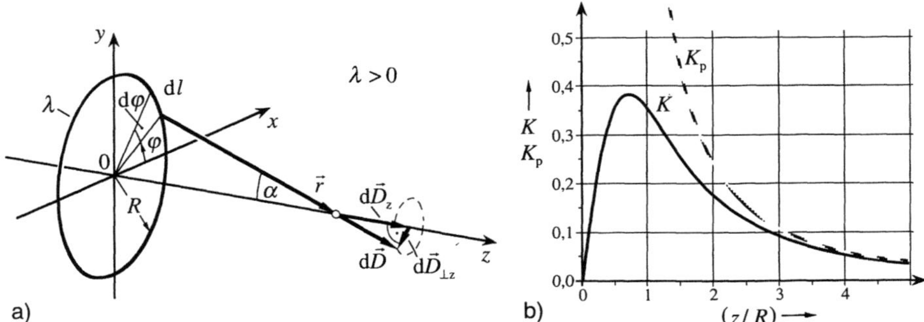

3.12 Elektrische Flußdichte einer kreisförmigen Linienladung in der z-Achse: a) Geometrie zu Beispiel 3.6, b) $D(z)$ in normierter Darstellung [K, Gl.(3.37); K_p, Gl.(3.38)]

Mit der konstanten Linienladungsdichte $\lambda = Q/(2\pi R)$ erregt jedes infinitesimale Linienelement $\mathrm{d}l = R\,\mathrm{d}\varphi$ mit der als punktförmig geltenden Ladung $\mathrm{d}Q = \lambda\,\mathrm{d}l$ entsprechend Gl.(3.26) im Punkt z die infinitesimale elektrische Flußdichte

$$\mathrm{d}\vec{D} = \frac{\lambda\,\mathrm{d}l}{4\pi r^2}\left(\frac{\vec{r}}{r}\right) \tag{3.33}$$

(s. Bild **3.12a**). Die von der gesamten kreisförmigen Linienladung erregte elektrische Flußdichte $\vec{D}$ ergibt sich nach Gl.(3.30) durch Integration über den Kreisumfang $2\pi R$ bzw. mit $\mathrm{d}l = R\,\mathrm{d}\varphi$ von $\varphi = 0$ bis $\varphi = 2\pi$. Man zerlegt dazu die infinitesimale elektrische Flußdichte nach Gl.(3.33) in die Komponenten $\mathrm{d}\vec{D}_\mathrm{z}$ mit $\mathrm{d}D_\mathrm{z} = \mathrm{d}D\cos\alpha$ (in der z-Achse) und $\mathrm{d}\vec{D}_{\perp\mathrm{z}}$ mit $\mathrm{d}D_{\perp\mathrm{z}} = \mathrm{d}D\sin\alpha$ (rechtwinklig zur z-Achse). Damit wird das Integral der $\mathrm{d}\vec{D}_{\perp\mathrm{z}}$-Komponenten Null ($\vec{D}_{\perp\mathrm{z}} = \int_{\varphi=0}^{2\pi}\mathrm{d}\vec{D}_{\perp\mathrm{z}} = 0$, diese Komponenten bilden einen symmetrischen Stern), und die immer in z-Richtung liegenden $\mathrm{d}\vec{D}_\mathrm{z}$-Komponenten können betragsmäßig integriert werden.

$$D_\mathrm{z} = \int \mathrm{d}D\cos\alpha = \frac{\lambda\cos\alpha}{4\pi r^2}\cdot R\int_{\varphi=0}^{2\pi}\mathrm{d}\varphi = \frac{\lambda 2\pi R}{4\pi r^2}\cos\alpha = \frac{Q}{4\pi R^2}\sin^2\alpha\,\cos\alpha \tag{3.34}$$

Nach Einsetzen der Zusammenhänge $\cos\alpha = z/r$ und $\sin\alpha = R/r$ bzw. $r^2 = z^2 + R^2$ ergibt sich abhängig von R und z der Betrag der elektrischen Flußdichte

$$D_\mathrm{z} = \frac{Q}{4\pi}\frac{z}{(R^2 + z^2)^{3/2}} \tag{3.35}$$

in der z-Achse. Der Vektor der elektrischen Flußdichte $\vec{D}_\mathrm{z}$ liegt in der z-Achse, bei positiver bzw. negativer Kreislinienladung von der Kreisebene weg bzw. auf diese zu orientiert. Stellt man sich die Kreislinienladung Q punktförmig in der Kreismitte konzentriert vor ($z = 0$), so erregt diese entsprechend Gl.(3.21a) die elektrische Flußdichte $D_{\mathrm{pz}} = Q/(4\pi z^2)$ und bei $z = R$

$$D_{\mathrm{p,(z=R)}} = \frac{Q}{4\pi R^2} \, . \qquad (3.36)$$

Bezieht man auf diese konstante Größe die elektrische Flußdichte $\vec{D}_{\mathrm{z}}$ der Kreislinienladung

$$K = \frac{D_{\mathrm{z}}}{Q/(4\pi R^2)} = \sin^2\alpha \, \cos\alpha = \frac{z/R}{[1 + (z/R)^2]^{3/2}} \, , \qquad (3.37)$$

so läßt sich der grundsätzliche Verlauf der elektrischen Flußdichte in Abhängigkeit von z/R darstellen (s. Bild **3.**12b). Man erkennt, daß der Betrag der elektrischen Flußdichte $\vec{D}_{\mathrm{z}}$ in der z-Achse bei $z = 0$ Null ist, von da auf einen Maximalwert bei $z = R/\sqrt{2}$ ansteigt, dann wieder kleiner wird und mit $z \to \infty$ asymptotisch gegen Null strebt.

Zum Vergleich ist in Bild **3.**12b auch die für die punktförmig angenommene Ladung berechnete elektrische Flußdichte $\vec{D}_{\mathrm{pz}} = Q/(4\pi z^2)$, bezogen auf ihren konstanten Wert bei $z = R$,

$$K_{\mathrm{p}} = \frac{D_{\mathrm{pz}}}{D_{\mathrm{p,(z=R)}}} = \frac{1}{(z/R)^2} \qquad (3.38)$$

gestrichelt eingezeichnet. Man erkennt daraus, daß in Abständen von z größer als der 5-fache Radius ($z/R > 5$) für die Berechnung der elektrischen Flußdichte einer Kreislinienladung diese auch mit guter Näherung als punktförmig im Kreismittelpunkt konzentriert angenommen werden kann.

Beispiel 3.7. Zwei ebene, unendlich ausgedehnte Flächenladungen (Dicke gleich Null) stehen sich planparallel gegenüber (s. Bild **3.**13a). Die konstanten Flächenladungsdichten σ_1 und σ_2 haben in beiden Flächen den gleichen Betrag, aber unterschiedliche Vorzeichen ($\sigma_1 > 0$; $\sigma_2 = -\sigma_1$). Das resultierende Feld der beiden Flächenladungen ist zu bestimmen.

Da die Flächenladungen mit ihrer räumlich festen Verteilung (σ homogen über die Ebene verteilt) vorgegeben sind, kann das Feld nach dem Überlagerungssatz berechnet werden. Zunächst wird allgemein entsprechend Bild **3.**13b für eine Seite einer Fläche mit der positiven Flächenladung $\sigma > 0$ das D-Feld berechnet. Das in Bild **3.**13b skizzierte Koordinatensystem, in dem die Fläche durch konzentrische Kreisringe mit den Flächenelementen $dA = R\,d\varphi\,dR$ (laufende Koordinaten $R = 0$ bis ∞, $\varphi = 0$ bis 2π) beschrieben wird, gilt in jedem Punkt der unendlich ausgedehnten Fläche. In einem beliebigen Punkt (in Bild **3.**12b auf der z-Achse) ist entsprechend Gl.(3.29) die elektrische Flußdichte

$$\vec{D}_{(\sigma)} = \frac{1}{4\pi} \int\limits_A \frac{\sigma}{r^2} \left(\frac{\vec{r}}{r}\right) \mathrm{d}A = \frac{\sigma}{4\pi} \int\limits_{R=0}^{\infty} \int\limits_{\varphi=0}^{2\pi} \frac{R}{r^2} \left(\frac{\vec{r}}{r}\right) \mathrm{d}\varphi\,\mathrm{d}R \, . \qquad (3.39a)$$

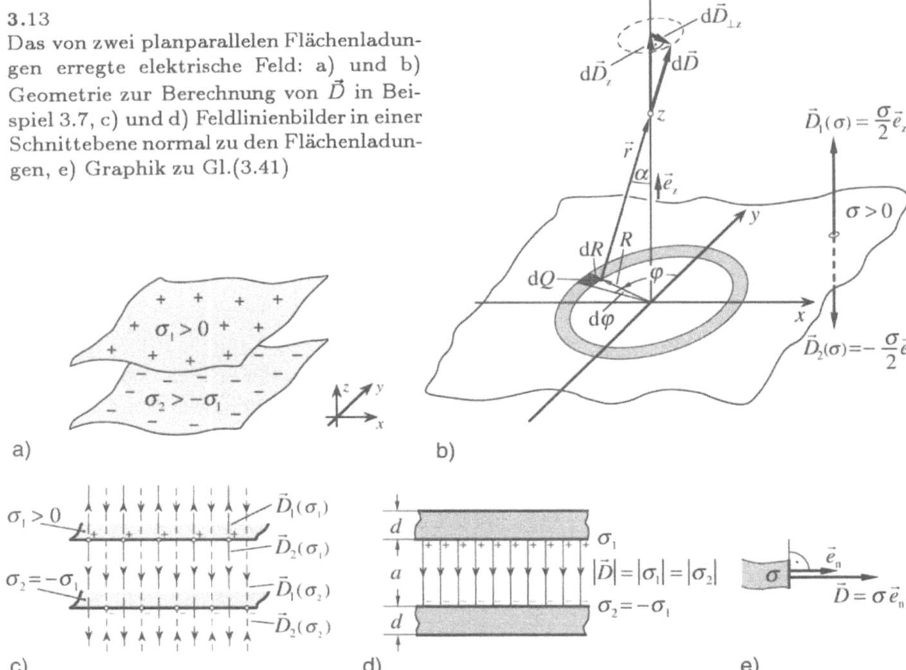

3.13
Das von zwei planparallelen Flächenladungen erregte elektrische Feld: a) und b) Geometrie zur Berechnung von $\vec{D}$ in Beispiel 3.7, c) und d) Feldlinienbilder in einer Schnittebene normal zu den Flächenladungen, e) Graphik zu Gl.(3.41)

Für die Auflösung dieser Gl.(3.39a) wird die von einem Ladungselement $\mathrm{d}Q = \sigma\,\mathrm{d}A$ erregte elektrische Flußdichtekomponente $\mathrm{d}\vec{D}$ betrachtet, die sich in die Komponenten $\mathrm{d}\vec{D}_z$ und $\mathrm{d}\vec{D}_{\perp z}$ zerlegen läßt (s. Bild **3.13**b). Man erkennt, daß die Komponenten $\mathrm{d}\vec{D}_{\perp z}$, die von den $\sigma\,\mathrm{d}A$ auf einem beliebigen Ring ($R = $ const, $\varphi = 0$ bis 2π) erregt werden, sich gegenseitig aufheben und somit nur die $\mathrm{d}\vec{D}_z$-Komponenten addiert, d. h. integriert werden müssen. Schreibt man Gl.(3.39a) als Integral dieser Komponenten $\vec{D}(\sigma) = \int \mathrm{d}\vec{D}_z + \int \mathrm{d}\vec{D}_{\perp z}$, so ergibt sich mit $\int \mathrm{d}\vec{D}_{\perp z} = 0$ und $\mathrm{d}D_z = \mathrm{d}D\cos\alpha$ also $D = \int \mathrm{d}D_z = \int \mathrm{d}D\cos\alpha$ der Betrag

$$D(\sigma) = \frac{\sigma}{4\pi} \int\limits_{R=0}^{\infty} \int\limits_{\varphi=0}^{2\pi} \frac{R}{r^2}\cos\alpha\,\mathrm{d}\varphi\,\mathrm{d}R = \frac{\sigma}{2} \int\limits_{R=0}^{\infty} \frac{R}{r^2}\cos\alpha\,\mathrm{d}R \qquad (3.39\text{b})$$

des in z-Richtung liegenden Vektors der elektrischen Flußdichte $\vec{D}$. Zweckmäßigerweise führt man die Variablen r und R über den Abstand z zur Fläche auf die Variable α zurück ($R = z\tan\alpha$; $\mathrm{d}R/\mathrm{d}\alpha = z/\cos^2\alpha$; $r = z/\cos\alpha$) und ersetzt die Integrationsgrenzen ($R = 0$ bis ∞) entsprechend ($\alpha = 0$ bis $\pi/2$).

$$D_{(\sigma)} = \frac{\sigma}{2} \int\limits_{\alpha=0}^{\pi/2} \frac{z \tan \alpha}{(z/\cos \alpha)^2} \cos \alpha \, \frac{z \, d\alpha}{\cos^2 \alpha} = \frac{\sigma}{2} \int\limits_{\alpha=0}^{\pi/2} \sin \alpha \, d\alpha = \frac{\sigma}{2} \, . \tag{3.39c}$$

Man erkennt, daß $D_{(\sigma)}$ unabhängig von x, y und z mit konstantem Betrag $D = \sigma/2$ in z-Richtung [$\vec{D} = D\vec{e}_z = (\sigma/2)\,\vec{e}$] auftritt (homogenes Feld); z läßt sich in Gl.(3.39c) kürzen, und x, y entfallen, da der Ansatz nach Bild **3.**13b (Wahl von $x = 0$, $y = 0$) für jeden Punkt einer unendlich ausgedehnten Ebene gilt.

Die erläuterte Rechnung läßt sich nun für beide Flächenladungen σ_1 und σ_2 jeweils für ihre beiden Seiten *1* und *2* durchführen. Man bekommt damit Ausdrücke für die auf jeder Seite jeder Flächenladung auftretenden, homogenen, normal zur Fläche gerichteten D-Felder $\vec{D}_{1(\sigma_1)}$, $\vec{D}_{2(\sigma_1)}$, $\vec{D}_{1(\sigma_2)}$, $\vec{D}_{2(\sigma_2)}$, deren Beträge

$$|\vec{D}_{1(\sigma_1)}| = |\vec{D}_{2(\sigma_1)}| = |\vec{D}_{1(\sigma_2)}| = |\vec{D}_{2(\sigma_2)}| = |\sigma/2| \tag{3.39d}$$

gleich der halben Flächenladungsdichte σ sind. Aus Bild **3.**13c erkennt man, daß sich die Teilfelder zwischen den Flächenladungen addieren

$$\vec{D} = \vec{D}_{1(\sigma_2)} + \vec{D}_{2(\sigma_1)} \tag{3.40a}$$

mit dem Betrag

$$|\vec{D}| = |\sigma| \, , \tag{3.40b}$$

sich außerhalb aber gegenseitig aufheben.

Elektrisches Feld im Plattenkondensator. Ein Plattenkondensator besteht aus zwei sich im Abstand a planparallel gegenüberstehenden, leitenden Platten der Dicke $d > 0$. Bild **3.**13d zeigt eine Schnittebene normal zu den Platten. Man stellt sich nun die hier betrachteten beiden Flächenladungen mit σ_1 und σ_2 als in den einander zugekehrten Plattenoberflächen auftretend vor. Damit würde das Feld der beiden Flächenladungen (s. Bild **3.**13c) in keiner Weise verändert, da die leitenden Platten mit ihrer Dicke d bereits im feldfreien Raum liegen, also die Forderung, daß in leitenden Räumen das elektrostatische Feld stets Null sein muß (s. Abschn. 3.2.1), erfüllt ist. Da weiter die $\vec{D}$- und damit die $\vec{E}$-Vektoren senkrecht zur Flächenladung stehen, also keine $\vec{E}$-Komponenten in der Fläche auftreten, kann diese Fläche auch leitend sein, ohne daß sich dadurch die Flächenladung verändert. (Auf die in einer leitenden Oberfläche befindlichen beweglichen Ladungen wirken keine Tangentialkräfte, die sie in dieser Fläche verschieben könnten.) Im Plattenkondensator mit unendlich ausgedehnten Flächen tritt also ein homogenes Feld auf (s. Bild **3.**13d). Bei endlicher Plattenfläche wird das Feld am Plattenrand inhomogen, wie in den Bildern **3.**24u.**3.**58a skizziert.

Das Ergebnis aus Beispiel 3.7 ist von grundsätzlicher Bedeutung für viele feldtheoretische Betrachtungen und wird daher in folgender allgemeiner Aussage zusammengefaßt.

– Werden zwei unendlich ausgedehnte, planparallele, leitende Platten *1* und *2* (Elektroden) beliebiger Dicke (P l a t t e n k o n d e n s a t o r) mit Q_1 und $Q_2 = -Q_1$ geladen, so verteilen sich diese Ladungen jeweils gleichmäßig über die einander zugekehrten Plattenoberflächen, und zwischen ihnen bildet sich ein h o m o g e n e s F e l d aus mit der elektrischen Flußdichte

$$\vec{D} \qquad \begin{array}{l}\text{normal zur Oberfläche vom positiven zum negativen}\\ \sigma \text{ orientiert mit dem Betrag}\end{array} \qquad (3.41)$$
$$|\vec{D}| = |\sigma|\,.$$

Der Raum außerhalb der Flächenladungen (jeweils zwischen Flächenladung und Unendlich) ist feldfrei.

Bildhaft setzt sich also die Ladungsdichte σ an der Elektrodenoberfläche in die Feldgröße elektrische Flußdichte $\vec{D}$ um (s. Bild **3.13**e); die D-Feldlinien beginnen bzw. enden jeweils senkrecht zur leitenden Elektrodenoberfläche auf der positiven bzw. negativen Ladungsdichte σ.

Trotz der mit Gl.(3.41) beschriebenen Gleichheit der Beträge von D und σ ist zu beachten, daß die lediglich als Rechengröße definierte abstrakte Feldgröße elektrische Flußdichte $\vec{D}$ grundsätzlich von anderer Qualität ist als die Größe Flächenladungsdichte σ, die die körperlich existenten Oberflächenladungen der Elektroden beschreibt.

Nach den Beispielen 3.5 bis 3.7 ist die Berechnung elektrischer Felder mit Hilfe des Coulombintegrals – von mathematischen Schwierigkeiten abgesehen – scheinbar unproblematisch. Tatsächlich können damit aber nur Felder bestimmt werden, wenn die räumliche Verteilung der Ladung fest vorgegeben ist. Insbesondere bei polarisierbarer Materie (s. Abschn. 3.2.2.1) und bei in leitenden Gebieten frei beweglichen Ladungen wird die Ladungsverteilung aber von dem elektrischen Feld bestimmt, das gerade berechnet werden soll. Im allgemeinen ist also das Coulombintegral nur geeignet zur Berechnung elektrischer Felder, die von ortsfest gegebenen Ladungen im ansonsten leeren Raum erregt werden.

3.1.2.4 Elektrischer Dipol. Zwei Punktladungen gleichen Betrages, aber entgegengesetzten Vorzeichens $Q_1 = -Q_2$ im Abstand l voneinander werden als Dipol bezeichnet (s. Bild **3.14**). Seine quantitative Beschreibung kann über die im elektrischen Feld auf ihn wirkenden Kräfte abgeleitet werden. Die von der elektrischen Feldstärke $\vec{E}$ auf die Ladungen $Q_1 = Q$ und $Q_2 = -Q$ des Dipols ausgeübten Kräfte $\vec{F}_1 = Q\vec{E}_1$ und $\vec{F}_2 = -Q\vec{E}_2$ (s. Abschn. 3.5.1) üben ein

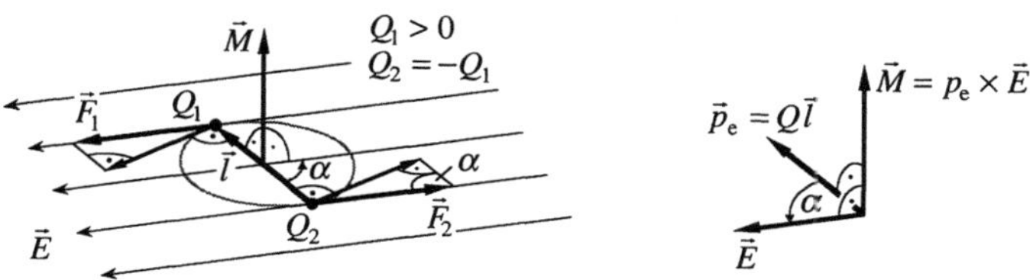

3.14
Elektrisches
Dipolmoment $\vec{p}_e$
und dessen
Drehmoment $\vec{M}$
im homogenen
elektrischen Feld

Drehmoment $\vec{M}$ auf den Dipol aus (z. B. als starres System der über einen Isolierstab verbundenen Ladungen vorgestellt). Ist das Feld im Bereich des Dipols homogen ($\vec{E}_1 = \vec{E}_2$), so ist der Betrag des Drehmomentes $M = lF \sin \alpha$ mit $F = F_1 = F_2$. In der vektoriellen Darstellung ergibt sich nach den Gesetzen der Mechanik das Drehmoment

$$\vec{M} = \vec{l}/2 \times \vec{F_1} + (-\vec{l}/2) \times \vec{F_2} = \vec{l}/2 \times Q\vec{E} + (-\vec{l}/2) \times (-Q\vec{E}) = |Q|\vec{l} \times \vec{E},$$

wenn der Abstand l der Ladungen als Vektor aufgefaßt wird, der von der negativen zur positiven Ladung zeigt. Der erste Faktor, in dem die den Dipol charakterisierenden Größen $|Q| = |-Q_1| = |Q_2|$ und $\vec{l}$ zusammengefaßt sind, wird als e l e k t r i s c h e s   D i p o l m o m e n t

$$\vec{p}_e = |Q|\vec{l} \tag{3.42}$$

bezeichnet, ein Vektor, der definitionsgemäß wie der des Abstandes $\vec{l}$ von der negativen zur positiven Ladung zeigt. Damit ist das mechanische Moment des Dipols

$$\vec{M} = \vec{p}_e \times \vec{E}. \tag{3.43}$$

In inhomogenen Feldern ist diese Gl.(3.43) nur für den Punktdipol eindeutig, der im nächsten Absatz definiert ist.

Große Bedeutung hat der Begriff des Dipols für die Berechnung elektrischer Felder, die von realen Ladungspaaren ungleicher Polarität in Entfernungen erregt werden, die groß sind gegenüber ihren räumlichen Ausdehnungen Abstand und Durchmesser. Unter diesen Gesichtspunkten ist der Begriff des Dipols nicht nur mit der Vorstellung von Punktladungen verbunden, sondern auch mit der eines verschwindend kleinen Abstandes ($l \to 0$). Ist aber der Ladungsabstand Null, verschwindet auch das Moment bzw. das Feld des Dipols ($l \to 0$, $p_e \to 0$). Die Definition eines idealisierten Dipols, auch als Punktdipol bezeichnet, ist daher wie folgt festgelegt:

– Für einen Punktdipol ergibt sich der Betrag des elektrischen Dipolmomentes $|\vec{p}_{\mathrm{e}}| = |Q\vec{l}| = |Q|\,l$ mit einem endlichen Wert, wenn mit einem gegen Null strebenden Ladungsabstand die Ladungen der Punktladungen als gegen Unendlich strebend angenommen werden, so daß das Produkt Ql unverändert bleibt.

Das Dipolfeld ist in Beispiel 3.4 berechnet. Führt man in Gl.(3.25) das elektrische Dipolmoment $\vec{p}_{\mathrm{e}} = |Q|\vec{l}$ und $\cos\alpha = (\vec{r}/r)\cdot(\vec{p}_{\mathrm{e}}/p_{\mathrm{e}})$ ein, so ergibt sich die von einem Dipol in Entfernungen r, die groß gegenüber seinem Ladungsabstand l sind ($r \gg l$), erregte elektrische Flußdichte

$$\vec{D} = \frac{|\vec{p}_{\mathrm{e}}|}{4\pi r^3}\left[3\left(\frac{\vec{r}}{r}\cdot\frac{\vec{p}_{\mathrm{e}}}{p_{\mathrm{e}}}\right)\left(\frac{\vec{r}}{r}\right) - \left(\frac{\vec{p}_{\mathrm{e}}}{p_{\mathrm{e}}}\right)\right].\tag{3.44}$$

Die Voraussetzung $r \gg l$ ist für den Punktdipol ($l \to 0$) immer erfüllt, aber auch für den realen Dipol mit ($l > 0$) und Ladungsabmessungen größer Null liefert Gl.(3.44) für viele Aufgaben brauchbare Näherungen.

3.1.3   Integrale Größen im elektrischen Feld

Die vektoriellen – oder differentiellen – Feldgrößen elektrische Feldstärke $\vec{E}$ und elektrische Flußdichte $\vec{D}$ sind auf den Raumpunkt bezogene Größen, die die Intensität und Richtung des Feldes in jedem Raumpunkt, also als Ortsfunktion beschreiben. Häufig interessiert nur die Eigenschaft des Feldes eines ganzen Raumgebietes, nicht aber, wie sich diese Eigenschaft innerhalb dieses Gebietes verteilt. Beispielsweise kann die Spannung zwischen zwei räumlich auseinander liegenden Punkten interessieren, nicht aber, wie sich diese zwischen den Punkten verteilt. Man hat daher die i n t e g r a l e n F e l d g r ö ß e n elektrisches Potential und elektrischen Fluß definiert, die sich als räumliche Integrale der vektoriellen Feldgrößen ergeben. Umgekehrt lassen sich damit aber auch die vektoriellen Feldgrößen als differentielle – räumlich differentielle – Feldgrößen der integralen interpretieren.

3.1.3.1 Elektrische Spannung und elektrisches Potential. Rein formal erkennt man bereits aus der Dimension der elektrischen Feldstärke (Spannung/ Weg) [s. Einheitengleichung Gl.(3.13)], daß sich durch Integration über einen Weg l eine Größe der Dimension Spannung ergibt. Die physikalische Definition dieser Größe wird über die bei einer Ladungsverschiebung im elektrischen Feld auftretende Energieumwandlung wie folgt hergeleitet.

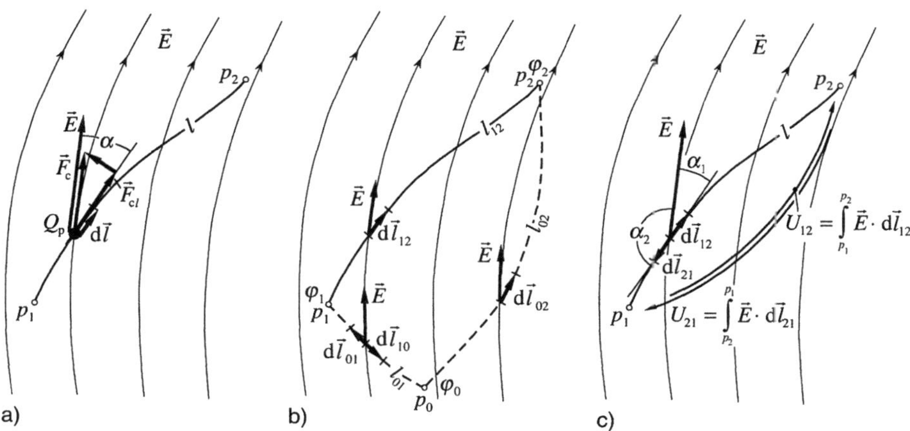

3.15 Verschiebung einer Probeladung im Feld (a), Wegintegral der elektrischen Feldstärke (b) und Orientierung von Wegintegral und Spannungszählpfeil (c)

Auf eine Probeladung Q_P wirkt im elektrischen Feld die Feld- oder Coulombkraft $\vec{F}_c = Q_P\vec{E}$ (s. Bild **3.15**a). Mit einer Verschiebung $d\vec{l}$ dieser Kraft in beliebiger Richtung zu $\vec{E}$ ist nach den Gesetzen der Mechanik eine mechanische Energie $dW = F_{cl}\, dl = F_c\, dl\cos\alpha = \vec{F}_c \cdot d\vec{l}$ verknüpft. Ist die Komponente $\vec{F}_{cl}$ der Coulombkraft $\vec{F}_c$ wie die Verschiebung $d\vec{l}$ orientiert ($\vec{F}_{cl} \uparrow\uparrow d\vec{l}$, die Ladung Q_P würde sich, wenn keine äußeren Kräfte angreifen, infolge der Coulombkraft $\vec{F}_c$ bewegen), wird die Energie dW von dem Feld abgegeben und in mechanische umgeformt. Die Rechnung liefert mit ($-\pi/2 \le \alpha \le \pi/2$) einen positiven Wert für dW. Ist die Orientierung der Komponente $\vec{F}_{cl}$ der Coulombkraft entgegen der der Verschiebung $d\vec{l}$ ($\vec{F}_{cl} \uparrow\downarrow d\vec{l}$, die Probeladung würde sich infolge einer eingeprägten Kraft gegen die auf sie wirkende Coulombkraft $Q_P\vec{E}$ bewegen), so wird mechanische Energie umgeformt und dem elektrischen Feld zugeführt. Die Rechnung liefert mit ($\pi/2 \le \alpha \le 3\pi/2$) einen negativen Wert für dW. Eine Ladung im elektrischen Feld ist also ähnlich wie eine Masse im Gravitationsfeld ein Energiespeicher. Sie nimmt bei Bewegung gegen die Feldkraft Energie auf, die sie bei durch die Feldkraft verursachter Bewegung wieder abgibt. Man sagt daher auch kurz, elektrische Ladung speichere potentielle Energie oder „habe" potentielle Energie im elektrischen Feld.

Damit keine Mißverständnisse aufkommen, sei angemerkt, daß in der erläuterten Vorstellung der Energieaustausch mit einem resultierenden Feld erfolgt, das sich aus der Überlagerung des betrachteten elektrostatischen Feldes und dem – nicht statischen – Eigenfeld der bewegten Probeladung Q_P ergibt, während die Kraftwirkung $\vec{F}_c = Q_P\vec{E}$ auf die Probeladung definitionsgemäß allein aus der elektrostatischen Feldstärke $\vec{E}$

berechnet wird (s. Abschn. 3.5.1).

Stellt man sich, wie in Bild **3.**15a skizziert, eine positive Probeladung Q_P infolge der Feldkraft $Q_\mathrm{P}\vec{E}$ entlang eines beliebigen Weges l von Punkt p_1 nach Punkt p_2 verschoben vor, so entspricht dem die mechanische Verschiebungsenergie $\int_{p_1}^{p_2}\vec{F}\cdot\mathrm{d}\vec{l} = Q_\mathrm{P}\int_{p_1}^{p_2}\vec{E}\cdot\mathrm{d}\vec{l}$, um die sich die potentielle Energie W der Ladung im Feld verringern muß. Hat also die Ladung Q_P im Feldpunkt p_1 die potentielle Energie W_1, so hat sie im Feldpunkt p_2 die Energie $W_2 < W_1$, die um $Q_\mathrm{P}\int_{p_1}^{p_2}\vec{E}\cdot\mathrm{d}\vec{l}$ kleiner ist. Man kann somit die Verschiebungsenergie auch als Differenz der potentiellen Energien W_1 und W_2 der Ladung Q_P in den Punkten p_1 und p_2 angeben.

$$Q_\mathrm{P}\int_{p_1}^{p_2}\vec{E}\cdot\mathrm{d}\vec{l} = W_1 - W_2 \tag{3.45a}$$

Stellt man sich die Ladung Q_P durch eingeprägte Kräfte gegen die Feldkraft $Q_\mathrm{P}\vec{E}$ von Punkt p_2 nach Punkt p_1 verschoben vor, so wird mechanische Energie zugeführt ($\int_{p_2}^{p_1}\vec{E}\cdot\mathrm{d}\vec{l}$ ergibt negativen Wert), um die sich die potentielle Energie W_1 der Ladung im Punkt p_1 gegenüber W_2 im Punkt p_2 erhöht hat.

$$Q_\mathrm{P}\int_{p_2}^{p_1}\vec{E}\cdot\mathrm{d}\vec{l} = W_2 - W_1 \tag{3.45b}$$

Die Gln.(3.45) lassen sich allgemein, d. h. unabhängig von der Orientierung der Verschiebung, schreiben mit der Vereinbarung, daß auf der rechten Seite die Differenz aus der Energie im Punkt der unteren Integrationsgrenze und der Energie im Punkt der oberen Integrationsgrenze gebildet wird. Bezieht man dann die Energien auf die Ladung Q_P

$$\int_{a}^{b}\vec{E}\cdot\mathrm{d}\vec{l} = \frac{W_\mathrm{a}}{Q_\mathrm{P}} - \frac{W_\mathrm{b}}{Q_\mathrm{P}}\,, \tag{3.46}$$

so bekommt man Größen, die allein den Feldeigenschaften zuzuordnen sind, unabhängig davon, ob sich eine Ladung in dem Feld befindet oder nicht. Um dabei klar zwischen der Energiedifferenz und dem Energieniveau zu unterscheiden, hat man zwei Größen wie folgt definiert.

Das elektrische Potential

$$\varphi = \frac{W}{Q} \tag{3.47}$$

ist die potentielle Energie W einer Ladung Q im elektrischen Feld bezogen auf die Ladung. Diese Definition des Potentials φ aus dem so noch nicht eindeutigen Energieniveau W der Ladung ist im folgenden Unterabschnitt „Potential" näher erläutert.

Die elektrische Spannung

$$U_{\mathrm{ab}} = \varphi_{\mathrm{a}} - \varphi_{\mathrm{b}} = \int\limits_{a}^{b} \vec{E} \cdot \mathrm{d}\vec{l} \tag{3.48}$$

ist die Differenz der potentiellen Energien W_{a} und W_{b} einer Ladung Q in den Feldpunkten p_{a} und p_{b}, bezogen auf diese Ladung.

Elektrische Spannung U und Potential φ haben zwar die gleiche Dimension Energie pro Ladung, unterscheiden sich aber inhaltlich.

– Das Potential bezieht sich auf das Energieniveau und ist damit für einen einzelnen Feldpunkt definiert.

– Die elektrische Spannung bezieht sich auf die Energiedifferenz und ist damit für zwei Feldpunkte definiert.

Elektrisches Potential. Mit dem Potential $\varphi = W/Q$ ist einem Raumpunkt p eine auf die Ladung bezogene – potentielle – Feldenergie allgemein zugeordnet. Da diese aber nach Gl.(3.46) abhängig ist von dem Ausgangspunkt der Integration, muß für die eindeutige Bestimmung des Potentials ein Bezugspunkt p_0 mit einem diesem zugeordneten Bezugspotential φ_0 (als Ausgangspunkt für die Potentialberechnung) festgelegt werden. Zur anschaulichen Erklärung des Potentialbegriffes betrachtet man das Potential nach Gl.(3.46) in dem in Bild **3.16** skizzierten Feld. Einem beliebig gewählten Bezugspunkt p_0 wird ein ebenfalls beliebig gewähltes Bezugspotential $\varphi_0 = W_0/Q_{\mathrm{P}}$ [s. Gl.(3.47)] zugeordnet und per Definition als Ausgangspunkt der Integration, d. h. als untere Integrationsgrenze festgelegt. Integriert man nun entsprechend Gl.(3.46) von dem Bezugspunkt p_0 entlang eines beliebigen Weges bis zu einem beliebigen Punkt p_1, der als obere Integrationsgrenze gesetzt ist, so bekommt man das Potential in diesem Punkt $\varphi_1(p_1)$. Entsprechend Gl.(3.46) gilt also $\int_{p_0}^{p_1} \vec{E} \cdot \mathrm{d}\vec{l} = \varphi_0 - \varphi_1$, und damit ergibt sich für p_1 das Potential $\varphi_1 = \varphi_0 - \int_{p_0}^{p_1} \vec{E} \cdot \mathrm{d}\vec{l}$.

– Das elektrische Potential

$$\varphi(p) = \varphi_0 - \int\limits_{p_0}^{p} \vec{E} \cdot \mathrm{d}\vec{l} \qquad (3.49)$$

eines beliebigen Raumpunktes p ist definiert als das einem beliebig wählbaren Bezugspunkt zugeordnete, beliebig wählbare Bezugspotential φ_0 minus dem Wegintegral der elektrischen Feldstärke $\vec{E}$ von diesem Bezugspunkt p_0 zum Raumpunkt p.

Das negative Vorzeichen vor dem Wegintegral erklärt sich aus der Herleitung der Potentialgleichung (3.49) aus den Energiegleichungen (3.45) in Verbindung mit der allgemeinen Definition der elektrischen Feldstärke $\vec{E}$ als vom höheren zum niederen Potential hin orientiert.

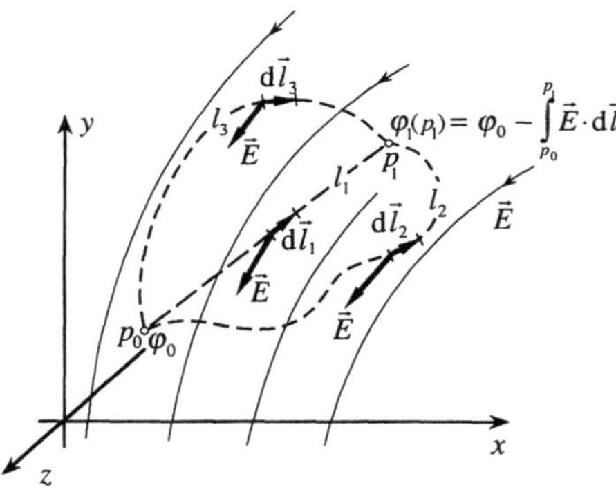

3.16 Zur Berechnung des Potentials $\varphi(p)$ nach Gl.(3.49)

Im Potentialfeld ist der Wert des Wegintegrals in Gl.(3.49) unabhängig von dem Verlauf des Integrationsweges (s. letzten Absatz vor Beispiel 3.9). Ist also ein Bezugspunkt p_0 mit einem Bezugspotential φ_0 festgelegt, so ist damit auch einem beliebigen Raumpunkt p ein nach Gl.(3.49) eindeutig bestimmtes Potential $\varphi(p)$ zugeordnet. Beispielsweise wird für einen beliebigen Punkt p_1 in Bild **3.16** über jeden beliebigen Integrationsweg l_1, l_2, l_3 ... immer das gleiche Potential berechnet.

Aus Gründen der Zweckmäßigkeit wählt man im allgemeinen als Bezugspunkte p_0 ausgezeichnete Punkte, wie z. B. einen im Unendlichen oder einen auf der Erdoberfläche liegenden, und ordnet diesem das Bezugspotential Null ($\varphi_0 = 0$) zu. Mit dieser Festlegung wird dann häufig – auch ohne dieses explizit zu vermerken – Gl.(3.49) mit $\varphi_0 = 0$ in der einfacheren Form geschrieben.

$$\varphi(p) = - \int\limits_{p_0}^{p} \vec{E} \cdot \mathrm{d}\vec{l} \qquad (3.50)$$

Beispiel 3.8. In dem elektrischen Feld einer positiven Punktladung (s. Beispiel 3.2) ist das elektrische Potential als Ortsfunktion zu bestimmen.

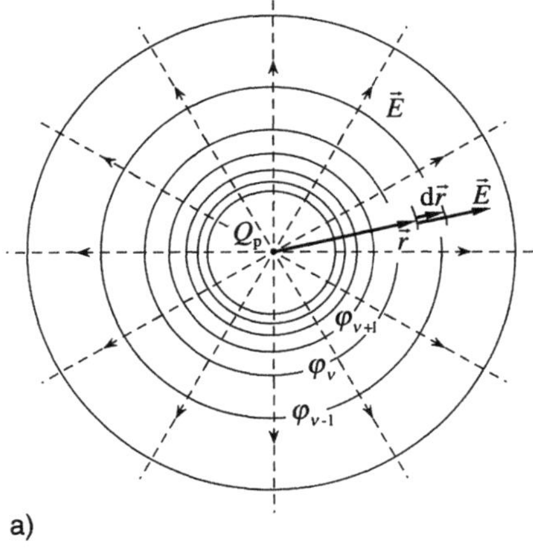

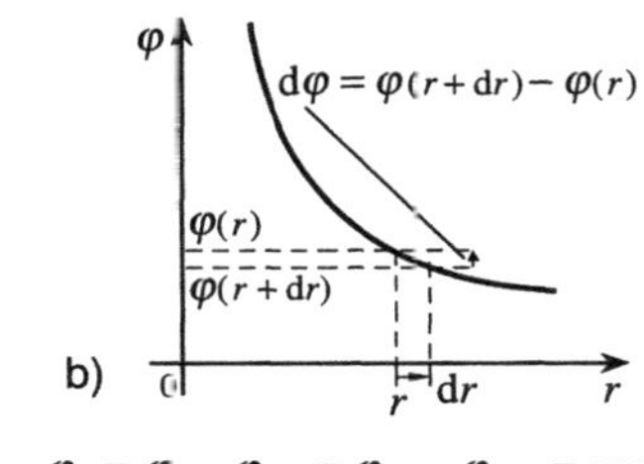

3.17 Äquipotentialflächen (Kugeloberflächen) konzentrisch um Q_{p}, dargestellt als Äquipotentiallinien in einer Schnittebene durch Q_{p} (a) und Potential $\varphi(r)$, abhängig von r (b)

In dieser allgemeinen Aufgabenstellung wird zweckmäßigerweise der Bezugspunkt bei $r_0 \to \infty$ mit einem Potential $\varphi_0 = \varphi(r \to \infty) = 0$ festgelegt. Damit kann das Potential $\varphi(r)$ in beliebigen Punkten $p(r)$ mit dem Abstand r von der Punktladung als bestimmtes Integral nach Gl.(3.49) berechnet werden (s. Bild **3.17a**).

$$\varphi(r) = \varphi_{0,\,(r\to\infty)} - \int\limits_{\zeta=\infty}^{r_\nu} \vec{E}_{(\zeta)} \cdot \mathrm{d}\vec{\zeta} = \varphi_{0,\,(r\to\infty)} + \int\limits_{r}^{\infty} \vec{E} \cdot \mathrm{d}\vec{r}$$

In der Gleichung wurden die Integrationsgrenzen vertauscht, da in der folgenden Rechnung – wie üblich – die laufende Koordinate r von der Punktladung ($r = 0$) nach Unendlich orientiert gewählt ist, also entgegen der der Integration in der Definitionsgleichung (3.46), die vom Bezugspunkt ($r \to \infty$) ausgeht ($\mathrm{d}\vec{\zeta} \uparrow\downarrow \mathrm{d}\vec{r} \uparrow\uparrow \vec{r}$). Damit ergibt sich das Potential $\varphi(r)$ als Ortsfunktion der unteren Grenze des Integrals (der laufenden Koordinate r). Die Ortsfunktion der elektrischen Feldstärke $\vec{E}_{(r)} = \vec{r}Q_p/(4\pi\varepsilon_0 r^3)$ entsprechend Gl.(3.14) in Beispiel 3.2 ist einzusetzen. Der Integrationsweg vom Punkt der Koordinate r bis ∞ darf beliebig verlaufen; er ist hier zweckmäßigerweise entlang des Radiusstrahles gewählt, damit $\mathrm{d}\vec{r}$ in gleicher Richtung wie $\vec{E}$ liegt, so daß $\vec{E} \cdot \mathrm{d}\vec{r} = E\,\mathrm{d}r$ gilt.

$$\varphi(r) = \int\limits_{r}^{\infty} \frac{Q}{4\pi\varepsilon_0 r^2}\,\mathrm{d}r = -\frac{Q}{4\pi\varepsilon_0 r}\bigg|_{r}^{\infty} = \frac{Q}{4\pi\varepsilon_0 r} \qquad \text{mit} \qquad \varphi_{0,(r\to\infty)=0} \,. \tag{3.51}$$

Bei dem gewählten Bezugspotential $\varphi_0 = \varphi(r \to \infty) = 0$ steigt das Potential umgekehrt proportional mit r an und strebt mit $r \to 0$ gegen plus Unendlich [$\varphi(r \to 0) \to \infty$] (s. Bild **3.17b**).

Man erkennt, daß Punkte mit gleichem r gleiches Potential φ haben, mit anderen Worten, in als konzentrisch um die Punktladung liegend gedachten Kugeloberflächen herrscht kein Potentialunterschied. Zeichnet man solche Flächen konstanten Potentials (Äquipotentialflächen) in den Feldraum, so wird dadurch anschaulich die Potentialverteilung in dem Feld dargestellt, insbesondere wenn die Darstellung so erfolgt, daß zwischen aufeinander folgenden Flächen immer gleiche Potentialunterschiede liegen (s. Bild **3.**17a).

Um die Abhängigkeit des Potentialverlaufes von der Wahl des Bezugspunktes zu demonstrieren, soll das Potential auch für den Fall bestimmt werden, daß der Bezugspunkt in der Punktladung, also $r_0 = 0$ mit dem Bezugspotential $\varphi_0 = \varphi(r=0) = 0$ festgelegt ist. Wählt man auch hier den Integrationsweg entlang eines Radiusstrahles, so gilt $\mathrm{d}\vec{\zeta} \uparrow\uparrow \vec{E}$ (Integrationsorientierung geht vom Bezugspunkt $r = 0$ aus). Nach Gl.(3.49) ergibt sich nun das Potential

$$\varphi(r) = \varphi_{0,\,(r=0)} - \int\limits_{\zeta=0}^{r} \vec{E}\cdot\mathrm{d}\vec{\zeta} = \int\limits_{\zeta=0}^{r} \frac{-Q}{4\pi\varepsilon_0\zeta^2}\,\mathrm{d}\zeta = -\infty + \frac{Q}{4\pi\varepsilon_0 r} \quad \text{mit} \quad \varphi_{0,\,(r=0)} = 0\,, \ (3.52)$$

das im Bezugspunkt $r = 0$ von Null $[\varphi_{0,\,(r=0)} = 0]$ ausgehend mit r gegen plus Unendlich gegen minus Unendlich $[\varphi(r\rightarrow+\infty) \rightarrow -\infty]$ strebt. Man erkennt die unzweckmäßige Wahl des Bezugspunktes $r = 0$ mit dem Bezugspotential $\varphi(r=0) = 0$, die auf den konstanten Term ∞ in der Gl.(3.52) für das Potential führt, wodurch diese nicht mehr auswertbar ist.

– Felder, in denen, wie hier für das elektrostatische Feld erläutert, jedem Raumpunkt p ein eindeutiger Potentialwert φ zugeordnet werden kann, nennt man P o t e n t i a l f e l d e r. Sie lassen sich durch Angabe der skalaren Größe Potential als Ortsfunktion eindeutig beschreiben.

Äquipotentialflächen. In Beispiel 3.8 wurden konzentrisch um eine Punktladung liegende Kugeloberflächen als Flächen gleichen Potentials erkannt, die rechtwinklig von den Feldlinien (Radialstrahlen) durchdrungen werden. Diese orthogonale Zuordnung ist allgemeingültig, wie folgende Betrachtung zeigt. Man stellt sich, wie in Bild **3.**18 skizziert, in einem E-Feld eine Fläche A so vor, daß die Feldlinien diese rechtwinklig durchdringen. Für alle Punkte dieser Fläche gilt dann, daß die in ihr liegenden infinitesimalen Wegvektoren $\mathrm{d}\vec{l}$ einen rechten Winkel mit der elektrischen Feldstärke $\vec{E}$ einschließen. Ihr Skalarprodukt $\vec{E}\cdot\mathrm{d}\vec{l} = E\,\mathrm{d}l\,\cos(\pi/2)$ ist damit in allen Punkten Null, also ist auch das Wegintegral der elektrischen Feldstärke, d. h. die elektrische Spannung zwischen beliebigen Punkten, in dieser Fläche immer Null, es kann keine Potentialdifferenz auftreten, z. B. ist in Bild **3.**18 $\varphi(p_2) = \varphi(p_1) - \int_{p_1}^{p_2}\vec{E}\cdot\mathrm{d}\vec{l} = \varphi_1 - 0$, also $\varphi_1 = \varphi_2$. Man spricht von einer Äquipotentialfläche.

– In Äquipotentialflächen ist das Potential φ in allen Punkten gleich, eine elektrische Feldstärke tangential zur Äquipotentialfläche existiert nicht. Ersetzt man eine Äquipotentialfläche durch eine leitende Fläche (z. B. durch eine Metallfolie), so ändert sich das elektrische Feld dadurch nicht (s. Abschn. 3.2 und 3.3).

Wie bereits aus Beispiel 3.8 zu erkennen, vermittelt die graphische Darstellung mehrerer Äquipotentialflächen, deren aufeinanderfolgende Potentiale φ_1, φ_2, φ_3 ... φ_n sich um jeweils den gleichen Wert $\varphi_1 - \varphi_2 = \varphi_2 - \varphi_3 = \ldots = \varphi_{(n-1)} - \varphi_n$ ändern, einen ähnlichen anschaulichen Eindruck von der räumlichen Feldverteilung wie die graphische Darstellung der Feldvektoren durch Feldlinien (s. Bild **3.17a**). Unter dieser Voraussetzung gleicher Differenzen gilt – wie für die Feldlinien – auch für die Äquipotentialflächen, daß sie in Bereichen großer Feldintensität gedrängt, in Bereichen geringer Feldintensität aber weiter auseinandergezogen erscheinen.

Betrachtet man eine Schnittebene orthogonal zu Äquipotentialflächen, wie z. B. in Bild **3.17a** dargestellt, so erscheinen in dieser Ebene die Äquipotentialflächen als Äquipotentiallinien, die von den Feldlinien rechtwinklig gekreuzt werden, sie stellen ein orthogonales Liniennetz dar.

Felder, die sich in einer einzigen solchen Schnittebene vollständig beschreiben lassen, da die Äquipotential- und somit auch die Feldlinien in allen weiteren Schnittebenen des Feldraumes den gleichen Verlauf zeigen (s. Beispiele 3.2u.3.8), sind besonders anschaulich.

Elektrische Spannung. Die Spannung U_{12} zwischen zwei Feldpunkten p_1 und p_2 ist entsprechend ihrer Definitionsgleichung Gl.(3.48) als Differenz der Potentiale φ_1 und φ_2 dieser Punkte oder als Wegintegral der elektrischen Feldstärke $\vec{E}$ zwischen diesen Punkten zu berechnen. Der Zusammenhang zwischen diesen beiden Möglichkeiten ist bereits aus den Energiegleichungen Gl.(3.45) zu erkennen, soll aber im folgenden nochmals explizit aufgezeigt werden. In einem elektrostatischen Feld ergeben sich mit dem festgelegten Bezugspotential φ_0 im Bezugspunkt p_0 (s. Bild **3.15b**) nach der allgemeinen Potentialgleichung Gl.(3.49) für zwei beliebige Raumpunkte p_1 und p_2 die Potentiale

$$\varphi_1 = \varphi_0 - \int\limits_{p_0}^{p_1} \vec{E} \cdot \mathrm{d}\vec{l}_{01} \qquad \text{und} \qquad \varphi_2 = \varphi_0 - \int\limits_{p_0}^{p_2} \vec{E} \cdot \mathrm{d}\vec{l}_{02} \, . \qquad (3.53)$$

Wird nun die Spannung U_{12} zwischen den beiden Raumpunkten p_1 und p_2 als Wegintegral der elektrischen Feldstärke $\vec{E}$ berechnet und zwar einmal auf direktem Weg von p_1 nach p_2 (in Bild **3.15b** durchgehend gezeichnet), zum anderen über den „Umweg" von p_1 zum Bezugspunkt p_0 und von dort weiter nach p_2 (in Bild **3.**15b gestrichelt gezeichnet), so muß sich über beide Wege der gleiche Wert

$$U_{12} = \int\limits_{p_1}^{p_2} \vec{E}\cdot \mathrm{d}\vec{l}_{12} = \int\limits_{p_1}^{p_0} \vec{E}\cdot \mathrm{d}\vec{l}_{10} + \int\limits_{p_0}^{p_2} \vec{E}\cdot \mathrm{d}\vec{l}_{02} = -\int\limits_{p_0}^{p_1} \vec{E}\cdot \mathrm{d}\vec{l}_{01} + \int\limits_{p_0}^{p_2} \vec{E}\cdot \mathrm{d}\vec{l}_{02} \qquad (3.54)$$

ergeben, da im elektrostatischen Feld der Integrationsweg beliebig gewählt werden kann. Ersetzt man nun die beiden Wegintegrale, die über den Bezugspunkt p_0 führen, durch die aus Gl.(3.53) bestimmten Potentiale, so führt dieses auf die Differenz der Potentiale der Punkte p_1 und p_2

$$-\int\limits_{p_0}^{p_1} \vec{E}\cdot \mathrm{d}\vec{l}_{01} + \int\limits_{p_0}^{p_2} \vec{E}\cdot \mathrm{d}\vec{l}_{02} = (\varphi_1 - \varphi_0) + (\varphi_0 - \varphi_2) = \varphi_1 - \varphi_2 \,,$$

die der Spannung U_{12} entspricht.

– Die elektrische Spannung

$$U_{12} = \int\limits_{p_1}^{p_2} \vec{E}\cdot \mathrm{d}\vec{l} = \varphi_1 - \varphi_2 \qquad (3.55)$$

zwischen zwei Feldpunkten p_1 und p_2 kann als Wegintegral der elektrischen Feldstärke $\vec{E}$ von p_1 nach p_2 berechnet werden oder als Differenz des Potentials φ_1 im Punkt p_1 und des Potentials φ_2 im Punkt p_2.

Die Berechnung der Spannung U_{12} zum einen als bestimmtes Integral zwischen p_1 als untere und p_2 als obere Grenze und zum anderen als Differenz des Potentials φ_1 im Punkt p_1 der unteren und des Potentials φ_2 im Punkt p_2 der oberen Grenze darf nicht als Widerspruch zu der mathematischen Grundregel für die Lösung bestimmter Integrale (Wert für die obere minus dem für die untere Grenze) gesehen werden. Dies ist vielmehr eine Folge der definitiven Festlegung der Ortsfunktion des Potentials φ als eine negative Stammfunktion von $\vec{E}$ entsprechend Gl.(3.49). Um diesen Zusammenhang offensichtlich herauszustellen, findet man gelegentlich auch Erklärungen, die formal zwischen dem Begriff der Spannung $U_{12} = \int_{p_1}^{p_2} \vec{E}\cdot \mathrm{d}\vec{l} = \varphi_1 - \varphi_2$ und dem der Potentialdifferenz $\Delta\varphi_{12} = (\varphi_2 - \varphi_1) = -\int_{p_1}^{p_2} \vec{E}\cdot \mathrm{d}\vec{l}$ unterscheiden, so daß die Spannung $U_{12} = \int_{p_1}^{p_2} \vec{E}\cdot \mathrm{d}\vec{l} = -\Delta\varphi_{12} = -(\varphi_2 - \varphi_1)$ als negative Potentialdifferenz erklärt ist.

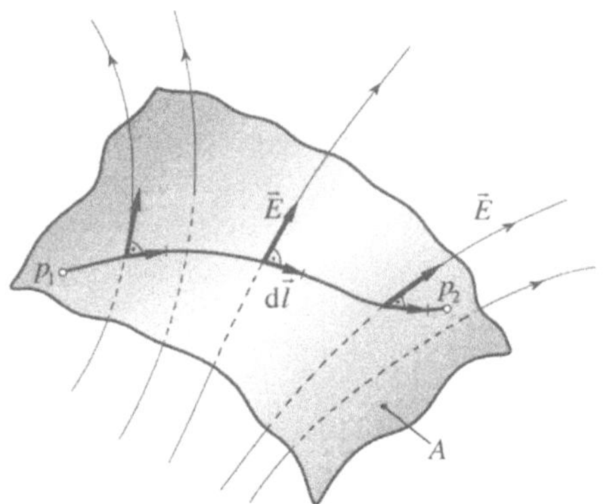
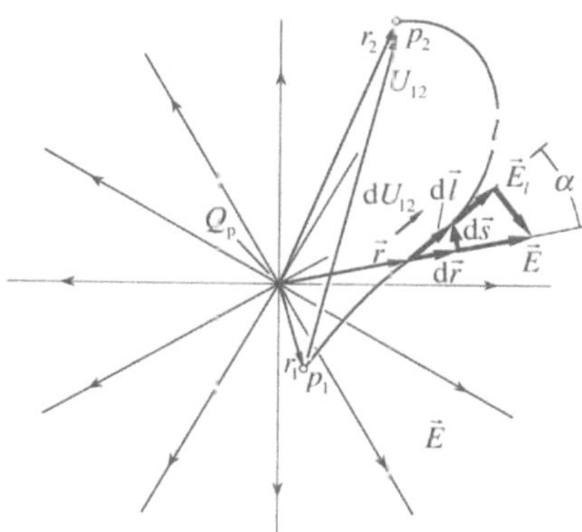

3.18 Wegintegral der elektrischen Feldstärke in einer Äquipotentialfläche

3.19 Spannung U_{12} im Feld einer Punktladung Q_P

Die elektrische Spannung U wird über das Skalarprodukt $\vec{E} \cdot d\vec{l}$ als skalare Größe berechnet, in der die ihr physikalisch anhaftende Polarität (besser Orientierung der Feldstärke $\vec{E}$) nicht zum Ausdruck kommt. Man hat daher der elektrischen Spannung einen Z ä h l p f e i l zugeordnet, der im Feld in der Orientierung des Wegintegrals ($d\vec{l}$) anzutragen ist (s. Bild **3.15c**). Da die Integrationsorientierung im allgemeinen willkürlich gewählt werden kann, die elektrische Feldstärke $\vec{E}$ mit Richtung und Orientierung aber physikalisch bedingt vorgegeben ist, ergibt sich der berechnete Spannungswert abhängig von dieser Wahl positiv oder negativ ($\cos \alpha > 0$ oder < 0, s. Bild 3.15c). Dieses – scheinbar willkürlich wählbare – Vorzeichen stellt aber im Zusammenhang mit der Orientierung des Spannungszählpfeiles eine eindeutige Aussage dar, wenn folgende Regel beachtet wird.

– Der nach Gl.(3.55) bestimmten Spannung U_{12} zwischen zwei beliebigen Punkten p_1 und p_2 ist ein in der Integrationsorientierung $d\vec{l}$, also von der unteren zur oberen Grenze des Wegintegrals weisender S p a n n u n g s z ä h l p f e i l zugeordnet. Der dann abhängig von der vorliegenden Orientierung des Feldes nach Gl.(3.55) berechnete positive (bzw. negative) Spannungswert bedeutet,
daß sich die potentielle Energie einer positiven Ladung Q, die in der Orientierung des zugehörigen Spannungszählpfeiles verschoben wird, verkleinert (bzw. vergrößert) oder
daß der zugehörige Spannungszählpfeil vom höheren zum niederen (bzw. vom niederen zum höheren) Potential weist.

Um zu klären, welche Bedeutung die Wahl des Integrationsweges für die Be-

rechnung einer Spannung hat, wird das elektrische Feld einer Punktladung
(s. Beispiel 3.2) betrachtet, das in Bild **3.**19 in einer Ebene durch die Punktladung skizziert ist. Entlang eines Weges l zwischen den Punkten p_1 und p_2
in dieser Ebene soll die Spannung U berechnet werden. An einer beliebigen
Stelle der Strecke l, die durch einen von der Punktladung ausgehenden Ortsvektor $\vec{r}$ gekennzeichnet ist, tritt entsprechend Gl.(3.14) die elektrische Feldstärke
$\vec{E} = Q\vec{r}/(4\pi\varepsilon_0 r^3)$ in einem Winkel α zum Streckenelement $\mathrm{d}\vec{l}$ auf, mit der sich
entsprechend Gl.(3.55) die über $\mathrm{d}\vec{l}$ auftretende infinitesimale Spannungskompo-
nente

$$\mathrm{d}U_{12} = \vec{E}\cdot\mathrm{d}\vec{l} = E\mathrm{d}l\,\cos\alpha \tag{3.56a}$$

berechnen läßt. Man erkennt aus dieser Gl.(3.56a), daß für den infinitesimalen
Bereich – in dem ein Feld immer als homogen anzusehen ist – das Produkt
aus Weg $\mathrm{d}\vec{l}$ und der in diesen fallenden Feldstärkekomponenten $E_\mathrm{l} = E\cos\alpha$
gleich ist dem Produkt aus Feldstärke E und der in ihrer Richtung liegenden
Wegkomponenten $\mathrm{d}r = \mathrm{d}l\cos\alpha$, so daß sich die Spannung $\mathrm{d}U_{12} = \mathrm{d}lE_\mathrm{l} = E\,\mathrm{d}r$
statt über die Feldstärkekomponente E_l in Wegrichtung $\mathrm{d}\vec{l}$ auch über die Wegkomponente $\mathrm{d}\vec{r}$ in Feldstärkerichtung $\vec{E}$ berechnen läßt. Dies folgt auch daraus,
daß die Wegkomponente $\mathrm{d}\vec{s}$ rechtwinklig zu $\vec{E}$ liegt und somit die über diese
Wegkomponente berechnete Spannungskomponente Null ist. Im infinitesimalen
Bereich kann also der Weg $\mathrm{d}\vec{l}$ durch die Komponenten $\mathrm{d}\vec{r}$ und $\mathrm{d}\vec{s}$ ersetzt werden,
und die infinitesimale Spannung

$$\mathrm{d}U_{12} = \vec{E}\cdot\mathrm{d}\vec{l} = \vec{E}\cdot\mathrm{d}\vec{r} + \vec{E}\cdot\mathrm{d}\vec{s} \tag{3.56b}$$

ergibt sich als Summe zweier Komponenten, von denen immer eine Null ist, so
daß die Spannungsintegrale leicht auswertbar sind. Führt man also in Gl.(3.55)
$\mathrm{d}\vec{l} = \mathrm{d}\vec{r} + \mathrm{d}\vec{s}$ ein, d. h., integriert man entlang der gegebenen Strecke in Form
einer infinitesimalen „Treppenkurve", so ergibt sich die zwischen den Punkten
p_1 und p_2 auftretende Spannung

$$U_{12} = \int_{p_1}^{p_2} \vec{E}\cdot\mathrm{d}\vec{l} = \int_{p_1}^{p_2} \vec{E}\cdot\mathrm{d}\vec{r} + \int_{p_1}^{p_2} \vec{E}\cdot\mathrm{d}\vec{s} = \int_{p_1}^{p_2} \vec{E}\cdot\mathrm{d}\vec{r} \tag{3.57a}$$

als ein nur über r zu bildendes Integral. Setzt man $\vec{E}$ nach Gl.(3.14) und die
Integralgrenzen der Strecke mit r_1 und r_2 ein, bekommt man die Spannung

$$U_{12} = \int_{p_1}^{p_2} \vec{E}\cdot\mathrm{d}\vec{r} = \frac{Q}{4\pi\varepsilon_0} \int_{r_1}^{r_2} \frac{\vec{r}}{r^3}\cdot\mathrm{d}\vec{r} = \frac{Q}{4\pi\varepsilon_0}\left(\frac{1}{r_1} - \frac{1}{r_2}\right) \tag{3.57b}$$

($\vec{r}\cdot\mathrm{d}\vec{r} = r\,\mathrm{d}r$, da $\vec{r}\|\mathrm{d}\vec{r}$). Man erkennt, daß im Feld der Punktladung die elektrische Spannung zwischen zwei Punkten für beliebig gewählte Integrationswege immer mit dem gleichen Wert berechnet wird, der allein abhängt von der Differenz der radialen Abstände der beiden Punkte von der Punktladung. Diese Aussage gilt auch für beliebige Raumpunkte p_1 und p_2 in der Umgebung der Punktladung, wie man bei Übertragung der hier für die Ebene angestellten Betrachtungen ins Räumliche feststellen kann.

Das für den speziellen Fall der Punktladung aufgezeigte Ergebnis hat grundsätzliche Bedeutung, da für das elektrische Potentialfeld in linearen Räumen der Überlagerungssatz gilt, nach dem man sich das von beliebigen Ladungsverteilungen erregte Feld als Überlagerung von Punktladungsfeldern vorstellt. Also kann man sich auch eine im beliebigen Potentialfeld auftretende elektrische Spannung als Überlagerung der in Punktladungsfeldern auftretenden Spannungskomponenten vorstellen, womit folgende fundamentale Aussage bestätigt wird:

- In elektrischen Potentialfeldern ist das Wegintegral der elektrischen Feldstärke, also die elektrische Spannung zwischen zwei Punkten, unabhängig vom gewählten Integrationsweg.

Beispiel 3.9. Zwischen den parallelen ebenen Elektroden A (Ablenkplatten) in einer Elektronenstrahlröhre liegt die Gleichspannung U (s. Bild **3**.20). Ein Elektronenstrahl tritt bei p_1 in das elektrostatische Feld zwischen den Elektroden ein und durchläuft dieses infolge der auf ein Elektron wirkenden Coulombkraft $\vec{F} = -e\vec{E}$ entsprechend der gestrichelt eingezeichneten Bahn. Die Rückwirkungen des Elektronenstrahls auf das elektrostatische Feld sollen vernachlässigbar sein, ebenso die an den Elektrodenrändern auftretenden Inhomogenitäten. Die in dem homogenen Bereich des elektrostatischen Feldes über den Weg von p_1 nach p_2 dem Elektronenstrahl zugeführte Energie ist zu berechnen. Der Energieaustausch mit dem inhomogenen Randfeld außerhalb der Punkte p_1 und p_2 sowie der mit einer an die Elektroden angeschlossenen Spannungsquelle soll hier nicht betrachtet werden.

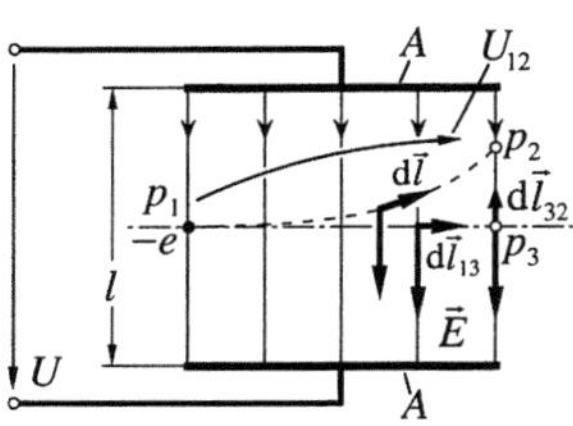

3.20 Ablenkung des Elektronenstrahls im Feld eines Plattenkondensators

Man berechnet zunächst mit Gl.(3.55) die elektrische Spannung U_{12} zwischen Anfangs- (p_1) und Endpunkt (p_2) der Ablenkbahn, die unabhängig von der Intensität des Elektronenstrahles die Energie pro Ladung angibt, die dem Elektronenstrahl zugeführt wird. Da im elektrostatischen Feld der Integrationsweg zur Berechnung der elektrischen Spannung beliebig gewählt werden darf, integriert man nicht entlang der tatsächlichen Elektronenlaufbahn, sondern entlang der geraden Abschnitte von Punkt p_1 über p_3 nach p_2, da sich damit eine wesentlich einfachere Rechnung ergibt. Über den Wegabschnitt von p_1 nach p_3 ist nämlich das Skalarprodukt $\vec{E} \cdot \mathrm{d}\vec{l}_{13}$ Null $[E\mathrm{d}l_{13}\cos(\pi/2) = 0]$ und über den Abschnitt p_3 nach p_2 gilt $\vec{E} \cdot \mathrm{d}\vec{l}_{32} = -E\,\mathrm{d}l_{32}$, da $\mathrm{d}\vec{l}_{32} \uparrow\downarrow \vec{E}$.

Da außerdem über den Weg von p_3 nach p_2 die elektrische Feldstärke E konstant ist, läßt sich die Integration in eine Multiplikation überführen $(-\int_{p_3}^{p_2} E\, \mathrm{d}l_{32} = -E l_{32})$. Damit bekommt man einen einfachen Ausdruck für die zwischen den Punkten p_1 und p_2 wirkende Spannung

$$U_{12} = \int_{p_1}^{p_2} \vec{E}\cdot\mathrm{d}\vec{l} = \int_{p_1}^{p_3} \vec{E}\cdot\mathrm{d}\vec{l}_{13} + \int_{p_3}^{p_2} \vec{E}\cdot\mathrm{d}\vec{l}_{32} = -E\, l_{32}\,. \tag{3.58}$$

Mit den Beträgen für die elektrische Feldstärke $E = U/l$ und die Länge l_{32} folgt aus Gl.(3.58) ein negativer Zahlenwert, d. h., die Wirkung dieser Spannung U_{12} ist umgekehrt wie der in der Orientierung des Integrationsweges von p_1 nach p_2 eingezeichnete Zählpfeil für U_{12}. Damit hat Punkt p_2 die Bedeutung eines positiven und Punkt p_1 die eines negativen Poles, was auch der angelegten elektrischen Spannung U entspricht.

Der nach Gl.(3.58) berechnete negative Spannungswert ist entsprechend Gl.(3.45) als Verkleinerung der potentiellen Energie der negativen Elektronenladung des Elektronenstrahls beim Durchlaufen des Weges von p_1 nach p_2 anzusehen ($\Delta W_{12} = U_{12}\cdot e_-$ positiv), die in kinetische Energie umgeformt wird, aus der z. B. die Ablenkgeschwindigkeit im Punkt p_2 berechnet werden kann.

3.1.3.2 Umlaufspannung im elektrischen Potentialfeld. Im Potentialfeld kommt jedem Raumpunkt genau ein Potential zu. Wird also entsprechend Bild **3.**21a ausgehend von einem beliebigen Punkt p_1 mit dem Potential φ_1 für einen beliebigen zweiten Punkt p_2 das Potential

$$\varphi_2 = \varphi_1 - \int_{p_1}^{p_2} \vec{E}\cdot\mathrm{d}\vec{l}_{12} \tag{3.59a}$$

entsprechend Gl.(3.49) berechnet und von diesem Punkt p_2 ausgehend wieder das für den Punkt p_1

$$\varphi_1 = \varphi_2 - \int_{p_2}^{p_1} \vec{E}\cdot\mathrm{d}\vec{l}_{21} = \left(\varphi_1 - \int_{p_1}^{p_2} \vec{E}\cdot\mathrm{d}\vec{l}_{12} \right) - \int_{p_2}^{p_1} \vec{E}\cdot\mathrm{d}\vec{l}_{21}\,, \tag{3.59b}$$

so muß sich wieder das diesem Punkt p_1 eigene Potential φ_1 ergeben. Nach Gl.(3.59b) muß also die Summe der beiden Wegintegrale von p_1 nach p_2 und von dort zurück nach p_1 Null ergeben

$$\int_{p_1}^{p_2} \vec{E}\cdot\mathrm{d}\vec{l}_{12} + \int_{p_2}^{p_1} \vec{E}\cdot\mathrm{d}\vec{l}_{21} = \int_{p_1}^{p_2} \vec{E}\cdot\mathrm{d}\vec{l}_{12} - \int_{p_1}^{p_2} \vec{E}\cdot\mathrm{d}\vec{l}_{12} = 0\,,$$

was immer der Fall ist, da der Wert eines Wegintegrals zwischen zwei Punkten unabhängig vom gewählten Integrationsweg ist. Damit gilt folgende allgemeine Gesetzmäßigkeit:

– Im Potentialfeld ist das Wegintegral der elektrischen Feldstärke über einen beliebigen, aber geschlossenen Umlauf stets Null (s. Bild **3.21a**).

$$\oint \vec{E} \cdot d\vec{l} = 0 \tag{3.60}$$

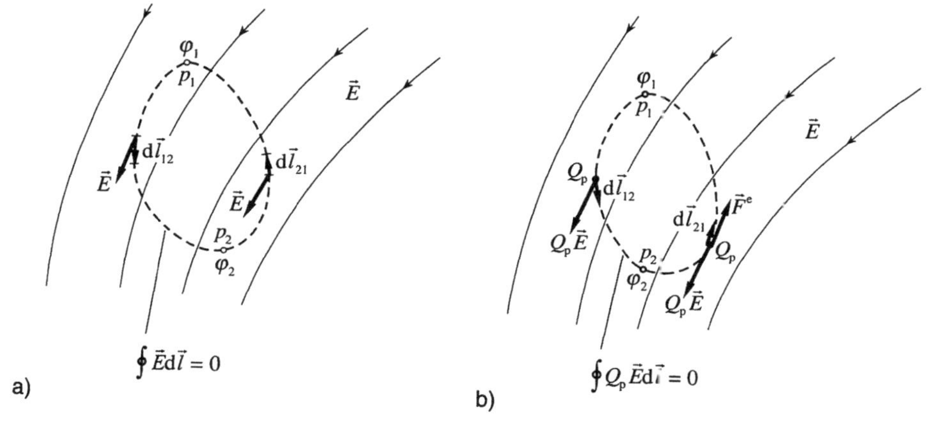

3.21
Umlaufspannung im elektrischen
Potentialfeld
a) Umlaufintegral der elektrischen
Feldstärke
$$\oint \vec{E} \cdot d\vec{l} = \int_1^2 \vec{E} \cdot d\vec{l} + \int_2^1 \vec{E} \cdot d\vec{l} = 0 \,,$$
b) Änderung der potentiellen Energie einer
Probeladung Q_p entlang eines Umlaufes
$$\overset{\circ}{\Delta W} = \Delta W_{21} + \Delta W_{12} =$$
$$\int_2^1 Q_p \vec{E} \cdot d\vec{l}_{21} + \int_1^2 Q_p \vec{E} \cdot d\vec{l}_{12} = 0 \,,$$
c) Spannungssumme über einen geschlos-
senen Umlauf
$$\oint \vec{E} \cdot d\vec{l} = \overset{\circ}{U} = U_{12} + U_{23} + U_{34} + U_{41} = 0 \qquad \text{c)}$$

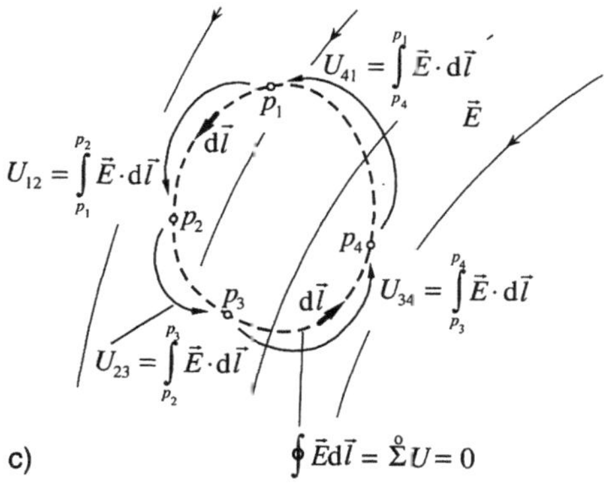

Man nennt ein solches über einen geschlossenen Weg gebildete Wegintegral auch **Umlaufintegral** und kennzeichnet es mit einem Kreis im Integralzeichen. Physikalisch kann man Gl.(3.60) so interpretieren, daß sich die potentielle Energie einer Ladung Q, die in einem Potentialfeld über einen geschlosenen Umlauf herumgeführt wurde, nicht geändert hat. Wird beispielsweise in einem Potentialfeld nach Bild **3.**21b eine Probeladung Q_P durch eingeprägte äußere Kräfte $\vec{F}^\mathrm{e} = -Q_\mathrm{P}\vec{E}$ von Punkt p_2 nach p_1 verschoben, so wird dadurch der Ladung in dem Feld die Energie $Q_\mathrm{P}\int_{p_2}^{p_1} \vec{E}\cdot\mathrm{d}\vec{l}_{21}$ zugeführt. Dagegen wird die Energie $\int_{p_1}^{p_2} \vec{E}\cdot\mathrm{d}\vec{l}_{12}$ abgeführt, wenn sich die Ladung Q_P infolge der Feldkräfte $\vec{F}_\mathrm{c} = Q_\mathrm{P}\vec{E}$ von p_1 zurück nach p_2 bewegt, so daß die gesamte Energieänderung, über den geschlossenen Umlauf betrachtet, Null ist. ($Q_\mathrm{P}\int_{p_2}^{p_1} \vec{E}\cdot\mathrm{d}\vec{l}_{21} + Q_\mathrm{P}\int_{p_1}^{p_2} \vec{E}\cdot\mathrm{d}\vec{l}_{12} = Q_\mathrm{P}\oint \vec{E}\cdot\mathrm{d}\vec{l} = 0$).

Unterteilt man einen geschlossenen Umlauf in n einzelne Teilabschnitte, z. B. wie in Bild **3.**21c für $n = 4$ dargestellt, so lassen sich die Wegintegrale der elektrischen Feldstärke über die Teilabschnitte ($\int_{p_\nu}^{p_{\nu+1}} \vec{E}\cdot\mathrm{d}\vec{l}$) auch durch die ihnen entsprechenden Differenzen der Potentiale ($\varphi_\nu - \varphi_{(\nu+1)}$) der den jeweiligen Teilabschnitt begrenzenden Punkte p_ν und $p_{(\nu+1)}$ oder auch durch die zwischen den Begrenzungspunkten liegenden Spannungen $U_{\nu,(\nu+1)}$ ersetzen. Wie das Umlaufintegral der elektrischen Feldstärke muß nun auch die diesem entsprechende Summe der Spannungen über die Teilabschnitte Null sein. Entsprechend Bild **3.**21c gilt somit

$$\oint \vec{E}\cdot\mathrm{d}\vec{l} = \int_{p_1}^{p_2} \vec{E}\cdot\mathrm{d}\vec{l} + \int_{p_2}^{p_3} \vec{E}\cdot\mathrm{d}\vec{l} + \ldots + \int_{p_n}^{p_1} \vec{E}\cdot\mathrm{d}\vec{l} = 0$$
$$= (\varphi_1 - \varphi_2) + (\varphi_2 - \varphi_3) + \ldots + (\varphi_n - \varphi_1) = 0$$
$$= U_{12} + U_{23} + \ldots + U_{n1} = 0. \tag{3.61}$$

Das über die elektrische Spannung formulierte Umlaufintegral wird auch als Umlaufspannung

$$\overset{\circ}{U} = \overset{\circ}{\sum} U_\nu = 0 \tag{3.62}$$

(Summe der Spannungen über einen geschlossenen Umlauf) bezeichnet, die im Potentialfeld also immer Null ist. Der Kreis über dem Spannungssymbol U bzw. dem Summenzeichen dient der Kennzeichnung des Bezuges auf den geschlossenen Umlauf.

Gleichung (3.62) entspricht einem der Grundgesetze der Netzwerktheorie, dem Kirchhoffschen Spannungssatz, nach dem die Spannungssumme in einer Masche, d. h. in einem geschlossenen Umlauf, gleich Null ist. Man erkennt aus der feldtheoretischen Betrachtung den Gültigkeitsbereich des Spannungssatzes. Tritt beispielsweise in einer Masche ein zeitlich sich änderndes Magnetfeld auf, so liegt kein reines Potentialfeld mehr vor, und die Spannungssumme (Umlaufintegral der elektrischen Feldstärke) ist ungleich Null (s. Abschn. 5.5.1.2).

– Im Potentialfeld ist die Summe der Spannungen in einer Masche, d. h. über einen geschlossenen Umlauf, immer Null. In der Netzwerklehre wird dieses Gesetz als Kirchhoffscher Spannungssatz ($\overset{\circ}{\sum} U = 0$) bezeichnet.

Beispiel 3.10. In einer in Bild **3**.22a schematisch skizzierten chemischen Batterie wird eine Ladungstrennung bewirkt, d. h., an den positiven bzw. negativen Elektroden (*1* bzw. *2*) und den Anschlußklemmen sammeln sich positive bzw. negative Polladungen. Diese bewirken ein elektrisches Feld, dessen $\vec{E}$-Feldlinien im Elektrolyt der Batterie wie auch außerhalb der Batterie zwischen den Anschlußklemmen auf den positiven Ladungen beginnen und auf den negativen enden; es liegt also ein Potentialfeld vor. Bildet man das Umlaufintegral der elektrischen Feldstärke (in Bild **3**.22a gestrichelt eingezeichnet) vom Pluspol durch den Elektrolyt zum Minuspol ($\int_{P_1}^{P_2} \vec{E} \cdot \mathrm{d}\vec{l}_{12}$) und von dort – über die Anschlußleitungen – durch den Außenraum zwischen den Anschlußklemmen zum Pluspol zurück ($\int_{P_3}^{P_4} \vec{E} \cdot \mathrm{d}\vec{l}_{34}$), so muß dieses Null ergeben.

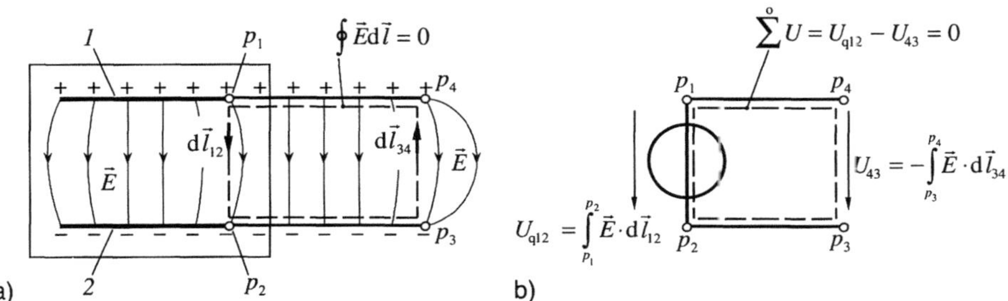

3.22 Umlaufintegral und Umlaufspannung im elektrischen Feld im Inneren und zwischen den Anschlüssen eines chemischen Elementes (a) und dessen Ersatzschaltbild (b)

Stellt man diese Batterie als Netzwerk (Zweipol) dar (s. Bild **3**.22b), so entspricht dem Wegintegral der elektrischen Feldstärke durch den Elektrolyt die Quellenspannung $U_{\mathrm{q}12} = \int_{P_1}^{P_2} \vec{E} \cdot \mathrm{d}\vec{l}_{12}$ und dem Wegintegral durch den Außenraum die Klemmenspannung $U_{43} = \int_{P_4}^{P_3} \vec{E} \cdot \mathrm{d}\vec{l}_{43} = -U_{34} = \int_{P_3}^{P_4} \vec{E} \cdot \mathrm{d}\vec{l}_{34}$. Dann gilt der Maschensatz, nach dem die Spannungssumme in der Masche aus Quellen- und Klemmenspannung Null sein muß.

$$\oint \vec{E} \cdot \mathrm{d}\vec{l} = \int_{P_1}^{P_2} \vec{E} \cdot \mathrm{d}\vec{l}_{12} + \int_{P_2}^{P_3} \vec{E} \cdot \mathrm{d}\vec{l}_{23} + \int_{P_3}^{P_4} \vec{E} \cdot \mathrm{d}\vec{l}_{34} + \int_{P_4}^{P_1} \vec{E} \cdot \mathrm{d}\vec{l}_{41} = 0$$

$$\qquad\qquad\qquad\qquad\qquad\quad \downarrow \qquad\qquad\qquad \underset{=0}{\downarrow} \qquad\qquad\qquad \downarrow \qquad\qquad \underset{=0}{\downarrow}$$

$$\overset{\circ}{\sum} U = U_{\mathrm{q}12} + U_{34} = 0 \tag{3.63}$$

Die Wegintegrale auf den Teillängen *2* bis *3* und *4* bis *1* sind Null, da sie durch die Zuleitungen verlaufen, in denen im stromlosen Zustand die elektrische Feldstärke Null ist (s. Abschn. 4.2).

3.1.3.3 Bestimmung der elektrischen Feldstärke aus dem Potential.

Ein von ruhenden Ladungen erregtes elektrisches Feld läßt sich nach den bisherigen Erläuterungen sowohl durch die Ortsfunktion der Vektorgröße elektrische Feldstärke $\vec{E}(x,y,z)$ – Vektorfeld – als auch durch die Ortsfunktion der skalaren Größe Potential $\varphi(x,y,z)$ – Skalarfeld – beschreiben. Die Felder sind ineinander überführbar, wie die Herleitung des Potentialfeldes über das räumliche Wegintegral der elektrischen Feldstärke entsprechend Gl.(3.49) bereits für die eine Richtung zeigt. Auch die Umkehrung ist möglich, d. h. die Bestimmung des Vektorfeldes der elektrischen Feldstärke $E(x,y,z)$ aus der Ortsfunktion des skalaren Potentials $\varphi(x,y,z)$, wie im folgenden erläutert ist.

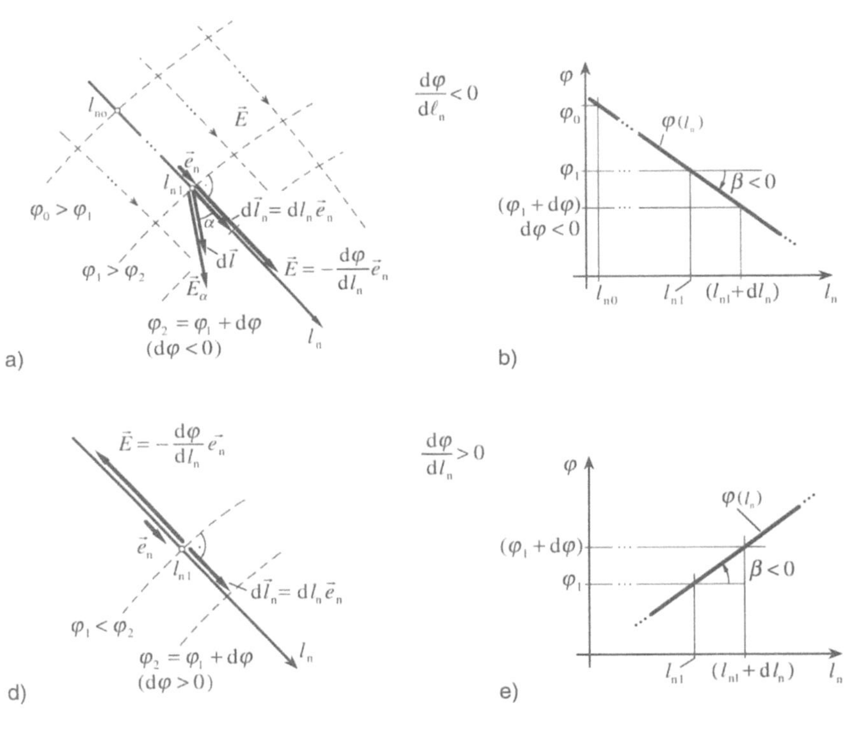

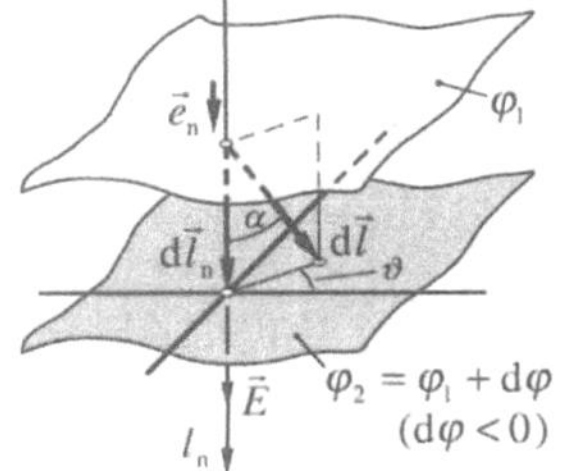

3.23
Elektrische Feldstärke $\vec{E}$ als räumliche Ableitung des Potentials φ
a) orthogonale Schnittebene zu den Äquipotentialflächen und
b) Potentialverlauf $\varphi(l_n)$ entlang einer Normalen zu den Äquipotentialflächen,
c) räumliche Felddarstellung,
d) und e) wie a) und b), aber mit $d\varphi/dl_n$ negativ

In Bild **3.23a** sind in einer Schnittebene durch einen infinitesimalen Feldbereich (s. Bild **3.23c**) orthogonal zu den Äquipotentialflächen zwei Äquipotentiallinien mit dem infinitesimalen Abstand $\mathrm{d}l_\mathrm{n}$ und den Potentialen φ_1 und $\varphi_2 = \varphi_1 + \mathrm{d}\varphi$ dargestellt. Man wählt nun in dieser Ebene für die (eindimensionale) Darstellung des Potentials $\varphi(l_\mathrm{n})$ eine Längenkoordinate l_n, die wie die Feldlinien orthogonal zu den Äquipotentiallinien verläuft. Die Orientierung dieser Koordinate l_n, d. h. ihre positive Zählrichtung und der Einsvektor $\vec{e}_\mathrm{n}$, ist in Bild **3.23a** und **3.23b** beispielhaft vom höheren zum niedereren Potential gewählt. Mit diesen Festlegungen $(\mathrm{d}\vec{l}_\mathrm{n} = \mathrm{d}l_\mathrm{n}\,\vec{e}_\mathrm{n})\|(\vec{E} = E\,\vec{e}_\mathrm{n})$ folgt aus Gl.(3.49) die Potentialgleichung

$$\varphi(l_\mathrm{n}) = \varphi_0 - \int\limits_{l_\mathrm{n0}}^{l_\mathrm{n}} \vec{E}\cdot\mathrm{d}\vec{l}_\mathrm{n} = \varphi_0 - \int\limits_{l_\mathrm{n0}}^{l_\mathrm{n}} E\vec{e}_\mathrm{n}\cdot\mathrm{d}l_\mathrm{n}\vec{e}_\mathrm{n} = \varphi_0 - \int\limits_{l_\mathrm{n0}}^{l_\mathrm{n}} E\,\mathrm{d}l_\mathrm{n} \qquad (3.64)$$

mit dem Bezugspotential φ_0 im Punkt l_n0. Da die Längenkoordinate l_n orthogonal gewählt wird, läßt sich die Potentialfunktion Gl.(3.64) nach l_n differenzieren und führt damit auf eine Gleichung für den Wert der elektrischen Feldstärke, die durch Multiplikation mit $\vec{e}_\mathrm{n}$ auch ihren Vektor ergibt.

$$E = -\frac{\mathrm{d}\varphi}{\mathrm{d}l_\mathrm{n}}\,, \qquad \vec{E} = E\vec{e}_\mathrm{n} = -\frac{\mathrm{d}\varphi}{\mathrm{d}l_\mathrm{n}}\,\vec{e}_\mathrm{n} \qquad (3.65)$$

Gleichung (3.65) gilt insofern allgemein, als das Potential mit der gewählten Längenkoordinate l_n steigen oder fallen kann. Betrachtet man beispielsweise ein mit l_n steigendes Potential (s. Bild **3.23d** und **3.23e**), ergibt sich die Ableitung des Potentials positiv $(\mathrm{d}\varphi/\mathrm{d}l_\mathrm{n} > 0)$ und damit $\vec{E}$ nach Gl.(3.65) negativ. Die Orientierung der elektrischen Feldstärke $\vec{E}$ ist also entgegen der für die Längenkoordinate angenommenen $(\vec{E} \uparrow\downarrow \mathrm{d}\vec{l}_\mathrm{n}$, s. Bild **3.23d**), d. h., $\vec{E}$ wird auch hier als vom höheren zum niedereren Potential weisend berechnet.

Wie folgende Überlegung zeigt, tritt tatsächlich das maximale Potentialgefälle $|\mathrm{d}\varphi/\mathrm{d}l|_\mathrm{max} = |\mathrm{d}\varphi/\mathrm{d}l_\mathrm{n}|$ und damit auch die elektrische Feldstärke $\vec{E}$ in Richtung l_n normal zu den Äquipotentiallinien auf. Wählt man zwischen den beiden Äquipotentiallinien φ_1 und $\varphi_2 = \varphi_1 + \mathrm{d}\varphi$ einen infinitesimalen Weg $\mathrm{d}l = \mathrm{d}l_\mathrm{n}/\cos\alpha$ in einem beliebigen Winkel α zur Normalen $\mathrm{d}l_\mathrm{n}$ (s. Bild **3.23a** oder räumlich in Bild **3.23c**), so gilt über diesen Weg die gleiche Potentialdifferenz $|\mathrm{d}\varphi| = |\varphi_2 - \varphi_1|$ wie über den entlang der Normalen. Da aber der von der Normalen abweichende Weg $|\mathrm{d}l| = |\mathrm{d}l_\mathrm{n}/\cos\alpha|$ immer länger ist als die Normale $|\mathrm{d}l_\mathrm{n}|$, muß das Potentialgefälle (oder die Steigung) $|\mathrm{d}\varphi/\mathrm{d}l| = |\mathrm{d}\varphi/(\mathrm{d}l_\mathrm{n}/\cos\alpha)|$ in dieser Richtung kleiner sein als in der der Normalen. In Richtung $\mathrm{d}l$ wird also nur die in dieser Richtung liegende Komponente $|\vec{E}_\alpha| = |\mathrm{d}\varphi/\mathrm{d}l| = |E\cos\alpha| < |\vec{E}|$ der elektrischen Feldstärke $\vec{E}$ berechnet.

– Die elektrische Feldstärke kann nach Gl.(3.65) als negative Ableitung $(-\mathrm{d}\varphi/\mathrm{d}l_{\mathrm{n}})$ des Potentials φ nach dem Weg l_{n} normal zur Äquipotentialfläche berechnet werden. Der Vektor $\vec{E}$ ist normal zur Äquipotentialfläche vom höheren zum niedereren Potential orientiert, gibt also das maximale Potentialgefälle [negative Steigung $(-\mathrm{d}\varphi/\mathrm{d}l_{\mathrm{n}})$] an.

Im allgemeinen ist das Potential $\varphi(x,y,z)$ als Ortsfunktion gegeben, nicht aber die Äquipotentialflächen $A_{\varphi=\mathrm{const}(x,y,z)}$ und damit auch nicht die Normalen $\mathrm{d}\vec{l}_{\mathrm{n}}(x,y,z)$ zu diesen. Man bestimmt dann zweckmäßigerweise die elektrische Feldstärke $\vec{E}$ über ihre Komponenten, die als partielle Ableitungen der Potentialortsfunktion $\varphi(x,y,z)$ nach deren Ortskoordinaten berechnet werden. Dabei kann gegebenenfalls durch Nutzung von Symmetrieeigenschaften die Rechnung erheblich vereinfacht werden, wie in den folgenden Unterabschnitten erläutert.

Homogene Felder. In homogenen Feldern (z. B. im Plattenkondensator, s. Beispiel 3.7) ist die elektrische Feldstärke $\vec{E}$ unabhängig vom Ort konstant, die Feldlinien verlaufen mit konstanter Dichte parallel zueinander und orthogonal zu den ebenen Äquipotentialflächen. Damit kann Gl.(3.65) als Differenzengleichung geschrieben werden, die unmittelbar auf die elektrische Feldstärke

$$\vec{E} = -\frac{\Delta\varphi_{12}}{\Delta l_{\mathrm{n}\,12}}\left(\frac{\Delta\vec{l}_{\mathrm{n}\,12}}{\Delta l_{\mathrm{n}\,12}}\right) = -\frac{\varphi_2 - \varphi_1}{\Delta l_{\mathrm{n}\,12}}\left(\frac{\Delta\vec{l}_{\mathrm{n}\,12}}{\Delta l_{\mathrm{n}\,12}}\right) = \frac{U_{12}}{\Delta l_{\mathrm{n}\,12}}\left(\frac{\Delta\vec{l}_{\mathrm{n}\,12}}{\Delta l_{\mathrm{n}\,12}}\right) \qquad (3.66)$$

führt. Δl_{12} ist der Normalabstand zwischen zwei beliebigen Äquipotentialflächen mit φ_1 und φ_2, der als Vektor $\Delta\vec{l}_{\mathrm{n}12}$ aufgefaßt von φ_1 nach φ_2 bzw. wie der Zählpfeil für U_{12} orientiert ist. Ist $\varphi_1 > \varphi_2$, so ist $-(\varphi_2 - \varphi_1)/\Delta l_{12}$ bzw. $U_{12} = \varphi_1 - \varphi_2$ positiv und damit $\vec{E}\uparrow\uparrow\Delta\vec{l}_{12}$; ist $\varphi_1 < \varphi_2$, so ist $-(\varphi_2 - \varphi_1)/\Delta l_{\mathrm{n}}$ bzw. $U_{12} = \varphi_1 - \varphi_2$ negativ und damit $\vec{E}\uparrow\downarrow\Delta\vec{l}_{12}$, d. h., $\vec{E}$ ist in beiden Fällen von höheren zum niedereren Potential orientiert.

Beispiel 3.11. Ein Plattenkondensator mit einem Plattenabstand l ist an die elektrische Spannung $U_{16} > 0$ angeschlossen (s. Bild **3.24a**). Im homogenen Feldbereich um die Plattenmitte ist die elektrische Feldstärke $\vec{E}$ zu bestimmen.

Die Plattenoberflächen sind Äquipotentialflächen mit den Potentialen φ_1 und φ_6, deren Differenz entsprechend Gl.(3.55) gleich ist der angelegten elektrischen Spannung $U_{16} = \varphi_1 - \varphi_6$. Damit ist nach Gl.(3.66) der Betrag der elektrischen Feldstärke $E = U_{16}/l_{\mathrm{n}16}$.

Da U_{16} positiv gegeben ist, stellt sich das Potential $\varphi_1 = \varphi_6 + U_{16}$ der Platte *1* größer als das der Platte *6* ein (s. Bild **3.24c**, Zählpfeil U_{16} bei positivem Zahlenwert vom höheren zum niedereren Potential orientiert), d. h., die elektrische Feldstärke $\vec{E}$ ist von der Platte *1* zur Platte *6* normal zu deren Oberflächen orientiert. Das gleiche Ergebnis bekommt man selbstverständlich auch formal nach Gl.(3.66). Man wählt den

Normalabstand zwischen den Plattenoberflächen als Vektor $\vec{l}_{n\,16}$ von φ_1 nach φ_6 bzw. wie der Zählpfeil U_{16} orientiert; dann ergibt sich der Vektor der elektrischen Feldstärke

$$\vec{E} = -\frac{\varphi_6 - \varphi_1}{l_{n\,16}}\left(\frac{\vec{l}_{n\,16}}{l_{n\,16}}\right) = \frac{U_{16}}{l_{n\,16}}\,\vec{e}_{n\,16} \tag{3.67}$$

mit dem Einsvektor $\vec{e}_{n16} = \vec{l}_{n16}/l_{n16}$ (s. Bild **3.24b**).

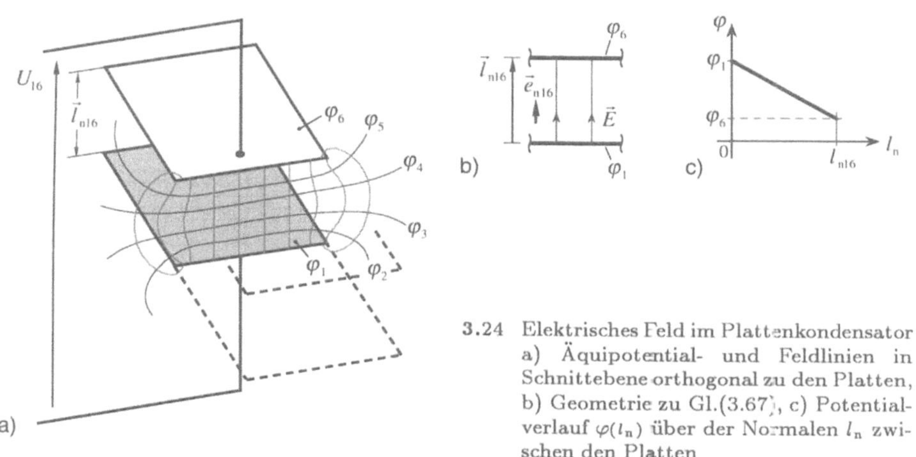

3.24 Elektrisches Feld im Plattenkondensator
a) Äquipotential- und Feldlinien in Schnittebene orthogonal zu den Platten, b) Geometrie zu Gl.(3.67), c) Potentialverlauf $\varphi(l_n)$ über der Normalen l_n zwischen den Platten

Kugel- und zylindersymmetrische Felder. In Kugel- oder zylindersymmetrischen Feldern (z. B. das Feld der Punkt- oder Linienladung, s. Beispiel 3.8 oder 3.5) kann das an sich räumliche Potentialfeld $\varphi(x,y,z)$ in einer Schnittebene in Abhängigkeit von nur einer Raumkoordinate $\varphi(r)$ eindeutig dargestellt werden. Aus Gründen mathematischer Zweckmäßigkeit wird die Potentialfunktion in der Schnittebene in Polarkoordinaten dargestellt, so daß das Potential nur vom Betrag des Ortsvektors $\vec{r}$ abhängt, der orthogonal zu den Äquipotentiallinien liegt. In diesen Fällen kann infolge $d\vec{r}\|d\vec{l}_n$ unmittelbar nach Gl.(3.65) die elektrische Feldstärke

$$\vec{E}(r) = -\frac{d\varphi}{dl_n}\,\vec{e}_r = -\frac{d\varphi(r)}{dr}\,\vec{e}_r \tag{3.68}$$

berechnet werden, wenn der Einsvektor $\vec{e}_r = (\vec{r}/r)$ die Orientierung des Ortsvektors $\vec{r}$ angibt. Es ist $\vec{E}\uparrow\uparrow\vec{r}$, wenn $\varphi(r)$ mit r kleiner wird [$d\varphi(r)/dr < 0$], bzw. $\vec{E}\uparrow\downarrow\vec{r}$, wenn $\varphi(r)$ mit r größer wird [$d\varphi(r)/dr > 0$].

Beispiel 3.12. In Beispiel 3.8, Gl.(3.51) ist das Potential $\varphi = Q/(4\pi\varepsilon_0 r)$ der Punktladung Q berechnet (s. Bild **3**.17). Mit Gl.(3.68) folgt daraus die elektrische Feldstärke

$$\vec{E} = -\frac{\mathrm{d}\varphi(r)}{\mathrm{d}r}\,\vec{e}_\mathrm{r} = \frac{Q}{4\pi\varepsilon_0 r^2}\,\vec{e}_\mathrm{r}\,. \qquad (3.69)$$

Bei positiver Punktladung ($Q > 0$) ist $\vec{E}\uparrow\uparrow\vec{r}$, bei negativer ($Q < 0$) ist $\vec{E}\uparrow\downarrow\vec{r}$.

Rotationssymmetrische Felder. In rotationssymmetrischen Feldern (z. B. das Feld eines Dipols in Beispiel 3.4) kann das von Natur aus räumliche Potentialfeld $\varphi(x,y,z)$ in einer Schnittebene durch die Rotationsache abhängig von zwei räumlichen Koordinaten [$\varphi(x,y)$] eindeutig beschrieben werden [diese Funktion $\varphi(x,y)$ gilt auch in allen übrigen Schnittebenen, s. Beispiel 3.4]. Aus einer zweidimensionalen Ortsfunktion des Potentials $\varphi(x,y)$ können entsprechend Gl.(3.65) unmittelbar die in den Koordinatenlinien liegenden Komponenten der elektrischen Feldstärke

$$\vec{E}_\mathrm{x} = -\frac{\partial\varphi(x,y)}{\partial x}\vec{e}_\mathrm{x}\,, \qquad \vec{E}_\mathrm{y} = -\frac{\partial\varphi(x,y)}{\partial y}\,\vec{e}_\mathrm{y} \qquad (3.70)$$

berechnet werden mit den in die positiven Koordinatenrichtungen orientierten Einsvektoren $\vec{e}_\mathrm{x}, \vec{e}_\mathrm{y}$. Addiert man diese Komponenten, so ergibt sich die elektrische Feldstärke

$$\vec{E} = \vec{E}_\mathrm{x} + \vec{E}_\mathrm{y} = -\left[\frac{\partial\varphi(x,y)}{\partial x}\,\vec{e}_\mathrm{x} + \frac{\partial\varphi(x,y)}{\partial y}\,\vec{e}_\mathrm{y}\right] \qquad (3.71)$$

mit dem Betrag

$$E = \sqrt{E_\mathrm{x}^2 + E_\mathrm{y}^2}\,, \qquad (3.72)$$

die den Erläuterungen zu Gl.(3.65) entspricht, d. h. in Richtung des größten Potentialgefälles orientiert ist.

Für die graphische Interpretation der Gl.(3.71) ist in Bild **3**.25 schematisch eine zweidimensionale Potentialfunktion $\varphi(x,y)$ über der x-y-Ebene dargestellt. Die elektrischen Feldstärkekomponenten $\vec{E}_\mathrm{x}$ und $\vec{E}_\mathrm{y}$ entsprechen dem Gefälle der Potentialfunktion in Richtung der Koordinatenlinien, die elektrische Feldstärke $\vec{E}$ dem maximalen Gefälle der Potentialfunktion [Richtung der Normalen ($\mathrm{d}\vec{l}_\mathrm{n}\uparrow\uparrow\mathrm{d}l_\mathrm{n}\vec{e}_\mathrm{n}$) zu den Äquipotentiallinien]. Da sich auf beliebigen Integrationswegen die gleiche Potentialdifferenz ergibt, gilt

$$-\mathrm{d}\varphi = -\big\{\varphi[(x+\mathrm{d}x),(y+\mathrm{d}y)] - \varphi(x,y)\big\} = \vec{E}\cdot\mathrm{d}\vec{l}_\mathrm{n} = \vec{E}_\mathrm{x}\cdot\mathrm{d}\vec{x} + \vec{E}_\mathrm{y}\cdot\mathrm{d}\vec{y}, \qquad (3.73)$$

was der Gl.(3.71) entspricht. Eine zweidimensionale Potentialfunktion wird häufig statt in kartesischen $[\varphi(x,y)]$ in Polarkoordinaten $[\varphi(r,\alpha)]$ dargestellt. Hierfür ergeben sich sinngemäß die in den Koordinatenlinien bzw. tangential zu diesen liegenden Komponenten der elektrischen Feldstärke

$$\vec{E}_r = -\frac{\partial \varphi(r,\alpha)}{\partial r}\,\vec{e}_r\,, \qquad \vec{E}_\alpha = -\frac{\partial \varphi(r,\alpha)}{r\,\partial \alpha}\,\vec{e}_\alpha \tag{3.74}$$

mit dem in positiver Koordinatenrichtung liegenden Einsvektor $\vec{e}_r$ und dem Tangenteneinsvektor $\vec{e}_\alpha$ (s. Bild **3.28**). Die Addition der beiden Komponenten ergibt wieder die elektrische Feldstärke

$$\vec{E} = \vec{E}_r + \vec{E}_\alpha = -\left[\frac{\partial \varphi(r,\alpha)}{\partial r}\,\vec{e}_r + \frac{\partial \varphi(r,\alpha)}{r\,\partial \alpha}\,\vec{e}_\alpha\right] \tag{3.75}$$

mit dem Betrag

$$E = \sqrt{E_r^2 + E_\alpha^2}\,. \tag{3.76}$$

Die praktische Anwendung der Gl.(3.75) ist in Beispiel **3.14** erläutert.

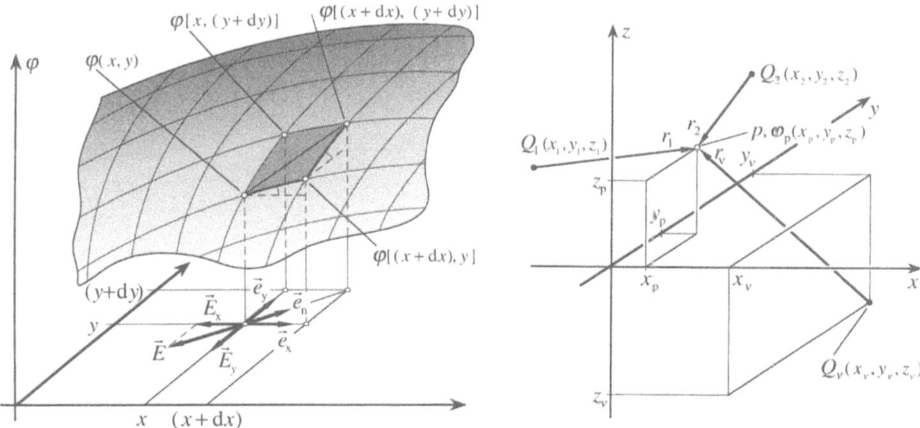

3.25 Elektrische Feldstärke $\vec{E}$ als räumliche Differentiation des Potentials $\varphi(x,y)$

3.26 Potential $\varphi(x,y,z)$ mehrerer Punktladungen Q_ν nach Gl.(3.81)

Felder ohne Symmetrie. Für Felder, die keine Symmetrie aufweisen (z. B. das Feld in der Randzone an den Ecken eines Plattenkondensators entsprechend Bild **3.24a**), muß das Potential abhängig von allen drei räumlichen Koordinaten beschrieben werden. Die Ortsfunktion des Potentials ist also dreidimensional, aus der entsprechend Gl.(3.65) unmittelbar nur die in den Koordinatenlinien liegenden Komponenten der elektrischen Feldstärke als partielle Ableitungen nach den Ortskoordinaten berechnet werden können.

In kartesischen Koordinaten folgen somit aus der Potentialortsfunktion $\varphi(x,y,z)$ die in den Koordinatenlinien parallel zu den Koordinatenachsen x, y und z liegenden Komponenten der elektrischen Feldstärke

$$\vec{E}_{\mathrm{x}} = -\frac{\partial\varphi(x,y,z)}{\partial x}\,\vec{e}_{\mathrm{x}}\,, \qquad \vec{E}_{\mathrm{y}} = -\frac{\partial\varphi(x,y,z)}{\partial y}\,\vec{e}_{\mathrm{y}}\,, \qquad \vec{E}_{\mathrm{z}} = -\frac{\partial\varphi(x,y,z)}{\partial z}\,\vec{e}_{\mathrm{z}} \qquad (3.77)$$

mit den in die positiven Koordinatenrichtungen orientierten Einsvektoren $\vec{e}_{\mathrm{x}}, \vec{e}_{\mathrm{y}}, \vec{e}_{\mathrm{z}}$. In Kugelkoordinaten folgen aus $\varphi(r,\alpha,\vartheta)$ die in den Koordinatenlinien bzw. tangential zu diesen liegenden Komponenten der elektrischen Feldstärke

$$\vec{E}_{\mathrm{r}} = -\frac{\partial\varphi(r,\alpha,\vartheta)}{\partial r}\,\vec{e}_{\mathrm{r}}\,, \qquad \vec{E}_{\alpha} = -\frac{\partial\varphi(r,\alpha,\vartheta)}{r\,\partial\alpha}\,\vec{e}_{\alpha}\,, \qquad \vec{E}_{\vartheta} = -\frac{\partial\varphi(r,\alpha,\vartheta)}{r\,\partial\vartheta}\vec{e}_{\vartheta} \qquad (3.78)$$

mit den in positiver Koordinatenrichtung liegenden Einsvektoren $\vec{e}_{\mathrm{r}}$ und Tangenteneinsvektoren $\vec{e}_{\alpha}, \vec{e}_{\vartheta}$.

Die Addition der drei Komponenten ergibt die elektrische Feldstärke

$$\vec{E} = \vec{E}_{\mathrm{x}} + \vec{E}_{\mathrm{y}} + \vec{E}_{\mathrm{z}} \qquad \text{bzw.} \qquad \vec{E} = \vec{E}_{\mathrm{r}} + \vec{E}_{\alpha} + \vec{E}_{\vartheta} \qquad (3.79)$$

mit dem Betrag

$$E = \sqrt{E_{\mathrm{x}}^2 + E_{\mathrm{y}}^2 + E_{\mathrm{z}}^2} \qquad \text{bzw.} \qquad E = \sqrt{E_{\mathrm{r}}^2 + E_{\alpha}^2 + E_{\vartheta}^2}\,. \qquad (3.80)$$

3.1.3.4 Berechnung elektrischer Potentialfelder bei raumfest gegebener Ladungsverteilung (Potentialform des Coulombintegrals). Für die Berechnung des von raumfesten Ladungen erregten D- bzw. E-Feldes wird die Ladung als in Punktladungen zerlegt betrachtet, deren Einzelfelder überlagert das resultierende Feld ergeben (s. Abschn. 3.1.2.3). Dieses grundlegende Verfahren kann auch für die Berechnung des Potentialfeldes angewandt werden, da das Potential eine lineare Funktion des E-Feldes ist (s. Abschn. 3.1.3.1, Potential), also auch hierfür der Überlagerungssatz gilt.

Potentialfeld mehrerer Punktladungen. Im unendlich ausgedehnten, ansonsten leeren Raum sind n Punktladungen $Q_1(x_1,y_1,z_1)$, $Q_2(x_2,y_2,z_2)$, ... ortsfest gegeben (s. Bild **3.26**). Jede dieser Punktladungen $Q_\nu(x_\nu, y_\nu, z_\nu)$ verursacht in beliebigen Raumpunkten $(x_{\mathrm{p}}, y_{\mathrm{p}}, z_{\mathrm{p}})$ entsprechend Gl.(3.51) die Potentialkomponenten $\varphi(Q_\nu) = Q_\nu/(4\pi\varepsilon_0 r_\nu)$ mit dem für alle gleich gewählten Bezugspotential Null im Unendlichen $[\varphi_0(r\to\infty) = 0]$. Werden alle n Potentialkomponenten entsprechend dem Überlagerungssatz addiert, so bekommt man das resultierende Potential

$$\varphi(x,y,z) = \sum_{\nu=1}^{n} \varphi(Q_\nu) = \frac{1}{4\pi\varepsilon_0} \sum_{\nu=1}^{n} \frac{Q_\nu}{r_\nu} \quad \text{mit } \varphi_0(r\to\infty) = 0 \,, \tag{3.81}$$

das von allen n Punktladungen verursacht wird. Man erkennt, daß die Berechnung des elektrischen Potentialfeldes nach Gl.(3.81) durch die Summation der skalaren Potentialkomponenten φ_ν bzw. der Beträge der Ortsvektoren r_ν mathematisch einfacher ist als die Berechnung des E-Feldes, was entsprechend Gl.(3.15) die vektorielle Summation der Komponenten der Feldvektoren $\vec{E}_\nu$ bzw. der Ortsvektoren $\vec{r}_\nu$ erfordert (vergleiche auch die folgenden Beispiele 3.13 und 3.14. mit dem Beispiel 3.4).

Beispiel 3.13. In Beispiel 3.4 ist für einen elektrischen Dipol das Vektorfeld der elektrischen Feldstärke als Ortsfunktion $\vec{E}(\vec{r})$ berechnet (s. Bild **3.8**). Hier soll für diesen Dipol das Potential als Ortsfunktion berechnet werden mit der Annahme des Bezugspotentials $\varphi_0 = 0$ im Unendlichen.

Mit den Bezeichnungen aus Bild **3.27a** ergibt sich aus dem Potential $\varphi_{1/2}$ jeder einzelnen der beiden Punktladungen $Q_1 = Q$ und $Q_2 = -Q$ nach dem Überlagerungssatz Gl.(3.81) das resultierende Potential

$$\varphi = \frac{1}{4\pi\varepsilon_0} \left(\frac{Q_1}{r_1} + \frac{Q_2}{r_2} \right) = \frac{Q}{4\pi\varepsilon_0} \left(\frac{1}{r_1} - \frac{1}{r_2} \right) \quad \text{mit } \varphi_0(r\to\infty) = 0 \,. \tag{3.82}$$

Das Potentialfeld des Dipols ist wie sein E-Feld rotationssymmetrisch, wie die sinngemäße Übertragung der Erläuterungen aus Beispiel 3.4 auf die Gl.(3.82) erkennen läßt. Man kann also das an sich räumliche Potentialfeld bereits in einer Schnittebene durch Q_1 und Q_2, d. h. abhängig von nur zwei Ortskoordinaten, eindeutig beschreiben.

In einem entsprechend Bild **3.27a** gewählten kartesischen Koordinatensystem in der Schnittebene ergibt sich nach Gl.(3.82) mit $r_{1/2} = \sqrt{y^2 + (x \mp l/2)^2}$ das Potential

$$\varphi(x,y) = \frac{Q}{4\pi\varepsilon_0} \left[\frac{1}{\sqrt{y^2 + (x - l/2)^2}} - \frac{1}{\sqrt{y^2 + (x + l/2)^2}} \right] \tag{3.83}$$

Das so berechnete Potential $\varphi(x,y)$ ist in Bild **3.27b** abhängig von den zwei Koordinaten x und y, d. h. über der Schnittebene (x-y-Ebene mit den bezogenen Größen φ', X, Y), dargestellt. Diese Darstellung ist zwar sehr anschaulich, aber sehr aufwendig. Man stellt daher, wie im folgenden erläutert, die Potentialverteilung durch Äquipotentiallinien unmittelbar in der Schnittebene dar (s. Abschn. 3.1.3.1), aus denen man bei einiger Übung ebenfalls einen anschaulichen quantitativen Eindruck gewinnt.

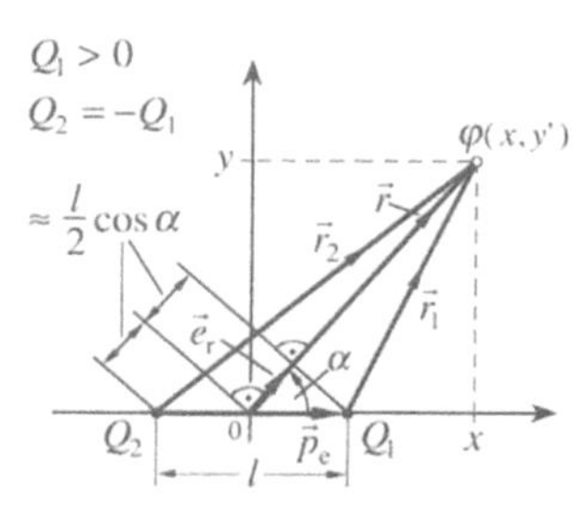

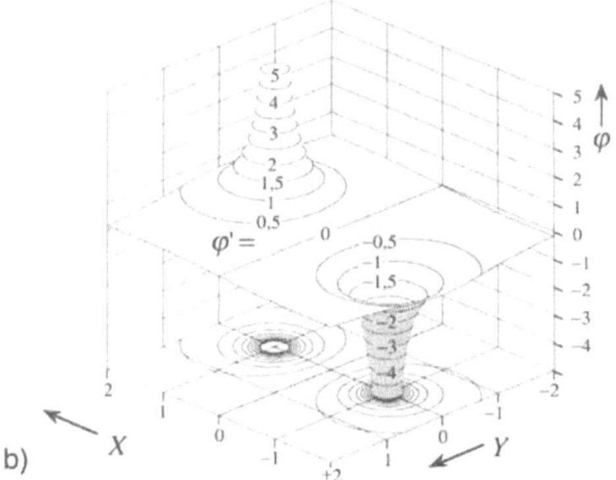

$$X = \frac{x}{l/2}, \qquad Y = \frac{y}{l/2}, \qquad \varphi' = \frac{\varphi}{\varphi(Q_\mathrm{p},l/2)}$$

φ Potential eines Dipols
          Gln.(3.82)bzw.(3.83)

$\varphi(Q_\mathrm{p},l/2)$ Potential einer einzelnen
          Punktladung Gl.(3.51)
          bei $r = l/2$

3.27
Elektrisches Potentialfeld eines Dipols
(s. auch Bild **3.8**)
a) Geometrie zu Beispiel 3.13,
b) Potential φ' über X-Y-Koordinatenfläche (bezogene Darstellung) mit
Linien $\varphi' =$ const,
c) Äquipotentiallinien in einer Schnittebene durch Q_1 und Q_2 (Projektionen
der „Höhenlinien" $\varphi =$ const nach b)

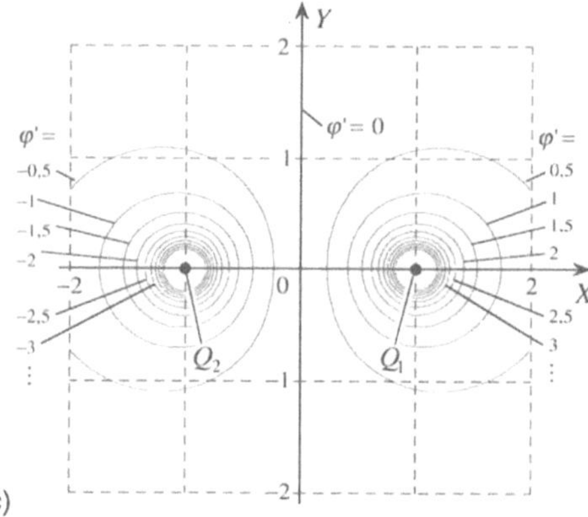

Um Äquipotentiallinien als Graphen in die Schnittebene eintragen zu können, setzt
man für $\varphi(x,y)$ jeweils konstante Potentialwerte φ_1, φ_2, ... φ_ν ... in gleichen Abständen gestuft $[|\varphi_1 - \varphi_2| = |\varphi_2 - \varphi_3| = \ldots]$ in Gl.(3.83) ein und hat so die Gleichung für
die einzelnen Äquipotentiallinien

$$\frac{1}{\sqrt{y^2 + (x - l/2)^2}} - \frac{1}{\sqrt{y^2 + (x + l/2)^2}} = \underbrace{\left(\varphi_\nu \frac{4\pi\varepsilon_0}{Q}\right)}_{\text{Konstante}}. \tag{3.84}$$

In Bild **3.27**c sind die nach Gl.(3.84) berechneten Äquipotentiallinien in der Schnittebene dargestellt. Die häufig nur implizit gegebene Form der Gleichung für die Äquipotentiallinien stellt keine Schwierigkeit dar, da bei dem heutigen Rechnerangebot
auch implizite Gleichungen mühelos graphisch darstellbar sind.

Man erkennt aus Bild **3.27**c, daß die Äquipotentiallinien in der x-y-Ebene auch als
Projektionen der „Höhenlinien" mit $\varphi(x,y) =$ const auf der über der x-y-Ebene aufgetragenen Potentialfunktion $\varphi(x,y)$ gedeutet werden können.

Die räumliche Darstellung der Äquipotentialflächen des Potentialfeldes $\varphi(x,y,z)$ eines Dipols bekommt man durch die Rotation der Äquipotentiallinien (in der Schnittebene) um die Dipolachse als Hüllflächen (ähnlich der abgeplatteter Kugeloberflächen) um die Punktladungen Q_1 und Q_2.

Ist die Dipollänge l sehr klein gegenüber dem Betrachtungsabstand r ($l \ll r$), so kann aus Gl.(3.82) mit der Näherung $r_{1/2} \approx r \mp (l/2)\cos\alpha$ (in Polarkoordinaten) und der in Beispiel 3.4 erläuterten Potenzreihenentwicklung für $1/r_{1/2}$ eine Näherungsgleichung für das Dipolpotential

$$\varphi(r,\alpha) \approx \frac{Ql}{4\pi\varepsilon_0 r^2}\cos\alpha = \frac{1}{4\pi\varepsilon_0 r^2}\vec{p}_e\cdot\vec{e}_r \tag{3.85}$$

hergeleitet werden, deren Fehler gegen Null geht, wenn der reale Dipol als in den Punktdipol mit dem elektrischen Dipolmoment $\vec{p}_e = Q\vec{l}$ übergehend anzusehen ist [s. Abschn. 3.1.2.4, Gl.(3.42)].

Setzt man in Gl.(3.85) konstante Potentialwerte $\varphi_\nu = \text{const}$ und $r^2 = x^2 + y^2$ ein, so bekommt man auch Näherungsgleichungen für die Äquipotentiallinien

$$y = \pm\sqrt{\sqrt[3]{\left(x\frac{Ql}{4\pi\varepsilon_0\varphi_\nu}\right)^2} - x^2} \tag{3.86}$$

in einem kartesischen Koordinatensystem entsprechend Bild **3.27**c.

Beispiel 3.14. In Beispiel 3.13. ist das Potential des Punktdipols [Gl.(3.85)] (Näherung für den realen Dipol) berechnet, aus dem hier die elektrische Feldstärke $\vec{E}$ zu bestimmen ist.

Entsprechend Gl.(3.74) ergeben sich aus dem in Polarkoordinaten dargestellten Potential $\varphi(r,\alpha)$ des Punktdipols die in den Koordinatenlinien liegenden Komponenten der elektrischen Feldstärke

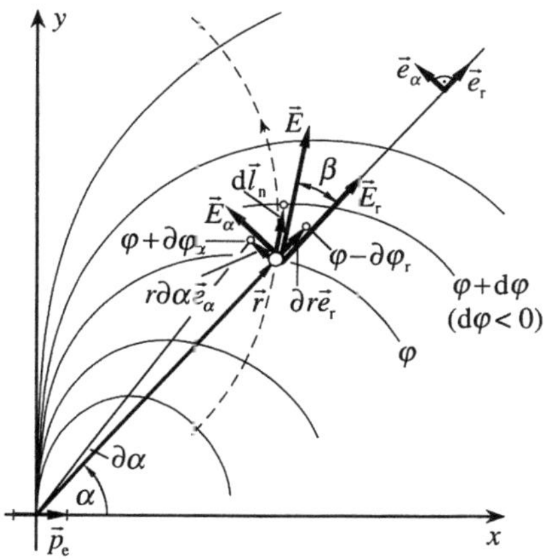

3.28 Graphik zu Beispiel 3.14

$$\vec{E}_r = -\frac{\partial\,\varphi(r,\alpha)}{\partial r}\,\vec{e}_r = \left(\frac{2Ql}{4\pi\varepsilon_0 r^3}\cos\alpha\right)\vec{e}_r\,, \qquad \vec{E}_\alpha = -\frac{\partial\,\varphi(r,\alpha)}{r\,\partial\alpha}\vec{e}_\alpha = \left(\frac{Ql}{4\pi\varepsilon_0 r^3}\sin\alpha\right)\vec{e}_\alpha \tag{3.87}$$

(s. Bild **3.28**). Durch Addition bekommt man die elektrische Feldstärke

$$\vec{E} = \vec{E}_r + \vec{E}_\alpha = \frac{Ql}{4\pi\varepsilon_0 r^3}\left(\vec{e}_r\,2\cos\alpha + \vec{e}_\alpha\sin\alpha\right) \tag{3.88}$$

mit dem Betrag

$$|\vec{E}| = \frac{|Ql|}{4\pi\varepsilon_0 r^3}\sqrt{(2\cos\alpha)^2 + \sin^2\alpha} = \frac{|Ql|}{4\pi\varepsilon_0 r^3}\sqrt{3\cos^2\alpha + 1} \tag{3.89}$$

$[(2\cos\alpha)^2 + \sin^2\alpha = 3\cos^2\alpha + \cos^2\alpha + \sin^2\alpha = 3\cos^2\alpha + 1]$ und mit dem aus $\tan\beta = E_\alpha/E_r = \sin\alpha/(2\cos\alpha) = (1/2)\tan\alpha$ folgenden Winkel

$$\beta = \sphericalangle(\vec{E}, \vec{r}) = \arctan\left(\frac{\tan\alpha}{2}\right) \tag{3.90}$$

zwischen elektrischer Feldstärke $\vec{E}$ und Ortsvektor $\vec{r}$ (s. Bild **3.28**).

Potentialfeld kontinuierlicher Ladungsverteilungen. Bei kontinuierlichen Ladungsverteilungen $\varrho_{(x,y,z)}$ (s. Abschn. 2.2.1.1) läßt sich, wie für die elektrische Feldstärke in Abschnitt 3.1.2.3 erläutert, die Ladung $\varrho\,\mathrm{d}V$ eines Volumenelementes als Punktladung $\mathrm{d}Q = \varrho\,\mathrm{d}V$ auffassen, deren Potentialkomponente $\mathrm{d}\varphi = \mathrm{d}Q/(4\pi\varepsilon_0 r)$ in einem beliebigen Raumpunkt p nach Gl.(3.51) bestimmt ist (s. Bild **3.29a**). Integriert man die Potentialkomponenten $\mathrm{d}\varphi$ aller infinitesimalen Ladungselemente $\mathrm{d}Q$ eines Raumladungsgebietes V, so bekommt man das von diesen im Punkt p erregte Potential

$$\varphi = \int\limits_V \mathrm{d}\varphi = \frac{1}{4\pi\varepsilon_0} \int\limits_V \frac{\varrho}{r}\,\mathrm{d}V \qquad \text{mit } \varphi_0(r\to\infty) = 0\,. \tag{3.91}$$

Häufig kann man die von Natur aus immer räumliche Ladungsverteilung, wie in Abschnitt 2.2.2 erläutert, idealisiert als in einer Fläche A mit der Flächenladungsdichte σ bzw. in einer Linie l mit der Linienladungsdichte λ konzentriert auffassen (s. Bild **3.29b** u. c). Damit bekommt man durch Integration der Potentialkomponenten $\mathrm{d}\varphi$ aller infinitesimalen Ladungselemente $\mathrm{d}Q = \sigma\,\mathrm{d}A$ bzw. $\mathrm{d}Q = \lambda\,\mathrm{d}l$ über die Ladungsfläche A bzw. Ladungslinie l das in einem Raumpunkt p erregte Potential einer Flächenladung

$$\varphi = \frac{1}{4\pi\varepsilon_0} \int\limits_A \frac{\sigma}{r}\,\mathrm{d}A \qquad \text{mit } \varphi_0(r\to\infty) = 0 \tag{3.92}$$

bzw. Potential einer Linienladung

$$\varphi = \frac{1}{4\pi\varepsilon_0} \int\limits_l \frac{\lambda}{r}\,\mathrm{d}l \qquad \text{mit } \varphi_0(r\to\infty) = 0\,. \tag{3.93}$$

Man nennt die Gln.(3.91)bis(3.93) häufig auch die P o t e n t i a l f o r m d e s C o u l o m b i n t e g r a l s. Für Raumpunkte innerhalb von Ladungsgebieten sind die Gln.(3.91)bis(3.93) mit $(r \to 0)$ singulär. Dafür gelten die gleichen Aussagen wie für die entsprechenden Gln.(3.28)bis(3.30) zur Berechnung der elektrischen Flußdichte.

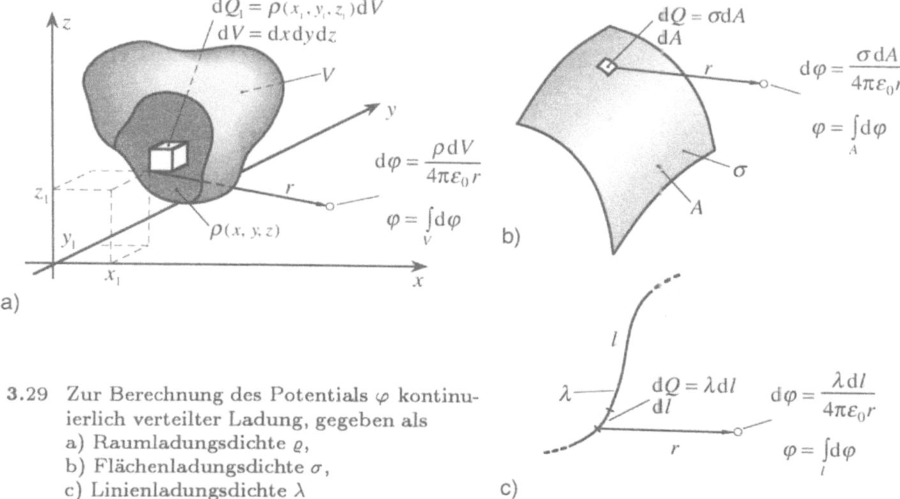

3.29 Zur Berechnung des Potentials φ kontinuierlich verteilter Ladung, gegeben als
a) Raumladungsdichte ϱ,
b) Flächenladungsdichte σ,
c) Linienladungsdichte λ

Beispiel 3.15. Eine Kugeloberfläche (Kugelschale der Dicke Null und des Radius R) hat eine gleichmäßig verteilte Ladung $Q > 0$, d. h. eine homogene Flächenladungsdichte $\sigma = Q/(4\pi R^2)$. Die gleich große, negative Gegenladung befinde sich im Unendlichen. Das Potentialfeld dieser Kugelflächenladung ist mit der Annahme eines Bezugspotentials $\varphi_0 = 0$ im Unendlichen zu berechnen.

Entsprechend Bild **3**.30a stellt man sich die Kugeloberfläche $A = 4\pi R^2$ in Kugelzonen unterteilt vor, die mit einer infinitesimalen Breite $R\,\mathrm{d}\vartheta$ und einem Radius $R\sin\vartheta$ konzentrisch zu der durch den Kugelmittelpunkt gelegten r-Achse liegen. Ein Flächenelement

$$\mathrm{d}A = (R\,\mathrm{d}\vartheta)\left[(R\sin\vartheta)\,\mathrm{d}\alpha\right] = (R^2\sin\vartheta)\,\mathrm{d}\vartheta\,\mathrm{d}\alpha \tag{3.94}$$

dieser Kugelzone hat die infinitesimale Ladung $\mathrm{d}Q = \sigma\,\mathrm{d}A$, die als Punktladung gilt. Sie erregt entsprechend Gl.(3.51) im Abstand r vom Kugelmittelpunkt die infinitesimale Potentialkomponente $\mathrm{d}\varphi = \sigma\,\mathrm{d}A/(4\pi\varepsilon_0\zeta)$. Diese entsprechend Gl.(3.92) über die Kugeloberfläche integriert, ergibt das im Punkt r von der Oberflächenladung $Q = \sigma 4\pi R^2$ erregte Potential

$$\varphi(r) = \frac{1}{4\pi\varepsilon_0}\int_A \frac{\sigma\,\mathrm{d}A}{\zeta} = \frac{\sigma R^2}{4\pi\varepsilon_0}\int_{\vartheta=0}^{\pi}\int_{\alpha=0}^{2\pi}\frac{\sin\vartheta}{\zeta}\,\mathrm{d}\alpha\,\mathrm{d}\vartheta \qquad \text{mit } \varphi_0(r\to\infty) = 0\,. \tag{3.95}$$

Durch die Integration von $\alpha = 0$ bis $\alpha = 2\pi$ bekommt man das von σ der Kugelzone $(2\pi R\sin\vartheta)R\,\mathrm{d}\vartheta$ im Abstand r verursachte infinitesimale Potential

$$\mathrm{d}\varphi_{\text{zone}} = \frac{\sigma R^2}{2\varepsilon_0}\cdot\frac{\sin\vartheta}{\zeta}\,\mathrm{d}\vartheta \tag{3.96}$$

und durch die Integration über alle Kugelzonen von $\vartheta = 0$ bis π das Potential

$$\varphi(r) = \frac{\sigma R^2}{2\varepsilon_0} \int\limits_{\vartheta=0}^{\pi} \frac{\sin\vartheta}{\zeta}\, d\vartheta \; . \tag{3.97}$$

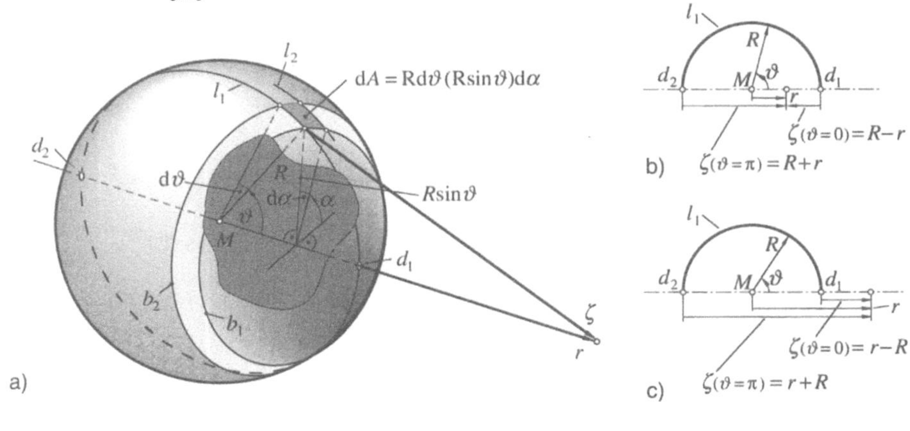

3.30   Zur Berechnung des von einer Kugeloberflächenladung erregten Potentials:
   a) infinitesimale Flächenelemente, b) und c) Integrationsgrenzen für ϑ und ϱ

Die zwei Integrationsvariablen ζ und ϑ können über den Kosinussatz $\zeta^2 = R^2 + r^2 - 2Rr\cos\vartheta$ mit den konstanten Parametern R und r auf eine einzige reduziert werden. Man differenziert den Kosinussatz $2\zeta\, d\zeta = 2Rr(\sin\vartheta)\, d\vartheta$ und setzt $d\vartheta \sin\vartheta$ in Gl.(3.97) ein. Die Integrationsgrenzen $\vartheta = 0$ bis π ergeben sich nach den Bildern **3.30b** u. **3.30c** in dem Bereich außerhalb der Kugel ($r > R$) für die Integrationsvariable $\zeta = (r - R)$ bis $(r + R)$ und innerhalb der Kugel ($r < R$) $\zeta = (R - r)$ bis $(R + r)$. Damit folgt aus Gl.(3.97) das Potential für $r > R$ und $r < R$

$$\varphi(r \geq R) = \frac{\sigma}{2\varepsilon_0}\frac{R}{r} \int\limits_{r-R}^{r+R} d\zeta = \frac{\sigma}{\varepsilon_0}\frac{R^2}{r} \; , \qquad \varphi(r < R) = \frac{\sigma}{2\varepsilon_0}\frac{R}{r} \int\limits_{R-r}^{R+r} d\zeta = \frac{\sigma R}{\varepsilon_0} \tag{3.98}$$

mit $\varphi_0(r \to \infty) = 0$.

Führt man die gesamte Oberflächenladung $Q = \sigma 4\pi R^2$ bzw. das Potential $\varphi(R) = Q/(4\pi\varepsilon_0 R)$ der Kugeloberfläche ein, so bekommt man das von einer Kugeloberflächenladung Q innerhalb bzw. außerhalb derselben erregte Potential

$$\varphi(r \geq R) = \frac{Q}{4\pi\varepsilon_0 r} = \frac{R}{r}\varphi(R) \; , \qquad \varphi(r < R) = \frac{Q}{4\pi\varepsilon_0 R} = \varphi(R) \tag{3.99}$$

mit $\varphi_0(r \to \infty) = 0$.

In Bild **3.**32a ist das Potential durch die Kurve $\varphi(Q_{\text{oberfl}})$ dargestellt:
Außerhalb der Kugeloberfläche ($r > R$) ist das Potential gleich dem Potential, welches
man berechnet, wenn man die Kugelflächenladung als in ihrem Mittelpunkt konzentrierte Punktladung annehmen würde [s. Gl.(3.51)u.Bild **3.**17];
innerhalb der Kugel ($r < R$) ist das Potential an allen Punkten gleich dem der Kugeloberfläche.

Beispiel 3.16. Eine Kugel mit dem Radius R hat die gleichmäßig über ihr Volu-
men $V = R^3 4\pi/3$ verteilte Ladung Q, also die homogene Raumladungsdichte $\varrho = Q/(R^3 4\pi/3)$. Das Potentialfeld ist zu berechnen mit der Annahme eines Bezugspotentials $\varphi_0 = 0$ im Unendlichen.

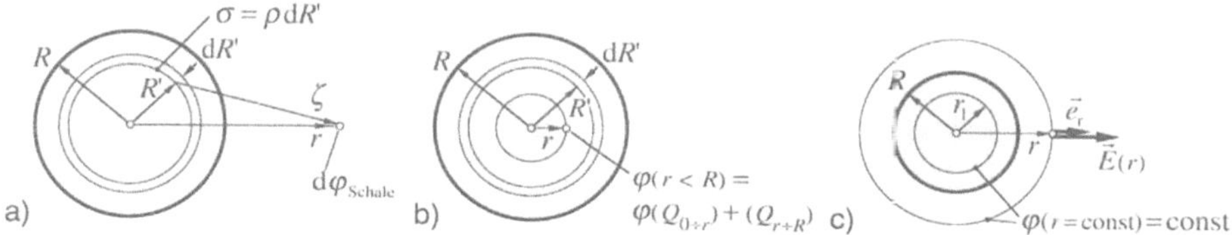

3.31 Zur Berechnung des von einer Kugelladung erregten Potentials φ außerhalb (a) bzw.
innerhalb (b) der Kugel sowie zur Berechnung der elektrischen Feldstärke (c)

Man stellt sich die Kugel in konzentrische Kugelschalen der Radien R' und der infinitesimalen Dicke dR' unterteilt vor (s. Bild **3.**31a), die als Kugelflächenladungen
aufgefaßt werden dürfen. Ihre Flächenladungsdichte $\sigma = \varrho\,dR'$ ist nach Gl.(2.20) mit
der Raumladungsdichte ϱ in der Kugel bestimmt. Jede infinitesimale Kugelschale (Kugelflächenladung) verursacht eine Potentialkomponente, wie in Beispiel 3.15, Gl.(3.98)
hergeleitet wurde, mit $\sigma = \varrho\,dR'$ und $R = R'$.

$$d\varphi(r \geq R') \frac{R'^2 \varrho\,dR'}{\varepsilon_0 r}\,, \qquad d\varphi(r < R') = \frac{R' \varrho\,dR'}{\varepsilon_0} \tag{3.100}$$

Außerhalb der Kugel $r \geq R$ kann das von allen Kugelschalen erregte Potential durch
Integration der Potentialkomponenten $d\varphi(r \geq R)$ von $R' = 0$ bis $R' = R$ berechnet
werden.

$$\varphi(r \geq R) = \frac{\varrho}{\varepsilon_0 r} \int\limits_{R'=0}^{R} R'^2\,dR' = \frac{\varrho R^3}{3\varepsilon_0 r} \tag{3.101a}$$

Innerhalb der Kugel $r < R$ wird das im Abstand r erregte Potential $\varphi(r < R)$ als Überlagerung zweier Komponenten berechnet (s. Bild **3.**31b). Der vom Radius r eingeschlossene Ladungsanteil $\varrho r^3 4\pi/3$ erregt entsprechend Gl(3.101a) an seiner Oberfläche die
Potentialkomponente $\varphi(Q_{0 \div r}) = \varrho r^2/(3\varepsilon_0)$. Die im Bereich r bis R liegenden Ku-
gelschalenladungen erregen in ihrem Inneren jeweils konstante Potentialkomponenten
$d\varphi(Q_{R'}) = R' \varrho\,dR'/\varepsilon_0$ entsprechend Gl.(3.98), deren Integration von r bis R ihren

Potentialanteil $\varphi(Q_{r\div R}) = \int_r^R (R'\varrho\,\mathrm{d}R')/\varepsilon_0 = [(R^2/2) - (r^2/2)]\,\varrho/\varepsilon_0$ in r ergibt. Durch Summation ergibt sich dann das Potential bei r.

$$\varphi(r<R) = \varphi(Q_{0\div r}) + \varphi(Q_{r\div R}) = \frac{\varrho}{\varepsilon_0}\left(\frac{R^2}{2} - \frac{r^2}{6}\right) \tag{3.101b}$$

Führt man die gesamte Ladung der Kugel $Q = \varrho R^3 4\pi/3$ bzw. das Oberflächenpotential $\varphi(R) = Q/(4\pi\varepsilon_0 R)$ der Kugel ein, so bekommt man aus Gl.(3.101a) bzw. (3.101b) das von einer Kugelladung Q außerhalb und innerhalb erregte Potential

$$\varphi(r\geq R) = \frac{Q}{4\pi\varepsilon_0 r} = \frac{R}{r}\varphi(R)\,, \qquad \varphi(r<R) = \frac{Q}{4\pi\varepsilon_0 R}\cdot\frac{3-(r/R)^2}{2} = \frac{3-(r/R)^2}{2}\varphi(R) \tag{3.102}$$

mit $\varphi_0(r\to\infty) = 0$.

In Bild **3.**32a ist das Potential durch die Kurve $\varphi(Q_{\mathrm{kug}})$ dargestellt.

Während im Inneren einer Kugelschale mit der Oberflächenladung Q das Potential überall den Wert des Oberflächenpotentials $\varphi(R) = Q/(4\pi\varepsilon_0 R)$ hat, steigt es innerhalb der Kugelladung Q vom Oberflächenpotential $\varphi(R) = Q/(4\pi\varepsilon_0 R)$ auf den Wert $\varphi(r=0) = 3\varphi(R)/2$ im Kugelmittelpunkt an.

Außerhalb der Kugelladung ($r > R$) hat das Potential der Kugelladung $Q = \varrho r^3 4\pi/3$ wie das der Kugeloberflächenladung $Q = \sigma 4\pi r^2$ den gleichen Verlauf wie das einer gleich großen Punktladung $Q_{\mathrm{p}} = Q$ im Mittelpunkt der Kugel bzw. Kugelschale (s. Bild **3.**32a).

Beispiel 3.17. In den Beispielen 3.15 und 3.16 wurden die Potentiale einer Kugeloberflächen- und einer Kugelladung berechnet. Aus diesen Potentialen ist die elektrische Feldstärke für jede dieser Ladungsverteilungen zu bestimmen.

Man erkennt aus Gl.(3.98)bzw.(3.102), daß für die Kugelflächen- wie auch Kugelladung die Äquipotentialflächen [$\varphi(r=\mathrm{const}) = \mathrm{const}$] konzentrische Kugelflächen um den Ladungsmittelpunkt sind. Damit muß die elektrische Feldstärke $\vec{E}$ in Richtung der Radialstrahlen aus dem Ladungsmittelpunkt liegen und kann nach Gl.(3.68) berechnet werden mit dem Einsvektor $\vec{e}_{\mathrm{r}}$ in positiver Richtung der Radialstrahlen (s. Bild **3.**31c).

Für die **Kugeloberflächenladung** Q folgt aus Gl.(3.99) die elektrische Feldstärke

$$\vec{E}_{(r\geq R)} = -\frac{\partial\varphi(r\leq R)}{\partial r}\vec{e}_{\mathrm{r}} = \frac{Q}{4\pi\varepsilon_0 r^2}\vec{e}_{\mathrm{r}}\,, \qquad \vec{E}_{(r<R)} = -\frac{\partial\varphi(r<R)}{\partial r}\vec{e}_{\mathrm{r}} = 0\,. \tag{3.103}$$

In Bild **3.**32b ist der Betrag der elektrischen Feldstärke E, bezogen auf ihren Wert an der Kugeloberfläche $E(R) = Q/(4\pi\varepsilon_0 R^2)$, durch die Kurve $E(Q_{\mathrm{oberfl}})$ dargestellt. Innerhalb der Kugelflächenladung $r < R$ ist die elektrische Feldstärke Null, man kann also das Innere auch mit leitender Materie ausfüllen, ohne daß sich dadurch das Feld ändert.

Unmittelbar auf der Kugelflächenladung $r = R$ ist mit $Q/4\pi R^2 = \sigma$ und $\vec{E} = \vec{D}/\varepsilon_0$ die elektrische Feldstärke

$$\vec{E}_{(r=R)} = \frac{Q}{4\pi R^2 \varepsilon_0}\vec{e}_{\mathrm{r}} = \frac{\sigma}{\varepsilon_0}\vec{e}_{\mathrm{r}}\,. \tag{3.104}$$

Auf der Flächenladung ist also der Betrag der mit ε_0 multiplizierten elektrischen Feldstärke E bzw. der Betrag der elektrischen Flußdichte $D = E\varepsilon_0$ gleich der Flächenladungsdichte σ.

$$D = E\varepsilon_0 = \sigma \tag{3.105}$$

Dies ist eine Gesetzmäßigkeit, die über dieses Beispiel hinaus für Flächenladungen, die nur nach einer Seite ein Feld erregen, während ihre zweite feldfrei bleibt, allgemeine Gültigkeit hat [s. Abschn. 3.2.2.3, Gl.(3.140)].
Außerhalb der Kugelflächenladung Q ist die elektrische Feldstärke gleich der, die man für die im Kugelmittelpunkt konzentriert angenommene Ladung Q berechnen würde.

3.32
Potential $\varphi(r)$ und elektrische Feldstärke $E(r)$, erregt von einer Ladung Q, die entweder über eine Kugeloberfläche (Q_{oberfl}) oder im Kugelvolumen (Q_{kug}) verteilt oder im Kugelmittelpunkt (Q_{p}) konzentriert ist [$\varphi(r)$ und $E(r)$ bezogen auf die Werte $\varphi(R)$ und $E(R)$ in der Kugeloberfläche]

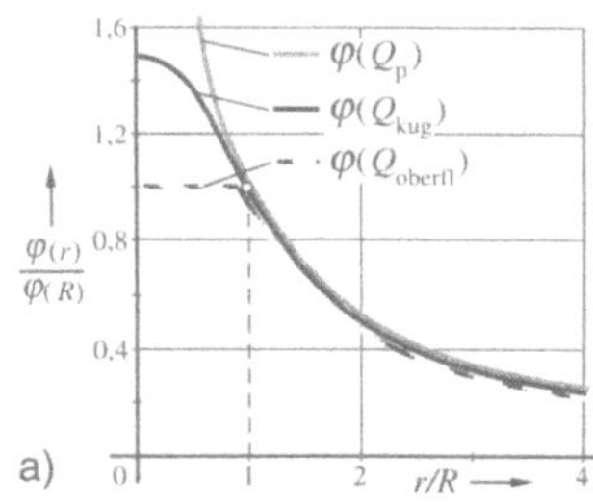

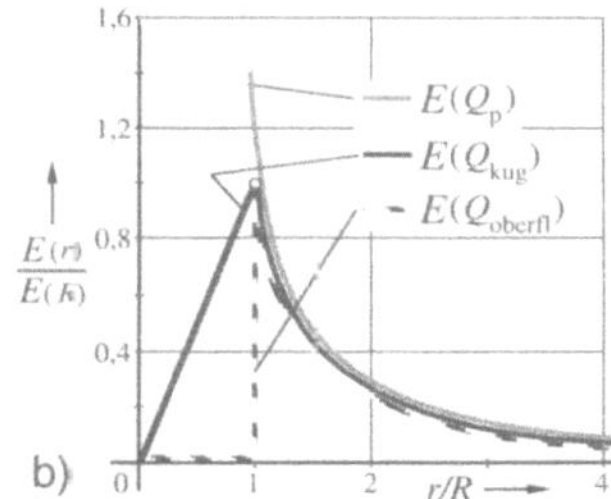

Für die **Kugelladung** folgt aus Gl.(3.102) die elektrische Feldstärke

$$\vec{E}_{(r\geq R)} = -\frac{\partial\varphi}{\partial r}\vec{e}_{\mathrm{r}} = \frac{Q}{4\pi\varepsilon_0 r^2}\vec{e}_{\mathrm{r}}\,, \qquad \vec{E}_{(r<R)} = -\frac{\partial\varphi}{\partial r}\vec{e}_{\mathrm{r}} = \frac{Q}{4\pi R^2\varepsilon_0}\cdot\frac{r}{R}\vec{e}_{\mathrm{r}}\,. \tag{3.106}$$

In Bild **3.32b** ist der Betrag der elektrischen Feldstärke, bezogen auf ihren Wert $E_{(R)} = Q/(4\pi\varepsilon_0 R^2)$ an der Kugeloberfläche, als Kurve $E(Q_{\mathrm{kug}})$ dargestellt.
Innerhalb der Kugelladung steigt die elektrische Feldstärke E linear von Null im Mittelpunkt auf ihren Wert an der Oberfläche $E_{(R)}$ an, der gleich ist dem Wert $E_{(R)} = Q/(4\pi\varepsilon_0 R^2)$, den man für die im Mittelpunkt konzentriert angenommene Punktladung Q berechnen würde oder auch gleich dem Wert $E_{(R)} = \sigma_{(Q)}/\varepsilon_0$, den man mit einer Ersatzflächenladungsdichte $\sigma_{(Q)} = Q/(4\pi R^2)$ berechnet (gesamte Kugelladung Q wird als in der Oberfläche konzentriert angenommen).
Außerhalb der Kugel berechnet man für eine Ladung Q den gleichen Betrag der Feldstärke $E = Q/(4\pi\varepsilon_0 r^2)$ unabhängig davon, ob Q homogen über das Kugelvolumen, homogen über die Kugeloberfläche oder als Punktladung im Kugelmittelpunkt konzentriert angenommen wird.

3.1.3.5 Elektrischer Fluß. Um die Zweckmäßigkeit der Definition einer der elektrischen Flußdichte zugeordneten integralen Größe elektrischer Fluß aufzuzeigen, wird folgendes Experiment betrachtet.

Beispiel 3.18. In Bild **3.**33a ist ein Ausschnitt aus dem in Beispiel 3.7 bestimmten homogenen D-Feld zwischen zwei planparallenen Elektroden *1* und *2* (Plattenkondensator) mit den homogenen Flächenladungsdichten σ_1 und $\sigma_2 = -\sigma_1$ dargestellt. Entsprechend Gl.(3.41) ist der Betrag der elektrischen Flußdichte D gleich dem Betrag der Flächenladungsdichte σ ($|D| = |\sigma_1| = |\sigma_2| = |\sigma|$).

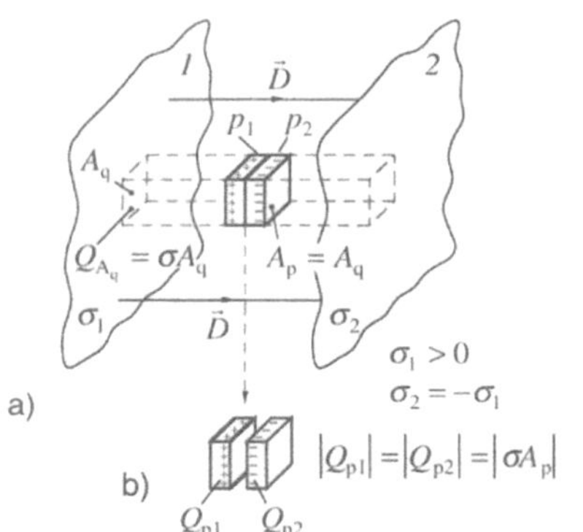
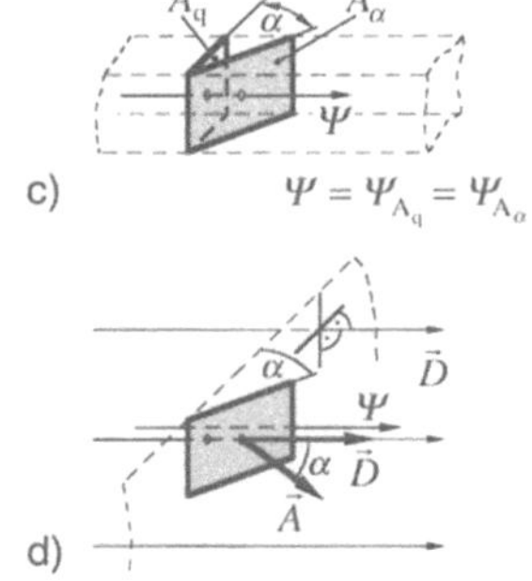

3.33
Ausschnitt aus
einem Plattenkondensator (a), mit
Maxwellscher
Doppelplatte (b),
„Flußröhre" (c)
und Fläche A (d)

In das Feld werden zwei zusammengelegte (galvanisch verbundene) Prüfplatten p_1 und p_2 (Maxwellsche Doppelplatte) mit den Flächen $A_{p1} = A_{p2} = A_p$ gebracht, die parallel zu den Plattenelektroden, also senkrecht zu den D-Feldlinien liegen. Trennt man die Platten im Feldraum und zieht sie in getrenntem Zustand aus dem Feld heraus, so kann man auf jeder der Platten eine Ladung Q_{p1} bzw. Q_{p2} messen (s. Bild **3.**33b). Diese Ladungen haben den gleichen Betrag, aber unterschiedliche Polarität ($Q_{p1} = -Q_{p2}$). Man sagt, es seien Ladungen influenziert worden, und bezeichnet diese Erscheinung als I n f l u e n z. Ursache hierfür ist die überall im Feldraum, also auch am Ort der Prüfplatten, herrschende elektrische Feldstärke $\vec{E}$, die einen Teil der in den beiden zusammenliegenden leitenden Platten vorhandenen freien Elektronen an die Oberfläche der einen Platte verschiebt, so daß in der anderen die positiven Kernladungen überwiegen (s. Bild **3.**33a). Haben die Prüfplatten eine merkliche Dicke, so wird an ihren Rändern das Feld verzerrt, da der von den Prüfplatten eingenommene Raum nach erfolgter Ladungstrennung feldfrei ist. Diese Erscheinung wird hier vernachlässigt.

Dividiert man die auf eine Prüfplatte influenzierte Ladung Q_p durch die Fläche $A_p = A_q$, so bekommt man eine Flächenladungsdichte $\sigma = Q_p/A_q$, deren Betrag im vorliegenden Fall des homogenen Feldes gleich ist dem der Flächenladungsdichte σ auf den Plattenelektroden, der wiederum gleich ist dem Betrag des elektrischen Flußdichtevektors $|D| = |\sigma| = |\sigma_p|$. Man kann sich nun eine „Röhre" vorstellen mit dem Querschnitt A_q, die parallel zu den D-Feldlinien verläuft (s. Bild **3.**33a). Das in einer solchen „Röhre" auftretende D-Feld wird verursacht von der Ladung $Q_{A_q} = \sigma A_q$ in der dem Röhrenquerschnitt A_q entsprechenden Oberfläche der Plattenelektrode und influenziert auf den dem Röhrenquerschnitt entsprechenden leitenden Prüfplattenoberflächen

$A_\mathrm{p} = A_\mathrm{q}$ die Ladung $Q_\mathrm{p} = \sigma A_\mathrm{q}$. Dabei gilt, daß sowohl diese verursachende als auch influenzierte Ladung betragsmäßig gleich ist dem Produkt $A_\mathrm{q} D$ aus Röhrenquerschnitt und der in diesem auftretenden elektrischen Flußdichte D

$$|\sigma A_\mathrm{q}| = |D A_\mathrm{q}|\,.$$

Wie für das Produkt σA_q die Größe Ladung Q_{A_q} definiert ist, hat man auch für das Produkt aus Fläche A_q und raumdifferentieller Feldgröße elektrische Flußdichte D eine raumintegrale Feldgröße, den elektrischen Fluß

$$\Psi_{A_\mathrm{q}} = D A_\mathrm{q}$$

definiert. Ähnlich wie man sich also die Flächenladungsdichte σ als in die elektrische Flußdichte D übergehend vorstellt, kann man sich auch die Ladung Q_{A_q} der Fläche A_q als übergehend in den elektrischen Fluß Ψ_{A_q} aus dieser Fläche vorstellen. In der Umkehrung der Gleichung erkennt man dann auch den formalen Sinn der Bezeichnung elektrische Flußdichte $D = \Psi/A_\mathrm{q}$ als Fluß pro Fläche.

Die in Beispiel 3.18 anschaulich erläuterte Definition des elektrischen Flusses Ψ_{A_q} durch die Querschnittsfläche A_q einer Flußröhre läßt sich auf allgemeine ebene Schnittflächen A_α der Flußröhre mit homogenem Feld, die in beliebigem Winkel α zur Querschnittsfläche A_q geneigt sind, übertragen. Wie aus Bild **3.33**c zu erkennen ist, tritt in solchen Schnittflächen $A_\alpha = A_\mathrm{q}/\cos\alpha$ immer der gleiche „Röhrenfluß" auf wie in der Querschnittsfläche A_q.

$$\Psi_{A_\mathrm{q}} = D A_\mathrm{q} = \Psi_{A_\alpha} = D A_\alpha \cos\alpha$$

Beschreibt man die räumliche Lage der ebenen Fläche A_α durch einen senkrecht auf ihr stehenden Flächenvektor $\vec{A}_\alpha$, so schließt dieser mit dem Vektor der elektrischen Flußdichte $\vec{D}$ den Winkel α ein (s. Bild **3.33**d), und man kann damit den in ebenen, in beliebigem Winkel α zur Feldrichtung geneigten Flächen auftretenden elektrischen Fluß

$$\Psi = \vec{D}\cdot\vec{A} = D A \cos\alpha \qquad\qquad (3.107)$$

auch als Skalarprodukt der beiden Vektoren $\vec{A}$ und $\vec{D}$ berechnen.

Da dem elektrischen Fluß Ψ ähnlich wie der elektrischen Flußdichte $\vec{D}$ physikalisch eine Orientierung zukommt, die aber mit dem Skalarprodukt $\vec{D}\cdot\vec{A}$ formal nicht beschrieben wird, ordnet man ähnlich den Erläuterungen der elektrischen Spannung U in Abschn. 3.1.3.1 (oder des Stromes I in Abschn. 4.3.1) dem elektrischen Fluß Ψ einen Zählpfeil zu mit folgender Vereinbarung:

– Der e l e k t r i s c h e F l u ß Ψ durch eine Fläche A ist eine Z ä h l p f e i l g r ö ß e, deren Zählpfeil in der Orientierung des Flächenvektors $\vec{A}$ durch die Fläche anzunehmen ist (s. Bild **3.33**d).

Da der Flächenvektor $\vec{A}$ in zwei entgegengesetzten Orientierungen zur Fläche eingetragen werden kann, sind dementsprechend auch zwei Möglichkeiten für die Orientierung des Ψ-Zählpfeiles gegeben. Im allgemeinen kann man von den zwei möglichen Orientierungen für d$\vec{A}$ bzw. Ψ eine willkürlich wählen; damit ist aber bei gegebenem D-Feld das Vorzeichen des berechneten Zahlenwertes für den elektrischen Fluß Ψ bestimmt. Die Zählpfeilorientierung für Ψ liefert somit nur im Zusammenhang mit dem Vorzeichen des dafür berechneten Zahlenwertes für den elektrischen Fluß Ψ eine eindeutige Aussage über die Orientierung der Wirkung des Feldes, wie im folgenden Beispiel 3.19 erläutert.

Beispiel 3.19. In Bild **3.**34 ist in einem homogenen D-Feld eine ebene Fläche A im Winkel α zu den D-Feldlinien geneigt dargestellt. Wird für diese Fläche der Flächenvektor $\vec{A}_1$ angetragen, so muß auch dessen Orientierung entsprechend dem Zählpfeil des elektrischen Flusses Ψ durch die Fläche gezeichnet werden. Nach Gl.(3.107) ergibt sich dann für den durch diesen Zählpfeil gekennzeichneten elektrischen Fluß

$$\Psi_1 = \vec{D}\cdot\vec{A}_1 = DA\cos\alpha_1$$

ein positiver Zahlenwert ($0 < \alpha_1 < \pi/2$), was so zu deuten ist, daß das $\vec{D}$-Feld mit der durch den Zählpfeil Ψ_1 angegebenen Orientierung durch die Fläche A verläuft.

Wird der Flächenvektor $\vec{A}_2$ angetragen (entgegengesetzt $\vec{A}_1$), muß auch ein Ψ_2-Zählpfeil in dieser Orientierung durch die Fläche A weisend eingezeichnet werden. Für den durch diesen Ψ_2-Zählpfeil gekennzeichneten elektrischen Fluß

$$\Psi_2 = \vec{D}\cdot\vec{A}_2 = DA\cos\alpha_2 = DA\cos(\pi - \alpha_1) = -\Psi_1$$

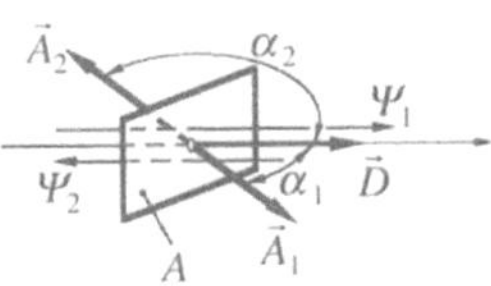

3.34 Die zwei möglichen Orientierungen des Flächenvektors $\vec{A}$

ergibt sich aber ein negativer Zahlenwert, der so gedeutet werden muß, daß das D-Feld in entgegengesetzter Orientierung zum Zählpfeil Ψ_2 durch die Fläche A verläuft. Man erkennt, daß man in beiden Fällen durch die Beachtung von Zählpfeil und Vorzeichen des Zahlenwertes für den elektrischen Fluß Ψ zu dem gleichen Ergebnis kommt, welches den vorliegenden Gegebenheiten entspricht.

In inhomogenen Feldern lassen sich nicht mehr entsprechend Bild **3.33**a „Flußröhren" (mit beliebig großen Querschnittsflächen A_q) festlegen, in denen überall die gleiche homogene elektrische Flußdichte $\vec{D}$ auftritt.

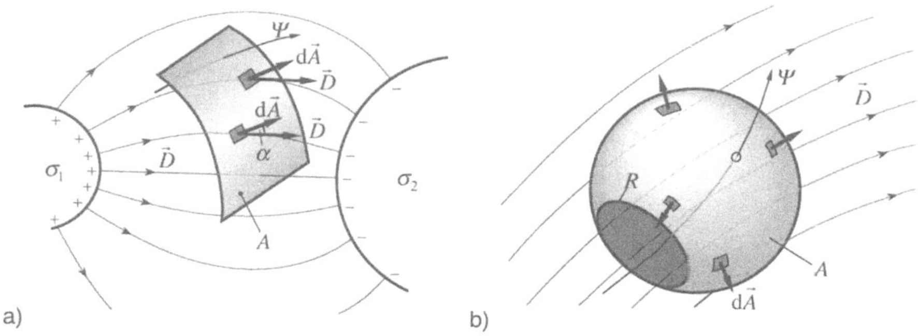

3.35 Orientierung der infinitesimalen Flächenvektoren d$\vec{A}$ und des Ψ-Zählpfeiles

Stellt man sich aber in einem inhomogenen Feld parallel zu den Feldlinien verlaufende „Flußröhren" vor mit einem infinitesimalen Querschnitt dA_q, so ist jeweils in diesen Flußröhren das Feld wieder als homogen anzusehen. Auf einer in diesem Feld gegebenen allgemeinen Fläche A (s. Bild **3.35**a), die von den Flußröhren unter dem jeweiligen Winkel α durchdrungen wird, begrenzen die Flußröhren die infinitesimalen Flächenelemente d$A = $ d$A_\mathrm{q}/\cos\alpha$ (vergl. sinngemäß die Erläuterungen zu Bild **4.9**). Der in jedem Flächenelement auftretende infinitesimale elektrische Fluß

$$\mathrm{d}\Psi = \vec{D}\cdot\mathrm{d}\vec{A} \tag{3.108}$$

ergibt sich, wie oben für das homogene Feld erläutert. Integriert man alle dΨ über die Fläche A, so bekommt man den gesamten in dieser Fläche A auftretenden elektrischen Fluß

$$\Psi = \int_A \vec{D}\cdot\mathrm{d}\vec{A}\,. \tag{3.109}$$

– Bei beliebig gekrümmten Flächen A sind die normal zur Fläche gerichteten d$\vec{A}$-Vektoren der infinitesimalen Flächenelemente dA alle gleichermaßen als nach einer der beiden Flächenseiten orientiert anzunehmen. Damit ist auch der Ψ-Zählpfeil in dieser Orientierung durch die Fläche festgelegt (s. Bild **3.35**).

Die absolute Richtung der dA-Vektoren im Raum kann sich abhängig von Form und Krümmung der Fläche extrem unterschiedlich ergeben (s. Bild **3.35**b).

Zu beachten ist, daß die Zählpfeilgröße Ψ keinen Vektorcharakter hat wie der Feldvektor $\vec{D}$. Der Zählpfeil hat keine Richtung wie der Vektor, sondern beschreibt nur die auf die gesamte beliebig gekrümmte Fläche oder auf die eine

Fläche begrenzende Randlinie bezogene Orientierung des Feldes. In Bild **3.35b**
ist also durch den Ψ-Zählpfeil die Orientierung von innen nach außen durch
die kugelförmige Fläche A bzw. von links unten nach rechts oben durch die
diese Fläche A begrenzende Randlinie R festgelegt. Um den lediglich eine Orientierung beschreibenden Charakter eines Zählpfeiles deutlich herauszustellen,
wird im vorliegenden Lehrbuch der Zählpfeil häufig, wie in Bild **3.35**, bewußt
gekrümmt und deutlich von Vektoren bzw. Feldlinien abweichend eingetragen.

3.1.3.6 Gaußscher Satz. Die größte praktische Bedeutung hat die Definition
des elektrischen Flusses Ψ für die Formulierung des Gaußschen Satzes, der im
folgenden hergeleitet ist.

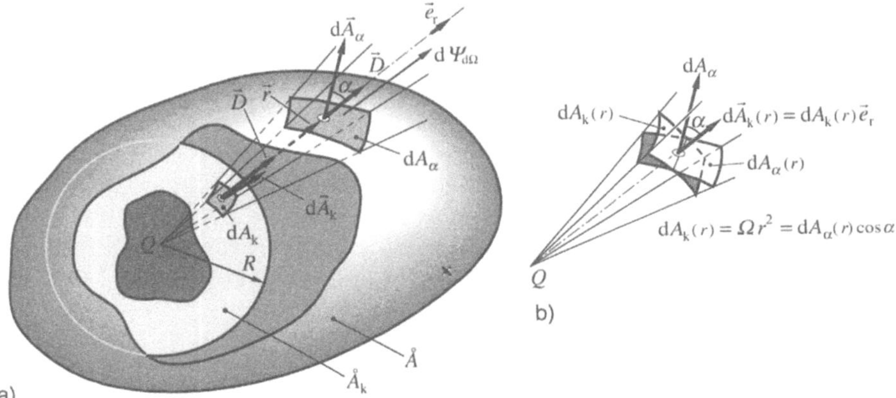

3.36   Zur Berechnung von Ψ einer Punktladung Q: a) konzentrische Kugelfläche $\overset{o}{A}_{\mathrm{k}}$ und beliebige Hüllfläche $\overset{o}{A}$ um Q, b) pyramidenförmige „Flußröhre" mit Flächenelement $\mathrm{d}A_{\mathrm{k}}(r)$
bzw. $\mathrm{d}A_\alpha(r)$ auf kugelförmiger bzw. beliebiger Hüllfläche

Betrachtet wird zunächst eine Punktladung Q, für die in Beispiel 3.2 das D-
Feld als kugelsymmetrisch mit der elektrischen Flußdichte $\vec{D} = \vec{e}_{\mathrm{r}}\, Q/(4\pi r^2)$
bestimmt ist. Man denkt sich diese Punktladung Q von einer konzentrisch zu
ihr liegenden Kugelfläche $A_{\mathrm{k}} = R^2 4\pi$ mit dem Radius R eingeschlossen, auf der
alle Flächenvektoren $\mathrm{d}\vec{A}_{\mathrm{k}} = R^2 \mathrm{d}\Omega\, \vec{e}_{\mathrm{r}}$ (darin ist $\mathrm{d}\Omega = \mathrm{d}A_{\mathrm{k}}/R^2$ der Raumwinkel)
parallel zu den Feldvektoren $\vec{D} = \vec{e}_{\mathrm{r}}Q/(4\pi R^2)$ liegen (s. Bild **3.36a**). Berechnet
man für die geschlossene Kugelfläche entsprechend Gl.(3.109) den elektrischen
Fluß

$$\Psi_{\mathrm{A_k}} = \oint\limits_{A_{\mathrm k}} \vec{D}\cdot\mathrm{d}\vec{A}_{\mathrm{k}} = \frac{Q}{4\pi R^2} \oint\limits_{A_{\mathrm k}} \mathrm{d}A_{\mathrm{k}} = Q$$

($\oint_{A_{\mathrm k}} \mathrm{d}A_{\mathrm{k}} = R^2 \oint \mathrm{d}\Omega = $ Kugeloberfläche $R^2 4\pi$), so ist dieser gleich der von der
Kugelfläche eingeschlossenen Ladung Q.

Betrachtet wird nun statt der konzentrischen Kugel eine beliebig gekrümmte, aber geschlossene Fläche (Hüllfläche $\overset{\circ}{A}$), z. B. in Bild **3.36**a die Fläche $\overset{\circ}{A}$. Eine Pyramide mit der Spitze in der Punktladung Q begrenzt in einem durch $\vec{r}$ bestimmten Raumpunkt auf einer solchen beliebig gekrümmten Hüllfläche ein Flächenelement $dA_{\alpha}(r)$. Dieses ist um den Winkel α gegenüber dem Flächenelement $dA_{\mathrm{k}}(r)$ auf der durch denselben Punkt $\vec{r}$ gehenden, konzentrisch um die Pyramidenspitze gedachten Kugeloberfläche geneigt (s. Bild **3.36**b). Da das von der Pyramide auf dieser Kugeloberfläche begrenzte Flächenelement $dA_{\mathrm{k}}(r) = r^2\,d\Omega$ als Projektion des Flächenelementes $dA_{\alpha}(r)$ gedeutet werden kann ($dA_{\mathrm{k}} = dA_{\alpha}\cos\alpha$), ist auch das Flächenelement $dA_{\alpha}(r) = r^2\,d\Omega/\cos\alpha$ allgemein über den Raumwinkel Ω zu beschreiben. Mit den den infinitesimalen Flächen dA_{k} und dA_{α} zugeordneten Flächenvektoren $d\vec{A}_{\mathrm{k}} = r^2\,d\Omega\,\vec{e}_{\mathrm{r}}$ und $d\vec{A}_{\alpha}$ ergibt sich entsprechend Gl.(3.108) der jeweils durch diese infinitesimale Fläche gehende infinitesimale elektrische Fluß

$$d\Psi_{\mathrm{A_k}} = \vec{D}\cdot d\vec{A}_{\mathrm{k}} = \frac{Q}{4\pi r^2}\,\vec{e}_{\mathrm{r}}\cdot r^2\,d\Omega\,\vec{e}_{\mathrm{r}} = \frac{Q}{4\pi}\,d\Omega\,,$$

$$d\Psi_{\mathrm{A_\alpha}} = \vec{D}\cdot d\vec{A}_{\alpha} = \frac{Q}{4\pi r^2}\,\vec{e}_{\mathrm{r}}\cdot d\vec{A}_{\alpha} = \frac{Q}{4\pi r^2}\cdot\frac{r^2 d\Omega}{\cos\alpha}\cos\alpha = \frac{Q}{4\pi}\,d\Omega\,.$$

Man erkennt, daß der elektrische Fluß in einer Pyramide (oder Kegel) allein von deren Raumwinkel $d\Omega$ abhängt, d. h., in allen Schnittflächen $d\vec{A}$, die diese Pyramide (Kegel) in beliebig gekrümmten Flächen begrenzt, ist der elektrische Fluß

$$d\Psi_{d\Omega} = \vec{D}\cdot d\vec{A} = Q\,\frac{d\Omega}{4\pi}\,. \tag{3.110}$$

Damit ist also auch in einer beliebig gekrümmten, aber geschlossen um die Punktladung verlaufenden Fläche der elektrische Fluß

$$\Psi = \oint \vec{D}\cdot d\vec{A} = \frac{Q}{4\pi}\oint d\Omega = \frac{Q}{4\pi}4\pi = Q \tag{3.111}$$

gleich der eingeschlossenen Ladung Q.

Dem erläuterten Ergebnis kommt grundlegende Bedeutung zu, und man hat daher für den elektrischen Fluß durch eine geschlossene Fläche – Hüllfläche – die besondere Bezeichnung e l e k t r i s c h e r   H ü l l e n f l u ß

$$\overset{\circ}{\Psi} = \int\limits_{\substack{\text{geschlossene}\\ \text{Fläche}}} \vec{D}\cdot d\vec{A} = \oint \vec{D}\cdot d\vec{A} \tag{3.112}$$

eingeführt, gekennzeichnet durch einen Kreis über dem Größensymbol bzw. in dem Integralzeichen.

Sind von einer beliebig gekrümmten Hüllfläche $\overset{\circ}{A}$ mehrere Punktladungen Q_ν (mit $\nu = 1$ bis n) eingeschlossen, so gilt für den Zusammenhang zwischen jeder dieser Punktladungen Q_ν und den von dieser jeweils erregten Komponenten der elektrischen Flußdichte $\vec{D}_\nu(Q_\nu)$ die Gl.(3.111) $[\oint \vec{D}_\nu(Q_\nu)\cdot \mathrm{d}\vec{A} = Q_\nu]$. Nach dem Überlagerungssatz ist dann die resultierende elektrische Flußdichte $\vec{D} = \sum_n \vec{D}_\nu(Q_\nu)$ in der Hüllfläche $\overset{\circ}{A}$ gleich der Summe aller Flußdichtekomponenten $\vec{D}_\nu(Q_\nu)$, die jeweils von den einzelnen Ladungen Q_ν in der Hüllfläche $\overset{\circ}{A}$ erregt werden (s. Bild **3.**37). Damit muß auch das Hüllenintegral der resultierenden elektrischen Flußdichte $\oint \vec{D}\cdot \mathrm{d}\vec{A}$ als Summe der Hüllenintegrale der Feldkomponenten $\vec{D}_\nu(Q_\nu)$ aller Einzelladungen Q_ν gleich sein der Summe aller von der Hüllfläche eingeschlossenen Einzelladungen.

$$\oint \vec{D}\cdot \mathrm{d}\vec{A} = \sum_{\nu=1}^{n} \oint \vec{D}_\nu(Q_\nu)\cdot \mathrm{d}\vec{A} = \sum_{\nu=1}^{n} Q_\nu \qquad (3.113)$$

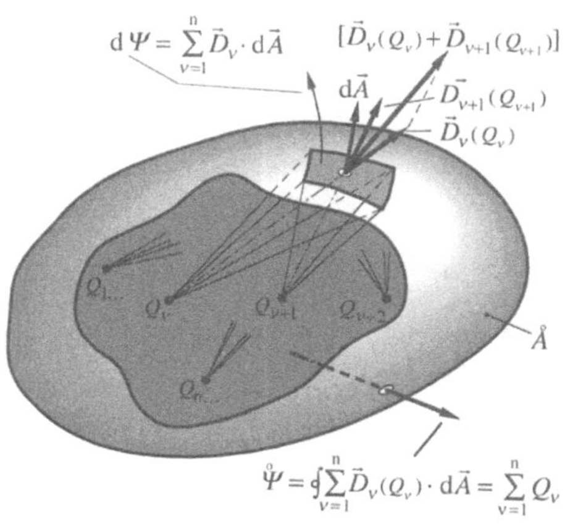

3.37   Zur Berechnung des elektrischen Hüllenflusses Ψ mehrerer Punktladungen Q_ν

Ist die von einer Hüllfläche eingeschlossene Ladung Q räumlich kontinuierlich verteilt, so läßt sie sich entsprechend Abschnitt 3.1.2.3 als Summe infinitesimaler Punktladungen $\varrho\,\mathrm{d}V$ auffassen. Damit gelten auch für kontinuierliche Ladungsverteilungen die Erläuterungen des letzten Absatzes mit Gl.(3.113), lediglich muß die Summe der diskreten Ladungsgrößen $\sum Q_\nu$ durch das Integral der infinitesimalen Ladungsgröße $\int \varrho\,\mathrm{d}V$ ersetzt werden.

$$\oint \vec{D}\cdot \mathrm{d}\vec{A} = \int \varrho\cdot \mathrm{d}V = Q \qquad (3.114)$$

In dieser Gl.(3.114) ist der Flächenvektor $\mathrm{d}\vec{A}$ aus der Hüllfläche $\overset{\circ}{A}$ herausweisend anzutragen, dann stimmt das Vorzeichen des Skalarproduktes auf der linken

Gleichungsseite mit dem des Integrals $\int \varrho \, dV$ der Raumladungsdichte ϱ auf der rechten Seite überein (s. Beispiel 3.20).

– Gleichung (3.114)o.(3.113) wird als G a u ß s c h e r   S a t z bezeichnet, der eine fundamentale Aussage über die Verknüpfung von makroskopischer Ladung beliebiger Verteilung und D-Feld liefert.

Zu beachten ist, daß auf der rechten Seite des Gaußschen Satzes nur die Ladung innerhalb der Hüllfläche zu berücksichtigen ist, auf der linken Seite aber das in der Hüllfläche auftretende resultierende Feld, welches von den Ladungen innerhalb der Hüllfläche, aber auch von Ladungen, die sich gegebenenfalls außerhalb befinden, erregt wird. Ist also beispielsweise das Hüllenintegral der elektrischen Flußdichte Null ($\oint \vec{D} \cdot d\vec{A} = 0$), so heißt das, daß innerhalb der Hülle die Summe der Ladungen Null ist, nicht aber, daß in der Hüllfläche kein Feld auftritt.

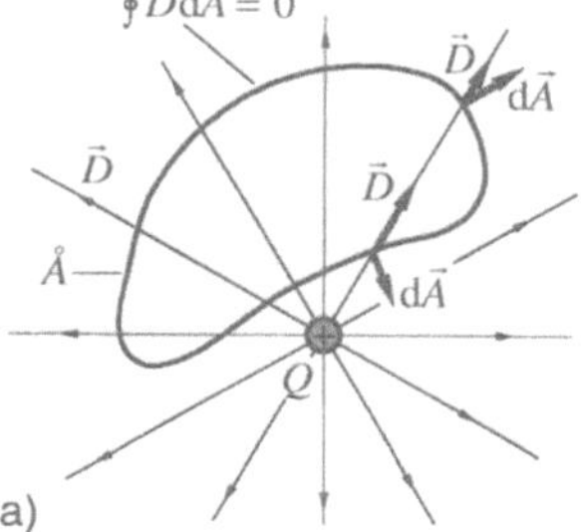

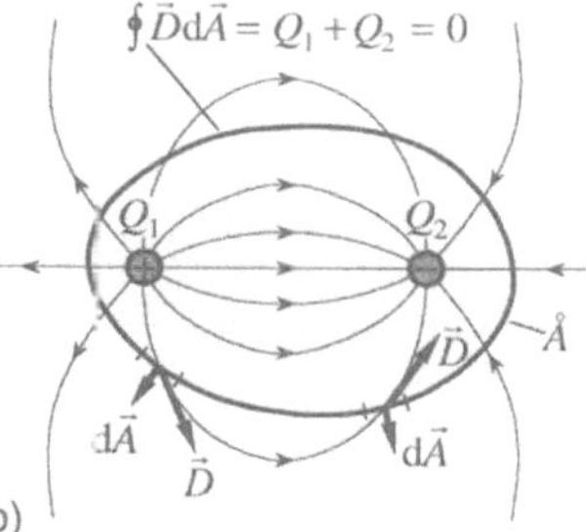

3.38
Schnittlinie einer Hüllfläche mit einer Ebene durch Q
a) außerhalb einer Einzelladung Q,
b) zwei Ladungen Q_1, $Q_2 = -Q_1$ einschließend

Beispielsweise ist in Bild **3.38a** in dem Feld einer Punktladung eine Hüllfläche $\overset{\circ}{A}$ dargestellt, die diese Ladung nicht einschließt. In dieser Hüllfläche ist $\vec{D} \neq 0$, dennoch ist $\oint \vec{D} \cdot d\vec{A} = 0$. Alle Feldlinien, die in die Hülle eintreten ($\vec{D} \cdot d\vec{A}$ negativ), treten auch wieder aus ($\vec{D} \cdot d\vec{A}$ positiv), ergänzen sich also in der Summe zu Null. Auch bei dem in Bild **3.38b** skizzierten Feld zweier Ladungen Q_1 und $Q_2 = -Q_1$ gilt für eine beide Ladungen einschließende Hüllfläche $\vec{D} \neq 0$, aber $\oint \vec{D} \cdot d\vec{A} = Q_1 + Q_2 = 0$

– Der Gaußsche Satz muß in homogenen wie inhomogenen Feldern, in leeren wie materiebehafteten Räumen immer erfüllt sein (s. Abschn. 3.3.1.2).

Hinsichtlich der Schwierigkeiten bei der Lösung von Feldproblemen mit Hilfe des Gaußschen Satzes müssen zwei Arten von Aufgabenstellungen unterschieden werden. Kennt man den Feldverlauf quantitativ, d. h., ist die Ortsfunktion der elektrischen Flußdichte $\vec{D}$ gegeben, so läßt sich mit Gl.(3.114) die von einer Hüllfläche eingeschlossene Ladung unmittelbar bestimmen. Soll aber umgekehrt bei gegebener Ladungsverteilung die elektrische Flußdichte $\vec{D}$ als Ortsfunktion bestimmt werden, so können unüberwindliche Schwierigkeiten auftreten, da der Gaußsche Satz nur eine Aussage über das Integral der elektrischen Flußdichte ($\oint \vec{D}\cdot\mathrm{d}\vec{A}$) liefert, nicht aber darüber, ob bzw. wie sich diese über die Hüllfläche ändert. Der Gaußsche Satz läßt sich somit nur in bestimmten Fällen, in denen der räumliche Feldverlauf qualitativ bekannt ist, explizit nach der elektrischen Flußdichte $\vec{D}$ auflösen (s. Beispiel 3.20).

Beispiel 3.20. Bei einem sehr langen, geraden Koaxialkabel entsprechend Bild **3.**39 hat der Innenleiter mit dem Außenradius R_i die positive und der Außenleiter mit dem Innenradius R_a die negative Ladung pro Länge $Q/l = |Q_\mathrm{i}/l| = |Q_\mathrm{a}/l|$. Die elektrische Flußdichte $\vec{D}$ in dem Koaxialkabel ist zu berechnen.

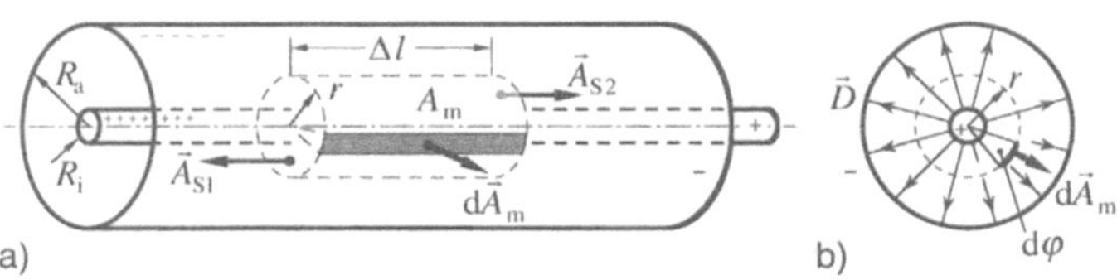

3.39 Koaxialkabel mit einer den Innenleiter einschließenden zylindrischen Hüllfläche (a) und Querschnitt des Kabels (b)

Aus Erfahrung oder auch Symmetrieüberlegungen folgt, daß die D-Feldlinien radialsymmetrisch, also sternförmig vom Innleiter zum Außenleiter verlaufen (s. Bild **3.**39b). Wählt man, wie in Bild **3.**39a gestrichelt skizziert, einen geschlossenen Zylinder mit dem Radius r und der Länge Δl in konzentrischer Lage um den Innenleiter, so gilt, daß der Vektor $\vec{D}$ in der Mantelfläche A_m dieses Zylinders in allen Punkten einen konstanten Betrag hat und senkrecht auf der Mantelfläche A_m steht. Zu den Stirnflächen $A_{\mathrm{s}1}$ und $A_{\mathrm{s}2}$ des Zylinders verlaufen die D-Feldlinien parallel. Die Flächenvektoren $\mathrm{d}\vec{A}_\mathrm{m}$ und $\mathrm{d}\vec{A}_\mathrm{s}$ des so gedachten Zylinders werden nach außen weisend angetragen. Dabei können die Flächenelemente $\mathrm{d}A_\mathrm{m} = \Delta l\, r\, \mathrm{d}\varphi$ der Mantelfläche als ebene Längsstreifen mit der tangentialen Breite $r\,\mathrm{d}\varphi$ aufgefaßt werden (s. Bild **3.**39a), da sich über die axiale Länge Δl bei konstantem r der Vektor $\vec{D}$ weder in Betrag noch Richtung ändert. Mit der gegebenen längenbezogenen Ladung Q/l ergibt sich die von dem Zylinder eingeschlossene Ladung $\Delta Q = (Q/l)\Delta l$, und der Gaußsche Satz kann entsprechend Gl.(3.114) wie folgt aufgestellt werden.

$$\oint \vec{D}\cdot\mathrm{d}\vec{A} = \int\limits_{A_\mathrm{M}} D\,\mathrm{d}A_\mathrm{m} \cos 0 + \int\limits_{A_{\mathrm{s}1}} D\,\mathrm{d}A_{\mathrm{s}1} \cos(\pi/2) + \int\limits_{A_{\mathrm{s}2}} D\,\mathrm{d}A_{\mathrm{s}2} \cos(-\pi/2)$$

$$= D\Delta l\, r \int\limits_{0}^{2\pi}\mathrm{d}\varphi = D\Delta l\, 2\pi r = \Delta Q \tag{3.115}$$

Man kann den Gaußschen Satz in diesem Fall also explizit nach der elektrischen Flußdichte

$$D = \frac{\Delta Q}{\Delta l\, 2\pi r} = \frac{Q/l}{2\pi r} \tag{3.116}$$

auflösen und erkennt, daß diese bei gegebener, längenbezogener Ladung $(Q/l) = \Delta Q/\Delta l$ umgekehrt proportional dem Radius r ist.

Zu den Vorzeichen in Gl.(3.116) ist zu bemerken, daß der gedachte Zylinder die positiv angenommene Ladung ΔQ des Innenleiters einschließt. Die auf dieser Ladung beginnenden D-Feldlinien durchdringen den gedachten Zylinder von innen nach außen, verlaufen also parallel zu den per Definition ebenfalls nach außen weisend auf einer Hüllfläche anzutragenden Flächenvektoren des Zylindermantels. Damit liefert das Integral des Skalarproduktes $\vec{D} \cdot d\vec{A}$ auf der linken Seite des Gaußschen Satzes [Gl.(3.115)] positive Zahlenwerte, was dem positiven Vorzeichen der eingeschlossenen Ladung entspricht.

3.1.3.7 Zusammenhang zwischen den integralen Größen. In Abschn. 3.1.2.2 ist erläutert, daß der Zusammenhang zwischen den für den Raumpunkt definierten Vektorgrößen elektrische Feldstärke $\vec{E}$ und elektrische Flußdichte $\vec{D}$ durch die elektrische Feldkonstante ε_0 bzw. die ebenfalls dem Raumpunkt eigene Permittivität $\varepsilon = \varepsilon_0 \varepsilon_r$ (s. Abschn. 3.2.2.2) beschrieben wird. Ähnlich kann nun der Zusammenhang zwischen den aus den Feldvektoren $\vec{E}$ und $\vec{D}$ entwickelten integralen Größen $U = \int_l \vec{E} \cdot d\vec{l}$ und $\Psi = \int_A \vec{D} \cdot d\vec{A}$ über die Eigenschaften des Raumes beschrieben werden. Naturgemäß kann sich dieser Zusammenhang allerdings nicht mehr auf einen Raumpunkt beschränken, sondern muß über die Geometrie und die Materialeigenschaften des Raumgebietes definiert sein, auf das sich die Integrale der elektrischen Größen Ψ und U beziehen.

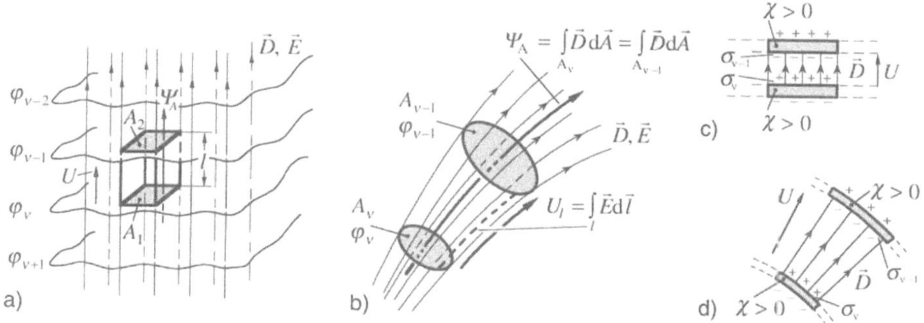

3.40 Ein durch Feldlinien und Äquipotentialflächen begrenzter „Flußröhrenabschnitt" im homogenen (a) bzw. inhomogenen (b) Feld sowie diese Abschnitte mit Metallfolien auf den begrenzenden Äquipotentialflächen als Kapazität vorgestellt (c) bzw. (d)

In Bild **3.40**a ist der Ausschnitt aus einem homogenen Feld skizziert. In den Äquipotentialflächen φ_ν und $\varphi_{(\nu-1)}$ sind zwei gleich große Rechtecke A_1 und $A_2 = A_1$ eingezeichnet, deren Ecken durch jeweils dieselben $\vec{D}$-Feldlinien bestimmt sind. Man kann sich die Rechtecke A_1 und A_2 als Begrenzung eines Abschnittes einer innerhalb der vier Feldlinien verlaufenden „Flußröhre" vorstellen. In der so definierten Flußröhre tritt nun durch alle Querschnittsflächen

$A_q = A_1 = A_2$ wie auch durch die Begrenzungsflächen A_1 und A_2 derselbe elektrische Fluß $\Psi_A = \int_{A_1} \vec{D} \cdot \mathrm{d}\vec{A} = \int_{A_2} \vec{D} \cdot \mathrm{d}\vec{A} = D A_q$ auf, der im vorliegenden Fall des homogenen Feldes als Produkt aus D und A_q berechnet werden kann. Die elektrische Spannung $U_{(l)} = U_{\nu,(\nu-1)} = \varphi_{(\nu)} - \varphi_{(\nu-1)} = \int \vec{E} \cdot \mathrm{d}\vec{l} = E l$ zwischen den Begrenzungsflächen A_1 und A_2 ist gleich der Potentialdifferenz, die im homogenen Feld als Produkt aus E und Länge l des Röhrenabschnittes bestimmt werden kann.

In formaler Analogie zum elektrischen Strömungsfeld (s. Abschn. 4.3.2.2) läßt sich der Quotient aus elektrischer Spannung $U_{(l)}$ entlang des Flußröhrenabschnittes und elektrischem Fluß Ψ durch die Flußröhre bilden, der mit $D = \varepsilon_0 E$ allein von der Geometrie und der elektrischen Feldkonstante ε_0 bzw. in Materieräumen von der Permittivität $\varepsilon = \varepsilon_0 \varepsilon_r$ des Röhrenabschnittes abhängt.

$$\frac{U_l}{\Psi_{A_q}} = \frac{El}{DA_q} = \frac{l}{\varepsilon A_q} \tag{3.117}$$

In inhomogenen Feldern gelten die bisherigen Erläuterungen sinngemäß. In einer beliebigen Flußröhre, deren – im allgemeinen nicht konstante – Querschnitte A_q eindeutig durch Feldlinien bestimmt sind (s. Bild **3.40b**), tritt ein konstanter elektrischer Fluß Ψ_A auf. Dieser elektrische Fluß tritt aber auch in allen beliebigen Schnittflächen A durch die Flußröhre auf und kann nach Gl.(3.109) berechnet werden ($\Psi_A = \int_A \vec{D} \cdot \mathrm{d}\vec{A}$). Über einen Flußröhrenabschnitt, der durch zwei Äquipotentialflächen, z. B. A_ν und $A_{\nu-1}$ in Bild **3.40b** mit den Potentialen φ_ν und $\varphi_{(\nu-1)}$, eindeutig begrenzt ist, tritt die nach Gl.(3.49) eindeutig bestimmte elektrische Spannung $U_l = \varphi_\nu - \varphi_{(\nu-1)} = \int_l \vec{E} \cdot \mathrm{d}\vec{l}$ auf, die entlang eines beliebigen Weges l zwischen den begrenzenden Äquipotentialflächen berechnet werden kann. Damit ergibt sich auch ein eindeutiger Quotient U_l/Ψ_A, der als der d i e l e k t r i s c h e W i d e r s t a n d

$$R_c = \frac{U_l}{\Psi_A} = \frac{\int_l \vec{E} \cdot \mathrm{d}\vec{l}}{\int_A \vec{D} \cdot \mathrm{d}\vec{A}} \tag{3.118}$$

des Flußröhrenabschnittes bezeichnet wird. Die Definition des dielektrischen Widerstandes hat allerdings nur für Analogiebetrachtungen Bedeutung.

Ersetzt man die fiktiven Äquipotentialflächen (s. Bild **3.40c** u.**3.40d**) durch reale dünne Metallfolien, so ändert sich das Feld nicht (s. Abschn. 3.1.3.1). In den Querschnitten der Metallfolien findet aber eine Ladungstrennung statt, so daß auf den einander zugekehrten, den Flußröhrenabschnitt begrenzenden Folienoberseiten Ladungen $Q_1 = Q_A$ bzw. $Q_2 = -Q_A$ gleichen Betrages, aber unterschiedlicher Vorzeichen in Erscheinung treten. An der leitenden Grenzfläche der

Folie gilt für die Beträge $|D| = |\sigma|$ [s. Gln.(3.105)bzw.(3.140)], d. h., die Ladung $|Q_A| = |\int_A \sigma\, dA| = |\int_A \vec{D}\cdot d\vec{A}|$ auf der Folie ist gleich dem Flächenintegral der elektrischen Flußdichte zwischen ihnen. Man hat nun für die auf den metallischen Grenzflächen eines Flußröhrenabschnittes influenzierte Ladung, bezogen auf die elektrische Spannung U_1 über diesen Abschnitt, die Größe **K a p a z i t ä t**

$$C = \frac{Q_A}{U_1} = \frac{\int_A \vec{D}\cdot d\vec{A}}{\int_l \vec{E}\cdot d\vec{l}} \tag{3.119}$$

eingeführt, die wie der dielektrische Widerstand allein von der Geometrie und den Raumeigenschaften abhängt (lineare Raumeigenschaften vorausgesetzt).

Die allgemeine Definiton der Kapazität entsprechend Gl.(3.119), bezogen auf einzelne Teilgebiete eines Feldes (z. B. in Bild **3.40a** u.**3.40c**) ist von mehr grundsätzlicher feldtheoretischer Bedeutung, z. B. bei der graphischen oder experimentellen Bestimmung eines Feldes (s. Abschn. 3.3.2). Dagegen kommt der Gl.(3.119) mit der Erfassung des gesamten elektrischen Feldes zwischen zwei Elektroden mit der Ladung $\pm Q$ und der elektrischen Spannung U (d. h. eines Kondensators, der an der elektrischen Spannung U die Ladung Q aufnimmt, s. Abschn. 3.3.3.2) auch große praktische Bedeutung zu.

– Die **K a p a z i t ä t**

$$C = \frac{|Q(U)|}{|U|} \tag{3.120}$$

ist eine Kenngröße, die angibt, welche Ladung $|Q| = |Q_1| = |Q_2|$ zwei Elektroden bei einer angelegten elektrischen Spannung U zu speichern vermögen. Die Kapazität ist als positiver Wert definiert.

– Zwei Elektroden (leitfähige Gebiete beliebiger Geometrie), die durch ein Dielektrikum getrennt sind, werden als **K o n d e n s a t o r** bezeichnet (bilden einen Kondensator).

Kapazität C und dielektrischer Widerstand R_c sind zweckmäßigerweise nur als positive Werte definiert. Bei der Berechnung der Größen Q und U in den Gln.(3.118)u.(3.119) hat somit die Wahl der Richtungen von $d\vec{A}$ und $d\vec{l}$ in den entsprechenden Integralen keine Bedeutung.

3.2 Elektrostatisches Feld in Materie

Bisher wurde das von makroskopischen Ladungen Q in einem ansonsten leeren Raum erregte elektrische Feld $D_0(Q)$ betrachtet. Bei der Berechnung dieses Feldes konnten und wurden auch alle im Raum befindlichen Ladungen Q_ν erfaßt und über ihre Einzelfelder $\vec{D}_0(Q_\nu)$ auf der Basis des Überlagerungssatzes – der im leeren Raum immer gilt – das resultierende Feld $\vec{D}_0(Q) = \sum \vec{D}_0(Q_\nu)$ berechnet. Wird nun aber von makroskopischen Ladungen Q ein elektrisches Feld $\vec{D}(Q)$ in einem mehr oder weniger mit Materie ausgefüllten Raum erregt, so sind die dieser Materie eigenen mikrokosmischen Ladungen $Q_i(e_p, e_n)$ der Elektronen (e_n) und Protonen (e_p) zusätzlich zu den makroskopischen Ladungen Q im Raum vorhanden, was zu beachten ist. Grundsätzlich könnte man auch die Materie als leeren Raum ansehen, der nur punktuell mit Elementarladungen e_p und e_n besetzt ist, und auch die Feldkomponente $\vec{D}_0(Q_i)$ dieser sozusagen inneren Ladung $Q_i(e)$ unter Annahme eines leeren Raumes berechnen. Da dann auch für Materie der Überlagerungssatz gilt, ergibt die Summe der Feldkomponenten $\vec{D}_0(Q)$ und $\vec{D}_0(Q_i)$, die von der makroskopischen (äußeren) Ladung Q und der mikrokosmischen (inneren) Ladung Q_i im leeren Raum erregt würden, das resultierende Feld $\vec{D} = \vec{D}_0(Q) + \vec{D}_0(Q_i)$, welches tatsächlich im Materieraum auftritt. Abgesehen von theoretischen Schwierigkeiten (Elementarladungen sind in Bewegung, die sich nur statistisch erfassen läßt) wäre der Aufwand für solche Rechnungen zu groß, und man führt daher in den formalen Rechnungen, wie in Abschn. 3.1 für den leeren Raum erläutert, nur die makroskopischen Ladungen als Ursache für das elektrische Feld ein. Die damit aber zunächst nicht berücksichtigte Wirkung der mikrokosmischen – inneren – Elementarladung der Materie auf das elektrische Feld wird dann – sozusagen indirekt – über eine Materialkennziffer (Permittivitätzahl ε_r) in der Rechnung berücksichtigt, wie in Abschn. 3.2.2 erläutert. Von entscheidender Bedeutung für den Einfluß der Materie auf elektrische Felder ist ihre elektrische Leitfähigkeit, und es ist daher grundsätzlich zwischen leitender und nichtleitender Materie zu unterscheiden.

3.2.1 Elektrische Leiter im elektrostatischen Feld

In elektrischen Leitern kann ein Teil der Elementarladungsträger als frei beweglich angesehen werden. Beispielsweise sind in metallischen Leitern die freien Leitungselektronen nur „lose" in dem Atomverband der Gitterstruktur gebunden, so daß bereits kleinste elektrische Feldstärken eine Ladungsströmung hervorrufen. Aus dieser pauschalen Überlegung folgt also bereits, daß in Leitern kein elektrostatisches Feld auftreten kann, denn eine elektrische Feldstärke in Leitern hat zwangsläufig Ladungsbewegungen, also ein elektrisches Strömungsfeld zur Folge (s. Abschn. 4). Anders gesagt, elektrische Leiter im elektrostatischen Feld erzwingen eine bestimmte Ladungs- und damit Feldverteilung, so daß innerhalb der Leiter keine Feldstärke existiert, wie in den folgenden Beispielen erläutert.

Beispiel 3.21. Man stellt sich in einem nichtleitenden, zunächst feldfreien Raum einen leitenden Körper vor, z. B. eine metallische Kugel. In diese wird nun eine aus Elektronen bestehende Ladung Q eingeleitet (s. Bild **3.**41a). Zwischen den damit nicht mehr – durch positive Kernladungen – vollständig neutralisierten Elektronen treten einander abstoßende Coulombkräfte, d. h. Feldkräfte auf, die Elektronen bewegen sich von einander weg, d. h., sie driften in die äußeren Zonen des Körpers (s. Bild **3.**41b). Der auseinanderstrebende Bewegungsvorgang ist erst dann beendet, wenn die Ladung Q sich in der ihren Bewegungsraum einschließenden Oberfläche, das ist die Grenzschicht des leitfähigen Gebietes, befindet (s. Bild **3.**41c). Ein weiteres Auseinanderstreben der Ladung und ihr damit verbundener Austritt aus der Oberfläche des Leiters in die nichtleitende Umgebung ist zwar grundsätzlich möglich, erfordert aber extrem hohe elektrische Feldkräfte. Die damit angesprochenen Durch- bzw. Überschlagsmechanismen in Isolierstoffen werden hier nicht behandelt. Sind alle nicht neutralisierten Elektronen (Ladungen) in der Oberfläche, so findet keine Ladungsströmung mehr statt, das bedeutet aber, daß im Inneren des leitfähigen Gebietes, in dem ja nach wie vor freie Leitungselektronen zur Verfügung stehen, keine Feldkäfte mehr wirken; das statische Feld muß also im Inneren eines leitenden Gebietes Null sein. [Die bildhafte Erläuterung darf selbstverständlich nicht dahingehend mißgedeutet werden, daß die eingeleiteten Elektronen selbst an die Oberfläche wandern, sondern hier gelten die gleichen Betrachtungen wie im Strömungsfeld (s. Abschn. 4.1).] Die in Bild **3.**41a u.**3.**41b eingezeichneten E-Feldlinien beginnen auf der beliebig außerhalb der Kugel verteilten positiven Gegenladung zu den eingeleiteten Elektronen.

3.41
In die Mitte einer Metallkugel „injizierte" zusätzliche Elektronen (a), die infolge von Coulombkräften auseinanderdriften (b), bis sie sich auf der Oberfläche befinden (c)

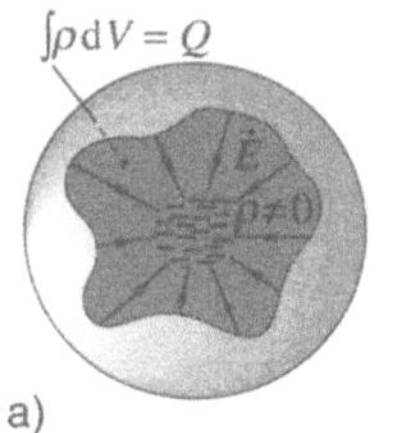

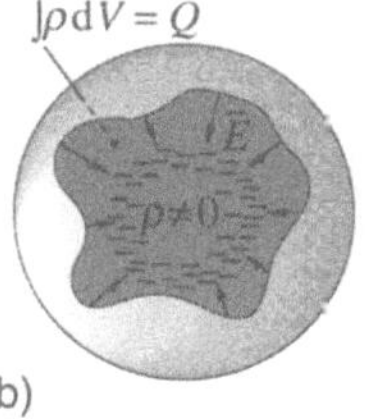

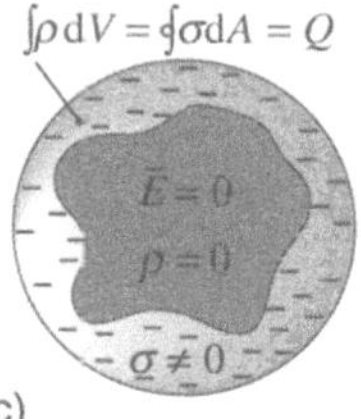

In Beispiel 3.21 ist erläutert, daß sich in geladenen, elektrisch leitenden Körpern diese Ladung infolge der Feldkräfte in der Oberfläche des Körpers so verteilt, daß im Inneren kein elektrostatisches Feld auftritt. Die folgenden Beispiele 3.22 und 3.23 zeigen, daß sich auch in ungeladenen, elektrisch leitenden Körpern eine bestimmte Ladungsverteilung einstellt, wenn diese Körper in ein elektrisches Feld gebracht werden. Elektrisch neutrale Körper können also durch die Einwirkung von Feldkräften ihre Neutralität verlieren, also elektrisch geladen erscheinen, und zwar als Folge einer Ladungstrennung innerhalb des Körpers.

Beispiel 3.22. In das homogene Feld $\vec{E}(\sigma)$ zweier Flächenladungen $\sigma_1 > 0$ und $\sigma_2 = -\sigma_1$ (Plattenkondensator) wird planparallel zu diesen eine metallische Zwischenplatte (M) gebracht (s. Bild **3.42a**). Mit dem Einbringen werden die freien Leitungselektronen e_n in der Zwischenplatte infolge der Feldkräfte $e_n \vec{E}(\sigma)$ in die obere Grenzschicht der Zwischenplatte strömen. Sie bilden hier als Überschußelektronen e_{i1} die negative Flächenladungsdichte $\sigma_{i1} < 0$, und in der unteren Grenzschicht entsteht durch Elektronenmangel die gleich große positive $\sigma_{i2} = -\sigma_{i1}$ (s. Bild **3.42b**). Die die Ladungstrennung verursachende Ladungsströmung ist erst abgeschlossen, wenn das Innere der Zwischenplatte kräfte-, d. h. feldfrei ist.

Diese Feldfreiheit ist auch wie folgt zu erklären. Das ursprüngliche Feld $\vec{D}(\sigma)$ bzw. $\vec{E}(\sigma)$ influenziert auf den Oberflächen der in das Feld gebrachten Zwischenplatte die Flächenladungsdichten σ_{i1} und σ_{i2} mit $|\sigma_i| = |D(\sigma)|$. Diese Flächenladungsdichten σ_i erregen nun ihrerseits im Platteninneren das innere Feld $\vec{D}_i(\sigma_i)$ mit $|\vec{D}_i(\sigma_i)| = \sigma_i$, so daß das resultierende Feld $\vec{D} = \vec{D}(\sigma) + \vec{D}_i(\sigma_i)$ im Platteninneren Null ist (s. Bild **3.42b** u. **3.42c**).

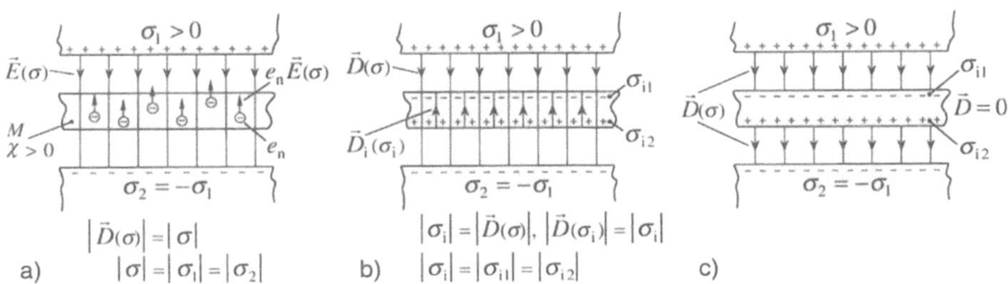

a)   b)   c)

3.42 Ausschnitt aus der Querschnittebene eines Plattenkondensators mit planparalleler metallischer Zwischenplatte M: a) Influenzwirkung, b) und c) Überlagerung der D-Felder infolge der Platten- (σ) und der influenzierten (σ_i) Ladung

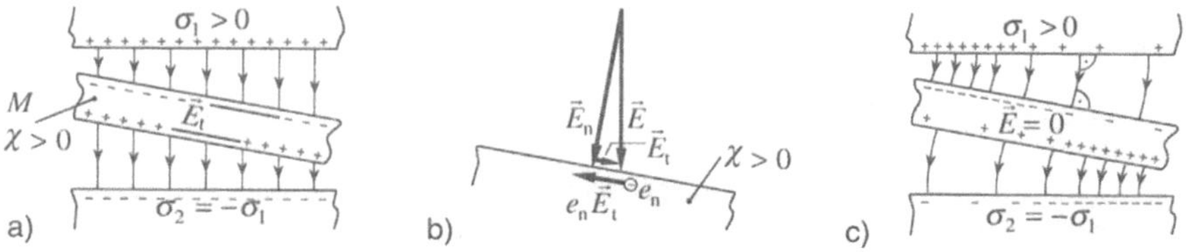

a)   b)   c)

3.43 Wie Bild **3.42**, aber mit schräg gestellter Zwischenplatte M: a) Feld zum Zeitpunkt der Schrägstellung (Beginn der Influenzwirkung), b) die dabei auftretenden Feldkomponenten, c) statisches Feld nach Abschluß der Ladungsverschiebung

Beispiel 3.23. In Beispiel 3.22, Bild **3.42** ist eine Zwischenplatte in planparalleler Lage zwischen den ebenen Flächenladungen σ_1 und $\sigma_2 = -\sigma_1$ betrachtet. Neigt man die Zwischenplatte aus dieser Lage, wie in Bild **3.43a** dargestellt, so läßt sich die dabei zunächst nicht mehr normal zu der Plattenoberfläche liegende Feldstärke $\vec{E}$ in ihre Normal- ($\vec{E}_n$) und ihre Tangentialkomponente ($\vec{E}_t$) zerlegen (s. Bild **3.43b**).

Die Tangentialfeldstärke $\vec{E}_t$ bewirkt Kräfte auf die freien Leitungselektronen, durch die sie einseitig in der Plattenoberfläche verschoben werden. Diese Verschiebung ist beendet, wenn die Ladung so in der Oberfläche verteilt ist, daß an allen Punkten der Plattenoberfläche die Tangentialfeldstärke (Kräfte auf Ladungen) verschwindet ($E_t = 0$), das elektrische Feld sich also so eingestellt hat, daß die Feldstärke $\vec{E}$ normal zur Oberfläche auftritt (s. Bild **3.**43c). Zu beachten ist also, daß sich auch die Ladungen in den Oberflächen des Plattenkondensators einseitig verschieben, d. h., die ursprünglich homogenen Flächenladungsdichten σ_1 und σ_2 werden durch die Schrägstellung der Zwischenplatte inhomogen.

Die anschaulich erläuterten Beispiele lassen sich zu folgender allgemeingültigen Gesetzmäßigkeit werweitern:

– In elektrisch leitfähigen Räumen tritt kein elektrostatisches Feld auf.

   In elektrisch leitfähigen Gebieten kann die Feldstärke des elektrostatischen Feldes nur rechtwinklig (normal) zu ihrer Oberfläche auftreten; leitende Oberflächen sind im elektrostatischen Feld immer Äquipotentialflächen.

Der in den Beispielen anschaulich erläuterte Vorgang der sich gegenseitig beeinflussenden räumlichen Feld- und Ladungsverteilung läuft in einer unvorstellbar kurzen Zeit ab. Überschlagsmäßig betrachtet ist der statische Endzustand, in dem die Ladung sich so verteilt hat, daß das elektrostatische Feld den angeführten Gesetzmäßigkeiten genügt, nach einer Zeit erreicht, die bei guten Leitern, wie z. B. Kupfer, in der Größenordnung von 10^{-13}s liegt (Zeitkonstante, s. Abschn. 4.5.1.3). Dieser zeitliche Einstellvorgang der Ladungs- bzw. der Feldverteilung bleibt üblicherweise unbeachtet, und man berechnet direkt den statischen Endzustand. Die Schwierigkeit der Rechnung liegt darin, daß nach den bisher erläuterten Regeln das elektrostatische Feld nur mit einer bekannten Ladungsverteilung, diese Ladungsverteilung aber wiederum nur mit einem bekannten Feld bestimmt werden kann (s. Abschn. 3.3.1).

3.2.2   Elektrostatisches Feld in nichtleitender Materie

In nichtleitender Materie, in der Feldlehre auch als D i e l e k t r i k u m bezeichnet, existieren keine frei beweglichen Ladungsträger. Die durch ein elektrisches Feld verursachten Kräfte auf die Elementarladungen können in nichtleitender Materie also keine Ladungsströmung (Strömungsfeld) bewirken, wohl aber eine begrenzte – häufig elastische – Verschiebung (Verzerrung) der Elementarladungen innerhalb der Molekularstruktur. Durch solche Verschiebungen – man spricht auch von P o l a r i s a t i o n d e r M a t e r i e – verliert die Materie ihre elektrische Neutralität und verursacht ein Eigenfeld. Dieser Vorgang kann für die hier behandelte Feldtheorie als makroskopische Beschreibung über eine sehr vereinfachte bildhafte Modellvorstellung qualitativ erklärt (s. Abschn. 3.2.2.1) und über das materieeigene Feld des P o l a r i s a t i o n s v e k t o r s $\vec{P}$ oder eine Materi-alkenngröße, die Permittivitätszahl ε_r, quantitativ berechnet werden (s. Abschn. 3.2.2.2).

3.2.2.1 Modellvorstellung eines materieeigenen inneren Feldes. Für die elektronentheoretische Erklärung der Erregung eines materieeigenen inneren Feldes durch die elektrische Feldstärke $\vec{E}$ wird die dielektrische Materie in Gruppen mit unterschiedlichen charakteristischen Eigenschaften unterteilt (s. Bild **3.44**).

In einem u n p o l a r e n D i e l e k t r i k u m sind die Elementarladungen so regellos verteilt, daß es makroskopisch betrachtet elektrisch neutral wirkt und auch im mikrokosmischen Bereich keine Elementardipole existieren. Wirkt auf ein unpolares Dielektrikum die elektrische Feldstärke $\vec{E}$ eines äußeren Feldes, so verursachen die damit auf die Elementarladungen wirkenden Feldkräfte Veränderungen in der Mikrostruktur, die sich wie folgt charakterisieren lassen.

In den Atomen werden die positiven Kernladungen in, aber die negative Elektronenhülle entgegen der der einwirkenden äußeren elektrischen Feldstärke $\vec{E}$ entsprechenden Orientierung verschoben, was als e l e k t r o n i s c h e P o l a r i s a-t i o n bezeichnet wird (s. Bild **3.44**, Spalte a). Dadurch werden die Ladungs-schwerpunkte der negativen Elektronenhülle und der positiven Kernladungen gegeneinander verschoben. Die Atome wirken somit als Elementardipole mit einem elektrischen Elementardipolmoment $\delta\vec{p}_\mathrm{e}$, das abhängt von den Eigenschaften des Atoms (Elektronenhülle und Kern) und der elektrischen Feldstärke $\vec{E}$, die den Abstand der Ladungsschwerpunkte bestimmt. Man kann nun die resultierende Wirkung aller Elementardipolmomente $\delta\vec{p}_\mathrm{e}$ in einem Dielektrikum durch eine als Polarisation $\vec{P}$ bezeichnete Feldgröße beschreiben, die ein inneres materieeigenes Feld $\vec{E}_{\mathrm{P}_\mathrm{e}} = -\vec{P}/\varepsilon_0$ bewirkt, das ihrer Ursache, der elektrischen Feldstärke $\vec{E}$ des äußeren Feldes, entgegenwirkt (s. Abschn. 3.2.2.2).

In Materie mit positiv und negativ ionisierten Molekülen, z. B. in einer Kristallgitterstruktur, werden durch die Feldkräfte der einwirkenden elektrischen Feldstärke $\vec{E}$ die Abstände zwischen den positiven und negativen Ionen ungleichmäßig verändert, was als i o n i s c h e P o l a r i s a t i o n bezeichnet wird (s. Bild **3.44**, Spalte b). Die Elementardipolmomente $\delta\vec{p}_\mathrm{e}$ der „molekularen Dipole" neutralisieren sich dadurch nicht mehr, sondern ergeben in der Summe eine von Null verschiedene Polarisation $\vec{P}$, die ein inneres materieeigenes Feld $\vec{E}_{\mathrm{P}_\mathrm{e}} = -\vec{P}/\varepsilon_0$ erregt, das der elektrischen Feldstärke $\vec{E}$ entgegenwirkt.

In einem p o l a r e n D i e l e k t r i k u m sind auch bei nichtvorhandener elektrischer Feldstärke $\vec{E}$ die Elementarladungen innerhalb der Moleküle bereits derart ungleichmäßig verteilt, daß diese Moleküle sozusagen von Natur aus als Elementardipole aufzufassen sind, deren makroskopische Wirkung wie folgt zu erklären ist.

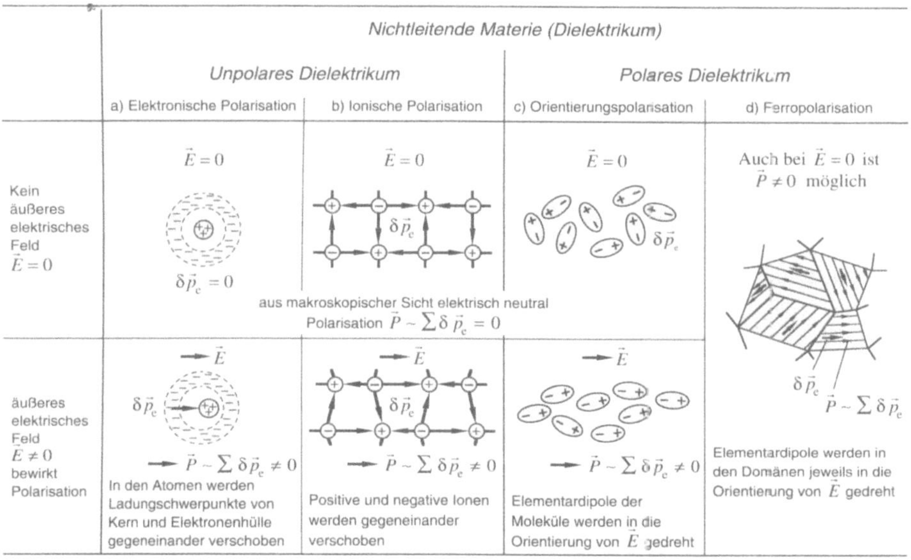

	Nichtleitende Materie (Dielektrikum)			
	Unpolares Dielektrikum		Polares Dielektrikum	
	a) Elektronische Polarisation	b) Ionische Polarisation	c) Orientierungspolarisation	d) Ferropolarisation
Kein äußeres elektrisches Feld $\vec{E} = 0$	$\vec{E} = 0$ $\delta\vec{p}_e = 0$	$\vec{E} = 0$ $\delta\vec{p}_e$	$\vec{E} = 0$ $\delta\vec{p}_e$	Auch bei $\vec{E} = 0$ ist $\vec{P} \neq 0$ möglich
		aus makroskopischer Sicht elektrisch neutral Polarisation $\vec{P} \sim \sum \delta\,\vec{p}_e = 0$		
äußeres elektrisches Feld $\vec{E} \neq 0$ bewirkt Polarisation	$\longrightarrow \vec{E}$ $\delta\vec{p}_e$ $\longrightarrow \vec{P} \sim \sum \delta\vec{p}_e \neq 0$ In den Atomen werden Ladungsschwerpunkte von Kern und Elektronenhülle gegeneinander verschoben	$\longrightarrow \vec{E}$ $\delta\vec{p}_e$ $\longrightarrow \vec{P} \sim \sum \delta\vec{p}_e \neq 0$ Positive und negative Ionen werden gegeneinander verschoben	$\longrightarrow \vec{E}$ $\longrightarrow \vec{P} \sim \sum \delta\vec{p}_e \neq 0$ Elementardipole der Moleküle werden in die Orientierung von $\vec{E}$ gedreht	$\delta\vec{p}_e$ $\vec{P} \sim \sum \delta\vec{p}_e$ Elementardipole werden in den Domänen jeweils in die Orientierung von $\vec{E}$ gedreht

3.44 Polaristionsmechanismen in nichtleitender Materie (Dielektrikum)

Sind in einem polaren Dielektrikum die Elementardipole so unregelmäßig orientiert, daß das Dielektrikum makroskopisch gesehen wieder elektrisch neutral wirkt, und orientieren sie sich infolge einer einwirkenden elektrischen Feldstärke $\vec{E}$ einseitig regelmäßig, so spricht man von O r i e n t i e r u n g s p o l a r i s a t i o n (s. Bild **3.44**, Spalte c). Ihre Elementardipolmomente $\delta\vec{p}_e$ lassen sich zu einer resultierenden, von Null verschiedenen Polarisation $\vec{P}$ zusammenfassen, die ein materieeigenes Feld $\vec{E}_{\delta_e} = -\vec{P}/\varepsilon_0$ verursacht, das entgegen der elektrischen Feldstärke $\vec{E}$ orientiert ist.

Sind in einem polaren Dielektrikum die natürlichen Elementardipole über begrenzte Bereiche (Domänen oder Weißsche Bezirke) jeweils gleich gerichtet und gleich orientiert, so nennt man dieses Dielektrikum ferroelektrisch bzw. man spricht von f e r r o e l e k t r i s c h e r P o l a r i s a t i o n (s. Bild **3.44**, Spalte d). Wird nun in einem solchen Dielektrikum von einer makroskopischen Ladung Q eine Feldstärke $\vec{E}$ verursacht, so werden die Elementardipole domänenweise so ausgerichtet, daß auch hier eine resultierende, von Null verschiedene Polarisation $\vec{P}$ auftritt. Das von dieser Polarisation $\vec{P}$ verursachte materieeigene Feld $\vec{E}_{\delta_e} = -\vec{P}/\varepsilon_0$ wirkt dann auch wieder der elektrischen Feldstärke $\vec{E}$ entgegen. Die ferroelektrischen Wirkungen sind analog den ferromagnetischen zu erklären (s. Abschn. 5.4.2), beispielsweise kann auch bei fehlender makroskopischer Ladung Q die Polarisation über das materieeigene innere Feld eine elektrische Feldstärke $\vec{E} \neq 0$ in dem ferroelektrischen Dielektrikum bewirken.

Abschließend sei noch erwähnt, daß sich die Polarisation eines Dielektrikums auch aus unterschiedlichen Polarisationsmechanismen zusammensetzen kann.

Die vorstehenden, grob vereinfachenden Erläuterungen dienen lediglich der anschaulichen Interpretation der im folgenden Abschn. 3.4.2.2 erläuterten Definitionen quantitativer Rechengrößen und dürfen nicht als elektronentheoretische Erklärung der äußerst komplizierten Polarisationsmechanismen in der Mikrostruktur gewertet werden. Für deren Erklärung wie auch deren Ausweitung auf pyro- und piezoelektrische Eigenschaften der Materie sei auf weiterführende Literatur verwiesen [18], [24], [26].

3.2.2.2 Elektrische Polarisation und Permittivität.

Zur Erläuterung des quantitativen Zusammenhanges zwischen der elektrischen Flußdichte $\vec{D}$ und der elektrischen Feldstärke $\vec{E}$ eines elektrischen Feldes im Dielektrikum wird beispielhaft das homogene elektrische Feld zwischen zwei planparallelen Platten im Abstand l (Plattenkondensator) entsprechend Bild **3.45a** betrachtet. Die Platten mit den Flächen $A_1 = A_2 = A$ haben makroskopische Ladungen gleichen Betrages, aber ungleicher Polarität ($Q_1 = -Q_2$).

Befinden sich die Platten in einem zunächst evakuierten Behälter, so ergeben sich mit $Q = |Q_1| = |Q_2|$ die Beträge der Flächenladungsdichte $|\sigma| = |Q|/A$, der elektrischen Flußdichte $|D| = |\sigma|$ [s. Gl.(3.41)] und Feldstärke $E_0 = D/\varepsilon_0$ für das homogene Feld zwischen den Platten (s. Bild **3.45b**). Die zwischen den Platten zu messende elektrische Spannung ist damit $U_0 = E_0 l = Ql/A\varepsilon_0$.

Nun soll der zunächst evakuierte Behälter mit einem Dielektrikum, z. B. Isolieröl, gefüllt werden (s. Bild **3.45a**), die Platten sollen unverändert die Ladung $Q_1 = -Q_2$ behalten. Man beobachtet, daß sich durch das eingebrachte Dielektrikum die elektrische Spannung zwischen den Platten von U_0 (im leeren Raum) auf U_d (im Dielektrikum) verringert hat. Die damit verbundene Verkleinerung der elektrischen Feldstärke $E_d = U_d/l$ muß allein aus den Gegebenheiten im Dielektrikum erklärt werden, da die elektrische Flußdichte $|\vec{D}(Q)| = |\sigma| = |Q/A|$ definitionsgemäß allein von der makroskopischen Plattenladung $Q = \sigma A$ abhängt und damit wie diese konstant bleibt. Die elektrische Feldstärke $\vec{E}_d = f[\vec{D}(Q),\ \text{Dielektrikum}]$ in einem Dielektrikum ist also abhängig von der elektrischen Flußdichte $D(Q)$ und den elektrischen Eigenschaften des Dielektrikums. Um dieses zu erläutern, wird im homogenen Feldbereich des Plattenkondensators nach Bild **3.45a** ein Kanal (Dielektrikumsquader) rechtwinklig zu den Platten mit dem Querschnitt ΔA betrachtet (s. Bild **3.45c** u.**3.45e**).

Durch die sich zwischen den Platten einstellende elektrische Feldstärke $\vec{E}$ wird das Dielektrikum polarisiert, d. h., Elementardipole mit den Dipolmomenten $\delta\vec{p}_e$ stellen sich in der Orientierung von $\vec{E}$ ein, wie in Bild **3.45c** schematisch skizziert. An den Stirnflächen ΔA des Dielektrikumsquaders tritt eine scheinbare Flächenladung σ_{P_e} auf, so daß der Dielektrikumsquader als Ganzes schein-

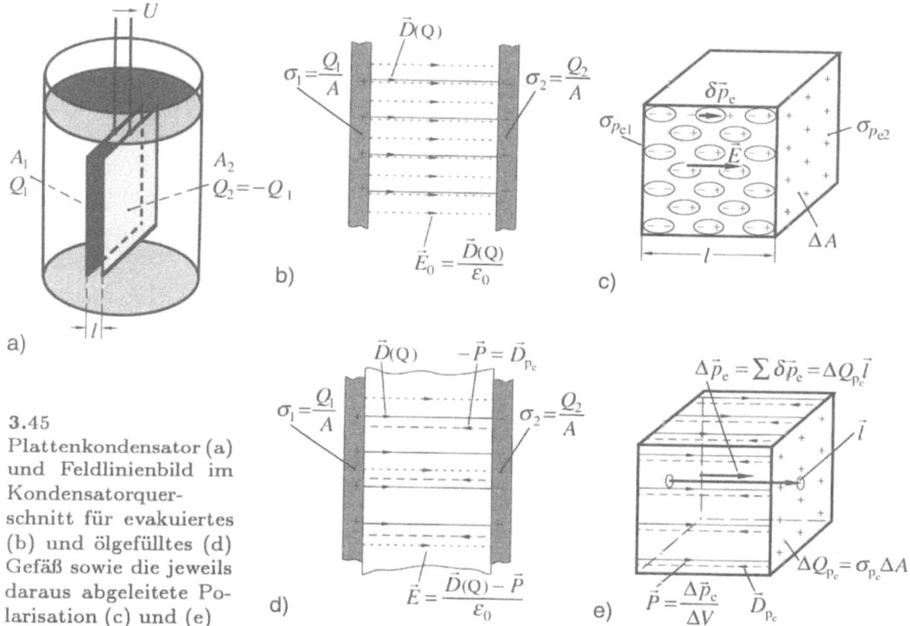

3.45
Plattenkondensator (a)
und Feldlinienbild im
Kondensatorquer-
schnitt für evakuiertes
(b) und ölgefülltes (d)
Gefäß sowie die jeweils
daraus abgeleitete Po-
larisation (c) und (e)

bar auch als Dipol zu betrachten ist. Der Zusatz „scheinbar" soll deutlich her-
ausstellen, daß die Flächenladungsdichte σ_{P_e} infolge Polarisation aus fest in
der Mikrostruktur gebundenen Elementarladungsträgern besteht und sich somit grundsätzlich von der aus frei beweglichen Ladungsträgern bestehenden
makroskopischen Flächenladungsdichte σ unterscheidet. Das Dipolmoment

$$\Delta \vec{p}_{e} = \sum \delta \vec{p}_{e} = |\Delta Q_{P_e}|\vec{l} = |\sigma_{P_e}|\Delta A\,\vec{l} \tag{3.121}$$

des Dielektrikumsquaders ist die Vektorsumme aller Elementardipole $\delta\vec{p}_e$, die
entsprechend Gl.(3.42) auch aus den scheinbaren Stirnflächenladungen $\Delta Q_{P_e} =
\sigma_{P_e}\,\Delta A$ des Dielektrikums und deren Abstandsvektor $\vec{l}$ von der negativen zur
positiven scheinbaren Stirnflächenladung berechnet werden kann. In der Felddarstellung bezieht man dieses Dipolmoment des Dielektrikumsquaders auf sein
Volumen $\Delta V = \Delta A\,l$ und definiert so eine Feldgröße, die als e l e k t r i s c h e
P o l a r i s a t i o n

$$\vec{P} = \frac{\Delta \vec{p}_e}{\Delta V} \quad \text{mit dem Betrag} \quad |\vec{P}| = |\sigma_{P_e}| \tag{3.122}$$

bezeichnet wird (s. Bild **3.45**e, ausgezogene Feldlinien). Die Polarisation $\vec{P} =
(\Delta\vec{p}_e/\Delta V)$ ist proportional der im Dielektrikum auftretenden elektrischen Feld-

stärke $\vec{E}$ und beschreibt den durch diese verursachten Dipolzustand eines Dielektrikums quantitativ. Die Polarisation ist somit als die Ursachengröße für das von diesem Dipol erregte materieeigene elektrische Feld anzusehen. Im hier betrachteten homogenen Feld erregt die scheinbare Stirnflächenladung σ_{Pe} des Dielektrikumsquaders in seinem Inneren eine materieeigene scheinbare Flußdichte $\vec{D}_{\mathrm{Pe}}$ mit dem Betrag $|\vec{D}_{\mathrm{Pe}}| = |\sigma_{\mathrm{Pe}}| = |\vec{P}|$, der gleich ist dem der Polarisation, aber mit einer Orientierung von der positiven zur negativen Flächenladung, also entgegengesetzt der der Polarisation $\vec{P} \uparrow\downarrow \vec{D}_{\mathrm{p}}$ (in Bild **3.**45e gestrichelt eingezeichnet).

Die makroskopische Plattenladung Q erregt also im Dielektrikum (wie im leeren Raum) die elektrische Flußdichte $\vec{D}_{(Q)}$ (s. Bild **3.**45d), die wiederum primäre Ursache der elektrischen Feldstärke $\vec{E}$ ist, die ihrerseits eine Polarisation $\vec{P}$ des Dielektrikums bewirkt. Durch diese von $\vec{E}$ abhängige Polarisation $\vec{P}$ des Dielektrikums wird wiederum in dessen Inneren eine materieeigene scheinbare Flußdichte $\vec{D}_{\mathrm{Pe}} = -\vec{P}$ erregt, die der von der makroskopischen Plattenladung Q erregten elektrischen Flußdichte $\vec{D}_{(Q)}$ und damit auch der sich im Dielektrikum einstellenden elektrischen Feldstärke entgegenwirkt. Die von einer elektrischen Flußdichte $\vec{D}_{(Q)}$ in einem Dielektrikum verursachte elektrische Feldstärke

$$\vec{E} = \frac{\vec{D}_{(Q)} + \vec{D}_{\mathrm{Pe}}}{\varepsilon_0} = \frac{\vec{D}_{(Q)} - \vec{P}}{\varepsilon_0} \tag{3.123}$$

ist also durch ihre polarisierende Wirkung kleiner als die von der gleichen Flußdichte $\vec{D}_{(Q)}$ im leeren Raum erregte.

Für ein gegebenes Dielektrikum kann die Polarisation $\vec{P}$ aus den Gegebenheiten der Mikrostruktur berechnet [18], [24], [26] oder experimentell bestimmt werden, wie im Beispiel 3.24 erläutert.

In der Literatur findet man auch noch den Begriff der E l e k t r i s i e r u n g

$$\left(\frac{\vec{P}}{\varepsilon_0}\right) = \frac{\vec{D}_{(Q)}}{\varepsilon_0} - \vec{E} \,,$$

die als Größe der Dimension Spannung pro Länge die innere Feldstärke $\vec{E}_{\mathrm{i}} = \vec{P}/\varepsilon_0$ des von der Polarisation $\vec{P}$ verursachten materieeigenen Feldes beschreibt.

Die Polarisation $\vec{P}$ dient bevorzugt der physikalischen Beschreibung des dielektrischen Verhaltens der Materie. Für die praktischen Feldberechnungen hat sich aber die Einführung einer Materialkennziffer, der Permittivitätszahl ε_{r} (s. Abschn. 3.1.2.2), als zweckmäßig erwiesen. Mit dieser Permittivitätszahl ε_{r} ist nach der Definitionsgleichung Gl.(3.18) die von der auf makroskopische Ladungen Q zurückgeführten elektrischen Flußdichte $\vec{D}_{(Q)}$ im Dielektrikum erregte elektrische Feldstärke $\vec{E} = \vec{D}_{(Q)}/(\varepsilon_0\varepsilon_r)$ bestimmt. Diese elektrische Feldstärke $\vec{E}$ nach Gl.(3.18) muß der nach Gl.(3.123) mit $\vec{P}$ berechneten elektrischen Feldstärke $\vec{E}$ entsprechen. Durch Gleichsetzen der Gln.(3.18)u.(3.123) ergibt sich somit der Zusammenhang zwischen Polarisation, elektrischer Flußdichte, Feldstärke und Permittivitätszahl.

$$\vec{P} = (1 - \frac{1}{\varepsilon_r})\,\vec{D}_{(Q)} = \chi\vec{D}_{(Q)} = \chi\varepsilon\vec{E} \tag{3.124}$$

Der als elektrische S u s z e p t i b i l i t ä t

$$\chi = 1 - \frac{1}{\varepsilon_r} = \frac{P}{D_{(Q)}} = \frac{P}{\varepsilon E} \tag{3.125}$$

bezeichnete Faktor gibt das Verhältnis der elektrischen Flußdichte des materieeigenen Feldes (P) zu der des makroskopisch erregten $[D_{(Q)}]$ an. Zusammenfassend läßt sich feststellen, daß die elektrische Feldstärke $\vec{E}$ in Räumen mit nichtleitender Materie über zwei unterschiedliche, aber widerspruchsfreie Vereinbarungen bestimmt ist, die in Bild **3.**46 gegenübergestellt sind.

– Die elektrische Flußdichte $\vec{D}$ ist ausschließlich durch die makroskopischen Ladungen Q bestimmt. Sie verursacht im Dielektrikum die elektrische Feldstärke

$$\vec{E} = \frac{\vec{D}}{\varepsilon_0\varepsilon_r} = \frac{\vec{D} - \vec{P}}{\varepsilon_0}, \tag{3.126}$$

die nach Gl.(3.18) über die Permittivitätszahl ε_r berechnet werden kann oder nach Gl.(3.123) über ein der materieeigenes inneres Feld der Polarisation $\vec{P}$.

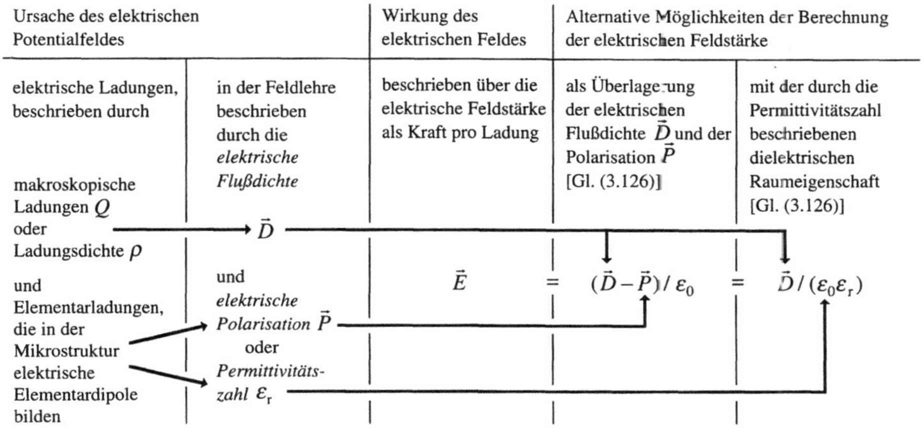

Ursache des elektrischen Potentialfeldes		Wirkung des elektrischen Feldes	Alternative Möglichkeiten der Berechnung der elektrischen Feldstärke	
elektrische Ladungen, beschrieben durch	in der Feldlehre beschrieben durch die *elektrische Flußdichte*	beschrieben über die elektrische Feldstärke als Kraft pro Ladung	als Überlagerung der elektrischen Flußdichte $\vec{D}$ und der Polarisation $\vec{P}$ [Gl. (3.126)]	mit der durch die Permittivitätszahl beschriebenen dielektrischen Raumeigenschaft [Gl. (3.126)]
makroskopische Ladungen Q oder Ladungsdichte ρ	$\longrightarrow \vec{D}$			
und Elementarladungen, die in der Mikrostruktur elektrische Elementardipole bilden	und *elektrische Polarisation* $\vec{P}$ oder *Permittivitäts- zahl* ε_r			

$$\vec{E} \;=\; (\vec{D} - \vec{P})/\varepsilon_0 \;=\; \vec{D}/(\varepsilon_0\varepsilon_r)$$

3.46 Die zwei Möglichkeiten der Bestimmung von $\vec{E}$ im Dielektrikum

Beispiel 3.24. Mit der in Bild **3.**45a skizzierten Anordnung planparalleler Platten der Fläche $A = 100\,\text{cm}^2$ im Abstand $l = 1\,\text{mm}$ in einem mit Isolieröl gefüllten Gefäß ist die Polarisation dieses Isolieröles zu bestimmen.

Die Platten werden an die Spannung $U = 100\,\text{V}$ gelegt. Das dabei gemessene Zeitintegral des Ladestromes, also die von den Platten aufgenommene Ladung, beträgt $|Q_1| = |Q_2| = Q = \int i\,dt = 50\,\text{nAs}$. Mit der Annahme eines homogenen Feldes zwischen den Platten (Randverzerrung vernachlässigt) ergibt sich nach Gl.(3.41) mit Gl.(2.17) aus der makroskopischen Plattenladung Q die elektrische Flußdichte $D = Q/A = 50\,\text{nAs}/0,01\,\text{m}^2 = 5\,\mu\text{As/m}^2$ und aus der anliegenden elektrischen Spannung die elektrische Feldstärke $E = U/l = 100\,\text{V}/1\text{mm} = 100\,\text{kV/m}$. Da hier wie für übliche Dielektrika $\vec{P} \uparrow\uparrow \vec{E}$ angenommen werden kann, folgt aus Gl.(3.123) der Betrag der Polarisation

$$P = D - \varepsilon_0 E = 5\,\frac{\mu\text{As}}{\text{m}^2} - 8,85 \cdot \frac{\text{pAs}}{\text{Vm}} \cdot 100\,\frac{\text{kV}}{\text{m}} = 4,11\,\frac{\mu\text{As}}{\text{m}^2}\,. \tag{3.127a}$$

Man erkennt, daß die Polarisation P und damit das über die Elementarladungen erregte Eigenfeld des Isolieröls etwa 80 % der von den makroskopischen Ladungen verursachten Flußdichte $D_{(Q)}$ ausmacht. Der genaue Prozentsatz wird durch die elektrische Suszeptibilität χ entsprechend Gl.(3.125) angegeben.

$$\chi = P/D = 4,11\,\frac{\mu\text{As}}{\text{m}^2}\Big/\left(5\,\frac{\mu\text{As}}{\text{m}^2}\right) = 0,824 \tag{3.127b}$$

Mit den gemessenen Werten kann entsprechend Gl.(3.125) auch die Permittivitätszahl

$$\varepsilon_\text{r} = \frac{1}{1-\chi} = \frac{1}{1-0,824} = 5,65 \tag{3.127c}$$

berechnet werden.

Beispiel 3.25. Für den Plattenkondensator nach Beispiel 3.24 soll untersucht werden, wie sich bei konstanter Plattenladung Q die elektrische Feldstärke zwischen den Platten durch das Dielektrikum ändert.

Wie in Beispiel 3.24 soll der Kondensator im ölgefüllten Behälter (s. Bild **3.**45a) an $U = 100\,\text{V}$ mit $Q = 50\,\text{nAs}$ geladen sein. Nun wird der Kondensator von der Spannungsquelle abgeklemmt, so daß sich die Ladung $Q = 50\,\text{nAs}$ der Platten nicht mehr ändern kann, und nach Ablassen des Öls wird der Behälter evakuiert. Dadurch ändert sich aber die mit der makroskopischen Plattenladung berechnete elektrische Flußdichte $D = 5\,\mu\text{As/m}^2$ nicht. Da nach dem Ablassen des Öls aber auch das in diesem verursachte Eigenfeld verschwindet (die Polarisation P des leeren Raumes ist Null), wird zwischen den Platten die elektrische Feldstärke allein von der elektrischen Flußdichte D erregt [s. Gl.(3.126)].

$$E_0 = \frac{D - P}{\varepsilon_0} = \frac{5\,(\mu\text{As/m}^2) - 0}{8,85\,(\text{pAs/Vm})} = 565\,\frac{\text{kV}}{\text{m}} \tag{3.128a}$$

Die zwischen den Platten zu messende elektrische Spannung [entsprechend Gl.(3.55)] ist also angestiegen auf

$$U_0 = \int\limits_l \vec{E_0} \cdot \mathrm{d}\vec{l} = E_0\, l = 565\,(\mathrm{kV/m})\,1\mathrm{mm} = 565\,\mathrm{V}\,. \tag{3.128b}$$

Beispiel 3.26. In technischen Bereichen wird der Materialeinfluß auf das elektrische Feld im allgemeinen mit Hilfe der Permittivitätszahl ε_r berechnet, die für die gängigen Materialien (experimentell ermittelt) aus Tabellen zu ersehen ist. Sollen also für den ölgefüllten Plattenkondensator nach Beispiel 3.24 die elektrische Feldstärke E und die Spannung U bei gegebener Plattenladung und damit gegebener Flächenladungsdichte $\sigma = 5\,\mu\mathrm{As/m^2}$ bestimmt werden, rechnet man mit Gl.(3.126) in der Form $E = D/(\varepsilon_0\varepsilon_r)$. Man kann nun die Permittivitätszahl für dieses Isolieröl $\varepsilon_{\mathrm{r\,öl}} = 5,65$ einer einschlägigen Materialtabelle entnehmen und damit die elektrische Feldstärke $E_{\mathrm{öl}} = D/(\varepsilon_0\varepsilon_{\mathrm{r\,öl}}) = (5\,\mu\mathrm{As/m^2})/[5,65\cdot8,85\,\mathrm{pAs/(Vm)}] = 100\,\mathrm{kV/m}$ und die elektrische Spannung $U_{\mathrm{öl}} = E_{\mathrm{öl}}\cdot l = 100\,(\mathrm{kV/m})\,1\mathrm{mm} = 100\,\mathrm{V}$ berechnen.

3.2.2.3 Elektrische Feldgrößen an Grenzflächen. Praktisch erstreckt sich ein Feld immer über Räume mit unterschiedlicher Materie. Dabei erfolgt der Wechsel von einem Material auf ein anderes im allgemeinen nicht kontinuierlich, sondern unstetig in einer G r e n z f l ä c h e (Dicke Null). Beispielsweise kann das elektrische Feld zwischen zwei Elektroden gewollt (zur Spannungssteuerung, s. Beispiel 3.36) oder ungewollt (Streufeld am Rande des Dielektrikums eines Kondensators) durch geschichtete Isolierstoffe unterschiedlicher Permittivitätszahlen verlaufen. An solchen Grenzflächen können sich die Feldgrößen unstetig ändern, d. h., Grenzflächen wirken sich in charakteristischer Weise auf den Feldverlauf aus. Diesen zu erfassen, ist auch insofern wichtig, als man sich häufig über die Kontrolle des Feldverlaufes an Grenzflächen für ein entsprechend einfaches Verfahren zur Berechnung des elektrischen Feldes entscheiden kann.

Einen Sonderfall stellt die Grenzfläche zwischen leitender und nichtleitender Materie dar, die naturgemäß auch die Begrenzungsfläche eines elektrostatischen Feldes ist (im Leiter existiert kein elektrostatisches Feld). An einer solchen Grenzfläche sind also auf der Leiterseite die Feldgrößen Null; auf der Dielektrikumsseite stehen die Feldvektoren $\vec{D}$ und $\vec{E}$ normal zur Grenzfläche (s. Abschn. 3.2.1).

Im folgenden wird ein elektrostatisches Feld betrachtet (s. Bild **3.47**), welches parallel zur x-z-Ebene eines Raumes verläuft, der auf der linken Seite der in der y-z-Ebene verlaufenden Grenzfläche Materie mit der Permittivität ε_1 hat und auf der rechten Seite Materie mit $\varepsilon_2 \neq \varepsilon_1$. Das Feld verläuft im Teilraum mit ε_1 unter dem Winkel α_1 zur Normalen der Grenzfläche, im Teilraum mit ε_2 unter dem Winkel α_2. Zerlegt man die Feldvektoren $\vec{D}$ und $\vec{E}$ in ihre Komponenten senkrecht und tangential zur Grenzfläche, so gelten für infinitesimale Bereiche um die Grenzfläche die im folgenden erläuterten Gesetzmäßigkeiten.

Im elektrostatischen Feld muß das entsprechend Bild **3.**47a in der x-z-Ebene um ein die Grenzfläche schneidendes, infinitesimales Rechteck $\mathrm{d}x\mathrm{d}z$ gebildete Umlaufintegral der elektrischen Feldstärke $\vec{E}$ Null sein [s. Gl.(3.60), $\oint \vec{E}\cdot\mathrm{d}\vec{l} = 0$].

$$-E_{\mathrm{n}1}\frac{\mathrm{d}x}{2} + E_{\mathrm{t}1}\,\mathrm{d}z + E_{\mathrm{n}1}\frac{\mathrm{d}x}{2} + E_{\mathrm{n}2}\frac{\mathrm{d}x}{2} - E_{\mathrm{t}2}\mathrm{d}z - E_{\mathrm{n}2}\frac{\mathrm{d}x}{2} = 0 \qquad (3.129)$$

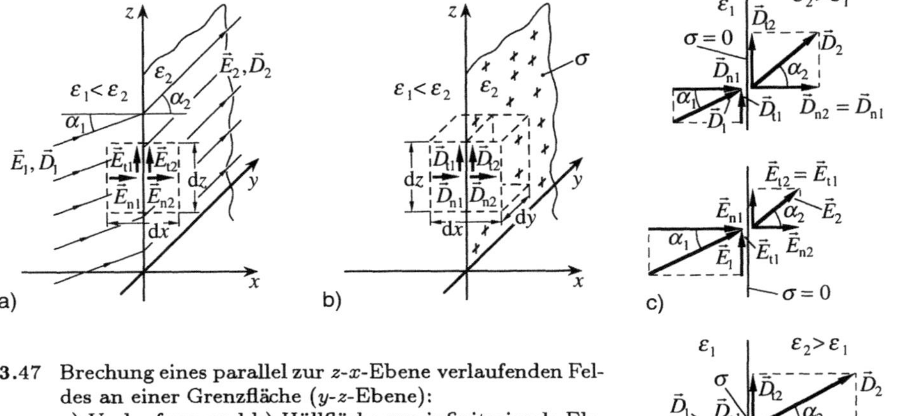

3.47 Brechung eines parallel zur z-x-Ebene verlaufenden Feldes an einer Grenzfläche (y-z-Ebene):
a) Umlaufweg und b) Hüllfläche um infinitesimale Elemente beidseitig der Grenzfläche,
c) und d) Normal- und Tangentialkomponenten der Feldgrößen an der Grenzfläche

Da das Feld in den infinitesimalen Bereichen beidseitig der Grenzfläche jeweils als homogen aufzufassen ist ($\vec{E}_1 = $ const und $\vec{E}_2 = $ const), folgt aus Gl.(3.129), daß die Tangentialkomponenten der elektrischen Feldstärke auf beiden Seiten der Grenzfläche gleich sind und – mit $\vec{E} = \vec{D}/\varepsilon_0\varepsilon_{\mathrm{r}}$ – daß die Tangentialkomponenten der elektrischen Flußdichte sich proportional den Permittivitätszahlen einstellen.

$$\vec{E}_{\mathrm{t}1} = \vec{E}_{\mathrm{t}2} \qquad (3.130)$$

$$\frac{\vec{D}_{\mathrm{t}1}}{\varepsilon_1} = \frac{\vec{D}_{\mathrm{t}2}}{\varepsilon_2}\;; \qquad\qquad \frac{D_{\mathrm{t}1}}{D_{\mathrm{t}2}} = \frac{\varepsilon_1}{\varepsilon_2} \qquad (3.131)$$

Bei ladungsfreier Grenzfläche kann das $\vec{D}$-Feld nicht in der Grenzfläche entstehen oder verschwinden, so daß das Hüllenintegral der elektrischen Flußdichte [s. Gl.(3.114)] über das geschlossene infinitesimale Volumen $\mathrm{d}x\,\mathrm{d}y\,\mathrm{d}z$, das die Grenzfläche einschließt (s. Bild **3.**47b), Null sein muß ($\oint \vec{D}\cdot\mathrm{d}\vec{A} = 0$).

$$-D_{t1}\,\mathrm{d}y\frac{\mathrm{d}x}{2} - D_{n1}\,\mathrm{d}z\,\mathrm{d}y + D_{t1}\,\mathrm{d}y\frac{\mathrm{d}x}{2} + D_{t2}\,\mathrm{d}y\frac{\mathrm{d}x}{2} + D_{n2}\,\mathrm{d}z\,\mathrm{d}y - D_{t2}\,\mathrm{d}y\frac{\mathrm{d}x}{2} = 0$$

$$(3.132)$$

Da das Feld in den infinitesimalen Bereichen beidseitig der Grenzfläche jeweils als homogen aufzufassen ist ($\vec{D}_1 = \mathrm{const}$ und $\vec{D}_2 = \mathrm{const}$), folgt aus Gl.(3.132), daß die Normalkomponenten der elektrischen Flußdichte auf beiden Seiten der Grenzfläche gleich sind, und aus $\vec{D} = \vec{E}\varepsilon_0\varepsilon_r$, daß die Normalkomponenten der elektrischen Feldstärke sich proportional den Permittivitätszahlen einstellen.

$$\vec{D}_{n1} = \vec{D}_{n2} \tag{3.133}$$

$$\vec{E}_{n1}\varepsilon_1 = \vec{E}_{n2}\varepsilon_2 \, ; \qquad\qquad \frac{E_{n1}}{E_{n2}} = \frac{\varepsilon_2}{\varepsilon_1}\,. \tag{3.134}$$

- An ladungsfreien Grenzflächen zwischen Materie unterschiedlicher Permittivitäten kann ein elektrisches Feld nur so verlaufen, daß die Normalkomponenten der elektrischen Flußdichte und die Tangentialkomponenten der elektrischen Feldstärke stetig durch die Grenzfläche verlaufen, d. h. auf beiden Seiten derselben gleich sind.

Die Stetigkeitsbedingungen führen dazu, daß die Feldlinien an den Grenzflächen verschiedener Permittivitäten gebrochen werden, ausgenommen, sie verlaufen parallel oder senkrecht zu der Grenzfläche. Aus Bild **3.**47c ergeben sich die Gleichungen

$$\tan\alpha_1 = \frac{D_{t1}}{D_{n1}}\,, \qquad\qquad \tan\alpha_2 = \frac{D_{t2}}{D_{n2}}\,, \tag{3.135}$$

die mit $D_{n1} = D_{n2}$ und $D_{t1}/D_{t2} = \varepsilon_1/\varepsilon_2$ auf das Tangensverhältnis der Ein- und Austrittswinkel

$$\frac{\tan\alpha_1}{\tan\alpha_2} = \frac{\varepsilon_1}{\varepsilon_2} \tag{3.136}$$

führen.

- Im Raum mit der größeren Permittivität ε werden die Feldlinien von der Normalen weg gebrochen (s. Bild **3.**47c).

Befindet sich in der Grenzfläche zwischen den Dielektrika unterschiedlicher Permittivitäten ε_1 und ε_2 eine makroskopische Flächenladungsdichte σ (s. Bild **3.47**d), so ist entsprechend dem Gaußschen Satz das Hüllenintegral der elektrischen Flußdichte über das infinitesimale Volumen $dV = dx\,dy\,dz$ in Bild **3.47**b nicht mehr Null, sondern gleich der eingeschlossenen Grenzflächenladung $\sigma\,dy\,dz$. Damit folgt entsprechend Gl.(3.132) aus $\oint \vec{D}\cdot d\vec{A} = Q$

$$D_{\text{n}2}\,dy\,dz - D_{\text{n}1}\,dy\,dz = \sigma\,dy\,dz$$

die Grenzflächenbedingung für die Normalkomponente der elektrischen Flußdichte und mit $D = E\varepsilon$ die für die elektrische Feldstärke

$$D_{\text{n}2} = D_{\text{n}1} + \sigma\,, \quad \text{vektoriell} \quad \vec{D}_{\text{n}2} = \vec{D}_{\text{n}1} + \sigma\vec{e}_{\text{n}2}\,, \tag{3.137}$$

$$E_{\text{n}2} = \frac{1}{\varepsilon_2}(\sigma + \varepsilon_1 E_{\text{n}1})\,, \quad \text{vektoriell} \quad \vec{E}_{\text{n}2} = \vec{E}_{\text{n}1}\frac{\varepsilon_1}{\varepsilon_2} + \frac{\sigma}{\varepsilon_2}\,\vec{e}_{\text{n}2}\,. \tag{3.138}$$

Die Gln.(3.137)u.(3.138) gelten allgemein, d. h. für beliebige Orientierungen der Feldgrößen an einer Grenzfläche (von *1* nach *2* oder umgekehrt), wenn der Einsvektor $\vec{e}_{\text{n}2}$ normal zur Grenzfläche in den Raum *2* orientiert angenommen wird.

– In Grenzflächen mit einer Flächenladung σ ändert sich der Betrag der Normalkomponente der elektrischen Flußdichte D_{n} um den Betrag der Flächenladungsdichte.

Für die Tangentialkomponenten der elektrischen Flußdichte D_{t} gilt Gl.(3.131) auch bei vorhandener Grenzflächenladung, und man bekommt analog den Gln. (3.135)u.(3.136) das Tangensverhältnis der Ein- und Austrittswinkel

$$\frac{\tan\alpha_1}{\tan\alpha_2} = \frac{\varepsilon_1}{\varepsilon_2}\left(1 + \frac{\sigma}{D_{\text{n}1}}\right)\,. \tag{3.139}$$

Elektrodenoberflächen sind Grenzflächen zwischen leitender und nichtleitender Materie. Auf der leitfähigen Seite $\kappa_1 \neq 0$ ist $\vec{D}_1 = 0$, so daß nach Gl.(3.138) auf der nichtleitenden $\vec{D}_2 = \sigma\vec{e}_{\text{n}2}$ gilt.

– Auf Elektrodenoberflächen ist die elektrische Flußdichte

$$\vec{D}_{\text{n}} = \sigma\vec{e}_{\text{n}} \tag{3.140}$$

normal zur Oberfläche gerichtet ($\vec{e}_{\text{n}}$ normal von der Oberfläche in das Dielektrikum orientiert); ihr Betrag ist gleich dem der Flächenladungsdichte.

3.3 Bestimmung elektrostatischer Felder

In technischen Bereichen wird das elektrische Feld in Materie ausschließlich mit Hilfe der Materialkennziffer Permittivitätszahl ε_r berechnet, wofür folgende Regel gilt.

– Die für den leeren Raum abgeleiteten Grundgesetze lassen sich damit weitgehend in den linearen Materieraum (ε_r unabhängig von E) übertragen, wenn die elektrische Feldkonstante ε_0 durch die Permittivitätszahl $\varepsilon = \varepsilon_0\varepsilon_r$ ersetzt wird (s. Abschn. 3.1.2.2) und
die im Abschnitt 3.2.2.3 abgeleiteten Stetigkeitsbedingungen bzw. Gesetze über die Brechung an Grenzflächen in die Rechnung einbezogen werden.

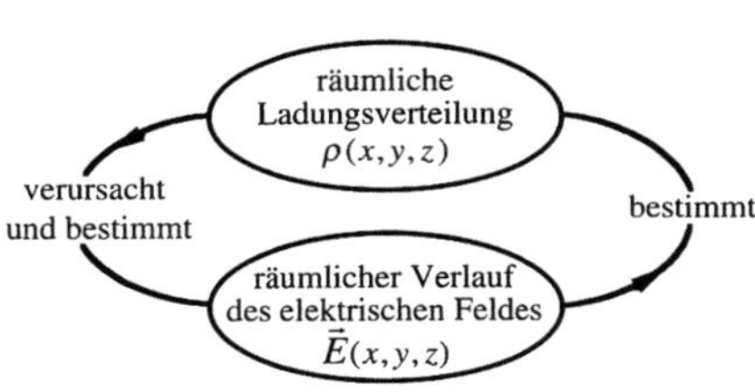

3.48 Kausalring zwischen Ladungsverteilung und Feldverlauf

Die Berechnung elektrostatischer Felder ist dann besonders schwierig, wenn die räumliche Ladungsverteilung nicht von vornherein als gegeben angenommen werden kann, z. B. wenn das Feld von frei beweglichen Ladungen in elektrisch leitenden Elektroden erregt wird. Da der Verlauf des elektrostatischen Feldes von der räumlichen Ladungsverteilung bestimmt wird, dieser Feldverlauf aber seinerseits wiederum die räumliche Verteilung frei beweglicher Ladungen bestimmt, besteht eine Wechselwirkung oder Rückkopplung zwischen Feldverlauf und frei beweglicher Ladung (s. Bild **3.**48). Wird beispielsweise eine Ladungstrennung zwischen zwei leitfähigen Elektroden hergestellt (durch Anlegen einer elektrischen Spannung), so findet durch gegenseitige Beeinflussung zwischen der Ladungsverteilung auf den Elektroden und dem von dieser zwischen den Elektroden erregten Feldverlauf ein Ausgleichsvorgang statt, bis sich ein zeitlich konstantes elektrisches Feld eingestellt hat, das der räumlich ruhenden Ladungsverteilung auf den Elektroden entspricht. Dieser Ausgleichsvorgang, der in extrem kurzen Zeiten abläuft, muß als solches nicht beachtet werden, wohl aber sein Endzustand in dem Sinne, daß das Feld einer Ladungsverteilung bestimmt werden soll, die ihrerseits aber abhängt von diesem erst noch zu berechnenden Feld. Die Feldberechnung für Räume mit inhomogener Materieverteilung und inhomogenen Feldern, deren Verlauf keine Symmetrieeigenschaften zeigt, kann extrem schwierig werden. Wegen dieser Schwierigkeiten hat man verschiedene Verfahren zur Berechnung elektrischer Felder entwickelt, so daß durch die Beschränkung ihrer jeweiligen Gültigkeit auf bestimmte Raum- bzw. Feldeigenheiten der Aufwand für Ansatz und Lösung reduziert ist (s. Bild **3.**49).

Man sollte vor der Lösung einer Aufgabe keine Mühe scheuen, das Verfahren zu finden, welches mit geringstem Aufwand – gegebenfalls unter Inkaufnahme von Näherungen – ein Ergebnis mit ausreichender Genauigkeit liefert. Um einen Überblick über dieses Gebiet zu vermitteln, sind in Bild **3.**49 auch die Verfahren aufgeführt, die über die Grundlagenausbildung hinausgehen und daher in vorliegendem Band nicht näher erläutert sind.

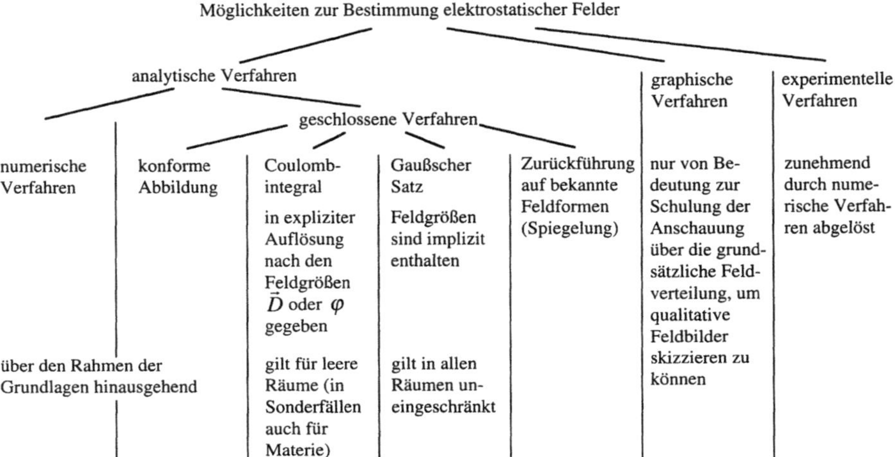

3.49   Verfahren zur Bestimmung elektrostatischer Felder

3.3.1   Analytische Verfahren zur Berechnung elektrostatischer Felder

Man unterscheidet analytische Verfahren danach, ob sie geschlossen oder numerisch gelöst werden.

N u m e r i s c h e V e r f a h r e n haben den Vorteil, daß sie Feldberechnungen auch für komplizierte Raumgeometrien und Stoffeigenschaften ermöglichen. Ihr Nachteil ist, abgesehen vom Aufwand, die immer auf den individuellen Einzelfall beschränkte Gültigkeit der Lösung. Für Studium und Anwendung numerischer Verfahren kann hier nur auf die einschlägige Literatur verwiesen werden.

G e s c h l o s s e n e L ö s u n g e n beinhalten eine allgemeinere Aussage über die Zusammenhänge. Beispielsweise ist aus der geschlossenen Lösung für das Feld einer geladenen Kugel oder eines Dipols klar zu erkennen, daß dieses mit der dritten oder zweiten Potenz der Entfernung abnimmt. Würde man die Felder dieser Ladungsverteilungen numerisch berechnen, wäre die genannte Gesetzmäßikeit nicht so ohne weiteres abzulesen. Die wichtigsten Verfahren für geschlossene Lösungen sind im folgenden erläutert.

3.3.1.1 Berechnung elektrostatischer Felder mit dem Coulombintegral.
Da das Coulombintegral in Gln.(3.28)bzw.(3.91) bereits explizit nach der gesuchten Feldgröße elektrische Flußdichte $\vec{D}$ bzw. Potential φ aufgelöst ist, kann das elektrostatische Feld für eine gegebene – raumfeste – Ladungsverteilung unmittelbar berechnet werden (s. Abschn. 3.1.2.3 und 3.1.3.4). Dadurch hat das Coulombintegral trotz der herleitungsbedingten Einschränkung seiner Gültigkeit auf den leeren Raum praktische Bedeutung, nämlich für die Fälle, in denen das für den leeren Raum berechnete D- oder φ-Feld auch für den realen, d. h. Materieraum gilt, was wie folgt zu prüfen ist.

a. Für eine im Materieraum gegebene makroskopische Ladungsverteilung wird mit dem Coulombintegral – also mit der Annahme eines leeren Raumes um die gegebene Ladung - das Feld der elektrischen Flußdichte $\vec{D}$ direkt oder über das Potential berechnet.
b. Das entsprechend **a.** für den leeren Raum berechnete D-Feld wird auch für den mit Geometrie und Permittivitätszahlen gegebenen Materieraum zugrunde gelegt und das E-Feld bereichsweise mit der jeweils gegebenen Permittivitätszahl ε_{r} entsprechend Gl.(3.126) berechnet.
c. Nur für den Fall, daß an den Grenzflächen sowohl die elektrische Flußdichte $\vec{D}$ als auch die elektrische Feldstärke $\vec{E}$ die Stetigkeitsbedingungen nach Abschnitt 3.2.2.3 erfüllen, gilt das mit dem Coulombintegral berechnete Feld auch für den betrachteten Materieraum.
d. Sind die Stetigkeitsbedingungen nicht erfüllt, so gilt das mit dem Coulombintegral berechnete Feld grundsätzlich nicht. Dies schließt nicht unbedingt aus, daß es in begrenzten Bereichen als praktisch ausreichende Näherungslösung angesehen werden kann.

Beispiel 3.27. Das Coulombintegral Gl.(3.27) basiert auf der Überlagerung (Summe) der Einzelfelder von Punktladungen. Es gilt somit in allen Raumbereichen als zulässige Näherung, in denen auch das Feld einer Punktladung als zulässige Näherung gilt. Um dieses zu beurteilen, soll das Feld einer Punktladung in Materieräumen untersucht werden.

a. Punktladung im homogenen Materieraum. Das Feld einer Punktladung Q_{p} im unendlich ausgedehnten, homogenen Materieraum der Permittivitätszahl ε_{r} ist zu bestimmen.

Für den leeren Raum ergibt sich entsprechend Gl.(3.21a) das Feld der elektrischen Flußdichte $\vec{D} = (\vec{r}/r)Q_{\mathrm{p}}/(4\pi r^2)$ als kugelsymmetrischer Stern. In den homogenen Materieraum übertragen, ergibt sich für diesen mit der in allen Punkten gleichen Permittivitätszahl ε_{r} die elektrische Feldstärke $\vec{E} = \vec{D}/(\varepsilon_0\varepsilon_{\mathrm{r}})$. Das E-Feld ist wie das D-Feld ein kugelsymmetrischer Stern (s. Bild **3.4**), beide Felder genügen den Stetigkeitsbedingungen (da keine Grenzflächen vorhanden sind), also gelten das für den leeren Raum bestimmte D-Feld und das dafür mit ε_r berechnete E-Feld auch für den Materieraum.

b. Punktladung im inhomogenen Materieraum. Beidseitig einer ebenen Grenzfläche sind die beiden unendlich ausgedehnten Halbräume jeweils homogen mit unterschiedlicher Materie der Permittivitätszahl ε_1 bzw. $\varepsilon_2 > \varepsilon_1$ ausgefüllt (s. Bild **3.**50b). Für die im Raum *1* im Abstand a von der Grenzfläche befindliche Punktladung Q_p ist das elektrische Feld zu berechnen.

Wie im Aufgabenteil **a.** wird zunächst das für den leeren Raum als kugelsymmetrischer Stern berechnete D-Feld in den inhomogenen Materieraum übertragen (in Bild **3.**50a gestrichelt eingezeichnet). Bereits dieses D-Feld genügt nicht den Stetigkeitsbedingungen, nach denen Feldlinien an einer Grenzfläche entsprechend Gl.(3.136) gebrochen sein müssen; das Feld der Punktladung kann also nicht nach Gl.(3.21a) für den inhomogenen Materieraum berechnet werden.

Um einen Vergleich zu dem tatsächlich von einer Punktladung in dem inhomogenen Raum erregte D-Feld zu ermöglichen, ist dieses in Bild **3.**50b mit durchgehend gezeichneten Feldlinien eingetragen. Es kann in dem vorliegenden noch relativ einfachen Fall mit Hilfe der Spiegelung (s. Abschn. 3.3.1.3) berechnet werden. Mit diesem in Bild **3.**50b skizzierten D-Feld kann dann auch in den beiden Halbräumen unterschiedlicher Permittivität ε_1 und ε_2 das E-Feld $E_1 = D_1/\varepsilon_1$ und $E_2 = D_2/\varepsilon_2$ berechnet werden (s. Bild **3.**50c). Man beachte, daß infolge des unstetigen Überganges der Permittivitätszahl von ε_1 auf ε_2 auch die elektrische Feldstärke beim Übertritt vom Raum *1* in Raum *2* unstetig kleiner wird; die elektrische Feldstärke $\vec{E}$ hat also auf der Grenzfläche Senken.

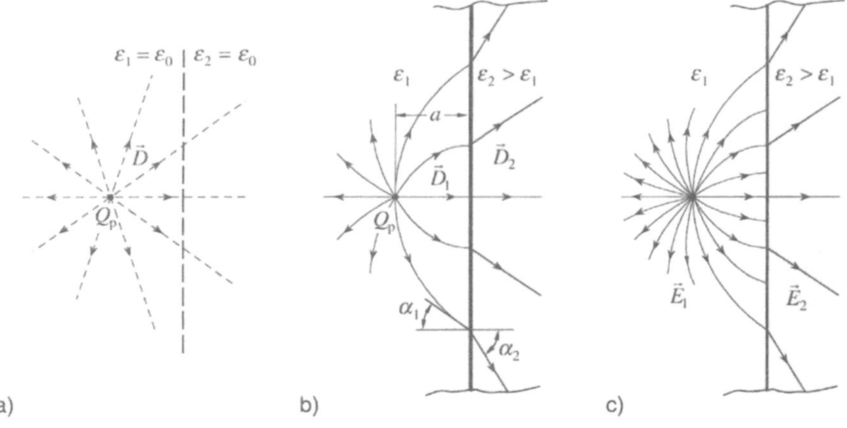

3.50 D-Feld einer Punktladung Q_p im homogenen (a) und inhomogenen (b) Raum mit zugehörigem E-Feld (c)

Beispiel 3.28. Eine metallische Vollkugel des Radius R ist konzentrisch von einer Kugelschale (Radien R, R_d) eines Dielektrikums der homogenen Permittivitätszahl ε_r1 umgeben (s. Bild **3.**51a). Außerhalb dieser Kugelschale kann der Raum unendlich ausgedehnt mit der homogenen Permittivität $\varepsilon_2 < \varepsilon_1$ angenommen werden. Das von einer auf die Metallkugel gebrachten Ladung Q (negative Gegenladung im Unendlichen) erregte elektrische Feld ist zu bestimmen.

Nimmt man zunächst an, die Ladung Q verteile sich gleichmäßig über die Kugeloberfläche, so läßt sich für eine solche Kugelflächenladung im leeren Raum das D-Feld nach dem Coulombintegral berechnen. In den Beispielen 3.15 und 3.17 ist aus Zweckmäßigkeitsgründen zunächst das Potential über das Coulombintegral berechnet [Gl.(3.99)] und daraus die elektrische Feldstärke $\vec{E}$ [Gl.(3.103)], aus der die elektrische Flußdichte $\vec{D} = \vec{E}\varepsilon_0$ folgt. Überträgt man dieses für den leeren Raum berechnete D-Feld auf den gegebenen Materieraum (s. Bild **3.**51a), so lassen sich folgende Feststellungen treffen.

a. Im Inneren der Kugelschale ist das Feld Null $[D_{(r<R)} = 0]$. Man kann also das Innere auch mit einem leitenden Stoff ausfüllen, ohne daß dieses Auswirkungen auf die Ladungsverteilung und das von ihr erregte Feld hat; das für die Kugelschale berechnete Feld gilt also auch für die Oberflächenladung einer leitenden Kugel.

b. Außerhalb der Kugelflächenladung ergibt sich für den leren Raum die elektrische Flußdichte $\vec{D}_{(r \geq R)} = [Q/(4\pi r^2)]\vec{e}_r$ als kugelsymmetrisches Feld. Im Materieraum, in dem wie hier (s. Bild **3.**51) die Bereiche mit jeweils unterschiedlicher Permittivität ε_1 und ε_2 durch konzentrisch um die Kugelflächenladung liegende Grenzflächen getrennt sind, werden die Grenzflächen an allen Stellen von den kugelsymmetrischen D-Feldlinien rechtwinklig geschnitten (Brechungswinkel $\alpha_1 = \alpha_2 = 0$). Die elektrische Feldstärke ergibt sich ebenfalls normal zur Grenzfläche, aber mit unterschiedlichem Betrag $\vec{E}_1 = \vec{D}/\varepsilon_1$, $\vec{E}_2 = \vec{D}/\varepsilon_2$ (s. Bild **3.**51b). Das $\vec{E}$- und das $\vec{D}$-Feld genügen also auch außerhalb der Kugelflächenladung den Stetigkeitsbedingungen.

3.51
Mit Q geladene, leitende Kugel in nichtleitender Kugelschale (ε_1) im weit ausgedehnten, homogenen Raum mit ε_2
a) D- und
b) E-Feldlinien in Schnittebene durch Kugelmittelpunkt

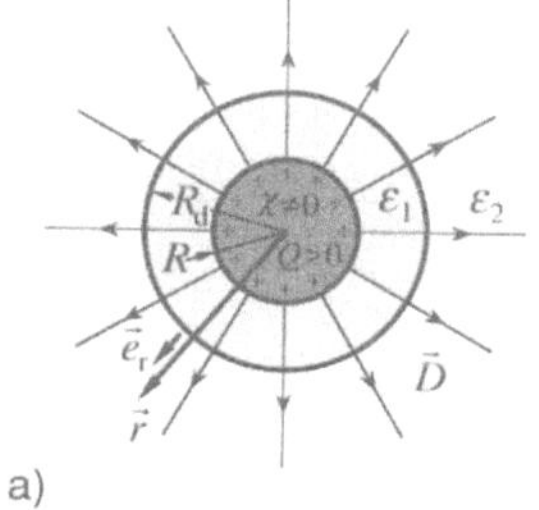

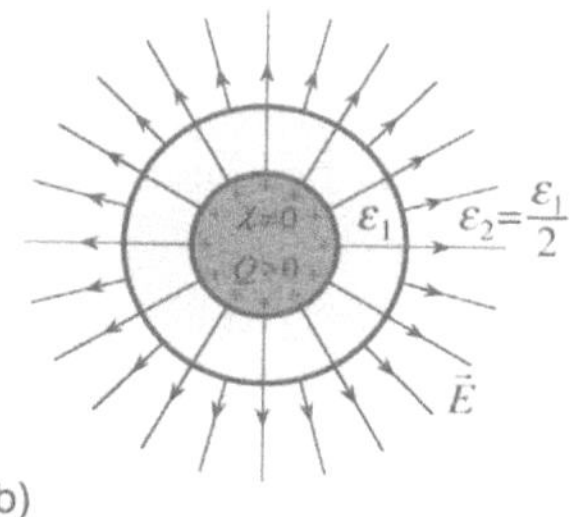

Zusammenfassend läßt sich feststellen:

- Das für eine leitende Kugelschale homogener Flächenladungsdichte σ im leeren Raum berechnete D-Feld gilt auch für eine leitende Vollkugel (oder Kugelschale) im Materieraum, in dem die Permittivität ε in jeweils konzentrischen Kugelschalen homogen ist.

Vergleicht man die in Bild **3.**50a u.**3.**50b dargestellten D-Felder miteinander, so stellt man fest, daß in unmittelbarer Umgebung der Punktladung das für den leeren Raum entsprechend Gl.(3.21a) berechnete D-Feld (s. Bild **3.**50a) als

Näherung für das tatsächlich im Materieraum auftretende (s. Bild **3.**50b) angesehen werden kann, daß aber zur Grenzfläche hin die Abweichung zunehmend größer wird und hier die Näherung nicht mehr gilt. Diese Erkenntnis ist von großer Bedeutung für praktische Rechnungen, bei denen naturgemäß nie ein unendlich ausgedehnter homogener Raum vorliegt, der aber Voraussetzung ist für die Gültigkeit des für die Punktladung berechneten Feldes und damit für das Coulombintegral.

– Mit dem Coulombintegral kann häufig auch in realen (letztlich immer inhomogenen) Räumen das D-Feld näherungseise berechnet werden, wenn
  die felderregende makroskopische Ladung allseitig von einem homogenen Dielektrikum umgeben ist in einer Ausdehnung, die sehr groß ist gegenüber der Ausdehnung der makroskopischen Ladung, und
  das Feld nur in einem so kleinen Bereich um die makroskopische Ladung interessiert, daß ein genügend großer Abstand zur Begrenzung der homogenen Dielektrikumsumgebung gewahrt bleibt.

Quantitative Betrachtungen über den Fehler der Näherung, abhängig von den Geometrieverhältnissen, können – wenn überhaupt – nur jeweils für eine konkrete Aufgabenstellung erfolgen. Aus Bild **3.**50a u.**3.**50b erkennt man beispielsweise, wie der Fehler des mit Gl.(3.21a) berechneten D-Feldes der Punktladung mit Annäherung an die Begrenzung des homogenen Halbraumes um die Punktladung größer wird.

Erwähnt sei, daß es auch Ausnahmen von obiger Regel gibt. Beispielsweise kann bei bestimmten symmetrischen Anordnungen auch in Dielektrika kleiner Ausdehnung das Feld nach dem Coulombintegral berechnet werden (s. Beispiel 3.28).

3.3.1.2 Berechnung elektrostatischer Felder mit dem Gaußschen Satz.

Der Gaußsche Satz ist uneingeschränkt gültig (s. Abschn. 3.1.3.6). Man kann mit dem Gaußschen Satz für eine gegebene Ladungsverteilung das elektrostatische Feld aber nur dann zweckmäßig berechnen, wenn
a. der qualitative Feldverlauf bekannt ist, z. B. bei kugel- oder achsensymmetrischen Feldern, und
b. das Flächenintegral $\oint \vec{D} \cdot d\vec{A}$ geschlossen darstellbar ist, so daß die elektrische Flußdichte D bzw. die elektrische Feldstärke $E = D/\varepsilon_0\varepsilon_r$ ausgeklammert werden kann (explizite Auflösung nach D oder E).

Infolge dieser Einschränkung kann der Ansatz nach dem Gaußschen Satz für die Berechnung eines Feldes schwierig sein, da zunächst die Gleichung für die qualitative Beschreibung dieses Feldes gefunden werden muß; die mathematische Lösung ist dann aber im allgemeinen relativ einfach.

Beispiel 3.29. Eine Metallkugel des Radius R mit der Ladung Q ist mit drei konzentrischen Kugelschalen unterschiedlicher, aber jeweils homogener Dielektrika der Permittivitäten ε_1, ε_2, ε_3 umgeben (s. Bild **3.52**). Außerhalb der letzten Schale ist der Raum unendlich ausgedehnt, homogen mit dem Dielektrikum $\varepsilon_4 = \varepsilon_0$ ausgefüllt. Das elektrostatische Feld der mit Q geladenen Kugel ist zu berechnen.

Man weiß aus Erfahrung, z. B. aus früheren Rechnungen, daß das D-Feld der mit Q geladenen Metallkugel in allen konzentrischen Kugelschalen jeweils homogener Dielektrika kugelsymmetrisch ist. Auf gedachten konzentrischen Kugelflächen mit beliebigen Radien r ist also der Betrag der elektrischen Flußdichte konstant, und die Vektoren $\vec{D}$ sind wie $\mathrm{d}\vec{A}$ normal zur Kugeloberfläche gerichtet ($D = \mathrm{const}$; $\vec{D} \uparrow\uparrow \mathrm{d}\vec{A}$). Damit läßt sich D vor das Integral des Gaußschen Satzes [Gl.(3.114)]

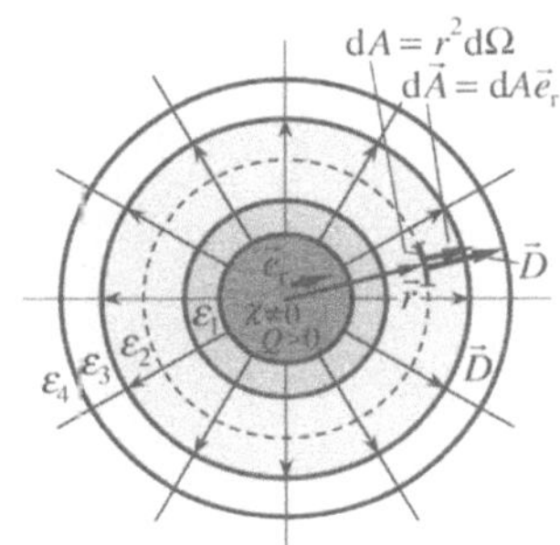

$$\oint \vec{D}\cdot\mathrm{d}\vec{A} = D \oint \mathrm{d}A = Dr^2 4\pi = Q$$

ziehen ($\oint \mathrm{d}A = r^2 \oint \mathrm{d}\Omega = r^2 4\pi = $ Kugeloberfläche), so daß dieses nach dem Betrag der elektrischen Flußdichte $D = Q/(4\pi r^2)$ aufgelöst werden kann. Mit $\mathrm{d}\vec{A} = \vec{e}_\mathrm{r} r^2 \mathrm{d}\Omega$ bzw. $\vec{e}_\mathrm{r}$ aus der Kugeloberfläche herausweisend, ergibt sich der Vektor der elektrischen Flußdichte $\vec{D} = [Q/(4\pi r^2)]\vec{e}_\mathrm{r}$.

3.52 D-Feldlinien in Schnittebene durch den Mittelpunkt einer mit Q geladenen, leitenden Kugel mit konzentrischen Kugelschalen jeweils homogener Dielektrika

Abhängig von dem jeweiligen Dielektrikum ergibt sich in den einzelnen Schalen eine unterschiedliche elektrische Feldstärke $\vec{E}_{1/2/3/4} = \vec{D}/(\varepsilon_0 \varepsilon_{\mathrm{r}_{1/2/3/4}})$. Man erkennt, daß die Berechnung von $\vec{D}$ nach dem Gaußschen Satz äußerst einfach ist. Würde man allerdings nicht den qualitativen Feldverlauf (Kugelsymmetrie) kennen, müßte man aufwendigere Rechnungen, z. B. entsprechend den Beispielen 3.15, 3.17 und 3.28, durchführen.

Beispiel 3.30. Der Mittelpunkt einer mit Q geladenen leitenden Kugel mit dem Radius R liegt in der Grenzebene zwischen zwei Halbräumen jeweils homogener Dielektrika ε_1, ε_2 (s. Bild **3.53**). Das von ihr erregte elektrische Feld ist zu berechnen.

Man weiß (s. Beispiele 3.28, 3.15 und 3.17), daß sich auf einer mit Q geladenen Kugel im homogenen Raum eine homogene Oberflächenladung der Flächenladungsdichte $\sigma = Q/(4\pi R^2)$ einstellt und ein kugelsymmetrisches Feld erregt wird. Hiervon ausgehend stellt man sich nun in vorliegender Aufgabe auf den in den beiden jeweils homogenen Halbräumen liegenden Hälften der Kugeln die jeweiligen Ladungen Q_1 bzw. $Q_2 = Q - Q_1$ gleichmäßig verteilt vor [$\sigma_1 = Q_1/(2\pi R^2)$ bzw. $\sigma_2 = Q_2/(2\pi R^2)$], die jeweils ein halbkugelsymmetrisches Feld erregen (s. Bild **3.53a**) mit den Feldgrößen

$$\vec{D}_1 = \sigma_1 \vec{e}_\mathrm{r} = \frac{Q_1}{2\pi r^2}\,\vec{e}_\mathrm{r}\,, \qquad \vec{E}_1 = \vec{D}_1/\varepsilon_1\,; \tag{3.141a}$$

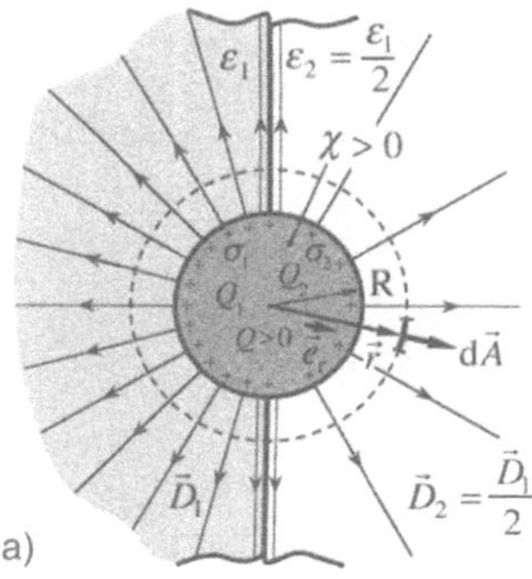

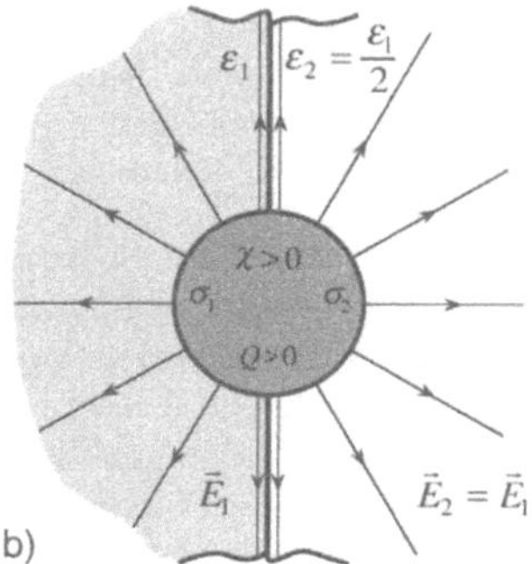

3.53
Mit Q geladene, leitende Kugel in einer Grenzfläche zwischen unterschiedlichen, jeweils homogenen Dielektrika
a) D-Feld und
b) E-Feld in Schnittebene durch den Kugelmittelpunkt

$$\vec{D}_2 = \sigma_2 \vec{e}_r = \frac{Q_2}{2\pi r^2}\,\vec{e}_r\,, \qquad \vec{E}_2 = \vec{D}_2/\varepsilon_2\,. \tag{3.141b}$$

Bei der angenommenen Kugelsymmetrie liegen die $\vec{D}$- und $\vec{E}$-Vektoren parallel zur Grenzebene ($\vec{E}_1 \uparrow\uparrow \vec{E}_2$, $\vec{D}_1 \uparrow\uparrow \vec{D}_2$), so daß mit den beiden angenommenen Feldverläufen die Gln.(3.130)u.(3.131) erfüllt sind, wenn entlang der Grenzebene $E_1 = E_2$ und damit $D_1/D_2 = \varepsilon_1/\varepsilon_2$ gilt. Nimmt man nun um die geladene Kugel eine konzentrische Hüllkugel des Radius $r > R$ an, so gilt für diese der Gaußsche Satz Gl.(3.114) $\oint \vec{D}\cdot d\vec{A} = Q_1 + Q_2 = Q$. Da über die jeweilige Hälfte der Hüllkugel in den Räumen 1 und 2 der Betrag der Flußdichte D konstant ist und $\vec{D}$ parallel $d\vec{A}$ liegt, kann die Integration des Gaußschen Satzes

$$\oint \vec{D}\cdot d\vec{A} = \underbrace{\int \vec{D}_1\cdot d\vec{A}_1}_{\text{Halbkugel 1}} + \underbrace{\int \vec{D}_2\cdot d\vec{A}_2}_{\text{Halbkugel 2}} = D_1 2\pi r^2 + D_2 2\pi r^2 = Q \tag{3.142}$$

leicht durchgeführt werden. Aus Gl.(3.142) lassen sich mit $D_1/D_2 = \varepsilon_1/\varepsilon_2$ die Beträge der unbekannten elektrischen Flußdichten

$$D_1 = \frac{Q}{2\pi r^2(1 + \varepsilon_{r2}/\varepsilon_{r1})}\,, \qquad D_2 = \frac{Q}{2\pi r^2(1 + \varepsilon_{r1}/\varepsilon_{r2})} \tag{3.143}$$

in den Räumen 1 und 2 bestimmen.

Die elektrische Feldstärke $E_1 = D_1/\varepsilon_1$ bzw. $E_2 = D_2/\varepsilon_2$ ergibt sich in beiden Halbräumen mit dem gleichen Betrag

$$E_1 = E_2 = E = \frac{Q}{2\pi r^2 \varepsilon_0(\varepsilon_{r1} + \varepsilon_{r2})}\,. \tag{3.144}$$

Da die Vektoren der Feldgrößen entsprechend Gl.(3.41) in der Orientierung von $\vec{e}_r = (\vec{r}/r)$ der Radialstrahlen $\vec{r}$ liegen, ist das elektrische Feld in beiden Räumen eindeutig bestimmt.

$$\vec{D}_1 = D_1\,\vec{e}_r\,, \qquad \vec{D}_2 = D_2\,\vec{e}_r\,, \qquad \vec{E}_1 = \vec{E}_2 = E\,\vec{e}_r \tag{3.145}$$

Die über die Stetigkeitsbedingung in der Grenzfläche geforderte Gleichheit der elektrischen Feldstärke ($\vec{E}_1 = \vec{E}_2$) erzwingt eine unterschiedliche elektrische Flußdichte $\vec{D}$ in den Halbräumen *1* und *2* und damit auch eine unterschiedliche Flächenladungsdichte σ_1 und σ_2 auf der Kugeloberfläche. Da auf der Grenzfläche geladener Elektroden $\sigma = D$ gilt, ist mit Gl.(3.143) auch die Flächenladungsdichte

$$\sigma_1 = D_{1(r=R)} = \frac{Q}{2\pi R^2 (1 + \varepsilon_{r2}/\varepsilon_{r1})}, \quad \sigma_2 = D_{2(r=R)} = \frac{Q}{2\pi R^2 (1 + \varepsilon_{r1}/\varepsilon_{r2})} \qquad (3.146)$$

auf der Kugeloberfläche bestimmt. Die Flächenladungsdichte σ ist wie die elektrische Flußdichte D auf den beiden Halbkugeloberflächen unterschiedlich, aber jeweils homogen.

3.3.1.3 Berechnung elektrostatischer Felder durch Zurückführen auf bekannte Feldformen, elektrische Spiegelung.

Häufig sind zwei Elektroden (z. B. zwei Metallkugeln) in einem nichtleitenden Raum (Dielektrikum) gegeben, zwischen denen eine elektrische Spannung liegt, und das elektrische Feld soll bestimmt werden. Elektroden sind elektrisch leitende Gebiete, deren Oberflächen Äquipotentialflächen sind, aus denen die Feldlinien senkrecht austreten (s. Abschn. 3.2.1). Die elektrische Ladung befindet sich in der Oberfläche mit einer Verteilung, die von dem – erst noch zu berechnenden – elektrischen Feld zwischen den Elektroden abhängt, also unbekannt ist, so daß die Feldberechnung mit dem Coulombschen Gesetz nicht möglich ist. Findet man aber in einem bereits bekannten Feld zwei Äquipotentialflächen, deren Geometrie übereinstimmt mit der Geometrie je einer gegebenen Elektrodenoberfläche, so gilt das bekannte Feld auch für das sich zwischen den Elektroden einstellende, was aus folgenden allgemeingültigen Sätzen folgt.

– Im elektrostatischen Feld sind Äquipotentialflächen immer geschlossene Flächen (Hüllflächen). Wird der Raum inner- oder außerhalb einer Äquipotentialfläche oder der zwischen zwei Äquipotentialflächen elektrisch leitend, so ergeben sich folgende Konsequenzen für das Feld.
a. Wird in einem elektrostatischen Feld (ursprünglichen Feld) der von einer geschlossenen Äquipotentialfläche eingeschlossene Raum elektrisch leitend (z. B. mit Metall ausgefüllt) und sorgt man dafür, daß die Ladung in dem eingeschlossenen Raum und das Potential der Äquipotentialfläche (das gleich ist dem des eingeschlossenen leitenden Gebietes) unverändert bleiben, so ändert sich das Feld außerhalb der Äquipotentialfläche nicht, d. h., das ursprüngliche Feld bleibt außerhalb qualitativ wie quantitativ erhalten. Innerhalb des von der Äquipotentialfläche eingeschlossenen Raumes ist das Feld infolge der Leitfähigkeit Null (s. Abschn. 3.2.1).

b. Bewirkt die Leitfähigkeit des von der Äquipotentialfläche eingeschlossenen Raumes eine Änderung des Potentials der Äquipotentialfläche, so ändert sich das Feld außerhalb der Äquipotentialfläche lediglich quantitativ, nicht aber qualitativ (das Feldbild bleibt unverändert, lediglich der Maßstabsfaktor ändert sich).

c. Wird ein Gebiet außerhalb einer geschlossenen Äquipotentialfläche elektrisch leitend, so gelten die vorstehenden Sätze sinngemäß, d. h., dann ändert sich das ursprüngliche Feld innerhalb der Äquipotentialfläche nicht.

d. Wird ein Gebiet zwischen zwei in sich geschlossenen Äquipotentialflächen leitend, so nehmen sowohl diese beiden Äquipotentialflächen als auch das von ihnen eingeschlossene leitende Gebiet das gleiche Potential an. Dadurch ändert sich innerhalb und außerhalb des von diesen beiden Äquipotentialflächen eingeschlossenen Gebietes das ursprüngliche Feld qualitativ nicht, quantitativ kann sich das Feld ändern, muß aber nicht.

Die sich durch die vorstehend beschriebene Einführung (oder Vorstellung) leitfähiger Gebiete ergebenden Potential- und gegf. quantitativen Feldänderungen haben insofern keine wesentliche Bedeutung, als das Potential durch die Wahl einer entsprechenden Ladung auf der das leitfähige Gebiet einschließenden Äquipotentialfläche auf einen beliebigen Wert eingestellt werden kann.

In Feldbereichen, in denen keine geschlossenen Äquipotentialflächen auftreten, gelten vorstehende Sätze naturgemäß nicht. Dennoch lassen sich mit ihrer Hilfe auch in solchen Bereichen nützliche Erkenntnisse über den Feldverlauf gewinnen (s. Beispiel 3.34).

Beispiel 3.31. Das elektrische Feld einer mit Q geladenen Metallkugel des Radius R ist durch Zurückführen auf ein bekanntes Feld zu bestimmen.

Das Feld einer Punktladung ist allgemein bekannt (s. Beispiel 3.8). Die Äquipotentialflächen dieses Feldes sind konzentrische Kugelflächen um die Punktladung. Stellt man sich die Metallkugel konzentrisch um die Punktladung vor, so stimmt ihre Oberfläche mit einer Äquipotentialfläche des Feldes der Punktladung überein, d. h., das Feld der geladenen Kugel stimmt außerhalb der Oberfläche qualitativ mit dem der Punktladung überein. Außerhalb sind beide Felder auch quantitativ gleich, wenn man die Punktladung Q_p gleich der Ladung Q der Kugel annimmt, da dann in beiden Fällen die Äquipotentialfläche R den gleichen Wert hat [$\varphi_\mathrm{R}(Q_\mathrm{p}) = \varphi_\mathrm{R}(Q)$, s. Beispiel 3.15].

Beispiel 3.32. In einem leitenden Medium befindet sich eine kugelförmige Aussparung des Radius R_a, in der konzentrisch eine leitende Kugel des Radius $R_\mathrm{i} < R_\mathrm{a}$ liegt (s. Bild **3.54a**). Die innere Kugel hat die Ladung Q_i, die äußere $Q_\mathrm{a} = -Q_\mathrm{i}$. Das elektrische Feld zwischen den Ladungen ist durch Zurückführen auf ein bekanntes Feld zu bestimmen.

Stellt man sich ähnlich wie in Beispiel 3.31 die äußere und die innere Oberfläche der leitenden Gebiete konzentrisch um eine Punktladung Q_p vor, dann stimmen diese Kugelflächen mit entsprechenden Äquipotentialflächen des – bekannten – Feldes $\vec{D}_{Q_\mathrm{p},\mathrm{hom}}$

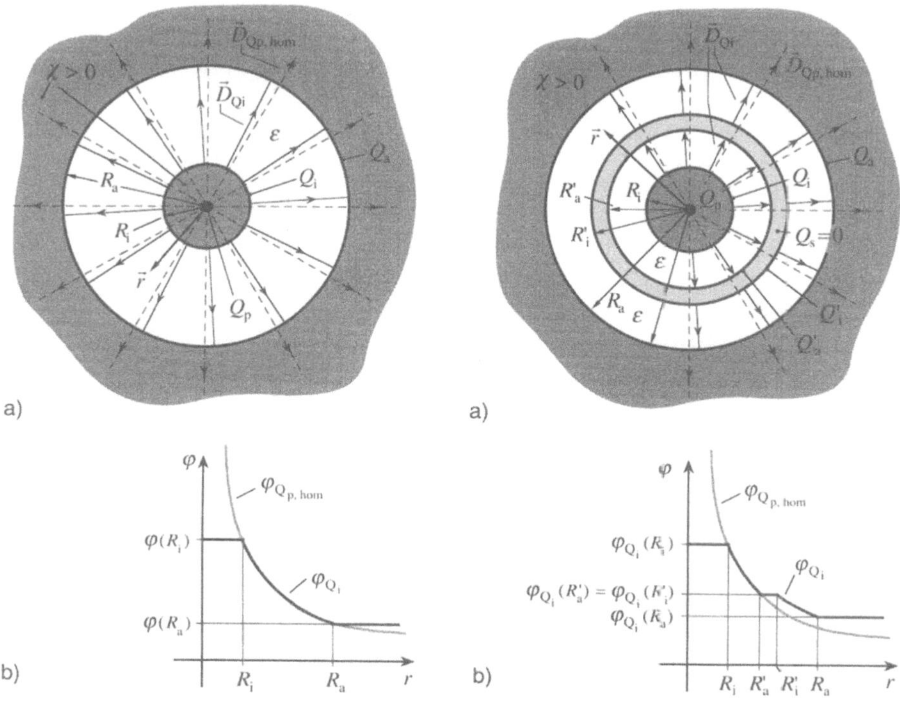

3.54 Schnittebene durch konzentrische, leitende Voll- und Hohlkugeln (Kugelkondensator) (a) und Potential φ_{Q_i} und $\varphi_{Q_\mathrm{p,hom}}$ im Kugelkondensator und im homogenen Raum um Punktladung (b)

3.55 Wie Bild **3.54**, aber die Dielektrikumskugelschale ist durch eine leitende Kugelschale des Innen- R'_a und Außenradius R'_i unterbrochen

einer Punktladung Q_p im unendlich ausgedehnten homogenen Raum überein. (In Bild **3.54**a sind die Feldlinien $\vec{D}_{Q_\mathrm{p},\mathrm{hom}}$ eines solchen Feldes gestrichelt eingezeichnet.) Damit muß auch das elektrische Feld D_{Q_i} zwischen den geladenen Kugelflächen (durchgezogen gezeichnete Feldlinien in Bild **3.54**a) qualitativ mit dem der Punktladung übereinstimmen. Die Felder stimmen in diesem Bereich auch quantitativ überein, wenn die Punktladung Q_p den gleichen Wert hat wie die Ladung Q_i der inneren Kugel ($Q_\mathrm{p} = Q_\mathrm{i} = -Q_\mathrm{a}$). Die Differenz der Potentiale $\varphi(R_\mathrm{i}) - \varphi(R_\mathrm{a}) = U_{R_\mathrm{i},R_\mathrm{a}}$ (elektrische Spannung) zwischen den mit Q_i und $Q_\mathrm{a} = -Q_\mathrm{i}$ geladenen Kugelflächenelektroden hat den gleichen Wert wie die zwischen den entsprechenden Äquipotentialflächen im Feld der Punktladung $Q_\mathrm{p} = Q_\mathrm{i}$ im homogenen Raum (s. Bild **3.54**b). Dies zeigt sich, wenn man sie mit D aus dem Gaußschen Satz $\oint \vec{D}\cdot\mathrm{d}\vec{A} = D4\pi r^2 = Q_\mathrm{i} = Q_\mathrm{p} = Q$ nach Gl.(3.55)

$$\varphi(R_\mathrm{i}) - \varphi(R_\mathrm{a}) = \int\limits_{R_\mathrm{i}}^{R_\mathrm{a}} \frac{\vec{D}}{\varepsilon}\cdot\mathrm{d}\vec{r} = \frac{Q}{4\pi\varepsilon} \int\limits_{R_\mathrm{i}}^{R_\mathrm{a}} \frac{\mathrm{d}r}{r^2} = \frac{Q}{4\pi\varepsilon}\left(\frac{1}{R_\mathrm{i}} - \frac{1}{R_\mathrm{a}}\right)$$

berechnet und mit der Differenz der nach Gl.(3.51) bestimmten Potentiale vergleicht.

Beispiel 3.33. In dem Raum zwischen der inneren und der äußeren Kugeloberfläche nach Beispiel 3.32 wird konzentrisch eine ungeladene ($Q_s = 0$) leitende Kugelschale der Radien R'_a und R'_i angeordnet (s. Bild **3.55a**). Das Feld in den beiden nichtleitenden Kugelschalen der Permittivität ε ist zu bestimmen.

Da man sich in Fortsetzung der in den Beispielen 3.31 und 3.32 angeführten Überlegungen auch die leitende Kugelschale mit R'_a und R'_i als von entsprechenden Äquipotentialflächen im Feld der Punktladung eingeschlossen vorstellen kann, gilt qualitativ in den Dielektrikumsschalen das Feld $\vec{D}_{Q_p,\mathrm{hom}}$ der Punktladung im homogenen Raum (in Bild **3.55a** gestrichelt eingezeichnet). Wird die Punktladung $Q_p = Q_i$ mit dem Wert der Kugelladung Q_i angenommen, so stimmen elektrische Flußdichte $\vec{D}_{Q_p,\mathrm{hom}}$ und elektrische Feldstärke $\vec{E}_{Q_p,\mathrm{hom}}$ der Punktladung im homogenen Raum auch quantitativ mit den in den Dielektrikumsschalen tatsächlich auftretenden Feldern $\vec{D}_{Q_i}$ und $\vec{E}_{Q_i}$ (in Bild **3.55a** durchgehend gezeichnet) überein. Die Potentiale ändern sich jedoch, was schon anschaulich daraus folgt, daß durch die leitende Kugelschale zwei Äquipotentialflächen $\varphi_{Q_p}(R'_a)$ und $\varphi_{Q_p}(R'_i)$ im Feld der Punktladung sozusagen kurzgeschlossen werden $\varphi_{Q_i}(R'_a) = \varphi_{Q_i}(R'_i)$ (vergleiche Bild **3.55b** mit Bild **3.54b**).

Für den quantitativen Vergleich ordnet man der Innenkugel als Bezugspotential den Wert $\varphi_0(r=R_i) = \varphi_{Q_i}(R_i) = \varphi_{Q_p}(R_i) = Q_p/(4\pi\varepsilon R_i)$ zu, den die Äquipotentialfläche mit R_i um die Punktladung $Q_p = Q_i = Q$ im homogenen Raum hat. Dann ergibt sich entsprechend Gl.(3.49) der Potentialverlauf im Bereich $R_i < r \leq R'_a$.

$$\varphi_{Q_i}(r) = \varphi_{Q_i}(R_i) - \int_{R_i}^{r} \frac{\vec{D}}{\varepsilon} \cdot \mathrm{d}\vec{r} = \frac{Q_i}{4\pi\varepsilon R_i} + \frac{Q_i}{4\pi\varepsilon}\left(\frac{1}{r} - \frac{1}{R_i}\right) = \frac{Q}{4\pi\varepsilon r}$$

Im Bereich $R'_a > r < R'_i$ gilt $\varphi_{Q_i}(r) = \varphi_{Q_i}(R'_i) = \varphi_{Q_i}(R'_a) = Q_i/(4\pi\varepsilon R'_a) = $ const und im Bereich $R'_i \geq r \leq R_a$

$$\varphi_{Q_i}(r) = \varphi_{Q_i}(R'_i) - \int_{R'_i}^{r} \frac{\vec{D}}{\varepsilon} \cdot \mathrm{d}\vec{r} = \frac{Q_i}{4\pi\varepsilon R'_a} + \frac{Q_i}{4\pi\varepsilon}\left(\frac{1}{r} - \frac{1}{R'_i}\right) = \frac{Q}{4\pi\varepsilon}\left[\frac{1}{r} + \left(\frac{1}{R'_a} - \frac{1}{R'_i}\right)\right].$$

In den leitenden Bereichen $0 \leq r \leq R_i$ ist $\varphi_{Q_i}(r) = \varphi_{Q_i}(R_i) = Q/(4\pi\varepsilon R_i) = $ const und $r \geq R_a$ ist $\varphi_{Q_i}(r) = \varphi_{Q_i}(R_a) = [Q/(4\pi\varepsilon)]\{(1/R_a) + [(1/R'_a) - (1/R'_i)]\} = $ const (s. Bild **3.55b**).

Über die Potentialdifferenz zwischen innerer und äußerer Kugelelektrode ergibt sich nach Gl.(3.55) die zwischen diesen liegende elektrische Spannung

$$\begin{aligned}
U_{R_i,R_a} = \varphi_{Q_i}(R_i) - \varphi_{Q_i}(R_a) &= \frac{Q}{4\pi\varepsilon R_i} - \frac{Q}{4\pi\varepsilon}\left[\frac{1}{R_a} + \left(\frac{1}{R'_a} - \frac{1}{R'_i}\right)\right] \\
&= \frac{Q}{4\pi\varepsilon}\left[\left(\frac{1}{R_i} - \frac{1}{R_a}\right) - \left(\frac{1}{R'_a} - \frac{1}{R'_i}\right)\right].
\end{aligned}$$

Beispiel 3.34. In Bild **3.56a** ist das in Beispiel 3.7 bestimmte Feldbild für einen mit Q_1 und $Q_2 = -Q_1$ geladenen Plattenkondensator skizziert. Zwischen die Platten $A_1 = A_2 = A$, deren Abmessungen sehr groß sind gegenüber ihrem Abstand $l \gg \sqrt{A}$, soll nun eine leitende, ungeladene Schicht der Dicke $d < l$ und der Fläche $A_3 = A$ planparallel eingebracht werden (s. Bild **3.56c**). Das Feld dieser Anordnung ist zu bestimmen.

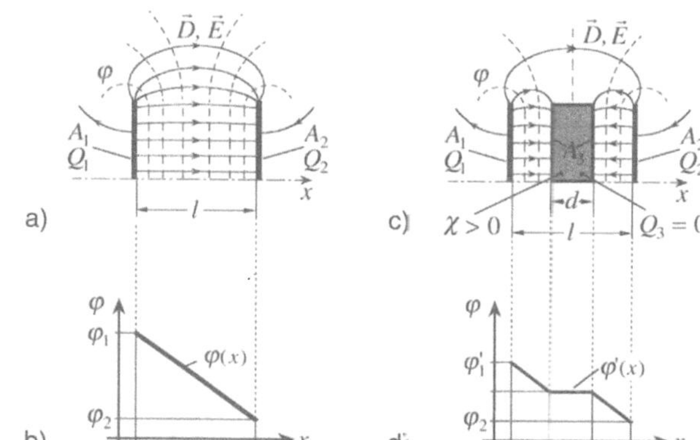

3.56 Feld- und Äquipotentiallinien in der Querschnittebene durch einen Plattenkondensator: a) ohne, c) mit leitender Zwischenplatte, b) und d) Potentialverlauf

Die planparallelen Oberflächen A_3 der eingebrachten leitenden Schicht stimmen im Mittelbereich, d. h. im homogenen Feldbereich zwischen den Platten, mit entsprechenden Äquipotentialflächen des bekannten Feldes im Plattenkondensator nach Bild **3.56a** überein. Im homogenen Feldbereich stimmt also das Feld außerhalb der leitenden Mittelschicht mit dem Feld des Plattenkondensators ohne leitende Mittelschicht qualitativ überein. Da die vollständige – geschlossene – Oberfläche der eingebrachten Schicht aber nicht mit einer sich um jeweils eine der Platten A_1 oder A_2 schließenden Äquipotentialfläche des Plattenkondensators übereinstimmt, kann im Randbereich des Feldes das Verfahren des Zurückführens auf bekannte Feldformen nicht angewandt werden. Ist der Randbereich vernachlässigbar, was häufig angenommen werden kann, so läßt sich mit der als Äquipotentialfläche angenommenen Oberfläche der eingebrachten leitfähigen Schicht das Feld näherungsweise auch quantitativ berechnen. Mit gleichbleibenden Ladungen $|Q_1| = |Q_2| = Q = $ const sind die elektrische Flußdichte $D = Q/A$ und elektrische Feldstärke $E = D/\varepsilon$ in beiden Anordnungen des Bildes **3.56** gleich. Die Potentialdifferenz, d. h. die zwischen den Platten gemessene elektrische Spannung, ist aber beim Plattenkondensator ohne Zwischenplatte $[U_{12} = \varphi_1 - \varphi_2 = lQ/(A\varepsilon)]$ größer als bei dem mit $[U_{12}' = \varphi_1' - \varphi_2 = (l - d)Q/A\varepsilon)]$ (s. Bild **3.56b** u. **3.56d**).

Elektrische Spiegelung. Ein Sonderfall des vorstehend erläuterten Verfahrens, ein zu berechnendes Feld auf ein bekanntes zurückzuführen, ist die sogenannte e l e k t r i s c h e S p i e g e l u n g, bei der das Feld nicht unmittelbar zwischen gegebenen Elektroden berechnet wird. Man spiegelt vielmehr zunächst die gegebene Elektrode bzw. Ladung (oder auch mehrere) an der Oberfläche eines leitenden Raumes bzw. Halbraumes (die ja eine Äquipotentialfläche ist), so daß man eine fiktive Gegenelektrode bzw. Spiegelladung bekommt. Man sucht dann ein zwischen der gegebenen und der zu dieser spiegelbildlich ergänzten fiktiven Elektrode erregtes Feld, z. B. durch Symmetrieüberlegungen und Bestimmung der Spiegelladung, so daß das Potential auf der Spiegelfläche konstant ist. Kann man dann weiter feststellen, daß die Spiegelfläche und die Oberfläche der gegebenen Elektrode bzw. Ladung mit zwei Äquipotentialflächen eines bekannten Feldes übereinstimmen, so kann man wie bei dem vorstehend erläuterten Zurückführen endgültig das gesuchte Feld bestimmen, wie in Beispiel 3.35 erläutert.

Das Verfahren der elektrischen Spiegelung klingt zunächst sehr umständlich, liefert aber dennoch für entsprechende Aufgabenstellungen nicht nur elegante, sondern die für Grundlagenwissen häufig auch einzig möglichen Lösungsansätze. Seine Gültigkeit ist allerdings auf eine bestimmte Art von Elektrodenkonfigurationen beschränkt.

Beispiel 3.35. Für eine Punktladung Q_1 im Abstand a von einer leitenden, unendlich ausgedehnten Ebene mit der Gegenladung $Q_2 = -Q_1$ (s. Bild **3.**57a) ist das elektrische Feld zu bestimmen.

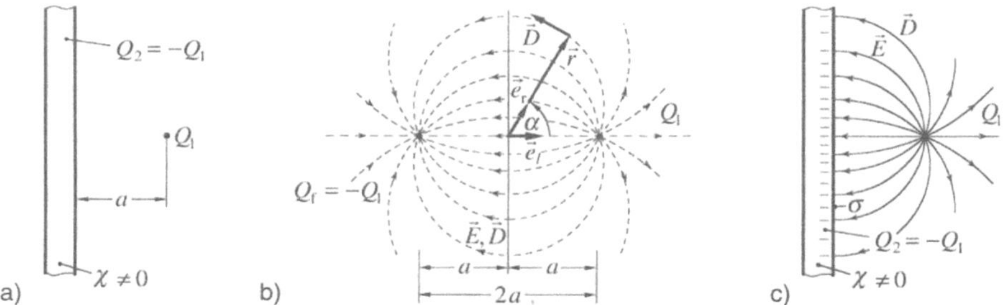

3.57   Zum Verfahren der Spiegelung: a) Punktladung Q_1 vor leitfähiger, ebener Platte, b) Feld zwischen Punkt- (Q_1) und Spiegelladung (Q_f) im homogenen Raum, c) Feld zwischen Punktladung und Platte

Es ist naheliegend, die gegebene Punktladung Q_1 durch eine spiegelbildlich, d. h. im Abstand $-a$, zur Ebene gedachte Punktladung $Q_f = -Q_1$ zu ergänzen, wie in Bild **3.**57b skizziert. Für die beiden im Abstand $2a$ liegenden Punktladungen wird das Feld in bekannter Weise berechnet, z. B. wie in den Beispielen 3.13 und 3.14 erläutert (in Bild **3.**57b gestrichelt eingezeichnet). In diesem Feld kann das von der mittig zwischen den Punktladungen Q_1, Q_f liegenden, ebenen Äquipotentialfläche zu Q_f hin abgegrenzte Gebiet mit leitendem Material, also auch der gegebenen Elektrode, ausgefüllt werden, ohne daß sich das Feld außerhalb des leitfähigen Gebietes, also zur gegebenen Punktladung Q_1 hin, ändert. Das gesuchte Feld zwischen Punktladung Q_1 und leitender Ebene ist also gleich dem Feld, wie es unter Annahme von zwei Punktladungen Q_1 und $Q_f = -Q_1$ für dieses Gebiet berechnet wird. Mit den Bezeichnungen in Bild **3.**57b gilt entsprechend Gl.(3.25) mit $\vec{l} = 2a\vec{e}_1$ für $\alpha = 0$ bis $\pm \pi/2$

$$\vec{E} = \frac{|Q2a|}{4\pi\varepsilon r^3}\left[(3\cos\alpha)\,\vec{e}_r - \vec{e}_1\right] \tag{3.147}$$

und für $\alpha = \pi/2$ bis $3\pi/2$ ist $\vec{E} = 0$ (s. Bild **3.57c**).

Die grundsätzliche Forderung, daß immer das ganze von einer geschlossenen Äquipotentialfläche eingeschlossene Gebiet als leitend angenommen werden muß, ist hier nur theoretisch erfüllt durch die Vorstellung von der unendlich ausgedehnten, ebenen Äquipotentialfläche, die die ebenfalls unendlich ausgedehnte, ebene Elektrode einschließt. Das für diese theoretischen Annahmen bestimmte Feld gilt aber auch mit guter Näherung für ebene Elektroden, deren Ausdehnung endlich, aber groß ist gegenüber dem Abstand a der Punktladung, bis auf die Gebiete am Rand der Elektrode, die aber in vielen Aufgabenstellungen keine Bedeutung haben.

3.3.2 Graphische Verfahren zur Bestimmung elektrostatischer Felder

Für quantitative Bestimmungen elektrischer Felder sind heute die numerischen analytischen Verfahren an Stelle der graphischen getreten. Trotzdem haben die graphischen Verfahren noch Bedeutung für eine schnelle qualitative Feldskizze, die anschaulich einen Überblick über die Feld-, Ladungs- und Kapazitätsverteilung liefert. In Bild **3.58a** ist für das inhomogene Feld am Rande eines Plattenkondensators (s. Bild **3.24a**), das von den Ladungen Q_1 und $Q_2 = -Q_1$ auf den Elektrodenflächen A_1 und A_2 erregt wird, das Feldllinien- und das Äquipotentialflächenbild in einer Schnittebene skizziert. In einem solchen Feldraum kann man sich „Feldkanäle" (Flußröhren, s. Beispiel 3.18) mit viereckförmigen Querschnitten ΔA_{ij} vorstellen, die von den jeweils in den Ecken der Querschnitte ΔA_{ij} verlaufenden Feldlinien begrenzt werden (s. Bild **3.58b**; $i = 1$ bis n ist die Zählung der Feldkanalquerschnitte ΔA_{ij} in der jeweiligen j-ten Äquipotentialfläche und $j = 1$ bis m die der Äquipotentialflächen über die Länge des Feldraumes zwischen den Elektroden). Der ganze Feldraum wird somit von n aneinandergrenzenden, d. h. quasi parallel zueinander von Elektrode *1* zu Elektrode *2* verlaufenden, Flußröhren ($i = 1$ bis n) ausgefüllt. Ist das Feldlinienbild maßstäblich gezeichnet, so ist die Dichte der Feldlinien proportional, und damit sind die zwischen ihnen liegenden Querschnitte ΔA_{ij} umgekehrt proportional dem Betrag der elektrischen Flußdichte D. In allen Flußröhren $i = 1$ bis n tritt damit über ihre Länge von Elektrode zu Elektrode jeweils der gleiche elektrische Fluß $\Delta\Psi$ auf. Dessen Betrag ergibt sich entsprechend $|D| = |\sigma|$ aus dem auf die Endflächen $\Delta A_{i\,\mathrm{Elektr}}$ der n Flußröhren entfallenden Anteil $Q/n = \sigma_{\mathrm{i}}\Delta A_{i\,\mathrm{Elektr}}$ der Elektrodenladung $Q = |Q_1| = |Q_2|$.

$$|\Delta\Psi| = \left| \int\limits_{\Delta A_{\mathrm{ij}}} \vec{D}\cdot\mathrm{d}\vec{A} \right| = \left| \int\limits_{\Delta A_{i\,\mathrm{Elektr}}} \sigma\,\mathrm{d}A \right| = \left| \frac{Q}{n} \right| \tag{3.148}$$

Weiter sollen in dem Feldbild außer den Elektrodenoberflächen mit der Potentialdifferenz $\varphi_1 - \varphi_2 = U_{12}$ noch $(m-1)$ Äquipotentialflächen so gezeichnet sein, daß zwischen je zwei aufeinanderfolgenden immer die gleiche Potentialdifferenz mit dem Betrag

$$|\Delta\varphi| = |\varphi_j - \varphi_{(j\text{-}1)}| = \left| \int\limits_{l_j} \vec{E}\cdot\mathrm{d}\vec{l_j} \right| = \frac{U}{m} \qquad (3.149)$$

auftritt. Damit ist der Feldraum in $m\cdot n$ prismenähnliche Volumenelemente zerlegt mit unterschiedlichen Kantenlängen a_{ij}, b_{ij}, l_{ij}, aber gleichem elektrischem Fluß $\Delta\Psi$ und gleicher Potentialdifferenz $\Delta\varphi$. Nimmt man in den jeweiligen Volumenelementen das Feld näherungsweise als homogen an, so können die Integrale in Gl.(3.148)u.(3.149) durch die Produkte

$$\Delta\Psi = D\,\Delta A_{ij} = D\,a_{ij}\,b_{ij} = \frac{Q}{n} \qquad \text{für } i = 1 \text{ bis } n \qquad (3.150)$$

$$\Delta\varphi = E\,l_{ij} = \frac{U}{m} \qquad \text{für } j = 1 \text{ bis } m \qquad (3.151)$$

ersetzt werden, über die mit $D = \varepsilon E$ jedem Prisma entsprechend Abschn. 3.1.3.7 eine Teilkapazität

$$\Delta C_{ij} = \Delta C = \frac{\Delta\Psi}{\Delta\varphi} = \varepsilon\,\frac{a_{ij}\,b_{ij}}{l_{ij}} = \frac{Q}{n}\,\frac{m}{U} \qquad (3.152)$$

zugeordnet werden kann.

Für einen konkreten Feldraum zwischen vorgegebenen Elektroden sind bei maßstäblich gezeichnetem Feldlinienbild entsprechend obigen Erläuterungen m und n und damit das Verhältnis $a_{ij}b_{ij}/l_{ij}$ konstante Größen. Die Teilkapazitäten $\Delta C_{ij} = \Delta C$ haben somit für den ganzen Feldraum den gleichen Wert. Dem Feldraum können also jeweils m gleich große in Serie angeordnete Teilkapazitäten ΔC zugeordnet werden (mit dem resultierenden Wert $\Delta C_{\text{Ser}} = \Delta C/m$), von denen n Gruppen parallel geschaltet sind (s. Bild **3.58c**). Damit ergibt sich entsprechend Abschn. 3.3.3.2 für den ganzen Feldraum zwischen den Elektroden die Kapazität

$$C = n\frac{\Delta C}{m} = \varepsilon\,\frac{n}{m}\,\frac{a_{ij}\,b_{ij}}{l_{ij}} \cdot \qquad (3.153)$$

[Dieses Ergebnis folgt mit $Q/U = C$ auch unmittelbar aus Gl.(3.152).]

3.58
Zur graphischen Feld-
bestimmung
a) Ausschnitt aus dem
Feld- und Äquipoten-
tiallinienbild in ei-
ner Schnittebene nor-
mal zu den Elektro-
denflächen eines Plat-
tenkondensators,
b) Ausschnitt aus ei-
nem Feldbild mit ein-
gezeichneten „Flußka-
nälen",
c) Reihen- und Paral-
lelschaltung der den
Prismen in den „Fluß-
kanälen" entsprechen-
den Teilkapazitäten

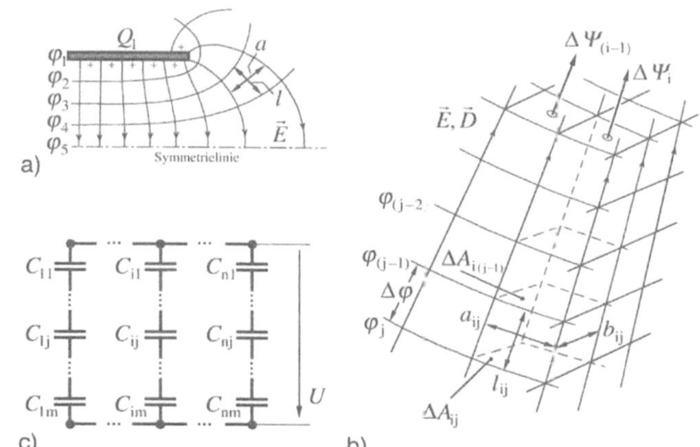

Mit der zwischen den Elektroden liegenden Spanung U kann aus Gl.(3.151) der in einem beliebigen Teilvolumen der Länge l_{ij} auftretende Betrag der elektrischen Feldstärke

$$E = \frac{U}{m}\frac{1}{l_{ij}} \tag{3.154}$$

berechnet werden.

Für die praktische Durchführung der graphischen Bestimmung der Kapazität C und der elektrischen Feldstärke E eines Feldraumes empfiehlt sich für Elektrodenanordnungen, deren Feld a l s e b e n e s F e l d dargestellt werden kann, folgende Arbeitsregel:

a. Man zeichnet in einem ebenen Feldlinienbild (z. B. für das Randfeld eines Plattenkondensators) in eine zu den Elektrodenoberflächen und deren Tiefe b (s. Bild **3.58a**) rechtwinklige Schnittebene Potential- und Feldlinien ein und korrigiert deren Verlauf dann so lange, bis folgende Bedingungen hinreichend gut erfüllt sind:
a1. Die Feldlinien enden bzw. beginnen normal auf den Elektrodenkonturen.
a2. Feld- und Potentiallinien bilden ein orthogonales Maschennetz mit quadratähnlichen Maschen, d. h., der mittlere Feldlinienabstand ist gleich dem mittleren Abstand der Potentiallinien ($a/l \approx 1$, s. Bild **3.58a**).
Zweckmäßig beginnt man die Konstruktion in dem Feldabschnitt der geringsten Feldinhomogenität. Die Wahl der Maschenweite hängt von den Genauigkeitsansprüchen ab.
b. Zur Bestimmung der Kapazität nach Gl.(3.153) hat man infolge $a = l$ ledig-

lich n und m auszuzählen und erhält damit die auf die Tiefe b der Elektroden bezogene Kapazität.

$$\frac{C}{b} = \varepsilon \frac{n}{m} \tag{3.155}$$

c. Durch Ausmessen der Maschenlänge l läßt sich bei gegebener elektrischer Spannung für jeden Maschenbereich aus Gl.(3.154) auch die Feldstärke berechnen.

Bei Elektrodenanordnungen mit rotationssymmetrischen Feldern wird das Feldbild für eine in der Rotationsachse liegende Schnittebene ähnlich obiger Regel konstruiert. Infolge $b \sim r$ (r Abstand des Mittelpunktes der Volumenelemente von der Rotationsachse) darf das Kantenverhältnis a/l der Maschen jedoch nicht konstant gehalten, sondern muß bei der Konstruktion des Feldbildes proportional $1/r$ verändert werden, d.h., der Quotient ra/l muß konstant gehalten werden, was die praktische Ausführung der Aufgabe sehr erschwert.

3.3.3   Praktische Anwendungen der Berechnung elektrostatischer Felder

In der Praxis ergeben sich im wesentlichen folgende Problemstellungen:
a. Bestimmung der elektrischen Beanspruchung von Isolierstoffen, d.h. der im Dielektrikum zwischen den spannungsführenden Leitern elektrischer Anlagen und Geräte auftretenden Maximalfeldstärke.
b. Ermittlung der Kapazitäten zwischen spannungsführenden Leitern elektrischer Netzwerke oder Geräte bzw. zwischen Leitern und Erde, die für das Übertragungsverhalten, die elektrische Beeinflussung usw. von Bedeutung sind.
c. Berechnung der Kapazität diskreter Schaltelemente (Kondensatoren).

Besonders die in a. und b. genannten Aufgaben erweisen sich wegen der meist unregelmäßigen geometrischen Formen der Leiter und Dielektrika und der häufig gegebenen mehrfachen Schichtung unterschiedlicher Dielektrika als sehr schwierig und oftmals als der Rechnung unzugänglich, bzw. ihre Lösungen führen häufig zu nicht vertretbarem Rechenaufwand. Um diesen zu reduzieren, müssen die Anordnungen auf einfachere Ersatzmodelle zurückgeführt werden, so daß das Feld näherungsweise aus bekannten Feldern abgeleitet werden kann. Hierfür ist es äußerst nützlich, möglichst viele typische Elektrodenanordnungen mit den dafür gültigen Feldbildern vor Augen zu haben, wie sie in Beispielen in der Grundlagenliteratur dargestellt sind. Wenn diese auch nicht immer direkt auf die individuelle Aufgabe übertragbar sind, so liefern sie doch häufig die Grundlage für die Anwendung der in dem Abschn. 3.3.1 erläuterten Verfahren.

Ein allgemeingültiges Schema kann für die vielschichtigen Aufgaben der Feldberechnung nicht angegeben werden, was schon aus den unterschiedlichen Verfahren folgt, die in den vorstehenden Abschnitten erläutert sind. Es ist jedoch empfehlenswert, sich folgendes Rechenschema einzuprägen, welches dem Lösungsweg vieler praktischer Aufgabenstellungen zugrunde gelegt werden kann.

a. Für die Elektroden, zwischen denen das elektrische Feld berechnet werden soll, sind gleichgroße Ladungen unterschiedlicher Polarität $(Q_1;\ Q_2 = -Q_1;\ |Q_1| = |Q_2| = Q)$ gegeben oder werden angenommen.

b. Aufstellen einer Gleichung für die elektrische Flußdichte

$$\vec{D} = f_1\left(Q, \text{Geometrie}\right), \tag{3.156a}$$

abhängig von der Ladung Q und der Geometrie des Feldraumes zwischen den Elektroden.

c. Über $\vec{E} = \vec{D}/\varepsilon$ bekommt man die elektrische Feldstärke

$$\vec{E} = f_2\left(Q, \text{Geometrie}, \varepsilon\right), \tag{3.156b}$$

abhängig von der Ladung Q, der Geometrie und der Permittivität $\varepsilon_0\varepsilon_\mathrm{r}$.

d. Durch Integration von $\vec{E}$ bekommt man die elektrische Spannung

$$U = \int\limits_{\text{Elektrode 1}}^{\text{Elektrode 2}} \vec{E}\cdot\mathrm{d}\vec{l} = f_3\left(Q, \text{Geometrie}, \varepsilon\right) \tag{3.156c}$$

zwischen den Elektroden, abhängig von der Ladung Q, der Geometrie und der Permittivität.

e. Durch Auflösen der Gl.(3.156b) nach der Ladung Q und Einsetzen in die Gl.(3.156c) bekommt man die elektrische Feldstärke

$$\vec{E} = f_4\left(U, \text{Geometrie}, \varepsilon\right), \tag{3.156d}$$

abhängig von der zwischen den Elektroden liegenden elektrischen Spannung U, der Geometrie und der Permittivität.

f. Durch Auflösen der Gl.(3.156c) nach dem Quotienten Q/U ergibt sich die Kapazität

$$C = \frac{Q}{U} = f_5\left(\text{Geometrie}, \varepsilon\right) \tag{3.156e}$$

zwischen den Elektroden, abhängig von der Geometrie und der Permittivität.

In der Praxis ist letztlich der gesamte Feldraum inhomogen. Feldberechnungen werden daher im allgemeinen auf Teilbereiche beschränkt und sind deshalb nur Näherungen. Häufig ist aber der im unmittelbaren Feldbereich der Elektroden liegende Raum homogen, so daß die Beschränkung der Rechnung auf diesen Teilbereich genügend genaue Ergebnisse liefert. Ist aber auch der unmittelbare Raum zwischen den Elektroden inhomogen, so ist nur noch in Sonderfällen eine elementare Feldberechnung möglich.

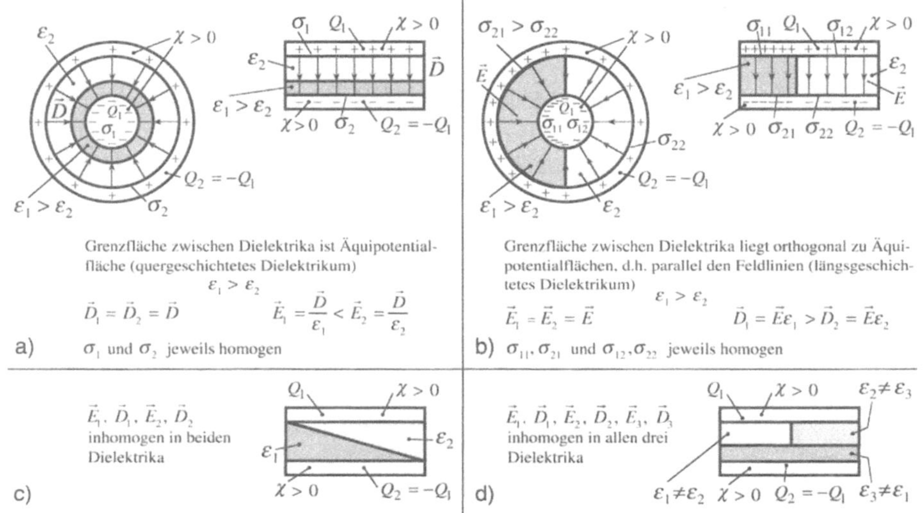

3.59 Feldformen im Zylinder- bzw. Plattenkondensator mit inhomogenen Dielektrika:
a) quergeschichtet, b) längsgeschichtet, c) und d) ohne ausgezeichnete Schichtung

Folgende Hinweise charakterisieren das Problem der praktischen Feldberechnung.

a. Die Elektrodenoberflächen schließen ein homogenes Dielektrikum ein, in dem das Feld unter Außerachtlassung der Randbereiche berechenbar ist, z. B. Koaxialkabel, Plattenkondensator usw. Der durch die vernachlässigten Randbereiche entstandene Fehler läßt sich abschätzen.

b. Bei Gegebenheiten nach **a.** besteht der unmittelbar von den Elektrodenoberflächen eingeschlossene Raum bereichsweise aus Dielektrika unterschiedlicher, aber jeweils homogener Permittivität ε, deren Grenzflächen in Äquipotentialflächen liegen (s. Bild **3.59a**) oder orthogonal zu diesen, also parallel zu den Feldlinien (s. Bild **3.59b**). In diesen Fällen verlaufen die Feldlinien naturgemäß normal oder tangential zu den Grenzflächen, so daß keine Brechungen auftreten. Damit ist das Feld wie bei **a.** berechenbar und der Fehler infolge vernachlässigter Randbereiche abschätzbar.

Trifft die Gegebenheit von **b.** nicht zu (z. B. Bild **3.59c**), so ist das Feld im allgemeinen auch im unmittelbaren Bereich zwischen den Elektroden nicht mit den hier erläuterten Verfahren berechenbar.

Unbedingt zu beachten ist, daß die Regel nach **b.** von dem in dem inhomogenen Dielektrikum auftretenden D- und E-Feld erfüllt sein muß, was bei Anordnungen der Bilder **3.59a** u. **3.59b** der Fall ist. Betrachtet man einen Plattenkondensator mit längs und quer geschichteten Dielektrika unterschiedlicher Permittivität entsprechend Bild **3.59d**, so würden zwar die Feldlinien des Feldes in einem homogen vorgestellten Dielektrikum die Bedingungen nach **b.** erfüllen, nicht aber das in diesem geschichteten Dielektrikum tatsächlich auftretende inhomogene Feld. Das – inhomogene – Feld im Plattenkondensator nach Bild **3.59d** ist damit nicht mehr mit dem hier erläuterten Verfahren berechenbar.

3.3.3.1 Elektrische Beanspruchung in Isolierstoffen.

3.3.3.1 Elektrische Beanspruchung in Isolierstoffen. Die in den Isolierstoffen von Leitungen und Geräten auftretenden maximalen elektrischen Feldstärken müssen hinreichend weit unter der D u r c h b r u c h f e l d s t ä r k e des betreffenden Isolierstoffes liegen. Mit Durchbruchfeldstärke wird der Wert bezeichnet, bei dem Isolierstoffe elektrisch leitend werden, d. h., bei der im Isolierstoff Funken- oder Lichtbogendurchschläge entstehen. Da die Durchbruchfeldstärke von der Art des Isolierstoffes abhängt, beschränken sich praktische Aufgabenstellungen nicht auf die Ermittlung der maximalen elektrischen Feldstärke, sondern erstrecken sich auch auf die Untersuchung der Abhängigkeit der Durchbruchfeldstärke von der Art des Isolierstoffes und der Konfiguration der als Elektroden wirkenden spannungsführenden Leitungen und Konstruktionselemente. Im vorliegenden Band kann mit den folgenden Beispielen nur ein Einblick in diesen vielschichtigen Problemkreis vermittelt werden.

Beispiel 3.36. In einem Koaxialkabel für Hochspannung besteht die Isolation zwischen Innenleiter mit dem Radius R_i und Außenmantel mit dem Radius R_a aus zwei Zylinderschalen unterschiedlicher Permittivität ε_1 und $\varepsilon_2 < \varepsilon_1$ (s. Bild **3.60a**). Um eine möglichst ausgeglichene elektrische Belastung (elektrische Feldstärke E) im Isolierstoff zu erreichen, ist der Radius R_z zwischen den Isolierstoffschichten so zu wählen, daß sich auf dem Innenleiter R_i und der Grenzschicht R_z jeweils die gleiche elektrische Feldstärke einstellt. Diese maximale elektrische Feldstärke E_{max} ist abhängig von der am Kabel liegenden elektrischen Spannung U zu berechnen.

Mit einer für das Kabel angenommenen Ladung pro Länge $Q/l = |Q_i/l| = |Q_a/l|$ und $Q_a/l = -Q_i/l$ folgt aus dem Gaußschen Satz unabhängig von der Art des Dielektrikums die elektrische Flußdichte $D = (Q/l)/(2\pi r)$ [s. Beispiel 3.20, Gl.(3.116)]. Damit ergibt sich der von r und ε abhängige Betrag der elektrischen Feldstärke

$$E_1 = \frac{Q/l}{2\pi\varepsilon_1 r} \quad \text{für } R_i \leq r \leq R_z, \qquad\qquad E_2 = \frac{Q/l}{2\pi\varepsilon_2 r} \quad \text{für } R_z \leq r \leq R_a. \qquad (3.157)$$

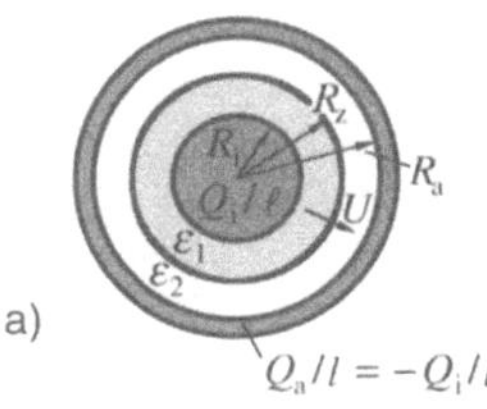

a)

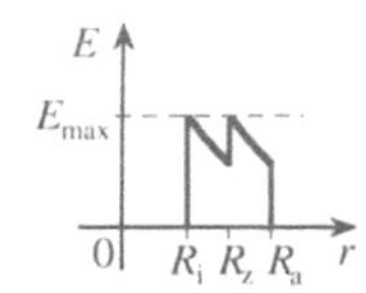

b)

3.60 Koaxialkabel mit geschichtetem Dielektrikum: a) Querschnitt, b) Feldstärke $E(r)$

Der maximale Wert der elektrischen Feldstärke $E_{\max}$ stellt sich in den beiden Isolationsschalen jeweils auf den Äquipotentialzylindern mit dem kleinsten Radius R_i bzw. R_z ein. Sollen diese beiden Werte gleich sein, bekommt man eine Bedingungsgleichung

$$E_{\max} = E_{1(R_i)} = \frac{Q/l}{2\pi\varepsilon_1 R_i} = E_{2(R_z)} = \frac{Q/l}{2\pi\varepsilon_2 R_z}, \qquad (3.158a)$$

nach der bei gegebenen ε_1, ε_2 und R_i der Zwischenkreisradius

$$R_z = R_i \frac{\varepsilon_1}{\varepsilon_2} \qquad (3.158b)$$

bestimmt ist.

Um die maximale elektrische Feldstärke $E_{\max}$ abhängig von der Betriebsspannung U des Kabels zu berechnen, wird durch Integration der elektrischen Feldstärke E nach Gl.(3.157) über die jeweiligen Radiusbereiche entsprechend Gl.(3.156c) die elektrische Spannung abhängig von der gewählten Ladung Q bestimmt.

$$\begin{aligned}
U &= \int_{R_i}^{R_z} E_1 \, dr + \int_{R_z}^{R_a} E_2 \, dr = \frac{Q/l}{2\pi}\left(\frac{1}{\varepsilon_1}\int_{R_i}^{R_z}\frac{dr}{r} + \frac{1}{\varepsilon_2}\int_{R_z}^{R_a}\frac{dr}{r}\right) \\
&= \frac{Q/l}{2\pi\varepsilon_1}\left(\ln\frac{R_z}{R_i} + \frac{\varepsilon_1}{\varepsilon_2}\ln\frac{R_a}{R_z}\right) \qquad (3.159)
\end{aligned}$$

Löst man Gl.(3.159) nach $Q/(l2\pi\varepsilon_1)$ auf und setzt sie in Gl.(3.158a) ein, so bekommt man die maximale elektrische Feldstärke

$$E_{\max} = E_{1(R_i)} = E_{2(R_z)} = \frac{U}{R_i[\ln(R_z/R_i) + (R_z/R_i)\ln(R_a/R_z)]} \qquad (3.160)$$

mit $R_z/R_i = \varepsilon_1/\varepsilon_2$ nach Gl.(3.158b).

Man erkennt aus dem Verlauf der elektrischen Feldstärke E über dem Radius (s. Bild **3.60b**), daß durch die Aufteilung der Isolation in zwei Schalen ein Ausgleich der elektrischen Feldstärke, d. h. eine Senkung des Maximalwertes gegenüber einer Einschichtausführung, erreicht wird.

Beispiel 3.37. Durch unsachgemäße Fertigung können in Hochspannungsisolationen kleine Lufteinschlüsse auftreten, in denen im allgemeinen Feldstärkeerhöhungen auftreten, die die Isolation gefährden. Um diesen Effekt zu demonstrieren, soll die Feldstärke in einem Plattenkondensator untersucht werden, bei dem zwischen Dielektrikum (Dicke d und $\varepsilon_r > 1$) und einer Elektrodenoberfläche ein Luftspalt (Dicke δ und $\varepsilon_r = 1$) liegt (s. Bild **3.61**a).

Mit einer angenommenen homogenen Flächenladungsdichte $\sigma = |\sigma_1| = |\sigma_2|$ und $\sigma_2 = -\sigma_1$ stellt sich entsprechend Gl.(3.140) in der Luft- wie auch in der Isolationsschicht das homogene D-Feld zwischen den Elektroden ein mit dem Betrag $D = D_\delta = D_d = \sigma$. Damit ergeben sich in beiden Bereichen unterschiedliche elektrische Feldstärken $E = D/\varepsilon$. Da das E-Feld im jeweiligen Bereich homogen ist, können die Bereichsspannungen U_δ, U_d jeweils durch Multiplikation mit der Länge und durch deren Addition die zwischen den Platten liegende elektrische Spannung

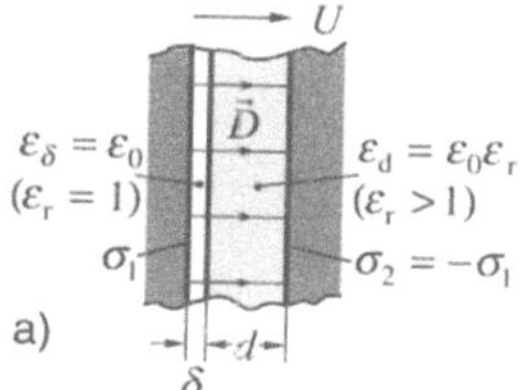

$$U = E_\delta \delta + E_d d = \frac{D}{\varepsilon_0}\delta + \frac{D}{\varepsilon_0 \varepsilon_r}d \qquad (3.161\text{a})$$

bestimmt werden. Löst man Gl.(3.161a) nach D auf, so kann mit $E = D/\varepsilon$ die elektrische Feldstärke

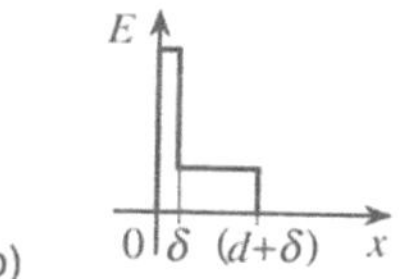

$$E_\delta = \frac{D}{\varepsilon_0} = \frac{U}{\delta + d/\varepsilon_r}, \qquad E_d = \frac{D}{\varepsilon_0 \varepsilon_r} = \frac{U}{\varepsilon_r(\delta + d/\varepsilon_r)}$$

$$(3.161\text{b})$$

abhängig von U in beiden Bereichen bestimmt werden.

3.61 Plattenkondensator mit Luftspalt zwischen Dielektrikum und Platte
a) Querschnitt,
b) Feldstärke $E(x)$

Man erkennt, daß die elektrische Feldstärke in dem Luftspalt um den Faktor ε_r größer ist als in der Isolation (s. Bild **3.61**b).

$$E_\delta / E_d = \varepsilon_r \qquad (3.162)$$

3.3.3.2 Berechnung von Kapazitäten. Der allgemeingültige theoretische Begriff der Kapazität ist in Abschn. 3.1.3.7 erläutert. Von großer praktischer Bedeutung ist dieser Begriff als Kenngröße von Kondensatoren.

Ein Kondensator kann gewollt vorhanden sein, z. B. als Energiespeicher in Filterschaltungen, oder muß als ungewolltes Parasitärelement in Kauf genommen werden, z. B. in Kabeln oder in Halbleiterbauelementen. In beiden Fällen ist es häufig von Bedeutung, nicht nur den Wert der Kapazität, sondern auch ihre Abhängigkeit von der Geometrie und den Materialeigenschaften zu kennen, um sie durch konstruktive Maßnahmen verändern zu können. Die Berechnung erfolgt grundsätzlich nach dem Schema der Gln.(3.156), indem eine Ladung für die Elektroden angenommen und dafür die elektrische Spannung berechnet wird.

Beispiel 3.38. Für das in Bild **3.**60 skizzierte Koaxialkabel ist die Kapazität zu berechnen.

Wie in Beispiel 3.36 erläutert, wird zunächst für dieses Kabel mit einer angenommenen Ladung Q die elektrische Spannung U [s. Gl.(3.159)] berechnet. Aus dieser Gleichung folgt dann entsprechend der Definitionsgleichung Gl.(3.120) unmittelbar die Kapazität pro Länge

$$\frac{C}{l} = \frac{Q/l}{U} = \frac{2\pi\varepsilon_1}{\ln(R_z/R_i) + (\varepsilon_1/\varepsilon_2)\ln(R_a/R_z)}\,, \tag{3.163}$$

die auch als Kapazitätsbelag eines Kabels bezeichnet wird.

Beispiel 3.39. Die Kapazität zwischen einer Metallkugel vom Radius R und der im Unendlichen angenommenen Gegenelektrode ist zu bestimmen.

Mit einer angenommenen Kugelladung Q (Gegenladung im Unendlichen) wird nach dem Gaußschen Satz der Betrag der elektrischen Flußdichte $D_{(r \geq R)} = Q/(4\pi r^2)$ (s. Beispiel 3.29) und damit der der elektrischen Feldstärke $E = D/\varepsilon$ berechnet. Durch Integration von E über r bekommt man dann den Betrag der zwischen der Kugel und dem Unendlichen auftretenden elektrischen Spannung

$$U = \int\limits_R^\infty E\,\mathrm{d}r = \frac{Q}{4\pi\varepsilon}\int\limits_R^\infty \frac{\mathrm{d}r}{r^2} = \frac{Q}{4\pi\varepsilon R} \tag{3.164}$$

und damit die Kapazität

$$C = Q/U = 4\pi\varepsilon R\,. \tag{3.165}$$

Diese Kapazität gilt näherungsweise auch für Kondensatoren aus einer Kugel mit dem Radius R und einer Fläche als Gegenelektrode, wenn die Abmessungen der Fläche und der Abstand zur Kugel sehr groß sind gegenüber dem Kugelradius [vergl. Gl.(3.166) mit $R_a \gg R_i$].

Beispiel 3.40. Die Kapazität eines Kugelkondensators entsprechend Bild **3.**54a ist zu bestimmen.

Für eine angenommene Ladung $Q = |Q_i| = |Q_a|$ wird die elektrische Spannung $U = \varphi(R_i) - \varphi(R_a)$ berechnet (s. Beispiel 3.32). Damit ergibt sich die Kapazität

$$C = \frac{Q}{U} = \frac{4\pi\varepsilon}{1/R_i - 1/R_a} = \frac{4\pi\varepsilon R_i}{1 - R_i/R_a}\,. \tag{3.166}$$

Parallel- und Reihenschaltung von Kondensatoren. Häufig sind mehrere Kondensatoren parallel oder in Serie leitend miteinander verbunden, die in praktischen Rechnungen durch eine resultierende Kapazität ersetzt werden können.

3.62 Ersatzkapazitäten C_p, C_r für parallel (a) und in Reihe (b) geschaltete Kondensatoren

Unter resultierender oder Ersatz-Kapazität wird die Kapazität verstanden, die das elektrische Verhalten der gegebenen Anordnung in Bezug auf die integralen Größen Ladung und elektrische Spannung gleichwertig beschreibt.

In der **Parallelschaltung** von n Kondensatoren (s. Bild **3.62**a) der Kapazitäten C_1, C_2, $\ldots$, C_n liegen diese im statischen Zustand (s. Abschn. 4) an der gleichen elektrischen Spannung U und nehmen entsprechend Gl.(3.120) die Ladungen $Q_1 = UC_1$, $Q_2 = UC_2$, $\ldots$, $Q_n = UC_n$ auf. Die Summe der Ladungen ist die von allen n parallelgeschalteten Kondensatoren aufgenommene Ladung $Q_p = Q_1 + Q_2 + \ldots + Q_n = UC_1 + UC_2 + \ldots + UC_n$. Klammert man die bei allen Kondensatoren gleiche elektrische Spannung U aus und bringt sie auf die linke Seite der Gleichung, so entsteht der Quotient Q/U, der als die gesamte Ladung Q der Parallelschaltung, bezogen auf deren elektrische Spannung U, und damit als die **Ersatzkapazität**

$$C_p = \sum_{\nu=1}^{n} C_\nu \tag{3.167}$$

der Parallelschaltung gedeutet werden kann. Mit $U = Q/C_p = Q_1/C_1 = \ldots = Q_\nu/C_\nu$ folgt, daß sich die Ladungen parallel geschalteter Kondensatoren proportional den Kapazitäten verhalten.

$$\frac{Q_\nu}{Q} = \frac{C_\nu}{C_p} \qquad \text{bzw.} \qquad \frac{Q_\nu}{Q_\mu} = \frac{C_\nu}{C_\mu}. \tag{3.168}$$

In der **Reihenschaltung** von n Kondensatoren (s. Bild **3.62**b) der Kapazitäten C_1, C_2, $\ldots$, C_n nehmen diese im statischen Zustand (s. Abschn. 4) alle die gleiche Ladung Q_1, Q_2, $\ldots$, $Q_n = Q$ auf (vorausgesetzt, alle Kondensatoren waren im Anfangszustand ungeladen), so daß sich an ihnen die elektrische Spannung $U_1 = Q/C_1$, $U_2 = Q/C_2$, $\ldots$, $U_n = Q/C_n$ einstellt [s. Gl.(3.120)]. Die gesamte Spannung an der Reihenschaltung ergibt sich nach dem Spannungssatz Gl.(3.62) als Summe aller Einzelspannungen $U = U_1 + U_2 + \ldots + U_n = Q/C_1 + Q/C_2 + \ldots + Q/C_n$. Klammert man die bei allen Kondensatoren gleiche Ladung Q aus, so läßt sich die Gleichung nach dem Quotienten U/Q auflösen,

der als elektrische Spannung an einer Reihenschaltung von Kondensatoren, bezogen auf die von dieser gespeicherte Ladung Q, und damit also als K e h r w e r t
d e r   E r s a t z k a p a z i t ä t

$$\frac{1}{C_\mathrm{r}} = \sum_{\nu=1}^{n} \frac{1}{C_\nu} \tag{3.169}$$

der Reihenschaltung gedeutet werden kann. Mit $Q = C_\mathrm{r}U = C_1U_1 = \ldots = C_\nu U_\nu$ folgt, daß sich die elektrischen Spannungen in Reihe geschalteter Kondensatoren umgekehrt proportional den Kapazitäten verhalten.

$$\frac{U_\nu}{U} = \frac{C_\mathrm{r}}{C_\nu} \qquad \text{bzw.} \qquad \frac{U_\nu}{U_\mu} = \frac{C_\mu}{C_\nu} \tag{3.170}$$

3.4   Energie des elektrostatischen Feldes

Sollen zwei Ladungen Q_1 und $Q_2 = -Q_1$ um die Strecke l weiter voneinander entfernt werden, so müssen mechanische Kräfte $\vec{F}_\mathrm{mech1}$ und $\vec{F}_\mathrm{mech2}$ eingeprägt werden, mit denen die anziehenden Coulombkräfte $\vec{F}_\mathrm{c1}$ und $\vec{F}_\mathrm{c2} = -\vec{F}_\mathrm{c1}$ überwunden werden (s. Bild **3.63**). Erfolgt die Verschiebung reibungs- und beschleunigungsfrei, so ist $\vec{F}_\mathrm{mech} = -\vec{F}_\mathrm{c}$. Da mit der Verschiebung um $\vec{l}$ in Richtung der Kraft $\vec{F}_\mathrm{mech2}$ eine mechanische Energie $W_\mathrm{mech} = \int_l \vec{F}_\mathrm{mech} \cdot \mathrm{d}\vec{l}$ zugeführt wird, muß diese in dem System der beiden Ladungen Q_1, Q_2 und dem zwischen ihnen erregten elektrischen Feld enthalten sein. In der Feldtheorie ordnet man die dem System aus Ladung und Feld zugeführte Energie allein dem elektrischen Feld zu, man sagt, im Feldraum sei (häufig auch „das Feld habe") die mechanisch zugeführte Energie gespeichert. Wirken diese eingeprägten mecha-

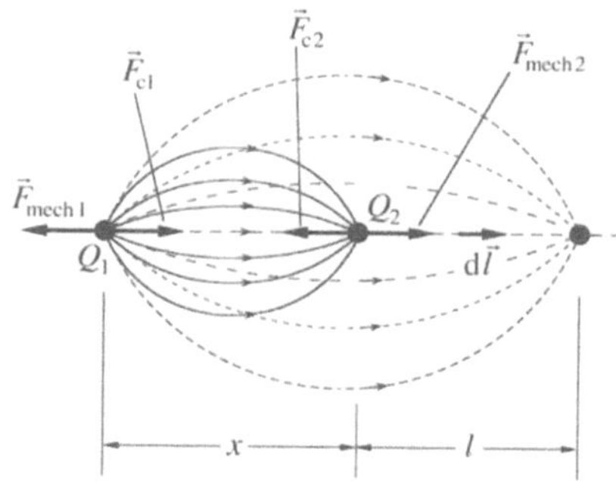

3.63 Zwei Ladungen, die um die Strecke l auseinandergezogen werden

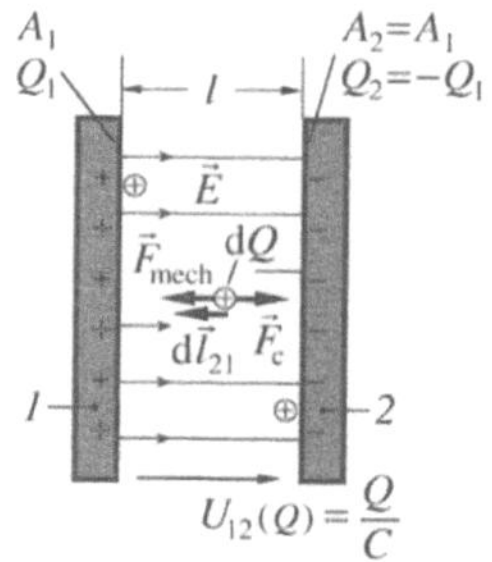

3.64 Modellvorstellung einer Ladungstrennung im Plattenkondensator

nischen Kräfte $\vec{F}_{\text{mech}}$ nicht mehr, so bewegen sich die beiden Ladungen infolge der Coulombkräfte $\vec{F}_{\text{c}}$ (entgegen Reibungs-, Massenträgheitskräften o.ä.) wieder aufeinander zu, so daß die gespeicherte Feldenergie wieder in mechanische Energie umgeformt und zurückgewonnen werden kann.

Die Energie, die in einem gesamten Feldraum gespeichert ist, kann über die das elektrische Feld in diesem Raum beschreibenden integralen Feldgrößen elektrische Spannung U bzw. Ladung Q berechnet werden. Man betrachtet dazu beispielhaft den in Bild **3**.64 dargestellten Plattenkondensator und nimmt an, daß aus dessen Platte 2 infinitesimale positive Ladungen dQ kräftefrei auf die Oberfläche gebracht und von dort durch eingeprägte mechanische Kräfte $\vec{F}_{\text{mech}} = -\vec{F}_{\text{c}} = -\vec{E}\,dQ$ gegen die Coulombkräfte $\vec{E}\,dQ$ – reibungs- und beschleunigungsfrei – bis auf die Platte 1 verschoben werden. Durch eine solche Verschiebung werden die positive und negative Ladung der Platten $Q_1 = |Q|$, $Q_2 = -|Q|$ betragsmäßig um dQ also auf $(Q_1 + dQ)$ und $(Q_2 - dQ)$, und die elektrische Spannung $U = Q/C$ zwischen den Platten um $dU = dQ/C$ vergrößert. Die dafür aufzubringende mechanische Energie $dW_{\text{mech}} = \int_2^1 \vec{F}_{\text{mech}} \cdot d\vec{l}_{21}$ wird über die Coulombkraft $\vec{F}_{\text{c}} = \vec{E}\,dQ = -\vec{F}_{\text{mech}}$ in elektrische Feldenergie

$$
\begin{aligned}
dW_{\text{c}} &= dW_{\text{mech}} = \int_2^1 \vec{F}_{\text{mech}} \cdot d\vec{l}_{21} \\[2mm]
&= dQ \int_2^1 -\vec{E} \cdot d\vec{l}_{21} = dQ \int_1^2 \vec{E} \cdot d\vec{l}_{12} = dQ\,U_{12}(Q)
\end{aligned}
\tag{3.171}
$$

umgeformt und in dem Feldraum gespeichert. Wird durch die Ladungsverschiebungen bei ungeladenen Platten ($U = 0$, $Q_1 = Q_2 = 0$) beginnend der Kondensator auf die Ladung $Q = |Q_1| = |Q_2|$ bzw. auf die von Q abhängige elektrische Spannung $U(Q) = Q/C$ geladen, so ist die dadurch über das elektrische Feld in dem Feldraum g e s p e i c h e r t e E n e r g i e

$$
W_{\text{c}} = \int dW_{\text{c}} = \int_0^Q U(Q)\,dQ = \int_0^Q \frac{Q}{C}\,dQ = \frac{Q^2}{2C}\,.
\tag{3.172}
$$

Praktisch erfolgt die Energiezufuhr an das Feld durch Verschieben von Ladung gegen die Feldkräfte nicht, wie hier aus didaktischen Gründen angenommen, durch Verschiebungen im Feld zwischen den Platten, sondern durch Verschiebungen in dem Feld des an die Platten angeschlossenen Stromkreises mit einer elektrischen Spannungsquelle, was aber auf das Ergebnis (gespeicherte Energie) keinen Einfluß hat. Auch die Elektroden- und Feldform haben keinen Einfluß, so daß für die Gültigkeit der Gl.(3.172) lediglich die Voraussetzung der linearen Beziehung zwischen elektrischer Spannung und Ladung ($U = Q/C$, mit C unabhängig von U) zu beachten ist, die bei elektrischen Feldern weitgehend erfüllt ist.

– Der Feldraum zwischen beliebigen Elektroden mit der Kapazität C ist ein Energiespeicher, dessen Energieinhalt von der das Feld erregenden Ladung bzw. elektrischen Spannung abhängt. Die – reversibel – gespeicherte Energie kann unabhängig von der Art, wie die Ladung erfolgte, nach der Gleichung

$$W_{\mathrm{c}} = \frac{Q^2}{2C} = \frac{QU}{2} = C\frac{U^2}{2} \tag{3.173}$$

berechnet werden, wenn U linear von $Q = CU$ abhängt, d. h., die Kapazität C unabhängig von U konstant ist.

Um die im Feldraum gespeicherte Energie auch mathematisch den Feldgrößen dieses Raumes zuzuordnen, betrachtet man erneut den Plattenkondensator mit den Flächen $A_1 = A_2 = A$ nach Bild **3.64**, für den näherungsweise im ganzen Feldraum $V = Al$ ein homogenes Feld angenommmern werden kann. Damit lassen sich die integralen Größen $U_{12} = El$ und $AD = Q = A\sigma$ [s. Gln.(3.55)u.(3.114) mit $D = \sigma$] aus den Feldgrößen E und D bestimmen, so daß die Energie nach Gl.(3.173) auch unmittelbar aus den Feldgrößen berechnet werden kann.

$$W_{\mathrm{c}} = \frac{QU}{2} = lA\frac{ED}{2} = V\frac{ED}{2} \tag{3.174}$$

Bezieht man die Energie des Feldraumes auf sein Volumen, so bekommt man die E n e r g i e d i c h t e

$$w_{\mathrm{c}} = \frac{W_{\mathrm{c}}}{V} = \frac{ED}{2}. \tag{3.175}$$

Dieses beispielhaft ermittelte Ergebnis gilt allgemein.

– In beliebigen homogenen oder inhomogenen elektrostatischen Feldern kommt jedem Raumpunkt $\mathrm{d}V \to 0$ mit der elektrischen Flußdichte $\vec{D}$ und damit elektrischer Feldstärke $\vec{E} = \vec{D}/\varepsilon$ auch eine Energiedichte $w_{\mathrm{c}} = \mathrm{d}W_{\mathrm{c}}/\mathrm{d}V$ zu. Besteht zwischen $\vec{D}$ und $\vec{E} = \vec{D}/\varepsilon$ eine l i n e a r e A b h ä n g i g k e i t, ist also ε unabhängig von D oder E eine konstante Größe, so gilt

$$w_{\mathrm{c}} = \frac{\mathrm{d}W_{\mathrm{c}}}{\mathrm{d}V} = \frac{\vec{E}\cdot\vec{D}}{2} = \frac{\varepsilon\vec{E}^2}{2} = \frac{\vec{D}^2}{2\varepsilon}. \tag{3.176}$$

Ist $\vec{E} = f(\vec{D})$ eine nichtlineare Funktion, ist auch $U = g(Q)$ nichtlinear, was bei der Integration nach Gl.(3.172) zu beachten ist, z. B. ähnlich wie es in Abschn. 5.5.2.1 für die Energiedichte in ferromagnetischen Räumen erläutert ist.

Nach Gl.(3.176) ist die Energiedichte w_c eine Zustandsgröße des Feldraumes, die wie die Feldgrößen $\vec{D}$ bzw. $\vec{E}$, von denen sie bestimmt wird, dem Raumpunkt zugeordnet ist. Man kann somit auch in inhomogenen Feldern die Energieverteilung über die Energiedichte $w_{c(x,y,z)}$ als Ortsfunktion beschreiben. Um die in einem Feldraum V mit einem inhomogenen Feld $\vec{E}_{(x,y,z)}$ gespeicherte Energie zu berechnen, stellt man sich diesen in infinitesimale Volumenelemente dV zerlegt vor, in denen das Feld infolge $dV \rightarrow 0$ immer als homogen gilt. Dann kann die in $dV = dx\,dy\,dz$ gespeicherte infinitesimale Energie $dW_c = dV w_{c(x,y,z)} = dV \varepsilon \vec{E}^2(x,y,z)/2$ durch Multiplikation entsprechend Gl.(3.176) berechnet werden; ihre Integration über das Feldvolumen ergibt die in diesem gespeicherte Feldenergie

$$W_c = \int\limits_V w_c\,dV = \iiint \frac{\varepsilon\,\vec{E}^2(x,y,z)}{2}\,dx\,dy\,dz\,. \tag{3.177}$$

Abschließend sei nochmals betont, daß die Energie in einem Feldraum sowohl nach Gl.(3.173) mit der das Feld erregenden Ladung Q bzw. elektrischen Spannung U richtig bestimmt ist als auch nach Gl.(3.177) mit dem Integral der aus den Feldgrößen berechneten Energiedichte. Bei praktischen Rechnungen wählt man die Gleichung, die den geringsten Rechenaufwand erfordert. Auch die beiden unterschiedlichen Vorstellungen über die Energiezuordnungen an die Ladung oder den Feldraum sind in der Elektrostatik gleichrangig. Bei schnellveränderlichen Feldern ist es aber sinnvoll, von der Vorstellung der Energiedichte auszugehen, d. h. der Energiebindung an den Raum, in dem auch die elektrische Feldstärke auftritt.

Beispiel 3.41. Die Energie des Feldes, das in einem unendlich ausgedehnten, homogenen Raum der Permittivität ε von einer Kugeloberflächenladung Q (Gegenladung $-Q$ im Unendlichen) erregt wird, ist zu berechnen.

Die elektrische Feldstärke $\vec{E} = \vec{e}_r Q/(4\pi\varepsilon r^2)$ ergibt sich entsprechend Beispiel 3.17, Gl.(3.103). In einer infinitesimalen Kugelschale des Radius r und Dicke dr (s. Bild **3.65**) ist das elektrische Feld konstant, so daß die in ihr gespeicherte Energie $dW_c = w_c\,dV$ nach Gl.(3.176) als Produkt aus infinitesimalem Volumen $dV = 4\pi r^2\,dr$ und Energiedichte $w_c = \varepsilon\vec{E}^2/2$ zu berechnen ist. Integriert man dW_c der Kugelschalen über den ganzen Raum, also von $r = R$ bis $r = \infty$ entsprechend Gl.(3.177), so be-

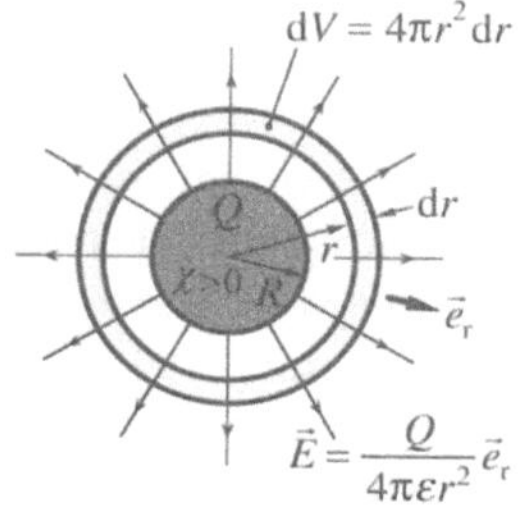

3.65 Zur Berechnung der Feldenergie nach Gl.(3.178)

kommt man die gesamte im Feldraum gespeicherte Energie

$$W_{\mathrm{c}} = \int\limits_{V} w_{\mathrm{c}}\,\mathrm{d}V = \int\limits_{r=R}^{\infty} \frac{\varepsilon}{2}\left(\frac{Q}{4\pi\varepsilon r^2}\right)^2 (4\pi r^2\,\mathrm{d}r) = \frac{Q^2}{8\pi\varepsilon R}\,. \tag{3.178}$$

Das gleiche Ergebnis bekommt man mit der in Beispiel 3.39 berechneten elektrischen Spannung und Kapazität [Gln.(3.164)u.(3.165)] zwischen Kugel und Unendlichem entsprechend Gl.(3.173) $W_{\mathrm{c}} = U^2 C/2 = [Q/(4\pi\varepsilon R)]^2 \cdot (4\pi\varepsilon R)/2 = Q^2/(8\pi\varepsilon R)$.

Für die Punktladung werden die Lösungen obiger Gleichungen mit $R \to 0$ singulär, was aber praktisch keine Bedeutung hat, da reale Ladungen immer eine Ausdehnung größer Null haben.

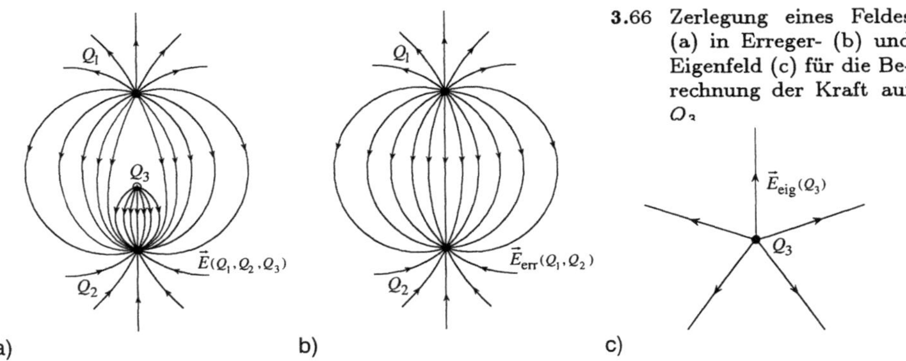

3.66 Zerlegung eines Feldes (a) in Erreger- (b) und Eigenfeld (c) für die Berechnung der Kraft auf Q_3

3.5   Kraftwirkungen im elektrostatischen Feld

Die Kraftwirkungen zwischen elektrischen Ladungen zählt zu den fundamentalen Erscheinungen in der Physik. Sie ist daher Grundlage für die Modellvorstellung des elektrischen Feldes und für die Definition der elektrischen Feldstärke, wie in Abschn. 3.1.1 beschrieben. In diesem Abschnitt ist erläutert, wie umgekehrt aus den elektrischen Feldgrößen die Kraftwirkungen auf elektrische Ladungen berechnet werden können. Dabei wird aus Gründen praktikabler Rechenverfahren unterschieden, ob die Kraftwirkung direkt über gegebene makroskopische Ladungen berechnet werden kann (s. Abschn. 3.5.1) oder nur indirekt über den Energieerhaltungssatz (s. Abschn. 3.5.2), wie z. B. bei Kraftwirkungen auf die mikrokosmischen Ladungen in Grenzschichten von Dielektrika.

Grundsätzlich gilt, daß ein elektrisches Feld von allen im Raum befindlichen elektrischen Ladungen erregt wird und daß dieses eine Feld seinerseits wieder

Kräfte auf alle dieses Feld erregenden Ladungen ausübt. Beispielsweise wird das in Bild **3.66a** skizzierte Feld $\vec{E}_{(Q_1,Q_2,Q_3)}$ von allen drei Ladungen Q_1, Q_2, Q_3 erregt und die Kraft $\vec{F}_{Q_{1/2/3}} = Q_{1/2/3}\vec{E}_{(Q_1,Q_2,Q_3)}$, die auf jeweils eine dieser Ladungen $Q_{1/2/3}$ ausgeübt wird, ist außer von der Ladung selbst abhängig von dem resultierenden Feld $\vec{E}_{(Q_1,Q_2,Q_3)}$. Alle Ladungen sind also hinsichtlich ihrer Ursache für das elektrische Feld und hinsichtlich der Kraftwirkungen in diesem Feld als gleichrangig anzusehen. Lediglich von der Aufgabenstellung abhängig kann es zweckmäßig sein, das elektrische Feld $\vec{E}$, wie in Abschn. 3.5.1 erläutert, zu zerlegen in eine Feldkomponente, die allein von der Ladung Q erregt wird, für die die auf sie wirkende Kraft berechnet wird (als E i g e n f e l d $E_{\mathrm{eig}}(Q)$ bezeichnet), und eine Feldkomponente, die von allen übrigen Ladungen (als E r r e g e r l a d u n g e n Q_{err} bezeichnet) erregt wird (als E r r e g e r f e l d $\vec{E}_{\mathrm{err}}(Q_{\mathrm{err}})$ bezeichnet). Die Bezeichnungen Erregerladung und Erregerfeld beziehen sich hier ausschließlich auf die Erregung der Kraft. Für das tatsächlich, d. h. meßbar auftretende Feld, hier als r e s u l t i e r e n d e s F e l d bezeichnet, gilt also $\vec{E} = \vec{E}_{\mathrm{eig}}(Q) + \vec{E}_{\mathrm{err}}(Q_{\mathrm{err}})$. Soll beispielsweise in dem Feld, welches von den Ladungen Q_1, $Q_2 = -Q_1$ und einer wesentlich kleineren Ladung Q_3 (s. Bild **3.66a**) erregt wird, die Kraft auf Q_3 berechnet werden, so ist es zweckmäßig (s. Abschn. 3.5.1), das resultierende Feld $\vec{E}_{(Q_1,Q_2,Q_3)} = \vec{E}_{\mathrm{eig}}(Q_3) + \vec{E}_{\mathrm{err}}(Q_1,Q_2)$ in Bild **3.66a** zu zerlegen in das Eigenfeld $\vec{E}_{\mathrm{eig}}(Q_3)$ der Ladung Q_3 (s. Bild **3.66c**) und das Erregerfeld $E_{\mathrm{err}}(Q_1,Q_2)$ der beiden Ladungen Q_1, Q_2 (s. Bild **3.66b**).

Die erläuterte Zerlegung des Feldes ist selbstverständlich nur in linearen Räumen zulässig, in denen der Überlagerungssatz gilt, was für elektrische Felder weitgehend zutrifft.

3.5.1   Kraft auf elektrische Ladungen

Aus der Definitionsgleichung Gl.(3.12) für die elektrische Feldstärke $\vec{E}$ folgt unmittelbar die auf eine Punktladung wirkende Kraft

$$\vec{F} = Q_{\mathrm{p}}\vec{E}\,. \tag{3.179}$$

Da in praktischen Rechnungen mit realen Ladungen die für die Definitionsgleichung (3.12) vorausgesetzte Punktladung naturgemäß nicht mehr gegeben ist, muß Gl.(3.179) wie folgt ausgewertet werden.

a. Zur Berechnung der Kraft auf eine über den Raum V ausgedehnte Ladung $Q = \int_V \varrho\,\mathrm{d}V$ ist diese als in punktförmige Infinitesimalladungen $\mathrm{d}Q = \varrho\,\mathrm{d}V$ zerlegt aufzufassen. Für diese Infinitesimalladungen kann nach Gl.(3.179) mit der in ihrem Ortspunkt dV zu bestimmenden elektrischen Feldstärke $\vec{E}$ die infinitesimale Kraft d$\vec{F} = \vec{E}\,\mathrm{d}Q$ und durch deren Integration die Kraft

$$\vec{F} = \int_Q \vec{E}\,\mathrm{d}Q = \int_V \vec{E}\varrho\,\mathrm{d}V \qquad (3.180)$$

auf die Ladung Q berechnet werden.

b. Die Feldstärke $\vec{E}$ in Gl.(3.180) ist grundsätzlich die des resultierenden Feldes

$$\vec{E} = \vec{E}_{\mathrm{eig}(Q)} + \vec{E}_{\mathrm{err}(Q_{\mathrm{err}})}\,, \qquad (3.181)$$

d. h. die Überlagerung des Eigenfeldes $E_{\mathrm{eig}(Q)}$ der Ladung Q, für die die auf sie wirkende Kraft zu berechnen ist, und des Erregerfeldes $E_{\mathrm{err}(Q_{\mathrm{err}})}$ der Erregerladungen Q_{err} (alle Ladungen außer Q).

c. Ist die Ladungsverteilung von Q und Q_{err} nicht als raumfest gegeben, sondern als vom resultierenden Feld erzwungen zu betrachten, so müssen die Feldkomponenten $\vec{E}_{\mathrm{eig}}$ und $\vec{E}_{\mathrm{err}}$ mit den Ladungsverteilungen Q und Q_{err} berechnet werden, die für das resultierende Feld maßgebend sind (wäre nur jeweils eine Feldkomponente $\vec{E}_{\mathrm{eig}}$ oder $\vec{E}_{\mathrm{err}}$ im Raum, würde sich eine andere Ladungsverteilung einstellen).

d. In Sonderfällen läßt sich die Kraft auf eine Ladung Q unter Außerachtlassen ihres Eigenfeldes $E_{\mathrm{eig}(Q)}$, also allein mit der elektrischen Feldstärke $E_{\mathrm{err}(Q_{\mathrm{err}})}$ des Erregerfeldes berechnen (s. Beispiel 3.42). Dabei kann häufig auch noch die Rückwirkung von Q auf die räumliche Verteilung der Erregerladungen Q_{err} unberücksichtigt bleiben (s. Beispiel 3.45). Diese Sonderfälle haben insofern Bedeutung, als sie Hinweise für Näherungslösungen liefern, die praktische Rechnungen erheblich vereinfachen können.

3.5.1.1 Kraftwirkung auf Punktladungen.

Die Berechnung der Kraft auf eine Punktladung führt nach dem in Abschn. 3.5.1 erläuterten allgemeinen Vorgehen auf formale wie auch vorstellungsmäßige Schwierigkeiten,
da eine Punktladung Q auf unendlich große Raum- bzw. Flächenladungsdichten ($\varrho \to \infty$ bzw. $\sigma \to \infty$) führt und
da am Ort der Punktladung ihr Eigenfeld nicht eindeutig definiert ist (singulärer Punkt, s. Abschn. 3.1.2).

Stellt man sich aber die Singularität des Eigenfeldes einer Punktladung Q_{P} in ihrem Raumpunkt als die in alle Richtungen weisende elektrische Feldstärke $\vec{E}_{(Q_{\mathrm{P}})}$ vor (kugelsymmetrisches Feld), so erfährt die Punktladung in ihrem Eigenfeld gleich große, in alle Richtungen wirkende Kräfte $\vec{F} = Q_{\mathrm{P}}\vec{E}_{(Q_{\mathrm{P}})}$, die sich zu Null ergänzen [s. Absatz nach Gl.(3.15)].

– Eine Punktladung Q_p erfährt im unendlich ausgedehnten, homogenen Raum in ihrem Eigenfeld E_eig keine Kraft, d. h., sie übt keine Kraft auf sich selbst aus. Die auf sie wirkende Kraft kann daher in vielen Fällen – zumindest näherungsweise – allein mit dem Erregerfeld $\vec{E}_\mathrm{err}(Q_\mathrm{err})$, das ausschließlich von den außer Q_p im Raum befindlichen Ladungen Q_err (Erregerladungen) verursacht wird, berechnet werden.

Ortsfest gegebene Erregerladungsverteilungen. Im einfachsten Fall ist eine ortsfeste, d. h. räumlich unbewegliche, diskret oder kontinuierlich verteilte Ladung Q_err gegeben, für die das E-Feld [Erregerfeld $\vec{E}_\mathrm{err}(Q_\mathrm{err})$] bestimmt werden kann. Wird in dieses Feld eine Punktladung Q_p gebracht (bzw. hatte man Q_p bei der Berechnung von $\vec{E}_\mathrm{err}(Q_\mathrm{err})$ zunächst außer acht gelassen), so kann die auf diese wirkende C o u l o m b k r a f t

$$\vec{F} = Q_\mathrm{p}\vec{E}_\mathrm{err}(Q_\mathrm{err}) \tag{3.182}$$

mit der elektrischen Feldstärke $\vec{E}_\mathrm{err}(Q_\mathrm{err})$ berechnet werden, die sich einstellt, wenn Q_p nicht vorhanden ist, da
die Punktladung Q_p die ortsfeste Verteilung der Errgerladung Q_err nicht verändert und
die Punktladung in ihrem Eigenfeld keine Kraftwirkung erfährt und somit $\vec{F} = Q_\mathrm{p}[\vec{E}_\mathrm{eig}(Q_\mathrm{p}) + \vec{E}_\mathrm{err}(Q_\mathrm{err})] = Q_\mathrm{p}\vec{E}_\mathrm{err}(Q_\mathrm{err})$ gilt.

Theoretisch folgt dieser Fall auch unmittelbar aus der Definition des elektrischen Feldes auf der Basis ortsfest gegebener Punktladungen (s. Abschn. 3.1.2.1).

Beispiel 3.42. In einem ansonsten leeren Raum sind vier als punktförmig aufzufassende Ladungen Q_ν ortsfest gegeben (s. Bild **3.67**). In dem von diesen vier Ladungen erregten elektrischen Feld soll die Kraft auf die Ladung Q_2 berechnet werden.

Man faßt die Ladungen Q_1, Q_3, Q_4 als Erregerladungen auf und berechnet die von diesen im Punkt der Ladung Q_2 erregte elektrische Feldstärke $\vec{E}_\mathrm{err}(Q_1,Q_3,Q_4)$ [s. Gl.(3.15)], mit der sich nach Gl.(3.182) die auf die Ladung Q_2 wirkende Kraft ergibt.

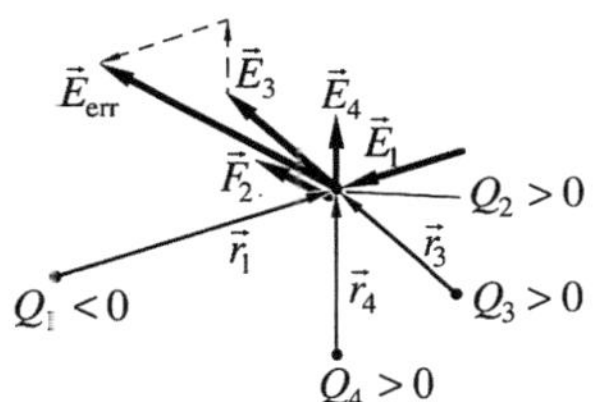

3.67 Kraftwirkung auf die Punktladung Q_2

$$\vec{F}_2 = Q_2\,\vec{E}_\mathrm{err}(Q_1,Q_3,Q_4) = Q_2\frac{1}{4\pi\varepsilon_0}\sum_{\nu=1;3;4}\frac{Q_\nu}{r_\nu^2}\left(\frac{\vec{r}_\nu}{r_\nu}\right) \tag{3.183}$$

Nichtortsfeste Ladungsverteilung. Ein elektrisches Feld wird von einer diesem Feld entsprechenden Ladungsverteilung erregt, die in den meisten praktischen Fällen aus freien Leitungselektronen in Metallelektroden besteht. Eine solche Ladungsverteilung kann nicht mehr als ortsfest angesehen werden, d. h., bringt man in ein solches Feld eine Punktladung Q_p, so ändert sich damit das ursprüngliche Feld und damit die ursprüngliche Ladungsverteilung (s. Beispiel 3.43), so daß die Kraft auf eine Punktladung wie folgt zu berechnen ist.

a. Unter Beachtung der Influenzwirkung der Punktladung Q_p, für die die auf sie wirkende Kraft $\vec{F}$ zu berechnen ist, wird die räumliche Verteilung der Erregerladung Q_err und für diese die Erregerfeldstärke $E_\mathrm{err}(Q_\mathrm{err})$ am Ort der Punktladung Q_p bestimmt, was aber in den meisten praktischen Fällen äußerst schwierig ist und über den Rahmen dieses Grundlagenbandes hinausgeht.

b. Mit der so bestimmten Erregerfeldstärke kann dann wieder entsprechend Gl.(3.182) die auf die Punktladung wirkende Kraft bestimmt werden, da auch hier die Punktladung mit ihrem Eigenfeld keine Kraft auf sich selbst ausübt.

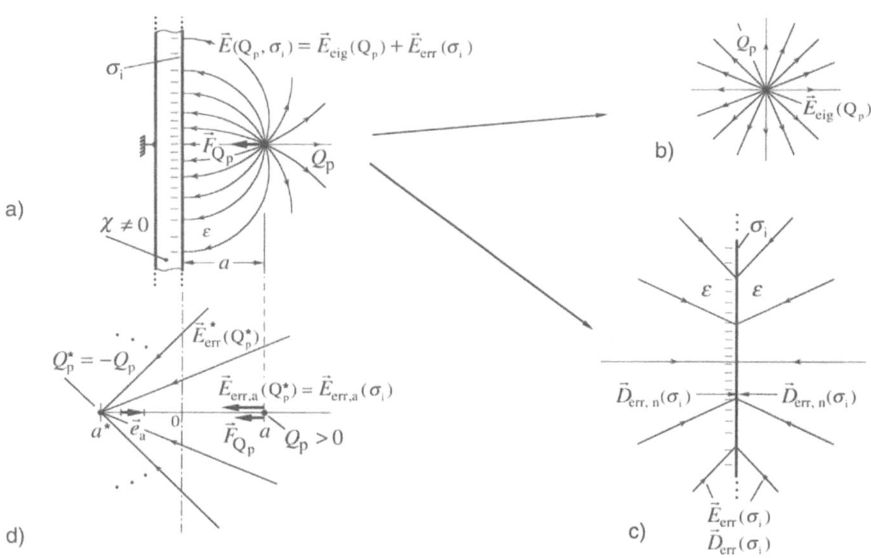

3.68 Kraftwirkung auf eine Punktladung Q_p vor einer leitenden Ebene: a) das von Q_p und von der von ihr influenzierten Flächenladung σ_i erregte Feld $\vec{E}(Q_\mathrm{p},\sigma_\mathrm{i})$, zerlegt in b) Erregerfeld $\vec{E}_\mathrm{err}(\sigma_\mathrm{i})$ und c) Eigenfeld $\vec{E}_\mathrm{eig}(Q_\mathrm{p})$, d) das ersatzweise mit der Spiegelladung Q_p^{*} berechnete Erregerfeld $\vec{E}_\mathrm{err}(Q_\mathrm{p}^{*})$

Beispiel 3.43. Eine weit ausgedehnte, ebene, ungeladene Metallplatte ist leitend mit der Erde verbunden. Bringt man im Abstand a, der sehr klein ist gegenüber den Abmessungen der Platte, eine Punktladung Q_p an, so wird auf diese eine Kraft ausgeübt, die zu berechnen ist (s. Bild **3.68a**). Die Gegenladung zu Q_p befindet sich auf der Erde und kann somit auf die geerdete Platte fließen; Punktladung und Platte können als sehr weit von der Erde entfernt angenommen werden.

Durch die Influenzwirkung der Punktladung Q_p stellt sich auf der ihr zugekehrten Oberfäche der Metallplatte eine Ladungsverteilung σ_i ein, die abhängig ist von der Größe der Punktladung Q_p und ihrem Abstand a (s. Bild **3.68a**). Das Feld $\vec{E}_{(Q_\mathrm{p},\sigma_\mathrm{i})} = \vec{D}_{(Q_\mathrm{p},\sigma_\mathrm{i})}/\varepsilon$ zwischen der Punktladung Q_p und der influenzierten Flächenladungsdichte σ_i kann entsprechend Beispiel 3.35 bestimmt werden. Für den hier betrachteten Nahbereich um Q_p darf allerdings nicht mit der Gl.(3.147) gerechnet werden, die der Näherungsgleichung (3.24a) entspricht, sondern die genaue Gl.(3.22) aus Beispiel 3.4 (s. Bild **3.8a**) muß übernommen werden. Diese ist aber im Punkt der Punktladung Q_p mit $r_1 \to 0$ oder $r_2 \to 0$ singulär, d. h., mit dem resultierenden Feld kann keine Feldstärke $\vec{E}_{\mathrm{a}(Q_\mathrm{p},\sigma_\mathrm{i})}$ im Punkt a der Punktladung und damit auch nicht die auf diese wirkende Kraft berechnet werden. Man faßt daher das Feld als Überlagerung des Eigenfeldes $\vec{E}_{\mathrm{eig}(Q_\mathrm{p})}$ der Punktladung Q_p (s. Bild **3.68b**) und des Erregerfeldes $\vec{E}_{\mathrm{err}(\sigma_\mathrm{i})}$, das von der influenzierten Flächenladungsdichte σ_i in der Plattenoberfläche verursacht wird (s. Bild **3.68c**), auf und kann dann entsprechend Gl.(3.182) die auf die Punktladung wirkende Kraft $\vec{F}_{Q_\mathrm{p}} = Q_\mathrm{p}\vec{E}_{\mathrm{err}(\sigma_\mathrm{i})}$ allein mit dem Erregerfeld $\vec{E}_{\mathrm{err}(\sigma_\mathrm{i})}$ berechnen. Die Erregerfeldstärke $\vec{E}_{\mathrm{err}(\sigma_\mathrm{i})} = \vec{D}_{\mathrm{err}(\sigma_\mathrm{i})}/\varepsilon$ bestimmt man aus der Flächenladungsdichte $|\sigma_\mathrm{i}| = |\vec{D}_{\mathrm{n}(Q_\mathrm{p},\sigma_\mathrm{i})}|$ [s. Gl.(3.140)] mit der Normalkomponente $\vec{D}_{\mathrm{n}(Q_\mathrm{p},\sigma_\mathrm{i})}$ des resultierenden Feldes $\vec{D}_{(Q_\mathrm{p},\sigma_\mathrm{i})}$. Dazu denkt man sich die Metallplatte als durch eine an der Stelle ihrer Oberfläche befindliche, nichtleitende Ebene ersetzt (s. Bild **3.68c**).

Diese sehr aufwendige Rechnung kann man im vorliegenden Fall umgehen, indem die Erregerfeldstärke $\vec{E}_{\mathrm{err},\mathrm{a}(\sigma_\mathrm{i})}$ im Punkt a nicht über die dieses Feld tatsächlich erregende Flächenladungsdichte σ_i der Plattenoberfläche, sondern mit dem Spiegelverfahren (s. Abschn. 3.3.1.3) berechnet wird, wie folgende Überlegung zeigt.

Wie in Beispiel 3.35 erläutert, kann das resultierende Feld $\vec{E}$ zwischen Punktladung und Flächenladungsdichte σ_i gleichwertig durch das Feld zwischen Punktladung Q_p und der ihr entsprechenden fiktiven Spiegelladung $Q_\mathrm{p}^* = -Q_\mathrm{p}$ berechnet werden [auf der Q_p-Seite von σ_i gilt $\vec{E}_{(Q_\mathrm{p},Q_\mathrm{p}^*)} = \vec{E}_{(Q_\mathrm{p},\sigma_\mathrm{i})}$, vergl. Bilder **3.57** und **3.68a**]. Es kann also auch die im Punkt a der Punktladung Q_p mit der Spiegelladung Q_p^* berechnete Erregerfeldstärke $\vec{E}_{\mathrm{err},\mathrm{a}(Q_\mathrm{p}^*)} = \vec{e}_\mathrm{a}Q_\mathrm{p}^*/[4\pi\varepsilon(2a)^2]$ als gleich der mit σ_i berechneten $[\vec{E}_{\mathrm{err},\mathrm{a}(\sigma_\mathrm{i})}]$ angesehen werden (s. Bild **3.68d**). Diese – ersatzweise – berechnete Erregerfeldstärke in Gl.(3.182) eingesetzt, ergibt die auf die Punktladung vor einer leitenden Ebene wirkende Kraft

$$\vec{F}_{Q_\mathrm{p}} = Q_\mathrm{p}\,\vec{E}_{\mathrm{err},\mathrm{a}(Q_\mathrm{p}^*)} = -\frac{Q_\mathrm{p}^2}{4\pi\varepsilon(2a)^2}\,\vec{e}_\mathrm{a}\,. \tag{3.184}$$

Mit dem Einsvektor $\vec{e}_\mathrm{a}$ von Q_p^* nach Q_p orientiert und $Q_\mathrm{p}Q_\mathrm{p}^* = Q_\mathrm{p}(-Q_\mathrm{p}) = -Q_\mathrm{p}^2$ folgt, daß die Kraft auf eine positive oder negative Punktladung immer zur leitenden Ebene hin orientiert ist.

Befindet sich eine Punktladung Q_p vor einer Grenzfläche zwischen Dielektrika unterschiedlicher Permittivität (s. Bild **3.50**), so bewirkt das Feld der Punktladung in den Dielektrika eine Polarisation $\vec{P}$, die in Grenzflächen mit einer materieeigenen (mikrokosmischen) Grenzflächenladung σ_pe verknüpft ist (s. Abschn. 3.2.2.2, Bild **3.45e**). Die

Kraftwirkung kann über diese mikrokosmische Grenzflächenladung σ_{pe} ähnlich erklärt werden wie anhand von Bild **3.**68 über die influenzierte makroskopische Grenzflächenladung σ_i der Metallplatte. Eine quantitative Berechnung der Kraftwirkung erfolgt aber zweckmäßiger über die in Abschn. 3.5.2.1 erläuterten Grenzflächenkräfte.

3.5.1.2 Kraftwirkung auf räumlich ausgedehnte Ladungen. In Bild 3.69 ist ein Gebiet V mit einer kontinuierlich verteilten Ladung dargestellt, die durch die Raumladungsdichte $\varrho_{(x,y,z)}$ beschrieben ist. Das elektrische Feld $\vec{E}_{(x,y,z)}$ in diesem Gebiet soll als resultierendes Feld, d. h. als von der betrachteten Raumladung ϱ und beliebigen weiteren Ladungen erregt, gegeben sein. Eine Zerlegung in die Komponenten Eigen- und Erregerfeld – wie für die Punktladung in Abschn. 3.5.1.1 erläutert – ist bei Ladungen, die als räumlich ausgedehnt betrachtet werden müssen, im allgemeinen nicht mehr zweckmäßig.

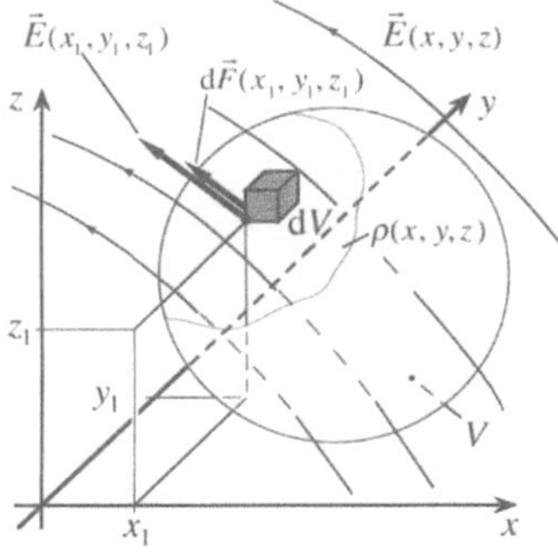

3.69   Kraftdichte $\mathrm{d}\vec{F}/\mathrm{d}V$ in einem Raumladungsgebiet V

Mit den als Ortsfunktionen gegebenen Größen Raumladungsdichte $\varrho_{(x,y,z)}$ und elektrische Feldstärke $\vec{E}_{(x,y,z)}$ kann für jeden Punkt des Raumladungsgebietes eine infinitesimale Punktladung $\mathrm{d}Q_{(x,y,z)} = \varrho_{(x,y,z)}\,\mathrm{d}V$ angenommen und entsprechend Gl.(3.180) die auf diese wirkende infinitesimale Kraftkomponente

$$\mathrm{d}\vec{F}_{(x,y,z)} = \vec{E}_{(x,y,z)}\,\varrho_{(x,y,z)}\,\mathrm{d}V \qquad (3.185)$$

bestimmt werden. Bezieht man diese infinitesimale Kraft auf das Volumen $\mathrm{d}V = \mathrm{d}x\,\mathrm{d}y\,\mathrm{d}z$, in dem sie auftritt, so bekommt man für ein Ladungsgebiet die **K r a f t d i c h t e**

$$\vec{f} = \frac{\mathrm{d}\vec{F}}{\mathrm{d}V} = \varrho\,\vec{E}\,. \qquad (3.186)$$

Die mit dieser Gl.(3.186) definierte Kraftdichte hat große praktische Bedeutung für die Erläuterung und Berechnung elektrischer Strömungsfelder (s. Abschn. 4), beispielsweise für die Erklärung und Berechnung der in Beispiel 3.21 erläuterten Driftbewegung der freien Elektronen aus dem Inneren einer leitenden Kugel an deren Oberfläche. Im statischen Fall befinden sich die freien Elektronen an der Oberfläche der Kugel, wo die Bindungskräfte der freien Elektronen in der Gitterstruktur größer sind als die makroskopischen Feldkräfte nach Gl.(3.186). Auch die in Beispiel 2.3 erläuterte Raumladungsdichte in einer Elektronenröhre („Elektronengas" zwischen Kathode und Anode) kann mit Hilfe der Kraftdichte quantitativ als Ortsfunktion berechnet werden.

Elektrostatische, d. h. ruhende Raumladungen können nur existieren, wenn die Coulombsche Kraftdichte [Gl.(3.186)] im Gleichgewicht zu anderen auf die Ladungsdichte ϱ wirkenden Kraftdichten steht, so daß keine resultierenden Beschleunigungskräfte auftreten. Ist nun die Raumladungsdichte ϱ in einem solchen Kräftegleichgewicht als raumfest an einen starren Körper des Volumens V gebunden aufzufassen, so daß die Kraftdichte auf den die Ladung tragenden Körper übertragen wird, ohne daß sich dieser verformt, so kann durch Integration der Kraftdichte über das Volumen V des Körpers die auf diesen wirkende resultierende Coulombkraft

$$\vec{F} = \int_V \varrho \vec{E}\, \mathrm{d}V \,. \tag{3.187}$$

berechnet werden.

Beispiel 3.44. Für das kugelförmig mit dem Radius $R_\mathrm{p} \approx 1,2 \cdot 10^{-12}\,\mathrm{mm}$ und der homogenen Raumladungsdichte $\varrho = 22,1 \cdot 10^{15}\,\mathrm{As/mm^3}$ angenommene Proton (s. Beispiel 2.2) ist die Kraftdichte im Inneren zu berechnen mit der Annahme, dieses Proton befinde ich im unendlich ausgedehnten leeren Raum.

In Beispiel 3.17, Gl.(3.106) ist die elektrische Feldstärke $\vec{E}_{(r \leq R)}$, die von einer Kugel mit homogener Raumladungsdichte erregt wird, bestimmt. Setzt man diese in Gl.(3.186) ein, so bekommt man die Kraftdichte

$$\vec{f} = \frac{\mathrm{d}\vec{F}}{\mathrm{d}V} = \varrho \vec{E}_{(r<R)} = 22,1 \cdot 10^{15}\,\frac{\mathrm{As}}{\mathrm{mm^3}} \cdot \frac{1,6 \cdot 10^{-19}\,\mathrm{As}}{4\pi(1,2 \cdot 10^{-12}\,\mathrm{mm})^2 8,85 \cdot 10^{-12}\,\mathrm{As/(Vm)}} \cdot \frac{r}{R_\mathrm{p}}\vec{e}_\mathrm{r}$$

$$\approx \quad 22 \cdot 10^{36}\,\frac{r}{R_\mathrm{p}}\vec{e}_\mathrm{r}\,\frac{\mathrm{N}}{\mathrm{mm^3}}\,.$$

Auf die Ladung im Inneren des Protons wirkt durch ihr eigenes Feld eine radial nach außen orientierte Kraft ($\vec{F} \uparrow\uparrow \vec{e}_\mathrm{r}$). Der Betrag der Kraftdichte steigt von Null im Mittelpunkt auf den unvorstellbaren Wert von $22 \cdot 10^{36}\,\mathrm{N/mm^3}$ am Außenrand. Da die Ladung aber dennoch auf den Raum des Protons konzentriert bleibt, müssen in Protonen entsprechend große Bindungskräfte wirksam sein.

Kraftwirkung auf Flächenladungen. In Grenzflächen leitender Gebiete mit idealisierter Flächenladungsdichte σ (Elektrodenoberflächen) ist die Raumladungsdichte Unendlich ($\varrho \to \infty$), und die elektrische Feldstärke E geht unstetig von dem Wert $E = D/\varepsilon = \sigma/\varepsilon$ [s. Gl.(3.140)] der nichtleitenden Seite auf den Wert $E = 0$ der leitenden Seite über (s. Bild 3.70a). Damit ist für die Berechnung der Kraft auf die Ladung $\mathrm{d}Q = \sigma\,\mathrm{d}A$ in der Oberfläche keine Eindeutigkeit mehr gegeben, und man muß die in realen Grenzflächen immer in Schichtdicken größer Null auftretende Ladung betrachten.

Der Zusammenhang zwischen der mit einer Schichtdicke $\delta > 0$ unter einer Elektrodenoberfläche auftretenden Raumladungsdichte ϱ und der diese idealisiert beschreibenden Flächenladungsdichte σ ist mit Gln.(2.19)bzw.(2.20) gegeben. Ist die Raumladungsdichte über ihre Schichtdicke δ gleichmäßig verteilt, so steigt die elektrische Feldstärke E linear von Null $[E(x_{ng}-\delta)=0]$ auf den Wert $E(x_{ng})=\sigma/\varepsilon$ auf der Oberfläche an (s. Bild **3.**70b). Damit kann man sich anschaulich ein Volumenelement $dV = \delta\, dA$ dieser Ladungsschichtdicke vorstellen (s. Bild **3.**70c), in dem eine mittlere elektrische Feldstärke $E_{mit}=[E(x_{ng}-\delta)+E(x_{ng})]/2=\sigma/2\varepsilon$ auf eine endliche Raumladungsdichte $\varrho = \sigma/\delta$ [s. Gl.(2.20)] wirkt. Damit kann entsprechend Gl.(3.186) auch eine mittlere Kraftdichte ϱE_{mit} berechnet werden, mit der sich die infinitesimale Kraftkomponente $dF = \varrho E_{mit}\, dV = [\sigma^2/(2\delta\varepsilon)]\delta\, dA$ auf das Volumenelement dV ergibt. Man erkennt, daß sich so eine flächenbezogene Kraft $dF/dA = \sigma^2/(2\varepsilon)$ aus der Flächenladungsdichte σ berechnen läßt, unabhängig von der Schichtdicke δ, aus der σ resultiert.

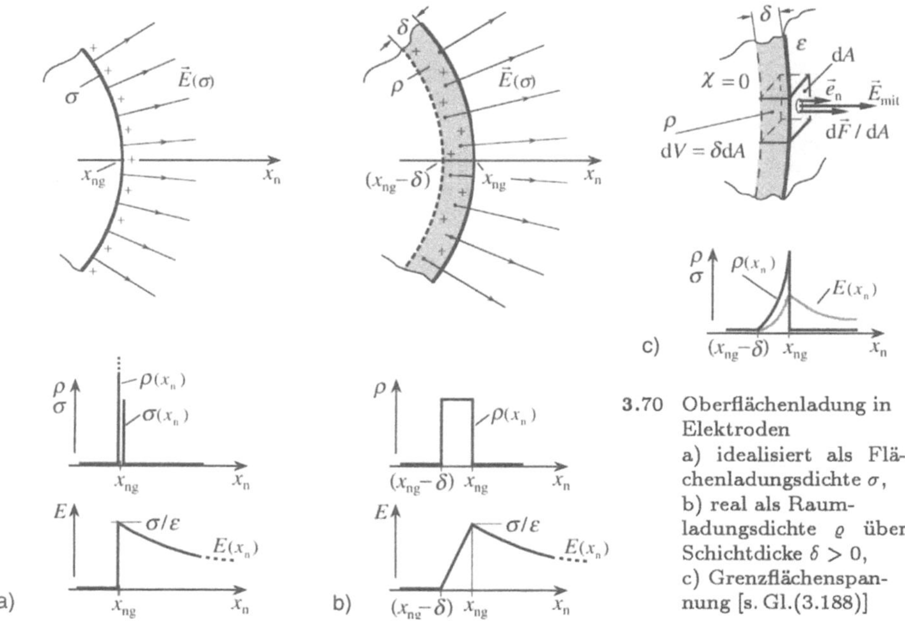

3.70 Oberflächenladung in Elektroden
a) idealisiert als Flächenladungsdichte σ,
b) real als Raumladungsdichte ϱ über Schichtdicke $\delta > 0$,
c) Grenzflächenspannung [s. Gl.(3.188)]

Ist die Raumladungsdichte $\varrho(x_n)$ über die Schichtdicke δ nicht konstant, so ist die elektrische Feldstärke $\vec{E}(x_n)$ in der Ladungsschicht δ eine nichtlineare Funktion von x_n (s. Bild **3.**70c), und die flächenbezogene Kraft $d\vec{F}/dA = \int_\delta \varrho(x_n)\vec{E}(x_n)\,dx_n$ muß als Integral über die Schichtdicke bestimmt werden, was aber auf das gleiche Ergebnis $\sigma^2/2\varepsilon$ führt.

Allgemein gilt also für Elektrodenoberflächen mit einer Flächenladungsdichte σ und der damit auf ihnen wirksamen elektrischen Feldstärke $\vec{E} = \vec{D}/\varepsilon = (\sigma/\varepsilon)\vec{e}_n$, daß auf sie die f l ä c h e n b e z o g e n e K r a f t oder G r e n z f l ä c h e n -

s p a n n u n g

$$\vec{s}_g = \frac{\mathrm{d}\vec{F}}{\mathrm{d}A} = \frac{\sigma^2}{2\varepsilon}\,\vec{e}_n = \frac{\sigma\vec{E}_{gr}}{2} \tag{3.188}$$

wirkt.[1] Der Einsvektor $\vec{e}_n$ ist normal zur Oberfläche in den nichtleitenden Raum orientiert anzunehmen. Bei $\sigma > 0$ ist $\vec{E} \uparrow\uparrow \vec{e}_n$, und bei $\sigma < 0$ ist $\vec{E} \uparrow\downarrow \vec{e}_n$; in beiden Fällen ist also $(\sigma\vec{E} \uparrow\uparrow \vec{e}_n)$.

- Auf Elektrodenoberflächen mit der Flächenladungsdichte σ wirkt eine Grenzflächenspannung $\vec{s} = \sigma\vec{E}/2$ normal zur Oberfläche in den nichtleitenden Raum orientiert.

Die entsprechend den Gln.(3.186)bzw.(3.188) in der Elektrodenoberfläche wirkenden Kräfte (Coulombkräfte) werden über die molekularen Bindungskräfte der Oberflächenladung auf die Elektrodenoberfläche übertragen. Die Integration der Grenzflächenspannung [Gl.(3.188)] ergibt also auch die resultierende Kraft

$$\vec{F} = \int\limits_A \frac{\sigma\vec{E}}{2}\,\mathrm{d}A = \int\limits_A \frac{\sigma^2}{2\varepsilon}\,\vec{e}_n\,\mathrm{d}A\,, \tag{3.189}$$

die auf die Elektrodenfläche A wirkt. Mit dieser resultierenden Kraft kann nach den Gesetzen der Mechanik die mechanische Beanspruchung (Einspannkräfte, Drehmoment, Beschleunigung o.ä.) nur bei starr anzunehmenden Elektrodenoberflächen berechnet werden [10]. Für die Berechnung der Verformung elastischer Elektroden bzw. ihrer inneren mechanischen Spannungen muß von der Grenzflächenspannung Gl.(3.188) ausgegangen werden.

Beispiel 3.45. In den homogenen Feldbereich eines mit $Q_{err1} = -Q_{err2}$ geladenen Plattenkondensators (s. Bild **3.**71a) wird eine Metallkugel der makroskopischen Ladung Q_k (Gegenladung $Q_{kg} = -Q_k$ sei im Unendlichen) gebracht (s. Bild **3.**71b). Die Ladung Q_k der Kugel bzw. ihr Durchmesser sind sehr klein gegenüber der Plattenladung Q_{err} bzw. dem Plattenabstand d. Die Berechnung der Kraftwirkung auf die Kugel ist exakt zu erklären und näherungsweise auszuführen.

Ohne Metallkugel stellt sich der in Bild **3.**71a skizzierte homogene Feldbereich ein, dessen elektrische Feldstärke $\vec{E}_{err} = \vec{D}_{err}/\varepsilon$ entsprechend Beispiel 3.7 mit $D_{err} = \sigma_{err} = Q_{err}/A_{pl}$ berechnet werden kann. Da diese homogene Ladungsverteilung auf der Plattenoberfläche aber nicht ortsfest ist (frei bewegliche Elektronen), wird sie sich

---

[1]In diesem Buch wird die mechanische Normalspannung $\mathrm{d}F/\mathrm{d}A$ nicht, wie üblich und genormt, mit σ, sondern mit s_g bezeichnet, um Verwechslungen mit der Flächenladungsdichte σ zu vermeiden.

mit Einbringen der Kugel in den Feldraum verändern, was gleichermaßen auch eine
Feldverzerrung bedeutet, die wie folgt zu erklären ist.

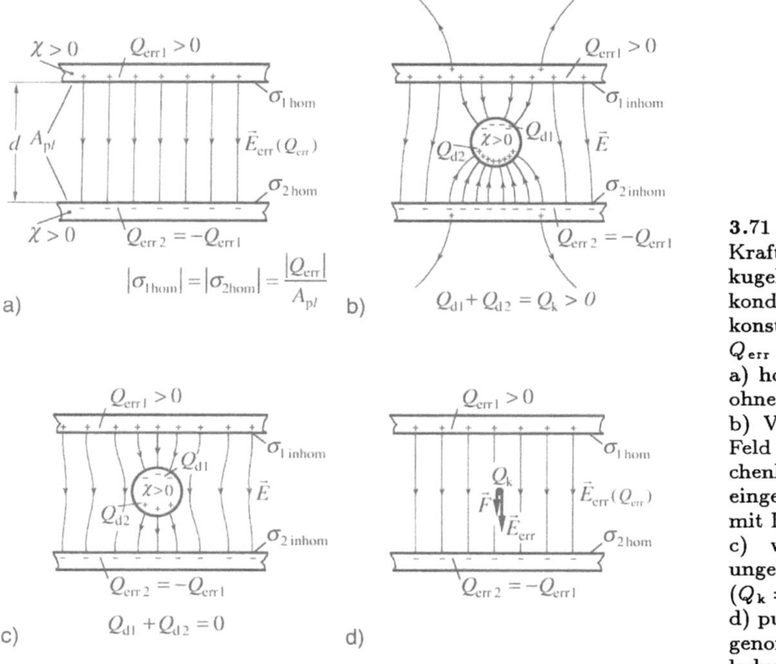

3.71
Kraft auf Metall-
kugel im Platten-
kondensator mit
konstanter Ladung
Q_{err}
a) homogenes Feld
ohne Kugel,
b) Verzerrung von
Feld und Oberflä-
chenladung durch
eingebrachte Kugel
mit Ladung Q_k,
c) wie b), aber
ungeladene Kugel
($Q_k = 0$),
d) punktförmig an-
genommene Kugel-
ladung Q_k

a. Durch die Influenzwirkung des Feldes werden die freien Elektronen in der eingebrachten Metallkugel verschoben, so daß sich die außerhalb des Feldes gleichmäßig
über die Kugeloberfläche verteilte Ladung dipolartig in zwei gegenüberliegende ungleichnamige Ladungsgebiete Q_{d1} und Q_{d2} aufteilt (s. Bild **3.71**b). Da an der dipol-
artigen Trennung nicht nur die auf die Kugel gebrachte makroskopische Ladung Q_k
beteiligt ist, sondern auch weitere freie Elektronen der Metallkugel, sind die Beträge
von Q_{d1} und Q_{d2} ungleich und können erheblich größer sein als der von Q_k. Es gilt
$|Q_{d1}| \neq |Q_{d2}|$ und $Q_{d1} + Q_{d2} = Q_k$. Auch wenn die eingebrachte Kugel ungeladen wäre,
würde sich eine dipolartige Ladungsverteilung einstellen, für die aber $Q_{d1} + Q_{d2} = 0$
gilt (s. Bild **3.71**c).

b. Durch die Rückwirkung der Ladungsverteilung auf die zwischen die Platten gebrachte Kugel wird die ursprünglich homogene Oberflächenladung (σ_{hom}) der Platten
inhomogen (σ_{inhom}). Dabei bewirkt die makroskopische Kugelladung $Q_k = Q_{d1} + Q_{d2}$,
deren Gegenladung sich außerhalb der Platten im Unendlichen befindet, eine Ladungstrennung zwischen den inneren und äußeren Plattenoberflächen, so daß sich die Feldlinien von Q_k mit „Unterbrechung" über den feldfreien leitenden Plattenquerschnitt
zu der Gegenladung $Q_{kg} = -Q_k$ fortsetzen (s. Bild **3.71**b).

Unter Beachtung der durch die Effekte **a.** und **b.** erklärten Wechselwirkung zwischen
Feld- und Ladungsverteilung muß das inhomogene Feld zwischen Platten und gela-

dener Kugel und damit die inhomogene Flächenladungsdichte σ_k auf der Kugel bestimmt werden. Die auf die – starre – Kugel wirkende resultierende Kraft kann dann mit Gl.(3.189) berechnet werden.

Nach den hier gegebenen Voraussetzungen ist die Kugelladung Q_k so klein, daß ihre Rückwirkung auf die Ladungsverteilung vernachlässigbar ist, und die Abmessung der Kugel so klein, daß auch die durch ihr leitfähiges Gebiet bzw. durch die in ihr influenzierte Dipolladung verursachte Feldverzerrung unbeachtet bleiben kann. Damit läßt sich die mit Q_k geladene Kugel als Punktladung auffassen, und mit Gl.(3.182) kann die Kraft auf die Kugel

$$F = Q_k \, E_{\mathrm{err}}\,(Q_{\mathrm{err}}) = \frac{Q_k \, Q_{\mathrm{err}}}{\varepsilon A_{\mathrm{pl}}}$$

näherungsweise mit dem gegebenen homogenen Erregerfeld $E_{\mathrm{err}(Q_{\mathrm{err}})} = Q_{\mathrm{err}}/(\varepsilon A_{\mathrm{pl}})$ in dem Plattenkondensator berechnet werden (s. Bild **3.71**d). Diese Näherung gilt allerdings auch dann nicht mehr, wenn sich die Kugelladung sehr nahe vor einer der Plattenoberflächen befindet.

Kraftwirkung auf Linienladungen. Linienladungen werden in infinitesimale Ladungselemente $dQ = \lambda \, dl$ zerlegt, die als Punktladungen aufzufassen sind. Damit ist aber die elektrische Feldstärke $\vec{E}$ in den Ortspunkten der Linienladung ähnlich wie in der Flächenladung singulär. Faßt man also für die Berechnung der Kraftwirkung auf reale Leiter diese näherungsweise als Linienladungen auf, so ergeben sich Schwierigkeiten, die aber zu vermeiden sind, wenn die bei realen Leitern immer von Null verschiedene Oberfläche (bzw. Querschnitt) in den Ansatz einbezogen wird. Beispielsweise müßte das Feld im Zusammenhang mit der Flächenladungsdichte auf der Leiteroberfläche bestimmt werden, mit der sich dann entsprechend Gl.(3.188) die Kraft auf den Leiter berechnen läßt.

Nur in Sonderfällen läßt sich analog wie bei Punktladungen die Kraft auf Linienladungen berechnen, indem die Kraft auf die Linienladung (gegeben durch die Linienladungsdichte λ) ohne Berücksichtigung ihres Eigenfeldes $\vec{E}_{\mathrm{eig}}(\lambda)$ allein mit dem Erregerfeld $\vec{E}_{\mathrm{err}}(Q_{\mathrm{err}})$ berechnet wird. Sinngemäß gilt auch hier selbstverständlich, daß die durch die Influenzwirkungen bei beweglichen Ladungen möglichen Veränderungen der Ladungsverteilungen und damit der Erregerfeldstärke in der Linienladung unbedingt zu beachten sind. Wird in ein Feld bekannter Erregerfeldstärke $\vec{E}_{\mathrm{err}}(Q_{\mathrm{err}})$ ein Linienleiter mit der Linienladungsdichte λ gebracht und ändert sich dadurch nicht die Verteilung der Erregerladung Q_{err} (und auch nicht die Linienladungsdichte λ des Linienleiters), so können für die infinitesimalen Punktladungen $dQ = \lambda \, dl$ der Linienladung die infinitesimalen Kraftkomponenten $d\vec{F} = \lambda \, dl \, \vec{E}_{\mathrm{err}}(Q_{\mathrm{err}})$ entsprechend Gl.(3.182) berechnet werden. Damit ergibt sich die l ä n g e n b e z o g e n e K r a f t

$$(\mathrm{d}\vec{F}/\mathrm{d}l) = \lambda \, \vec{E}_{\mathrm{err}(Q_{\mathrm{err}})} \qquad (3.190)$$

und durch Integration über die Länge l der Linienladung die resultierende Kraft

$$\vec{F} = \int_L \lambda \, \vec{E}_{\text{err}}(Q_{\text{err}}) \, \mathrm{d}l \,, \tag{3.191}$$

die auf die Linienladung der Länge L wirkt. Mit dieser resultierenden Kraft kann im allgemeinen nur bei starren Leitern sinnvoll gerechnet werden; die Erklärung zu Gl.(3.189) gilt sinngemäß.

Beispiel 3.46. Auf zwei geraden, sehr langen, parallel zueinander verlaufenden Leitungen stellt sich die Ladung gleichmäßig verteilt ein mit der Ladung pro Länge Q_1/l bzw. $Q_2/l = -Q_1/l$. Die Kraft zwischen den Leitungen ist zu berechnen mit der Annahme, daß ihr Abstand a groß ist gegenüber dem Durchmesser.

Bei den gegebenen Voraussetzungen können die Leitungsladungen als Linienladungen $\lambda_1 = Q_1/l$ und $\lambda_2 = -\lambda_1$ aufgefaßt werden (s. Bild **3.72**). Damit ist die elektrische Feldstärke, die jeweils eine der Linienladungen in der Linie der anderen erregt, entsprechend Gl.(3.32) mit $\vec{E} = \vec{D}/\varepsilon$ zu berechnen.

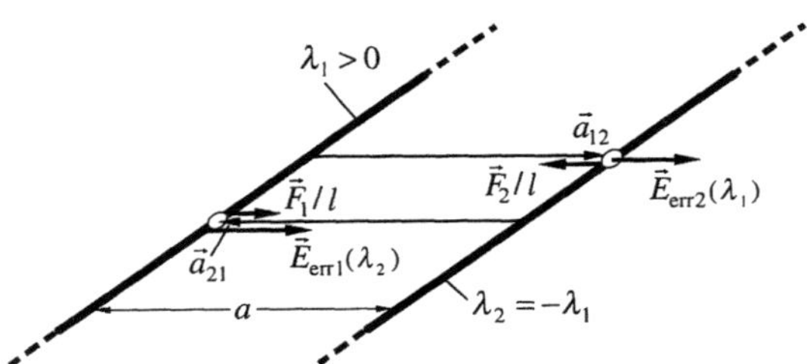

3.72 Kraftwirkung zwischen geraden, langen Linienladungen

$$\vec{E}_{\text{err}\,2}(\lambda_1) = \frac{\lambda_1}{2\pi a\varepsilon}\left(\frac{\vec{a}_{12}}{a}\right) \,; \qquad \vec{E}_{\text{err}\,1}(\lambda_2) = \frac{\lambda_2}{2\pi a\varepsilon}\left(\frac{\vec{a}_{21}}{a}\right)$$

Ein langer, gerader Leiter mit homogener Linienladungsdichte λ erfährt in seinem zylindersymmetrischen Eigenfeld keine Kraft (Erläuterungen zur Punktladung in Abschn. 3.5.1.1 gelten sinngemäß). Damit kann entsprechend Gl.(3.190) mit der Linienladungsdichte λ die längenbezogene Kraft

$$\frac{\vec{F}_2}{l} = \frac{\lambda_1\lambda_2}{2\pi a\varepsilon}\left(\frac{\vec{a}_{12}}{a}\right), \qquad \frac{\vec{F}_1}{l} = \frac{\lambda_1\lambda_2}{2\pi a\varepsilon}\left(\frac{\vec{a}_{21}}{a}\right) \tag{3.192}$$

berechnet werden. Ist $\lambda_1 > 0$ und $\lambda_2 < 0$, so ist $\vec{E}_{\text{err}2}(\lambda_1) \uparrow\uparrow \vec{a}_{12}$ und $\vec{E}_{\text{err}1}(\lambda_2) \uparrow\downarrow \vec{a}_{21}$, d. h., bei $\lambda_2 = -\lambda_1$ sind die betragsmäßig gleichen Kräfte zwischen den Linienladungen aufeinander zu gerichtet (ungleichnamige Ladungen ziehen einander an).

Um eine konkrete Kraft berechnen zu können, muß die Ladung pro Länge λ/l bekannt sein. Im allgemeinen ist aber nicht diese Ladung, sondern die elektrische Spannung U zwischen den Leitern gegeben. Man muß dann z. B. über die Kapazität $C = Q/U$ zwischen den Leitungen die auf ihrer Oberfläche gespeicherte Ladung $Q = CU$ berechnen [s. Gl.(3.120)]. Die Berechnung von C und damit von Q ist allerdings nicht mehr für den Linienleiter, wohl aber für den realen Leiter mit einem Radius $R > 0$ möglich.

3.5.2 Kraftberechnung über den Energieerhaltungssatz

Die in Abschn. 3.5.1 erläuterte unmittelbare Berechnung der Kraftwirkungen im elektrostatischen Feld als Produkt aus elektrischer Feldstärke $\vec{E}$ und Ladung Q ist sehr anschaulich, führt aber häufig zu Schwierigkeiten. Es kann daher zweckmäßig oder sogar notwendig sein, Kräfte mit Hilfe des E n e r g i e e r h a l t u n g s s a t z e s zu berechnen. Man bedient sich dazu des aus der Mechanik bekannten Prinzips der v i r t u e l l e n V e r s c h i e b u n g; das ist die Vorstellung einer infinitesimalen Verschiebung einer Kraft um d$\vec{l}$ und dem damit unabdingbar verbundenen Auftreten einer infinitesimalen mechanischen Energie $\vec{F} \cdot$ d$\vec{l}$. Diese mechanische Energie $\vec{F} \cdot$ d$\vec{l}$ muß in eine andere oder aus einer anderen Energieart umgeformt werden, so daß sich innerhalb eines abgeschlossenen Systems (das ist ein System, dem Energie weder zu- noch abgeführt wird) die Summe aller Energien nicht ändert. Bei den hier betrachteten elektrischen Systemen kann die mechanische Energie allein mit der Feldenergie korrespondieren (s. Abschn. 3.5.2.1) oder mit der Feldenergie und der dieser galvanisch zu- oder abgeführten elektrischen Energie (s. Abschn. 3.5.2.2). Bei zeitlich veränderlichen Feldern muß gegebenenfalls auch noch die magnetische Feldenergie in die Energiebilanz aufgenommen werden (s. Abschn. 5).

3.5.2.1 Kraft auf Grenzflächen im elektrischen Feld. In den Grenzflächen zwischen Stoffen unterschiedlicher Permittivität ε treten infolge der unterschiedlichen Polarisation dieser Stoffe mikrokosmische Ladungen in Erscheinung, auf die die elektrische Feldstärke $\vec{E}$ Kräfte ausübt. Diese Kräfte werden nicht, wie in Abschn. 3.5.1 für makroskopische Ladungen erläutert, als unmittelbar auf die Ladung wirkend, sondern indirekt über den Energieerhaltungssatz berechnet. Man betrachtet dazu zunächst in den Beispielen 3.47 und 3.48 die besonders einfachen Fälle senkrecht und parallel zu den Feldlinien verlaufender Grenzflächen im Feld eines Plattenkondensators konstanter Ladung Q ($Q = $ const heißt, es fließt kein Strom, und somit wird elektrische Energie weder zu- noch abgeführt). Aus diesen einfachen Fällen wird dann der allgemeine Fall hergeleitet.

Beispiel 3.47. Die auf G r e n z f l ä c h e n   s e n k r e c h t   z u r   F e l d r i c h t u n g wirkenden Feldkräfte sind herzuleiten.

In Bild **3.73a** ist ein Plattenkondensator mit den gleich großen, planparallelen Platten $A_1 = A_2 = A$ im Abstand L dargestellt. Das Dielektrikum besteht aus zwei Schichten mit den unterschiedlichen Permittivitäten ε_1 bzw. $\varepsilon_2 > \varepsilon_1$; die Grenzfläche $A_\mathrm{g} = A$ zwischen beiden liegt planparallel zu den Platten. Beispielsweise befinden sich die Platten in einem Isoliergefäß, welches über die Höhe l_n mit Isolieröl und über die Höhe $(L - l_\mathrm{n})$ mit Luft gefüllt ist. Die Platten haben die Ladungen Q_1 bzw. $Q_2 = -Q_1$, die sich nicht verändern sollen. Damit sind die Flächenladungsdichten $\sigma_1 = Q_1/A$ bzw. $\sigma_2 = Q_2/A$ und die elektrische Flußdichte $\vec{D}$ mit $|\vec{D}| = \sigma = |\sigma_1| = |\sigma_2|$ ebenfalls konstant. Der Abstand der Platten soll klein sein gegenüber der Flächenausdehnung ($L \ll \sqrt{A}$), so daß die Randverzerrung des Feldes außer acht gelassen und das D-

Feld als homogen angesehen werden kann. Die Feldvektoren $\vec{D}$ und $\vec{E}$ haben in der Grenzfläche A_g zwischen den Dielektrika (ebenso in den Elektrodenoberflächen) keine Tangential- ($\vec{D}_t$), sondern nur Normalkomponenten (D_n) (s. Abschn. 3.2.2.3).

$$\vec{D} = \vec{D}_{n1} = \vec{D}_{n2} = \vec{D}_n \; ; \qquad \vec{D}_{t1} = \vec{D}_{t2} = 0$$

Mit den hier vorausgesetzten Gegebenheiten können die folgenden Rechnungen eindimensional in Abhängigkeit von der normal zur Grenzfläche verlaufenden Längenkoordinate l_n durchgeführt werden. Die Orientierung für die positive Zählrichtung von l_n und die für den Einsvektor $\vec{e}_1$ sind nach Bild **3.**73a festgelegt.

Trotz der in beiden Dielektrika gleichen elektrischen Flußdichte $\vec{D}_n$ ist die Dichte der elektrischen Feldenergie im Dielektrikum (1) größer als im Dielektrikum (2), da ε_2 größer als ε_1 ist. Die im gesamten Feldraum AL zwischen den Platten gespeicherte Feldenergie ergibt sich allgemein

$$W_c = w_{c2}Al_n + w_{c1}A(L - l_n) = w_{c1}AL + (w_{c2} - w_{c1})Al_n \tag{3.193a}$$

und mit $w_c = D^2/(2\varepsilon)$ [s. Gl.(3.176)] für lineare Dielektrika

$$W_c = D_n^2 \frac{A}{2}\left[\frac{L}{\varepsilon_1} + l_n\left(\frac{1}{\varepsilon_2} - \frac{1}{\varepsilon_1}\right)\right] = \frac{Q^2}{2A}\left[\frac{L}{\varepsilon_1} + l_n\left(\frac{1}{\varepsilon_2} - \frac{1}{\varepsilon_1}\right)\right] . \tag{3.193b}$$

Die Feldenergie W_c wird linear kleiner mit der Ausdehnung l_n des Dielektrikums (1) (s. Bild **3.**73b), da bei konstanter Plattenladung Q unabhängig von der Lage l_n der Grenzfläche die elektrische Flußdichte D_n und damit auch die Energiedichten w_{c1} und w_{c2} in den Räumen V_1 und V_2 jeweils konstant sind. In den Gln.(3.193) stellt der erste Summand $w_{c1}AL$ die Feldenergie dar, die gespeichert wäre, wenn der Feldraum nur mit dem Dielektrikum (1) ausgefüllt wäre ($l_n = 0$).

Stellt man sich entsprechend Bild **3.**73a eine infinitesimale Verschiebung der Grenzfläche A_g z. B. um $\mathrm{d}\vec{l}_{n1} = \mathrm{d}l_{n1}\,\vec{e}_1$ von l_n nach l_{n1} vor, so ändert sich die elektrische Feldenergie $W_{c(l_n)}$ nach Gl.(3.193) um $\mathrm{d}W_{c(l_n \to l_{n1})} = W_{c(l_{n1})} - W_{c(l_n)}$, d. h. wird kleiner (s. Bild **3.**73b). Ändert sich bei der virtuellen Verschiebung die Plattenladung nicht, so wird dem Feld keine elektrische Energie zugeführt oder entzogen. Der Anteil $\mathrm{d}W_{c(l_n \to l_{n1})}$, um den die Feldenergie kleiner geworden ist, muß damit über eine an der Grenzfläche A_g angreifende, mit dieser verschobene G r e n z f l ä c h e n k r a f t $\vec{F}_{gq} = F_{gq}\vec{e}_1$ in mechanische Arbeit $\vec{F}_{gq} \cdot \mathrm{d}\vec{l}_n = F_{gq}\vec{e}_1 \cdot \mathrm{d}l_n\,\vec{e}_1$ umgeformt werden, so daß entsprechend dem Energieerhaltungssatz die Summe beider Energien Null ist $[\mathrm{d}W_{c(l_n)} + \vec{F}_{gq} \cdot \mathrm{d}\vec{l}_n = 0)$. Die mechanische Energie

$$\vec{F}_{gq} \cdot \mathrm{d}\vec{l}_n = F_{gq}\vec{e}_1 \cdot \mathrm{d}l_n\vec{e}_1 = F_{gq}\,\mathrm{d}l_n = -\mathrm{d}W_c \tag{3.194}$$

ist also gleich der negativen Änderung der Feldenergie. Über den durch $\vec{e}_1 \cdot \vec{e}_1 = 1$ gewonnenen skalaren Term $F_{gq}\,\mathrm{d}l$ läßt sich die Energiegleichung (3.194) explizit nach dem Wert der Grenzflächenkraft

$$F_{gq} = -\frac{\mathrm{d}W_c}{\mathrm{d}l_n} \tag{3.195a}$$

auflösen. Für die entsprechend Bild **3.**73a in Gl.(3.194) festgelegten Orientierungen ($\vec{e}_1$ in positiver l_n-Koordinate, s. Bild **3.**73c) kann Gl.(3.195a) wieder mit $\vec{e}_1$ multipliziert werden, was auf die Grenzflächenkraft

$$\vec{F}_{gq} = F_{gq}\vec{e}_1 = -\frac{dW_c}{dl_n}\,\vec{e}_1 \qquad\qquad (3.195b)$$

in vektorieller Darstellung führt. Der Index q kennzeichnet die Grenzflächenkraft als die Kraft, die auf eine quer zur Feldrichtung liegende Grenzfläche wirkt.

Um festzustellen, ob die vom Feld verursachten Feldkräfte tatsächlich normal zur Grenzfläche wirken, nimmt man eine Verschiebung $d\vec{l}_\alpha$ der Grenzfläche A_g von l_n nach ($l_n + dl_n$) im Winkel α zur Normalen dl_n an (s. Bild **3.**73d). Für diesen Verschiebungsweg $dl_\alpha = dl_n/\cos\alpha$ folgt mit der Festlegung $\vec{F}_{gq\alpha}\|d\vec{l}_\alpha$ sinngemäß aus den Gln.(3.194)u.(3.195) die in Richtung $d\vec{l}_\alpha$ liegende Komponente der Grenzflächenkraft $F_{gq\alpha} = -dW_c/dl_\alpha = -(dW_c/dl_n)\cos\alpha = F_{gq}\cos\alpha$. Man erkennt, daß in der Normalen zur Grenzfläche ($\cos\alpha = 1$) die maximale Änderung der Feldenergie auftritt $|dW_c/dl|_{max} = |dW_c/dl_n|$. Die Grenzflächenkraft $F_{gq} = dW_c/dl_n$ wirkt also in der Normalen, da in von dieser abweichend angenommenen Richtungen nur (kleinere) Komponenten $F_{gq\alpha} = F_{gq}\cos\alpha$ der Grenzflächenkraft $\vec{F}_{gq}$ auftreten.

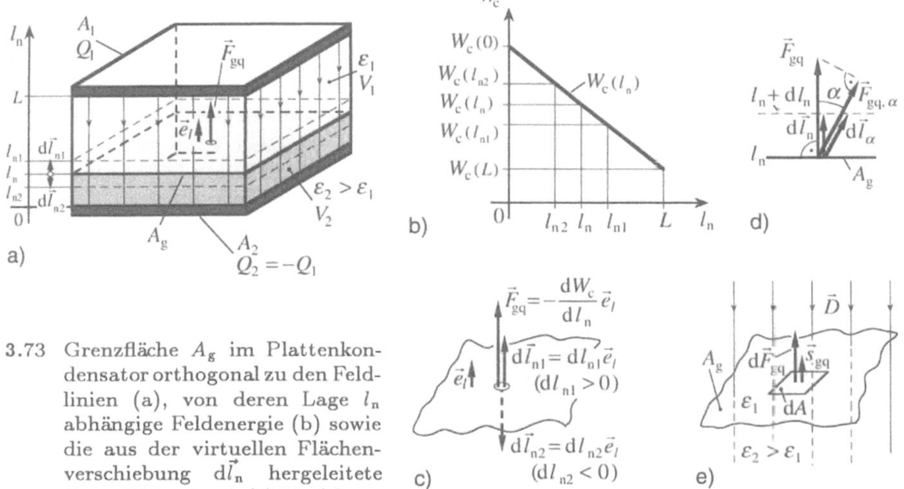

3.73 Grenzfläche A_g im Plattenkondensator orthogonal zu den Feldlinien (a), von deren Lage l_n abhängige Feldenergie (b) sowie die aus der virtuellen Flächenverschiebung $d\vec{l}_n$ hergeleitete Grenzflächenkraft (c) bis (e)

Die Gl.(3.195b) führt unabhängig davon, ob man die virtuelle Verschiebung $d\vec{l}_n$ der Grenzfläche in den Raum *1* oder *2* annimmt, auf den gleichen Vektor der Grenzflächenkraft. Wird eine Verschiebung $d\vec{l}_n$ der Grenzfläche A_g, z. B. in Bild **3.**73a um $d\vec{l}_{n1} = dl_{n1}\vec{e}_1$ mit $dl_{n1} > 0$ oder $d\vec{l}_{n2} = dl_{n2}\vec{e}_1$ mit $dl_{n2} < 0$ angenommen, so ist für beide Fälle dW_c/dl_n negativ, und die Grenzflächenkraft wird nach Gl.(3.195) mit positivem Wert

$(F_{\mathrm{gq}} = -(\mathrm{d}W_{\mathrm{c}}/\mathrm{d}l_{\mathrm{n}}) > 0)$, d. h. mit einer $\vec{e}_1$ entsprechenden Orientierung $\vec{F}_{\mathrm{gq}} = F_{\mathrm{gq}}\vec{e}_1$ berechnet.

Zusammenfassend läßt sich feststellen, daß die normal zur Grenzfläche gerichtete Grenzflächenkraft $\vec{F}_{\mathrm{gq}}$ in der l_{n}-Richtung orientiert ist, in der die Energie W_{c} des gesamten Feldraumes V abnimmt. Sie ist also in den Raum mit der kleineren Permittivität orientiert. Das ist hier bei Grenzflächen A_{g} rechtwinklig zur Feldrichtung der Raum mit der größeren Energiedichte. Man kann also die Orientierung auch aus der Anschauung bestimmen und dann durch Differenzieren der Gl.(3.193b) (für lineare Dielektrika) nach der Länge l_{n} den Betrag der Grenzflächenkraft

$$|\vec{F}_{\mathrm{gq}}| = \left| -\frac{\mathrm{d}W_{\mathrm{c}}}{\mathrm{d}l_{\mathrm{n}}} \right| = \frac{Q^2}{2A_{\mathrm{g}}} \left| \frac{1}{\varepsilon_1} - \frac{1}{\varepsilon_2} \right| = A_{\mathrm{g}} \frac{D_{\mathrm{n}}^2}{2} \left| \frac{1}{\varepsilon_1} - \frac{1}{\varepsilon_2} \right| \tag{3.196}$$

direkt aus den Feldgrößen an der Grenzfläche bzw. aus der Plattenladung berechnen.

Die Grenzflächenkraft $\vec{F}_{\mathrm{gq}}$ ist die vom elektrischen Feld bewirkte Kraft auf die Grenzfläche, sie kann als Antriebskraft wirken, indem sie beispielsweise einen Isolierkörper in ein elektrisches Feld hineinzieht (s. Beispiel 3.49) oder als Gegenkraft, die von einer äußeren eingeprägten Kraft $\vec{F}_{\mathrm{ein}} = -\vec{F}_{\mathrm{gq}}$ überwunden werden muß, um beispielsweise einen Isolierkörper aus einem elektrischen Feld herauszuziehen.

Mechanische Grenzflächenspannung. In inhomogenen Feldern sind die Feldgrößen $\vec{D}_{\mathrm{n}}$ nicht, wie in diesem Beispiel des Plattenkondensators, über die Grenzfläche A_{g} konstant, so daß auch die Grenzflächenkraft $\vec{F}_{\mathrm{gq}}$ nicht gleichmäßig über die Grenzfläche verteilt wirkt. Die Kraftwirkung muß wie die Feldgrößen als eine für den Flächenpunkt definierte Größe hergeleitet werden. Man stellt sich dazu die Grenzfläche A_{g} in infinitesimale Flächenelemente $\mathrm{d}A_{\mathrm{g}}$ unterteilt vor (s. Bild **3.**73e), auf die alle für A_{g} angestellten Überlegungen sinngemäß übertragen werden. Über jedes dieser infinitesimalen Flächenelemente $\mathrm{d}A_{\mathrm{g}}$ (Flächenpunkt) ist auch in inhomogenen Feldern die Feldgröße $\vec{D}_{\mathrm{n}}$ homogen, so daß für diese auch der Betrag einer infinitesimalen Komponente der Grenzflächenkraft $\mathrm{d}\vec{F}_{\mathrm{gq}}$ entsprechend den Gln.(3.195)u.(3.196) berechnet werden kann. Zweckmäßigerweise wird diese infinitesimale Kraft auf die Fläche $\mathrm{d}A_{\mathrm{g}}$ bezogen, in der sie wirkt, und so als Grenzflächenspannung $\vec{s}_{\mathrm{gq}} = \mathrm{d}\vec{F}_{\mathrm{gq}}/\mathrm{d}A_{\mathrm{g}}$ bezeichnet. Für die Grenzflächenspannung $\vec{s}_{\mathrm{gq}}$ gilt selbstverständlich die gleiche Orientierunsregel wie für die Grenzflächenkraft $\vec{F}_{\mathrm{g}}$, d. h., die Grenzflächenspannung wirkt normal zur Grenzfläche in den Raum mit der geringeren Permittivität (s. Bild 3.73e). Der Betrag der Grenzflächenspannung

$$|\vec{s}_{\mathrm{gq}}| = \left| \frac{\mathrm{d}F}{\mathrm{d}A} \right|_{\mathrm{gq}} = \frac{D_{\mathrm{n}}^2}{2} \left| \frac{1}{\varepsilon_1} - \frac{1}{\varepsilon_2} \right| = \frac{D_{\mathrm{n}}^2}{\varepsilon_1\varepsilon_2} \cdot \left| \frac{\varepsilon_2 - \varepsilon_1}{2} \right| \tag{3.197}$$

folgt unmittelbar aus Gl.(3.196).

Führt man die beidseitig der Grenzfläche nicht mehr gleichen Normalkomponenten der elektrischen Feldstärke $E_{\mathrm{n}1} = D_{\mathrm{n}1}/\varepsilon_1$ und $E_{\mathrm{n}2} = D_{\mathrm{n}2}/\varepsilon_2$ in Gl.(3.197) ein, so ergibt sich der Betrag der Grenzflächenspannung

$$|\vec{s}_{\mathrm{gq}}| = \left| \frac{\mathrm{d}F}{\mathrm{d}A} \right|_{\mathrm{gq}} = \left| E_{\mathrm{n}1}^2 \frac{\varepsilon_1}{2} - E_{\mathrm{n}1}^2 \frac{\varepsilon_1^2}{2\varepsilon_2} \right| = E_{\mathrm{n}1}^2 \frac{\varepsilon_1}{\varepsilon_2} \left| \frac{\varepsilon_2 - \varepsilon_1}{2} \right| \cdot \tag{3.198}$$

Man erkennt aus Gl.(3.197), daß der Betrag der Grenzflächenspannung auch als die Differenz der beidseitig zur Grenzfläche auftretenden Energiedichten des elektrischen Feldes gedeutet werden kann.

$$|\vec{s}_{\mathrm{gq}}| = \left|\frac{\mathrm{d}F}{\mathrm{d}A}\right|_{\mathrm{gq}} = |w_{\mathrm{c1}} - w_{\mathrm{c2}}| \tag{3.199}$$

Beispiel 3.48. Die auf G r e n z f l ä c h e n p a r a l l e l z u r F e l d r i c h t u n g wirkenden Feldkräfte sind herzuleiten.

Die Grenzflächenkraft $\vec{F}_{\mathrm{gl}}$ in Grenzflächen, die längs zur Feldrichtung verlaufen, wird ähnlich hergeleitet, wie für die Grenzflächenkraft $\vec{F}_{\mathrm{gq}}$ in Grenzflächen quer zur Feldrichtung erläutert.(Der Index l gibt den Bezug auf die längs zu den Feldlinien liegende Grenzfläche an.)

Betrachtet wird dazu der in Bild **3**.74a dargestellte Plattenkondensator mit den gleich großen, planparallelen Platten $A_1 = A_2 = A = ba_{\mathrm{ne}}$ im Abstand $L \ll \sqrt{A}$ und mit konstanter Ladung Q_1 und $Q_2 = -Q_1$. Der Feldraum $V = Lba_{\mathrm{ne}}$ zwischen den Platten wird durch eine parallel zu den Feldlinien liegende Grenzfläche $A_{\mathrm{g}} = bL$ in zwei Teilräume $V_1 = (a_{\mathrm{ne}} - a_{\mathrm{n}})bL$ und $V_2 = a_{\mathrm{n}}bL$ unterteilt mit den unterschiedlichen Permittivitäten ε_1 und $\varepsilon_2 > \varepsilon_1$. Die Plattenoberflächen sind Äquipotentialflächen, so daß über die Länge (Abstand) L in beiden Teilräumen V_1 und V_2 die gleiche elektrische Spannung wirkt. Unter den genannten Voraussetzungen kann ein in beiden Räumen V_1 und V_2 gleiches homogenes E-Feld angenommen werden, welches rechtwinklig zu den Plattenoberflächen A_1, A_2, also parallel zur Grenzfläche A_{g} verläuft. An der Grenzfläche A_{g} tritt damit nur die an beiden Seiten gleich große Tangentialkomponente E_{t} der elektrischen Feldstärke auf (s. Abschn. 3.2.2.3), die Normalkomponente E_{n} ist Null.

$$\vec{E} = \vec{E}_{\mathrm{t1}} = \vec{E}_{\mathrm{t2}} = E_{\mathrm{t}} ; \qquad \vec{E}_{\mathrm{n1}} = \vec{E}_{\mathrm{n2}} = 0$$

Mit den hier vorausgesetzten Gegebenheiten können die folgenden Rechnungen eindimensional in Abhängigkeit von der normal zur Grenzfläche festgelegten Längenkoordinate a_{n} durchgeführt werden. Die Orientierungen für die positive Zählrichtung von a_{n} und für den Einsvektor $\vec{e}_{\mathrm{a}}$ sind nach Bild **3**.74a festgelegt. Trotz der in beiden Räumen gleichen elektrischen Feldstärke $\vec{E}$ ist die Dichte der magnetischen Feldenergie [in linearen Räumen $w_{\mathrm{c}} = E^2\varepsilon/2$, s. Gl.(3.176)] im Raum V_2 größer als im Raum V_1, da ε_2 größer ist als ε_1. Die im gesamten Feldraum zwischen den Platten gespeicherte Feldenergie

$$W_{\mathrm{c}} = w_{\mathrm{c2}}a_{\mathrm{n}}bL + w_{\mathrm{c1}}(a_{\mathrm{ne}} - a_{\mathrm{n}})bL = w_{\mathrm{c1}}bLa_{\mathrm{ne}} + (w_{\mathrm{c2}} - w_{\mathrm{c1}})bLa_{\mathrm{n}} \tag{3.200}$$

ändert sich hier (anders als bei Grenzflächen rechtwinklig zur Feldrichtung) nicht mehr linear mit der Lage a_{n} der Grenzfläche, da sich bei konstanter Plattenladung Q die Feldgrößen D und E und damit auch die Energiedichte w_{c} jeweils in den Teilräumen V_1 und V_2 mit a_{n} ändern. Stellt man sich eine virtuelle Verschiebung der Grenzfläche A_{g} um $\mathrm{d}\vec{a}_{\mathrm{n}} = \mathrm{d}a_{\mathrm{n}}\vec{e}_{\mathrm{a}}$ von a_{n} nach $(a_{\mathrm{n}} + \mathrm{d}a_{\mathrm{n}})$ vor, so bleibt bei konstanter Ladung Q auch der elektrische Fluß

$$\Psi = Q = D_{\mathrm{t2}}a_{\mathrm{n}}b + D_{\mathrm{t1}}(a_{\mathrm{ne}} - a_{\mathrm{n}})b = E_{\mathrm{t}}b[a_{\mathrm{ne}}\varepsilon_1 + a_{\mathrm{n}}(\varepsilon_2 - \varepsilon_1)] \tag{3.201a}$$

zwischen den Platten konstant. Damit ist aber die in beiden Teilräumen V_1 und V_2 gleiche elektrische Feldstärke

$$E_{\mathrm{t}} = \frac{Q}{b\,[a_{\mathrm{ne}}\varepsilon_1 + a_{\mathrm{n}}(\varepsilon_2 - \varepsilon_1)]} = E_1 = E_2 \qquad (3.201\mathrm{b})$$

nicht mehr konstant, sondern abhängig von a_{n}. Mit diesem von a_{n} abhängigen E lassen sich (bei linearen Dielektrika) entsprechend Gl.(3.176) die Energiedichten $w_{\mathrm{c}} = E^2\varepsilon/2$ in den beiden Teilräumen bestimmen. Führt man $w_{\mathrm{c}} = E^2\varepsilon/2$ in Gl.(3.200) ein und ersetzt E durch Gl.(3.201b), so bekommt man die im gesamten Feldraum $V = V_1 + V_2$ gespeicherte elektrische Feldenergie

$$W_{\mathrm{c}} = E_{\mathrm{t}}^2 \frac{bL}{2}[a_{\mathrm{ne}}\varepsilon_1 + a_{\mathrm{n}}(\varepsilon_2 - \varepsilon_1)] = \frac{L}{2b}\cdot\frac{Q^2}{a_{\mathrm{ne}}\varepsilon_1 + a_{\mathrm{n}}(\varepsilon_2 - \varepsilon_1)}, \qquad (3.202)$$

die bei konstanter Plattenladung Q hyperbolisch mit a_{n} fällt (s. Bild **3.74**b). Durch eine vorgestellte infinitesimale Verschiebung der Grenzfläche A_{g}, z. B. in Bild **3.74**a um $\mathrm{d}\vec{a}_{\mathrm{n}1} = \mathrm{d}a_{\mathrm{n}1}\vec{e}_{\mathrm{a}}$ (mit $\mathrm{d}a_{\mathrm{n}1} > 0$), von a_{n} nach $a_{\mathrm{n}1}$ ändert sich die elektrische Feldenergie $W_{\mathrm{c}(a_{\mathrm{n}})}$ entsprechend Gl.(3.202) um $\mathrm{d}W_{\mathrm{c}(a_{\mathrm{n}}\to a_{\mathrm{n}1})} = [W_{\mathrm{c}(a_{\mathrm{n}1})} - W_{\mathrm{c}(a_{\mathrm{n}})}] < 0$, d. h., sie wird kleiner. Dieser Anteil $\mathrm{d}W_{\mathrm{c}}$ der Feldenergie wird über eine an der Grenzfläche angreifende und mit dieser verschobene Grenzflächenkraft $\vec{F}_{\mathrm{gl}}$ in mechanische Arbeit $\vec{F}_{\mathrm{gl}}\cdot\mathrm{d}\vec{a}_{\mathrm{n}1}$ umgeformt.

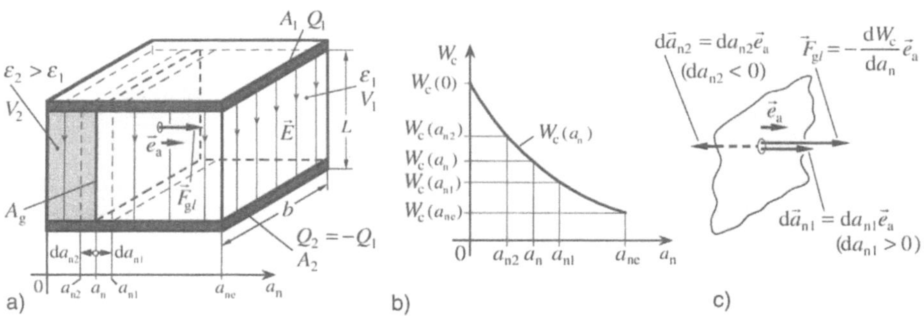

3.74 Wie Bild **3.73**, aber mit Grenzfläche A_{g} parallel zu den Feldlinien

Analog den Erläuterungen bei Grenzflächen senkrecht zur Feldrichtung folgt allgemeingültig aus dem Energieerhaltungssatz $\mathrm{d}W_{\mathrm{c}(a_{\mathrm{n}})} + \vec{F}_{\mathrm{gl}}\cdot\mathrm{d}\vec{a}_{\mathrm{n}} = 0$ die mechanische Energie

$$\vec{F}_{\mathrm{gl}}\cdot\mathrm{d}\vec{a}_{\mathrm{n}} = F_{\mathrm{gl}}\vec{e}_{\mathrm{a}}\cdot\mathrm{d}a_{\mathrm{n}}\vec{e}_{\mathrm{a}} = F_{\mathrm{gl}}\,\mathrm{d}a_{\mathrm{n}} = -\mathrm{d}W_{\mathrm{c}}, \qquad (3.203)$$

die sich explizit nach dem Betrag der Grenzflächenkraft

$$F_{\mathrm{gl}} = -\frac{\mathrm{d}W_{\mathrm{c}}}{\mathrm{d}a_{\mathrm{n}}} \qquad (3.204\mathrm{a})$$

auflösen läßt. Für die entsprechend Bild **3.**74a in Gl.(3.203) festgelegten Orientierungen ($\vec{e}_a$ in positiver a_n-Koordinate, s. Bild **3.**74c) ergibt sich die Grenzflächenkraft

$$\vec{F}_{gl} = F_{gl}\vec{e}_a = -\frac{dW_c}{da_n}\,\vec{e}_a \tag{3.204b}$$

auch vektoriell aus Gl.(3.204a).

Man kann nun die für die Kraft auf Grenzflächen quer zur Feldrichtung [im Anschluß an Gl.(3.195)] angestellten Betrachtungen sinngemäß auf die hier nach Gl.(3.204) bestimmte übertragen. Dann zeigt sich, daß auch hier die Grenzflächenkraft $d\vec{F}_{gl}$ immer normal zur Grenzfläche gerichtet ist mit der Orientierung in der a_n-Koordinate, in der die Energie W_c des ganzen Feldraumes $V = V_1 + V_2$ kleiner wird. Sie ist also in den Raum mit der kleineren Permittivität orientiert. Das ist hier bei Grenzflächen A_g parallel zur Feldrichtung aber (anders als bei Grenzflächen quer zur Feldrichtung) der Raum mit der kleineren Energiedichte. Man kann also auch hier die Orientierung aus der Anschauung bestimmen und dann durch Differenzieren der Gl.(3.202) nach der Koordinate a_n den Betrag der Grenzflächenkraft

$$|\vec{F}_{gl}| = \left|-\frac{dW_c}{da_n}\right| = \frac{L}{2b}\left|\frac{Q^2}{[a_{ne}\varepsilon_1 + a_n(\varepsilon_2 - \varepsilon_1)]^2}(\varepsilon_2 - \varepsilon_1)\right| = LbE_t^2\left|\frac{\varepsilon_2 - \varepsilon_1}{2}\right| \tag{3.205}$$

direkt aus den Feldgrößen an der Grenzfläche bzw. aus der Plattenladung berechnen. Bei der Differentiation der Gl.(3.202) ist zu beachten, daß im ersten Term die elektrische Feldstärke $E_{t(a_n)}$ von a_n abhängt, so daß zweckmäßigerweise der zweite Term mit $Q = $ const nach a_n differenziert und in dieser Ableitung Q mit Hilfe von Gl.(3.201b) durch E_t ersetzt wird.

M e c h a n i s c h e   G r e n z f l ä c h e n s p a n n u n g. In inhomogenen Feldern werden ähnlich, wie in Beispiel 3.47 erläutert, infinitesimale Grenzflächenelemente dA_g betrachtet, für die eine infinitesimale Grenzflächenkraft $d\vec{F}_{gl}$ nach Gl.(3.205) (in linearen Dielektrika) berechnet wird. So bekommt man mit dem Betrag der Grenzflächenspannung

$$|\vec{s}_{gl}| = \left|\frac{dF}{dA}\right|_{gl} = E_t^2\left|\frac{\varepsilon_2 - \varepsilon_1}{2}\right| \tag{3.206}$$

oder mit $D_{t1} = E_t\varepsilon_1$ und $D_{t2} = E_t\varepsilon_2$

$$|\vec{s}_{gl}| = \left|\frac{dF}{dA}\right|_{gl} = \frac{D_{t1}^2}{\varepsilon_1^2}\left|\frac{\varepsilon_2 - \varepsilon_1}{2}\right| . \tag{3.207}$$

Die Grenzflächenspannung wirkt wie die Grenzflächenkraft normal zur Grenzfläche in den Raum mit der kleineren Permittivität ε.

Der Betrag der Grenzflächenspannung $|\vec{s}_{gl}|$ in Grenzflächen parallel zur Feldrichtung nach Gl.(3.206) oder Gl.(3.207) ist wie der der Grenzflächenspannung s_{gq} in Grenzflächen senkrecht zur Feldrichtung nach Gl.(3.197) oder Gl.(3.198) auch als Differenz der beidseitig der Grenzfläche auftretenden Energiedichten zu deuten.

$$|\vec{s}_{gl}| = \left|\frac{dF}{dA}\right|_{gl} = |w_{c2} - w_{c1}| \tag{3.208}$$

Zu beachten ist, daß die Grenzflächenspannung zwar immer in den Raum der geringeren Permittivität ε gerichtet ist, der bei Grenzflächen senkrecht zur Feldrichtung der Raum mit der größeren, bei Grenzflächen parallel zur Grenzfläche aber der mit der kleineren Energiedichte ist. Dieser Unterschied erkärt sich aus der erläuterten Herleitung der Grenzflächenspannung $\vec{s}_\mathrm{g}$ als Differenz der Energiedichten,
die sich bei Grenzflächen senkrecht zur Feldrichtung durch die gedachte Verschiebung nicht ändern [$w_\mathrm{c1}(l_\mathrm{n}) = w_\mathrm{c1}(l_\mathrm{n}+\mathrm{d}l_\mathrm{n})$, $w_\mathrm{c2}(l_\mathrm{n}) = w_\mathrm{c2}(l_\mathrm{n}+\mathrm{d}l_\mathrm{n})$], da die elektrische Flußdichte D_n wie die Plattenladung Q [$D_\mathrm{n1} = D_\mathrm{n2} = D_\mathrm{n}$, $D_\mathrm{n}(l_\mathrm{n}) = D_\mathrm{n}(l_\mathrm{n}+\mathrm{d}l_\mathrm{n})$] konstant ist,
die sich aber dagegen bei Grenzflächen parallel zur Feldrichtung mit der gedachten Verschiebung ändern [$w_\mathrm{c1}(a_\mathrm{n}) \neq w_\mathrm{c1}(a_\mathrm{n}+\mathrm{d}a_\mathrm{n})$, $w_\mathrm{c2}(a_\mathrm{n}) \neq w_\mathrm{c2}(a_\mathrm{n}+\mathrm{d}a_\mathrm{n})$], da die elektrischen Feldstärken in beiden Bereichen auch bei unveränderter Plattenladung Q nicht konstant sind [$E_\mathrm{t1} = E_\mathrm{t2} = E_\mathrm{t}$, $E_\mathrm{t}(a_\mathrm{n})) \neq E_\mathrm{t}(a_\mathrm{n}+\mathrm{d}a_\mathrm{n})$].

Kraft auf beliebige Grenzflächen im Feld konstanter Ladung oder Spannung. Bei der Herleitung der Grenzflächenkraft wurde in den Beispielen 3.47 und 3.48 die das Feld erregende Ladung Q als konstant angenommen, um einen möglichst übersichtlichen Ansatz für den Energieerhaltungsatz zu bekommen. Ändert sich aber bei einer virtuellen Verschiebung die felderregende Ladung (z. B. bei konstanter Spannung, s. Abschn. 3.5.2.2), so gelten die an das Vorzeichen der Ableitung der Energie nach dem Weg entsprechend den Gln.(3.195)u.(3.204) geknüpften Orientierungsaussagen für die Kraft nicht mehr. Die Betragsgleichungen und die Feststellung, daß die Grenzflächenkräfte immer in den Raum der kleineren Permittivität ε orientiert sind, gelten dagegen allgemein. Dies folgt auch schon aus der Überlegung, daß im statischen Feld $\vec{E}$ und $\vec{D}$ und damit die aus diesen berechnete Grenzflächenspannung $\vec{s}_\mathrm{g}$ konstant sind unabhängig davon, ob $\vec{E}$ und $\vec{D}$ von konstanten Ladungen oder von konstanter Spannung verursacht werden.

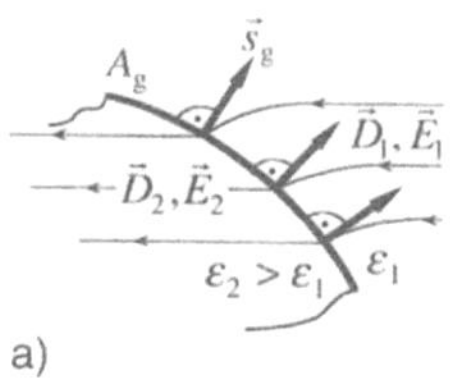

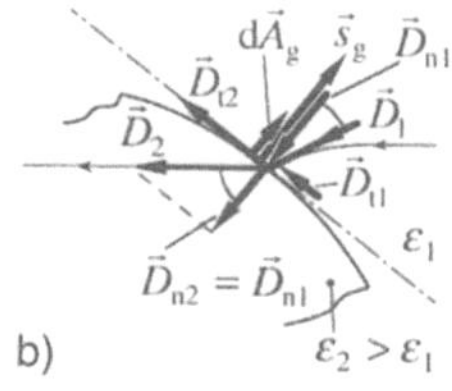

3.75
Feldlinien und mechanische Grenzflächenspannung in der Schnittfläche orthogonal zur Grenzfläche A_g (a) sowie die im Flächenelement $\mathrm{d}\vec{A}$ angetragenen Vektoren (b)

In Bild **3.75** sind in einer Schnittebene orthogonal zu einer beliebigen Grenzfläche zwischen den Räumen der Permittivität ε_1 und $\varepsilon_2 > \varepsilon_1$ die Schnittlinie der Grenzfläche und das Feldlinienbild skizziert. An dieser Grenzfläche soll das beliebig verlaufende elektrische Feld, das von konstanten Ladungen oder konstanter Spannung erregt wird, bekannt sein. Wie in Bild **3.75**b skizziert, werden in jedem Flächenelement $\mathrm{d}A_\mathrm{g}$ der Grenzfläche die dort auftretenden elektrischen Feldgrößen $\vec{E}$ bzw. $\vec{D}$ in ihre Normal- ($\vec{E}_\mathrm{n}$ bzw. $\vec{D}_\mathrm{n}$) und Tangentialkomponenten ($\vec{E}_t$ bzw. $\vec{D}_t$) zerlegt. Für beide Feldkomponenten ergibt sich nach den Erläuterungen in den Beispielen 3.47 und 3.48 (Grenzflächen längs und quer zur Feldrichtung) je eine Komponente der Grenzflächenspannung $\vec{s}_{gl}$ und $\vec{s}_{gq}$. Unabhängig davon, ob das Feld von konstant angenommener Ladung oder konstant angenommener Spannung erregt wird, sind beide Komponenten $\vec{s}_{gl}$ oder $\vec{s}_{gq}$ normal zur Grenzfläche in den Raum mit der kleineren Permittivität orientiert und betragsmäßig nach den Gln.(3.197)u.(3.206) zu berechnen. Der Betrag der – resultierenden – G r e n z f l ä c h e n s p a n n u n g

$$|\vec{s}_g| = |\vec{s}_{gq}| + |\vec{s}_{gl}| = \left(\frac{D_n^2}{\varepsilon_1\varepsilon_2} + E_t^2\right)\left|\frac{\varepsilon_2 - \varepsilon_1}{2}\right| = (E_{n1}E_{n2} + E_t^2)\left|\frac{\varepsilon_2 - \varepsilon_1}{2}\right| \qquad (3.209)$$

kann also durch Addition der Beträge der beiden Grenzflächenspannungskomponenten bestimmt werden. Im zweiten Term Gl.(3.209) kann der Klammerausdruck durch $\vec{E}_1 \cdot \vec{E}_2$ ersetzt werden, da $\vec{E}_1 \cdot \vec{E}_2 = (\vec{E}_{n1} + \vec{E}_{t1}) \cdot (\vec{E}_{n2} + \vec{E}_{t2}) = \vec{E}_{n1} \cdot \vec{E}_{n2} + \vec{E}_{t1} \cdot \vec{E}_{t2} + \vec{E}_{n1} \cdot \vec{E}_{t2} + \vec{E}_{t1} \cdot \vec{E}_{n2} = \vec{E}_{n1} \cdot \vec{E}_{n2} + \vec{E}_t^2$ ist infolge $\vec{E}_{n1} \cdot \vec{E}_{t2} = \vec{E}_{t1} \cdot \vec{E}_{n2} = 0$ und $\vec{E}_{t1} = \vec{E}_{t2} = \vec{E}_t$. Damit läßt sich der Betrag der Grenzflächenspannung

$$|\vec{s}_g| = \left|\frac{\varepsilon_2 - \varepsilon_1}{2}\right|\vec{E}_1\vec{E}_2 = \left|\frac{\varepsilon_2 - \varepsilon_1}{2\varepsilon_1\varepsilon_2}\right|\vec{D}_1\vec{D}_2 \qquad (3.210)$$

auch mit den beidseitig an einer Grenzfläche auftretenden Feldgrößen $\vec{E}_1$, $\vec{E}_2$ oder $\vec{D}_1$, $\vec{D}_2$ berechnen.

– Die Grenzflächenspannung $\vec{s}_g$ auf beliebige Grenzflächen im Feld, welches von konstant angenommenen Ladungen oder konstant angenommener Spannung erregt wird, ist immer normal zur Grenzfläche in den Raum der kleineren Permittivität ε orientiert; ihr Betrag kann für Dielektrika, deren Permittivität ε unabhängig von der elektrischen Feldstärke $\vec{E}$ bzw. elektrischen Flußdichte $\vec{D}$ ist ($\varepsilon_r = $ const), nach Gl.(3.209)o.(3.210) berechnet werden.

Zur Berechnung der resultierenden Grenzflächenkraft F_g auf eine räumlich beliebige Grenzfläche wird diese als in infinitesimale Flächenelemente dA unterteilt angenommen, auf die infinitesimale Kraftkomponenten d$\vec{F} = |\vec{s}_g| \cdot \mathrm{d}\vec{A}_g$ wirken. Der Flächenvektor d$\vec{A}_g$ ist als in den Raum mit der kleineren Permittivität orientiert anzunehmen. Die Integration dieser Kraftkomponenten über die Grenzfläche A_g liefert die resultierende Grenzflächenkraft

$$\vec{F}_g = \int_{A_g} |\vec{s}_g| \cdot \mathrm{d}\vec{A}_g \, . \qquad (3.211)$$

Für die praktische Bedeutung dieser resultierenden Grenzflächenkraft gilt die Erläuterung nach Gl.(3.189).

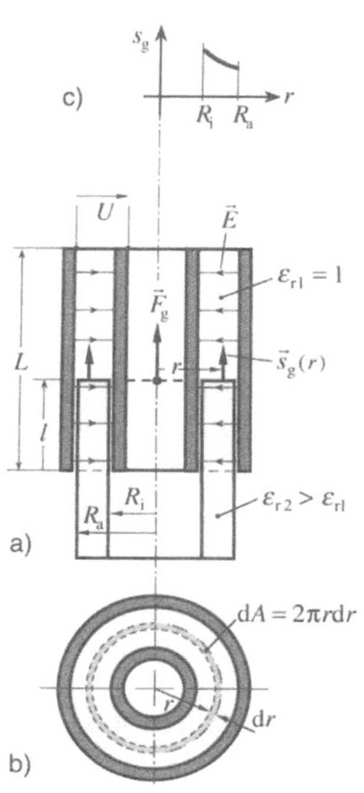

3.76 Mechanische Grenzflächenkräfte auf Isolierstoffzylinder im Zylinderkondensator: a) Axial-, b) Radialschnitt, c) Grenzflächenspannung s_g abhängig von r

Beispiel 3.49. In einem Zylinderkondensator mit den Radien R_i und R_a befinden sich über die Länge l ein fester zylinderförmiger Isolierstoff der Permittivitätszahl $\varepsilon_{r2} > 1$ und über die Länge $(L - l)$ Luft mit $\varepsilon_{r1} = 1$ (s. Bild **3.**76a). Der Isolierzylinder kann sich reibungsfrei ohne Luftspalt zwischen den zylindrischen Elektroden bewegen. Die Kraft, mit der der Isolierstoffzylinder in den Kondensator gezogen wird, wenn an diesem die konstante Spannung U liegt, ist zu bestimmen.

Bei konstanter elektrischer Spannung U stellt sich unabhängig von der Eintauchtiefe l des Isolierstoffzylinders in dem Zylinderkondensator über dessen gesamter Länge L das gleiche zylindersymmetrische E-Feld ein (Randverzerrung vernachlässigt). Die elektrische Feldstärke $E = U/[r \ln(R_a/R_i)]$ ist abhängig von r und kann ähnlich wie in Beispiel 3.36 berechnet oder Formelsammlungen entnommen werden. Damit ist auch die Grenzflächenspannung abhängig von r. Da die elektrische Feldstärke tangential zur Grenzfläche beidseitig mit gleichen Werten auftritt ($\vec{E}_1 = \vec{E}_2 = \vec{E}$ und damit $\vec{E}_1 \cdot \vec{E}_2 = E^2$), ergibt sich mit Gl.(3.210) der Betrag der Grenzflächenspannung

$$|\vec{s}_g| = \left| \frac{\varepsilon_2 - \varepsilon_1}{2} \right| E^2 = \frac{U^2 |\varepsilon_2 - \varepsilon_1|}{2[r \ln(R_a/R_i)]^2} , \quad (3.212)$$

die normal auf die Stirnfläche des Isolierstoffzylinders in den Luftraum mit der kleineren Permittivität ($\varepsilon_1 < \varepsilon_2$) orientiert ist. Durch Integration der von r abhängigen Grenzflächenspannung (s. Bild **3.**76b) über die Stirnfläche des – starren – Isolierstoffzylinders entsprechend Gl.(3.211) ergibt sich der Betrag der resultierenden Kraft

$$|\vec{F}_g| = \left| \int_{A_g} s_g \, dA \right| = \frac{U^2 |\varepsilon_2 - \varepsilon_1|}{2} \left| \int_{R_i}^{R_a} \frac{r 2\pi \, dr}{[r \ln(R_a/R_i)]^2} \right| = \frac{U^2 |\varepsilon_2 - \varepsilon_1| \pi}{\ln(R_a/R_i)} , \quad (3.213)$$

die den Isolierstoffzylinder infolge $\varepsilon_1 < \varepsilon_2$ in den Zylinderkondensator hineinzuziehen versucht.

Die Orientierung der Kraftwirkung wurde hier aus den unterschiedlichen Permittivitäten ε bestimmt, was im allgemeinen einfacher ist als ihre Bestimmung über das Vorzeichen aus der Kraftgleichung. Damit konnten die Gln.(3.212)u.(3.213) als reine Betragsgleichungen ausgewertet werden.

Beispiel 3.50. Der Zylinderkondensator entsprechend Beispiel 3.49 ist nicht mit einem festen Isolierstoffzylinder ausgefüllt, sondern er taucht bis zur Länge l in Isolieröl der Permittivitätszahl $\varepsilon_{r2} > 1$ (s. Bild **3.77**) ein. Die Berechnung der Kraftwirkung auf den Ölspiegel ist zu erläutern.

Grundsätzlich kann die auf den Ölspiegel wirkende Grenzflächenspannung $\vec{s}_g$ ähnlich wie in Beispiel 3.49 nach der Gl.(3.212) berechnet werden. Infolge der von r abhängigen Grenzflächenspannung $\vec{s}_g(r)$ wird sich aber bei dem nicht mehr als starr aufzufassen-
den Ölzylinder eine von R_i nach R_a abfallende Oberfläche einstellen (s. Bild **3.77**). Damit verläuft die Grenzfläche zwischen Öl und Luft weder parallel zu den Feldlinien noch in einer Äquipotentialfläche. Das Feld in der Umgebung der Grenzfläche ist dadurch verzerrt (Brechung der Feldlinien an der Grenzfläche ist zu beachten), und die Aufgabe besteht zunächst in der Bestimmung der Feldgrößen an der Grenzfläche. Sind $\vec{E}_1$, $\vec{E}_2$ bzw. $\vec{D}_1$, $\vec{D}_2$ bestimmt (was den Rahmen vorliegenden Grundlagenbandes überschreitet), kann mit Gl.(3.212) der Betrag der Grenzflächenspannung s_g relativ leicht berechnet werden. Die eigentliche Schwierigkeit dieser Aufgabe besteht darin, daß die Grenzflächenspannung $\vec{s}_g$ von den Feldgrößen an der Grenzfläche und damit von ihrem Verlauf abhängt, der Verlauf der Grenzfläche (Ölspiegel) aber bestimmt wird durch das Gleichgewicht zwischen der flächenbezogenen Schwerkraft $(\mathrm{d}\vec{F}/\mathrm{d}A)_{\mathrm{schw}}$ und der von r abhängigen Grenzflächenspannung $\vec{s}_g$, die aber zu berechnen ist.

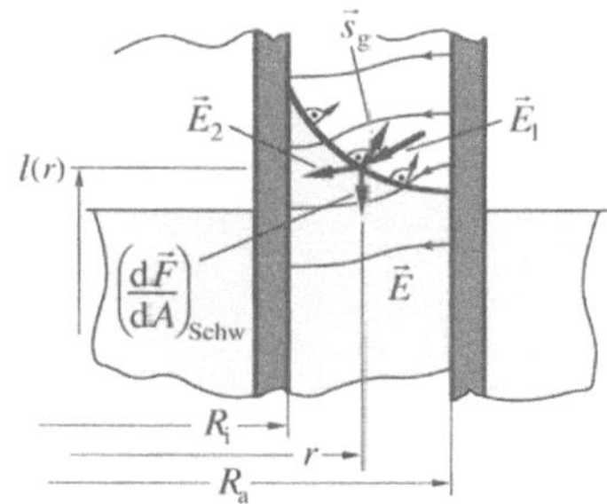

3.77 Mechanische Grenzflächenspannung $\vec{s}_g$ und Grenzflächenverlauf in einem in Isolieröl eingetauchten Zylinderkondensator (Ausschnitt um die Öloberfläche im Axialschnitt ähnlich Bild **3.76**)

3.5.2.2 Allgemeine Kraftgleichung. In den Beispielen 3.47 und 3.48 ist bereits mit Hilfe des Energieerhaltungssatzes die Kraftgleichung $\vec{F} = -(\mathrm{d}W/\mathrm{d}l)\vec{e}_n$ für den speziellen Fall hergeleitet, daß die das elektrische Feld erregende Ladung Q konstant ist. In diesem Abschnitt wird die Kraftgleichung allgemeiner aus dem Energieerhaltungssatz hergeleitet, indem auch der zweite für die Praxis wichtige Fall eines mit konstanter Spannung erregten Feldes in die Betrachtungen einbezogen wird. Soll beispielsweise bei Verschiebung einer Grenzfläche A_g in einem elektrischen Feld zwischen zwei Elektroden (Änderung ihrer Kapazität C) die Spannung zwischen diesen konstant bleiben, so ist das nur möglich, wenn sich die das elektrische Feld erregenden Ladungen auf den Elektroden ändern ($U = Q/C = $ const). Die Elektroden müssen dazu aber an eine Spannungsquelle angeschlossen sein, so daß ein Strom i fließen kann, der die erforderliche Ladungsänderung $\mathrm{d}Q = i\,\mathrm{d}t$ bewirkt (s. Abschn. 4). Zur anschaulichen Erläuterung der dabei auftretenden Verknüpfung von elektrischer, mechanischer und Feld-Energie wird die Kraftgleichung für konstante Spannung im folgenden Beispiel für die konkrete Gegebenheit eines Plattenkondensators hergeleitet.

Beispiel 3.51. Die Kraft auf die Grenzfläche der Elektroden eines Plattenkondensators an einer konstanten Quellenspannung U_q ist über die Erläuterung der Energiebilanz herzuleiten.

In Bild **3.78a** ist der Stromkreis aus Quelle und Kondensator (Leitungs- und Quellenwiderstand gleich Null angenommen) skizziert.

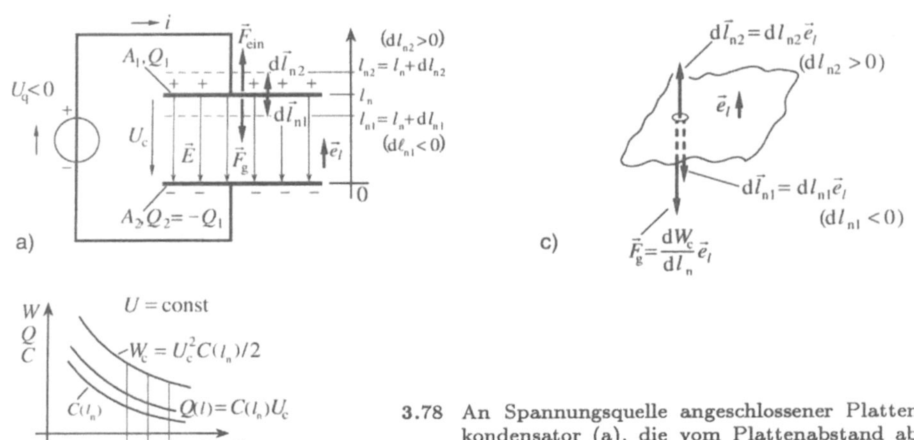

3.78 An Spannungsquelle angeschlossener Plattenkondensator (a), die vom Plattenabstand abhängigen Größen (b) und die Verschiebungs- und Kraftvektoren auf der Plattenoberfläche (c)

Da die Grenzflächenkräfte normal zur Plattenoberfläche auftreten, können die folgenden Rechnungen eindimensional in Abhängigkeit von der normal zu den Plattenoberflächen festgelegten Längenkoordinate l_n durchgeführt werden. Die Orientierung für die positive Zählrichtung von l_n und den Einsvektor $\vec{e}_l$ ist nach Bild **3.78a** festgelegt.

Nimmt man eine virtuelle Verschiebung $\vec{dl_n} = dl_n \vec{e}_l$ der Elektrodenoberfläche A_1 (Grenzfläche) und damit der auf diese wirkenden Grenzflächenkraft $\vec{F}_g = F_g \vec{e}_l$ an, z. B. in Bild **3.78a** $\vec{dl}_{n1/2} = dl_{n1/2}\vec{e}_l$ mit $dl_{n1/2} = \mp|dl_n|$, so ist damit eine mechanische Energie $dW_{mech} = \vec{F}_g \cdot \vec{dl_n}$ verbunden. Weiter ändert sich durch die Verschiebung um $\vec{dl_n}$ die Kapazität $C_{(l_n)} = A\varepsilon/l_n$ des Plattenkondensators (aus Literatur, z. B. [8] zu entnehmen) um $dC = -dl_n(A\varepsilon/l^2)$, bei $dl_n < 0$ wird C größer, bei $dl_n > 0$ wird C kleiner (s. Bild **3.78b**). Soll die Kondensatorspannung U_c konstant bleiben, so muß sich entsprechend Gl.(3.120) die Plattenladung $Q_{(l_n)} = C_{(l_n)}U_c$ um $dQ = dC\,U_c$ ändern, wodurch sich entsprechend Gl.(3.173) auch die Feldenergie $W_c = U_cQ/2$ um $dW_c = U_c\,dQ/2$ ändert. Die Ladungsänderung $dQ = i\,dt$ [s.Gl.(4.15)] wird ermöglicht durch die angeschlossene Quelle, von der mit dem fließenden Strom $i = dQ/dt$ die Energie $dW_{U_q} = U_q i\,dt$ abgegeben oder aufgenommen wird (s. Abschn. 4.4). In dem als abgeschlossenes System zu betrachtenden Kreis aus Kondensator und Quelle muß die Energie konstant bleiben ($\sum W_\nu = $ const), d. h., die Summe aus mechanischer Energie $\vec{F}_g \cdot \vec{dl_n}$ und allen Energieänderungen muß Null sein.

$$\vec{F}_g \cdot \vec{dl_n} + dW_c + dW_{U_q} = \vec{F}_g \cdot \vec{dl_n} + \frac{U_c dQ}{2} + U_q i\,dt = 0 \qquad (3.214)$$

Um in dieser Bilanz die Änderungen der elektrischen Energie $U_q i\,\mathrm{d}t$ auf die der Feldenergie im Kondensator zurückzuführen, wird für die Masche aus Quelle, Widerstand und Kondensator der Maschensatz

$$U_q + U_c = 0 \tag{3.215}$$

aufgestellt [s.Gl.(4.69b)], aus dem nach Multiplikation mit $i\,\mathrm{d}t$ bzw. $\mathrm{d}Q = i\,\mathrm{d}t$ die Energiebilanz

$$U_q i\,\mathrm{d}t + U_c\,\mathrm{d}Q = 0 \tag{3.216}$$

folgt. Für beide Elemente des Kreises ist das Verbraucherzählpfeilsystem gewählt (s. Bild **3.**78a, U_q ist mit negativem Zahlenwert von $-$ nach $+$ angetragen), so daß für beide Elemente die abgegebene Energie mit negativem, die aufgenommene mit positivem Zahlenwert erscheint. Führt man Gl.(3.216) in Gl.(3.214) ein

$$\vec{F}_g\cdot\mathrm{d}\vec{l}_n + \frac{U_c\,\mathrm{d}Q}{2} - U_c\,\mathrm{d}Q = \vec{F}_g\cdot\mathrm{d}\vec{l}_n - \frac{U_c\,\mathrm{d}Q}{2} = 0\,, \tag{3.217}$$

so ergibt sich die mechanische Energie für die virtuelle Verschiebung

$$\vec{F}_g\cdot\mathrm{d}\vec{l}_n = F_g\vec{e}_l\,\mathrm{d}l_n\vec{e}_l = F_g\,\mathrm{d}l_n = \mathrm{d}W_c \tag{3.218}$$

gleich der positiven Änderung der Feldenergie $\mathrm{d}W_c = U_c\,\mathrm{d}Q/2$ im Kondensator. Über den durch $\vec{e}_l\cdot\vec{e}_l = 1$ gewonnenen skalaren Term $F_g\,\mathrm{d}l_n$ läßt sich die Energiegleichung (3.218) explizit nach dem Wert der Grenzflächenkraft auflösen und danach für die entsprechend Bild **3.**78a in Gl.(3.218) festgelegten Orientierungen ($\vec{e}_l$ in positiver l_n-Achse) durch Multiplikation mit $\vec{e}_l$ wieder in die Vektordarstelung überführen.

$$F_g = \frac{\mathrm{d}W_c}{\mathrm{d}l_n}\,, \qquad \vec{F}_g = F_g\vec{e}_l = \frac{\mathrm{d}W_c}{\mathrm{d}l_n}\,\vec{e}_l \tag{3.219}$$

Die Gl.(3.219) gilt unabhängig von der willkürlich wählbaren Orientierung der virtuellen Verschiebung $\mathrm{d}\vec{l}$ (s. Bild **3.**78c).

Vergleicht man die hier für konstante Spannung abgeleitete Gl.(3.219) mit der für konstante Ladung abgeleiteten Gl.(3.195), so erkennt man, daß nach beiden Gleichungen die Grenzflächenkraft $\vec{F}_g$ zwar mit gleichem Betrag berechnet wird, daß aber ihre Orientierung nur richtig bestimmt wird, wenn das (unterschiedliche) Vorzeichen vor $\mathrm{d}W_c/\mathrm{d}l_n$ entsprechend der Problemstellung $U = \mathrm{const}$ oder $Q = \mathrm{const}$ beachtet wird. Um dieses aus den unterschiedlichen Energiebilanzen resultierende positive oder negative Vorzeichen in den Kraftgleichungen zu erklären, werden im folgenden die bei einer Verschiebung der Kondensatorplatte auftretenden Energiewandlungen betrachtet.

Findet eine Verschiebung der Kondensatorplatte in der Orientierung von $\mathrm{d}\vec{l}_{n1} = \mathrm{d}l_{n1}\,\vec{e}_l$ mit $\mathrm{d}l_{n1} < 0$ statt, so wird C um $\mathrm{d}C$ größer (s. Bild **3.**78). Die Spannung $U_c = Q/(C + \mathrm{d}C)$ müßte damit kleiner werden; da aber U_q konstant ist, fließt ein Strom

$i \sim -(U_q + U_c)$, so daß sich die Ladung des Kondensators auf $(Q + dQ)$ erhöht, die wieder der Quellenspannung $U_q = (Q + dQ)/(C + dC)$ entspricht. Da bei Wahl des Zählpfeils für die Quellenspannung U_q in Bild **3.**78a diese mit negativem Zahlenwert gegeben sein muß, wird $i \sim -(U_q + U_c)$ mit positivem Zahlenwert berechnet ($U_q < 0$ und $|U_q| > |U_c|$), fließt also in der in Bild **3.**78a eingezeichneten Richtung. Die Energie der Quelle $U_q i \, dt$ wird mit negativem Zahlenwert berechnet, was in dem für die Quelle gewählten Verbraucherzählpfeilsystem als von der Quelle abgegeben zu deuten ist. Nach der Energiebilanz Gl.(3.216) für die Masche ist damit die abgegebene Energie der Quelle $U_q i \, dt$ (mit negativem Zahlenwert berechnet) gleich der vom Kondensator aufgenommenen Feldenergie $U_c i \, dt = U_c \, dQ$ (mit positivem Zahlenwert berechnet) ($U_q i \, dt = U_c \, dQ$). Diese vom Kondensator aufgenommene Energie $U_c \, dQ$ ist entsprechend der Bilanz Gl.(3.217) aber nur zur Hälfte in dem Feld des Kondensators gespeichert ($U_c \, dQ/2$), also muß die andere Hälfte der mechanischen Energie $\vec{F}_g \cdot d\vec{l}$ entsprechen. Wird also die Kondensatorplatte infolge der Grenzflächenkraft $\vec{F}_g$ gegen ihre mechanische Haltekraft $\vec{F}_{ein}$ tatsächlich um $d\vec{l}_{n1}$ verschoben, so wird dadurch mechanische Energie frei, gleichzeitig aber auch die elektrische Feldenergie im Kondensator erhöht. Die von der Quelle dem elektrischen Feld zugeführte Energie $U_c \, dQ$ wird also zur Hälfte über das Feld in mechanische Energie $\vec{F} \cdot d\vec{l}_n = U_c \, dQ/2$ umgeformt und zur Hälfte als elektrische Feldenergie $dW_c = U_c \, dQ/2$ gespeichert.

Findet eine Verschiebung der Kondensatorplatte in der Orientierung von $d\vec{l}_{n2} = dl_{n2} \, \vec{e}_l$ mit $dl_{n2} > 0$ statt, so wird die Kapazität um dC, die Ladung um $dQ = U_c \, dC$ und die Feldenergie um $dW_c = U_c \, dQ/2$ kleiner. Die berechnete Grenzflächenkraft $\vec{F}_g = (dW_c/dl_n)\vec{e}_l$ (mit $dW_c/dl_n < 0$) wirkt entgegen der Verschiebung $d\vec{l}_{n2}$, also kann eine Verschiebung um $d\vec{l}_{n2}$ nur über eine eingeprägte Kraft $\vec{F}_{ein} = -\vec{F}_g$ erfolgen, die die Grenzflächenkraft $\vec{F}_g$ überwindet. Damit wird dem elektrischen Feld im Kondensator mechanische Energie dW_{mech} zugeführt ($dW_{mech} = U_c \, dQ/2$), die zusammen mit dem Anteil $U_c \, dQ/2$, um den die im Feld gespeicherte Energie bei der Verschiebung um $d\vec{l}_{n2}$ kleiner wird, an die Quelle abgegeben wird.

Die in Beispiel 3.51 erläuterte Kraftwirkung auf die Elektrodenoberfläche eines Kondensators (Grenzfläche zwischen leitendem und nichtleitendem Gebiet) gilt sinngemäß auch für Grenzflächen zwischen Dielektrika unterschiedlicher Permittivität ε. Betrachtet man also die Beispiele 3.47 und 3.48 für den Fall, daß der Kondensator an eine konstante Spannung U_q angeschlossen ist, so bekommt man eine Energiebilanz ähnlich wie hier in Beispiel 3.51, aus der sich die Grenzflächenkraft F_g wie in Gl.(3.219) als positive Ableitung (dW_c/dl) der Feldenergie W_c ergibt [gegenüber den Gln.(3.195)u.(3.204) kehrt sich also lediglich das Vorzeichen um].

In den bisherigen Beispielen zur Erläuterung der Grenzflächenkraft $\vec{F}_g$ wurden ebene Grenzflächen betrachtet und festgestellt, daß die Grenzflächenkraft $\vec{F}_g$ immer normal zu dieser Ebene gerichtet ist. Mit diesem Wissen, d. h. unter der Voraussetzung, daß die Grenzflächenkraft normal zur ebenen Grenzfläche liegt, kann man die Feldenergie $W_c(l_n)$ als Funktion der normal zur Grenzfläche gewählten Koordinate l_n darstellen und über die Ableitung (Steigung) $\pm dW_c(l_n)/dl_n$ dieser Energiefunktion $W_c(l_n)$ nach der Normalen l_n die Grenzflächenkraft berechnen.

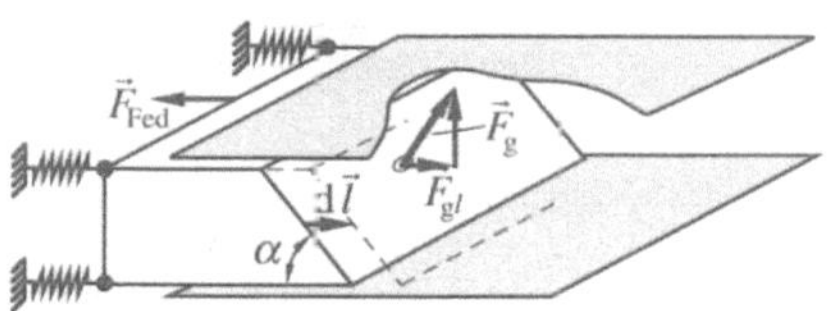

3.79
Grenzflächenkraft $\vec{F}_{\mathrm{g}}$ und deren Komponente $\vec{F}_{\mathrm{gl}}$ in Verschiebungsrichtung einer Isolierstoffplatte im Feld eines Plattenkondensators

Beliebig gekrümmte Grenzflächen sind nun nicht mehr durch eine (einzige) Normale zu beschreiben, und man kennt auch nur in Sonderfällen (z. B. bei symmetrischen Feldern) im voraus die Richtung der gesuchten resultierenden Grenzflächenkraft $\vec{F}_{\mathrm{g}}$ [als Flächenintegral der mechanischen Grenzflächenspannung nach den Gln.(3.189)o.(3.211) definiert]. Man kann also für beliebig gekrümmte Grenzflächen nur einen allgemeinen Verschiebungsweg festlegen, die Feldenergie $W_{\mathrm{c}}(l)$ in Abhängigkeit von dieser Wegkoordinate l bestimmen und über die Ableitung $\mathrm{d}W_{\mathrm{c}}(l)/\mathrm{d}l$ eine Kraft $|\vec{F}_{\mathrm{gl}}| = |\mathrm{d}W_{\mathrm{c}}(l)/\mathrm{d}l|$ berechnen. Diese Kraft ist dann aber immer nur die in Richtung des angenommenen Weges l fallende Komponente $\vec{F}_{\mathrm{gl}}$ der (unbekannten) Grenzflächenkraft $\vec{F}_{\mathrm{g}}$ (s. Bild **3.80**). Diese entscheidende Einschränkung hat aber dann keine Bedeutung, wenn nicht die Grenzflächenkraft selbst, sondern nur eine ihrer Komponenten gesucht ist, z. B. bei zwangsgeführten Grenzflächen die in Richtung ihrer Führung wirkende Komponente. Beispielsweise wird der in Bild

3.79 skizzierte Plattenkondensator betrachtet, bei dem ein fester Isolierstoffkörper mit abgeschrägter Stirnseite gegen die Federkraft $\vec{F}_{\mathrm{Fed}}$ in den Plattenbereich gezogen wird. Nimmt man für diesen Körper eine virtuelle Verschiebung $\mathrm{d}\vec{l}$ parallel zu den Plattenflächen an, so wird nach Gl.(3.220) auch nur die in dieser Richtung wirkende Komponente $\vec{F}_{\mathrm{gl}}$ der (normal zur Grenzfläche gerichteten) Grenzflächenkraft $\vec{F}_{\mathrm{g}}$ berechnet, die also den Körper – in der hier nur möglichen Bewegungsrichtung – zwischen die Platten zieht und maßgebend ist für das die Eintauchtiefe bestimmende Kräftegleichgewicht $(\vec{F}_{\mathrm{gl}} + \vec{F}_{\mathrm{Fed}} = 0)$.

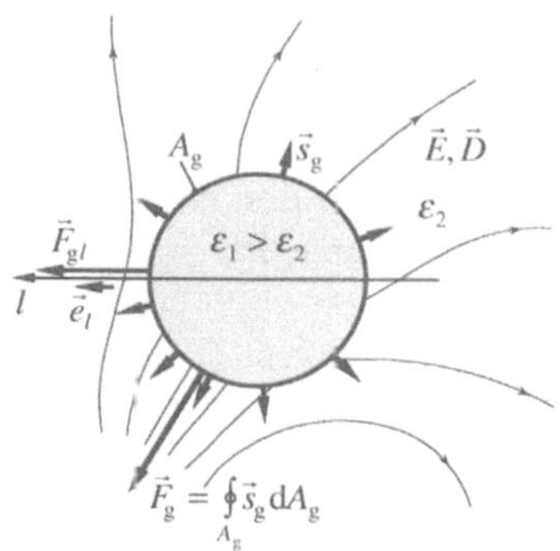

3.80 Grenzflächenkraft $\vec{F}_{\mathrm{g}}$ auf Isolierstoffkugel und deren für beliebige Richtung l bestimmte Komponente $\vec{F}_{\mathrm{gl}}$

Allgemein kann also die in einer vorgegebenen Richtung wirkende Komponente $\vec{F}_{\mathrm{gl}}$ der Grenzflächenkraft $\vec{F}_{\mathrm{g}}$ auf eine beliebig gekrümmte (auch ebene) Grenzfläche wie folgt bestimmt werden. Man legt in derselben Richtung, für die die Kraftkomponente $\vec{F}_{\mathrm{gl}}$ bestimmt werden soll, auch die Längenkoordinate l für die Energiefunktion mit beliebig gewählter Orientierung ihrer positiven Zählrichtung und damit auch die des Einsvektors $\vec{e}_l$ fest (s. Bild **3.80**). Dann werden

Tafel 3.81   Regeln zur Bestimmung der Grenzflächenkraft und deren Orientierung mit Hilfe der virtuellen Verschiebung

Grenzflächen zwischen leitenden und nichtleitenden Bereichen oder zwischen nichtleitenden Bereichen unterschiedlicher Permittivität

bei einer virtuellen Verschiebung $\mathrm{d}\vec{l} = \mathrm{d}l\,\vec{e}_1$ der Grenzfläche ist die das elektrische Feld erregende	eine durch das elektrische Feld verursachte Komponente der Grenzflächenkraft $\vec{F}_{gl} = F_{gl}\,\vec{e}_1$			
	kann als Ableitung der Feldenergie nach $\mathrm{d}l$	ist so orientiert, daß sie versucht,		
		die Energie des elektrischen Feldes bei der virtuellen Verschiebung	die Grenzfläche	
Ladung konstant	nach Gl. (3.220) $$F_{gl} = -\left(\frac{\mathrm{d}W_c}{\mathrm{d}l}\right)_{Q=\text{const}}$$	zu verkleinern	in den Raum der kleineren Permittivität oder bei leitenden Elektroden in den nichtleitenden Raum zu verschieben	so zu verschieben, daß sich die Kapazität des Feldraumes vergrößert [s. Gl. (3.220c)]
Spannung konstant	$$F_{gl} = \left(\frac{\mathrm{d}W_c}{\mathrm{d}l}\right)_{U=\text{const}}$$ berechnet werden	zu vergrößern		
Ladung und Spannung veränderlich	nicht berechnet werden $$F_{gl} \neq \left(\frac{\mathrm{d}W_c}{\mathrm{d}l}\right)_{u \text{ und } Q \text{ abh. von } l}$$	abhängig von der Änderung von u und Q zu vergrößern oder zu verkleinern oder konstant zu halten		$$F_{gl} = \frac{U^2}{2}\frac{\mathrm{d}C}{\mathrm{d}l}$$

die Feldenergie $W_c(l)$ in dem als abgeschlossen geltenden Raum als Funktion der gewählten Längenkoordinate l und ihre Ableitung nach l (Steigung) bestimmt. Damit ergeben sich sinngemäß aus den Gln.(3.195),(3.204)bzw.(3.219) mit $l_n = l$ bzw. $a_n = l$ der Wert und der Vektor der in l wirkenden K o m p o n e n t e der Grenzflächenkraft.

$$\vec{F}_{gl} = F_{gl}\vec{e}_1 \tag{3.220a}$$

$$F_{gl} = -\left(\frac{\mathrm{d}W_c}{\mathrm{d}l}\right)_{Q=\text{const}} \quad\text{bzw.}\quad F_{gl} = \left(\frac{\mathrm{d}W_c}{\mathrm{d}l}\right)_{U=\text{const}} \tag{3.220b}$$

Mit Gl.(3.220b) kann die Kraft in den meisten praktisch gegebenen elektrischen Feldern berechnet werden, da diese zumindest näherungsweise als von konstanter Ladung oder konstanter Spannung erregt angenommen werden können. Ist aber weder die Spannung U noch die Ladung Q näherungsweise konstant, so kann der Fehler der nach Gl.(3.220) berechneten Kraft unzulässig groß werden. Im Extremfall könnten sich bei einer virtuellen Verschiebung dl die Spannungs- und Ladungsänderungen so ergeben, daß die Energie W_c des von U und Q erregten Feldes konstant ist, d.h., dW_c/dl und damit die nach Gl.(3.220) berechnete Kraft wäre Null, was aber völlig falsch ist. Ohne nähere Herleitung sei hier darauf hingewiesen, daß sich unabhängig davon, ob und wie sich die das elektrische Feld erregende Spannung ändert, die Grenzflächenkraft in diesem Feld aus der Ableitung der Kapazität C des Feldraumes nach der Länge l der virtuellen Verschiebung der Grenzfläche berechnen läßt (s. Tafel **3.**81). Die nach Gl.(3.220a) berechnete Komponenete der Grenzflächenkraft gilt also allgemein mit

$$F_{\mathrm{gl}} = \frac{U^2}{2} \left(\frac{\mathrm{d}C}{\mathrm{d}l} \right)_{U \text{ und } Q \text{ beliebig von } l \text{ abhängig}} , \tag{3.220c}$$

wenn U die an dem Feldraum der Kapazität liegende Spannung ist.

In inhomogenen Feldern kann die Bestimmung der Feldenergie äußerst schwierig und aufwendig sein und setzt die Kenntnis des Feldes – auch an der Grenzfläche – voraus. Kennt man aber die Feldgrößen an der Grenzfläche, so kann man mit diesen die mechanische Grenzflächenspannungen $\vec{s}_{\mathrm{g}}$ auch direkt bestimmen und durch deren Integration entsprechend Gl.(3.211) die resultierende Grenzflächenkraft $\vec{F}_{\mathrm{g}}$ berechnen. Die allgemeinen Kraftgleichungen haben aber dennoch Bedeutung für die Fälle, in denen die Ableitung $(\mathrm{d}W_{\mathrm{c}}/\mathrm{d}l)$ der Feldenergie aus den integralen Größen zu bestimmen ist (s. Beispiel 3.52) und auch für qualitative Abschätzungen und Überprüfung von Ergebnissen. Die bisher aus einfachen Gegebenheiten der Beispiele 3.47 bis 3.51 hergeleiteten Gesetzmäßigkeiten lassen sich zu folgenden allgemeiengültigen Regeln zusammenfassen (s. auch Tafel **3.**81).

– Im elektrischen Feld wirkt auf eine beliebige Grenzfläche (zwischen Bereichen unterschiedlicher Permittivität ε oder zwischen leitendem und nichtleitendem Bereich) eine mechanische Grenzflächenspannung $\vec{s}_{\mathrm{g}}$.

– Die m e c h a n i s c h e   G r e n z f l ä c h e n s p a n n u n g $\vec{s}_{\mathrm{g}}$ ist immer in den Raum der kleineren Permittivität bzw. bei leitenden Elektroden in den nichtleitenden Raum orientiert, ihr Betrag kann nach den Gln.(3.210)o.(3.188) aus den Feldgrößen und Permittivitäten an der Grenzfläche berechnet werden.

– Die (resultierende) G r e n z f l ä c h e n k r a f t $\vec{F}_{\mathrm{g}}$, die infolge der Grenzflächenspannung $\vec{s}_{\mathrm{g}}$ auf eine beliebig gekrümmte Grenzfläche wirkt, kann berechnet werden
 a. als Flächenintegral $(\vec{F}_{\mathrm{g}} = \int_{A_{\mathrm{g}}} \vec{s}_{\mathrm{g}}\, \mathrm{d}A)$ der mechanischen Grenzflächenspannung $\vec{s}_{\mathrm{g}}$ [s. Gl.(3.211)] oder
 b. als Ableitung der Kapazität des Feldraumes nach der in Richtung der Grenzflächenkraft $\vec{F}_{\mathrm{g}}$ gewählten Längenkoordinate l entsprechend Gln.(220a) u.(3.220c) mit $\vec{e}_{\mathrm{l}} \| \vec{F}_{\mathrm{g}}$ in positiver l-Koordinate orientiert oder

c. für den Sonderfall, daß die das Feld erregende Spannung U oder Ladung Q konstant sind, als Ableitung der Feldenergie nach der in Richtung der Grenzflächenkraft gewählten Längenkoordinate entsprechend Gln.(3.220a)u. (3.220b) mit $\vec{e}_1 \| \vec{F}_g$ in positiver l-Koordinate orientiert.

(**b.** und **c.** nur bei ebenen Grenzflächen und/oder entsprechend symmetrischen Feldern praktisch lösbar.)

– Eine Komponente $\vec{F}_{gl} = F_{gl}\vec{e}_1$ der Grenzflächenkraft $\vec{F}_g$ in einer beliebig gewählten Richtung $\mathrm{d}\vec{l} = \mathrm{d}l\,\vec{e}_1$ kann entsprechend Gln.(3.220) berechnet werden als Ableitung der Feldenergie bzw. der Kapazität nach der in der gewählten Richtung $\mathrm{d}l$ festgelegten Längenkoordinate l mit $\vec{e}_1$ in positiver l-Koordinate orientiert.

– Die Grenzflächenkraft $\vec{F}_g$ ist so orientiert, daß eine von ihr bewirkte Bewegung der Grenzfläche
a. die Kapazität des Feldraumes vergrößern würde oder
b. die im Feldraum gespeicherte Energie bei konstanter Ladung ($Q = \mathrm{const}$) verkleinern, aber
c. bei konstanter Spannung ($U = \mathrm{const}$) vergrößern würde.

Zu beachten ist, daß die nach den hier angegebenen Regeln berechnete resultierende Grenzflächenkraft $\vec{F}_g$ ausschließlich für die translatorische Verschiebung $\mathrm{d}\vec{l}\|\vec{F}_g$ der Grenzfläche bzw. des von ihr eingeschlossenen Körpers maßgebend ist. Die Bestimmung des Angriffspunktes der resultierenden Grenzflächenkraft $\vec{F}_g$ und des gegebenenfalls davon abhängigen, auf die Grenzfläche wirkenden Drehmomentes erfordert weitere Rechnungen, wozu auf die Grundlagen der Mechanik verwiesen wird (s. auch nächster Absatz).

Die hier auf der Basis des Energieerhaltungssatzes aus translatorischen virtuellen Verschiebungen hergeleitete allgemeine Kraftgleichung Gl.(3.220) gilt naturgemäß für alle solche Größenpaare, deren Produkt ähnlich $\vec{F}\cdot\mathrm{d}\vec{l}$ eine mechanische Energie ergibt. Beispielsweise läßt sich so ein von Feldkräften bewirktes Drehmoment entsprechend Gln.(3.220) berechnen, wenn statt F_{gl} ein Drehmoment M_φ und statt $\mathrm{d}l$ eine virtuelle Drehung $\mathrm{d}\varphi$ dieses Drehmomentes eingesetzt wird, so daß $M_\varphi = \pm\mathrm{d}W_c/\mathrm{d}\varphi$ bzw. $M_\varphi = (U^2/2)(\mathrm{d}C/\mathrm{d}\varphi)$ gilt.

Beispiel 3.52. Die Kraft pro Länge $\vec{F}/l$ zwischen den Leitern einer Doppelleitung (Hin- und Rückleitung) an der Spannung U (s. Bild 3.82) ist zu berechnen.

L ö s u n g a. Da das Feld zwischen zwei parallelen Zylindern als Ortsfunktion $\vec{D}_{(x,y)}$ bekannt bzw. berechenbar ist, kann die magnetische Flußdichte $\vec{D}_{R\varphi}$ und damit die Flächenladungsdichte $|\sigma_\varphi| = |\vec{D}_{R\varphi}|$ über die Kreislinie ($R^2 = x^2 + y^2$) des Leiterumfanges (s. Bild 3.82b) bestimmt werden. Damit ergibt sich nach Gl.(3.188) die mechanische Grenzflächenspannung $\vec{s}_{g\varphi}$ und entsprechend Gl.(3.189) durch Integration von $\vec{s}_{g\varphi}$ über den Leiterumfang die auf ein Leiterelement wirkende Grenzflächenkraft $\mathrm{d}\vec{F}_g = \int_0^{2\pi} \vec{s}_{g\varphi}\,\mathrm{d}l\,R\,\mathrm{d}\varphi$ bzw. die auf die Leiterlänge bezogene Grenzflächenkraft $\mathrm{d}\vec{F}_g/\mathrm{d}l = \int_0^{2\pi} \vec{s}_{g\varphi}R\,\mathrm{d}\varphi$. Die praktische Durchführung dieser Rechnung ist sehr aufwendig, so daß der unter b. erläuterte Lösungsweg zu empfehlen ist.

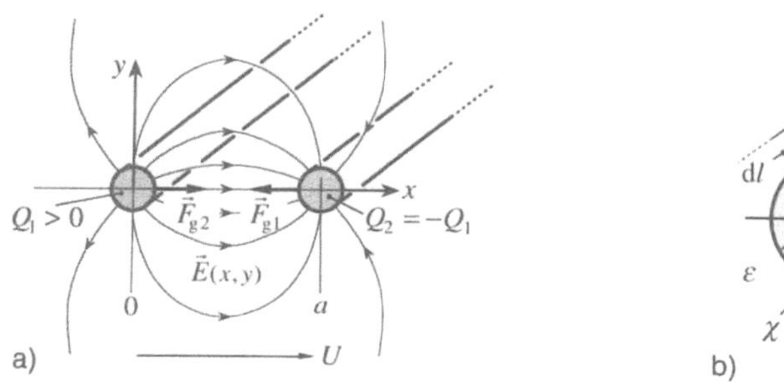
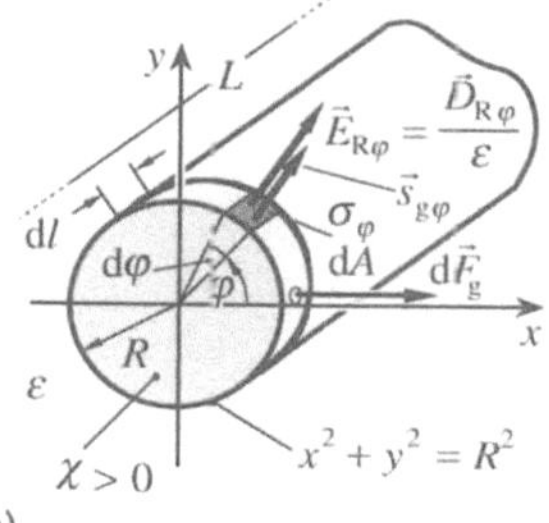
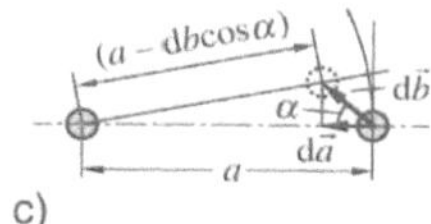

3.82 Feld einer Doppelleitung in Querschnittsebene (a) mit Bezeichnungen eines Leiterelementes entsprechend Beispiel 3.52 (b) sowie virtueller Verschiebung eines Leiters (c)

L ö s u n g b. Von der Spannung U wird zwischen der Doppelleitung ein elektrisches Feld erregt, dessen Energie $W_c = U^2 C/2$ man leicht nach Gl.(3.173) berechnen kann, da für die Doppelleitung (parallele Zylinder) die Kapazität $C = l\pi\varepsilon/\ln(a/R)$ bekannt ist (aus Literatur, z. B. [8] zu entnehmen).

Mit der längenbezogenen Kapazität C/l ergibt sich die pro Länge der Doppelleitung gespeicherte Feldenergie

$$\frac{W_c}{l} = U^2 \frac{C/l}{2} = \frac{U^2 \pi\varepsilon}{2\ln(a/R)}. \tag{3.221}$$

Man erkennt, daß mit Verringerung des Leiterabstandes a die Kapazität C/l und damit auch die Energie W_c/l größer wird. Da das Feld von konstanter Spannung erregt wird, ist nach Tafel 3.81 die Grenzflächenkraft $\vec{F}_g$ (auf die Leiteroberflächen) so orientiert, daß eine von ihr bewirkte Leiterverschiebung die Feldenergie erhöhen würde. Die Kräfte auf die Leiter sind also in Richtung ihrer Verbindungsgeraden durch die Querschnittsmittelpunkte (es gilt *actio = reactio*) aufeinander zu orientiert (s. Bild **3.82a**).

Nachdem so Richtung und Orientierung der Kräfte $\vec{F}_{g1}$ und $\vec{F}_{g2} = -\vec{F}_{g1}$ bestimmt sind, kann entsprechend Gl.(3.220) die Feldenergie (W_c/l) nach der Längenkoordinate in dieser Richtung, also nach dem Leiterabstand a, abgeleitet werden, was den Betrag der Kräfte $|\vec{F}_{g1}| = |\vec{F}_{g2}| = |\vec{F}_g|$ ergibt.

$$\left|\frac{\vec{F}_g}{l}\right| = \left|\frac{\mathrm{d}(W_c/l)}{\mathrm{d}a}\right| = \frac{U^2 \pi\varepsilon}{a\,2\ln^2(a/R)} \tag{3.222}$$

Man kann nun auch leicht überprüfen, ob die Grenzflächenkraft $\vec{F}_\mathrm{g}$ tatsächlich in Richtung der Verbindungsgeraden a wirkt, ihr Betrag also aus der Differentiation der Feldenergie nach dieser Koordinate a berechnet werden durfte. Betrachtet man nämlich die Feldenergieänderung in einer von a um den Winkel α abweichenden Richtung $\mathrm{d}\vec{b}$ (s. Bild **3.**82c), so stellt man fest, daß sich mit dieser Verschiebung $\mathrm{d}\vec{b}$ des Leiters der Leiterabstand a nur um $\mathrm{d}a \approx \mathrm{d}b\cos\alpha$ geändert hat. Die Energieänderung pro Länge (Steigung der Energiefunktion) in Richtung $\mathrm{d}\vec{b}$ ist also kleiner als die in $\mathrm{d}\vec{a}$, d. h., die maximale Energieänderung und damit die Grenzflächenkraft tritt in Richtung der Verbindungsgeraden a durch die Mittelpunkte der Leiterquerschnitte auf.

4 Elektrisches Strömungsfeld

Infolge der Kraftwirkung des elektrischen Feldes auf Elementarladungsträger
kann es zu Ladungsströmungen kommen, die durch das elektrische Strömungsfeld beschrieben werden. Für die Aufstellung der Gleichgewichtsbedingungen
(Spannungsgleichungen) im Strömungsfeld ist die zeitliche Änderung des Strömungsfeldes von grundsätzlicher Bedeutung. Im stationären elektrischen Strömungsfeld ist das E-Feld ein reines Potentialfeld (s. Bild 1.3, Zweig 2b) und kann
daher wie das elektrostatische Feld behandelt werden. Mit dem zeitveränderlichen oder auch instationären Strömungsfeld ist unabdingbar ein zeitveränderliches Magnetfeld verknüpft, welches ein elektrisches Wirbelfeld verursacht (s. Bild
1.3, Zweig 3b, 4a und 4b). Das instationäre Strömungsfeld kann also grundsätzlich nur über die Kopplung elektrischer und magnetischer Felder, d. h. als Überlagerung elektrischer Potential- und Wirbelfelder, beschrieben werden, was erst
im Abschn. 5 erfolgt.

Der Übergang vom reinen Potentialfeld des stationären Strömungsfeldes (s. Bilder 4.1a und 1.3, Zweig 2b) zum reinen Wirbelfeld eines instationären Strömungsfeldes (s. Bild 1.3, Zweige 3b, 4b oder 4a), z. B. in einer homogenen, kreis-
förmig geschlossenen Windung um einen sehr langen, geraden Kern mit einem
zeitveränderlichen Magnetfeld $\dot{\vec{B}} \neq 0$ (s. Bild 4.1d), ist gleitend. Beispielsweise
soll in dem Stromkreis aus Gleichspannungsquelle und Stellwiderstand (s. Bild
4.1b) dieser Widerstand periodisch zwischen $R_{\min}$ und $R_{\max}$ verändert werden können, so daß sich auch der Strom periodisch ändert. Bei sehr langsamen
Änderungen kann dann die Zeitfunktion des Stromes mit guter Näherung nach
den Regeln des stationären Stromkreises berechnet werden, d. h., die Wirbelfeldkomponente ist vernachlässigbar klein gegenüber der Potentialfeldkomponente,
nur die Verkettung entsprechend Bild 1.3, Zweig 2c ist zu beachten. Erfolgt die
Änderung schneller, so tritt die Wirbelfeldkomponente immer stärker in Erscheinung, so daß die Zeitfunktion des Stromes nach den Regeln des instationären
Strömungsfeldes, d. h. unter Einbeziehung des Induktionsgesetzes (s. Abschn.
5), berechnet werden muß, die Verkettungen entsprechend Bild 1.3, Zweige 2c
und 3b, 4b oder 3b, 4a sind zu beachten. In dem Beispiel eines Transformators
nach Bild 4.1c verursacht das zeitveränderliche Magnetfeld in der durch einen

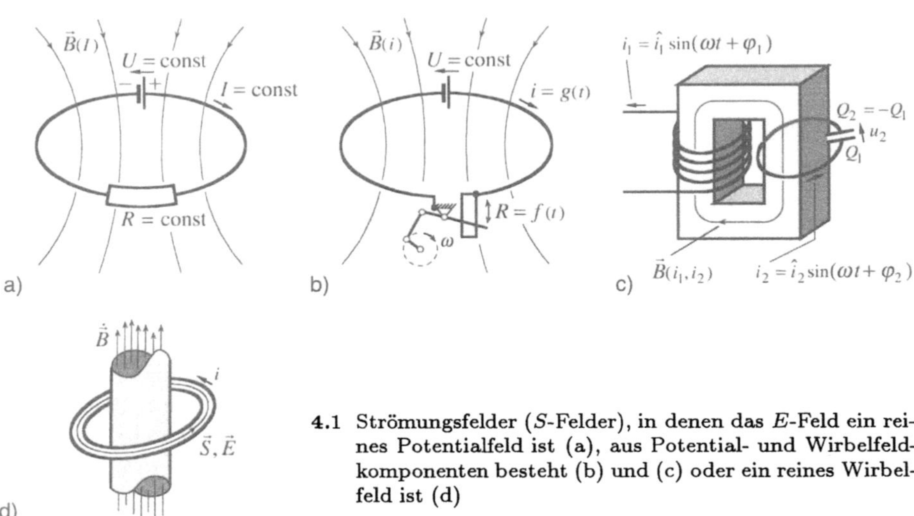

4.1 Strömungsfelder (S-Felder), in denen das E-Feld ein reines Potentialfeld ist (a), aus Potential- und Wirbelfeldkomponenten besteht (b) und (c) oder ein reines Wirbelfeld ist (d)

Kondensator belasteten Sekundärwindung ein elektrisches Wirbelfeld $\vec{E}$, das infolge der Kondensatorladung Q auch eine Potentialfeldkomponente enthält. Dieses Beispiel unterscheidet sich aber von dem ursächlich auf das Potentialfeld der Batterie zurückgehenden Wirbelfeld entsprechend Bild **4.**1b insofern, als hier die Wirbelfeldkomponente Ursache des Strömungsfeldes ist. Damit muß unabhängig von der Geschwindigkeit der Stromänderung das Strömungsfeld entsprechend Bild **4.**1c immer nach den Regeln des instationären Strömungsfeldes berechnet werden, in denen sowohl die Wirbel- als auch Potentialfeldkomponenten erfaßt sind, d. h., die Zweige 2c und 3b, 4a oder 4b in Bild **1.**3 sind immer zu beachten.

In den folgenden Abschnitten 4.1 bis 4.4 sind zunächst die allgemeinen Grundlagen erläutert, die für stationäre und instationäre Strömungsfelder gleichermaßen gelten. In Abschn. 4.5.1 sind dann die Grundgesetze behandelt, die nur für das stationäre Strömungsfeld gelten, und in Abschn. 4.5.2 ist gezeigt, wie diese im Falle des zeitveränderlichen Strömungsfeldes zu erweitern sind.

4.1 Modellvorstellung und Definition der elektrischen Ladungsströmung (Strom)

Im vorliegenden Lehrbuch einer feldtheoretischen Betrachtung der Ladungsströmung muß nicht auf eine elektronentheoretische Erklärung der Ladungsströmung eingegangen werden, die üblicherweise mit einer Untergliederung in

Vakuum-, Gas-, Flüssigkeits- und Festkörperleitung erfolgt. Für die Gesetzmäßigkeiten des Strömungsfeldes ist nämlich nicht die Art der Ladungsströmung
von Bedeutung, sondern ihr von der elektrischen Feldstärke abhängiger Zustand, d. h., ob sich bei einer konstanten Feldstärke $\vec{E}$ eine konstante oder
zeitabhängige Geschwindigkeit der Ladungsströmung einstellt. Um diese beiden grundsätzlich unterschiedlichen Zustände der Ladungsströmung zu erklären,
genügt es im Rahmen der Grundlagen, die Ladungsströmung ungebundener Ladungsträger im ansonsten leeren Raum und die frei beweglicher Ladungsträger
in Materie zu betrachten, z. B. die Strömung freier Elektronen im ansonsten
leeren Raum und die frei beweglicher Elektronen in metallischen Leitern.

Ladungsströmung freier Ladungsträger im ansonsten leeren Raum. Bei
der Ladungsströmung ungebundener Ladungsträger im ansonsten leeren Raum
werden die Ladungsträger infolge einer einwirkenden elektrischen Feldstärke $\vec{E}$
kontinuierlich beschleunigt. Beispielsweise werden, wie in Bild **4.**2a skizziert,
Ladungsträger mit der Elementarladung $e_{+/-}$ und Masse m_e betrachtet, die sich
an der Stelle $x = 0$ mit der Geschwindigkeit $\vec{v}_{\mathrm{e}(t=0)} = 0$ in einem leeren Raum
befinden, in dem ein homogenes Feld der elektrischen Feldstärke $\vec{E}$ wirkt. Durch
die Kraftwirkung $\vec{F} = e_{+/-}\,\vec{E}$ erfahren die Ladungsträger die Beschleunigung

$$\vec{a} = \frac{\vec{F}}{m} = \frac{e_{+/-}}{m_\mathrm{e}}\,\vec{E} \tag{4.1}$$

und nehmen eine Geschwindigkeit

$$\vec{v}_{\mathrm{e}(t)} = \int \vec{a}\,\mathrm{d}t = \frac{e_{+/-}}{m_\mathrm{e}} \int \vec{E}\,\mathrm{d}t \tag{4.2}$$

an, die im Falle eines zeitkonstanten homogenen Feldes proportional mit der
Zeit steigt $[\vec{v}_{\mathrm{e}(t)} = (e_{+/-}/m_\mathrm{e})\vec{E}t$ mit $\vec{v}_{\mathrm{e}(t=0)} = 0]$.

– Ungebundene Ladungsträger im ansonsten leeren Raum werden durch ein
  elektrisches Feld kontinuierlich beschleunigt, so daß sich keine stationäre Ladungsgeschwindigkeit einstellen kann. Die Ladungsgeschwindigkeit $\vec{v}_\mathrm{e}$ ist also
  nicht der elektrischen Feldstärke $\vec{E}$, sondern ihrem Zeitintegral $\int \vec{E}\cdot\mathrm{d}t$ proportional (vorausgesetzt, die Geschwindigkeit ist klein gegenüber der Lichtgeschwindigkeit).

Ladungsströmung frei beweglicher Ladungsträger in Materie. In Materie können sich Ladungsträger infolge einer einwirkenden elektrischen Feldstärke
– wenn überhaupt – immer nur über jeweils kurze Strecken (freie Weglängen)
weiterbewegen. Deshalb ist die elektronentheoretische Erklärung der Ladungsströmung äußerst kompliziert. In der vorliegenden Einführung in die Feldlehre

ist es aber ausreichend, den Zusammenhang zwischen den makroskopischen Feldbegriffen und der Elektronentheorie anschaulich darzustellen. Das erfolgt beispielhaft für den eingeschränkten Bereich leitender Festkörper anhand des Drude-Lorentz-Modells.

In leitender Materie ist die Ladungsströmung an frei bewegliche Ladungsträger gebunden (z. B. an frei bewegliche Elektronen in Metallen). Diese Ladungsträger führen eine thermische Bewegung durch, die infolge der fortwährenden „Zusammenstöße" in der Mikrostruktur ungeordnet verläuft, so daß es zu keiner resultierenden, einseitig gerichteten Bewegung kommt. Wirkt aber eine elektrische Feldstärke $\vec{E}$, so überlagert sich den ungeordneten Trägerbewegungen infolge der Kraft $\vec{F} = Q\vec{E}$ auf die Ladungen eine der Feldstärke entsprechend gerichtete Bewegungskomponente.

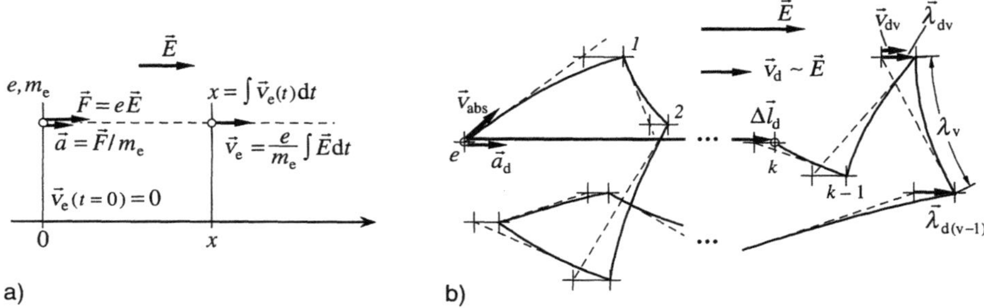

4.2 Bahn eines positiv angenommenen Ladungsträgers (schematisch) unter Einwirkung einer elektrischen Feldstärke $\vec{E}$: a) im leeren Raum, b) in leitenden Festkörpern

In Bild **4.2**b ist die Trägerbewegung in einem leitenden Festkörper, in dem die elektrische Feldstärke $\vec{E}$ wirkt, schematisch dargestellt. Verfolgt man die Bahn eines positiv angenommenen Ladungsträgers e, so verläuft diese zwischen je zwei „Zusammenstößen" geradlinig, wenn keine Feldstärke wirkt (gestrichelt gezeichnet). Infolge der Kraftwirkung $\vec{F} = e\vec{E}$ der elektrischen Feldstärke $\vec{E}$ auf die Ladung e wird der Ladungsträger in Richtung der elektrischen Feldstärke $\vec{E}$ beschleunigt, so daß sich eine gekrümmte Bewegungsbahn ergibt (durchgehend gezeichnet). Infolge der thermischen Bewegung allein ($\vec{E} = 0$) würde also nach einem ($\nu - 1$)-ten „Zusammenstoß" der folgende (ν-te) auf der gestrichelt gezeichneten geradlinigen Bahn liegen, wirkt aber eine elektrische Feldstärke $\vec{E}$, so liegt der ν-te „Zusammenstoß" auf der durchgezogenen gekrümmten Bahn.

Mit der Ladung e und der Masse m_e eines Ladungsträgers ergibt sich entsprechend Gl.(4.1) die Driftbeschleunigung $\vec{a}_d = (e/m_e)\vec{E}$ eines Ladungsträgers infolge der elektrischen Feldstärke $\vec{E}$, die über die hier betrachteten Bewegungsbereiche als konstant angesehen werden kann.

Ist $\tau_{\mathrm{d}\nu}$ die Beschleunigungszeit zwischen dem $(\nu-1)$-ten und dem ν-ten „Zusammenstoß", so bewirkt die Driftbeschleunigung $\vec{a}_{\mathrm{d}}$ eine Driftgeschwindigkeit $\vec{v}_{\mathrm{d}\nu} = \tau_{\mathrm{d}\nu}\vec{a}_{\mathrm{d}}$ der Ladungsträger, infolge der sie eine Driftstrecke $\vec{\lambda}_{\mathrm{d}\nu}$

$$\vec{\lambda}_{\mathrm{d}\nu} = \frac{\tau_{\mathrm{d}\nu}^2}{2}\vec{a}_{\mathrm{d}} = \frac{e}{m_{\mathrm{e}}}\frac{\tau_{\mathrm{d}\nu}^2}{2}\vec{E} \tag{4.3}$$

in Richtung der elektrischen Feldstärke $\vec{E}\|\vec{\lambda}_{\mathrm{d}\nu}$ zurücklegen.

Erfährt ein Ladungsträger k „Zusammenstöße" in der Zeit $\Delta t = \sum_{\nu=1}^{k}\tau_{\mathrm{d}\nu}$, so wird er sich während dieser Zeit um die Driftstrecke

$$\Delta\vec{l}_{\mathrm{d}} = \sum_{\nu=1}^{k}\vec{\lambda}_{\mathrm{d}\nu} \tag{4.4}$$

in Richtung $\vec{E}$ weiterbewegen (s. Bild **4.2b**). Um sich von den zufälligen mikrokosmischen Einzelereignissen lösen zu können, bestimmt man über die Zeitspanne Δt für die zwischen je zwei aufeinanderfolgenden „Zusammenstößen" liegenden Beschleunigungszeiten τ_{d} bzw. für deren Quadrate den Mittelwert

$$\tau_{\mathrm{d\,mit}} = \frac{\Delta t}{k} = \frac{1}{k}\sum_{\nu=1}^{k}\tau_{\mathrm{d}\nu} \qquad \text{bzw.} \qquad \tau_{\mathrm{dq\,mit}}^2 = \frac{1}{k}\sum_{\nu=1}^{k}\tau_{\mathrm{d}\nu}^2 \tag{4.5}$$

und die m i t t l e r e D r i f t s t r e c k e

$$\vec{\lambda}_{\mathrm{d\,mit}} = \frac{\Delta\vec{l}_{\mathrm{d}}}{k} = \vec{E}\frac{e}{2m_{\mathrm{e}}}\frac{1}{k}\sum_{\nu=1}^{k}\tau_{\mathrm{d}\nu}^2 = \vec{E}\frac{e}{2m_{\mathrm{e}}}\tau_{\mathrm{dq\,mit}}^2 . \tag{4.6}$$

Mit diesen Mittelwerten läßt sich die m i t t l e r e D r i f t g e s c h w i n d i g k e i t

$$\vec{v}_{\mathrm{d}} = \frac{\Delta\vec{l}_{\mathrm{d}}}{\Delta t} = \frac{\vec{\lambda}_{\mathrm{d\,mit}}}{\tau_{\mathrm{d\,mit}}} = \vec{E}\frac{e}{2m_{\mathrm{e}}}\frac{\tau_{\mathrm{dq\,mit}}^2}{\tau_{\mathrm{d\,mit}}} \tag{4.7}$$

definieren.

In realen Leitungsgebieten besteht die Ladungsströmung aus einer unvorstellbar großen Anzahl von Ladungsträgern, so daß sich die „Zusammenstöße" nicht mehr als Einzelereignisse, wohl aber über statistische Mittelwerte erfassen lassen. Ebenfalls kann ein Ladungsträger nicht, wie hier vereinfacht dargestellt, als Individuum auf einer Bahn durch das Leitungsgebiet verfolgt werden, sondern es kommt zu einem fortwährenden, völlig unregelmäßigen Austausch der bewegten Ladungsträger. Bei der statistischen Beschreibung dieser komplizierten Ladungsträgerbewegung bezieht man sich auf die aus den absoluten Ladungsträgergeschwindigkeiten v_{abs} und den Bewegungsbahnen λ_{abs} (freie Weglänge) bestimmte m i t t l e r e S t o ß z e i t τ_{mit} (linearer Mittelwert der Zeit τ_{abs} zwischen je zwei aufeinderfolgenden „Zusammenstößen") bzw. den M i t t e l w e r t d e r S t o ß z e i t q u a d r a t e τ^2_{qmit}.

Setzt man diese für die Driftgeschwindigkeit $\vec{v}_d$ maßgebende Beschleunigungszeit ($\tau_{dmit} = \tau_{mit}$ und $\tau^2_{dqmit} = \tau^2_{qmit}$) in Gl.(4.7) ein, so bekommt man die m i t t l e r e D r i f t g e s c h w i n d i g k e i t

$$\vec{v}_d = \vec{E}\,\frac{e_{+/-}}{2m_e}\cdot\frac{\tau^2_{qmit}}{\tau_{mit}} = b\,\vec{E} \tag{4.8}$$

abhängig von den für eine Materie bestimmter Eigenschaften festliegenden Werten für τ_{mit} und τ^2_{qmit}. In Gl.(4.8) ist die Trägerladung $e_{+/-}$ entsprechend dem betrachteten Festkörper mit negativem (Elektronen) oder auch positivem (Löcherleitung) Vorzeichen einzusetzen. Die für die Ladungsströmung maßgebenden Werkstoffeigenschaften sind in Gl.(4.8) zu einer Kenngröße zusammengefaßt, die als B e w e g l i c h k e i t

$$b = \frac{e_{+/-}}{2m_e}\cdot\frac{\tau^2_{qmit}}{\tau_{mit}} \tag{4.9}$$

der Ladungsträger bezeichnet wird.

Da in Materie längere Stoßzeiten τ häufiger auftreten als kürzere, ist ihr quadratischer Mittelwert immer größer als der lineare ($\tau_{qmit} > \tau_{mit}$). Bei der sich z. B. in metallischen Leitern einstellenden statistischen Verteilung der Stoßzeiten gilt $\tau_{qmit} = \sqrt{2}\,\tau_{mit}$, so daß sich für diese die Beweglichkeit

$$b = \frac{-e}{m_e}\tau_{mit} \tag{4.10}$$

ergibt.

– In elektrischen Leitern mit frei beweglichen Ladungsträgern stellt sich eine stationäre Driftgeschwindigkeit $\vec{v}_d = b\vec{E}$ ein, da die den Ladungsträgern vom elektrischen Feld während der Beschleunigungsvorgänge zugeführte Energie (Erhöhung ihrer kinetischen Energie) über die Stoßprozesse unmittelbar wieder (als Wärmeenergie) an das Leitungsgebiet abgegeben wird. Die Driftgeschwindigkeit $\vec{v}_d = b\vec{E}$ kann als zeitgleich mit ihrer Ursache – der elektrischen Feldstärke $\vec{E}$ – auftretend angenommen werden.

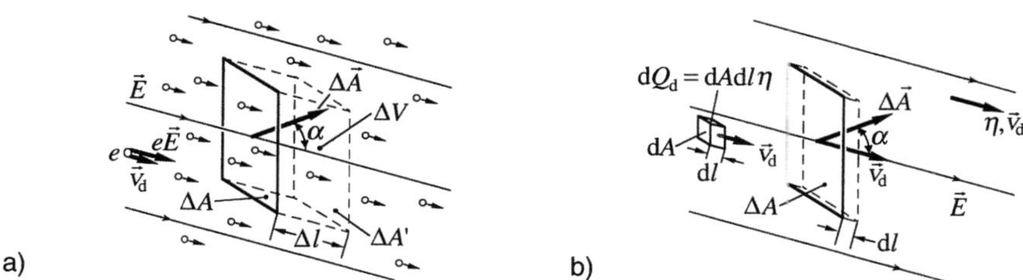

4.3 Modellvorstellung von der Ladungsströmung durch eine Fläche ΔA: a) diskontinuierliche Ladungsverteilung (Elementarladungsträger e), b) kontinuierliche Ladungsverteilung (Driftladungsdichte)

Für die mit den Ladungsträgern durch ein Leitungsgebiet strömende Ladung ist außer der Driftgeschwindigkeit und der Elementarladung der Ladungsträger insbesondere ihre Anzahl pro Volumen maßgebend. Auch diese läßt sich nur als statistischer Mittelwert angeben, der als L a d u n g s t r ä g e r d i c h t e

$$n' = \frac{\Delta n}{\Delta V} = \frac{\text{mittlere Anzahl Ladungsträger im Volumen } \Delta V}{\text{Volumen } \Delta V} \tag{4.11}$$

bezeichnet wird. Zur Erläuterung der Ladungsströmung geht man von der Vorstellung eines Leitungsgebietes aus, in dem sich infolge einer einwirkenden elektrischen Feldstärke $\vec{E}$ alle Ladungsträger mit der gleichen mittleren Driftgeschwindigkeit $\vec{v}_{\mathrm{d}} \| \vec{E}$ bewegen (s. Bild 4.3a). In diesem Leitungsgebiet wird eine kleine Fläche ΔA – oder besser: der Rahmen um diese – betrachtet, die in einer beliebigen Lage [gekennzeichnet durch α als $\sphericalangle(\Delta \vec{A}, \vec{v}_{\mathrm{d}})$] zur Driftgeschwindigkeit $\vec{v}_{\mathrm{d}}$ liegt. Die jeweils zu einem Zeitpunkt t durch die Fläche ΔA tretenden Ladungsträger sind nach einer Zeit Δt soweit vorgerückt, daß sie durch die Fläche $\Delta A'$ treten, die um die Strecke $\Delta \vec{l} = \vec{v}_{\mathrm{d}} \Delta t$ in Richtung der Driftgeschwindigkeit $\vec{v}_{\mathrm{d}}$ gegen ΔA parallel verschoben ist. Es hat sich also in der Zeit Δt ein „Ladungsträgerpaket" Δn durch die Fläche ΔA geschoben, welches durch das zwischen den Flächen ΔA und $\Delta A'$ aufgespannte schiefe Prisma des Volumens $\Delta V = \Delta A \Delta l \cos\alpha = \Delta A\, v_{\mathrm{d}} \Delta t \cos\alpha = \Delta \vec{A} \cdot \vec{v}_{\mathrm{d}} \Delta t$ begrenzt wird. Mit der Ladungsträgerdichte $n' = \Delta n/\Delta V$ des Leitungsgebietes läßt sich die Anzahl der Ladungsträger in dem schiefen Prisma bestimmen, die gleich ist der, die in der Zeit Δt durch die Fläche ΔA strömen [$\Delta n = n' \Delta t \Delta \vec{A}\ \vec{v}_{\mathrm{d}}$]. Wird diese auf die Zeit Δt bezogen, so bekommt man die L a d u n g s t r ä g e r s t r ö m u n g.

$$\left(\frac{\Delta n}{\Delta t}\right) = n' \vec{v}_{\mathrm{d}} \cdot \Delta \vec{A} \tag{4.12a}$$

Die durch die Fläche ΔA pro Zeit strömende (driftende) Ladung $\Delta Q/\Delta t$ ist nicht nur von der Dichte, sondern auch von der Art der Ladungsträger (Elektronen, Ionen) in dem Leitungsgebiet abhängig. Kennzeichnet man durch den Index a die Ladungsträgerart (d. h., n'_a ist die Ladungsträgerdichte, e_a die Ladung und $\vec{v}_{da}$ die Driftgeschwindigkeit der Ladungsträger der Art a), so ergibt sich aus Gl.(4.12a) die L a d u n g s s t r ö m u n g

$$\left(\frac{\Delta Q}{\Delta t}\right)_a = n'_a e_a \vec{v}_{da} \cdot \Delta\vec{A} \tag{4.12b}$$

der Trägerart a durch die Fläche ΔA.

Die praktisch wichtigsten Ladungsströmungen sind im folgenden zusammengestellt mit der Angabe der für Gl.(4.12b) maßgebenden Größen.

a. E l e k t r o n e n s t r ö m u n g
mit der Trägerdichte $n'_a = n'_-$, der Elementarladung $e_a = e_-$ und der Driftgeschwindigkeit $\vec{v}_{da} \uparrow\downarrow \vec{E}$ (z. B. Elektronenströmung in metallischen Leitungsgebieten) oder
mit der Trägerdichte $n'_a = n'_+$, der Elementarladung $e_a = e_+$ und der Driftgeschwindigkeit $\vec{v}_{da} \uparrow\uparrow \vec{E}$ (z. B. Löcherleitung in Halbleitern).

b. I o n e n s t r ö m u n g
aus Kationen (mit k_+ überschüssigen positiven Elementarladungen e_+) mit der Trägerdichte $n'_a = n'_{k+}$, der Trägerladung $e_a = k_+ e_+$ und der Driftgeschwindigkeit $\vec{v}_{da} \uparrow\uparrow \vec{E}$ und/oder
aus Anionen (mit k_- überschüssigen negativen Elementarladungen e_-) mit der Trägerdichte $n'_a = n'_{k-}$, der Trägerladung $e_a = k_- e_-$ und der Driftgeschwindigkeit $\vec{v}_{da} \uparrow\downarrow \vec{E}$ (z. B. in Elektrolyten).

c. E l e k t r o n e n - u n d I o n e n s t r ö m u n g
mit den Größen nach **a.** und **b.** (z. B. in Gasen).

Für Ladungsströmungen, die sich aus der Strömung unterschiedlicher Trägerarten zusammensetzen (z. B. in Elektrolyten oder Gasen), müssen die von jeder Ladungsträgerart verursachten Anteile der Ladungsströmung bestimmt werden, die summiert die r e s u l t i e r e n d e L a d u n g s s t r ö m u n g

$$\left(\frac{\Delta Q}{\Delta t}\right) = \sum n'_a e_a \vec{v}_{da} \cdot \Delta\vec{A} \tag{4.12c}$$

ergeben. Dabei müssen selbstverständlich für die unterschiedlichen Trägerarten sowohl das Vorzeichen der Ladung e_a als auch die Orientierung der Driftgeschwindigkeit $\vec{v}_{da}$ beachtet werden.

Für die physikalische Wirkung der Ladungsströmung (z. B. die magnetische Wirkung) ist sowohl das Vorzeichen der Ladung e der Ladungsträger als auch die Orientierung ihrer Driftgeschwindigkeit $\vec{v}_d$ maßgebend, die aber in dem Skalarprodukt Gl.(4.12b) nicht ohne weiteres zum Ausdruck kommt. Man ordnet daher der Größe Ladungsströmung $(\Delta Q/\Delta t)$ einen Zählpfeil zu mit folgender Vereinbarung:

– Für die Ladungsströmung $(\Delta Q/\Delta t)$ nach Gl.(4.12b) wird ein Zählpfeil durch die Fläche ΔA eingezeichnet mit einer Orientierung, die der – beliebig wählbaren – Orientierung des Flächenvektors $\Delta\vec{A}$ entspricht.

Wird die Ladungsströmung $(\Delta Q/\Delta t)$ mit positivem (bzw. negativem) Zahlenwert berechnet, so strömen entweder positiv geladene Ladungsträger $(e > 0)$ in (bzw. entgegen) der Orientierung des Zählpfeiles für $(\Delta Q/\Delta t)$ oder negativ geladene Ladungsträger $(e < 0)$ entgegen (bzw. in) der Orientierung des Zählpfeiles für $(\Delta Q/\Delta t)$ (s. Bild 4.4a).

Beispiel 4.1. In einem Halbleitergebiet driften infolge einer einwirkenden elektrischen Feldstärke $\vec{E}$ Elektronen und Löcher mit den Elementarladungen $e_{a1} = e_- = -e$ und $e_{a2} = e_+ = e$, den Ladungsträgerdichten $n'_{a1} = n'_-$ und $n'_{a2} = n'_+$ sowie den Driftgeschwindigkeiten $\vec{v}_{da1} = \vec{v}_{d-} \uparrow\downarrow \vec{E}$ und $\vec{v}_{da2} = \vec{v}_{d+} \uparrow\uparrow \vec{E}$. Die Ladungsströmung $(\Delta Q/\Delta t)$ durch eine Fläche ΔA ist zu berechnen (s. Bild 4.4a).

<table>
<tr><td>

4.4
Die zwei möglichen
Orientierungen des
Flächenvektors und
damit die der Zählpfeile
a) für die Ladungsströmung (dQ_d/dt),
b) für den Strom I

</td><td>

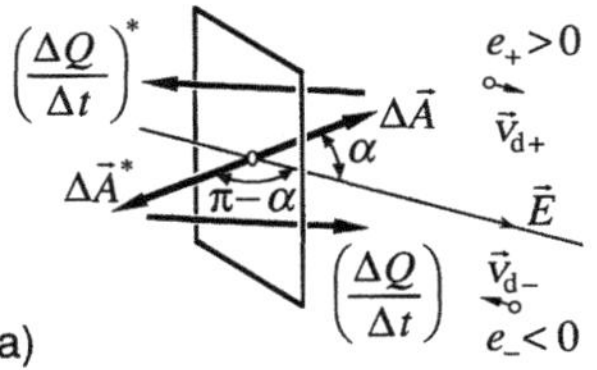

</td><td>

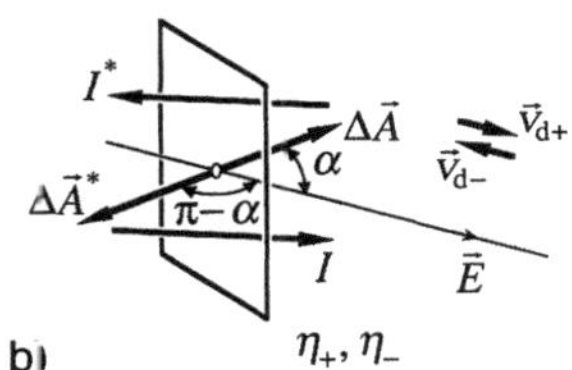

</td></tr>
</table>

Die Lage der Fläche wird durch den Flächenvektor $\Delta\vec{A}$ beschrieben, der entsprechend Bild 4.4a willkürlich nach rechts oder links aus der Fläche orientiert gewählt wird. Entsprechend ist auch der Zählpfeil für die Ladungsströmung $(\Delta Q/\Delta t)$ oder $(\Delta Q/\Delta t)^{*}$ einzutragen, die dafür nach Gl.(4.12c) zu berechnen ist.

a. Für $\Delta\vec{A}$ ergibt sich

$$\left(\frac{\Delta Q}{\Delta t}\right) = n'_+ e\, v_{d+}\Delta A \cos\alpha + n'_-(-e)v_{d-}\Delta A\cos(\pi-\alpha)$$
$$= \Delta A e(n'_+ v_{d+} + n'_- v_{d-})\cos\alpha \tag{4.13a}$$

mit positivem Zahlenwert. Die resultierende Ladungsströmung kann also als eine in Bild 4.4a von links nach rechts durch die Fläche strömende positive Ladung aufgefaßt werden [Orientierung entspricht Zählpfeil $(\Delta Q/\Delta t)$].

b. Für $\Delta \vec{A}^*$ ergibt sich

$$
\begin{aligned}
\left(\frac{\Delta Q}{\Delta t}\right)^* &= n'_+ e v_{d+} \Delta A \cos(\pi - \alpha) + n'_- (-e) v_{d-} \Delta A \cos \alpha \\
&= \Delta A e(-n'_+ v_{d+} - n'_- v_{d-}) \cos \alpha
\end{aligned}
\tag{4.13b}
$$

mit negativem Zahlenwert, also ist die resultierende Strömung positiver Ladung entgegen dem Zählpfeil $(\Delta Q/\Delta t)^*$ orientiert, was dem Ergebnis nach **a.** entspricht.

Überführt man den Differenzenquotienten [Gl.(4.12)] in der bisher erläuterten elektronentheoretischen Modellvorstellung in einen Differentialquotienten $dQ/dt = \lim_{\Delta t \to 0}(\Delta Q/\Delta t)$, so wird deutlich, daß in extrem kurzen Zeiten ($\Delta t \to 0$, also auch $\Delta l \to 0$) durch extrem kleine Flächen ($\Delta A \to 0$, also $\Delta A \cdot \Delta l \to 0$) immer mal wieder – zufällig – kein Ladungsträger driftet, d.h., es gibt immer Zeitpunkte, in denen die Ladungströmung (dQ_d/dt) Null ist.

In der feldtheoretischen Betrachtung der Ladungsströmung wird die Ladung nicht als ein auf die diskontinuierlich verteilten Ladungsträger konzentrierter Zustand betrachtet, sondern als ein von den Trägern gelöster, sozusagen kontinuierlich über den Raum „verschmierter", allgemeiner Raumzustand aufgefaßt. Man führt mit dieser Vorstellung, ähnlich wie in Abschn. 2.2.1 für die Raumladung $\varrho = dQ/dt$ erläutert, eine D r i f t l a d u n g s d i c h t e

$$
\eta = \frac{dQ_d}{dV} = \lim_{\Delta V \to 0} \frac{\Delta n_d \, e_{+/-}}{\Delta V} = n'_d \, e_{+/-}
\tag{4.14}
$$

ein, die über die Dichte $n'_d = \Delta n_d/\Delta V$ der frei beweglichen Ladungsträger und deren Elementarladung erklärt ist. Die Driftladung Q_d der frei beweglichen Ladungsträger ist (von Sonderfällen abgesehen) voll durch ungleichnamige Ladungen kompensiert. Die Driftladungsdichte ist daher keine Quelle oder Senke eines D-Feldes und unterscheidet sich somit grundsätzlich von der Raumladungsdichte $\varrho = dQ/dt$ (s. Abschn. 2.2.1).

– Die Driftladungsdichte $\eta = dQ_d/dV$ der frei beweglichen Ladungsträger ist per Definition eine kontinuierliche Größe, die als Mittelwert aus der naturgemäß diskontinuierlichen Größe des Produktes aus Ladungsträgerdichte $n'_d = \Delta n_d/\Delta V$ und Elementarladung $e_{+/-}$ berechnet wird ($\eta = e_{+/-} n'_d$). Sie ist somit eine Materialkenngröße, die die Leitungseigenschaften angibt.

Nach dieser Modellvorstellung der als kontinuierlich über den Raum verteilt angenommenen Driftladungsdichte η ist auch in infinitesimalen Volumenelementen $dV = dA \, dl$ eine infinitesimale Driftladung $dQ_d = \eta \, dV$ gegeben (s. Bild 4.3b). Mit anderen Worten: auch in gegen Null strebenden Zeiten ($dt \to 0$, entspricht in Bild **4.3b** $dl \to 0$), also zu jedem Zeitpunkt, ist eine Ladungsströmung durch eine Fläche ΔA gegeben, auch wenn diese gegen Null strebt ($dA \to 0$).

Besteht die Ladungsströmung aus nur einer Trägerart (z. B. in Metallen aus Elektronen) und setzt man deren als kontinuierlich aufgefaßte Driftladungsdichte η nach Gl.(4.14) in die Gl.(4.12b) ein, so läßt sich diese in den Differentialquotienten überführen, der dann eine kontinuierliche Ladungsströmung durch die Fläche ΔA erklärt, die als **elektrischer Strom**

$$I = \frac{\mathrm{d}Q_\mathrm{d}}{\mathrm{d}t} = \eta \vec{v}_\mathrm{d} \cdot \Delta \vec{A} \tag{4.15}$$

bezeichnet wird.

– Der elektrische Strom ist definiert als die pro Zeit durch eine Fläche driftende Ladung. Er ist bestimmt durch die Driftladungsdichte η und deren Driftgeschwindigkeit $\vec{v}_\mathrm{d}$ sowie durch die Fläche $\Delta \vec{A}$ und deren Winkel zur Driftgeschwindigkeit $[\sphericalangle(\Delta \vec{A}, \vec{v})]$.
Der Strom I nach Gl.(4.15) ist eine Zählpfeilgröße, für die sinngemäß die Definitionen gelten, die für die Zählpfeilgröße der Ladungsströmung nach Gl.(4.12a) angegeben sind (s. Bild **4.4b**).

Besteht die Ladungsströmung aus mehreren Ladungsträgerarten, so gelten die Erläuterungen zur Ladungsströmung nach Gl.(4.12b) sinngemäß. Für jede Trägerart a kann dann mit deren Driftladungsdichte η_a und Driftgeschwindigkeit $\vec{v}_\mathrm{da}$ der Teilstrom $I_\mathrm{a} = \eta_\mathrm{a} \vec{v}_\mathrm{da} \cdot \Delta \vec{A}$ entsprechend Gl.(4.15) berechnet werden. Die Summe der Teilströme ergibt dann den resultierenden Strom

$$I = \sum I_\mathrm{a} = \sum \eta_\mathrm{a} \vec{v}_\mathrm{da} \cdot \Delta \vec{A} \tag{4.16}$$

durch die Fläche ΔA. Selbstverständlich sind in der Summe ähnlich wie in der der Ladungsströmung nach Gl.(4.12c) sowohl das Vorzeichen der Driftladungsdichte η_a als auch die Orientierung der Driftgeschwindigkeit $\vec{v}_\mathrm{da}$ (der unterschiedlichen Trägerarten) zu beachten.

Beispiel 4.2. Für das Halbleitergebiet nach Beispiel 4.1 ist der Strom I durch die Fläche ΔA zu bestimmen.

Mit den gegebenen diskontinuierlichen Größen der Elektronen- und Löcherleitung ergeben sich nach Gl.(4.14) die kontinuierlich angenommenen Driftladungsdichten $\eta_+ = n'_+ e_+ = n'_+ e$ und $\eta_- = n'_- e_- = -n'_- e$. Wie in Beispiel 4.1 kann der Flächenvektor $\Delta \vec{A}$ (bzw. $\Delta \vec{A}^*$) und damit der Zählpfeil für I nach rechts (bzw. links) weisend in Bild **4.4b** angetragen werden. Dafür ergibt sich entsprechend Gl.(4.16) der Strom

$$I = \eta_+ v_\mathrm{d+} \Delta A \cos \alpha + \eta_- v_\mathrm{d-} \Delta A \cos(\pi - \alpha) = \Delta A (\eta_+ v_\mathrm{d+} - \eta_- v_\mathrm{d-}) \cos \alpha \tag{4.17a}$$

mit positivem oder

$$I^* = \eta_+ v_{\mathrm{d}+} \Delta A \cos(\pi - \alpha) + \eta_- v_{\mathrm{d}-} \Delta A \cos \alpha = \Delta A(-\eta_+ v_{\mathrm{d}+} + \eta_- v_{\mathrm{d}-}) \cos \alpha \qquad (4.17\mathrm{b})$$

mit negativem Zahlenwert. Beide Ergebnisse liefern nach den Erläuterungen zu den Gln.(4.13a) und (4.13b) zusammen mit den Zählpfeilen für I (bzw. I^*) in Bild 4.4b die gleiche Aussage.

4.2   Vektorielle Feldgrößen des Strömungsfeldes

Die Erläuterung der Ladungsströmung erfolgte in Abschn. 4.1 mit der Vorstellung homogener Strömungsgebiete. Ist das nicht gegeben, ist z. B. die elektrische Feldstärke $\vec{E}$ und/oder die Trägerdichte n' nicht im gesamten Leitungsgebiet gleich, so werden sich auch räumlich unterschiedliche Driftgeschwindigkeiten $\vec{v}_{\mathrm{d}}$ einstellen. Die Größe $(\eta \vec{v}_{\mathrm{d}})$ ist also eine Ortsfunktion, die in den Gln.(4.15) bzw.(4.16) als Mittelwert $(\eta \vec{v}_{\mathrm{d}})_{\mathrm{mit}} \cdot \Delta \vec{A} = \Delta I$ über die Fläche ΔA aufzufassen ist. Physikalisch betrachtet ist $(\eta \vec{v}_{\mathrm{d}})_{\mathrm{mit}}$ in Gl.(4.15) also in doppelter Weise als Mittelwert anzusehen; zum einen ist beim Übergang auf die Modellvorstellung von einer kontinuierlichen Ladungsströmung die als kontinuierliche Größe definierte Driftladungsdichte η ein Mittelwert ihrer in der Mikrostruktur räumlich diskontinuierlichen Verteilung, zum anderen ist aber diese als kontinuierlich verteilt aufgefaßte Ladung (η und damit auch $\eta \vec{v}_{\mathrm{d}}$) in inhomogenen Leitungsgebieten nicht mehr auch als gleichmäßig (homogen) verteilt anzusehen, so daß $(\eta \vec{v}_{\mathrm{d}})_{\mathrm{mit}}$ der Mittelwert der kontinuierlich, aber ungleichmäßig über die Fläche ΔA verteilten Größe $(\eta \vec{v}_{\mathrm{d}})$ ist.

In der Feldtheorie wird nun der Strom nicht unmittelbar aus der Größe $(\eta \vec{v}_{\mathrm{d}})$ berechnet, sondern man hat für $(\eta \vec{v}_{\mathrm{d}})$ eine vektorielle Feldgröße des Strömungsfeldes definiert, die als flächenbezogene Stromgröße zu deuten ist und als S t r o m - d i c h t e mit dem Symbol $\vec{S}$ bezeichnet wird. Damit sind also ähnlich wie im elektrostatischen Feld auch für das Strömungsfeld zwei Feldgrößen festgelegt, die elektrische Feldstärke $\vec{E}$ und die Stromdichte $\vec{S}$. Der Zusammenhang zwischen beiden wird im folgenden hergeleitet, und zwar im Abschn. 4.2.1 für passive Leitungsgebiete und im Abschn. 4.2.2 für aktive Leitungsgebiete innerhalb von Spannungsquellen, in denen die elektrische Feldstärke $\vec{E}$ nicht nur von der Stromdichte $\vec{S}$, sondern auch noch von einer eingeprägten elektrischen Feldstärke $\vec{E}^{\mathrm{e}}$ abhängt. Die Erläuterungen beziehen sich dabei ausschließlich auf Ladungsströmungen, die sich in elektrischen Leitern beschleunigungsfrei einstellen. Auf beschleunigungsabhängige Ladungsströmungen, z. B. im leeren Raum, wird im vorliegenden Grundlagenband nicht weiter eingegangen.

4.2.1 Vektorielle Feldgrößen in passiven Leitungsgebieten

In einem Leitungsgebiet mit kontinuierlicher, aber inhomogener Ladungsströmung, also inhomogener Stromverteilung, wird eine infinitesimale Fläche dA rechtwinklig zur Driftgeschwindigkeit $\vec{v}_d$ betrachtet (s. Bild **4.5a**). Da in einem gegen Null strebenden Flächenelement dA auch eine inhomogene Ladungsströmung als homogen aufzufassen ist, kann der in ihr auftretende infinitesimale Strom dI auch wieder als Produkt entsprechend Gl.(4.15) berechnet werden. Da weiter für ein Flächenelement rechtwinklig zur Driftgeschwindigkeit ($d\vec{A} \uparrow\uparrow \vec{v}_d$) das Skalarprodukt $\eta\vec{v}_d \cdot d\vec{A} = \eta v_d dA \cos\alpha$ gleich dem Betragsprodukt $\eta v_d \, dA$ ist, kann dieser infinitesimale Strom auch durch die algebraische Gleichung

$$dI = \eta v_d \, dA \qquad \text{für} \qquad d\vec{A} \uparrow\uparrow \vec{v}_d$$

bestimmt werden. Diese kann durch dA dividiert werden, was auf die Definitionsgleichung der als Stromdichte

$$\frac{dI}{dA} = \eta\, v_d = S \qquad \text{für} \qquad d\vec{A} \uparrow\uparrow \vec{v}_d \tag{4.18}$$

bezeichneten Feldgröße des Strömungsfeldes führt. Man erkennt, daß die durch Gl.(4.18) miteinander verknüpften Größen η, v_d und S sich auf denselben Punkt beziehen (s. Bild **4.5b**) und man der Stromdichte $\vec{S}$ Vektorcharakter zuordnen, d. h. sie als Ersatzgröße für die Vektorgröße ($\eta\vec{v}_d$) einführen kann.

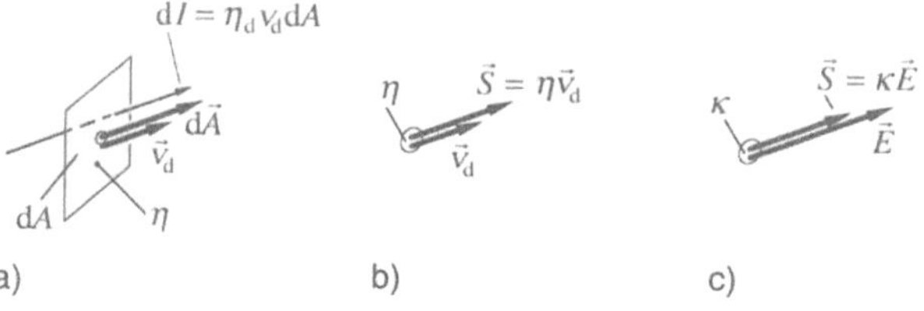

4.5
Zur Definition der Feldgrößen des Strömungsfeldes
a) infinitesimaler Strom dI,
b) Stromdichte $\vec{S}$ und Driftgeschwindigkeit $\vec{v}_d$,
c) Stromdichte $\vec{S}$ und Feldstärke $\vec{E}$

– Die Stromdichte

$$\vec{S} = \eta\,\vec{v}_d \tag{4.19}$$

ist als Vektorgröße definiert, deren Richtung gleich ist der der Driftgeschwindigkeit ($\vec{S} \| \vec{v}_d$) und deren Betrag gleich ist dem Produkt der Beträge aus Driftgeschwindigkeit $\vec{v}_d$ und Driftladungsdichte η der frei beweglichen Ladung.

Man erkennt aus Gl.(4.18), daß die Dimension der Stromdichte $S = dI/dA$ der Quotient aus Strom und Fläche ist. Dementsprechend wird sie in der SI-

Einheit $(\mathrm{A/m^2})$ angegeben, in der Praxis im allgemeinen mit dem in gesetzlichen Einheiten zulässigen Vorsatz 'milli' im Nenner, also als $(\mathrm{A/mm^2})$.

Ersetzt man in Gl.(4.19) die Driftgeschwindigkeit $\vec{v}_\mathrm{d}$ entsprechend Gl.(4.9), so bekommt man die Stromdichte

$$\vec{S} = \eta\,b\vec{E} = \kappa\,\vec{E} \tag{4.20}$$

in der auf die feldtheoretische Betrachtung der Ladungsströmung zugeschnittenen Form (s. Bild **4.5c**). Die vektoriellen Feldgrößen Stromdichte $\vec{S}$ und elektrische Feldstärke $\vec{E}$ sind also punktbezogen durch die ebenfalls für den Raumpunkt definierte e l e k t r i s c h e   L e i t f ä h i g k e i t

$$\kappa = \eta\,b \tag{4.21}$$

miteinander verknüpft, die entsprechend Gl.(4.20) als Produkt aus Beweglichkeit b und Driftladungsdichte η definiert ist. Für praktische Rechnungen wird die Leitfähigkeit experimentell bestimmt. Die Einheit der Leitfähigkeit folgt mit den SI-Einheiten für I und S unmittelbar aus Gl.(4.20).

$$[\kappa] = \frac{[S]}{[E]} = \frac{\mathrm{A/m^2}}{\mathrm{V/m}} = \frac{\mathrm{A}}{\mathrm{Vm}} = \frac{\mathrm{S}}{\mathrm{m}} = \frac{1}{\Omega\mathrm{m}} \tag{4.22}$$

Statt mit der Leitfähigkeit κ wird häufig auch mit deren Kehrwert gerechnet, der als s p e z i f i s c h e r   W i d e r s t a n d

$$\varrho = \frac{1}{\kappa} \tag{4.23}$$

bezeichnet wird.

– Im elektrischen Strömungfeld passiver Ladungsgebiete sind Stromdichte $\vec{S}$ und elektrische Feldstärke $\vec{E}$ über die skalare Materialkenngröße Leitfähigkeit κ bzw. den spezifischen Widerstand ϱ miteinander verknüpft.

$$\vec{S} = \kappa\vec{E} = \frac{1}{\varrho}\vec{E} \tag{4.24}$$

Feldstärke und Stromdichte haben also gleiche Richtung und Orientierung $(\vec{E}\uparrow\uparrow\vec{S})$. Gl.(4.24) ist das Ohmsche Gesetz in differentieller Form.

Die vektoriellen Feldgrößen Stromdichte $\vec{S}$ und elektrische Feldstärke $\vec{E}$ des Strömungsfeldes lassen sich, ähnlich wie die elektrische Flußdichte $\vec{D}$ und die elektrische Feldstärke $\vec{E}$ im elektrostatischen Feld (s. Abschn. 3.1.2), durch Feldlinienbilder graphisch darstellen (s. Bild **4.6**).

– Ein Feldlinienbild beschreibt die Stromdichte $\vec{S}$ bzw. die elektrische Feldstärke $\vec{E}$ in einem Feldraum so, daß die Vektoren $\vec{S}$ bzw. $\vec{E}$ immer tangential zu den Feldlinien liegen mit einem Betrag, der proportional der Feldliniendichte bzw. umgekehrt proportional dem Feldlinienabstand ist (vgl. Beispiel 3.2).

Da die Vektoren $\vec{S}$ und $\vec{E}$ sich nur durch die skalare Größe κ unterscheiden [s. Gl.(4.24)], sind ihre Feldlinienbilder ähnlich, d. h., für $\vec{S}$ wie auch für $\vec{E}$ gilt das gleiche Feldlinienbild, lediglich die – dimensionsbehafteten – Maßstabsfaktoren sind unterschiedlich. Durch Feldlinienbilder wird die räumliche Stromdichteverteilung (Feldintensität) besonders anschaulich dargestellt. (Entsprechend einer groben, bildhaften Vorstellung driftet die Ladung entlang der Feldlinien mit einer um so größeren Geschwindigkeit, je dichter die Feldlinien liegen.)

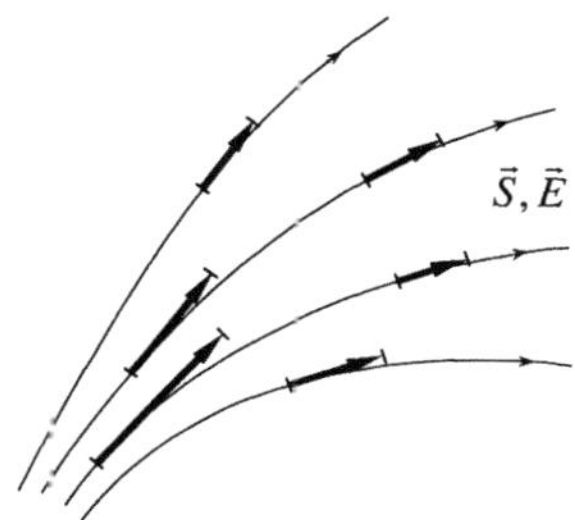

4.6 Feldlinien eines Strömungsfeldes mit $\vec{S}$- bzw. $\vec{E}$-Vektoren

Gleichgewichtszustand im passiven elektrischen Strömungsfeld. In dem elektrischen Strömungsfeld passiver Leitungsgebiete wirkt die Coulombkraft $\vec{F}_{\mathrm{c}}$ der elektrischen Feldstärke $\vec{E}$ als „Antriebskraft" $\vec{F}_{\mathrm{c}} = Q_{\mathrm{d}}\vec{E}$ auf die Driftladung Q_{d} und erzwingt die vom höheren zum niedereren Potential orientierte Driftgeschwindigkeit $\vec{v}_{\mathrm{d}}$ der Ladungsströmung (positiver Ladung), die über die Stromdichte $\vec{S}$ beschrieben wird (s. Bild **4.7a**). Eine bestimmte elektrische Feldstärke $\vec{E}$ bewirkt also eine ihr gleichgerichtete bestimmte Driftgeschwindigkeit $\vec{v}_{\mathrm{d}} = b\vec{E}$ [s. Gl.(4.9)] bzw. Stromdichte $\vec{S} = \kappa\vec{E}$ [s. Gl.(4.24)]. Ist $\vec{E}$ konstant, so sind auch $\vec{v}_{\mathrm{d}}$ und $\vec{S}$ konstant; ändert sich $\vec{E}$ zeitlich, so ändern sich $\vec{v}_{\mathrm{d}}$ und $\vec{S}$ zeitgleich mit $\vec{E}$.

Diese Gesetzmäßigkeit des Strömungsfeldes läßt sich durch weitere Vereinfachung des in Abschn. 4.1 erläuterten Modells der Ladungsströmung frei beweglicher Ladungsträger in Materie erklären über die Vorstellung einer massefreien Driftladung Q_{d} und einer „Reibungskraft" $\vec{F}_{\mathrm{r}}$, die der Driftgeschwindigkeit bzw. der Stromdichte proportional [$\vec{F}_{\mathrm{r}} = -Q_{\mathrm{d}}\vec{E} = -Q_{\mathrm{d}}(\vec{v}_{\mathrm{d}}/b) = -Q_{\mathrm{d}}(\vec{S}/\kappa)$ s. Gln.(4.9)u.(4.24)], ihnen aber entgegengesetzt orientiert ist ($\vec{F}_{\mathrm{r}} \upharpoonleft\!\downharpoonright \vec{v}_{\mathrm{d}}$). Für die Bestimmung der Driftgeschwindigkeit $\vec{v}_{\mathrm{d}}$, die sich bei einer als masselos angenommenen Ladung einstellt, sind keine Beschleunigungskräfte in Ansatz zu bringen, so daß zu jeder Zeit die Summe aus Antriebs- und Reibungskraft Null ist ($\vec{F}_{\mathrm{c}} + \vec{F}_{\mathrm{r}} = 0$) (s. Bild **4.7a**).

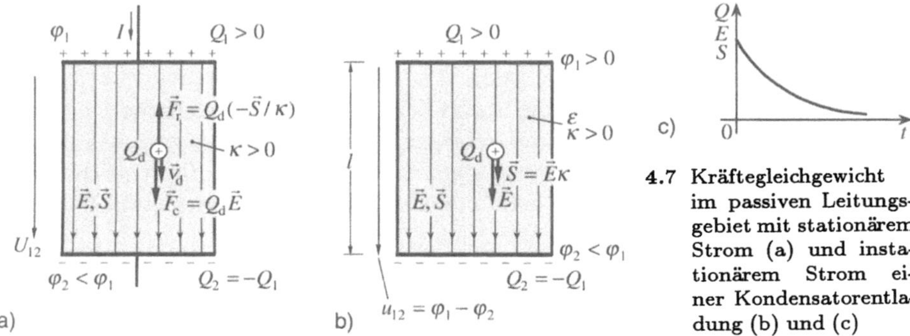

4.7 Kräftegleichgewicht im passiven Leitungsgebiet mit stationärem Strom (a) und instationärem Strom einer Kondensatorentladung (b) und (c)

Durch die Vernachlässigung der Beschleunigungszeit in den Grundgesetzen des Strömungsfeldes in Materie [Gln.(4.9)u.(4.24)] wird die Gültigkeit der Theorie des elektromagnetischen Feldes praktisch nicht eingeschränkt, da auf Grund der extrem kleinen Masse der elementaren Ladungsträger eine Ladungsströmung in einer unvorstellbar kurzen Zeit die – im allgemeinen sehr kleine – stationäre Driftgeschwindigkeit $\vec{v}_d$ erreicht hat. Nur wenn elektromagnetische Vorgänge mit extremer zeitlicher Auflösung betrachtet werden sollen und/oder Ladungsströmungen mit Ladungsträgern, deren Masse/Ladungs-Verhältnis extrem größer ist als das der Elementarteilchen, müßten auch die Beschleunigungsvorgänge in die Theorie einbezogen werden.

Die Aussagen dürfen aber nicht in dem Sinne mißverstanden werden, daß sich die elektrische Feldstärke $\vec{E}$ und Stromdichte $\vec{S}$ als solche auch verzögerungsfrei, d. h. unstetig ändern könnten, was nicht möglich ist, da sie mit der elektrischen und der magnetischen Feldenergie verknüpft sind. Die Feldgrößen $\vec{E}$ und $\vec{S} = \kappa\vec{E}$ ändern sich also zeitgleich, aber nicht unstetig.

4.2.2   Vektorielle Feldgrößen in aktiven Leitungsgebieten (Spannungsquellen)

In Bild **4.7b** ist der Querschnitt durch einen Plattenkondensator mit einem nicht idealen Dielektrikum skizziert, das eine sehr kleine, aber von Null verschiedene Leitfähigkeit $\kappa > 0$ hat. Dieser Kondensator ist an eine Spannung U geschaltet, so daß sich mit Abschalten der Spannung die Plattenladungen $Q_1 > 0$ und $Q_2 = -Q_1$ eingestellt haben, die zwischen den Platten ein nahezu homogenes E-Feld und damit die Spannung $u_{12} = \varphi_1 - \varphi_2 = El$ verursachen. Dieses E-Feld bewirkt in dem nicht idealen Dielektrikum mit $\varepsilon > 0$ und $\kappa > 0$ zwischen den Platten ein Strömungsfeld mit der Stromdichte $\vec{S} = \kappa\vec{E}$ des Betrages $S = \kappa u_{12}/l$. Damit findet aber ein Ladungsausgleich zwischen den Platten statt, da die Platten nicht mehr an eine Spannungsquelle angeschlossen sind, die den Platten die über das Dielektrikum „abfließende" Ladung im gleichen Maße wieder zuführen könnte.

Nach Abschalten des Kondensators werden also infolge des Strömungsfeldes die Plattenladung Q, die elektrische Feldstärke $\vec{E}$ sowie die Spannung u_{12} zeitlich kleiner (s. Bild **4.7c**). Damit wird auch die Stromdichte $\vec{S}$ zeitlich kleiner und schließlich Null, wenn nämlich die Plattenladung vollkommen ausgeglichen, d. h. $Q_1 = Q_2 = 0$, $\vec{E} = 0$, $u_{12} = 0$ und $\vec{S} = 0$ ist.

Ein elektrisches Strömungsfeld kann in einem passiven Leitungsgebiet stationär, d. h. unverändert über beliebige Zeit, nur bestehen, wenn die aus diesem Gebiet abfließende Ladung laufend auch wieder zugeführt wird. Mit anderen Worten, ein stationärer Strom kann in einem passiven Leitungsgebiet nur fließen, wenn dieses in einem geschlossenen Kreis z. B. mit einer Quelle verbunden ist, in der Kräfte wirken, die die im Leitungsgebiet vom höheren zum niedereren Potential „abfließende" Ladung umgekehrt wieder vom niedereren zum höheren Potential „transportiert". Eine vereinfachte Modellvorstellung von dem elektrischen Feld in einer so wirkenden Quelle ist im folgenden erläutert.

In Bild **4.8a** ist schematisch ein chemisches Element skizziert, bei dem zwei Plattenelektroden A_1 und A_2 in einem Elektrolyt stehen. Der Elektrolyt bewirkt zum einen infolge chemischer Vorgänge eine Ladungstrennung zwischen den Elektroden, so daß diese mit Q_1 und $Q_2 = -Q_1$ geladen sind, und ermöglicht zum anderen ein Strömungsfeld, da er eine Leitfähigkeit $\kappa > 0$ hat.

Die ladungstrennenden, chemisch eingeprägten Kräfte $\vec{F}^{\mathrm{e}}$ im Elektrolyt verschieben die positive Ladung vom niedereren zum höheren Potential, in Bild **4.8** von der Elektrode *2* zur Elektrode *1*. Damit befindet sich auf der Elektrode *1* die positive Ladung $Q_1 > 0$ und auf der Elektrode *2* die gleich große negative Ladung $Q_2 = -Q_1$. Diese P o l l a d u n g e n bewirken ein elektrisches Potentialfeld $\vec{E}$ zwischen den Platten, dessen Feldkräfte $\vec{F}_{\mathrm{c}} = Q_{\mathrm{d}}\vec{E}$ den chemischen, ladungstrennenden Kräften $\vec{F}^{\mathrm{e}}$ entgegenwirken. Für die Feldbeschreibung in der Quelle werden auch die ladungstrennenden, eingeprägten Kräfte $\vec{F}^{\mathrm{e}}$ auf die Ladung Q_{d} bezogen, und so wird entsprechend Gl.(3.12) eine ladungstrennende eingeprägte Feldstärke $\vec{E}^{\mathrm{e}} = \vec{F}^{\mathrm{e}}/Q_{\mathrm{d}}$ definiert.

- In Spannungsquellen wirken eingeprägte Kräfte $\vec{F}^{\mathrm{e}}$ entgegen den Feldkräften $\vec{F}_{\mathrm{c}} = Q\vec{E}$ der elektrischen Feldstärke $\vec{E}$ des Potentialfeldes ($\vec{F}^{\mathrm{e}} \uparrow\downarrow \vec{F}_{\mathrm{c}}$). Für diese eingeprägten Kräfte ist eine e i n g e p r ä g t e F e l d s t ä r k e

$$\vec{E}^{\mathrm{e}} = \vec{F}^{\mathrm{e}}/Q \tag{4.25}$$

definiert, die vom niedereren zum höheren Potential orientiert ist ($\vec{E}^{\mathrm{e}} \uparrow\downarrow \vec{E}$).

Die eingeprägten Kräfte $\vec{F}^{\mathrm{e}} = \vec{E}^{\mathrm{e}}Q$ bewirken also eine Erhöhung der potentiellen Energie der Ladung im Feld. Ihre Ursache ist von der Art der Spannungsquelle abhängig, z. B. chemischer, thermischer bzw. optischer Natur in chemischen Elementen, Thermoelementen bzw. in Fotozellen.

In einer unbelasteten Spannungsquelle (Leerlauf) besteht kein Strömungsfeld ($\vec{S} = 0$). Aus der Gleichgewichtsbedingung, daß die Summe der an der frei beweglichen Ladung Q_d angreifenden Kräfte Null sein muß ($\sum \vec{F} = \vec{F}^\mathrm{e} + \vec{F}_\mathrm{c} = 0$), folgt

$$\vec{F}_\mathrm{c} = -\vec{F}^\mathrm{e} \qquad \text{oder} \qquad Q_\mathrm{d}\vec{E} = -Q_\mathrm{d}\vec{E}^\mathrm{e} \tag{4.26}$$

(s. Bild **4.8**b). Die eingeprägten Kräfte $\vec{F}^\mathrm{e}$ verursachen also Ladungen $Q_1 > 0$ und $Q_2 = -Q_1$ auf den Elektroden, die so groß sind, daß das von diesen Ladungen erregte Potentialfeld mit der elektrischen Feldstärke $\vec{E}$ Feldkräfte $\vec{F}_\mathrm{c} = \vec{E}Q$ bewirkt, die gleich groß, aber entgegengesetzt den eingeprägten orientiert sind. Dividiert man Gl.(4.26) durch die Ladung Q_d, so bekommt man die e l e k t r i s c h e F e l d s t ä r k e

$$\vec{E} = -\vec{E}^\mathrm{e} \tag{4.27}$$

in unbelasteten Spannungsquellen, die betragsmäßig gleich ist der eingeprägten Feldstärke $\vec{E}^\mathrm{e}$, ihr aber entgegenwirkt.

Man kann sich also auch vorstellen, das Feld der eingeprägten Feldstärke $\vec{E}^\mathrm{e}$ und das von den Elektrodenladungen Q erregte Potentialfeld der elektrischen Feldstärke $\vec{E}$ (in Bild **4.8**b gestrichelt bzw. durchgezogen gezeichnet) überlagern sich in dem Leitungsgebiet der Spannungsquelle, so daß sich keine Stromdichte einstellt ($\vec{S} = 0$).

Ist eine Spannungsquelle durch einen Strom I belastet (s. Bild **4.8**c), so fließt durch den angeschlossenen Stromkreis Ladung von den Elektroden ab, die im gleichen Maße durch die von den eingeprägten Kräften $\vec{F}^\mathrm{e}$ im Inneren der Spannungsquelle bewirkte Ladungsströmung wieder zugeführt wird, so daß die Elektrodenladung unverändert bleibt (stationärer Strom vorausgesetzt). Die Ladungsströmung erfolgt also in einem geschlossenen Kreislauf vom höheren zum niedereren Potential durch die Belastung und umgekehrt vom niedereren zum höheren Potential durch die Spannungsquelle. Im Inneren der Spannungsquelle entsteht ein Strömungsfeld der Stromdichte $\vec{S} \uparrow\uparrow \vec{E}^\mathrm{e}$, in welchem dieser entgegengerichtete Reibungskräfte $\vec{F}_\mathrm{r} = -Q_\mathrm{d}(\vec{v}_\mathrm{d}/b) = -Q_\mathrm{d}\vec{S}/\kappa$ auf die driftende Ladung Q_d wirken. Diese Reibungskräfte sind in der Gleichgewichtsbedingung zu berücksichtigen, so daß aus $\sum \vec{F} = \vec{F}^\mathrm{e} + \vec{F}_\mathrm{c} + \vec{F}_\mathrm{r} = 0$

$$\vec{F}_\mathrm{c} = -\vec{F}^\mathrm{e} - \vec{F}_\mathrm{r} \qquad \text{oder} \qquad Q_\mathrm{d}\vec{E} = -Q_\mathrm{d}\vec{E}^\mathrm{e} + Q_\mathrm{d}(\vec{S}/\kappa) \tag{4.28}$$

folgt (s. Bild **4.8**c). In der belasteten Spannungsquelle bewirken also die eingeprägten Kräfte $\vec{F}^\mathrm{e}$ die Ladungen Q_1 und $Q_2 = -Q_1$ auf den Elektroden, die gerade so groß sind, daß das von diesen Ladungen erregte Potentialfeld der elektrischen Feldstärke $\vec{E}$ den eingeprägten Kräften entgegenwirkende Feldkräfte

4.8 Aktive Leitungsgebiete, z. B. chemische Quelle (a),
deren schematische Darstellung (b) bis (d),
deren Ersatzzweipole (f), (g) und die
Feldstärken, abhängig von der Stromdichte (e)

Betriebszustand:
Leerlauf (b), (f);
Energieabgabe (c) und -aufnahme (d) bzw. (g)

-------   eingeprägte Feldstärke $\vec{E}^{e}$,

———   elektrische Feldstärke $\vec{E}$ des Potentialfeldes der Polladungen Q_1, Q_2,

······   Stromdichte $\vec{S}$

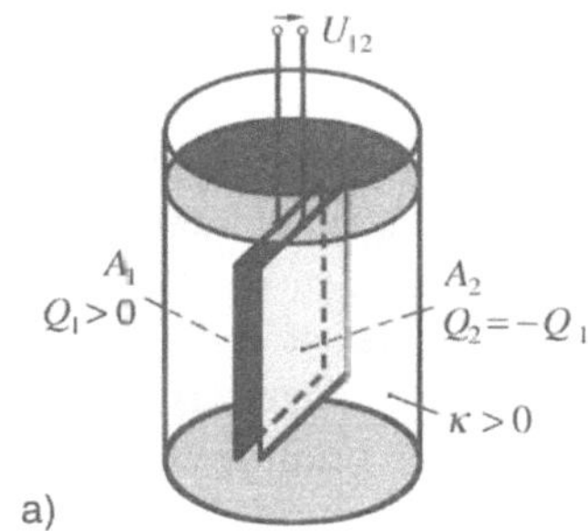

a)

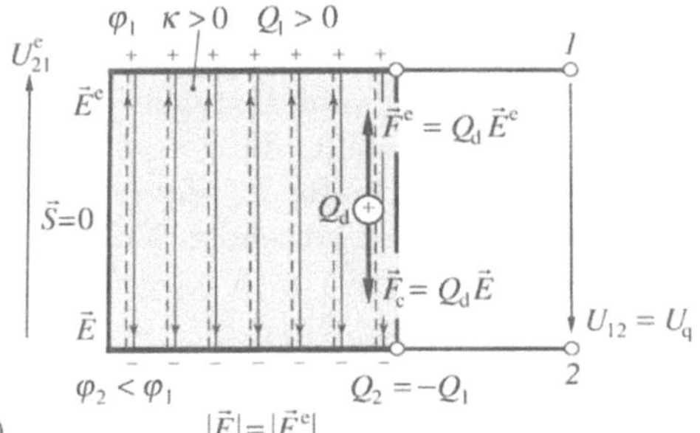

b) $|\vec{E}| = |\vec{E}^{e}|$

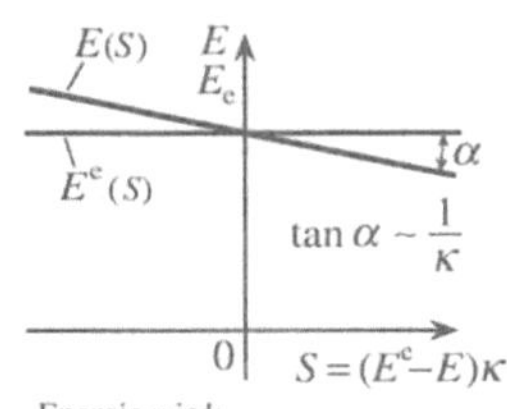

e)

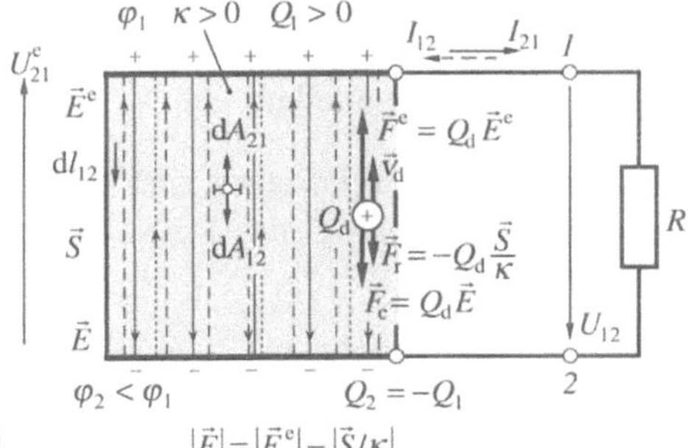

c) $|\vec{E}| = |\vec{E}^{e}| - |\vec{S}/\kappa|$

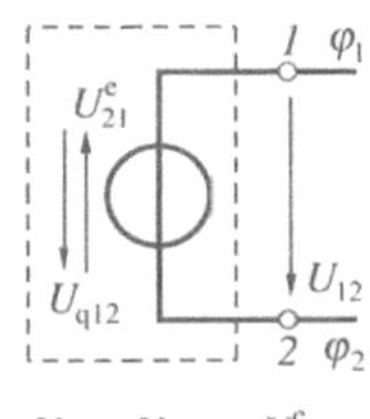

f) $U_{12} = U_{q12} = U_{21}^{e}$

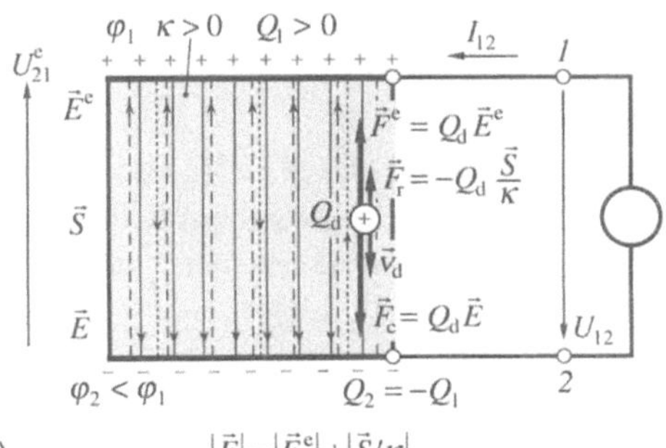

d) $|\vec{E}| = |\vec{E}^{e}| + |\vec{S}/\kappa|$

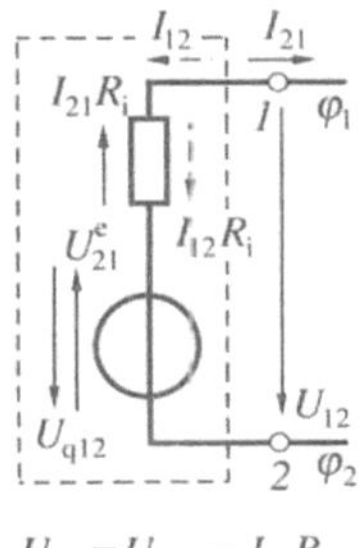

g)

$$U_{12} = U_{q12} - I_{21}R_{i}$$
$$= U_{q12} + I_{12}R_{i}$$

$\vec{F}_\mathrm{c} = \vec{E} Q_\mathrm{d}$ verursacht ($\vec{F}_\mathrm{c} \uparrow\downarrow \vec{F}^\mathrm{e}$), deren Betrag gleich ist dem Betrag der eingeprägten Kraft minus der Reibungskraft ($|F_\mathrm{c}| = |F^\mathrm{e}| - |F_\mathrm{r}|$, s. Bild **4. 8c**).

Wird einer Spannungsquelle Energie zugeführt (z. B. Laden eines Akkumulators), so muß der Strom so fließen, daß im Inneren die Stromdichte $\vec{S}$ vom höheren zum niederen Potential orientiert ist (s. Bild **4.8d**). Die Driftgeschwindigkeit $\vec{v}_\mathrm{d}$ der Driftladung Q_d wird von den Feldkräften $\vec{F}_\mathrm{c} = \vec{E} Q_\mathrm{d}$ der elektrischen Feldstärke $\vec{E}$ des Potentialfeldes gegen die eingeprägten Kräfte $\vec{F}^\mathrm{e} = Q_\mathrm{d} \vec{E}^\mathrm{e}$ der eingeprägten Feldstärke $\vec{E}^\mathrm{e}$ erzwungen ($\vec{v}_\mathrm{d} \uparrow\uparrow \vec{E}$, $\vec{v}_\mathrm{d} \uparrow\downarrow \vec{E}^\mathrm{e}$). Die der Driftgeschwindigkeit $\vec{v}_\mathrm{d}$ bzw. der Stromdichte $\vec{S}$ entgegenwirkende Reibungskraft $\vec{F}_\mathrm{r} = -Q_\mathrm{d} \vec{S}/\kappa$ ist damit auch entgegen der elektrischen Feldstärke $\vec{E}$ orientiert. Somit ist das Kräftegleichgewicht nach Gl.(4.28) in der Energie aufnehmenden Spannungsquelle wie folgt zu erläutern. Für die Energiezufuhr an die Spannungsquelle wird dieser von außen ein Strom „aufgezwungen", der auf den Elektroden die Ladungen Q_1 und $Q_2 = -Q_1$ einstellt, die gerade so groß sind, daß das von ihnen erregte Potentialfeld ($\vec{E}$) Feldkräfte $\vec{F}_\mathrm{c}$ verursacht, die betragsmäßig gleich sind der Summe der ihnen entgegenwirkenden Kräfte, also der eingeprägten Kraft $\vec{F}^\mathrm{e}$ und der Reibungskraft $\vec{F}_\mathrm{r}$ ($|\vec{F}_\mathrm{c}| = |\vec{F}^\mathrm{e}| + |\vec{F}_\mathrm{r}|$).

Dividiert man Gl.(4.28) durch Q_d, so bekommt man die e l e k t r i s c h e F e l d -
s t ä r k e

$$\vec{E} = -\vec{E}^\mathrm{e} + \vec{S}/\kappa \tag{4.29}$$

in Energie abgebenden oder aufnehmenden Spannungsquellen.

– In aktiven Leitungsgebieten (Spannungsquellen) überlagern sich die eingeprägte Feldstärke $\vec{E}^\mathrm{e}$ und die elektrische Feldstärke $\vec{E}$ des Potentialfeldes, so daß sich entsprechend Gl.(4.29) die Stromdichte

$$\vec{S} = (\vec{E}^\mathrm{e} + \vec{E})\kappa \tag{4.30}$$

einstellt (s. Bild **4.8c**).

G i b t die Spannungsquelle E n e r g i e a b, so ist $|\vec{E}^\mathrm{e}| > |\vec{E}|$, und die eingeprägte Feldstärke $\vec{E}^\mathrm{e}$ ist Ursache für die Stromdichte $\vec{S} \uparrow\uparrow \vec{E}^\mathrm{e}$, die damit wie $\vec{E}^\mathrm{e}$ von niedererem zum höheren Potential orientiert ist.

N i m m t die Spannungsquelle E n e r g i e a u f, so ist $|\vec{E}| > |\vec{E}^\mathrm{e}|$, und die elektrische Feldstärke $\vec{E}$ des Potentialfeldes ist Ursache für die Stromdichte $\vec{S} \uparrow\uparrow \vec{E}$, die damit wie $\vec{E}$ vom höheren zum niedereren Potential orientiert ist.

In der s t r o m l o s e n Spannungsquelle ($\vec{S} = 0$) ist $|\vec{E}| = |\vec{E}^\mathrm{e}|$.

In Bild **4.8e** ist der Betrag der elektrischen Feldstärke E des Potentialfeldes abhängig vom Betrag der Stromdichte $|\vec{S}|$ dargestellt. Dabei bedeuten entsprechend Gl.(4.30) positive bzw. negative S-Werte, daß die Spannungsquelle Energie abgibt bzw. aufnimmt. Der hier beispielhaft dargestellte lineare Verlauf von E gilt allerdings nur, wenn die eingeprägte elektrische Feldstärke E^e und die Leitfähigkeit κ unabhängig von S (bzw. E), also konstant sind. In realen Elementen oder Akkumulatoren ist aber die Leitfähigkeit κ und auch die elektrische Feldstärke $\vec{E}^e$ im allgemeinen mit steigender Stromdichte S nicht konstant, sondern eine Funktion von ihr, so daß E nichtlinear von S abhängt.

4.3 Integrale Größen des Strömungsfeldes

Der Zusammenhang zwischen der differentiellen Feldgröße Stromdichte $\vec{S}$ und der ihr zugeordneten integralen Größe Strom I muß hier grundlegend erläutert werden, während der zwischen elektrischer Feldstärke $\vec{E}$ und der ihr zugeordneten integralen Größe Spannung U weitgehend aus den Erklärungen des elektrostatischen Feldes (s. Abschn. 3.1.3) folgt. Dementsprechend ist der Abschnitt 4.3.1 allein dem Strom gewidmet, der Abschnitt 4.3.2 aber schwerpunktmäßig den aus Spannung und Strom hergeleiteten Kenngrößen passiver und aktiver Strömungsgebiete.

4.3.1 Elektrischer Strom

In Abschn. 4.1 ist anhand vereinfachter elektronentheoretischer Modellvorstellungen der Zusammenhang zwischen der Driftgeschwindigkeit $\vec{v}_d$ der Ladung durch eine Fläche ΔA und dem die Ladungsströmung $\Delta Q/\Delta t$ in dieser Fläche beschreibenden Strom $I = dQ/dt$ erläutert. Weiter ist dann in Abschn. 4.2.1 ausgehend von dem Sonderfall der homogenen Stromverteilung über eine Fläche ΔA, die rechtwinklig zu $\vec{v}_d$ liegt, die Feldgröße Stromdichte $\vec{S} = \eta\vec{v}_d$ [Gl.(4.19)] definiert, die entsprechend Gl.(4.18) als Strom pro Fläche (dI/dA) zu deuten ist. Im vorliegenden Abschnitt wird nun allgemeingültig auch für inhomogene Felder der Zusammenhang zwischen der vektoriellen Feldgröße Stromdichte $\vec{S}$ und der skalaren, integralen Größe Strom I erläutert.

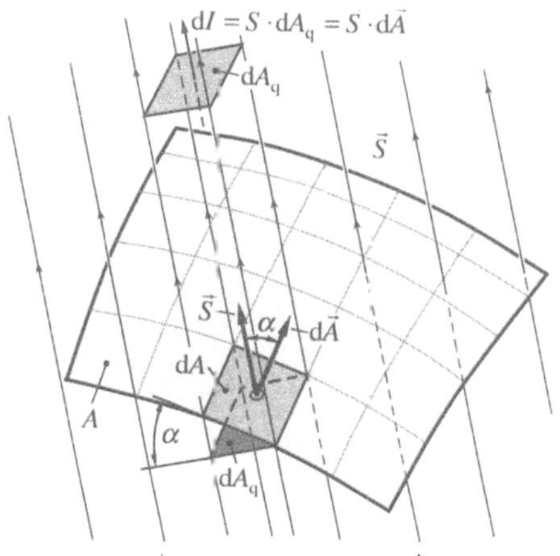

4.9 Zur Berechnung des Stromes I durch beliebige Flächen A nach Gl.(4.32a)

In einem Strömungsfeld kann man sich entlang der S-Feldlinien „Stromröhren"
vorstellen (s. Bild **4.**9) mit einem infinitesimalen Querschnitt dA_q. Da der Querschnitt dA_q rechtwinklig zu $\vec{S}$ liegt und auch ein inhomogenes S-Feld jeweils
über infinitesimale Flächenelemente als homogen gilt, kann in einer solchen
„Stromröhre" der infinitesimale Strom $dI = SdA_q$ entsprechend Gl.(4.18) berechnet werden.

Ist in dem Strömungsfeld eine beliebige Fläche A gegeben, so schneidet eine
„Stromröhre" aus dieser Fläche die infinitesimale Fläche dA (s. Bild **4.**9), die
auch bei gekrümmten Flächen A als eben anzusehen ist, so daß ihre Neigung α
gegenüber dem Röhrenquerschnitt dA_q durch einen Flächenvektor $d\vec{A}$ eindeutig zu beschreiben ist. Durch eine solche beliebige Schnittfläche dA fließt der
gleiche infinitesimale Strom dI wie durch den Röhrenquerschnitt dA_q, der als
Projektion der Schnittfläche dA anzusehen ist ($dA_q = dA\cos\alpha$). Damit gilt für
den durch eine in beliebiger Lage zum Stromdichtevektor $\vec{S}$ liegende Fläche $d\vec{A}$
fließenden, infinitesimalen Strom

$$dI = S\,dA_q = S\,dA\cos\alpha = \vec{S}\cdot d\vec{A}\,, \tag{4.31}$$

daß er als Skalarprodukt der Vektoren $\vec{S}$ und $d\vec{A}$ berechnet werden kann.

Um den Strom durch die ganze Fläche A zu berechnen, stellt man sich das
gesamte Strömungsfeld als aus aneinandergrenzenden „Stromröhren" bestehend
vor, so daß die Fläche A in aneinandergrenzende Schnittflächen dA unterteilt
ist. Da für jede dieser infinitesimalen Schnittflächen dA der infinitesimale Strom
$dI = \vec{S}\cdot d\vec{A}$ nach Gl.(4.31) bestimmt ist, bekommt man durch dessen Integration
$\int dI$ über die gesamte Fläche A auch den durch diese Fläche A fließenden Strom.

$$I = \int\limits_A \vec{S}\cdot d\vec{A}\,. \tag{4.32a}$$

Um mit der skalaren Größe Strom auch seine von Polarität und Orientierung der
Driftgeschwindigkeit der Ladung abhängige physikalische Wirkung beschreiben
zu können, ist dem Strom ein Zählpfeil zugeordnet, wie bereits bei der Herleitung des Stromes I aus der Ladungsströmung [Gl.(4.15)] erläutert.

– Für den S t r o m $I = \int_A \vec{S}\cdot d\vec{A}$ wird ein Z ä h l p f e i l durch die Fläche A eingezeichnet mit einer Orientierung, die der (im allgemeinen beliebig wählbaren)
  Orientierung des Flächenvektors $d\vec{A}$ entspricht. Ein mit positivem (bzw. negativem) Zahlenwert berechneter Strom bedeutet dann, daß positive Ladung
  in der (bzw. entgegen der) durch den zugehörigen Zählpfeil festgelegten Orientierung durch die Fläche A strömt (s. Beispiel 4.3).

Häufig sagt man auch abkürzend, ein (positiver) Strom fließe in der Orientierung oder (bei negativen Werten) ein Strom fließe entgegen der Orientierung des zugehörigen Zählpfeiles. Dieser Formulierung liegt dann (unausgesprochen) die Vereinbarung zu Grunde, daß man mit der verbalen Bezeichnung Stromrichtung die Orientierung der Driftgeschwindigkeit positiver Ladungen meint.

In den in der Praxis eingesetzten Leitern kann häufig eine gleichmäßige Verteilung des Stromes über den Leiterquerschnitt A_q angenommen werden, so daß das Integral in Gl.(4.32a) auch als Produkt

$$I = \vec{S}\cdot\vec{A}_\mathrm{q} \tag{4.32b}$$

geschrieben werden kann.

Beispiel 4.3. Der Strom I durch die in einem Strömungsfeld gegebene Fläche A ist zu bestimmen (s. Bild 4.10).

a. Für den Strom wird ein Zählpfeil I in Bild 4.9 von unten nach oben durch die Fläche A weisend eingezeichnet. Damit sind alle Flächenvektoren $d\vec{A}$ in der durch den Zählpfeil I festgelegten Orientierung anzutragen. Der damit nach Gl.(4.32) berechnete Strom $I = \int_A \vec{S}\cdot d\vec{A}$ ergibt sich positiv, da das mit $S > 0$ gegebene S-Feld von unten nach oben durch die Fläche orientiert ist ($-\pi/2 < \alpha < \pi/2$; $SdA\cos\alpha > 0$). Dies bedeutet, daß positive Ladung in der Orientierung des Zählpfeiles I durch die Fläche A fließt.

b. Man kann für den Strom auch einen Zählpfeil I^* von oben nach unten durch die Fläche weisend (also entgegengesetzt wie in **a.** angenommen) einzeichnen. Damit sind auch die Flächenvektoren $d\vec{A}^*$ in dieser Orientierung festgelegt, so daß der Strom $I^* = \int_A \vec{S}\cdot d\vec{A}^*$

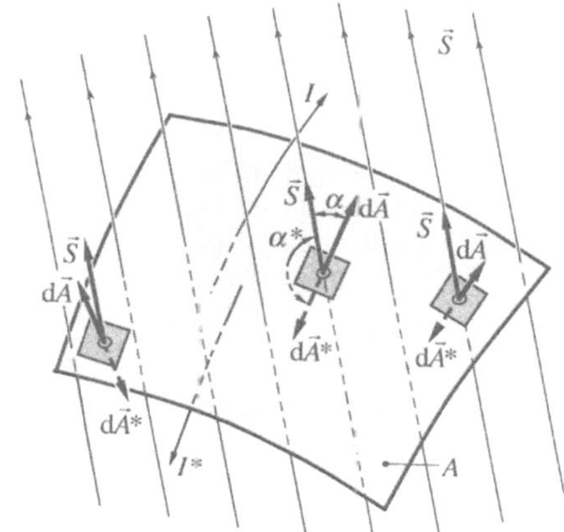

4.10 Die zwei möglichen Orientierungen der Flächenvektoren $d\vec{A}$ und damit des Zählpfeiles für I

negativ berechnet wird ($\alpha^* = \pi - \alpha$; $SdA\cos\alpha^* < 0$). Dies bedeutet, daß positive Ladung entgegen der durch den Zählpfeil I^* festgelegten Orientierung durch die Fläche fließt, was das gleiche Ergebnis ist wie nach **a.**

Beispiel 4.4. In einem Leiter mit kreisförmigem Querschnitt $A = 2,5\,\mathrm{mm}^2$ ist das Strömungsfeld mit einer homogenen Stromdichte $\vec{S}_\mathrm{t}$ in der in Bild 4.11 eingezeichneten Orientierung gegeben; der Betrag der Stromdichte $S_\mathrm{t} = 10\,(\mathrm{A/mm}^2)\sin\omega t$ ändert sich sinusförmig mit der Zeit, d. h., die Vektoren der Stromdichte $\vec{S}_\mathrm{t}$ bzw. der Driftgeschwindigkeit $\vec{v}_\mathrm{d} = \vec{S}_\mathrm{t}/\eta$ der Driftladungsträger wechseln periodisch ihre Orientierung (s. Bild 4.11b). Der Strom durch den Leiter ist zu berechnen.

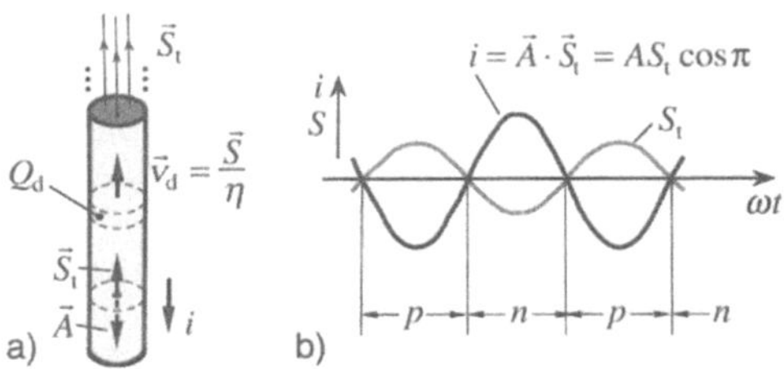

4.11
Stromdichte S und dafür berechneter Strom I: a) gewählte Orientierungen für $\vec{A}$ und damit für I, b) Zeitfunktion der gegebenen Stromdichte S_t und des berechneten Stromes; in den Halbperioden (p) driftet $Q_d > 0$ entgegen, in den Halbperioden (n) in der Orientierung des i-Zählpfeiles

Man wählt – willkürlich – die Orientierung des in Bild 4.11a (von oben nach unten weisend) eingetragenen Zählpfeiles für den Strom i. Damit muß auch der Vektor $\vec{A}$ der Querschnittsfläche in dieser Orientierung angenommen werden. Da die Stromdichte $\vec{S}_t$ homogen über der Fläche A ist und $\vec{S}_t \| \vec{A}$, ergibt sich nach Gl.(4.32) der Strom

$$i = \int\limits_A \vec{S}_t\cdot\mathrm{d}\vec{A} = \vec{S}_t\cdot\vec{A} = -S_t A = -25\,\mathrm{A}\sin\omega t\,. \tag{4.33}$$

Der negative Wert des Stromes ist bedingt durch den Zählpfeil, der hier bewußt entgegen der Orientierung der $\vec{S}$-Vektoren gewählt wurde, um die Willkür der Wahl zu demonstrieren. [Durch die Wahl eines Zählpfeiles i^* mit entgegengesetzter Orientierung wäre mit $\alpha = 0$ das Ergebnis für i^* nach Gl.(4.32) positiv.]

In Bild 4.11b sind die Zeitfunktionen des Wertes S der gegebenen Stromdichte und des für den Zählpfeil i berechneten Stromes i eingezeichnet. In den Halbperioden, in denen i positiv (bzw. negativ) ist, fließt positive Driftladung Q_d mit $\vec{v}_d < 0$ in (bzw. mit $\vec{v}_d > 0$ entgegen) der Orientierung des Zählpfeiles i.

4.3.2   Elektrische Spannung, Widerstand und Ohmsches Gesetz

Wie im elektrostatischen Feld sind auch im Strömungsfeld der vektoriellen Feldgröße elektrische Feldstärke $\vec{E}$ die integralen Größen Spannung U und Potential φ zugeordnet.

Im stationären Strömungsfeld (s. Abschn. 4.5.1) gelten die für das elektrostatische Feld in Abschn. 3.1.3.1 erläuterten Definitionen und Gesetzmäßigkeiten uneingeschränkt. Auch die dabei anhand vorgestellter Verschiebungen von Probeladungen Q_P erläuterten Energiebeziehungen gelten sinngemäß. Man kann hier im Strömungsfeld unter der Verschiebung der Probeladung Q_P die Driftbewegung der Ladungsträger verstehen. Damit werden die für eine Probeladung getroffenen Voraussetzungen (keine Beeinflussung des vorhandenen Feldes) auch insofern erfüllt, als z. B. in metallischen Leitern die durch den Strom beschriebene Driftbewegung frei beweglicher Elektronen kein Eigenfeld bzw. keine Influenzwirkung verursachen, da die Ladung dieser Elektronen, also die Driftladung Q_d, durch die positiven Kernladungen kompensiert ist. Man kann also, ähnlich wie für das elektrostatische Feld beschrieben, die in Abschn. 4.2.1 und 4.2.2 für das Strömungsfeld erläuterten Kräftegleichgewichte in Energiegleichungen überführen, aus denen sich dann die allgemeingültig als Energiedifferenz bzw. Energie pro Ladung definierten Größen Spannung bzw. Potential ergeben.

Mit instationären Strömungsfeldern (s. Abschn. 4.5.2) sind zeitlich sich ändernde Magnetfelder verknüpft, die Spannungen induzieren. Damit überlagert sich dem Potentialfeld ein Wirbelfeld (s. Abschn. 5.5.1), so daß die für das elektrostatische Feld abgeleiteten Definitionen und Gesetzmäßigkeiten für Spannung und Potential nicht mehr uneingeschränkt gelten. In jeweils begrenzten Bereichen und/oder, wenn die durch ein zeitveränderliches Magnetfeld induzierten Spannungen vernachlässigbar klein sind gegenüber den Spannungen $U = \int \vec{E} \cdot \mathrm{d}\vec{l}$ des Potentialfeldes, kann aber mit den in diesem Abschn. 4.3.2 angegebenen Gleichungen gerechnet werden, in denen ggf. die Größen als Zeitfunktionen einzusetzen sind; sonst gelten die in Abschn. 5.5.1 erläuterten Gesetze.

4.3.2.1 Elektrische Spannung in passiven Leitungsgebieten. In passiven Leitungsgebieten ist der Zusammenhang zwischen elektrischer Feldstärke $\vec{E}$ und Stromdichte $\vec{S}$ allgemeingültig nach Gl.(4.24) bestimmt. Diese kann in die für das Potentialfeld hergeleitete Potential- bzw. Spannungsgleichung Gln.(3.49) bzw. (3.55) eingesetzt werden, die entsprechend den Erläuterungen am Anfang von Abschn. 4.3.2 auch für das stationäre Strömungsfeld gelten. Damit ergibt sich das P o t e n t i a l

$$\varphi(p) = \varphi_0 - \int_{p_0}^{p} \vec{E} \cdot \mathrm{d}\vec{l} = \varphi_0 - \int_{p_0}^{p} \frac{\vec{S}}{\kappa} \cdot \mathrm{d}\vec{l}, \tag{4.34}$$

das sich in einem Punkt p gegenüber dem Bezugspotential φ_0 im Bezugspunkt p_0 einstellt bzw. die zwischen zwei Punkten p_1 und p_2 auftretende S p a n n u n g

$$U_{12} = \int_{p_1}^{p_2} \vec{E} \cdot \mathrm{d}\vec{l} = \int_{p_1}^{p_2} \frac{\vec{S}}{\kappa} \cdot \mathrm{d}\vec{l} = \varphi_1 - \varphi_2 \tag{4.35}$$

(s. Bild 4.12). Für die Zählrichtungen in diesen Gleichungen gelten alle zu den Gln.(3.49)bzw.(3.55) erläuterten Vereinbarungen. Beispielsweise ist in Bild 4.12 ein stationäres Strömungsfeld skizziert, in dem ein Bezugspunkt p_0 mit Bezugspotential φ_0 festgelegt ist. Das Potential φ_1 oder φ_2 der Äquipotentialflächen A_{φ_1} oder A_{φ_2} ergibt sich nach Gl.(4.34) mit den beliebig in der jeweiligen Äquipotentialfläche liegenden Punkten p_1 oder p_2. Die Spannung zwischen den Punkten p_1 und p_2 ergibt sich nach Gl.(4.35) für den von p_1 nach p_2 oder p_2 nach p_1

orientierten Zählpfeil $U_{12} = \int_{p_1}^{p_2}(\vec{S}/\kappa)\cdot\mathrm{d}\vec{l}_{12} = \int_{p_1}^{p_2}(S/\kappa)\,\mathrm{d}l\cos\alpha_1 = \varphi_1 - \varphi_2$ oder
$U_{21} = \int_{p_2}^{p_1}(\vec{S}/\kappa)\cdot\mathrm{d}\vec{l}_{21} = \int_{p_2}^{p_1}(S/\kappa)\,\mathrm{d}l\cos\alpha_2 = \varphi_2 - \varphi_1$.

Bei instationären Strömungsfeldern ist der letzte einführende Absatz von Abschn. 4.3.2 zu beachten.

4.3.2.2 Elektrischer Widerstand passiver Leitungsgebiete. Die integralen Größen Spannung U und Strom I sind über die räumlichen Integrale aus den Feldgrößen $\vec{E}$ und $\vec{S}$ bestimmt. Da diese Feldgrößen wiederum nur über die Materialkenngröße κ verbunden sind, ist der Zusammenhang zwischen U und I über eine allein aus der Geometrie und den Werkstoffeigenschaften eines Leitungsgebietes zu berechnende Kenngröße bestimmt, wie das folgende Beispiel 4.5 zeigt.

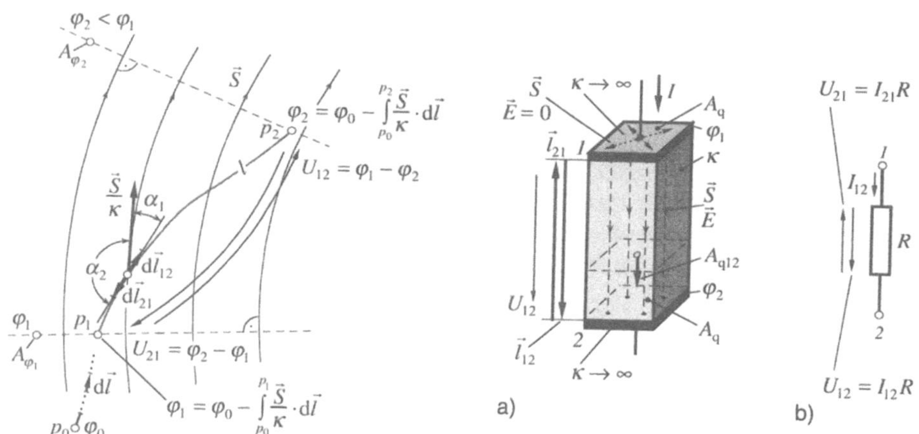

4.12 Die zwei möglichen Orientierungen für das Wegintegral $\int \vec{E}\cdot\mathrm{d}\vec{l}$ und damit des Spannungszählpfeiles U

4.13 Zur Widerstandsdefinition in Beispiel 4.5: a) realer Widerstand, b) Ersatzzweipol

Beispiel 4.5. In Bild **4.13**a ist ein Leiter der Länge l, des konstanten Querschnittes A_q und der homogenen spezifischen Leitfähigkeit κ skizziert. Beide Stirnseiten des Leiters sind mit einer Kontaktierungsschicht belegt, deren spezifischer Widerstand wesentlich kleiner ist als der des Leiters, im Idealfall also mit $\kappa \to \infty$ angenommen werden kann. Damit kann sich ein konzentriert in die Kontaktierungsschicht eingeleiteter Strom I (s. Bild **4.13**a) beliebig in dieser verteilen, ohne daß Potentialunterschiede entstehen [mit $\kappa \to \infty$ ist über beliebige Wege l das Integral $\int_l(\vec{S}/\kappa)\cdot\mathrm{d}\vec{l} = 0$]. Das bedeutet, daß die Stirnflächen des Leiters (Grenzfläche zwischen Leitungsgebiet mit κ und Kontaktierung mit $\kappa \to \infty$) Äquipotentialflächen sind, aus denen die Stromdichte $\vec{S}$ rechtwinklig in das Leitungsgebiet eintritt. Für diese Gegebenheiten ist der Quotient aus der Spannung U entlang des Leiters und dem Strom I durch den Leiter zu berechnen.

Infolge der Kontaktierungen an den Stirnseiten rechtwinklig zur Länge und der homogenen Leitfähigkeit κ stellt sich in dem gesamten Leitervolumen $A_q l$ ein homogenes S- und damit auch E-Feld ein, so daß die Integrale für I bzw. U nach der Gln.(4.32)u. (4.35) als Produkte geschrieben werden können. Wählt man den Flächenvektor $\vec{A}_{q12}$ und die als Vektor aufgefaßte Längsachse $\vec{l}_{12}$ des Leiters gleichsinnig wie die Stromdichte $\vec{S}$ von 1 nach 2 orientiert ($\vec{A}_{q12} \uparrow\uparrow \vec{S}$ und $\vec{l}_{12} \uparrow\uparrow \vec{S}$), so lassen sich Leiterstrom

$$I = \int_{A_q} \vec{S} \cdot \mathrm{d}\vec{A} = \vec{S} \cdot \vec{A}_q = S A_q \tag{4.36a}$$

und Spannung

$$U = \int_1^2 (\vec{S}/\kappa) \cdot \mathrm{d}\vec{l} = \vec{S} \cdot \vec{l}_{12}/\kappa = S l/\kappa \tag{4.36b}$$

mit positiven Werten auf den Betrag der Stromdichte S zurückführen. Bildet man den Quotienten

$$\frac{U}{I} = \frac{l}{\kappa A_q} = R, \tag{4.36c}$$

so ist dieser allein abhängig von der Geometrie des Leiters (Länge und Querschnitt) und seiner Materialeigenschaft κ. Man bezeichnet den Quotienten U/I als Widerstand mit dem Symbol R oder den Kehrwert $1/R = I/U = G$ als Leitwert mit dem Symbol G.

Die in Beispiel 4.5 für den sehr einfachen Fall des homogenen Strömungsfeldes aufgezeigte Gesetzmäßigkeit, daß das Verhältnis U/I von Spannung und Strom in einem Leiter nur von dessen Geometrie und Materialeigenschaften abhängt, gilt allgemein auch für inhomogene Felder. Eine Erklärung hierfür findet

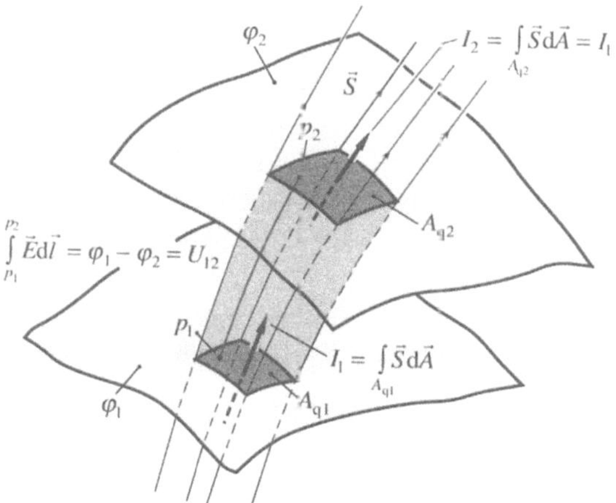

4.14 Graphische Darstellung zur Definition des Widerstandes R eines begrenzten Gebietes in einem Strömungsfeld

man, wenn man parallel zu Bild **4.**14 die Erläuterungen zu Bild **3.**40 in dem Abschn. 3.1.3.7 bis zur Gl.(3.120) nachliest, dabei aber die Feldgröße $\vec{D}$ durch $\vec{S}$ und die Raumeigenschaft $\varepsilon = \varepsilon_0 \varepsilon_\mathrm{r}$ durch κ ersetzt. Bei der dort als dielektrischer Widerstand R_c eingeführten Definition des Quotienten U/Ψ wurde bereits auf die Analogie zum Strömungsfeld hingewiesen, wo dieser Quotient in der Form U/I als Widerstand R eines Leitungsgebietes eine ähnlich grundlegende Bedeutung hat wie die Kapazität $C = Q/U$ einer Elektrodenanordnung oder die Induktivität (s. Abschn. 5.3.3.2) einer Leiteranordnung. Man kommt so zu der folgenden allgemeingültigen Definition des Widerstandes eines Strömungsgebietes.

– Der elektrische Widerstand

$$R = \frac{|\int_l (\vec{S}/\kappa) \cdot \mathrm{d}\vec{l}|}{|\int_A \vec{S} \cdot \mathrm{d}\vec{A}|} = \frac{|U|}{|I|} = \frac{1}{G} \tag{4.37}$$

oder sein Kehrwert – als L e i t w e r t G bezeichnet – kennzeichnet die elektrischen Leitungseigenschaften eines Leitungsgebietes.

Die Geometrie dieses Leitungsgebietes ist in der Vorstellung eines „Strömungskanals" definiert, dessen Querschnitt A_q mit durchgehenden S-Feldlinien begrenzt ist und dessen stirnseitige Abschlußflächen $A_{\mathrm{q}1}$ und $A_{\mathrm{q}2}$ Äquipotentialflächen sind. Durch die beiden Stirnflächen $A_{\mathrm{q}1}$, $A_{\mathrm{q}2}$ sowie durch alle dazwischen liegenden Querschnitte A_q muß der gleiche Strom $I = \int_{A_\mathrm{q}} \vec{S} \cdot \mathrm{d}\vec{A} = \int_{A_{\mathrm{q}1}} \vec{S} \cdot \mathrm{d}\vec{A} = \int_{A_{\mathrm{q}2}} \vec{S} \cdot \mathrm{d}\vec{A}$ fließen (s. Bild 4.14), und zwischen jedem beliebigen Punkt p_1 der einen Stirnfläche und jedem beliebigen Punkt p_2 der anderen Stirnfläche muß die gleiche Spannung $\int_{p_1}^{p_2} (\vec{S}/\kappa) \cdot \mathrm{d}\vec{l}$ auftreten.

Der elektrische Widerstand R gibt die über dem Strömungskanal wirkende Spannung U an, bezogen auf den im Strömungskanal fließenden Strom I.
Der elektrische Widerstand R ist als positiver Wert definiert, er kann als Kenngröße des Strömungskanals allein aus dessen Geometrie (Querschnitt A_q und Länge l) und Leitfähigkeit κ berechnet werden.

Für die praktische Berechnung des Widerstandes eines in Geometrie und Leitfähigkeit gegebenen Leitungsgebietes lassen sich folgende Regeln aufstellen.

a. Für das Leitungsgebiet, dessen Widerstand berechnet werden soll, wählt man einen stationären Strom I [oder eine stationäre Spannung U] und bestimmt die Stromdichte $\vec{S}_{(I)}$ [oder die elektrische Feldstärke $\vec{E}_{(U)}$] als Ortsfunktion. Hierfür gelten sinngemäß die gleichen Regeln wie für die Bestimmung des elektrostatischen Feldes (s. Abschn. 3.3.3). Zu beachten ist, daß die Flächen, an denen der Strom in das Strömungsfeld ein- bzw. aus diesem austritt, zumindest näherungsweise als Äquipotentialflächen anzunehmen sind.

b. Mit der gegebenen Leitfähigkeit κ ist die elektrische Feldstärke $\vec{E}(I) = \vec{S}(I)/\kappa$ [oder die Stromdichte $\vec{S}(U) = \kappa\vec{E}(U)$] nach Gl.(4.24) ebenfalls als Ortsfunktion in dem Leitungsgebiet bestimmt. Ist in inhomogenen Leitungsgebieten κ als Ortsfunktion gegeben, so muß gegebenenfalls die Brechung der Feldlinien beachtet werden (s. Abschn. 4.5.1.3), wodurch die Aufgabe allerdings häufig nicht mehr elementar lösbar ist.

c. Man berechnet nach Gl.(4.35) mit der nach **b.** bestimmten elektrischen Feldstärke $\vec{E}(I)$ die Spannung $U(I)$ zwischen den nach **a.** bestimmten (ggf. näherungsweise festgelegten) Äquipotentialflächen, die das Strömungsfeld in dem gegebenen Leitungsgebiet begrenzen, [oder nach Gl.(4.32) mit der nach **b.** bestimmten Stromdichte $\vec{S}(U)$ den Strom $I(U)$ durch die das Strömungsfeld begrenzenden Äquipotentialflächen].

d. Der Widerstand $R = U(I)/I$ ergibt sich nach Gl.(4.37) als Funktion von Geometrie und κ, da sich der Strom I aus dem Quotienten $U(I)/I$ kürzt.

Für Leitungsgebiete, in denen sich ein homogenes oder entsprechend symmetrisches Strömungsfeld ausbilden kann, läßt sich der Widerstand nach obiger Regel leicht berechnen. Für Leitungsgebiete, in denen sich ein inhomogenes Strömungsfeld ausbildet, ergeben sich häufig unüberwindbare Schwierigkeiten bei der Bestimmung des S-Feldes als Ortsfunktion und der Lage der die Länge des Strömungsgebietes begrenzenden Äquipotentialflächen.

Beispiel 4.6. Der Widerstand R eines Leiters (s. Bild 4.15a) mit der Leitfähigkeit κ, dessen Querschnittsabmessungen sehr klein gegenüber dessen Länge l und evtl. Krümmungsradien sind, soll berechnet werden.
Unter den genannten Voraussetzungen kann angenommern werden, daß der Strom I gleichmäßig über die stirnseitigen Querschnittsflächen verteilt in den Leiter ein- bzw. aus diesem austritt und die Bogenlängen αr der S- und E-Feldlinien am Innen- und Außenradius aller Krümmungen gleich sind ($\alpha r_\mathrm{i} \approx \alpha r_\mathrm{a}$, s. Bild 4.15b). Damit sind entlang der ganzen Länge l des Leiters das S- und E-Feld über die Querschnitte A_q jeweils als homogen anzusehen, die Feldlinien verlaufen parallel zur Mittellinie des Leiters. Der Leiter kann somit auch als gerader Leiter angenommen werden, dessen im Abstand l liegende Endflächen Äquipotentialflächen sind, so daß die Rechnung in Beispiel 4.5 auch hier gilt. Für den angenommenen Strom I ergibt sich also mit $S = I/A_\mathrm{q}$

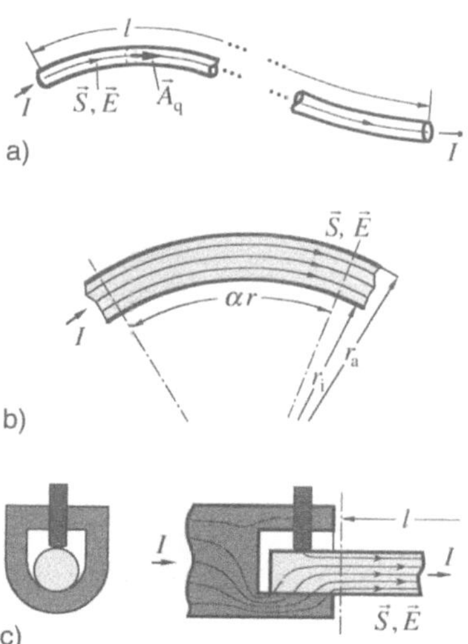

4.15 Zur Widerstandsberechnung eines langen Leiters in Beispiel 4.6: a) Abmessungen des Leiters, b) Strömungsfeld im gekrümmten Teilstück und c) im Bereich der Anschlußklemme

nach Gl.(4.36a) die Spannung $U = Sl/\kappa = Il/(\kappa A_\mathrm{q})$ nach Gl.(4.36b) und damit der Widerstand $R = U/I = l/(\kappa A_\mathrm{q})$ wie in Gl.(4.36c).

Soll der Widerstand eines in praktischen Anlagen eingesetzten Leiters bestimmt werden, so ist die mechanische Leiterlänge l_mech nicht unbedingt auch die für die Widerstandsberechnung maßgebende Länge l. Im allgemeinen wird der Strom über eine Klemmverbindung in den Leiter eingeleitet, wie z.B. in Bild 4.15c skizziert. Durch diese Klemmverbindung geht der Strom über einen inhomogenen Anfangsbereich in das homogene S-Feld über, und erst mit Beginn des homogenen E-Feldes ist der Leiterquerschnitt A_q auch Äquipotentialfläche, die die Länge l entsprechend der Voraussetzung für Gl.(4.36c) definiert. Bei entsprechend langem Leiter kann die durch den inhomogenen Feldbereich bedingte Widerstandsänderung außer acht gelassen und der Widerstand nach Gl.(4.36c) mit der mechanischen Leiterlänge $l = l_\mathrm{mech}$ berechnet werden. Dies ist schon deshalb zulässig, weil in praktischen Aufgabenstellungen mit solchen Leitern im allgemeinen auch der Übergangswiderstand zwischen Leiter und Klemme vernachlässigt wird.

– Leiter mit homogener Leitfähigkeit, deren Querschnittsabmessungen sehr klein sind gegenüber ihrer Länge, deren Endflächen als Äquipotentialflächen gelten und in denen sich über die ganze Länge l ein homogenes S- und E-Feld ausbildet, können als gerade Leiter aufgefaßt werden. Damit ergibt sich der Widerstand langer dünner Leiter zu

$$R = \frac{l}{\kappa A_\mathrm{q}}.\tag{4.38}$$

Beispiel 4.7. Der Widerstand eines Ringleiters (s. Bild 4.16a) mit dem Rechteckquerschnitt $b(r_\mathrm{a} - r_\mathrm{i})$, der homogenen Leitfähigkeit κ und einer Stromeinleitung über Kontaktierungen mit $\kappa_\mathrm{k} \gg \kappa$ ist zu berechnen.

Man weiß aus Erfahrung (Berechnung exemplarischer Feldformen), daß sich in dem Ringleiter ein inhomogenes Strömungsfeld ausbildet, dessen E- und S-Feldlinien konzentrisch zur Ringkontur verlaufen (s. Bild 4.16a). Die Kontaktierungen sind voraussetzungsgemäß ($\kappa_\mathrm{k} \gg \kappa$) als die das Strömungsfeld in dem Ringleiter begrenzenden Äquipotentialflächen anzusehen. Zwischen diesen wird die Spannung $U_{12} = \varphi_1 - \varphi_2$ angenommen, die sich bei homogenem κ sozusagen gleichmäßig über die ringförmigen E-Feldlinien verteilt, so daß sich eine elektrische Feldstärke $E = U/(2\pi r)$ und damit eine Stromdichte $S = \kappa E = \kappa U/(2\pi r)$ ergibt. E und S sind also abhängig vom Radius r und nur über dem Umfang konzentrischer Kreislinien ($r = $ const) konstant.

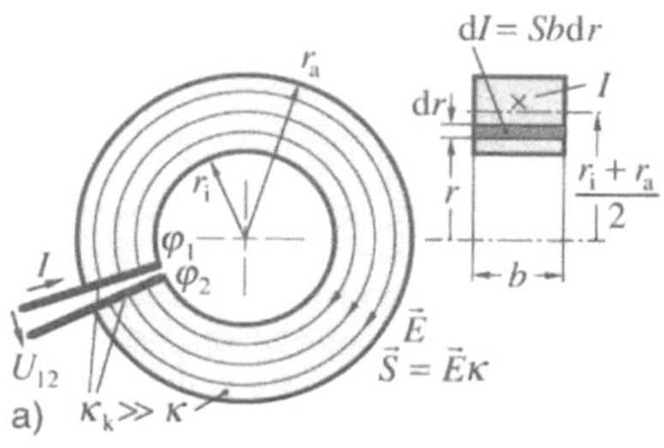

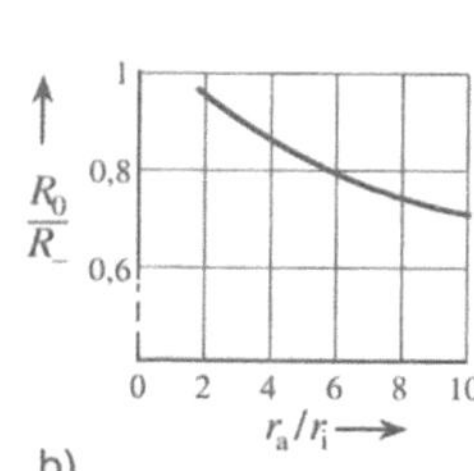

4.16
Ringförmiger Widerstand (s. Beispiel 4.7)
a) Abmessungen,
b) Widerstand R_0 des Ringes nach a), bezogen auf Widerstand R_- eines geraden Leiters mit $l = (r_\mathrm{a} + r_\mathrm{i})\pi$ und $A_\mathrm{q} = b(r_\mathrm{a} - r_\mathrm{i})$

Damit muß der Strom in dem Ring durch Integration über den Querschnitt $b(r_a - r_i)$ nach Gl.(4.32a) berechnet werden. Da die Stromdichte S über die Ringbreite konstant ist, also für jedes r ein $\mathrm{d}I = b\,\mathrm{d}rS$ berechnet werden kann (s. Bild **4.16a**), ergibt sich der Ringstrom

$$I = \int\limits_A \vec{S}\cdot\mathrm{d}\vec{A} = \int\limits_{r_i}^{r_a} Sb\,\mathrm{d}r = b\int\limits_{r_i}^{r_a} \kappa\frac{U}{2\pi r}\,\mathrm{d}r = U\frac{\kappa b}{2\pi}\ln\frac{r_a}{r_i}$$

und damit der Ringwiderstand

$$R_0 = \frac{U}{I} = \frac{2\pi}{\kappa b}\,\frac{1}{\ln(r_a/r_i)}\,. \tag{4.39}$$

Um den Einfluß der Krümmung eines Leiters auf seinen Widerstand quantitativ aufzuzeigen, wird der Widerstand R_0 des Ringleiters auf den Widerstand R_- eines geraden Leiters bezogen, der den gleichen Querschnitt $A_q = b(r_a - r_i)$ und die Länge $l = (r_a + r_i)\pi$ der Mittellinie des Kreisleiters hat. Dieser Widerstand ist nach Gl.(4.38)

$$R_- = \frac{l}{\kappa A_q} = \frac{(r_a + r_i)\pi}{(r_a - r_i)\kappa b} = \frac{\pi}{\kappa b}\,\frac{(r_a/r_i) + 1}{(r_a/r_i) - 1}\,. \tag{4.40}$$

Aus dem Verhältnis

$$\frac{R_0}{R_-} = \frac{2[(r_a/r_i) - 1]}{[(r_a/r_i) + 1]\,\ln(r_a/r_i)}\,, \tag{4.41}$$

das in Bild **4.16b** dargestellt ist, erkennt man folgende Abhängigkeit.

– Der Widerstand eines gekrümmten Leiters ist kleiner als der eines geraden Leiters gleichen Querschnitts und gleicher mittlerer Länge (s. Bild **4.16b**).

Die analytische Bestimmung des Widerstandes $R = U/I$ ist auch bei einfacher Geometrie praktisch ausgeführter Leitungsgebiete, d. h. Widerstände, häufig sehr aufwendig, da die Bestimmung des S-Feldes (wenn nicht näherungsweise ein symmetrisches Strömungsfeld zugrundegelegt werden kann) im allgemeinen sehr schwierig ist. Dagegen ist die experimentelle Bestimmung des Widerstandes gemäß der Definitionsgleichung $R = U/I$ durch die Quotientenbildung gemessener Spannungs- und Stromwerte in einfachster Weise möglich, wie folgendes Beispiel 4.8 zeigt.

Beispiel 4.8. Der Widerstand R einer in Bild **4.17** skizzierten Widerstandslasche soll experimentell bestimmt werden.

Man schließt, wie in Bild **4.17** skizziert, die Lasche über zwei Kabelschuhe an eine Spannungsquelle und stellt einen Strom I ein. Problematisch ist die Spannungsmessung, mit der sozusagen die Begrenzung des Leitungsgebietes, d. h. des zu messenden Widerstandes, definiert wird.

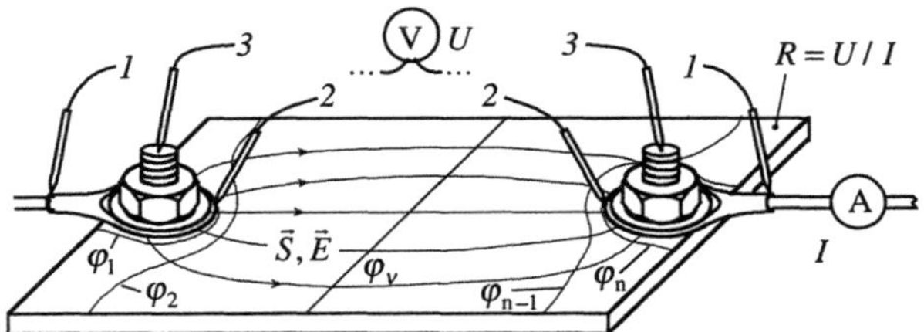

4.17
Bestimmung des Widerstandes aus Strom-Spannungs-Messung
(s. Beispiel 4.8)

a. Mißt man $U_1(I)$ am Ende des Kabelschuhes (in Bild **4.17** mit *1* gekennzeichnet), so ergibt sich nach Gl.(4.37) $R_1 = U_1(I)/I$, das ist die Summe aus Laschen- und Anschlußwiderstand. Das Leitungsgebiet dieses Widerstandes ist eindeutig definiert, da sich die Meßstelle *1* auf die Querschnitte in den Zuleitungen bezieht, die Äquipotentialflächen sind (in der Zuleitung ist das S-Feld homogen).

b. Mißt man $U_2(I)$ auf der Lasche unmittelbar am Rande der Unterlegscheiben der Anschlüsse (in Bild **4.17** mit *2* gekennzeichnet), so kann man zumindest näherungsweise annehmen, daß man die zwei Äquipotentialflächen erfaßt, die als Begrenzung des Strömungsfeldes in der Lasche anzusehen sind. Der berechnete Widerstand $R_2 = U_2(I)/I$ kann als der der Lasche (des Leitungsgebietes in der Lasche) angesehen werden.

c. Mißt man $U_3(I)$ auf den Anschlußschrauben (in Bild **4.17** mit *3* gekennzeichnet) und berechnet damit einen Widerstandswert $R_3 = U_3(I)/I$, so liegt dieser zwischen R_1 und R_2, er ist aber nicht mehr einem eindeutig begrenzten Leitungsgebiet zuzuordnen.

4.3.2.3 Ohmsches Gesetz. In der Netzwerktheorie interessiert nur der Zusammenhang zwischen den integralen Größen Spannung U und Strom I, der für ein Leitungsgebiet durch die Kenngröße elektrischer Widerstand R bestimmt ist. Damit kann ein Strömungsgebiet, das entsprechend der Widerstandsdefinition begrenzt ist, symbolisch durch einen Ersatzzweipol R dargestellt werden, wie in Bild **4.13b** skizziert. Die Spannung U_{12} an diesem Zweipol ist durch die als O h m s c h e s G e s e t z

$$U = IR \tag{4.42a}$$

bezeichnete Gleichung bestimmt, die unmittelbar aus der Widerstandsdefinition nach Gl.(4.36c) in Beispiel 4.5 folgt. Dieses nach Gl.(4.42a) mit positivem Vorzeichen geschriebene Ohmsche Gesetz gilt für gleichsinnig gewählte Orientierungen der Integrationsrichtungen $d\vec{A}$ und $d\vec{l} \uparrow\uparrow d\vec{A}$ und damit der ebenfalls gleichsinnig anzutragenden Zählpfeile für I und U, was dem Verbraucherzählpfeilsystem (s. Abschn. 4.3.2.6) entspricht. Beispielsweise müssen an dem Widerstand in Bild **4.13** mit $\vec{A}_{q12} \uparrow\uparrow \vec{l}_{12}$ die Zählpfeile für $I_{12} = \vec{A}_{q12} \cdot \vec{S}$ und $U_{12} = \vec{l}_{12} \cdot \vec{S}/\kappa$ gleichsinnig orientiert angetragen werden, und es gilt $U_{12} = I_{12}R$.

Wählt man die Integrations- und damit die Zählpfeilorientierungen einander entgegengesetzt ($\vec{A} \uparrow\downarrow d\vec{l}$), was dem Erzeugerzählpfeilsystem (s. Abschn. 4.3.2.6) entspricht, so werden U und I mit unterschiedlichen Vorzeichen berechnet, so daß sich das O h m s c h e G e s e t z f ü r d a s E r z e u g e r z ä h l p f e i l s y s t e m

$$U = -IR \qquad\qquad (4.42\mathrm{b})$$

mit negativem Vorzeichen ergibt.

Das Ohmsche Gesetz entspricht sowohl in der Form von Gl.(4.42a) als auch in der von Gl.(4.42b) der Widerstandsdefinition Gl.(4.37) $(R > 0)$, wenn man bei konkreten Rechnungen die Vorzeichen der Zahlenwerte für U und I beachtet.

4.3.2.4 Elektrische Spannung in aktiven Leitungsgebieten (Spannungsquellen). In aktiven Leitungsbereichen (Spannungsquellen) ist die elektrische Feldstärke $\vec{E}$ nach Gl.(4.29) bestimmt. Wird diese in die für das Potentialfeld gültige Gl.(3.55) eingesetzt, so bekommt man die in aktiven Leitungsgebieten zwischen zwei Punkten p_1 und p_2 auftretende Spannung

$$U_{12} = \int_{p_1}^{p_2} \vec{E}\cdot\mathrm{d}\vec{l} = \int_{p_1}^{p_2}(-\vec{E}^e + \frac{\vec{S}}{\kappa})\cdot\mathrm{d}\vec{l} = -\int_{p_1}^{p_2} \vec{E}^e\cdot\mathrm{d}\vec{l} + \int_{p_1}^{p_2} \frac{\vec{S}}{\kappa}\cdot\mathrm{d}\vec{l} = \varphi_1 - \varphi_2 \,. \quad (4.43)$$

Eine praktische Anwendung dieser Gl.(4.43) ist im allgemeinen schwierig, da in aktiven Leitungsgebieten das elektrische Feld extrem inhomogen sein kann. Die eingeprägte elektrische Feldstärke $\vec{E}^e$ tritt häufig in Grenzschichten (Berührungsflächen unterschiedlicher Beschaffenheit) konzentriert auf (z. B. Thermoelement), so daß die Spannung U nahezu als Potentialsprung in Grenzschichten in Erscheinung tritt. Auf solche komplizierten Feldverteilungen kann und muß aber im vorliegenden Grundlagenlehrbuch nicht eingegangen werden, zumal der für das Verständnis wichtige Zusammenhang zwischen der an den Klemmen (Polen) einer Spannungsquelle auftretenden Spannung und den Feldgrößen im Inneren auch an einer schematisert dargestellten Quelle mit homogenem Feld erläutert werden kann.

Aus der grundlegenden Spannungsgleichung (4.43) folgt, daß die Spannung U zwischen den Anschlußklemmen einer Quelle (auch als Klemmenspannung bezeichnet) keine konstante Größe ist, sondern von der Stromdichte S, d. h. der Belastung der Quelle abhängt. Der Zusammenhang zwischen den beiden Betriebsgrößen K l e m m e n s p a n n u n g U und K l e m m e n s t r o m I (Belastungsstrom der Quelle) wird zweckmäßigerweise auf integrale Kenngrößen der Quelle (Quellenspannung und innerer Widerstand) zurückgeführt, deren Definition im folgenden anhand der in Bild **4.8** skizzierten Quelle hergeleitet ist.

Für die **s t r o m l o s e Q u e l l e** (s. Bild **4.8**b) ergibt sich nach Gl.(4.43) mit $\vec{S} = 0$ die Klemmspannung, die als **L e e r l a u f s p a n n u n g**

$$U_{12(I=0)} = \int\limits_1^2 (-\vec{E}^{\mathrm{e}})\cdot\mathrm{d}\vec{l} = -\int\limits_1^2 \vec{E}^{\mathrm{e}}\cdot\mathrm{d}\vec{l} = \varphi_1 - \varphi_2 \qquad (4.44)$$

bezeichnet wird. Diese Leerlaufspannung ist eine Folge der Polladungen, die von der eingeprägten Feldstärke $\vec{E}^{\mathrm{e}}$ verursacht werden. Um auch diese Ursache durch einen besonderen Spannungsbegriff zu kennzeichnen, ist die eingeprägte Spannung $U_{21}^{\mathrm{e}} = \int_2^1 \vec{E}^{\mathrm{e}} \cdot \mathrm{d}\vec{l}$ definiert mit einer der Wirkungsgröße $\vec{E}^{\mathrm{e}}$ entsprechenden Orientierung, d. h. als positives Wegintegral der eingeprägten Feldstärke $\vec{E}^{\mathrm{e}}$. Der Zählpfeil von U^{e} ist somit entgegen dem von U orientiert, weist also bei positiven Werten (wie $\vec{E}^{\mathrm{e}}$) vom niedereren zum höheren Potential (s. Bild **4.8**b u. **4.8**f).

– In Spannungsquellen wirkt eine **e i n g e p r ä g t e S p a n n u n g** oder **e l e k - t r o m o t o r i s c h e K r a f t**

$$U_{21}^{\mathrm{e}} = \int\limits_2^1 \vec{E}^{\mathrm{e}}\cdot\mathrm{d}\vec{l}, \qquad (4.45)$$

die die Energie pro Ladung beschreibt, die der infolge der eingeprägten Feldstärke $\vec{E}^{\mathrm{e}}$ durch die Spannungsquelle driftenden Ladung zugeführt wird[1]. U^{e} ist wie $\vec{E}^{\mathrm{e}}$ (bei positiven Zahlenwerten) vom niedereren zum höheren Potential orientiert (s. Bild **4.8**b u. f).

Die eingeprägte Spannung kann bei stromloser Spannungsquelle als Leerlaufspannung

$$U_{12(I=0)} = U_{21}^{\mathrm{e}} \qquad (4.46)$$

gemessen werden.

Aus rein formalen Gründen wird in der Netzwerklehre statt der eingeprägten Spannung U^{e} ein der Leerlaufspannung entsprechender Begriff **Q u e l l e n s p a n n u n g**

$$U_{\mathrm{q}12} = U_{12(I=0)} = U_{21}^{\mathrm{e}} \qquad (4.47)$$

verwendet, deren Zählpfeil wie der von U_{12}, also entgegen U_{21}^{e} orientiert ist (s. Bild **4.8**f).

Die durch die eingeprägte Spannung U^e bzw. Quellenspannung U_q beschriebene Eigenschaft eines aktiven Leitungsgebietes kann symbolisch durch einen Zweipol mit dem angetragenen Spannungszählpfeil dargestellt werden, wie in Bild **4.8f** skizziert.

Für die b e l a s t e t e Q u e l l e ergibt sich nach Gl.(4.43) die Klemmenspannung

$$
U_{12(I)} = \int_{1}^{2} \left(-\vec{E}^e + \frac{\vec{S}}{\kappa} \right) \cdot d\vec{l} = \underbrace{- \int_{1}^{2} \vec{E}^e \cdot d\vec{l}}_{\displaystyle U_{q12} = U_{21}^e} + \underbrace{\int_{1}^{2} \frac{\vec{S}}{\kappa} \cdot d\vec{l}}_{\displaystyle -I_{21} R_i} = \varphi_1 - \varphi_2
\tag{4.48}
$$

mit den in Bild **4.8c** u. g angenommenen Orientierungen. In Gl.(4.48) entspricht das erste (negative) Integral der Leerlaufspannung $U_{12(I=0)}$ [s. Gl.(4.44)] und kann somit durch die Quellenspannung U_{q12} oder die eingeprägte Spannung U_{21}^e nach Gl.(4.47) ersetzt werden. Das zweite Integral kann als Spannungsabfall U_{R_i12} an dem i n n e r e n W i d e r s t a n d R_i des aktiven Leitungsgebietes in der Quelle gedeutet werden (s. Abschn. 4.3.2.5). Da nach Bild **4.8c** die Zählpfeile für I_{21} und $U_{R_i12} = \int_1^2 (\vec{S}/\kappa) \cdot d\vec{l}$ gegensinnig orientiert sind, gilt das Ohmsche Gesetz Gl.(4.42b) für das Erzeugerzählpfeilsystem, d. h., das zweite Integral in Gl.(4.48) kann durch $-I_{21} R_i = U_{R_i12}$ ersetzt werden. Damit kann die Klemmenspannung $U_{12(I)}$ einer Quelle auch als Summe der stromunabhängigen eingeprägten Spannung U_{21}^e (oder Quellenspannung $U_{q12} = U_{21}^e$) und einer stromproportionalen Komponente IR_i dargestellt werden. Diese Summe kann dann als Reihenschaltung gedeutet werden aus einer idealen, d. h. widerstandslosen ($\kappa \to \infty$) Quelle mit U_{21}^e bzw. U_{q12} und dem Innenwiderstand R_i der realen Quelle, mit dem der im Inneren der Quelle auftretende Spannungsabfall $U_{R_i12} = -I_{21} R_i$ berücksichtigt wird (s. Bild **4.8g**).

Die hier anhand der beispielhaft zu sehenden Gegebenheiten in Bild **4.8** erläuterten Spannungsgleichungen (4.44)bis(4.48) gelten allgemein, wenn man die zu Gl.(3.55) erläuterten Regeln für den Zusammenhang zwischen Spannungszählpfeilen in Integrationsrichtung beachtet. Diese Regeln führen in der Zweipoldarstellung (mit integralen Größen) von Spannungsquellen (s. Bild **4.8f** und g) auf zwei – im Vorzeichen – unterschiedliche Spannungsgleichungen, wie im folgenden erläutert (s. auch die Erläuterungen in Abschn. 4.3.2.6).

---

[1]Nach DIN 1324 wird die der eingeprägten elektrischen Feldstärke $\vec{E}^e$ zugeordnete Spannung als elektromotorische Kraft mit dem Symbol E bezeichnet. Unter didaktischen Gesichtspunkten erscheint es geraten, abweichend von DIN die elektromotorische Kraft mit dem Symbol U^e zu bezeichnen (hier wird also $U^e = \int \vec{E}^e \cdot d\vec{l}$ geschrieben, DIN-gerecht wäre $E = \int \vec{E}^e \cdot d\vec{l}$). Weiter wird statt der heute oft als antiquiert empfundenen Bezeichnung „elektromotorische Kraft" die „eingeprägte Spannung" bevorzugt.

Die zu Gl.(4.48) angegebenen integralen Größen U_{q12} und $-I_{21}R_i$ ergeben die Spannungsgleichung $U_{12(I)} = U_{q12} - I_{21}R_i$, die sich auf die in Bild **4.8**c u. g gegensinnig zueinander angenommenen Orientierungen der Zählpfeile für die Spannung $U_{q12} = -\int_1^2 \vec{E}^e \cdot \mathrm{d}\vec{l}_{12}$ und den Strom $I_{21} = \int \vec{S} \cdot \mathrm{d}\vec{A}_{21}$ (mit $\mathrm{d}\vec{A}_{21} \uparrow\downarrow$ $\mathrm{d}\vec{l}_{12}$) beziehen, was dem Erzeugerzählpfeilsystem (s. Abschn. 4.3.2.6) entspricht. Trägt man einen Stromzählpfeil I_{12} dem Verbraucherzählpfeilsystem entsprechend gleichsinnig zu U_{q12} an (wie in Bild **4.8**c u. g gestrichelt eingezeichnet), so ist auch $\mathrm{d}\vec{A}_{12}$ mit dieser Orientierung festgelegt ($\mathrm{d}\vec{A}_{12} \uparrow\uparrow \mathrm{d}\vec{l}_{12}$). Damit gilt $I_{12} = \vec{S}\cdot\mathrm{d}\vec{A}_{12} = -\vec{S}\cdot\mathrm{d}\vec{A}_{21} = -I_{21}$ und $U_{12(I)} = U_{q12} + I_{12}R_i$.

- Für Spannungsquellen mit dem Innenwiderstand R_i, die durch einen Strom I belastet sind, ergibt sich die Klemmenspannung im E r z e u g e r z ä h l p f e i l - s y s t e m (Zählpfeile U und I gegensinnig)

$$U = U_q - IR_i \qquad\qquad (4.49\text{a})$$

  oder im V e r b r a u c h e r z ä h l p f e i l s y s t e m (Zählpfeile U und I gleichsinnig)

$$U = U_q + IR_i \,. \qquad\qquad (4.49\text{b})$$

Selbstverständlich gelten diese Regeln auch für den in Bild **4.8**d dargestellten Fall der Energiezufuhr in die Quelle, bei dem $\vec{S} \uparrow\uparrow \vec{E}$ ist, d. h., die beiden physikalisch unterschiedlichen Betriebsbereiche, in denen eine Quelle Energie abgibt oder aufnimmt, lassen sich gleichermaßen richtig nach dem Erzeuger- oder Verbraucherzählpfeilsystem beschreiben.

4.3.2.5 Innerer Widerstand von Spannungsquellen.

Der elektrische Widerstand aktiver Leitungsgebiete (Spannungsquellen), auch als innerer Widerstand R_i bezeichnet, ist grundsätzlich durch den ersten Quotienten in Gl.(4.37) definiert, wenn $\vec{S}/\kappa = \vec{E} + \vec{E}^e$ entsprechend Gl.(4.30) eingesetzt wird. Damit ergibt sich für a k t i v e L e i t u n g s g e b i e t e, deren Begrenzung in gleicher Weise durch Äquipotentialflächen und Feldlinien definiert ist, wie zu dem Widerstand passiver Leitungsgebiete in Abschn. 4.3.2.2 erläutert, der i n n e r e W i d e r s t a n d

$$R_i = \frac{|\int_l (\vec{S}/\kappa)\cdot\mathrm{d}\vec{l}|}{|\int_A \vec{S}\cdot\mathrm{d}\vec{A}|} = \frac{|\int_l \vec{E}^e\cdot\mathrm{d}\vec{l} + \int_l \vec{E}\cdot\mathrm{d}\vec{l}|}{|\int_A \vec{S}\cdot\mathrm{d}\vec{A}|} \,. \qquad\qquad (4.50)$$

Die Definitionsgleichung (4.50) hat für eine analytische Berechnung des Widerstandes aktiver Leitungsgebiete insofern wenig Bedeutung, als das E-Feld in Spannungsquellen im allgemeinen extreme Inhomogenitäten hat, d. h. – wenn überhaupt – nur mit großem Aufwand berechenbar ist. Praktisch wird daher der Widerstand von Spannungsquellen häufig experimentell bestimmt, wie im folgenden erläutert.

Man ersetzt ähnlich den Erläuterungen zu Bild **4.8c**, **4.8g** und zu Gl.(4.48) in Gl.(4.50) das Wegintegral der eingeprägten Feldstärke $\vec{E}^e$ durch die Quellenspannung U_q, das der elektrischen Feldstärke $\vec{E}$ durch die Spannung U und das Flächenintegral der Stromdichte $\vec{S}$ durch den Strom I. Das Leitungsgebiet in einer Spannungsquelle ist durch die Anschlußpole, zwischen denen die beiden Spannungen $U_{(I)}$ und U_q [im Leerlauf $U_{(I=0)} = U_q$] gemessen werden und durch die der Strom I fließt, eindeutig begrenzt. Damit ergibt sich die Betragsgleichung für den inneren Widerstand

$$R_i = \frac{|U_q - U|}{|I|} \qquad (4.51)$$

einer Spannungsquelle, der (wie der des passiven Leitungsgebietes) als positiver Wert definiert ist.

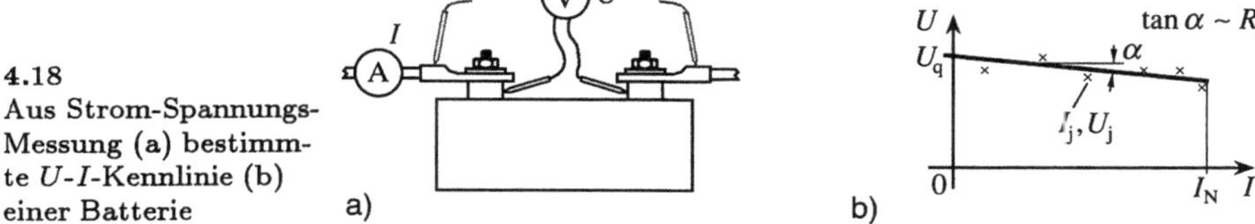

4.18 Aus Strom-Spannungs-Messung (a) bestimmte U-I-Kennlinie (b) einer Batterie

Beispiel 4.9. Der Innenwiderstand R_i einer Spannungsquelle ist experimentell zu bestimmen (s. Bild 4.18a).

In einer ersten Messung wird bei unbelasteter Spannungsquelle ($I = 0$) die Leerlaufspannung $U_{(I=0)}$ gemessen, die nach Gl.(4.47) gleich ist der Quellenspannung $U_q = U_{(I=0)}$. Dann werden an der mit einem Widerstand R_a belasteten Spannungsquelle der Strom I und die Klemmenspannung $U_{(I)}$ gemessen. Mit diesen drei Meßwerten kann nach Gl.(4.51) der Innenwiderstand

$$R_i = \frac{|U_q - U|}{|I|} = \frac{|U_{(I=0)} - U_{(I)}|}{|I|}$$

der Spannungsquelle berechnet werden.

Da der Innenwiderstand von Spannungsquellen im energietechnischen Bereich im allgemeinen extrem klein ist, darf die Spannung U keinesfalls so abgegriffen werden, daß der Übergangswiderstand der Stromanschlüsse mit in die Messung einbezogen wird, wie z. B. in Bild **4.18a** gestrichelt eingezeichnet.

– Der Spannungsabgriff zur Bestimmung des Widerstandes muß unmittelbar an den Grenzen des Strömungsgebietes erfolgen, so daß die Spannungskomponenten über die Anschlußwiderstände der Stromzuleitungen nicht mit gemessen werden (s. Bild **4.18a**).

Weiter ist zu beachten, daß infolge des extrem kleinen Innenwiderstandes und der Begrenzung des Belastungsstromes auf den Nennstrom I_N die Bestimmungsgleichung (4.51) auf die Differenz nahezu gleich großer Zahlen führt [$|R_i I_N| = |U_{(I=0)} - U_{(I)}|$ sehr klein gegenüber $U_{(I=0)}$]. Damit wirken sich unvermeidbare Meßfehler in der U- und I-Messung stark im berechneten Widerstandswert aus. Gegebenenfalls läßt sich durch Einstellen und Messen mehrerer Strom- und Spannungswerte [(I_j, U_j), $j = 1$ bis n] eine Ausgleichskurve bestimmen, die auf einen genaueren R_i-Wert führt (s. Bild 4.18b).

4.3.2.6 Zählpfeilsysteme bei der Zweipoldarstellung von Strömungsgebieten. In der Netzwerktheorie werden die Strömungsgebiete als in diskrete Ersatzzweipole unterteilt dargestellt. An diesen Zweipolen können die Orientierungen der Zählpfeile für die Klemmengrößen U und I grundsätzlich willkürlich und unabhängig voneinander gewählt angetragen werden. Dabei ergeben sich absolut gesehen vier unterschiedliche Kombinationen der Zählpfeilorientierungen im Raum ($\uparrow\uparrow$, $\uparrow\downarrow$, $\downarrow\uparrow$, $\downarrow\downarrow$), mit nur zwei charakteristischen Merkmalen. Entscheidend ist nämlich nur, ob an einem Zweipol die Strom- und Spannungszählpfeile gleich oder entgegengesetzt orientiert sind. Man bezeichnet die gleiche Orientierung ($\uparrow\uparrow$) als V e r b r a u c h e r - (V.Z.S.), die entgegengesetzte ($\uparrow\downarrow$) als E r z e u g e r z ä h l p f e i l s y s t e m (E.Z.S.). Für jedes dieser beiden unterschiedlichen Zählpfeilsysteme ergibt sich dann nach den Erläuterungen der Spannungsgleichungen in den Abschn. 4.3.2.3 und 4.3.2.4 auch nur jeweils eine Gleichung, die den Zusammenhang der Klemmengrößen U und I eines Zweipols abhängig von dessen Parametern R (Widerstand) bzw. U_q und R_i (Quellenspannung und innerer Widerstand) beschreibt (s. Tafel 4.19, Zeilen unter I bzw. II).

Tafel 4.19   Mögliche Kombinationen der U- und I-Zählpfeile eines Zweipoles im Verbraucher- und Erzeugerzählpfeilsystem

Formale Wahl der U- und I-Zählpfeile	Verbraucherzählpfeilsystem V.Z.S. U- und I- Zählpfeil gleich orientiert 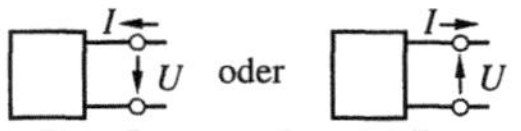	Erzeugerzählpfeilsystem E.Z.S. U- und I- Zählpfeil entgegengesetzt orientiert 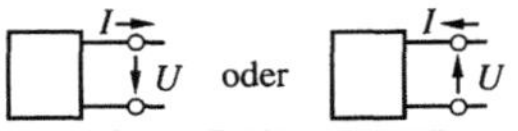
I. Passives Strömungsgebiet Parameter: Widerstand R	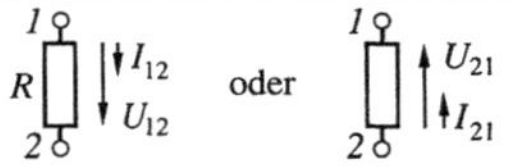 R, I_{12}, U_{12} oder U_{21}, I_{21}	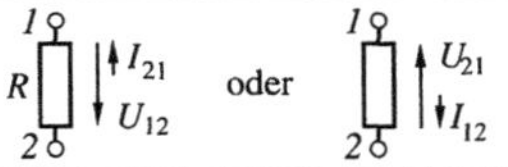 R, I_{21}, U_{12} oder U_{21}, I_{12}
Ohmsches Gesetz	$U = I R$	$U = -I R$
II. Aktives Strömungsgebiet (Spannungsquelle) Parameter: Innenwiderstand R_i Quellenspannung U_q oder eingeprägte Spannung U^e	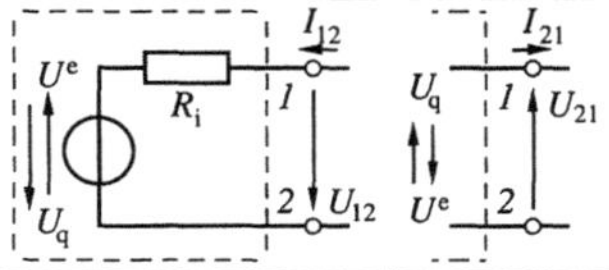 U^e, R_i, U_q, I_{12}, I, U_{12} oder I_{21}, I, U_{21}	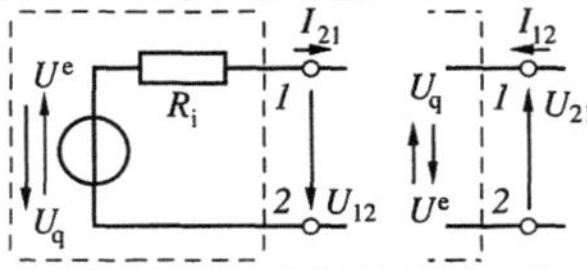 U^e, R_i, U_q, I_{21}, I, U_{12} oder I_{12}, I, U_{21}
Spannungssatz	$U = U_q + I R_i$ $U = U^e + I R_i$	$U = U_q - I R_i$ $U = U^e - I R_i$

Bei der willkürlichen Wahl des Spannungszählpfeiles für eine gegebene Spannungsquelle ist selbstverständlich deren physikalisch festliegende Polarität im Vorzeichen des Spannungswertes zu berücksichtigen.

4.4 Leistung im Strömungsfeld

In Bild 4.20 ist ein passives Strömungsfeld skizziert, in dem an einem beliebigen Raumpunkt – beispielhaft – ein infinitesimales Volumen dV mit der Driftladungsdichte η [Gl.(4.14)] betrachtet wird. Durch die Kraftwirkung $d\vec{F} = dQ_d\vec{E}$ der elektrischen Feldstärke $\vec{E}$ auf die infinitesimale Driftladung $dQ_d = \eta dV$ bewegt sich diese mit der Driftgeschwindigkeit $\vec{v}_d$ in Richtung $d\vec{F}$ bzw. $\vec{E}$. Damit ergibt sich nach den Gesetzen der Mechanik (Kraft · Geschwindigkeit = Leistung) für das infinitesimale Volumen dV des Strömungsfeldes die infinitesimale Leistung

$$dP = d\vec{F}\cdot\vec{v}_d = dQ_d\,\vec{E}\cdot\vec{v}_d\,. \qquad (4.52)$$

Bezieht man diese auf das infinitesimale Volumen und ersetzt dQ_d/dV durch die Driftladungsdichte $\eta = dQ_d/dV$ und $\eta\vec{v}_d$ durch die Stromdichte $\vec{S} = \eta\vec{v}_d$ nach Gl.(4.19), so bekommt man die Leistungsdichte

$$p = \frac{dP}{dV} = \eta\,\vec{E}\cdot\vec{v}_d = \vec{S}\cdot\vec{E} \qquad (4.53)$$

in einem Raumpunkt als Produkt der in demselben Raumpunkt auftretenden Feldgrößen $\vec{S}$ und $\vec{E}$.

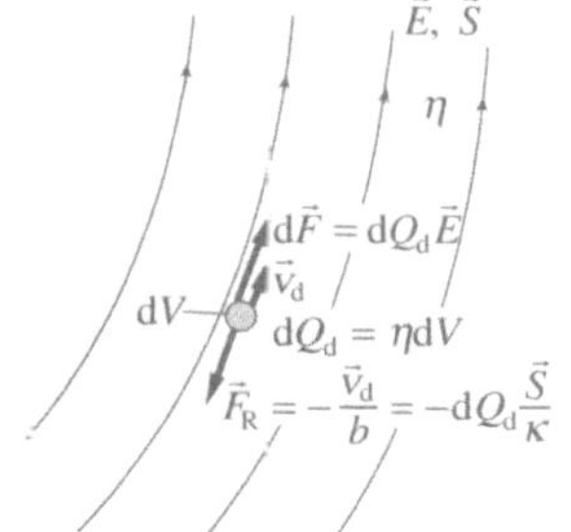

4.20 Durch Feldkraft $\vec{F} = \vec{E}\,dQ_d$ gegen die „Reibungskraft" $\vec{F}_R = -\vec{v}_d/b$ bewegte Driftladung dQ_d

In passiven Strömungsgebieten wird diese Leistungsdichte $p = \vec{S}\cdot\vec{E}$ über die die Feldkräfte $\vec{F} = Q_d\vec{E}$ bewirkende elektrische Feldstärke $\vec{E}$ dem Feldraum elektrisch zugeführt und über die den „molekularen Reibungskräften" $d\vec{F}_R = -dQ_d\vec{S}/\kappa = -dQ_d\eta\vec{v}_d/\kappa = -dQ_d\vec{v}_d/b$ [s. Gln.(4.19) u.(4.21)] entsprechende Reaktionsfeldstärke $(-\vec{S}/\kappa)$ (s. Bild 4.20) in Wärme umgeformt.

In aktiven Strömungsgebieten gilt nach Gl.(4.29) $\vec{E} = -\vec{E}^e + \vec{S}/\kappa$. Diese elektrische Feldstärke $\vec{E}$ in Gl.(4.53) eingesetzt, ergibt die Leistungsdichte in Spannungsquellen

$$p = \vec{S}\cdot\vec{E} = -\vec{E}^e\cdot\vec{S} + \frac{1}{\kappa}\vec{S}^2\,, \qquad (4.54)$$

die mit den Erläuterungen nach Abschn. 4.3.2.4 wie folgt gedeutet werden kann. Der erste Term $\vec{E}^{\mathrm{e}} \cdot \vec{S} = p^{\mathrm{e}}$ ist die Komponente der Leistungsdichte, die dem Strömungsfeld in der Quelle über die eingeprägte Feldstärke $\vec{E}^{\mathrm{e}}$ zugeführt (oder entzogen) wird, und nur der Term $\vec{S}^2/\kappa = p_\kappa$ ist die Komponente der im Strömungsfeld der Quelle in Wärme umgeformten Leistungsdichte.

– In beliebigen Strömungsfeldern beschreibt die Leistungsdichte

$$p_\kappa = \frac{1}{\kappa}\vec{S}^{\,2} \tag{4.55a}$$

die auf das Volumen bezogene elektrische Leistung, die in W ä r m e umgeformt wird.

Für p a s s i v e Strömungsfelder mit der elektrischen Feldstärke $\vec{E} = \vec{S}/\kappa$ kann diese Leistungsdichte

$$p_\kappa = \kappa\vec{E}^{\,2} = \vec{E}\cdot\vec{S} \tag{4.55b}$$

auch allein mit $\vec{E}$ berechnet werden.

In a k t i v e n Strömungsfeldern beschiebt die Leistungsdichte

$$p_{\mathrm{u}} = \vec{S}\cdot\vec{E} = p^{\mathrm{e}} - p_\kappa \tag{4.55c}$$

die auf das Volumen bezogene elektrische Leistung, die der Klemmenleistung mit der Klemmenspannung U entspricht.

Die Leistungsdichte p ist, wie die Feldgrößen, eine Ortsfunktion, mit der durch Integration die gesamte in einem Volumen V umgeformte L e i s t u n g

$$P = \int\limits_V p\,\mathrm{d}V \tag{4.56}$$

berechnet werden kann.

Die Wärmeenergie, die in der Zeit von t_1 bis t_2 in einem Strömungsfeld anfällt, muß als Zeitintegral der Leistung berechnet werden, da diese wie die Stromdichte $\vec{S}$ eine Zeitfunktion sein kann $[p_\kappa(t) = \vec{S}^2(t)/\kappa]$. Damit ist die E n e r g i e d i c h t e

$$w_\kappa = \int\limits_{t_1}^{t_2} p_\kappa\,\mathrm{d}t \tag{4.57}$$

bzw. die Energie

$$W_\kappa = \int\limits_V w_\kappa \, \mathrm{d}V = \int\limits_{t_1}^{t_2} P_\kappa \, \mathrm{d}t \, . \tag{4.58}$$

– In einem Strömungsfeld wird die mit $\vec{S}^2/\kappa$ zugeführte elektrische Energie in Wärme umgeformt. Die in der Geschwindigkeit der Ladungsträger gespeicherte kinetische Energie ist vernachlässigbar klein.

In einem Strömungsfeld kann grundsätzlich außer dem S-Feld auch ein D-Feld in Erscheinung treten (s. Beispiel 4.11). Dieses D-Feld ist ein Energiespeicher, so daß in solchen Strömungsfeldern auch eine Energiedichte nach Gl.(3.176) reversibel gespeichert ist. In guten Leitern ist die aufgrund der kleinen D-Komponente gespeicherte Energie allerdings vernachlässigbar klein; nur in schlechten Leitern (z. B. realem Dielektrikum) kann sie von nennenswerter Bedeutung sein.

Beispiel 4.10. Der in Beispiel 4.7 betrachtete Ringleiter (s. Bild 4.16a) ist an die Spannung U angeschlossen. Die dabei in dem Ringleiter auftretende Leistung und Leistungsdichte sind zu berechnen.

Wie in Beispiel 4.7 erläutert, ist die Stromdichte in dem Ringleiter $S = \kappa U/(2\pi r)$. Damit ist nach Gl.(4.55a) auch die Leistungsdichte

$$p = \frac{1}{\kappa} S^2 = \kappa \frac{U^2}{(2\pi r)^2} \tag{4.59}$$

abhängig von r. Da S und damit p über konzentrische Zylinder des Umfanges $2\pi r$, der Dicke $\mathrm{d}r$ und der Breite b (s. Bild 4.16a) homogen sind, kann die Leistung in einem solchen infinitesimalen Zylinder $\mathrm{d}V = b2\pi r \, \mathrm{d}r$ entsprechend Gl.(4.53) durch die Multiplikation $\mathrm{d}P = p \, \mathrm{d}V = U^2(\kappa b/2\pi)(\mathrm{d}r/r)$ berechnet werden. Integriert man diese entsprechend Gl.(4.56) von $r = r_\mathrm{i}$ bis r_a, so bekommt man die Leistung des Ringleiters

$$P = \int\limits_V p \, \mathrm{d}V = U^2 \frac{\kappa b}{2\pi} \int\limits_{r_\mathrm{i}}^{r_\mathrm{a}} \frac{\mathrm{d}r}{r} = U^2 \frac{\kappa b}{2\pi} \ln \frac{r_\mathrm{a}}{r_\mathrm{i}} \, . \tag{4.60a}$$

Man erkennt, daß der Ausdruck $[\kappa b \ln(r_\mathrm{a}/r_\mathrm{i})]/(2\pi)$ gleich dem Kehrwert des Widerstandes R_o des Ringleiters [s. Gl.(4.39)] ist, so daß sich auch mit diesem die Leistung berechnen läßt.

$$P = \frac{U^2}{R_\mathrm{o}} \tag{4.60b}$$

Große praktische Bedeutung hat die Berechnung der Leistung in Strömungsgebieten, die so begrenzt sind, daß sie als elektrischer Widerstand R angegeben werden können (s. Abschn. 4.3.2.2). Für solche Gebiete V führt die Integration nach Gl.(4.56) über die Raumgeometrie auf die integralen Größen U und I, wie in Beispiel 4.7 für den speziellen Fall des Ringleiters gezeigt ist. Interessiert also nicht die räumliche Verteilung der Leistung, sondern die insgesamt in einem passiven oder aktiven Raumgebiet mit dem Widerstand R oder R_i in Wärme umgeformte Leistung, so kann diese auch unmittelbar aus den integralen Größen U und I durch das Raumgebiet des Strömungsfeldes berechnet werden.

– Die in Wärme umgeformte Leistung ergibt sich für Widerstände

$$P = I^2 R \tag{4.61a}$$

und in Quellen

$$P_{\mathrm{R_i}} = I^2 R_\mathrm{i} \, . \tag{4.61b}$$

Die von Quellen aufgenommene oder abgegebene Klemmenleistung ist

$$P_\mathrm{u} = IU \, . \tag{4.61c}$$

4.5   Grundgesetze des Strömungsfeldes

Im stationären Strömungsfeld ist das E-Feld ein zeitkonstantes Potentialfeld (s. Bild **1.3**, Zweig 2b), für das die Grundgesetze des elektrostatischen Feldes sinngemäß gelten. Es kann daher allein auf der Basis der vorangehenden Abschnitte in dem anschließenden Abschn. 4.5.1 erläutert werden. Dagegen müssen bei der Erläuterung des instationären Strömungsfeldes auch die Grundgesetze des Magnetfeldes herangezogen werden, so daß das instationäre Strömungsfeld umfassend erst zusammen mit den Erklärungen in Abschn. 5 verstanden werden kann. Trotzdem wird es aber bereits hier in Abschn. 4.5.2 angesprochen, da man das instationäre Strömungsfeld im allgemeinen als eine Überlagerung des von Polladungen verursachten Potentialfeldes (s. Bild **1.3**, Zweig 2c) mit dem magnetisch verursachten Wirbelfeld (s. Bild **1.3**, Zweig 3b u. 4b oder 4a) auffassen kann und sich durch eine getrennte Betrachtung dieser beiden Feldarten der grundsätzliche physikalische Unterschied zwischen stationären und instationären Strömungsfeldern deutlich aufzeigen läßt. Dabei werden insbesondere die Kriterien aufgezeigt, nach denen instationäre Strömungsfelder näherungsweise auch noch wie stationäre berechnet werden können.

4.5.1 Stationäre elektrische Strömungsfelder

Von einem stationären Strömungsfeld spricht man, wenn sich alle Feldgrößen (auch die magnetischen, s. Abschn. 5.) und räumlichen Ladungsverteilungen zeitlich nicht ändern (s. Bild 1.3, Zweige 1a, 2b 3a). Ein solches stationäres elektrisches Strömungsfeld kann nur in einem galvanisch geschlossenen Kreis bestehen und auch nur dann, wenn in diesem mindestens eine Spannungsquelle wirksam ist (s. Abschn. 4.2.2). Die für das stationäre Strömungsfeld charakteristischen Eigenschaften sind im folgenden anhand eines in Bild 4.21a schematisch skizzierten Stromkreises erläutert.

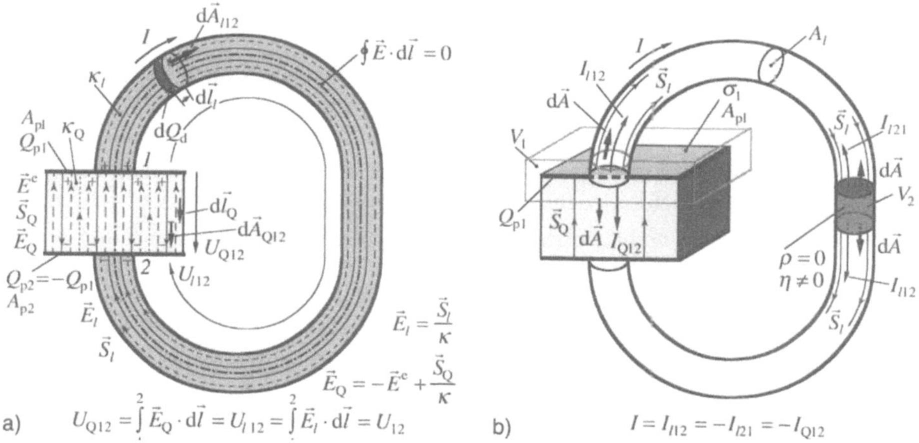

4.21 Schematisch dargestellte Quelle mit angeschlossenem Ringleiter: a) Feldlinienbild in Schnittebene durch Quelle und Leiter, b) Hüllfläche um Pol A_{p1} der Quelle (V_1) und um Leiterstückchen (V_2)

An die Elektroden (Pole) *1* und *2* mit $\kappa \to \infty$ (sind als Äquipotentialflächen anzusehen) der Spannungsquelle ist ein ringförmiger Leiter angeschlossen. Durch die eingeprägte Feldstärke $\vec{E}^e$ in der Quelle werden auf den Elektroden die Ladungen $Q_{p1} > 0$ und $Q_{p2} = -Q_{p1}$ (als Polladungen bezeichnet) aufgebaut, die gleichermaßen in der Quelle wie auch in dem Leiter ein elektrisches Potentialfeld der elektrischen Feldstärke $\vec{E}_Q$ bzw. $\vec{E}_l$ verursachen. Diese elektrische Feldstärke bewirkt Coulombkräfte $Q_d\vec{E}_Q$, die in dem Leiter die Stromdichte $\vec{S}_l = \vec{E}_l\kappa_l$ bestimmen (s. Abschn. 4.2.1) und in der Quelle den eingeprägten Kräften $Q_d\vec{E}^e$ entgegenwirken (s. Abschn. 4.2.2). Im stationären Gleichgewichtszustand wird nun die über das Strömungsfeld des Leiters driftende Ladung $|\mathrm{d}Q_d/\mathrm{d}t|_l = |\int \kappa_l\vec{E}_l\cdot\mathrm{d}\vec{A}_l| = I$ von den Elektroden abgezogen, aber im gleichen Maße über das in der Spannungsquelle von $\vec{E}^e$ bewirkte Strömungsfeld $|\mathrm{d}Q_d/\mathrm{d}t|_Q = |\int \kappa_Q(\vec{E}^e -$

$\vec{E}_Q)\cdot\mathrm{d}\vec{A}_Q| = I$ wieder zugeführt. Die Polladungen Q_{p1} und $Q_{p2} = -Q_{p1}$ bleiben also auf den Elektroden konstant, und damit ist auch das von diesen erregte Potentialfeld in Quelle $(\vec{E}_Q)$ und Leiter $(\vec{E}_l)$ konstant. Dadurch ist aber auch die Stromdichte $\vec{S}_l = \kappa_l\vec{E}_l$ im passiven Leiter bzw. $\vec{S}_Q = \kappa_Q(\vec{E}^e + \vec{E}_Q)$ im inneren Leitungsgebiet der Quelle konstant; in dem Kreis fließt ein konstanter Strom. Dies bedeutet, daß sich innerhalb des Strömungsgebietes die Ladung zwar bewegt, aber so, daß die sich von jeweils einer Stelle fortbewegende Ladung immer sofort durch eine nachrückende gleich große Ladung ersetzt wird. In ein beliebiges Volumenelement ΔV an einer beliebigen Stelle strömt also immer „gleich viel" Ladung hinein wie auch heraus, d. h., die Ladung in dem Volumen bleibt zeitlich konstant (in metallischen Leitern bleibt sie konstant gleich Null, da die Driftladung aus freien Elektronen durch die Kernladungen kompensiert ist).

4.5.1.1 Quellenfreiheit der Stromdichte. Mathematisch läßt sich die Gesetzmäßigkeit, daß die Raumladungsverteilung im stationären Strömungsfeld zeitlich konstant ist, durch die Kontinuitätsgleichung (2.31) formulieren, nach der das Hüllenintegral der Stromdichte $\vec{S}$ gleich ist der zeitlichen Änderung der von der Hülle eingeschlossenen Ladung $[(\mathrm{d}/\mathrm{d}t)\int_V \varrho\,\mathrm{d}V = -\oint \vec{S}\cdot\mathrm{d}\vec{A}]$. Ändert sich die Ladung also nicht, so muß das Hüllenintegral Null sein $(\oint \vec{S}\cdot\mathrm{d}\vec{A} = 0)$.

Beispielsweise wird in Bild **4.**21b von dem gestrichelt eingezeichneten Volumen V_1 die Polladung $Q_{p1} = \int_{V_1} \varrho\,\mathrm{d}V = \int_{A_{p1}} \sigma_1\,\mathrm{d}A_{p1}$ auf der Elektrode 1 eingeschlossen, die konstant ist $(\mathrm{d}Q_{p1}/\mathrm{d}t = 0)$, da der über den Ringleiter aus dem Volumen V abfließende Strom $I_{l12} = \int \vec{S}_l\cdot\mathrm{d}\vec{A} = I$ betragsmäßig gleich ist dem in der Quelle in das Volumen V_1 hineinfließenden Strom $I_{Q12} = \int \vec{S}_Q\cdot\mathrm{d}\vec{A} = -I$ ($\mathrm{d}\vec{A}$ allseitig aus der Oberfläche von V_1 herausweisend orientiert). In der Kontinuitätsgleichung $\oint \vec{S}\cdot\mathrm{d}\vec{A} = I_{l12} + I_{Q12} = 0$ ist das Hüllenintegral Null, da im Leitungsgebiet $\mathrm{d}\vec{A} \uparrow\uparrow \vec{S}_l = \kappa_l\vec{E}_l$, also $I_{l12} > 0$ ist, in der Quelle aber $\mathrm{d}\vec{A} \uparrow\downarrow \vec{S}_Q = \kappa_Q(\vec{E}^e - \vec{E}_Q)$, also $I_{Q12} < 0$.

Wird in dem Ringleiter ein Volumen V_2 betrachtet, ist der herausfließende Strom $I_{l12} = \int \vec{S}_l\cdot\mathrm{d}\vec{A} = I$ betragsmäßig gleich dem hineinfließenden $I_{l21} = \int \vec{S}_l\cdot\mathrm{d}\vec{A} = -I$. Auch hier ist die Kontinuitätsgleichung $\oint \vec{S}\cdot\mathrm{d}\vec{A} = I_{l12} + I_{l21} = I + (-I) = 0$, da $I_{l12} > 0$ $(\vec{S} \uparrow\uparrow \mathrm{d}\vec{A})$, aber $I_{l21} < 0$ $(\vec{S} \uparrow\downarrow \mathrm{d}\vec{A})$ ist. In diesem Volumen V_2 eines homogenen metallischen Leitungsgebietes ist die Raumladung $Q = \int \varrho\,\mathrm{d}V = 0$ konstant gleich Null, da die mit der Driftgeschwindigkeit $\vec{v}_d = \vec{S}/\eta_d$ durch das Volumen V_2 strömende Driftladungsdichte η_d (freie Elektronen) durch die positive Kernladung vollständig kompensiert wird. Die im Volumen V_2 befindliche Driftladung $Q_d = \int_V \eta\,\mathrm{d}V$ für sich betrachtet ist aber auch konstant $(\mathrm{d}Q_d/\mathrm{d}t = 0)$, da mit $\vec{S} = \eta\vec{v}_d$, $\vec{v}_d = \mathrm{d}\vec{l}/\mathrm{d}t$ und $\mathrm{d}V = \mathrm{d}\vec{A}\cdot\mathrm{d}\vec{l}$ die Kontinuitätsgleichung $\oint \vec{S}\cdot\mathrm{d}\vec{A} = \oint \eta\vec{v}_d\cdot\mathrm{d}\vec{A} = (\mathrm{d}/\mathrm{d}t)\int_V \eta\,\mathrm{d}V = 0$ erfüllt ist.

– Im stationären Strömungsfeld ändert sich die räumliche Ladungsverteilung zeitlich nicht,
die Ortsfunktion der das Potentialfeld ($\vec{E}$) erregenden Raumladungsdichte $\varrho(x,y,z)$ und
die Ortsfunktion der Stromdichte $\vec{S}(x,y,z)$ bzw. die der Driftgeschwindigkeit $\vec{v}_{\mathrm{d}}(x,y,z)$
sind zeitlich konstant.
Damit ist nach der K o n t i n u i t ä t s g l e i c h u n g

$$\oint \vec{S}\cdot \mathrm{d}\vec{A} = 0 \tag{4.62a}$$

das Hüllenintegral der Stromdichte $\vec{S}$ über beliebige Volumen stets gleich Null.

In der Netzwerklehre wird für einen Knoten, in dem n Leitungen mit den Strömen $I_{\nu=1\div n}$ verbunden sind, die Kontinuitätsgleichung (4.62a) als K n o t e n p u n k t s a t z

$$\oint \vec{S}\cdot \mathrm{d}\vec{A} = \sum_{n} I_{\nu} = 0 \tag{4.62b}$$

geschrieben (s. Bild **4.22**).

Für den Knotenpunktsatz (4.62b) läßt sich eine einfach zu handhabende Vorzeichenregel ableiten aus der Vorstellung einer den Knoten einschließenden Hüllfläche, deren Flächenvektoren $\mathrm{d}\vec{A}$, hier also die Flächenvektoren $\Delta\vec{A}_{\nu}$ der die Hüllfläche durchdringenden Leitungen, aus der Hülle weisend orientiert sind (s. Bild 4.22).

$$\oint \vec{S}\cdot \mathrm{d}\vec{A} = \sum \vec{S}\cdot \Delta\vec{A} = \sum_{n} I_{\nu} = 0$$

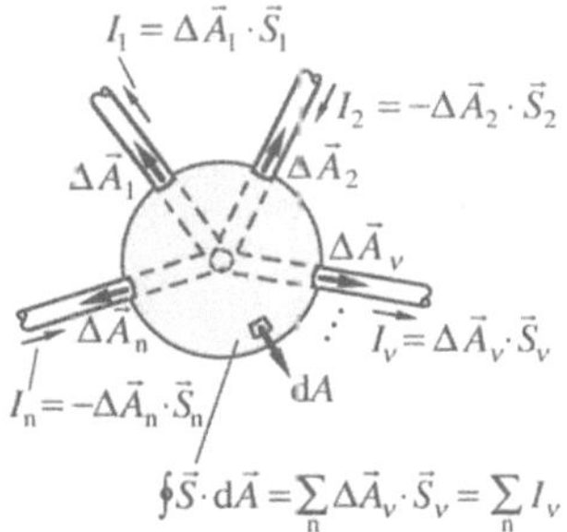

4.22 Graphische Darstellung zum Knotenpunktsatz Gl.(4.62)
$$\sum_{n} I_\nu = I_1 - I_2 + \cdots + I_\nu + \cdots - I_{\mathrm{n}}$$

Damit müssen alle Ströme I_{ν}, deren Zählpfeile wie $\Delta\vec{A}_{\nu}$ vom Knoten weg aus der Hülle herausweisend eingetragen sind, mit positiven Vorzeichen in Gl.(4.62b) aufgenommen werden, alle Ströme, deren Zählpfeile entgegen $\Delta\vec{A}$ zum Knoten hin, also in die Hülle hineinweisend, eingetragen sind, dagegen mit negativen.

4.5.1.2 Wirbelfreiheit der elektrischen Feldstärke. Wie in Abschn. 5 erläutert, wird von einem elektrischen Strömungsfeld ein Magnetfeld erregt. Im stationären Strömungsfeld ist die Stromdichte $\vec{S}$ zeitlich konstant, und damit ist auch die von dieser verursachte magnetische Flußdichte $\vec{B}(\vec{s})$ zeitlich konstant.

Da von einem zeitlich konstanten magnetischen Feld $[\mathrm{d}\vec{B}(\vec{s})/\mathrm{d}t = 0]$ aber keine Wirbelkomponenten der elektrischen Feldstärke E induziert werden (s. Abschn. 5.5.1.3), ist also das E-Feld des stationären elektrischen Strömungsfeldes ein reines Potentialfeld, in dem die elektrische Feldstärke $\vec{E}$ ähnlich wie im elektrostatischen Feld ausschließlich von Polladungen (Quellen und Senken) erregt wird. Somit gilt auch für das stationäre Strömungsfeld das Grundgesetz des Potentialfeldes, nach dem sich die Energie einer über einen geschlossenen Umlauf bewegten Ladung nicht ändert bzw. das Umlaufintegral $\oint \vec{E}\cdot\mathrm{d}\vec{l}$ der elektrischen Feldstärke bzw. die Umlaufspannung $\overset{\circ}{U}$ immer gleich Null ist (s. Abschn. 3.1.3.2).

Um dieses visuell einprägsam zu erläutern, ist in Bild **4.23a** der geschlossene Stromkreis nach Bild **4.21a** so schematisiert dargestellt, daß Spannungsquelle und passives Leitungsgebiet direkt nebeneinander liegen und durch Elektroden (mit $\kappa \to \infty$), die als Äquipotentialflächen angesehen werden können, miteinander verbunden sind. Die von der eingeprägten elektrischen Feldstärke $\vec{E}^{\mathrm{e}}$ der Quelle auf diesen Elektroden verursachten Polladungen Q_{p1} und $Q_{\mathrm{p2}} = -Q_{\mathrm{p1}}$ erregen die elektrische Feldstärke $\vec{E}$ in der Quelle und im Leitungsgebiet, wie zu Bild **4.21a** erläutert.

Bildet man in dem passiven und/oder aktiven Leitungsgebiet (des Potentialfeldes) das Umlaufintegral der elektrischen Feldstärke $\vec{E}$ [s. Gl.(3.60)], so ist dieses für beliebige Wege Null. Beispielsweise gilt für den in Bild **4.23a** strich-punktiert eingezeichneten geschlossenen Weg in dem passiven Leitungsgebiet

$$\oint \vec{E}\cdot\mathrm{d}\vec{l} = \int\limits_{1\mathrm{b}}^{2\mathrm{c}} \frac{\vec{S_1}}{\kappa_1}\cdot\mathrm{d}\vec{l} + \int\limits_{2\mathrm{c}}^{2\mathrm{d}} \vec{E}\cdot\mathrm{d}\vec{l} + \int\limits_{2\mathrm{d}}^{1\mathrm{b}} \frac{\vec{S_1}}{\kappa_1}\cdot\mathrm{d}\vec{l} = 0$$

$$\qquad\; \downarrow \qquad\qquad \downarrow \qquad\quad\; \downarrow \qquad\qquad \downarrow$$
$$\overset{\circ}{U} \qquad\quad I_{\mathrm{l12}}R_{\mathrm{l}} \qquad\quad 0 \qquad\quad -I_{\mathrm{l12}}R_{\mathrm{l}}$$
\hfill (4.63a)

$$\overset{\circ}{U} = U_{12} + U_{21} = IR_{\mathrm{l}} - IR_{\mathrm{l}} = 0 \tag{4.63b}$$

oder für den Weg in der Spannungsquelle

$$\oint \vec{E}\cdot\mathrm{d}\vec{l} = \int\limits_{1\mathrm{a}}^{2\mathrm{a}} \left(-\vec{E}^{\mathrm{e}} + \frac{\vec{S_Q}}{\kappa_{\mathrm{Q}}}\right)\cdot\mathrm{d}\vec{l} + \int\limits_{2\mathrm{a}}^{2\mathrm{b}} \vec{E}\cdot\mathrm{d}\vec{l} + \int\limits_{2\mathrm{b}}^{1\mathrm{a}} \left(-\vec{E}^{\mathrm{e}} + \frac{\vec{S_Q}}{\kappa_{\mathrm{Q}}}\right)\cdot\mathrm{d}\vec{l} = 0$$

$$\quad\; \downarrow \qquad\qquad \downarrow \qquad\qquad\quad \downarrow \qquad\qquad\quad \downarrow$$
$$\overset{\circ}{U} \qquad\quad U_{21}^{\mathrm{e}} - I_{\mathrm{Q21}}R_{\mathrm{Q}} \qquad 0 \qquad\quad -U_{21}^{\mathrm{e}} + I_{\mathrm{Q21}}R_{\mathrm{Q}}$$
\hfill (4.64a)

$$\overset{\circ}{U} = U_{12} + U_{21} = U_{21}^{\mathrm{e}} - IR_{\mathrm{Q}} - U_{21}^{\mathrm{e}} + IR_{\mathrm{Q}} = 0 \tag{4.64b}$$

oder für den Weg durch Spannungsquelle und Leitungsgebiet

$$\oint \vec{E}\cdot\mathrm{d}\vec{l} = \int\limits_{1_a}^{1_b} \vec{E}\cdot\mathrm{d}\vec{l} \;+\; \int\limits_{1_b}^{2_c} \frac{\vec{S}_1}{\kappa_1}\cdot\mathrm{d}\vec{l} \;+\; \int\limits_{2_c}^{2_b} \vec{E}\cdot\mathrm{d}\vec{l} \;+\; \int\limits_{2_b}^{1_a} \left(-\vec{E}^e + \frac{\vec{S}_Q}{\kappa_Q}\right)\cdot\mathrm{d}\vec{l} \;=\; 0 \tag{4.65a}$$

$$\begin{array}{ccccc} \downarrow & \downarrow & \downarrow & \downarrow & \downarrow \\ \overset{\circ}{U} & 0 & I_{l12}R_l & 0 & -U_{21}^e + I_{Q21}R_Q \end{array}$$

$$\overset{\circ}{U} = U_{12} + U_{21} = IR_l + IR_Q - U_{21}^e = IR_l + IR_Q - U_{q12} = 0. \tag{4.65b}$$

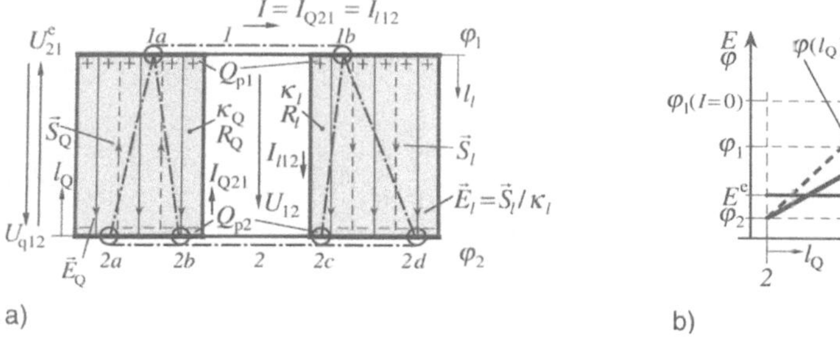
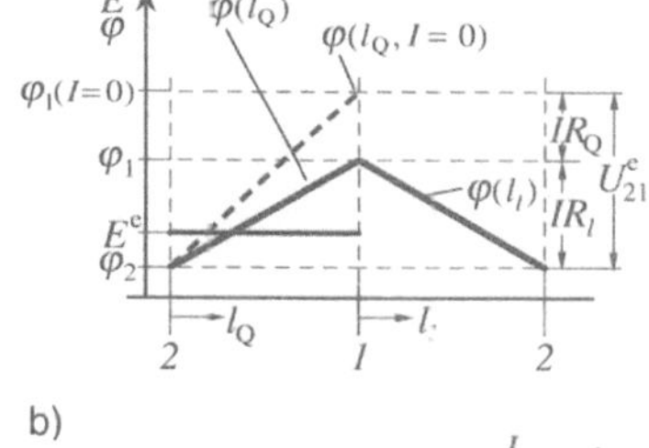

a)   b)

4.23 Schnittebene durch schematisierte Quelle mit angeschlossenem Widerstand (a), Potentialverlauf in Quelle $\varphi(l_Q)$ und Widerstand $\varphi(l_l)$ (b) sowie Ersatzschaltbild (c)

$$U_{12} = \int\limits_1^2 \left(-\vec{E}^e + \frac{\vec{S}_Q}{\kappa_Q}\right)\cdot\mathrm{d}\vec{l}_Q = U_{21}^e - I_{Q21}R_Q = \int\limits_1^2 \frac{\vec{S}_1}{\kappa_1}\cdot\mathrm{d}\vec{l}_1 = I_{l12}\cdot R_l$$

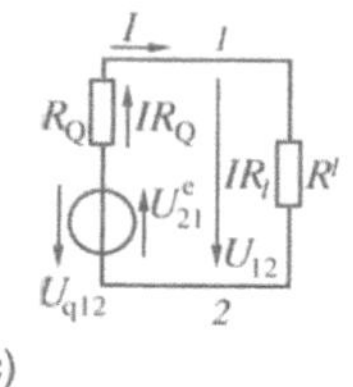

c)

In den Gln.(4.63)bis(4.65) sind die über Teilabschnitte gebildeten Wegintegrale $\int \vec{E}\cdot\mathrm{d}\vec{l}$ der elektrischen Feldstärke $\vec{E}$ durch die entsprechenden Spannungen $U = \int \vec{E}\cdot\mathrm{d}\vec{l}$ bzw. $U = \int(\vec{S}/\kappa)\cdot\mathrm{d}\vec{l} = IR$ an Quelle bzw. Widerstand des jeweiligen Teilabschnittes ersetzt, wie in Abschn. 3.1.3.2 für das elektrostatische Feld erläutert. Zu beachten ist, daß die Spannungen U_q und U bzw. (IR) jeweils mit negativem Vorzeichen in der Umlaufspannung $\overset{\circ}{U} = \sum U$ auftreten, wenn ihr eingetragener Zählpfeil entgegen der Orientierung des Umlaufintegrals $\oint \vec{E}\cdot\mathrm{d}\vec{l}$ liegt. Im letzten Term von Gl.(4.63a) weist z. B. die Integrationsorientierung von 2_d nach 1_b, der Zählpfeil von I_{l12} und damit der von $U_{12} = I_{l12}R_l$ ist aber von 1 nach 2 weisend eingetragen, so daß $\int_{2_d}^{1_b}(\vec{S}_1/\kappa_1)\cdot\mathrm{d}\vec{l} = -\int_{1_b}^{2_d}(\vec{S}_1/\kappa_1)\cdot\mathrm{d}\vec{l} = -U_{12} = -I_{l12}R_l$ ist. Wird statt mit der Quellenspannung U_q mit der eingeprägten Spannung U^e gerechnet, so ist zu beachten, daß diese entsprechend Gln.(4.45)bis(4.47) entgegengesetzt zu U_q orientiert ist. U^e tritt also negativ (bzw. positiv) in der Umlaufspannung $\overset{\circ}{U} = \sum U + \sum U^e$ auf, wenn der eingetragene Zählpfeil für U^e in (bzw.

entgegen) der Orientierung des Umlaufintegrals $\oint \vec{E} \cdot \mathrm{d}\vec{l}$ liegt. Man kann so das Umlaufintegral der elektrischen Feldstärke $\vec{E}$ auch als Summe der Spannungen über den geschlossenen Umlauf berechnen [Umlaufspannung, s. Gl.(3.62)], die selbstverständlich ebenfalls Null sein muß.

Die Gl.(4.65), die die Umlaufspannung über den geschlossenen Stromkreis beschreibt, läßt sich auch als Bilanz der auf die Driftladung Q_d bezogenen Energie $(W/Q_\mathrm{d} = U)$ in dem Stromkreis deuten, wie im folgenden erläutert.

In der Spannungsquelle wird durch die eingeprägte Feldstärke $\vec{E}^\mathrm{e}$ die Driftladung Q_d gegen die elektrische Feldstärke $\vec{E}_\mathrm{Q}$ des Potentialfeldes bewegt und ihr damit Energie $\int Q_\mathrm{d}\vec{E}^\mathrm{e} \cdot \mathrm{d}\vec{l}$ zugeführt. Dementsprechend steigt in dem Potentialfeld $(\vec{E}_\mathrm{Q} = -\vec{E}^\mathrm{e} + \vec{S}_\mathrm{Q}/\kappa_\mathrm{Q})$ der Quelle das Potential [s. Gl.(3.49)] über den Weg l_Q von 2 nach 1 von φ_2 auf φ_1 an.

$$\varphi(l_\mathrm{Q}) = \varphi_2 - \int\limits_{(2)}^{l_\mathrm{Q}} \vec{E}_\mathrm{Q} \cdot \mathrm{d}\vec{l}_\mathrm{Q} = \varphi_2 + \int\limits_{(2)}^{l_\mathrm{Q}} \vec{E}^\mathrm{e} \cdot \mathrm{d}\vec{l}_\mathrm{Q} - \int\limits_{(2)}^{l_\mathrm{Q}} \frac{\vec{S}}{\kappa} \cdot \mathrm{d}\vec{l}_\mathrm{Q} \tag{4.66}$$

Mit der Annahme eines homogenen Feldes in der Quelle ($\vec{E}^\mathrm{e}$ und κ_Q räumlich konstant) ergibt sich der in Bild **4.23b** skizzierte lineare Anstieg. Der erste Integralterm in Gl.(4.66) beschreibt den von der eingeprägten Feldstärke $\vec{E}^\mathrm{e}$ bewirkten Potentialanstieg auf $\varphi_{1(I=0)}$, der allerdings nur bei stromloser Quelle auftritt und über die Leerlaufspannung $U_{12(I=0)} = \varphi_{1(I=0)} - \varphi_2$ meßbar ist. Fließt ein Strom ($\vec{S}_\mathrm{Q} \neq 0$), so wird ein Teil der über $\vec{E}^\mathrm{e}$ der Driftladung Q_d zugeführten Energie unmittelbar wieder über die „Reibungsenergie" des Strömungsfeldes in Wärmeenergie umgeformt [entspricht dem zweiten Integralterm in Gl.(4.66)], so daß der meßbare Potentialanstieg $\varphi(l_\mathrm{Q})$ in der Quelle dem des E-Feldes entspricht.

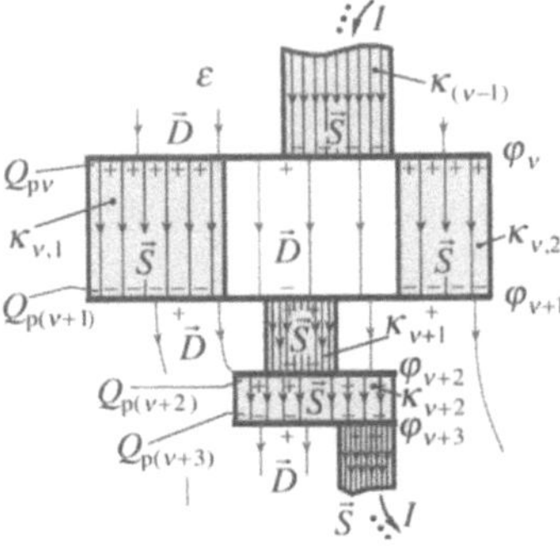

4.24 Schematisiertes Strömungsfeld und Grenzflächenladungen in Leitungsgebieten, die über Kontaktierungsflächen mit $\kappa \to \infty$ verbunden sind

An der Elektrode 1 ist also die Energie der Driftladung $\varphi_1 Q_\mathrm{d}$. Diese Driftladung bewegt sich von dort infolge der elektrischen Feldstärke $\vec{E}$ des Potentialfeldes in dem Leitungsgebiet von 1 nach 2, also wie $\vec{E}_\mathrm{l}$ orientiert, und gibt dabei die ihr in der Quelle zugeführte Energie wieder ab, d. h., diese wird durch „Reibungsverluste" des Strömungsfeldes in Wärmeenergie umgeformt. Damit fällt das Potential des elektrischen Feldes in dem Leitungsgebiet über den Weg l_l von

1 nach *2* von φ_1 auf φ_2 ab.

$$\varphi(l_1) = \varphi_1 - \int\limits_{(1)}^{l_1} \vec{E}_1 \cdot \mathrm{d}\vec{l} = \varphi_1 - \int\limits_{(1)}^{l_1} \frac{\vec{S}_1}{\kappa} \cdot \mathrm{d}\vec{l} \tag{4.67}$$

Nimmt man auch im Leitungsgebiet ein homogenes Feld an, so ergibt sich der in Bild **4.23b** skizzierte lineare Verlauf. Über den geschlossenen Umlauf durch den Stromkreis betrachtet, ändert sich also die Energie der Driftladung Q_d nicht

$$\oint Q_\mathrm{d}\vec{E} \cdot \mathrm{d}\vec{l} = \int\limits_2^1 Q_\mathrm{d}\vec{E}_\mathrm{Q} \cdot \mathrm{d}\vec{l} + \int\limits_1^2 Q_\mathrm{d}\vec{E}_1 \cdot \mathrm{d}\vec{l} = Q_\mathrm{d}(\varphi_2 - \varphi_1) + Q_\mathrm{d}(\varphi_1 - \varphi_2) ,\tag{4.68}$$

was der Gl.(4.65) entspricht.

Die Erläuterungen zu der Umlaufspannung am einfachen Stromkreis nach Bild **4.23** gelten allgemein, d. h., sie können sinngemäß auf Raumgebiete erweitert werden, die aus beliebig vielen passiven und aktiven Strömungsgebieten bestehen, die in beliebiger Konfiguration zusammengesetzt sind (s. Bild **4.24**).

– In s t a t i o n ä r e n Strömungsgebieten ist über beliebige geschlossene Wege das Umlaufintegral der elektrischen Feldstärke $\vec{E}$ immer Null.

$$\oint \vec{E} \cdot \mathrm{d}\vec{l} = 0 \tag{4.69a}$$

Die elektrische Feldstärke $\vec{E}$ kann in den Integrationsabschnitten passiver Leitungsgebiete durch $\vec{E} = \vec{S}/\kappa$ und in den Integrationsgebieten aktiver Bereiche durch $\vec{E} = -\vec{E}^\mathrm{e} + \vec{S}/\kappa$ ersetzt werden.

In der Netzwerklehre wird für eine geschlossene Masche mit n Zweipolen der Spannungen $U_{\nu=1\div n}$ das Umlaufintegral Gl.(4.69a) als Maschensatz

$$\oint \vec{E} \cdot \mathrm{d}\vec{l} = \overset{\circ}{U} = \sum \overset{\circ}{U}_\nu = 0 \tag{4.69b}$$

geschrieben. Die Teilspannungen in der Umlaufspannung entsprechen den Integralen der Teilstrecken durch die Zweipole:

$$U_\nu = \int_{l_\nu} (\vec{S}/\kappa) \cdot \mathrm{d}\vec{l} = I_\nu R_\nu \qquad \text{an Widerständen } R_\nu, \text{ auch an den inneren}$$

an Widerständen R_ν, auch an den inneren Widerständen R_i in Spannungsquellen und

$$U_\nu = U_\mathrm{q} \qquad \text{an idealen Spannungsquellen } (R_\mathrm{i} = 0).$$

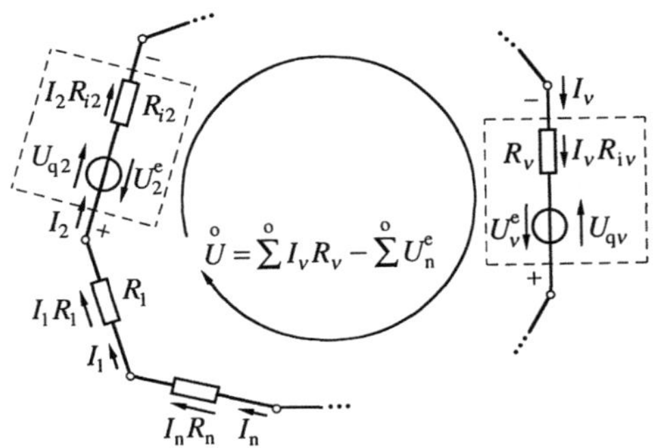

4.25
Graphische Darstellung zum Maschensatz Gl.(4.69)

$$\overset{\circ}{U}=\sum \overset{\circ}{IR} - \sum \overset{\circ}{U^e} =$$
$$I_1 R_1 + I_2 R_{i2} + \cdots + I_\nu R_{i\nu} + \cdots +$$
$$I_n R_n - [-U_2^e + \cdots + U_\nu^e + \cdots] = 0$$

oder

$$\overset{\circ}{U}=\sum \overset{\circ}{IR} + \sum \overset{\circ}{U_q} =$$
$$I_1 R_1 + I_2 R_{i2} + \cdots + I_\nu R_{i\nu} + \cdots +$$
$$I_n R_n + [U_{q2} + \cdots - U_{q\nu} + \cdots] = 0$$

Die in einer Masche über offene Klemmen (bzw. Kondensator) auftretende Spannung U_ν ist beim Maschenstrom $I = 0$ als unbestimmter Ausdruck $U_\nu = I_\nu R_\nu = 0\cdot\infty$ über $U_\nu = \int_{l_\nu} (\vec{D}_\nu/\varepsilon)\cdot\mathrm{d}\vec{l} = Q_\nu/C_\nu$ erklärt.

Sind für Spannungsquellen statt der Quellenspannungen U_q die eingeprägten Spannungen U^e gegeben, so gilt infolge der entgegengesetzten Orientierungen ihrer Zählpfeile $U_{12}^e = U_{q21} = -U_{q12}$ der M a s c h e n s a t z

$$\sum \overset{\circ}{U_\nu} - \sum \overset{\circ}{U_\mu^e} = 0 . \tag{4.69c}$$

Für den Maschensatz Gln.(4.69b)u.(4.69c) läßt sich eine einfach zu handhabende Vorzeichenregel ableiten, wenn man für die Umlaufspannung $\overset{\circ}{U}$ (die Null ist) einen Spannungszählpfeil $\overset{\circ}{U}$ mit beliebiger Orientierung einträgt (s. Bild 4.25). Alle Teilspannungen U_ν bzw. U_μ^e, deren Zählpfeile gleichsinnig zu dem für $\overset{\circ}{U}$ eingetragen sind, müssen dann mit positiven Vorzeichen in die Summe $\sum \overset{\circ}{U_\nu}$ bzw. $\sum \overset{\circ}{U_\mu}$ aufgenommen werden, alle Teilspannungen, deren Zählpfeile entgegen dem für $\overset{\circ}{U}$ eingetragen sind, aber mit negativen.

4.5.1.3 Feldgrößen an Grenzflächen.

Die Herleitung der Grenzflächenbedingung erfolgt in diesem Abschnitt analog der in Abschn. 3.2.2.3 anhand Bild 3.47a erläuterten Gln.(3.129)bis(3.136), die sinngemäß auf das in Bild 4.26 skizzierte Strömungsfeld übertragen werden.

Da im s t a t i o n ä r e n Strömungsfeld das E-Feld ein Potentialfeld ist, muß auch für dieses das Umlaufintegral der elektrischen Feldstärke Null sein ($\oint \vec{E}\cdot\mathrm{d}\vec{l} = 0$). Für die elektrische Feldstärke $\vec{E}$ an Grenzflächen zwischen Gebieten mit unterschiedlicher Leitfähigkeit κ_1 und $\kappa_2 \neq \kappa_1$ gilt also wie im elektrostatischen

Feld, daß ihre Tangentialkomponenten $\vec{E}_t$ beidseitig der Grenzfläche gleich sein müssen.

$$\vec{E}_{t1} = \vec{E}_{t2}$$

Mit Gl.(4.24) gilt dann für die Tangentialkomponenten der Stromdichte

$$\frac{\vec{S}_{t1}}{\kappa_1} = \frac{\vec{S}_{t2}}{\kappa_2} \; ; \qquad \frac{S_{t1}}{S_{t2}} = \frac{\kappa_1}{\kappa_2} , \tag{4.70}$$

daß sie sich unstetig an der Grenzfläche ändern.

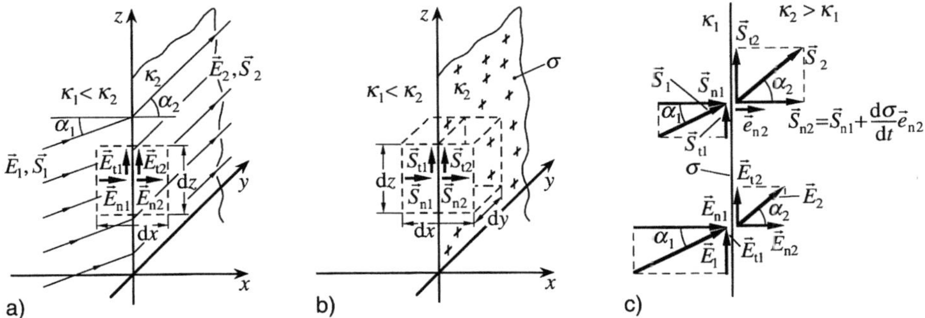

4.26 Brechung des Strömungsfeldes an einer Grenzfläche (Beschreibung analog Bild 3.47)

Wie später erklärt, erzwingt ein Strömungsfeld – von Ausnahmen abgesehen – in einer Grenzschicht, an der sich die Leitfähigkeit ändert, eine von Null verschiedene Raumladungsdichte ϱ, die in der folgenden allgemeingültigen Herleitung durch Annahme einer Flächenladungsdichte σ in der Grenzfläche berücksichtigt wird. Damit muß nach der Kontinuitätsgleichung [Gl.(2.31)] in dem in Bild 4.26b skizzierten infinitesimalen Volumenelement $dV = dx\,dy\,dz$ das Hüllenintegral der Stromdichte $\oint \vec{S}\cdot d\vec{A}$ gleich sein der negativen zeitlichen Änderungsgeschwindigkeit der von der Hülle eingeschlossenen Raumladung $[\oint \vec{S}\cdot d\vec{A} = -(d/dt)\int \varrho\,dV]$.

$$S_{n2}\,dz\,dy + S_{t2}\,dy\frac{dx}{2} + S_{t1}\,dy\frac{dx}{2} - S_{n1}\,dz\,dy - S_{t1}\,dy\frac{dx}{2} - S_{t2}\,dy\frac{dx}{2} =$$
$$-\frac{d}{dt}(\sigma\,dy\,dz)$$

Da das Feld beidseitig der Grenzfläche in jeweils infinitesimalen Bereichen dV als homogen aufzufassen ist, ergänzen sich die Tangentialstromkomponenten

$S_{t1}\, dy\, dx/2$ und $S_{t2}\, dy\, dx/2$ jeweils zu Null, so daß sich nach Division durch die Fläche $dy\, dz$ die allgemeingültige G r e n z f l ä c h e n b e d i n g u n g

$$S_{n2} - S_{n1} = -\frac{d\sigma}{dt} \qquad \text{vektoriell} \qquad \vec{S}_{n2} = \vec{S}_{n1} - \frac{d\sigma}{dt}\,\vec{e}_{n2} \qquad (4.71)$$

für die Stromdichte ergibt. Die Gl.(4.71) gilt allgemein für beliebige Orientierungen der Feldgrößen (von *1* nach *2* oder umgekehrt), wenn der Einsvektor $\vec{e}_{n2}$ normal zur Grenzfläche in den Raum *2* weisend angenommen wird.

Im stationären Strömungsfeld ändert sich die räumliche Ladungsverteilung zeitlich nicht ($d\sigma/dt = 0$), die Normalkomponenten der Stromdichte können sich somit entsprechend Gl.(4.71) in der Grenzfläche nicht ändern.

$$\vec{S}_{n1} = \vec{S}_{n2} \qquad (4.72)$$

Damit muß sich aber entsprechend Gl.(4.24) die Normalkomponente der elektrischen Feldstärke

$$\kappa_1 \vec{E}_{n1} = \kappa_2 \vec{E}_{n2}\,; \qquad \frac{E_{n1}}{E_{n2}} = \frac{\kappa_2}{\kappa_1} \qquad (4.73)$$

unstetig in der Grenzfläche ändern.

– An Grenzflächen zwischen Materie unterschiedlicher Leitfähigkeit kann das stationäre Strömungsfeld nur so verlaufen, daß die Normalkomponenten der Stromdichte und die Tangentialkomponenten der elektrischen Feldstärke stetig, d. h. auf beiden Seiten gleich sind.

Die Stetigkeitsbedingungen führen dazu, daß die Feldlinien an der Grenzfläche gebrochen werden, ausgenommen, sie verlaufen parallel oder normal zu dieser. Aus Bild 4.26c ergeben sich die Gleichungen

$$\tan \alpha_1 = S_{t1}/S_{n1}\,, \qquad \tan \alpha_2 = S_{t2}/S_{n2}\,,$$

die mit $S_{n1} = S_{n2}$ und $S_{t1}/S_{t2} = \kappa_1/\kappa_2$ auf das Tangensverhältnis der Ein- und Austrittswinkel führen.

$$\frac{\tan \alpha_1}{\tan \alpha_2} = \frac{\kappa_1}{\kappa_2} \qquad (4.74)$$

– An Grenzflächen werden im Raum mit der größeren Leitfähigkeit κ die Feldlinien von der Normalen weg gebrochen.

4.27
Charakteristischer
Feldlinienverlauf
für Strömungsfeld
a) Halbkugel-
elektrode im
leitenden Raum,
b) im leitenden
Blech mit Kontak-
tierungen

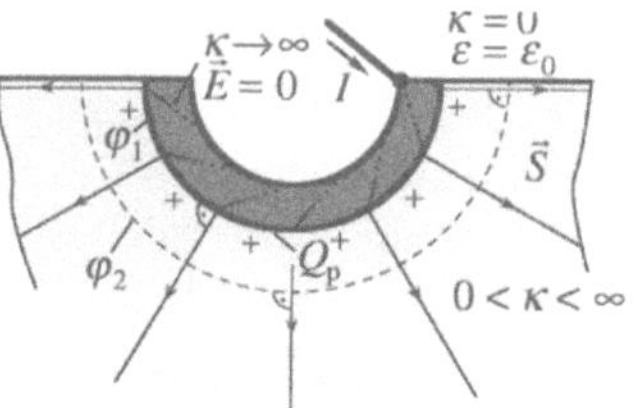

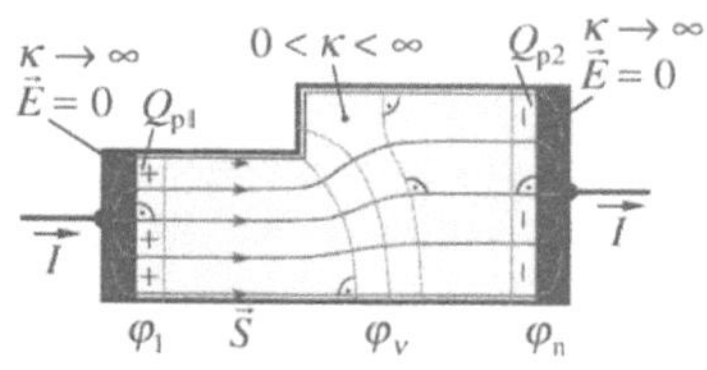

Wichtige Extremfälle sind die Grenzen eines Strömungsgebietes zu nichtleitenden Gebieten ($\kappa = 0$) und extrem gut leitenden Elektroden ($\kappa \to \infty$). An der
Grenzfläche zwischen einem Leiter der Leitfähigkeit $0 > \kappa_1 > \infty$ und einem extrem guten Leiter ($\kappa_2 \to \infty$) gilt nach Gl.(4.74) $\tan\alpha_1/\tan\alpha_2 = \kappa_1/\infty$, was
nur erfüllt sein kann mit $\alpha_1 = 0$.

- Aus Elektroden (Kontaktierungsflächen) der Leitfähigkeit $\kappa = \infty$ verlaufen
  die Stromdichtelinien immer normal zur Elektrodenoberfläche in das Leitungsgebiet, die Elektrodenoberfläche ist eine Äquipotentialfläche (s. Bild **4.27**), in
  der Elektrode ist die elektrische Feldstärke Null ($\vec{E} = \vec{S}/\kappa = 0$).

An der Grenzfläche zwischen einem Leiter der Leitfähigkeit $0 < \kappa_1 < \infty$ und
einem Nichtleiter mit $\kappa_2 = 0$ gilt nach Gl.(4.74) $\tan\alpha_1/\tan\alpha_2 \to \kappa_1/0$, was nur
mit $\alpha_1 \to \pi/2$ erfüllt wird.

- In Leitern verlaufen die Randfeldlinien des Strömungsfeldes in der Oberfläche
  des Leiters; die Äquipotentialflächen müssen damit in dem Leitungsgebiet
  orthogonal zur Leiteroberfläche verlaufen (s. Bild **4.27**), außerhalb des Leitungsgebietes ist die Stromdichte $\vec{S}$ Null.

Die bisher erläuterten Grenzflächenbedingungen für die Stromdichte $\vec{S}$ konnten
sich mit der Annahme zeitkonstanter Grenzflächenladungen ($d\sigma/dt = 0$) allein
auf die durch die Leitfähigkeit κ beschriebenen Raumeigenschaften beziehen.
Um nun aber auch die sich in Strömungsfeldern einstellenden – hier konstan-
ten – Grenzflächenladungen bestimmen zu können, müssen die dielektrischen
Eigenschaften der Leitungsgebiete in die Betrachtungen einbezogen werden.
Damit dieses möglichst anschaulich bleibt, sind im folgenden beispielhaft die
Grenzflächen in einem sehr einfachen homogenen Strömungsgebiet betrachtet.

Beispiel 4.11. In Bild 4.28a und 4.28b ist ein Leitungsgebiet (Widerstand) aus zwei
Zylindern unterschiedlicher Leitfähigkeit κ_1 und $\kappa_2 > \kappa_1$ skizziert, das durch die
Elektroden *1* und *2* mit $\kappa_{e1} = \kappa_{e2} \to \infty$ abgeschlossen ist. In den Elektroden ist
$\vec{E}_e = \vec{S}_e/\kappa_e = 0$, ihre Oberflächen A_{g1} und A_{g2} sind also Äquipotentialflächen, so daß
sich in beiden Teilzylindern ein homogenes S-Feld ausbildet ($\vec{S}_1 = \vec{S}_2 = \vec{S}$). Damit

ist auch die Grenzfläche A_{gz} zwischen den beiden Leitungszylindern eine Äquipotentialfläche.

Die Stromdichte $\vec{S}$ verursacht in Bereichen unterschiedlicher Leitfähigkiet κ unterschiedliche elektrische Feldstärken $\vec{E} = \vec{S}/\kappa$; die elektrische Feldstärke ändert sich also unstetig an der Grenzfläche:

A_{g1} zwischen Elektrode *1* und Leitungsgebiet κ_1 von $\vec{E}_{\mathrm{e1}} = 0$ auf $\vec{E}_1 = \vec{S}/\kappa_1$

A_{gz} zwischen Leitungsgebieten κ_1 und κ_2 von $\vec{E}_1 = \vec{S}/\kappa_1$ auf $\vec{E}_2 = \vec{S}/\kappa_2$

A_{g2} zwischen Leitungsgebiet κ_2 und Elektrode *2* von $\vec{E}_2 = \vec{S}/\kappa_2$ auf $\vec{E}_{\mathrm{e2}} = 0$.

Im stationären Strömungsfeld ist das E-Feld ein Quellenfeld (Potentialfeld). Der Zusammenhang zwischen den dieses E-Feld verursachenden Polladungen $Q_{\mathrm{p}} = \sigma A_{\mathrm{g}}$ auf den Grenzflächen A_{g} und den Feldgrößen $\vec{E} = \vec{D}/\varepsilon$ ist über den Gaußschen Satz Gl.(3.114) beschrieben, aus dem die Stetigkeitsbedingung Gl.(3.138) für die elektrische Feldstärke folgt, die somit auch für das Strömungsfeld gültig ist.

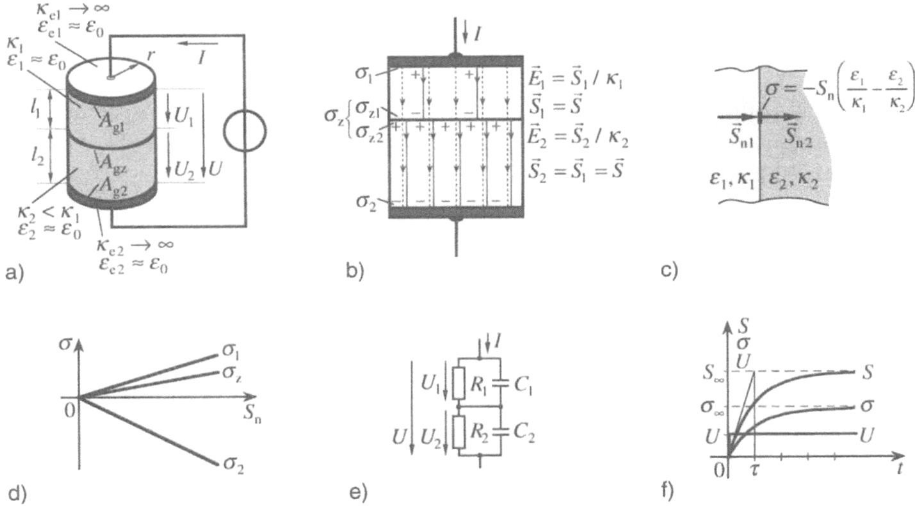

4.28   Zur Bestimmung der Flächenladungsdichte σ in Grenzflächen: a) geschichteter Widerstand mit Endelektroden, b) Feldlinienbild in Längsschnittebene, c) zur Vorzeichenregel für Gl.(4.76), d) σ abhängig von S, e) Ersatznetzwerk für Widerstand nach a), f) zeitabhängiger Verlauf von S und σ nach Anlegen von $U = $ const (Induktivität des Kreises vernachlässigt)

In einer Grenzfläche A_{g} im stationären Strömungsfeld muß also die elektrische Feldstärke $\vec{E}$ sowohl
a. die Gl.(3.138) erfüllen, die den Zusammenhang mit ihrer Ursache, der Flächenladungsdichte σ (Polladung), beschreibt, als auch

b. die Gl.(4.73), die den Zusammenhang mit ihrer Wirkung, der Stromdichte $\vec{S}$, angibt.

$$\vec{E}_{n2} = (\varepsilon_1/\varepsilon_2)\vec{E}_{n1} + (\sigma/\varepsilon_2)\vec{e}_{n2} = (\kappa_1/\kappa_2)\vec{E}_{n1} \tag{4.75}$$

Im vorliegenden Beispiel des homogenen Feldes haben die Feldlinien an den Grenzflächen (die Äquipotentialflächen sind) keine Tangentialkomponenten, so daß $\vec{E}_{n1} = \vec{E}_1$, $\vec{E}_{n2} = \vec{E}_2$ und $\vec{S}_{n1} = \vec{S}_{n2} = \vec{S}_n = \vec{S} = \vec{E}_1\kappa_1 = \vec{E}_2\kappa_2$ gilt. Damit lassen sich die beiden elektrischen Feldstärken $\vec{E}_1$ und $\vec{E}_2$ auf die an beiden Seiten gleiche Stromdichte $\vec{S}$ zurückführen und aus Gl.(4.75) die Flächenladungsdichte

$$\sigma = -S\left(\frac{\varepsilon_1}{\kappa_1} - \frac{\varepsilon_2}{\kappa_2}\right) \tag{4.76}$$

in einer Grenzfläche berechnen. Hinsichtlich der Vorzeichen in Gl.(4.76) gilt die für die Ausgangsgleichung (3.138) angegebene Regel, die hier so interpretiert werden kann, daß für ε_1 und κ_1 die Werte einzusetzen sind, die für das Leitungsgebiet auf der Seite der Grenzfläche gegeben sind, auf der die Stromdichte $\vec{S}_{n1}$ auf die Grenzfläche zuweist und für ε_2 und κ_2 die, die für die Seite gelten, auf der die Stromdichte $\vec{S}_{n2}$ von der Grenzfläche wegweist (s. Bild 4.28c).

Die Schwierigkeit bei der praktischen Berechnung der Flächenladungsdichte σ in Grenzflächen besteht darin, die Permittivität ε im Inneren von Leitern, insbesondere guten (z. B. metallischen) Leitern, zu bestimmen [s. Beispiel 4.13 u. Gl.(4.82)]. Nimmt man beispielsweise für die hier betrachteten Leitungszylinder $\kappa_1 = 60\cdot10^6\,\text{A/Vm}$ (Kupfer) und $\kappa_2 = 35\cdot10^6\,\text{A/Vm}$ (Alu) an, läßt sich näherungsweise für beide mit $\varepsilon = \varepsilon_0$ rechnen. Damit ergibt sich nach Gl.(4.76) die Flächenladungsdichte in den Grenzflächen A_{g1}, A_{gz} und A_{g2}

$$\sigma_1 = -S_n\left(\frac{\varepsilon_{e1}}{\kappa_{e1}} - \frac{\varepsilon_1}{\kappa_1}\right) \approx S\,\frac{8,8\cdot10^{-12}\,\text{As/(Vm)}}{60\cdot10^6\,\text{A/(Vm)}} \approx S\cdot0,146\cdot10^{-18}\,\text{s},$$

$$\sigma_z = -S_n\left(\frac{\varepsilon_1}{\kappa_1} - \frac{\varepsilon_2}{\kappa_2}\right) \approx S\cdot8,8\cdot10^{-12}\,\frac{\text{As}}{\text{Vm}}\left(\frac{1}{35} - \frac{1}{60}\right)\cdot10^{-6}\,\frac{\text{Vm}}{\text{As}} \approx S\cdot0,105\cdot10^{-18}\,\text{s},$$

$$\sigma_2 = -S_n\left(\frac{\varepsilon_2}{\kappa_2} - \frac{\varepsilon_{e2}}{\kappa_{e2}}\right) \approx -S\,\frac{8,8\cdot10^{-12}\,\text{As/(Vm)}}{35\cdot10^6\,\text{A/(Vm)}} \approx -S\cdot0,251\cdot10^{-18}\,\text{s},$$

die proportional der Stromdichte sind (s. Bild 4.28d).

Beispiel 4.12. Im stationären Strömungsfeld müssen die Feldgrößen $\vec{E}_n$ und $\vec{S}_n = \kappa\vec{E}_n$ an Grenzflächen die Stetigkeitsbedingung nach Gl.(4.72)u.(4.73) erfüllen. Im zylindrischen Leitungsgebiet des Beispiels 4.11 (Bild 4.28) ist das gegeben mit $\vec{S}_{n1} = \vec{S}_{n2} = \vec{S}$ und $\vec{E}_1 = \vec{S}/\kappa_1$, $\vec{E}_2 = \vec{S}/\kappa_2$. Fließt ein Strom I, so ist mit den Flächen

$A_{g1} = A_{gz} = A_{g2} = A = 2\pi r^2$ die Stromdichte $S = I/A$. Damit stellen sich zwischen den Grenzflächen (die Äquipotentialflächen sind) die Spannungen $U_1 = E_1 l_1 = I l_1/(\kappa_1 A)$, $U_2 = E_2 l_2 = I l_2/(\kappa_2 A)$ und $U = U_1 + U_2$ ein. Die Verhältnisse der Spannungen an den Leitungsgebieten

$$\frac{U_1}{U} = \frac{R_1}{R_1 + R_2}, \qquad \frac{U_2}{U} = \frac{R_2}{R_1 + R_2}, \qquad \frac{U_1}{U_2} = \frac{R_1}{R_2} \tag{4.77}$$

sind also allein durch deren Widerstände $R = l/(\kappa A)$ [s. Gl.(4.38)] bestimmt.

Im stationären Strömungsfeld müssen aber auch die Gesetze des elektrostatischen Potentialfeldes und damit die Stetigkeitsbedingung Gl.(3.138)bzw.(4.75) von der elektrischen Feldstärke $\vec{E}$ erfüllt sein. Dies verlangt eine Flächenladungsdichte σ auf den Grenzflächen, die nach Gl.(4.76) bestimmt ist. Die durch die Grenzflächen bzw. Elektroden abgeschlossenen Zylinder _1_ und _2_ wirken somit also nicht nur als Widerstände, sondern infolge der auf den Grenzflächen gespeicherten Ladungen (Polladungen als Ursache für $\vec{E}$) auch als Kondensatoren. Deren Kapazitäten $C_1 = A\varepsilon_1/l_1$, $C_2 = A\varepsilon_2/l_2$, (aus Literatur, z. B. [8] zu entnehmen) $C = C_1 C_2/(C_1 + C_2)$ [s. Gl.(3.169)] sind aus der Geometrie und der dem Leitungsgebiet zugeordneten Permittivität ε bestimmt.

Man kann sich somit auch die elektrischen Wirkungen in dem Leitungsgebiet über die Parallelschaltung von Widerstand und Kapazität dieses Leitungsgebietes vorstellen, wie in Bild 4.28e skizziert. Danach erzwingt der stationäre Strom I über die Widerstände R_1 und R_2 der Leitungsgebiete die Spannungen $U_1 = I R_1$ und $U_2 = I R_2$, und diese bewirken, abhängig von den Kapazitäten C_1 und C_2 der Leitungsgebiete, deren Ladungen $Q = CU$ [s. Gl.(3.120)], d. h. Grenzflächenladungen

$$|Q_1| = |Q_{z1}| = |\sigma_1|2\pi r = |\sigma_{z1}|2\pi r = U_1 C_1 \tag{4.78a}$$

$$|Q_2| = |Q_{z2}| = |\sigma_2|2\pi r = |\sigma_{z2}|2\pi r = U_2 C_2 \, . \tag{4.78b}$$

Die Ladung

$$|Q_z| = |Q_{z1} + Q_{z2}| = |\sigma_{z1} + \sigma_{z2}|2\pi r = |\sigma_z|2\pi r \tag{4.78c}$$

auf der Grenzfläche A_{gz} zwischen beiden Leitungsgebieten ist nur dann Null, wenn $|Q_{z1}| = |Q_{z2}| = U_1 C_1 = U_2 C_2$, also wenn die Spannungen sich umgekehrt proportional den Kapazitäten einstellen ($U_1/U_2 = C_2/C_1$), was aber nur der Fall ist, wenn dieses Spannungsverhältnis auch dem Widerstandsverhältnis $R_1/R_2 = U_1/U_2$ entspricht. Also nur für den Sonderfall, daß sich beidseitig der Grenzfläche in einem Leitungsgebiet die Kapazitäten umgekehrt proportional den Widerständen verhalten

$$\frac{C_2}{C_1} = \frac{R_1}{R_2}, \tag{4.79}$$

ist die Flächenladungsdichte σ auf der Grenzfläche Null. Dieses Ergebnis entspricht der Gl.(4.76) mit $\sigma = S_n(\varepsilon_1/\kappa_1 - \varepsilon_2/\kappa_2) = 0$, also

$$\frac{\varepsilon_1}{\varepsilon_2} = \frac{\kappa_1}{\kappa_2}, \tag{4.80}$$

wie man durch Einsetzen der Gleichungen für C und R feststellen kann.

Beispiel 4.13. Mit der in Beispiel 4.12 erläuterten Modellvorstellung der Parallelschaltung von Widerstand und Kapazität läßt sich auch, wie folgt, eine Vorstellung von dem Zeitverlauf der sich in Leitungsgebieten einstellenden Grenzflächenladungen vermitteln.

Erzwingt man an dem Leitungszylinder nach Bild 4.28a, also der Parallelschaltung aus R und C des Leitungsgebietes nach Bild 4.28e, zur Zeit $t = 0$ einen Spannungssprung von Null auf U (s. Bild 4.28f), so können sich die für das stationäre Strömungsfeld entsprechend Gl.(4.78) erforderlichen Grenzflächenladungen nicht ebenso sprungartig einstellen, da sich damit die von den Kapazitäten C_1, C_2 der Leitungsgebiete gespeicherten Feldenergien $W_c = Q^2/2C$ [s. Gl.(3.173)] unstetig ändern müßten. Löst man in üblicher Weise die Differentialgleichung für den Einschaltvorgang, so zeigt sich, daß die Stromdichte $\vec{S}$ und die Flächenladungsdichte σ von ihren Anfangswerten 0 auf die stationären Endwerte $S = S_\infty$ und $\sigma = \sigma_\infty$ nach einer e-Funktion ansteigen (s. Bild 4.28f) mit einer Zeitkonstanten

$$T = \frac{C_1 + C_2}{1/R_1 + 1/R_2}, \tag{4.81}$$

die durch Kapazität und Widerstand der Leitungsgebiete bestimmt ist. 91% der stationären Endladung σ_∞ und damit Endstromdichte S_∞ sind nach $3T$ erreicht.

In guten Leitern, z. B. in Metallen, haben sich die Flächenladungsdichte σ und die Stromdichte S in der unvorstellbar kurzen Zeit von etwa 10^{-18} s auf ihren stationären Endwert eingestellt. In schlechten Leitern, insbesondere in realen Dielektrika, können sich allerdings auch beachtenswerte Einstellzeiten ergeben (s. Beispiel 4.16).

Die in den Beispielen 4.11 bis 4.13 an einem einfachen Strömungsgebiet erläuterte Herleitung der Grenzflächenbedingungen läßt sich sinngemäß auch auf kompliziertere Gegebenheiten übertragen, was zu folgenden allgemeingültigen Aussagen führt.

– In stationären Strömungsfeldern hat sich auf Grenzflächen zwischen Bereichen unterschiedlicher Leitfähigkeit κ_1 und $\kappa_2 \neq \kappa_1$ eine Flächenladungsdichte σ eingestellt, die nach Gl.(4.76) durch die Leitfähigkeiten κ und die Permittivitäten ε der Leitungsgebiete bestimmt ist.

Für Leiter, deren Leitfähigkeit κ bekannt ist, kann die für die Flächenladungsdichten σ maßgebende Permittivität ε über die Zeitkonstante

$$T = \frac{\varepsilon}{\kappa} \tag{4.82}$$

bestimmt werden.

4.5.1.4 Bestimmung stationärer elektrischer Strömungsfelder. Da das E-Feld in elektrischen Strömungsfeldern wie das elektrostatische Feld ein Potentialfeld ist, können die Verfahren zur Bestimmung elektrostatischer Felder (s. Abschn. 3.3) sinngemäß auf die Bestimmung von Strömungsfeldern übertragen werden. Dazu werden die Größen in den für das elektrostatische Feld erklärten Grundgesetzen und Stetigkeitsbedingungen durch die ihnen analogen Größen des Strömungsfeldes ersetzt. Damit ist allerdings für die Bestimmung von Strömungsfeldern – wie auch für elektrostatische Felder – kein allgemeingültiges Lösungsschema angegeben, und man muß sich – mehr noch als bei der Bestimmung elektrostatischer Felder – häufig mit Näherungslösungen begnügen. In der Regel sollte man versuchen, durch Symmetriebetrachtungen und Analogieschlüsse zwischen stationärem Strömungsfeld und elektrostatischem Feld das zu bestimmende Strömungsfeld auf ein bekanntes, d. h. berechenbares elektrostatisches Feld zurückzuführen, was allerdings häufig nicht möglich ist, weil Strömungsfelder – anders als elektrostatische Felder – nur selten durch vorgegebene, geometrisch einfache Äquipotentialflächen (Elektroden) begrenzt sind. In den Berechnungen für das so gefundene elektrostatische Feld wird die Flußdichte $\vec{D}$ durch die Stromdichte $\vec{S} = \kappa \vec{E}$ ersetzt, und es ist dann zu prüfen, ob das E- und das S-Feld den Stetigkeitsbedingungen genügen. Nur dann, wenn das – zumindest näherungsweise – gegeben ist, hat eine vollständige und auch quantitative Berechnung des Feldes einen Sinn.

Beispiel 4.14. Für die Berechnung des Erders in elektrischen Anlagen kann man diesen häufig naherungsweise als halbkugelförmige, unendlich gut leitende ($\kappa \rightarrow \infty$) Elektrode annehmen, die in einem unendlich ausgedehnten Halbraum mit der homogenen, endlichen Leitfahigkeit κ_e des Erdreiches liegt. Das Strömungsfeld dieses Erders ist zu bestimmen.

Für die qualitative Bestimmung des Feldlinienbildes stellt man sich entsprechend Bild 4.29a eine Kugelelektrode vor, deren Mittelpunkt in der Grenzfläche zwischen Erde ($\kappa_e > 0$) und Luft ($\kappa_l = 0$) liegt. Aus dieser Elektrode wird ein Strom I ins Unendliche der Erde fließend angenommen, so daß die Spannung $U_e = I R_e$ zwischen Elektrode und Unendlich auftritt. Eine Zuleitung, über die dieser Strom I der Elektrode zugeführt würde, wird außer acht gelassen, es handelt sich also nur um theoretische Annahmen, die nicht realisierbar sind. Ähnlich wie in Beispiel 3.30 für ein elektrostatisches Feld erläutert, stellt man sich nun zunächst die Kugelelektroden jeweils in einem unendlich ausgedehnten, homogenen Raum mit Luft ($\kappa = 0$) bzw. Erdreich ($\kappa > 0$) vor, so daß das jeweilige elektrostatische Feld bzw. Strömungsfeld elementar zu bestimmen ist.

a. Im Luftraum mit $\varepsilon_l = \varepsilon_0$ stellt sich, wie in Beispiel 3.15 hergeleitet, ein kugelsymmetrisches Feld (s. Bild 4.29b) ein, dessen Potential nach Gl.(3.99) bestimmt ist. Aus der Differenz der Potentiale der Kugeloberfläche und Unendlich kann die Spannung $U_e = \varphi(R) - \varphi_0(r \rightarrow \infty) = Q_l/(4\pi\varepsilon_0 R)$ der Kugeloberfläche gegen Unendlich bzw. die Oberflächenladung $Q_l = U_e 4\pi\varepsilon_0 R$ der Kugel berechnet werden. Damit ergeben sich nach dem Gaußschen Satz (s. Beispiel 3.29) die elektrische Flußdichte

$D_1 = Q_1/(4\pi r^2) = U_e \varepsilon_0 R/r^2$ und die elektrische Feldstärke

$$E_1 = D_1/\varepsilon_1 = U_e \frac{R}{r^2}\,. \tag{4.83}$$

b. Im Raum der Erde mit der Leitfähigkeit κ_e bildet sich ein Strömungsfeld aus, dessen Feldlinienbild, ähnlich dem elektrostatischen nach **a.**, ein kugelsymmetrischer Stern ist, aber mit den Feldgrößen $\vec{E}_e$ und $\vec{S}_e$ statt $\vec{D}_1$ (s. Bild 4.29b). Da aufgabengemäß für die Halbkugel der Strom I eingesetzt ist, muß für die Vollkugel der doppelte Strom ($2I$) eingesetzt werden. Damit folgt für eine konzentrische Kugelfläche des Radius r aus der Kontinuitätsgleichung (4.62a)

$$\oint \vec{S}\cdot\mathrm{d}\vec{A} = S_e\, 4\pi r^2 - 2I = 0$$

die Stromdichte $S_e = 2I/(4\pi r^2)$ und damit die elektrische Feldstärke

$$E_e = S_e/\kappa_e = 2I/(4\pi\kappa r^2)\,. \tag{4.84}$$

Um diese elektrische Feldstärke $\vec{E}_e$ des Strömungsfeldes wie die des elektrostatischen Feldes nach Gl.(4.83) auf die sich bei dem eingeleiteten Erdstrom einstellende Spannung U_e zurückführen zu können, wird diese entsprechend Gl.(4.35) als Wegintegral der elektrischen Feldstärke von $r = R$ bis $r = \infty$ bestimmt.

$$U_e = \int \vec{E}_e\cdot\mathrm{d}\vec{l} = \frac{2I}{4\pi\kappa} \int\limits_{r=R}^{\infty} \frac{\mathrm{d}r}{r^2} = \frac{2I}{4\pi\kappa R} \tag{4.85}$$

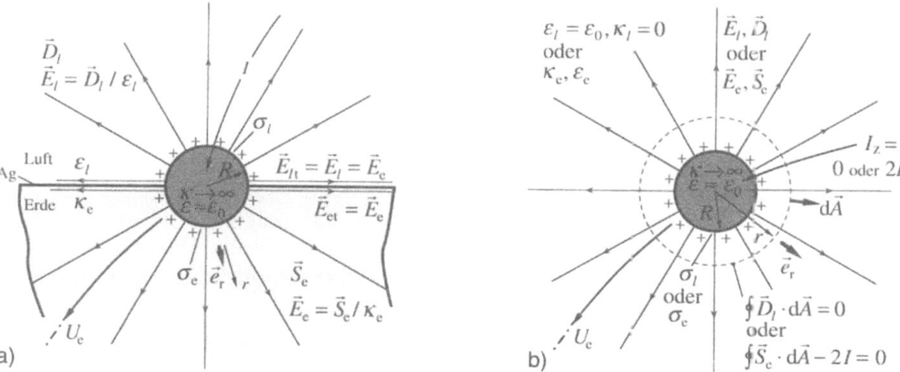

4.29 Zur Berechnung kugelförmiger Erder: a) Kugelelektrode mit Mittelpunkt in Grenzfläche A_g zwischen Erde und Luft, b) Kugelelektrode im homogenen Luft- oder Erdraum

Setzt man $2I$ aus dieser Gl.(4.85) in die Gl.(4.84) ein, so bekommt man die elektrische Feldstärke

$$E_e = U_e \frac{R}{r^2} \tag{4.86}$$

des Strömungsfeldes.

c. Betrachtet wird nun die Kugelelektrode, deren Mittelpunkt nach vorliegender Aufgabenstellung in der Grenzfläche A_g zwischen Luft- und Erdraum liegt (s. Bild 4.29a). Aus **a.** und **b.** folgt, daß sich bei gleicher Spannung $U_e = U_l$ zwischen Kugeloberfläche (Äquipotentialfläche) und Unendlich im elektrostatischen Feld eines Luftraumes die gleiche Feldstärke $\vec{E}_l$ [Gl.(4.83)] einstellt wie im Strömungsfeld des leitfähigen Raumes $\vec{E}_e$ [Gl.(4.86)].

Stellt man sich also den halben Feldraum des elektrostatischen Feldes nach **a.** mit dem des Strömungsfeldes nach **b.** zusammengefügt vor, so daß die Grenzebene A_g zwischen beiden durch den Mittelpunkt der Kugel geht, ergibt sich das in Bild 4.29a dargestellte Feldlinienbild, welches die elektrische Feldstärke $E = U_e R/r^2$ im Luft- wie Erdraum durch kugelsymmetrische Feldlinienstrahlen darstellt. Die E-Feldlinien verlaufen somit beidseitig der Grenzfläche A_g mit gleichen Beträgen parallel. Das zunächst aus Überlegungen und Analogieschlüssen (Erfahrung) entwickelte Feldlinienbild genügt also den Grenzbedingungen. An der Grenzfläche A_g sind die Tangentialkomponenten der elektrischen Feldstärke gleich ($\vec{E}_{lt} = \vec{E}_l = \vec{E}_{et} = \vec{E}_e$) und die Normalkomponenten der Stromdichte $\vec{S}_n = \vec{E}_n \kappa$ und der elektrischen Flußdichte $\vec{D}_n = \vec{E}_n \varepsilon$ sind wie die der elektrischen Feldstärke Null ($\vec{E}_{ln} = \vec{E}_{en} = 0$). Das so bestimmte Feld mit der elektrischen Flußdichte im Luft- bzw. der Stromdichte im Erdraum

$$\vec{D}_l = \vec{E} \varepsilon_l, \quad \vec{S}_e = \vec{E} \kappa_e \tag{4.87}$$

und der in beiden Räumen gleichen elektrischen Feldstärke

$$\vec{E} = \vec{E}_l = \vec{E}_e = U_e \frac{R}{r^2} \vec{e}_r \tag{4.88}$$

($\vec{e}_r$ Einsvektor, s. Bild 4.29) ist also richtig.

Der Lösungsweg ist hier aus didaktischen Gründen über das gesicherte Grundwissen geführt, was aufwendig und umständlich erscheint. Selbstverständlich läßt sich mit der Erfahrung (die aber eben nur, wie z. B. hier demonstriert, durch die Einübung grundlegender Überlegungen gesammelt werden kann), daß das Strömungsfeld des Halbkugelerders dem kugelsymmetrischen entspricht, die Lösung über die Definitionsgleichung (4.32a) des Stromes $I = \int_A \vec{S}_e \cdot d\vec{A} = S \, 2\pi r^2$ unmittelbar, d. h. wesentlich einfacher angeben (s. Beispiel 4.15).

Die Flächenladungsdichte σ auf der Oberfläche der Kugelelektrode ist nach Gl.(3.140) auf der im Luftraum liegenden Hälfte

$$\sigma_l = D_{l(r=R)} = U_e \frac{\varepsilon_l}{R} \tag{4.89}$$

und nach Gl.(4.76) mit $(\varepsilon_1/\kappa_1) = (\varepsilon_0/\kappa) \to 0$ für die Kugelelektrode mit $\kappa \to \infty$ und $\varepsilon_2/\kappa_2 = \varepsilon_e/\kappa_e$ für den Erdraum auf der in der Erde liegenden Halbkugeloberfläche

$$\sigma_e = -S_{e(r=R)}\left[\frac{\varepsilon_1}{\kappa_1} - \frac{\varepsilon_2}{\kappa_2}\right] \approx S_{e(r=R)}\frac{\varepsilon_e}{\kappa_e} = U_e\frac{\varepsilon_e}{R}. \tag{4.90}$$

Die Flächenladungsdichten σ_l bzw. σ_e unterscheiden sich entsprechend dem Unterschied der beiden Permittivitäten ε_l und ε_e der beiden angrenzenden Halbräume, es gilt $(\sigma_l/\sigma_e = \varepsilon_l/\varepsilon_e)$. Da sowohl für Luft als auch für die relativ gut leitende Erde näherungsweise mit ε_0 gerechnet werden kann $(\varepsilon_l \approx \varepsilon_e \approx \varepsilon_0)$, wird sich auch auf beiden Kugelhälften eine etwa gleich große Flächenladungsdichte $\sigma_l \approx \sigma_e$ einstellen.

Beispiel 4.15. In Beispiel 4.14 wurde aus Gründen einer leicht nachvollziehbaren, sauberen mathematischen Entwicklung des Strömungsfeldes eines Erders ein theoretisches Erdermodell betrachtet, welches nicht realisierbar ist. In dieser Aufgabe soll für einen praktisch ausführbaren Erder, bestehend aus einer in die Erde tauchenden Halbkugel mit einer aus deren Mittelpunkt senkrecht nach oben gehenden Zuleitung (s. Bild 4.30), der Erdwiderstand R_e (Erdleitwert $G_e = 1/R_e$) bestimmt werden.

Man weiß aus Erfahrung, z. B. ähnlichen Überlegungen, wie sie in Beispiel 4.14 erläutert sind, daß das Feldlinienbild des Strömungsfeldes im Erdreich einen – halben – kugelsymmetrischen Stern darstellt, wie in Bild **4.29a** und Bild **4.30** dargestellt. Ein

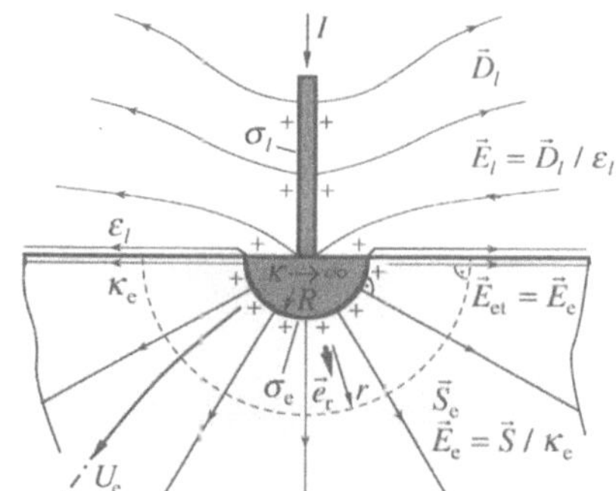

4.30 Feldlinienbild in Schnittebene durch Halbkugelerder mit senkrechter, gerader Zuleitung

eingeleiteter Erdstrom I verteilt sich also gleichmäßig über konzentrisch zum Erder angenommene Halbkugelschalen des Radius r, d. h., die Stromdichte $\vec{S}_e$ tritt mit konstantem Betrag $[S_{e(r)} = \text{const}]$ normal zu den Halbschalen auf, so daß nach Gl.(4.32b) $\int_A \vec{S}_e \cdot \mathrm{d}\vec{A} = S_e A = S\,2\pi r^2 = I$ gilt. Damit ergibt sich die Stromdichte

$$\vec{S}_e = \frac{I}{2\pi r^2}\vec{e}_r \tag{4.91}$$

und mit der Leitfähigkeit κ_e der Erde die elektrische Feldstärke

$$\vec{E}_e = \frac{\vec{S}_e}{\kappa_e} = \frac{I}{\kappa_e 2\pi r^2}\vec{e}_r. \tag{4.92}$$

In der Grenzfläche zwischen Erde (Leitungsgebiet) und Luft (nichtleitend) verläuft diese Feldstärke $\vec{E}_e$ tangential $\vec{E}_e = \vec{E}_{et}$ (s. Abschn. 4.5.1.3) d. h., hier ist die Normalkomponente der elektrischen Feldstärke und damit auch die Normalkomponente der Stromdichte Null $(\vec{E}_{en} = 0,\ \vec{S}_{en} = \vec{E}_{en}\kappa = 0)$.

Im Luftraum tritt ein von der Spannung U_e zwischen Erder und Unendlich ($r \to \infty$) verursachtes elektrostatisches Feld auf, das eine Rotationssymmetrie aufweist (s. Bild 4.30), die mit zunehmender Höhe über der Erdoberfläche in eine Zylindersymmetrie übergeht. Das zylindersymmetrische Feld zwischen der zylindrischen Zuleitung und der konzentrisch um diese im Unendlichen angenommenen, zylindrischen Gegenelektrode kann unter Vernachlässigung von stirnseitigen Randeffekten, z. B. in Anlehnung an die Beispiele 3.5, 3.20 und 3.36, berechnet werden. Dagegen kann das Feld im unteren Bereich der Zuleitung trotz seiner ausgeprägten Rotationssymmetrie nicht mehr im Rahmen der hier behandelten Grundlagen bestimmt werden.

Für die gestellte Aufgabe der Berechnung des Erdwiderstandes R_e kann das Feld im Luftbereich außer acht gelassen werden. Damit ist die elektrische Feldstärke E_e nach Gl.(4.92) die gleiche wie die in Beispiel 4.14, und die vom Erdstrom I verursachte Spannung U_e zwischen Erder und Unendlich kann wie dort berechnet werden [s. Gl.(4.85)]. Weiter folgt dann aus Gl.(4.37) der Erdwiderstand

$$R_e = \frac{1}{G_e} = \frac{1}{2\pi\kappa_e R} \, . \tag{4.93}$$

4.5.2   Instationäre elektrische Strömungsfelder

Mit einem Strömungsfeld ist naturgemäß immer ein Magnetfeld verknüpft, das aber beim stationären Strömungsfeld unbeachtet bleiben kann, da es zeitlich konstant ist (s. Bild **1.3**. Zweig 3a) und von außen einwirkende, zeitlich veränderliche Magnetfelder, die elektrische Wirbelfelder verursachen, per Definition ausgeschlossen sind. Dagegen ist das mit einem instationären Strömungsfeld verknüpfte Magnetfeld immer zeitlich veränderlich (s. Bild **1.3**, Zweig 3b). Durch das zeitlich veränderliche Magnetfeld eines instationären Strömungsfeldes wird eine elektrische Wirbelfeldkomponente verursacht, die sich der elektrischen Potentialfeldkomponente überlagert (s. Bild **1.3**, Zweige 4b oder 4a und 2c), was in den Spannungsgleichungen zu berücksichtigen ist. Außerdem ist im instationären Strömungsfeld – anders als in stationären – die räumliche Ladungsverteilung zeitlich nicht konstant, was in den Stromgleichungen zu berücksichtigen ist.

4.5.2.1 Wirbelfeld des instationären Strömungsfeldes. Um den durch das Auftreten eines zeitveränderlichen Magnetfeldes gegebenen charakteristischen Unterschied zwischen instationärem und stationärem Strömungsfeld aufzuzeigen, ist im folgenden nochmals der anhand von Bild **4.21** erläuterte, einfache stationäre Stromkreis betrachtet (s. Bild **4.31**). In der Spannungsquelle soll sich nun aber die eingeprägte Feldstärke $\vec{E}^e(t)$ zeitlich ändern, z. B. nach der in Bild **4.31**b angegebenen Sinusfunktion. Beispiel für Spannungsquellen

mit zeitlich veränderlicher eingeprägter Feldstärke $\vec{E}^e{}_{(t)}$ sind Photodioden mit zeitveränderlichem Lichteinfall.

Für den hier betrachteten Stromkreis (s. Bild **4.31**a) aus gut leitender Materie (Zeitkonstante für Ladungsausgleich $T \approx 10^{-15}\,$s) kann angenommen werden, daß Polladungsänderungen bzw. dafür erforderliche Raumladungsverschiebungen in Quelle und Leitungsgebiet in vernachlässigbar kurzer Zeit erfolgen. Damit lassen sich die Gesetze des Strömungsfeldes wie folgt erläutern.

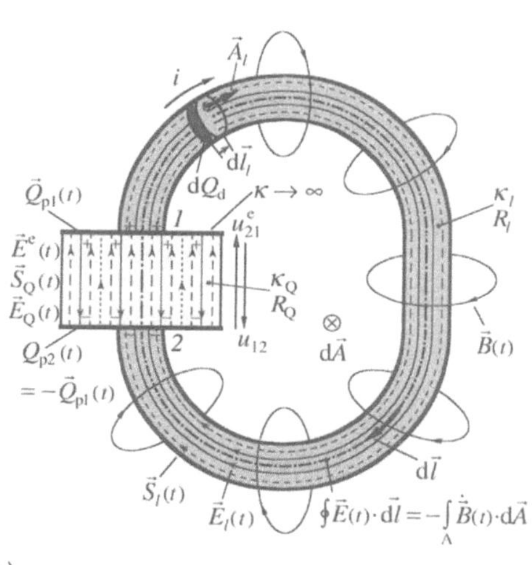

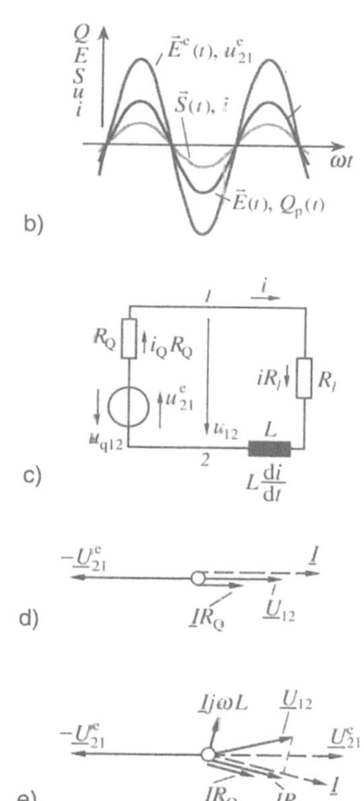

4.31 Quelle mit Leiter wie in Bild **4.21**a mit instationärem Strömungsfeld: a) Feldlinienbild, b) Zeitfunktionen der Feldgrößen und Polladungen, c) Ersatzschaltbild, d) und e) Zeigerdiagramme; in b) und d) ist die Wirbelfeldspannung des Magnetfeldes vernachlässigt

Läßt man zunächst die magnetische Wirkung des zeitveränderlichen Stromes i außer acht, was bei entsprechend langsamer Änderung der Feldgrößen zulässig ist, kann man annehmen, daß sich mit der zeitlichen Änderung der eingeprägten Feldstärke $\vec{E}^e{}_{(t)}$ in der Quelle gleichermaßen und gleichzeitig auch die Polladungen $Q_{p1}(t)$ und $Q_{p2}(t) = -Q_{p1}(t)$ auf den Elektroden der Quelle und damit die von diesen erregte elektrische Feldstärke $\vec{E}(t)$ in Quelle und passivem Strömungsgebiet sowie die Stromdichte $\vec{S}(t)$ zeitlich ändern. Man kann also die zu Bild **4.21** erläuterten zeitkonstanten (stationären) Vorgänge im Strömungsfeld auch als für Zeitfunktionen gültig (s. Bild **4.31b**) betrachten. Zu einem beliebigen Zeitpunkt t_1, in dem also in der Quelle die eingeprägte Feldstärke $\vec{E}^{\mathrm{e}}(t_1)$ auftritt, bewirkt sie gleichzeitig die Polladung $Q_{\mathrm{p}1}(t_1)$ bzw. $Q_{\mathrm{p}2}(t_1) = -Q_{\mathrm{p}1}(t_1)$, die ihrerseits die elektrische Feldstärke $\vec{E}(t_1)$ in Quelle und Leitungsgebiet und damit die Stromdichte $\vec{S}(t_1)$ verursacht, so daß die für das stationäre Strömungsfeld erläuterten Grundgesetze mit diesem Zeitwert t_1 erfüllt sind. Damit gilt also für entsprechend langsame Feldänderungen (induzierte Spannung vernachlässigbar) entsprechend Gl.(4.69) für das Umlaufintegral der elektrischen Feldstärke bzw. die Umlaufspannung

$$\oint \vec{E}(t)\cdot\mathrm{d}\vec{l} \;=\; \int_1^2 \frac{\vec{S}_1(t)}{\kappa_1}\cdot\mathrm{d}\vec{l} \;+\int_2^1 \left[\, -\vec{E}^{\mathrm{e}}(t) \;+\frac{\vec{S}_{\mathrm{Q}}(t)}{\kappa_{\mathrm{Q}}}\right]\cdot\mathrm{d}\vec{l} \approx 0$$

$$\downarrow \qquad\qquad \downarrow \qquad\qquad\quad \downarrow \qquad\qquad \downarrow$$

$$\overset{\circ}{u} \qquad\qquad iR_1 \qquad\qquad\quad -u^{\mathrm{e}}_{21} \qquad\qquad iR_{\mathrm{Q}} \tag{4.94a}$$

$$\overset{\circ}{u} = -u^{\mathrm{e}}_{21} + iR_{\mathrm{Q}} + iR_1 \approx 0\,, \tag{4.94b}$$

was der Gl.(4.65) für den stationären Strom I entspricht. Auch für die Grenzflächenbedingungen gelten die Gln.(4.70)bis(4.76) des stationären Strömungsfeldes für die Zeitfunktionen.

Grundsätzlich muß aber im instationären Strömungsfeld nicht nur das hier zunächst betrachtete elektrische Potentialfeld der Polladungen $Q_{\mathrm{p}}(t)$ berücksichtigt werden, was auf Gl.(4.94) führt, sondern auch noch die elektrische Wirbelfeldkomponente, die von dem mit der Stromdichte $\vec{S}(t)$ verketteten, zeitveränderlichen Magnetfeld der Induktion $\vec{B}(t) = f[\vec{S}(t)]$ verursacht wird (s. Abschn. 5.5.1.5). Diese elektrische Wirbelfeldkomponente ist proportional der Änderungsgeschwindigkeit $\mathrm{d}\vec{B}/\mathrm{d}t$ des Magnetfeldes und überlagert sich dem elektrischen Potentialfeld des Polladungsfeldes, d. h., die elektrische Feldstärke $\vec{E}$ und damit die Stromdichte $\vec{S}$ des Strömungsfeldes ist nicht nur vom Polladungsfeld bestimmt – wie im stationären Strömungsfeld –, sondern darüber hinaus auch noch vom elektrischen Wirbelfeld entsprechend $\mathrm{d}\vec{B}/\mathrm{d}t$. Mathematisch wird diese Überlagerung formuliert, indem die Umlaufspannung $\overset{\circ}{U} = \oint \vec{E}\cdot\mathrm{d}\vec{l}$ nicht wie im Potentialfeld Null gesetzt wird [Gl.(4.94)], sondern gleich der negativen Spannung $-\int \dot{\vec{B}}\cdot\mathrm{d}\vec{A}$ des Wirbelfeldes [$\oint \vec{E}\cdot\mathrm{d}\vec{l} = -\int \dot{\vec{B}}\cdot\mathrm{d}\vec{A}$, s. Abschn. 5.5.1.3, Gl.(5.176)]. Damit ergibt sich also für das instationäre Strömungsfeld des nach Bild **4.31a** betrachteten Kreises das Umlaufintegral der elektrischen Feldstärke bzw. die

Umlaufspannung

$$\oint \vec{E}_{(t)} \cdot \mathrm{d}\vec{l} \;=\; \int_{1}^{2} \frac{\vec{S}_{\mathrm{l}(t)}}{\kappa_{\mathrm{l}}} \cdot \mathrm{d}\vec{l} \;+\; \int_{2}^{1} \left[-\vec{E}^{\mathrm{e}}_{(t)} + \frac{\vec{S}_{\mathrm{Q}(t)}}{\kappa_{\mathrm{Q}}} \right] \cdot \mathrm{d}\vec{l} = \; -\int_{A} \dot{\vec{B}}_{(t)} \cdot \mathrm{d}\vec{A} \qquad (4.95\mathrm{a})$$

$$\downarrow \qquad\qquad \downarrow \qquad\qquad\qquad \downarrow \qquad\quad \downarrow \qquad\qquad\qquad \downarrow$$

$$\overset{\circ}{u} \qquad\qquad iR_{\mathrm{l}} \qquad\qquad\quad -u^{\mathrm{e}}_{21} \qquad iR_{\mathrm{Q}} \qquad\qquad -L(\mathrm{d}i/\mathrm{d}t)$$

$$\overset{\circ}{u} = -u^{\mathrm{e}}_{21} + iR_{\mathrm{Q}} + iR_{\mathrm{l}} = -L\frac{\mathrm{d}i}{\mathrm{d}t}\,. \qquad\qquad (4.95\mathrm{b})$$

Diese Gleichung ist erst mit den Erläuterungen in Abschn. 5 verständlich. Man erkennt aber bereits jetzt schon, daß über die in einer Kenngröße L (Induktivität) zusammengefaßten magnetischen Eigenschaften des Kreises die Größen des Strömungsfeldes beeinflußt werden, und zwar abhängig von der Änderungsgeschwindigkeit $\mathrm{d}i/\mathrm{d}t$ des Stromes. Die räumliche Verteilung der Wirbelkomponente der elektrischen Feldstärke über den Stromkreis ist allerdings aus der Integralgleichung (4.95) nicht zu erkennen. Damit ist eine Diskretisierung der Eigenschaften des Stromkreises durch Ersatzschaltelemente auch nur noch näherungsweise möglich. Beispielsweise kann bei stationärem Strom für den Kreis nach Bild **4.21a** das Ersatzschaltbild **4.23c** gezeichnet werden, bei dem die Spannung über die Ersatzschaltelemente Widerstand R_{l} für Leitung und R_{Q} für Quelle, also zwischen den Punkten *1* und *2*, auch der im Kreis auftretenden entspricht $U_{12} = U^{\mathrm{e}}_{21} - I_{\mathrm{Q}}R_{\mathrm{Q}} = U_{\mathrm{l}12} = I_{\mathrm{l}}R_{\mathrm{l}}$. Tritt in dem Kreis ein instationärer Strom auf (s. Bild **4.31**), so läßt sich die dadurch verursachte Spannungskomponente $L\,\mathrm{d}i/\mathrm{d}t$ nach Gl.(4.95) nicht mehr einem bestimmten begrenzten Abschnitt des Kreises zuordnen. Nimmt man, wie allgemein üblich, definitiv an, die Wirbelfeldspannung $L\,\mathrm{d}i/\mathrm{d}t$ träte ausschließlich über dem passiven Leitungsbereich von *1* nach *2* auf, so ließe sie sich durch ein zusätzlich in diesen Zweig aufzunehmendes Schaltelement L (s. Abschn. 5.5.1.5) berücksichtigen, und man bekommt so das in Bild **4.31c** skizzierte Ersatzschaltbild. Damit ist dann nicht mehr wie im stationären Feld (s. Bild **4.21** bzw. **4.23c**) die Spannung der Quelle $u_{12} = u^{\mathrm{e}}_{21} - iR_{\mathrm{Q}}$ gleich der Spannung $iR_{\mathrm{l}} = \int(\vec{S}/\kappa_{\mathrm{l}}) \cdot \mathrm{d}\vec{l}$, sondern gleich $iR_{\mathrm{l}} + L\,\mathrm{d}i/\mathrm{d}t$.

Von wesentlicher Bedeutung ist, daß über die magnetischen Einflüsse nicht nur der Zusammenhang zwischen den Beträgen der Feldgrößen beeinflußt wird, sondern auch Verschiebungen zwischen ihren Zeitfunktionen auftreten. Um dieses anschaulich aufzuzeigen, wird eine Quelle betrachtet, in der sich die eingeprägte Spannung $u^{\mathrm{e}}_{21} = \hat{u}^{\mathrm{e}}_{21} \sin \omega t$ entsprechend Bild **4.31b** sinusförmig ändert. Damit ändert sich in dem hier betrachteten linearen Kreis auch der Strom sinusförmig $[i = \hat{i}\sin(\omega t + \varphi_{\mathrm{i}})]$. Für den Kreis nach Bild **4.31** gilt dann für langsame Änderungen des Stromes (niedrige Kreisfrequenz ω) entsprechend Gl.(4.94) die Umlaufspannung

$$-\hat{u}_{21}^{\mathrm{e}}\sin(\omega t) + \hat{i}(R_{\mathrm{q}} + R_{\mathrm{l}})\sin(\omega t) \approx 0 \tag{4.96}$$

$(\varphi_{\mathrm{i}} = 0)$ und für höhere Kreisfrequenzen entsprechend Gl.(4.95)

$$-\hat{u}_{12}^{\mathrm{e}}\sin(\omega t) + \hat{i}(R_{\mathrm{q}} + R_{\mathrm{l}})\sin(\omega t + \varphi_{\mathrm{i}}) = -\hat{i}L\cos(\omega t + \varphi_{\mathrm{i}})\,. \tag{4.97}$$

Aus diesen Gleichungen kann der Strom $i = \hat{i}\sin(\omega t + \varphi_{\mathrm{i}})$ für den Fall vernachlässsigter [Gl.(4.96)] oder berücksichtigter [Gl.(4.97)] magnetischer Wirkung bestimmt werden.

Besonders anschaulich können die magnetisch bewirkten Amplitudenänderungen und Zeitverschiebungen (Phasenlagen) von Strom und Spannung aufgezeigt werden, wenn die Gln.(4.96)u.(4.97) mit komplexen Größen [$\underline{U}^{\mathrm{e}}$ für $u^{\mathrm{e}} = \hat{u}^{\mathrm{e}}\sin(\omega t + \varphi_{\mathrm{u}^{\mathrm{e}}})$, $\underline{U}$ für $u = \hat{u}\sin(\omega t + \varphi_{\mathrm{u}})$ und $\underline{I}$ für $i = \hat{i}\sin(\omega t + \varphi_{\mathrm{i}})$] geschrieben

$$-\underline{U}_{21}^{\mathrm{e}} + \underline{I}(R_{\mathrm{q}} + R_{\mathrm{l}}) \approx 0 \tag{4.98}$$

$$-\underline{U}_{21}^{\mathrm{e}} + \underline{I}(R_{\mathrm{q}} + R_{\mathrm{l}}) + \underline{I}\mathrm{j}\omega L = 0 \tag{4.99}$$

und graphisch als Zeigerbilder dargestellt werden, in Bild 4.31d für niedrige Kreisfrequenzen [Gl.(4.98)] und in Bild 4.31e für höhere [Gl.(4.99)].

Man erkennt aus dem Zeigerdiagramm in Bild **4.31d**, daß bei Vernachlässigung der magnetischen Wirkung, also eines zwar zeitveränderlichen, aber näherungsweise als Potentialfeld aufgefaßten Strömungsfeldes, keine Phasenverschiebungen zwischen den Spannungs- und Stromgrößen auftreten, d. h., die Zeitfunktionen aller Größen des Strömungsfeldes gehen gleichzeitig durch Null. Dagegen folgt aus dem Zeigerdiagramm in Bild **4.31e**, daß durch die magnetische Wirkung, also infolge der Spannungskomponente $\underline{I}\mathrm{j}\omega L$ des elektrischen Wirbelfeldes, Phasenverschiebungen zwischen Spannung und Strom auftreten. Die Größe dieser Phasenverschiebung hängt wesentlich von der Größe der Wirbelfeldspannung $I\omega L$, also von der Geschwindigkeit der Stromänderung $(I\omega)$ ab.

4.5.2.2 Quellen im instationären Strömungsfeld. Eine bemerkenswerte Eigenschaft des zeitveränderlichen Strömungsfeldes ist, daß es sich auch in galvanisch nicht geschlossenen Kreisen ausbilden kann. In Bild 4.32 ist der anhand der Bilder 4.21 und 4.31 betrachtete einfache Kreis durch einen Kondensator galvanisch unterbrochen dargestellt. Ändert sich die eingeprägte Feldstärke $\vec{E}^{\mathrm{e}}(t)$ in der Quelle zeitlich, ändert sich auch die Polladung $Q_{\mathrm{p}}(t)$ und damit die Klemmenspannung u_{12} der Quelle. Damit muß sich aber auch die Kondensatorspannung $u_{\mathrm{c}34}$ zeitlich ändern, was eine Änderung der Kondensatorladung $Q_{\mathrm{c}}(t) = Cu_{\mathrm{c}34}$ erfordert, die ihrerseits nur möglich ist, wenn ein Strom $i = \mathrm{d}Q_{\mathrm{c}}(t)/\mathrm{d}t \neq 0$

in dem Kreis fließt. Für das die Kondensatorplatte *3* einschließende Volumen V_3 (s. Bild **4.32**b) gilt nach dem Kontinuitätssatz $\oint \vec{S} \cdot \mathrm{d}\vec{A} = -SA_1 = -i = -\mathrm{d}Q_\mathrm{c}/\mathrm{d}t$, also $\mathrm{d}Q_\mathrm{c}/\mathrm{d}t = i$, und nach dem Gaußschen Satz $\oint \vec{D}_\mathrm{c} \cdot \mathrm{d}\vec{A} = D_\mathrm{c}A_\mathrm{c} = Q_\mathrm{c}$, also $D_\mathrm{c} = Q_\mathrm{c}/A_\mathrm{c}$. Damit ist der Zusammenhang zwischen dem D-Feld im Kondensator und dem Kondensatorstrom $i = \mathrm{d}Q_\mathrm{c}/\mathrm{d}t = A_\mathrm{c}(\mathrm{d}D_\mathrm{c}/\mathrm{d}t)$ wie auch der Kondensatorspannung $u_{\mathrm{c}34} = \int_3^4 (\vec{D}_\mathrm{c}/\varepsilon) \cdot \mathrm{d}\vec{l}$ bestimmt. Mit der Kapazität $C = Q/U$ nach Gl.(3.120) kann die Kondensatorspannung aber auch unmittelbar auf den Strom $i = \mathrm{d}Q_\mathrm{c}/\mathrm{d}t = C \mathrm{d}u_{\mathrm{c}34}/\mathrm{d}t$ zurückgeführt werden.

– Im instationären Strömungsfeld sind Kondensatorplatten Quellen bzw. Senken für Stromdichte $\vec{S}$ und zeitliche Ableitung $\dot{\vec{D}}$ der elektrischen Flußdichte $\vec{D}$. Der Strom $i = \int_{A_1} \vec{S} \cdot \mathrm{d}\vec{A}$ des Leitungsgebietes wird als zeitliche Änderung des elektrischen Flusses $\dot{\Psi} = \int_{A_\mathrm{c}} (\mathrm{d}\vec{D}/\mathrm{d}t) \cdot \mathrm{d}\vec{A} = i$ über das Dielektrikum übertragen. Für den als Zweipol aufgefaßten Kondensator gilt im Verbraucherzählpfeilsystem

$$u_\mathrm{c} = \frac{1}{C} \int i \, \mathrm{d}t \,. \tag{4.100}$$

Um zunächst allein die Wirkung einer Kapazität zu erläutern, wird die zeitliche Änderung der eingeprägten elektrischen Feldstärke $\vec{E}^\mathrm{e}$ als so langsam angenommen, daß magnetische Wirkungen vernachlässigbar sind. Näherungsweise wird also ein Potentialfeld angenommen, so daß die Umlaufspannung in dem geschlossenen Kreis gleich Null gesetzt werden kann. Aus diesem Umlaufintegral der elektrischen Feldstärke

$$\oint \vec{E}_{(t)} \cdot \mathrm{d}\vec{l} = \int_1^3 \frac{\vec{S}_{1(t)}}{\kappa_1} \cdot \mathrm{d}\vec{l} + \int_3^4 \frac{\vec{D}_{\mathrm{c}(t)}}{\varepsilon_\mathrm{c}} \cdot \mathrm{d}\vec{l} + \int_4^2 \frac{\vec{S}_{1(t)}}{\kappa_1} \cdot \mathrm{d}\vec{l} + \int_2^1 \left[-\vec{E}^\mathrm{e}_{(t)} + \frac{\vec{S}_{\mathrm{Q}(t)}}{\kappa_\mathrm{Q}} \right] \cdot \mathrm{d}\vec{l} \approx 0 \tag{4.101a}$$

$$\downarrow \qquad \downarrow \qquad \downarrow \qquad \downarrow \qquad \downarrow \qquad \downarrow$$

$$\overset{\circ}{u} \qquad iR_1/2 \qquad (\int i \, \mathrm{d}t)/C \qquad iR_1/2 \qquad -u^\mathrm{e}_{21} \qquad iR_\mathrm{Q}$$

folgt die Umlaufspannung

$$\overset{\circ}{u} = -u^\mathrm{e}_{21} + iR_\mathrm{Q} + iR_1 + \frac{1}{C} \int i \, \mathrm{d}t \approx 0 \,, \tag{4.101b}$$

aus der sich nach Differentiation die Differentialgleichung

$$\frac{\mathrm{d}i}{\mathrm{d}t}(R_\mathrm{Q} + R_1) + i\frac{1}{C} - \frac{\mathrm{d}u^\mathrm{e}_{21}}{\mathrm{d}t} \approx 0 \tag{4.101c}$$

ergibt, nach der der Strom i und damit die Feldgrößen des Strömungsfeldes bestimmt werden können. Bei vernachlässigbarer Wirbelfeldspannung ($L\,\mathrm{d}i/\mathrm{d}t \approx 0$) läßt sich näherungsweise auch wie im Potentialfeld ein der räumlichen Spannungsverteilung entsprechendes Ersatzschaltbild angeben, wie in Bild **4.32c** skizziert.

Die Differentialgleichung (4.101) zeigt, daß durch die Kapazität nicht nur der Zusammenhang zwischen den Beträgen von Spannung und Strom beeinflußt wird, sondern auch Verschiebungen zwischen den Zeitfunktionen dieser Größen bewirkt werden.

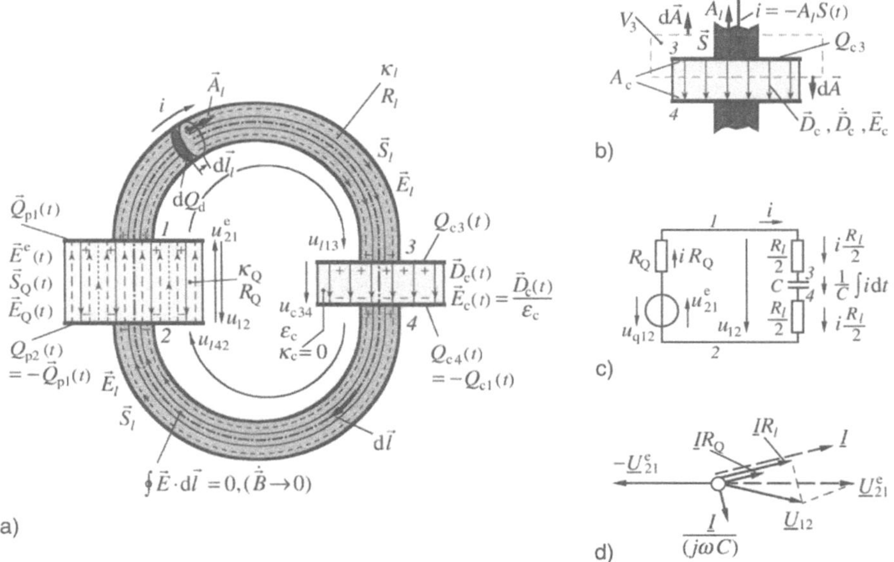

4.32 Wie Bild **4.31**, aber mit in den Leiter geschaltetem Kondensator: a) Feldlinienbild, b) Hüllfläche um eine Kondensatorplatte, c) Ersatzschaltbild, d) Zeigerdiagramm (Wirbelfeldspannung des Magnetfeldes vernachlässigt)

Um dieses anschaulich aufzuzeigen, wird – wie auch bei der Erläuterung des Wirbelfeldeinflusses – eine zeitlich sich sinusförmig ändernde, eingeprägte elektrische Feldstärke $u_{21}^{\mathrm{e}} = \hat{u}_{21}^{\mathrm{e}} \sin(\omega t)$ (s. Bild **4.31b**) in der Quelle angenommen. Damit ändert sich in dem hier betrachteten linearen Stromkreis auch der Strom $i = \hat{i}\sin(\omega t + \varphi_{\mathrm{i}})$ sinusförmig. Mit Einsetzen dieser Zeitfunktionen in Gl.(4.101c) ergibt sich die Spannungsgleichung

$$(R_{\mathrm{Q}} + R_{\mathrm{l}})\hat{i}\omega \cos(\omega t + \varphi_{\mathrm{i}}) + \frac{1}{C}\hat{i}\sin(\omega t + \varphi_{\mathrm{i}}) - \hat{u}_{21}^{\mathrm{e}}\omega(\cos\omega t) \approx 0 . \qquad (4.102)$$

Schreibt man diese, wie zu den Gln.(4.98)u.(4.99) erläutert, mit komplexen Größen

$$\underline{I}R_Q + \underline{I}R_l + \frac{1}{j\omega C}\underline{I} - \underline{U}^e_{21} \approx 0 \tag{4.103}$$

und stellt sie als Zeigerdiagramm dar (s. Bild **4.32d**), so wird der von der Geschwindigkeit der Strom- bzw. Spannungsänderung abhängige Einfluß der Kapazität deutlich. Durch die Frequenzabhängigkeit der Kondensatorspannung $\underline{U}_c = \underline{I}/(j\omega C)$, die um $90°$ gegen den Strom $\underline{I}$ phasenverschoben ist, treten frequenzabhängige Phasenverschiebungen zwischen Klemmenspannung $\underline{U} = \underline{I}R_l + \underline{I}/(j\omega C)$, eingeprägter Spannung $\underline{U}^e_{21}$ und $\underline{I}$ auf.

Eine Kapazität bewirkt also ähnlich wie das mit dem zeitveränderlichen Strom gekoppelte, zeitveränderliche Magnetfeld eine Phasenverschiebung zwischen Spannung und Strom. Dies ist formal auch schon aus dem in beiden Fällen in der Umlaufspannung auftretenden Differentialquotienten des Stromes zu erkennen [vgl. Gln.(4.101c) und (4.95b)].

Bei entsprechend schnellen Änderungen der eingeprägten elektrischen Feldstärke, bei denen die elektrische Wirbelfeldstärke nicht mehr vernachlässigbar ist, darf selbstverständlich auch hier das Umlaufintegral [Gln.(4.101)bis(4.103)] nicht mehr gleich Null gesetzt werden, sondern muß gleich $-\int \vec{\dot{B}}\cdot d\vec{A}$ sein, wie in den Gln.(4.95)bis(4.99).

4.5.2.3 Zeitfunktionen der Grenzflächenladung und der Spannungsverteilung im instationären Strömungsfeld.

Die bisherigen Erläuterungen zeigen, daß sich in instationären Strömungsfeldern mit den Feldgrößen auch die Flächenladungsdichte σ in den Grenzflächen zeitlich ändert, was durch Verschiebung von Driftladung in dem Strömungsfeld erfolgt. Die Zeit für die Änderung der Grenzflächenladungen (Kondensatorladung) und damit des von diesen verursachten Potentialfeldes zwischen den Grenzflächen (Kondensatorspannung) wird maßgebend von der Leitfähigkeit des zwischen diesen liegenden Gebietes und dem Unterschied der Leitfähigkeiten der beidseitig einer Grenzfläche liegenden Gebiete bestimmt. Soll die Zeitfunktion für die Einstellung der Grenzflächenladungen berechnet werden, ist der gesamte geschlossene Stromkreis zu betrachten, der im allgemeinen aus unterschiedlichen Materialien und damit mehreren Grenzflächen besteht. Beispielsweise kann ein Kondensator mit idealem oder realem Dielektrikum über Kupferleiter mit einer Spannungsquelle verbunden sein; mehrere Kondensatoren unterschiedlich leitender Dielektrika können hintereinandergeschaltet sein; es können aber auch Leiter aus Kupfer- oder Widerstandsmaterial hintereinandergeschaltet sein. Das Problem ist also äußerst vielschichtig und kann hier nur exemplarisch im Rahmen des folgenden Beispiels 4.16 erläutert werden.

Beispiel 4.16. An einem Plattenkondensator entsprechend Bild 4.33a soll beispielhaft der Zusammenhang zwischen dem D-Feld ($\vec{D} = \vec{E}\varepsilon$) der Pol- bzw. Grenzflächenladungen und dem S-Feld ($\vec{S} = \kappa\vec{E}$) erläutert werden.

Der Plattenkondensator (s. Bild 4.33a) besteht aus zwei unendlich gut leitenden ($\kappa \rightarrow \infty$) Platten – ihre Oberflächen $A_1 = A_2 = A$ sind Äquipotentialflächen –, zwischen denen zwei reale Schichten unterschiedlicher dielektrischer Eigenschaften (ε_1, $\varepsilon_2 > \varepsilon_1$) und auch unterschiedlicher Leitfähigkeiten (κ_1, $\kappa_2 > \kappa_1$) liegen. Die Grenzfläche $A_\mathrm{g} = A_1 = A_2 = A$ zwischen beiden verläuft planparall zu den beiden Plattenoberflächen. Sie ist somit eine Äquipotentialfläche, d. h., man könnte sie sich auch als dünne, unendlich gut leitende Schicht vorstellen, was für das Verständnis der folgenden Erläuterungen nützlich sein kann. Randfelder sollen vernachlässigbar sein, so daß in beiden Schichten unterschiedlicher Dielektrika das Feld jeweils homogen ist. Aus Gründen der Übersichtlichkeit sollen vorab die integralen Größen hergeleitet und in einem diskretisierten Ersatzmodell (Netzwerk) dargestellt werden. Dazu stellt man sich um die Platten *1* und *2* und die Grenzfläche A_g jeweils ein Volumen V_1, V_2 und V_g vor, so daß von deren Hüllfläche – in Bild 4.33b schwach ausgezogen eingezeichnet – die jeweilige Plattenladung Q_1, Q_2 bzw. die Grenzflächenladung Q_g eingeschlossen wird. Mit diesen Hüllflächen ergibt sich dann nach dem Kontinuitätssatz Gln.(2.31)bzw.(2.32) der Zusammenhang zwischen den zeitlichen Änderungen der – eingeschlossenen – Ladungen Q_1, Q_2 bzw. Q_g und den durch die Hüllfläche fließenden Strömen, deren Zählpfeile i_1, $i_{\kappa 1}$, $i_{\kappa 2}$, i_2 in Bild 4.33b eingezeichnet sind.

$$\oint_{V_1} \vec{S}\cdot\mathrm{d}\vec{A} = -A_{\mathrm{z}1}S_{\mathrm{z}1} + A_1 S_1 = -i_1 + i_{\kappa_1} = -\frac{\mathrm{d}Q_1}{\mathrm{d}t}\,; \quad Q_1 = \int (i_1 - i_{\kappa_1})\,\mathrm{d}t \quad (4.104)$$

$$\oint_{V_2} \vec{S}\cdot\mathrm{d}\vec{A} = A_{\mathrm{z}2}S_{\mathrm{z}2} - A_2 S_2 = i_2 - i_{\kappa_2} = -\frac{\mathrm{d}Q_2}{\mathrm{d}t}\,; \qquad Q_2 = \int (-i_2 + i_{\kappa_2})\,\mathrm{d}t \quad (4.105)$$

$$\oint_{V_g} \vec{S}\cdot\mathrm{d}\vec{A} = A_\mathrm{g}S_2 - A_\mathrm{g}S_1 = i_{\kappa_2} - i{\kappa_1} = -\frac{\mathrm{d}Q_\mathrm{g}}{\mathrm{d}t}\,; \qquad Q_\mathrm{g} = \int (i_{\kappa_1} - i_{\kappa_2})\,\mathrm{d}t \quad (4.106)$$

Zu beachten ist, daß die Zählpfeile i_1, $i_{\kappa 1}$, $i_{\kappa 2}$ in die Volumina V_1, V_g, V_2 hinein weisen und deshalb mit negativen Vorzeichen in den jeweiligen Kontinuitätssatz aufzunehmen sind, in dem definitionsgemäß alle Stromzählpfeile, die wie die Flächenvektoren $\mathrm{d}\vec{A}$ aus der Hüllfläche heraus orientiert sind, positiv zu zählen sind (z. B. gilt für V_1 der Kontinuitätssatz für die verschiedenen Stromzählpfeile $\oint \vec{S}\cdot\mathrm{d}\vec{A} = \vec{S}_{\mathrm{z}1}\cdot\vec{A}_{\mathrm{z}1} + \ldots = S_{\mathrm{z}1}A_{\mathrm{z}1}\cos\pi + \ldots = -S_{\mathrm{z}1}A_{\mathrm{z}1} + \ldots = I_{\mathrm{z}1} + \ldots = -I_1 + \ldots$).

Unter der Voraussetzung, daß zu Beginn aller im folgenden betrachteten Vorgänge alle Ladungen Null sind [$Q_{1(t=0)} = Q_{2(t=0)} = Q_{\mathrm{g}(t=0)} = 0$, ungeladener Kondensator] und sich außerhalb des Kondensators kein D-Feld zu weiteren Elektroden des Stromkreises ausbilden kann, gilt für das den gesamten Plattenkondensator einschließende Volumen V_0 nach der Kontinuitätsgleichung

$$\oint_{V_0} \vec{S}\cdot\mathrm{d}\vec{A} = A_{\mathrm{z}2}S_{\mathrm{z}2} - A_{\mathrm{z}1}S_{\mathrm{z}1} = i_2 - i_1 = -\frac{\mathrm{d}(Q_1 + Q_2 + Q_\mathrm{g})}{\mathrm{d}t} = 0\,; i_1 = i_2 = i \quad (4.107)$$

und nach dem Gaußschen Satz

$$\oint_{V_0} \vec{D}\cdot\mathrm{d}\vec{A} = Q_1 + Q_2 + Q_{\mathrm{g}} = 0 \,. \tag{4.108}$$

Das bedeutet, daß durch den Ladestrom $i \neq 0$ die Summe aller Ladungen Q_1, Q_2, Q_{g} zeitlich unverändert Null bleibt. Für die Teilvolumina V_1, V_2 und V_{g} gilt also

$$\oint_{V_1} \vec{D}\cdot\mathrm{d}\vec{A} = D_1 A_1 = Q_1 \,, \tag{4.109}$$

$$\oint_{V_2} \vec{D}\cdot\mathrm{d}\vec{A} = -D_2 A_2 = Q_2 \,, \tag{4.110}$$

$$\oint_{V_{\mathrm{g}}} \vec{D}\cdot\mathrm{d}\vec{A} = -D_1 A_1 + D_2 A_2 = Q_{\mathrm{g}1} + Q_{\mathrm{g}2} = Q_{\mathrm{g}} \,. \tag{4.111}$$

Setzt man die Gln.(4.109)u.(4.110) in Gl.(4.111) ein ($-D_1 A_1 + D_2 A_2 = -Q_1 - Q_2 = Q_{\mathrm{g}1} + Q_{\mathrm{g}2}$), so folgt für die Grenzflächenladung

$$Q_{\mathrm{g}1} = -Q_1, \qquad Q_{\mathrm{g}2} = -Q_2 \,. \tag{4.112}$$

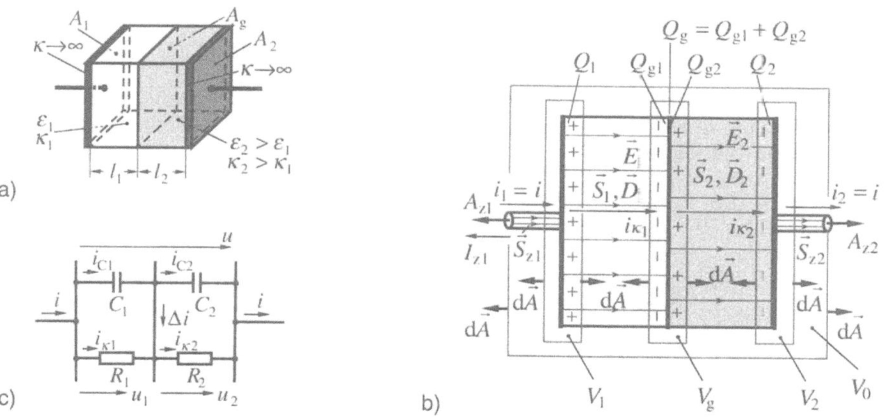

4.33 Zur Erläuterung der Zeitabhängigkeit der Grenzflächenladungen in einem Plattenkondensator mit geschichtetem, realem Isolierstoff von unterschiedlichem ε und κ: a) Geometrie des Plattenkondensators, b) Grenzflächenladungen und Feldlinienbild in Längsschnittebene durch den Kondensator, c) Ersatzschaltbild für den Kondensator nach a)

Die Gln.(4.104)bis(4.112) lassen sich wie folgt deuten:

Der Platte *1* fließt über die Zuleitung der Strom $i_1 = i$ zu und über das reale Dielektrikum zwischen A_1 und A_g der Strom $i_{\kappa 1}$ ab, so daß das Zeitintegral ihrer Differenz die Plattenladung Q_1 bzw. die dieser entsprechende Influenzladung Q_{g1} auf der Grenzfläche ergibt

$$Q_1 = \int (i - i_{\kappa 1})\,\mathrm{d}t = -Q_{g1}\,. \tag{4.113}$$

Diese Ladungen kann man sich als in einem idealen Kondensator ($\kappa_1 = 0$) gespeichert vorstellen, der zwischen der Platte *1* und der Grenzfläche $A_g = A_1 = A$ mit der Kapazität $C_1 = A\varepsilon_1/l_1$ wirksam ist und der über die Differenzstromkomponente

$$i_{c1} = i - i_{\kappa_1} \tag{4.114}$$

geladen wird (s. Bild 4.33c).

In gleicher Weise läßt sich zwischen Grenzfläche A_g und Platte *2* der ideale Kondensator der Kapazität $C_2 = A\varepsilon_2/l_2$ annehmen, dessen Ladungen Q_{g2} und $Q_2 = -Q_{g2}$ dem Zeitintegral der Stromdifferenz von $i_2 = i$ und $i_{\kappa 2}$ entsprechen,

$$Q_2 = -\int (i - i_{\kappa_2})\,\mathrm{d}t = -Q_{g2}\,, \tag{4.115}$$

der also von der Differenzstromkomponente

$$i_{c2} = (i - i_{\kappa_2}) \tag{4.116}$$

geladen wird.

Das diesen Stromgleichungen entsprechende Ersatzschaltbild des realen Kondensators ist in Bild 4.33c dargestellt. Der Strom $i_1 = i_2 = i$ in den Anschlußleitungen des realen Kondensators verzweigt sich entsprechend der Gl.(4.114) $i = i_1 = i_{c1} + i_{\kappa 1}$ bzw. Gl.(4.116) $i = i_2 = i_{c2} + i_{\kappa_2}$ in den Platten *1* bzw. *2* in die Komponente i_{c1} bzw. i_{c2} durch den idealen Kondensator C_1 bzw. C_2 und die Komponente i_{κ_1} bzw. i_{κ_2} durch den Widerstand $R_1 = l_1/(\kappa_1 A)$ bzw. $R_2 = l_2/(\kappa_2 A)$. Nach dieser Zerlegung fließen aber nur in den Zuleitungen die beiden Stromkomponenten $i_c + i_\kappa = i = \mathrm{d}Q_d/\mathrm{d}t$ als Strömungsfeld, d. h. als Driftladung Q_d mit der Driftgeschwindigkeit $\vec{v}_d$. Nach der Verzweigung in den Platten entspricht nur noch die Stromkomponente $i_\kappa = \int \vec{S}\cdot\mathrm{d}\vec{A}$ einer Driftladungsbewegung, d. h. einem Strömungsfeld der Stromdichte $\vec{S} = \kappa\vec{E}$ in dem realen Dielektrikum, die Stromkomponente $i_c = \int \dot{\vec{D}}\cdot\mathrm{d}\vec{A}$ (elektrischer Verschiebungsstrom, s. Abschn. 5.3.2.4) aber einer zeitlichen Änderung der elektrischen Flußdichte $\dot{\vec{D}} = \varepsilon\dot{\vec{E}}$. Bei einer zeitlichen Änderung des Stromes i kann sich das Ladungsverhältnis Q_1/Q_2 beider Kondensatoren ändern, was in dem Ersatzschaltbild durch den Differenzstrom

$$\Delta i = i_{c1} - i_{c2} = i_{\kappa_2} - i_{\kappa_1} \tag{4.117}$$

beschrieben wird (über die C parallel geschalteten R können sich die Ladungen von C_1 und C_2 unabhängig voneinander ändern). Für die im folgenden erläuterten Vorgänge ist das aus der Geometrie und den Werkstoffkenngrößen zu berechnende Widerstand-Kapazität-Verhältnis

$$\frac{R_1}{R_2} \cdot \frac{C_1}{C_2} = \frac{l_1/(A\kappa_1)}{l_2/(A\kappa_2)} \cdot \frac{A\varepsilon_1/l_1}{A\varepsilon_2/l_2} = \frac{\kappa_2}{\kappa_1} \cdot \frac{\varepsilon_1}{\varepsilon_2} \tag{4.118}$$

maßgebend.

a. Einschaltvorgang bei Gleichspannung. Mit Einschalten des realen Plattenkondensators nach Bild 4.33a an Gleichspannung (s. Bild 4.34a) springt der Strom i auf einen relativ großen Wert $i = i_{\max} = U_q/R_i$, der durch die Quellenspannung U_q und den Innenwiderstand der Quelle R_i (einschließlich dem Leitungswiderstand) bestimmt ist. Da der Strom i_κ des Strömungsfeldes $\vec{S}$ durch das reale Dielektrikum mit einer sehr geringen Leitfähigkeit κ vernachlässigbar klein ist, gilt $\vec{S} \approx 0$, $i_\kappa \approx 0$ und damit $i_C \approx i$. Unmittelbar nach dem Einschalten bewirkt also der relativ große Strom i über die gut leitende Verbindung durch die Spannungsquelle eine schnelle Ladungsverschiebung von Platte *1* nach Platte *2*. Die Kondensatorladungen auf den Platten Q_1, $Q_2 = -Q_1$ steigen sehr schnell an und mit diesen über Influenzwirkung ($\vec{S}_1$ und $\vec{S}_2$ vernachlässigt) die Grenzflächenladungen $Q_{g1} = -Q_1$, $Q_{g2} = -Q_2$. Da damit auch die Kondensatorspannung $u = u_1 + u_2 = Q_1/C_1 + Q_1/C_2$ proportional ansteigt, wird aber der Kondensatorstrom $i = (U_q - u)/R_i$ gleichermaßen schnell kleiner (s. Bild 4.34b). Dieser in der ersten relativ kurzen Zeit nach dem Einschalten des Kondensators näherungsweise nach einer e-Funktion $[\exp(-t/T_{\text{schn}})]$ mit der Zeitkonstanten

$$T_{\text{schn}} \approx R_i \frac{C_1 C_2}{C_1 + C_2} \tag{4.119}$$

ablaufende schnelle Ausgleichsvorgang wird auch als subtransienter Ausgleichsvorgang bezeichnet.

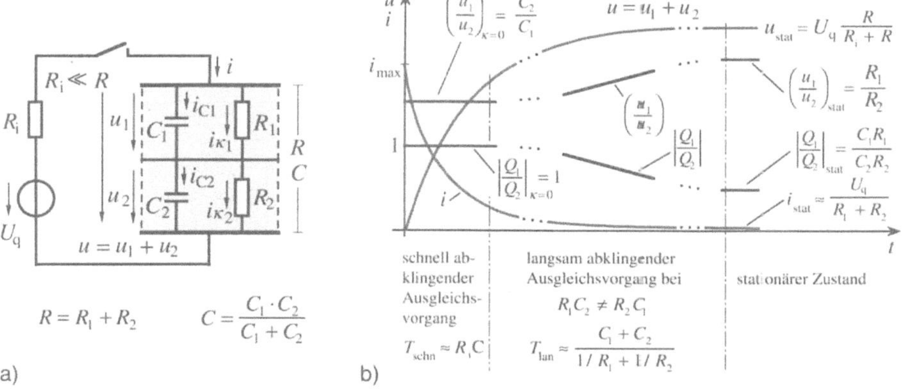

4.34 Einschaltvorgang des Kondensators nach Bild 4.33 an Gleichspannungsquelle:
a) Ersatzschaltbild, b) charakteristische Bereiche des Zeitverlaufes

Während der Zeit $t = 0$ bis $t \approx 2T_{\text{schn}}$ des schnell abklingenden Ausgleichsvorganges gelten infolge $i_\text{c} \gg i_\kappa$ folgende Näherungen:

aa. Die Plattenladungen Q_1, $Q_2 = -Q_1$ werden durch das Integral des vollen Zuleitungsstromes $\int i\,\mathrm{d}t$ und die Grenzflächenladungen $Q_{\text{g1}} = -Q_1$, $Q_{\text{g2}} = -Q_2$ ausschließlich durch Influenzwirkung (Ladungstrennung in der Grenzfläche) bewirkt.

ab. Das Feld im realen Dielektrikum wird durch die elektrische Flußdichte $\vec{D}$ der Plattenladungen Q bestimmt $[\vec{E} = \vec{D}_{(Q)}/\varepsilon]$, die als die eingeprägte Größe gilt, und nicht über die Stromdichte $\vec{S} = \kappa\vec{E} = \kappa\vec{D}_{(Q)}/\varepsilon$, die vernachlässigbar klein ist gegenüber der Verschiebungsstromdichte $\mathrm{d}D/\mathrm{d}t \gg S$; es gilt $i_\text{c} \gg i_\kappa$ und damit $i_\kappa \approx 0$ und $i_\text{c} \approx i$.

ac. Die Spannungsverteilung kann formal nach den Gesetzen des stationären Strömungsfeldes berechnet werden, wenn in diesen die Größen als Zeitfunktionen aufgefaßt werden.

Nach Gl.(3.120) ergeben sich mit $Q = |Q_1| = |Q_{\text{g1}}| = |Q_{\text{g2}}| = |Q_2|$ die Spannungen

$$u_1 = \frac{Q}{C_1} = \frac{\int i\,\mathrm{d}t}{C_1}\;;\; u_2 = \frac{Q}{C_2} = \frac{\int i\,\mathrm{d}t}{C_2}\;;\; u = u_1 + u_2 = \frac{\int i\,\mathrm{d}t}{C_1 C_2/(C_1 + C_2)} \qquad (4.120)$$

und damit das Spannungsverhältnis

$$\left(\frac{u_1}{u_2}\right)_{\kappa=0} = \frac{C_2}{C_1} = \frac{\varepsilon_2/l_2}{\varepsilon_1/l_1}\,. \qquad (4.121)$$

ad. An der hier orthogonal zu den Feldlinien verlaufenden Grenzfläche A_g sind die Tangentialkomponenten von $\vec{E}$ und $\vec{D}$ Null. Für die Normalkomponenten gelten die Gln.(3.133)u.(3.134), da mit $Q_\text{g} = Q_{\text{g1}} + Q_{\text{g2}} = 0$ auch $\sigma_\text{g} = 0$ ist. Damit ergeben sich die Feldgrößen in den Feldräumen *1* und *2* während des schnellen Ausgleichsvorganges

$$D_1 = D_2\,, \qquad E_1/E_2 = \varepsilon_2/\varepsilon_1\,. \qquad (4.122)$$

An einer beliebig verlaufenden Grenzfläche würden die E- und D-Linien (solange $\sigma_\text{g} = 0$ gilt) entsprechend Gl.(3.136) gebrochen.

b. Langsam abklingender Ausgleichsvorgang. Mit ansteigender Kondensatorspannung u wird der Kondensatorstrom $i \approx (U_\text{q} - u)/R_\text{i}$ kleiner, der Strom $i_\kappa \sim u$ durch das reale Dielektrikum aber größer. Damit können die Ladungen Q_1, Q_2 und Q_g nicht mehr wie in **a.** mit der Näherung $i_\kappa = 0$ und damit $i_\text{c} = i$ bestimmt werden, sondern die Gln.(4.104)bis(4.106) gelten mit $i_\kappa \neq 0$, was sich wie folgt auswirkt.

Durch das Strömungsfeld im Dielektrikum fließt der Strom $i_{\kappa_1} = u_1/R_1$ in die Grenzfläche A_g hinein, der Strom $i_{\kappa_2} = u_2/R_2$ aber aus ihr heraus. Diese beiden Ströme können, abgesehen von der Ausnahme nach **d.**, bei unterschiedlichen, realen Dielektrika nicht über die ganze Zeit des Einschaltvorganges gleich sein. Ist beispielsweise $R_2 C_2 > R_1 C_1$, so folgt aus dem sich entsprechend **a.**, Gl.(4.121) unmittelbar nach dem Einschalten anbahnenden Spannungsverhältnis $u_1/u_2 = C_2/C_1$ ein Stromverhältnis

$$\left(\frac{i_{\kappa_1}}{i_{\kappa_2}}\right) = \frac{u_1/R_1}{u_2/R_2} = \frac{C_2}{C_1}\cdot\frac{R_2}{R_1} = \frac{\varepsilon_2}{\varepsilon_1}\cdot\frac{\kappa_1}{\kappa_2} \qquad (4.123)$$

[s. Gl.(4.118)] größer Eins (also $i_{\kappa 1} > i_{\kappa 2}$). Dies wiederum bedingt entsprechend der Kontinuitätsgleichung (4.106), daß die Grenzflächenladung

$$Q_{\mathrm{g}} = \int (i_{\kappa_1} - i_{\kappa_2})\,\mathrm{d}t = Q_{\mathrm{g}1} + Q_{\mathrm{g}2} \tag{4.124}$$

von $Q_{\mathrm{g}} = 0$ mit der Zeit t ansteigt. Entsprechend den Gln.(4.115)u.(4.113) wird dabei die Ladung des Kondensators C_2

$$|Q_2| = |-Q_{\mathrm{g}2}| = \left| -\int (i - i_{\kappa_2})\,\mathrm{d}t \right| \tag{4.125}$$

zunehmend größer als die Ladung des Kondensators C_1

$$|Q_1| = |-Q_{\mathrm{g}1}| = \left| \int (i - i_{\kappa_1})\,\mathrm{d}t \right|, \tag{4.126}$$

die Summe aller Ladungen der Kondensatoren C_1 und C_2 bleibt aber immer Null.

$$Q_1 + Q_2 + Q_{\mathrm{g}} = \int (i - i_{\kappa_1})\,\mathrm{d}t - \int (i - i_{\kappa_2})\,\mathrm{d}t + \int (i_{\kappa_1} - i_{\kappa_2})\,\mathrm{d}t = 0 \tag{4.127}$$

Die Gln.(4.123)bis(4.127) sind mit der beispielhaften Annahme $R_2 C_2 > R_1 C_1$ erläutert, um die verbalen Aussagen anschaulich zu halten. Sie gelten aber allgemein für beliebige Verhältnisse von $(R_2 C_2)/(R_1 C_1)$ (mit der Annahme des Falles $R_2 C_2 < R_1 C_1$ kehren sich die angegebenen Schlußfolgerungen um).

Durch das Strömungsfeld in realen Dielektrika können also ungleiche Ladungen Q_1, $Q_{\mathrm{g}1} = -Q_1$ und Q_2, $Q_{\mathrm{g}2} = -Q_2$ der Teilkondensatoren C_1 und C_2 erzwungen werden. Dadurch ändert sich ihr Spannungsverhältnis

$$\left| \frac{u_1}{u_2} \right| = \left| \frac{Q_1/C_1}{Q_2/C_2} \right| = \frac{C_2}{C_1} \left| \frac{\int (i - i_{\kappa_1})\,\mathrm{d}t}{\int (i - i_{\kappa_2})\,\mathrm{d}t} \right| \tag{4.128}$$

[s. Gl.(3.120)] gegenüber dem sich unmittelbar nach Einschalten eingestellten Wert $|u_1/u_2| = C_2/C_1$ [Gl.(4.121)], der sich nach a. für $i_\kappa = 0$ ergibt. Durch die geringe Leitfähigkeit κ des Isolierstoffes sind die Ströme i_{κ_1} und i_{κ_2} und damit die durch ihre Differenz entsprechend Gl.(4.106) bewirkte Ladungszufuhr in die Grenzfläche A_{g} sehr klein. Die Einstellung der Grenzflächenladungen $Q_{\mathrm{g}} \neq 0$ und der dadurch bedingten Spannungen erfolgt deshalb auch entsprechend langsam, näherungsweise nach einer e-Funktion [$\exp(-t/T_{\mathrm{lan}})$] bei $R_{\mathrm{i}} \ll R_1$ bzw. R_2 mit der Zeitkonstanten

$$T_{\mathrm{lan}} = \frac{C_1 + C_2}{1/R_1 + 1/R_2}, \tag{4.129}$$

die wesentlich größer ist als die nach Gl.(4.119) für den schnellen Ausgleichsvorgang maßgebende.

Die Änderung der Feldgrößen $\vec{D}$ und $\vec{S}$ an der orthogonal zu diesen verlaufenden Grenzfläche A_g kann relativ einfach nach den Gln.(3.137)u.(4.71) mit $\vec{D} = \vec{D}_n$ und $\vec{S} = \vec{S}_n$ bestimmt werden ($\vec{D}_t = 0$, $\vec{S}_t = 0$). Infolge der Flächenladungsdichte $\sigma_g \neq 0$ ändert sich die elektrische Flußdichte

$$D_2 = D_1 + \sigma_g = D_1 + \frac{1}{A_g} \int (i_{\kappa_1} - i_{\kappa_2})\,\mathrm{d}t \qquad (4.130)$$

und infolge der Änderungsgeschwindigkeit der Flächenladungsdichte $\mathrm{d}\sigma_g/\mathrm{d}t \neq 0$ die Stromdichte

$$S_2 = S_1 - \frac{\mathrm{d}\sigma_g}{\mathrm{d}t} = S_1 - \frac{1}{A_g}(i_{\kappa_1} - i_{\kappa_2}) \qquad (4.131)$$

unstetig. Das D- und das S-Feld haben also Quellen (σ_g und $\mathrm{d}\sigma_g/\mathrm{d}t$) auf der Grenzfläche A_g. In beiden Feldräumen ergibt sich selbstverständlich mit $\vec{D}$ und $\vec{S}$ jeweils die eine elektrische Feldstärke

$$\vec{E}_1 = \vec{S}_1/\kappa_1 = \vec{D}_1/\varepsilon_1\,, \qquad \vec{E}_2 = \vec{S}_2/\kappa_2 = \vec{D}_2/\varepsilon_2\,. \qquad (4.132)$$

An einer beliebig zu den Feldlinien verlaufenden Grenzfläche werden die Feldlinien gebrochen [s. z. B. Gl.(3.139)]. Der Brechungswinkel $\alpha(t)$ ist dabei aber nicht mehr konstant, sondern ändert sich wie die Flächenladungsdichte $\sigma(t)$ bzw. deren Ableitung $\mathrm{d}\sigma(t)/\mathrm{d}t$.

c. Stationärer Zustand. Das Feld im Kondensator ist dann stationär, wenn sich die Platten- und Grenzflächenladungen nicht mehr zeitlich ändern, also $\mathrm{d}Q_1/\mathrm{d}t = \mathrm{d}Q_2/\mathrm{d}t = \mathrm{d}Q_g/\mathrm{d}t = 0$ ist. Damit gilt entsprechend Gln.(4.104)bis(4.107) für die stationären Ströme

$$i_{\kappa 1} = i_{\kappa 2} = i \qquad (4.133)$$

und damit für die Spannungen bzw. Ladungen

$$u_1 = R_1 i_{\kappa_1}\,, \qquad u_2 = R_2 i_{\kappa_2}\,, \qquad (4.134)$$

$$|Q_1| = |Q_{g1}| = C_1 u_1\,, \quad |Q_2| = |Q_{g2}| = C_2 u_2\,, \quad |Q_g| = |Q_1 + Q_2|\,. \qquad (4.135)$$

Mit den in beiden realen Dielektrika gleichen Strömen ergibt sich das stationäre Spannungsverhältnis

$$\left(\frac{u_1}{u_2}\right)_{\mathrm{stat}} = \frac{R_1}{R_2} = \frac{\kappa_2 A_2}{\kappa_1 A_1} \cdot \frac{l_1}{l_2}\,, \qquad (4.136)$$

das also ausschließlich durch das Strömungsfeld bestimmt wird, da sich die Ladungen Q_1, Q_2, Q_g entsprechend diesem Spannungsverhältnis eingestellt haben.

$$\left.\frac{Q_1}{Q_2}\right|_{\text{stat}} = \frac{C_1 u_1}{C_2 u_2} = \frac{C_1 R_1}{C_2 R_2} = \frac{\varepsilon_1}{\varepsilon_2} \cdot \frac{\kappa_2}{\kappa_1} \tag{4.137}$$

Selbstverständlich kann das stationäre Spannungsverhältnis $(u_1/u_2)_{\text{stat}}$ auch nach der Gl.(4.128) berechnet werden. Dies ist allerdings wesentlich aufwendiger, denn die Integrale müssen von $t = 0$ bis $t = \infty$ berechnet werden.

An der Grenzfläche A_g (hier orthogonal zu den Feldlinien) gilt im stationären Fall $(d\sigma_g/dt = 0)$ für die Normalkomponenten der Stromdichte Gl.(4.72). Die Grenzflächenladungsdichte σ_g hat sich entsprechend Gl.(4.76) eingestellt, kann aber auch entsprechend $\sigma_g = Q_g/A_g$ berechnet werden. Damit gilt für die elektrische Flußdichte Gl.(3.137). Die Feldgrößen in den beiden Feldräumen sind

$$D_2 = D_1 + \sigma_g, \qquad \vec{S}_1 = \vec{S}_2, \qquad E_1/E_2 = \kappa_2/\kappa_1. \tag{4.138}$$

d. Sonderfall des Ausgleichsvorganges für $\varepsilon_1/\varepsilon_2 = \kappa_1/\kappa_2$. Für den Sonderfall, daß die Kenngrößen der beiden realen Dielektrikumsschichten die Bedingungsgleichung

$$\frac{\varepsilon_1}{\varepsilon_2} = \frac{\kappa_1}{\kappa_2} \tag{4.139}$$

erfüllen, ist das von dem stationären Strömungsfeld $(\vec{S}_1 = \vec{S}_2)$ verursachte Spannungsverhältnis nach Gl.(4.136) gleich dem für das Ladungsfeld nach Gl.(4.121).

$$\left(\frac{u_1}{u_2}\right)_{\kappa=0} = \left(\frac{u_1}{u_2}\right)_{\text{stat}} = \frac{C_2}{C_1} = \frac{R_1}{R_2} \tag{4.140}$$

Vom Einschaltzeitpunkt bis zum stationären Betrieb verläuft der Ausgleichsvorgang so, daß stets $i_{\kappa_1} = i_{\kappa_2}$ und $Q_g = 0$ ist, d. h., das S- und das D-Feld sind an der Grenzfläche A_g quellenfrei.

$$\vec{S}_1 = \vec{S}_2, \qquad \vec{D}_1 = \vec{D}_2, \qquad Q_g = 0 \tag{4.141}$$

An einer beliebig verlaufenden Grenzfläche gelten mit $\sigma_g = 0$ und $d\sigma_g/dt = 0$ die Brechungsgesetze Gl.(3.136)u.(4.74), die in diesem durch Gl.(4.139) beschriebenen Sonderfall den gleichen Brechungswinkel liefern.

e. Sonderfall der periodischen Erregung. Wird der Kondensator entsprechend Bild 4.34a an eine Gleichspannung geschaltet, stellt sich unmittelbar nach dem Schalten die Spannungsverteilung $(u_1/u_2)_{(\kappa=0)}$ nach den Gesetzen der Elektrostatik ein, d. h. im Verhältnis der Kapazitäten C_2/C_1, wie unter a. erläutert. Diese Verteilung geht dann über einen längere Zeit dauernden Ausgleichsvorgang in das allein durch die Gesetze des Strömungsfeldes, d. h. durch das Widerstandsverhältnis R_1/R_2, bestimmte stationäre Spannungsverhältnis $(u_1/u_2)_{\text{stat}}$ über, wie unter b. erläutert.

Liegt eine Wechselspannung, z. B. eine sinusförmige $u = \hat{U} \sin \omega t$, am Kondensator, deren Periodendauer $T_\mathrm{u} = 2\pi/\omega$ klein ist gegenüber den Eigenzeitkonstanten $T_\mathrm{lan} = (C_1 + C_2)/(1/R_1 + 1/R_2)$ des realen Kondensators [s. Gl.(4.129)], wird ein Zustand, der in jedem Zeitpunkt dem stationären Endzustand des Betriebes an Gleichspannung entspricht, bei weitem nicht erreicht. Das Strömungsfeld im realen Dielektrikum hat dann nur einen untergeordneten Einfluß auf das Betriebsverhalten, so daß die elektrischen Größen, wie in **a.** erläutert, durch die Gesetzmäßigkeiten des stationären Strömungsfeldes bestimmt sind, in denen die Größen allerdings als Zeitfunktionen aufzufassen sind.

Liegt ein Kondensator an einer Wechselspannung, deren Periodendauer nicht mehr klein ist gegenüber den Eigenzeitkonstanten des realen Kondensators, muß der Einfluß des Strömungsfeldes beachet werden. Hat die Wechselspannung konstante Frequenz und Amplitude, so kann das Strom-Spannungs-Verhalten auf der Basis des Ersatzschaltbildes nach Bild **4.**33c recht einfach und anschaulich mit Hilfe der komplexen Rechnung bestimmt werden.

Die in Beispiel 4.16 erläuterten Gesetzmäßigkeiten lassen sich sinngemäß auf beliebige, inhomogene Felder mit beliebig verlaufenden Grenzflächen übertragen und in den folgenden allgemeingültigen Aussagen zusammenfassen.

– In Strömungsfeldern in beliebig guten oder schlechten Leitern treten auf Grenzflächen zwischen Gebieten unterschiedlicher Leitfähigkeit $\kappa_1 \neq \kappa_2$ Flächenladungen auf. Die Flächenladungsdichten σ dieser Ladungen sind Quellen bzw. Senken des D-Feldes, das damit grundsätzlich auch in Strömungsfeldern guter Leiter auftritt. Die Flächenladungsdichte σ stellt sich so ein, daß die elektrische Flußdichte $\vec{D}$ und Stromdichte $\vec{S}$ derselben elektrischen Feldstärke $\vec{E}$ genügen ($\vec{D}/\varepsilon = \vec{S}/\kappa = \vec{E}$).

Nur in den Sonderfällen, in denen die Materialkenngrößen ε und κ beidseitig der Grenzfläche der Bedingung $\varepsilon_1/\varepsilon_2 = \kappa_1/\kappa_2$ genügen, ist die Grenzfläche ladungsfrei.

In stationären Strömungsfeldern sind die Grenzflächenladungen zeitlich konstant, in instationären ändern sie sich zeitlich, was durch den Ladungstransport in instationären Strömungsfeldern ermöglicht wird.

5 Elektromagnetisches Feld

In Abschnitt 5.1 wird einführend auf die Deutung des Magnetfeldes durch die Relativitätstheorie hingewiesen. Davon abgesehen wird aber im vorliegenden Band das magnetische Feld als ein eigenständiger Raumzustand betrachtet, der von bewegten elektrischen Ladungen verursacht wird und der sich seinerseits wiederum in Kraftwirkungen auf bewegte elektrische Ladungen äußert. Dementsprechend wird in den Abschnitten 5.2 bis 5.4 das Magnetfeld im Zusammenhang mit seiner Ursache und in Abschnitt 5.5 die Wirkung des Magnetfeldes erläutert.

5.1 Wesen und formale Beschreibung elektromagnetischer Vorgänge

In Abschn. 3.1.1 ist aus den Kraftwirkungen zwischen ruhenden Ladungen (Coulombkräften), also aus dem Coulombschen Gesetz, das elektrostatische Feld hergeleitet. Bewegen sich aber die Ladungen relativ zum Beobachter, so müssen die für den Ruhezustand berechneten Coulombkräfte einer relativistischen Korrektur unterzogen werden, ähnlich wie die Gravitationskräfte bewegter Massen. Dieses Phänomen, daß auch die zwischen bewegten Ladungen auftretenden Kräfte ausschließlich auf die Coulombkräfte zurückgeführt werden können, wurde aber erst mit der Entwicklung der Relativitätstheorie um die Jahrhundertwende erkannt. Das ist verständlich, da die relativistischen Korrekturwerte bei technischen Geschwindigkeiten – damit sind Geschwindigkeiten gemeint, die sehr klein sind gegenüber der Lichtgeschwindigkeit – so unbedeutend sind, daß sie in der klassischen Mechanik experimentell nicht erkannt wurden. Anders liegen die Verhältnisse bei den Kräften, die zwischen bewegten Ladungen auftreten. Die durch den in einem Leiter fließenden elektrischen Strom beschriebenen, bewegten Ladungen (Driftladungen) bewirken nämlich keine resultierenden Coulombkräfte, sondern – makroskopisch gesehen – treten nur deren relativistische Änderungen in Erscheinung (s. Beispiel 5.2). Im Gegensatz zu den relativistischen Änderungen der Gravitationskräfte, die immer nur zusammen mit diesen selbst festzustellen sind, kann man bei elektrischen Ladungen die relativistischen Änderungen der Coulombkräfte isoliert von den Coulombkräften selbst nachweisen (z. B. Kraft auf stromdurchflossene Leiter). Diese im stromdurchflossenen Leiter allein durch die Bewegung elektrischer Ladungen verursachten Kräfte wurden bereits in der ersten Hälfte des 19. Jahrhunderts beobachtet und auch quantitativ beschrieben. Allerdings wurden sie zunächst nicht als relativistischer Effekt erkannt, sondern man hat ihre Ursache einem eigenständigen Phänomen zugeschrieben, welches über ein analog dem elektrostatischen Feld eingeführtes Magnetfeld beschrieben wurde. Die formale Analogie des Magnetfeldes zum elektrostatischen Feld und die ausschließliche Zurückführung des Magnetfeldes auf den Bewegungszustand der Ladung sind in dem in Beispiel 5.1 beschriebenen Gedankenmodell aus unserer heutigen Sicht erläutert.

Beispiel 5.1. In einem Gedankenexperiment werden im folgenden die Kraftwirkungen zwischen zwei Punktladungen betrachtet und über das elektrostatische bzw. magnetische Feld beschrieben.

Auf der linken Seite von Bild **5.1** sind zwei Punktladungen Q_1 und Q_2 ungleicher Polarität im Abstand r voneinander dargestellt, die sich beide relativ zum Beobachter in Ruhe befinden. Es wirken ausschließlich C o u l o m b k r ä f t e $\vec{F}_c$, die über das elektrostatische Feld entsprechend Abschn. 3.1.1 und 3.1.2.1 beschrieben werden.

In der Mitte unten in Bild **5.1** sind die beiden Punktladungen Q_1 und Q_2 für den Fall dargestellt, daß sie sich relativ zum Beobachter mit den Geschwindigkeiten $\vec{v}_1$ und $\vec{v}_2$ bewegen. Es läßt sich beweisen, daß die auf eine bewegte Ladung wirkende Kraft $\vec{F}$ von der Coulombkraft $\vec{F}_c$ [Bild **5.1**, Gl.(5.1a)] abweicht und daß diese Abweichung durch eine allein auf den Bewegungszustand der Ladung zurückzuführende, zusätzlich zur Coulombkraft auftretende Kraftkomponente beschrieben werden kann. Man bezeichnet diese allein durch die Ladungsbewegung verursachte, zusätzliche Kraftkomponente zur Unterscheidung von der Coulombkraft auch als L o r e n t z k r a f t $\vec{F}_l$ oder magnetische Kraft.

In dem auf der rechten Seite von Bild **5.1** dargestellten Beispiel wird ein Sonderfall betrachtet, bei dem die Geschwindigkeiten $\vec{v}_1$ bzw. $\vec{v}_2$ der Ladungen Q_1 und Q_2 (beide klein gegenüber der Lichtgeschwindigkeit c) rechtwinklig zu der Verbindungsgeraden zwischen den beiden Ladungen liegen. In diesem Sonderfall wirken die allein durch die Ladungsbewegungen verursachten Lorentzkräfte $\vec{F}_{l1}$ und $\vec{F}_{l2}$ mit gleichgroßen Beträgen in der Verbindungslinie der beiden Ladung mit entgegengesetzten Orientierungen und können deshalb durch eine relativ übersichtliche skalare Gleichung [Bild **5.1**, Gl.(5.1f)] angegeben werden. Diese Gleichung weist in ihrer formalen Ähnlichkeit mit dem Coulombschen Gesetz [Bild **5.1**, Gl.(5.1a)] bereits darauf hin, daß die magnetische Wirkung, im Gegensatz zu früheren Annahmen, keine eigenständige magnetische Ursache hat, sondern über die Ladungsgeschwindigkeit v auf die elektrische Ladung Q zurückgeführt werden kann.

Nach der Feldtheorie werden die Lorentzkräfte $\vec{F}_l$ wie die Coulombkräfte $\vec{F}_c$ nicht unmittelbar [d. h. entsprechend Bild **5.1**, Gl.(5.1f)bzw.Gl.(5.1a)] auf die Ladungen zurückgeführt, zwischen denen sie wirken, sondern es wird angenommen, daß jeweils eine der beiden Ladungen in ihrer Umgebung ein elektrisches bzw. magnetisches Feld erregt, welches seinerseits die Kraftwirkungen auf die andere beteiligte Ladung auslöst.

Kraftwirkungen zwischen zwei elektrischen Punktladungen

Coulombkräfte	Lorentzkräfte
Kraftkomponenten, die auf Ladungen als solche zurückgeführt werden	Kraftkomponenten, die ausschließlich auf die Ladungsgeschwindigkeit zurückgeführt werden

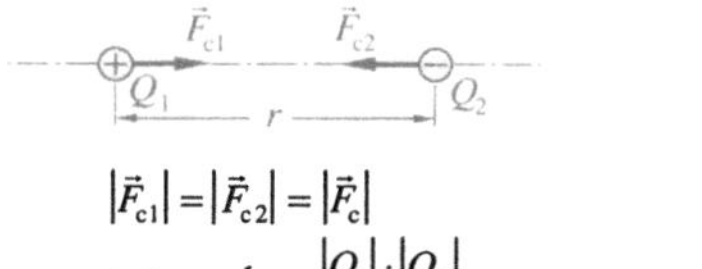

$$\left|\vec{F}_{c1}\right| = \left|\vec{F}_{c2}\right| = \left|\vec{F}_c\right|$$

$$\left|\vec{F}_c\right| = \frac{1}{4\pi\varepsilon_0} \cdot \frac{|Q_1|\cdot|Q_2|}{r^2} \qquad (5.1a)$$

$$\left|\vec{F}_{l1}\right| = \left|\vec{F}_{l2}\right| = \left|\vec{F}_l\right|$$

$$\left|\vec{F}_l\right| = \frac{\mu_0}{4\pi} \cdot \frac{|Q_1\vec{v}_1|\cdot|Q_2\vec{v}_2|}{r^2} \qquad (5.1f)$$

Darstellung der an einer Ladung angreifenden Kraft über die dem Ort der Ladung zugeordneten Feldgröße:

elektrische Feldstärke $(E) \sim \dfrac{\text{Kraft }(F)}{\text{Ladung }(Q)}$ (5.1b)

magn. Flußdichte $(B) \sim \dfrac{\text{Kraft }(F)}{\text{Ladung}\cdot\text{Geschw. }(Qv)}$ (5.1g)

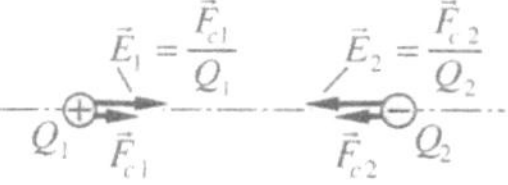

Damit folgen aus Gl. (5.1a)

$$\left|\vec{F}_c\right|_{1/2} = |Q|_{1/2}\left(\frac{|Q|_{2/1}}{r^2 4\pi\varepsilon_0}\right) \qquad (5.1c)$$

Kraftwirkung = Ladung · Feldgröße

die Definitionsgleichung der elektrischen Feldstärke

$$\vec{E}_{1/2} = \frac{\vec{F}_{c,1/2}}{Q_{1/2}} \qquad (5.1d)$$

Damit folgen aus Gl. (5.1f) für den vorliegenden Sonderfall

$$\left|\vec{F}_l\right|_{1/2} = |Q\vec{v}|_{1/2}\left(\frac{|Q\vec{v}|_{2/1}}{r^2 4\pi}\mu_0\right) \qquad (5.1h)$$

Kraftwirkung = (Ladung · Geschw.) · Feldgröße

die Definitionsgleichung der magnetischen Flußdichte

$$\left|\vec{B}\right|_{1/2} = \frac{\left|\vec{F}_l\right|_{1/2}}{\left|Q_{1/2}\vec{v}_{1/2}\right|} \qquad (5.1i)$$

und die Bestimmungsgleichung aus ihrer Ursache

$$\vec{E}_{1/2} = \frac{Q_{2/1}}{r^2 4\pi\varepsilon_0} \cdot \frac{\vec{r}}{r} \qquad (5.1e)$$

und die Bestimmungsgleichung aus ihrer Ursache

$$\left|\vec{B}\right|_{1/2} = \mu_0 \frac{|Q_{2/1}\vec{v}_{2/1}|}{r^2 4\pi} \qquad (5.1j)$$

Resultierende Kraft $\vec{F}_{1/2}$

zwischen bewegten Ladungen ist gleich
Coulombkraft $\vec{F}_{c,1/2}$ + Lorentzkraft $\vec{F}_{l,1/2}$;
im vorliegenden Beispiel gilt

$$\left|\vec{F}\right|_{1/2} = \left|\vec{F}_c\right|_{1/2} - \left|\vec{F}_l\right|_{1/2}$$

$$\left|\vec{F}\right|_{1/2} = \left|\vec{F}_c\right|_{1/2}\left(1 - \left|\vec{F}_l\right|_{1/2} / \left|\vec{F}_c\right|_{1/2}\right)$$

damit folgt mit der Lichtgeschwindigkeit $c = \sqrt{\dfrac{1}{\varepsilon_0\mu_0}}$

$$\frac{\left|\vec{F}_l\right|}{\left|\vec{F}_c\right|} = \left(\frac{|\vec{v}_1||\vec{v}_2|}{c^2}\right) \qquad (5.1\,k)$$

5.1
**Aus Coulomb-
und Lorentzkraft
abgeleitete
Feldgrößen**

die resultierende Kraft

$$\left|\vec{F}\right|_{1/2} = \left|\vec{F}_c\right|\left(1 - \frac{|\vec{v}_1||\vec{v}_2|}{c^2}\right) = \frac{|Q_1 \cdot Q_2|}{r^2 4\pi\varepsilon_0}\left(1 - \frac{|\vec{v}_1||\vec{v}_2|}{c^2}\right) \qquad (5.1\,l)$$

Für das elektrostatische Feld ist aus der Kraftwirkung auf die ruhende Ladung die e l e k t r i s c h e   F e l d s t ä r k e $\vec{E}$ als Kraft pro Ladung definiert, also als Feldgröße, die das Vermögen des Raumzustandes, eine Kraft auf eine ruhende Ladung auszuüben, unabhängig von der Größe dieser Ladung beschreibt. Auf der linken Seite von Bild **5.1** sind die in Abschn. 3.1.1 und 3.1.2.1 ausführlicher erläuterten Schritte zusammengestellt, mit denen für den Fall zweier punktförmiger Ladungen die Definitionsgleichung für die elektrische Feldstärke [Bild **5.1**, Gl.(5.1b) bzw. Gl.(5.1d)] und ihre Bestimmungsgleichung [Bild **5.1**, Gl.(5.1e)] aus dem Coulombschen Gesetz [Bild **5.1**, Gl.(5.1a)] hergeleitet sind.

Für das magnetische Feld ist ähnlich wie für das elektrostatische Feld aus der Kraftwirkung $\vec{F_1}$ auf die bewegte Ladung eine m a g n e t i s c h e   F e l d s t ä r k e $\vec{B}$ als Kraft pro Ladung und Geschwindigkeit $[F_1/(Qv)]$ definiert, also als eine magnetische Feldgröße, die das Vermögen des Raumzustandes, Kräfte auf bewegte Ladungen auszuüben, unabhängig von Größe und Geschwindigkeit dieser Ladung beschreibt. Entsprechend Bild **5.1** folgen für den betrachteten Sonderfall analog zum elektrostatischen Feld aus der Kraftgleichung [Bild **5.1**, Gl.(5.1f)] die Definitionsgleichung der magnetischen Feldstärke (magnetische Flußdichte) [Bild **5.1**, Gl.(5.1g) bzw. Gl.(5.1i)] und weiter ihre Bestimmungsgleichung, d. h. die Berechnung aus ihrer Ursache [Bild **5.1**, Gl.(5.1j)]. μ_0 ist ähnlich ε_0 eine definitiv eingeführte Feldkonstante [7].

Es wäre konsequent, für die so aus der Kraftwirkung definierte magnetische Feldgröße $\vec{B}$ in Analogie zur elektrischen Feldstärke $\vec{E}$ auch die hier zunächst eingeführte Bezeichnung magnetische Feldstärke beizubehalten. Da aber infolge der historischen Entwicklung vielfach die zweite in Abschn. 5.2.2 erläuterte magnetische Feldgröße, die der Ursache zugeordnet ist, als magnetische Feldstärke $\vec{H}$ bezeichnet wird, soll die hier als Kraft pro Ladung und Geschwindigkeit $[F_1/(Qv)]$ definierte magnetische Feldgröße $\vec{B}$ als m a g n e t i s c h e   F l u ß d i c h t e bezeichnet werden.

Für die beiden Punktladungen sind auf der linken Seite der Bild **5.1** die Coulombkräfte $\vec{F_c}$ und auf der rechten die Lorentzkräfte $\vec{F_1}$ als unabhängig voneinander behandelt. Tatsächlich tritt aber in dem hier betrachteten Beispiel an der bewegten Ladung unabdingbar mit der Lorentzkraft $\vec{F_1}$ verknüpft immer auch die Coulombkraft $\vec{F_c}$ auf, so daß experimentell nur die resultierende Kraft $\vec{F} = \vec{F_c} + \vec{F_1}$ gemessen werden kann. Im vorliegenden Sonderfall ist der Betrag dieser resultierenden Kraft die algebraische Differenz der Beträge von Coulomb- und Lorentzkraft $(|\vec{F}| = |\vec{F_c}| - |\vec{F_1}|)$, wie in Bild **5.1** dargestellt ist. Man erkennt, daß sich die resultierende Kraft $\vec{F}$ [Bild **5.1**, Gl.(5.1l)] nur um den Faktor $(1 - v_1 v_2/c^2)$ von der Coulombkraft $\vec{F_c}$ unterscheidet. Die magnetisch verursachte Lorentzkraft ist also bei Geschwindigkeiten im Bereich von m/s extrem klein gegenüber der der Coulombkraft $[\vec{F_1}/\vec{F_c} \approx v_1 v_2 \cdot 10^{-17}/(\mathrm{m/s})^2]$.

Treten an derselben Ladung (wie in Beispiel 5.1) sowohl Coulomb- als auch Lorentzkräfte auf, so ist bei technischen Geschwindigkeiten ($v \ll c$) die Lorentzkraft F_1 extrem klein gegenüber der Coulombkraft F_c; die magnetische Wirkung ist also extrem klein gegenüber der elektrostatischen. Diese quantitative Aussage steht aber scheinbar nicht im Einklang mit den alltäglichen Erfahrungen, aus denen man eher den umgekehrten Eindruck gewinnen könnte. Beispielsweise scheinen die magnetischen Kräfte, die man an Naturmagneten, Lasthebemagneten, Magnetkupplungen usw. beobachtet, extrem größer zu sein als die elektrostatischen Kräfte, die man an geladenen Kunststoffteilen (z. B. die Anziehungskraft einer durch die Finger gestreiften Kunststoffolie) beobachten kann. Dieser nur scheinbare Widerspruch läßt sich aber leicht durch das folgende Beispiel 5.2 klären.

Beispiel 5.2. In Bild **5.2** ist eine Doppelleitung zwischen Spannungsquelle und Verbraucher dargestellt, die als widerstandslos aufgefaßt wird. Der in den Leitern fließende Strom $I = 1000$ A verursacht also keinen Spannungsabfall auf der Leitung, so daß zwischen den beiden Leitern über ihre gesamte Länge die gleiche Spannung von $U = 1000$ V auftritt. Zwischen den im Abstand $a = 1$ m parallel zueinander verlaufenden, sehr langen, geradlinigen Leitern mit dem Durchmesser $2R = 15$ mm treten sowohl Coulomb- wie auch Lorentzkräfte auf, die zu berechnen sind.

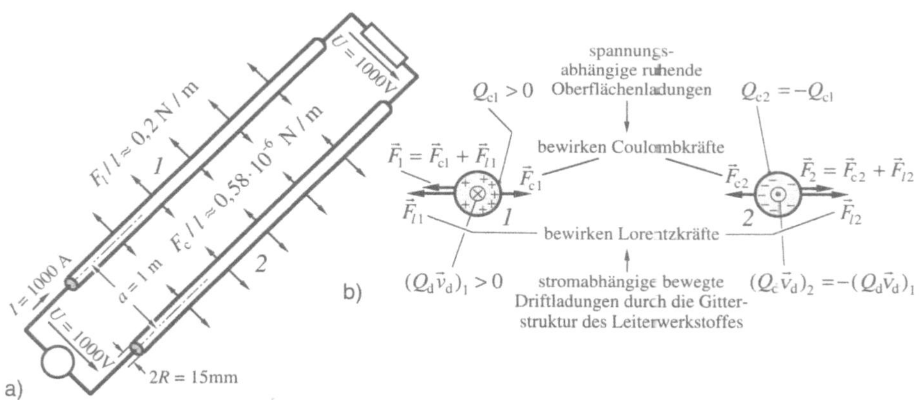

5.2 Kraftwirkung zwischen stromdurchflossener Doppelleitung:
a) mechanische und elektrische Größen der Leitung, b) Überlagerung der von unterschiedlichen Ladungen bewirkten Coulomb- und Lorentzkraft

Durch die zwischen den beiden Leitern wirkende Spannung wird ein Teil der freien Leitungselektronen von der Oberfläche des einen Leiters abgezogen und der des zweiten Leiters zugeführt. Die sich damit auf den Leitern einstellenden Oberflächenladungen Q_{c1} und $Q_{c2} = -Q_{c1}$ können über die aus der Literatur, z. B. [8] bekannte, längenbezogene Kapazität der Doppelleitung

$$\frac{C}{l} = \frac{\pi \varepsilon_0}{\ln(a/R)} = \frac{\pi \cdot 8,85 \cdot 10^{-12}\ \mathrm{C/(Vm)}}{\ln[1\,\mathrm{m}/(7,5 \cdot 10^{-3}\,\mathrm{m})]} = 5,68 \cdot 10^{-12}\ \frac{\mathrm{C}}{\mathrm{Vm}}$$

nach Gl.(3.120) als Betrag der längenbezogenen Ladung

$$\frac{Q_c}{l} = \frac{C}{l} U = 5,68 \cdot 10^{-12}\ \frac{\mathrm{C}}{\mathrm{Vm}} \cdot 1000\ \mathrm{V} \approx 5.68 \cdot 10^{-9}\ \frac{\mathrm{C}}{\mathrm{m}} \tag{5.2}$$

berechnet werden.

Nach Beispiel 3.46, Gl.(3.192) (Oberflächenladung Q_c/l ist näherungsweise als Linienladung der Dichte $\lambda = |Q_{c1}/l| = |Q_{c2}/l|$ aufgefaßt) ergeben sich die zwischen diesen Oberflächenladungen Q_{c1}/l und Q_{c2}/l und damit zwischen den Leitern wirkenden, längenbezogenen Coulombkräfte

$$\frac{F_c}{l} = \frac{\lambda^2}{2\pi a \varepsilon_0} = \frac{(Q_c/l)^2}{2\pi a \varepsilon_0} = U^2 \frac{\pi \varepsilon_0}{2a \ln^2(a/R)} = (1000\,\text{V})^2 \frac{\pi \cdot 8,85 \cdot 10^{-12}\,\text{C}/(\text{Vm})}{2\,\text{m} \ln^2[1\,\text{m}/(7,5 \cdot 10^{-3}\,\text{m})]}$$

$$\approx 0,58 \cdot 10^{-6}\,\frac{\text{N}}{\text{m}}. \tag{5.3}$$

Die Oberflächenladungen Q_c und damit die Coulombkräfte F_c sind allein von der zwischen den Leitern wirkenden Spannung U abhängig, aber unabhängig von dem in den Leitern fließenden Strom I. Man könnte sich vorstellen, durch die Spannung U wird eine bestimmte Ladungsmenge Q_c in der Leiteroberfläche „eingefroren", die die Coulombkräfte bewirkt.

Bei einer Stromdichte $S = I/A = 1000\,\text{A}/[(7,5\,\text{mm})^2\pi] = 5,66\,\text{A}/\text{mm}^2$ und einer Driftladungsdichte $\eta = en' \approx 1,6 \cdot 10^{-19}\,\text{C} \cdot 10^{20}/\text{mm}^3 = 16\,\text{As}/\text{mm}^3$ [Gl.(4.14)] in den Kupferleitungen stellt sich die Driftgeschwindigkeit $v_d = S/\eta = (5,66\,\text{A}/\text{mm}^2)/(16\,\text{As}/\text{mm}^3) = 0,353\,\text{mm}/\text{s}$ [Gl.(4.19)] ein. Mit dieser Geschwindigkeit driften die freien Leitungselektronen mit entgegengesetzten Orientierungen durch die beiden Leiter und bewirken, wie in Beispiel 5.56 erläutert, die längenbezogenen Lorentzkräfte

$$\frac{F_l}{l} = \mu_0 \frac{I^2}{2\pi a} = 4\pi \cdot 10^{-7}\,\frac{\text{Vs}}{\text{Am}} \frac{(1000\,\text{A})^2}{2\pi 1\,\text{m}} \approx 0,2\,\frac{\text{N}}{\text{m}}, \tag{5.4}$$

die proportional dem Quadrat des längenbezogenen Ladung-Geschwindigkeit-Produktes $I = A_q \eta v_d = [(A_q l)\eta v_d]/l = (Q_d v_d)/l$ ist ($A_q \eta v_d$ ist entsprechend Gl.(4.15) gleich dem Strom, der durch den Querschnitt A_q fließt). Die entsprechend dem Leiterstrom I in Leiterlängsrichtung driftenden, freien Elektronen bewegen sich durch die Gitterstruktur des Leiterwerkstoffes, so daß die negative Ladung der driftenden, freien Elektronen (wie auch die der fest in den Atomen gebundenen) voll durch die positive Kernladung kompensiert wird. In Abständen, die groß sind gegenüber den Abmessungen in der Mikrostruktur, treten somit die Coulombkräfte der driftenden, freien Elektronen nicht mehr auf, d. h., zwischen stromdurchflossenen Leitern werden die Lorentzkräfte von den stromabhängigen, driftenden Ladungen verursacht, die aber ihrerseits keinen Beitrag zu den Coulombkräften liefern, da diese allein von den spannungsabhängig in der Leiteroberfläche gebundenen Oberflächenladungen verursacht werden. Das Verhältnis von Lorentzkraft zu Coulombkraft

$$\left(\frac{F_l}{F_c}\right) = \left(\frac{I}{U}\right)^2 \frac{\mu_0}{\pi^2 \varepsilon_0} \ln^2(a/R) \approx \frac{0,2\,\text{N}/\text{m}}{0,58 \cdot 10^{-6}\,\text{N}/\text{m}} \approx 0,35 \cdot 10^6 \tag{5.5}$$

wird also maßgeblich durch die zwischen den Leitern wirkende Spannung U und den in den Leitern fließenden Strom I bestimmt. Im vorliegenden Beispiel ist die Lorentzkraft $F_l(I)$ um ca. 6 Zehnerpotenzen größer als die Coulombkraft $F_c(u)$. Dieser Größenunterschied ist typisch für praktische Gegebenheiten stromdurchflosssener Leiter.

Bewegte Ladungen bewirken grundsätzlich immer Coulomb- wie auch Lorentzkräfte. Treten diese an derselben Ladung (wie in Beispiel 5.1) auf, so ist bei
technischen Geschwindigkeiten ($v \ll c$) die Coulombkraft so groß gegenüber
der Lorentzkraft, daß letztere praktisch nicht nachweisbar ist. Die Driftladung
stromführender Leiter bewirkt dagegen ausschließlich Lorentzkräfte, da die Coulombkräfte der Driftladungen (z. B. Elektronen) durch die ruhenden Ladungen
(z. B. Kernladungen) kompensiert werden (s. Beispiel 5.2). Dadurch sind die bei
entsprechenden Strömen, d. h. großen Werten für das Ladung-Geschwindigkeit-
Produkt, auftretenden Lorentzkräfte nicht nur leicht experimentell nachweisbar,
sondern haben auch große praktische Bedeutung.

Die Erläuterungen dieses Abschnittes sollen den Blick auf das heutige Bild
der Physik richten, in dem das Magnetfeld kein eigenständiges physikalisches
Phänomen, sondern lediglich eine formale Modellvorstellung für die Erklärung
relativistischer Effekte bewegter Ladungen ist. Allerdings soll hier keinesfalls
die Zweckmäßigkeit der Magnetfeldtheorie in Frage gestellt werden, sondern im
Gegenteil, die Eleganz und Anschaulichkeit der Modellvorstellung vom Magnetfeld sollen herausgestellt werden, mit denen in der historischen Entwicklung der
Elektrizitätslehre in erstaunlicher Weise die Ergebnisse der Relativitätstheorie vorweggenommen wurden. Faßt man mit diesem Wissen die Erklärungen
elektromagnetischer Felder in den folgenden Abschnitten auf, so kann auf Betrachtungen über ihr physikalisches Wesen verzichtet werden.

– Die Wechselwirkungen zwischen den mit der Geschwindigkeit v bewegten elektrischen Ladungen werden über
 das auf die geschwindigkeitsunabhängigen Coulombkräfte zurückzuführende
 elektrische Potentialfeld und
 das auf die geschwindigkeitsproportionalen Lorentzkräfte zurückzuführende
 magnetische Feld
 beschrieben.

5.2   Vektorielle Feldgrößen

Von bewegten Ladungen wird ein als magnetisches Feld bezeichneter Raumzustand verursacht, der sich seinerseits wieder als Kraft auf bewegte Ladungen
äußert. Dieser möglichen Kraftwirkung entsprechend werden dem magnetischen
Feld in jedem Punkt des Raumes eine bestimmte Richtung und eine bestimmte
Intensität zugeordnet, die durch einen Feldvektor vollständig beschrieben werden können. Analog den Erläuterungen zum elektrostatischen Feld in Abschn.
3.1.1.2 sind auch für das magnetische Feld zwei Feldvektoren definiert, von denen der eine die Wirkung und der andere die Ursache des Feldes beschreibt.

5.2.1 Magnetische Flußdichte

In Beispiel 5.1 ist analog dem elektrostatischen Feld der die Wirkung beschreibende magnetische Feldvektor $\vec{B}$ als Kraft auf die bewegte Ladung [Bild **5.1**, Gl.(5.1i)] erklärt. Die nur für die speziellen Gegebenheiten des Beispiels 5.1 gültige algebraische Definitionsgleichung $B = F/(Qv)$ kann aber in dieser Form nicht als Vektorgleichung für beliebige Geschwindigkeitsrichtungen geschrieben werden (Vektor $\vec{v}$ im Nenner ist nicht zulässig), wie dies für die elektrische Feldstärke $\vec{E} = \vec{F}/Q$ möglich ist. Daher ist im Beispiel 5.3 der allgemeingültige Zusammenhang zwischen den Vektoren der magnetischen Flußdichte $\vec{B}$, der von dieser bewirkten Kraft $\vec{F}$ und der Ladungsgeschwindigkeit $\vec{v}$ anschaulich erläutert, um daraus die vektorielle Definitionsgleichung für den Feldvektor der magnetischen Flußdichte $\vec{B}$ abzuleiten. Bei dieser Definiton ist die Orientierung des Vektors der magnetischen Flußdichte $\vec{B}$ so festgelegt, daß sie vom Süd- zum Nordpol eines freibeweglich im Magnetfeld angeordneten magnetischen Dipols (z. B. Kompaßnadel) weist (s. Bild **5.4**a), was der historischen Entwicklung entspricht.

Beispiel 5.3. Die Richtung der Kraftwirkung des magnetischen Feldes auf eine bewegte elektrische Ladung soll mit Hilfe einer in Bild **5.3**a schematisch skizzierten Elektronenstrahlröhre untersucht werden.

Wird eine solche Röhre in einem magnetisch neutralen Raum betrieben, so bewegen sich bei spannungslosem (kurzgeschlossenem) Ablenksystem die Elektronen mit einer Geschwindigkeit $\vec{v}$ in axialer Richtung geradlinig durch die Röhre und erzeugen einen Leuchtfleck in der Mitte des Anzeigeschirms. Wirkt auf die Elektronen des Elektronenstrahls eine Kraft $\vec{F}$, so werden die Elektronen in Richtung dieser Kraft beschleunigt. Ist die Kraft auf den Elektronenstrahl, wie in Bild **5.3**a dargestellt, beliebig gerichtet, so wird sie zerlegt in eine Radialkomponente $\vec{F}_\varrho$, die in der ξ-ν-Ebene der Röhre wirkt, und in eine dazu senkrechte Axialkomponente $\vec{F}_\zeta$, die in ζ-Richtung, d. h. in axialer Richtung der Röhre wirkt. Die Axialkomponente $\vec{F}_\zeta$ der Kraft $\vec{F}$ bewirkt lediglich eine negative oder positive Beschleunigung der Elektronen in axialer Richtung, wodurch sich die Helligkeit des Leuchtfleckes ändert, nicht aber seine räumliche Lage auf dem Leuchtschirm. Die Radialkomponente $\vec{F}_\varrho$ der Kraft $\vec{F}$ beschleunigt die Elektronen senkrecht zur Axialrichtung und bewirkt dadurch eine Auslenkung des Elektronenstrahls und damit des Leuchtflecks. Wirkt die Kraft bzw. die Radialkomponente der Kraft in der durch den Winkel ϱ in der ξ-ν-Ebene bestimmten Richtung, so wird infolge des rotationssymmetrischen Aufbaus der Röhre der Leuchtfleck auch in dieser Richtung auswandern, also an dem in Bild **5.3**a mit $\vec{r}$ gekennzeichneten Punkt des Leuchtschirmes erscheinen.

Die beschriebene Röhre wird als Indikator zum Nachweis der Kraftwirkung in das in Bild **5.3**b dargestellte Magnetfeld gebracht und gedreht, wie in den folgenden Absätzen **a.** bis **c.** beschrieben. Dieses zwischen planparallelen Polflächen erregte Feld kann als homogen angesehen werden. Das Koordinatensystem ist so gewählt, daß der Vektor der magnetischen Flußdichte $\vec{B}$ (der nach der historischen Felstlegung vom Nord- zum Südpol weist) in die positive z-Achse orientiert ist.

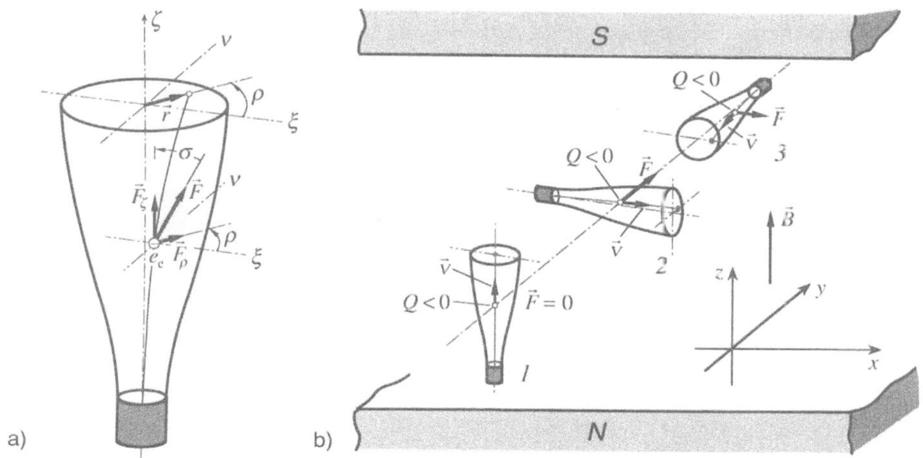

5.3 Nachweis der Kraftwirkungt im Magnetfeld mit Hilfe einer Elektronenstrahlröhre
    a) schematische Darstellung der Funktion der Röhre,
    b) verschiedene Orientierungen der Röhre im homogenen Magnetfeld

a. Durch allseitiges Drehen der Röhre findet man, daß der Leuchtfleck immer dann in der Mittellage verbleibt, also nicht ausgelenkt wird, wenn die axiale Richtung der Röhre senkrecht zur x-y-Ebene steht (Stellung 1 in Bild **5.3b**). Es gibt also eine ausgezeichnete Geschwindigkeitsrichtung der bewegten Ladung, nämlich die parallel zur z-Achse bzw. parallel zur magnetischen Flußdichte, bei der das Magnetfeld keine Kraftwirkung auf die Ladung ausübt. (Eine nach dieser Beobachtung grundsätzlich noch nicht auszuschließende Kraftwirkung in Richtung des Geschwindigkeitsvektors der bewegten Ladung scheidet nach den folgenden Beobachtungen aus.)

b. Die Elektronenstrahlröhre wird in die im Experiment **a.** gefundene, ausgezeichnete Stellung 1 in Bild **5.3b** gebracht und dann mit ihrer axialen Richtung aus der z-Achse so in die x-y-Ebene gedreht, daß sie parallel zur x-Achse bzw. parallel zur y-Achse liegt (Stellungen 2 bzw. 3 in Bild **5.3b**). Man beobachtet dabei, daß während der Drehung der Röhre der Leuchtfleck aus seiner Mittellage auswandert. Dreht man die Röhre aus der Stellung 1 über die Stellung 2 bzw. 3 hinaus weiter bis sie wieder senkrecht zur x-y-Ebene steht, nun aber um 180° gegenüber der Stellung 1 gedreht, so erkennt man deutlich, daß die maximale Auslenkung dann auftritt, wenn die axiale Richtung der Röhre in der x-y-Ebene liegt, z. B. in den in Bild **5.3b** dargestellten Stellungen 2 und 3. Weiter läßt sich beobachten, daß in jeder beliebigen Winkellage, die die Axialrichtung der Röhre in der x-y-Ebene einnimmt, sich die maximale Auslenkung des Leuchtfleckes einstellt. Dreht man also die Röhre in der x-y-Ebene aus der Stellung 2 in die Stellung 3, so bleibt der Betrag der Auslenkung bei dieser Drehung unverändert konstant.

c. Beobachtet man die Orientierung der Auslenkung des Leuchtfleckes während der Drehung der Röhre in der x-y-Ebene, so stellt man fest, daß diese von der Orientierung der Ladungsgeschwindigkeit im Elektronenstrahl abhängt. Dreht man z. B. die Röhre so, daß ihre axiale Richtung in der x-y-Ebene verbleibt, von Stellung 2 über Stellung 3 in Stellung 2 zurück, so bleibt der Leuchtfleck unverändert an der gleichen Stelle des Leuchtschirmes, d. h., die Auslenkung $\vec{r}$ dreht sich gleichermaßen wie der

Geschwindigkeitsvektor $\vec{v}$ der Ladung in der x-y-Ebene. Die beobachtete Auslenkung $\vec{r}$ des Leuchtfleckes ist entgegen der Axialbewegung einer Rechtsschraube, die man sich so gedreht vorstellt, daß der Geschwindigkeitsvektor $\vec{v}$ auf kürzestem Weg in die positive z-Achse bzw. den Flußdichtevektor $\vec{B}$ gelangt. Dreht man die Axialrichtung der Röhre aus der x-y-Ebene heraus, z. B. aus Stellung 2 in Stellung 1, so kann man auch hier, und auch bei jeder beliebigen weiteren Lage der Röhre, die beobachtete Auslenkung durch die genannte Rechtsschraubenregel beschreiben. Angemerkt sei, daß die hier für die negative Ladung beschriebene Kraftrichtung bei ihrer Übertragung in eine allgemeine Richtungsregel, in der die Ladung üblicherweise mit positivem Vorzeichen steht, um 180° gedreht einzuführen ist.

Faßt man alle in den Beispielen 5.1 und 5.3 beschriebenen Beobachtungen zusammen, so läßt sich die Kraftwirkung des Magnetfeldes wie folgt charakterisieren (s. Bild 5.4).

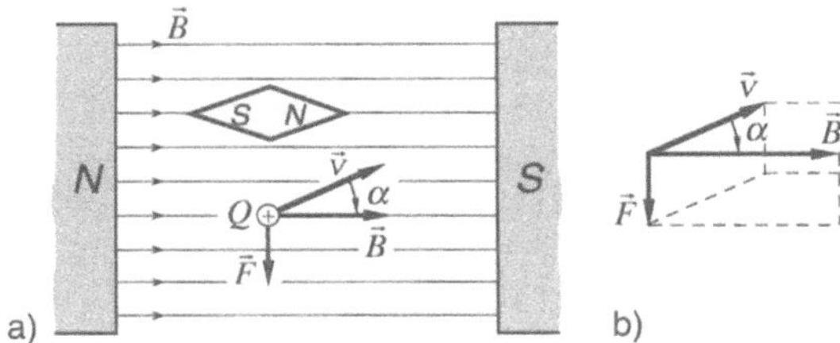

5.4
Zur Definition der magnetischen Flußdichte $\vec{B}$
a) Orientierung für $\vec{B}$ nach der historischen Festlegung,
b) graphische Deutung der Definitionsgleichung (5.5)

a. Der auf eine mit der Geschwindigkeit $\vec{v}$ bewegte Punktladung Q wirkende Kraftvektor $\vec{F}$ steht immer rechtwinklig auf der Ebene, die durch die Vektoren der Ladungsgeschwindigkeit $\vec{v}$ und der magnetischen Flußdichte $\vec{B}$ festgelegt ist.
b. Die Orientierung des Kraftvektors $\vec{F}$ auf eine mit $\vec{v}$ bewegte positive Ladung Q entspricht der der Axialbewegung einer Rechtsschraube (Korkenzieher), die man sich so gedreht vorstellt, daß der Geschwindigkeitsvektor $\vec{v}$ auf kürzestem Weg den magnetischen Flußdichtevektor $\vec{B}$ erreicht [$\vec{F} \uparrow\uparrow (\vec{v} \times \vec{B})$].
c. Der Betrag des Kraftvektors $\vec{F}$ ist abhängig von dem Betrag der Ladung Q, von dem Betrag der magnetischen Flußdichte $\vec{B}$ und von dem Betrag der Komponente des Geschwindigkeitsvektors $\vec{v}$ senkrecht zum Vektor der magnetischen Flußdichte $\vec{B}$ [$F = QB(v \sin \alpha)$].

– Die **m a g n e t i s c h e   F l u ß d i c h t e** $\vec{B}$ beschreibt einen Raumzustand, der in einer geschwindigkeitsproportionalen Kraftwirkung (Lorentzkraft $\vec{F_l}$) auf bewegte elektrische Ladungen in Erscheinung treten kann (z. B. wenn eine sich bewegende Ladung in den Raum gebracht wird). Die magnetische Flußdichte $\vec{B}$ folgt nach der Definitionsgleichung

$$\vec{F_l} = Q_p(\vec{v} \times \vec{B}) \,. \tag{5.6}$$

aus der Lorentzkraft $\vec{F_l}$.

Die Vektorgleichung (5.6) läßt sich nicht mehr explizit nach der magnetischen Flußdichte $\vec{B}$ auflösen, wie dies bei der Definitionsgleichung für die elektrische Feldstärke $\vec{E} = \vec{F}/Q$ möglich ist; ihre Bedeutung als Definitionsgleichung für $\vec{B}$ wird dadurch aber nicht eingeschränkt. Eine unmittelbare praktische Auswertung der Gl.(5.6) als Meßprinzip zur experimentellen Bestimmung der magnetischen Flußdichte $\vec{B}$ ist in Beispiel 5.4 erläutert.

Im SI-Einheitensystem wird entsprechend der Definitionsgleichung (5.6) die Einheit der magnetischen Flußdichte als Potenzprodukt Vs/m^2 der Grundeinheiten Volt (V), Sekunde (s) und Meter (m) berechnet. Man hat für die magnetische Flußdichte eine Einheit mit dem besonderen Namen Tesla und Symbol T festgelegt entsprechend der Definition

$$1\,\mathrm{T} = 1\,\frac{\mathrm{Vs}}{\mathrm{m}^2}\,. \tag{5.7}$$

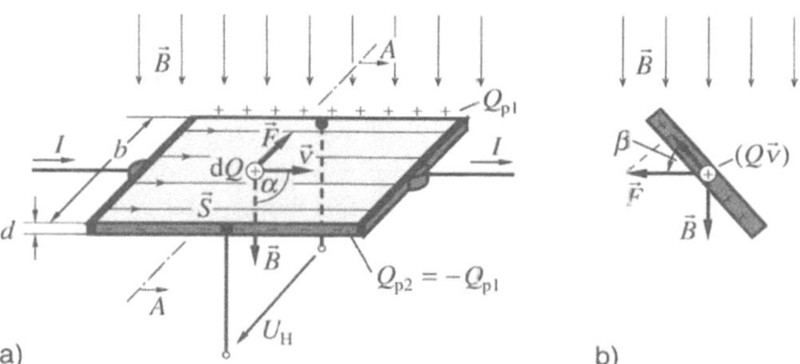

5.5
Zur Erklärung des Hall-Generators in Beispiel 5.4
a) Hall-Platte mit Feldgrößen,
b) Querschnitt $A - A$ durch Hall-Platte

Beispiel 5.4. Ein heute häufig verwendeter Sensor zur praktischen Messung der magnetischen Flußdichte $\vec{B}$ ist der H a l l - G e n e r a t o r . Dieser besteht entsprechend Bild 5.5 aus einem flachen Halbleiter der Dicke d und der Breite b, der von einem Steuerstrom I durchflossen wird. Quer zur Richtung des Steuerstromes I kann über die Breite b des Halbleiters die H a l l - S p a n n u n g U_h abgegriffen werden. Es ist zu erläutern, daß das Meßprinzip des Hall-Generators direkt durch die Definitonsgleichung für die magnetische Flußdichte $\vec{B}$ Gl.(5.6) beschrieben werden kann.

Ohne Einwirkung eines Magnetfeldes verteilt sich der Strom I homogen über den Querschnitt bd des Halbleiters, so daß sich nach Gl.(4.32b) eine Stromdichte $S = I/(bd)$ einstellt, der nach den Gln.(4.19)u.(4.14) die Driftgeschwindigkeit $\vec{v}_\mathrm{d} = \vec{S}/(n'e) = \vec{S}/\eta$ der Ladung in Längsrichtung des Halbleiters entspricht. Wird der Hall-Generator in ein Magnetfeld gebracht, so wirken auf die mit $\vec{v}_\mathrm{d}$ driftenden Ladungen $dQ = n'e\,dV = \eta\,dV$ Kräfte $\vec{F}$ entsprechend Gl.(5.6), die die Ladungen $dQ = \eta dV$ senkrecht zu ihrer Geschwindigkeit $\vec{v}_\mathrm{d}$ an den Rand des Halbleiters drängen. Somit stellen sich an den Längsseiten Polladungen Q_p1 und $Q_\mathrm{p2} = -Q_\mathrm{p1}$ unterschiedlicher Polarität ein, die ein elektrisches Potentialfeld $\vec{E}_\mathrm{h(Q_p)}$ senkrecht zur Längsachse des Hall-Generators erregen (s. Abschn. 4.2.2). Die Spannung U_h dieses Feldes kann gemessen werden und ist bei konstantem Steuerstrom I – konstanter Ladungsgeschwindigkeit $v = I/(bdn'e)$ – ein Maß für die magnetische Flußdichte B.

Nach Gl.(5.6) ist die Kraftwirkung und damit auch die Hall-Spannung U_h nicht nur von dem Betrag der magnetischen Flußdichte B, sondern auch von deren Winkel α zur Geschwindigkeitsrichtung der Ladung abhängig. Ordnet man den Hall-Generator so an, daß seine Längsachse und damit der Vektor der Ladungsgeschwindigkeit $\vec{v}$ in der Richtung der magnetischen Flußdichte $\vec{B}$ liegt ($\alpha = 0$ oder $\alpha = \pi$), so ist nach Gl.(5.6) die Kraft auf die Ladung $\vec{F} = Q(\vec{v} \times \vec{B}) = QvB \sin \alpha = 0$ und damit auch die Hall-Spannung U_h Null. Liegt der Hall-Generator mit seiner Längsachse senkrecht zur magnetischen Flußdichte ($\alpha = \pi/2$ oder $\alpha = 3\pi/2$), so steht der Kraftvektor $\vec{F}$ mit maximalem Betrag $Q(\vec{v} \times \vec{B}) = QvB$ senkrecht auf der Ebene, die durch die Ladungsgeschwindigkeit $\vec{v}$ (in Längsachse des Halbleiters) und den Vektor der magnetischen Flußdichte $\vec{B}$ bestimmt ist (s. Bild **5.5b**). Der Kraftvektor $\vec{F}$ liegt aber nur dann auch in der Halbleiterebene, wenn dieser mit seiner Breite b senkrecht zur Feldrichtung steht. Bei beliebigem Winkel β zwischen der Querachse des Halbleiters und dem Flußdichtevektor $\vec{B}$ entsprechend Bild **5.5b** bewirkt nur die Komponente $F \cos \beta$, die in der Halbleiterebene liegt, die Ladungstrennung quer zur Längsachse und damit die Hall-Spannung U_h über die Breite b des Halbleiters.

Soll die magnetische Flußdichte $\vec{B}$ an einem beliebigen Ort bestimmt werden, so wird der Hall-Generator an diesen Ort gebracht, um Längs- und Querachse gedreht so eingestellt, daß sich die maximale Hall-Spannung U_h ergibt. Damit ist die Richtung des Vektors der magnetischen Flußdichte $\vec{B}$ entsprechend Gl.(5.6) senkrecht zur Fläche des Hall-Generators festgestellt ($\alpha = \pi/2$ oder $3\pi/2$, $\beta = 0$ oder π). Die Orientierung und der Betrag des Vektors der magnetischen Flußdichte können nach den Erläuterungen in Abschn. 5.5.1.1 aus Polarität und Betrag der Hall-Spannung U_h bestimmt werden.

5.2.2   Magnetische Erregung

Die Feldgröße magnetische Flußdichte $\vec{B}$ ist nach Gl. (5.6) ohne Bezug auf ihre Ursache allein über die Wirkung des magnetischen Feldes definiert. Damit kann die magnetische Flußdichte $\vec{B}$ also grundsätzlich experimentell, z. B. entsprechend Beispiel 5.4, in jedem Raumpunkt eindeutig bestimmt werden. Schwieriger ist es dagegen, die magnetische Flußdichte auf die sie verursachende, bewegte Ladung zurückzuführen. Nur im unendlich ausgedehnten leeren Raum läßt sich für Punkte, die im Abstand $\vec{r}$ rechtwinklig zum Geschwindigkeitsvektor $\vec{v}$ einer bewegten Punktladung Q liegen, die durch diese bewegte Ladung verursachte magnetische Flußdichte entsprechend Beispiel 5.1 betragsmäßig nach einer algebraischen Gleichung $|\vec{B}| = \mu_0 |Q\vec{v}|/4\pi r^2)$ berechnen [s. Tafel **5.1**, Gl.(5.1j)]. Für eine allgemeingültige Berechnung der magnetischen Flußdichte muß eine Vektorgleichung entwickelt werden, wie dies im Beispiel 5.5 erläutert ist.

Beispiel 5.5. In einem Gedankenexperiment wird das von einer mit der Geschwindigkeit $\vec{v}$ bewegten Punktladung Q_P in ihrer Umgebung verursachte Magnetfeld untersucht (s. Bild **5.6**). Dafür wird ein unendlich ausgedehnter leerer Raum vorausgesetzt. Zur Bestimmung der magnetischen Flußdichte $\vec{B}$ muß dabei ein Sensor verwendet werden, der nur auf Lorentzkräfte reagiert, nicht aber auf Coulombkräfte, die ebenfalls von der bewegten Ladung Q_p ausgehen. Beispielsweise wäre dies eine Kompaßnadel, bei der die im mikrokosmischen Bereich bewegten negativen Elementarladungen, auf die die magnetischen Kräfte wirken, so durch die positiven ruhenden Elementarladungen kompensiert werden, daß keine makroskopischen Coulombkräfte auftreten. Die auf die Kompaßnadel einwirkenden magnetischen Kräfte bilden ein Drehmoment, welches die Nadel mit der Süd-Nord-Achse in die Richtung und Orientierung der magnetischen Flußdichte einzustellen versucht (s. Abschn. 5.5.3.3).

Stellt man sich vor, über das Einstellmoment der Kompaßnadel die magnetische Flußdichte $\vec{B}$ in Raumpunkten zu messen, die durch den Ortsvektor $\vec{r}$ in Bezug auf die mit der Geschwindigkeit $\vec{v}$ bewegte Punktladung Q_p bestimmt sind, so käme man zu folgenden Feststellungen:

a. In allen Punkten, die außerhalb der Geraden x durch den Geschwindigkeitsvektor $\vec{v}$ liegen, stellt sich die Kompaßnadel mit ihrer Längsachse tangential zu konzentrisch in einer Ebene senkrecht zur Geraden x verlaufenden Kreislinien ein, so daß ihre Süd-Nordrichtung rechtswendig um die Geschwindigkeitsrichtung $\vec{v}$ weist, d. h., der magnetische Flußdichtevektor $\vec{B}$ (entsprechend der Definition nach Bild **5.**4) steht senkrecht auf der durch die beiden Vektoren $\vec{v}$ und $\vec{r}$ bestimmten Ebene. Seine Orientierung ist bestimmt durch die Axialbewegung einer Rechtsschraube, die man sich so gedreht vorstellt, daß der Geschwindigkeitsvektor $\vec{v}$ auf kürzestem Weg in den Ortsvektor $\vec{r}$ gelangt. Die dem B-Feld entsprechenden Feldlinien ergeben sich also als konzentrische Kreise um eine durch den Geschwindigkeitsvektor $\vec{v}$ bestimmte Gerade.

b. Auf Linien im Abstand a parallel zur x-Geraden ist das auf die Kompaßnadel wirkende Drehmoment jeweils in dem Punkt am größten, der in der zu $\vec{v}$ senkrechten Ebene durch Q_p liegt, d. h., in diesen Punkten ist auch der Betrag des magnetischen Flußdichtevektors $\vec{B}$ maximal $[B_{(x;a=\mathrm{const})} = \text{maximal bei } x = 0, \ (\vec{r} \perp \vec{v})]$.

c. In allen Punkten $p_{(x;\,a=0)}$, die auf der durch den Geschwindigkeitsvektor $\vec{v}$ bestimmten Geraden x liegen, wird kein Moment auf die Kompaßnadel ausgeübt, d. h., die Kraftwirkung und damit der magnetische Feldvektor $\vec{B}_{(x;\,a=0)}$ ist hier gleich Null.

Um die im Beispiel 5.5 erläuterten Beobachtungen **a.** bis **c.** in einer Gleichung zusammenfassen zu können, denkt man sich die Geschwindigkeit $\vec{v}$ entsprechend Bild **5.**6 aus ihren beiden Komponenten $|\vec{v}_\mathrm{t}| = |\vec{v}|\sin\alpha$ und $|\vec{v}_\mathrm{r}| = |\vec{v}|\cos\alpha$ zusammengesetzt. Von diesen Komponenten liefert nur die senkrecht zu $\vec{r}$ liegende einen Beitrag zur Erregung der Kraftwirkung und damit zur magnetischen Flußdichte $\vec{B}$, nicht aber die in Richtung $\vec{r}$ liegende ($B = 0$ für $\vec{v}_\mathrm{r}\|\vec{r}$; $B \neq 0$ für $\vec{v}_\mathrm{t} \perp \vec{r}$). Mit dieser Feststellung und dem in Bild **5.**1, Gl.(5.1j) für den speziellen Fall der senkrecht zum Ortsvektor $\vec{r}$ liegenden Geschwindigkeit ($\vec{v} = \vec{v}_\mathrm{t}$) beschriebenen, quantitativen Zusammenhang ergibt sich die Gleichung

$$B = \frac{\mu_0}{4\pi} \cdot \frac{Q_\mathrm{p} v \sin\alpha}{r^2} \qquad (\vec{B},\ \vec{v},\ \vec{r}\ \text{Rechtssystem}), \qquad (5.8\mathrm{a})$$

oder als Vektorgleichung geschrieben

$$\vec{B} = \mu_0 \frac{Q_\mathrm{p}}{4\pi r^2}\left(\vec{v} \times \frac{\vec{r}}{r}\right). \qquad (5.8\mathrm{b})$$

Diese für die P u n k t l a d u n g i m l e e r e n Raum allgemeingültige Gleichung führt die der Wirkung zugeordnete Feldgröße $\vec{B}$ über die magnetische Feldkonstante μ_0 des Raumes direkt auf ihre Ursache $Q_\mathrm{p}\vec{v}$ zurück. Allein aus Gründen der Zweckmäßigkeit ist nun analog den Betrachtungen im elektrischen Feld noch eine zweite magnetische Feldgröße eingeführt, die so der bewegten Ladung (Ursache) zugeordnet ist, daß sie sich von der magnetischen Flußdichte nur um die magnetische Feldkonstante μ_0 unterscheidet. Mit der so definierten, als m a g n e t i s c h e E r r e g u n g

$$\vec{H} = \frac{\vec{B}}{\mu_0} = \frac{Q_\mathrm{p}}{4\pi r^2}\left(\vec{v}\times\frac{\vec{r}}{r}\right) \tag{5.9}$$

bezeichneten Größe wird die in der bewegten Ladung $Q\vec{v}$ körperlich existente Ursache des Magnetfeldes einem beliebigen Raumpunkt p zugeschrieben, so daß Ursache und Wirkung über die beiden Feldvektoren $\vec{H}$ und $\vec{B}$ für denselben Raumpunkt einander zugeordnet sind (s. Bild **5.7**). Man bezeichnet daher die Feldtheorie auch als N a h w i r k u n g s t h e o r i e.

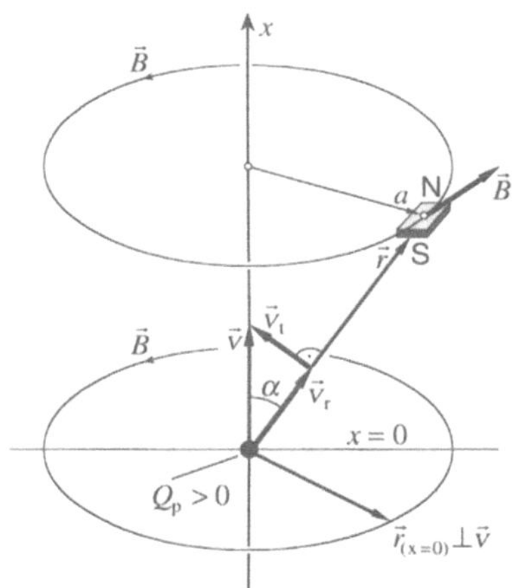

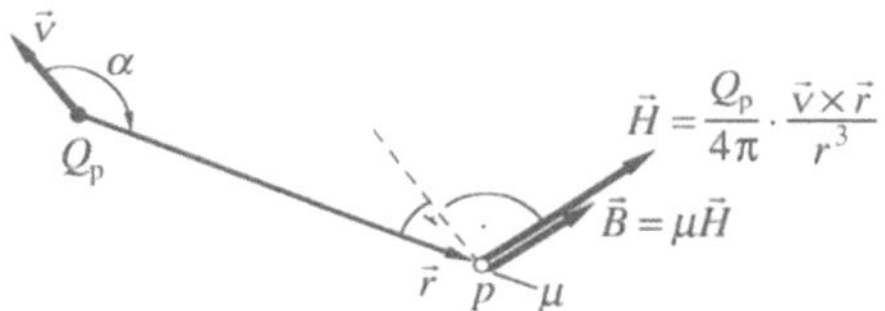

5.7 Die nach der Definitionsgleichung (5.13) demselben Raumpunkt p zugeordneten Feldvektoren $\vec{B}$ und $\vec{H}$ und die diesem eigene Permeabilität μ

5.6 Von bewegter Punktladung Q_p verursachte magnetische Flußdichte $\vec{B}$

Die Beschreibung des Magnetfeldes in Materieräumen ist wesentlich komplizierter als in einem hier bei der Herleitung der Gl.(5.9) zunächst zugrunde gelegten leeren Raum. Die mikrokosmischen Ladungsbewegungen in der Materie müssen nämlich in die Berechnung der magnetischen Erregung $\vec{H}$ einbezogen werden (s. Abschn. 5.4), was grundsätzlich mit Hilfe der Gl.(5.9) denkbar, praktisch aber undurchführbar ist. Daher wird, wie in Abschn. 5.4.1 erläutert, die magnetische Wirkung der in der Mikrostruktur der Materie bewegten Ladungen über eine Materialkennziffer berücksichtigt, die als P e r m e a b i l i t ä t s z a h l

$$\mu_\mathrm{r} = f(\text{Art und Zustand der Materie}) \tag{5.10}$$

bezeichnet wird. Die Permeabilitätszahl μ_r ist ein reiner Zahlenwert, der abhängig ist von der Art der Materie und ihrem Zustand, z. B. von Temperatur, mechanischer Spannung und bei ferromagnetischer Materie insbesondere von der magnetischen Flußdichte (s. Abschn. 5.4.2). Die Permeabilitätszahl μ_r wird mit der **magnetischen Feldkonstanten**

$$\mu_0 = 0,4\pi 10^{-6}\,\frac{\text{Vs}}{\text{Am}}\,, \tag{5.11}$$

die im Zusammenhang mit der Definition des Ampere im SI-Einheitensystem festgelegt ist, zu der Definitionsgröße **Permeabilität** zusammengefaßt.

$$\mu = \mu_0\mu_r \tag{5.12}$$

– Die **magnetische Erregung** $\vec{H}$ wird durch die für Räume mit und ohne Materie allgemeingültige Definitionsgleichung

$$\vec{H} = \frac{\vec{B}}{\mu} = \frac{\vec{B}}{\mu_0\mu_r} \tag{5.13}$$

allein über die die Raumeigenschaft beschreibende Permeabilität μ der magnetischen Flußdichte $\vec{B}$ zugeordnet, so daß der Zusammenhang zwischen der das magnetische Feld primär verursachenden, bewegten Ladung und der diese Ursache beschreibenden magnetischen Erregung $\vec{H}$ allein durch die Raumgeometrie gegeben ist (s. Bild **5.7**).

– Die **Permeabilität** $\mu = \mu_0\mu_r$ ist das Produkt aus der magnetischen Feldkonstanten μ_0, die definitionsgemäß aus dem den SI-Einheiten zugrundeliegenden Vierersystem [7] folgt, und der Permeabilitätszahl μ_r, mit der die Wirkung der bewegten Elementarladungen der Materie auf das Magnetfeld beschrieben wird (s. Abschn. 5.4.1.1).

Mit dieser Definition ist der die Ursache beschreibende Feldvektor $\vec{H}$ mit dem die Wirkung beschreibenden Feldvektor $\vec{B}$ eines Magnetfeldes für jeden Raumpunkt allein über die demselben Raumpunkt eigene Permeabilität μ verknüpft (s. Bild **5.7**).

Die Definitionsgleichung (5.13) gilt allgemein, d. h. für beliebige Räume unabhängig von der Art und der Bewegung der Ladung, die das Magnetfeld erregt. Im leeren Raum folgt die magnetische Flußdichte $\vec{B}$ über μ_0 aus der magnetischen Erregung $\vec{H}$, die ihrerseits über die Geometrie aus der sie verursachenden bewegten Ladung berechnet werden kann. In Materie ist der Zusammenhang zwischen $\vec{B}$ und $\vec{H}$ über $\mu = \mu_0\mu_r$ gegeben, so daß $\vec{H}$ als ausschließlich von dem makroskopischen Strom verursacht aufgefaßt und über ihn berechnet werden muß (s. Abschn. 5.4.1).

Die Zweckmäßigkeit der Definition einer zweiten der makroskopischen Ursache zugeordneten Feldgröße $\vec{H} = \vec{B}/\mu$ zeigt sich bei der Formulierung des Durchflutungssatzes (s. Abschn. 5.3.2), der große Bedeutung für die praktische Berechnung magnetischer Felder in Materie hat.

Im SI-Einheitensystem ergibt sich entsprechend den Gln.(5.13)u.(5.11) die Einheit der magnetischen Feldstärke H

$$[\text{H}] = \frac{[\text{B}]}{[\mu_0]} = \frac{\text{VS/m}^2}{\text{Vs/(Am)}} = \frac{\text{A}}{\text{m}} \tag{5.14}$$

als Quotient der Grundeinheiten Ampere (A) und Meter (m).

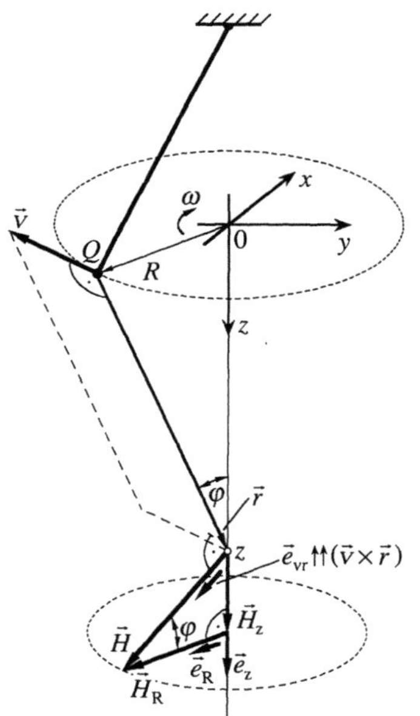

5.8 Zur Berechnung der magnetischen Erregung $\vec{H}$ einer rotierenden Punktladung in Beispiel 5.6

5.2.2.1 Berechnung der magnetischen Erregung im unendlich ausgedehnten leeren Raum. Bewegen sich in einem ansonsten leeren Raum mehrere elektrische Ladungen, so resultiert das in diesem Raum auftretende Magnetfeld aus den Einzelwirkungen aller dieser bewegten Ladungen. Den einfachsten Fall stellen makroskopische Ladungsbewegungen im leeren Raum dar, z. B. einzelne bewegte Punktladungen, wie in Beispiel 5.1. Hierfür ergeben sich relativ anschauliche Lösungsansätze zur Feldberechnung (s. Beispiel 5.6). Grundsätzlich könnten auch Räume mit Materie als quasileere Räume aufgefaßt werden, in denen allerdings außer den makroskopischen Ladungsbewegungen auch alle mikrokosmischen Elementarladungsbewegungen zu beachten wären.

Ist die resultierende makroskopische magnetische Wirkung aller mikrokosmischen Ladungsbewegungen in einer Materie gleich Null, so bezeichnet man sie als magnetisch neutrale Materie (s.Abschn. 5.4.1.2). In unendlich ausgedehnten Räumen, in denen sich nur magnetisch neutrale Materie befindet, läßt sich somit das Magnetfeld aus den makroskopischen Ladungsbewegungen (Strömen) wie im leeren Raum berechnen (s. Beispiel 5.7).

Ist die resultierende makroskopische magnetische Wirkung der mikrokosmischen Ladungsbewegung ungleich Null, wie z. B. in ferromagnetischer Materie (s. Abschn. 5.4.2), so kann das Magnetfeld nicht, wie in diesem Abschnitt erläutert, berechnet werden.

Beispiel 5.6. Eine mit Q geladene Kugel rotiert an einem Faden hängend mit der Winkelgeschwindigkeit ω auf einer Kreisbahn des Radius R in der x-y-Ebene (s. Bild **5.8**). Die magnetische Erregung $\vec{H}$ auf der z-Achse ist zu berechnen mit der Annahme eines unendlich ausgedehnten, leeren oder magnetisch neutralen Raumes und Q als Punktladung (Kugeldurchmesser $\ll R$).

Man erkennt aus Bild **5.8**, daß die Bahngeschwindigkeit $v = R\omega$ der geladenen Kugel rechtwinklig zum Radiusvektor $\vec{r}$ liegt. Damit ist $|\vec{v} \times \vec{r}| = vr \sin \alpha = vr$ und nach Gl.(5.9) die magnetische Erregung

$$\vec{H} = \frac{Q}{4\pi r^2}\left(\vec{v} \times \frac{\vec{r}}{r}\right) = \frac{Q\omega R}{4\pi r^2}\cdot\vec{e}_{\mathrm{vr}} = \frac{Q\omega}{4\pi}\cdot\frac{R}{R^2 + z^2}\cdot\vec{e}_{\mathrm{vr}} = \frac{Q\omega}{4\pi R}\cdot\frac{1}{1 + (z/R)^2}\cdot\vec{e}_{\mathrm{vr}}. \quad (5.15)$$

Der Vektor der magnetischen Erregung $\vec{H} = H\vec{e}_{\mathrm{vr}}$ steht normal zur Ebene, die von $\vec{v}$ und $\vec{r}$ bestimmt ist [Einsvektor $\vec{e}_{\mathrm{vr}} \uparrow\uparrow (\vec{v} \times \vec{r})$, s. Bild **5.8**] und rotiert mit der Winkelgeschwindigkeit ω um seinen Fußpunkt z auf der z-Achse. Er kann zerlegt werden in eine zeitkonstante Komponente in der z-Achse

$$\vec{H}_{\mathrm{z}} = (H \sin \varphi)\cdot\vec{e}_{\mathrm{z}} = \frac{Q\omega}{4\pi}\cdot\frac{R}{R^2 + z^2}\cdot\frac{R}{\sqrt{R^2 + z^2}}\cdot\vec{e}_{\mathrm{z}} = \frac{Q\omega}{4\pi R}\cdot\frac{1}{[1 + (z/R)^2]^{3/2}}\cdot\vec{e}_{\mathrm{z}} \quad (5.16\mathrm{a})$$

und eine Komponente

$$\vec{H}_{\mathrm{R}} = (H \cos \varphi)\cdot\vec{e}_{\mathrm{R}} = \frac{Q\omega}{4\pi}\cdot\frac{R}{R^2 + z^2}\cdot\frac{z}{\sqrt{R^2 + z^2}}\cdot\vec{e}_{\mathrm{R}} = \frac{Q\omega}{4\pi R}\cdot\frac{(z/R)}{[1 + (z/R)^2]^{3/2}}\cdot\vec{e}_{\mathrm{R}}, \quad (5.16\mathrm{b})$$

die in einer Ebene durch den Punkt z parallel zur x-y-Ebene mit der Winkelgeschwindigkeit ω um die z-Achse rotiert.

Überlagerungssatz. In einem ansonsten leeren Raum erregt jede der bewegten Punktladungen Q_ν (s. Bild **5.9**) in einem betrachteten Raumpunkt p eine magnetische Erregung $\vec{H}_\nu$, die nach Gl.(5.9) berechnet werden kann. Da im leeren Raum die magnetische Erregung $\vec{H}$ linear von ihrer Ursache $Q\vec{v}$ abhängt (linearer Raum), gilt der Überlagerungssatz, so daß die von n bewegten Ladungen bewirkte, resultierende magnetische Erregung $\vec{H}$ durch Summation der Komponenten $\vec{H}_\nu$ aller n Ladungen Q_ν berechnet werden kann.

$$\vec{H} = \sum_{\nu=1}^{n} \vec{H}_\nu = \frac{1}{4\pi}\sum_{\nu=1}^{n}\frac{Q_\nu}{r_\nu^2}\left(\vec{v}_\nu \times \frac{\vec{r}_\nu}{r_\nu}\right) \quad (5.17)$$

Sind statt Punktladungen Ladungsströmungen gegeben, so müssen diese als in
Punktladungen unterteilt aufgefaßt werden, wie im folgenden gezeigt.

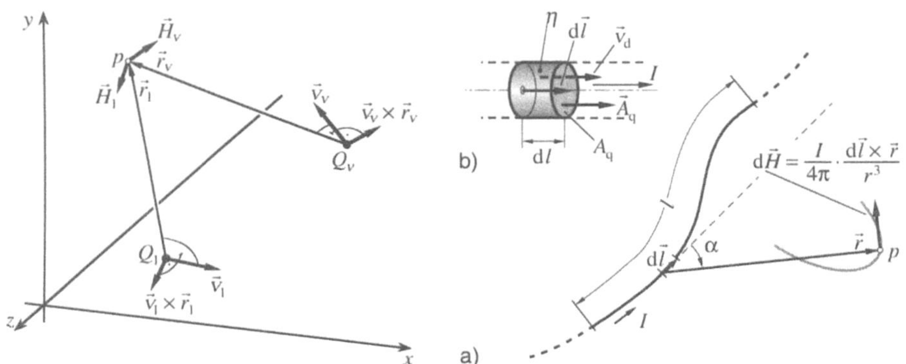

5.9 Graphische Überlagerung der magnetischen Erregungen $\vec{H}_\nu$ mehrerer Punktladungen Q_ν entsprechend Gl.(5.17)

5.10 Zur Berechnung der magnetischen Erregung $\vec{H}$ eines Linienleiters (a); Längen-
element des realen Leiters (b)

Stromdurchflossene Linienleiter. Zur Berechnung der magnetischen Erregung $\vec{H}$ in der Umgebung stromdurchflossener Leiter lassen sich diese häufig als
L i n i e n l e i t e r auffassen. Diese Annahme ist bei praktischen Aufgabenstellungen mit realen, also von Null verschiedenen Leiterquerschnitten A_q, immer dann
gerechtfertigt, wenn die magnetische Erregung $\vec{H}$ für Raumpunkte berechnet
wird, deren Abstand $\vec{r}$ vom Leiter sehr groß ist gegenüber den Querschnittsabmessungen $\sqrt{A_\mathrm{q}}$ des Leiters.

Stromdurchflossene Linienleiter stellt man sich entsprechend Bild **5.10a** in einzelne Längenelemente $\mathrm{d}\vec{l}$ unterteilt vor. In jedem Leiterelement (s. Bild **5.10b**)
mit dem Volumen $\mathrm{d}V = \mathrm{d}\vec{l}\cdot\vec{A}_\mathrm{q}$ und der Driftladungsdichte η strömt die als
Punktladung aufzufassende Driftladung $\mathrm{d}Q_\mathrm{d} = \eta V = \eta\,\mathrm{d}\vec{l}\cdot\mathrm{d}\vec{A}_\mathrm{q}$ mit der Driftgeschwindigkeit $\vec{v}_\mathrm{d}$ in Leiterlängsrichtung. Multipliziert man Gl.(4.19) mit dem
Volumen eines Leiterelementes $(\mathrm{d}\vec{l}\cdot\vec{A}_\mathrm{q})\cdot\vec{S} = (\mathrm{d}\vec{l}\cdot\vec{A}_\mathrm{q})\eta\cdot\vec{v}_\mathrm{d}$ und ersetzt $\vec{S}\cdot\vec{A}_\mathrm{q}$
entsprechend Gl.(4.32 b) durch den Strom I, so bekommt man die Geichung

$$\mathrm{d}Q_\mathrm{d}\vec{v}_\mathrm{d} = \vec{S}\,\mathrm{d}V = I\,\mathrm{d}\vec{l}, \tag{5.18}$$

die das Ladung-Geschwindigkeit-Produkt $\mathrm{d}Q_\mathrm{d}\vec{v}_\mathrm{d}$ auf das Strom-Längen-Pro-
dukt $I\,\mathrm{d}\vec{l}$ zurückführt und $\mathrm{d}\vec{l}$ mit der gleichen Orientierung wie die Driftgeschwindigkeit bzw. die Stromdichte $(\mathrm{d}\vec{l}\uparrow\uparrow\vec{S})$ in Leiterlängsrichtung festlegt. Ist
der Strom I mit Zählpfeil und – vorzeichenbehaftetem – Betrag gegeben, so ist
$\mathrm{d}\vec{l}$ wie der Stromzählpfeil I orientiert anzunehmen und der Wert für I vorzei-
chenbehaftet in Gl.(5.18) und damit auch in Gl.(5.20) einzusetzen. Jede dieser

mit der Geschwindigkeit $\vec{v}$ in dV strömenden Punktladungen bzw. der Strom I in jedem dieser Leiterelemente d$\vec{l}$ erregt entsprechend Gl.(5.9) in einem Raumpunkt p im Abstand $\vec{r}$ von d$\vec{l}$ die infinitesimale Komponente der magnetischen Erregung

$$\mathrm{d}\vec{H} = \frac{\mathrm{d}Q}{4\pi r^2}\left(\vec{v}\times\frac{\vec{r}}{r}\right) = \frac{I}{4\pi r^2}\left(\mathrm{d}\vec{l}\times\frac{\vec{r}}{r}\right). \tag{5.19}$$

Die von einem Linienleiterstück der Länge l (s. Bild **5.**10a) in einem Punkt p verursachte magnetische Erregung $\vec{H}$ läßt sich nach dem Überlagerungsprinzip durch die Summation aller von $I\,\mathrm{d}\vec{l}$ erregten Komponenten berechnen, d.h. durch Integration von d$\vec{H}$ über die Leiterlänge l.

$$\vec{H}_1 = \int_l \mathrm{d}\vec{H} = \frac{I}{4\pi}\int_l \frac{1}{r^2}\left(\mathrm{d}\vec{l}\times\frac{\vec{r}}{r}\right) \tag{5.20}$$

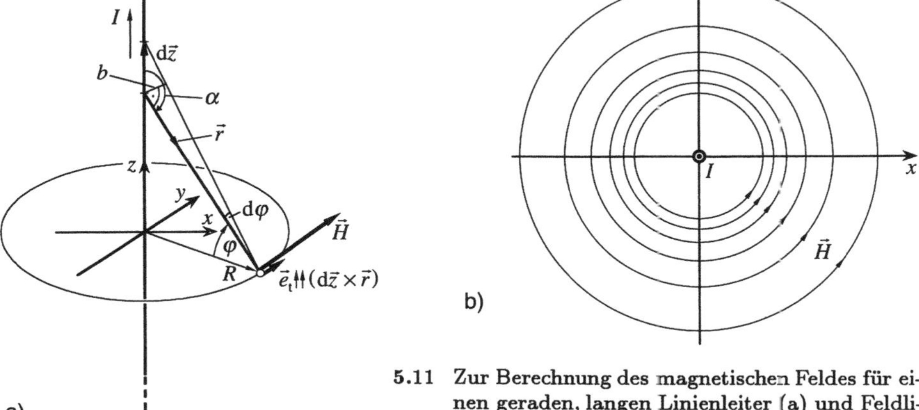

5.11 Zur Berechnung des magnetischen Feldes für einen geraden, langen Linienleiter (a) und Feldlinienbild in Ebene orthogonal zum Leiter (b)

Beispiel 5.7. Die magnetische Erregung $\vec{H}$, die vom Strom I in einem unendlich langen, geraden Leiter im unendlich ausgedehnten, magnetisch neutralen Raum erregt wird, ist zu bestimmen. Der Leiter soll als Linienleiter aufzufassen sein.

Man betrachtet einen beliebigen Punkt, der in der x-y-Ebene orthogonal zur Leiterlängsachse (z-Achse) durch den Radiusvektor $\vec{R}$ gekennzeichnet ist (s. Bild **5.**11a). Die Ebene kann an einer beliebigen Stelle des Leiters angenommen werden, für die $z = 0$ gewählt wird; dann erstreckt sich der Leiter von $z = -\infty$ bis $z = +\infty$. Mit den dafür in Bild **5.**11a festgelegten Bezeichnungen ergibt sich nach Gl.(5.19) d$\vec{H}$ und damit nach Gl.(5.20) die magnetische Erregung $\vec{H} = \int_l \mathrm{d}\vec{H}$. Alle d$\vec{H}$ für d$\vec{l} = \mathrm{d}\vec{z}$ von

$z = -\infty$ bis $z = +\infty$ haben dieselbe Richtung und Orientierung rechtwinklig auf der mit $\vec{r}$ und $\mathrm{d}\vec{z}$ (oder auch $\vec{R}$) bestimmten Ebene mit der Orientierung rechtswendig um $\mathrm{d}\vec{z} \uparrow\uparrow \vec{S}$ oder um den (positiven) Stromzählpfeil. Damit ergibt sich die Vektorgleichung der magnetischen Erregung

$$\vec{H} = \int\limits_{l} \mathrm{d}\vec{H} = \frac{I}{4\pi} \int\limits_{z=-\infty}^{+\infty} \frac{1}{r^2} \left[\mathrm{d}\vec{z} \times \left(\frac{\vec{r}}{r} \right) \right] = \vec{e}_\mathrm{t} \frac{I}{4\pi} \int\limits_{z=-\infty}^{+\infty} \frac{\mathrm{d}z \sin \alpha}{r^2}, \tag{5.21}$$

aus der mit der Bogenlänge $b = r\,\mathrm{d}\varphi = \mathrm{d}z \cos(\alpha - \pi/2) = \mathrm{d}z \sin \alpha$ und $r = R/\cos\varphi$ und den Integrationsgrenzen $\varphi = \pm\pi/2$ entsprechend $z = \pm\infty$ die Betragsgleichung

$$H = \frac{I}{4\pi} \int\limits_{\varphi=-\pi/2}^{+\pi/2} \frac{\cos\varphi}{R} \,\mathrm{d}\varphi = \frac{I}{4\pi R} \sin\varphi \Big|_{-\pi/2}^{\pi/2} = \frac{I}{2\pi R} \tag{5.22}$$

folgt. Man erkennt, daß die magnetische Erregung in Punkten mit gleichem Abstand R vom Linienleiter den gleichen Betrag hat und tangential an den Kreis mit dem Radius R um den Linienleiter auftritt.

– Ein stromdurchflossener, unendlich langer, gerader Linienleiter erregt im unendlich ausgedehnten, magnetisch neutralen Raum ein Magnetfeld, dessen Feldlinienbild konzentrischen Kreisen um den Linienleiter entspricht (s. Bild **5.11b**).

Gleichung (5.22) ist für Punkte auf dem Linienleiter selbst ($R \to 0$) singulär [entsprechend der Ausgangsgleichung (5.20)]. Dies hat aber insofern keine praktische Bedeutung, da reale Leiter immer eine radiale Ausdehnung haben ($R > 0$). Wird dies berücksichtigt, d. h., das Feld eines Leiters mit $R > 0$ und $\vec{S} = I/(4\pi R^2) < \infty$ berechnet (s. Beispiel 5.10), verschwindet die Singularität, und man bekommt für alle Punkte innerhalb wie außerhalb des Leiters einen endlichen Wert für die magnetische Erregung.

Beispiel 5.8. Reale Leiter (Stromkreise) lassen sich häufig als aus mehreren jeweils geraden Stücken endlicher Länge l zusammengesetzt auffassen (s. Beispiel 5.54). Für ein solches vom Strom I durchflossenes gerades Leiterstück l ist die magnetische Erregung $\vec{H}$ zu berechnen.

Mit den Bezeichnungen in Bild **5.12a** ergibt sich analog dem Rechengang in Beispiel 5.7 der Betrag der magnetischen Erregung

$$H = \frac{I}{4\pi R} \sin\varphi \Big|_{\varphi_2}^{\varphi_1} = \frac{I}{4\pi R} (\sin\varphi_1 - \sin\varphi_2). \tag{5.23}$$

Der Vektor $\vec{H}$ liegt tangential zu konzentrischen Kreisen um die Leiterlängsachse rechtswendig um I orientiert (s. Beispiel 5.7). Anders als beim unendlich langen Leiter

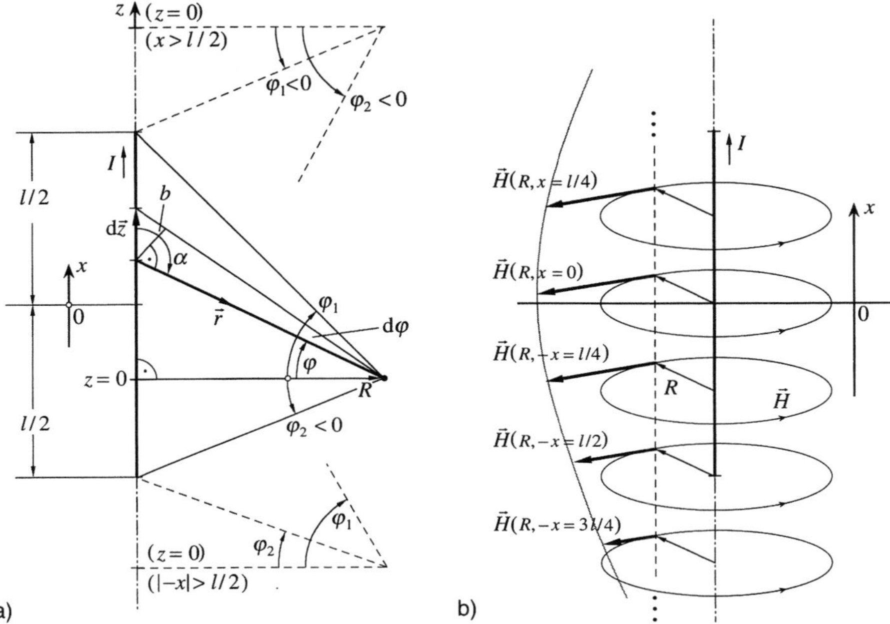

5.12 Zur Berechnung des magnetischen Feldes für einen geraden Linienleiter endlicher Länge
     (a) und Feldlinienbild (b)

ist aber der Betrag H nicht nur von R abhängig, sondern auch von der Lage x der
Leiterlängenmitte zur betrachteten Ebene, in der H durch eine konzentrisch um die
Leiterlängsachse liegende Feldlinie dargestellt wird ($H_{(R,x)}$, s. Bild 5.12b). In einer
Ebene in Leitermitte $z = 0$ bei $x = 0$ treten mit $|\varphi_1| = |-\varphi_2| = \varphi$ die maximalen
magnetischen Erregungen

$$H_{\max} = H_{(R,\,x=0)} = \frac{I}{4\pi R}(\sin \varphi_1 + \sin \varphi_2) = \frac{I}{2\pi R}\sin \varphi \qquad (5.24)$$

auf. In Ebenen, die zum Ende des Leiters ($z = 0$ bei $0 < |x| < l/2$, also $\varphi_1 > 0$, $\varphi_2 <$
0), oder über dieses hinaus verschoben sind ($z = 0$ bei $x > l/2$, also $\varphi_1 < 0$, $\varphi_2 < 0$
oder $|-x| > l/2$, also $\varphi_1 > 0$, $\varphi_2 > 0$), wird die magnetische Erregung H zunehmend
kleiner und geht mit $z = 0$ bei $x \to \infty$ gegen Null (s. Bild 5.12b).

Unbedingt zu beachten ist, daß ein stationärer Strom I sich quellenfrei im geschlossenen Stromkreis schließt. Mit Gl.(5.23) berechnet man also nur eine Komponente
$H_{\nu(I,l_\nu)}$ der tatsächlich (meßbar) auftretenden magnetischen Erregung $\vec{H} = \sum \vec{H}_{\nu(I,l_\nu)}$,
die sich als Überlagerung der für alle Teillängen l_ν des geschlossenen Stromkreises berechneten Komponenten $\vec{H}_{\nu(I,l_\nu)}$ ergibt.

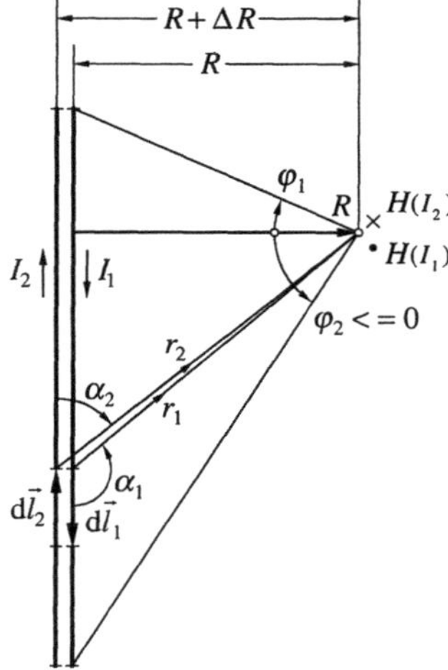

5.13 Zur Berechnung des magnetischen Feldes für zwei parallele Leiter endlicher Länge

Beispiel 5.9. Das magnetische Feld in der Umgebung stromdurchflossener Leiter ist häufig unerwünscht (elektromagnetische Beeinflussung bei zeitveränderlichen Strömen). Man verlegt daher in Anlagen oder Geräten die Hin- und Rückleitungen mit möglichst geringem Abstand zueinander (möglichst verdrillt). Die magnetische Erregung H in der Umgebung geradlinig parallel im Abstand ΔR verlaufender Linienleiter entsprechend Bild **5.13** ist zu bestimmen.

In Entfernungen R vom Leiter, die groß sind gegenüber dem Leiterabstand $\Delta R \ll R$, gilt $r_1 \approx r_2$, und die Winkel α_1, α_2 wie auch φ_1, φ_2 können jeweils mit gleichen Beträgen für Leiter *1* und *2* angenomen werden. Dann ergibt sich entsprechend Gl.(5.23) die jeweilige magnetische Erregung $H(I_1)$ bzw. $H(I_2)$ der Leiter mit I_1 bzw. I_2 aus der Bildebene Bild **5.13** heraus- bzw. hineinorientiert. Subtrahiert man also die entsprechend Beispiel 5.8, Gl.(5.23) mit R bzw. $(R + \Delta R)$ berechneten Beträge der magnetischen Erregungen, so ergibt sichder Betrag der resultierenden magnetischen Erregung der Doppelleitung

$$
\begin{aligned}
H = H(I_1) - H(I_2) &= \frac{I}{4\pi}(\sin\varphi_1 - \sin\varphi_2)\left(\frac{1}{R} - \frac{1}{R+\Delta R}\right) \\
&\approx \frac{I}{4\pi}\frac{\Delta R}{R^2}(\sin\varphi_1 - \sin\varphi_2)\,.
\end{aligned}
\tag{5.25}
$$

– Das magnetische Feld stromdurchflossener Hin- und Rückleitungen, die mit kleinem Abstand ΔR zueinander verlegt sind, wird proportional dem Verhältnis dieses Abstandes zu dem Quadrat der Entfernung kleiner.

Elektrische Strömungsfelder. Zur Berechnung des Magnetfeldes, welches von einem beliebigen Strömungsfeld der Stromdichte $\vec{S}$ erregt wird (s. Bild 5.14a), denkt man sich dieses in einzelne Volumenelemente $\mathrm{d}V = \mathrm{d}\vec{A}\cdot\mathrm{d}\vec{l}$ unterteilt, so daß $\mathrm{d}\vec{l}$ und $\mathrm{d}\vec{A}$ in Richtung von $\vec{S}$ liegen. In einem solchen Volumenelement bewegt sich die als Punktladung aufzufassende infinitesimale Ladungsmenge $\mathrm{d}Q_\mathrm{d}$ mit der Geschwindigkeit $\vec{v}_\mathrm{d}$, deren Produkt $\mathrm{d}Q_\mathrm{d}\vec{v}_\mathrm{d} = \vec{S}\,\mathrm{d}V$ sich entsprechend Gl.(5.18) aus der Stromdichte ergibt. Jedes dieser Strömungselemente $\vec{S}\,\mathrm{d}V$ verursacht in einem Punkt p, der um $\vec{r}$ von diesem Element entfernt ist, eine Komponente der magnetischen Erregung

$$
\mathrm{d}\vec{H} = \frac{\mathrm{d}Q}{4\pi r^2}\left(\vec{v}\times\frac{\vec{r}}{r}\right) = \frac{\mathrm{d}V}{4\pi r^2}\left(\vec{S}\times\frac{\vec{r}}{r}\right)\,.
\tag{5.26}
$$

Integriert man nun diese Komponenten der magnetischen Erregung $\mathrm{d}\vec{H}$ aller Strömungselemente $\vec{S}\,\mathrm{d}V$ eines elektrischen Strömungsfeldes über sein Volumen V, so bekommt man die von diesem Strömungsvolumen V erregte, resultierende magnetische Erregung

$$H = \frac{1}{4\pi}\int \frac{1}{r^2}\left(\vec{S}\times\frac{\vec{r}}{r}\right)\mathrm{d}V.$$

Volumen V des Strömungsgebietes

(5.27)

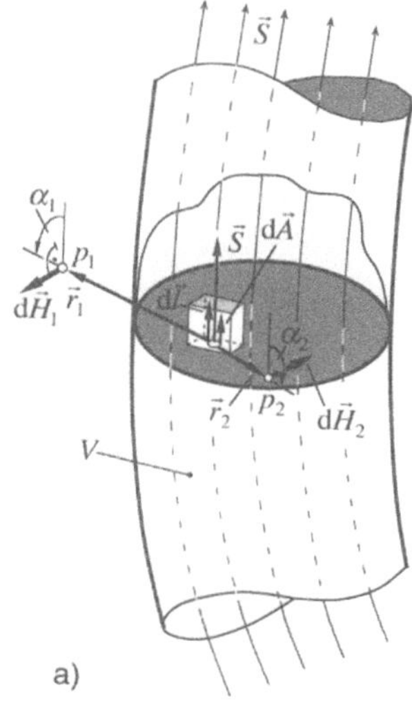

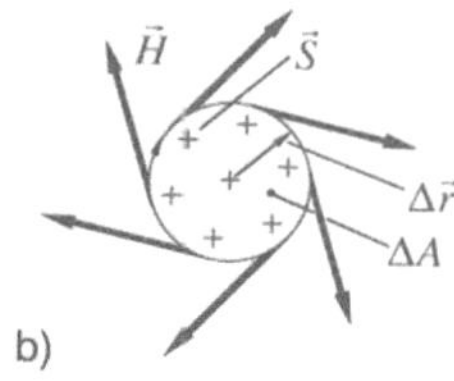

5.14

Zur Berechnung der magnetischen Erregung $\vec{H}$ eines Strömungsgebietes
a) Geometrie zu Gl.(5.27),
b) H-Feld um ein Flächenelement ΔA innerhalb eines homogenen Strömungsfeldes

Soll die magnetische Erregung in einem Punkt p_2 innerhalb des Strömungsfeldes berechnet werden, so wird nach Gl.(5.27) auch die Komponente der magnetischen Erregung $\mathrm{d}\vec{H}$, die das Strömungselement $\vec{S}\,\mathrm{d}V$ in diesem Punkt p_2 erregt, in die Integration einbezogen. Für diese Komponente $\mathrm{d}\vec{H}$ wird aber mit $r\to 0$ die Gl.(5.27) singulär, d.h., der Vektor $\mathrm{d}\vec{H}(r)$ ist nicht stetig von $r\neq 0$ bis $r = 0$ bestimmt. Aus Beispiel 5.1 läßt sich aber folgern, daß eine im magnetisch neutralen Raum mit der Geschwindigkeit $\vec{v}$ bewegte Punktladung keine Lorentzkraft auf sich selbst ausübt. Damit muß entsprechend der allgemeinen Definitionsgleichung Gl.(5.1i) in Bild **5.1** auch die magnetische Erregung $\vec{H}$ in ihrem eigenen Punkt verschwinden [mit $\vec{F} = Q(\vec{v}\times\mu_0\vec{H})\to 0$ gilt $\vec{H}\to 0$]. Man kann also auch feststellen, daß die Stromdichte $\vec{S}$ in demselben Punkt, in dem sie auftritt, keinen Beitrag zur magnetischen Feldstärke $\vec{H}$ in diesem Punkt liefert. Anschaulich könnte man dieses auch anhand von Bild **5.14b** erklären, in dem eine Kreisfläche $\Delta A = \Delta r^2\pi$ mit der homogenen Stromdichte $\vec{S}$ skizziert ist. Die Vektoren $\vec{H}(\Delta r)$ der von $\vec{S}$ verursachten magnetischen Erregung liegen tangential zum Kreisumfang (Feldlinie $\vec{H}$). Für $\Delta r > 0$ ist also jedem Punkt auf der Kreislinie ein in Betrag und Richtung eindeutiger Vektor $\vec{H}(\Delta \vec{r})$ zugeordnet. Mit $\Delta r\to 0$ schrumpft die Kreislinie zum Punkt, in dem $\vec{H}(\Delta \vec{r}=0)$ strahlenförmig auftritt, d.h., die Richtung von $\vec{H}(\Delta r=0)$ ist mehrdeutig. Den Betrag des Vektors $\vec{H}(\Delta r)$ ermittelt man über den erst in Abschnitt 5.3.2.3, Gl.(5.72b) erläuterten Durchflutungssatz $\oint \vec{H}\cdot\mathrm{d}\vec{l} = \int_{\Delta A}\vec{S}\cdot\mathrm{d}\vec{A}$. Im homogenen, unendlich langen Strömungsfeld lautet dieser für den in Bild **5.14b** skizzierten Kreis $H2\pi\Delta r = S\pi\Delta r^2$, und man erkennt daraus, daß mit $\Delta r\to 0$ auch $H = \Delta r S/2$ gegen Null geht (S endlich vorausgesetzt).

Bei der Bestimmung der magnetischen Erregung $\vec{H}$ in einem Punkt p innerhalb eines Strömungsfeldes kann also bei der Integration nach Gl.(5.27) das Volumenelement $\mathrm{d}V$ um diesen Punkt p ausgeklammert werden, da die Stromdichte $\vec{S}$ in diesem Punkt keinen Beitrag zum H-Vektor dieses Punktes liefert. Häufig verliert sich die Singularität bei der formal mathematischen Ausführung der Integration, was ohne Grenzwertbetrachtung hingenommen werden kann (s. Beispiel 3.16, in dem bei der Berechnung des Potentials im Inneren einer Kugelladung die Singularität mathematisch nicht zum Tragen kommt). Grundsätzlich läßt sich also in unendlich ausgedehnten, magnetisch neutralen Räumen das von einem beliebig gegebenen Strömungsfeld außerhalb und innerhalb desselben erregte Magnetfeld nach Gl.(5.27) berechnen, im allgemeinen allerdings mit einem erheblichen Rechenaufwand.

Beispiel 5.10. Ein unendlich langer, gerader Leiter mit kreisförmigem Querschnitt $A_\mathrm{q} = R^2\pi$ wird vom Strom I durchflossen, der sich gleichmäßig über A_q verteilt ($S = I/A_\mathrm{q} = \mathrm{const}$). Mit Hilfe der Gl.(5.27) ist der Ansatz für die Berechnung der magnetischen Erregung zu entwickeln.

Man nimmt an einer beliebigen Stelle des unendlich langen Leiters $l = 0$ an und betrachtet im Querschnitt A_q an dieser Stelle einen Punkt $p(l=0,\varrho,\gamma)$ mit dem Volumenelement $\mathrm{d}V = \mathrm{d}l\,\mathrm{d}\varrho(\varrho\,\mathrm{d}\gamma)$ und der Stromdichte $\vec{S}$ (s. Bild **5.15a**). In einem beliebigen Punkt $p(l,r,\gamma)$ erregt die Stromdichte $\vec{S}$ dieses Volumenelementes $\mathrm{d}V$ entsprechend Gl.(5.26) die infinitesimale magnetische Erregung

$$\mathrm{d}\vec{H}(\vec{S}) = \frac{\mathrm{d}l\,\mathrm{d}\varrho(\varrho\,\mathrm{d}\gamma)}{4\pi z^2}\left(\vec{S}\times\frac{\vec{z}}{z}\right)\ .$$

Integriert man die Komponenten $\mathrm{d}\vec{H}$ aller Elemente $\mathrm{d}V$ des Leitervolumens entsprechend Gl.(5.27), so bekommt man die im Punkt $\vec{p}$ auftretende magnetische Erregung

$$\vec{H} = \int\limits_V \mathrm{d}\vec{H}(\vec{S}) = \frac{1}{4\pi}\int\limits_{\varrho=0}^{R}\int\limits_{\gamma=0}^{2\pi}\int\limits_{l=-\infty}^{+\infty}\frac{1}{z^2}\left[\vec{S}\times\left(\frac{\vec{z}}{z}\right)\right]\mathrm{d}l\,(\varrho\,\mathrm{d}\gamma)\,\mathrm{d}\varrho\ . \tag{5.28}$$

Zweckmäßigerweise löst man zunächst das innere Integral und führt dazu über die infinitesimale Fläche $\mathrm{d}A = \mathrm{d}\varrho(\varrho\,\mathrm{d}\gamma)$ und die Stromdichte $\vec{S}$ mit $\mathrm{d}\vec{A}\upuparrows\mathrm{d}\vec{l}\upuparrows\vec{S}$ und damit $\vec{S}\,\mathrm{d}l = S\,\mathrm{d}\vec{l}$ den infinitesimalen Strom $\mathrm{d}I = \vec{S}\cdot\mathrm{d}\vec{A} = S\,\mathrm{d}A$ ein. Man betrachtet also die Feldkomponente $\mathrm{d}\vec{H}(\mathrm{d}I)$, die von einem vom Strom $\mathrm{d}I$ durchflossenen Linienleiter, der bei (ϱ,γ) parallel zur Leitermittellinie verläuft, erregt wird und somit, wie in Beispiel 5.7 erläutert, berechnet werden kann.

$$\mathrm{d}H(\mathrm{d}I) = \left|\frac{\mathrm{d}I}{4\pi}\int\limits_{l=-\infty}^{+\infty}\frac{1}{z^2}\left[\mathrm{d}\vec{l}\times\left(\frac{\vec{z}}{z}\right)\right]\right| = \frac{\mathrm{d}I}{2\pi R_{\mathrm{d}I}} \tag{5.29}$$

Die Feldlinien dieser Feldkomponenten sind also konzentrische Kreise mit dem Radius R_{dI} um den Linienleiter, der im Abstand ϱ parallel zur Leitermittellinie verläuft (s. Bild **5.15**). Integriert man das Feld $\mathrm{d}\vec{H}(\mathrm{d}I)$ aller Linienleiter über den Leiterquerschnitt entsprechend den beiden äußeren Integralen in Gl.(5.28), so bekommt man die magnetische Erregung des vom Strom I durchflossenen Leiters. Da bei der Integration die Richtungen von $\mathrm{d}\vec{H}(\mathrm{d}I)$ zu beachten sind, muß Gl.(5.29) mit $\mathrm{d}I = S\,\mathrm{d}\varrho(\varrho\,\mathrm{d}\gamma)$ und $\mathrm{d}\vec{H}(\mathrm{d}I)/\mathrm{d}H(\mathrm{d}I) = (\vec{S}/S) \times (\vec{R}_{\mathrm{dI}}/R_{\mathrm{dI}})$ (s. Bild **5.15**), also $\mathrm{d}\vec{H}(\mathrm{d}I) = [S\mathrm{d}\varrho(\varrho\,\mathrm{d}\gamma)/2\pi R_{\mathrm{dI}}]\,[(\vec{S}/S) \times (\vec{R}_{\mathrm{dI}}/R_{\mathrm{dI}})]$, in die Vektorgleichung überführt

$$\mathrm{d}\vec{H}(\mathrm{d}I) = \frac{1}{2\pi R_{\mathrm{dI}}}\left[\vec{S} \times \left(\frac{\vec{R}_{\mathrm{dI}}}{R_{\mathrm{dI}}}\right)\right]\mathrm{d}\varrho\,(\varrho\,\mathrm{d}\gamma) = \int\limits_{l=-\infty}^{\infty} \mathrm{d}\vec{H}(S) \tag{5.30}$$

und in dieser Form in Gl.(5.28) eingesetzt werden.

$$\vec{H} = \frac{1}{2\pi}\int\limits_{\varrho=0}^{R}\int\limits_{\gamma=0}^{2\pi}\frac{1}{R_{\mathrm{dI}}}\left[\vec{S} \times \left(\frac{\vec{R}_{\mathrm{dI}}}{R_{\mathrm{dI}}}\right)\right]\mathrm{d}\varrho\,(\varrho\,\mathrm{d}\gamma) \tag{5.31}$$

5.15
Zur Berechnung der magnetischen Erregung $\vec{H}$ des Strömungsfeldes im unendlich langen, geraden Leiter
a) Geometrie zu Beispiel 5.10,
b) H inner- und außerhalb des Leiters, abhängig von r (Abstand von der Leitermittellinie),
c) Überlagerung der H-Komponenten der Linienleiter mit $\mathrm{d}I$ zum Feld des Leiters mit I,

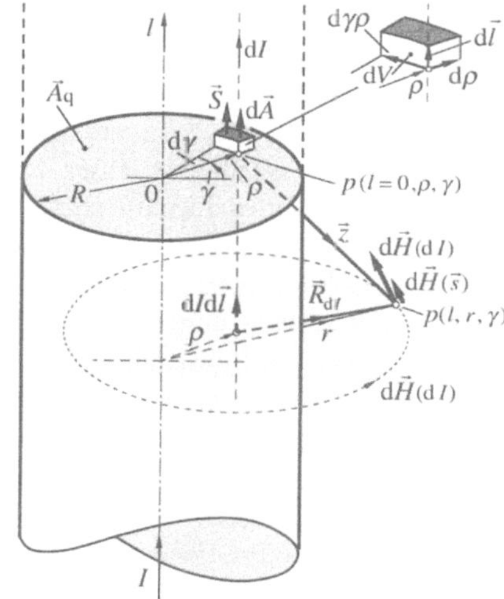

a)

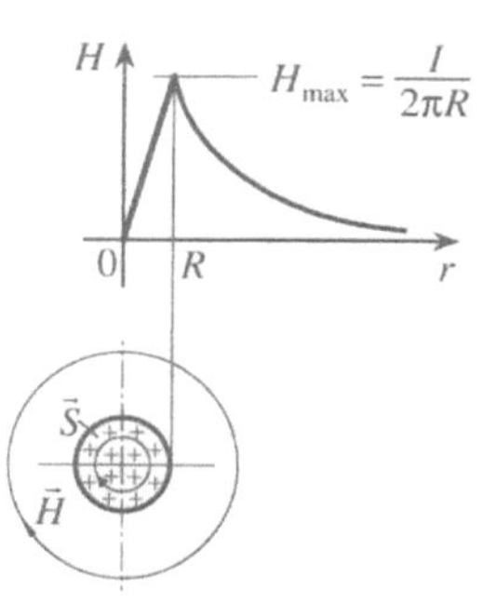

b)

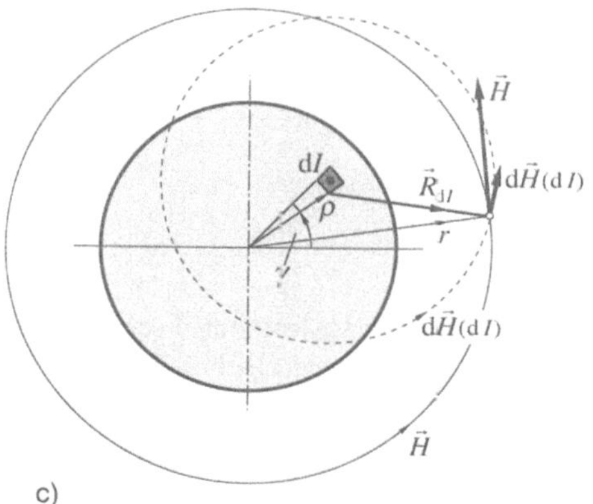

c)

Die Lösung, die hier nicht erläutert werden soll, ergibt folgendes Ergebnis:

- Ein vom Strom I durchflossener, unendlich langer, gerader Leiter mit kreisförmigem Querschnitt $R^2\pi$ und homogener Stromdichte $S = I/(R^2\pi)$ verursacht im unendlich ausgedehnten, magnetisch neutralen Raum die magnetische Erregung $\vec{H}$, die tangential zu konzentrischen Kreisen um die Leitermittellinie gerichtet und rechtswendig um $\vec{S}$ (bzw. I) orientiert ist. Das Feldlinienbild besteht innerhalb und außerhalb des Querschnittes aus konzentrischen Kreisen um die Leitermittellinie. Der Betrag der magnetischen Erregung ist außerhalb bzw. innerhalb der Leiter

$$H_{(r\geq R)} = \frac{I}{2\pi r} \qquad \text{bzw.} \qquad H_{(r\leq R)} = \frac{Ir}{2\pi R^2} \tag{5.32}$$

umgekehrt proportional ($\sim 1/r$) bzw. proportional ($\sim r$) dem Abstand r von der Leitermittellinie (s. Bild **5.**15b).

5.2.2.2 Biot-Savartsches Gesetz. In vielen praktischen Aufgabenstellungen soll das vom Strom I in einem Leiter gegebener Geometrie erregte Magnetfeld bestimmt werden in einer Entfernung $\vec{r}$ vom Leiter, die so groß ist, daß die Annahme eines Linienleiters zulässig ist, also Gl.(5.20) gilt. Setzt man einen stationären Strom I voraus, so muß dieser infolge der Quellenfreiheit stationärer Strömungsfelder immer in einem geschlossenen Kreis fließen. Wird also nach Gl.(5.20) mit dem Strom I in einer begrenzten Leiterlänge l, die nur eine Teillänge des geschlossenen Stromkreises ist, die magnetische Erregung $\vec{H}_1$ berechnet, so ist diese auch nur ein entsprechender Anteil der tatsächlich – meßbar – in Erscheinung tretenden magnetischen Erregung $\vec{H}$, die unabdingbar immer von dem Strom I in der Gesamtheit aller $\mathrm{d}\vec{l}$ entlang des geschlossenen Stromkreises von dem Strom I erregt wird. Zur Berechnung der von einem Strom verursachten magnetischen Erregung $\vec{H}$ muß also die Integration entsprechend Gl.(5.20) über die gesamte Länge des geschlossenen Stromkreises ausgeführt werden, in dem I fließt. Diese die Vollständigkeit betonende Form der Gl.(5.20) wird B i o t – S a v a r t s c h e s G e s e t z

$$\vec{H} = \frac{I}{4\pi} \oint\limits_{\substack{\text{geschlossener} \\ \text{Stromkreis}}} \frac{1}{r^2}\left(\mathrm{d}\vec{l} \times \frac{\vec{r}}{r}\right) \tag{5.33}$$

genannt.

Trotz dieser grundsätzlichen Feststellung muß allerdings gesagt werden, daß die Berechnung des magnetischen Feldes eines stromdurchflossenen Leiters begrenzter Länge, d. h. einer Teillänge des geschlossenen Stromkreises, praktisch von großem Nutzen ist, da man in vielen realen Stromkreisen bestimmte Teillängen außer acht lassen kann, weil ihr Beitrag zur Erregung des magnetischen Feldes gegenüber dem der übrigen Längen vernachlässigbar klein ist. Z. B. genügt es, zur Berechnung des Feldes einer Spule entsprechend Bild 5.23 das Linienintegral zwischen Anfang und Ende der Spulenwindungen auszuwerten, da das Feld der räumlich nebeneinander bzw. verdrillt verlaufenden Hin- und Rückleitungen praktisch vernachlässigt werden kann.

Beispiel 5.11. In Bild 5.16a ist im magnetisch neutralen Raum ein kreisförmiger, dünner Leiter dargestellt, der über dicht aneinander liegende Anschlußpunkte *1* und *2* mit unmittelbar nebeneinander liegenden, verdrillten Hin- und Rückleitungen an eine Spannungsquelle angeschlossen ist, so daß der Strom I fließt. Die magnetische Erregung $\vec{H}$ in der z-Achse (durch den Kreismittelpunkt) ist zu berechnen.

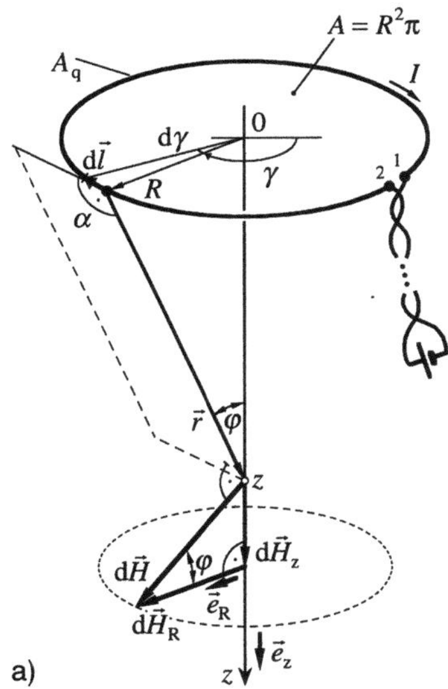

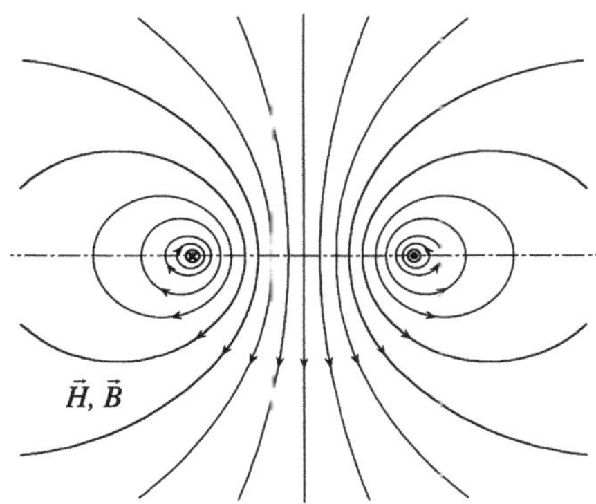

5.16 Magnetisches Feld eines stromdurchflossenen Kreisringleiters
a) Geometrie zur Berechnung von H in der Kreismittelpunktachse z,
b) Feldlinienbild in einer durch die z-Achse bestimmten Schnittebene

Da das von dem Strom I in den Hin- und Rückleitungen erregte magnetische Feld vernachlässigbar klein ist (s. Beispiel 5.9), kann der Stromkreis hinsichtlich der magnetischen Wirkung als unmittelbar über die Anschlußpunkte *1* und *2* geschlossen angenommen werden. Damit kann der Ring als geschlossener Stromkreis und aus einer Entfernung $r \gg \sqrt{A_q}$ als linienförmig angenommen werden. Die magnetische Erregung $\vec{H}$ kann also nach dem Biot-Savartschen Gesetz Gl.(5.33) berechnet werden, in dem zweckmäßigerweise $d\vec{H} = d\vec{H}_z + d\vec{H}_R$ als Summe ihrer Komponenten $d\vec{H}_z$ und $d\vec{H}_R$ geschrieben wird.

$$\vec{H} = \frac{I}{4\pi} \oint_{\text{Kreis}} \frac{1}{r^2} \left[d\vec{l} \times \left(\frac{\vec{r}}{r} \right) \right] = \oint (d\vec{H}_R + d\vec{H}_z) \tag{5.34}$$

Man erkennt im Zusammenhang mit Bild **5.16a**, daß über jedes Kreisringelement $\mathrm{d}\vec{l}$ eine auf der durch $\mathrm{d}\vec{l}$ und $\vec{r}$ bestimmten Fläche rechtwinklig stehende, infinitesimale magnetische Erregung $\mathrm{d}\vec{H} = \mathrm{d}\vec{H}_\mathrm{R} + \mathrm{d}\vec{H}_\mathrm{z}$ verursacht wird, aus der die Beträge der infinitesimalen Komponenten $\mathrm{d}H_\mathrm{R} = \mathrm{d}H \cos\varphi$ und $\mathrm{d}H_\mathrm{z} = \mathrm{d}H \sin\varphi$ bestimmt werden können (s. Beispiel 5.6).

Bildet man das Umlaufintegral der Vektorkomponenten $\mathrm{d}\vec{H}_\mathrm{R}$, die von $I\,\mathrm{d}l$ über den vollen Kreisring $2\pi R$ erregt werden, so ergibt dieses Null ($\oint \mathrm{d}\vec{H}_\mathrm{R} = 0$; Summation aller Vektoren $\mathrm{d}\vec{H}_\mathrm{R}$ eines symmetrischen Vektorsternes in einer Ebene).

Bildet man das Umlaufintegral $\oint \mathrm{d}\vec{H}_\mathrm{z}$ der Komponenten $\mathrm{d}\vec{H}_\mathrm{z}$ über den Kreisring, so kann dieses über den Betrag von $\mathrm{d}\vec{H}_\mathrm{z}$ erfolgen, da die Komponenten $\mathrm{d}\vec{H}_\mathrm{z}$ aller Ringelemente $\mathrm{d}\vec{l}$ gleich orientiert in der z-Achse liegen. Mit $\mathrm{d}\vec{l} \perp \vec{r}$, d. h. mit $|\mathrm{d}\vec{l} \times \vec{r}/r| = \mathrm{d}l\sin(\pi/2) = \mathrm{d}l$, $r^2 = R^2 + z^2$ und $\sin\varphi = R/r = R/\sqrt{R^2 + z^2}$ ergibt sich der Betrag

$$H_\mathrm{z} = \oint \mathrm{d}H_\mathrm{z} = \oint \mathrm{d}H \sin\varphi = \frac{I}{4\pi} \oint \frac{\mathrm{d}l \sin\varphi}{R^2 + z^2} = \frac{I}{4\pi} \cdot \frac{R}{[R^2 + z^2]^{3/2}} \oint \mathrm{d}l\,. \qquad (5.35)$$

Setzt man $\mathrm{d}l = R\,\mathrm{d}\gamma$, so ergibt sich mit dem Ringintegral $\oint \mathrm{d}l = R \int_{\gamma=0}^{2\pi} \mathrm{d}\gamma = 2\pi R$ die magnetische Erregung in der z-Achse ($\vec{e}_\mathrm{z}$ Einsvektor)

$$\vec{H} = H_\mathrm{z}\vec{e}_\mathrm{z} = \frac{I}{2R} \cdot \frac{1}{[1 + (z/R)^2]^{3/2}}\vec{e}_\mathrm{z}\,. \qquad (5.36)$$

In der Mitte der Ringebene tritt die maximale magnetische Erregung $H_\mathrm{max} = H_{(z=0)} = I/(2R)$ auf, in größerer Entfernung von dieser Ebene ($z \gg R$) wird die magnetische Erregung

$$H_{(z \gg R)} \approx \frac{I}{2R}\left(\frac{R}{z}\right)^3 \qquad (5.37)$$

mit der dritten Potenz des Abstandes von der Ringmitte kleiner.

Sinngemäß läßt sich nun mit Gl.(5.34) auch für beliebige Punkte in der Umgebung des Ringleiters die magnetische Erregung $\vec{H}$ berechnen, was aber auf einen erheblichen mathematischen Aufwand führt. Eleganter erfolgt die Berechnung der magnetischen Erregung $\vec{H}$ über das skalare magnetische Potential ψ (s. Beispiel 5.12) und/oder mit Hilfe numerischer Verfahren, auf die im Rahmen des vorliegenden Grundlagenbandes nicht eingegangen werden kann. Das Ergebnis solcher Rechnungen ist in Bild **5.16b** als Feldlinienbild in einer Ebene durch einen Ringdurchmesser orthogonal zur Ringebene, also einer Ebene, in der die z-Achse liegt, dargestellt. Dieses Feldlinienbild beschreibt das räumliche Feld der Ringspule vollständig, da es für alle Ebenen gilt, in der die z-Achse liegt (um diese gedreht sind) (s. Beispiel 5.12).

– Das magnetische Feld eines stromdurchflossenen Kreisleiters (oder einer Spule) ist ein rotationssysmmetrisches Feld, das eindeutig in einer Ebene dargestellt werden kann, in der die Mittelpunktsenkrechte auf der Kreisringfläche liegt (s. Bild **5.16b**).

5.2.2.3 Bestimmung der magnetischen Erregung über den Raumwinkel. Anhand des mathematisch übersichtlichen Beispiels 5.11 ist eine für die theoretische Berechnung von Magnetfeldern wesentliche Gesetzmäßigkeit erläutert. Führt man in Gl.(5.37) die Kreisfläche $A = \pi R^2$ ein, so kann man die magnetische Erregung

$$H \approx \frac{I}{2\pi} \frac{A}{z^3} \tag{5.38}$$

auf der Linie durch den Ringmittelpunkt rechtwinklig zur Ringebene (z-Achse) auch als proportional dem Quotienten aus der vom Strom I eingeschlossenen Fläche $A = \pi R^2$ und der dritten Potenz des Abstandes von der Ebene deuten. Diese Darstellungsform [Gl.(5.38)] ist von großer Bedeutung, da

a. der Quotient $(2A/z^3)$ als die negative Ableitung von (A/z^2) nach z aufgefaßt werden kann und

b. für $z \gg \sqrt{A}$ der Quotient (A/z^2) näherungsweise den Raumwinkel $\Omega \approx A/z^2$ (s. Bild **5.17a**) angibt, den die Fläche A gegenüber dem Punkt z öffnet.

Führt man diesen Zusammenhang

$$\frac{2A}{z^3} = -\frac{\partial}{\partial z}\left(\frac{A}{z^2}\right) \approx -\frac{\partial \Omega}{\partial z} \tag{5.39}$$

in Gl.(5.38) ein, so läßt sich die von einem stromdurchflossenen Kreisringleiter in der z-Achse verursachte magnetische Erregung

$$H_z \approx -\frac{I}{4\pi} \frac{\partial \Omega}{\partial z} \tag{5.40}$$

auch auf die Ableitung des Raumwinkels Ω nach der z-Koordinate zurückführen.

Diese anhand von Beispiel 5.11 für den Kreisringleiter erläuterten Erkenntnisse können sinngemäß auf beliebig geformte, ebene Leiterschleifen übertragen werden und führen zu folgender allgemeingültiger Gesetzmäßigkeit.

– Ein vom Strom I durchflossener Leiter, der die beliebige ebene Fläche A umschließt, verursacht in beliebigen Punkten p im Abstand $\vec{r}$ von ihrem Mittelpunkt (r groß gegenüber den Abmessungen der Fläche) eine magnetische Erregung $\vec{H} = \vec{H}_l + \vec{H}_{\perp l}$, deren Komponente $\vec{H}_l$ in einer beliebigen Richtung l sich ergibt als Produkt aus $I/(4\pi)$ und der negativen partiellen Ableitung des Raumwinkels Ω der Fläche A, bezogen auf p, nach dl (s. Bild **5.17a**).

$$H_l \approx -\frac{I}{4\pi} \frac{\partial \Omega}{\partial l} \tag{5.41}$$

Der Vektor $\vec{H}$ der magnetischen Erregung liegt in der Richtung der Länge l_n, für die die Ableitung des Raumwinkels $\partial\Omega/\partial l$ den maximalen Wert hat, d. h., in der die Änderung von Ω maximal ist $[\partial\Omega/\partial l_\mathrm{n} = (\partial\Omega/\partial l)_\mathrm{max}]$.

$$H \approx -\frac{I}{4\pi}\frac{\mathrm{d}\Omega}{\mathrm{d}l_\mathrm{n}}\,;\qquad \mathrm{d}\vec{l_\mathrm{n}} \uparrow\uparrow \vec{H} \tag{5.42}$$

Kennt man also den qualitativen Feldverlauf und damit die Richtung von $\vec{H}\|\mathrm{d}\vec{l_\mathrm{n}}$, so läßt sich das Feld nach Gl.(5.42) auch relativ einfach quantitativ berechnen. Ist das nicht der Fall, so könnte Ω als Funktion des Ortes aufgestellt und daraus $\vec{H}$ über seine Komponenten wie folgt bestimmt werden.

Mit dem Raumwinkel Ω wird zunächst das in Abschnitt 5.3.2.2 erläuterte s k a l a r e   m a g n e t i s c h e   P o t e n t i a l

$$\psi \approx \frac{I}{4\pi}\Omega \tag{5.43}$$

definiert. Über diese skalare Größe ψ läßt sich das magnetische Feld in stromfreien Gebieten auch als Skalarfeld darstellen, dem ähnliche Eigenschaften anhaften wie dem elektrostatischen Feld (s. Abschn. 3.1.3.1). Die in den Koordinatenlinien liegenden Komponenten der magnetischen Erregung $\vec{H}_\mathrm{x}$, $\vec{H}_\mathrm{y}$, $\vec{H}_\mathrm{z}$ können durch Ableitung des skalaren magnetischen Potentials nach diesen Koordinaten gebildet werden

$$\vec{H}_\mathrm{x} = -\frac{\partial\psi}{\partial x}\vec{e}_\mathrm{x}\,,\qquad \vec{H}_\mathrm{y} = -\frac{\partial\psi}{\partial y}\vec{e}_\mathrm{y}\,,\qquad \vec{H}_\mathrm{z} = -\frac{\partial\psi}{\partial z}\vec{e}_\mathrm{z}\,, \tag{5.44}$$

aus denen sich der Betrag der magnetischen Erregung

$$H = \sqrt{H_\mathrm{x}^2 + H_\mathrm{y}^2 + H_\mathrm{z}^2} \tag{5.45}$$

ergibt (s. Abschn. 3.1.3.3).

In Räumen, die stromführende Bereiche umschließen, verliert das skalare magnetische Potential allerdings (anders als das elektrostatische) seine Eindeutigkeit (s. magnetische Spannung, Abschn. 5.3.2).

Beispiel 5.12 Die magnetische Erregung $\vec{H}$ des vom Strom I durchflossenen Kreisringleiters nach Bild **5.16a** ist über das skalare magnetische Potential zu berechnen.

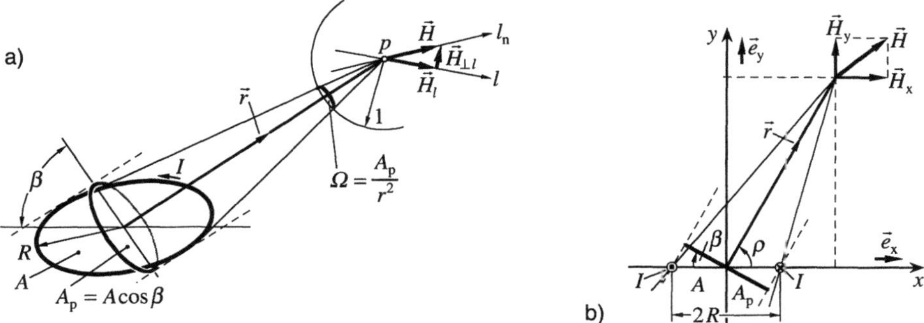

5.17 Zur Berechnung der magnetischen Erregung einer stromdurchflossenen Leiterschleife über den Raumwinkel Ω
  a) Raumwinkel Ω von Punkt p aus, b) Geometrie in Schnittebene

Aus beliebigen Punkten in der Entfernung $\vec{r}$ (für $r \gg R$) vom Mittelpunkt des Ringleiters (s. Bild **5.17a**) erscheint die vom Ringleiter eingeschlossene Fläche $A = \pi R^2$ über ihre Projektion $A_\mathrm{p} = A \cos\beta$ auf die Ebene orthogonal zu $\vec{r}$ unter dem Raumwinkel $\Omega = (A \cos\beta)/r^2$. Für die weitere Rechnung wird die Ebene betrachtet, die orthogonal zur Ringebene liegt, durch den Ringmittelpunkt geht und in der der Ortsvektor $\vec{r}$ liegt. Wählt man in dieser Ebene das Koordinatensystem wie in Bild **5.17b** (I rechtswendig zur y-Orientierung), so gilt $\cos\beta = \sin\varrho = y/r$ und $r = \sqrt{x^2 + y^2}$. Damit ergeben sich mit dem Raumwinkel bzw. skalaren magnetischen Potential

$$\Omega \approx \frac{A\cos\beta}{r^2} = \frac{A\,y}{(x^2+y^2)^{3/2}}\;; \qquad \psi \approx \frac{I}{4\pi}\frac{A\,y}{(x^2+y^2)^{3/2}} \tag{5.46}$$

die Komponenten der magnetischen Erregung in der x- und y-Richtung

$$\vec{H}_\mathrm{x} \approx -\frac{\partial\psi}{\partial x}\vec{e}_\mathrm{x} = \frac{IA}{4\pi}\cdot\frac{3xy}{(x^2+y^2)^{5/2}}\vec{e}_\mathrm{x}\;; \qquad \vec{H}_\mathrm{y} \approx -\frac{\partial\psi}{\partial y}\vec{e}_\mathrm{y} = \frac{IA}{4\pi}\cdot\frac{2y^2 - x^2}{(x^2+y^2)^{5/2}}\vec{e}_\mathrm{y}\;. \tag{5.47}$$

Mit $x = 0$ ergeben sich in der y-Achse die Komponenten H_x in x-Richtung nach Gl.(5.47) zu Null $[\vec{H}_{\mathrm{x}(x=0)} = 0]$. Die magnetische Erregung $\vec{H} = \vec{H}_\mathrm{y}$ liegt also in der y-Achse, die somit eine Feldlinie darstellt, und ergibt sich mit $x = 0$ nach Gl.(5.47) zu

$$\vec{H}_{\mathrm{y}(x=0)} \approx \frac{IA}{2\pi}\cdot\frac{1}{y^3}\vec{e}_\mathrm{y}\,, \tag{5.48}$$

was mit dem nach dem Biot-Savartschen Gesetz in Beispiel 5.16 ermittelten Ergebnis [Gl.(5.38)] übereinstimmt.

Die in der Ringebene außerhalb des Ringes $y = r \gg R$ mit $y = 0$ liegenden Komponenten $\vec{H}_\mathrm{x}$ ergeben sich nach Gl.(5.47) ebenfalls zu Null $[\vec{H}_{\mathrm{x}(y=0)} = 0]$. Die magnetische

Erregung $\vec{H} = \vec{H}_y$ verläuft also außerhalb des Ringleiters orthogonal durch die Ringebene und ergibt sich mit $y = 0$ nach Gl.(5.47) zu

$$\vec{H}_{y(y=0,\, x \gg R)} \approx -\frac{IA}{4\pi} \cdot \frac{1}{x^3} \vec{e}_y \,. \tag{5.49}$$

Ihre Orientierung ist hier allerdings entgegen der innerhalb des Kreisringes (negatives Vorzeichen).

Für beliebige Punkte außerhalb der y-Achse und der Ringebene ergeben sich mit den Beträgen der Komponenten H_x und H_y nach den Gl.(5.47) der Betrag der magnetischen Erregung $H = \sqrt{H_x^2 + H_y^2}$ und der Winkel $\zeta = \arctan(H_y/H_x)$ zwischen $\vec{H}$ und der x-Achse.

Die hier angenommene x-y-Ebene, die orthogonal zur Kreisringebene liegt und durch den Ortsvektor $\vec{r}$ bestimmt ist, kann wie der Ortsvektor $\vec{r}$ selbst beliebig um die z-Achse gedreht werden, ohne daß sich dadurch das mit den Gln.(5.47)bis(5.49) beschriebene Feld ändert. Es gilt also in jeder Ebene, die orthogonal zur Kreisringebene durch den Kreismittelpunkt (Durchmesser des Kreises) geht. Das Feld der Kreisringspule ist also rotationssysmmetrisch und kann deshalb bereits durch eine einzige Ebene eindeutig dargestellt werden, wie z. B. in Bild **5.16b**.

5.3   Integrale Größen des magnetischen Feldes

Die in Abschn. 5.2.1 und 5.2.2 erläuterten beiden Feldvektoren $\vec{B}$ und $\vec{H}$ sind für den Raumpunkt definiert. In Abhängigkeit von den Ortskoordinaten – als Ortsfunktion angegeben $[\vec{B}(\vec{r}),\ \vec{H}(\vec{r})]$ – beschreiben sie magnetische Felder vollständig mit Betrag und Richtung. Häufig interessiert aber weniger die örtliche Verteilung der Feldgrößen, sondern mehr ihre resultierende Wirkung über ein bestimmtes räumlich ausgedehntes Feldgebiet. Beispielsweise ist die Spannung, die in einer Leiterschleife von einem magnetischen Feld induziert wird, nicht abhängig von der räumlichen Verteilung des Feldes in dieser Schleife, sondern allein von der summarischen Wirkung, d. h. dem Flächenintegral des Feldvektors $\vec{B}(\vec{r})$. Für solche Problemstellungen sind integrale Feldgrößen definiert, die einfacher zu handhaben sind als die im allgemeinen mathematisch aufwendigen Ortsfunktionen der Feldvektoren.

5.3.1   Magnetischer Fluß und Spulenfluß

Die resultierende Wirkung des magnetischen Feldes in einer Fläche, z. B. die Erzeugung einer Spannung in der die Fläche begrenzenden Randlinie (s. Abschn. 5.5.1.3), ist abhängig von Betrag und räumlicher Richtung sowohl der magnetischen Flußdichte $\vec{B}$ als auch der Fläche $\vec{A}$. In einer diese resultierende Wirkung des magnetischen Feldes beschreibenden integralen Größe müssen daher Induktion und Fläche vektoriell erfaßt sein.

Die Erläuterung der Definition der die Wirkung des Magnetfeldes beschreibenden integralen Größe erfolgt analog den Erklärungen zu der Bestimmung der integralen Größe Strom I aus der Vektorgröße Stromdichte $\vec{S}$ in Abschn. 4.3.1 oder des elektrischen Flusses Ψ aus der Flußdichte $\vec{D}$ in Abschn. 3.1.3.5. Man stellt sich dazu das magnetische Feld in einzelne „Feldröhren" unterteilt vor, die parallel zu den Feldlinien verlaufen und deren Querschnitte dA_q infinitesimal klein sind, so daß das Feld über dA_q als homogen gilt. Dann läßt sich für einen solchen infinitesimalen Querschnitt dA_q, der senkrecht zur Röhrenlängsachse und damit senkrecht zum Vektor der magnetischen Flußdichte $\vec{B}$ steht, eine infinitesimale Größe definieren, die als magnetischer Fluß

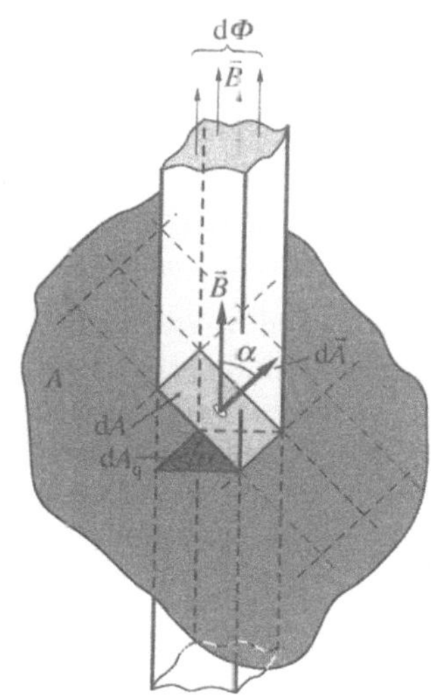

5.18 Zur Definition des magnetischen Flusses Φ nach Gl.(5.52)

$$dΦ = B \, dA_\mathrm{q} \tag{5.50}$$

bezeichnet wird (s. Bild **5.18**). Für eine allgemeine Beschreibung stellt man sich vor, die Flußröhre durchdringe in beliebigem Winkel α eine im Raum liegende, auch nichtebene Fläche A. Das dabei von der Flußröhre auf der Fläche A abgegrenzte Flächenelement dA kann bei einem infinitesimal kleinen Röhrenquerschnitt dA_q auch bei nichtebener Fläche A als eben angenommen werden und ist somit eindeutig durch den Röhrenquerschnitt dA_q und den Winkel α zwischen Flächenelement und Röhrenquerschnitt zu beschreiben. Mathematisch geschieht dieses durch einen Vektor $d\vec{A}$, der senkrecht auf dem Flächenelement dA steht und dessen Betrag gleich ist dem Betrag der Fläche. Man erkennt aus Bild **5.18**, daß das der Flußröhre eigene Flächenelement dA in der Fläche A um so größer wird, je flacher die Flußröhre die Fläche A schneidet.

$$dA = dA_\mathrm{q}/\cos\alpha \tag{5.51}$$

Da der Fluß $dΦ$ durch das Schnittflächenelement dA aber unabhängig von dessen Winkellage α zur Querschnittsfläche dA_q gleich ist dem „Röhrenfluß" nach Gl.(5.50), ergibt sich durch Einsetzen von Gl.(5.51) in Gl.(5.50) der magnetische Fluß

$$dΦ = B \, dA \cos\alpha \tag{5.52a}$$

durch ein Flächenelement dA, dessen Normale d$\vec{A}$ in einem beliebigen Winkel α zum Vektor der magnetischen Flußdichte $\vec{B}$ steht. In vektorieller Schreibweise wird diese Gleichung als Skalarprodukt

$$\mathrm{d}\Phi = \vec{B}\cdot\mathrm{d}\vec{A} \tag{5.52b}$$

der beiden Vektoren $\vec{B}$ und d$\vec{A}$ dargestellt. Ist der Fluß Φ eines – auch inhomogenen – magnetischen Feldes durch eine beliebige – auch nichtebene – Fläche A zu berechnen, so wird die Fläche in einzelne Flächenelemente dA unterteilt, deren Teilflüsse dΦ nach Gl.(5.52b) bestimmt sind (s. Bild **5.19**). Alle Teilflüsse d$\Phi = \vec{B}\cdot\mathrm{d}\vec{A}$ über die ganze Fläche A summiert, d. h. integriert, ergeben die allgemeine Gleichung für den m a g n e t i s c h e n F l u ß

$$\Phi = \int_A \vec{B}\cdot\mathrm{d}\vec{A} = \int_A B\,\mathrm{d}A\cos\alpha \tag{5.53}$$

durch die Fläche A.

Werden e b e n e F l ä c h e n i n h o m o g e n e n F e l d e r n betrachtet, tritt in allen Punkten der ebenen Fläche A die magnetische Flußdichte $\vec{B}$ mit gleichem Betrag B und gleichem Winkel α zur Flächennormalen $\vec{A}$ auf. Dann kann B vor das Integral gezogen werden, so daß die Integration nach Gl.(5.53) auf eine Multiplikation zurückgeführt werden kann, nach der sich der magnetische Fluß

$$\Phi = \vec{B}\cdot\vec{A} = BA\cos\alpha \tag{5.54}$$

als Skalarprodukt der Vektoren magnetische Flußdichte $\vec{B}$ und Fläche $\vec{A}$ ergibt.

Aus $B = \mathrm{d}\Phi/\mathrm{d}A_\mathrm{q}$ [Gl.(5.50)] erkennt man den mit der Bezeichnung Flußdichte zum Ausdruck gebrachten formalen Charakter von B.

Die Einheit des magnetischen Flusses ist in den SI-Einheiten mit dem eigenen Namen W e b e r (Wb) festgegelegt entsprechend der Definition

$$1\,\mathrm{Wb} = 1\,\mathrm{Vs}\,. \tag{5.55}$$

Wie in Abschn. 5.5.1.2 bei der Beschreibung des Induktionsvorganges erläutert, ist für die Wirkung des magnetischen Flusses seine Orientierung maßgebend, die aber aus dem Skalarprodukt $\vec{B}\cdot\vec{A}$ nicht ohne weiteres zu ersehen ist. Daher muß analog der skalaren Größe $I = \vec{S}\cdot\vec{A}$ (s. Abschn. 4.3.1) auch die skalare Größe magnetischer Fluß Φ als Z ä h l p f e i l g r ö ß e aufgefaßt werden.

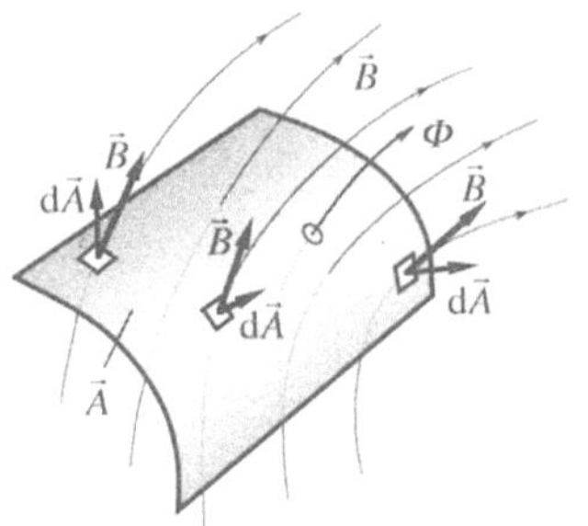 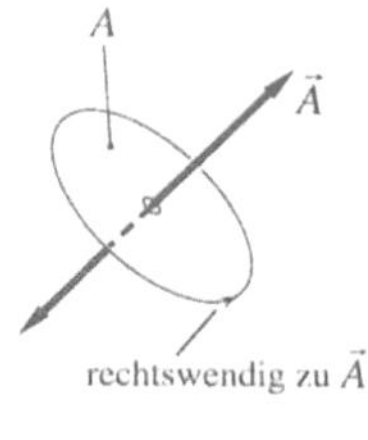 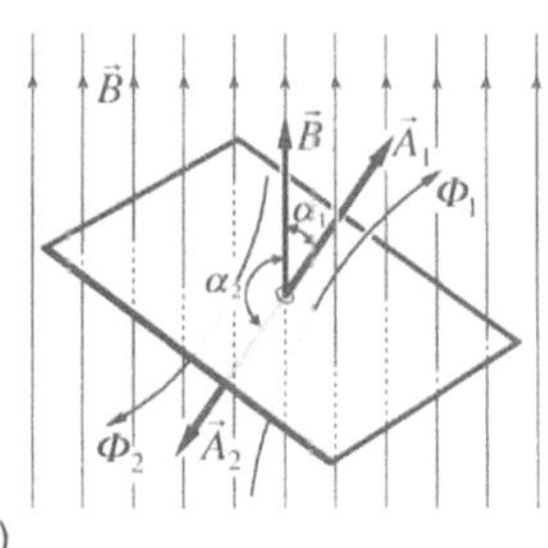

5.19 Zur Berechnung des magnetischen Flusses Φ durch eine beliebige Fläche

5.20 Die zwei Orientierungen des Flächenvektors $\vec{A}$ und damit: a) des Umlaufsinns um die Fläche, b) des Zählpfeiles für Φ

Es ist festgelegt, daß der Zählpfeil für den magnetischen Fluß Φ immer in der Orientierung des Flächenvektors $\mathrm{d}\vec{A}$ anzutragen ist. Der Zählpfeil für Φ hat aber keinen Vektorcharakter wie die Fläche oder die Induktion. Er gibt lediglich an, welche Orientierung das resultierende Feld in einer Fläche hat. Beispielsweise kann die in Bild **5.19** skizzierte gewölbte Fläche A nicht durch einen einzigen Flächenvektor $\vec{A}$ gekennzeichnet werden, sondern nur durch eine Vielzahl von Flächenelementvektoren $\mathrm{d}\vec{A}$, die in unterschiedlichen, räumlichen Richtungen liegen. Gleichwohl kann aber der ganzen Fläche A ein einziger Zählpfeil Φ zugeordnet werden, da dieser nur qualitativ die Orientierung des resultierenden Feldes durch diese Fläche beschreiben soll. In Bild **5.19** ist der Zählpfeil Φ also von links unten nach rechts oben durch die Fläche weisend anzutragen.

Der normal zur Fläche festgelegte Flächenvektor $\vec{A}$ bzw. $\mathrm{d}\vec{A}$ kann grundsätzlich in zwei unterschiedlichen Orientierungen angetragen werden (s. Bild **5.20**a). Von diesen wird nach den allgemeinen Regeln der Vektorrechnung die Orientierung gewählt, der der Umlaufsinn um den Flächenrand rechtswendig zugeordnet ist (in Bild **5.20**a der mit $\vec{A}$ bezeichnete Vektor). Diese Regel kommt z. B. im Induktionsgesetz (s. Abschn. 5.5.1.2) zum Tragen. Die Umlauforientierung von $\mathrm{d}\vec{l}$ kann durch die Aufgabenstellung festgelegt sein und bestimmt dann die Orientierung des Flächenvektors $\vec{A}$, oder der Flächenvektor $\vec{A}$ liegt fest und bestimmt dann die Umlauforientierung von $\mathrm{d}\vec{l}$. Sind beide nicht festgelegt, so kann die Orientierung des Flächenvektors zunächst willkürlich gewählt werden, wodurch allerdings auch die Umlauforientierung $\mathrm{d}\vec{l}$ festgelegt ist. Gegebenenfalls ist dies in später anschließenden Rechnungen, z. B. bei der Berechnung der induzierten Spannung, zu beachten. Abhängig von der Orientierung des Flächenvektors $\vec{A}$ wird der magnetische Fluß Φ für den in der Orientierung des Flächenvektors angetragenen Zählpfeil positiv bzw. negativ nach den Gln.(5.53)u.(5.54) berechnet.

Wählt man beispielsweise wie in Bild **5.20**b den Flächenvektor $\vec{A}_1$ und damit den Zählpfeil Φ_1 nach oben weisend, so ergibt sich nach Gl.(5.54) bei dem eingezeichneten Verlauf der magnetischen Flußdichte $\vec{B}$ der magnetische Fluß $\Phi_1 = A_1 B \cos\alpha_1 > 0$ positiv. Wählt man die Richtung des Flächenvektors $\vec{A}_2$ und des zugehörigen Zählpfeils Φ_2 nach unten weisend, so ergibt sich der magnetische Fluß $\Phi_2 = A_2 B \cos(\pi - \alpha_1) < 0$ aber negativ.

– Die als Skalarprodukt aus Flächenvektor und magnetischer Flußdichte $\vec{B}$ nach Gl.(5.53) definierte skalare Größe m a g n e t i s c h e r F l u ß $\Phi = \int \vec{A}\cdot\mathrm{d}\vec{B}$ ist eine Z ä h l p f e i l g r ö ß e, deren Zählpfeil in der Orientierung des Flächenvektors anzutragen ist. Bei positiven Zahlenwerten für Φ ist das B-Feld gleich, bei negativen entgegen dem Zählpfeil orientiert.

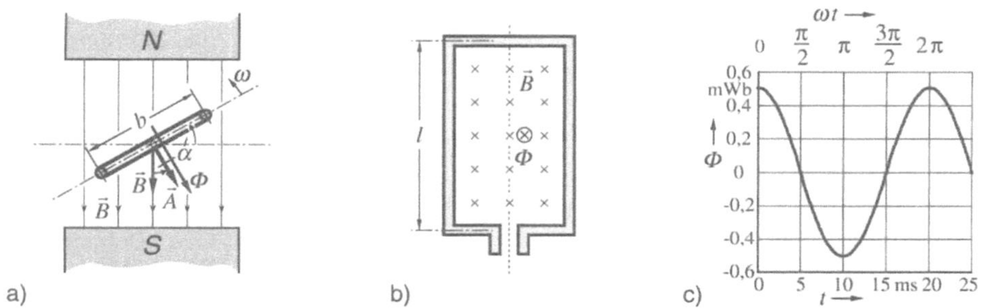

5.21   Drehende Leiterschleife im zeitkonstanten Magnetfeld: a) Längsschnitt, b) Querschnitt des Feldraumes, c) Zeitverlauf des magnetischen Flusses Φ durch die Leiterschleife

Beispiel 5.13. In dem in Bild **5.21a** skizzierten homogenen magnetischen Feld mit der magnetischen Flußdichte $B = 0,1\,\mathrm{T}$ zwischen den Polen eines Naturmagneten befindet sich eine Drahtschleife mit der Länge $l = 10\,\mathrm{cm}$ und der Breite $b = 5\,\mathrm{cm}$, die in einer um den Winkel $\alpha = 30°$ gegenüber den Polebenen geneigten Ebene betrachtet wird. Der magnetische Fluß Φ durch die Drahtschleife ist für diese Stellung zu bestimmen. Die Drahtschleife soll als Linienleiter (Leiterdurchmesser vernachlässigbar klein) aufzufassen sein, d. h., die eingeschlossene Fläche ist als durch die Mittelllinie des Leiters eindeutig bestimmt anzunehmen.

Die Drahtschleife begrenzt eine ebene Fläche, die in ihrer Gesamtheit durch den einen Flächenvektor $\vec{A}$ mit dem Betrag $A = bl$ beschrieben werden kann. Der Vektor $\vec{A}$ senkrecht zur Fläche wird, wie in Bild **5.21a** skizziert, – willkürlich – nach unten orientiert angenommen. Da in dem homogenen Feld in jedem Punkt der Fläche A der Vektor der magnetischen Flußdichte $\vec{B}$ denselben Betrag und dieselbe Winkellage α gegenüber dem Flächenvektor $\vec{A}$ hat, kann der magnetische Fluß Φ nach Gl.(5.54) berechnet werden.

$$\Phi = \vec{B}\cdot\vec{A} = \left(0,1\,\frac{\mathrm{Vs}}{\mathrm{m^2}}\right) 0,1\,\mathrm{m}\cdot 0,05\,\mathrm{m}\cdot\cos 30° = 0,433\cdot 10^{-3}\,\mathrm{Vs} \qquad (5.56)$$

Der magnetische Fluß ergibt sich als positiver Zahlenwert für den in der Orientierung von $\vec{A}$ anzutragenden Zählpfeil für Φ.

Beispiel 5.14. Die in Beispiel 5.13 betrachtete Drahtschliefe (s. Bild 5.21a) soll sich bei sonst unveränderten Gegebenheiten mit der konstanten Winkelgeschwindigkeit $\omega = 2\pi \cdot 50/\text{s}$ um ihre Längsachse drehen. Zur Zeit $t = 0$ liege die Schleifenebene parallel zu den Polflächen. Der Fluß Φ durch die Drahtschleife ist zu berechnen.

Infolge der Drehung der Drahtschleife ergibt sich der ihre räumliche Lage beschreibende Winkel α als Zeitfunktion $\alpha_t = \omega t$. Der Flächenvektor $\vec{A}$ und damit der Zählpfeil für Φ werden wie in Bild 5.21a angetragen. Sie ändern ihre Lage r e l a t i v   z u r b e t r a c h t e t e n Drahtschleife nicht, auch wenn diese gedreht wird. Damit ändert sich aber der Winkel α_t zwischen Flußdichte- und Flächenvektor zeitlich, und der magnetische Fluß ergibt sich nach Gl.(5.54) als Zeitfunktion

$$\Phi_t = \vec{A} \cdot \vec{B} = \left(0,1\,\frac{\text{Vs}}{\text{m}^2}\right) 0,1\text{m} \cdot 0,05\,\text{m} \cdot \cos\left(2\pi \cdot 50\,\frac{t}{\text{s}}\right) = 0,5 \cdot 10^{-3}\,\text{Wb} \cdot \cos\left(2\pi \cdot 50\,\frac{t}{\text{s}}\right). \quad (5.57)$$

Die Zeitfunktion für den magnetischen Fluß Φ_t ist in Bild 5.21c dargestellt und ist wie folgt zu deuten. In den Abschnitten $t = 0$ bis 5 ms, 15 ms bis 25 ms usw., in denen Φ_t positive Werte zeigt, stimmt die Orientierung des magnetischen Feldes, bezogen auf die Drahtschleife, mit der Richtung des eingetragenen Zählpfeiles Φ überein, in den Abschnitten $t = 5$ ms bis 15 ms, 25 ms bis 35 ms usw., in denen Φ_t negative Werte zeigt, ist die Orientierung dagegen umgekehrt zu der durch den Zählpfeil beschriebenen. Auf die Bedeutung der so beschriebenen Orientierung, z. B. für die Polarität der in der Schleife induzierten Spannung, wird in Abschnitt 5.5.1.3, insbesondere Beispiel 5.43 eingegangen.

5.22
Magnetfeld einer
Doppelleitung
a) Graphik zu Bei-
spiel 5.15,
b) Betrag der Feld-
größen H und B,
aufgetragen über
der Verbindungsli-
nie durch die Lei-
termittelpunkte

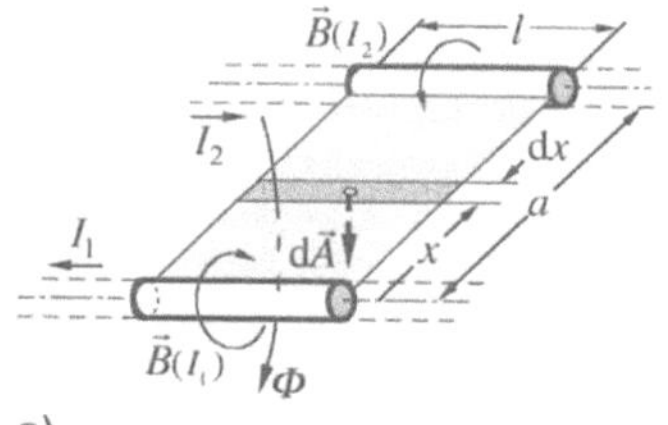
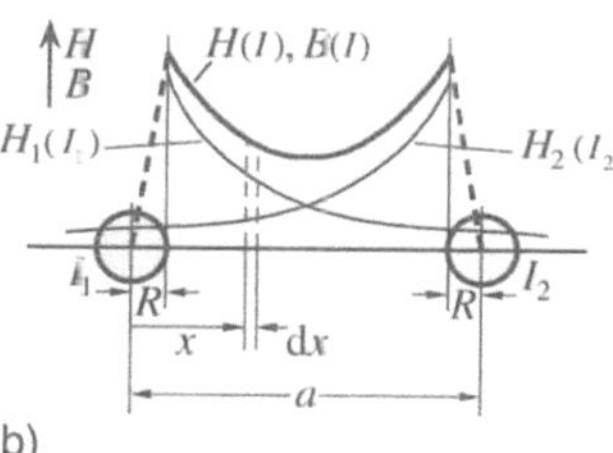

Beispiel 5.15. In den im Abstand a parallel zueinander verlegten Hin- und Rückleitungen mit den Radien R fließen die Ströme I_1 und $I_2 = I_1$ mit gleichen Beträgen, aber entgegengesetzten Orientierungen (s. Bild 5.22a). Der magnetische Fluß in der Fläche mit der Länge l zwischen den beiden Leitern ist zu berechnen. Die Leiterlänge ist groß gegenüber der Länge l der Fläche, so daß die magnetische Erregung H in diesem Bereich unter der Annahme einer unendlich langen Doppelleitung berechnet werden kann.

Für die Berechnung der magnetischen Erregung $\vec{H}$ außerhalb der kreisförmigen Leiterquerschnitte $R^2 \pi$ können sehr lange Linienleiter angenommen werden, so daß die Ergebnisse aus Beispiel 5.7 übernommen werden können. Danach sind in der Fläche $A = (a - 2R)l$ zwischen den beiden Leitern die von den beiden Leiterströmen I_1 und I_2 verursachten magnetischen Erregungen $\vec{H}_{1(I_1)}$ und $H_{2(I_2)}$ gleichsinnig normal zur Fläche orientiert $[\vec{H}_{1(I_1)} \uparrow\uparrow \vec{H}_{2(I_2)} \uparrow\uparrow d\vec{A}]$ und ergeben sich entsprechend Gl.(5.22) mit den Beträgen

$$H_1(I_1) = \frac{I}{2\pi x}, \qquad H_2(I_2) = \frac{I}{2\pi(a-x)}, \tag{5.58}$$

die in Bild **5.22b** über x aufgetragen sind. In dem hier vorausgesetzten magnetisch neutralen Raum können beide zu dem Betrag der resultierenden magnetischen Erregung $H(I) = H_1(I_1) + H_2(I_2)$ überlagert werden, mit der sich nach Gl.(5.13) die von den beiden Strömen $I_1 = I_2 = I$ erregte magnetische Flußdichte

$$B(I) = \mu_0[H_1(I_1) + H_2(I_2)] = \mu_0 \frac{I}{2\pi}\left(\frac{1}{x} + \frac{1}{a-x}\right) \tag{5.59}$$

ergibt. $B(I)$ ist abhängig von x, aber bei konstantem x entlang der Leiterlänge l konstant. Mit $\vec{B}\uparrow\uparrow\mathrm{d}\vec{A}$ folgt damit aus Gl.(5.52b) $\mathrm{d}\Phi(I) = \vec{B}(I)\cdot\mathrm{d}\vec{A} = B(I)l\,\mathrm{d}x$ und entsprechend Gl.(5.53) durch Integration zwischen den Grenzen $x = R$ bis $(a - R)$ der magnetische Fluß

$$\Phi(I) = \int \vec{B}(I)\cdot\mathrm{d}\vec{A} = I\frac{l\mu_0}{2\pi}\int\limits_{x=R}^{a-R}\left(\frac{1}{x} + \frac{1}{a-x}\right)\,\mathrm{d}x = I\frac{l\mu_0}{\pi}\ln\frac{a-R}{R}, \tag{5.60}$$

der zwischen den Leitern (ohne Anteile durch den Leiter selbst) vom Hin- und Rückstrom $I_1 = I_2 = I$ erregt wird.

Abschließend sei ausdrücklich darauf verwiesen, daß die Berechnung von H mit der Annahme eines Linienleiters [I wird in Leitermittellinie konzentriert angenommen $(S \to \infty,\ A_\mathrm{q} \to 0)$] nur für den Bereich außerhalb des Leiterquerschnittes gilt. Soll also der magnetische Fluß in der Fläche $a\cdot l$ zwischen den Mittellinien der Leiter berechnet werden, ist dies nicht mit $B(I)$ nach Gl.(5.59) möglich [indem lediglich die Grenzen des Integrals Gl.(5.60) von $x = 0$ bis a aufgeweitet werden]. Vielmehr muß für die Bereiche $x = 0$ bis R und $x = (a - R)$ bis a die magnetische Flußdichte $B(I)$ unter Berücksichtigung der hier auftretenden Stromdichte berechnet (s. Beispiel 5.10) und durch Integration zwischen diesen Grenzen der magnetische Fluß $\Phi(I)_{0,\mathrm{R}}$ und $\Phi(\text{a-R}),\text{a}$ gesondert bestimmt werden.

Magnetischer Spulenfluß. Bisher wurde in diesem Abschnitt der Fluß in Flächen betrachtet, die von einem einzigen geschlossenen Umlauf begrenzt sind, der etwa einer Leiterschleife, vergleichbar einer einzigen Windung einer Spule, entspricht (s. Bild **5.23a**). Von großer praktischer Bedeutung sind S p u l e n, die aus mehreren solchen Schleifen oder Windungen bestehen, die in unterschiedlicher Art (s. Bild **5.23b** bis **5.23d**) mehr oder weniger räumlich konzentriert angeordnet sein können. Der für magnetische Wirkungen maßgebende magnetische Fluß Φ, z. B. für die in Abschn. 5.5.1.3 erläuterte induzierte Spulenspannung, muß dann mit der gesamten von allen N Windungen begrenzten Fläche berechnet werden. Man bezeichnet diesen mit allen N Windungen einer Spule

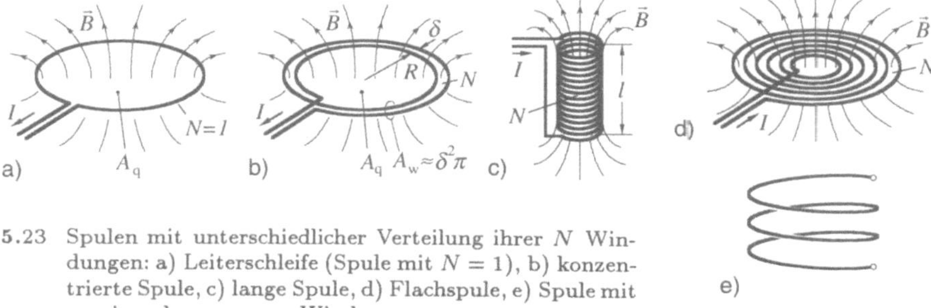

5.23 Spulen mit unterschiedlicher Verteilung ihrer N Windungen: a) Leiterschleife (Spule mit $N = 1$), b) konzentrierte Spule, c) lange Spule, d) Flachspule, e) Spule mit auseinandergezogenen Windungen

verketteten magnetischen Fluß auch als m a g n e t i s c h e n S p u l e n f l u ß mit dem Symbol Ψ.

a. Im einfachsten Fall sind die N Windungen einer Spule aus so dünnem Draht und räumlich so eng aneinander gewickelt, daß der Fluß durch die Kreisringfläche $2R\pi\,\delta$ der Spulenwicklung (s. Bild **5.23b**) vernachlässigbar klein ist gegenüber dem Fluß durch die Kreisfläche $A_{\mathrm{q}} = \pi R^2$, die von der Spulenwicklung umschlungen wird. Dann wird von jeder der N Windungen dieselbe Fläche A_{q} begrenzt, für die der Fluß Φ_ν nach Gl.(5.53) berechnet werden kann. Der von allen N Windungen insgesamt eingeschlossene magnetische Fluß ist dann entsprechend den N gleichsinnig hintereinander liegenden Umläufen um dieselbe Fläche A_{q} auch N-mal so groß wie der magnetische Fluß $\Phi_\nu = \int_{A_{\mathrm{q}}} \vec{B}\cdot\mathrm{d}\vec{A}$, der von einer Windung eingeschlossen wird.

Für Spulen entsprechend Bild **5.23b**, die mit N Windungen konzentriert und gleichsinnig um dieselbe Fläche A_{q} gewickelt sind, gilt somit für den magnetischen Spulenfluß

$$\Psi = N \int\limits_{A_{\mathrm{q}}} \vec{B}\cdot\mathrm{d}\vec{A}_{\mathrm{q}}\,. \tag{5.61a}$$

b. Sind die Windungen einer Spule räumlich in der Art langer Spulen angeordnet (s. Bild **5.23c**), so schließen alle N Windungen zwar nicht dieselbe Fläche, wohl aber die gleich großen Flächen A_ν ein, die gleich sind der Querschnittsfläche A_{q} der Spule.

Ist eine Spule sehr lang gegenüber ihrem Durchmesser ($l \gg 2R$), so läßt sich näherungsweise annehmen, daß die magnetische Flußdichte $\vec{B}$ sowohl über die Spulenlänge l als auch über den Spulenquerschnitt $A_{\mathrm{q}} = R^2\pi$ homogen verteilt ist. Dann schließen alle N Windungen denselben Fluß $\Phi_\nu = \vec{B}\cdot\vec{A}_{\mathrm{q}} = BA_{\mathrm{q}}$ ein, der sich nach Gl.(5.54) als Produkt berechnen läßt. Damit ergibt sich für den magnetischen Spulenfluß

$$\Psi \approx N A_q B\,. \tag{5.61b}$$

Ist eine Spule nicht mehr entsprechend lang gegenüber ihrem Durchmesser, so kann die magnetische Flußdichte $\vec{B}$ nicht mehr als homogen über dem Spulenquerschnitt angenommen werden. Der magnetische Fluß Φ_ν durch A_q wird dann nach Gl.(5.53) als Integral berechnet und ergibt für die Windungen im Mittelbereich der Spule näherungsweise den gleichen Wert, für die Randwindungen aber einen kleineren Wert. Ist der Randeinfluß vernachlässigbar, so kann der Spulenfluß näherungsweise nach Gl.(5.61a) wie für konzentriert gewickelte Spulen berechnet werden.

Bei kurzen Spulen ($l \approx R$) ist die Abnahme des magnetischen Flusses Φ_ν durch den Spulenquerschnitt zu den Spulenenden hin nicht mehr zu vernachlässigen. Man muß dann den Spulenfluß nach Gl.(5.62) mit $A_\nu = A_q$ berechnen.

c. Sind in Spulen von den einzelnen Windungen ungleiche Flächen A_ν eingeschlossen (s. Bild **5.23d**), so muß der magnetische Spulenfluß

$$\Psi = \sum_{\nu=1}^{N} \int\limits_{A_\nu} \vec{B}\cdot\mathrm{d}\vec{A} \tag{5.62}$$

durch Summation der magnetischen Flüsse aller N Einzelwindungen berechnet werden.

Für Spulen, deren Windungen so weit auseinander liegen, daß ihnen nicht jeweils einzeln vorstellbare, diskrete Flächen A_ν zugeordnet werden könnnen (s. Bild 5.23e), läßt sich keine einfache Summengleichung in der Art der Gln.(5.61)u. (5.62) angeben. Je mehr aber die Geometrie eines Leiterverlaufes im Raum den Charakter einer Spule verliert, um so mehr verliert auch der Begriff des Spulenflusses seine Bedeutung (s. letzter Absatz dieses Abschnittes).

Da eine Fläche nur durch einen geschlossenen Umlauf definiert ist, sind die hier betrachteten Spulen entsprechend Bild **5.23a** bis **5.23d** als über ihre Anschlußklemmen kurzgeschlossen betrachtet. Bei Spulen, deren Zuleitungen auch noch merkliche Flächenanteile einschließen, muß gegebenenfalls deren magnetischer Fluß zusätzlich zum Spulenfluß, wie er hier definiert ist, berücksichtigt werden, wenn der Spulenfluß als für den ganzen geschlossenen Stromkreis gültig aufgefaßt werden soll.

Die Festlegung der unterschiedlichen Bezeichnungen magnetischer Fluß Φ und Spulenfluß Ψ ist im allgemeinen Fall willkürlich, d. h. eine Frage der subjektiven Beurteilung der Geometrie des geschlossenen Umlaufes. Ein geschlossener Umlauf definiert immer, auch wenn er aus mehreren Windungen besteht, eindeutig eine Fläche A und damit nach Gl.(5.53) eindeutig einen magnetischen Fluß $\Phi = \int_A \vec{B}\cdot\mathrm{d}\vec{A}$, der nach Gl.(5.62) allerdings auch als Spulenfluß Ψ bezeichnet werden könnte. Ähnlich kann eine einzelne Schleife um den magnetischen Fluß Φ auch als Spule einer Windung mit dem Spulenfluß $\Psi = \Phi$ aufgefaßt werden. Der Begriff Spulenfluß bietet sich eigentlich nur für konzentrierte Spulen an, bei denen er nach Gl.(5.61) als Ersatzgröße für das Produkt $N\Phi$ steht.

5.3.2 Magnetische Spannung, Durchflutungssatz

Der Zusammenhang zwischen der Feldgröße magnetische Erregung $\vec{H}$ und dem sie verursachenden elektrischen Strom I ist bereits in Abschn. 5.2.2.2 mit dem Biot-Savartschen Gesetz für magnetisch neutrale Räume erläutert. Allgemeingültiger für beliebige Räume wird dieser Zusammenhang durch den Durchflutungssatz beschrieben [s. Gl.(5.73)], in dem das Produkt aus einem Weg l und der in diesem Weg wirkenden Komponente $\vec{H}_1$ der magnetischen Erregung $\vec{H}$ erfaßt wird. Für dieses Produkt wurde aus Zweckmäßigkeitsgründen eine eigene integrale Größe definiert, die als m a g n e t i s c h e S p a n n u n g mit dem Symbol V bezeichnet wird.

5.3.2.1 Magnetische Spannung. Da sich im allgemeinen die magnetische Erregung $\vec{H}$ entlang eines Weges sowohl in der Richtung als auch dem Betrag ändern kann, darf das Produkt aus Weg und magnetischer Erregung nur für so kleine Wegstücke gebildet werden, daß $\vec{H}$ über jedes einzelne Wegstück jeweils als konstant angenommen werden kann, d. h., nur für infinitesimale Wegstücke können auch jeweils infinitesimale magnetische Spannungen $\mathrm{d}V$ berechnet werden (s. Bild **5.24**). Mit der Komponente der magnetischen Erregung $H_1 = H\cos\alpha$, die in Richtung des Wegelementes $\mathrm{d}\vec{l}$ fällt, ergibt sich für jedes Wegelement $\mathrm{d}\vec{l}$ die infinitesimale magnetische Spannung

$$\mathrm{d}V = H_1\,\mathrm{d}l = H\,\mathrm{d}l\cos\alpha\,,$$

die auch als Skalarprodukt

$$\mathrm{d}V = \vec{H}\cdot\mathrm{d}\vec{l} \tag{5.63}$$

der beiden Vektoren $\vec{H}$ und $\mathrm{d}\vec{l}$ geschrieben werden kann. Summiert man alle infinitesimalen magnetischen Spannungen $\mathrm{d}V$ entlang eines Weges, der durch die Punkte *1* und *2* begrenzt ist (s. Bild **5.24**), so bekommt man die allgemein-

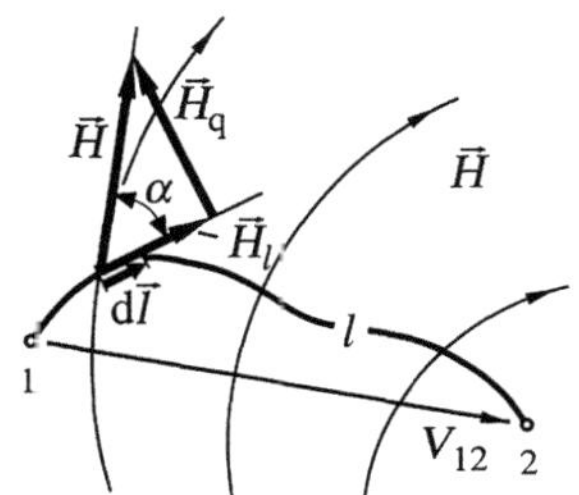

5.24 Zur Definition der magnetischen Spannung V nach Gl.(5.64)

gültige Gleichung für die m a g n e t i s c h e S p a n n u n g

$$V_{12} = \int\limits_1^2 \vec{H} \cdot \mathrm{d}\vec{l}. \tag{5.64}$$

Die magnetische Spannung ist eine skalare Größe, in der (ähnlich wie in der elektrischen Spannung, s. Abschn. 3.1.3.1) der durch den Vektor $\vec{H}$ gegebene Richtungscharakter nicht mehr zum Ausdruck kommt. Ihr wird daher ein Zählpfeil mit folgender Vereinbarung zugeordnet:

– Die nach Gl.(5.64) als Skalarprodukt der Vektoren magnetische Erregung $\vec{H}$ und Weg $\mathrm{d}\vec{l}$ definierte magnetische Spannung V ist eine Z ä h l p f e i l g r ö ß e. Der Zählpfeil für V ist in der Integrationsorientierung $\mathrm{d}\vec{l}$ anzutragen.

Die magnetische Spannung zwischen zwei Raumpunkten wird im Gegensatz zur elektrischen Spannung im elektrostatischen Feld (s. Abschn. 3.1.3.1) nicht in jedem Falle wegunabhängig berechnet, wie in Beispiel 5.16 gezeigt.

Beispiel 5.16. Der Strom I in einem langen, geraden Leiter mit rundem Querschnitt A_q verursacht in seiner Umgebung eine magnetische Erregung $\vec{H}$ rechtswendig um I mit dem Betrage $H = I/(2\pi r)$. Ihre Feldlinien beschreiben konzentrische Kreise um den Leiter, wie in den Beispielen 5.7 und 5.10 bewiesen ist. In diesem Feld kann die magnetische Spannung zwischen den beiden Raumpunkten 1 und 2 in Bild **5.25a** wie folgt berechnet werden.

a. Bei r e c h t s w e n d i g zum Zählpfeil des Stromes $I = SA_\mathrm{q}$ verlaufender Integration $\mathrm{d}\vec{l}_\mathrm{R}$ über den konzentrisch mit dem Radius r zum Leiter, also entlang einer Feldlinie, verlaufenden Weg a_1 kann in dem Wegintegral Gl.(5.64) das Skalarprodukt $\vec{H} \cdot \mathrm{d}\vec{l}_\mathrm{R}$ der Vektoren durch das – positive – algebraische Produkt $H\,\mathrm{d}l = H\,r\,\mathrm{d}\alpha$ ersetzt werden, da über den gesamten Integrationsweg der Feldvektor $\vec{H}$ immer parallel zum Wegvektor $\mathrm{d}\vec{l}$ liegt. Damit ergibt sich die magnetische Spannung

$$V_{\mathrm{R}\,12} = \int\limits_1^2 \vec{H} \cdot \mathrm{d}\vec{l}_\mathrm{R} = \int\limits_0^\varphi \frac{I}{2\pi r} r\,\mathrm{d}\varphi = I\frac{\varphi}{2\pi}. \tag{5.65}$$

Dieses für den besonders übersichtlichen Integrationsweg entlang einer Feldlinie berechnete Ergebnis gilt aber auch allgemein für beliebige Integrationswege, z. B. für a_2 in Bild **5.25a**, wie im folgenden unter **b.** bewiesen.

b. Betrachtet man beispielsweise in Bild **5.25b** den b e l i e b i g e n Integrationsweg a, so läßt sich auf diesem jedes Wegelement $\mathrm{d}\vec{l}$ in die Komponenten $\mathrm{d}l_\mathrm{r} = \mathrm{d}l \sin\alpha$ rechtwinklig zu $\vec{H}$ und $\mathrm{d}l_\mathrm{t} = \mathrm{d}l \cos\alpha$ in Richtung $\vec{H}$ zerlegen. Entsprechend Gl.(5.63) ist die magnetische Spannung V entlang der Wegkomponente $\mathrm{d}l_\mathrm{r} \perp \vec{H}$ Null und entlang

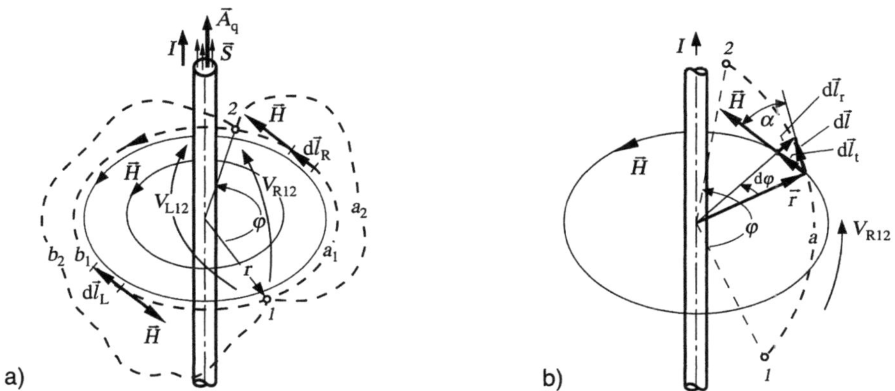

5.25 Magnetische Spannung V über unterschiedliche Integrationswege (a) und graphische Deutung der Gl.(5.66b) (b)

der Wegkomponente $\mathrm{d}l_t \uparrow\uparrow \vec{H}$ gleich dem Produkt der Beträge. Mit $\mathrm{d}l_t = \mathrm{d}l\cos\alpha = r\,\mathrm{d}\varphi$ und $H = I/(2\pi r)$ ergibt sich somit über das Wegelement $\mathrm{d}l$ die infinitesimale magnetische Spannung

$$\mathrm{d}V_{12} = \vec{H}\cdot\mathrm{d}\vec{l}_t = H\,\mathrm{d}l\cos\alpha = I\frac{\mathrm{d}\varphi}{2\pi}\,. \tag{5.66a}$$

Man erkennt, daß die magnetische Spannung über ein Wegelement $\mathrm{d}\vec{l}$ unabhängig von dessen räumlicher Richtung und radialem Abstand r vom stromführenden, langen, geraden Leiter ist. Zwischen den zwei Raumpunkten 1 und 2 in Bild 5.25b wird also die magnetische Spannung

$$V_{\mathrm{R}12} = \int\limits_{1}^{2} \vec{H}\cdot\mathrm{d}\vec{l} = \frac{I}{2\pi}\int\limits_{0}^{\varphi}\mathrm{d}\varphi = I\frac{\varphi}{2\pi} \tag{5.66b}$$

über beliebige Integrationswege r e c h t s w e n d i g zum Zählpfeil immer mit demselben Wert berechnet, der proportional ist dem Winkel φ zwischen den Radialstrahlen durch die Punkte 1 und 2. Der Zählpfeil für die magnetische Spannung $V_{\mathrm{R}12}$ wird in Integrationsrichtung, d. h. rechtswendig zum Zählpfeil des Stromes I von 1 und 2 weisend angetragen.

c. Bei l i n k s w e n d i g zum Zählpfeil des Stromes $\vec{I} = S\cdot\mathrm{d}\vec{A}$ verlaufender Integrationsorientierung $\mathrm{d}\vec{l}_{\mathrm{L}} = r(-\mathrm{d}\varphi)$ (z. B. über den Weg b_1 in Bild 5.25a) ergibt sich analog den Erläuterungen unter a. und b. die magnetische Spannung

$$V_{\mathrm{L}12} = \int\limits_{1}^{2}\vec{H}\cdot\mathrm{d}\vec{l}_{\mathrm{L}} = \frac{I}{2\pi}\int\limits_{0}^{2\pi-\varphi} -\,\mathrm{d}\varphi = -I\frac{2\pi-\varphi}{2\pi} \tag{5.67}$$

auch unabhängig vom gewählten Integrationsweg. Der Zählpfeil für diese magnetische Spannung $V_{\text{L}12}$ wird der Integrationsorientierung entsprechend linkswendig zum Zählpfeil des Stromes I von *1* nach *2* weisend angetragen.

d. Man erkennt, daß die magnetische Spannung zwischen den Raumpunkten *1* und *2* auf beliebigen Integrationswegen rechtswendig zum Zählpfeil des Stromes I (z. B. a_1 und a_2 in Bild **5.**25a) jeweils mit dem gleichen Wert $V_{\text{R}12} = I\varphi/(2\pi)$ berechnet wird, der sich aber von dem Wert $V_{\text{L}12} = -I(2\pi - \varphi)/(2\pi)$ unterscheidet, der jeweils über beliebige Integrationswege linkswendig zum Zählpfeil des Stromes I berechnet wird (z. B. b_1 und b_2 in Bild **5.**25a). Die Differenz zwischen den rechtswendig und linkswendig zu I gebildeten magnetischen Spannungen zwischen den Raumpunkten *1* und *2*

$$V_{\text{R}\,12} - V_{\text{L}\,12} = I\frac{\varphi}{2\pi} - \left(-I\,\frac{2\pi - \varphi}{2\pi}\right) = I \tag{5.68}$$

ist gleich dem zwischen den beiden Integrationswegen eingeschlossenen Strom.

Die in Beispiel 5.16 für den speziellen Fall eines stromdurchflossenen Leiters abgeleiteten Erkenntnisse lassen sich verallgemeinern und führen zu folgender allgemeingültiger Regel:

– Die über verschiedene Integrationswege zwischen denselben Raumpunkten gebildeten magnetischen Spannungen unterscheiden sich betragsmäßig um die Summe der zwischen diesen beiden Wegen eingeschlossenen Ströme ($\sum I$) bzw. um die eingeschlossene Durchflutung $[\Theta = \sum I = \int \vec{S} \cdot \text{d}\vec{A},\ \text{s. Gl.}(5.74)]$, so daß der Durchflutungssatz Gl.(5.73) erfüllt ist (s. Bilder **5.**25a u. **5.**27).

Werden zwischen zwei Integrationswegen keine Ströme eingeschlossen, so sind die magnetischen Spannungen über diese Wege gleich.

5.3.2.2 Skalares magnetisches Potential.

Ähnlich wie im elektrostatischen Feld ist auch im magnetischen Feld eine Potentialgröße eingeführt, die als skalares magnetisches Potential mit dem Symbol ψ bezeichnet wird. In sinngemäßer Übertragung der Erläuterungen des elektrischen Potentials φ in Abschn. 3.1.3.1 ergibt sich für einen beliebigen Raumpunkt p das s k a l a r e m a g n e t i s c h e P o t e n t i a l $\psi_{(p)} = \psi_0 - \int_{p_0}^{p} \vec{H} \cdot \text{d}\vec{l} = \psi_0 - V_{\text{P}_0,\text{P}}$ mit dem für einen beliebigen Bezugspunkt p_0 beliebig gewählten Bezugspotential ψ_0 und dem von p_0 bis p gebildeten Wegintegral der magnetischen Erregung $\vec{H}$ bzw. der diesem entsprechenden magnetischen Spannung $V_{\text{P}_0,\text{P}}$ mit einem von p_0 nach p orientierten Zählpfeil [vergl. Gln.(3.48),(3.49) u. Bilder **3.**15 u. **3.**16]. Ein wesentlicher Unterschied zum elektrischen Potential φ besteht aber für das skalare magnetische Potential ψ darin, daß das Wegintegral der magnetischen Erregung $\vec{H}$ wegabhängig sein kann (s. Beispiel 5.16), d. h., das magnetische Potential ψ in einem Punkt p ist wie die magnetische Spannung V nicht in jedem Fall eindeutig. Dadurch hat es zwar nicht die gleiche allgemeingültige Bedeutung wie das elektrische Potential, liefert aber häufig einen zweckmäßigen Ansatz zur Berechnung der magnetischen Erregung $\vec{H}$. Man stellt dazu die Potentialfunktion $\psi(x,y,z)$ als Ortsfunktion auf (wie z. B. in Abschn. 5.2.2.3 gezeigt), was dem magnetischen Potential

$$\psi = -\int \vec{H} \cdot \mathrm{d}\vec{l} \tag{5.69}$$

mit dem Bezugspotential $\psi_0 = 0$ entspricht. Aus dieser Ortsfunktion läßt sich dann ähnlich, wie in Abschn. 3.1.3.3 für das elektrische Potential erläutert, die magnetische Erregung $\vec{H}$ bestimmen. Ist beispielsweise die Potentialfunktion $\psi(x,y,z)$ in kartesischen Koordinaten gegeben, so läßt sich entsprechend Gl.(3.77) die magnetische Erregung in Komponentenform durch partielle Differentiation berechnen.

$$\vec{H}_{\mathrm{x}} = -\frac{\partial \psi(x,y,z)}{\partial x}\,\vec{e}_{\mathrm{x}}\,, \qquad \vec{H}_{\mathrm{y}} = -\frac{\partial \psi(x,y,z)}{\partial y}\,\vec{e}_{\mathrm{y}}\,, \qquad \vec{H}_{\mathrm{z}} = -\frac{\partial \psi(x,y,z)}{\partial z}\,\vec{e}_{\mathrm{z}}$$

5.3.2.3 Durchflutungssatz.

In diesem Abschnitt wird die Gesetzmäßigkeit der Verknüpfung des elektrischen Strömungsfeldes mit dem von diesem erregten Magnetfeld erläutert für die Fälle, in denen die magnetische Wirkung des zeitveränderlichen D-Feldes (s. Bild **1.3**, Zweig 3c und Abschn. 5.3.2.4) außer acht gelassen werden kann. Dies ist für sehr viele praktische Aufgabenstellungen zwar gegeben, theoretisch exakt aber nur für Räume mit quellenfreien S-Feldern, in denen $\dot{\vec{D}} = 0$ ist (s. Abschn. 1, dritt- und vorletzter Absatz).

Bildet man, wie in Beispiel 5.16 (s. Bild **5.25a**) erläutert, das Wegintegral $\int \vec{H} \cdot \mathrm{d}\vec{l}$ der magnetischen Erregung $\vec{H}$ vom Raumpunkt 1 über 2 nach 1 zurück, d. h. über einen geschlossenen Weg um den Strom I, so ist dieses nach Gl.(5.65) mit $\varphi = \oint \mathrm{d}\varphi = 2\pi$ gleich dem von dem Umlauf eingeschlossenen Strom I.

$$\oint \vec{H} \cdot \mathrm{d}\vec{l} = \int\limits_{\varphi=0}^{2\pi} \frac{I}{2\pi r}\,r\,\mathrm{d}\varphi = I \tag{5.70}$$

Eine solche über einen geschlossenen Integrationsweg gebildete magnetische Spannung bezeichnet man als m a g n e t i s c h e   U m l a u f s p a n n u n g

$$\overset{\circ}{V} = \oint \vec{H} \cdot \mathrm{d}\vec{l} \tag{5.71}$$

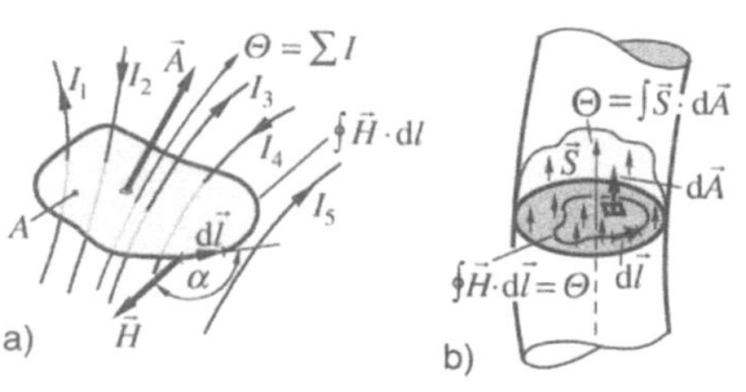

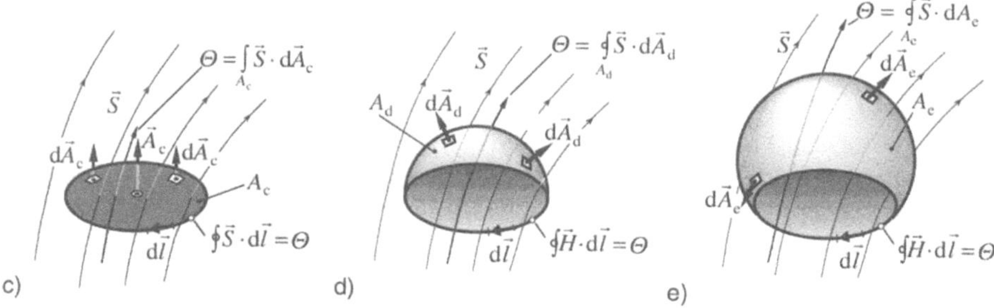

5.26

Magnetische Umlaufspannung $\overset{\circ}{V}$ bei diskret (a) und kontinuierlich (b) verteilter Durchflutung sowie um beliebig gekrümmte Flächen derselben Randlinie (c) bis (e)

und kennzeichnet sie durch einen Kreis über dem Größensymbol $(\overset{\circ}{V})$ bzw. im Integralzeichen $(\oint)$. Die Orientierung der magnetischen Umlaufspannung $\overset{\circ}{V}$ wird, wie bei der magnetischen Spannung V, durch einen Zählpfeil gekennzeichnet, der in der Integrationsorientierung $\mathrm{d}\vec{l}$ (Umlaufrichtung) um den geschlossenen Umlauf weisend eingetragen wird. Man kann nachweisen, daß die magnetische Umlaufspannung, auch um mehrere Ströme gebildet, stets gleich ist der Summe der eingeschlossenen Ströme

$$\overset{\circ}{V} = \oint \vec{H} \cdot \mathrm{d}\vec{l} = \sum_{\nu} I_{\nu} \,, \tag{5.72a}$$

wenn die Ströme I_{ν}, deren Zählpfeile von dem gewählten Integrationsumlauf $\mathrm{d}\vec{l}$ rechtswendig umschlossen werden, mit positivem, die, deren Zählpfeile linkswendig umschlossen werden, mit negativem Vorzeichen in die Stromsumme der rechten Seite der Gl.(5.72a) aufgenommen werden. Beispielsweise gilt für den in Bild **5.26**a dargestellten Umlauf $\overset{\circ}{V} = \oint \vec{H} \cdot \mathrm{d}\vec{l} = \sum I = I_1 - I_2 + I_3 - I_4$.

Bildet man das Umlaufintegral $\oint \vec{H} \cdot \mathrm{d}\vec{l} = \overset{\circ}{V}$ um eine Fläche A in Strömungsfeldern mit der Stromdichte $\vec{S}$ (s. Bild **5.26**b), so ist dieses gleich dem Integral der Stromdichte $\vec{S}$ über die vom Umlauf begrenzte Fläche.

$$\overset{\circ}{V} = \oint \vec{H} \cdot \mathrm{d}\vec{l} = \int_{A} \vec{S} \cdot \mathrm{d}\vec{A} \tag{5.72b}$$

Die Integrationsorientierung $\mathrm{d}\vec{l}$ ist entsprechend den Regeln der Vektorrechnung rechtswendig um den Flächenvektor $\mathrm{d}\vec{A}$ festgelegt (s. Bild **5.26**b). Die von der Randlinie begrenzte Fläche A, über die die Stromdichte $\vec{S}$ integriert wird, kann beliebig gewählt werden. Sind beispielsweise die in Bild **5.26**c bis **5.26**e skizzierten, unterschiedlichen Flächen A_c (eben), A_d (gewölbt) und A_e (kugelförmig mit Öffnung) von derselben Randlinie begrenzt, so liefert das Flächenintegral $\int_A \vec{S}\cdot\mathrm{d}\vec{A}$ über jede der drei Flächen den gleichen Wert, der dem Umlaufintegral $\oint \vec{H}\cdot\mathrm{d}\vec{l}$ um die Randlinie entspricht (vorausgesetzt, das $\dot{D}$-Feld ist in diesen Flächen vernachlässigbar klein gegenüber dem $\vec{S}$-Feld).

Alle aufgezeigten Erkenntnisse sind allgemeingültig im Durchflutungssatz formuliert, der als einer der wichtigsten Sätze den Zusammenhang zwischen magnetischer Erregung und elektrischem Strömungsfeld beschreibt.

– Der Durchflutungssatz

$$\oint \vec{H}\cdot\mathrm{d}\vec{l} = \int\limits_A \vec{S}\cdot\mathrm{d}\vec{A} = \sum_{\nu=1}^{n} I_\nu = \Theta \tag{5.73}$$

besagt, daß das Umlaufintegral der magnetischen Erregung $\vec{H}$ längs einer räumlich beliebig verlaufenden, aber geschlossenen Linie immer gleich ist der von dieser Linie eingeschlossenen makroskopischen elektrischen Ladungsströmung, die als Durchflutung Θ bezeichnet wird und als Summe der Ströme oder als Flächenintegral der Stromdichte bestimmt ist.

In Gl.(5.73) ist die Durchflutung Θ einer Fläche eine Zwischengröße, die statt der Summe aller Ströme $\sum I$ bzw. statt des Flächenintegrals $\int \vec{S}\cdot\mathrm{d}\vec{A}$ der Stromdichte $\vec{S}$ in den Durchflutungssatz eingeführt wird ($\oint \vec{H}\cdot\mathrm{d}\vec{l} = \Theta$). Selbstverständlich sind aber auch bei der Einführung von Θ die Orientierungszuordnungen zu beachten, die primär über die rechtswendige Zuordnung von $\mathrm{d}\vec{l}$ und $\mathrm{d}\vec{A}$ der betrachteten Fläche festgelegt und im folgenden nochmals zusammenfassend angeführt sind.

– Die Durchflutung

$$\Theta = \int\limits_A \vec{S}\cdot\mathrm{d}\vec{A} = \sum_{\nu=1}^{n} I_\nu \tag{5.74}$$

in einer Fläche A beliebiger Form ist eine Zählpfeilgröße. Die Orientierung des Zählpfeiles für Θ ist so festgelegt, daß ihr die Orientierung der magnetischen Umlaufspannung $\overset{\mathrm{o}}{V}$ bzw. des Umlaufintegrals der magnetischen

Erregung $\oint \vec{H} \cdot \vec{\mathrm{d}l}$ rechtswendig zugeordnet sind. Erfolgt dann die Berechnung der Durchflutung Θ nach Gl.(5.74) aus der Stromdichte $\vec{S}$, so ist die Orientierung des Flächenvektors $\mathrm{d}\vec{A}$ in der des Zählpfeiles für Θ zu wählen; geht man bei der Berechnung von den Strömen aus, so sind die Ströme, deren Zählpfeile in die Orientierung des Zählpfeiles für Θ weisen, positiv in die Stromsumme der rechten Seite in Gl.(5.74) aufzunehmen, die Ströme, deren Zählpfeile entgegengesetzt weisen, negativ (s. Bild **5.26** und Beispiel **5.17**, b.).

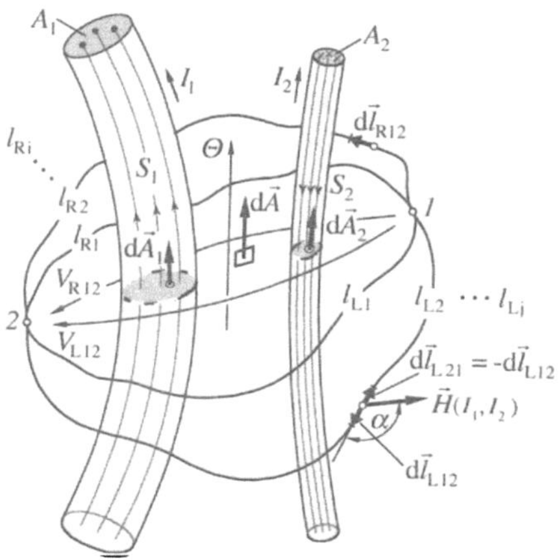

5.27   Magnetische Spannung rechts- ($V_{\mathrm{R}12}$) und linkswendig ($V_{\mathrm{L}12}$) um die Durchflutung Θ

Beispiel 5.17. Für die in Bild **5.27** skizzierten Leiter mit den Querschnitten $A_1 = 4\,\mathrm{mm}^2$ und $A_2 = 2,5\,\mathrm{mm}^2$ sind die homogenen Stromdichten $S_1 = S_2 = 5\,\mathrm{A/mm}^2$ gegeben. Für einen Umlauf um beide Leiter ist der Durchflutungssatz aufzustellen.

Da keinerlei Orientierungen vorgeschrieben sind, wählt man willkürlich den Zählpfeil für die Durchflutung Θ mit der in Bild **5.27** eingezeichneten Orientierung. Damit ist das Umlaufintegral im Durchflutungssatz Gl.(5.73) rechtswendig um Θ, z.B. von Punkt *1* entlang eines Weges l_{Ri} nach *2* und von dort entlang l_{Lj} nach *1* zurück zu bilden.

a. Mit der gegebenen Stromdichte ergibt sich unter Beachtung, daß $\mathrm{d}\vec{A}_1$ und $\mathrm{d}\vec{A}_2$ gleichermaßen in der Orientierung des Zählpfeiles Θ zu wählen sind (also $\vec{S}_1 \uparrow\uparrow \mathrm{d}\vec{A}_1$, aber $\vec{S}_2 \uparrow\downarrow \mathrm{d}\vec{A}_2$ ist), nach Gl.(5.74) die Durchflutung

$$\Theta = \int\limits_A \vec{S} \cdot \mathrm{d}\vec{A} = \int\limits_{A_1} \vec{S}_1 \cdot \mathrm{d}\vec{A}_1 + \int\limits_{A_2} \vec{S}_2 \cdot \mathrm{d}\vec{A}_2 = 5\,\frac{\mathrm{A}}{\mathrm{mm}^2}4\,\mathrm{mm}^2 - 5\,\frac{\mathrm{A}}{\mathrm{mm}^2}2,5\,\mathrm{mm}^2 = 7,5\,\mathrm{A}\,.$$

b. Werden zunächst die Leiterströme berechnet für die Zählpfeile I_1 und I_2, die wie die Flächenvektoren $\mathrm{d}\vec{A}_1$ und $\mathrm{d}\vec{A}_2$ orientiert eingetragen sind (s. Bild **5.27**), so ergeben sich diese nach Gl.(4.32b) zu

$$I_1 = \vec{S}_1 \cdot \vec{A}_1 = 5\,\frac{\mathrm{A}}{\mathrm{mm}^2}4\,\mathrm{mm}^2 = 20\,\mathrm{A}\,, \qquad I_2 = \vec{S}_2 \cdot \vec{A}_2 = -5\,\frac{\mathrm{A}}{\mathrm{mm}^2}2,5\,\mathrm{mm}^2 = -12,5\,\mathrm{A}\,.$$

Mit I_1 und I_2, deren Zählpfeile wie der von Θ orientiert sind, ergibt sich die Durchflutung

$$\Theta = I_1 + I_2 = 20\,\mathrm{A} - 12,5\,\mathrm{A} = 7,5\,\mathrm{A}\,,$$

die selbstverständlich gleich der unter **a.** ist.

Mit der nach **a.** oder **b.** berechneten Durchflutung Θ folgt nach dem Durchflutungssatz Gl.(5.73), daß das auf beliebigen Wegen rechtswendig um Θ (Strom beider Leiter) gebildete Umlaufintegral der magnetischen Erregung den Wert 7,5 A ergibt, z. B. von *1* entlang l_{R2} nach *2* und entlang l_{L1} nach *1* zurück

$$\oint \vec{H}\cdot\vec{l} = \int_1^2 \vec{H}\cdot\mathrm{d}\vec{l}_{R\,12} + \int_2^1 \vec{H}\cdot\mathrm{d}\vec{l}_{L\,21} = \int_1^2 \vec{H}\cdot\mathrm{d}\vec{l}_{R\,12} - \int_1^2 \vec{H}\cdot\mathrm{d}\vec{l}_{L\,12}$$

$$= V_{R\,12} - V_{L\,12} = 7,5\,\mathrm{A}\,. \tag{5.75}$$

Man erkennt aus Gl.(5.75), daß das Umlaufintegral auch entsprechend Gl.(5.71) als Umlaufspannung $\overset{\circ}{V}$ gedeutet und mit den für die in Bild 5.27 eingezeichneten Zählpfeile bestimmten magnetischen Spannungen V_{L12} und V_{R12} unter Beachtung der Orientierungen berechnet werden kann.

Die Gültigkeit des Durchflutungssatzes kann für beliebige Räume experimentell, für homogene, lineare Räume ($\mu = $ const) auch analytisch mit Hilfe des Biot-Savartschen Gesetzes nachgewiesen werden. Wesentlich ist, daß lediglich die innerhalb des Integrationsumlaufes fließenden Ströme den Wert des Umlaufintegrals bestimmen. Das darf aber nicht dahingehend gedeutet werden, daß die Ströme außerhalb des Umlaufes das Feld nicht beeinflussen würden. Zum Beispiel beeinflußt der Strom I_5 in Bild 5.26a wohl den Feldverlauf im Bereich des Umlaufes und damit die Differentiale $\mathrm{d}V = \vec{H}\cdot\vec{l}$ entlang dieses Umlaufes, nicht aber das Ergebnis des Integrals, das unabhängig von I_5 und damit vom Feldverlauf ausschließlich von der Summe der eingeschlossenen Ströme ($I_1 - I_2 + I_3 - I_4$) bestimmt ist.

Im Durchflutungssatz ist immer das tatsächlich auftretende – meßbare – H-Feld einzusetzen, das von allen Strömungsfeldern innerhalb und außerhalb des Umlaufes erregt wird.

Der Durchflutungssatz gilt für b e l i e b i g e V e r t e i l u n g e n elektrischer Strömungen innerhalb des Umlaufweges. Der Umlauf kann eine diskret oder kontinuierlich verteilte Duchflutung einschließen (s. Bild 5.26a und 5.26b).

Der Durchflutungssatz gilt für b e l i e b i g e R ä u m e mit kontinuierlich oder diskret verteilter Materie unterschiedlicher Permeabilität μ (s. Beispiel 5.26) unabhängig davon, ob diese konstant ist oder von H abhängt [z. B. Eisen, $\mu(B)$].

Der Durchflutungssatz gilt für b e l i e b i g e F o r m e n einer Fläche, die von dem Umlaufweg begrenzt wird (s. Bild 5.26). Bei praktischen Rechnungen wählt man die Fläche so, daß sich der geringste Rechenaufwand ergibt.

Der Durchflutungssatz gilt für b e l i e b i g e U m l a u f w e g e, die in einer Ebene oder auch räumlich verlaufen können. Bei praktischen Rechnungen wird der Integrationsweg so gewählt, daß sich der geringste Rechenaufwand ergibt.

Bei der Anwendung des Durchflutungssatzes sind hinsichtlich Lösungsschwierigkeiten zwei Arten von Aufgabenstellungen zu unterscheiden: Kennt man den Feldverlauf, d. h., ist die Ortsfunktion der magnetischen Erregung $\vec{H}$ gegeben, so läßt sich mit Gl.(5.73) die Durchflutung Θ relativ einfach bestimmen. Soll aber umgekehrt bei gegebener Durchflutung Θ die magnetische Erregung $\vec{H}$ an bestimmten Punkten des Raumes berechnet werden, so können unüberwindliche Schwierigkeiten auftreten, da der Durchflutungssatz nur eine Aussage über das Integral der magnetischen Erregung $\oint \vec{H} \cdot \mathrm{d}\vec{l}$ liefert, nicht aber darüber, wie sich diese entlang des Integrationsweges ändert. Der Durchflutungssatz läßt sich somit nur in bestimmten Fällen, in denen der räumliche Feldverlauf qualitativ bekannt ist, explizit nach H auflösen. Beispielsweise ist bei der Kreisringspule nach Bild **5.31a** die magnetische Erregung vom Betrag her nicht bekannt. Da man aber weiß, daß die Feldlinien als konzentrische Kreise durch das Innere der Ringspule verlaufen, entlang derer der Betrag der Erregung H konstant ist, läßt sich das Linienintegral $\oint \vec{H} \cdot \mathrm{d}\vec{l}$ in eine einfache Multiplikation $H 2\pi R$ überführen, so daß der Durchflutungssatz $H 2\pi R = N I$ explizit nach der magnetischen Erregung $H = IN/(2\pi R)$ aufgelöst werden kann.

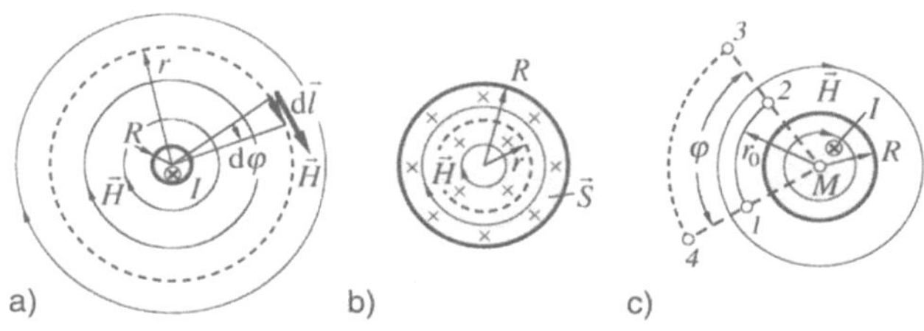

5.28
Magnetische Feldgrößen eines stromdurchflossenen, langen, geraden Leiters
a) außerhalb des Leiters,
b) H im Leiterquerschnitt,
c) $\overset{\circ}{V}$ nach Beispiel 5.20

Beispiel 5.18. Die allgemeine Bestimmungsgleichung für die magnetische Erregung $\vec{H}$ in der Umgebung eines geraden, unendlich langen, stromdurchflossenen Leiters mit kreisförmigem Querschnitt ist mit Hilfe des Durchflutungssatzes herzuleiten.

Man kann aus Symmetriegegebenheiten ableiten oder weiß aus Erfahrung, daß ein solcher stromdurchflossener Leiter ein Feld erregt, das durch konzentrische Feldlinien um den Leiter entsprechend Bild **5.28a** beschrieben wird. Der qualitative Feldverlauf ist also bekannt, die Aufgabe beschränkt sich somit auf die quantitative Bestimmung von H und kann deshalb mit Hilfe des Durchflutungssatzes gelöst werden.

Wählt man einen Integrationsweg, der wie die Feldlinien einen konzentrischen Kreis mit dem Radius r um den Leiter beschreibt, so liegt entlang dieses Weges in jedem Punkt der Vektor der magnetischen Erregung $\vec{H}$ – tangential zur Feldlinie – in Richtung des Integrationsvektors $\mathrm{d}\vec{l}$ (s. Bild **5.28a**). Das Skalarprodukt $\vec{H} \cdot \mathrm{d}\vec{l}$ im Durchflutungssatz Gl.(5.73) läßt sich also als algebraisches Produkt $H \, \mathrm{d}l$ schreiben ($\oint \vec{H} \cdot \mathrm{d}\vec{l} = \oint H \, \mathrm{d}l$). Da der Betrag der magnetischen Erregung H entlang eines konzentrischen Kreises konstant ist, kann H vor das Integral gezogen werden. Ersetzt man weiter das Wegelement $\mathrm{d}l$ durch das Produkt $r \, \mathrm{d}\varphi$, so läßt sich das Umlaufintegral als bestimmtes Integral in den Grenzen 0 bis 2π angeben.

$$\oint \vec{H} \cdot d\vec{l} = \oint H \, dl = H r \int\limits_{0}^{2\pi} d\varphi = H r \cdot 2\pi = I \qquad (5.76a)$$

In dieser Form läßt sich der Durchflutungssatz explizit nach der magnetischen Erregung

$$H_{(r \geq R)} = \frac{I}{2\pi r} \qquad (5.76b)$$

auflösen. Das Ergebnis entspricht selbstverständlich dem in Beispiel 5.10. In Bild **5.15b** ist der Betrag von H abhängig von r dargestellt.

Beispiel 5.19. Das Feld im Inneren des vom Strom I durchflossenen, geraden, unendlich langen Leiters mit kreisförmigem Querschnitt ist zu berechnen.

Für Gleichstrom und Wechselstrom niedriger Frequenz kann eine gleichmäßige Verteilung des Stromes I über den Leiterquerschnitt $A_q = R^2\pi$ angenommen werden, so daß entsprechend Gl.(4.32b) die Stromdichte $S = I/(R^2\pi)$ beträgt. Da man aus Symmetriegegebenheiten ableiten kann oder aus Erfahrung weiß, daß auch im Inneren des kreisförmigen Leiterquerschnittes die Feldlinien konzentrische Kreise beschreiben, läßt sich der Durchflutungssatz analog zu den in Beispiel 5.18 erläuterten Überlegungen auch für den Innenraum des Leiters anwenden. Für einen entlang einer Feldlinie gewählten konzentrischen Umlauf mit dem Radius r (s. Bild **5.28b**) liefert der Durchflutungssatz Gl.(5.73)

$$\oint \vec{H} \cdot d\vec{l} = H r \cdot 2\pi = \int\limits_{A} \vec{S} \cdot d\vec{A} = \frac{r^2\pi I}{R^2\pi} \, . \qquad (5.77a)$$

Da der Stromdichtevektor $\vec{S}$ senkrecht auf dem von dem Umlauf begrenzten Teil $r^2\pi$ der Querschnittsfläche steht und sein Betrag S konstant ist, kann das Integral $\int \vec{S} \cdot d\vec{A}$ in Gl.(5.77a) als Produkt SA der Beträge von Stromdichte- und Flächenvektor geschrieben werden. Die Auflösung der Gl.(5.77a) nach H ergibt den Betrag der magnetischen Erregung im Inneren des Leiters

$$H = \frac{rI}{2\pi R^2} \, , \qquad (5.77b)$$

der selbstverständlich dem in Beispiel 5.10, Bild **5.15b** entspricht.

Beispiel 5.20. Die magnetische Umlaufspannung $\overset{\circ}{V}$ in dem Feld des vom Strom I durchflossenen, unendlich langen, geraden Leiters über den in Bild **5.28c** skizzierten geschlossenen Weg durch die Punkte *1*; *2*; *3*; *4* ist abhängig von dem Abstand r_0 des konzentrischen Teilweges zwischen *1* und *2* von der Leitermittellinie zu bestimmen.

Liegt der Teilweg von *1* nach *2* außerhalb des Leiterquerschnittes ($r_0 \geq R$), so ist die magnetische Umlaufspannung Null

$$\overset{\circ}{V} = \oint \vec{H} \cdot \mathrm{d}\vec{l} = V_{12} + V_{23} + V_{34} + V_{41} = 0\,,$$

was dem Durchflutungssatz entspricht, da keine Durchflutung eingeschlossen wird.

Liegen die Punkte *1* und *2* im Leitermittelpunkt ($r_0 = 0$) (in Bild **5.28c** gestrichelt eingezeichnet), so ist die Umlaufspannung

$$\overset{\circ}{V} = \oint \vec{H} \cdot \mathrm{d}\vec{l} = V_{\mathrm{M}3} + V_{34} + V_{4\mathrm{M}} = \Theta = I\frac{\varphi}{2\pi}$$

nicht mehr Null, was ebenfalls dem Durchflutungssatz entspricht, da von diesem Umlauf die Querschnittsteilfläche $r^2\varphi$ und damit der Teilstrom $I\varphi/(2\pi)$ eingeschlossen wird.

Liegt der Teilweg mit $0 < r_0 < R$ im Leiterquerschnitt, so ergibt sich die magnetische Umlaufspannung entsprechend der eingeschlossenen Durchflutung.

$$\overset{\circ}{V} = \Theta = I\frac{(R^2 - r_0^2)\,\pi}{R^2\,\pi}\,\frac{\varphi}{2\pi} = I\,\frac{\varphi}{2\pi}\left[1 - \left(\frac{r_0}{R}\right)^2\right] \tag{5.78}$$

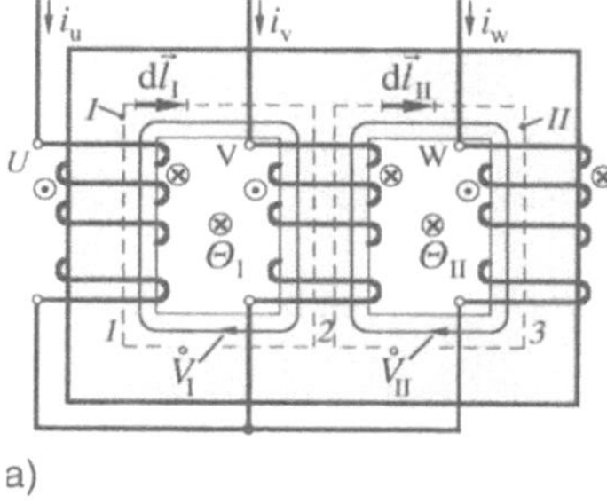

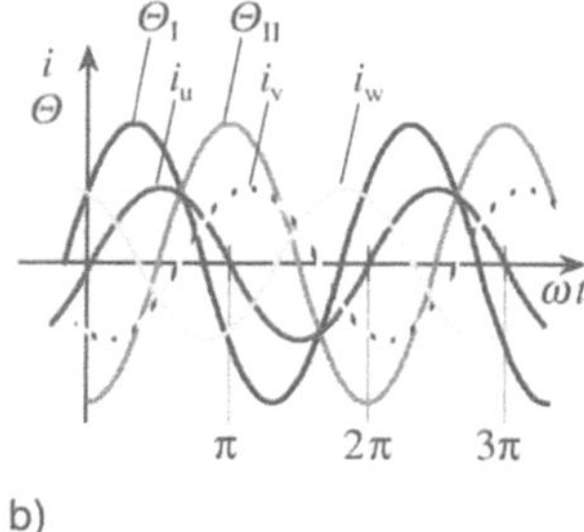

a)   b)

5.29
Zur Berechnung der Durchflutung im Dreiphasentransformator
a) Zählpfeilzuordnungen,
b) Zeitverlauf für i und Θ

Beispiel 5.21. In Bild **5.29a** ist ein verzweigter Eisenkreis skizziert, wie er z. B. beim Dreiphasenkerntransformator verwendet wird. Die drei Schenkel *1*, *2* und *3* werden von drei Wicklungen – Primärwicklungen – *U*, *V*, *W* schaltungsgemäß in gleicher Umlauforientierung umschlungen. Dementsprechend sind die Zählpfeile (durch Kreuze bzw. Punkte charakterisiert) für die Stromorientierungen in den Spulen in Bild **5.29a** eingetragen. Für diese Zählpfeilorientierungen sind die Ströme

$$i_{\mathrm{u}} = 0,4\,\mathrm{A}\sin(\omega t),\quad i_{\mathrm{v}} = 0,4\,\mathrm{A}\sin\left(\omega t - \frac{2\pi}{3}\right),\quad i_{\mathrm{w}} = 0,4\,\mathrm{A}\sin\left(\omega t - 2\frac{2\pi}{3}\right) \tag{5.79}$$

gegeben (z. B. in der Primärwicklung eines Dreiphasentransformators im Leerlauf gemessen). Unter ω ist die Kreisfrequenz des sinusförmigen Wechselstromes zu verstehen.

Die Windungszahl jeder der drei Wicklungen beträgt $N_\mathrm{u} = N_\mathrm{v} = N_\mathrm{w} = 1200$. Die Durchflutungen und die magnetischen Umlaufspannungen sind zu bestimmen.

In beiden Fenstern werden – willkürlich – gleiche Zählpfeilrichtungen für die Durchflutungen Θ_I und Θ_II gewählt, wie sie in Bild **5.29a** eingetragen sind. Damit ist auch die Orientierung für das Umlaufintegral der magnetischen Erregung $\oint \vec{H}\cdot\mathrm{d}\vec{l}$, also die Orientierung der Zählpfeile für die magnetischen Umlaufspannungen $\overset{\circ}{V}$ (rechtswendig der Zählpfeilrichtung für Θ zugeordnet), in gleicher Umlaufrichtung bei beiden Fenstern festgelegt. Unter Beachtung der Zählpfeilrichtungen der Wicklungsströme ergeben sich die Fensterdurchflutungen

$$\Theta_\mathrm{I} = \underset{\text{Fenster I}}{\sum i} = N_\mathrm{u} i_\mathrm{u} - N_\mathrm{v} i_\mathrm{v} = 0{,}4\,\mathrm{A}\,1200\left[\sin(\omega t) - \sin\left(\omega t - \frac{2\pi}{3}\right)\right]$$

$$= 480\sqrt{3}\,\mathrm{A}\,\sin\left(\omega t + \frac{\pi}{6}\right), \tag{5.80a}$$

$$\Theta_\mathrm{II} = \underset{\text{Fenster II}}{\sum i} = N_\mathrm{v} i_\mathrm{v} - N_\mathrm{w} i_\mathrm{w} = 0{,}4\,\mathrm{A}\,1200\left[\sin\left(\omega t - \frac{2\pi}{3}\right) - \sin\left(\omega t - \frac{4\pi}{3}\right)\right]$$

$$= 480\sqrt{3}A\,\sin\left(\omega t - \frac{\pi}{2}\right) \tag{5.80b}$$

ebenfalls als Zeitfunktionen (s. Bild **5.29b**). In den Zeitintervallen $\omega t = -\pi/6$ bis $5\pi/6$; $11\pi/6$ bis $17\pi/6$; $\ldots$ ist die Durchflutung Θ_I positiv, d. h., positive Ladung strömt in die Zeichenebene durch das Fenster I und das davon erregte H-Feld ist wie $\overset{\circ}{V}_\mathrm{I} = \Theta_\mathrm{I}$ rechtswendig um das Fenster I orientiert. In den Zeitintervallen $\omega t = 5\pi/6$ bis $11\pi/6$ $\ldots$ ist die Durchflutung Θ_I negativ, d. h., positive Ladung strömt entgegen dem Zählpfeil Θ_I, also aus der Zeichenebene heraus durch das Fenster I, und das H-Feld ist entgegen dem Zählpfeil für $\overset{\circ}{V}_\mathrm{I}$ linkswendig um das Fenster I orientiert. Sinngemäße Deutungen gelten auch für das Fenster II mit Θ_II.

Mit den Durchflutungen aus Gln.(5.80) ist auch um jedes Fenster die Umlaufspannung $\oint \vec{H}\cdot\mathrm{d}\vec{l} = \Theta$ bestimmt. Damit läßt sich die magnetische Erregung H aber nur näherungsweise berechnen, da H in den einzelnen Bereichen nach nichtlinearen Funktionen (Magnetisierungskennlinie) aus der magnetischen Flußdichte B abzuleiten ist (s. Beispiel 5.22).

5.3.2.4 Durchflutungssatz unter Berücksichtigung der zeitveränderlichen elektrischen Flußdichte $\dot{\vec{D}}$.

In diesem Abschnitt wird kurz auf die magnetische Wirkung des zeitveränderlichen D-Feldes (s. Bild **1.3**, Zweig 3c) mit dem Ziel eingegangen, die Notwendigkeit ihrer Einbeziehung in das umfassend für alle Feldräume und Feldarten gültige System der Maxwellschen Gleichungen [s. Bild **1.4**, Spalte I, Gln.(1.1a)bis(1.5)] zu erkennen.

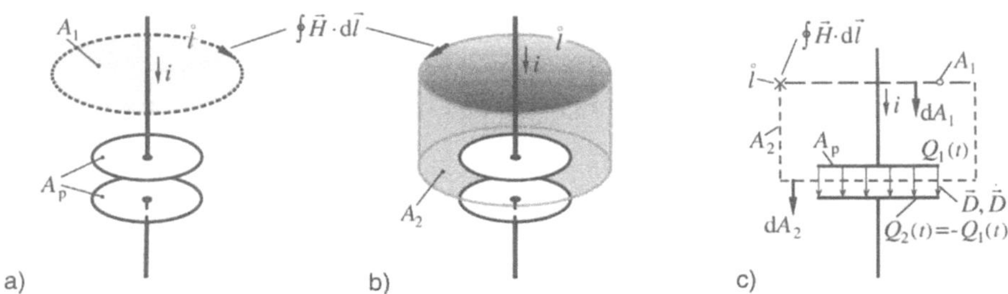

5.30 Durchflutungssatz für zeitveränderlichen Strom durch Plattenkondensator: a) Fläche
A_1 mit $\vec{S}\neq 0$, $\dot{\vec{D}}=0$, b) Fläche A_2 mit $\vec{S}=0$, $\dot{\vec{D}}\neq 0$, c) Querschnitt mit Feldgrößen

In Bild **5.30** ist ein Plattenkondensator mit Zuleitungen dargestellt, durch die
der Strom i „über" den Kondensator fließt. Betrachtet wird zunächst die in Bild
5.30a gestrichelt eingezeichnete Randlinie $\overset{\circ}{l}$ um die ebene Fläche A_1, durch
die der Zuleitungsstrom i fließt. Nach dem Durchflutungssatz Gl.(5.73) muß
das Umlaufintegral um diese Randlinie $\overset{\circ}{l}$ gleich sein dem Flächenintegral der
Stromdichte durch die Fläche A_1, also gleich dem Strom i.

$$\oint \vec{H}\cdot\mathrm{d}\vec{l} = \int_{A_1} \vec{S}\cdot\mathrm{d}\vec{A} = i$$

Betrachtet wird weiter die in Bild **5.30**b skizzierte offene Zylinderoberfläche A_2,
die von derselben Randlinie $\overset{\circ}{l}$ begrenzt wird wie die ebene Fläche A_1. Diese
Zylinderoberfläche A_2, deren eine Stirnfläche durch das Dielektrikum zwischen
den Kondensatorplatten verläuft und deren Mantelfläche eine der Kondensatorplatten A_p einschließt, wird nicht mehr von dem Strom i bzw. dessen Stromdichte $\vec{S}$ durchdrungen. Das Flächenintegral der Stromdichte $\vec{S}$ ist also Null
($\int_{A_2} \vec{S}\cdot\mathrm{d}\vec{A}_2 = 0$). Der Durchflutungssatz soll nun aber für beliebige Formen der
von derselben Randlinie begrenzten Fläche gelten, d. h., sowohl das Flächeninte-
gral über A_1 als auch das über A_2 muß gleichermaßen dem Umlaufintegral $\oint\vec{H}\cdot\mathrm{d}\vec{l}$
um die beiden Flächen gemeinsame Randlinie $\overset{\circ}{l}$ entsprechen. Da dieses mit der
Stromdichte $\vec{S}$, wie gezeigt, nicht erfüllt ist, muß das Flächenintegral im Durchflutungssatz nach Gl.(5.73) um eine der Stromdichte $\vec{S}$ entsprechende Feldgröße
im Dielektrikum wie folgt ergänzt werden. Fließt über den Kondensator der –
instationäre – Strom i, so stellt sich nach dem Kontinuitätssatz Gl.(2.32) auf
der Kondensatorplatte A_p die Ladung $Q_1(t) = \int i\,\mathrm{d}t$ ein und damit im Dielektrikum die zeitveränderliche elektrische Flußdichte $\vec{D}(t)$. Nimmt man unter Vernachlässigung der Randverzerrungen ein homogenes Feld der elektrischen Flußdichte $\vec{D}(t)$ im Kondensator an, so kann man auch die Flächenladungsdichte σ
auf den Platten homogen annehmen, die nach Gl.(2.17) berechnet werden kann

$[\sigma_1(t) = Q_1(t)/A_\mathrm{p}$, s. Bild **5.30c**)]. Damit ergibt sich nach Gl.(3.140) der Betrag der elektrischen Flußdichte $D(t) = \sigma_1(t)$ im Kondensator ebenfalls als Zeitfunktion. Ihre zeitliche Ableitung, die auch als V e r s c h i e b u n g s s t r o m d i c h t e $\dot{D}$ bezeichnet wird, ist hier gleich dem auf die Kondensatorfläche A_p bezogenen Strom $[\dot{D}(t) = \dot{\sigma}_1(t) = \dot{Q}_1(t)/A_\mathrm{p}]$, so daß das Flächenintegral der Verschiebungsstromdichte $\dot{\vec{D}}$ dem Strom i entspricht $[\int_{A_\mathrm{p}} \dot{\vec{D}}(t) \cdot \mathrm{d}\vec{A} = i]$. Sowohl das Flächenintegral der Verschiebungsstromdichte $\dot{\vec{D}}$ über die Fläche A_2 als auch das Flächenintegral der Stromdichte $\vec{S}$ über A_1 ist also gleich dem Strom i und damit gleich dem Umlaufintegral der magnetischen Erregung um die beide Flächen begrenzende Randlinie

$$\oint \vec{H} \cdot \mathrm{d}\vec{l} = \int_{A_1} \vec{S} \cdot \mathrm{d}\vec{A} = \int_{A_2} \dot{\vec{D}} \cdot \mathrm{d}\vec{A}\,.$$

Der Durchflutungssatz ist also für beide Flächen erfüllt, wenn man dem $\dot{\vec{D}}$-Feld die gleichen magnetischen Wirkungen wie dem $\vec{S}$-Feld zuschreibt, d. h. in das Flächenintegral auf der rechten Seite des Durchflutungssatzes die $\vec{S}$- und $\dot{\vec{D}}$-Vektoren aufnimmt $[\oint \vec{H} \cdot \mathrm{d}\vec{l} = \int (\vec{S} + \dot{\vec{D}}) \cdot \mathrm{d}\vec{A}]$.

Angemerkt sei noch, daß mit dem in Abschn. 3.1.3.5, Gl.(3.109) erläuterten elektrischen Fluß $\Psi = \int \vec{D} \cdot \mathrm{d}\vec{A}$ das Flächenintegral der Verschiebungsstromdichte $\dot{\vec{D}}$ auch als differenzierter elektrischer Fluß oder V e r s c h i e b u n g s s t r o m $\dot{\Psi} = \int \dot{\vec{D}} \cdot \mathrm{d}\vec{A}$ bezeichnet wird. Diese Bezeichnung deutet darauf hin, daß der in den Anschlußleitungen eines Kondensators fließende Strom i sich in Form des Verschiebungsstromes $\dot{\Psi} = \int \dot{\vec{D}} \cdot \mathrm{d}\vec{A} = i$ über das Dielektrikum des Kondensators schließt.

Die Erläuterungen an dem speziellen Beispiel des Plattenkondensators lassen sich erweitern auf beliebige Anordnungen und führen dabei auf folgende allgemeingültige Aussage.

- Das Feld der differenzierten magnetischen Flußdichte $\dot{\vec{D}}$ ist gleichermaßen wie das der Stromdichte $\vec{S}$ mit dem Feld der magnetischen Erregung $\vec{H}$ verknüpft und muß dementsprechend im Durchflutungssatz berücksichtigt werden. Damit gilt der D u r c h f l u t u n g s s a t z

$$\oint \vec{H} \cdot \mathrm{d}\vec{l} = \int (\vec{S} + \dot{\vec{D}}) \cdot \mathrm{d}\vec{A} \tag{5.81}$$

für beliebige Flächen,

in denen, allgemein betrachtet, S- und $\dot{D}$-Felder auftreten [reale Leiter oder Isolierstoffe, in denen sich S- und $\dot{D}$-Felder überlagern, oder Flächen, die teilweise durch S- oder $\dot{D}$-Felder verlaufen] oder

in denen in Sonderfällen nur S-Felder [ideale Leiter ($\kappa \to \infty$) mit $\dot{D} = 0$] oder nur $\dot{D}$-Felder [ideale Dielektrika ($\kappa = 0$) mit $\vec{S} = 0$] auftreten.

Im vorliegenden Grundlagenband wird auf die Berücksichtigung des $\dot{D}$-Feldes im Durchflutungssatz nicht weiter eingegangen, da hier das elektromagnetische Feld im Zusammenhang mit Strömungsfeldern behandelt wird und dabei im allgemeinen die magnetische Wirkung des $\dot{D}$-Feldes gegenüber dem S-Feld vernachlässigt werden kann.

5.3.3 Zusammenhang zwischen den integralen Feldgrößen

Die Feldgrößen magnetische Flußdichte $\vec{B}$ und magnetische Erregung $\vec{H}$ sind für den Raumpunkt definiert, demzufolge kann ihr Zusammenhang $\vec{B} = \mu\vec{H}$ [s. Gl.(5.13)] allein durch die dem Punkt eigene Raumeigenschaft Permeabilität μ beschrieben werden. Die den jeweiligen Feldgrößen zugeordneten raumintegralen Größen magnetischer Fluß $\Phi = \int \vec{B} \cdot \mathrm{d}\vec{A}$ bzw. magnetische Spannung $V = \int \vec{H} \cdot \mathrm{d}\vec{l}$ sind als Flächen- bzw. Wegintegrale definiert, so daß ihr Zusammenhang außer von der Permeabilität auch noch von der Geometrie des Raumes bestimmt ist, auf den sich diese Integrale beziehen. Analog dem elektrischen Strömungsfeld ist für das Magnetfeld der magnetische Widerstand $R_\mathrm{m} = \Phi/V$ als Quotient aus magnetischem Fluß Φ und magnetischer Spannung V definiert, wie in Abschn. 5.3.3.1 erläutert, und analog dem Kapazitätsbegriff ist die Induktivität $L = \Psi_{(I)}/I$ als Quotient aus Spulenfluß Ψ und Strom I definiert, wie in Abschn. 5.3.3.2 erläutert.

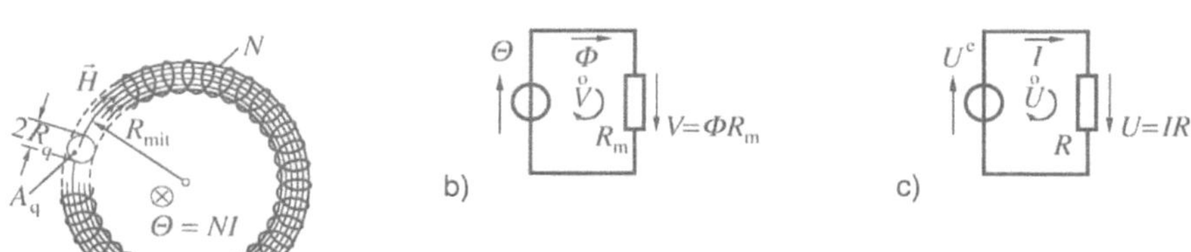

5.31 Magnetischer Kreis einer Kreisringspule: a) reale Kreisringspule, b) magnetisches Ersatzschaltbild, c) analoges elektrisches Ersatzschaltbild

5.3.3.1 Magnetischer Widerstand und magnetische Ersatzschaltbilder. In Bild **5.31**a ist eine Ringspule mit N Windungen skizziert. Ist der Radius R_q des Spulenquerschnittes $A_\mathrm{q} = R_\mathrm{q}^2\pi$ sehr klein gegenüber dem mittleren

Ringdurchmesser R_{mit}, so verursacht ein Spulenstrom I in der Ringspule eine magnetische Erregung $\vec{H}$, deren Feldlinien zum Ringspulenmittelpunkt konzentrische Kreise beschreiben, d. h., der Betrag von H ist über den Spulenquerschnitt und entlang des Spulenumfanges $2\pi R_{\mathrm{mit}}$ näherungsweise konstant. Damit kann aus dem Durchflutungssatz Gl.(5.73) $\oint \vec{H} \cdot \mathrm{d}\vec{l} = H 2\pi R_{\mathrm{mit}} = NI = \Theta$ die magnetische Erregung $H = NI/(2\pi R_{\mathrm{mit}})$ und mit der Permeabilität μ im Spulenkern $(A_{\mathrm{q}} 2\pi R_{\mathrm{mit}})$ die magnetische Flußdichte $B = \mu H$ berechnet werden. Da die magnetische Flußdichte $\vec{B}$ rechtwinklig auf der Spulenquerschnittsfläche steht, ergibt sich nach Gl.(5.54) mit $\vec{B} \uparrow\uparrow \vec{A}_{\mathrm{q}}$ der magnetische Fluß $\Phi = BA_{\mathrm{q}}$ für den in die Orientierung von $\vec{A}_{\mathrm{q}}$ weisenden Zählpfeil.

Der in dem geschlossenen magnetischen Kreis der Ringspule auftretende Fluß

$$\Phi = BA_{\mathrm{q}} = \frac{\Theta \mu A_{\mathrm{q}}}{2\pi R_{\mathrm{mit}}} = \Theta \frac{\mu A_{\mathrm{q}}}{l} \tag{5.82}$$

ist also gleich seiner Ursache, der Durchflutung Θ, multipliziert mit einem Faktor, der nur von dem Material und der Geometrie des magnetischen Kreises abhängig ist. Dieser Faktor wird als m a g n e t i s c h e r   L e i t w e r t   d e r   R i n g s p u l e

$$\overset{\circ}{A} = \frac{\mu A_{\mathrm{q}}}{l} = \frac{1}{\overset{\circ}{R}_{\mathrm{m}}} \tag{5.83}$$

bzw. sein Kehrwert als m a g n e t i s c h e r   W i d e r s t a n d R_{m} bezeichnet analog den elektrischen Größen G und R im Ohmschen Gesetz (s. Abschn. 4.3.2.3). Der hier für den speziellen Fall der Ringspule hergeleitete Zusammenhang gilt sinngemäß allgemein und wird als H o p k i n s o n s c h e s   G e s e t z

$$\Phi = \Theta \overset{\circ}{A} = \frac{\Theta}{\overset{\circ}{R}_{\mathrm{m}}} \tag{5.84}$$

bezeichnet.

– Nach dem Hopkinsonschen Gesetz ist der magnetische Fluß Φ in einem geschlossenen magnetischen Kreis gleich der von diesem Kreis eingeschlossenen Durchflutung Θ, multipliziert mit dem m a g n e t i s c h e n   K r e i s l e i t w e r t $\overset{\circ}{A}$ bzw. dividiert durch den m a g n e t i s c h e n   K r e i s w i d e r s t a n d $\overset{\circ}{R}_{\mathrm{m}}$. Dabei muß die Geometrie des magnetischen Kreises so sein, daß in allen seinen Querschnitten derselbe magnetische Fluß Φ auftritt (Φ muß sich unverzweigt um Θ schließen).

Schreibt man Gl.(5.84) in der Form $\Theta = \Phi \,\overset{\circ}{R}_{\mathrm{m}}$, so erkennt man die Analogie zwischen dem Hopkinsonschen Gesetz und dem Maschensatz für unverzweigte elektrische Stromkreise mit Quelle und Widerständen [$U^{\mathrm{e}} = IR$, s. Gln.(4.65b)u. (4.69b)]. Danach läßt sich die Durchflutung Θ als Quelle analog der elektrischen mit der eingeprägten Spannung U^{e} (Zählpfeil Θ analog dem für U^{e} orientiert, s. Bild **5.31c**) darstellen, die mit dem magnetischen Widerstand $\overset{\circ}{R}_{\mathrm{m}}$ in einem geschlossenen Kreis in Reihe geschaltet ist (s. Bild **5.31b**).

Das Hopkinsonsche Gesetz hat nur für solche magnetische Kreise Bedeutung, die sich übersichtlich in Teilabschnitte mit jeweils leicht berechenbaren magnetischen Widerständen R_{m} und Flüssen Φ zerlegen lassen. Beispielsweise setzen sich Eisenkreise häufig aus Teilabschnitten zusammen, in denen aufgrund der guten magnetischen Leitfähigkeit von Eisen das magnetische Feld zumindest näherungsweise als homogen aufgefaßt werden kann. Unter diesen Gegebenheiten läßt sich dann sinngemäß, wie für die Ringspule mit Gl.(5.83) erläutert, auch für jeweils einen Teilabschnitt der m a g n e t i s c h e T e i l w i d e r s t a n d

$$R_{\mathrm{m}\nu} = \frac{l_\nu}{A_{\mathrm{q}\nu}\mu_\nu} \tag{5.85}$$

berechnen, wenn l_ν die Länge, $A_{\mathrm{q}\nu}$ der über l_ν konstante Querschnitt und μ_ν die homogene Permeabilität des Abschnittes ist (s. Bild **5.32a**).

Mit dem so bestimmten magnetischen Teilwiderstand läßt sich auch die magnetische T e i l s p a n n u n g

$$V_\nu = \Phi_\nu R_{\mathrm{m}\nu} \tag{5.86}$$

an dem Widerstand $R_{\mathrm{m}\nu}$ direkt mit dem magnetischen Fluß Φ_ν in dem Widerstand berechnen. In Analogie zum elektrischen Widerstand R mit der Spannung $U = IR$ wird auch der magnetische Widerstand R_{m} durch ein Ersatzschaltelement dargestellt, wie in Bild **5.32b** skizziert.

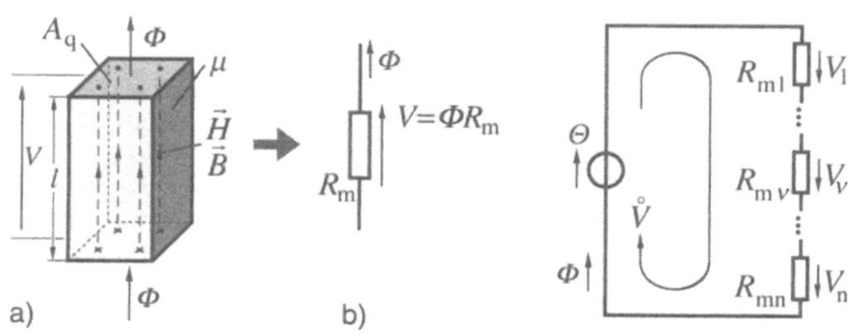

5.32
Teilstück aus einem magnetischen Kreis
a) realer Abschnitt,
b) Ersatzschaltelement des Abschnittes,
c) Ersatzschaltbild eines geschlossenen magnetischen Kreises

Besteht ein geschlossener magnetischer Kreis aus n hintereinandergeschalteten Teilabschnitten, so kann der m a g n e t i s c h e K r e i s w i d e r s t a n d

$$\overset{\circ}{R}_{\mathrm{m}} = \sum_{\nu=1}^{n} R_{\mathrm{m}\nu} \tag{5.87}$$

als Summe aller Teilwiderstände und die m a g n e t i s c h e U m l a u f s p a n n u n g

$$\overset{\circ}{V} = \sum_{\nu=1}^{n} V_{\nu} = \sum_{\nu=1}^{n} \Phi_{\nu} R_{\mathrm{m}\nu} \tag{5.88}$$

als Summe der magnetischen Teilspannungen berechnet werden.

Für u n v e r z w e i g t e magnetische Kreise, in denen in allen Teilabschnitten der gleiche magnetische Fluß $\Phi = \Phi_{\nu}$ auftritt, gilt ein Ersatzschaltbild entsprechend Bild **5.**32c, und der Zusammenhang zwischen Φ und Θ ist wie bei der Kreisringspule durch Gl.(5.84) gegeben mit $\overset{\circ}{R}_{\mathrm{m}}$ nach Gl.(5.87).

In v e r z w e i g t e n magnetischen Kreisen ist der magnetische Fluß in den einzelnen Zweigen einer Masche im allgemeinen nicht mehr gleich, und die magnetische Spannung V_{ν} eines Teilabschnittes muß nach Gl.(5.86) auch mit dem Fluß Φ_{ν} dieses Teilabschnittes berechnet werden. Beachtet man dieses, so läßt sich für jede Masche (geschlossener magnetischer Kreis) der Durchflutungssatz Gl.(5.73) in der Form

$$\overset{\circ}{V} = \sum_{\nu=1}^{n} V_{\nu} = \sum_{\nu=1}^{n} \Phi_{\nu} R_{\mathrm{m}\nu} = \Theta \tag{5.89}$$

aufstellen, wenn die Masche mit n Teilwiderständen die Durchflutung Θ einschließt (geschlossener magnetischer Kreis mit n Teilabschnitten um die Durchflutung Θ).

Grundsätzlich lassen sich also einfache oder verzweigte magnetische Kreise analog den elektrischen durch Ersatznetzwerke darstellen, in denen
a. die Durchflutungen Θ als ideale magnetische Quellen (analog U^{e}) mit
b. den magnetischen Widerständen R_{m} (analog R)
durch magnetisch widerstandslose Verbindungen zu Zweigen und diese wiederum über Knoten zu Maschen zusammengefaßt sind (s. Beispiel 5.22).

Für jede der geschlossenen Maschen muß der Durchflutungssatz Gl.(5.89) erfüllt sein. Dabei müssen jeweils für eine Masche die in der räumlichen Darstellung des magnetischen Kreises einander rechtswendig zugeordneten Zählpfeile für die

Durchflutung Θ und für die magnetische Umlaufspannung $\overset{\circ}{V}$ im Ersatzschaltbild mit gleicher Umlauforientierung um die Masche angetragen werden. Der Zählpfeil für $\overset{\circ}{V}$ gibt dann die Zählrichtung für die Spannungssumme $\overset{\circ}{V} = \sum V$ an, d. h., die magnetischen Teilspannungen $V_\nu = \Phi_\nu R_{\mathrm{m}\nu}$, deren Zählpfeile in (bzw. entgegen) der Umlaufspannung $\overset{\circ}{V}$ orientiert sind, werden mit positivem (bzw. negativem) Vorzeichen in die Spannungssumme $\sum V_\nu$ der Gl.(5.89) aufgenommen.

Für jeden Knoten (in verzweigten Kreisen) muß entsprechend der Quellenfreiheit der magnetischen Flußdichte $\vec{B}$ die Summe der magnetischen Flüsse Null sein.

$$\sum_{\nu=1}^{n} \Phi_\nu = 0 \tag{5.90}$$

Dabei sind die magnetischen Flüsse Φ, deren Zählpfeile vom Knoten weg weisen, mit positiven, und die, deren Zählpfeile auf ihn zu weisen, mit negativen Vorzeichen in die Summe von Gl.(5.90) aufzunehmen. Nach diesen Erläuterungen lassen sich also für ein beliebiges magnetisches Netzwerk analog den elektrischen die Maschen- und Knotenpunktgleichungen mit magnetischen Größen aufstellen und z. B. bei gegebenen Maschendurchflutungen die magnetischen Flüsse in den Zweigen berechnen (s. Beispiel 5.22). Dafür gelten auch die gleichen Regeln wie für elektrische Netzwerke. Beispielsweise können die Zählpfeile für Φ_ν in den einzelnen Zweigen zunächst beliebig angetragen und mit den dafür berechneten Zahlenwerten die tatsächliche Orientierung des Feldes in den den Zweigen entsprechenden Teilabschnitten bestimmt werden ($\Phi_\nu > 0$, $\vec{B}_\nu$ wie Zählpfeil Φ_ν, bzw. $\Phi_\nu < 0$, $\vec{B}_\nu$ entgegen Φ_ν orientiert).

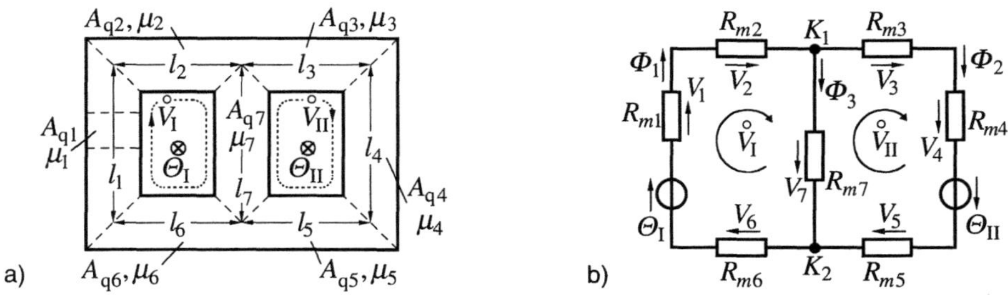

5.33 Magnetisches Ersatzschaltbild des Trafos nach Bild 5.29: a) Abmessungen und Zählpfeile im realen Eisenkern, b) Ersatzschaltbild mit den Zählpfeilen entsprechend a)

Beispiel 5.22. Für den in Bild 5.29a skizzierten Dreiphasentransformator sind das magnetische Ersatznetzwerk zu zeichnen sowie die Maschen- und Knotenpunktgleichungen aufzustellen.

Der mit seinen Abmessungen gegebene Kern wird, wie in Bild **5.33a** skizziert, in sieben Teilabschnitte zerlegt, in denen das magnetische Feld näherungsweise als homogen aufgefaßt werden kann. Die Ecken mit dem stark inhomogenen Feldbereich werden durch Annahme einer mittleren Länge näherungsweise in dem homogenen Bereich berücksichtigt. Mit den in Bild **5.33a** eingezeichneten Abmessungen kann für jede Teillänge ein magnetischer Widerstand $R_{m\nu} = l_\nu/(A_{q\nu}\mu_\nu)$ berechnet werden. Die Fensterdurchflutungen Θ_I und Θ_{II}, die naturgemäß kontinuierlich auf alle Umläufe des Kernes nach Bild **5.33a** wirken, werden im Ersatznetzwerk als konzentrierte Quellen den Seitenzweigen zugeordnet. Damit ergibt sich das in Bild **5.33b** skizzierte Ersatznetzwerk.

Die Fensterdurchflutungen Θ_I und Θ_{II} sollen, wie in Beispiel 5.21 mit den Gln.(5.80) berechnet, für ihre in beiden Fenstern in die Tafelebene orientierten Zählpfeile gegeben sein. Die diesen jeweils rechtswendig zugeordneten Zählpfeile für die Umlaufspannungen $\overset{\circ}{V}_I$ und $\overset{\circ}{V}_{II}$ werden damit in gleichsinniger Umlauforientierung um die Fenster I und II eingezeichnet und so in das Netzwerk übertragen. Die Zählpfeile für Θ_I und Θ_{II} müssen in der Orientierung der Zählpfeile für $\overset{\circ}{V}_I$ bzw. $\overset{\circ}{V}_{II}$ an die Quellen angetragen werden. Die Zählpfeile für die magnetischen Flüsse werden – willkürlich - in den beiden Seitenzweigen (Φ_1 bzw. Φ_2) jeweils in der Orientierung der Umlaufspannung $\overset{\circ}{V}_I$ bzw. $\overset{\circ}{V}_{II}$, im Mittelzweig in der von $\overset{\circ}{V}_I$ angenommen. Die Zählpfeile der magnetischen Teilspannungen $V_\nu = \Phi_\nu R_{m\nu}$ sind dann wie die des zugehörigen Φ-Zählpfeiles anzutragen. Damit gilt der Durchflutungssatz entsprechend Gl.(5.89) für die beiden Maschen I und II.

$$\sum_I V_\nu = \Phi_1 R_{m1} + \Phi_1 R_{m2} + \Phi_3 R_{m7} + \Phi_1 R_{m6} = \Theta_I$$

$$\sum_{II} V_\nu = \Phi_2 R_{m3} + \Phi_2 R_{m4} + \Phi_2 R_{m5} - \Phi_3 R_{m7} = \Theta_{II}$$

Mit der magnetischen Knotenpunktgleichung (5.90) für den Knoten K_1

$$\sum \Phi_\nu = \Phi_2 + \Phi_3 - \Phi_1 = 0$$

hat man drei unabhängige Gleichungen, mit denen grundsätzlich die drei unbekannten Zweigflüsse Φ_1, Φ_2 und Φ_3 bestimmt werden können.

Da aber die Permeabilität $\mu = \mu_0\mu_r$ der einzelnen Abschnitte über die Permeabilitätszahl μ_r nichtlinear von der magnetischen Flußdichte B_ν des jeweiligen Abschnittes und damit von dem zu bestimmenden Zweigfluß Φ_ν abhängt, sind auch die Teilwiderstände $R_{m\nu(\Phi_\nu)}$ von Φ_ν abhängig. Dadurch ist das Gleichungssystem nichtlinear und die Lösung mathematisch schwierig.

So anschaulich nun diese Analogiebetrachtungen auch erscheinen mögen, so muß doch nachdrücklich darauf verwiesen werden, daß ihre Anwendung bei der quantitativen Lösung praktischer Aufgabenstellungen im allgemeinen wenig Nutzen bringt. Dies liegt daran, daß im Gegensatz zu elektrischen Netzwerken der Widerstand $R_{m\nu}$ in den am häufigsten vorkommenden magnetischen Kreisen mit

Eisen nicht konstant ist, sondern vom Fluß Φ abhängt, d. h., man bekommt nichtlineare Gleichungen, die im allgemeinen nicht geschlossen zu lösen sind (s. Abschn. 5.4.2).

Sollen dagegen Fluß- oder magnetische Spannungsverteilungen lediglich qualitativ abgeschätzt werden, so können in Weiterführung der aufgezeigten Analogien Strom- bzw. Spannungsteilerregeln aufgestellt werden, die sehr wohl nützlich sind. Wie für elektrische Kreise gilt auch für magnetische folgende Regel:

– In R e i h e n s c h a l t u n g e n magnetischer Widerstände $R_{m\nu}$ mit gleichem magnetischem Fluß $\Phi = V_1/R_{m1} = V_2/R_{m2} = \ldots$ [s. Gl.(5.86)] sind die magnetischen Spannungen V_ν proportional den magnetischen Widerständen $R_{m\nu}$, an denen sie auftreten.

$$\frac{V_1}{V_2} = \frac{R_{m1}}{R_{m2}} \tag{5.91}$$

– In P a r a l l e l s c h a l t u n g e n magnetischer Widerstände $R_{m\nu}$ an der gleichen magnetischen Spannung $V = \Phi_1 R_{m1} = \Phi_2 R_{m2} = \ldots$ [s. Gl.(5.86)] sind die magnetischen Flüsse Φ_ν umgekehrt proportional den Widerständen $R_{m\nu}$, in denen sie auftreten.

$$\frac{\Phi_1}{\Phi_2} = \frac{R_{m2}}{R_{m1}} \tag{5.92}$$

5.3.3.2 Induktivität. Ähnlich wie für Kondensatoren die Kenngröße Kapazität (s. Abschn. 3.1.3.7) ist auch für Spulen eine Kenngröße definiert. Die als Induktivität mit dem Symbol L bezeichnete Kenngröße beschreibt die magnetischen Eigenschaften der Spule, insbesondere um bei zeitveränderlichen Vorgängen den Zusammenhang zwischen den elektrischen Größen Spulenstrom i und induzierter Spulenspannung u in einfacher Weise direkt angeben zu können (s. Abschn. 5.5.1.5). Sie ist bestimmt als der von den Windungen einer Spule oder einer beliebigen geschlossenen Leiterschleife insgesamt umfaßte magnetische Fluß $\Phi(I)$ bzw. als der Spulenfluß $\Psi(I)$ (s. Abschn. 5.3.1), bezogen auf den Strom I, der diesen Spulenfluß erregt. Entsprechend den praktisch interessierenden Leiter- oder Spulenkonfigurationen unterscheidet man die Selbst- und Gegeninduktivität abhängig davon, ob der Strom I und der von diesem erregte Spulenfluß $\Psi(I)$ in ein und derselben Spule oder in getrennten Spulen auftritt.

Selbstinduktivität. Um den Zusammenhang zwischen dem Strom I in einer Spule oder in einer Leiterschleife und dem von diesem verursachten magnetischen Fluß Φ in dieser Schleife übersichtlich aufzuzeigen, wird im folgenden Beispiel 5.23 eine lange Spule betrachtet.

Beispiel 5.23. In Bild **5.34** ist der Schnitt durch die Längsachse einer langen Rundspule mit dem Durchmesser $2R$, der Länge $l > 2R$ und der vernachlässigbaren Dicke

$\delta \ll R$ im Luftraum mit μ_0 dargestellt. Fließt durch die N Windungen der Spule der Strom I, so wird in der Spule nahezu über die ganze Länge ein annähernd homogenes Feld $\vec{H}_i$ erregt, das Feld außerhalb wird mit der dritten Potenz des Abstandes kleiner, ist also vernachlässigbar klein ($\vec{H}_a \approx 0$). Nach dem Durchflutungssatz Gl.(5.73) gilt also für den in Bild **5.34** gestrichelt fortgesetzten Umlauf

$$\oint \vec{H} \cdot \mathrm{d}\vec{l} = \underbrace{\int_1^2 \vec{H}_i \cdot \mathrm{d}\vec{l}}_{\text{innerhalb}} + \underbrace{\int_2^1 \vec{H}_a \cdot \mathrm{d}\vec{l}}_{\text{außerhalb}} = \Theta = NI \qquad (5.93)$$
der Spule

Mit $H_a \approx 0$ und $\int_1^2 \vec{H}_i \cdot \mathrm{d}\vec{l} \approx H_i l$ folgt aus Gl.(5.93) $H_i \approx IN/l$ und mit $\mu_i = \mu_0$ die magnetische Flußdichte im Spuleninneren $B_i \approx \mu_0 H_i$, die homogen in den Flächen $R^2 \pi$ aller N Windungen auftritt. Nach Gl.(5.61) ist also der vom Spulenstrom I verursachte Spulenfluß

$$\Psi(I) = N \int_A \vec{B}_i \cdot \mathrm{d}\vec{A} = N B_i A = N A \mu_0 \frac{IN}{l} = I \left(\frac{\mu_0 N^2 A}{l} \right) \qquad (5.94)$$

allein von der Geometrie und den magnetischen Materialeigenschaften des Spulenraumes (z. B. bei Luft $\mu_r = 1$, d. h. $\mu = \mu_0$) abhängig. Zweckmäßigerweise faßt man die Spulendaten zu einer einzigen Kenngröße

$$\frac{\Psi(I)}{I} = \mu_0 \frac{N^2 A}{l} = L \qquad (5.95)$$

zusammen, die als Induktivität mit dem Symbol L bezeichnet wird.

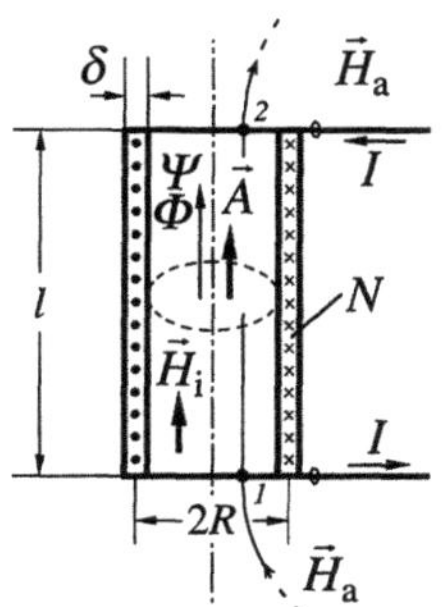

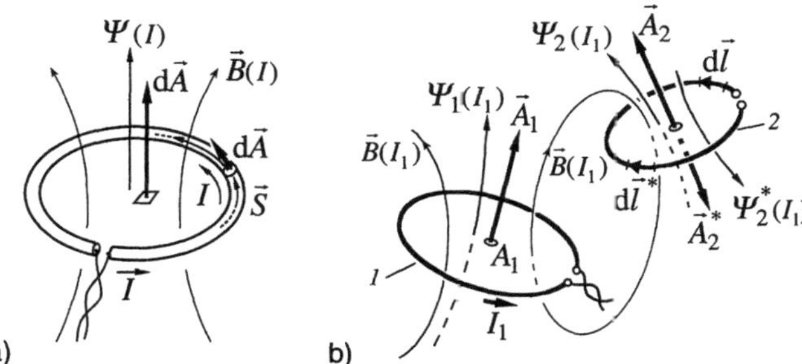

5.34 Zur Berechnung der Induktivität einer langen Spule

5.35 Zuordnung der Orientierungen von Umlaufintegral und Flächenvektor bzw. Ψ-Zählpfeil für die Berechnung der a) Selbstinduktivität, b) Gegeninduktivität

Der am speziellen Beispiel 5.23 aufgezeigte Zusammenhang gilt allgemein, d. h.,
aus der Geometrie und den magnetischen Raumeigenschaften beliebig geform-
ter geschlossener Leiterschleifen läßt sich eine Kenngröße Induktivität L
berechnen, die als Proportionalitätsfaktor zwischen dem Strom I und dem von
diesem erregten magnetischen Spulenfluß $\Psi(I) = IL$ gilt. Da sich Strom und
Spulenfluß $\Psi(I)$ auf dieselbe Spule beziehen, spricht man einengend auch von
der Selbstinduktivität.

– Die Selbstinduktivität

$$L = \frac{\Psi(I)}{I} \tag{5.96}$$

gibt den magnetischen Spulenfluß $\Psi(I)$ in einer geschlossenen Schleife an, bezogen auf den ihn erregenden Strom I.

Die Selbstinduktivität ist als positive Größe definiert, d. h., die Zählpfeile für
Spulenfluß $\Psi(I)$ und Strom I sind einander rechtswendig zugeordnet, wie in
Bild **5.35a** dargestellt.

Im SI-Einheitensystem ist für die Induktivität L eine Definitionseinheit mit eige-
nem Namen H e n r y und dem Symbol H festgelegt entsprechend der Definition

$$1\,\text{H} = 1\,\frac{\text{Vs}}{\text{A}} = 1\,\Omega\text{s}\,. \tag{5.97}$$

Bei der praktischen Berechnung der Selbstinduktivität wird häufig wie bei der
des Spulenflusses die Leiterschleife (Spule) als über ihre Anschlußklemmen geschlossen betrachtet, d. h., der mit den Zuleitungen zur Stromquelle verkettete
Fluß wird außer acht gelassen (s. Abschn. 5.3.1).

Beispiel 5.24. Die Selbstinduktivität einer langen Hin- und Rückleitung entsprechend
Bild **5.22a** ist zu berechnen.

Große Bedeutung hat die Selbstinduktivität für die Berechnung der Selbstinduktionsspannung (s. Abschn. 5.5.1.5) in dem Kreis der Doppelleitung. Dabei wird im allgemeinen mit der „äußeren" Selbstinduktivität gerechnet, die sich ausschließlich auf den
magnetischen Fluß $\Phi(I)$ zwischen den Leitern bezieht. Die Flußanteile, die durch den
Querschnitt gehen, sind naturgemäß nur noch mit Teilen des Querschnittstromes verkettet, so daß die Definition der Selbstinduktivität in der Form $L = \Psi(I)/I$ nicht mehr
sinnvoll ist.

Faßt man die Hin- und Rückleitung als eine Schleife (eine Windung) auf, so ist mit
$\Psi(I) = \Phi(I)$ der Flußanteil über eine Teillänge l der Leitung in Gl.(5.60) gegeben.
Bezieht man diesen Teilfluß auf den Leiterstrom $I = I_1 = I_2$, der ihn erregt, so
bekommt man den Induktivitätsanteil $L_l = \Phi_l(I)/I$ dieser Länge. Üblicherweise wird
dieser auch noch auf die Teillänge bezogen und so die Selbstinduktivität pro Länge

$$\frac{L}{l} = \frac{\Phi(I)/l}{I} = \frac{\mu_0}{\pi} \ln \frac{a - R}{R} \tag{5.98}$$

berechnet, die auch als Induktivitätsbelag (L/l) einer Leitung bezeichnet wird und als eine der maßgebenden Größen die Übertragungseigenschaften der Leitung für zeitlich veränderliche Ströme beschreibt.

Gegeninduktivität. In Bild **5.35b** ist außer der vom Strom I_1 durchflossenen Leiterschleife *1* noch eine zweite Leiterschleife *2* skizziert, die zumindest mit einem Teil des von I_1 erregten magnetischen Flusses verkettet ist. Analog der Definition der Selbstinduktivität wird der Spulenfluß $\Psi_2(I)$ in einer geschlossenen, beliebig geformten Leiterschleife *2* auf den ihn erregenden Strom I_1 in einer geschlossenen, beliebig geformten Leiterschleife *1* bezogen und als Gegeninduktivität

$$M_{21} = \frac{\Psi_2(I_1)}{I_1} \tag{5.99a}$$

der Schleife *2* zur Schleife *1* definiert. Auch hier werden die Leiterschleifen (Spulen) bei praktischen Rechnungen häufig als über ihre Anschlußklemmen geschlossen betrachtet, d. h., bei den definitionsgemäß immer als geschlossen zu betrachtenden Leiterschleifen (Spulen) werden im allgemeinen die Teilstücke, die nur einen geringen Flußanteil umschlingen, außer acht gelassen (z. B. die Leitungen zwischen Spule und Quelle, s. Abschn. 5.3.1).

Die Gegeninduktivität M kann abhängig von der Orientierung des Zählpfeiles für $\Psi_2(I_1)$ durch die Leiterschleife *2* positiv oder negativ berechnet werden. Für den in Bild **5.35b** eingetragenen Flächenvektor $\vec{A}_2$ und damit für den Zählpfeil $\Psi_2(I_1)$ ergibt sich beispielsweie die Gegeninduktivität negativ, da $\vec{A}$ entgegen $\vec{B}(I_1)$ orientiert ist und somit $\Psi_2(I_1) = \int_{A_2} B(I_1)\, dA \cos\alpha < 0$ ist. Trägt man dagegen den Flächenvektor $\vec{A}_2^{*}$ entgegen $\vec{A}_2$ orientiert an, so wird $\Psi_2^{*}(I_1)$ und damit M positiv berechnet. Zusammen mit dem Flächenvektor $\vec{A}$ und dem Zählpfeil $\Psi(I)$ ist aber auch unbedingt die diesem rechtswendig zugeordnete Umlauforientierung $d\vec{l}$ an die Schleife anzutragen, da nur zusammen mit dieser der positive – oder negative – Zahlenwert für M eine eindeutige Aussage liefert (z. B. im Induktionsgesetz, s. Abschn. 5.5.1.5).

Man kann nun auch die Gegebenheiten umkehren und entsprechend Bild **5.35b** die Schleife *2* als vom Strom I_2 durchflossen annehmen, der dann in der stromlos angenommen Leiterschleife *1* den magnetischen Spulenfluß $\Psi_1(I_2)$ verursacht. Bezieht man auch hierfür wieder den Spulenfluß $\Psi_1(I_2)$ auf den ihn erregenden Strom I_2, so bekommt man die Gegeninduktivität der Schleife *1* zur Schleife *2*.

$$M_{12} = \frac{\Psi_1(I_2)}{I_2} \tag{5.99b}$$

Wie sich beweisen läßt, ist in linearen – auch inhomogenen – Räumen (s. Abschn. 5.4) die Gegeninduktivität der Schleife *1* zur Schleife *2* gleich der der Schleife *2* zur Schleife *1*.

– Als Gegeninduktivität der Schleife μ zur Schleife ν ist der magnetische Spulenfluß Ψ_μ, bezogen auf den Strom I_ν in der Schleife ν, definiert.

$$M_{\mu\nu} = \frac{\Psi_\mu(I_\nu)}{I_\nu} \tag{5.100a}$$

Die Gegeninduktivität kann mit positiven oder negativen Zahlenwerten berechnet werden, die aber zusammen mit den dafür geltenden unterschiedlichen Orientierungen der Umlaufrichtungen um die Schleife eine eindeutige Aussage liefern.

Die Gegeninduktivität zwischen zwei magnetisch gekoppelten Schleifen oder Spulen μ und ν wird in linearen homogenen und inhomogenen Räumen unabhängig von der Orientierung mit dem gleichen Betrag berechnet.

$$|M_{\mu\nu}| = \left|\frac{\Psi_\mu(I_\nu)}{I_\nu}\right| = |M_{\nu\mu}| = \left|\frac{\Psi_\nu(I_\mu)}{I_\mu}\right| \tag{5.100b}$$

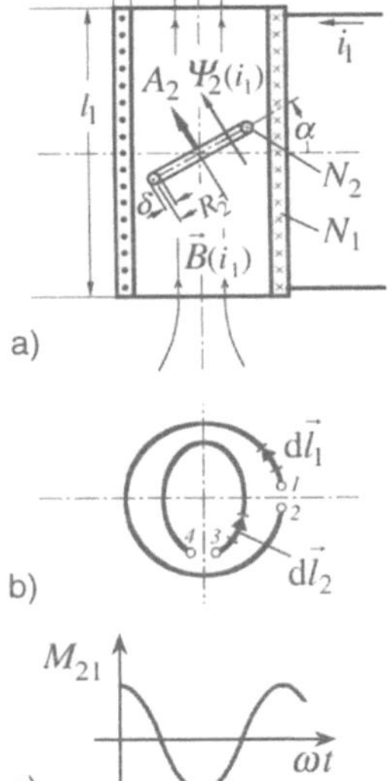

5.36 Spule *1* mit drehbar eingelagerter, kreislinienförmiger Spule *2*
a) Längsschnitt,
b) Draufsicht,
c) drehwinkelabhängige Gegeninduktivität

In nichtlinearen Räumen, z. B. in Eisen, ist der Spulenfluß $\Psi(I)$ nichtlinear vom Strom I in der Spule abhängig (s. Abschn. 5.4.3). Der Quotient $\Psi(I)/I$, d. h. die Selbst- bzw. die Gegeninduktivität von Leiterschleifen, ist dann keine konstante Größe, sondern eine Funktion der Schleifenströme I, und im allgemeinen ist $M_{\mu\nu} \neq M_{\nu\mu}$.

Beispiel 5.25. In Bild **5.36**a ist eine lange Spule mit N_1 Windungen, die alle die gleiche kreisförmige Spulenfläche $A_1 = R_1^2\pi$ einschließen, skizziert. In der Mitte der Spulenachse ist eine zweite Spule mit ebenfalls kreisförmiger Spulenfläche $A_2 = R_2^2\pi$ drehbar angeordnet, so daß sie bei $\alpha = 0$ konzentrisch in der langen Spule *1* liegt. Die N_2 Windungen der zweiten Spule nehmen insgesamt einen vernachlässigbar kleinen Spulenquerschnitt $A_{q2} = \delta^2\pi/4 \approx 0$ ($\delta \ll R_2$) ein, so daß die Spule *2* als linienförmig angenommen werden kann. Die Gegeninduktivität M_{21} ist zu bestimmen.

In der Spule *1* wird ein Strom I_1 positiv für den eingezeichneten Zählpfeil angenommen. Damit ist für Spule *1* die Umlauforientierung festgelegt, wie in Bild **5.36**a mit Punkten bzw. Kreuzen und Bild **5.36**b mit $d\vec{l}_1$ eingezeichnet. Das von I_1 im Inneren der Spule erregte homogene B-Feld des Betrages $B_1 \approx \mu_0 N_1 I_1 / l_1$ ergibt sich wie in Beispiel 5.23 erläutert. Für Spule *2* wird willkürlich (Forderungen sind nicht gegeben) der Flächenvektor $\vec{A}_2$ und damit der Zählpfeil für den Spulenfluß Ψ_2 in der eingezeichneten Orientierung gewählt. Damit ist aber auch rechtswendig hierzu die Umlauforientierung in der Spule 2 festgelegt, wie in Bild **5.36a** mit Punkten und Kreuzen und in Bild **5.36b** mit $d\vec{l}_2$ eingezeichnet, was in späteren Rechnungen gegebenenfalls zu beachten ist. Mit der magnetischen Flußdichte in Spule 2 $\vec{B}_2(I_1) = \vec{B}_1(I_1)$ parallel zur Achse der Spule 1 ergibt sich nach Gl.(5.61) für die Spule 2 der Spulenfluß $\Psi_2(I_1) = N_2\vec{A}_2\vec{B}_2(I_1) = N_2 A_2 B_1(I_1)\cos\alpha$ und damit nach Gl.(5.100) die Gegeninduktivität

$$M_{21} = \frac{\Psi_2(I_1)}{I_1} = N_2 N_1 \mu_0 \frac{R_2^2 \pi}{l_1} \cos\alpha\,. \tag{5.101}$$

Die Gegeninduktivität M_{21} ist also abhängig von der Stellung α der Spule 2 in der Spule 1.

Rotiert die Spule 2 mit der Winkelgeschwindigkeit ω, so ist $\alpha = \omega t$ (bei $t = 0$ liegt Spule 2 konzentrisch in Spule 1, beide mit gleichsinniger Umlauforientierung), und die Gegeninduktivität M_{21} ergibt sich als Zeitfunktion (s. Bild **5.36c**). Der durch die Rotation bedingte Vorzeichenwechsel von M_{21} muß im Zusammenhang mit den in Bild **5.36c** festgelegten Umlauforientierungen gesehen werden.

5.4 Magnetisches Feld in Materie

Da ein Magnetfeld durch bewegte Ladungen verursacht wird und da die Materie in ihrem mikrokosmischen Aufbau bewegte Ladungen aufweist, müssen auch diese bei der Berechnung von Magnetfeldern in Materie berücksichtigt werden. Betrachtet man die Materie mit genügender Auflösung, so erscheint sie wie ein nur punktuell mit Elementarteilchen besetzter leerer Raum (s. Abschn. 2.2). Grundsätzlich wäre es somit denkbar, für alle ladungstragenden, bewegten Elementarteilchen die von ihnen erregten Komponenten der magnetischen Erregung $\Delta\vec{H}_\nu$ entsprechend Abschn. 5.2.2.1 zu berechnen und die resultierende Erregung $\vec{H}_0 = \sum \Delta\vec{H}_\nu$ der Materie zu bestimmen. Dieser Rechnung entsprechend wäre die der Materie eigene magnetische Flußdichte $\vec{B}_0 = \mu_0\vec{H}_0$ dann durch Multiplikationn der resultierenden magnetischen Erregung H_0 mit der Permeabilität $\mu = \mu_0$ des leeren Raumes bestimmt. Abgesehen von den theoretischen Schwierigkeiten, die der hier gedachte Rechengang mit sich bringen würde, wäre auch der erforderliche Aufwand für praktische Rechnungen unerträglich hoch. Daher werden die mikrokosmischen Ladungsbewegungen wohl bei phänomenologischen Erklärungen magnetischer Vorgänge in Materie herangezogen, nicht aber zu quantitativen praktischen Feldberechnungen.

5.4.1   Zusammenhang zwischen magnetischer Flußdichte und magnetischer Erregung

Für die im vorliegenden Band behandelte Feldtheorie als makroskopische Beschreibung magnetischer Erscheinungen genügt eine sehr vereinfachende, bildhafte Modellvorstellung, nach der man sich die mikrokosmischen, magnetischen Vorgänge infolge der Elementarladungsbewegungen durch eine Art Elementarkreisströme Δi_{j} verursacht vorstellt, die als materieeigene Elementardipole eine elementare Komponente der magnetischen Flußdichte ΔB_{j} bewirken (s. Bilder 5.37a u. 5.37b). Damit bieten sich zwei Größen zur Beschreibung der materieeigenen magnetischen Wirkung an,

die Polarisation $\vec{J}$ (materieeigene magnetische Flußdichte als Resultierende aller Elementardipolflußdichten $\Delta \vec{B}_{\mathrm{j}}$) und

die Magnetisierung $\vec{M}$ (aus allen Elementarkreisströmen Δi_{j} resultierende, materieeigene magnetische Erregung).

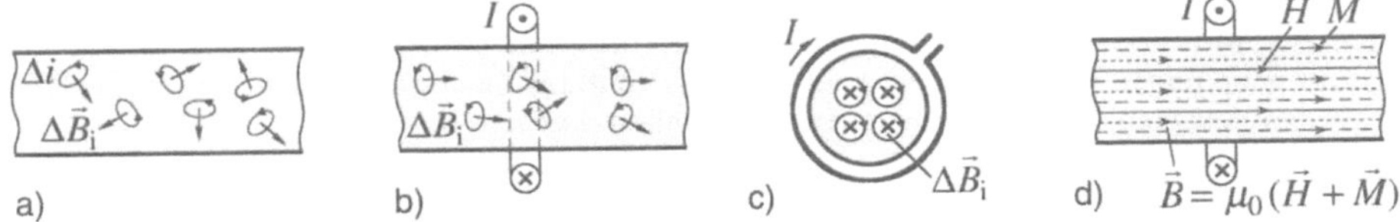

5.37   Vereinfachendes Modell der materieeigenen magnetischen Wirkung durch Elementarkreisströme Δi bzw. Elementardipole ΔB_{i}: a) unregelmäßig, b) u. c) durch makroskopischen Strom I regelmäßig orientiert, d) dargestellt durch Magnetisierungsvektor $\vec{M}$

5.4.1.1 Magnetische Polarisation, Magnetisierung, Permeabilität. Zur Erläuterung der beiden Begriffe magnetische Polarisation $\vec{J}$ und Magnetisierung $\vec{M}$ betrachtet man einen Materieraum (z. B. das Innere der Ringspule in Bild 5.31a), in dem von einem in der Ringspule fließenden, makroskopischen Erregerstrom I die magnetische Flußdichte $\vec{B}$ erregt wird.

Stellt man sich die magnetische Wirkung der Materie als eine aus den mikrokosmischen E l e m e n t a r d i p o l f l u ß d i c h t e n $\Delta \vec{B}_{\mathrm{j}}$ resultierende, materieeigene magnetische Flußdichte vor, so könnte diese wie folgt bestimmt werden. Ein makroskopischer Strom I in der Kreisringspule nach Bild 5.31a bewirkt im Inneren der Spule die makroskopische magnetische Erregung $\vec{H}$, die die magnetische Flußdichte $\vec{B}_0 = \mu_0\vec{H}$ erregt, wenn das Spuleninnere leer (Vakuum) ist, und die magnetische Flußdichte $\vec{B}$, wenn es mit Materie ausgefüllt ist. Die Differenz zwischen den beiden magnetischen Flußdichten $\vec{B}$ und $\vec{B}_0$ kann somit als die materieeigene magnetische Flußdichte angesehen werden, für die ein eigener Feldvektor eingeführt ist, die m a g n e t i s c h e P o l a r i s a t i o n

$$\vec{J} = \vec{B} - \mu_0\vec{H}\,. \tag{5.102}$$

Man kann sich die magnetische Wirkung der Materie aber auch als eine aus den mikrokosmischen E l e m e n t a r k r e i s s t r ö m e n Δi_i resultierende, materieeigene magnetische Erregung vorstellen, für die ebenfalls ein eigener Feldvektor eingeführt ist, der als M a g n e t i s i e r u n g $\vec{M}$ bezeichnet wird. Definitionsgemäß ist die materieeigene magnetische Flußdichte, also die magnetische Polarisation

$$\vec{J} = \mu_0 \vec{M} \,, \tag{5.103}$$

durch Multiplikation der materieeigenen Erregung (Magnetisierung M) mit der Permeabilität $\mu = \mu_0$ des leeren Raumes zu berechnen (ähnlich wie $B = \mu_0 H$ für den leeren Raum gilt).

Setzt man Gl.(5.102) in Gl.(5.103) ein, so bekommt man die für die Erregung einer magnetischen Flußdichte $\vec{B}$ in Materie erforderliche – makroskopische – magnetische Erregung

$$\vec{H} = \frac{\vec{B}}{\mu_0} - \vec{M} \,, \tag{5.104}$$

die ausschließlich mit dem makroskopischen Erregerstrom I verknüpft ist, als Differenz der magnetischen Erregung ($\vec{B}/\mu_0$), die sich mit dieser magnetischen Flußdichte $\vec{B}$ im Vakuum ergeben würde, und der materieeigenen Magnetisierung $\vec{M}$. In Bild 5.37d sind die Feldlinienbilder für die so definierten Feldgrößen $\vec{B}$, $\vec{H}$ und $\vec{M}$ in einem homogen magnetisierten Materiestab skizziert.

Die Definitionsgrößen magnetische Polarisation $\vec{J}$ und Magnetisierung $\vec{M}$ dienen bevorzugt der physikalischen Beschreibung des Magnetisierungsphänomens in Materie. Für praktische Feldberechnungen im technischen Bereich begnügt man sich damit, die Magnetisierungseigenschaften von Materie durch eine Materialkennziffer, die Permeabiliät μ entsprechend Abschn. 5.2.2, in die Rechnung einzuführen. Danach ergibt sich entsprechend der Definitionsgleichung (5.13) die in beliebiger Materie auftretende magnetische Flußdichte $\vec{B}$ als Produkt der Permeabilität $\mu = \mu_0 \mu_r$ und der – makroskopischen – magnetischen Erregung $\vec{H}$, die nach dem Durchflutungssatz mit dem makroskopischen Erregerstrom I verknüpft ist. Setzt man die magnetische Flußdichte $\vec{B} = \mu_0 \mu_r \vec{H}$ in Gl.(5.102) ein, so erkennt man den Zusammenhang zwischen der Permeabilitätszahl μ_r und der magnetischen Polarisation

$$\vec{J} = \mu_0 \mu_r \vec{H} - \mu_0 \vec{H} = \mu_0 (\mu_r - 1) \vec{H} = \mu_0 \vec{M} \tag{5.105}$$

oder der Magnetisierung

$$\vec{M} = \frac{\vec{J}}{\mu_0} = (\mu_r - 1) \vec{H} = \kappa \vec{H} \,. \tag{5.106}$$

Der als Suszeptibilität

$$\kappa = (\mu_\mathrm{r} - 1) = \frac{M}{H} \tag{5.107}$$

bezeichnete Ausdruck gibt das Verhältnis der Beträge der materieeigenen (M) zur makroskopischen (H) magnetischen Erregung an, die die magnetische Flußdichte $\vec{B} = \mu_0(\vec{H} + \vec{M})$ bewirken.

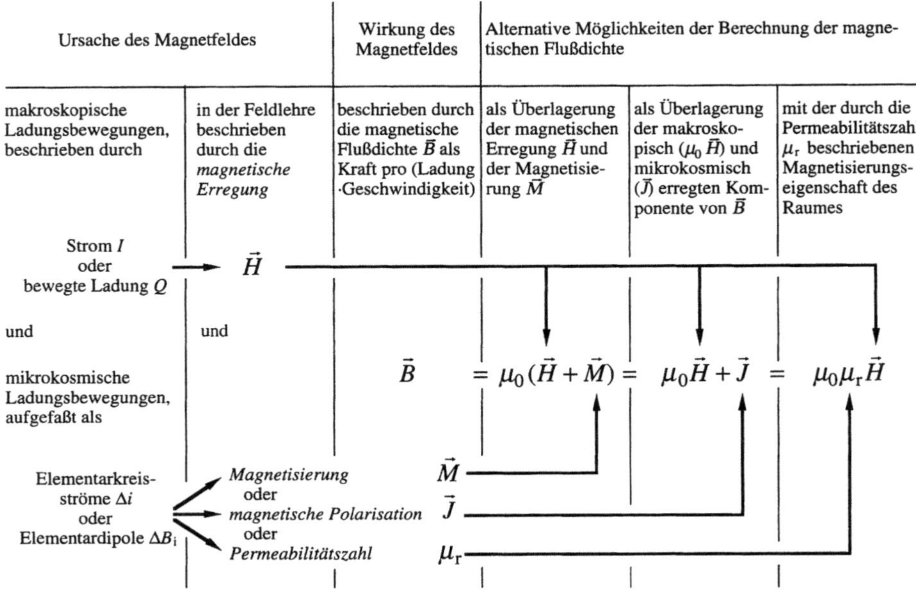

5.38 Möglichkeiten der Berechnung von B in Materie

Entsprechend den erläuterten drei Möglichkeiten, die resultierende magnetische Wirkung der mikrokosmischen Ladungsbewegungen zu beschreiben, ergeben sich auch drei Gleichungen für die Berechnung der magnetischen Flußdichte $\vec{B}$ aus der makroskopischen magnetischen Erregung $\vec{H}$

$$\vec{B} = \mu_0\,\vec{H} + \vec{J}, \tag{5.108}$$

$$\vec{B} = \mu_0(\vec{H} + \vec{M}), \tag{5.109}$$

$$\vec{B} = \mu_0\mu_\mathrm{r}\vec{H}, \tag{5.110}$$

(s. Bild 5.38). Im vorliegenden Band wird, wie in den technischen Disziplinen üblich, ausschließlich mit Gl.(5.110) gerechnet.

5.4.1.2 Charakteristisches Magnetisierungsverhalten der Materie. Aus der in der Feldlehre interessierenden makroskopischen Sicht kann das magnetische Verhalten der Materie in die in Bild **5.39** angegebenen Gruppen unterteilt werden. Die Beschreibung dieser Einteilung erfolgt pauschal, d. h. ohne auf die unterschiedlichen elektronentheoretischen Erklärungen einzugehen, nach der vereinfachenden Modellvorstellung entsprechend Bild **5.37**. Danach sind die mikrokosmischen Elementarkreisströme Δi bzw. Elementardipole $\Delta \vec{B}$ im unmagnetisierten Zustand der Materie so unregelmäßig orientiert (s. Bild **5.37**a), daß keine resultierende, materieeigene Magnetisierung $\vec{M}$ wirksam ist ($\vec{M} = 0$), also makroskopisch k e i n Magnetfeld auftritt.

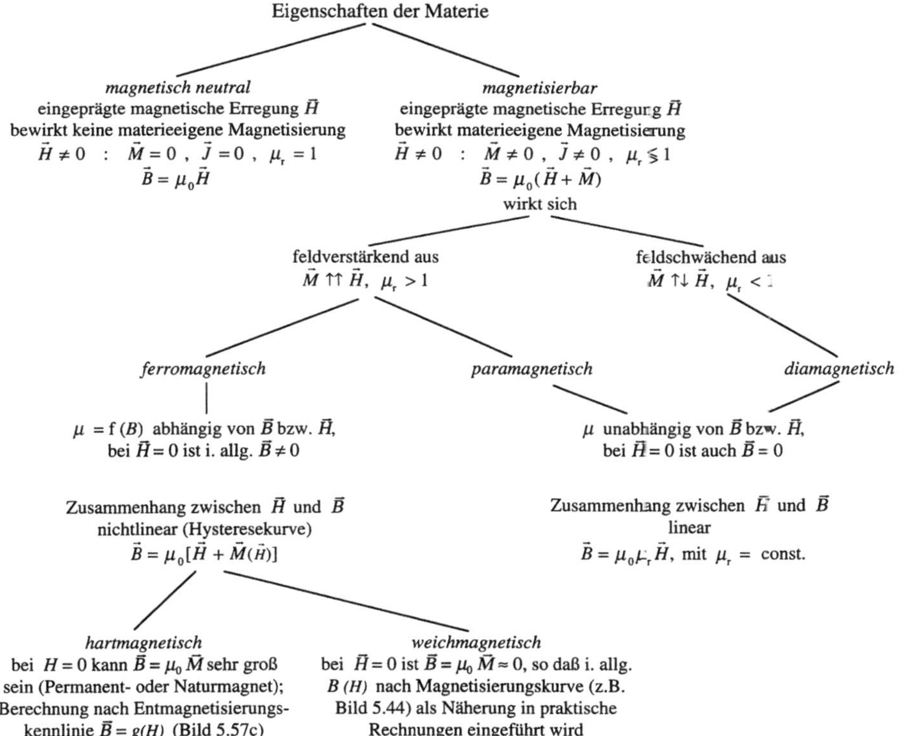

5.39 Einteilung der Materie in Gruppen mit charakteristischen Magnetisierungseigenschaften

In magnetisch n e u t r a l e r Materie bleibt die regellose Richtung und Orientierung der Elementardipole auch erhalten, wenn in ihr eine von außen eingeprägte – makroskopische – magnetische Erregung $\vec{H}$ auftritt, z. B. infolge eines makroskopischen Stromes I. Die – materieeigene – Magnetisierung $\vec{M}$ bleibt also unabhängig von $\vec{H}$ Null, so daß die eingeprägte magnetische Erregung $\vec{H}$ entsprechend Gl.(5.109) eine magnetische Flußdichte $\vec{B} = \mu_0\vec{H}$ wie im leeren Raum erregt. Bei der formalen Rechnung entsprechend Gl.(5.110) wird das magnetisch neutrale Verhalten durch die Permeabilitätszahl $\mu_r = 1$ berücksichtigt.

In m a g n e t i s i e r b a r e r Materie orientieren sich die mikrokosmischen Elementardipole unter der Einwirkung einer eingeprägten – makroskopischen – magnetischen Erregung $\vec{H}$ regelmäßig (s. Bild **5.**37b), d. h., eine von Null verschiedene resultierende, materieeigene Magnetisierung $\vec{M}$ bildet sich aus, die in gleicher oder entgegengesetzter Orientierung zu der der eingeprägten – makroskopischen – magnetischen Erregung $\vec{H}$ wirken kann.

Magnetisch s c h w ä c h e n d e Materie wird als d i a m a g n e t i s c h bezeichnet. In dieser ruft eine eingeprägte magnetische Erregung $\vec{H}$ eine materieeigene Magnetisierung $\vec{M}$ hervor, die der eingeprägten Erregung $\vec{H}$ entgegen wirkt. Dies wird in der Rechnung durch eine Permeabilitätszahl μ_r berücksichtigt, die kleiner als Eins ist. Charakteristisch für diamagnetisches Verhalten ist die lineare Abhängigkeit zwischen magnetischer Flußdichte $\vec{B}$ und magnetischer Erregung $\vec{H}$, d. h., die Permeabilitätszahl μ_r hat für eine bestimmte Materie einen von der magnetischen Flußdichte $\vec{B}$ unabhängigen konstanten Wert. Die bekannten diamagnetischen Stoffe haben aber nur eine äußerst geringe materieeigene Magnetisierung $\vec{M}$ (z. B. gilt für Wismuth $\mu_r = 1 - 0,16\cdot10^{-3}$).

Magnetisch v e r s t ä r k e n d wirkt eine Materie, wenn ihre mikrokosmischen Elementardipole durch eine eingeprägte – makroskopische – magnetische Erregung $\vec{H}$ so ausgerichtet werden, daß die materieeigene Magnetisierung $\vec{M}$ in gleicher Orientierung wirkt wie die eingeprägte Erregung $\vec{H}$. Materie mit magnetisch verstärkender Wirkung wird in folgende zwei Gruppen unterteilt.

P a r a m a g n e t i s c h e Materie zeigt ein ähnliches magnetisches Verhalten wie diamagnetische, allerdings in einer die eingeprägte, makroskopische magnetische Erregung $\vec{H}$ unterstützenden Orientierung. Die Permeabilitätszahl μ_r ist daher größer als Eins und hat für eine bestimmte Materie einen von der magnetischen Flußdichte $\vec{B}$ unabhängigen konstanten Wert, wie die Permeabilitätszahl diamagnetischer Materie . Die bekannten paramagnetischen Stoffe bilden ebenfalls nur eine äußerst geringe materieeigene Magnetisierung $\vec{M}$ aus (z. B. gilt für Palladium $\mu_r = 1 + 0,78\cdot10^{-3}$).

In f e r r o m a g n e t i s c h e r Materie werden die Elementardipole von einer eingeprägten – makroskopischen – magnetischen Erregung $\vec{H}$ in eine ihr gleich wirkenden Orientierung ausgerichtet, ähnlich wie in paramagnetischer Materie. Jedoch ist bei ferromagnetischer Materie die materieeigene innere Magnetisierung $\vec{M}$ sehr groß; die Permeabilitätszahlen μ_r liegen in der Größenordnung bis 10^5. Weiter unterscheidet sich ferromagnetische Materie von paramagnetischer dadurch, daß der Zusammenhang zwischen magnetischer Flußdichte $\vec{B}$ und magnetischer Erregung $\vec{H}$ nichtlinear ist; die Permeabilitätszahl μ_r ist für ferromagnetische Stoffe keine Konstante, sondern eine Funktion der magnetischen Flußdichte $\vec{B}$. Außerdem fallen die einmal durch eine äußere magnetische Erregung $\vec{H}$ orientierten Elementardipole nach Verschwinden dieser äußeren magnetischen Erregung nicht vollständig wieder in ihre regellose Ausgangslage zurück, d. h., das der Materie eigene magnetische Feld bleibt in ferromagnetischen Stoffen zumindest teilweise erhalten. Je nachdem, in welcher Stärke das Eigenfeld bestehen bleibt, unterscheidet man weichmagnetische und hartmagnetische Materie (s. Abschn. 5.4.4).

5.4.1.3 Magnetische Feldgrößen an Grenzflächen. Unendlich ausgedehnte, mit magnetisch gleichartiger Materie ausgefüllte Räume gibt es praktisch nicht. Häufig sind die zu betrachtenden Räume sogar mit Materie extrem unterschiedlicher magnetischer Eigenschaften ausgefüllt. Beispielsweise verläuft ein zu berechnendes magnetisches Feld gewollt oder ungewollt teilweise durch ferromagnetische Stoffe und teilweise durch magnetisch neutrale Stoffe (Luft, Kupfer, Isolierstoffe usw.). Es ist daher von Bedeutung, das Verhalten des magnetischen Feldes an Grenzflächen zwischen Materie unterschiedlicher Permeabilitäten genauer zu untersuchen. Kenntnisse über das Grenzflächenverhalten sind auch zur Berechnung des magnetischen Feldes mit dem Durchflutungssatz notwendig, da dazu zunächst der qualitative Feldverlauf ermittelt werden muß.

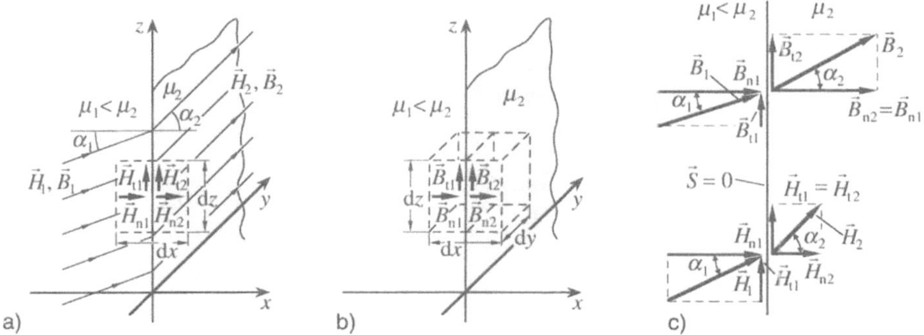

5.40 Brechung des magnetischen Feldes an der Grenzfläche (Beschreibung analog Bild 3.47)

Im folgenden wird ein Feld betrachtet (s. Bild **5.40**), welches parallel zur x-z-Ebene eines Raumes verläuft, der auf der linken Seite der in der y-z-Ebene verlaufenden Grenzschicht die Permeabilität μ_1 hat und auf der rechten $\mu_2 > \mu_1$. Das Feld verläuft im Raum mit μ_1 unter dem Winkel α_1 zur Normalen der Grenzschicht, im Raum mit μ_2 unter α_2. Für sehr kleine Bereiche um die Grenzschicht kann das Feld als homogen angenommen und die Feldvektoren $\vec{H}$ und $\vec{B}$ als in ihre Komponenten $\vec{H}_n$ senkrecht und $\vec{H}_t$ tangential zur Grenzschicht zerlegt betrachtet werden.

Tritt in der Grenzfläche keine Durchflutung auf, so muß das um ein die Grenzfläche entsprechend Bild 5.40a schneidendes, infinitesimales Rechteck $\mathrm{d}x\,\mathrm{d}z$ in der x-z-Ebene gebildete Umlaufintegral der magnetischen Erregung $\vec{H}$ nach dem Durchflutungssatz Gl.(5.73) Null sein ($\oint \vec{H}\cdot\mathrm{d}\vec{l} = 0$).

$$-H_{\mathrm{n}1}\frac{\mathrm{d}x}{2} + H_{\mathrm{t}1}\,\mathrm{d}z + H_{\mathrm{n}1}\frac{\mathrm{d}x}{2} + H_{\mathrm{n}2}\frac{\mathrm{d}x}{2} - H_{\mathrm{t}2}\,\mathrm{d}z - H_{\mathrm{n}2}\frac{\mathrm{d}x}{2} = 0 \qquad (5.111)$$

Da das Feld in den infinitesimalen Bereichen beidseitig der Grenzschicht jeweils als homogen aufzufassen ist ($\vec{H}_1 = \text{const}$ und $\vec{H}_2 = \text{const}$), folgt aus Gl.(5.111), daß die Tangentialkomponenten der magnetischen Erregung auf beiden Seiten der Grenzschicht gleich sind

$$H_{\mathrm{t}1} = H_{\mathrm{t}2}\,, \qquad (5.112)$$

und mit $\vec{H} = \vec{B}/\mu$, daß die Tangentialkomponenten der magnetischen Flußdichte sich proportional den Permeabilitätszahlen einstellen

$$\frac{B_{\mathrm{t}1}}{B_{\mathrm{t}2}} = \frac{\mu_1}{\mu_2}\,. \qquad (5.113)$$

Das B-Feld schließt sich endlos, kann also nicht in der Grenzschicht anfangen oder enden, so daß das Hüllenintegral der magnetischen Flußdichte $\vec{B}$ über das geschlossene, infinitesimale Volumen $\mathrm{d}x\,\mathrm{d}y\,\mathrm{d}z$, das die Grenzschicht einschließt (s. Bild 5.40b), Null sein muß ($\oint \vec{B}\cdot\mathrm{d}\vec{A} = 0$).

$$B_{\mathrm{n}2}\,\mathrm{d}z\,\mathrm{d}y + B_{\mathrm{t}2}\,\mathrm{d}y\frac{\mathrm{d}x}{2} + B_{\mathrm{t}1}\,\mathrm{d}y\frac{\mathrm{d}x}{2} - B_{\mathrm{n}1}\,\mathrm{d}z\,\mathrm{d}y - B_{\mathrm{t}1}\,\mathrm{d}y\frac{\mathrm{d}x}{2} - B_{\mathrm{t}2}\,\mathrm{d}y\frac{\mathrm{d}x}{2} = 0$$
$$(5.114)$$

Da das Feld in den infinitesimalen Bereichen beidseitig der Grenzschicht jeweils als homogen aufzufassen ist ($\vec{B}_1 = \text{const}$ und $\vec{B}_2 = \text{const}$), folgt aus Gl.(5.114), daß die Normalkomponenten der magnetischen Flußdichte auf beiden Seiten der Grenzschicht gleich sind

$$B_{\mathrm{n}1} = B_{\mathrm{n}2}\,, \qquad (5.115)$$

und mit $\vec{B} = \mu\vec{H}$, daß die Normalkomponenten der magnetischen Erregung sich umgekehrt proportional den Permeabilitätszahlen einstellen

$$\frac{H_{\mathrm{n}1}}{H_{\mathrm{n}2}} = \frac{\mu_2}{\mu_1}\,. \qquad (5.116)$$

– An Grenzflächen zwischen Materie unterschiedlicher Permeabilität, in denen keine Durchflutung ist, kann ein magnetisches Feld nur so verlaufen, daß die Normalkomponenten der magnetischen Flußdichte ($\vec{B}_n$) und die Tangentialkomponenten der magnetischen Erregung ($\vec{H}_t$) stetig durch die Grenzfläche verlaufen, d. h. auf beiden Seiten derselben gleich sind.

Die Stetigkeitsbedingungen führen dazu, daß die Feldlinien an den Grenzschichten verschiedener Permeabilitäten gebrochen werden, ausgenommen, sie verlaufen parallel oder senkrecht zu der Grenzfläche. Aus Bild 5.40c ergeben sich die Gleichungen

$$\tan \alpha_1 = \frac{B_{t1}}{B_{n1}}, \qquad \tan \alpha_2 = \frac{B_{t2}}{B_{n2}}, \tag{5.117a}$$

die mit $B_{n1} = B_{n2}$ und $B_{t1}/B_{t2} = \mu_1/\mu_2$ auf das Tangensverhältnis der Ein- und Austrittswinkel

$$\frac{\tan \alpha_1}{\tan \alpha_2} = \frac{\mu_1}{\mu_2} \tag{5.117b}$$

führen.

Von großer praktischer Bedeutung sind Grenzflächen zwischen Eisen und Luft. Im Eisen (z. B. der Seite *2* zugeordnet) ist die Permeabilitätszahl $\mu_{r2} = \mu_{r\,Fe}$ um etwa 3 Zehnerpotenzen größer als in Luft (Seite *1*) mit $\mu_{r1} = 1$. Selbst bei großem Winkel α_2 ist der Winkel α_1 dann immer noch sehr klein [$\tan \alpha_1 = (\tan \alpha_2)/\mu_{r\,Fe}$], d. h., die Feldlinien treten praktisch immer nahezu senkrecht aus Eisenoberflächen in Luft über.

– In Räumen mit der größeren Permeabilitätszahl μ_r werden die B- und H-Feldlinien von der Normalen weg gebrochen.

Aus Grenzflächen zwischen ferromagnetischen und magnetisch neutralen Bereichen verlaufen die B- und H-Feldlinien nahezu rechtwinklig in den magnetisch neutralen Bereich.

5.4.2   Magnetisches Feld in ferromagnetischer Materie

Trotz der Vielfalt der heute verwendeten technischen Werkstoffe genügt es, im Rahmen praktischer Rechnungen diese hinsichtlich ihrer magnetischen Eigenschaften in nur zwei Gruppen einzuteilen, die magnetisch neutralen und die ferromagnetischen. Die magnetisch neutralen Stoffe wie Luft, Wasser, Nichteisenmetalle, Kunststoffe usw., zu denen in diesem Zusammenhang im allgemeinen auch die para- und diamagnetischen Stoffe gezählt werden, dürfen bei der praktischen Berechnung magnetischer Felder wie ein leerer Raum behandelt werden, so daß sich eine über die bisherigen Abschnitte hinausgehende Erläuterung erübrigt. Die ferromagnetischen Stoffe zeigen ein extrem „verstärkendes", aber nichtlineares Magnetisierungsverhalten, das in diesem Abschnitt näher erläutert ist. Da die Magnetisierungsvorgänge in ferromagnetischer Materie äußerst kompliziert sind, wird für ingenieurmäßige Rechnungen das Magnetisierungsverhalten ferromagnetischer Stoffe nicht analytisch aus den Vorgängen in der Mikrostuktur, sondern aus dem experimentell aufgenommenen Zusammenhang zwischen der magnetischen Flußdichte B und der magnetischen Erregung H hergeleitet. Die so ermittelte Funktion $B = g(H)$ wird im allgemeinen graphisch oder tabellarisch angegeben und den praktischen Rechnungen zugrundegelegt, was in Abschnitt 5.4.3 erläutert ist. Für den Einsatz von Digitalrechnern muß eine graphisch vorliegende Funktion $B = g(H)$ tabelliert oder durch einen analytischen Ausdruck approximiert werden.

Interessiert die Permeabilität μ oder die Permeabilitätszahl $\mu_r = \mu/\mu_0$, so kann diese aus dem experimentell aufgenommenen Zusammenhang $B = g(H)$ als $\mu = B/H$ entsprechend Gl.(5.13) ebenfalls als Funktion der magnetischen Erregung $[\mu_r = g_1(H)]$ oder der magnetischen Flußdichte $[\mu_r = g_2(B)]$ berechnet und dargestellt werden, wie in Abschn. 5.4.2.2 beschrieben.

5.4.2.1 Hystereseschleife. Zur Erläuterung der Abhängigkeit der magnetischen Flußdichte B von der magnetischen Erregung H wird eine Kreisringspule entsprechend Bild **5.31a** betrachtet. Besteht der Innenraum dieser Spule aus Eisen und speist man diese mit einem einstellbaren Erregerstrom I, so läßt sich die magnetische Flußdichte B in Abhängigkeit von der Erregung $H = NI/l$ meßtechnisch ermitteln. Alle so experimentell aufgenommenen Kurven $B = g(H)$ zeigen grundsätzlich den in Bild **5.41** dargestellten Verlauf mit folgenden typischen Eigenschaften:

a. Die Abhängigkeit der magnetischen Flußdichte $B = g(H)$ von der magnetischen Erregung H ist in hohem Maße n i c h t l i n e a r.
b. Die Abhängigkeit $B = g(H)$ ist n i c h t e i n d e u t i g. Bei ansteigender magnetischer Erregung H werden für gleiche H-Werte kleinere Werte der magnetischen Flußdichte B ermittelt als bei fallender.
c. Die Werte der magnetischen Flußdichte B sind in Eisen e x t r e m größer als die bei gleicher magnetischer Erregung H in Luft auftretenden.

Wird Eisen von einem unmagnetisierten Zustand ausgehend erregt, so ist bei $I = 0$ und damit $H = 0$ auch die magnetische Flußdichte Null ($B = 0$). Mit zunehmender magnetischer Erregung H steigt die magnetische Flußdichte $B = g_n(H)$ entsprechend der Kurve n in Bild **5.41a** an, die man als N e u k u r v e bezeichnet.

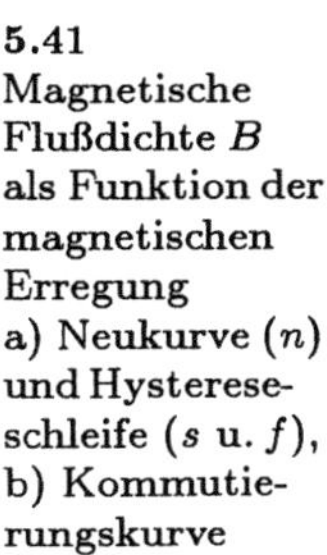
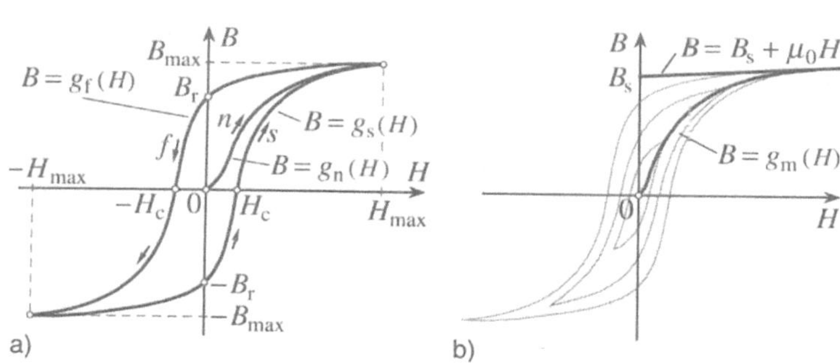

5.41
Magnetische
Flußdichte B
als Funktion der
magnetischen
Erregung
a) Neukurve (n)
und Hysterese-
schleife $(s$ u. $f)$,
b) Kommutie-
rungskurve

Wird die magnetische Erregung H ausgehend von einem positiven Wert $H = H_{max}$ verkleinert, so nimmt die magnetische Flußdichte $B = g_f(H)$ nicht entsprechend der Neukurve n ab, sondern entsprechend dem oberen, dick ausgezogenen Kurvenzweig f in Bild **5.41a**. Wird die magnetische Erregung H ausgehend von einem negativen Maximalwert $H = -H_{max}$ erhöht, so steigt die magnetische Flußdichte $B = g_s(H)$ entsprechend dem unteren, dick ausgezogenen Kurvenzweig s in Bild **5.41a** an. Nimmt die magnetische Erregung H in periodischer Folge von $+H_{max}$ bis $-H_{max}$ monoton ab und von $-H_{max}$ bis $+H_{max}$ wieder monoton zu, so stellt sich dabei auch die magnetische Flußdichte B periodisch entsprechend dem oberen Zweig f und dem unteren Zweig s der dick ausgezogenen, geschlossenen Kurve $B = g_f(H)$, $B = g_s(H)$ ein. Die geschlossene Kurve aus den beiden Zweigen $B = g_f(H)$ und $B = g_s(H)$ wird als H y s t e r e s e s c h l e i f e, ihre positiven und negativen Maximalwerte (H_{max}, B_{max}) und $(-H_{max}, -B_{max})$ werden als U m k e h r p u n k t e bezeichnet.

Werden die Funktionen $B = g_f(H)$, $B = g_s(H)$, also die geschlossenen Kurven, zwischen den Umkehrpunkten $\pm B_{max}$ für mehrere unterschiedliche Beträge $\pm B_{max}$ aufgenommen, so zeigt sich, daß mit steigenden Beträgen der Maximal-Werte der magnetischen Flußdichten $\pm B_{max}$ auch der Abstand zwischen dem oberen Zweig $B = g_f(H)$ und dem unteren Zweig $B = g_s(H)$ der einen Magnetisierungszyklus beschreibenden Kurve größer wird, wie dies in Bild **5.41b** dargestellt ist.

Weiter zeigt sich, daß mit zunehmenden H_{max}-Werten die zugehörigen B_{max}-Werte zunächst auch deutlich ausgeprägt, dann aber immer schwächer steigen. Bei sehr großen Werten der magnetischen Feldstärke steigt die magnetische Flußdichte B nur noch entsprechend $\mu_0 H$ mit H an. Die Kurven $B = g(H)$ gehen hier also in eine Gerade

$$B = B_s + \mu_0 H \tag{5.118}$$

über (s. Bild **5.41b**), die parallel der für den leeren Raum geltenden Magnetisierungskennlinie $B = \mu_0 H$ verläuft. Man sagt, in diesem Bereich sei das Eisen gesättigt. Diese S ä t t i g u n g erklärt sich daraus, daß alle Elementardipole $\Delta \vec{B}_{\mathrm{i}}$ des Eisens vollkommen in der von außen eingeprägten magnetischen Erregung $\vec{H}$ orientiert sind, d. h., trotz weiterer Steigerung der eingeprägten magnetischen Erregung $\vec{H}$ kann keine materieeigene magnetische Erregung mehr unterstützend aktiviert werden, so daß die magnetische Flußdichte auch nur noch wie im leeren Raum mit $\vec{H}$ ansteigen kann.

Legt man durch die bei großen H-Werten in guter Näherung linear ansteigende Kurve $B = g(H)$ eine Gerade entsprechend Gl.(5.118), so bezeichnet diese in ihrem Schnittpunkt mit der B-Achse die S ä t t i g u n g s f l u ß d i c h t e B_{s} (s. Bild 5.41b).

Wechselt man die Eisensorte in der Kreisringspule aus und wiederholt die periodische Erregung zwischen den positiven und negativen Maximalwerten $+H_{\mathrm{max}}$ und $-H_{\mathrm{max}}$, so zeigt die Abhängigkeit der magnetischen Flußdichte B von der magnetischen Erregung H qualitativ zwar bei allen Eisensorten einen ähnlichen Verlauf, quantitativ können sich aber erhebliche Unterschiede zeigen. Beispielsweise sind in Bild 5.42 die für eine magnetisch weiche $[B = g_{\mathrm{w}}(H)]$ und eine magnetisch harte $[B = g_{\mathrm{h}}(H)]$ Eisensorte aufgenommenen Hysteresekurven dargestellt. Die Bezeichnung von Eisensorten mit schmaler Hystereseschleife als magnetisch weich oder solcher mit breiter Schleife als hart weist darauf hin, daß sie sich schon mit geringen oder nur mit größeren, eingeprägten magnetischen Erregungen ummagnetisieren lassen. Gekennzeichnet ist die Breite der Hysteresekurve durch die K o e r z i t i v f e l d s t ä r k e H_{c} bei der magnetischen Flußdichte $B = 0$ und die magnetische R e m a n e n z f l u ß d i c h t e B_{r}, die beim Abschalten des erregenden Stromes ($H = 0$) verbleibt (s. Bild 5.41a).

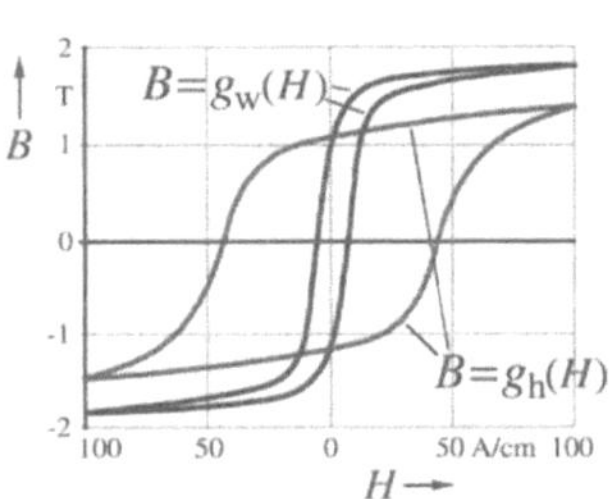

5.42 Hystereseschleifen: weichmagnetische $[B = g_{\mathrm{w}}(H)]$ und hartmagnetische $[B = g_{\mathrm{h}}(H)]$ Eisensorten

Die vorstehenden Erläuterungen zeigen, daß die in ferromagnetischer Materie auftretende magnetische Flußdichte B nicht allein von der sie erregenden magnetischen Erregung H abhängt, sondern auch von dem Magnetisierungszustand (H-B-Punkt), von dem ausgehend die magnetische Erregung H steigend oder fallend diesen H-Wert erreicht. Damit ist eine allgemeingültige graphische oder analytische Beschreibung der Abhängigkeit zwischen magnetischer Flußdichte B und magnetischer Erregung H praktisch nicht möglich. Beschränkt man sich auf den praktisch wichtigen Fall der periodischen Magnetisierung zwischen positiven und negativen Maximalwerten $\pm H_{\mathrm{max}}$ gleicher Beträge, so läßt sich die Abhängigkeit der magnetischen Flußdichte B von der magnetischen Erregung H noch relativ übersichtlich durch eine Schar von Hysteresekurven entsprechend Bild 5.41b darstellen. Dazu läßt sich allgemeingültig feststellen, daß der Abstand zwischen den einem H-Wert bei der Auf- und Abmagneti-

sierung zugeordneten beiden B-Werten (Abstand zwischen dem auf- und dem
absteigenden Zweig der Hysteresekurve) abhängig ist von
a. der Eisensorte (s. Bild **5.42**) und
b. dem Betrag der maximalen magnetischen Flußdichte $\pm B_{\mathrm{max}}$ der Umkehrpunkte, bis zu denen die Magnetisierung erfolgt (s. Bild **5.41b**).

Um Mißverständnisse zu vermeiden, sei ausdrücklich betont, daß in diesem Abschnitt
5.4.2.1 ausschließlich statische Hysteresekurven besprochen sind. Diese sind mit jeweils
zeitlich konstanten H- und B-Werten aufgenommen, so daß sie nicht durch Wirbelstromverluste beeinflußt sind (s. Abschn. 5.5.2.2).

Heute ist ein breites Spektrum ferromagnetischer Werkstoffe verfügbar, deren Hysteresekurven sich grob in die Gruppen S-
förmige, Rechteck- und Permivar-Schleifen ein-
ordnen lassen (s. Bild **5.43**). Ihre werkstoff-
und anwendungsspezifische Erläuterung muß
der Fachliteratur [9], [18], [24] überlassen bleiben. Von grundsätzlicher Bedeutung ist die

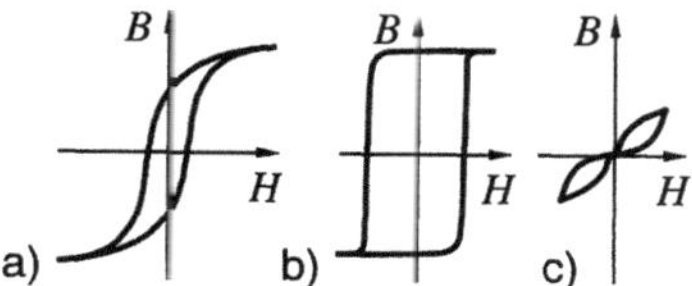

5.43 Charakteristische Hystereseschleifen: a) S-, b) Rechteck-,
c) Permivarschleifen

Einbeziehung der Hysteresekurven in die Berechnung magnetischer Kreise. Hierfür sind die im folgenden erläuterten Gruppen als typisch anzusehen.

Sehr schmale Hysteresekurven, wie sie mit Rücksicht auf die Ummagnetisierungsverluste, inbesondere für Wechselmagnetisierung gefordert sind, werden
üblicherweise durch einen einfachen mittleren Kurvenzug $B = g_{\mathrm{m}}(H)$, die M a -
g n e t i s i e r u n g s k u r v e, angenähert, wie in Abschn. 5.4.2.2 näher erläutert. Mit
dieser Magnetisierungskurve $B = g_{\mathrm{m}}(H)$ wird allerdings nur das H-BVerhalten
des Eisens beschrieben, mit dem der Durchflutungs- bzw. Magnetisierungs-
strombedarf eines magnetischen Kreises berechnet werden kann, wie in Abschn.
5.4.3.2 erläutert. Die in der Fläche der Hysteresekurve zum Ausdruck kommen-
den Hystereseverluste (s. Abschn. 5.5.2.2) werden mit der Magnetisierungskurve
naturgemäß nicht erfaßt. Sollen also bei Wechselmagnetisierung eines Eisenkreises auch die Ummagnetisierungsverluste berechnet werden, so geschieht dieses
in einem separaten Rechengang, wie er in Abschn. 5.4.2.3 erläutert ist.

Extrem breite Hysteresekurven charakterisieren D a u e r m a g n e t e. Für die Berechnung magnetischer Kreise mit Dauermagneten benötigt man ebenfalls nur
einen einfachen Kurvenzug, nämlich den im zweiten Quadranten verlaufenden
Zweig der Hystereseschleife $B = g_{\mathrm{f}}(H)$ (s. Bild **5.41a**), der als E n t m a g n e t i s i e -
r u n g s k u r v e bezeichnet wird (s. Abschn. 5.4.4.1).

Bei vielen Übertragern der Nachrichtentechnik, Informationsspeichern u.ä. werden Effekte genutzt, die sich nur unter Zugrundelegung der vollständigen Hysteresekurve erläutern und berechnen lassen. Hierfür muß also die vollständige
Hysteresekurve $B = g_{\mathrm{s}}(H)$, $B = g_{\mathrm{f}}(H)$ ausgewertet werden.

5.4.2.2 Magnetisierungskurve (Kommutierungskurve). Relativ schmale

Hystereseschleifen, z. B. von für Wechselstrommagnetisierung geeignetem Eisen, lassen sich bei der Berechnung des Magnetisierungsverhaltens im allgemeinen durch ihre Magnetisierungskurven annähern. Diese M a g n e t i s i e r u n g s k u r - v e ist die Verbindungslinie aller Umkehrpunkte der bis zu unterschiedlichen maximalen magnetischen Flußdichten aufgenommen Hystereseschleifen (s. Kurve $B = g_m(H)$ in Bild **5.41**b) und wird deshalb auch als K o m m u t i e r u n g s - k u r v e bezeichnet.

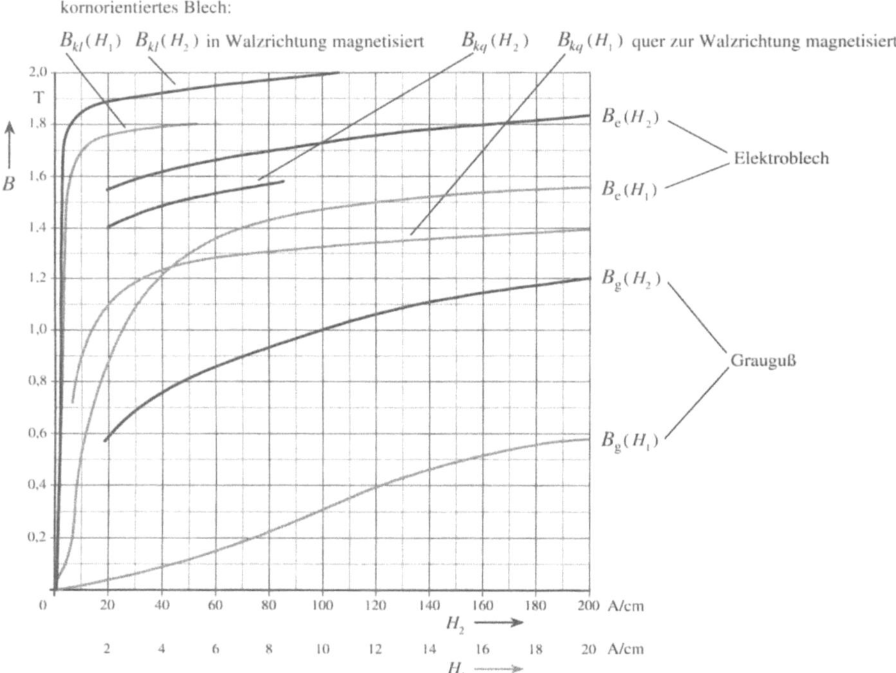

5.44 Magnetisierungskurven weichmagnetischer Eisensorten

In Bild **5.44** sind Magnetisierungskurven für verschiedene technisch wichtige, magnetisch weiche Werkstoffe wiedergegeben. Alle Kurven zeigen den für ferromagnetische Stoffe typischen Verlauf, wie er bereits zu Bild **5.41**b u. Gl.(118) beschrieben ist. Der Bereich des kleiner werdenden Anstiegs der Kurve $B = g(H)$ wird als S ä t t i g u n g s b e r e i c h bezeichnet, man sagt, das Eisen komme in die Sättigung. Das „Sättigungsknie" liegt bei den meisten Eisensorten zwischen etwa 1,0 T und 1,5 T. Im darüber liegenden Bereich erfordert eine Vergrößerung der magnetischen Flußdichte B eine unverhältnismäßig große Steigerung der magnetischen Erregung H und damit der Durchflutung Θ. Daher werden magnetische Flußdichten in höheren Sättigungsbereichen möglichst vermieden. Von dem qualitativen Begriff der Sättigung ist der auch quantitativ definierte Begriff der Sättigungsflußdichte B_s entsprechend Gl.(5.118) bzw. Bild 5.41b zu unterscheiden.

– Die Magnetisierungskurve (Kommutierungskurve) ist die Verbindungslinie der Umkehrpunkte ($\pm H_{\max}$, $\pm B_{\max}$) aller Hysteresekurven.

Permeabilität. Die Permeabilität $\mu = \mu_0\mu_r$ ferromagnetischer Materie kann nach der allgemeingültigen Definition Gl. (5.13) als Quotient aus magnetischer Flußdichte B und magnetischer Erregung H berechnet werden. Wird die Permeabilität $\mu = B/H$ aus den Werten der Hysteresekurve berechnet, so bekommt man für jede Hysteresekurve zwei Funktionen $\mu_f = B_f/H$, $\mu_s = B_s/H$, entsprechend $B_f = g_f(H)$ des fallenden und $B_s = g_s(H)$ des steigenden Zweiges dieser Magnetisierungskurve, z. B. der in Bild 5.41a.

Für praktische Rechnungen wird die Permeabilität $\mu = \mu_0\mu_r = B/H$ üblicherweise nicht aus der Hysterese-, sondern aus der Magnetisierungskurve (s. Bild 5.44) berechnet und ist somit eine eindeutige Funktion von H oder B. Da die magnetische Feldkonstante μ_0 unabhängig von H ist, wird im allgemeinen die Permeabilitätszahl

$$\mu_r = \frac{\mu}{\mu_0} = \frac{B}{\mu_0 H} = f(H) \qquad (5.119)$$

berechnet und als Funktion von H dargestellt. Ihr für Eisen typischer Verlauf ist in Bild 5.45 skizziert. Der Maximalwert $\mu_{r\,\max}$ der Permeabilitätszahl liegt abhängig von der Eisensorte in der Größenordnung von 5000.

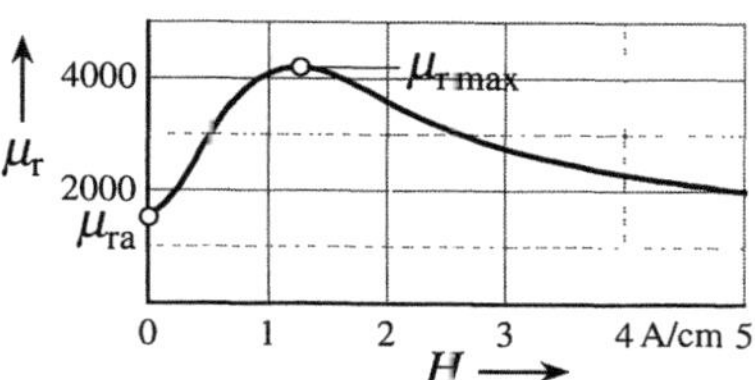

5.45 Permeabilitätskurve von Elektroblech

Praktische Bedeutung hat auch eine Wechselmagnetisierung im Bereich ΔB um eine zeitlich konstante Vormagnetisierung B_A, als Arbeitspunkt bezeichnet. Die dabei durchlaufenen Magnetisierungszustände werden durch eine lanzettenförmige Kurve beschrieben, wie sie in Bild 5.46a dargestellt ist. Die Steigung einer Geraden durch die beiden Umkehrpunkte beschreibt näherungsweise dieses Magnetisierungsverhalten und wird als r e v e r s i b l e P e r m e a b i l i t ä t

$$\mu_{\mathrm{rev}} = \frac{\Delta B}{\Delta H} \qquad (5.120)$$

bezeichnet (genauere Definition von μ_{rev} [9]). Die reversible Permeabilität darf nicht mit der **differentiellen Permeabilität**

$$\mu_{\text{d}} = \frac{\mathrm{d}B}{\mathrm{d}H} \tag{5.121}$$

verwechselt werden, die die Steigung der Magnetisierungskurve angibt (s. Bild 5.46b).

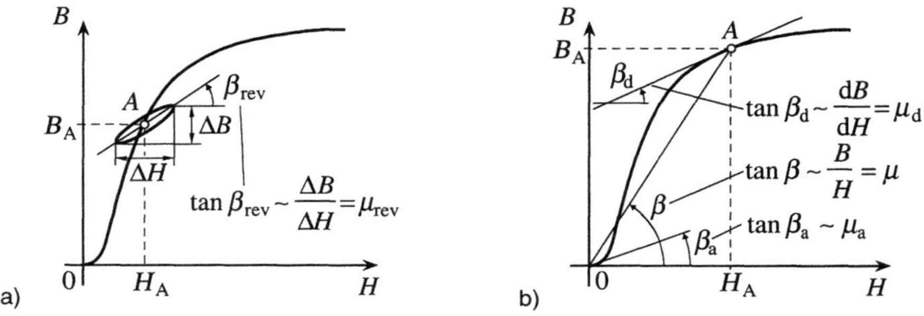

5.46 Graphische Deutung der Permeabilitätsdefinitionen: a) reversible Permeabilität (μ_{rev}), b) Permeabilität (μ), differentielle (μ_{d}), Anfangspermeabilität (μ_{a}),

Die grundsätzlichen Unterschiede zwischen der reversiblen Permeabilität μ_{rev}, der differentiellen Permeabilität μ_{d} und der Permeabilität μ gehen aus Bild 5.46 anschaulich hervor. Zu beachten ist, daß die dargestellten Permeabilitäten μ, μ_{rev}, μ_{d} keine Permeabilitätszahlen vergleichbar μ_{r}, sondern Permeabilitäten entsprechend $\mu = \mu_{\text{r}}\mu_0$ sind.

Einen anschaulichen Eindruck von der materieeigenen, magnetischen Wirkung ferromagnetischer Stoffe vermittelt ihre Beschreibung über die magnetische Polarisation $\vec{J}$ anstatt über die Permeabilitätszahl μ_{r} (s. Abschn. 5.4.1.1). Die Magnetisierungskurve $B = g_{\text{m}}(H)$ gibt die in Eisen auftretende magnetische Flußdichte B in Abhängigkeit von der magnetischen Erregung H an (z. B. Kurve *1* in Bild 5.47). Zerlegt man die magnetische Flußdichte B entsprechend Gl.(5.108) in eine Komponenente $\mu_0 H$, die von der makroskopischen magnetischen Erregung im leeren Raum verursacht würde (Kurve *3* in Bild 5.47), und eine Komponente J, die die resultierende Flußdichte aller Elementardipole darstellt, die durch die – makroskopische – magnetische Erregung H orientiert werden (z. B. Kurve *2* in Bild 5.47), so läßt sich feststellen, daß auch bei großen und größten Erregungen H die magnetische Flußdichte B immer weiter – wenn auch auch nur geringfügig – ansteigt. Dieser Anstieg entspricht dem **materieunabhängigen** Beitrag $\mu_0 H$ zur magnetischen Flußdichte, d. h., mit zunehmendem H geht die Funktion $B = g_{\text{m}}(H)$ in eine mit μ_0 ansteigende Gerade über, die in Bild 5.47 gestrichelt eingezeichnet ist. Demgegenüber geht

die Polarisation J in einen endlichen Grenzwert über, der den überhaupt nur möglichen
Feldbeitrag durch die materieeigene Erregung
des Eisens darstellt.

Zu beachten ist, daß in Bild **5.47** zur Kennzeichnung der qualitativen Unterschiede der
quantitative Einfluß von $\mu_0 H$ mit übertrieben
großem Maßstab dargestellt ist. Bei gleichem
Maßstab würde die Gerade $\mu_0 H$ nahezu in der
H-Achse verlaufen.

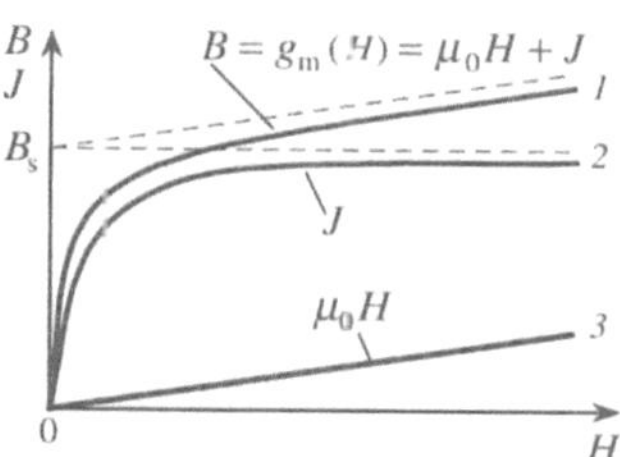

5.47 Magnetische Flußdichte B als
Überlagerung aus J und $\mu_0 H$

5.4.2.3 Verlustleistung im magnetischen Wechselfeld. Treten in ferromagnetischer Materie zeitveränderliche magnetische Flußdichten $B(t)$ auf, so wird
elektrische (oder mechanische) Energie auch in Wärmeenergie umgeformt, die
man als V e r l u s t e n e r g i e – oder einfach als V e r l u s t e – bezeichnet. Ursache dieser Verluste sind die bei den Umorientierungen im mikrokosmischen
Bereich entstehenden, irreversiblen Energieumwandlungen (s. Abschn. 5.5.2.2)
und die bei zeitveränderlichen magnetischen Flußdichten in leitfähiger Materie
auftretenden Wirbelströme (s. Abschn. 5.5.1.6).

In der Energietechnik werden ferromagnetische Werkstoffe bei relativ niedrigen
Frequenzen (am häufigsten bei $f = 50\,\text{Hz}$ oder $f = 60\,\text{Hz}$), aber relativ großen
magnetischen Flußdichten im Sättigungsbereich betrieben, in der Nachrichtentechnik dagegen umgekehrt mit relativ geringen magnetischen Flußdichten im
linearen Bereich der Magnetisierungskennlinie und relativ hohen Frequenzen
bis in den MHz-Bereich. Diesen unterschiedlichen Betriebsbedingungen entsprechend werden in der Energietechnik ausschließlich kompakte (aus Blechen geschichtete) Metalle und Legierungen eingesetzt, in der Nachrichtentechnik geht
man mit zunehmender Frequenz von den kompakten auf die Pulverwerkstoffe
über, d. h. auf Werkstoffe, die aus ferromagnetischen Körnern zusammengepreßt
sind.

Aus energietechnischer Sicht interessieren die Verluste direkt, d. h. in der Lei-
stungbilanz, aus nachrichtentechnischer Sicht dagegen nur indirekt, d. h. ihre
Auswirkungen auf die frequenzabhängigen Betriebseigenschaften (z. B. Übertragungseigenschaften).

Ummagnetisierungsverlustleistung. Insbesondere in den Aufgabenstellungen der Energietechnik muß die durch magnetische Wechselfelder in Eisen ent-
stehende Verlustleistung P_v im Rahmen einer Leistungsbilanz (Wirkungsgrad,
Erwärmungsrechnung usw.) bestimmt werden, häufig aber nur für eine feste Frequenz (z. B. 50 Hz) oder einen relativ kleinen Frequenzbereich (z. B. 0 bis 60 Hz,
Betrieb mit Frequenzstellern). Dieser Problemstellung entsprechend wird der
Verlustberechnung eine auf die Masse m des Eisens bezogene Kenngröße, die

spezifische Ummagnetisierungsverlustleistung

$$p_{\mathrm{v}} = \frac{P_{\mathrm{v}}}{m} = g\,[B(t),\ \text{Eisensorte}]\,,\qquad\qquad(5.122)$$

zugrunde gelegt, die abhängt von
a. dem Zeitverlauf der magnetischen Flußdichte $B(t)$ im Eisen, d. h. von der Frequenz f, dem Maximalwert B_{max} und der Kurvenform des zeitlichen Verlaufs der magnetischen Flußdichte, sowie
b. der Eisensorte, d. h. von Zusammensetzung und Bearbeitung des Eisens (kalt- oder warmgewalzt, geglüht usw.), und den Abmessungen rechtwinklig zur magnetischen Flußdichte B (Blechdicke).
Die praktische Berechnung der Ummagnetisierungsverluste für einen magnetischen Eisenkreis ist nur näherungsweise möglich. Da in der Energietechnik die Berechnung der Ummagnetisierungsverlustleistung in hohem Maße ökonomische Interessen berührt, basiert das hierfür eingesetzte Näherungsverfahren auf der entsprechend Gl.(5.122) festgelegten Kenngröße, die aber in ihren Randbedingungen normenmäßig bis ins Detail festgelegt ist.

– Die spezifische Ummagnetisierungsverlustleistung, kurz Ummagnetisierungsverlust $p_{\mathrm{v}} = P_{\mathrm{v}}/m$, ist die auf die Masse m bezogene Ummagnetisierungsverlustleistung P_{v} in W/kg bei Wechselfeldmagnetisierung mit der Frequenz $f=50\,\mathrm{Hz}$ und sinusförmigem Verlauf der Polarisation $J = B - \mu_0 H \approx B$ (s. Abschn. 5.4.1.1) mit den Scheitelwerten $J_{\mathrm{max}} = 1{,}0\,\mathrm{T}$ oder $1{,}5\,\mathrm{T}$.

Der für den Ummagnetisierungsverlust maßgebende Polarisationsscheitelwert J_{max}, der praktisch als magnetischer Flußdichtescheitelwert ($J_{\mathrm{max}} \approx B_{\mathrm{max}}$) angesehen werden kann, wird als Index angegeben. Ist beispielsweise für ein bestimmtes $0{,}5\,\mathrm{mm}$ dickes Elektroblech bei sinusförmigem magnetischem Flußdichteverlauf mit dem Scheitelwert $1{,}0\,\mathrm{T}$ und der Frequenz $50\,\mathrm{Hz}$ eine spezifische Ummagnetisierungsverlustleistung von $3\,\mathrm{W/kg}$ gemessen, so wird sie für diese Blechsorte mit dem Ummagnetisierungsverlust $p_{\mathrm{v}1,0}=3\,\mathrm{W/kg}$ angegeben.

In der Praxis treten bei der Wechselmagnetisierung eines Eisenkreises im allgemeinen magnetische Flußdichten B auf, die von $1{,}0\,\mathrm{T}$ oder $1{,}5\,\mathrm{T}$ abweichen, auf die sich der normenmäßig angegebene Ummagnetisierungsverlust $p_{\mathrm{v}1,0}$ oder $p_{\mathrm{v}1,5}$ bezieht. Auch die Frequenz der Wechselmagnetisierung kann von $50\,\mathrm{Hz}$ abweichen, insbesondere kann die Kurvenform des zeitlichen Verlaufs der magnetischen Flußdichte nichtsinusförmig sein. Bei praktischen Rechnungen muß also der gegebene Ummagnetisierungsverlust von seinen Bezugswerten ($50\,\mathrm{Hz}$, sinusförmiger magnetischer Flußdichteverlauf, Scheitelwert der magnetischen Flußdichte $1{,}0\,\mathrm{T}$ oder $1{,}5\,\mathrm{T}$) auf die tatsächlich im zu berechnenden Eisenkreis auftretenden Werte umgerechnet werden. Dazu ist der Ummagnetisierungsverlust

$$p_\mathrm{v} = p_\mathrm{vh} + p_\mathrm{ve} \tag{5.123}$$

entsprechend seinen Ursachen in zwei Komponenten zerlegt zu betrachten, den
a. hystereseabhängigen Anteil der Ummagnetisierungsverluste, die s p e z i f i -
s c h e H y s t e r e s e v e r l u s t l e i s t u n g p_vh (s. Abschn. 5.5.2.2), und den
b. wirbelstromabhängigen Anteil der Ummagnetisierungsverluste, die s p e z i -
f i s c h e W i r b e l s t r o m v e r l u s t l e i s t u n g p_ve (s. Abschn. 5.5.1.6).
Beide Komponenten sind in unterschiedlicher Art von Frequenz f und magne-
tischer Flußdichte B der Ummagnetisierung abhängig (s. Abschn. 5.5.1.6 und
5.5.2.2), was bei einer Umrechnung zu berücksichtigen ist. Es sind anwendungs-
bezogen (z. B. für Transformatoren, Asynchronmaschinen) Umrechnungsverfah-
ren entwickelt, auf die im Rahmen der Grundlagen nicht eingegangen werden
kann.

Erfolgt die Wechselmagnetisierung eines Eisenkreises, wie in der Energietechnik häufig gegeben, mit der Frequenz $f = 50\,\mathrm{Hz}$ und einer zeitlich nahezu sinusförmig verlaufenden magnetischen Flußdichte, deren Maximalwerte (Um-
kehrpunkte) $\pm B_\mathrm{max}$ nicht allzuweit von $1{,}0\,\mathrm{T}$ oder $1{,}5\,\mathrm{T}$ abweichen, läßt sich
näherungsweise der Ummagnetisierungsverlust als Ganzes mit dem Quadrat der
maximalen magnetischen Flußdichte B_max umrechnen.

$$p_\mathrm{v} = p_\mathrm{v1,0}\left(\frac{B_\mathrm{max}}{1{,}0\,\mathrm{T}}\right)^2 \quad \text{oder} \quad p_\mathrm{v} = p_\mathrm{v1,5}\left(\frac{B_\mathrm{max}}{1{,}5\,\mathrm{T}}\right)^2 \tag{5.124}$$

Bei der Abschätzung der Genauigkeit der Näherungsgleichung (5.124) ist zu beachten, daß die Ummagnetisierung häufig mit einem nichtsinusförmigen magnetischen Flußdichteverlauf erfolgt (z. B. kann die Zeitfunktion der magnetischen
Flußdichte gegenüber der Grundwelle mit $f = 50\,\mathrm{Hz}$ beachtenswerte Komponenten der 3. und 5. Harmonischen enthalten).

Die Berechnung der Ummagnetisierungsverlustleistung eines vollständigen Eisenkreises erfolgt in Anlehnung an die in Abschn. 5.4.3.2 erläuterte Berechnung
der Durchflutung. Man unterteilt danach einen gegebenen Eisenkreis in n Abschnitte, in denen das magnetische Feld als homogen anzusehen ist (s. z. B. Bild
5.49). Für jeden dieser Abschnitte ν kann aus Länge l_ν, Querschnitt A_ν, Ei-
senfüllfaktor K_Fe (je nach Isolation der Bleche $K_\mathrm{Fe} = 0{,}9$ bis $0{,}95$) und Dichte
ϱ_d des Eisens (für Elektrobleche $\varrho_\mathrm{d} \approx 0{,}76\,\mathrm{kg/dm}^3$) die Abschnittmasse

$$m_\nu = l_\nu A_\nu \varrho_\mathrm{d} K_\mathrm{Fe} \tag{5.125}$$

berechnet werden. Mit dem nach Gl.(5.124) auf die magnetische Flußdichte B_ν des Abschnittes umgerechneten Ummagentisierungsverlust $p_\mathrm{v}(B_\nu)$ ergibt sich die Ummagnetisierungsverlustleistung dieses Abschnittes ν

$$P_\nu = m_\nu p_\mathrm{v}(B_\nu) \tag{5.126}$$

und die des vollständigen magnetischen Kreises

$$P = K_\mathrm{z} \sum_{\nu=1}^{n} P_\mathrm{v}(B_\nu)\,. \tag{5.127}$$

Der Faktor K_z berücksichtigt eine Erhöhung der Ummagnetisierungsverluste durch Zusatzverluste infolge galvanischer Schlüsse zwischen den Blechen, Gefügeveränderungen durch Stanzen, Inhomogenitäten des B-Feldes und ähnliches. Er liegt in der Größenordnung $K_\mathrm{z}=1,1$ bis $1,5$.

Verlustfaktor oder Güte von Spulen mit Eisen. In der Nachrichtentechnik eingesetzte Bauelemente, wie z. B. Drossel, Filter, Übertrager, werden unter wirtschaftlichen Gesichtspunkten auch häufig als Spulen mit ferromagnetischem Kern realisiert, kurz als Spulen mit Eisen bezeichnet. Die für solche Bauelemente angestrebten Betriebseigenschaften werden maßgebend bestimmt durch das reversible Speichervermögen der Spule für magnetische Feldenergie (s. Abschn. 5.5.2.1), aber auch durch die in der Spule irreversibel aus elektrischer Energie in Wärmeenergie umgeformte Verlustenergie, und zwar sowohl durch die Stromwärmeverluste in der Spulenwicklung als auch durch die Ummagnetisierungsverluste im Spulenkern. Daher wird die Verlustenergie solcher Eisenkreise im allgemeinen als Summe aller in der stromdurchflossenen Spule und in dem Eisenkern auftretenden Verlustleistungen ausgewiesen. Sie interessiert also weniger in ihrer räumlichen Aufteilung, dafür aber über einen großen Frequenzbereich. Dieser Problemstellung entsprechend stellt man die Spule mit Eisen durch einen Ersatzzweipol dar, der sich als Reihenschaltung (oder Parallelschaltung) einer über den Spulenfluß Ψ entsprechend Abschn. 5.3.3.2 berechneten Induktivität $L = \Psi/I$ und eines aus der Verlustleistung (Wirkleistung) $P_\mathrm{w} = U I \cos\varphi$ der Spule mit Eisen berechneten Verlustersatzwiderstandes $R_\mathrm{ers} = P_\mathrm{w}/I^2$ ergibt (s. Bild **5.48**). Zweckmäßigerweise wird diese Verlustleistung

$$P_\mathrm{w} = U I \cos\varphi = I^2 R_\mathrm{ers} \tag{5.128}$$

der Spule wie beim Kondensator nicht direkt angegeben, sondern auf die Blindleistung $U I \sin\varphi$ der Spule bezogen. Der sich ergebende Quotient $P_\mathrm{w}/P_\mathrm{B} = \tan\delta$ läßt sich als Tangens eines Winkels $\delta = (\pi/2) - \varphi$ darstellen, der den

Phasenwinkel φ zwischen U und I der Spule zu $\pi/2$ ergänzt (s. Bild **5.48c**). Man bezeichnet die auf die Blindleistung bezogene Verlustleistung, die entsprechend Bild **5.48d** u. **5.48e** gleich ist dem auf den Blindwiderstand ωL bezogenen Verlustwiderstand R_{ers}, als V e r l u s t f a k t o r

$$\tan\delta = \frac{U I \cos\varphi}{U I \sin\varphi} = \frac{R_{\mathrm{ers}}}{\omega L} \tag{5.129}$$

oder dessen Kehrwert als S p u l e n g ü t e

$$Q = \frac{1}{\tan\delta}\,. \tag{5.130}$$

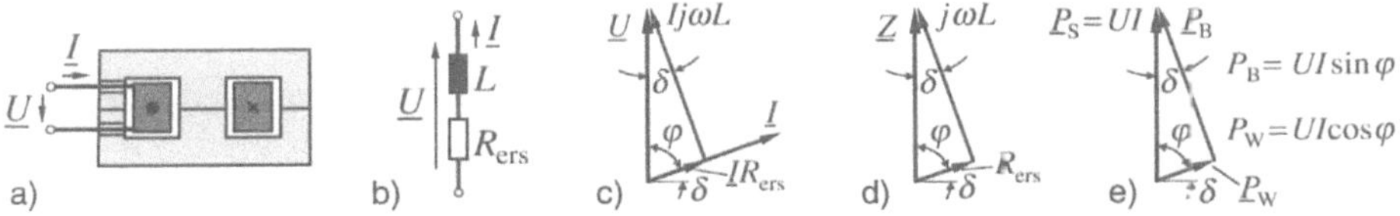

5.48 Zur Beschreibung der Verluste einer Spule mit Eisen: a) Querschnitt der Spule, b) Ersatzschaltung; Zeigerdiagramme der c) Spannungen, d) Impedanzen, e) Leistungen

5.4.3 Berechnung des magnetischen Feldes im Eisenkreis

Bei den meisten praktischen Gegebenheiten besteht der Feldraum des magnetischen Eisenkreises nur zum Teil aus Eisen. Der Feldraum ist also inhomogen, und es treten auch inhomogene Felder auf. Solche Eisenkreise lassen sich – näherungsweise – mit Hilfe des Durchflutungssatzes [s. Gl.(5.73)] berechnen, wie im folgenden erläutert. Da sich der Durchflutungssatz auf das Integral der magnetischen Erregung H bezieht, läßt sich direkt nur die Durchflutung bei bekanntem Feldverlauf bestimmen. Soll umgekehrt der Feldverlauf bei gegebener Durchflutung bestimmt werden, so muß zunächst der qualitative Feldverlauf ermittelt werden, so daß der Durchflutungssatz nach der magnetischen Erregung aufgelöst werden kann. Diese Einschränkung ist aber für magnetische Kreise mit Eisen insofern relativ bedeutungslos, als sich die meisten praktischen Aufgabenstellungen durch folgende Merkmale auszeichnen:
a. Der magnetische Kreis besteht in der überwiegenden Länge aus Eisen und nur in einer relativ geringen Länge aus magnetisch neutralem Material (meist Luft).
b. Da die Permeabilität des Eisens groß ist gegenüber der von magnetisch neutralen Stoffen, kann für die Berechnung der Durchflutung mit genügender Genauigkeit angenommen werden, daß in den Eisenwegen der gleiche magnetische

Fluß Φ auftritt wie in den mit den Eisenwegen sozusagen in Reihe geschalteten, magnetisch neutralen Bereichen. Es wird also angenommen, daß der in Luftstrecken parallel zu den Eisenwegen auftretende Fluß – entsprechend Abschn. 5.4.3.1 als Streuung bezeichnet – vernachlässigt werden kann. Ist diese Vernachlässigung nicht zulässig, muß der Streufluß zumindest näherungsweise berechnet oder geschätzt und berücksichtigt werden (s. Abschn. 5.4.3.2).
c. Die Bereiche des magnetisch neutralen Stoffes werden durch ebene Flächen A (Polflächen) begrenzt, die parallel zueinander liegen und relativ zu ihrer Flächenausdehnung einen geringen Abstand voneinander haben, so daß zwischen den Polflächen ein homogenes Feld mit einer magnetischen Flußdichte $B = \Phi/A$ angenommen werden kann, deren Betrag gleich dem Quotienten aus Fluß und Polfläche ist.

5.4.3.1 Magnetische Streuung und Randverzerrung. Ist das Feld für einen bestimmten Eisenkreis zu berechnen, so muß zunächst abgeschätzt werden, ob die in Abschn. 5.4.3 unter **a.** bis **c.** genannten Voraussetzungen zutreffen. Dieses wird im folgenden beispielhaft erläutert an einem aus Eisen- und Luftstrecken bestehenden, geschlossenen Kreis entsprechend Bild **5.49**.

Wird der magnetische Fluß Φ in diesem Kreis beispielsweise durch eine um das Joch j gewickelte Spule sp erzeugt, so verteilt er sich nicht, wie etwa bei einer Spule ohne Eisen nach Bild **5.23c**, rotationssymmetrisch im Raum, sondern er hat den in Bild **5.49** durch Feldlinien dargestellten Verlauf, der durch die Form der Eisenteile bestimmt ist. Parallel zu dem Flußverlauf über die Luftspalte δ und über den Anker a breitet sich nur ein relativ kleiner Flußanteil durch die das Eisen umgebende Luft aus, hauptsächlich durch das Fenster f zwischen den Schenkeln s.

Ist nun der durch den Anker a gehende Teil des Flusses für den beabsichtigten Zweck nutzbar, z. B. für die magnetischen Kräfte auf diesen Anker, so wird er als N u t z f l u ß bezeichnet. Im Gegensatz dazu heißt der durch die Luft neben dem beabsichtigten Weg „vorbeistreuende" Teil des Flusses magnetischer S t r e u f l u ß.

Zumindest überschlagsmäßig kann man die Flußanteile in den als parallel geschaltet aufgefaßten Zweigen des magnetischen Nutz- und Streuflusses aus dem Verhältnis der magnetischen Widerstände dieser Zweige entsprechend Abschn. 5.3.3.1 abschätzen. Dabei wird man feststellen, daß es erst in der Sättigung des Eisens zu merklichen Streuflüssen kommt, d. h., für die praktische Berechnung von Eisenkreisen kann der genannte Streufluß gegebenenfalls vernachlässigt werden.

In den magnetisch neutralen Abschnitten – z. B. Luftspalt (δ) in Bild **5.49** – eines Eisenkreises ist das magnetische Feld inhomogen, wie in Bild **5.50** skizziert. Mit zunehmender Länge δ des magnetisch neutralen Spaltes tritt die „Ausbauchung" des Feldes zum Rand des Spaltes hin mit der inhomogenen magnetischen Flußdichte $\vec{B}_{\mathrm{rand}}$ stärker hervor. Man kann daher nur über einen Bereich $b_{\mathrm{h}} < b$ der Polbreite b mit einer homogenen magnetischen Flußdichte B_{h} rechnen. Diese R a n d v e r z e r r u n g des Feldes wird bei praktischen Rechnungen häufig näherungsweise berücksichtigt, indem man über den magnetischen Fluß Φ des Spaltes und mit der Definition einer mittleren magnetischen Flußdichte B_{mit} eine E r s a t z l u f t s p a l t f l ä c h e

$$A_{\mathrm{ers}} = \frac{\Phi}{B_{\mathrm{mit}}} = a_{\mathrm{ers}} b_{\mathrm{ers}} \tag{5.131}$$

einführt mit den in Bild 5.50 eingezeichneten E r s a t z b r e i t e n

$$b_{\mathrm{ers}} = b\,(1 + k_{\mathrm{b}})\,; \qquad a_{\mathrm{ers}} = a\,(1 + k_{\mathrm{a}})\,. \tag{5.132}$$

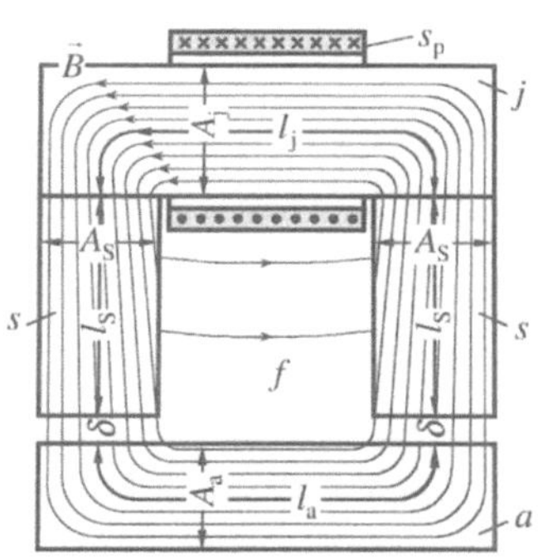

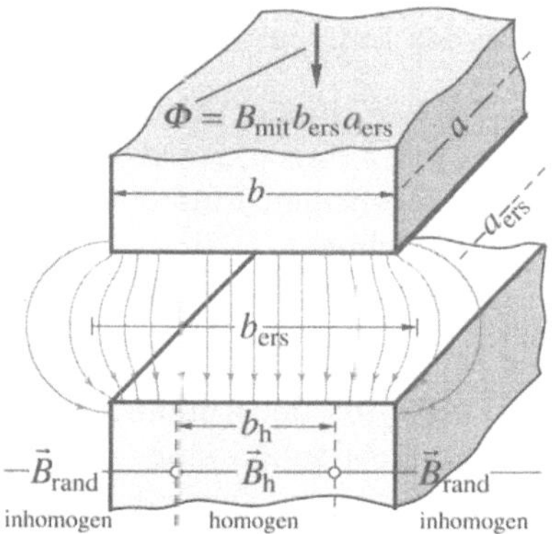

5.49 Eisenkreis in Teilabschnitte zerlegt, für die das Feld als jeweils homogen angenommen wird

5.50 Feld im magnetisch neutralen Raum zwischen planparallelen, ferromagnetischen Polflächen

Die Ersatzbreiten b_{ers} und a_{ers} lassen sich über den Faktor $k > 0$ abschätzen, der von dem Verhältnis Luftspaltlänge δ zu Polbreite b bzw. a abhängt. Über die Ersatzluftspaltfläche A_{ers} ist entsprechend Gl.(5.131) der Zusammenhang zwischen dem Spaltfluß Φ und einer mittleren magnetischen Flußdichte $B_{\mathrm{mit}} = \Phi/A_{\mathrm{ers}}$ bestimmt, die aber kleiner ist als die maximale magnetische Flußdichte im homogenen Bereich ($B_{\mathrm{mit}} < B_{\mathrm{h}}$).

Da magnetisch neutrale Spalte in magnetischen Kreisen mit Rücksicht auf einen kleinen Durchflutungsbedarf immer möglichst klein ausgeführt werden, wird man in vielen Fällen die Randverzerrung des Feldes außer acht lassen können und für den Luftspaltquerschnitt die ihn begrenzende Polfläche annehmen dürfen.

5.4.3.2 Ermittlung der Durchflutung. Praktisch ausgeführte Eisenkreise lassen sich entsprechend ihren zu Anfang des Abschn. 5.4.3 angeführten Eigenschaften im allgemeinen als in einzelne Abschnitte unterteilt auffassen, die jeweils homogen aus Eisen oder magnetisch neutralem Stoff bestehen und in denen das Feld wenigstens näherungsweise als homogen angesehen werden kann. Für jeden dieser Abschnitte ν läßt sich dann der Zusammenhang zwischen magnetischem Fluß Φ und magnetischer Spannung V nach Gl.(5.86) problemlos bestimmen. Bild **5.**49 zeigt den prinzipiellen Aufbau solcher magnetischen Kreise, bei denen die erregende Durchflutung über stromdurchflossene Spulen um das Joch (j) oder die Schenkel (s) aufgebracht wird. Sieht man von den Krümmungen der Feldlinien im Joch (j) und im Anker (a) ab und vernachlässigt den quer durch das Fenster des Kreises gehenden Streufluß, so ist das Feld abschnittsweise homogen. Läßt man den Streufluß unberücksichtigt, so ist es bei unverzweigtem Kreis unbedeutend, wo die Durchflutung räumlich angeordnet ist. Allein im Hinblick auf einen kleinen Streufluß legt man die Durchflutung möglichst nahe an diejenige Stelle, wo die maximale Flußdichte gewünscht wird, z. B. in die Nähe des Luftspaltes, wenn eine maximale Kraft auf den Anker gefordert wird.

Bei der Berechnung magnetischer Eisenkreise müssen nach der Art der Lösungswege zwei Arten von Aufgabenstellungen unterschieden werden (s. Bild **5.**51):
1. Bei gegebenem Fluß Φ ist die für seine Erregung erforderliche Durchflutung Θ zu berechnen.
2. Bei gegebener Durchflutung Θ ist der von dieser erregte Fluß Φ zu bestimmen.

Die zweite Art der Aufgabenstellung läßt direkte Lösungen nur unter der vereinfachenden Annahme einer konstanten Permeabilität zu, was aber im allgemeinen auf zu ungenaue Ergebnisse führt. Man führt daher mit Hilfe von Iterations- oder Interpolationsverfahren (s. Bild **5.**51 und Beispiel 5.28) das Problem auf die erste Art der Aufgabenstellung zurück, der somit eine grundlegende Bedeutung zukommt.

Zur Berechnung eines Eisenkreises ist für einen bestimmten Querschnitt A, z. B. den des Luftspaltes, der Fluß Φ – oder die magnetische Flußdichte B, mit der dann der Fluß $\Phi = AB$ zu bestimmen ist – gegeben, oder er wird zunächst angenommen. Unter Vernachlässigung der Streuung läßt sich annehmen, daß dieser Fluß Φ unverzweigt in dem geschlossenen Kreis, d. h. in den Querschnitten A_ν aller Teilabschnitte, auftritt. In dem exemplarisch betrachteten Eisenkreis nach Bild **5.**49 ergeben sich also mit den jeweiligen Querschnitten A_ν die magnetischen Flußdichten für das Joch $B_j = \Phi/A_j$, für die Schenkel $B_s = \Phi/A_s$, für den Anker $B_a = \Phi/A_a$ und für die Luftspalte $B_l = \Phi/A_l$. Für die berechneten magnetischen Flußdichten B in den Eisenwegen werden dann aus der für das vorliegende Eisen gültigen Magnetisierungskurve (s. Bild **5.**44) die zugehörigen

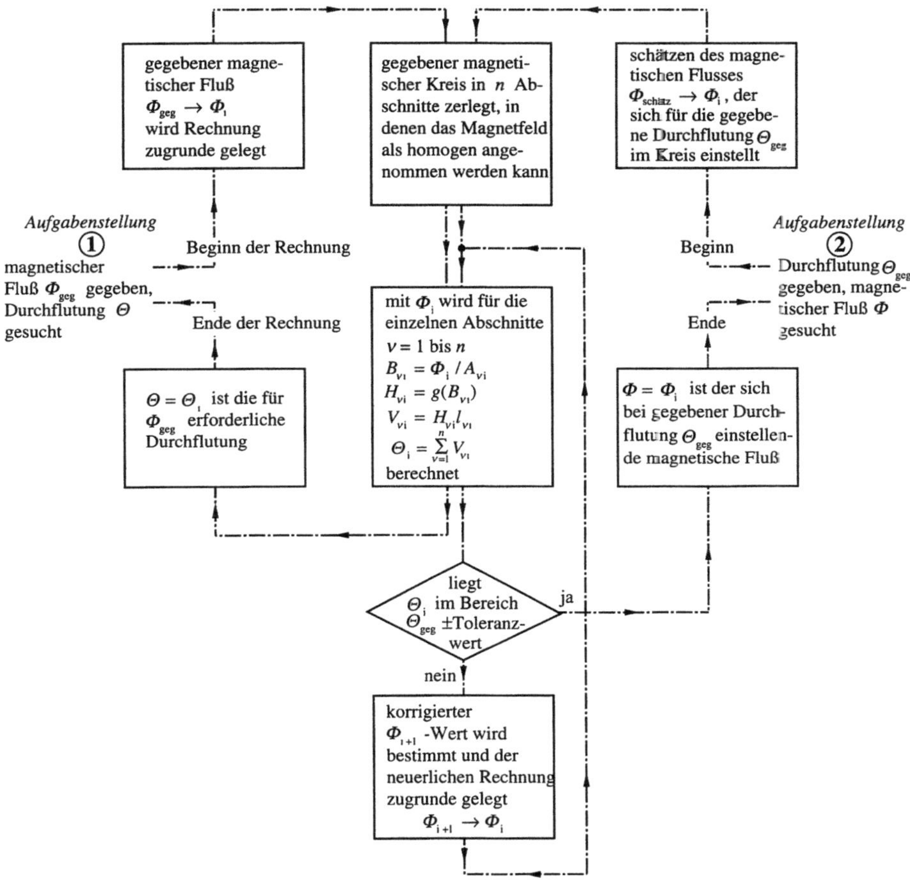

5.51 Ablaufschema der Berechnung von magnetischen Eisenkreisen

Werte der magnetischen Erregung $H_\nu = g(B_\nu)$ aufgesucht. Für Luftspalte gilt $H_l = B_l/\mu_0$.

Sind die magnetischen Erregungen H_ν in den einzelnen Abschnitten ν ermittelt, so können daraus mit den mittleren Längen (in Bild 5.49 l_a, δ, l_s und l_j) die für die einzelnen Abschnitte benötigten magnetischen Spannungen $V_\nu = H_\nu l_\nu$ berechnet werden. Da abschnittsweise Homogenität des magnetischen Feldes angenommen wird, kann Hl statt $\vec{H} \cdot \vec{l}$ gesetzt werden, weil der Vektor der magnetischen Erregung $\vec{H}_\nu$ und der Wegvektor $\vec{l}_\nu$ in jedem Abschnitt die glei- che Richtung haben und H_ν über l_ν konstant ist. Die Addition der einzelnen Spannungen V_ν des geschlossenen magnetischen Kreises ergibt dann nach dem Durchflutungssatz Gl.(5.73) in der Form der Gl.(5.89) die erforderliche Durchflutung Θ. In der Anordnung nach Bild **5.49** ist also die Summe der magnetischen Teilspannungen

$$\overset{\circ}{V} = \sum Hl = H_a l_a + 2H_1\delta + 2H_s l_s + H_j l_j = \Theta\,. \tag{5.133}$$

Der erläuterte Rechnungsgang wird zweckmäßigerweise entsprechend dem Ablaufschema in Bild **5.51** durchgeführt und in Tabellenform angelegt, wie in Beispiel 5.26, Tafel **5.53** gezeigt. Die dafür benötigten Gleichungen sind im folgenden nochmals zusammenhängend aufgeführt.

Für jeden Abschnitt ν der insgesamt n Abschnitte eines magnetischen Kreises erhält man mit dem Querschnitt A_ν und dem Fluß Φ die magnetische Flußdichte

$$B_\nu = \frac{\Phi}{A_\nu}\,. \tag{5.134}$$

Mit dieser ermittelt man die zugehörige magnetische Erregung $H_\nu(B)$ für Abschnitte mit Eisen aus der Magnetisierungskurve (s. Bild **5.44**) $H_\nu = g(B_\nu)$ oder für Abschnitte mit magnetisch neutraler Materie nach $H = B/\mu_0$. Über die magnetischen Spannungen

$$V_\nu = H_\nu l_\nu \tag{5.135}$$

kann dann die Durchflutung in einem Kreis aus n Abschnitten

$$\Theta = \sum_{\nu=1}^{n} V_\nu\,. \tag{5.136}$$

bestimmt werden.

Ist die Streuung nicht vernachlässigbar, muß ihr Wert entsprechend Abschn. 5.4.3.1 abgeschätzt und durch einen Streuflußanteil Φ_{str} in den Flüssen Φ der betroffenen Abschnitte des Kreises berücksichtigt werden. Es ergeben sich dann unterschiedliche Flüsse $\Phi_\nu = \Phi + \Phi_{\text{str}\nu}$ in den Abschnitten, so daß ihre magnetischen Flußdichten

$$B_\nu = \frac{\Phi + \Phi_{\text{str}\nu}}{A_\nu} \tag{5.137}$$

entsprechend Gl.(5.134) unter Berücksichtigung der Streuflußkomponenten berechnet werden müssen.

Ist die Randverzerrung (s. Bild **5.50**) in einem magnetisch neutralen Abschnitt nicht vernachlässigbar, so müssen für dessen Querschnittsabmessungen $A_\nu = a_\nu b_\nu$ entsprechend Gl.(5.131) Ersatzgrößen abgeschätzt werden. Mit dem darüber bestimmten Ersatzquerschnitt $A_{\nu\,\text{ers}} = a_{\nu\,\text{ers}} b_{\nu\,\text{ers}}$ kann entsprechend Gl.(5.134) eine mittlere magnetische Flußdichte $B_{\nu\,\text{mit}} = \Phi_\nu / A_{\nu\,\text{ers}}$ für den magnetisch neutralen Abschnitt bestimmt werden. Diese mittlere magnetische Flußdichte $B_{\nu\,\text{mit}}$ führt über eine mittlere magnetische Erregung $H_{\nu\,\text{mit}} = B_{\nu\,\text{mit}} / \mu_0$ auf die magnetische Spannung $V_\nu = H_{\nu\,\text{mit}} l_\nu$, die in Gl.(5.136) eingesetzt mit genügender Genauigkeit die Durchflutung liefert.

Beispiel 5.26. Im Bild **5.52** ist der magnetische Kreis eines Hubmagneten mit seinen Abmessungen skizziert. Alle Abschnitte haben den gleichen rechteckigen Querschnitt der Dicke $d = 80\,\text{mm}$. Schenkel s und Joch j sind aus Elektroblech geschichtet, der Anker a ist aus Grauguß gefertigt. Für die im Luftspalt geforderte magnetische Flußdichte $B_\text{l} = 0,9\,\text{T}$ soll die erforderliche Durchflutung Θ berechnet werden. Dabei soll ein Streufluß, d. h. ein Teilfluß, der entsprechend Bild **5.49** zwischen den Schenkeln s verläuft, von 15% des Jochflusses Φ_j angenommen werden. Zur Vereinfachung der Rechnung wird dieser Streufluß allerdings nicht als kontinuierlich über die Schenkellänge, sondern als in unmittelbarer Luftspaltnähe konzentriert aus dem Schenkel abzweigend betrachtet.

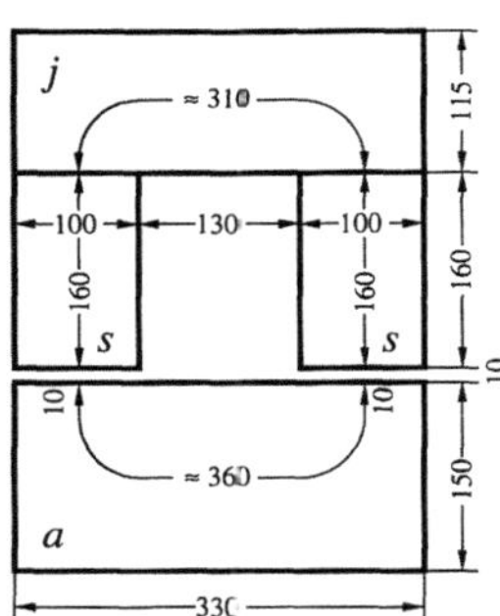

5.52 Magnetischer Kreis
zu Beispiel 5.26

Aus der geforderten magnetischen Flußdichte $B_\text{l} = 0,9\,\text{T}$ im Luftspaltquerschnitt $A_\text{l} = 10 \cdot 8\,\text{cm}^2 = 80\,\text{cm}^2$ ergibt sich im Luftspalt der magnetische Fluß $\Phi_\text{l} = B_\text{l} A_\text{l} = 0,9\,\text{T} \cdot 80\,\text{cm}^2 = 7,2\,\text{mVs}$. Dementsprechend tritt auch im Anker a der gleiche magnetische Fluß $\Phi_\text{a} = \Phi_\text{l} = 7,2\,\text{mVs}$ auf, in Joch und Schenkel aber unter Berücksichtigung des Streuflusses $\Phi_\sigma = 0,15\,\Phi_\text{j}$ der magnetische Fluß $\Phi_\text{j} = \Phi_\text{s} = \Phi_\text{l}/0,85 = 7,2\,\text{mVs}/0,85 = 8,5\,\text{mVs}$. Diese Werte werden in die Spalte der Flüsse in Tafel **5.53** eingetragen. Die weitere Rechnung erfolgt dann entsprechend Gln.(5.134) bis (5.137). Man erhält die für den ganzen Kreis notwendige Durchflutung $\Theta = 15350\,\text{A}$.

Tafel **5.53**   Berechnung eines Elektromagneten für Beispiel 5.26

Abschnitt	Werkstoff	Fluß Φ in mVs	Querschnitt A in cm²	Induktion B in T	Feldstärke H in A/cm	Weglänge l in cm	magnetische Spannung V in A
Anker	Grauguß	7,2	120	0,6	22	36	790
Luftspalt	Luft	7,2	80	0,9	7160	2×1	14320
Schenkel	Elektrobl.	8,5	80	1,06	2,8	2×16	90
Joch	Elektrobl.	8,5	92	0,92	2,2	31	70
							$\overset{\circ}{V}=15270$

In praktisch ausgeführten Eisenkreisen tritt häufig aus konstruktiven Gründen zwischen Joch und Schenkel eine Stoßfuge auf (überlappt geschichtete Bleche), die in einem über Erfahrungswerte bestimmten Ersatzluftspalt in der Rechnung berücksichtigt wird. Infolge seiner geringen Länge (0,01 mm bis 0,1 mm) wird er in Fällen, in denen weitere, wesentlich größere Luftspalte δ in dem Kreis auftreten, wie im vorliegenden Beispiel zwischen Schenkel und Anker, häufig vernachlässigt.

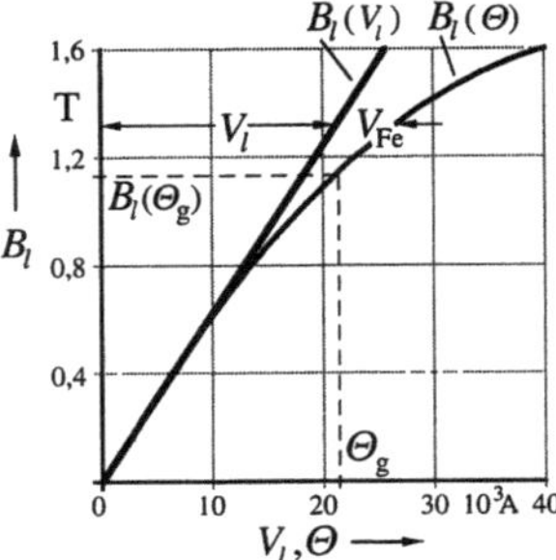

5.54 Magnetische Flußdichte B_L im Luftspalt des Eisenkreises nach Bild 5.52

Beispiel 5.27. Für den magnetischen Kreis nach Bild 5.52 soll seine Magnetisierungskennlinie $B_l = f(\Theta)$ für magnetische Flußdichten im Luftspalt B_l zwischen 0 und 1,6 T errechnet werden.

Man nimmt im Bereich $B_l = 0$ bis 1,6 T verschiedene Werte für die Luftspaltflußdichte B_{l1}, B_{l2}, ... an und berechnet dafür die zugehörigen Durchflutungen Θ_1, Θ_2, ..., wie in Beispiel 5.26, Tafel 5.53 gezeigt. Mit den so bestimmten Wertepaaren $(\Theta; B)$ wird die Funktion $B_l = f(\Theta)$ graphisch dargestellt (untere Kurve in Bild 5.54).

Wegen der zunehmenden Eisensättigung verläuft die Kurve mit steigender Durchflutung immer flacher. Den Einfluß der Luft- und Eisenstrecken erkennt man deutlich mit Hilfe der in Bild 5.54 eingetragenen Geraden $B_l(V_l)$, die den Durchflutungsanteil für den Luftspalt beschreibt, also die magnetische Spannung V_l, die bei der jeweiligen magnetischen Flußdichte über dem Luftspalt auftritt. Der horizontale Abstand V_{Fe} zwischen beiden Kurven entspricht der zusätzlichen magnetische Spannung für das Eisen. Bei mäßigen Sättigungen wird der weitaus größte Durchflutungsanteil für die Luftstrecke benötigt, während bei größeren Sättigungen der Einfluß des Eisens immer mehr in Erscheinung tritt. Die Kurve $B_l(\Theta)$ in Bild 5.54 ist die typische Kennlinie magnetischer Kreise mit Eisenwegen.

Der bei kleinen magnetischen Flußdichten geringe Eiseneinfluß gestattet häufig Näherungsrechnungen, in denen der Einfluß des Eisens ganz außer acht gelassen wird, d. h., die magnetische Luftspaltspannung wird gleich der Durchflutung gesetzt (magnetische Spannung des Eisens ist gleich Null angenommen). Aus der so aufgestellten linearen Gleichung kann die Luftspaltspannung direkt berechnet werden. Beispielsweise ergibt sich dann für den in Bild 5.52 skizzierten Eisenkreis mit dem Durchflutungssatz Gl.(5.136) $\sum V_\nu \approx 2\delta B_l/\mu_0 = \Theta$ die magnetische Flußdichte $B_l \approx \Theta\mu_0/(2\delta)$ im Luftspalt.

Beispiel 5.28. Für einen in Abmessungen und Material vorgegebenen magnetischen Kreis soll bei gegebener Durchflutung Θ_g die sich im Luftspalt einstellende magnetische Flußdichte $B_l(\Theta)$ bestimmt werden.

Lösung a. Bei einer iterativen Berechnung der magnetischen Flußdichte B_l wird entsprechend dem Ablaufschema in Bild 5.51 für die gegebene Durchflutung Θ_g eine Luftspaltflußdichte B_{l1} geschätzt. Für diese wird, wie in Beispiel 5.26 erläutert, die Durchflutung $\Theta_{1(B_{l1})}$ berechnet. Weicht diese mehr als im Rahmen der problembedingten Genauigkeit zulässig von der angenommenen ab, wird eine neue, korrigierte magnetische Flußdichte B_{l2} bestimmt und mit dieser eine neue Durchflutung $\Theta_{2(B_{l2})}$ berechnet. Dieser Rechengang wird so oft wiederholt ($i = 1$ bis k), bis der $B_{lk(\Theta_k)}$-Wert im Rahmen des zugelassenen Fehlers F_Θ dem gegebenen Wert Θ_g entspricht, also die Ungleichung $|\Theta_g - \Theta_k| < F_\Theta$ erfüllt ist.

Die Korrektur der magnetischen Flußdichte $B_{li(\Theta_i)}$ nach einem i-ten Rechenschritt läßt sich über die Steigung der Sehne an die Magnetisierungskennlinie $B_l = g(\Theta)$ des

Eisenkreises entsprechend der Gleichung

$$B_{1(i+1)} = B_{1i} + (\Theta_g - \Theta_i)\frac{B_{1i} - B_{1(i-1)}}{\Theta_i - \Theta_{(i-1)}} \qquad (5.138)$$

bestimmen (s. Bild **5.55**). Bei einiger Übung läßt sich der Anfangswert so schätzen, daß mit wenigen Iterationsschritten eine ausreichende Genauigkeit für das Ergebnis erreicht ist.

Lösung b. Bei der Berechnung der magnetischen Flußdichte B_1 werden für den Luftspalt verschiedene magnetische Flußdichten angenommen und die dafür erforderlichen Durchflutungen berechnet, wie in Beispiel 5.27 erläutert. Mit diesen Werten wird die Magne-

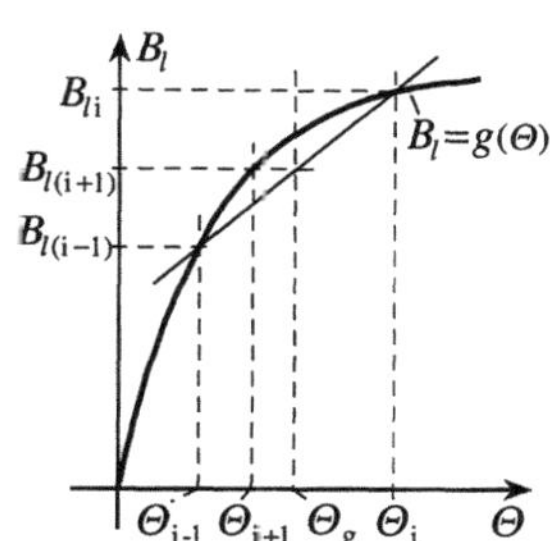

5.55 Magnetisierungskennlinie mit Sehne nach Korrekturgl.(5.138)

tisierungskennlinie $B_1(\Theta)$ des magnetischen Kreises gezeichnet (s. Bild **5.54**). Aus dieser Kurve wird die zu Θ_g gehörige magnetische Flußdichte $B_1(\Theta)$ aufgesucht, wie dies in Bild **5.54** gestrichelt eingezeichnet ist.

Beispiel 5.29. Für eine Kreisringspule ähnlich Bild **5.31** mit $R_m = 30\,\text{mm}$ und quadratischem Querschnitt $A_q = (10 \times 10)\,\text{mm}^2$ des Eisenkernes aus Elektroblech mit $N = 100$ Windungen ist die Induktivität zu berechnen.

Näherungsweise wird die magnetische Flußdichte B als homogen über dem Querschnitt des Ringkernes angenommen. Mit jeweils angenommenen Werten für den Spulenstrom I_ν wird nach dem Durchflutungssatz Gl.(5.73) $\Theta = I_\nu N = H_\nu 2\pi R_m$ die magnetische Erregung

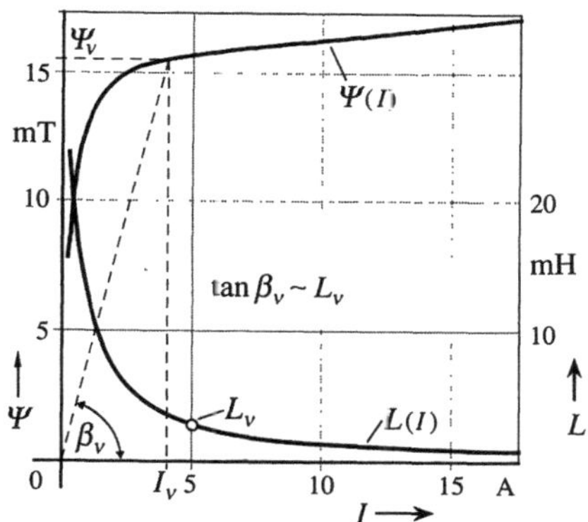

5.56 Spulenfluß $\Psi(I)$ und Induktivität $L(I)$ einer Ringkernspule mit Eisen

$$H_\nu(I_\nu) = I_\nu\frac{N}{2\pi R_m} = I_\nu\frac{100}{2\pi\cdot 3\,\text{cm}} = I_\nu\frac{5,31}{\text{cm}}$$

$$(5.139)$$

berechnet und für diese aus Bild **5.44** die zugehörige magnetische Flußdichte $B_\nu(I_\nu) = g(H_\nu)$ abgelesen, die nach Gl.(5.61) den magnetischen Spulenfluß

$$\Psi_\nu(I_\nu) = N A_q B_\nu(I_\nu) = 100\cdot 100\,\text{mm}^2 B_\nu(I_\nu) = B_\nu(I_\nu)\cdot 10^{-2}\text{m}^2 = 10^{-2}\frac{B_\nu(I_\nu)}{\text{T}}\,\text{Vs} \qquad (5.140)$$

ergibt. In Bild **5.56** sind die so berechneten Punkte $[I_\nu, \Psi_\nu(I_\nu)]$ aufgetragen und durch eine Kurve verbunden. Diese Magnetisierungskennlinie der Ringspule ist infolge des homogenen Kerns ohne Luftspalt ähnlich der Magnetisierungskurve für das Kernmaterial. Die nach Gl.(5.96) bestimmte Induktivität

$$L_\nu(I_\nu) = \frac{\Psi_\nu(I_\nu)}{I_\nu} \qquad\qquad (5.141)$$

ist infolge des nichtlinearen Zusammenhanges zwischen B und H keine Konstante, sondern ebenfalls eine Funktion des Spulenstromes I. Sie wird für die I_ν-Werte berechnet und ist als Kurve $L(I_\nu)$ in Bild **5.56** aufgetragen. Man erkennt, daß L_ν graphisch als Steigung der Sehne durch die Punkte $[I_\nu; \Psi_\nu(I_\nu)]$ und $[0;0]$ gedeutet werden kann.

5.4.4   Dauermagnete

Wie in Abschn. 5.4.2.1, insbesondere in Bild **5.41** gezeigt, bleibt in ferromagnetischen Stoffen grundsätzlich nach dem Abschalten des erregenden Stromes, also bei der magnetischen Erregung $H = 0$, noch eine magnetische Remanenzflußdichte B_r bestehen. Magnetstoffe, bei denen der durch eine einmalig aufgebrachte äußere Erregung verursachte Remanenzzustand besonders ausgeprägt ist, werden D a u e r m a g n e t e, auch P e r m a n e n t m a g n e t e genannt. Die einmalige äußere Erregung wird im allgemeinen durch einen kurzen Stromstoß in einer den Dauermagneten umschlingenden Spule realisiert. Bei dem einmaligen Magnetisierungsprozeß wird dem Dauermagneten Energie zugeführt, die diesen in den Zustand eines Speichers für potentielle Energie versetzt. Beispielsweise wird dem magnetischen Feld eines Dauermagneten Energie entzogen, wenn er ein Eisenstück anzieht, die gleiche Energie wird aber wieder zugeführt, wenn das Eisenstück wieder von dem Magneten abgezogen wird.

5.4.4.1 Kennlinie und Arbeitspunkt bei Dauermagneten. Zur Erläuterung der die magnetischen Eigenschaften eines Dauermagneten beschreibenden Kennlinie wird im folgenden beispielhaft ein Ring aus Dauermagnetwerkstoff betrachtet, der über eine Wicklung magnetisiert werden kann (s. Bild **5.57a**). Die für den geschlossenen Dauermagnetring gültige äußerste Hystereseschleife (s. Abschn. 5.4.2.1) ist schematisch in Bild **5.57c** angegeben. Bei einer solchen äußersten Hystereseschleife liegen die Umkehrpunkte $(\pm H_{\max}; \pm B_{\max})$ soweit in der Sättigung, daß durch eine noch weitere Steigerung der maximalen Magnetisierungswerte die Hystereseschleife praktisch nicht mehr breiter wird.

Magnetisiert man den geschlossenen Ring bis zum positiven Umkehrpunkt in Bild **5.57c** $(H_{\max}; B_{\max})$ und schaltet dann den Erregerstrom I ab, so sinkt die magnetische Erregung in dem Dauermagnetring von $H_m = +H_{\max}$ auf $H_m = 0$, und die magnetische Flußdichte geht entsprechend dem oberen Zweig der Magnetisierungskurve von $B_m = +B_{\max}$ auf die positive magnetische Remanenzflußdichte $B_m = B_r$ zurück. In diesem Remanenzzustand tritt also in

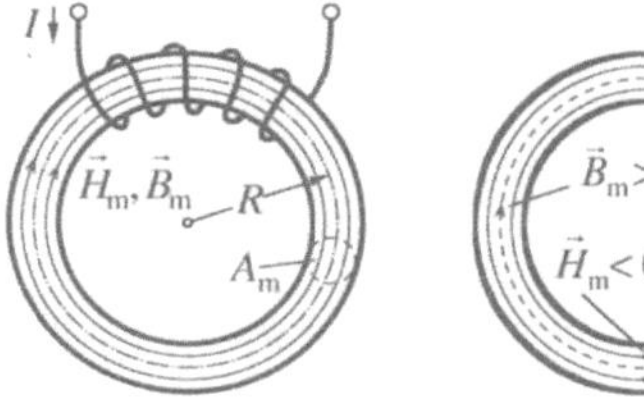
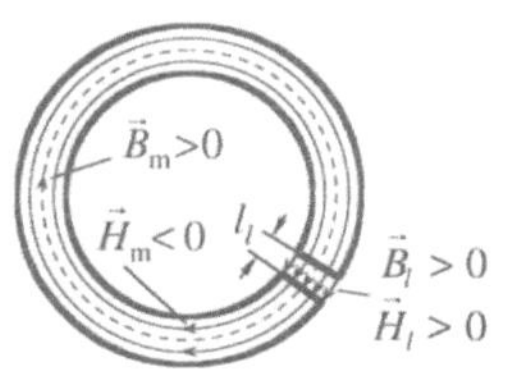
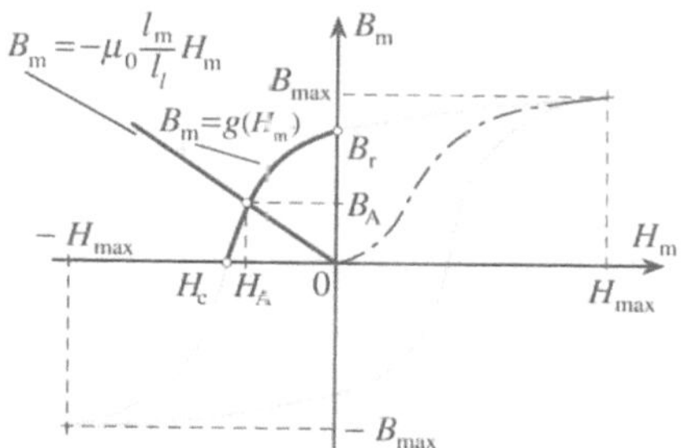

5.57 Ringförmiger Dauermagnet: a) geschlossen, b) um Luftspalt δ geöffnet, c) zugehörige Hystereseschleife mit ausgezogener Kennlinie $B_\mathrm{m} = g(H_\mathrm{m})$ des Magneten

dem Dauermagnetring wohl eine magnetische Flußdichte $B_\mathrm{m} = B_\mathrm{r} > 0$ auf, die magnetische Erregung H_m ist aber gleich Null ($H_\mathrm{m} = 0$), womit der Durchflutungssatz [Gl.(5.73)] erfüllt ist.

$$\oint \vec{H} \cdot \mathrm{d}\vec{l} = H_\mathrm{m} 2\pi R = \Theta = IN = 0 \tag{5.142}$$

Man stelle sich nun vor, der beschriebene geschlossene Dauermagnetring mit seiner magnetischen Remanenzflußdichte $B_\mathrm{m} = B_\mathrm{r}$ bei einer magnetischen Erregung $H_\mathrm{m} = 0$ wird so aufgetrennt, daß ein kleiner Luftspalt der Länge l_l entsteht, sich aber die Länge $l_\mathrm{m} = 2\pi R$ des Dauermagneten praktisch nicht ändert (s. Bild **5.57b**). Dann schließt sich der in dem Dauermagneten erregte magnetische Fluß $\Phi_\mathrm{m} = B_\mathrm{m} A_\mathrm{m}$ über die Luftspaltstrecke l_l. Entsprechend der dabei im Luftspalt auftretenden magnetischen Erregung $H_\mathrm{l} = B_\mathrm{l}/\mu_0 > 0$ muß sich in dem Dauermagnetring die magnetische Erregung $H_\mathrm{m} < 0$ mit negativen Werten so einstellen, daß der Durchflutungssatz auch über den geschlossenen Kreis aus Dauermagnetring und Luftspalt erfüllt bleibt. Bei homogenem Feldverlauf im Dauermagneten und im Luftspalt gilt somit

$$\oint \vec{H} \cdot \mathrm{d}\vec{l} = H_\mathrm{m} l_\mathrm{m} + H_\mathrm{l} L_\mathrm{l} = \Theta = 0 \,. \tag{5.143}$$

Bei entsprechend kleinem Luftspalt und Vernachlässigung der Streuung kann die magnetische Flußdichte im Luftspalt (B_l) gleich der im Dauermagneten (B_m) angenommen werden (s. Abschn. 5.4.3.1). Damit hat man zwei Gleichungen

$$B_\mathrm{l} = B_\mathrm{m} \,, \tag{5.144}$$

$$H_\mathrm{l} l_\mathrm{l} = -H_\mathrm{m} l_\mathrm{m} \,, \tag{5.145}$$

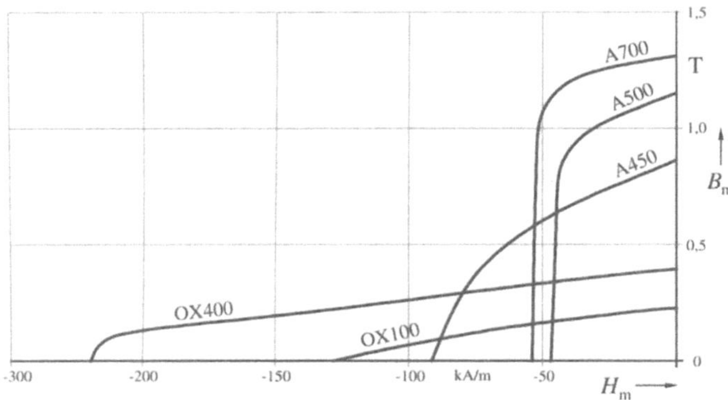

5.58
Kennlinien (Entmagnetisierungszweige) gebräuchlicher Dauermagnetwerkstoffe: Alnicomagnete A450, A500, A700 (Legierung: Aluminium, Nickel, Kobalt, Eisen), Oxidmagnete Ox100, Ox400 (keramische Werkstoffe: Eisen und Bariumoxid)

aus denen mit $B_{\mathrm{l}} = \mu_0 H_{\mathrm{l}}$ für den Luftspalt eine Gleichung folgt mit den beiden Unbekannten magnetische Erregung H_{m} und magnetische Flußdichte B_{m} in dem Dauermagneten.

$$\frac{l_{\mathrm{l}} B_{\mathrm{m}}}{\mu_0} = -H_{\mathrm{m}} l_{\mathrm{m}} . \tag{5.146a}$$

Mit der (im allgemeinen graphisch durch die Hysteresekurve) gegebenen weiteren Gleichung $B_{\mathrm{m}} = g(H_{\mathrm{m}})$ sind die beiden Unbekannten H_{m} und B_{m} als Punkt $(H_{\mathrm{A}}; B_{\mathrm{A}})$ auf dem Zweig der Hysteresekurve des Dauermagneten bestimmt, der zwischen positiver B- und negativer H-Achse verläuft. Man nennt diesen Zweig der Hysteresekurve (in Bild **5.57c** ausgezogen) K e n n l i n i e oder E n t m a g n e t i s i e r u n g s k u r v e des Dauermagneten. Der durch die Entmagnetisierungskurve $B_{\mathrm{m}} = g(H_{\mathrm{m}})$ und Gl.(5.146a) bestimmte Punkt $(H_{\mathrm{A}}; B_{\mathrm{A}})$, der die sich in dem Dauermagneten einstellende magnetische Flußdichte $B_{\mathrm{m}} = B_{\mathrm{A}} > 0$ und die magnetische Erregung $H_{\mathrm{m}} = H_{\mathrm{A}} < 0$ bestimmt, heißt Arbeitspunkt. Graphisch läßt sich der Arbeitspunkt ermitteln, indem die lineare Gl.(5.146a) als Gerade

$$B_{\mathrm{m}} = -\frac{\mu_0 l_{\mathrm{m}}}{l_{\mathrm{l}}} H_{\mathrm{m}} \tag{5.146b}$$

in den zweiten Quadranten des H-B-Koordinatensystems eingetragen wird. Der Schnittpunkt dieser Geraden mit der Entmagnetisierungskurve bestimmt die beiden Unbekannten $H_{\mathrm{m}} = H_{\mathrm{A}} < 0$ und $B_{\mathrm{m}} = B_{\mathrm{A}} > 0$, also den Arbeitspunkt. Man erkennt aus Bild **5.57c**, daß mit größer werdendem Luftspalt l_{l} die Gerade flacher verläuft, so daß sich der Arbeitspunkt bei kleinerer magnetischer Flußdichte und größerer negativer magnetischer Erregung einstellt. Dies folgt auch aus der qualitativen Überlegung, nach der ein größerer Luftspalt l_{l} auch eine größere magnetische Spannung $V_{\mathrm{l}} = H_{\mathrm{l}} l_{\mathrm{l}}$ über dem Luftspalt bewirkt, die durch eine entsprechend größere negative magnetische Spannung des Naturmagneten kompensiert werden muß, so daß also der Durchflutungssatz

$$\oint \vec{H}\cdot \mathrm{d}\vec{l} = \overset{\circ}{V} = H_1 l_1 + H_m l_m = 0 \tag{5.147}$$

immer erfüllt ist.

Um einen quantitativen Eindruck zu vermitteln, sind in Bild **5.58** Entmagnetisierungskurven einiger häufig verwendeter Dauermagnetwerkstoffe gegeben. Im Rahmen des vorliegenden Bandes kann aber nicht weiter auf die Vielfalt der heute verfügbaren Dauermagnetwerkstoffe und deren Eigenschaften eingegangen werden.

5.4.4.2 Berechnung magnetischer Kreise mit Dauermagneten. Dauermagnete werden heute in vielfältiger Weise eingesetzt, z. B. zur radialen Magnetisierung zylindrischer Luftspalte bei Lautsprechern (s. Bild **5.59a**), zur diametralen Magnetisierung zylindrischer Luftspalte bei Kleinmotoren oder Drehspulinstrumenten (s. Bild **5.59b**) oder zur Magnetisierung ebener Luftspalte bei Wirbelstromscheibenbremsen (s. Bild **5.59c**). Alle solche konstruktiv bedingt unterschiedlichen Ausführungen von Dauermagnetkreisen lassen sich auf ein Grundmodell zurückführen, welches in Bild **5.60** skizziert ist. Der Dauermagnet m selbst (im Bild grau angelegt) hat eine möglichst einfache geometrische Form mit Rücksicht auf die relativ schwierige Verarbeitung von Dauermagnet-Werkstoffen. Deshalb ist es allerdings erforderlich, den magnetischen Fluß Φ von den Polflächen A_m des Dauermagneten über magnetisch gut leitende Schenkel s und Polscheiben p aus Weicheisen dem Luftspalt l zuzuleiten, der durch die Polflächen A_1 begrenzt wird.

In praktischen Aufgabenstellungen ist im allgemeinen konstruktiv bedingt der Luftspalt l (s. Bild **5.60**) mit seiner Länge l_1 und seinem Querschnitt A_1 vorgegeben, und der für die Erregung einer magnetischen Flußdichte B_1 im Luftspalt erforderliche Dauermagnet m soll in Länge l_m, Querschnitt A_m und Werkstoff bestimmt werden. Bei der Lösung solcher Aufgaben sind über die Erläuterungen in Abschn. 5.4.4.1 hinausgehend folgende Punkte zu beachten:

a. Das Verhältnis der Längen (l_1/l_m) und das der Querschnitte (A_1/A_m) von Luftspalt und Dauermagnet ist frei wählbar, d. h., die magnetische Flußdichte im Dauermagneten kann unabhängig von der im Luftspalt geforderten eingestellt werden.

b. Je nach Geometrie des Dauermagnetkreises tritt parallel zum Luftspalt l, insbesondere zwischen den Schenkeln s, ein Streufluß Φ_σ auf (s. Abschn. 5.4.3.1), der im allgemeinen nicht mehr gegenüber dem Luftspaltfluß Φ_1 vernachlässigt werden darf. Der magnetische Fluß $\Phi_\mathrm{m} = \Phi_\mathrm{l} + \Phi_\sigma = \Phi_\mathrm{l} K_\Phi$ im Dauermagneten ist also um den Streufaktor

$$K_\Phi = \frac{\Phi_\mathrm{m}}{\Phi_\mathrm{l}} \tag{5.148}$$

größer als der Luftspaltfluß.

In Bild **5.**59 sind zu den einzelnen charakteristischen Formen von Dauermagnetkreisen Richtwerte für den Streufaktor K_Φ angegeben.

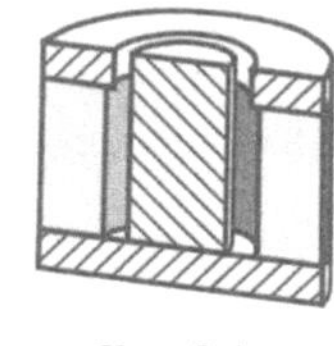
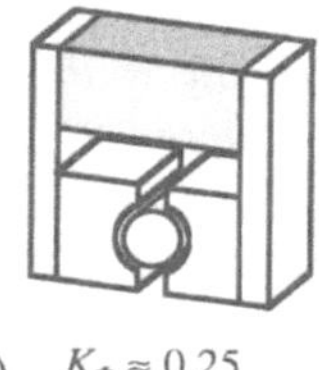
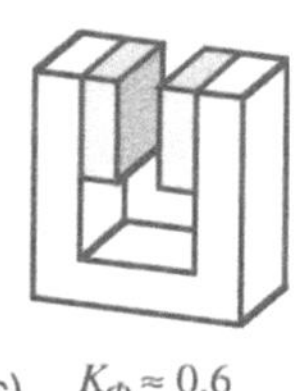

a) $K_\Phi \approx 0{,}4$ b) $K_\Phi \approx 0{,}25$ c) $K_\Phi \approx 0{,}6$

5.59
Anwendungen für Dauermagnete mit Richtwerten für den Streufaktor K_Φ nach Gl.(5.148)

c. Außer der magnetischen Luftspaltspannung $V_\mathrm{l} = H_\mathrm{l} l_\mathrm{l}$ treten auch magnetische Spannungen V_Fe über die Weicheisenteile (z. B. über Polschuhe p und Schenkel s in Bild **5.**60) des magnetischen Kreises und V_sp über die konstruktionsbedingten Spalte zwischen den einzelnen Kreiselementen auf (z. B. zwischen Schenkel s und Polschuh p bzw. Naturmagnet m in Bild **5.**60). Diese magnetischen Spannungen $V_\mathrm{Fe} + V_\mathrm{sp}$ werden durch eine um den Widerstandsfaktor

$$K_\mathrm{v} = \frac{V_\mathrm{l} + V_\mathrm{Fe} + V_\mathrm{sp}}{V_\mathrm{l}} \tag{5.149}$$

vergrößerte Luftspaltspannung $K_\mathrm{v} H_\mathrm{l} l_\mathrm{l}$ in der Rechnung berücksichtigt.

Bei praktisch üblichen Konstruktionen liegt der Widerstandsfaktor K_v je nach Sättigung der Weicheisenteile und je nach Anzahl und Breite zusätzlicher Spalte in der Größenordnung von 1,05 bis 1,3.

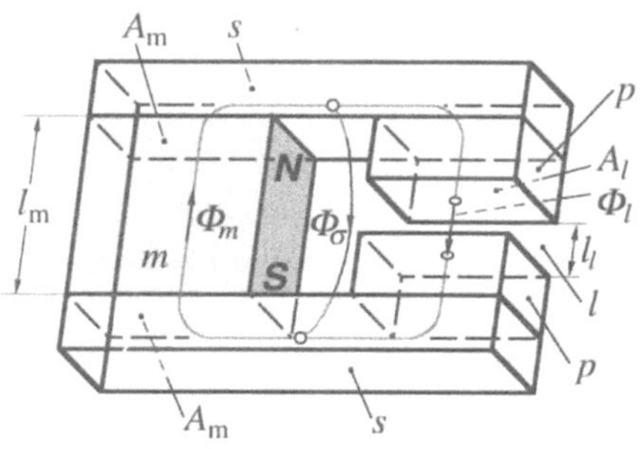

5.60 Grundmodell zur Berechnung von Dauermagnetkreisen

Gleichungssystem für den magnetischen Kreis mit Dauermagneten. Der sich als Summe aus magnetischem Luftspalt- und Streufluß ergebende magnetische Fluß im Dauermagnet $\Phi_\mathrm{m} = \Phi_\mathrm{l} + \Phi_\sigma = K_\Phi \Phi_\mathrm{l}$ läßt sich mit dem Streufaktor Gl.(5.148) aus dem Luftspaltfluß berechnen, so daß sich mit den Querschnitten von Luftspalt A_l und Dauermagnet A_m auch die magnetische Flußdichte $B_\mathrm{m} = \Phi_\mathrm{m}/A_\mathrm{m}$ im

Dauermagneten auf die magnetische Flußdichte im Luftspalt $B_\mathrm{l} = \Phi_\mathrm{l}/A_\mathrm{l}$ zurückführen läßt

$$B_\mathrm{m} = B_\mathrm{l} K_\Phi \frac{A_\mathrm{l}}{A_\mathrm{m}}\,. \tag{5.150}$$

Nach dem Durchflutungssatz Gl.(5.147) ist die magnetische Umlaufspannung Null ($\overset{\mathrm{o}}{V}= V_\mathrm{m} + V_\mathrm{l} + V_\mathrm{Fe} + V_\mathrm{sp} = 0$). Berücksichtigt man die magnetischen Spannungen über die Weicheisen- (V_Fe) und Spaltstrecken (V_sp) durch den Widerstandsfaktor K_v nach Gl.(5.149) und ersetzt die magnetischen Spannungen durch die Produkte aus magnetischer Erregung und Länge ($l_\mathrm{m} H_\mathrm{m} + l_\mathrm{l} H_\mathrm{l} K_\mathrm{v} = 0$), so läßt sich mit $B_\mathrm{l} = \mu_0 H_\mathrm{l}$ auch die magnetische Erregung H_m im Dauermagneten auf die magnetische Flußdichte B_l im Luftspalt zurückführen.

$$-H_\mathrm{m} = \frac{B_\mathrm{l}}{\mu_0} K_\mathrm{v} \frac{l_\mathrm{l}}{l_\mathrm{m}} \tag{5.151}$$

Mit den beiden Gln.(5.150)u.(5.151) sowie einer gegebenen Entmagnetisierungskurve $B_\mathrm{m} = g(H_\mathrm{m})$ lassen sich die drei Unbekannten H_m, B_m und B_l bestimmen, also die magnetischen Betriebsdaten eines Dauermagnetkreises, für den die Abmessungen A_l, l_l, A_m, l_m und Schätzwerte für die Faktoren K_v, K_Φ gegeben sind. Häufig wird in der Aufgabenstellung aber nicht nur verlangt, für einen konstruktiv bereits festgelegten Kreis (auch für den Naturmagneten sind Abmessungen und Kennlinie gegeben) die magnetische Flußdichte B_l zu berechnen, sondern darüber hinaus auch die Abmessungen l_m, A_m des Dauermagneten festzulegen. Zur Bestimmung der dann auftretenden fünf Unbekannten H_m, B_m, B_l, A_m, l_m sind weitere Gleichungen erforderlich, die man z. B. aus der ökonomischen Forderung eines kleinstmöglichen Materialbedarfes für den Dauermagneten wie folgt ableiten kann.

Multipliziert man die beiden Gln.(5.150)u.(5.151) miteinander, so erkennt man aus dem entsprechend umgeformten und durch zwei dividierten Ergebnis

$$\frac{B_\mathrm{l}^2}{2\mu_0} K_\mathrm{v} K_\Phi A_\mathrm{l} l_\mathrm{l} = -H_\mathrm{m} B_\mathrm{m} \frac{A_\mathrm{m} l_\mathrm{m}}{2}\,, \tag{5.152a}$$

daß die Energie des magnetischen Feldes (s. Abschn. 5.5.2.1) außerhalb des Dauermagneten [$W = K_\mathrm{v} K_\Phi A_\mathrm{l} l_\mathrm{l} B_\mathrm{l}^2/(2\mu_0)$], im wesentlichen also im Luftspalt, proportional ist dem Produkt $H_\mathrm{m} B_\mathrm{m} V_\mathrm{m}/2$ aus magnetischer Erregung H_m und Flußdichte B_m im Dauermagneten und dessen halbem Volumen $V_\mathrm{m}/2 = A_\mathrm{m} l_\mathrm{m}/2$. Die Energie W des Magnetfeldes außerhalb des Dauermagneten bezogen auf dessen halbes Volumen $V_\mathrm{m}/2$ ist also dann maximal, wenn das Produkt

$H_\mathrm{m}B_\mathrm{m}$ maximal ist $[W_\mathrm{max}/(V_\mathrm{m}/2) = (H_\mathrm{m}B_\mathrm{m})_\mathrm{max}]$. Entsprechend Gl.(5.152a) erfordert somit die Magnetisierung eines bestimmten Luftspaltvolumens $A_\mathrm{l}l_\mathrm{l}$ mit der magnetischen Flußdichte B_l für den Dauermagneten ein Mindestvolumen

$$A_\mathrm{m}l_\mathrm{m} = \frac{1}{-H_\mathrm{m}B_\mathrm{m}} \cdot \frac{B_\mathrm{l}^2}{\mu_0} K_\mathrm{v} K_\Phi A_\mathrm{l}l_\mathrm{l}\,, \qquad (5.152\mathrm{b})$$

wenn der A r b e i t s p u n k t, d. h. die Werte H_m, B_m so gewählt werden, daß das Produkt $H_\mathrm{m}B_\mathrm{m}$ maximal ist. Grundsätzlich läßt sich diese Forderung in das Gleichungssystem zur Berechnung des Dauermagnetkreises einbeziehen, indem die durch die Entmagnetisierungskurve $B_\mathrm{m} = g(H_\mathrm{m})$ gegebene Funktion mit H_m multipliziert $[H_\mathrm{m}B_\mathrm{m} = H_\mathrm{m} \cdot g(H_\mathrm{m})]$ und die erste Ableitung dieses Produktes gleich Null gesetzt wird.

$$\frac{\mathrm{d}[H_\mathrm{m} \cdot g(H_\mathrm{m})]}{\mathrm{d}H_\mathrm{m}} = 0 \qquad (5.153)$$

Da die Entmagnetisierungskurve $B_\mathrm{m} = g(H_\mathrm{m})$ im allgemeinen nur graphisch gegeben ist, wird die Gl.(5.153) üblicherweise graphisch gelöst, wie im nächsten Abschnitt erläutert.

Berechnung der Abmessungen des Dauermagneten. Sind in einer Aufgabenstellung die Abmessungen des Luftspaltes l_l, A_l und die magnetische Flußdichte im Luftspalt B_l festgelegt und können die Faktoren K_v, K_Φ als Näherungswerte geschätzt werden, so enthalten die zwei Gln.(5.150)u.(5.151) noch vier Unbekannte B_m, H_m, A_m und l_m. Diese können mit einem gewählten Dauermagnetwerkstoff, d. h. mit dessen Entmagnetisierungskurve $B_\mathrm{m} = g(H_\mathrm{m})$ als dritter Gleichung, und der Forderung nach einem maximalen Wert für das Produkt $H_\mathrm{m}B_\mathrm{m}$, die auf die vierte Gleichung (5.153) führt, bestimmt werden.

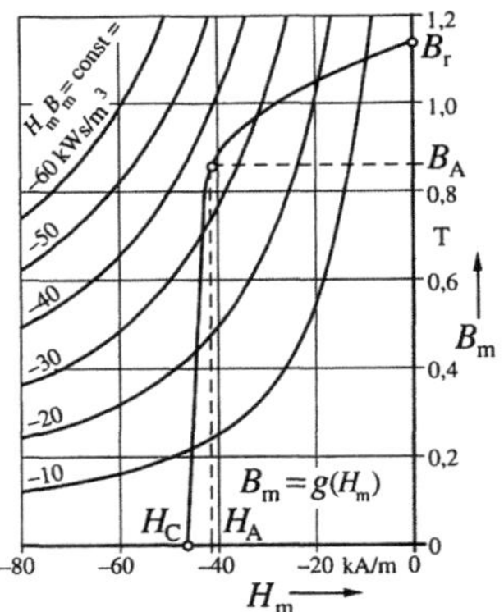

5.61 Kennlinie eines Dauermagnetwerkstoffes mit Kurven $H_\mathrm{m}B_\mathrm{m} = \mathrm{const}$

Bei der Lösung des Gleichungssystems wird zunächst der maximale Wert für das Produkt $H_\mathrm{m}B_\mathrm{m}$ bestimmt, mit dem auf der Entmagnetisierungskurve der Arbeitspunkt $(H_\mathrm{m}B_\mathrm{m})_\mathrm{max} = (H_\mathrm{A}B_\mathrm{A})$ festliegt, d. h. die magnetische Flußdichte $B_\mathrm{m} = B_\mathrm{A}$ und die magnetische Erregung $H_\mathrm{m} = H_\mathrm{A}$ im Dauermagneten. Man findet den Maximalwert $(B_\mathrm{m}H_\mathrm{m})_\mathrm{max}$, d. h. den Arbeitspunkt H_A, B_A, indem man in dem zweiten Quadranten, in dem die Entmagnetisierungskurve $B_\mathrm{m} = g(H_\mathrm{m})$ gegeben ist, auch noch Hyperbeln $B_\mathrm{m}H_\mathrm{m} = \mathrm{const}$ einzeichnet, wie z. B. in Bild **5.61**. Der Punkt auf der Entmagnetisierungskurve

$B_\mathrm{m} = g(H_\mathrm{m})$, der gerade eine Hyperbel $B_\mathrm{m}H_\mathrm{m}=$ const berührt, ist der Arbeitspunkt. Mit den so bestimmten Werten $H_\mathrm{m} = H_\mathrm{A} < 0$ und $B_\mathrm{m} = B_\mathrm{A}$ können dann nach Gl.(5.151) die Länge l_m und nach Gl.(5.150) der Querschnitt A_m des Dauermagneten bestimmt werden.

Die hier relativ einfach erscheinende Berechnung von Dauermagnetkreisen darf nicht darüber hinwegtäuschen, daß für den eigentlichen Entwurf, d. h. die vollständige Konstruktion eines Dauermagnetkreises, weitere Phänomene zu beachten sind, z. B. Temperaturabhängigkeit der Entmagnetisierungskurve, Stabilität des Arbeitspunktes, Formgebung des Dauermagneten usw., auf die im Rahmen der Grundlagenausbildung aber nicht eingegangen werden kann.

5.5 Wirkungen des magnetischen Feldes

Die große praktische Bedeutung des magnetischen Feldes beruht darauf, daß es eine wirtschaftliche Umwandlung von elektrischer Energie in mechanische und umgekehrt ermöglicht. So kann man sich heute die großen Generatoren und Motoren der Energietechnik nur auf der Basis des magnetischen Feldes vorstellen. Energieumformer, die das elektrostatische Feld nutzen, z. B. der Van-de-Graff-Generator, haben nur für Sonderfälle in der Laboranwendung Bedeutung. Die Grundgesetze, nach denen Energieumwandlungen im magnetischen Feld ablaufen, sind das Induktionsgesetz, maßgebend für die Erzeugung von Spannungen, und die die Kraftwirkung beschreibenden Gesetze, abgeleitet aus der Lorentzkraft und dem Energieerhaltungssatz für Feldanordnungen.

5.5.1 Spannungserzeugung im magnetischen Feld

Verbal formuliert man häufig, daß durch zeitliche Änderungen eines Magnetfeldes oder Relativbewegungen zum Magnetfeld elektrische Spannungen in Erscheinung treten. Beispielsweise wird durch die Bewegung eines Leiters im zeitlich konstanten Magnetfeld (s. Bild 5.62a) oder die zeitliche Änderung der magnetischen Flußdichte $\vec{B}(t)$ in einer ruhenden Leiterschleife (s. Bild 5.62b) eine elektrische Spannung u induziert, die sich im ersten Fall als zwischen zwei Punk-

5.62
Spannungsinduktion in: a) bewegtem Leiter, b) ruhender, c) bewegter Leiterschleife

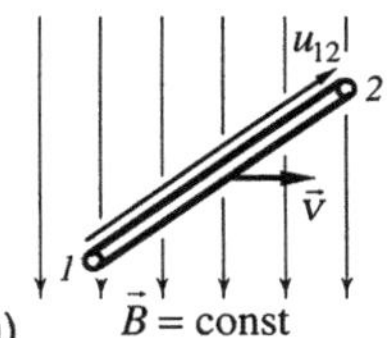

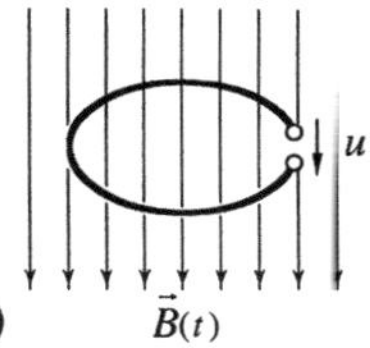

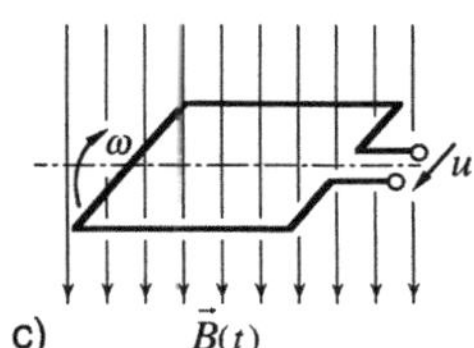

ten des bewegten Leiters, im letzten Fall als in einem den ruhenden Leiter einbeziehenden, geschlossenen Umlauf auftretend beschreiben läßt. Selbstverständlich können auch Kombinationen dieser beiden Grenzfälle auftreten (s. Bild 5.62c).

5.5.1.1 Spannungen bewegter Leiter im zeitkonstanten Feld. Zur Erläuterung der Spannungserzeugung in Leitern, die sich in einem zeitlich konstanten Magnetfeld bewegen, wird ein gerader Leiter L betrachtet, der entsprechend Bild 5.63a mit einer konstanten Geschwindigkeit $\vec{v}$ durch ein homogenes, zeitlich konstantes Magnetfeld der magnetischen Flußdichte $\vec{B}$ bewegt wird. Die Längsachse des geraden Leiters und die beiden Vektoren $\vec{v}$ und $\vec{B}$ liegen jeweils senkrecht zueinander. Zwei Punkte *1* und *2* auf dem Leiter mit dem Abstand l sind gleitend mit zwei ruhenden Schienen K galvanisch verbunden, über die die Spannung des mit $\vec{v}$ bewegten Leiters vom ruhenden Standpunkt gemessen werden kann.

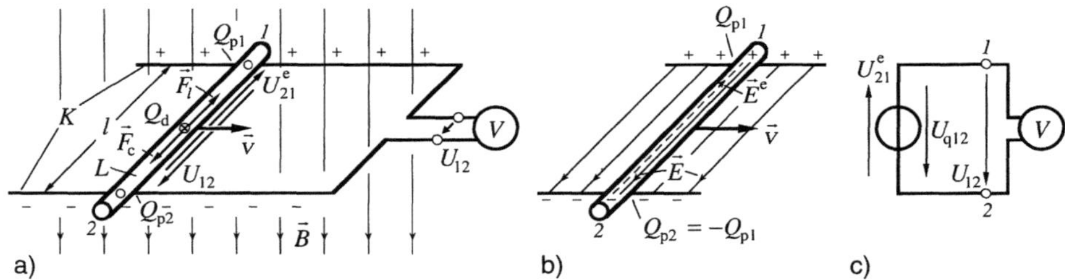

5.63   Auf Kontaktschienen bewegter Leiter L im zeitkonstanten Magnetfeld (a), dadurch verursachtes elektrisches Feld (b) und Ersatzspannungsquelle (c)

Auf die im Leiter frei beweglichen Driftladungen Q_{d}, die mit ihm im Magnetfeld bewegt werden, wirkt entsprechend Gl.(5.6) die Lorentzkraft

$$\vec{F_1} = Q_{\mathrm{d}}(\vec{v} \times \vec{B}) \tag{5.154}$$

in Längsrichtung des Leiters (s. Abschn. 5.1). Infolge dieser Lorentzkraft verschieben sich positive Ladungen zum Punkt *1* bzw. negative zum Punkt *2* des Leiters. Die Leiterbewegung im Magnetfeld bewirkt also eine Ladungstrennung, so daß ein Leiterende positiv geladen gegenüber dem anderen erscheint. Es werden Polladungen Q_{p1}, $Q_{\mathrm{p2}} = -Q_{\mathrm{p1}}$ verursacht, die ein elektrisches Feld hervorrufen, dessen Feldlinien auf den positiven Polladungen beginnen und auf den negativen enden (s. Bild **5.63**b). Die elektrische Feldstärke $\vec{E}$ dieses Feldes der Polladungen verursacht entsprechend Gl.(3.12) die Coulombkraft

$$\vec{F_{\mathrm{c}}} = Q_{\mathrm{d}}\vec{E} \,, \tag{5.155}$$

die in Richtung und Orientierung von $\vec{E}$ auf positive Ladungen wirkt. Die Coulombkraft, deren Betrag von dem Wert der Polladungen bestimmt wird, wirkt also im Inneren des Leiters der Lorentzkraft entgegen, die durch die Bewegung des Leiters im Magnetfeld entsteht. Es stellt sich ein stationärer Gleichgewichtszustand ein, in dem der Polladungsunterschied zwischen den Leiterenden gerade so groß ist, daß die dadurch verursachte Coulombkraft betragsmäßig gleich der Lorentzkraft ist.

Der im zeitkonstanten Magnetfeld bewegte Leiter wirkt also als Spannungsquelle, wie sie formal allgemeingültig, d. h. auch den bewegten Leiter im zeitkonstanten Feld einschließend, in Abschn. 4.2.2 beschrieben ist. Als eingeprägte Kraft $\vec{F}^{\mathrm{e}} = \vec{F}_{\mathrm{l}}$ wirkt hier die Lorentzkraft nach Gl.(5.154), aus der nach Division durch die Driftladung die e i n g e p r ä g t e F e l d s t ä r k e $\vec{E}^{\mathrm{e}}$

$$\vec{E}^{\mathrm{e}} = \frac{\vec{F}^{\mathrm{e}}}{Q_{\mathrm{d}}} = \vec{v} \times \vec{B} \tag{5.156}$$

folgt. Aus dem Gleichgewicht der Lorentz- und Coulombkraft $(\vec{F}_{\mathrm{l}} + \vec{F}_{\mathrm{c}} = 0)$ ergibt sich mit den Gln.(5.154)u.(5.155) nach Division durch die Ladung Q_{d}, daß die durch die Bewegung im Magnetfeld verursachte eingeprägte Feldstärke $\vec{E}^{\mathrm{e}}$ betragsmäßig gleich, aber entgegengesetzt orientiert ist der durch die Polladung Q verursachten elektrischen Feldstärke.

$$\vec{E} = -\vec{E}^{\mathrm{e}} = -(\vec{v} \times \vec{B}) \tag{5.157}$$

Wie in Abschn. 4.3.2.4 erläutert, ergibt sich entsprechend Gl.(4.45) die e i n g e p r ä g t e S p a n n u n g

$$U_{21}^{\mathrm{e}} = \int\limits_{2}^{1} \vec{E}^{\mathrm{e}} \cdot \mathrm{d}\vec{l} = \int\limits_{2}^{1} (\vec{v} \times \vec{B}) \cdot \mathrm{d}\vec{l} \tag{5.158}$$

durch Integration der magnetisch verursachten eingeprägten Feldstärke $(\vec{v} \times \vec{B})$ entlang des als Quelle wirkenden, bewegten Leiters. Der zugehörige Zählpfeil U_{21}^{e} ist in Integrationsrichtung, also von 2 nach 1 weisend, einzuzeichnen. Er ist bei positiven Zahlenwerten $(U_{21}^{\mathrm{e}} > 0)$ wie die die Polladung verursachende eingeprägte Feldstärke orientiert $\vec{E}^{\mathrm{e}}$ (s. Bild 5.63).

Die im Feld der Polladungen auftretende S p a n n u n g

$$U_{12} = \int\limits_{1}^{2} \vec{E} \cdot \mathrm{d}\vec{l} = -\int\limits_{1}^{2} (\vec{v} \times \vec{B}) \cdot \mathrm{d}\vec{l} \tag{5.159}$$

erhält man durch Integration der von den Polladungen verursachten elektrischen Feldstärke $\vec{E} = -E^e$ entlang des bewegten Leiters. Der zugehörige Zählpfeil U_{12} ist in Integrationsrichtung, also von *1* nach *2* weisend, einzuzeichnen. Er ist bei positiven Zahlenwerten ($U_{12} > 0$) wie die von der Polladung verursachte elektrische Feldstärke $\vec{E}$ orientiert (s. Bild **5.63**).

In dem hier zunächst betrachteten Sonderfall des stromlosen bewegten Leiters hat die eingeprägte Spannung U^e den gleichen Betrag wie die Spannung U der Polladung, sie unterscheiden sich lediglich in ihrer Wirkungsrichtung. In der Netzwerklehre wird heute im algemeinen nicht mit eingeprägten Spannungen U^e, sondern mit den Spannungen $U = \int \vec{E} \cdot \mathrm{d}\vec{l}$ des durch Polladungen verursachten elektrischen Feldes gerechnet. Da diese Spannung U (anders als die eingeprägte Spannung $U^e = \int \vec{E}^e \cdot \mathrm{d}\vec{l}$) vom Strom I in der Quelle abhängt (s. Text hinter Beispiel 5.30), ist die der eingeprägten Spannung U^e vergleichbare Spannung $U_{12(I=0)}$, die aber nur im Sonderfall des stromlosen Leiters (Leerlaufspannung) auftritt, mit der besonderen Bezeichnung Quellenspannung $U_{q12} = U_{12(I=0)} = U^e_{12}$ belegt (s. Abschn. 4.3.2.4).

– Ein mit der Geschwindigkeit $\vec{v}$ durch ein zeitkonstantes Magnetfeld der magnetischen Flußdichte $\vec{B}$ bewegter Leiter wirkt wie eine Spannungsquelle mit der eingeprägten Spannung U^e nach Gl.(5.158) bzw. der Quellenspannung

$$U_{q\,12} = -\int_1^2 (\vec{v} \times \vec{B}) \cdot \mathrm{d}\vec{l} = U^e_{21} = \int_2^1 (\vec{v} \times \vec{B}) \cdot \mathrm{d}\vec{l} \tag{5.160}$$

In Bild **5.63c** ist die Ersatzspannungsquelle des bewegten Leiters dargestellt.

Beispiel 5.30. In Bild **5.64a** ist schematisch eine Unipolarmaschine skizziert, die zur Erzeugung kleiner Gleichspannungen geeignet ist. Hierbei sind die Leiter *l* den Speichen eines Rades vergleichbar leitend zwischen Welle *w* und Radkranz *k* aufgespannt. Die induzierte Spannung wird über Kontakte *s*, die auf der Welle bzw. dem Radkranz schleifen, an die Anschlußklemmen übertragen. Für eine solche Unipolarmaschine mit der Leiterlänge $R = 250\,\mathrm{mm}$ (Wellendurchmesser gleich Null angenommen), der konstanten Drehzahl $n = 3000\,\mathrm{min}^{-1}$ und einem parallel zur Drehachse gerichteten homogenen Magnetfeld der magnetischen Flußdichte $B = 1,2\,\mathrm{T}$ ist die Leerlaufspannung zu berechnen.

In den parallel geschalteten Leitern zwischen Welle und Radkranz wird infolge ihrer Bewegung im zeitkonstanten Magnetfeld entsprechend Gl.(5.157) die eingeprägte Feldstärke $\vec{E}^e = \vec{v} \times \vec{B}$ induziert (s. Bild **5.64b**). Ihr entspricht die eingeprägte Spannung $U^e_{kw} = \int_k^w (\vec{v} \times \vec{B}) \cdot \mathrm{d}\vec{r}_{kw}$ [Gl.(5.160)] für den vom Radkranz zur Welle weisend angetragenen Zählpfeil. Soll diese als Quellenspannung U_q dargestellt werden, so ergibt sie sich für einen von der Welle zum Radkranz weisenden Zählpfeil $U_{q,wk} = -\int_w^k (\vec{v} \times \vec{B}) \cdot \mathrm{d}\vec{r}_{wk}$ nach Gl.(5.160). Mit $\vec{v} \perp \vec{B}$ ist $(\vec{v} \times \vec{B}) \uparrow\uparrow \mathrm{d}\vec{r}_{kw}$ bzw. $(\vec{v} \times \vec{B}) \uparrow\downarrow \mathrm{d}\vec{r}_{wk}$, so daß sich für beide eingetragenen Zählpfeile die gleiche skalare Spannungsgleichung

$$U_{\mathrm{kw}}^{\mathrm{e}} = U_{\mathrm{q,wk}} = \int\limits_{r=0}^{R} vB\,\mathrm{d}r \qquad (5.161)$$

ergibt.

Da die Leitergeschwindigkeit v bei konstanter Winkelgeschwindigkeit $\omega = 2\pi n = 2\pi \cdot 3000\,\mathrm{min}^{-1}/(60\,\mathrm{s/min}) = 100\pi\,\mathrm{s}^{-1}$ zwar zeitlich, nicht aber über die Leiterlänge R konstant ist, muß sie mit $v = \omega r$ in die Integration einbezogen werden. Damit ergibt sich aus Gl.(5.161) die eingeprägte Spannung bzw. die Quellenspannung

$$U_{\mathrm{kw}}^{\mathrm{e}} = U_{\mathrm{q,wk}} = \omega B \int\limits_{r=0}^{R} r\,\mathrm{d}r = \omega B \frac{R^2}{2} = \frac{100\,\pi}{\mathrm{s}} \cdot 1,2\,\mathrm{T} \cdot \frac{(0,25\,\mathrm{m})^2}{2} = 11,8\,\mathrm{V} \quad (5.162)$$

mit positiven Zahlenwerten, d. h., der zugehörige Zählpfeil für $U^{\mathrm{e}}{}_{\mathrm{kw}}$ weist vom niederen zum höheren Potential, der für $U_{\mathrm{q,wk}}$ aber vom höheren zum niederen (s. Bild **5.64**b). In beiden Fällen heißt das mit anderen Worten, an der Welle stellt sich der Plus-, am Radkranz der Minuspol ein.

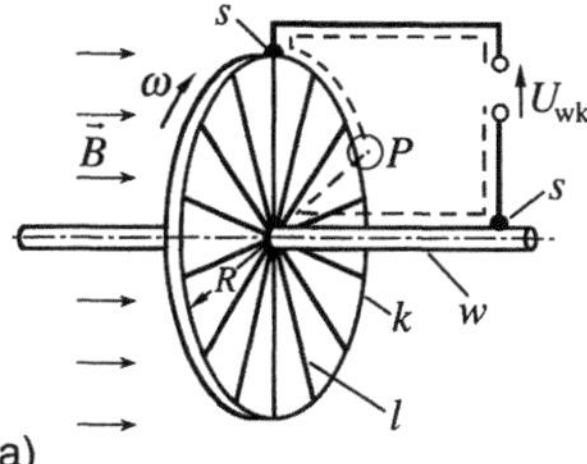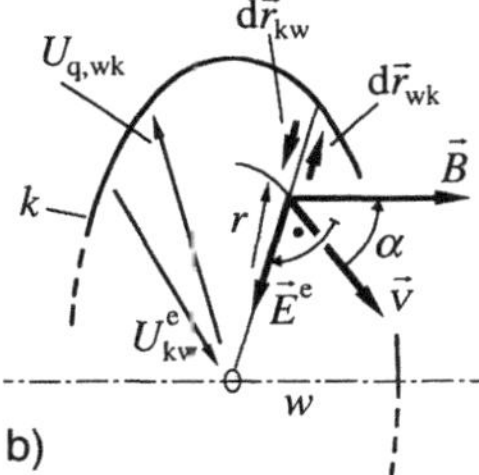

5.64
Modell der Unipolarmaschine (Barlowsches Rad)
a) Speichenrad mit leitendem Randkranz,
b) einzelner Leiter mit Feldvektoren und Spannungszählpfeilen

Bei der hier betrachteten, unbelasteten Unipolarmaschine ist die Klemmenspannung U_{l} (Leerlaufspannung)

$$U_{\mathrm{wk}(I=0)} = U_{\mathrm{kw}}^{\mathrm{e}} = U_{\mathrm{q,wk}} = 11,8\,\mathrm{V} \qquad (5.163)$$

für den in Bild **5.64**a eingezeichneten Zählpfeil U_{wk} gleich der eingeprägten Spannung bzw. der Quellenspannung, was aus dem Maschensatz $\sum \bar{U} - \sum U^{\mathrm{e}} = U_{\mathrm{wk}(I=0)} - U_{\mathrm{kw}}^{\mathrm{e}} = 0$ [s. Gl.(4.69c)] folgt.

Wird der in Bild **5.63** dargestellte, im zeitkonstanten Magnetfeld bewegte Leiter nun wie in Bild **5.65**a skizziert mit einem Widerstand R_{b} belastet, so stellt sich in ihm der Strom I bzw. die Stromdichte $\vec{S}$ ein, d. h., Driftladungen bewegen sich infolge der eingeprägten Feldstärke $\vec{E}^{\mathrm{e}} = (\vec{v} \times \vec{B})$ gegen die elektrische Feldstärke $\vec{E}$ des Polladungsfeldes mit der der Stromdichte $\vec{S}$ entsprechenden

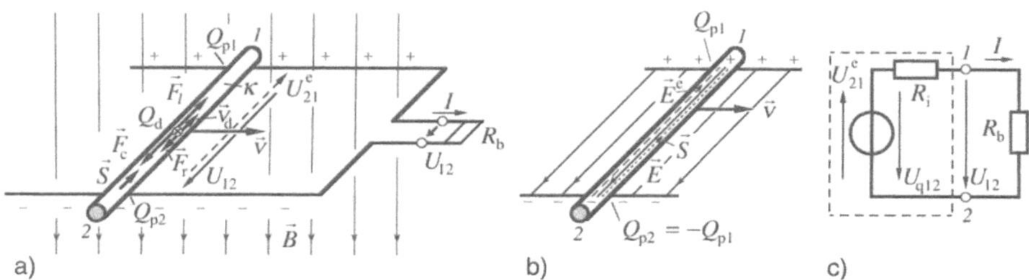

5.65 Wie Bild **5.63**; mit Widerstand R_b belasteter, bewegter Leiter

Driftgeschwindigkeit $\vec{v}_d$. Ist der Leiter widerstandsbehaftet, so wirkt der Bewegung der Driftladungen Q_d eine „Widerstandskraft" $\vec{F}_r = -Q_d(\vec{S}/\kappa)$ entgegen, die nach Abschn. 4.2.2 über die Stromdichte $\vec{S}$ in dem Leiter und seine Leitfähigkeit κ bestimmt ist. Aus der Gleichgewichtsbedingung $\vec{F}_c + \vec{F}_l + \vec{F}_r = 0$ bzw. $Q_d\vec{E} + Q_d(\vec{v} \times \vec{B}) - Q_d(\vec{S}/\kappa) = 0$ folgt nach Division durch Q die elektrische Feldstärke

$$\vec{E} = -(\vec{v} \times \vec{B}) + \frac{\vec{S}}{\kappa} \tag{5.164}$$

des Polladungsfeldes [s. Abschn. 4.3.2.4, Gln.(4.28)u.(4.29)]. Integriert man diese elektrische Feldstärke $\vec{E}$ über die Leiterlänge l, so ergibt sich analog Gl.(5.159) die über den stromdurchflossenen bewegten Leiter im zeitkonstanten Magnetfeld auftretende Spannung.

$$U_{12(I)} = \int_1^2 \vec{E} \cdot \mathrm{d}\vec{l} = \int_1^2 \left[-(\vec{v} \times \vec{B}) + \frac{\vec{S}}{\kappa} \right] \cdot \mathrm{d}\vec{l} = -\underbrace{\int_1^2 (\vec{v} \times \vec{B}) \cdot \mathrm{d}\vec{l}}_{\downarrow \atop U_{q12} = U_{21}^e} + \underbrace{\int_1^2 \frac{\vec{S}}{\kappa} \cdot \mathrm{d}\vec{l}}_{\downarrow \atop -IR_i} \tag{5.165}$$

Das erste Integral in Gl.(5.165) der rechten Seite entspricht der eingeprägten Spannung U^e bzw. der Quellenspannung U_q (Leerlaufspannung) des Leiters und das zweite der Spannung $-IR_i$ ($\mathrm{d}\vec{l} \uparrow\downarrow \vec{S}$), die der Strom I am Leiterwiderstand R_i verursacht.

Durch die mit den Gln.(5.164)bzw.(5.165) beschriebene Überlagerung der Feldstärken $\vec{S}/\kappa$ und $(\vec{v} \times \vec{B})$ zu $\vec{E}$ kann das innerhalb wie außerhalb des Leiters auftretende Feld der elektrischen Feldstärke $\vec{E}$ gleichermaßen über die Polladungen (Q_p) erklärt werden (s. Bild **5.65**b), deren Auftreten und Aufrechterhaltung eine Folge der im bewegten Leiter eingeprägten Feldstärke $\vec{E}^e = (\vec{v} \times \vec{B})$

ist. Diese Vorstellung entspricht auch den Stetigkeitsbedingungen (s. Abschn. 5.4.1.3), nach denen die Tangentialkomponenten der elektrischen Feldstärke $\vec{E}$ an Grenzflächen sich nur stetig ändern dürfen, hier muß also die Feldstärke innerhalb der Leiteroberfläche $[-(\vec{v} \times \vec{B}) + \vec{S}/\kappa]$ gleich sein der außerhalb ($\vec{E}$).

Der E r s a t z z w e i p o l für den widerstandsbehafteten, stromdurchflossenenen, bewegten Leiters ist in Bild **5.65c** als Reihenschaltung einer idealen Spannungsquelle der Quellenspannung U_q und eines Innenwiderstandes R_i, der dem Widerstand der realen Quelle (des bewegten Leiters) entspricht, dargestellt.

Die K l e m m e n s p a n n u n g

$$U_{12} = U_{\mathrm{q}12} - IR_\mathrm{i} = U_{21}^\mathrm{e} - IR_\mathrm{i} \qquad (5.166)$$

des im Magnetfeld bewegten Leiters ist stromabhängig. Sie folgt unmittelbar aus Gl.(5.165) und gilt für die in Bild **5.65** im Erzeugerzählpfeilsystem (s. Abschn. 4.3.2.6) an den Leiter (Quelle) angetragenen Zählpfeile I, $U_{\mathrm{q}12}$ und U_{12}. Die Gl.(5.166) entspricht selbstverständlich auch dem Spannungssatz $\sum U + \sum U_\mathrm{q} = U_{12} - U_{\mathrm{q}12} + IR_\mathrm{i} = 0$ [s. Gl.(4.69b)] bzw. $\sum U - \sum U^\mathrm{e} = U_{12} - U_{21}^\mathrm{e} + IR_\mathrm{i} = 0$ [s. Gl.(4.69c)] für die Masche aus Quelle und Belastungswiderstand.

Zu beachten ist, daß das Vorzeichen des Stromes I gegebenenfalls auch negativ sein kann, wenn z. B. der bewegte Leiter nicht mehr als Generator, sondern als Motor wirkt (s. Abschn. 4.3.2.4 und Beispiel 5.32).

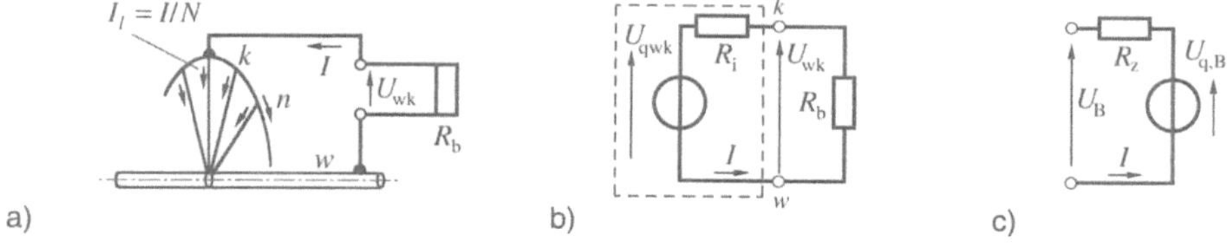

5.66 Unipolarmaschine nach Bild **5.64** mit Belastungswiderstand (a), Ersatzschaltung (b) und die statt R_b für den Motorbetrieb anzuschließende Quelle (c)

Beispiel 5.31. Die in Beispiel 5.30 für den Leerlauffall betrachtete Unipolarmaschine wird mit dem Strom $I = 1000\,\mathrm{A}$ belastet. Der Anker soll aus $N = 100$ zwischen Welle und Radkranz sternförmig angeordneten Leitern bestehen, die jeweils den Widerstand $R_\mathrm{l} = 50\,\mathrm{m\Omega}$ haben. Der Widerstand von Leitungen, Radkranz und Kontakten sei vernachlässigbar. Die sich bei der Belastung einstellende Klemmenspannung ist zu berechnen.

Für die Berechnung der Klemmenspannung U wird die reale Unipolarmaschine durch eine Ersatzspannungsquelle beschrieben, wie in Bild **5.66b** skizziert. In dem als ideal, d. h. widerstandslos aufgefaßten Leiterrad wird, wie in Beispiel 5.30 erläutert, die Quellenspannung $U_\mathrm{q,wk} = 11,8\,\mathrm{V}$ induziert. Der Widerstand der Leiter wird mit dem idealen Leiterrad in Reihe geschaltet und beträgt, da alle 100 Leiter parallel geschaltet sind, $R_i = 50\,\text{m}\Omega/100 = 0,5\,\text{m}\Omega$. Damit ergibt sich entsprechend Gl.(5.166) die Klemmenspannung $U_{\text{wk}} = U_{\text{q,wk}} - IR_i = 11,8\,\text{V} - 1000\,\text{A} \cdot 0,5\,\text{m}\Omega = 11,3\,\text{V}$.

Beispiel 5.32. Die Unipolarmaschine entsprechend Beispiel 5.30 und 5.31 soll bei gleicher Drehrichtung und Drehzahl ($n = 3000\,\text{min}^{-1}$) als Motor wirken und dabei einen Strom von 1000 A aufnehmen. Die dazu notwendigen Maßnahmen sind zu erklären.

In Beispiel 5.57 ist erläutert, daß der im Generatorbetrieb auftretende Strom $I = +1000\,\text{A}$ für den Zählpfeil I in Bild **5.66** ein der Drehrichtung ω entgegenwirkendes Drehmoment verursacht, ein entgegengesetzt fließender Strom $I = -1000\,\text{A}$ aber ein in Drehrichtung wirkendes (was dem Motorbetrieb entspricht). Diesem entgegengesetzt fließenden Strom entsprechend muß also $I = -1000\,\text{A}$ in Gl.(5.166) eingesetzt werden. Da die Unipolarmaschine im Motor- wie im Generatorbetrieb gleiche Drehzahl $n = 3000\,\text{min}^{-1}$ und gleiche Drehrichtung haben soll, gilt auch in beiden Fällen die gleiche Quellenspannung $U_{\text{q,wk}} = 11,8\,\text{V}$ für die Orientierung des in Bild **5.66**b eingetragenen Zählpfeiles. Damit ergibt sich nach Gl.(5.166) die Klemmenspannung

$$U_{\text{wk}} = U_{\text{q,wk}} - IR_i = 11,8\,\text{V} - (-1000\,\text{A}) \cdot 0,5\,\text{m}\Omega = 12,3\,\text{V}\,, \tag{5.167}$$

die für den Motorbetrieb erforderlich ist. Für den Motorbetrieb ist also die Unipolarmaschine an eine Batterie anzuschließen, deren Klemmenspannung $U_{\text{B}} = U_{\text{wk}} = U_{\text{q,wk}} - IR_i$ die gleiche Polarität hat wie die Quellenspannung $U_{\text{q,wk}}$ der Unipolarmaschine (gleiche Vorzeichen der Spannungswerte $U_{\text{q,wk}}$ und U_{B} bei gleicher Orientierung ihrer Zählpfeile), aber deren Wert um den inneren Spannungsabfall IR_i größer ist als die der geforderten Drehzahl entsprechende Quellenspannung $U_{\text{q,wk}}$.

Sind der Innenwiderstand der Batterie sowie alle Leitungswiderstände mit $R_z = 0,6\,\text{m}\Omega$ gegeben, so kann nach dem Spannungssatz $\sum U + U_q = U_{\text{B}} - IR_z - U_{\text{q,B}} = 0$ (s. Bild **5.66**c) auch die für die Batterie erforderliche Quellenspannung

$$U_{\text{q,B}} = U_{\text{B}} - IR_z = U_{\text{wk}} - IR_z = 12,3\,\text{V} - (-1000\,\text{A}) \cdot 0,6\,\text{m}\Omega = 12,9\,\text{V} \tag{5.168}$$

berechnet werden.

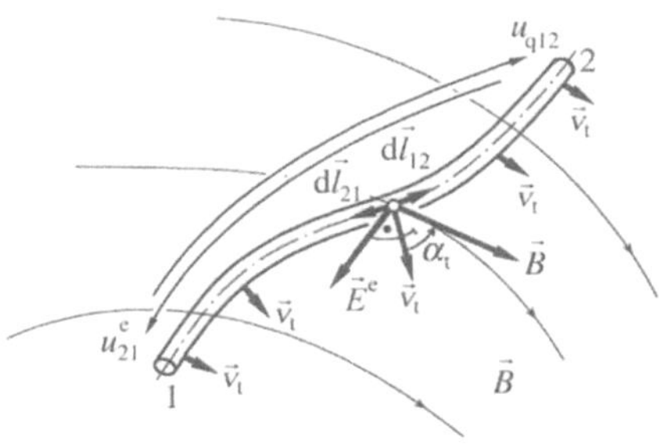

5.67 Im inhomogenen Magnetfeld bewegter, flexibler Leiter

Anhand der Bilder **5.63**u.**5.65** ist hier zunächst der einfache Fall des mit zeitkonstanter Geschwindigkeit $\vec{v}$ im zeitkonstanten homogenen Magnetfeld bewegten Leiters betrachtet, in dem also eine zeitkonstante Spannung U induziert wird. Diese Betrachtungen gelten sinngemäß auch für Leiter beliebiger Geometrie (s. Bild **5.67**), die mit beliebiger, also auch veränderlicher Geschwindigkeit $\vec{v}_t$ durch homogene oder auch inhomogene – aber zeitlich konstante – Magnetfelder bewegt werden. Für einen solchen allgemeinen Fall ergibt sich mit der gegebenen zeitkonstanten Flußdichte $\vec{B}$ und der zeitvariablen Geschwindigkeit $\vec{v}_\mathrm{t}$, beide als Ortsfunktionen gegeben, die durch die Bewegung im Magnetfeld eingeprägte Feldstärke $\vec{E}^\mathrm{e} = [\vec{v}_{\mathrm{t}(x,y,z)} \times \vec{B}_{(x,y,z)}]$ ebenfalls als Raum- und Zeitfunktion. Die Integration dieser Feldstärke entlang des Leiters entsprechend Gl. (5.158) liefert die eingeprägte Spannung $u_{21}^\mathrm{e} = \int_2^1 [\vec{v}_{\mathrm{t}(x,y,z)} \times \vec{B}_{(x,y,z)}] \cdot \mathrm{d}\vec{l}$ und entsprechend Gl.(5.160) die Quellenspannung $u_{\mathrm{q}12} = -\int_1^2 [\vec{v}_{\mathrm{t}(x,yz)} \times \vec{B}_{(x,yz)}] \cdot \mathrm{d}\vec{l}$, die beide im allgemeinen zeitveränderlich sind, z. B. bei Bewegungen eines Leiters im inhomogenen Feld $\vec{B}_{(x,y,z)}$ und/oder mit veränderlicher Geschwindigkeit $\vec{v}_\mathrm{t}$.

Wird ein beliebig bewegter Leiter belastet, so wird der damit in ihm fließende Strom i im allgemeinen ebenfalls z e i t a b h ä n g i g sein, was bei der Berechnung der stromabhängigen Klemmenspannung wie folgt zu berücksichtigen ist.

- Die Änderungsgeschwindigkeit der eingeprägten Spannung $u^\mathrm{e}(\vec{v}_\mathrm{t},\vec{B})$ und damit die des von ihr verursachten Stromes $(\mathrm{d}i/\mathrm{d}t)$ ist so klein, daß die Selbstinduktionsspannung $L\,\mathrm{d}i/\mathrm{d}t$ (s. Abschn. 5.5.1.5) zu vernachlässigen ist. Damit kann die Spannung u_{12} (Klemmenspannung) des bewegten Leiters auch entsprechend Gl.(5.165) als Zeitfunktion berechnet werden.

$$u_{12} = \int\limits_1^2 -(\vec{v}_\mathrm{t} \times \vec{B}) \cdot \mathrm{d}\vec{l} + \int\limits_1^2 \frac{\vec{S}_\mathrm{t}}{\kappa} \cdot \mathrm{d}\vec{l} = u_{\mathrm{q}12} - iR_\mathrm{i} \qquad (5.169)$$

- Ist die Änderungsgeschwindigkeit $\mathrm{d}i/\mathrm{d}t$ des von der eingeprägten Spannung u^e verursachten Stromes i entsprechend groß, so ist die Selbstinduktionsspannung in dem Kreis aus bewegtem Leiter und Belastung zu berücksichtigen, wie in den Abschn. 5.5.1.4 oder 5.5.1.5 erläutert ist.

Bei üblichen praktischen Gegebenheiten werden häufig gerade Leiter in einem homogenen Magnetfeld translatorisch bewegt. In solchen Fällen sind die Geschwindigkeit $\vec{v}_\mathrm{t}$ und die durch sie verursachte eingeprägte Feldstärke $(\vec{v}_\mathrm{t} \times \vec{B})$ nach Gl.(5.157) über die Leiterlänge l konstant $(\vec{v}_\mathrm{t} \times \vec{B} = \mathrm{const})$, so daß die Integration nach den Gln.(5.158) bzw. (5.160) in eine Multiplikation überführt werden kann. Mit dem Winkel α zwischen den Vektoren der Geschwindigkeit und der magnetischen Flußdichte $\vec{B}$ und dem Winkel β zwischen dem Vektor $(\vec{v}_\mathrm{t} \times \vec{B})$ und der als Vektor beschriebenen Leiterlänge $\vec{l}_{21}$ bzw. $\vec{l}_{12}$ (s. Bild **5.68**) gilt für die eingeprägte Spannung bzw. Quelllenspannung

$$u_{21}^\mathrm{e} = \int\limits_2^1 \vec{E}_\mathrm{t}^\mathrm{e} \cdot \mathrm{d}\vec{l} = (\vec{v}_\mathrm{t} \times \vec{B}) \cdot \vec{l}_{21} = (v_\mathrm{t} B \sin \alpha)\, l \cos \beta = u_{\mathrm{q}12} \,. \qquad (5.170)$$

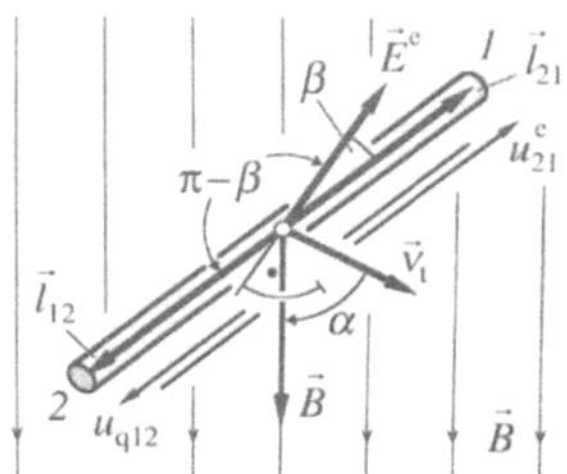

5.68 Im homogenen Magnetfeld bewegter, gerader Leiter

In einem besonders einfachen, aber häufig praktisch auftretenden Sonderfall wird ein gerader Leiter mit der Länge $\vec{l}$ rechtwinklig zur Feldrichtung $\vec{B}$ liegend mit der Geschwindigkeit $\vec{v}_t$ rechtwinklig zu der Ebene, die durch $\vec{l}$ und $\vec{B}$ bestimmt ist ($\alpha = \pi/2$ und $\beta = 0$), in einem homogenen Feld bewegt. Dafür ergibt sich aus Gl.(5.170) der Betrag der in ihm induzierten Spannungen $|u^e| = |u_q| = v_t B l$.

Bei der Berechnung der Spannungen in einem belasteten, d.h. vom Strom i durchflossenen, bewegten Leiter nach den Gln.(5.166)u.(5.169) wird häufig – wie auch hier – die gegebene zeitkonstante magnetische Flußdichte $\vec{B}_{err(i=0)}$, auch als E r r e g e r f e l d (s. Abschn. 5.5.3.2) bezeichnet, eingesetzt. Man berechnet also $\vec{v} \times \vec{B}$ mit der magnetischen Flußdichte $\vec{B} = \vec{B}_{err(i=0)}$, die bei stromlosem bewegtem Leiter auftritt. Dies ist allerdings nicht mehr zulässig, wenn das E i g e n f e l d, das von dem im geschlossenen Kreis aus bewegtem Leiter und stillstehender Belastung fließenden Belastungsstrom i erregt wird, nicht mehr vernachlässigbar klein ist gegenüber dem gegebenen Erregerfeld.

– Bei der Berechnung der Spannungen im bewegten Leiter ist in den Gln.(5.160) bis (5.169) für die eingeprägte elektrische Feldstärke $\vec{v} \times \vec{B}$ grundsätzlich die tatsächlich (meßbare) am Leiter auftretende magnetische Flußdichte $\vec{B} = \vec{B}_{(i)}$ maßgebend, die sich von der beim Leiterstrom $i = 0$ auftretenden [d.h. von der des gegebenen Erregerfeldes $\vec{B}_{err} = \vec{B}_{(i=0)} \neq \vec{B}_{(i)}$] unterscheiden kann. Grundsätzlich ist also nicht nur die Klemmenspannung u, sondern bereits die eingeprägte Spannung u^e bzw. die Quellenspannung u_q vom Leiterstrom i abhängig.

Die magnetische Flußdichte $\vec{B}_{(i)}$ am Ort des bewegten Leiters kann durch den Belastungsstrom i in vielfältiger Weise verändert werden, z.B. durch Feldkomponenten, die vom Belastungsstrom i durch die – stillstehenden – Leiterlängen des Stromkreises erregt werden oder indirekt auch über Sättigungserscheinungen in Eisenkreisen sowie Flußverdrängungen. Die Rechnungen können sehr kompliziert werden, zumal die Rückwirkung des Stromes i häufig zeitabhängig ist, so daß bei der Berechnung der zeitabhängigen magnetischen Flußdichte $\vec{B}_{(i)}$ am Ort des Leiters und damit des zeitabhängigen Stromes i auch seine Selbstinduktionsspannung zu berücksichtigen ist. Im Rahmen der Grundlagen kann auf diese Problematik nicht näher eingegangen werden; hier wird mit dem Erregerfeld $\vec{B} = \vec{B}_{(i=0)}$ gerechnet, was für die meisten praktischen Gegebenheiten auch als eine brauchbare Näherung angesehen werden kann.

5.5.1.2 Spannungsinduktion bei ruhendem Leiter im zeitveränderlichen Magnetfeld. Um von vornherein das Verständnis für den physikalischen Hintergrund des Induktionsgesetzes zu schulen, sind die charakteristischen Merkmale der Induktion einer Spannung in einer ruhenden Leiterschleife, die ein Magnetfeld mit zeitveränderlicher magnetischer Flußdichte einschließt, zunächst an relativ einfachen Leiteranordnungen und Feldarten in den Beispielen 5.33 bis 5.36 erläutert. Über diese für das spezielle Beispiel noch recht anschaulichen Darstellungen ist dann das allgemeingültige Induktionsgesetz eingeführt.

Beispiel 5.33. Bei der in Bild 5.69a skizzierten Experimentiereinrichtung erregt der Strom i_{err} in der Erregerspule s zwischen den Polen des Magneten m ein Magnetfeld mit einer dem Strom i_{err} proportionalen magnetischen Flußdichte $\vec{B}$, so daß ein beliebiger Zeitverlauf der magnetischen Flußdichte B_t durch einen entsprechenden Zeitverlauf des Stromes i_{err} relativ leicht eingestellt werden kann. Zwischen den Polen des Magneten liegt eine Leiterschleife l unbewegt in einer Ebene, die in einem Winkel $\beta = [(\pi/2) - \alpha]$ zur Richtung der magnetischen Flußdichte $\vec{B}$ eingestellt werden kann. Wird der Strom i_{err} und damit die Flußdichte B_t des Feldes zwischen den Polen entsprechend der Geraden $B_{1t} = B_0 - K_1 t$ in Bild 5.69d linear mit der Zeit kleiner (z. B. dadurch, daß der Vorschaltwiderstand R_v vergrößert wird), so wird in der unbewegt in der Position α liegenden Leiterschleife eine konstante Spannung entsprechend Kurve U_1 in Bild 5.69d erzeugt, die z. B. von einem angeschlossenen Spannungsmesser angezeigt wird. Durch Variieren der Versuchsbedingungen lassen sich folgende Feststellungen treffen, die als charakteristisch für die Induktionswirkung zeitlich veränderlicher Magnetfelder anzusehen sind:

a. Je größer die zeitliche Änderung der magnetischen Flußdichte B in der Leiterschleife ist, desto größer ist die in ihr induzierte Spannung.
Fällt z. B. die magnetische Flußdichte $B_{1t} = B_0 - K_1 t$ entsprechend Kurve B_{1t} in Bild 5.69d, so zeigt der Spannungsmesser die Spannung U_1 an; fällt die magnetische Flußdichte $B_{2t} = B_0 - 2K_1 t$ entsprechend Kurve B_{2t} in Bild 5.69d doppelt so schnell wie im Fall B_{1t}, wird auch eine doppelt so große Spannung $U_2 = 2U_1$ angezeigt wie im Fall B_{1t}.

b. Die angezeigte Spannung ist nicht von dem momentanen Wert B_t der magnetischen Flußdichte, sondern von dessen Änderungsgeschwindigkeit dB_t/dt abhängig.
Ändert sich z. B. die magnetische Flußdichte B_{3t} zeitlich ähnlich wie B_{1t}, d. h., verlaufen die Zeitfunktionen B_{1t} und B_{3t} parallel (s. Kurve B_{1t} und B_{3t} in Bild 5.69d), so wird in beiden Fällen unabhängig von dem jeweiligen Wert von B_t der gleiche Spannungswert $U_3 = U_1 =$ const angezeigt, da die Steigung in beiden Fällen die gleiche ist $(dB_{3t}/dt = dB_{1t}/dt =$ const).

c. Wird die Orientierung der Änderung der magnetischen Flußdichte (Vorzeichen der Steigung) umgekehrt, so kehrt sich auch die Spannungsrichtung (Polarität) um.
Wird z. B. die magnetische Flußdichte $B_{4t} = B_0 + K_1 t$ entsprechend Kurve B_{4t} in Bild 5.69d von B_0 ausgehend nicht verkleinert, sondern vergrößert, so wird die Spannung $U_4 = -U_1$ angezeigt.

d. Die angezeigte Spannung U ist außer von der Änderungsgeschwindigkeit dB/dt der magnetischen Flußdichte B_1 auch noch von Lage und Größe der Fläche abhängig, die von der Leiterschleife in dem sich zeitlich ändernden Magnetfeld begrenzt wird.
Beispielsweise wird die Leiterschleife in die drei unterschiedlichen Positionen gestellt,

in denen ihre Ebene rechtwinklig ($\beta = \pi/2$), parallel ($\beta = 0$) bzw. um den Winkel $0 <$ $\beta < \pi/2$ zum Vektor der magnetischen Flußdichte $\vec{B}$ geneigt liegt (s. Bild **5.69**b, c bzw. a). In allen drei Stellungen soll die Änderungsgeschwindigkeit K_1 der magnetischen Flußdichte $B_{1t} = B_0 - K_1 t$ entsprechend Kurve B_{1t} in Bild **5.69**d gleich sein. Die angezeigte Spannung ist dann in der Stellung $\beta = \pi/2$ maximal ($U_{\pi/2} = U_{max}$), in der Stellung $\beta = 0$ ist sie Null ($U_0 = 0$) und in der allgemeinen Stellung β bzw. $\alpha = \pi/2 - \beta$ wird $U_\alpha = U_{max} \cos \alpha$ angezeigt.
Würde man in einer bestimmten Lage α der Leiterschleife die von ihr eingeschlossene Fläche A verkleinern oder vergrößern, würde sich auch die angezeigte Spannung U (proportional der Fläche) verkleinern oder vergrößern.

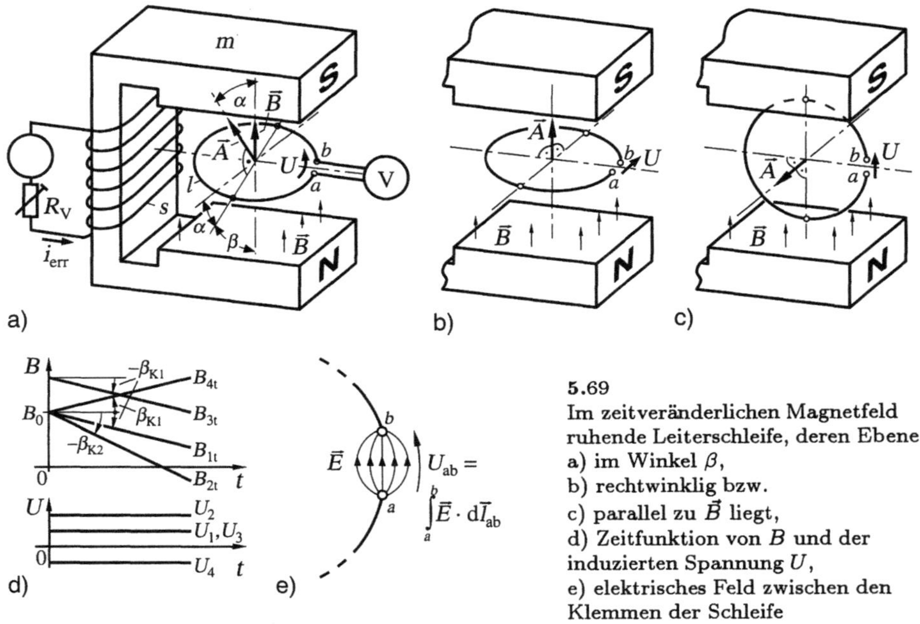

5.69
Im zeitveränderlichen Magnetfeld ruhende Leiterschleife, deren Ebene
a) im Winkel β,
b) rechtwinklig bzw.
c) parallel zu $\vec{B}$ liegt,
d) Zeitfunktion von B und der induzierten Spannung U,
e) elektrisches Feld zwischen den Klemmen der Schleife

Alle geschilderten Beobachtungen werden im homogenen Feld quantitativ durch die Gleichung

$$u_{ab} = -\frac{dB_t}{dt} A \cos \alpha \tag{5.171}$$

beschrieben, wenn dB_t/dt die zeitliche Ableitung der magnetischen Flußdichte, A die von der Leiterschleife eingeschlossene Fläche und α der Winkel zwischen dem Flächenvektor $\vec{A}$ und dem Vektor der magnetischen Flußdichte $\vec{B}$ ist. Auch die beobachtete Polarität der Spannung wird mit Gl.(5.171) für alle Fälle richtig beschrieben, wenn der Zählpfeil der induzierten Spannung $u_{ab} = \int \vec{E} \cdot d\vec{l}$ (d. h. die Orientierung $d\vec{l}$) an der Stelle, an der sie gemessen wird (hier im Beispiel in Bild **5.69**e also zwischen den Klemmen a und b der Leiterschleife) r e c h t s w e n d i g dem Flächenvektor $\vec{A}$ zugeordnet wird.

Magnetische Flußdichte $\vec{B}$ und zeitdifferenzierte Flußdichte $\dot{\vec{B}}$. Bei vielen praktisch gegebenen Induktionsvorgängen (z. B. im Transformator) ändert sich, ähnlich wie in Beispiel 5.33 betrachtet, lediglich der Wert B_t des Vektors der magnetischen Flußdichte $\vec{B}_t$ zeitlich, nicht aber seine Richtung (s. Bild 5.70a). Man spricht dann vom Feld zeitkonstanter Richtung, dessen magnetische Flußdichte $\vec{B}_t = B_t\vec{e}$ als Produkt des zeitabhängigen Wertes B_t und des zeitkonstanten Einsvektors $\vec{e}$ dargestellt werden kann. Die Differentiation dieses Vektors $\mathrm{d}\vec{B}/\mathrm{d}t = \dot{\vec{B}}_t$ nach der skalaren Größe Zeit ergibt wieder einen Vektor (s. Bild 5.70a), der als differenzierte Flußdichte $\dot{\vec{B}}_t = \mathrm{d}(B_t\,\vec{e})/\mathrm{d}t = \dot{B}\vec{e}$ bezeichnet wird. Er hat in diesem Sonderfall die gleiche Richtung $(\vec{B}_t\|\dot{\vec{B}}_t)$ wie der Vektor $\vec{B}_t$, lediglich die Orientierung kann unterschiedlich sein, $(\vec{B}_t\uparrow\uparrow\dot{\vec{B}}_t$, wenn $\dot{B}_t > 0$, und $\vec{B}_t\uparrow\downarrow\dot{\vec{B}}_t$, wenn $\dot{B}_t < 0)$. Die Feldlinien von $\vec{B}_t$ und $\dot{\vec{B}}_t$ verlaufen parallel zueinander.

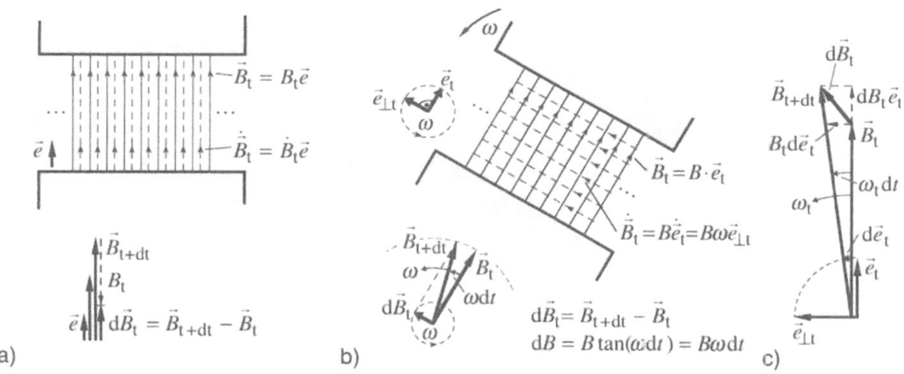

5.70 Magnetische Flußdichte $\vec{B}$ und diffenrenzierte Flußdichte $\dot{\vec{B}}$ eines oszillierenden (a), rotierenden (b) und eines in Richtung und Betrag zeitveränderlichen Feldes (c)

Ebenfalls von praktischer Bedeutung ist ein weiterer Sonderfall, nämlich der des rotierenden Magnetfeldes, dessen magnetische Flußdichte $\vec{B}_t = B\vec{e}_t$ sich bei zeitkonstantem Betrag $B = $ const mit konstanter Winkelgeschwindigkeit ω in einer Ebene dreht (s. Bild 5.70b). Die Ableitung eines solchen drehenden Vektors nach der skalaren Größe Zeit ist graphisch in Bild 5.70b dargestellt. Bei infinitesimalen Größen $\mathrm{d}t$ und $\omega\mathrm{d}t$ liegt der infinitesimale Vektor $\mathrm{d}\vec{B}_t = \vec{B}_{t+\mathrm{d}t} - \vec{B}_t$ rechtwinklig zum Vektor $\vec{B}_t$. Der differenzierte Vektor $\dot{\vec{B}}_t = \mathrm{d}(B\vec{e}_t)/\mathrm{d}t = B\dot{\vec{e}}_t = B\omega\vec{e}_{\perp t}$ ist somit um den Winkel $\pi/2$ in Drehrichtung ω gegenüber $\vec{B}_t$ gedreht; sein Wert folgt für den infinitesimalen Winkel $\omega\mathrm{d}t$ aus $\mathrm{d}B = B\tan(\omega\mathrm{d}t) = B\omega\mathrm{d}t$ (für die Einsvektoren gilt $\dot{\vec{e}}_t = \omega\vec{e}_{\perp t} \perp \vec{e}_t$). Die Feldlinien von $\vec{B}_t$ und $\dot{\vec{B}}_t$ verlaufen orthogonal zueinander.

Ändert sich das magnetische Feld zeitlich in Betrag und Richtung, so kann der Vektor der magnetischen Flußdichte $\vec{B}_t = B_t \vec{e}_t$ als Produkt aus dem zeitabhängigen Wert B_t und dem die zeitabhängige Richtung mit Orientierung beschreibenden Einsvektor $\vec{e}_t$ dargestellt werden ($\vec{e}_t$ hat den konstanten Betrag 1 und dreht sich mit der – gegebenenfalls zeitabhängigen – Winkelgeschwindigkeit ω_t). Nach der Produktregel ergibt sich die differenzierte magnetische Flußdichte

$$\dot{\vec{B}} = \frac{\mathrm{d}}{\mathrm{d}t}(B_t \vec{e}_t) = B_t \frac{\mathrm{d}\vec{e}_t}{\mathrm{d}t} + \frac{\mathrm{d}B_t}{\mathrm{d}t} \vec{e}_t \qquad (5.172)$$

ebenfalls als Vektor, wie aus Bild **5.70c** zu erkennen ist.

– Die z e i t d i f f e r e n z i e r t e magnetische Flußdichte $\dot{\vec{B}} = \mathrm{d}\vec{B}/\mathrm{d}t$ ist ebenfalls eine Vektorgröße, deren Richtung im allgemeinen nicht mit der des Vektors $\vec{B}_t$ übereinstimmt. Nur im Sonderfall des Magnetfeldes mit zeitkonstanter Richtung hat die differenzierte Flußdichte $\dot{\vec{B}}_t$ die gleiche Richtung wie die magnetische Flußdichte $\vec{B}_t$ selbst ($\dot{\vec{B}}_t \| \vec{B}_t$).

Im folgenden Beispiel 5.34 sind zwei Experimente beschrieben, aus denen hervorgeht, daß nicht die magnetische Flußdichte $\vec{B}$, sondern die differenzierte Flußdichte $\dot{\vec{B}}$ direkt mit dem induzierten elektrischen Feld verknüpft ist.

Beispiel 5.34. In Bild **5.71a** sind zwei leitende kreisförmige Ringe orthogonal zueinander dargestellt. Das Koordinatensystem ist so gewählt, daß Ring *1* in der x-y-Ebene, Ring *2* in der y-z-Ebene liegt. Die experimentelle Untersuchung der durch ein Magnetfeld zeitkonstanter bzw. rotierender Richtung in den Ringen induzierten elektrischen Spannungen führt zu folgenden Ergebnissen.

a. Im Versuch **a.** werden die orthogonalen Ringe in ein Magnetfeld zeitkonstanter Richtung (s. Bild **5.70b**) gebracht. Die magnetische Flußdichte $\vec{B}_t = [\hat{B}\sin(\omega t)]\vec{e}_z$ hat eine konstante Richtung parallel zu der z-Achse und einen sich sinusförmig ändernden Betrag $[\hat{B}\sin(\omega t)]$ (s. Bild **5.71b**). Zeigt man den zeitlichen Verlauf der an den beiden Ringen gemessenen Spannungen auf einem Kathodenstrahloszilloskop an (s. Bild **5.71c**), so lassen sich folgende Feststellungen treffen.

Im Ring *2*, der in der Ebene parallel $\vec{B}$ bzw. $\dot{\vec{B}} \| \vec{B}$ liegt, wird keine Spannung angezeigt $u_{2\mathrm{ab}} = 0$.

Im Ring *1* in der Ebene senkrecht zu $\vec{B}$ bzw. $\dot{\vec{B}} \| \vec{B}$ wird eine sinusförmige Spannung angezeigt, die proportional der negativen differenzierten Flußdichte $\dot{B}$ ist ($u_\mathrm{ab} \sim \dot{B}$). Für die Amplitude läßt sich die gleiche Abhängigkeit von der Ringfläche A und der Änderungsgeschwindigkeit der magnetischen Flußdichte $\dot{B}_t$ nachweisen, wie in Beispiel 5.33 unter **a.** bis **d.** beschrieben [die zeitliche Änderung von B_t ist in diesem Beispiel durch $\sin(\omega t)$ gegeben].

b. In einem Versuch **b.** werden die orthogonalen Ringe in ein rotierendes Magnetfeld entsprechend Bild **5.70d** gebracht. Die magnetische Flußdichte $\vec{B} = B\vec{e}_t$ rotiert bei

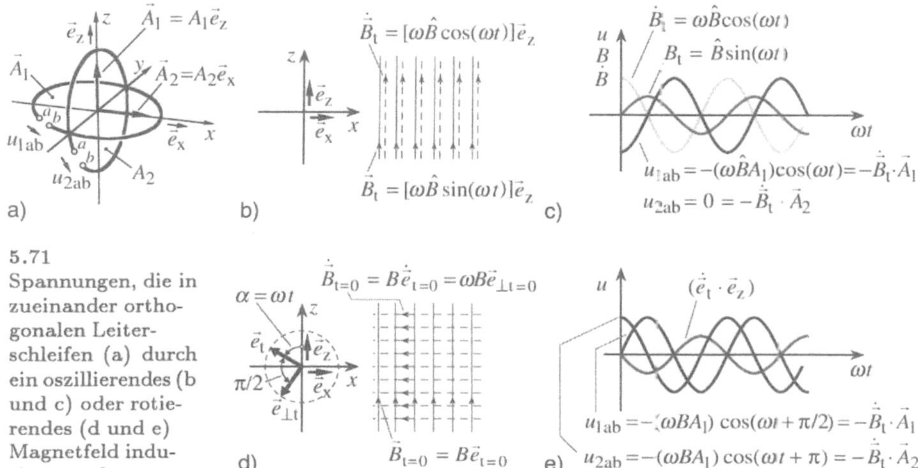

5.71
Spannungen, die in zueinander orthogonalen Leiterschleifen (a) durch ein oszillierendes (b und c) oder rotierendes (d und e) Magnetfeld induziert werden

konstantem Betrag mit der konstanten Winkelgeschwindigkeit ω um die y-Achse. Zum Zeitpunkt $t = 0$ liegt $\vec{B}_{t=0} = B\vec{e}_{t=0}$ in der z-Achse (s. Bild **5.71**d). Werden auch unter diesen Bedingungen die in den beiden Ringen gemessenen Spannungen angezeigt (s. Bild **5.71**e), so lassen sich folgende Feststellungen treffen.

In den Ringen *1* und *2* werden sinusförmige Spannungen angezeigt. Der Betrag dieser Spannungen hat sowohl im Ring *1* als auch im Ring *2* jeweils dann sein Maximum, wenn die magnetische Flußdichte $\vec{B}$ parallel, die differenzierte Flußdichte $\dot{\vec{B}}$ rechtwinklig zur jeweiligen Ringebene steht (s. Bild **5.71**d u.**5.71**e). Für die Amplituden $\hat{u}$ dieser Spannungen lassen sich ebenfalls die bereits in Beispiel 5.33 festgestellten Abhängigkeiten von der Fläche A und der Änderungsgeschwindigkeit der Flußdichte $d\vec{B}/dt$ (die sich hier in Beispiel 5.34 aus der Winkelgeschwindigkeit ω der rotierenden Flußdichte $\vec{B}$ ergibt) nachweisen.

Aus dem Vergleich der Ergebnisse beider Experimente läßt sich die folgende Erkenntnis ableiten:

- Die maximale Spannung wird in einem Ring induziert, wenn die Ringebene im Feld zeitkonstanter Richtung rechtwinklig zur magnetischen Flußdichte $\vec{B}_t$, im rotierenden Feld aber parallel zu $\vec{B}_t$ liegt (Betrag und Winkelgeschwindigkeit von $\vec{B}$ konstant). In beiden Feldarten liegt die Ringebene bei maximaler Spannung rechtwinklig zur differenzierten Flußdichte $\dot{\vec{B}}$.

Stellt man sich statt der zwei Ringe eine Vielzahl von Ringen vor, die direkt aneinander liegend eine Kugeloberfläche bilden, so könnte man beobachten, daß die Ebene, in der die maximale Spannung induziert wird, rechtwinklig zum $\dot{\vec{B}}$-Vektor liegend mit gleicher Winkelgeschwindigkeit ω wie $\vec{B}$ rotiert.

Die bereits in Beispiel 5.33 mit Gl.(5.171) beschriebenen quantitativen Zusammenhänge gelten somit auch für rotierende Felder, wenn man in der Spannungsgleichung die skalare Differentiation $(\mathrm{d}B_t/\mathrm{d}t)A\cos\alpha$ durch die vektorielle $(\mathrm{d}\vec{B}/\mathrm{d}t)\cdot\vec{A}$ ersetzt

$$u = -\left(\frac{\mathrm{d}B}{\mathrm{d}t}\right)\cdot A\cos\alpha = -\dot{\vec{B}}\cdot\vec{A}\,, \qquad (5.173)$$

so daß α der Winkel zwischen den Vektoren $\dot{\vec{B}}$ und $\vec{A}$ ist. Auch die Polarität der Spannung wird mit Gl.(5.173) für alle Fälle richtig beschrieben, wenn die Regeln zu Gl.(5.171) beachtet werden (Zählpfeil $u = \int \vec{E}\cdot\mathrm{d}\vec{l}$ wie $\mathrm{d}\vec{l}$ rechtswendig zu $\vec{A}$).

Die Erläuterungen in den Beispielen 5.33u.5.34 zeigen, daß die elektrische Feldstärke $\vec{E}$ grundsätzlich der differenzierten Flußdichte $\dot{\vec{B}}$ zugeordnet werden muß, da die Ebenen, in denen $\vec{E}$ auftritt, zur zeitdifferenzierten Flußdichte $\dot{\vec{B}}$ immer den gleichen Winkel $(\pi/2)$ bilden, zur Flußdichte $\vec{B}$ selbst dagegen einen von der Feldart abhängigen. Diese Gesetzmäßigkeit ließ sich anschaulich mit integralen Aussagen nur an den Beispielen homogener Felder erklären. In inhomogenen Feldern verlaufen die Feldlinien nicht mehr geradlinig parallel, und somit kann es auch keine rechtwinklig zu ihnen verlaufenden Ebenen geben. Die allgemeine Zuordnung des E-Feldes zum $\dot{B}$-Feld über die auf eine ausgedehnte, nichtebene Fläche bezogene integrale Form entsprechend Gln.(5.171) bzw.(5.173) führt auf ähnliche Probleme wie die Zuordnung des H-Feldes zum S-Feld über die integrale Form des Durchflutungssatzes nach Gl.(5.73), da integrale Verknüpfungsgleichungen weder etwas über den räumlichen Verlauf des E- noch des B-Feldes aussagen, was aus den folgenden Abschnitten deutlich wird.

Bestimmung der Änderungsgeschwindigkeit des Magnetfeldes innerhalb eines Umlaufes. Soll die durch homogene oder inhomogene Felder in beliebig geformten Leiterschleifen induzierte Spannung allgemeingültig berechnet werden, muß die von der Leiterschleife eingeschlossene - auch nichtebene - Fläche A in infinitesimale Flächenelemente $\mathrm{d}\vec{A}$ zerlegt werden, für die jeweils das Skalarprodukt $\dot{\vec{B}}\cdot\mathrm{d}\vec{A}$ eindeutig ist. Integriert man dieses über die Fläche $\vec{A}$ und ersetzt damit das skalare Produkt $\dot{\vec{B}}\cdot\vec{A} = \int_A \dot{\vec{B}}\cdot\mathrm{d}\vec{A}$ in Gl.(5.173), so ergibt sich durch sinngemäße Verallgemeinerung der Erläuterungen in Abschn. 5.3.1 die von einem zeitlich sich ändernden inhomogenen Magnetfeld in einer eine beliebige Fläche A einschließenden Leiterschleife induzierte Spannung

$$u = -\int_A \dot{\vec{B}}\cdot\mathrm{d}\vec{A}\,. \qquad (5.174)$$

Das Flächenintegral dieser Gl.(5.174) bezieht sich auf den Umlauf, in dem die Spannung induziert wird, d. h., dieser Umlauf ist als Randlinie aufzufassen für die Fläche, über die das Integral der differenzierten Flußdichte $\dot{\vec{B}}$ zu bilden ist. Wie nun aus Bild **5.72** zu erkennen ist, wird durch eine bestimmte Fläche immer

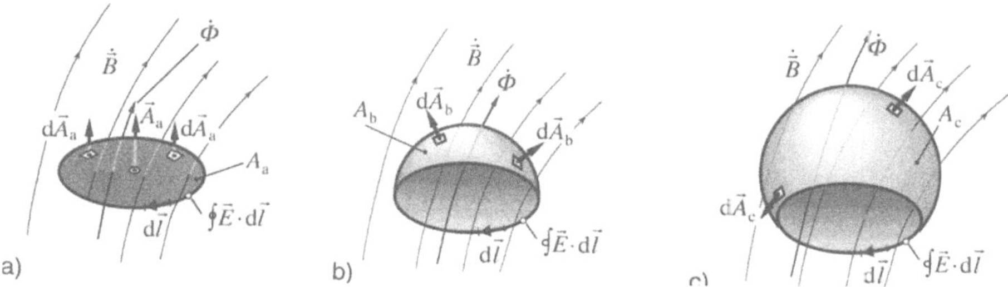

5.72 Durch dieselbe Randlinie begrenzte ebene (a) und unterschiedlich gekrümmte (b und c) Flächen

auch nur eine Randlinie definiert, umgekehrt aber kann eine bestimmte Randlinie beliebig viele unterschiedliche Flächen begrenzen. Über jede dieser vielen möglichen Flächen, die alle jeweils durch die eine Randlinie begrenzt sind, ergibt aber das Flächenintegral $\int_A \dot{\vec{B}} \cdot \mathrm{d}\vec{A}$ (wegen der Quellenfreiheit von B) jeweils den gleichen Wert, der die Änderungsgeschwindigkeit des magnetischen Flusses $\dot{\Phi}$ in der einen Randlinie dieser Flächen angibt. Trotz der beliebig wählbaren Flächen innerhalb einer Randlinie ist also Gl.(5.174) eindeutig, da mit jeder dieser Flächen jeweils die gleiche Änderungsgeschwindigkeit des Flusses und damit die gleiche in einem Umlauf um diese Randlinie induzierte Spannung berechnet wird. Bei praktischen Rechnungen wählt man die Fläche, die mit dem geringsten Aufwand zum Ergebnis führt (s. Beispiel 5.37).

Induzierte Umlaufspannung. Die aus den bisherigen Erläuterungen abgeleitete Gl.(5.174) bezieht sich mit dem Integral auf der rechten Gleichungsseite auf eine Fläche A, die durch eine geschlossene Randlinie eindeutig begrenzt ist, z. B. die mit vernachlässigbarem Spalt unterbrochene Leiterschleife in den Bildern **5.69** oder **5.71**, in denen die Spannung, die auf der linken Gleichungsseite ausgewiesen ist, gemessen werden kann. Der geringfügige Spalt in diesen Schleifen ist lediglich angenommen, um bei den einführenden Erläuterungen die Vorstellung der für die Spannungsinduktion maßgebenden Fläche einerseits und der praktischen Messung dieser Spannung zwischen zwei räumlich voneinander getrennten Punkten andererseits zu erleichtern. Um nun eine allgemeingültige mathematische Form für die in der Randlinie einer Fläche induzierte Spannung einführen zu können, werden in dem folgenden Beispiel 5.35 charakteristische Spannungsverteilungen in einer Randlinie erläutert.

Beispiel 5.35. In Bild **5.73** sind vier Fälle skizziert, in denen der Umlauf um eine Fläche A (gestrichelt eingezeichnet), in der ein $\dot{\vec{B}}$-Feld auftritt, jeweils durch unterschiedliche Materialien verläuft. Besteht die Randlinie teilweise aus einem widerstandslosen Leiter (s. Bild **5.73a** u.**5.73c**), so wird über diesen Bereich keine Spannung – oder besser: kein E-Feld – auftreten, wohl aber über den Bereich der Randlinie, der durch ein widerstandsbehaftetes Leitungsgebiet (s. Bild **5.73a**) oder durch ein Dielektrikum (s. Bild **5.73c**) verläuft. Dabei kann sich der Bereich des Dielektrikums bzw. des Widerstandes beliebig über den geschlossenen Umlauf erstrecken. Im Extremfall kann man sich die flächenbegrenzende Randlinie vollständig im geschlossenen Leitungsgebiet (s. Bild **5.73**b) bzw. im Dielektrikum (s. Bild **5.73**d) verlaufend vorstellen, was lediglich dazu führt, daß die zwischen den Punkten *1* und *2* auftretende Spannung *u* über den ganzen geschlossenen Umlauf verteilt auftritt.

Alle diese Beispiele bestätigen, daß ein eindeutiger Zusammenhang besteht zwischen der in einer Fläche A auftretenden Änderungsgeschwindigkeit des Magnetfeldes, die durch das Flächenintegral $\int \dot{\vec{B}} \cdot \mathrm{d}\vec{A}$ der rechten Seite in Gl.(5.174) erfaßt wird, und der in der geschlossenen Randlinie dieser Fläche A auftretenden Spannung, unabhängig davon, über welchen Bereich des Umlaufes diese Spannung meßbar in Erscheinung tritt. Um dieser Eigenschaft entsprechend die induzierte Spannung unmißverständlich dem geschlossenen Umlauf zuordnen zu können, wird sie entsprechend Gln.(3.60) oder (4.69) als Umlaufintegral der elektrischen Feldstärke $\vec{E}$ oder Umlaufspannung $\overset{o}{u}$ entlang der Randlinie der Fläche in Gl.(5.174) eingesetzt.

$$\overset{o}{u} = \oint \vec{E} \cdot \mathrm{d}\vec{l} = - \int \dot{\vec{B}} \cdot \mathrm{d}\vec{A} \tag{5.175}$$

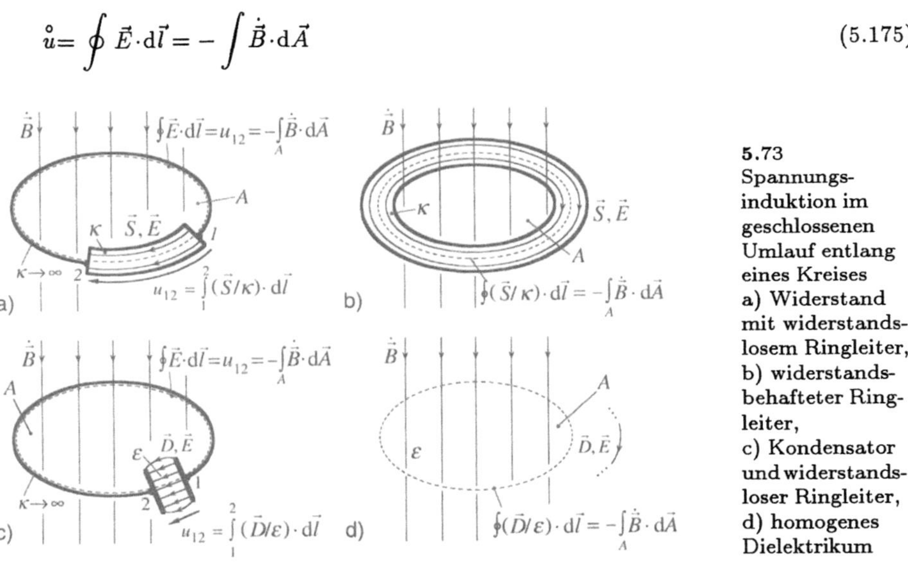

5.73 Spannungsinduktion im geschlossenen Umlauf entlang eines Kreises a) Widerstand mit widerstandslosem Ringleiter, b) widerstandsbehafteter Ringleiter, c) Kondensator und widerstandsloser Ringleiter, d) homogenes Dielektrikum

Die Erkenntnisse aus Beispiel 5.35 lassen sich zu folgender allgemeiner Aussage erweitern.

– Ein zeitlich veränderliches Magnetfeld ($\dot{\vec{B}} \neq 0$) verursacht ein elektrisches Feld, in dem das Umlaufintegral $\oint \vec{E} \cdot \mathrm{d}\vec{l}$ der elektrischen Feldstärke $\vec{E}$ über einen geschlossenen Umlauf (Umlaufspannung $\overset{o}{u}$) nicht mehr wie beim Potentialfeld Null ist, sondern gleich der Änderungsgeschwindigkeit des von dem Umlauf eingeschlossenen magnetischen Feldes ($\int \dot{\vec{B}} \cdot \mathrm{d}\vec{A}$). Man bezeichnet dieses magnetisch verursachte Feld als e l e k t r i s c h e s   W i r b e l f e l d zur Unterscheidung von dem elektrischen Potentialfeld.

In den in Bild **5.73** dargestellten, ruhenden Schleifen wird das elektrische Feld ausschließlich von dem zeitveränderlichen Magnetfeld ($\dot{\vec{B}} \neq 0$) verursacht. Ist $\dot{\vec{B}} = 0$, muß auch die Umlaufspannung Null sein ($\overset{\circ}{u} = \oint \vec{E} \cdot d\vec{l} = 0$), was im stationären Fall auch gegeben ist, da das elektrische Feld verschwindet (Kondensator in Bild **5.73c** hat sich über den Leiterkreis entladen, im Kreis nach Bild **5.73a** u. **5.73b** kann kein Strom fließen, wenn keine eingeprägte elektrische Feldstärke $\vec{E}^{\mathrm{e}}$ wirkt). Im Beispiel 5.36 ist ein weiterer geschlossener Umlauf betrachtet, der zum Teil durch ein aktives Leitungsgebiet (Spannungsquelle) geht.

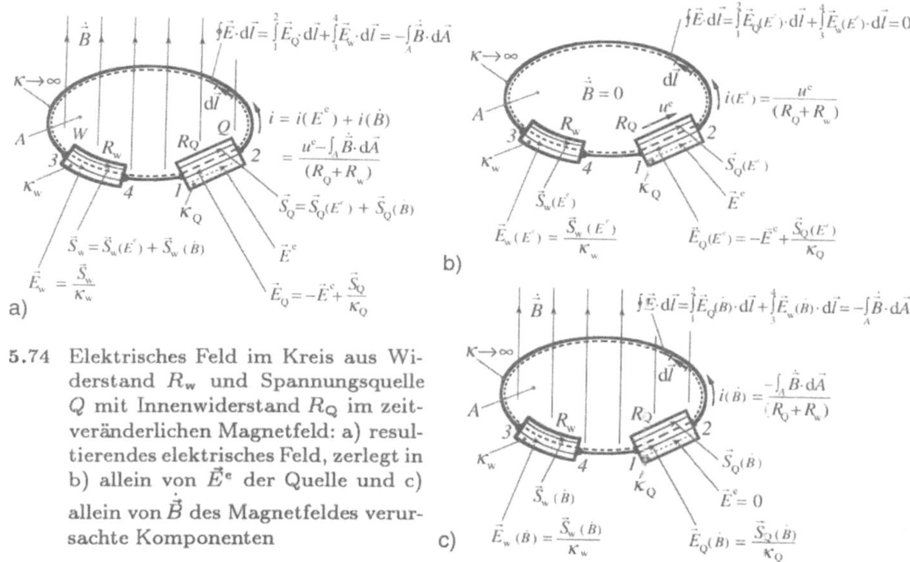

5.74 Elektrisches Feld im Kreis aus Widerstand R_{w} und Spannungsquelle Q mit Innenwiderstand R_{Q} im zeitveränderlichen Magnetfeld: a) resultierendes elektrisches Feld, zerlegt in b) allein von $\vec{E}^{\mathrm{e}}$ der Quelle und c) allein von $\dot{\vec{B}}$ des Magnetfeldes verursachte Komponenten

Beispiel 5.36. In Bild **5.74a** ist ein geschlossener Kreis skizziert, in dem eine Spannungsquelle (Q) mit der eingeprägten Feldstärke $\vec{E}^{\mathrm{e}}$ und der inneren Leitfähigkeit κ_{Q} sowie ein ohmscher Widerstand (W) über widerstandslose Verbindungen hintereinandergeschaltet sind. Auch in diesem Kreis ist die Umlaufspannung $\overset{\circ}{u} = \oint \vec{E} \cdot d\vec{l}$ gleich der Änderungsgeschwindigkeit des eingeschlossenen Magnetfeldes $[\oint \vec{E} \cdot d\vec{l} = -\int \dot{\vec{B}} \cdot d\vec{A}]$. Um anschaulich aufzuzeigen, daß das elektrische Feld in diesem Kreis sowohl von der eingeprägten Feldstärke $\vec{E}^{\mathrm{e}}$ der Quelle als auch von der zeitveränderlichen magnetischen Flußdichte $\dot{\vec{B}}$ verursacht wird, zerlegt man es entsprechend dem Überlagerungssatz in zwei Komponenten, die jeweils ausschließlich einer der beiden Ursachen zugordnet sind (s. Bild **5.74b** u. **5.74c**).

Für den Fall, daß nur die eingeprägte Feldstärke $\vec{E}^{\mathrm{e}} \neq 0$ der Quelle in dem Kreis wirkt, ergeben sich entsprechend Abschn. 4.5.1.2 die in Bild **5.74b** eingetragenen Feldgrößen $\vec{E}_{(E^{\mathrm{e}})}$ und $\vec{S}_{(E^{\mathrm{e}})}$ als allein von $\vec{E}^{\mathrm{e}}$ verursacht, und es gilt $\oint \vec{E} \cdot d\vec{l} = -u^{\mathrm{e}} + i_{(E^{\mathrm{e}})}R_{\mathrm{Q}} + i_{(E^{\mathrm{e}})}R_{\mathrm{w}} = 0$; daraus folgt der Strom $i_{(E^{\mathrm{e}})} = u^{\mathrm{e}}/(R_{\mathrm{Q}} + R_{\mathrm{w}})$.

Für den Fall, daß nur das zeitveränderliche Feld ($\dot{\vec{B}} \neq 0$) in dem Kreis wirkt und die eingeprägte Feldstärke $\vec{E}^{\mathrm{e}} = 0$ als Null angenommen wird, ergeben sich die in Bild **5.74c** eingezeichneten Feldgrößen $\vec{E}_{(\dot{B})}$ und $\vec{S}_{(\dot{B})}$, die allein von $\dot{\vec{B}}$ verursacht werden, und es gilt Gl.(5.175) $\oint \vec{E}_{(\dot{B})}\cdot\mathrm{d}\vec{l} = -\int_A \dot{\vec{B}}\cdot\mathrm{d}\vec{A}$. Für die integralen Größen gilt entsprechend Gl.(5.175) $\overset{\circ}{u} = i_{(\dot{B})}R_{\mathrm{Q}} + i_{(\dot{B})}R_{\mathrm{w}} = -\int_A \dot{\vec{B}}\cdot\mathrm{d}\vec{A}$; daraus folgt der Strom $i_{(\dot{B})} = -(\int_A \dot{\vec{B}}\cdot\mathrm{d}\vec{A})/(R_{\mathrm{Q}} + R_{\mathrm{w}})$.

Die Überlagerung der jeweils von $\vec{E}^{\mathrm{e}}$ und $\dot{\vec{B}}$ verursachten Feldkomponenten entspricht dem in Bild **5.74a** dargestellten Feld mit den resultierenden Feldgrößen $\vec{S}$ und $\vec{E}$ als Summe der Komponenten aus Bild **5.74b** u. **5.74c**. Der aus der Überlagerung gewonnene Strom

$$i = i_{(E^{\mathrm{e}})} + i_{(\dot{B})} = \frac{u^{\mathrm{e}} - \int_A \dot{\vec{B}}\cdot\mathrm{d}\vec{A}}{R_{\mathrm{Q}} + R_{\mathrm{w}}}$$

zeigt deutlich, daß sein Wert und seine Orientierung (Vorzeichen von i) abhängen von den beiden das elektrische Feld ($\vec{E}$, $\vec{S}$) des Kreises bestimmenden Ursachen, der eingeprägten Spannung u^{e} der Quelle und der Änderungsgeschwindigkeit $\int \dot{\vec{B}}\cdot\mathrm{d}\vec{A}$ des Magnetfeldes.

Die Erläuterungen in Beispiel 5.36 lassen sich auf folgende allgemeingültige Aussage erweitern.

– Wirken in einem geschlossenen Kreis um ein zeitveränderliches Magnetfeld eingeprägte Feldstärken $\vec{E}^{\mathrm{e}}$ (Quellen), so überlagern sich die von diesen verursachte Feldkomponente $\vec{E}_{(E^{\mathrm{e}})}$ und die magnetisch verursachte $\vec{E}_{(\dot{B})}$, so daß in dem resultierenden elektrischen Feld das Umlaufintegral $\oint \vec{E}_{(E^{\mathrm{e}},\dot{B})}\cdot\mathrm{d}\vec{l}$ der elektrischen Feldstärke $\vec{E}_{(E^{\mathrm{e}},\dot{B})}$ immer gleich ist der Änderungsgeschwindigkeit des Magnetfeldes in dem Umlauf ($\int \dot{\vec{B}}\cdot\mathrm{d}\vec{A}$).

Instationäre elektrische Felder sind immer mit einem zeitveränderlichen Magnetfeld verknüpft. Wird z. B. der in Bild **5.73c** dargestellte Kondensator geladen und dann über den leitenden Ring (im zunächst feldfreien Raum) kurzgeschlossen, so wird er über einen zeitlich abklingenden Strom entladen. Dieser Strom verursacht ein ebenfalls abklingendes Magnetfeld, das seinerseits wiederum in dem geschlossenen Kreis ein elektrisches Feld induziert. Das bei der Kondensatorentladung in dem Kreis auftretende elektrische Feld setzt sich also aus den Komponenten des von den Kondensatorladungen Q verursachten Quellenfeldes $[\vec{E}_{(Q)}]$ und den Komponenten des von dem abklingenden magnetischen Feld verursachten Wirbelfeldes $[\vec{E}_{(\dot{B})}]$ zusammen, so daß auch hier das Umlaufintegral $\oint \vec{E}_{(Q,\dot{B})}\cdot\mathrm{d}\vec{l}$ der resultierenden elektrischen Feldstärke $\vec{E}_{(Q,\dot{B})}$ gleich ist der Änderungsgeschwindigkeit des umfaßten Magnetfeldes $[\oint \vec{E}_{(Q,\dot{B})}\cdot\mathrm{d}\vec{l} = -\int_A \dot{\vec{B}}\cdot\mathrm{d}\vec{A}]$.

5.5.1.3 Allgemeines Induktionsgesetz für ruhende Schleifen. In Abschnitt 5.5.1.2 sind an einfachen, aber charakteristischen Beispielen die grundsätzlichen Phänomene der Spannungsinduktion erläutert. Die Reihe der Beispiele ließe sich beliebig fortsetzen, was aber immer wieder auf folgende einfache Gesetzmäßigkeit führt.

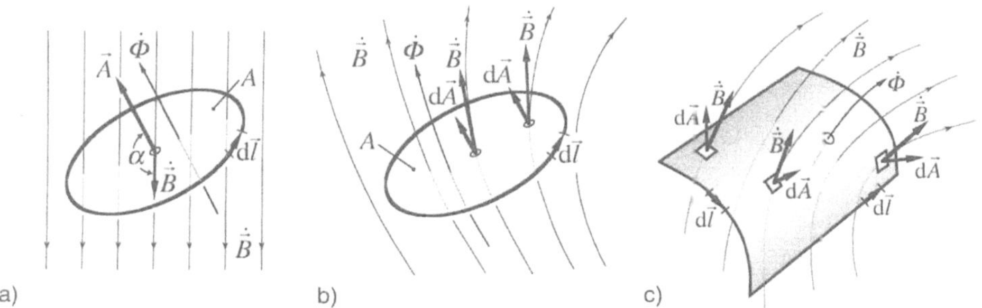

5.75 Rechtswendige Zuordnung der Orientierungen von Flächenvektor und Umlaufintegral bei ebener Fläche im homogenen (a) und inhomogenen (b) Feld und allgemein (c)

– In einem zeitveränderlichen Magnetfeld ($\dot{\vec{B}} \neq 0$) ist das Wegintegral der elektrischen Feldstärke $\vec{E}$ entlang eines geschlossenen Umlaufes immer gleich der Änderungsgeschwindigkeit des magnetischen Flusses innerhalb dieses Umlaufes. Diese Aussage, in mathematischer Formulierung als Induktionsgesetz

$$\oint \vec{E}\cdot \mathrm{d}\vec{l} = -\int_A \dot{\vec{B}}\cdot \mathrm{d}\vec{A} \tag{5.176}$$

bezeichnet, gilt für Umläufe mit beliebiger Geometrie durch Räume beliebiger homogener oder inhomogener leitender und/oder nichtleitender Materialien, auch durch Quellen mit eingeprägten elektrischen Feldstärken.

Für das Induktionsgesetz Gl.(5.176) gelten folgende Festlegungen.

In das Umlaufintegral $\oint \vec{E}\cdot \mathrm{d}\vec{l}$ ist die elektrische Feldstärke $\vec{E}$ des resultierenden elektrischen Feldes einzusetzen, die abhängig von Art und Material des Raumbereiches, durch welchen das Umlaufintegral $\oint \vec{E}\cdot \mathrm{d}\vec{l}$ verläuft, durch die Gleichungen

$$\begin{aligned}
\vec{E} &= \vec{D}/\varepsilon & &\text{in passiven, idealen Dielektrika mit } \kappa = 0 \\
& & &\text{[s. Gl.(3.18)]}, \\
\vec{E} &= \vec{S}/\kappa & &\text{in passiven Leitungsgebieten [s. Gl.(4.24)]}, \\
\vec{E} &= -\vec{E}^{\mathrm{e}} + \vec{S}/\kappa & &\text{in aktiven Leitungsgebieten [s. Gl.(4.29)]}
\end{aligned} \tag{5.177}$$

zu ersetzen ist (s. Bild **5.73** u. Bild **5.74**). In Leitungsgebieten, in denen $\vec{E}$ sowohl der elektrischen Flußdichte $\vec{D}$ als auch der Stromdichte $\vec{S}$ entsprechen muß ($\vec{E} = \vec{D}/\varepsilon = \vec{S}/\kappa$), z. B. bei instationären Feldern in realen Dielektrika, ist Abschn. 4.5.2.3 zu beachten.

Die Orientierung $\mathrm{d}\vec{l}$ des Umlaufintegrals $\oint \vec{E} \cdot \mathrm{d}\vec{l}$ um die Randlinie der Fläche A ist rechtswendig dem Flächenvektor $\vec{A}$ dieser Fläche zugeordnet (s. Bild **5.75a**) bzw. bei inhomogenen Feldern und/oder nichtebenen Flächen rechtswendig den Flächenvektoren $\mathrm{d}\vec{A}$ (s. Bild **5.75b** u. c).

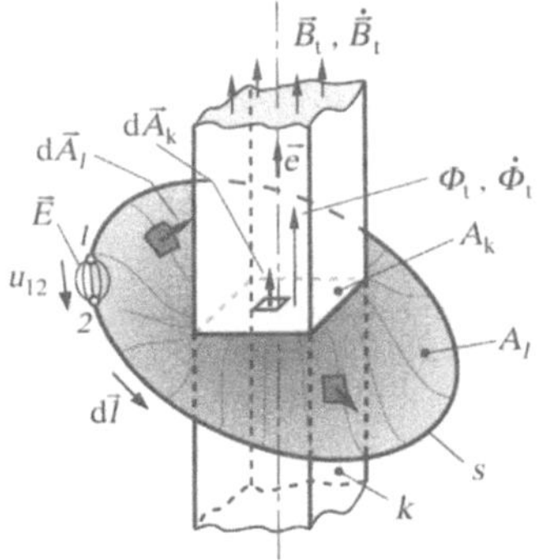

5.76 Durch eine Leiterschleife begrenzte Fläche $A = A_\mathrm{l} + A_\mathrm{k}$ so gekrümmt, daß sie durch den Querschnitt A_k des Eisenkernes verläuft

Beispiel 5.37. In Bild **5.76** ist der Ausschnitt aus einem Eisenkern k gezeichnet, in dem die magnetische Flußdichte $\vec{B}_\mathrm{t} = \vec{e}\hat{B}\sin(\omega t)$ parallel zur Längsachse des Kernes gerichtet mit dem zeitveränderlichen Wert $B_\mathrm{t} = \hat{B}\sin(\omega t)$ auftritt. Die in einer Leiterschleife mit beliebiger Geometrie und Lage um den Kern induzierte Spannung ist zu berechnen.

Der Kern soll schwach gesättigt sein, so daß außerhalb das magnetische Feld mit Null angenommen werden kann. Man wählt dann die durch die Leiterschleife begrenzte Fläche so, daß sie im Kern als Ebene A_k rechtwinklig zur Kernlängsachse verläuft (s. Bild **5.76**). Da in dem dann außerhalb des Kernes gekrümmten Flächenteil A_l kein Feld auftritt ($\int_{A_\mathrm{l}} \vec{B}_\mathrm{t} \cdot \mathrm{d}\vec{A}_\mathrm{l} = 0$), muß das Flächenintegral $\int_A \vec{B}_\mathrm{t} \cdot \mathrm{d}\vec{A}$ nur über den Kernquerschnitt A_k gebildet werden und kann hier als Multiplikation $\vec{B}_\mathrm{t} \cdot \vec{A}_\mathrm{k} = \dot{B}_\mathrm{t} \cdot A_\mathrm{k}$ geschrieben werden, da $\mathrm{d}\vec{A}_\mathrm{k} \| \dot{\vec{B}}_\mathrm{t}$ ist und $\vec{B}_\mathrm{t}$ in solchen Eisenabschnitten als homogen über A_k angenommen werden kann.

Mit der differenzierten Flußdichte

$$\dot{\vec{B}}_\mathrm{t} = \frac{\mathrm{d}}{\mathrm{d}t}\,\vec{e}\hat{B}\sin(\omega t) = \vec{e}\omega\hat{B}\cos(\omega t), \tag{5.178}$$

die die gleiche Richtung wie die magnetische Flußdichte $\vec{B}_\mathrm{t}$ hat ($\dot{\vec{B}} \| \vec{B}$), ergibt sich nach dem Induktionsgesetz Gl.(5.176) das rechtswendig zum gewählten $\mathrm{d}\vec{A}$ um die von der Leiterschleife eingeschlossene Fläche ($A_\mathrm{l} + A_\mathrm{k}$) zu bildende Umlaufintegral

$$\oint \vec{E} \cdot \mathrm{d}\vec{l} = \int_1^2 \vec{E} \cdot \mathrm{d}\vec{l} = -\int_A \dot{\vec{B}}_\mathrm{t} \cdot \mathrm{d}\vec{A} = -\left(\int_{A_\mathrm{l}} \dot{\vec{B}}_\mathrm{t} \cdot \mathrm{d}\vec{A}_\mathrm{l} + \int_{A_\mathrm{k}} \dot{\vec{B}}_\mathrm{t} \cdot \mathrm{d}\vec{A}_\mathrm{k}\right) = -\dot{B}_\mathrm{t} A_\mathrm{k}. \tag{5.179a}$$

Da in der stromlosen Leiterschleife kein E-Feld existiert, tritt es konzentriert zwischen den Klemmen *1* und *2* auf und kann hier als Spannung

$$u_{12} = \int\limits_1^2 \vec{E}\cdot\mathrm{d}\vec{l} = -\omega\hat{B}\cos(\omega t)\,, \tag{5.179b}$$

für den in der Integrationsorientierung rechtswendig zu $\mathrm{d}\vec{A}$ angetragenen Spannungszählpfeil u_{12}, bestimmt werden.

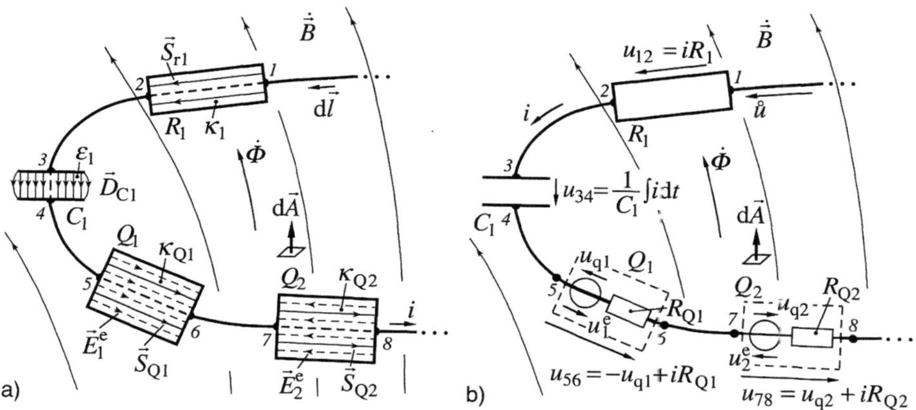

5.77   Teil einer Leiterschleife mit unterschiedlichen Leitungseigenschaften (Bauelemente) als elektrisches Strömungsfeld (a) und durch Ersatzzweipole (b) dargestellt

Beispiel 5.38. In Bild **5.77a** ist ein Teilabschnitt eines geschlossenen Kreises skizziert, in dem unterschiedliche Bauelemente über Leitungen mit vernachlässigbarem Widerstand hintereinandergeschaltet sind und der ein zeitveränderliches Magnetfeld der differenzierten Flußdichte $\dot{\vec{B}}$ einschließt. Für die Bauelemente sind Querschnitt A_q, Länge l und Leitfähigkeit κ, für die Quellen auch die eingeprägte Feldstärke $\vec{E}^e$ mit Wert und ihrer in Bild **5.77a** eingezeichneten Orientierung gegeben. Die Felder sollen in den Bauelementen als homogen anzunehmen sein. Für diesen Kreis ist das Induktionsgesetz aufzustellen und dessen Lösung zu beschreiben.

Man wählt – willkürlich – die in Bild **5.77a** eingezeichnete Orientierung für den Flächenvektor $\mathrm{d}\vec{A}$ der von dem Kreis eingeschlossenen Fläche A und legt rechtswendig dazu die Orientierung $\mathrm{d}\vec{l}$ des Umlaufintegrals wie eingezeichnet fest. Für das unbekannte S- und D-Feld sind die Orientierungen wie die von $\mathrm{d}\vec{l}$ gewählt eingezeichnet. Damit kann entsprechend Gln.(5.176)u.(5.177) für den Kreis das Induktionsgesetz

$$\int\limits_1^2 \frac{\vec{S}_{R1}}{\kappa_1}\cdot\mathrm{d}\vec{l} + \int\limits_3^4 \frac{\vec{D}_{c1}}{\varepsilon_1}\cdot\mathrm{d}\vec{l} + \int\limits_5^6 \left(-\vec{E}_1^e + \frac{\vec{S}_{Q1}}{\kappa_{Q1}}\right)\cdot\mathrm{d}\vec{l} + \int\limits_7^8 \left(-\vec{E}_2^e + \frac{\vec{S}_{Q2}}{\kappa_{Q2}}\right)\cdot\mathrm{d}\vec{l} + \ldots = -\int\limits_A \dot{\vec{B}}\cdot\mathrm{d}\vec{A}$$

$$\tag{5.180}$$

aufgestellt werden. In allen Bauelementen läßt sich bei homogenem Feldverlauf die Stromdichte $S = I/A_q$ bzw. die Flußdichte $D = (\int i \, dt)/A_q$ über A_q auf den im Kreis fließenden Strom i zurückführen und die Integration in eine Multiplikation überführen $(\int_\mu^\nu \vec{E} \cdot d\vec{l} = \vec{E} \cdot \vec{l}_{\mu\nu})$. Damit hat man im Prinzip nur noch eine Unbekannte, die durch die Gl.(5.180) bestimmt ist. In praktischen Aufgabenstellungen sind die Felder der Bauelemente allerdings häufig inhomogen, und die Lösung der Aufgabe kann dann infolge des komplizierten Zusammenhanges zwischen i und $\vec{S}$ mathematisch aufwendig werden. Sind die Bauelemente nicht mit ihren Abmessungen, sondern ihren elektrischen Parametern R, C und U_q gegeben, vereinfacht sich die Lösung der Aufgabe, wie im Anschluß an dieses Beispiel erläutert.

Eine grundsätzliche Schwierigkeit besteht bei der Lösung von Aufgaben vorliegender Art allerdings darin, daß in dem Flächenintegral auf der rechten Seite des Induktionsgesetzes immer die tatsächlich in dem Umlauf auftretende differenzierte Flußdichte $\dot{\vec{B}}$ einzusetzen ist, in der auch die von dem erst noch zu bestimmenden Strömungsfeld $(\vec{S})$ erregte Eigenfeldkomponente $\dot{\vec{B}}(s)$ enthalten ist.

Für die praktische Berechnung von Kreisen, die durch diskrete Bauelemente gegeben sind, empfiehlt es sich, die Wegintegrale über die jeweiligen Feldabschnitte eines Bauelementes durch die Spannungen über diesen Abschnitt zu ersetzen (s. Bild 5.77b). Man faßt also die Bauelemente als Zweipole auf mit den zwischen ihren Klemmen ν und μ auftretenden Spannungen

$$
\begin{aligned}
u_{\nu\mu} &= \int_\nu^\mu \frac{\vec{S}}{\kappa} \cdot d\vec{l} = i_{\nu\mu} R && \text{bei Widerständen} \\
&&& \text{[s. Gl.(4.42a)]} \\[2em]
u_{\nu\mu} &= \int_\nu^\mu \frac{\vec{D}}{\varepsilon} \cdot d\vec{l} = \frac{1}{C} \int i_{\nu\mu} \, dt && \text{bei idealen Konden-} \\
&&& \text{satoren [s. Gl.(4.100)]} \\[2em]
u_{\nu\mu} &= \int_\nu^\mu \left(-\vec{E}^e + \frac{\vec{S}}{\kappa}\right) \cdot d\vec{l} = u_{q\nu\mu} + i_{\nu\mu} R_i && \text{bei unbewegten Quellen} \\
&&& \text{[s. Gln.(4.48)u.(4.49b)]}
\end{aligned}
\qquad (5.181)
$$

und führt diese in das Umlaufintegral $\oint \vec{E} \cdot d\vec{l}$ ein. Lassen sich so alle Gebiete des geschlossenen Umlaufes durch Zweipole darstellen, die durch widerstandslose Leitungen verbunden sind, so wird das Umlaufintegral im Induktionsgesetz Gl.(5.176) durch die Summe aller Zweipolspannungen (Umlaufspannungen) ersetzt. Bei realen Kondensatoren sind ggf. deren aus idealem Kondensator (C) und Widerstand (R) bestehende Ersatzschaltungen einzuführen (s. Abschn. 4.5.2.3).

– In einer ruhenden, geschlossenen Schleife aus n über widerstandslose Leitungen hintereinandergeschalteten Zweipolen ist entsprechend dem Induktionsgesetz die Summe der Zweipolspannungen gleich der von der Schleife eingeschlossenen Änderungsgeschwindigkeit des magnetischen Flusses

$$\oint \vec{E}\cdot\mathrm{d}\vec{l} = \overset{\circ}{\sum} u + \overset{\circ}{\sum} u_{\mathrm{q}} = \overset{\circ}{\sum} u - \overset{\circ}{\sum} u^{\mathrm{e}} = -\int_{A} \dot{\vec{B}}\cdot\mathrm{d}\vec{A}. \tag{5.182}$$

Der Zählumlauf für die Bildung der Spannungssumme ist entsprechend der Orientierung des Umlaufintegrals rechtswendig den Flächenvektoren $\mathrm{d}\vec{A}$ zuzuordnen, d. h., Zweipolspannungen, deren Zählpfeile rechtswendig zu $\mathrm{d}\vec{A}$ orientiert sind, müssen positiv in die Spannungssumme aufgenommen werden, linkswendig orientierte aber negativ.

Beispiel 5.39. In dem in Beispiel 5.38, Bild **5.77a** behandelten Kreis sind die Feldabschnitte durch Zweipole zu ersetzen und das Umlaufintegral $\oint \vec{E}\cdot\mathrm{d}\vec{l}$ in Gl.(5.180) in die Umlaufspannung entsprechend Gl.(5.182) zu überführen.

Man zeichnet den Kreis mit den Ersatzzweipolen (s. Bild **5.77b**) und trägt an die Quellen die Zählpfeile für ihre Quellenspannung u_{q} oder eingeprägte Spannung u^{e} ein (Orientierung ist direkt oder indirekt über die gegebene Polarität der Klemmen oder $\vec{E}^{\mathrm{e}}$ bestimmt). Weiter wird die Orientierung für die Flächenvektoren $\mathrm{d}\vec{A}$ festgelegt und rechtswendig zu diesen der Zählumlauf $\overset{\circ}{\sum} u$ (Integrationsumlauf) für die Umlaufspannung eingetragen. Der Zählpfeil für den zu berechnenden Strom i kann beliebig gewählt werden, er wird hier in der Orientierung des Zählumlaufes eingezeichnet. Damit liegen die Zweipolspannungen nach Gl.(5.181) fest, und das Induktionsgesetz Gl.(5.182) kann man mit den Quellenspannungen

$$\overset{\circ}{\sum} u + \overset{\circ}{\sum} u_{\mathrm{q}} = iR_1 + \frac{1}{C_1}\int i\,\mathrm{d}t - u_{\mathrm{q}1} + iR_{\mathrm{Q}1} + u_{\mathrm{q}2} + iR_{\mathrm{Q}2} + \ldots = -\int_{A} \dot{\vec{B}}\cdot\mathrm{d}\vec{A}$$
$$\tag{5.183a}$$

oder eingeprägten Spannungen

$$\overset{\circ}{\sum} u - \overset{\circ}{\sum} u^{\mathrm{e}} = iR_1 + \frac{1}{C_1}\int i\,\mathrm{d}t + iR_{\mathrm{Q}1} + iR_{\mathrm{Q}2} + \ldots - [u_1^{\mathrm{e}} - u_2^{\mathrm{e}} + \ldots] = -\int_{A} \dot{\vec{B}}\cdot\mathrm{d}\vec{A}$$
$$\tag{5.183b}$$

schreiben. Sind die Widerstände R, Kapazitäten C, Innenwiderstände R_{Q} und Quellenspannungen u_{q} (mit Zählpfeilorientierungen) der Spannungsquellen des in seiner Geometrie festliegenden Kreises gegeben, so kann der Strom i in dem Kreis als die einzige Unbekannte in Gl.(5.183) bestimmt werden, wenn $\dot{\vec{B}}(i)$ seines Eigenfeldes vernachlässigbar ist gegenüber der eingeprägten differenzierten magnetischen Flußdichte $\dot{\vec{B}}$, die selbstverständlich auch als Zeit- und Ortsfunktion gegeben sein muß. Ist das Eigenfeld des Stromes i nicht zu vernachlässigen, so muß es dem gegebenen eingeprägten überlagert und in dem Flächenintegral $\int_A \dot{\vec{B}} \cdot \mathrm{d}\vec{A}$ berücksichtigt werden. Dies wird praktisch häufig indirekt ausgeführt über die Selbstinduktivität des Kreises (s. Abschn. 5.5.1.5).

Induktionsgesetz mit dem differenzierten Fluß $\dot{\Phi}$. Sind unbewegte, geschlossene Umläufe in ihrer Geometrie vorgegeben, also eine zeitkonstante Fläche A, z. B. entlang realisierter Leiterkreise, kann häufig die Differentiation der Vektorgröße magnetische Flußdichte $\vec{B}$ in die Differentiation der skalaren Größe magnetischer Fluß $\Phi = \int \vec{B} \cdot \mathrm{d}\vec{A}$ überführt werden, wodurch die Lösung einer Aufgabe gegebenenfalls erleichtert wird. Von hier nicht interessierenden Fällen nicht stetig differenzierbarer Funktionen abgesehen, kann (bei zeitkonstanter Fläche) die Differentiation von $\vec{B}$ im Induktionsgesetz Gl.(5.176) auch vor das Integral geschrieben werden, was dann nach Einsetzen von Gl.(5.54) der Differentiation des magnetischen Flusses Φ entspricht.

$$\int\limits_A \frac{\mathrm{d}\vec{B}}{\mathrm{d}t} \cdot \mathrm{d}\vec{A} = \frac{\mathrm{d}}{\mathrm{d}t} \int\limits_A \vec{B} \cdot \mathrm{d}\vec{A} = \frac{\mathrm{d}\Phi}{\mathrm{d}t} \tag{5.184}$$

Mit dieser Umformung ergibt sich aus Gl.(5.176) das auf den differenzierten magnetischen Fluß Φ bezogene Induktionsgesetz $\oint \vec{E} \cdot \mathrm{d}\vec{l} = -\mathrm{d}\Phi/\mathrm{d}t$, in dem das Umlaufintegral der elektrischen Feldstärke $\vec{E}$ auch wieder durch die integrale Größe Umlaufspannung $\overset{\circ}{u}$ ersetzt werden kann. Da der Zählpfeil für $\overset{\circ}{u}$ wie $\mathrm{d}\vec{l}$ und der für Φ wie $\mathrm{d}\vec{A}$ orientiert sind, gilt für die Zählpfeile u und Φ bzw. $\dot{\Phi}$ die gleiche Rechtszuwendung wie für die Vektoren ($\mathrm{d}\vec{l}$ rechtswendig zu $\mathrm{d}\vec{A}$).

– In einem geschlossenen Umlauf ist die Umlaufspannung gleich der negativen Änderungsgeschwindigkeit des magnetischen Flusses in diesem Umlauf.

$$\oint \vec{E} \cdot \mathrm{d}\vec{l} = \overset{\circ}{u} = -\frac{\mathrm{d}\Phi}{\mathrm{d}t} \tag{5.185}$$

Der Zählpfeil der Umlaufspannung $\overset{\circ}{u}$ ist rechtswendig dem Zählpfeil des magnetischen Flusses Φ zugeordnet.

Beispiel 5.40. Die in Beispiel 5.37 über die differenzierte Flußdichte $\dot{\vec{B}}_t$ berechnete Spannung u_{12} soll nun über die Differentiation der skalaren Größe des magnetischen Flusses Φ_t berechnet werden.

Unter den in Beispiel 5.37 angeführten Gegebenheiten (s. Bild 5.76) berechnet man entsprechend Gl.(5.54) den magnetischen Fluß

$$\Phi_{\mathrm{t}} = \int\limits_{A} \vec{B}_{\mathrm{t}}\cdot\mathrm{d}\vec{A} = \int\limits_{A_{\mathrm{l}}} \vec{B}_{\mathrm{t}}\cdot\mathrm{d}\vec{A}_{\mathrm{l}} + \int\limits_{A_{\mathrm{k}}} \vec{B}_{\mathrm{t}}\cdot\mathrm{d}\vec{A}_{\mathrm{k}} = B_{\mathrm{t}}A_{\mathrm{k}} = \hat{B}A_{\mathrm{k}}\sin(\omega t) \qquad (5.186)$$

für den in Bild 5.76 eingetragenen Zählpfeil. Damit ergibt sich nach dem Induktionsgesetz Gl.(5.185) die rechtswendig zum Φ-Zählpfeil zu bildende Umlaufspannung, hier also die über der Leiterschleifenöffnung auftretende Spannung

$$u_{12} = \overset{\circ}{u} = -\frac{\mathrm{d}\Phi}{\mathrm{d}t} = -\omega\hat{B}A_{\mathrm{k}}\cos(\omega t) \qquad (5.187)$$

für den von 1 nach 2 weisend (rechtswendig zu Φ) angetragenen Spannungszählpfeil.

Beispiel 5.41. In Bild 5.78a ist ein Übertrager mit dem Kernquerschnitt $A_{\mathrm{k}} = 100\,\mathrm{cm}^2$ skizziert. Die Primärwicklung a mit N_1 Windungen wird von einem Strom $i = I_0 + \hat{I}_1\sin(\omega t)$ (Gleichstrom mit überlagertem Sinusstrom der Kreisfrequenz $\omega = 100\pi/\mathrm{s}$) durchflossen, der in dem ungesättigten Eisenkern die magnetische Flußdichte

$$\vec{B}_{\mathrm{t}(i)} = \left[B_0 + \hat{B}_1\sin(\omega t)\right]\vec{e} = \left[0,6\,\mathrm{T} + 0,2\,\mathrm{T}\sin\frac{100\pi t}{\mathrm{s}}\right]\vec{e}$$

hervorruft (s. Bild 5.78b). Die in der Leiterschleife b (Sekundärwicklung) zwischen den Klemmen 1 und 2 auftretende Spannung ist zu berechnen.

5.78
Übertrager mit eingetragenen Vektoren und Zählpfeilen (a) und Zeitverlauf der magnetischen Flußdichte B und der induzierten Spannung u_{12} (b)

a)

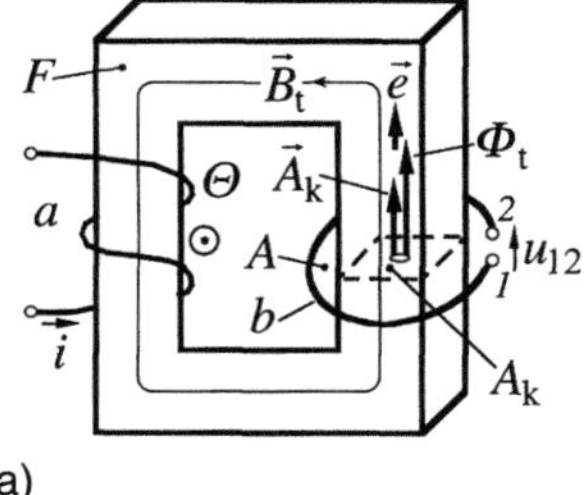

b)

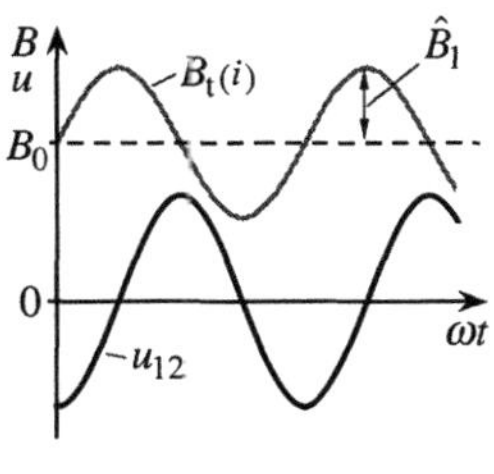

In Bild 5.78a ist für die von der Leiterschleife b auf der Sekundärseite der eingeschlossenen Fläche A der Flächenvektor $\vec{A}_{\mathrm{k}}$ und damit auch der Flußzählpfeil Φ_{t} nach oben weisend eingetragen. Der dafür nach Gl.(5.54) zu bestimmende magnetische Fluß $\Phi_{\mathrm{t}} = \int \vec{B}_{\mathrm{t}(i)}\cdot\mathrm{d}\vec{A}$ kann nach den Erläuterungen in Beispiel 5.37 mit guter Näherung als Produkt $\Phi_{\mathrm{t}} = B_{\mathrm{t}(i)}\vec{e}\cdot\vec{A}_{\mathrm{k}} = B_{\mathrm{t}(i)}A_{\mathrm{k}}$ berechnet werden.

Nach dem Induktionsgesetz Gl.(5.185) ergibt sich dann für den rechtswendig zum Zählpfeil Φ_{t} angetragenen Spannungszählpfeil die zwischen den Klemmen 1 und 2 auftretende induzierte Spannung

$$u_{12} = \overset{\circ}{u} = -\frac{\mathrm{d}\Phi}{\mathrm{d}t} = -\frac{\mathrm{d}}{\mathrm{d}t}A_\mathrm{k}[B_0 + \hat{B}_1\sin(\omega t)] = -A_\mathrm{k}\hat{B}_1\omega\cos(\omega t)$$

$$= -100\,\mathrm{cm}^2 \cdot 0,2\,\mathrm{T}\frac{100\pi}{\mathrm{s}}\cos\frac{100\pi t}{\mathrm{s}} = -0,628\,\mathrm{V}\cos\frac{100\pi t}{\mathrm{s}}. \tag{5.188}$$

Ist $I_0 > \hat{I}_1$ gegeben, bleibt $\vec{B}_\mathrm{t} = [B_{0(I_0)} + \hat{B}_{1(I_1)}]\vec{e}$ immer positiv, d. h., $\vec{B}$ tritt nur in der in Bild **5.78a** eingezeichneten Orientierung auf. Dann bleibt auch $\Phi_\mathrm{t} = B_{\mathrm{t}(i)}A_\mathrm{k}$ immer positiv. Der differenzierte Fluß $\overset{\cdot}{\Phi}_\mathrm{t}$ und damit die induzierte Spannung u_{12} wechseln dagegen ihr Vorzeichen (s. Bild **5.78b**). Das Beispiel zeigt auch eindrucksvoll, daß der Wert der induzierten Spannung u zu jedem Zeitpunkt t allein von der zu diesem Zeitpunkt auftretenden Änderungsgeschwindigkeit $\mathrm{d}B/\mathrm{d}t$ der magnetischen Flußdichte B_t abhängt, nicht aber von dem momentanen Wert der magnetischen Flußdichte. Dieser wird maßgebend durch den Gleichanteil B_0 bestimmt, der aber nach der Differentiation in der Spannungsgleichung Gl.(5.188) nicht mehr in Erscheinung tritt.

Spule mit induzierter Spannung als Zweipol. Bei Maschinen und Geräten, die die Induktionswirkung des zeitveränderlichen Magnetfeldes nutzen, z. B. Transformatoren, wird diese häufig indirekt über die an den Klemmen auftretende Spannung in die Rechnung eingeführt. Liegt also eine Leiterschleife oder Spule, in Bild **5.79a** mit sp bezeichnet, in einem Stromkreis (Masche), in Bild **5.79b** mit m bezeichnet, für den die Umlaufspannung (Maschensatz) bestimmt werden soll, so wählt man den Umlaufweg nicht entlang der Leiterschleife um den magnetischen Fluß Φ_sp, wie in Bild **5.79a** für $\sum_{\mathrm{m,sp}} u$ strichpunktiert ein-

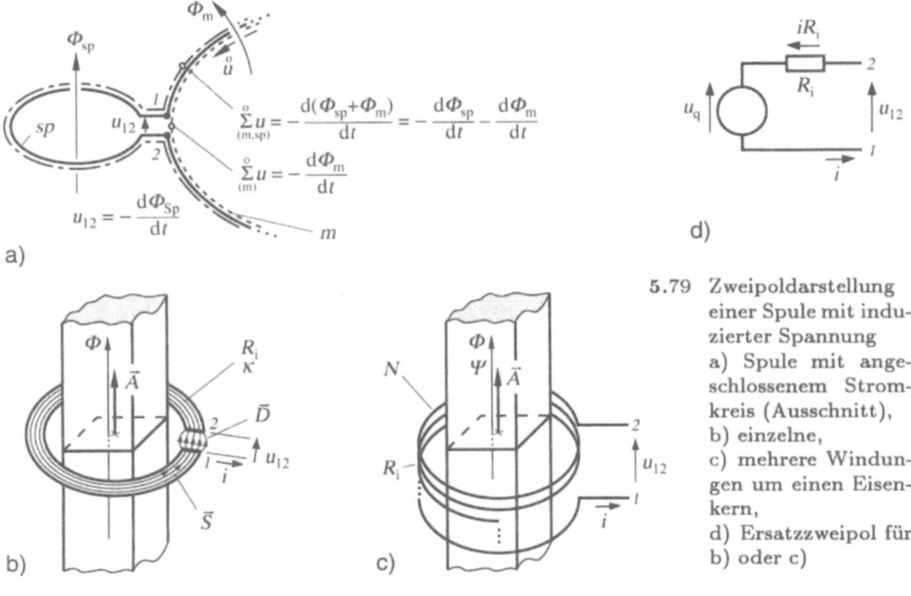

5.79 Zweipoldarstellung einer Spule mit induzierter Spannung
a) Spule mit angeschlossenem Stromkreis (Ausschnitt),
b) einzelne,
c) mehrere Windungen um einen Eisenkern,
d) Ersatzzweipol für b) oder c)

gezeichnet, sondern direkt zwischen den Klemmen verlaufend, wie in Bild **5.79a** für $\overset{\circ}{\sum}_m u$ gestrichelt eingezeichnet. Damit kann dann direkt die Klemmenspannung u_{12} der Leiterschleife *sp* (Spule) in die Spannungssumme $\overset{\circ}{\sum}_m u$ über den Umlauf *m* eingeführt werden, die ihrerseits nach dem Induktionsgesetz bestimmt werden muß, wie im folgenden erläutert.

In Bild **5.79b** ist ein Ringleiter mit den Anschlußpolen *1* und *2* dargestellt, der einen Eisenschenkel mit dem zeitveränderlichen magnetischen Fluß Φ einschließt. Fließt kein Strom ($i = 0$, stationärer Fall), so ist in der elektrisch leitenden Schleife die elektrische Feldstärke $\vec{E} = \vec{S}/\kappa = 0$, da $S = 0$ ist. Also folgt aus dem D-Feld zwischen den Klemmen der Schleife die elektrische Feldstärke $\vec{E} = D/\varepsilon$, die in das Umlaufintegral eingesetzt das Induktionsgesetz Gl.(5.185)

$$\oint \vec{E} \cdot \mathrm{d}\vec{l} = \int_1^2 \frac{\vec{D}}{\varepsilon} \cdot \mathrm{d}\vec{l} = -\int_A \dot{\vec{B}} \cdot \mathrm{d}\vec{A} = -\frac{\mathrm{d}\Phi}{\mathrm{d}t} \qquad (5.189a)$$

erfüllt. Damit stellt sich zwischen den Klemmen *1* und *2* die Leerlaufspannung

$$u_{12,l} = \int_1^2 \frac{\vec{D}}{\varepsilon} \cdot \mathrm{d}\vec{l} = -\frac{\mathrm{d}\Phi}{\mathrm{d}t} \qquad (5.189b)$$

ein.

Fließt der Strom i in der Schleife (instationärer Fall), so tritt zwischen den Klemmen ein D-Feld und im Leiter ein elektrisches Strömungsfeld der Stromdichte $\vec{S}$ auf (s. Bild **5.79b**). In das Umlaufintegral des Induktionsgesetzes Gl.(5.185) ist also entsprechend Gl.(5.177) im Bereich zwischen den Klemmen die elektrische Feldstärke $\vec{E} = \vec{D}/\varepsilon$ und entlang des Leiters die elektrische Feldstärke $\vec{E} = \vec{S}/\kappa$ einzuführen.

$$\oint \vec{E} \cdot \mathrm{d}\vec{l} = \int_1^2 \frac{\vec{D}}{\varepsilon} \cdot \mathrm{d}\vec{l} + \int_2^1 \frac{\vec{S}}{\kappa} \cdot \mathrm{d}\vec{l} = -\int_A \vec{B} \cdot \mathrm{d}\vec{A} \qquad (5.190a)$$

Daraus folgt mit dem ohmschen Spannungsabfall $iR_i = \int_2^1 (\vec{S}/\kappa) \cdot \mathrm{d}\vec{l}$ am Widerstand der Leiterschleife die zwischen den Klemmen *1* und *2* auftretende Klemmenspannung

$$u_{12} = -\frac{\mathrm{d}\Phi}{\mathrm{d}t} - iR_i \,. \qquad (5.190b)$$

Für die Gln.(5.189b)u.(5.190b) gilt die Orientierungsregel des Induktionsgesetzes Gl.(5.185), d. h. die Zählpfeile für Spannung u und Strom i sind rechtswendig dem Zählpfeil des magnetischen Flusses Φ zuzuordnen. Werden $\vec{S}$ und damit der Zählpfeil für i linkswendig zu dem für Φ angetragen (könnte z. B. im Hinblick auf die äußere Masche zweckmäßig sein), ist iR_i in das rechtswendig zu bildende Umlaufintegral Gl.(5.190a) mit negativem Vorzeichen aufzunehmen. Gleichung (5.190b) muß dann $u_{12} = -\dot{\Phi} + iR_\mathrm{i}$ lauten.

Liegen zwischen den Anschlußklemmen nicht nur eine, sondern N Windungen, wie im allgemeinen beim Transformator, muß das Umlaufintegral entsprechend Gln.(5.189)bzw.(5.190) entlang dieser N Windungen, d. h. über N Umläufe, gebildet werden. Entsprechend muß dann auch der magnetische Fluß, der von diesen Umläufen eingeschlossen wird, durch Integration über die gesamte von den N Umläufen eingeschlossene Fläche ermittelt werden. Mit dem in Abschn. 5.3.1 hergeleiteten Spulenfluß Ψ ergibt sich dafür entsprechend Gl.(5.189) die an den Klemmen einer Spule auftretende Leerlaufspannung

$$u_{12,1} = -\frac{\mathrm{d}\Psi}{\mathrm{d}t} \tag{5.191a}$$

oder die bei einem Spulenstrom i auftretende Klemmenspannung

$$u_{12} = -\frac{\mathrm{d}\Psi}{\mathrm{d}t} - iR_\mathrm{i} \, . \tag{5.191b}$$

Man kann nun rein formal die Spulen in Bild **5.79** durch eine Ersatzspannungsquelle wie in Bild **5.79d** darstellen. Trägt man an diese die Zählpfeile für u_{12} und i mit einer Orientierung zu den Klemmen *1* und *2* an, die der an der Spule entspricht, d. h. dem Erzeugerzählpfeilsystem (E.Z.S.), so ergibt sich nach dem Maschensatz $u_{12} + iR_\mathrm{i} - u_\mathrm{q} = 0$ die Spannungsgleichung

$$u_{12} = u_\mathrm{q} - iR_\mathrm{i} \qquad \text{(E.Z.S.)} \tag{5.192}$$

[s. Abschn. 4.3.2.4, Gl.(4.49a)]. Über Koeffizientenvergleich mit den Gln.(5.190b) bzw.(5.191b) ergibt sich die Quellenspannung

$$u_\mathrm{q} = -\frac{\mathrm{d}\Phi}{\mathrm{d}t} \qquad \text{bzw.} \qquad u_\mathrm{q} = -\frac{\mathrm{d}\Psi}{\mathrm{d}t} \tag{5.193}$$

einer Ersatzspannungsquelle, die die in der Spule induzierte Spannung darstellt. Der Spulenwiderstand R_i ist dann mit dieser idealen Quelle in Reihe geschaltet.

5.5.1.4 Allgemeines Induktionsgesetz unter Einbeziehung bewegter Leiter. In Abschn. 5.5.1.2 wurde das Induktionsgesetz Gl.(5.176) für den Fall räumlich stillstehender Umläufe (Leiterschleifen) unter Einbeziehung auch aktiver Leitungsgebiete (Spannungsquellen) mit eingeprägter elektrischer Feldstärke $\vec{E}^{\mathrm{e}}$ erläutert. In Abschn. 5.5.1.1 wurde hergeleitet, daß ein bewegter Leiter im zeitkonstanten Magnetfeld wie eine allgemeine Spannungsquelle mit einer eingeprägten elektrischen Feldstärke $\vec{E}^{\mathrm{e}} = (\vec{v} \times \vec{B})$ bzw. Spannung $U^{\mathrm{e}} = \int (\vec{v} \times \vec{B}) \cdot \mathrm{d}\vec{l}$ oder Quellenspannung $u_{\mathrm{q}} = -\int (\vec{v} \times \vec{B}) \cdot \mathrm{d}\vec{l}$ betrachtet werden kann. Ein bewegter Leiter kann also, genauso wie z. B. chemische, thermische oder optische Spannungsquellen betrachtet, in dem Umlaufintegral $\oint \vec{E} \cdot \mathrm{d}\vec{l}$ des Induktionsgesetzes berücksichtigt werden, wenn man beachtet, daß sich im bewegten Leiter die elektrische Feldstärke $\vec{E} = -\vec{E}^{\mathrm{e}} + \vec{S}/\kappa = -(\vec{v} \times \vec{B}) + \vec{S}/\kappa$ einstellt. Damit gilt dann das in Abschn. 5.5.1.2 mit Bezug auf ruhende Schleifen erläuterte Induktionsgesetz grundsätzlich auch für bewegte Schleifen, allerdings wird durch die Bewegung der gesamten Schleife oder von Schleifenabschnitten die von ihr eingeschlossene Fläche A_{t} in Größe (s. Bild **5.**80) oder/und Richtung (s. Bild **5.**81) zeitabhängig, was in dem Flächenintegral $\int_{A_{\mathrm{t}}} \vec{B} \cdot \mathrm{d}\vec{A}$ zu berücksichtigen ist.

- Das Induktionsgesetz Gl.(5.176) gilt allgemein für ruhende oder bewegte geschlossene Schleifen, wenn

  a. für bewegte Schleifenabschnitte die elektrische Feldstärke $\vec{E} = -\vec{E}^{\mathrm{e}} + \vec{S}/\kappa$ entsprechend Gl.(5.177) mit der durch die Bewegung induzierten, eingeprägten elektrische Feldstärke $\vec{E}^{\mathrm{e}} = (\vec{v} \times \vec{B})$ in das Umlaufintegral $\oint \vec{E} \cdot \mathrm{d}\vec{l}$ eingesetzt wird und

  b. die Integrationsgrenze A_{t} des Flächenintegrals $\int_{A} \dot{\vec{B}} \cdot \mathrm{d}\vec{A}$ als Zeitfunktion A_{t} eingesetzt wird entsprechend der durch die Schleifenbewegung bedingten, zeitlichen Änderung der von ihr eingeschlossenen Fläche A_{t}, d. h. zum beliebigen Zeitpunkt t wird das Flächenintegral $\int_{A_{\mathrm{t}}} \dot{\vec{B}} \cdot \mathrm{d}\vec{A}$ bzw. der differenzierte Fluß $\dot{\Phi}_{\mathrm{t}}$ mit der zu diesem Zeitpunkt t wirksamen Fläche A_{t} berechnet.

Die praktische Berechnung des Flächenintegrals $\int_{A_{\mathrm{t}}} \dot{\vec{B}} \cdot \mathrm{d}\vec{A}$ mit zeitabhängigen Grenzen ist bei nicht in einer Ebene liegenden Umläufen und/oder inhomogenem B-Feld mathematisch schwierig. Daher ist in den Beispielen 5.42 und 5.43 der prinzipielle Rechengang für zwei geometrisch einfache Umläufe gezeigt, die aber für viele praktische Aufgabenstellungen exemplarisch sind.

Die durch die Bewegung von Umlaufabschnitten in diesen induzierte, eingeprägte elektrische Feldstärke $\vec{E}^{\mathrm{e}} = (\vec{v} \times \vec{B})$ ist nach Gl.(5.157) bestimmt, wenn die Zeitfunktion der magnetischen Flußdichte $\vec{B}_{\mathrm{t}}$ eingesetzt wird. Dies ist zulässig, wie unmittelbar aus der Erklärung dieser Gl.(5.157) anhand des Bildes 5.63 über das Gleichgewicht zwischen Coulomb- und Lorentzkraft folgt. Da diese Gleichge-

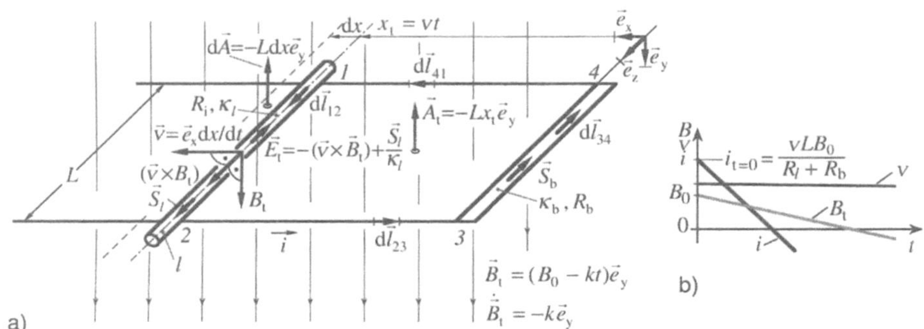

5.80 Im zeitveränderlichen Magnetfeld bewegter Leiter mit Belastungswiderstand R_b (a); Zeitabhängigkeit der Fläche A_t, der Flußdichte B und des Stromes i (b)

wichtsbedingung bei zeitveränderlichem $\vec{B}_t$ für jeden Zeitpunkt erfüllt sein muß, gilt Gl.(5.157) auch, wenn $\vec{B}_t$ (wie auch $\vec{v}_t$) als Zeitfunktionen gegeben sind. Damit gelten auch alle weiteren Erläuterungen in Abschn. 5.5.1.1 sinngemäß mit der als Zeitfunktion eingesetzten elektrischen Feldstärke $\vec{E}^e = (\vec{v}_t \times \vec{B}_t)$. Für die im zeitveränderlichen Magnetfeld bewegten Abschnitte einer Schleife sind also in das entlang dieser zu bildende Umlaufintegral $\oint \vec{E} \cdot d\vec{l}$ des Induktionsgesetzes [Gln.(5.176), (5.182) oder (5.185)] die elektrische Feldstärke $\vec{E}_t$ nach Gl.(5.164), die eingeprägte Spannung u^e bzw. die Quellenspannung u_q nach Gl.(5.160) oder die Spannung u nach Gl.(5.166) als Zeitfunktionen einzusetzen.

Beispiel 5.42. In einem Modell ähnlich dem in Bild **5.65** beschriebenen bewegt sich ein gerader Leiter l mit der konstanten Geschwindigkeit $\vec{v}$ von $x = 0$ nach x_t in einem homogenen Magnetfeld der magnetischen Flußdichte $\vec{B}_t = B_t \vec{e}_y$ mit zeitkonstanter Richtung ($\vec{e}_y$), aber zeitabhängigem Wert $B_t = B_0 - kt$ (s. Bild **5.80**). Der bewegte Leiter l mit dem Widerstand R_i gleitet über widerstandslose Kontaktschienen, die ihn mit einem Belastungswiderstand R_b verbinden. Der Strom i in dem Kreis ist mit dem allgemeinen Induktionsgesetz Gl.(5.176) zu berechnen.

Das Induktionsgesetz nach Gl.(5.176) lautet für das rechtswendig um den – willkürlich angetragenen – Flächenvektor $\vec{A}_t = Lvt(-\vec{e}_y)$ zu bildende Umlaufintegral

$$\oint \vec{E} \cdot d\vec{l} = \int_1^2 \vec{E} \cdot d\vec{l}_{12} + \int_2^3 \vec{E} \cdot d\vec{l}_{23} + \int_3^4 \vec{E} \cdot d\vec{l}_{34} + \int_4^1 \vec{E} \cdot d\vec{l}_{41}$$

$$= \int_1^2 \left[-(\vec{v} \times \vec{B}_t) + \frac{\vec{S}_l}{\kappa_l} \right] \cdot d\vec{l}_{12} + 0 + \int_3^4 \frac{\vec{S}_b}{\kappa_b} \cdot d\vec{l}_{34} + 0 = -\int_{A_t} \dot{\vec{B}}_t \cdot d\vec{A}. \quad (5.194a)$$

Die Stromdichte $\vec{S}$ und der Strom i sind ebenfalls rechtswendig um den Flächenvektor $\vec{A}_t$ orientiert angenommen. Da Leiter l, magnetische Flußdichte $\vec{B}_t$ und Geschwindigkeit $\vec{v}$ rechtwinklig zueinander liegen und $\mathrm{d}\vec{l}_{12} \uparrow\uparrow (\vec{v} \times \vec{B}_t)$ ist, gilt $\int_1^2 -(\vec{v} \times \vec{B}_t)\cdot\mathrm{d}\vec{l}_{12} = -vB_t L = -vL(B_0 - kt)$, und mit $\vec{S}_l \uparrow\uparrow \mathrm{d}\vec{l}_{12}$ bzw. $\vec{S}_b \uparrow\uparrow \mathrm{d}\vec{l}_{34}$ gilt $\int_1^2 (\vec{S}_l/\kappa_l)\cdot\mathrm{d}\vec{l} = iR_i$ bzw. $\int_3^4 (\vec{S}_b/\kappa_b)\cdot\mathrm{d}\vec{l} = u_{34} = iR_b$. Damit folgt aus Gl.(5.194a)

$$\oint \vec{E}\cdot\mathrm{d}\vec{l} = -vL(B_0 - kt) + iR_i + iR_b = -\int_{A_t} \dot{\vec{B}}\cdot\mathrm{d}\vec{A}. \tag{5.194b}$$

In der Fläche A_t ist das magnetische Feld zwar zeitveränderlich, aber homogen. Damit kann das Flächenintegral mit der zeitabhängigen Grenze direkt als Produkt aus $\dot{\vec{B}} = \dot{B}\vec{e}_y$ und der Fläche $\vec{A}_t = -Lvt\vec{e}_y$ als Zeitfunktion

$$\int_{A_t} \dot{\vec{B}}_t\cdot\mathrm{d}\vec{A} = \dot{\vec{B}}_t\cdot\vec{A}_t = -k\vec{e}_y\cdot Lvt(-\vec{e}_y) = kLvt \tag{5.195}$$

geschrieben werden. Dieses Produkt in Gl.(5.194b) eingeführt

$$\oint \vec{E}\cdot\mathrm{d}\vec{l} = -vL(B_0 - kt) + iR_i + iR_b = -kLvt \tag{5.194c}$$

ergibt den Strom

$$i = \frac{vL(B_0 - 2kt)}{R_i + R_b}, \tag{5.196}$$

der in Bild **5.80b** über der Zeit t aufgetragen ist.

Beispiel 5.43. In einem homogenen magnetischen Wechselfeld der magnetischen Flußdichte $\vec{B}_t = B_t\vec{e}_y$ mit sich zeitlich sinusförmig änderndem Wert $B_t = \hat{B}\sin(\omega t)$ und zeitkonstanter Richtung dreht sich eine Leiterschleife entsprechend Bild **5.81** mit der konstanten Winkelgeschwindigkeit ω. Die in der Schleife induzierte Spannung u_{ab}, die über Schleifringe abgegriffen wird, ist nach dem allgemeinen Induktionsgesetz Gl.(5.176) zu berechnen.

Mit dem rechtswendig um den – willkürlich angetragenen – Flächenvektor $\vec{A}_t = A\vec{e}_t$ zu bildenden Umlaufintegral gilt das Induktionsgesetz Gl.(5.176)

$$\oint \vec{E}\cdot\mathrm{d}\vec{l} = \int_1^2 \vec{E}\cdot\mathrm{d}\vec{l}_{12} + \int_2^3 \vec{E}\cdot\mathrm{d}\vec{l}_{23} + \int_3^4 \vec{E}\cdot\mathrm{d}\vec{l}_{34} + \int_4^a \vec{E}\cdot\mathrm{d}\vec{l}_{4b} + \int_a^b \vec{E}\cdot\mathrm{d}\vec{l}_{ab} + \int_b^1 \vec{E}\cdot\mathrm{d}\vec{l}_{b1}$$

$$= -\int_{A_t} \dot{\vec{B}}\cdot\mathrm{d}\vec{A}. \tag{5.197}$$

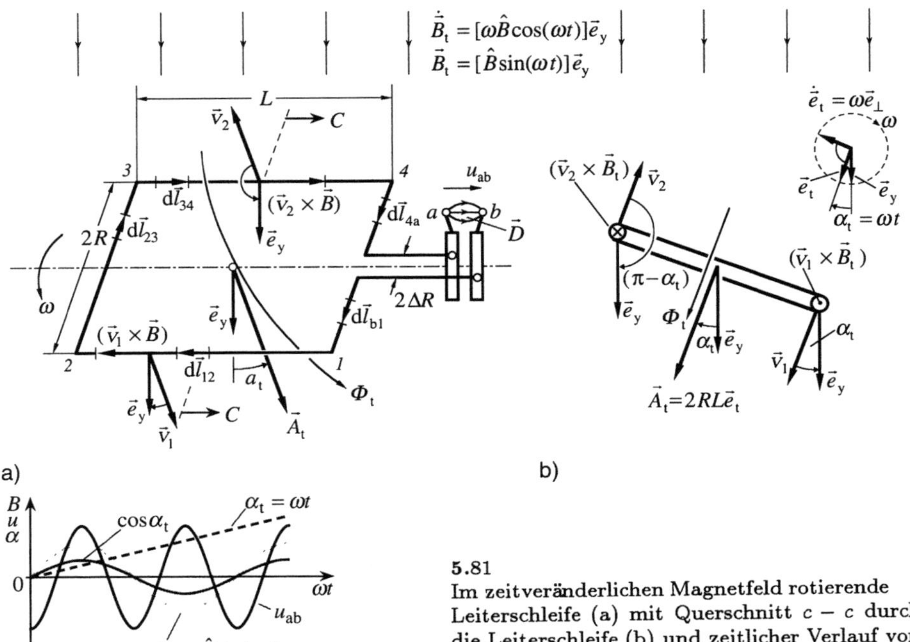

5.81
Im zeitveränderlichen Magnetfeld rotierende
Leiterschleife (a) mit Querschnitt $c - c$ durch
die Leiterschleife (b) und zeitlicher Verlauf von
Drehwinkel α_t, B und u

Für die Teilintegrale ergeben sich entsprechend Gl.(5.181) mit $\vec{E}^e = (\vec{v} \times \vec{B}) = \vec{v} \times B_t\vec{e}_y$ und $\vec{S} = 0$ (Leerlaufspannung $u_{ab(i=0)}$ ist zu bestimmen), den zeitabhängigen Winkeln $\alpha_t = \omega t$ bzw. $(\pi - \alpha_t)$ zwischen den Vektoren $\vec{e}_y$ und $\vec{v}_1 = R\omega\vec{e}_t$ bzw. $\vec{v}_2 = R\omega\,(-\vec{e}_t)$ und $d\vec{l}\,\|\,(\vec{v} \times \vec{B})$ mit $|\vec{v} \times \vec{B}| = $ const entlang der axialen Leiterlängen L die Teilspannungen

$$u_{12} = \int_1^2 \vec{E}\cdot d\vec{l}_{12} = \int_1^2 -(\vec{v}_1 \times \vec{B}_t)\cdot d\vec{l}_{12} = -(v\hat{B}_t \sin\alpha_t)L = -\omega RL[\hat{B}\sin(\omega t)]\sin(\omega t)$$

$$u_{34} = \int_3^4 \vec{E}\cdot d\vec{l}_{34} = \int_3^4 -(\vec{v}_2 \times \vec{B}_t)\cdot d\vec{l}_{34} = -[v\hat{B}_t \sin(\pi - \alpha_t)]L = -\omega RL[\hat{B}\sin(\omega t)]\sin(\omega t)$$

$$u_{ab} = \int_a^b \vec{E}\cdot d\vec{l} = \int_a^b \frac{\vec{D}}{\varepsilon}d\vec{l}_{ab}\ .$$

Die Teilintegrale über die Abschnitte (2→3), (4→a) und (b→1) ergeben Null, da in den Radialabschnitten $(\vec{v} \times \vec{B}) \perp d\vec{l}$ ist und die Schleifringzuleitungen mit der Umfangsgeschwindigkeit $\Delta R\omega \to 0$ rotieren.

Da das Feld in der rotierenden Schleife homogen ist, kann das Flächenintegral in Gl.(5.197) als Produkt der differenzierten Flußdichte $\dot{\vec{B}} = \dot{B}\vec{e}_y = [\omega\hat{B}\cos(\omega t)]\vec{e}_y$ und der zeitabhängigen (rotierenden) Fläche $\vec{A}_t = 2RL\vec{e}_t$ (Integralgrenzen) geschrieben werden

$$\int\limits_0^{A_t} \dot{\vec{B}}_t \cdot \mathrm{d}\vec{A} = \dot{\vec{B}}_t \cdot \vec{A}_t = [\omega\hat{B}\cos(\omega t)]\,\vec{e}_y \cdot 2RL\vec{e}_t = 2\omega RL\hat{B}\cos(\omega t)\cdot\cos\alpha_t \qquad (5.198)$$

mit dem zeitabhängigen Winkel $\alpha_t = \omega t$ zwischen den Vektoren $\dot{\vec{B}}$ und $\vec{A}_t$.

Setzt man dieses Integral und die Teilspannungen in Gl.(5.197) ein, so bekommt man

$$\oint \vec{E}\cdot\mathrm{d}\vec{l} = -\omega RL\hat{B}\sin^2(\omega t) - \omega RL\hat{B}\sin^2(\omega t) + u_{ab} = -2\omega RL\hat{B}\cos^2(\omega t)$$

und daraus die an den Schleifringen meßbare Leerlaufspannung

$$u_{ab} = 2\omega RL\hat{B}[\sin^2(\omega t) - \cos^2(\omega t)] = -2\omega RL\hat{B}\cos(2\omega t) \qquad (5.199)$$

für den angetragenen Zählpfeil u_{ab}. In Bild **5.81**c ist der Zeitverlauf von u_{ab} zusammen mit dem ihrer Ursachen B_t und α_t dargestellt. Zu beachten ist, daß der dargestellte Verlauf von u_{ab} für den hier betrachteten einfachen Fall gilt, bei dem die Schleifendrehung (ω_A) und die sinusförmige zeitliche Änderung (ω_B) der magnetischen Flußdichte B_t der gleichen Kreisfrequenz ($\omega_A = \omega_B = \omega$) entsprechen und die Schleifenebene immer dann rechtwinklig zur Richtung der magnetischen Flußdichte $\vec{B}$ liegt, wenn $\vec{B}$ jeweils Null ist.

Induktionsgesetz mit dem differenzierten magnetischen Fluß $\dot{\Phi}$. Wie bereits in Abschnitt 5.5.1.3 für ruhende Schleifen erläutert, ist es häufig zweckmäßig, vom B-Feld ausgehend zunächst den magnetischen Fluß $\Phi = \int \vec{B}\cdot\mathrm{d}\vec{A}$ zu berechnen und diesen zeitdifferenziert ($\dot{\Phi}$) in das Induktionsgesetz einzusetzen. Dies gilt gleichermaßen für das in diesem Abschnitt erläuterte Induktionsgesetz für bewegte Schleifen, allerdings muß man hier zusätzlich die durch die Leiterbewegung (Flächenänderung) verursachte Flußänderung $\dot{\Phi}_{(v)}$ berechnen und mit der durch die Flußdichteänderung bedingten $\dot{\Phi}_{(\dot{B})}$ zusammengefaßt $\dot{\Phi} = \dot{\Phi}_{(v)} + \dot{\Phi}_{(\dot{B})}$ auf die rechte Seite des Induktionsgesetzes Gl.(5.185) schreiben. Diese formale Umrechnung läßt sich wie folgt deuten.

Das Induktionsgesetz entsprechend Gl.(5.200a) in Bild **5.82** wird für einen in einem Magnetfeld mit sich zeitlich ändernder Flußdichte $\dot{B} \neq 0$ geschlossenen Umlauf aufgestellt, der teilweise durch leitende (Widerstände), nichtleitende (Kondensatoren) sowie aktive Leitungsgebiete (Spannungsquellen) und durch bewegte Leiterabschnitte führt. Dabei wird das Umlaufintegral der elektrischen

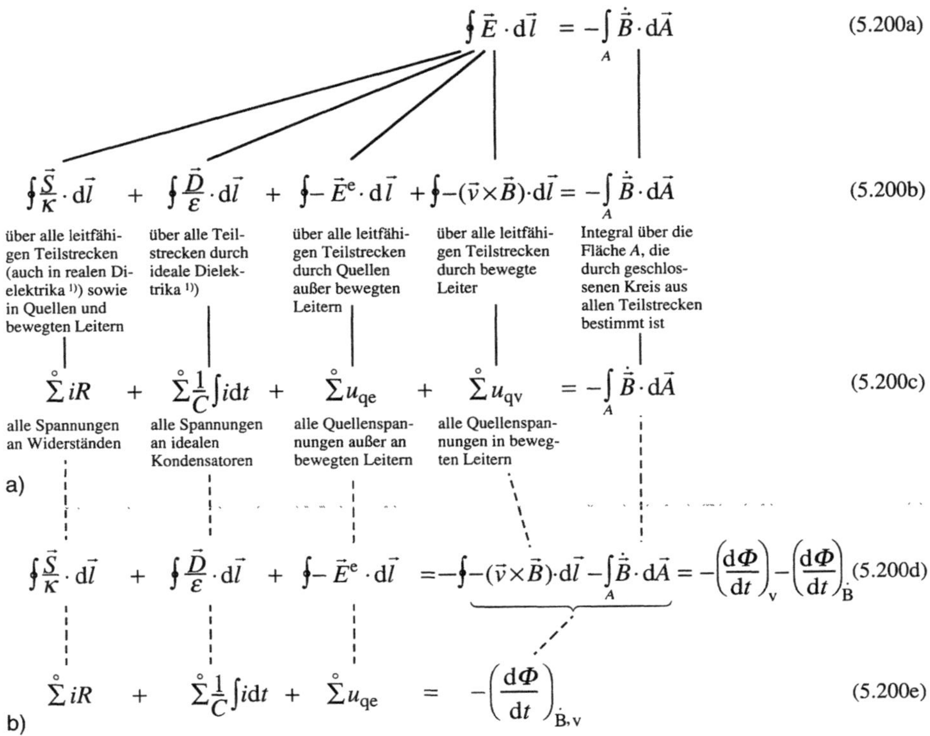

$$\oint \vec{E} \cdot \mathrm{d}\vec{l} = -\int_A \dot{\vec{B}} \cdot \mathrm{d}\vec{A} \qquad (5.200\mathrm{a})$$

$$\oint \frac{\vec{S}}{\kappa} \cdot \mathrm{d}\vec{l} + \oint \frac{\vec{D}}{\varepsilon} \cdot \mathrm{d}\vec{l} + \oint -\vec{E}^{\mathrm{e}} \cdot \mathrm{d}\vec{l} + \oint -(\vec{v}\times\vec{B})\cdot\mathrm{d}\vec{l} = -\int_A \dot{\vec{B}} \cdot \mathrm{d}\vec{A} \qquad (5.200\mathrm{b})$$

$$\sum^{\circ} iR + \sum^{\circ} \frac{1}{C}\int i\,\mathrm{d}t + \sum^{\circ} u_{\mathrm{qe}} + \sum^{\circ} u_{\mathrm{qv}} = -\int_A \dot{\vec{B}} \cdot \mathrm{d}\vec{A} \qquad (5.200\mathrm{c})$$

a)

$$\oint \frac{\vec{S}}{\kappa} \cdot \mathrm{d}\vec{l} + \oint \frac{\vec{D}}{\varepsilon} \cdot \mathrm{d}\vec{l} + \oint -\vec{E}^{\mathrm{e}} \cdot \mathrm{d}\vec{l} = -\oint -(\vec{v}\times\vec{B})\cdot\mathrm{d}\vec{l} - \int_A \dot{\vec{B}} \cdot \mathrm{d}\vec{A} = -\left(\frac{\mathrm{d}\Phi}{\mathrm{d}t}\right)_{\mathrm{v}} - \left(\frac{\mathrm{d}\Phi}{\mathrm{d}t}\right)_{\dot{\mathrm{B}}} \quad (5.200\mathrm{d})$$

$$\sum^{\circ} iR + \sum^{\circ} \frac{1}{C}\int i\,\mathrm{d}t + \sum^{\circ} u_{\mathrm{qe}} = -\left(\frac{\mathrm{d}\Phi}{\mathrm{d}t}\right)_{\dot{\mathrm{B}},\mathrm{v}} \qquad (5.200\mathrm{e})$$

b)

5.82 Umformung des Induktionsgesetzes   1)s. Abschn. 4.5.2.3

Feldstärke in Summanden aufgegliedert, in denen jeweils die gleichartigen Abschnitte des geschlossenen Umlaufes zusammengefaßt sind [die Summanden werden somit jeweils als Umlaufintegrale geschrieben [s. Gl.(5.200b), Bild **5.82**]. Werden die einzelnen Leitungsgebiete als Zweipole aufgefaßt, so lassen sich die einzelnen Umlaufintegrale auch als Umlaufsumme der an den Zweipolen auftretenden Spannungen schreiben [s. Gl.(5.200c), Bild **5.82**].

Schreibt man das über alle bewegten Umlaufabschnitte zu bildende Wegintegral $\oint -(\vec{v} \times \vec{B})\cdot\mathrm{d}\vec{l}$ der negativen eingeprägten Feldstärke $-\vec{E}^{\mathrm{e}}_{\mathrm{v}} = -(\vec{v} \times \vec{B})$ bzw. die diesem entsprechende Spannungssumme $\sum\limits^{\circ} u_{\mathrm{qv}}$ statt auf der linken Seite des Induktionsgesetzes [Gln.(5.200b)bzw.(5.200c)] auf die rechte Seite, so bekommt man die Gln.(5.200d)bzw.(200e) in Bild **5.82**. Man kann in dieser Form das über die bewegten Abschnitte einer geschlossenen Schleife zu bildende Wegintegral $\oint -(\vec{v} \times \vec{B})\cdot\mathrm{d}\vec{l}$ in eine zeitliche Änderung der von der Schleife begrenzten Fläche und über diese in eine zeitliche Änderung des von der Schleife umfaßten magnetischen Flusses Φ_{v} umrechnen, wie im folgenden beispielhaft erläutert.

In Bild **5.83a** ist ein starres Leiterstück l skizziert, das als Teil eines geschlossenen Umlaufes um eine Fläche A mit der Geschwindigkeit $\vec{v} = \mathrm{d}\vec{x}/\mathrm{d}t$ in einem homogenen Magnetfeld $\vec{B}$ mit zeitkonstanter Richtung $(\vec{B}\|\dot{\vec{B}})$ parallel verschoben wird. Betrachtet man ein Leiterelement $\mathrm{d}\vec{l}$ des bewegten Leiterabschnittes und bringt den Ausdruck für die in diesem induzierte infinitesimale eingeprägte Spannung $-\mathrm{d}u_v^e = -(\vec{v}\times\vec{B})\cdot\mathrm{d}\vec{l}$ nach den Regeln für Spatprodukte in die Form

$$-(\vec{v}\times\vec{B})\cdot\mathrm{d}\vec{l} = (\vec{B}\times\vec{v})\cdot\mathrm{d}\vec{l} = (\vec{v}\times\mathrm{d}\vec{l})\cdot\vec{B}$$

$$= \left(\frac{\mathrm{d}\vec{x}}{\mathrm{d}t}\times\mathrm{d}\vec{l}\right)\cdot\vec{B} = \frac{\mathrm{d}\vec{x}\times\mathrm{d}\vec{l}}{\mathrm{d}t}\cdot\vec{B}$$

$$= \frac{\mathrm{d}\vec{A}}{\mathrm{d}t}\cdot\vec{B} = \left(\frac{\mathrm{d}\Phi}{\mathrm{d}t}\right)_v , \qquad (5.201)$$

so erkennt man, daß durch die Verschiebung eines einzelnen Leiterelementes $\mathrm{d}\vec{l}$ um die Strecke $\mathrm{d}\vec{x} = \vec{v}\,\mathrm{d}t$ die von dem Umlauf eingeschlossene Fläche A um $\mathrm{d}\vec{A} = \mathrm{d}\vec{x}\times\mathrm{d}\vec{l}$ verändert wird. Damit ändert sich aber auch der magnetische Fluß Φ in dem Umlauf um $\mathrm{d}\Phi = \vec{B}\cdot\mathrm{d}\vec{A}$ (s. Bild **5.83b**). Betrachtet man die gesamten in dem Umlauf bewegten Leiterabschnitte, so kann die dadurch bedingte Flächen- bzw. Flußänderung durch Integration der Gl.(5.201) über den geschlossenen Umlauf bestimmt werden.

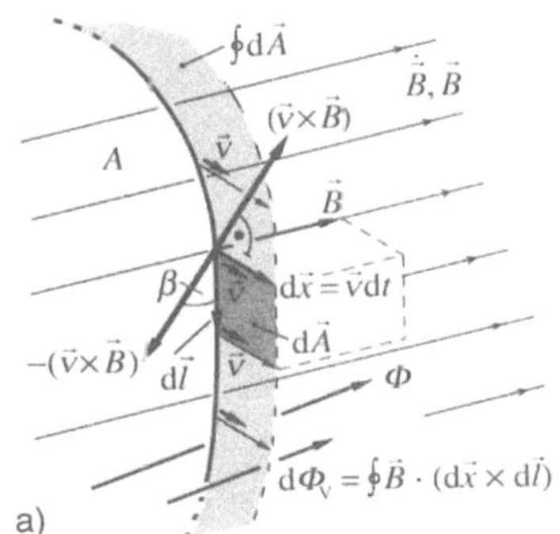

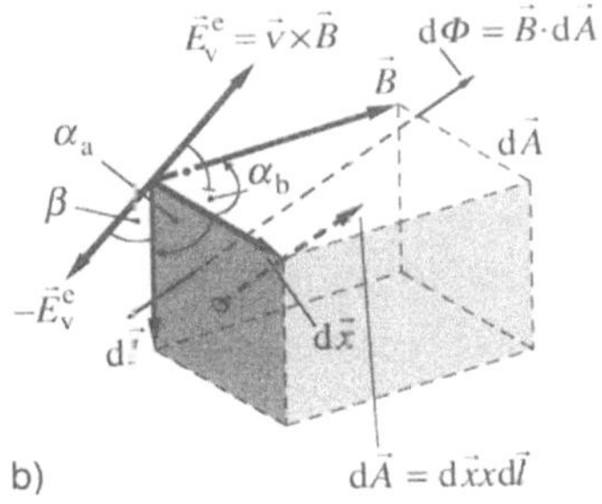

$$\oint -(\vec{v}\times\vec{B})\cdot\mathrm{d}\vec{l} = \oint \vec{B}\cdot\frac{\mathrm{d}\vec{A}}{\mathrm{d}t} = \left(\frac{\mathrm{d}\Phi}{\mathrm{d}t}\right)_v$$

$$(5.202)$$

5.83 Bewegter Teil einer Leiterschleife (a) und Graphik zur Umrechnung von $(\vec{v}\times\vec{B})\cdot\mathrm{d}\vec{l}$ in $(\mathrm{d}\Phi/\mathrm{d}t)_v$ (b)

Das Umlaufintegral der eingeprägten Spannung $u_v^e = \oint(\vec{v}\times\vec{B})\cdot\mathrm{d}\vec{l}$ kann also auch über die durch die Flächenänderung entlang des Umlaufes bewirkte Flußänderung berechnet werden. Diese durch die Flächenänderungsgeschwindigkeit $\mathrm{d}\vec{A}/\mathrm{d}t$ bedingte Komponente der Änderungsgeschwindigkeit des magnetischen Flusses $(\mathrm{d}\Phi/\mathrm{d}t)_v$ läßt sich mit der aus der Änderungsgeschwindigkeit der Flußdichte $\dot{\vec{B}}$ berechneten $(\mathrm{d}\Phi/\mathrm{d}t)_{\dot{B}}$ zu einem resultierenden, differenzierten Fluß $\dot{\Phi}_{v,\dot{B}} = \dot{\Phi}_v + \dot{\Phi}_{\dot{B}}$ in der Schleife zusammenfassen [s. Gln.(5.200d)u.(5.200e)].

– In bewegten Leiterschleifen im zeitveränderlichen Magnetfeld gilt das Induktionsgesetz auch in der Form der Gln.(5.200d)u.(5.200e), Bild 5.82

$$\oint \frac{\vec{S}}{\kappa}\cdot\mathrm{d}\vec{l} \;+\; \oint \frac{\vec{D}}{\varepsilon}\cdot\mathrm{d}\vec{l} \;+\; \oint \vec{E}^{\mathrm{e}}\cdot\mathrm{d}\vec{l} \;=\; -\dot{\Phi}_{\dot{\mathrm{B}},\mathrm{v}}$$

$$\overset{\circ}{\sum} iR \;+\; \overset{\circ}{\sum} \frac{1}{C}\int i\,\mathrm{d}t \;+\; \overset{\circ}{\sum} u_{\mathrm{qe}} \;=\; -\dot{\Phi}_{\dot{\mathrm{B}},\mathrm{v}} \tag{5.203}$$

für Leiter, bewegt oder ruhend, auch in Quellen

für ideale Nichtleiter (Dielektrika)

für Quellen, außer für bewegte Leiter

wenn

a. in der zeitlichen Ableitung des magnetischen Flusses $(\mathrm{d}\Phi/\mathrm{d}t)_{\dot{\mathrm{B}},\mathrm{v}}$ sowohl die durch die zeitliche Änderung der magnetischen Flußdichte $\vec{B}$ (also $\dot{\vec{B}}$) als auch die durch die Leiterbewegung (also $\vec{v}$) verursachten Komponenten berücksichtigt sind und

b. auf der linken Seite des Induktionsgesetzes in der Form von Gl.(5.203) die bewegten Leiterabschnitte als passive Leitungsgebiete, also nur mit $\vec{S}/\kappa$ bzw. iR berücksichtigt werden.

Damit die zwei formal unterschiedlichen Schreibweisen des Induktionsgesetzes bei praktischen Rechnungen nicht zu Fehlern führen, wird nochmals ausdrücklich betont, daß bewegte Leiterabschnitte eines Umlaufes entweder

a. nach dem Induktionsgesetz Gl.(5.176) über $\vec{E} = -(\vec{v} \times \vec{B}) + \vec{S}/\kappa$ in der Umlaufspannung auf der linken Gleichungsseite berücksichtigt werden; dann darf auf der rechten Gleichungsseite die Flußänderung $(\mathrm{d}\Phi/\mathrm{d}t)_{\dot{\mathrm{B}}} = \int_{A_{\mathrm{t}}} \dot{\vec{B}}\cdot\mathrm{d}\vec{A}$ nur aus $\dot{\vec{B}}$ berechnet werden, oder

b. nach dem Induktionsgesetz in der Form Gl.(5.203) über die ihrer Bewegung entsprechende Flußänderung $(\mathrm{d}\Phi/\mathrm{d}t)_{\mathrm{v}}$ auf der rechten Gleichungsseite berücksichtigt werden; dann darf in der Spannungssumme auf der linken Gleichungsseite über den Bereich des bewegten Leiters aber nur der ohmsche Spannungsabfall $\int(\vec{S}/\kappa)\cdot\mathrm{d}\vec{l}$ bzw. iR aufgenommen werden.

Für nicht starre Leiter, die bei beliebiger räumlicher Richtung mit beliebiger – entlang des Leiters nicht gleicher – Geschwindigkeit $\vec{v}_{\mathrm{t}}$ in inhomogenen Feldern zeitlich veränderlicher Flußdichte $\vec{B}_{\mathrm{t}}$ bewegt werden, ist eine Umrechnung von $\oint -(\vec{v}_{\mathrm{t}} \times \vec{B}_{\mathrm{t}})\cdot\mathrm{d}\vec{l}_{\mathrm{t}}$ in $(\mathrm{d}\Phi/\mathrm{d}t)_{\mathrm{v}}$ und damit auch die Berechnung der resultierenden Flußänderungsgeschwindigkeit $-(\mathrm{d}\Phi/\mathrm{d}t)_{\mathrm{v},\dot{\mathrm{B}}}$ mathematisch äußerst schwierig. In diesen Fällen hat daher die Gl.(5.203) für praktische Rechnungen wenig Bedeutung.

In der Praxis sind allerdings die gegebenen Magnetfelder häufig zeitveränderlich, aber homogen, und die Bewegung der Leiterschleifen verläuft ganz oder teilweise in einer Ebene. Dann kann der magnetische Fluß in einer solchen Schleife nach Gl.(5.203) leicht als Produkt $\Phi_t = \vec{B}_t \cdot \vec{A}_t$ berechnet werden, in dem aber sowohl die magnetische Flußdichte $\vec{B}_t$ als auch die ebene Fläche $\vec{A}_t$, die von der bewegten Schleife begrenzt wird, zeitabhängig sind. Differenziert man diesen resultierenden magnetischen Fluß Φ_t, so bekommt man mit der Produktregel

$$\left(\frac{\mathrm{d}\Phi}{\mathrm{d}t}\right)_{\mathrm{v},\dot{\mathrm{B}}} = \frac{\mathrm{d}}{\mathrm{d}t}(\vec{B}_t \cdot \vec{A}_t) = (\vec{B}_t \cdot \dot{\vec{A}}_t + \dot{\vec{B}}_t \cdot \vec{A}_t)\,. \tag{5.204}$$

Mit diesem Ausdruck ergibt sich Gl.(5.203) in einer praktisch leicht auswertbaren Form, in der die induzierte Spannung $-(\mathrm{d}\Phi/\mathrm{d}t)_{\mathrm{v},\mathrm{B}}$ offensichtlich als Summe der

a. Spannungskomponente $-(\mathrm{d}\Phi/\mathrm{d}t)_{\dot{\mathrm{B}}}$ infolge zeitlicher Änderung der magnetischen Flußdichte $(\dot{\vec{B}})$ – auch als t r a n s f o r m a t o r i s c h e S p a n n u n g bezeichnet –
und der

b. Spannungskomponente $-(\mathrm{d}\Phi/\mathrm{d}t)_{\mathrm{v}}$ infolge der durch die Leiterbewegung verursachten Flächenänderung – auch als B e w e g u n g s s p a n n u n g bezeichnet – bestimmt werden kann.

Beispiel 5.44. Der in Beispiel 5.42 berechnete Strom in dem in Bild 5.80 dargestellten Stromkreis mit bewegtem Leiter im zeitveränderlichen Magnetfeld ist über die resultierende Flußänderung zu berechnen.

Da eine ebene Schleife in einem homogenen Feld gegeben ist, kann das Flächenintegral $\int \vec{B} \cdot \mathrm{d}\vec{A}$ bzw. $\int \dot{\vec{B}} \cdot \mathrm{d}\vec{A}$ als Produkt $\vec{B} \cdot \vec{A}$ bzw. $\dot{\vec{B}} \cdot \vec{A}$ geschrieben werden.

Das Umlaufintegral ist rechtswendig um $\vec{A}_t$ zu bilden mit der elektrischen Feldstärke $\vec{E} = \vec{S}/\kappa$, die ausschließlich von Stromdichte $\vec{S}$ und Leitfähigkeit κ bestimmt ist, da nach Gl.(5.203) die eingeprägte elektrische Feldstärke $\vec{E}^{\mathrm{e}} = (\vec{v} \times \vec{B})$ in der Flußänderung $\dot{\Phi}_{\mathrm{v},\mathrm{B}}$ berücksichtigt wird $[\oint(\vec{S}/\kappa)\cdot\mathrm{d}\vec{l} = iR_\mathrm{i} + iR_\mathrm{b}]$.

Lösung a. Nach Gl.(5.203) ergibt sich mit Gl.(5.204) nach Einsetzen von $\vec{B}_t = (B_0 - kt)\vec{e}_\mathrm{y}$, $\dot{\vec{B}}_t = -k\vec{e}_\mathrm{y}$, $\vec{A}_t = Lvt(-\vec{e}_\mathrm{y})$ und $\dot{\vec{A}}_t = -Lv\vec{e}_\mathrm{y}$

$$i(R_\mathrm{i} + R_\mathrm{b}) = -(\vec{B}_t \cdot \dot{\vec{A}}_t + \dot{\vec{B}}_t \cdot \vec{A}_t) = -[(B_0 - kt)\,\vec{e}_\mathrm{y} \cdot (-Lv\vec{e}_\mathrm{y}) + (-k\vec{e}_\mathrm{y}) \cdot (-Lvt\vec{e}_\mathrm{y})]$$
$$= (B_0 - kt)Lv - kLvt = Lv(B_0 - 2kt) \tag{5.205}$$

und damit der Strom

$$i = \frac{Lv(B_0 - 2kt)}{R_\mathrm{i} + R_\mathrm{b}}\,, \tag{5.206}$$

der selbstverständlich gleich ist dem in Beispiel 5.42 berechneten [s. Gl.(5.196)].

Lösung b. Im vorliegenden Beispiel läßt sich auch zunächst entsprechend Gl.(5.54) der magnetische Fluß

$$\Phi_t = \vec{B}_t \cdot \vec{A}_t = (B_0 - kt)\vec{e}_y \cdot Lvt(-\vec{e}_y) = -Lv(B_0 t - kt^2) \tag{5.207}$$

durch die Schleife berechnen. Dieser wird differenziert und in das Induktionsgesetz Gl.(5.203) eingesetzt

$$iR_i + iR_b = -\left(\frac{d\Phi_t}{dt}\right)_{v,\dot{B}} = Lv(B_0 - 2kt)\,, \tag{5.208}$$

was auf den gleichen Strom wie nach Gl.(5.206) führt. Man erkennt durch Vergleich der Lösungswege in b) mit denen in a) oder aus Beispiel 5.42, daß es für praktische Rechnungen zweckmäßig sein kann, zunächst die skalare Größe des magnetischen Flusses Φ_t zu bestimmen, erst diese zu differenzieren und dann in das Induktionsgesetz Gl.(5.203) einzusetzen.

Beispiel 5.45. Die in Beispiel 5.43 für die rotierende Schleife nach Bild **5.81** berechnete Schleifringspannung u_{ab} ist nach dem Induktionsgesetz mit der durch Leiterbewegung und zeitliche Änderung der Flußdichte $\vec{B}$ verursachten, resultierenden Flußänderung $\dot{\Phi}_{v,\dot{B}}$ zu berechnen.

Da eine ebene Schleife und ein homogenes Feld gegeben sind, kann das Flächenintegral $\int \vec{B} \cdot d\vec{A}$ bzw. $\int \dot{\vec{B}} \cdot d\vec{A}$ als Produkt $\vec{B} \cdot \vec{A}$ bzw. $\dot{\vec{B}} \cdot \vec{A}$ geschrieben werden.

Das Ringintegral rechtswendig um den Flächenvektor $d\vec{A}$ ist gleich der Schleifringspannung im Leerlauf $\oint(\vec{D}/\varepsilon) \cdot d\vec{l} = u_{ab}$, da die durch die Bewegung induzierte eingeprägte elektrische Feldstärke $\vec{E}^e = (\vec{v} \times \vec{B})$ in $\dot{\Phi}_{v,\dot{B}}$ auf der rechten Seite des Induktionsgesetzes nach Gl.(5.203) berücksichtigt wird und im Leerlauf ($i = 0$) in der Leiterschleife $\vec{S} = 0$ ist.

Lösung a. Mit der magnetischen Flußdichte $\vec{B} = [\hat{B}\sin(\omega t)]\vec{e}_y$ bzw. $\dot{\vec{B}} = [\hat{B}\omega\cos(\omega t)]\vec{e}_y$, dem rotierenden Flächenvektor $\vec{A} = A\vec{e}_t$ bzw. dem ebenfalls rotierenden differenzierten Flächenvektor $\dot{\vec{A}} = A\dot{\vec{e}}_t = A\omega\vec{e}_\perp$ ($\vec{e}_\perp$ um $\pi/2$ in Drehrichtung gegenüber $\vec{e}_t$ verschoben) sowie dem zeitabhängigen Winkel $\alpha_t = \omega t$ zwischen den Einsvektoren $\vec{e}_y$ der magnetischen Flußdichte $\vec{B}$ und $\vec{e}_t$ des Flächenvektors gilt

$$\vec{B}_t \cdot \dot{\vec{A}}_t = B_t\vec{e}_y \cdot A\dot{\vec{e}}_t = [\hat{B}\sin(\omega t)]A\omega\cos(\alpha_t + \pi/2) = -A\hat{B}\omega\sin^2(\omega t)$$

$$\dot{\vec{B}}_t \cdot \vec{A}_t = \dot{B}_t\vec{e}_y \cdot A\vec{e}_t = [\omega\hat{B}\cos(\omega t)]A\cos\alpha_t = A\hat{B}\omega\cos^2(\omega t)\,.$$

Damit lautet das Induktionsgesetz Gl.(5.203) mit Gl.(5.204)

$$u_{ab} = -(\vec{B}_t \cdot \dot{\vec{A}}_t + \dot{\vec{B}}_t \cdot \vec{A}_t) = -\omega A\hat{B}[\cos^2(\omega t) - \sin^2(\omega t)]\,, \tag{5.209a}$$

aus dem mit $A = 2Rl$ die Schleifringspannung

$$u_{ab} = -2\omega RL\hat{B}\cos(2\omega t) \tag{5.209b}$$

folgt, die selbstverständlich gleich ist der in Beispiel 5.43, Gl.(5.199) berechneten.

Lösung b. Auch hier kann wie in Beispiel 5.44 zunächst entsprechend Gl.(5.54) der magnetische Fluß

$$\begin{aligned}
\Phi_t = \vec{B}_t \cdot \vec{A}_t &= B_t\, \vec{e}_y \cdot A\, \vec{e}_t = [\hat{B}\sin(\omega t)]A\cos\alpha_t \\
&= 2RL\hat{B}\sin(\omega t)\cos(\omega t) = RLB\sin(2\omega t)
\end{aligned}$$

berechnet werden, der dann differenziert und in Gl.(5.203) eingesetzt

$$u_{ab} = -\dot{\Phi}_{v\,\dot{B}} = -2\omega RLB\cos(2\omega t) \tag{5.210}$$

die Spannung u_{ab} wie in Gl.(5.209b) ergibt.

5.5.1.5 Selbst- und Gegeninduktionsspannung. Das Induktionsgesetz verknüpft in den Formen, die in Abschn. 5.5.1.2 und 5.5.1.3 erläutert sind, die induzierte Spannung direkt mit der Ursache, der Änderungsgeschwindigkeit des magnetischen Feldes, unabhängig von der Ursache der zeitlichen Änderung. Ist nun die zeitliche Änderung eines Stromes di/dt Ursache der Änderungsgeschwindigkeit eines Magnetfeldes $d\vec{B}(i)/dt$, so läßt sich die dadurch induzierte Spannung u auch unmittelbar über die zeitliche Änderung des Stromes di/dt berechnen, indem der Zusammenhang zwischen dem Strom i und dem mit ihm verknüpften magnetischen Fluß $\Phi(i)$ über die in Abschn. 5.3.3.2 definierte magnetische Kenngröße Induktivität L (oder M) eingeführt wird.

Selbstinduktionsspannung. Die besonderen Eigenschaften der Selbstinduktionsspannung sind in dem folgenden einfachen Beispiel 5.46 erläutert.

Beispiel 5.46. Das Phänomen der Selbstinduktion ist am Beispiel einer Spule im Luftraum (lineare Eigenschaften) im folgenden erläutert.

In Bild 5.84a ist eine Spannungsquelle dargestellt, an die eine Spule mit N Windungen angeschlossen ist. Alle ohmschen Widerstände des Kreises, also der der Spule und der Innenwiderstand der Quelle, sind in dem resultierenden Ersatzwiderstand R zusammengefaßt. Die Spannung u_q verursacht einen Strom i mit positivem Vorzeichen für die eingetragene Zählpfeilorientierung, so daß die von i in der Spule erregte magnetische Flußdichte $\vec{B}_t(i)$ rechtswendig dem Stromzählpfeil i (Stromdichte $\vec{S}$) zugeordnet ist. Mit der Kenzeichnung der Spulenfläche durch den Vektor $\vec{A}$ in Bild 5.84 ist auch der Zählpfeil für den magnetischen Fluß $\Phi_t(i) = \int \vec{B}_t(i) \cdot d\vec{A}$ bzw. für den Spulenfluß $\Psi_t(i) = N\Phi_t(i)$ (alle Windungen sind als mit dem gleichen Fluß Φ_t verkettet angenommen) in dieser Orientierung festgelegt. Ändert sich der Strom i zeitlich beispielsweise

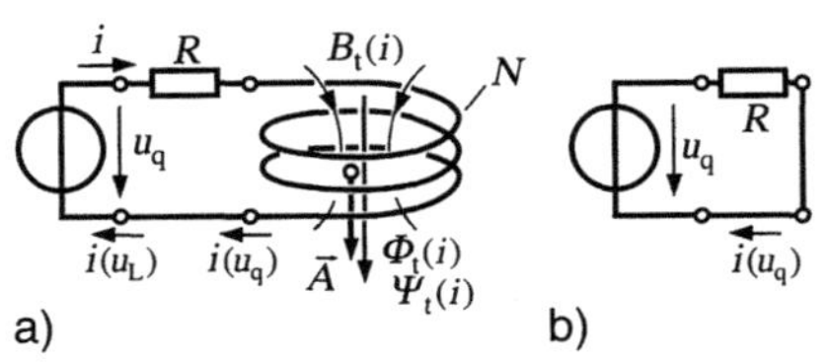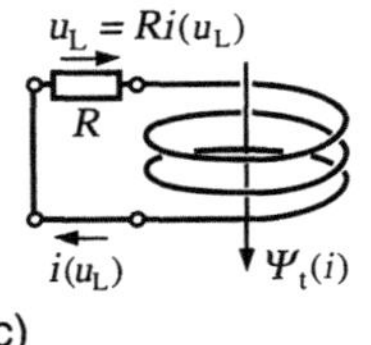

5.84
Selbstinduktionswirkung in einem Stromkreis (a) als Überlagerung der Wirkung der Quellenspannung (b) und der induzierten Spannung (c)

dadurch, daß sich die Spannung u_q der Spannungsquelle oder der Wert des Widerstandes R zeitlich ändern, so ändert sich auch der von der Spule umfaßte Spulenfluß $\Psi_{(i)}$ zeitlich, und in der Spule wird eine Spannung $u_L = -d\Psi_t(i)/dt$ induziert entsprechend Abschn. 5.5.1.3, Gl.(5.193). Diese wird als **Selbstinduktionsspannung** u_L bezeichnet und ist zusätzlich zu der Spannung u_q in der aus Spule, Spannungsquelle und Widerstand gebildeten Masche wirksam.

Um die Verknüpfung zwischen dem Strom i und der von seiner zeitlichen Änderung di/dt verursachten Selbstinduktionsspannung u_L zu zeigen, wird der Strom i mit Hilfe des Überlagerungssatzes wie folgt bestimmt.

a. Zur Berechnung der von der Spannung u_q der **Spannungsquelle** verursachten Stromkomponente $i(u_q)$ wird die Selbstinduktionsspannung u_L der Spule, die wie eine zweite Quelle in dem Kreis wirkt, mit Null, d. h. als kurzgeschlossen angenommen (s. Bild **5.84b**). Dann ergibt sich mit dem Maschensatz $u_q - i(u_q)R = 0$ die Stromkomponente

$$i(u_q) = \frac{u_q}{R}$$

mit positivem Zahlenwert für die eingezeichnete Orientierung.

b. Zur Berechnung der durch die **Selbstinduktionsspannung** u_L verursachten Stromkomponente $i(u_L)$ wird die Spannung u_q der Spannungsquelle mit Null, d. h. als kurzgeschlossen angenommen (s. Bild **5.84c**). Dieser Stromkreis schließt im Bereich der Spule den Spulenfluß $\Psi_t(i)$ ein, gegenüber dem der im Bereich außerhalb der Spule eingeschlossene Flußanteil vernachlässigbar sein soll. Damit gilt entsprechend dem Induktionsgesetz Gl.(5.185) für den geschlossenen Umlauf des Stromkreises $\oint \vec{E}\cdot d\vec{l} = u_L = -d\Psi_t(i)/dt$ mit der Umlaufspannung $\overset{o}{u} = u_L = i(u_L)R$ rechtswendig zum Zählpfeil für den Spulenfluß $\Psi_t(i)$.

Die Selbstinduktionsspannung verursacht also die Stromkomponente

$$i(u_L) = -\frac{1}{R}\cdot\frac{d\Psi_t(i)}{dt},$$

für die der in Bild **5.84c** eingetragene Zählpfeil gilt.

Der sich tatsächlich – meßbar – in dem Kreis einstellende, den Spulenfluß $\Psi_t(i)$ der Spule erregende Strom

$$i = i(u_q) + i(u_L) = \frac{u_q}{R} - \frac{1}{R}\cdot\frac{d\Psi_t(i)}{dt} \tag{5.211}$$

ergibt sich als Summe der beiden Stromkomponenten nach **a.** und **b.** unter Beachtung der in Bild **5.84** eingetragenen Zählpfeilorientierungen.

Wird der Strom i zeitlich größer, so steigt auch der von ihm erregte Spulenfluß $\Psi_{t(i)}$ an. Dann ergibt sich für den Differentialquotienten $\mathrm{d}\Psi_{t(i)}/\mathrm{d}t$ ein positiver Zahlenwert, so daß die Selbstinduktionsspannung $u_L = -\mathrm{d}\Psi_{t(i)}/\mathrm{d}t$ und die durch sie verursachte Stromkomponente $i(u_L)$ mit negativen Zahlenwerten berechnet werden. Die durch die Selbstinduktionsspannung u_L verursachte Stromkomponente $i(u_L)$ fließt also entgegen der in Bild **5.84c** bzw. Bild **5.84a** eingetragenen Zählpfeilorientierung, also entgegen der Orientierung des größer werdenden Stromes i, verzögert also dessen Ansteigen.

Wird der Strom i zeitlich kleiner, so wird auch der Spulenfluß $\Psi_{t(i)}$ kleiner und damit der Differentialquotient $\mathrm{d}\Psi_{t(i)}/\mathrm{d}t$ negativ. Dann wird aber die Stromkomponente $i(u_L)$ infolge der Selbstinduktionsspannung mit positivem Zahlenwert berechnet, d. h., diese Stromkomponente fließt in Richtung ihres Zählpfeiles in Bild **5.84c** bzw. Bild **5.84a**. Ein kleiner werdender Strom i hat also eine in gleicher Richtung fließende Stromkomponente $i(u_L)$ zur Folge, die von der Selbstinduktionsspannung verursacht wird und die somit das Abnehmen des Stromes i verzögert.

Die Beobachtungen lassen folgende allgemeingültige Feststellung zu.

– Jede zeitliche Stromänderung ruft eine Selbstinduktionsspannung hervor, die der Stromänderung entgegenwirkt, also den ursprünglichen Strom aufrechtzuerhalten versucht.

Primär gilt diese Aussage allerdings für den magnetischen Fluß, der über den Durchflutungssatz unabdingbar mit dem ihn erregenden Strom (ggf. den Strömen) verknüpft ist, d. h., sind mehrere Wicklungen mit einem Fluß verkettet (z. B. Kurzschlußwicklungen), muß die Summe der Ströme in allen Wicklungen betrachtet werden.

Der hier beispielhaft anhand des Bildes **5.84** für eine Spule erläuterte Effekt der Selbstinduktion tritt in jedem elektrischen Stromkreis beliebiger Geometrie auf. Jeder praktisch ausgeführte Stromkreis hat eine räumliche Ausdehnung, schließt also eine Fläche A ein. Ein in ihm fließender Strom i erregt in dieser Fläche ein Magnetfeld der magnetischen Flußdichte $\vec{B}(i)$, so daß der Strom i mit einem von ihm verursachten magnetischen Fluß $\Phi(i) = \int_A \vec{B}(i)\cdot\mathrm{d}\vec{A}$ verkettet ist bzw. mit einem Spulenfluß $\Psi(i) = \int_{NA} \vec{B}(i)\cdot\mathrm{d}\vec{A}$, wenn der Stromkreis mit N Windungen die Fläche A einschließt (s. Abschn. 5.3.1). Im folgenden ist die Selbst- und auch Gegeninduktionsspannung allgemein mit dem Spulenfluß $\Psi(i)$ beschrieben, d. h., der den magnetischen Fluß $\Phi(i)$ einschließende einfache Stromkreis wird als Spule mit einer Windung mit $\Psi(i) = \Phi(i)$ angesehen

Ändert sich der Strom i in einem Stromkreis zeitlich ($\mathrm{d}i/\mathrm{d}t \neq 0$), so ändert sich auch die magnetische Flußdichte $B(i)$ des mit ihm verketteten Magnetfeldes zeitlich, so daß in einem Stromkreis mit sich änderndem Strom i auch immer eine Selbstinduktionsspannung auftritt. Ist der Strom in einem Stromkreis nur mit dem durch ihn selbst verursachten Spulenfluß $\Psi(i)$ verknüpft und damit auch nur mit der durch seine eigene zeitliche Änderung $\mathrm{d}i/\mathrm{d}t$ verursachten zeitlichen Flußänderung $\mathrm{d}\Psi(i)/\mathrm{d}t$, so läßt sich dieser Spulenfluß $\Psi(i)$

über die Selbstinduktivität $L = \Psi(i)/i$ (s. Abschn. 5.3.3.2) für diesen Stromkreis bestimmen und in das Induktionsgesetz Gl.(5.185) einführen.

$$\oint \vec{E} \cdot d\vec{l} = \overset{\circ}{u} = -\frac{d\Psi(i)}{dt} = -\frac{d(Li)}{dt} \qquad (5.212)$$

In dem Umlaufintegral bzw. in der Umlaufspannung $\overset{\circ}{u}$ sind die elektrische Feldstärke $\vec{E}$ bzw. die Teilspannungen entsprechend den Gegebenheiten des Umlaufes durch die Gln.(5.177)bzw.(5.181) zu ersetzen. Die Induktivität L ist aus der Geometrie des Stromkreises entsprechend Abschn. 5.3.3.2 zu bestimmen.

Die Selbstinduktionsspannung $d\Psi/dt$ oder $d(Li)/dt$ wird nach dem Induktionsgesetz ihrem Charakter gemäß nicht weiter lokalisiert dem geschlossenen Umlauf $\oint \vec{E} \cdot d\vec{l}$ zugeordnet. Diese allgemeingültige Beschreibung muß im Hinblick auf die Netzwerklehre durch eine entsprechende Deutung der Gl.(5.212) in eine raumdiskrete Darstellung überführt werden. Dazu stellt man sich den die Selbstinduktionsspannung $d\Psi(i)/dt$ verursachenden magnetischen Fluß $\Psi(i) = Li$ statt mit dem gesamten Stromkreis mit einer in den Stromkreis geschalteten, fiktiven Ersatzspule verkettet vor. Die Induktivität dieser Ersatzspule entspricht der des gesamten geschlosssenen Stromkreises, ähnlich wie in einem einzelnen Ersatzwiderstand alle über den gesamten Kreis verteilten Widerstände zusammengefaßt werden können. Mit dieser Modellvorstellung läßt sich die nach Gl.(5.212) dem geschlossenen Kreis zugeordnete Selbstinduktionsspannung $\oint \vec{E} \cdot d\vec{l} = -d\Psi(i)/dt$ auch als eine lokalisiert zwischen den beiden Klemmen der fiktiven Ersatzspule auftretende Selbstinduktionsspannung $u_{\mathrm{L}} = -d\Psi(i)/dt$ beschreiben. Im Ersatzschaltbild wird diese fiktive Ersatzspule nur noch durch ein schwarz ausgefülltes Rechteck (s. Bild **5.85**b u.c) dargestellt, dem die Induktivität L zugeordnet ist. Die Zuordnung der Orientierung von Strom i und Spannung u_{L} an diesem Schaltelement kann – wahlweise – nach dem Erzeuger- oder Verbraucherzählpfeilsystem erfolgen, muß dabei aber der nach dem Induktiongesetz Gl.(5.212) geforderten Rechtszuwendung zwischen $u_{\mathrm{L}} = -d(Li)/dt$ und i genügen. Da sich die Regeln der Rechtszuordnung auf realisierte Spulen (bzw. Kreise) beziehen, deren Umlaufsinn in dem Schaltelement aber nicht mehr zum Ausdruck kommt, muß geklärt werden, für welches Zählpfeilsystem die Gleichung $u_{\mathrm{L}} = -d(Li)/dt$ gilt, wie in den folgenden beiden charakteristischen Beispielen erläutert.

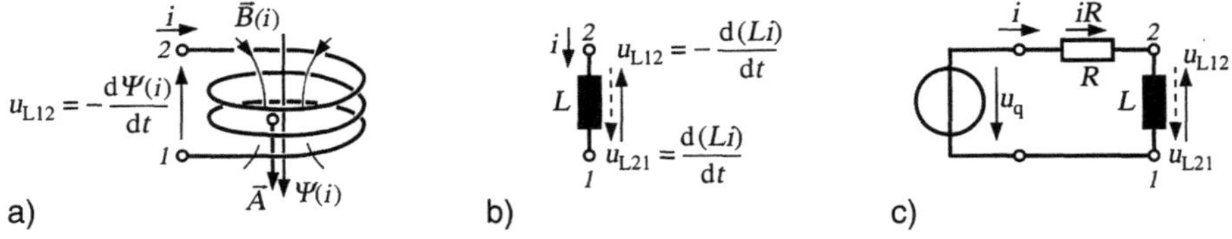

5.85 Beschreibung der Selbstinduktion in einer Spule (a) durch ein Ersatzschaltelement (b) und in der Ersatzschaltung des Stromkreises nach Bild 5.84a (c)

Beispiel 5.47. In Beispiel 5.46 ist eine Spule in einem Stromkreis betrachtet, die nun symbolisch durch ihre Induktivität $L = \Psi(i)/i$ dargestellt werden soll.

In Bild **5.85a** ist die Spule für sich mit den dem Beispiel 5.46, Bild **5.84a** entsprechenden Größen skizziert. Berechnet man die Selbstinduktionsspannung u_{L12}, die an den Klemmen dieser Spule auftritt, nach Gl.(5.212)

$$\oint \vec{E}\cdot\mathrm{d}\vec{l} = u_{L12} = -\frac{\mathrm{d}(Li)}{\mathrm{d}t}, \tag{5.213}$$

so ist ihr Zählpfeil so anzutragen, daß er rechtswendig orientiert den Spulenumlauf um den $\Psi(i)$-Zählpfeil an den Klemmen schließt.

Man stellt nun diese Spule durch einen Ersatzzweipol der Induktivität $L = \Psi(i)/i$ dar mit Strom- und Spannungszählpfeilen, die auf die Klemmen 1 und 2 bezogen die gleiche Orientierung haben wie die an der realen Spule (u_{L12} von 1 nach 2 und i von 2 durch die Spule nach 1 weisend, in Bild **5.85b** ausgezogen eingezeichnet). Für diese Darstellung, die dem Erzeugerzählpfeilsystem entspricht, gilt dann der für die Spule nach dem Induktionsgesetz ermittelte Zusammenhang zwischen $u_L = -L(\mathrm{d}i/\mathrm{d}t)$ und i. Selbstverständlich kann man nun an dem Ersatzzweipol den u_L-Zählpfeil auch mit umgekehrter Orientierung u_{L21} antragen (in Bild **5.85b** gestrichelt eingezeichnet), was dem Verbraucherzählpfeilsystem entspricht. Dann muß aber auch das Vorzeichen umgekehrt werden ($u_{L21} = -u_{L12}$), d.h., im Verbraucherzählpfeilsystem gilt $u_{L21} = \mathrm{d}(Li)/\mathrm{d}t$.

Unter Beachtung dieser Zusammenhänge läßt sich für den Stromkreis in Bild **5.85a** ein Ersatzstromkreis zeichnen, in dem die Induktivität des realen Kreises wie seine Widerstände durch die Ersatzschaltelemente L und R über widerstandslose Verbindungen mit der idealen Quelle (u_q) verbunden sind (s. Bild **5.85c**). Für den Umlauf um diesen Kreis gilt dann nach dem Spannungssatz Gl.(4.69), daß die Umlaufspannung Null ist ($\mathrm{d}\Psi(i)/\mathrm{d}t$ ist durch u_L berücksichtigt)

$$\overset{\circ}{u} = \sum^{\circ} u = -u_q + iR - u_{L12} = 0 \tag{5.214a}$$

mit den Zählpfeilen für i und $u_{L12} = -\mathrm{d}(Li)/\mathrm{d}t$ im Erzeugerzählpfeilsystem und

$$\overset{\circ}{u} = \sum^{\circ} u = -u_q + iR + u_{L21} = 0 \tag{5.214b}$$

mit i und $u_{L21} = \mathrm{d}(Li)/\mathrm{d}t$ im Verbraucherzählpfeilsystem. Aus beiden Gleichungen ergibt sich derselbe Strom $i = [u_q - \mathrm{d}(Li)/\mathrm{d}t]/R$, der mit $L = \Psi(i)/i$ gleich ist dem in Beispiel 5.46, Gl.(5.211) für diesen Kreis ermittelten.

Beispiel 5.48. In Bild **5.86a** ist ein Stromkreis skizziert, in dem ein Kondensator C an eine Gleichspannungsquelle Q geschaltet wird. Sind die ohmschen Widerstände $R = R_l + R_i$ von Leitungen R_l und Quelle R_i sehr klein, so steigt der Strom beim Einschalten des Kondensators steil an. Dadurch steigt auch der von dem Strom i erregte, also von dem Stromkreis umschlungene magnetische Fluß $\Phi(i)$ steil an, d.h., bei kleiner eingeschlossener Fläche und kleiner magnetischer Flußdichte $\vec{B}(i)$ ($\vec{B}$ schließt sich in

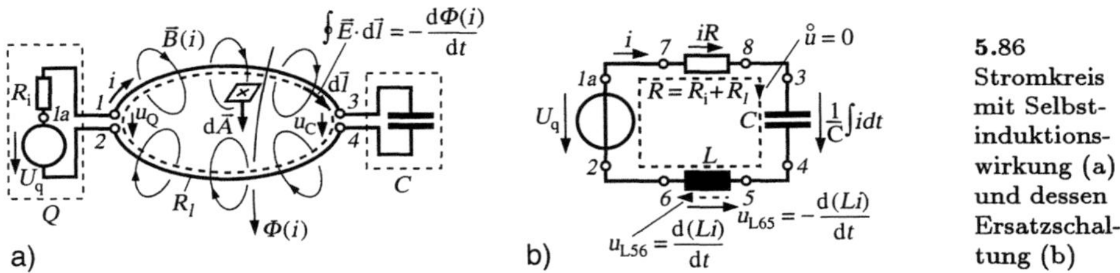

5.86
Stromkreis
mit Selbst-
induktions-
wirkung (a)
und dessen
Ersatzschal-
tung (b)

Luft um i) ist zwar der magnetische Fluß $\Phi(i)$ klein, die Selbstinduktionsspannung kann aber dennoch groß werden, da $d\Phi/dt \sim di/dt$ groß ist. Das für den Einschaltvorgang maßgebende Ersatzschaltbild ist zu entwickeln.

Von entscheidender Bedeutung für den Stromverlauf nach dem Einschalten ist die Selbstinduktionsspannung, die in dem für den Stromkreis nach Bild **5.86a** entsprechend Gl.(5.212) aufzustellenden Induktionsgesetz

$$\oint \vec{E}\cdot d\vec{l} = \overset{\circ}{u} = -u_Q + iR_l + u_c = -U_q + iR + \frac{1}{C}\int i\,dt = -\frac{d(Li)}{dt} \qquad (5.215a)$$

mit negativem Vorzeichen auf der rechten Seite steht. Diese Selbstinduktionsspannung $d(Li)/dt$, die sich in einer nach dem Induktionsgesetz Gl.(5.212) nicht näher beschriebenen Weise entlang des gesamten Stromkreises verteilt, wird nun einem an beliebiger Stelle des Stromkreises angeordneten Ersatzzweipol der Induktivität L zugeschrieben. In Bild **5.86b** ist z. B. die Ersatzschaltung des Stromkreises nach Bild **5.86a** skizziert, in der der Ersatzzweipol L zwischen zwei Klemmen 5 und 6 eingefügt ist ähnlich wie die Widerstände R_i und R_l des Stromkreises durch den Ersatzzweipol R zwischen den Klemmen 7 und 8. Ähnlich wie die Spannungen an den kontinuierlich entlang des Kreises verteilten Widerständen als an dem Ersatzwiderstand R lokalisiert angenommen sind, wird auch die Selbstinduktionsspannung $d(Li)/dt$ lokalisiert als Spannung u_L an einer Ersatzinduktivität in den Stromkreis eingeführt.

Trägt man nun an der Ersatzinduktivität L in der Ersatzschaltung nach Bild **5.86b** den Zählpfeil für die Selbstinduktionsspannung u_{L56} in der Orientierung von i an, also im Verbraucherzählpfeilsystem, so gilt

$$\overset{\circ}{u} = -U_q + iR + \frac{1}{C}\int i\,dt + u_{L56} = 0\,. \qquad (5.215b)$$

Trägt man den Zählpfeil für u_{L65} im Erzeugerzählpfeilsystem an, also entgegen i, so gilt der Spannungssatz

$$\overset{\circ}{u} = -U_q + iR + \frac{1}{C}\int i\,dt - u_{L65} = 0\,. \qquad (5.215c)$$

Man führt nun einen Koeffizientenvergleich zwischen den Gln.(5.215b)bzw.(5.215c) und dem Induktionsgesetz Gl.(5.215a) durch, in dem aber die Selbstinduktionsspannung $u_\mathrm{L} = -\mathrm{d}(Li)/\mathrm{d}t$ auf die linke Seite gebracht wird, so daß auf der rechten Seite wie beim Spannungssatz Null steht.

$$\overset{\circ}{u} = -U_\mathrm{q} + iR + \frac{1}{C}\int i\,\mathrm{d}t + \frac{\mathrm{d}(Li)}{\mathrm{d}t} = 0 \qquad (5.215\mathrm{d})$$

Man erkennt, daß auch in diesem Beispiel (wie in Beispiel 5.47) die Selbstinduktions-spannung u_L über einen Ersatzzweipol (Induktivität) beschrieben werden kann, an dem die Selbstinduktionsspannung

$$u_\mathrm{L56} = \frac{\mathrm{d}(Li)}{\mathrm{d}t} \quad (\text{V.Z.S.}); \qquad u_\mathrm{L65} = -\frac{\mathrm{d}(Li)}{\mathrm{d}t} \quad (\text{E.Z.S.}) \qquad (5.216)$$

auftritt.

Die Ergebnisse der beiden charakteristischen Beispiele 5.47 und 5.48 lassen sich in folgender allgemeingültiger Feststellung zusammenfassen.

– In elektrischen Ersatzschaltbildern wird die Induktivität L eines geschlossenen Stromkreises (oder Spule) als diskretes Ersatzschaltelement (vorstellbar als ideale Spule) dargestellt, an dem die S e l b s t i n d u k t i o n s s p a n n u n g

$$u_\mathrm{L} = \frac{\mathrm{d}\varPsi(i)}{\mathrm{d}t} = \frac{\mathrm{d}(Li)}{\mathrm{d}t} \quad (\text{V.Z.S.}); \qquad u_\mathrm{L} = -\frac{\mathrm{d}\varPsi(i)}{\mathrm{d}t} = -\frac{\mathrm{d}(Li)}{\mathrm{d}t} \quad (\text{E.Z.S.}) \quad (5.217\mathrm{a})$$

lokalisiert auftritt. [V.Z.S. Verbraucher-, E.Z.S.-Zählpfeilsystem, s. Bild 5.87a u.5.87b; L positiv definiert, s. Merksatz zu Gl.(5.96)]

Für Stromkreise (Spulen) in magnetisch linearen Räumen (z. B. in Luft) ist die Induk-tivität L u n a b h ä n g i g vom Strom i und damit zeitlich konstant; die Selbstindukti-onsspannung

$$u_\mathrm{L} = L\frac{\mathrm{d}i}{\mathrm{d}t} \quad (\text{V.Z.S.});$$

$$(5.217\mathrm{b})$$

$$u_\mathrm{L} = -L\frac{\mathrm{d}i}{\mathrm{d}t} \quad (\text{E.Z.S.})$$

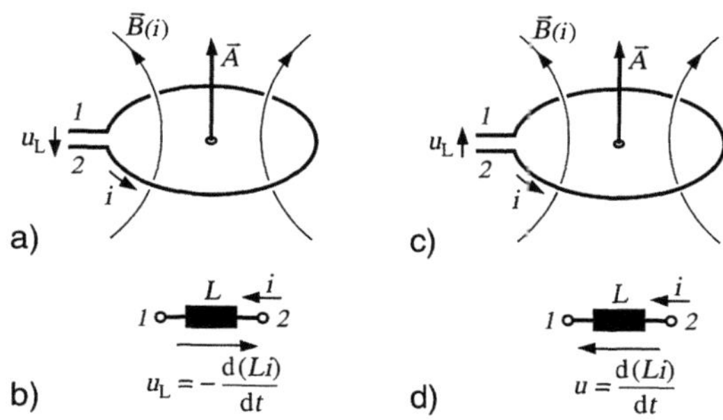

5.87 Selbstinduktionsspannung nach Erzeuger- (a und b) und Verbraucherzählpfeilsystem (c und d)

ist dann allein von der Änderungsgeschwindigkeit $\mathrm{d}i/\mathrm{d}t$ des Stromes abhängig. Für Stromkreise (Spulen) in magnetisch nichtlinearen Räumen (z. B. Eisen) ist die Induktivität L abhängig vom Strom i (s. Beispiel 5.29) und damit wie dieser zeitabhängig $L(i) = f(t)$; aus Gl.(5.217a) ergibt sich mit Hilfe der Produktregel die an der Induktivität $L(i)$ auftretende Selbstinduktionsspannung

$$u_{\mathrm{L}} = \pm \frac{\mathrm{d}}{\mathrm{d}t}(Li) = \pm \left(L\frac{\mathrm{d}i}{\mathrm{d}t} + i\frac{\mathrm{d}L}{\mathrm{d}t} \right) = \pm \left(L + i\frac{\mathrm{d}L}{\mathrm{d}i} \right) \frac{\mathrm{d}i}{\mathrm{d}t} . \tag{5.217c}$$

(positives Vorzeichen gilt für V.Z.S., negatives für E.Z.S.).

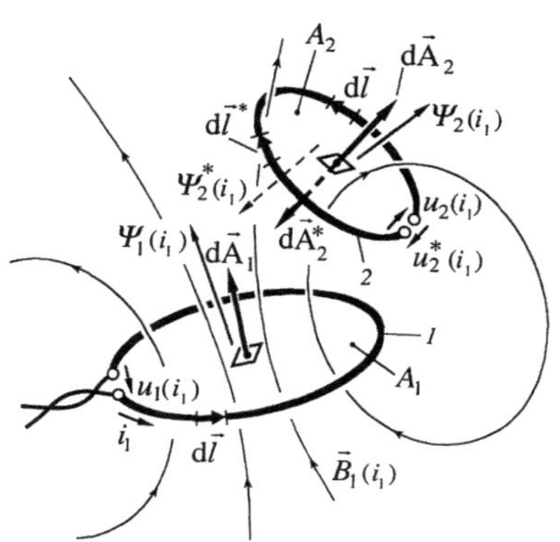

5.88   Zur Berechnung der Gegeninduktionsspannung

Gegeninduktionsspannung. Wird das vom Strom i_1 in einer Spule bzw. einem Stromkreis *1* erregte magnetische Feld der magnetischen Flußdichte $\vec{B}(i_1)$ zumindest teilweise auch von einer zweiten Spule *2* bzw. einem zweiten Kreis *2* eingeschlossen (s. Bild **5.88**) oder umgekehrt, so bezeichnet man die beiden Kreise als magnetisch gekoppelt. Eine solche magnetische Kopplung kann erwünscht sein, z. B. beim Transformator, oder unerwünscht, z. B. zwischen Lautsprecherzuleitung und Wechselstromsteckdosenzuleitung („Netzbrummen"). Ändert sich der Strom i_1 im Kreis *1* zeitlich, so ändert sich auch die magnetische Flußdichte $\vec{B}(i_1)$ des von ihm erregten Magnetfeldes, so daß in Spule *1* wie auch in Spule *2* Spannungen entsprechend dem Induktionsgesetz Gl.(5.176) verursacht werden. Man bezeichnet die in Spule *2* durch eine Stromänderung $\mathrm{d}i_1/\mathrm{d}t$ in Spule *1* verursachte Spannung als Gegeninduktionsspannung analog der in Spule *1* selbst verursachten Selbstinduktionsspannung.

Die Gegeninduktionsspannung kann ähnlich, wie dies für die Selbstinduktionsspannung in vorstehendem Abschnitt erläutert ist, mit Hilfe der in Abschn. 5.3.3.2 definierten Gegeninduktivität $M = \Psi_2(i_1)/i_1$ direkt aus der Stromänderung $\mathrm{d}i/\mathrm{d}t$ berechnet werden. Um das Grundsätzliche dieses Verfahrens zu erläutern, werden zwei in beliebiger räumlicher Lage zueinander angeordnete, magnetisch gekoppelte Kreise (oder Spulen) entsprechend Bild **5.88** betrachtet, in denen die Selbst- und Gegeninduktionsspannungen $u_1(i_1)$ und $u_2(i_1)$, meßbar zwischen relativ kleinen Unterbrechungen der Kreise, in Erscheinung treten. Ohmsche Widerstände, Quellen o.ä. sollen in den beiden betrachteten Kreisen nicht vorhanden sein. Weiter wird zunächst angenommen, daß nur die eine Spule stromdurchflossen, die andere aber stromlos ist. Mit dem Strom i_1 in dem stromführenden Kreis (Spule) *1* ist die Orientierung der magnetischen Flußdichte $\vec{B}(i_1)$ im Kreis *2* gegeben. Davon unabhängig kann die Orientierung des Flächenvektors $\mathrm{d}\vec{A}$ des Kreises *2* (oder die des Integrationsumlaufes $\mathrm{d}\vec{l}$ um ihn) willkürlich gewählt werden. Je nach Wahl des Flächenvektors $\mathrm{d}\vec{A}_2$ oder $\mathrm{d}\vec{A}_2^*$ (s. Bild **5.88**) ist aber der Zählpfeil der nach Gl.(5.176) berechneten **G e g e n i n d u k t i o n s s p a n n u n g**

$$u_2 = -\int_{A_2} \dot{\vec{B}}_{2(i_1)} \cdot \mathrm{d}\vec{A}_2 \qquad \text{oder} \qquad u_2^* = -\int_{A_2} \dot{\vec{B}}_{2(i_1)} \cdot \mathrm{d}\vec{A}_2^* \tag{5.218}$$

auch in unterschiedlichen Orientierungen anzutragen. Trotz dieses formalen Unterschiedes wird selbstvertändlich die Polarität der Spannung in beiden Fällen gleich bestimmt, d. h., die zu den unterschiedlichen Spannungszählpfeilen u oder u^* nach Gl.(5.218) berechneten Zahlenwerte ergeben sich mit unterschiedlichen Vorzeichen, da mit $\mathrm{d}\vec{A}_2 \uparrow\downarrow \vec{A}_2^*$ auch $\int \dot{\vec{B}}_{2(i_1)} \cdot \mathrm{d}\vec{A}_2 = -\int \dot{\vec{B}}_{2(i_1)} \cdot \mathrm{d}\vec{A}_2^*$ gilt.

Im Rahmen der Grundlagendarstellung werden hier nur Kreise (Spulen), die räumlich in Ruhe sind, und magnetische Felder mit zeitkonstanter Richtung in linearen Räumen betrachtet. Für diese kann in Gl.(5.218) die Differentiation vor das Integral geschrieben werden [s. Gln.(5.184)u.(5.185)], das dann durch den magnetischen Fluß (Spulenfluß) $\Psi_{(i_1)}$ ersetzt wird $[\dot{\vec{B}}_{2(i)} \cdot \mathrm{d}\vec{A} = (\mathrm{d}/\mathrm{d}t)(\vec{B}_{2(i)} \cdot \mathrm{d}\vec{A}) = \mathrm{d}\Psi_{2(i_1)}/\mathrm{d}t]$. Führt man weiter den magnetischen Spulenfluß $\Psi_{2(i_1)} = M i_1$ [im Falle eines Stromkreises mit einer Windung $\Phi_{2(i_1)} = M i_1$] über die Gegeninduktivität M nach Gl.(5.100) auf den ihn erregenden Strom i_1 in Kreis *1* zurück, läßt sich auch die Gegeninduktionsspannung u_2 in Kreis *2* nach Gl.(5.218) direkt aus der Stromänderung in Kreis *1* berechnen.

$$u_2 = -\frac{\mathrm{d}\Psi_{2(i_1)}}{\mathrm{d}t} = -M\frac{\mathrm{d}i_1}{\mathrm{d}t} \qquad \text{oder} \qquad u_2^* = -\frac{\mathrm{d}\Psi_2^*{}_{(i_1)}}{\mathrm{d}t} = -M^*\frac{\mathrm{d}i_1}{\mathrm{d}t} \tag{5.219}$$

Für die in einander entgegengesetzten Orientierungen angetragenen Spannungszählpfeile u_2 und u_2^* werden nach Gl.(5.219), wie bereits zu Gl.(5.218) erläutert, Zahlenwerte mit entgegengesetzten Vorzeichen berechnet, da sich infolge der den Zählpfeilen u_2 bzw. u_2^* entsprechenden Flächenvektoren $\vec{A}_2$ bzw. $\vec{A}_2^*$ die magnetischen Flüsse $\Psi_{2(i_1)}$ bzw. $\Psi_2^*{}_{(i_2)}$ und damit auch die Gegeninduktivitäten $M = \Psi_{2(i_1)}/i_1$ bzw. $M^* = \Psi_2^*{}_{(i_1)}/i_1$ mit entgegengesetzten Vorzeichen ergeben.

Die bisherigen Erläuterungen und damit die Gl.(5.218)bzw.(5.219) beziehen sich auf den einfachen Fall, daß eine der magnetisch gekoppelten Spulen stromlos, d. h. an einer Stelle unterbrochen ist. Fließt in jedem der beiden magnetisch gekoppelten Kreise (Spulen) ein Strom i_1 bzw. i_2, wie z. B. in Bild **5.89a** skizziert, so erregen diese magnetische Felder, die jeweils von dem eigenen Kreis vollständig, vom jeweilig zweiten Kreis zumindest teilweise umschlossen werden. Damit muß die jeweils in einem Kreis induzierte Spannung aus der zeitlichen Änderung des von beiden Strömen erregten, resultierenden Feldes berechnet werden. Befinden sich die beiden gekoppelten Kreise im linearen Raum (keine Ferromagnetika), kann die jeweils resultierende magnetische Flußdichte $\vec{B}_1 = \vec{B}_1(i_1) + \vec{B}_1(i_2)$ bzw. $\vec{B}_2 = \vec{B}_2(i_2) + \vec{B}_2(i_1)$ in den jeweiligen Flächen A_1 bzw. A_2 durch Addition der beiden jeweiligen magnetischen Flußdichtekomponenten $\vec{B}(i_1)$ und $\vec{B}(i_2)$ berechnet werden, die von dem Strom in der Spule selbst und dem in der Gegenspule bestimmt sind. Für die in Bild **5.89a** eingetragenen Zählpfeile bzw. Vektoren ergibt sich dann mit den Selbst- und Gegeninduktionsspannungen nach den Gln.(5.217a)u.(5.219) die Spannung in Spule *1*

$$u_{1,\text{ab}} = -\frac{\mathrm{d}}{\mathrm{d}t}\left[\int\limits_{A_1} \vec{B}_1(i_1)\cdot\mathrm{d}\vec{A}_1 + \int\limits_{A_1} \vec{B}_1(i_2)\cdot\mathrm{d}\vec{A}_1\right]$$

$$= -\frac{\mathrm{d}\Psi_1(i_1)}{\mathrm{d}t} - \frac{\mathrm{d}\Psi_1(i_2)}{\mathrm{d}t} = -L_1\frac{\mathrm{d}i_1}{\mathrm{d}t} - M\frac{\mathrm{d}i_2}{\mathrm{d}t} \qquad (5.220\text{a})$$

und die Spannung in Spule *2*

$$u_{2,\text{cd}} = -\frac{\mathrm{d}}{\mathrm{d}t}\left[\int\limits_{A_2} \vec{B}_2(i_2)\cdot\mathrm{d}\vec{A}_2 + \int\limits_{A_2} \vec{B}_2(i_1)\cdot\mathrm{d}\vec{A}_2\right]$$

$$= -\frac{\mathrm{d}\Psi_2(i_2)}{\mathrm{d}t} - \frac{\mathrm{d}\Psi_2(i_1)}{\mathrm{d}t} = -L_2\frac{\mathrm{d}i_2}{\mathrm{d}t} - M\frac{\mathrm{d}i_1}{\mathrm{d}t} \ . \qquad (5.220\text{b})$$

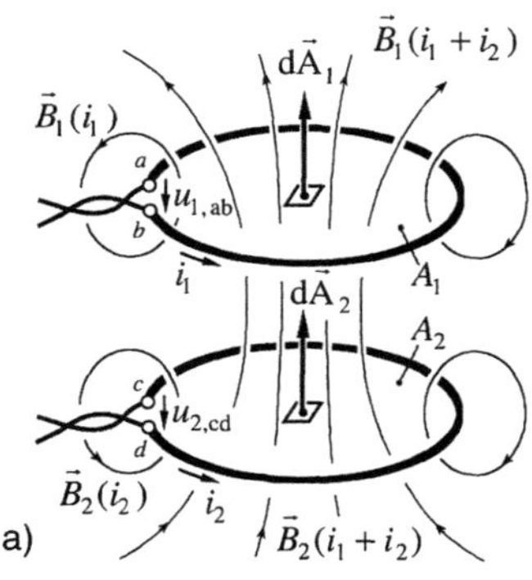

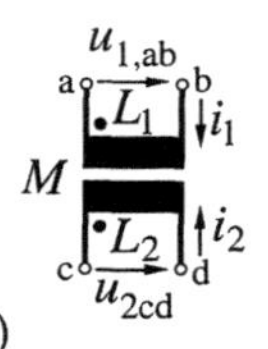

5.89 Selbst- und Gegeninduktivität (a) und deren Ersatzschaltelemente (b)

Man stellt nun, wie in Bild **5.89b** skizziert, die beiden Spulen *1* und *2* durch zwei Ersatzzweipole mit den Selbstinduktivitäten $L_1 = \Psi_1(i_1)/i_1$ und $L_2 = \Psi_2(i_2)/i_2$ und der zwischen beiden auftretenden Gegeninduktivität $M = \Psi_1(i_2)/i_2 = \Psi_2(i_1)/i_1$ dar (Gleichheit beider Induktivitäten gilt nur in linearen Räumen). An diese Ersatzzweipole werden die Strom- und Spannungszählpfeile, auf die Klemmen *a*, *b* und *c*, *d* bezogen, mit gleichen Orientierungen angetragen wie bei den Spulen (was dem Erzeugerzählpfeilsystem entspricht), so daß der für die Spulen nach dem Induktionsgesetz Gl.(5.220) ermittelte Zusammenhang zwischen u_{L1} bzw. u_{L2} und den Strömen i_1 bzw. i_2 auch für die Ersatzschaltung gilt. Dabei ist aber unbedingt das Vorzeichen des Zahlenwertes von M zu beachten. Dieses kann positiv oder negativ sein je nach den gewählten Orien-

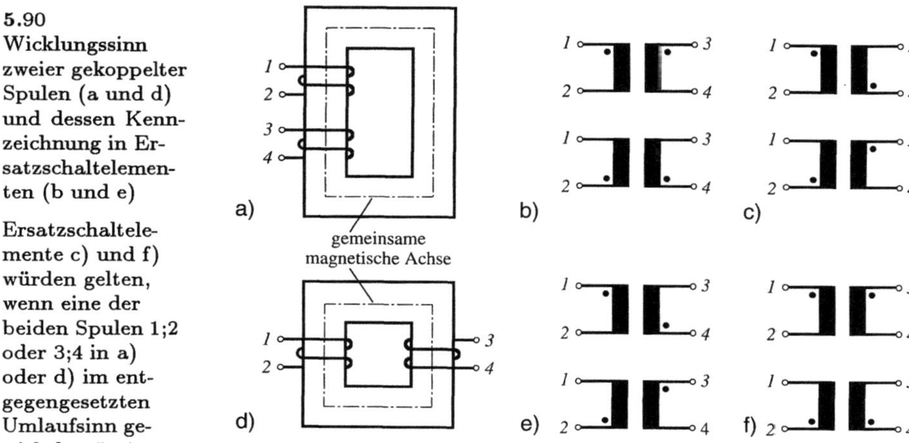

5.90
Wicklungssinn zweier gekoppelter Spulen (a und d) und dessen Kennzeichnung in Ersatzschaltelementen (b und e)

Ersatzschaltelemente c) und f) würden gelten, wenn eine der beiden Spulen 1;2 oder 3;4 in a) oder d) im entgegengesetzten Umlaufsinn gewickelt wäre

tierungen der Flächenvektoren $\vec{A}_1$, $\vec{A}_2$ bzw. der Umlaufintegrale (Spannungs- und Stromzählpfeile) an den realen Spulen, die aber in deren Ersatzschaltung nicht mehr zum Ausdruck kommen.

Um den auf die Klemmen bezogenen Umlaufsinn der beiden realisierten Kreise zueinander auch eindeutig in dem ihnen zugeordneten Ersatzschaltbild zum Ausdruck zu bringen, wendet man zweckmäßigerweise die in DIN 5489 festgelegten Regeln an, die in Bild 5.90 dargestellt sind. Man kennzeichnet danach jeweils ein Ende der beiden Schaltzeichen einer Gegeninduktivität mit einem Punkt, so daß von diesem Punkt ausgehend entlang der jeweils zugehörigen realen Kreise (Spule) der beiden Kreisen gemeinsame magnetische Fluß, auch als magnetische Achse bezeichnet, im gleichen Orientierungssinn umlaufen wird. Beispielsweise ist mit der Bezifferung des realisierten Übertragers (s. Bild 5.90a) und des diesem entsprechenden Schaltzeichens (s. Bild 5.90b) im Schaltbild festgelegt, mit welchem Wicklungssinn die beiden Spulen in ihrem jeweiligen Stromkreis geschaltet sind. Die Punkte in den Schaltzeichen geben dabei an, daß die beiden Spulen von ihren Anschlüssen *1* und *3* oder auch *2* und *4* in Bild 5.90b ausgehend beide jeweils gleichsinnig die gemeinsame magnetische Achse umschlingen. Zu beachten ist, daß für die gegenseitigen magnetischen Wirkungen nicht die absoluten räumlichen Umlaufrichtungen maßgebend sind, sondern nur die, die auf den beiden Kreisen (Spulen) gemeinsamen magnetischen Fluß bezogen sind (vergl. die Bilder 5.90a u. 5.90d, und deren Ersatzschaltungen in den Bildern 5.90b u. 5.90e, die in der Wirkung ihrer magnetischen Kopplung einander jeweils gleichwertig sind).

Aus den Erläuterungen folgt, daß zwei magnetisch gekoppelte Kreise hinsichtlich ihrer gegenseitigen magnetischen Wirkungen nur in zwei unterschiedlichen Umlaufrichtungen in ein Netzwerk geschaltet sein können. Dies muß in Verbindung mit den – ggf. an beiden Elementen unterschiedlich – im Verbraucher- oder Erzeugerzählpfeilsystem angetragenen Strom- und Spannungszählpfeilen bei der Aufstellung der für die Ersatzschaltung gültigen beiden Strom-Spannungs-Gleichungen entsprechend Gl.(5.220) beachtet werden, da sonst Vorzeichenfehler auftreten. Zur Einengung der Kombinationsvielfalt, d. h. zur Erleichterung praktischer Rechnungen, empfiehlt es sich, nach folgender Regel vorzugehen.

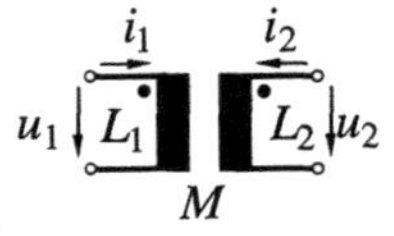

$$u_1 = L_1 \frac{di_1}{dt} + |M| \frac{di_2}{dt}$$
$$u_2 = L_2 \frac{di_2}{dt} + |M| \frac{di_1}{dt}$$

(5.221a)

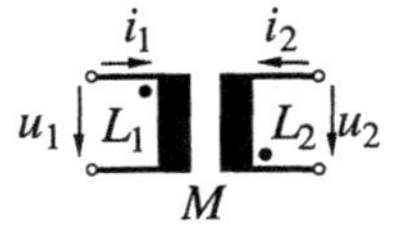

$$u_1 = L_1 \frac{di_1}{dt} - |M| \frac{di_2}{dt}$$
$$u_2 = L_2 \frac{di_2}{dt} - |M| \frac{di_1}{dt}$$

(5.221b)

5.91 Strom- und Spannungsgleichungen für zwei gekoppelte Kreise im V.Z.S. für gleichsinnigen (a) und gegensinnigen (b) Umlauf der beiden Kreise um ihre gemeinsame magnetische Achse

a. Die magnetische Kopplung zweier Stromkreise wird durch eine Ersatzschaltung nach Bild **5.91a** oder **5.91b** beschrieben, in der der Umlaufsinn der Ströme i_1 und i_2 in den Kreisen *1* und *2* um ihre gemeinsame magnetische Achse durch Punkte an den Induktivitäten L_1 und L_2 gekennzeichnet ist.

b. An beide Induktivitäten L_1 und L_2 werden die Strom- und Spannungszählpfeile im Verbraucherzählpfeilsystem angetragen, dann gelten bei gleichsinnigem Umlauf der beiden Stromzählpfeile um die gemeinsame magnetische Achse (s. Bild **5.91a**) die Spannungs-Strom-Gleichungen Gl.(5.221a) in Bild **5.91a** oder bei gegensinnigem Umlauf der Stromzählpfeile (s. Bild **5.91b**) die Gl.(5.221b). Dabei ist für M der Betrag in diese Gleichungen einzusetzen (M kann positiv oder negativ gegeben sein, L ist immer positiv).

Für eine qualitative Ermittlung der Gegeninduktionsspannung, die auch der Plausibilitätskontrolle eines analytisch ermittelten Ergebnisses dienlich ist, gilt sinngemäß die bereits in Beispiel 5.46 für die Selbstinduktivität angeführte Regel.

– Die zeitliche Änderung eines Stromes i in einem Kreis *1* verursacht in einem mit diesem magnetisch gekoppelten Kreis *2* eine Gegeninduktionsspannung $u_{L2(i_1)}$, die ihrerseits eine Stromkomponente $i_{2(u_{L2})}$ im Kreis *2* hervorruft, die so gerichtet ist, daß ihr Magnetfeld $[\vec{B}_{(i_2)}]$ der durch i_1 verursachten Änderung des resultierenden Magnetfeldes $d\vec{B}_{(i_1,i_2)}/dt$ entgegenwirkt, d. h. das ursprüngliche mit beiden Kreisen verkettete resultierende Feld $\vec{B}_{(i_1,i_2)}$ aufrechtzuerhalten sucht.

5.5.1.6 Wirbelströme. Die Induktionswirkung in drahtförmigen Leitern (Linienleitern) läßt sich insofern relativ einfach berechnen, als das Induktionsgesetz in der bisher erläuterten integralen Form anwendbar ist. Weitaus schwieriger sind aber die Induktionswirkungen in mehrdimensional ausgedehnten Leitungsgebieten (z. B. in leitfähigen Massivteilen) zu berechnen, da sich in solchen Gebieten im allgemeinen ein inhomogenes elektrisches Strömungsfeld ausbildet, dessen räumlicher Verlauf nicht durch diskrete Leiterbahnen vorgegeben, sondern über die Ortsfunktionen der Vektoren der elektrischen Feldstärke $\vec{E}$ bzw. der Stromdichte $\vec{S}$ zu bestimmen ist. Wird beispielsweise, wie in Bild **5.92** dargestellt, eine Metallscheibe *2* mit der Geschwindigkeit $\vec{v}$ durch ein Magnetfeld zwischen den Polen *1* bewegt, so entstehen in den in das Feld eintretenden bzw. aus diesem austretenden Bereichen der Scheibe Umlaufspannungen. Diese haben in einer leitfähigen Scheibe Ströme – W i r b e l s t r ö m e – zur Folge, die durch ein elektrisches Strömungsfeld $\vec{S}$, ähnlich wie in Bild **5.92** skizziert, beschrieben werden. Auch in Eisenkreisen, in denen ein magnetischer Wechselfluß auftritt, z. B. aus Blechen geschichtete Transformatorenkerne (s. Bild **5.93a**), werden in den Querschnittsebenen der Bleche Umlaufspannungen induziert. Die dadurch verursachten Wirbelströme schließen sich jeweils innerhalb der einzelnen Blechquerschnitte (s. Bild **5.93b**), wenn die einzelnen Bleche gegeneinander isoliert sind.

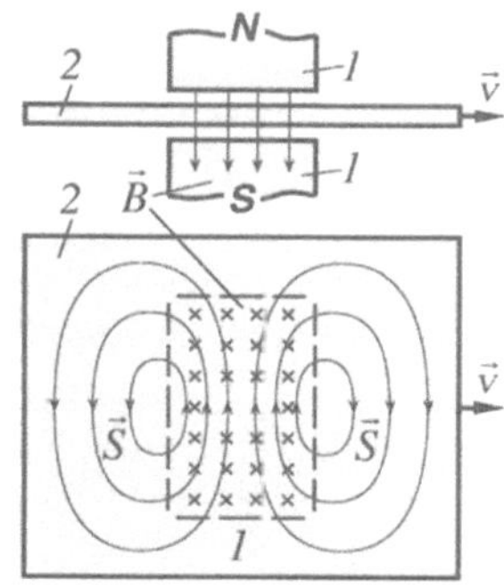

5.92 Wirbelstromfeld in einer im Magnetfeld bewegten Scheibe

Die Ortsfunktion des Wirbelstromfeldes $\vec{S}_{(x,y,z)}$ wird von der Ortsfunktion des magnetischen Feldes, und zwar von der der differenzierten magnetischen Flußdichte $\dot{\vec{B}}_{(x,y,z)}$ bestimmt. Bei der Lösung von Wirbelstromproblemen muß man daher von der differentiellen Form des Induktionsgesetzes ausgehen, in der die Vektoren der elektrischen Feldstärke $(\vec{S}/\kappa)$ unmittelbar mit denen ihrer Ursache, also den Vektoren der differenzierten magnetischen Flußdichte $\dot{\vec{B}}$, verknüpft sind. In der anschaulichen Deutung anhand der schematisierten Darstellungen der Bilder **5.69**, **5.73u.5.75** stellt man das Induktionsgesetz Gl.(5.175) für Umläufe um sehr kleine Flächen ΔA auf $[\oint(\vec{S}/\kappa)\cdot\mathrm{d}\vec{l} = -\int_{\Delta A}\dot{\vec{B}}\cdot\mathrm{d}\vec{A}]$ und läßt die Flächen ΔA gegen Null streben. Da dann aber auch der differenzierte Fluß gegen Null strebt $[\int_{\Delta A}\dot{\vec{B}}\cdot\mathrm{d}\vec{A} \to 0$, wenn $\Delta A \to 0]$, wird die Differentialgleichung durch die Fläche ΔA dividiert und der Grenzübergang für die Quotienten gebildet.

$$\lim_{\Delta A \to 0} \frac{\oint(\vec{S}/\kappa)\cdot\mathrm{d}\vec{l}}{\Delta A} = \lim_{\Delta A \to 0} \frac{\int_{\Delta A}\dot{\vec{B}}\cdot\mathrm{d}\vec{A}}{\Delta A}$$

Weiter können durch die Festlegung von Richtungszuordnungen nach den Regeln der Vektoranalysis der skalare Grenzwert auf der linken Seite dieser Gleichung in die als Rotation [rot $\vec{E}$] bezeichnete Vektordarstellung überführt und das Induktionsgesetz in differentieller Form als rot $\vec{E} = -\dot{\vec{B}}$ geschrieben werden. Mit diesem differentiellen Ansatz kann unter Beachtung der durch die Begrenzung des Leitungsgebietes gegebenen Randbedingungen und der bei inhomogener Leitfähigkeit einzuführenden Ortsfunktion von κ das Strömungsfeld grundsätzlich berechnet werden.

Bei der Bestimmung von Wirbelstromfeldern ist unbedingt zu beachten, daß das E- bzw. (S/κ)-Feld direkt dem $\dot{B}$-Feld und nur indirekt dem B-Feld zugeordnet ist, denn bei rotierendem magnetischem Feld wird im räumlich ausgedehnten Leitungsgebiet auch das Strömungsfeld rotieren, sich dabei aber orthogonal zum (primär erregenden) $\dot{B}$-Feld einstellen, welches gegenüber dem B-Feld gedreht ist (s. Abschn. 5.5.1.2, Magnetische Flußdichte $\vec{B}$ und zeitdifferenzierte Flußdichte $\dot{\vec{B}}$). Praktische Rechnungen erfolgen nach den Regeln der Vektoranalysis, die aber über den Rahmen der Grundlagendarstellung hinausgehen.

Unbedingt zu beachten ist auch, daß sich das Induktionsgesetz immer auf das resultierende Magnetfeld bezieht, welches sich hier unter Einbeziehung der Rückwirkung der Wirbelströme einstellt. Treten beispielsweise in einer elektrisch leitenden Ebene Wirbelströme i der Wirbelstromdichte $\vec{S}(\dot{B})$ infolge eines primären Magnetfeldes $\vec{B}_\mathrm{p}$ auf, so erregen diese Wirbelströme ihrerseits ein Rückwirkungsfeld $\vec{B}_\mathrm{r}(\vec{S})$, welches der primären Feldänderung $\dot{\vec{B}}_\mathrm{p}$ entgegenwirkt. Für die Berechnung der Wirbelströme ist das tatsächlich in Erscheinung tretende, aus der Überlagerung des Primär- und Rückwirkungsfeldes resultierende Magnetfeld der magnetischen Flußdichte $\dot{\vec{B}} = \mathrm{d}[\vec{B}_\mathrm{p} + \vec{B}_\mathrm{r}(\vec{S})]/\mathrm{d}t$ maßgebend. In der Verknüpfungsgleichung zwischen den Ortsfunktionen der Wirbelstromdichte $\vec{S}(\dot{B})$ und der sie verursachenden differenzierten Flußdichte $\dot{\vec{B}} = \mathrm{d}[\vec{B}_\mathrm{p} + \vec{B}_\mathrm{r}(\vec{S})]/\mathrm{d}t$ muß also von der resultierenden Flußdichte $\vec{B}$ ausgegangen werden. Man bezeichnet den erläuterten Effekt auch als Flußverdrängung. Beispielsweise wird ein zeitveränderliches Magnetfeld nur bedingt in einen leitenden Körper eindringen. Das Gegenfeld der in dem Körper verursachten Wirbelströme wirkt dem eindringenden primären Feld entgegen, so daß im Körperinneren das Feld nur noch mehr oder weniger geschwächt auftritt.

Wirbelstromeffekte können beabsichtigt sein, z. B. bei Wirbelstrombremsen, in Induktionsöfen, in Abschirmungen (Flußverdrängung) für Geräte der Nachrichten- und Meßtechnik. Unbeabsichtigt und störend sind Wirbelströme in den magnetischen Eisenkreisen elektrischer Maschinen wie Motoren, Generatoren und Transformatoren, in denen sie Verlustleistungen und Erwärmungen verursachen. Auch die Flußverdrängung durch Wirbelströme ist häufig unerwünscht, da sie zu einer schlechteren Materialnutzung führt, kann aber auch beabsichtigt sein, um z. B. Geräte gegen magnetische Wechselfelder abzuschirmen.

Da die Berechnung von Wirbelströmen mit dem hier vorausgesetzten mathematischen Wissen nicht allgemeingültig erläutert werden kann, ist im folgenden lediglich beispielhaft die Berechnung der Wirbelstromverluste für die besonders einfache, aber praktisch wichtige und in Abschn. 5.5.2.1 angesprochene Gegebenheit geblechter Eisenkerne erläutert.

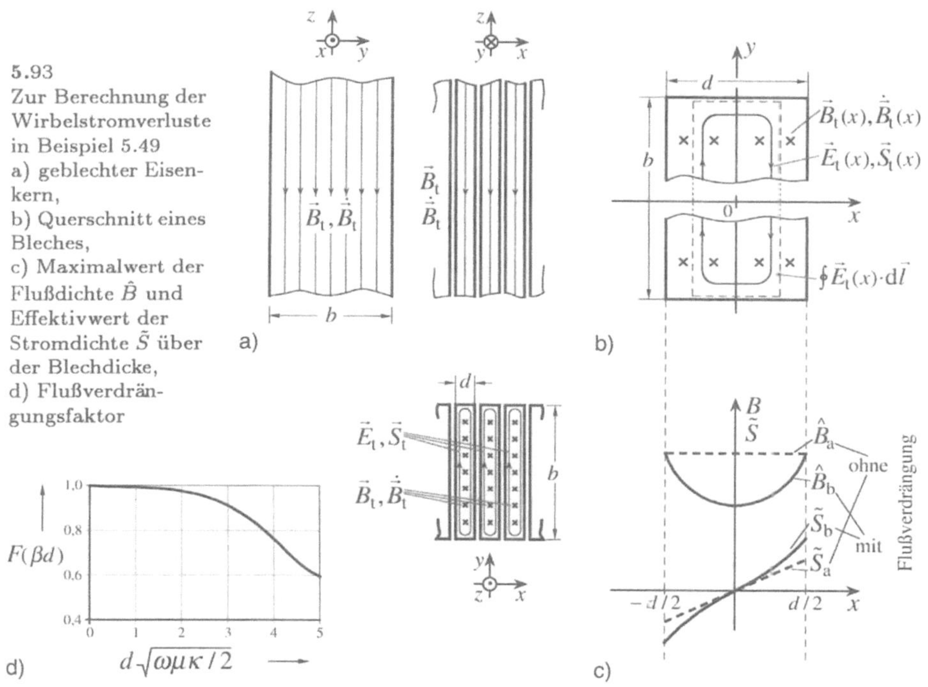

5.93
Zur Berechnung der Wirbelstromverluste in Beispiel 5.49
a) geblechter Eisenkern,
b) Querschnitt eines Bleches,
c) Maximalwert der Flußdichte $\hat{B}$ und Effektivwert der Stromdichte $\tilde{S}$ über der Blechdicke,
d) Flußverdrängungsfaktor

Beispiel 5.49. Die Wirbelstromverluste in geblechten Eisenkernen sollen berechnet werden. In Bild 5.93b ist der Querschnitt eines einzelnen Bleches aus einem Eisenkern skizziert, der entsprechend Bild 5.93a in Längsrichtung zur Blechebene mit einer magnetischen Flußdichte $\vec{B}_\mathrm{t}$ zeitkonstanter Richtung $(\vec{B}\|\dot{\vec{B}})$, aber mit sich zeitlich änderndem Wert B_t magnetisiert wird. Bei Blechbreiten b, die sehr groß sind gegenüber der Blechdicke $d \ll b$, können im Blechquerschnitt $A = bd$ die Inhomogenitäten in den beiden Randbereichen vernachlässigt werden, d. h., man kann $\vec{B}_\mathrm{t}$ und $\dot{\vec{B}}_\mathrm{t}\|\vec{B}_\mathrm{t}$ in Abhängigkeit von y (über die Breite b) als konstant und nur in Abhängigkeit von x (über die Dicke d) als variabel (infolge Flußverdrängung) annehmen. Das gleiche gilt dann auch für das Wirbelstromfeld $\vec{S}_\mathrm{t}$, welches sich in der Querschnittsebene, also orthogonal zum $\dot{\vec{B}}_\mathrm{t}$ Vektor, ausbildet mit Beträgen $S_\mathrm{t} = E_\mathrm{t}\kappa$ (κ homogen), die unabhängig von y und nur von x abhängig sind (s. in Bild 5.93a u. 5.93b skizziertes, qualitatives Feldlinienbild). Bei diesen Gegebenheiten läßt sich das Induktionsgesetz auch noch in integraler Form entsprechend Gl.(5.176) schreiben.

a. Lösung unter Vernachlässigung der Flußverdrängung. Die magnetische Flußdichte $\vec{B}_t$ wird über den ganzen Blechquerschnitt als homogen angenommen. Damit folgt für einen in Bild **5.93b** gestrichelt eingezeichneten Umlauf mit $\oint \vec{E}_t \cdot d\vec{l} \approx 2(S_t/\kappa)b$ und $\int_A \dot{\vec{B}}_t \cdot d\vec{A} \approx \dot{B}_t b 2x$ aus dem Induktionsgesetz $(S_t/\kappa)2b \approx -\dot{B}_t 2bx$ der Betrag der Stromdichte

$$S_{t(x)} = \dot{B}_t \kappa x \,, \tag{5.222}$$

der in Ebenen im Abstand x zur z-y-Ebene konstant ist. Diese Wirbelstromdichte hat entsprechend Gl.(4.55a) die Verlustleistungsdichte

$$p_{t(x)} = \frac{dP_{t(x)}}{dV} = \frac{S_t^2(x)}{\kappa} = \dot{B}_t^2 \kappa x^2 \tag{5.223}$$

zur Folge, die eine Zeitfunktion ist, so daß die Wirkleistungsdichte oder spezifische Verlustleistung

$$P'(x) = \overline{p_{t(x)}} = x^2 \kappa \overline{\dot{B}_t^2} \tag{5.224}$$

als zeitlicher Mittelwert zu berechnen ist.

In dem für die Praxis wichtigsten Fall kann die Wechselmagnetisierung des Eisenkernes als zeitlich sinusförmig verlaufend angenommen werden, so daß für den Wert der magnetischen Flußdichte im Blechquerschnitt $B_t = \hat{B}_a \sin(\omega t)$ gilt. Die differenzierte Flußdichte $\dot{B}_t = \hat{B}_a \omega \cos(\omega t)$ quadriert, führt mit Hilfe der trigonometrischen Umrechnung auf den zeitlichen Mittelwert

$$\overline{\dot{B}_t^2} = \hat{B}_a^2 \omega^2 \overline{[\cos^2(\omega t)]} = \hat{B}_a^2 \omega^2 \overline{[1 + \cos(2\omega t)]/2} = \hat{B}_a^2 \omega^2 /2 \,, \tag{5.225}$$

der in Gl.(5.224) eingesetzt die spezifische Verlustleistung

$$P'_{a(x)} = \frac{x^2 \kappa \hat{B}_a^2 \omega^2}{2} = \frac{\tilde{S}_a^2(x)}{\kappa} \tag{5.226}$$

ergibt, die gleich ist dem Quadrat des Effektivwertes (quadratischer Mittelwert) der Wirbelstromdichte $\tilde{S}_{a(x)}$, dividiert durch κ. Der Effektivwert der Wirbelstromdichte

$$\tilde{S}_{a(x)} = \sqrt{\frac{1}{T} \int_T S_t^2(x)\, dt} = \kappa x \sqrt{\frac{\omega}{2\pi} \int_0^{2\pi/\omega} [\hat{B}_a \sin(\omega t)]^2 dt} = \frac{\hat{B}_a}{\sqrt{2}} \omega \kappa x$$

und der Scheitelwert der magnetischen Flußdichte $\hat{B}_a$ sind abhängig von x in Bild **5.93c** gestrichelt gezeichnet dargestellt.

Da die spezifische Verlustleistung (Wirkleistungsdichte) $P'_{(x)}$ – wie die Wirbelstromdichte $S_{(x)}$ – wohl über die Breite b des Blechquerschnittes konstant ist, nicht aber über dessen Dicke d, wird $P'_{(x)}$ über den Querschnitt $A = bd$ integriert und durch den Querschnitt dividiert, und man erhält so die spezifische Verlustleistung

$$P'_{\text{a}} = \frac{1}{bd}\, 2 \int\limits_{x=0}^{d/2} P_{\text{a}(x)} \cdot b\, \mathrm{d}x = \frac{\kappa \hat{B}_{\text{a}}^2 \omega^2}{2d}\, 2 \int\limits_{x=0}^{d/2} x^2\, \mathrm{d}x = \frac{d^2\, \kappa \hat{B}_{\text{a}}^2 \omega^2}{24} \qquad (5.227)$$

als zeitlichen und räumlichen Mittelwert.

– Die spezifische Wirbelstromverlustleistungsdichte in geblechten Eisenkernen steigt quadratisch mit der Frequenz $f = \omega/(2\pi)$, dem Maximalwert der magnetischen Flußdichte $\hat{B}$, der Blechdicke d und linear mit der Leitfähigkeit κ des Eisens an.

Wesentlich ist die Erkenntnis, daß sich die Wirbelstromverluste durch den Einsatz möglichst dünner Bleche reduzieren lassen. Man baut daher die magnetischen Eisenkreise aus gegeneinander isolierten Blechen (z. B. $d = 0,5\,\text{mm}$) auf, so daß die Isolationsebenen parallel zur Flußrichtung und damit rechtwinklig zu der Ebene liegen, in der sich die induzierten Umlaufspannungen und die durch sie hervorgerufenen Ströme ausbilden (s. Bild 5.96a). Anschaulich gesprochen wird also das Verhältnis von induzierter Umlaufspannung zur Länge des Umlaufweges, d. h. zum Widerstand der Strombahn, möglichst klein gewählt, so daß die Wirbelströme entsprechend klein bleiben.

b. Lösung unter Beachtung der Flußverdrängung. Die Gln.(5.226)u.(5.227) wurden unter der Voraussetzung hergeleitet, daß die magnetische Flußdichte B_{t} homogen über dem Blechquerschnitt $A = bd$ auftritt, was aber nur näherungsweise zutrifft. Wie oben bereits erwähnt, erregt das Wirbelströmungsfeld $\vec{S}_{\text{t}(x)}$ ein Rückwirkungsfeld $[\vec{B}_{\text{t}}''{}_{(x,\vec{S})}]$, das dem primär eingeprägten Feld mit der magnetischen Flußdichte $\vec{B}_{\text{t}}'$ entgegenwirkt. Die von x abhängige magnetische Flußdichte $\vec{B}_{\text{t}}''{}_{(x,\vec{S})}$ des Rückwirkungsfeldes ist in der Blechmitte ($x = 0$) maximal, da die hier verlaufenden B-Feldlinien die Stromdichte $\vec{S}_{\text{t}(x)}$ über den Bereich von $x = 0$ bis $x = d/2$ als wirksame Durchflutung einschließen, aber an den Blechrändern ($x = \pm d/2$) Null, da die hier verlaufenden Feldlinien keine Durchflutung mehr einschließen. Das dem primären Feld $\vec{B}_{\text{t}}'$ entgegengerichtete Rückwirkungsfeld $\vec{B}_{\text{t}}''{}_{(x,\vec{S})}$ bewirkt also eine Flußverdrängung von der Mitte des Blechquerschnittes zu dessen Rändern hin, so daß das resultierende Feld $\vec{B}_{\text{t}(x)} = \vec{B}_{\text{t}}' + \vec{B}_{\text{t}}''{}_{(x,\vec{S})}$ mit einer inhomogenen magnetischen Flußdichte $\vec{B}_{\text{t}(x)}$ auftritt.

Löst man für die Annahme einer zeitlich sinusförmig verlaufenden magnetischen Flußdichte $B_{\text{t}(x)} = \hat{B}_{(x)}\sin(\omega t)$ die Verknüpfungsgleichung zwischen der von t und x abhängigen, resultierenden magnetischen Flußdichte und der von t und x abhängigen Stromdichte, so bekommt man mit einem der Lösung a. entsprechenden Rechengang den Effektivwert der Stromdichte $\tilde{S}_{\text{b}(x)}$ und den Maximalwert der resultierenden Flußdichte $\hat{B}_{\text{b}(x)}$ als Funktion von x, wie sie qualitativ als ausgezogene Kurven in Bild 5.93c dargestellt sind [14]. Über die Stromdichte bekommt man dann die spezifische Verlustleistung

$$P'_{\text{b}} = \frac{d^2\, \kappa \hat{B}_{\text{m}}^2 \omega^2}{24}\, F_{(\beta d)}, \qquad (5.228)$$

mit $\hat{B}_\mathrm{m} = \hat{\Phi}_\mathrm{Blech}/(bd) = 2\int_0^{d/2} \hat{B}_\mathrm{b}(x)\,\mathrm{d}x/(bd)$, dem räumlichen Mittelwert des Scheitelwertes der magnetischen Flußdichte $\hat{B}_\mathrm{t}(x)$ über dem Blechquerschnitt $A = bd$, der wiederum aus dem Scheitelwert des magnetischen Flusses $\hat{\Phi}_\mathrm{Blech}$ im Blechquerschnitt berechnet werden kann. Durch den Faktor $F_{(\beta d)}$ wird die infolge der Flußverdrängung bewirkte Verringerung der spezifischen Verlustleistung gegenüber der für homogene Verteilung der Flußdichte abgeleiteten [Gl.(5.227)] berücksichtigt. Man erkennt aus der in Bild **5.93d** skizzierten Abhängigkeit des Faktors $F_{(\beta d)}$ von dem Produkt aus Blechdicke d und der Größe

$$\beta = \sqrt{\omega\mu\kappa/2}\,, \tag{5.229}$$

daß mit der Blechdicke d und der Frequenz $f = \omega/(2\pi)$ der Wechselmagnetisierung die Flußverdrängung verstärkt und damit die spezifische Verlustleistung vermindert wird (Permeabilität μ und Leitfähigkeit κ des Bleches als homogen und konstant vorausgesetzt). Bei Blechdicken mit d gegen Null und/oder einer Wechselmagnetisierung mit der Frequenz f gegen Null geht $F_{(\beta d)}$ gegen 1 und Gl.(5.228) in Gl.(5.227) über.

5.5.2   Energie im magnetischen Feld

Ähnlich wie das Gravitationsfeld oder das elektrostatische Feld kann auch das magnetische Feld Energie speichern. Schaltet man z. B. eine Spule an eine Spannungsquelle, so fließt ein Strom, und die Spule nimmt damit elektrische Energie auf, die in dem durch den Strom erregten Magnetfeld der Spule gespeichert wird. Daß es sich hier, ähnlich wie beim Anheben der Masse, um einen speichernden, d. h. reversiblen Vorgang handelt, wird klar, wenn die stromdurchflossene Spule wieder von der Spannungsquelle getrennt und über einen Widerstand kurzgeschlossen wird. Dann fließt nämlich zunächst noch ein meßbarer Strom weiter, obwohl keine äußere Spannungsquelle mehr in dem Kreis wirksam ist. Dieser Strom kann über das Induktionsgesetz berechnet werden und erklärt sich aus dem nach Abschalten der Spannungsquelle zunächst noch vorhandenen Magnetfeld, das abgebaut wird. Dabei wird der magnetische Fluß kleiner ($\mathrm{d}\Phi_\mathrm{t}/\mathrm{d}t < 0$), so daß eine Spannung induziert wird, über die die gespeicherte magnetische Energie in elektrische und die wiederum in dem Widerstand in Wärme umgeformt wird.

Außerdem können im magnetischen Feld reversible Wechselwirkungen zwischen mechanischer und magnetischer Energie auftreten. Nähert man z. B. einen ferromagnetischen Körper den Polen eines Naturmagneten, so wird dieser angezogen, d. h., auf ihn wirken Kräfte. Bewegt sich der Körper infolge dieser Kräfte, z. B. bei fehlenden äußeren (haltenden) Kräften, wird der Körper beschleunigt und prallt letztlich mit einer Geschwindigkeit größer Null, also mit kinetischer Energie, auf die Pole des Naturmagneten auf. Dabei nimmt nachweislich die von dem Naturmagneten erregte Feldenergie stetig ab, so daß der Energieerhaltungssatz in jedem Augenblick erfüllt ist, d. h., bei fehlenden Verlusten (Reibung) ist die abgegebene magnetische gleich der aufgenommenen mechanischen Energie.

5.5.2.1 Reversible Energie des Magnetfeldes. Die in einem magnetischen Feld gespeicherte Energie wird zweckmäßigerweise nach dem Energieerhaltungssatz aus der elektrischen Energie bestimmt, die dem magnetischen Feld über den mit ihm verknüpften Strom zugeführt oder entzogen wird, wie im folgenden Beispiel 5.50 erläutert ist.

Beispiel 5.50. Die Umformung von elektrischer Energie in magnetische und umgekehrt ist mit der Annahme hysteresefreier B-H-Kennlinien zu erläutern.

In Bild **5.94a** ist eine Spule mit N Windungen um einen Ringeisenkern skizziert, die mit einem Umschalter wechselweise an eine Gleichspannungsquelle mit der Quellenspannung U_q oder einen Widerstand R geschaltet werden kann. Die Widerstände von Spule, Quelle und Leitungen sollen vernachlässigbar klein sein. Wird zunächst die Spule an die Quelle geschaltet, so fließt der Strom i von $i = 0$ bis $i = i_\mathrm{max}$ ansteigend (s. Bild **5.94b**) und verursacht eine ansteigende magnetische Erregung $\vec{H}_\mathrm{t}$ und damit eine magnetische Flußdichte $\vec{B}_\mathrm{t} = \mu\vec{H}_\mathrm{t}$ rechtswendig zum positiven Strom i. Der Flächenvektor des Ringkernquerschnittes $\vec{A}$ und damit der Zählpfeil für den magnetischen Fluß Φ_t wird wie in Bild **5.94a** skizziert angenommen und der Zählpfeil der Selbstinduktionsspannung u_L entsprechend Abschn. 5.5.1.3 rechtswendig in den Spulenumlauf um den Flußzählpfeil Φ_t angetragen.

Damit hat man die u_L- und i-Zählpfeile an der Spule wie an der Quelle im Erzeugerzählpfeilsystem angetragen, was bei der Vorzeichendeutung der Leistung bzw. Energie zu beachten ist. Da keine Widerstände in dem Kreis zu beachten sind, gilt für die an die Quelle geschaltete Spule der Maschensatz $U_\mathrm{q} + u_\mathrm{L} = 0$ mit $u_\mathrm{L} = -\dot{\Psi}_\mathrm{t} = -N\dot{\Phi}_\mathrm{t}$ nach dem Induktionsgesetz. Daraus ergibt sich nach Multiplikation mit i die Leistungsbilanz

$$iU + iu_\mathrm{L} = 0 \qquad \text{bzw.} \qquad P_\mathrm{q} + P_\mathrm{L} = 0 \tag{5.230}$$

mit der Spulenleistung

$$P_\mathrm{L} = iu_\mathrm{L} = -iN\dot{\Phi}_\mathrm{t} = -i\dot{\Psi}\,. \tag{5.231}$$

Steigt beim Einschalten der Spule bei $t = 0$ der Strom von $i = 0$ bis $i = i_\mathrm{max}$ an ($i > 0$), so steigt auch der magnetische Fluß von $\Phi_\mathrm{t} = 0$ bis $\Phi_\mathrm{t} = \Phi_\mathrm{max}$ ($\dot{\Phi} > 0$) (s. Bild **5.94b**). Damit wird die Leistung der Quelle $P_\mathrm{q} = iU_\mathrm{q}$ positiv, also abgegeben, die der Spule $P_\mathrm{L} = iu_\mathrm{L} = -iN\dot{\Phi}$ aber negativ, also aufgenommen (beides im E.Z.S.).

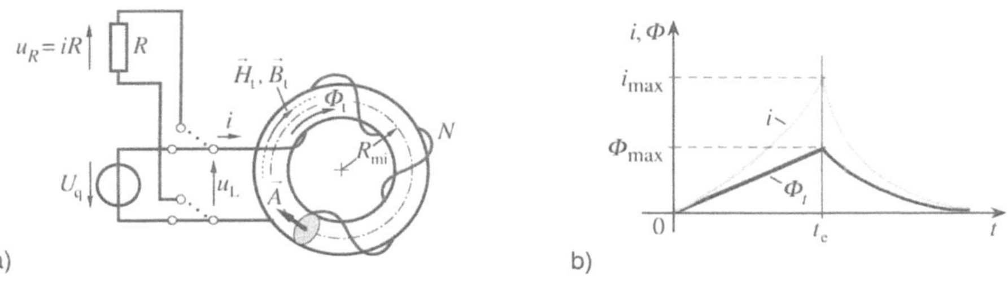

5.94 Auf- und Abmagnetisieren eines Ringkernes: a) Schaltung, b) Zeitverlauf von i und Φ

Wird die Spule bei $t = t_e$ von der Quelle auf den Widerstand umgeschaltet, so gilt der Maschensatz $u_L - iR = 0$ mit $u_L = -\dot{\Psi}_t$. Der Strom i bleibt positiv (fließt mit gleicher Orientierung weiter), fällt aber von $i = i_{max}$ auf $i = 0$, so daß auch Φ_t von Φ_{max} auf Null fällt, $\dot{\Phi}$ also negativ wird (s. Bild **5.94b**). Damit wird die Leistung der Spule $P_L = iu_L = -i\dot{\Phi}$ positiv, also von ihr abgegeben (E.Z.S.), vom Widerstand mit $P_R = iu_R$ positiv aufgenommen (V.Z.S.) und in Wärme umgeformt.

Aus der Leistungsbilanz folgt, daß zu jedem Zeitpunkt die von der Quelle abgegebene Leistung $P_q = iU$ gleich ist der von der Spule aufgenommenen bzw. die von der Spule abgegebene gleich der vom Widerstand aufgenommenen ($P_R = iu_R$). Die von der Spule entsprechend Gl.(5.231) aufgenommene bzw. abgegebene elektrische Leistung $P_L = iu_L$ wird aus magnetischer Energie bzw. in diese umgeformt ($iu_L = -i\dot{\Psi}$), die in dem Magnetfeld des Ringkernes gespeichert sein muß. Um diese magnetische Feldenergie auf die magnetischen Feldgrößen zurückführen zu können, wird die Spulenleistung mit dt multipliziert, so daß sich die in der Zeit dt mit dem Magnetfeld ausgetauschte Energie $dW_m = P_L dt = -i(d\Psi/dt)dt = -id\Psi$ ergibt.

Bei dem hier betrachteten Ringkern mit einem mittlerem Ringradius $R_{mi} \gg \sqrt{A}$ und homogener Permeablilität μ gilt für die Durchflutung [Gl. (5.73)] $iN = 2\pi R_{mi} H_t$ und für den magnetischen Fluß [Gl.(5.54)] $\Phi_t = AB_t$, da H_t und B_t zu jeder Zeit t über das ganze Feldvolumen $V = 2\pi R_{mi} A$ parallel gerichtet ($\vec{B} \| \vec{H}$) und räumlich konstant sind. Damit ergibt sich die Änderung der magnetischen Energie

$$dW_m = P_L \, dt = iN(d\Phi/dt) \, dt = 2\pi R_{mit} AH_t \, dB_t = V \, dw_m \,, \qquad (5.232)$$

die als Produkt aus Feldvolumen $V = 2\pi R_{mi} A$ und der über dieses Volumen konstanten Energiedichteänderung

$$dw_m = H_t \, dB_t \qquad (5.233)$$

gedeutet werden kann. Beim Einführen der Feldgrößen H und B in die Energiegleichung (5.232) ist diese mit positivem Vorzeichen geschrieben, d. h., die nach Gl.(5.233) bzw. der B-H-Kennlinie nach Bild **5.95** positiv berechnete Änderung der Energiedichte dw_m entspricht einer positiven Änderung der magnetischen Flußdichte ($d\vec{B}_t > 0$) bzw. des Flusses ($d\Phi_t > 0$). Damit ergibt sich nach Gl.(5.231) die Spulenleistung $P_L = iu_L = -iNd\Phi/dt$ negativ, was im E.Z.S. einer von der Spule aufgenommenen, also dem Magnetfeld zugeführten Leistung entspricht. Damit steigt zu einem beliebigen Zeitpunkt t in dem Magnetfeld die Energiedichte um den Wert $dw_m = H_t \, dB_t$ an, der von den zu diesem Zeitpunkt t im Feld auftretenden Feldgrößen H_t bzw. $B_t = \mu H_t$ abhängt (s. Bild **5.95**).

Steigt also beim Einschalten der Spule der Strom i in der Zeit von $t = 0$ bis $t = t_e$ von $i_{(t=0)} = 0$ auf $i_{(te)} = i_{max}$, so steigt auch die von ihm verursachte magnetische Erregung von $H = 0$ auf $H = H_{max}$ und damit die magnetische Flußdichte $B = \mu H$ von $B = 0$ auf $B = B_{max}$. Die bei den Maximalwerten in dem Ringkern gespeicherte Energiedichte kann dann über das Integral der allein aus den Feldgrößen bestimmten Energiedichte nach Gl.(5.233) berechnet werden.

$$w_{m\,auf} = \int\limits_{H=0,\,B=0}^{H_{max},\,B_{max}} H_{(B)} \, dB \qquad (5.234a)$$

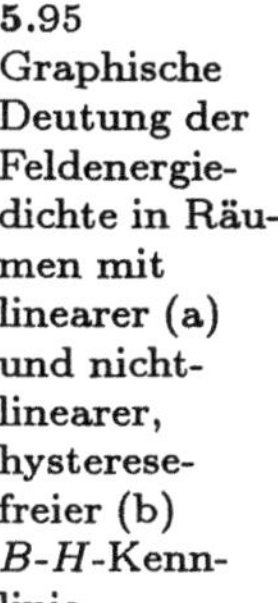 **5.95** Graphische Deutung der Feldenergiedichte in Räumen mit linearer (a) und nichtlinearer, hysteresefreier (b) B-H-Kennlinie

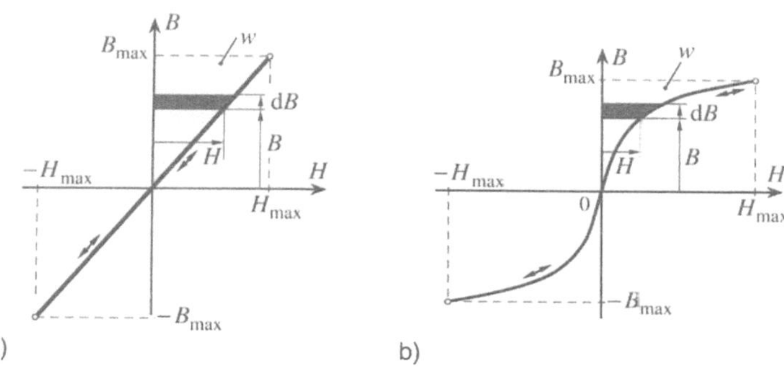

a)   b)

Die Energiedichte ergibt sich also durch die Integration der Feldgrößen unabhängig davon, nach welcher Zeitfunktion (s. Bild **5.94**b) Φ_t und damit H_t bzw. B_t ansteigen, d. h., das Integral $\int H \, dB$ ist allein von der B-H-Kennlinie abhängig (s. Bild **5.95**), nicht aber von der Zeitfunktion, mit der der – zeitabhängige – (H_t, B_t)-Punkt diese Kennlinie von $(0,0)$ bis (H_{max}, B_{max}) durchläuft. Selbstverständlich entspricht das Integral der B-H-Kennlinie Gl.(5.234a) dem auf das Volumen bezogenen Zeitintegral der elektrischen Spulenleistung

$$w_e = \frac{1}{V} \int\limits_{t=0}^{t_e} u_L i \, dt,$$
(5.235)

die in der Zeit $t = 0$ bis $t = t_e$ von der Spule aufgenommen wird, so daß der Energieerhaltungssatz erfüllt ist ($w_e + w_m = 0$).

Wird die Spule von der Quelle auf den Widerstand R umgeschaltet, so fällt der Strom i (in der Zeit $t \to \infty$) von $i = i_{max}$ auf $i_{(t \to \infty)} = 0$. Damit fallen auch die Feldgrößen H und B entlang der B-H-Kennlinie von (H_{max}, B_{max}) auf $(0,0)$. Die dabei von dem Magnetfeld über den Induktionsvorgang in der Spule wieder aus magnetischer in elektrische Energie umgeformte Energie ergibt sich sinngemäß wie bei der Aufmagnetisierung als auf das Volumen bezogene Energiedichte.

$$w_{m\,ab} = \int\limits_{H=H_{max},\, B=B_{max}}^{0,0} H_{(B)} \, dB$$
(5.234b)

Die Integrale in den Gln.(5.234a) u.(5.234b) ergeben nur im Falle hysteresefreier Kennlinien entsprechend Bild **5.95** die gleichen Beträge, nicht aber, wenn die B-H-Kennlinie eine Hysteresekurve ist, wie in Bild **5.97**a dargestellt.

Die in Beispiel 5.50 für den Feldraum einer Ringspule erläuterten Energiegleichungen lassen sich zu folgenden allgemeingültigen Aussagen erweitern.

– Wird in einem Raum V ein homogenes oder inhomogenes Feld mit linearer oder nichtlinearer B-H-Kennlinie von $H_t = 0$ bis $H_t = H_{max}$ aufmagnetisiert bzw. von $H_t = H_{max}$ bis $H_t = 0$ abmagnetisiert, so wird dabei von dem Feldraum V die E n e r g i e

$$W = \int_V w \, dV \tag{5.236}$$

aufgenommen und gespeichert bzw. abgegeben. Sie wird berechnet als Raumintegral der E n e r g i e d i c h t e

$$w = \frac{dW}{dV} = \int_{H=0}^{H_{max}} H \, dB \qquad \text{bzw.} \qquad w = \int_{H=H_{max}}^{0} H \, dB\,, \tag{5.237}$$

die sich ihrerseits in jedem Feldpunkt als Integral des Produktes $H \, dB = \vec{H} \cdot d\vec{B}$ der in diesem Feldpunkt auftretenden Feldgrößen ergibt.

Die Energiegleichungen unterscheiden sich für die Auf- oder Abmagnetisierung in der Integrationsrichtung [Reihenfolge der Grenzen in Gl.(5.237)] und gegebenenfalls durch unterschiedliche B-H-Kennlinien (bei Hysteresekennlinien) für Auf- und Abmagnetisierung.

Da die Art der B-H-Kennlinie wesentlich den Schwierigkeitsgrad der Lösung des Integrals Gl.(5.237) für die Energiedichte bestimmt, ist die Erläuterung der Feldenergie im folgenden entsprechend den drei charakteristischen Kennlinienformen (lineare, nichtlineare und Hysterese) unterteilt fortgesetzt.

Magnetische Feldenergie bei linearer B-H-Kennlinie. In Räumen mit konstanter Permeabilität μ (z. B. Luft) gilt für $B = \mu H =$ const$\cdot H$ eine lineare Kennlinie, wie z. B. in Bild **5.95a** dargestellt. Diese lineare Kennlinie beschreibt gleichermaßen die Auf- und Abmagnetisierung. Das Integral der Energiedichte Gl.(5.237) liefert mit $B = \mu H$ für beide Vorgänge den gleichen Wert $\int H \, dB = \int (B/\mu) \, dB = B^2/(2\mu)$.

Die bei der Aufmagnetisierung von $H = 0$ bis $H = H_{max}$ bzw. $H = -H_{max}$ zugeführte Energie wird danach bei der Abmagnetisierung von $H = H_{max}$ bzw. $H = -H_{max}$ bis $H = 0$ vollständig wieder abgeführt, d. h., das Magnetfeld wirkt als verlustfreier Energiespeicher.

– In Räumen k o n s t a n t e r Permeabilität μ kann bei gegebenen Feldgrößen B und/oder H die Energiedichte

$$w = \frac{B^2}{2\mu} = H^2\frac{\mu}{2} = \frac{HB}{2} \tag{5.238}$$

als Produkt der Feldgrößen bestimmt werden.

In inhomogenen Feldern ist auch die Energiedichte inhomogen, und die im gesamten Feldraum gespeicherte Energie muß nach Gl.(5 236) als Raumintegral der als Ortsfunktion bestimmten Energiedichte w berechnet werden.

Ist die Induktivität L einer Leiterschleife (Spule) bekannt, so läßt sich die Energie $W = \int w\,dV$ des magnetischen Feldes, das von einem Strom i in dieser Leiterschleife (Spule) erregt wird, direkt über diesen Strom i berechnen, d. h., man braucht nicht das Volumenintegral Gl.(5.236) mit den magnetischen Feldgrößen zu lösen. Dies läßt sich leicht erklären, wenn man, ähnlich wie für die Ringspule in Beispiel 5.50 erläutert, die bei einer Änderung des Stromes i in einer Induktivität L auftretende Energie ableitet. Mit der Selbstinduktionsspannung $u_L = -d\Psi/dt = -L\,di/dt$ ergibt sich durch Integration der in der Zeit dt übertragenen Energie $dW = iu_L\,dt = -Li\,di$ die Energie $W = \int Li\,di$, die dem Magnetfeld bei einer Änderung des Stromes von $i = 0$ bis $i = i_{\max} = I$ zugeführt bzw. bei einer Änderung von $i = i_{\max} = I$ bis $i = 0$ entzogen wurde. Bei konstanter Induktivität L ist das Integral elementar lösbar $\int Li\,di = LI^2/2$.

– In einem Magnetfeld, das von einem Strom I in einer Leiterschleife (Spule) mit k o n s t a n t e r Induktivität L erregt wird, ist die Energie

$$W = LI^2/2 \tag{5.239}$$

gespeichert.

Erwähnt sei, daß es auch zweckmäßig sein kann, nach Gl (5.239) die Induktivität einer Leiterschleife aus der für das Feld dieser Schleife berechneten Energie zu bestimmen ($L = 2W/I^2$).

Häufig ist die gespeicherte Energie eines Magnetfeldes zu berechnen, das von den Strömen i_1 und i_2 in zwei Leiterschleifen *1* und *2* (Spulen) erregt wird. Sind die magnetischen Eigenschaften dieser beiden Leiterschleifen durch ihre Selbstinduktivität L_1, L_2 und ihre Gegeninduktivität M (s. Abschn. 5.5.1.5) gegeben, so kann die Energie des resultierenden Magnetfeldes, wie für eine einzelne Induktivität erläutert, berechnet werden. Dabei ist darauf zu achten, ob die magnetische Wirkung beider Spulen gleich- oder entgegengerichtet ist.

a)

b)

$$W = i_1^2 \frac{L_1}{2} + i_2^2 \frac{L_2}{2} + i_1 i_2 |M| \qquad (5.240a)$$

$$W = i_1^2 \frac{L_1}{2} + i_2^2 \frac{L_2}{2} - i_1 i_2 |M| \qquad (5.240b)$$

$$\Psi_1(i_1,i_2) = L_1 i_1 + |M| i_2$$
$$\Psi_2(i_2,i_1) = L_2 i_2 + |M| i_1 \qquad (5.241a)$$

$$\Psi_1(i_1,i_2) = L_1 i_1 - |M| i_2$$
$$\Psi_2(i_2,i_1) = L_2 i_2 - |M| i_1 \qquad (5.241b)$$

$$W = \frac{i_1 \Psi_1(i_1,i_2) + i_2 \Psi_2(i_2,i_1)}{2} \qquad (5.240c)$$

5.96 Gleichungen zur Berechnung der Feldenergie W und des Spulenflusses Ψ für eine Gegeninduktivität mit gleich- (a) und gegensinnigem (b) Wicklungsumlauf

Unter Zugrundelegung der in Abschn. 5.5.1.5 erläuterten Richtungskennzeichnung lassen sich die in Bild **5.96** angegebenen Gleichungen (5.240a)u.(5.240b) herleiten, mit denen die Energie bestimmt ist, die in dem Magnetfeld gespeichert ist, das von den Strömen i_1 und i_2 in zwei Spulen konstanter Induktivität L_1, L_2 und Gegeninduktivität M erregt wird.

Sind die Selbst- (L) und Gegeninduktivität (M) einer Spulenanordnung nicht gegeben, so läßt sich der Energieinhalt des mit den Strömen dieser Spulen verknüpften Magnetfeldes zweckmäßiger direkt über die mit den einzelnen Spulen verknüpften magnetischen Flüsse berechnen. Man führt dazu die mit den Spulen *1* und *2* verknüpften Spulenflüsse

$$\Psi_1(i_1,i_2] = \Psi_1(i_1) + \Psi_1(i_2) = L_1 i_1 + M_{12} i_2$$
$$\Psi_2(i_1,i_2) = \Psi_2(i_2) + \Psi_2(i_1) = L_2 i_2 + M_{21} i_1$$

(s. Abschn. 5.3.3.2) mit $M_{12} = M_{21} = M$ (s. Bild **5.96**) in die in der Form $W = [i_1(L_1 i_1 + M i_2) + i_2(L_2 i_2 + M i_1)]/2$ geschriebene Gl.(5.240a) ein. Die damit gewonnene Gleichung für die Berechnung der magnetischen Feldenergie $W = [i_1 \Psi_1(i_1,i_2) + i_2 \Psi_2(i_2,i_1)]/2$ läßt sich sinngemäß auch auf mehr als zwei Spulen erweitern.

– Wird von den n Strömen i_j in n Stromkreisen ein Magnetfeld errregt, so ist in diesem Magnetfeld die Energie

$$W = \frac{1}{2} \sum_1^n i_j \Psi_j \qquad (5.242)$$

gespeichert, wenn i_j der Strom in der j-ten Spule ist und Ψ_j der von dieser Spule umfaßte resultierende Spulenfluß, der von allen n Strömen erregt wird.

Magnetische Feldenergie bei nichtlinearer B-H-Kennlinie ohne Hysterese. Ist die Permeablilität nicht konstant, sondern eine Funktion der magnetischen Flußdichte B, wie z. B. bei ferromagnetischen Stoffen, so ist auch die magnetische Erregung $H = B/\mu = B/f(B)$ eine entsprechend komplizierte, nichtlineare Funktion, und für das Integral der Energiedichte nach Gl.(5.237) kann nicht mehr eine allgemeingültige Lösung angegeben werden. Im folgenden ist daher die graphische Lösung dieses Integrals erläutert anhand der für die praktisch wichtigen ferromagnetischen Stoffe im allgemeinen graphisch gegebenen B-H-Kennlinien.

Betrachtet wird ein Feldraum, z. B. ein Eisenkern, dessen Magnetisierungsverhalten durch die in Bild **5.95b** dargestellte B-H-Kennlinie beschrieben wird. Wird der Feldraum von $H = 0$, $B = 0$ bis $H = H_{\mathrm{max}}$, $B = B_{\mathrm{max}}$ (oder auch von $H = 0$, $B = 0$ bis $H = -H_{\mathrm{max}}$, $B = -B_{\mathrm{max}}$) aufmagnetisiert, so wird dem Feldraum Energie zugeführt, deren Dichte $w = \int_{H=0}^{H_{\mathrm{max}}} H\,\mathrm{d}B$ nach Gl.(5.237) dem positiven Wert der Fläche zwischen B-Achse und B-H-Kurve entspricht (in Bild **5.95b** grau angelegt). Wird der Feldraum von $H = H_{\mathrm{max}}$, $B = B_{\mathrm{max}}$ bis $H = 0$, $B = 0$ abmagnetisiert, so wird dem Feldraum Energie entzogen, deren Dichte $w = \int_{H_{\mathrm{max}}}^{0} H\,\mathrm{d}B$ nach Gl.(5.237) dem negativen Wert derselben Fläche zwischen B-Achse und B-H-Kurve entspricht, wie sie sich bei der Aufmagnetisierung ergab (s. Bild **5.95b**). Die Summe der Energien bei Auf- und Abmagnetisierung ist Null, d. h., die dem Feld zugeführte Energie wird vollständig wieder abgeführt. Bei der Magnetisierung treten keine Verluste auf. Die zugeführte Energie wird vollständig im Magnetfeld gespeichert.

– In einem Magnetfeld o h n e V e r l u s t e ist bei einer Magnetisierung mit H_{max}, B_{max} Energie gespeichert mit einer Energiedichte

$$w = \frac{W}{V} = \int\limits_{H=0}^{H_{\mathrm{max}}} H(B)\,\mathrm{d}B\,, \tag{5.243}$$

die der Fläche zwischen der B-Achse von $B = 0$ bis $B = B_{\mathrm{max}}$ und der B-H-Kurve entspricht (s. Bild **5.95b**).

Magnetische Feldenergie bei nichtlinearer B-H-Kennlinie mit Hysterese. Bei der Magnetisierung ferromagnetischer Stoffe treten Verluste auf, so daß die für die Aufmagnetisierung eines Volumens erforderliche Energie größer ist als die in diesem Volumen gespeicherte und diese wiederum größer ist als die bei der Abmagnetisierung wieder abgegebene. Dieses Phänomen der Magnetisierungsverluste wird durch die Hysterese der nichtlinearen B-H-Kennlinien beschrieben, wie im folgenden erläutert ist.

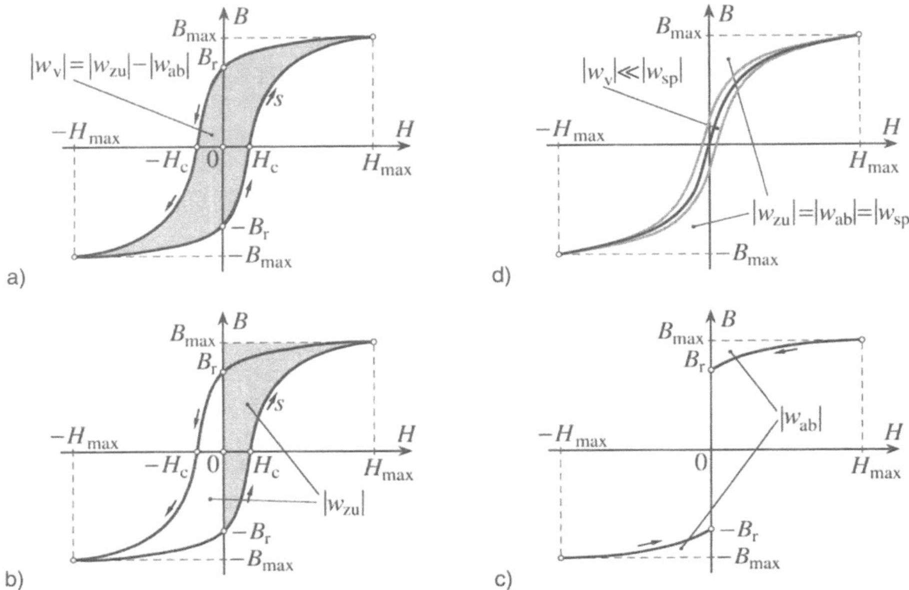

5.97 Graphische Deutung der Feldenergie- bzw. Verlustdichte bei vollem Magnetisierungszyklus (a), bei Auf- (b) und Abmagnetisierung (c) und bei schmaler Hystereseschleife (d)

Betrachtet wird ein bestimmter ferromagnetischer Stoff, der zwischen den Maximalwerten $\pm H_{max}$, $\pm B_{max}$ periodisch mit der Frequenz f magnetisiert wird, d. h., der Magnetisierungspunkt (H_t, B_t) umläuft n mal pro Zeit $(n/t = f)$ die in Bild **5.97**a skizzierte Hysteresekurve (s. Abschn. 5.4.2.1), die für dieses Material und diese Umkehrpunkte $\pm H_{max}$, $\pm B_{max}$ maßgebend ist. Für jeden Magnetisierungszyklus gelten dann folgende Energiebetrachtungen.

Während der Aufmagnetisierung (s. Bild **5.97**b) von $H = 0, B = -B_r$ bis $H = H_{max}$, $B = B_{max}$ und von $H = 0, B = +B_r$ bis $H = -H_{max}, B = -B_{max}$ wird dem Feldraum Energie zugeführt. Die dafür nach Gl.(5.237) bestimmte Energiedichte

$$w_{zu} = \int\limits_{H=0,\, B=-B_r}^{H_{max},\, +B_{max}} H\, dB + \int\limits_{H=0,\, B=+B_r}^{-H_{max},\, -B_{max}} H\, dB \tag{5.244a}$$

ist positiv und entspricht der in Bild **5.97**b grau angelegten Fläche.

Während der Abmagnetisierung (s. Bild **5.97**c) von $+H_{max}, +B_{max}$ bis $H = 0, B = +B_r$ und $H = -H_{max}, B = -B_{max}$ bis $H = 0, B = -B_r$ wird dem Feldraum

Energie entzogen. Die dafür nach Gl.(5.237) bestimmte Energiedichte

$$w_{ab} = \int\limits_{\substack{H=+H_{max},\\B=+B_{max}}}^{0,+B_r} H\,dB + \int\limits_{\substack{H=-H_{max},\\B=-B_{max}}}^{0,-B_r} H\,dB \qquad (5.244b)$$

ist negativ und entspricht der in Bild **5.97c** grau angelegten Fläche.

Man erkennt, daß bei der Magnetisierung der Betrag der positiven Energiedichte w_{zu} (zugeführte Energie) entsprechend der grau angelegten Fläche in Bild **5.97b** größer ist als der Betrag der negativen Energiedichte w_{ab} (abgeführte Energie) entsprechend der grau angelegten Fläche in Bild **5.97c** ($|w_{zu}| > |w_{ab}|$). Die Summe beider Energiedichten bzw. Energien ist nicht mehr Null wie bei B-H-Kennlinien ohne Hysteresen ($|w_{zu}| = |w_{ab}|$), sondern entspricht der Energie, die bei einem Magnetisierungszyklus durch die Umorientierungsvorgänge in der Mikrostruktur [und durch die ggf. auftretenden Wirbelströme (s. Abschn. 5.5.2.2)] irreversibel in Wärme umgeformt wird.

– Die spezifische Verlustenergie

$$w_v = w_{zu} + w_{ab} = |w_{zu}| - |w_{ab}| \qquad (5.245)$$

ist die Differenz der Energiedichten der bei einem Magnetisierungszyklus dem Feldraum während der Aufmagnetisierung zu- und während der Abmagnetisierung wieder abgezogenen Energie. Im B-H-Diagramm entspricht dieser spezifischen Verlustenergie w_v die von der Hysteresekurve eingeschlossene Fläche (in Bild **5.97a** grau angelegt).

Die Gl.(5.245) beschreibt die spezifische Verlustenergie w_v als Summe der bei einem Auf- und Abmagnetisierungszyklus insgesamt in Wärme umgeformten Energie. Daraus geht aber nicht hervor, wie diese spezifische Verlustenergie $w_v = |w_{zu}| - |w_{ab}| = |w_{v,auf}| + |w_{v,ab}|$ anteilig mit $w_{v,auf}$ dem Auf- und mit $w_{v,ab}$ dem Abmagnetisierungsvorgang zuzuordnen ist. Bei Kennlinien mit Hysterese beschreibt also das Integral $\int H\,dB$ nach Gl.(5.244a) die pro Volumen V zugeführte Energie $w_{zu} = |w_{sp}| + |w_{v,auf}|$ und nach Gl.(5.244b) die wieder pro Volumen abgeführte Energie $w_{ab} = |w_{sp}| - |w_{v,ab}|$, die sich aus den volumenbezogenen Speicher- (w_{sp}) und den Verlustanteilen ($w_{v,auf}$ bzw. $w_{v,ab}$) zusammensetzt. Die nach dem Aufmagnetisieren auf $\pm H_{max}, \pm B_{max}$ in dem Magnetfeld gespeicherte Energiedichte w_{sp} kann also nur bestimmt werden, wenn auch die allein beim Aufmagnetisieren auftretende spezifische Verlustdichte $w_{v,auf}$ bekannt ist. Praktisch hat allerdings diese gespeicherte Energie w_{sp} insofern keine Bedeutung, als im allgemeinen nur die Energie interessiert, die bei der Abmagnetisierung „nutzbar" wird, z.B. als elektrische Energie in einer mit dem Feld gekoppelten Spule. Diese „nutzbare" Energie ist aber die gespeicherte Energiedichte (w_{sp}) abzüglich der bei der Abmagnetisierung auftretenden Dichte der Verlustenergie ($w_{v,ab}$), also der nach Gl.(5.244b) berechneten, in Bild **5.97c** grau angelegten Fläche. Bei der quantitativen praktischen Auswertung ist zu beachten, daß bei Wechselmagnetisierung Materialien mit sehr schmaler Hysteresekurve verwendet werden. Hierfür lassen sich die reversiblen Energieumformungen (z. B. Blindleistung von Eisenspulen) unter Vernachlässigung der Verlustenergie berechnen, d. h. mit einer Energiedichte, die mit der Magnetisierungskurve entsprechend Abschnitt „Magnetische Feldenergie bei nichtlinearer B-H-Kennline ohne Hysterese", Gl.(5.243) bestimmt wird (s. Bild **5.97d**). Die gegenüber dieser reversiblen Energiedichte w_{sp} sehr kleine Verlustdichte w_v wird – falls erforderlich – in einem separaten Rechengang berechnet, wie im folgenden Abschnitt 5.5.2.2 erläutert.

Die relativ große Breite der Hysteresekurven von Naturmagneten hat für Verlustbetrachtungen insofern keine Bedeutung, als Naturmagnete nicht zyklisch ummagnetisiert werden, sondern hier ist der „Entmagnetisierungszweig" sozusagen eine statische Kennlinie des Magneten, auf der sich der Arbeitspunkt einstellt (s. Abschn. 5.4.4.1).

5.5.2.2 Irreversible Energieumformung im Magnetfeld, Hystereseverluste.
Die bei der Wechselmagnetisierung von Eisen entstehenden Ummagnetisierungsverluste setzen sich zusammen aus dem Hystereseanteil, der bei den Umorientierungsvorgängen in der Mikrostruktur entsteht, und dem Wirbelstromanteil, der im elektrischen Strömungsfeld der Wirbelstromdichte entsteht (s. Abschn. 5.4.2.3). Beide Anteile sind unabdingbar miteinander verknüpft und bestimmen zusammen die Breite der Hysteresekurve. Die von der Hysteresekurve eingeschlossene Fläche nach Gl.(5.245) bzw. Bild **5.97a** oder **5.97d** entspricht also – bei periodischer Magnetisierung – der spezifischen Verlustenergie, die sich aus Hysterese- und Wirbelstromanteilen zusammensetzt. Da der in einem Magnetisierungszyklus durch Wirbelströme verursachte Anteil der Verlustenergie abhängig ist von der Frequenz der Wechselmagnetisierung, also von der Zeit, mit der die Hysteresekurve durchlaufen wird (s. Abschn. 5.5.1.6), ist auch die Breite der Hysteresekurve frequenzabhängig. Bei der Bestimmung der Ummagnetisierungsverluste aus der Hystereskurve muß also beachtet werden, unter welchen Bedingungen sie aufgenommen wurde. Man unterscheidet dementsprechend zwischen folgenden Kurven.

a. Die s t a t i s c h e H y s t e r e k u r v e, das ist die mit jeweils zeitlich konstanten B-H-Werten aufgenomme Hysterekurve $B = g_s(H)$, schließt eine Fläche ein, die ausschließlich der Energiedichte der Hystereseverluste entspricht.

b. Die d y n a m i s c h e H y s t e r e s e k u r v e, das ist die bei einer Wechselmagnetisierung bestimmter Frequenz f aufgenommene Hysteresekurve $B_t = g_d(H_t)$, schließt eine Fläche ein, die der aus Hysterese- und Wirbelstromverlusten bestehenden Energiedichte entspricht.

Da die Wirbelstromverluste relativ sicher, wie in Abschn. 5.5.1.6 erläutert, zu berechnen sind, werden über die in diesem Abschnitt erläuterte Feldenergie im allgemeinen nur die Hystereseverluste aus der statischen Hysteresekurve bestimmt. Grundsätzlich könnte dies wie im folgenden Beispiel 5.51 erläutert erfolgen.

Beispiel 5.51. Mit der für eine Blechsorte zwischen bestimmten maximalen Induktionswerten $\pm B_{\mathrm{max}}$ (Umkehrpunkte) statisch aufgenommenen Hysteresekurve soll über die von ihr eingeschlossene Fläche die spezifische Hystereseverlustenergie und -leistung bestimmt werden.

Man zeichnet dazu im B-H-Diagramm die Hysteresekurve mit den Maßstabsfaktoren

$$K_{\mathrm{H}} = \frac{H}{l_{\mathrm{H}}} \quad \text{z. B. in } \frac{\mathrm{A/m}}{\mathrm{cm}}; \qquad K_{\mathrm{B}} = \frac{B}{l_{\mathrm{B}}} \quad \text{z. B. in } \frac{\mathrm{T}}{\mathrm{cm}} \tag{5.246}$$

für die geometrischen Längen l_{H} bzw. l_{B} der H- bzw. B-Achse und ermittelt die von dieser Hysteresekurve eingeschlossene Fläche A_{HB} z. B. in cm². Dann ergibt sich die spezifische Verlustdichte

$$w_{\mathrm{v}} = K_{\mathrm{H}} K_{\mathrm{B}} A_{\mathrm{HB}} \tag{5.247}$$

für einen Magnetisierungszyklus z. B. in Ws/m³.

Bei Wechselmagnetisierung mit der Frequenz f kann man den Anteil der reinen Hystereseverluste bestimmen, indem man sich nicht die für diese Wechselmagnetisierung maßgebende, sondern die statisch aufgenommene B-H-Kennlinie als mit der Frequenz f durchlaufen vorstellt. Damit folgt aus der spezifischen Hystereseverlustenergie w_{v} eines Magnetisierungszyklus nach Division durch die Zeit $T = 1/f$ die mittlere spezifische Hystereseverlustleistung

$$p_{\mathrm{vh}} = \frac{w_{\mathrm{v}}}{T} = f K_{\mathrm{H}} K_{\mathrm{B}} A_{\mathrm{HB}} \,. \tag{5.248}$$

- Die spezifische Hystereseverlustleistung ist abhängig von
  der Frequenz der Wechselmagnetisierung und
  der Breite der statischen Hysteresekurve, die ihrerseits bestimmt ist durch die Eisensorte und die maximalen Induktionen $\pm B_{\mathrm{max}}$, zwischen denen die Wechselmagnetisierung erfolgt.

Eine direkte Angabe der spezifischen Hystereseverlustleistung als Funktion der maximalen Induktion $\pm B_{\mathrm{max}}$ ist mathematisch aufwendig und unübersichtlich. Näherungsweise läßt sich für übliche Elektrobleche annehmen, daß die spezifische Hystereseverlustleistung nach einer Potenzfunktion mit der maximalen Induktion $\pm B_{\mathrm{max}}$ ansteigt $w_{\mathrm{vH}} \sim B_{\mathrm{max}}^{k}$ mit $k \approx 1,8$ bis 2 unterhalb und $k \approx 2$ bis 2,3 oberhalb des Sättigungsbereiches.

Da die hier erläuterte Berechnung der spezifischen Hystereseverluste sehr aufwendig ist und da die Hystereseverluste immer nur zusammen mit den Wirbelstromverlusten auftreten, erfolgt die praktische Berechnung der Verluste in Eisenkreisen nicht über die Hysteresekurve, sondern über empirisch ermittelte Faktoren, wie in Abschn. 5.4.2.3 erläutert. Für das Verständnis der dafür angegebenen Umrechnungen ist aber die Erklärung der Hystereseverluste aus der Hysteresekurve von großem Nutzen.

5.5.3 Kraftwirkungen im Magnetfeld

In Abschn. 5.1 sind aus den Kraftwirkungen zwischen bewegten Ladungen die Modellvorstellung und Definitionen des Magnetfeldes hergeleitet. In diesem Abschn. 5.5.3 ist nun erläutert, wie umgekehrt aus den magnetischen Feldgrößen die Kraftwirkungen auf bewegte Ladungen berechnet werden können. Dabei sind die Kräfte auf Raumladungsgebiete in Abschn. 5.5.3.1 und auf Leitungsgebiete (stromdurchflossene Leiter) in Abschn. 5.5.3.2 direkt über die Kräfte auf bewegte Ladungen hergeleitet entsprechend der in solchen Gebieten relativ leichten Beschreibung der Ladungsbewegung durch die makroskopischen Größen Raum- bzw. Driftladungsdichte. Die Kräfte auf Grenzflächen sind dagegen in Abschn. 5.5.3.4 indirekt über Energiebetrachtungen hergeleitet ohne Bezug auf die – auch hier – primär für die Kraftwirkung maßgebenden Ladungsbewegungen, die in der Grenzfläche nur in komplizierter Form über die Vorgänge in der Mikrostruktur beschrieben werden können.

5.5.3.1 Kraft auf bewegte Ladungen. Sind Ladungen und ihre Geschwindigkeiten als Ortsfunktion eindeutig zu beschreiben, z. B. die Flugbahn eines Elektrons in einer Kathodenstrahlröhre, so läßt sich die durch ein Magnetfeld auf diese Ladungen ausgeübte Kraft direkt aus der Definitionsgleichung (5.6) für die magnetische Flußdichte bestimmen. Zu beachten ist, daß Gl.(5.6) für die Lorentzkraft $\vec{F} = Q_\mathrm{p}(\vec{v} \times \vec{B})$ nur für Punktladungen Q_p gilt, die sich mit der Geschwindigkeit $\vec{v}$ durch Magnetfelder der magnetischen Flußdichte $\vec{B}$ bewegen. In praktischen Aufgabenstellungen sind aber naturgemäß immer nicht-punktförmige (räumlich ausgedehnte) Ladungen gegeben. Man muß also einen ausgedehnten Ladungsträger mit dem Volumen V und einer ortsfesten – oder auch beweglichen – Ladungsverteilung als in infinitesimale Volumenelemente $\mathrm{d}V$ unterteilt auffassen, deren jeweilige Ladung $\mathrm{d}Q = \varrho\,\mathrm{d}V$ mit der Raumladungsdichte ϱ bestimmt ist. Auf jede diese damit als punktförmig aufzufassenden Ladung wirkt dann die nach Gl.(5.6) bestimmte Lorentzkraft

$$\mathrm{d}\vec{F} = (\vec{v} \times \vec{B})\varrho\,\mathrm{d}V \,. \tag{5.249}$$

Die räumliche Integration aller Kraftkomponenten $\mathrm{d}\vec{F}$ ergibt die resultierende, auf einen Ladungsträger mit s t a r r e r Verteilung der Raumladungsdichte ϱ wirkende Lorentzkraft

$$\vec{F} = \int\limits_{V} (\vec{v} \times \vec{B})\varrho\,\mathrm{d}V\,. \tag{5.250}$$

Die Lösung praktischer Aufgaben kann sehr schwierig werden, wenn z. B. die Wirkungslinie der nach Gl.(5.250) berechneten Kraft nicht durch den Schwerpunkt des Ladungsträgers geht, so daß außer der Kraft $\vec{F}$ auch ein Drehmoment wirkt.

Bewegt sich ein Ladungsträger homogener Ladungsdichte ϱ mit einer in allen Punkten seines Volumens gleichen Geschwindigkeit ($\vec{v}$ räumlich über V konstant) durch ein homogenes Magnetfeld $\vec{B}$, so kann das Integral in Gl.(5.250) auch als Produkt geschrieben werden. Die Lorentzkraft

$$\vec{F} = Q(\vec{v} \times \vec{B}) \tag{5.251}$$

folgt damit unmittelbar aus der Ladung Q und der Geschwindigkeit $\vec{v}$ des Ladungsträgers.

Als magnetische Flußdichte $\vec{B}$ kann in den Gln.(5.250)bzw.(5.251) in praktischen Aufgabenstellungen häufig die ursprünglich gegebene (die des Erregerfeldes, s. Abschn. 5.5.3.2) eingesetzt werden, d. h., die Beeinflussung dieses ursprünglichen Feldes durch die bewegte Ladung, für die die Kraftwirkung berechnet werden soll, kann vernachlässigt werden.

5.5.3.2 Kraft auf stromdurchflossene Leiter. Die Kraft auf einen stromdurchflossenen Leiter kann unmittelbar aus dem Leiterstrom I bzw. der Stromdichte $\vec{S}$ berechnet werden. Man stellt sich dazu das Strömungsgebiet in einem Leiter als in einzelne Volumenelemente $\mathrm{d}V$ unterteilt vor, wie in Bild 5.98a skizziert. Mit der Driftladungsdichte η ergibt sich die infinitesimale Driftladung $\mathrm{d}Q_\mathrm{d} = \eta\,\mathrm{d}V$ in einem Volumenelement, die als Punktladung aufgefaßt werden kann und sich mit der Driftgeschwindigkeit $\vec{v}_\mathrm{d} = \vec{S}/\eta$ [s. Gl.(4.19)] in Leiterlängsrichtung bewegt. Setzt man in Gl.(5.249) statt der mit $\vec{v}$ bewegten Raumladung $\varrho\,\mathrm{d}V$ die mit $\vec{v}_\mathrm{d}$ bewegte Driftladung $\eta\,\mathrm{d}V$ ein, so bekommt man statt der Kraft auf die mit den Volumenelementen $\mathrm{d}V$ des Trägers bewegte Raumladung die Kraft

$$\mathrm{d}\vec{F} = (\vec{v}_\mathrm{d} \times \vec{B})\eta\,\mathrm{d}V = (\vec{S} \times \vec{B})\,\mathrm{d}V \tag{5.252}$$

auf die Driftladung, die sich durch das – stillstehende – Volumenelement $\mathrm{d}V$ des stromführenden Leiters bewegt. Für die praktische Rechnung wird also

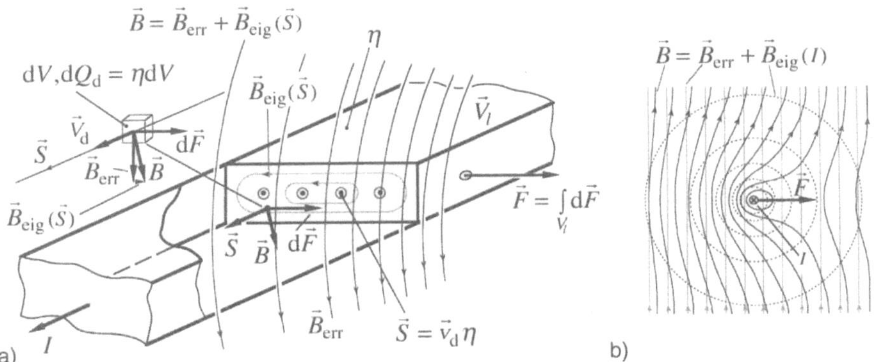

5.98 Kraftwirkung in einem in Erreger- ($\vec{B}_{\text{err}}$) und Eigenfeldkomponente ($\vec{B}_{\text{eig}}$) zerlegten Magnetfeld: a) innerhalb, b) außerhalb des Strömungsfeldes

das Produkt $\vec{v}_{\text{d}}\eta$ im allgemeinen durch die Stromdichte $\vec{S} = \vec{v}_{\text{d}}\eta$ ersetzt. Wie die Kraft Kraft $(\vec{v}_{\text{d}} \times \vec{B})\eta\,\mathrm{d}V$, die nach Gl.(5.252) direkt auf die Driftladung (z. B. die freien Elektronen im Leiter) wirkt, auf den Leiter übertragen wird, an dem sie praktisch meßbar in Erscheinung tritt, kann im Rahmen einer Grundlagendarstellung nicht näher erklärt werden; lediglich auf das dabei eine Rolle spielende Phänomen der Kompensation von $(\vec{v} \times \vec{B})$ durch ein entsprechendes Potentialfeld wird in Beispiel 5.52 kurz eingegangen.

Zerlegung in Eigen- und Erregerfeld. Grundsätzlich ist bei der Berechnung der Kraftwirkung im Magnetfeld zu beachten, daß dieses magnetische Feld von allen im Raum befindlichen, bewegten Ladungen bzw. Strömungsfeldern erregt wird und daß dieses – resultierende Feld – wiederum Kräfte auf alle es verursachenden, bewegten Ladungen ausübt. Bewegte Ladungen sind also sowohl hinsichtlich ihrer Ursache für das Magnetfeld als auch hinsichtlich der Kraftwirkung durch dieses Feld als gleichrangig anzusehen. Für die nach Gl.(5.251) berechnete Kraft $\mathrm{d}\vec{F}$ auf eine bewegte Punktladung $\vec{v}\eta\,\mathrm{d}V$ ist also die von allen bewegten Ladungen im Raum erregte magnetische Flußdichte $\vec{B}$ einzusetzen. Lediglich die von ihr selbst erregte Komponente der magnetischen Flußdichte $\vec{B}_{\text{eig p}}$ – hier als Eigenkomponente der Punktladung bezeichnet – kann dabei unberücksichtigt bleiben, da eine bewegte Punktladung in ihrem eigenen Feld keine Kraft auf sich selbst ausübt. Soll also durch Integration der infinitesimalen Kraft $\mathrm{d}\vec{F}$ nach Gl.(5.252) über das Strömungsgebiet V_l eines Leiters die resultierende Kraft $\vec{F}_l$ auf diesen berechnet werden, so ist grundsätzlich die resultierende magnetische Flußdichte $\vec{B}$ einzusetzen, die sich aus der Überlagerung der Komponenten ergibt, die von allen bewegten Punktladungen $\vec{v}\eta\,\mathrm{d}V$ des Strömungsgebietes V_l dieses Leiters (ausgenommen der einen in dem Punkt, in dem jeweils $\mathrm{d}\vec{F}$ berechnet wird) sowie von allen weiteren Strömungsgebieten außerhalb von V_1 des Leiters (für den die Kraft berechnet wird) erregt werden. Bei dem in Bild **5.98** dargestellten Leiter wird z. B. von Strömungsfeldern außerhalb des Leiters das Erregerfeld der Flußdichte $\vec{B}_{err}$ verursacht, durch das Strömungsfeld $\vec{S}$ im Leiter das Eigenfeld der Flußdichte $\vec{B}_{eig}(\vec{S})$. Die Überlagerung beider ergibt die resultierende Flußdichte $\vec{B} = \vec{B}_{err} + \vec{B}_{eig}(\vec{S})$, mit der grundsätzlich die Kraftkomponenten $d\vec{F}$ nach Gl.(5.252) zu berechnen sind.

Die Berechnung der resultierenden magnetischen Flußdichte $\vec{B}$ kann äußerst kompliziert werden, zumal bei der Integration Singularitäten durch die Eigenfeldkomponente auftreten können. Es empfiehlt sich daher, für die praktische Berechnung der Kraft auf einen stromdurchflossenen Leiter das dafür grundsätzlich maßgebende resultierende Feld der tatsächlich auftretenden – meßbaren – magnetischen Flußdichte $\vec{B}$ als zerlegt aufzufassen in eine Komponente, die allein von der bewegten Ladung (Strom) erregt wird, für die die auf sie wirkende Kraft berechnet werden soll – als Eigenfeld $\vec{B}_{eig}$ bezeichnet –, und eine Feldkomponente, die von allen übrigen bewegten Ladungen (Strömen) erregt wird – als Erregerfeld $\vec{B}_{err}$ bezeichnet. Das Erregerfeld $\vec{B}_{err}$ würde sich also einstellen, wenn man die bewegte Ladung (Strom), für die die Kraft berechnet werden soll, zu Null annimmt ($\vec{B}_{eig} = 0$). In Abschn. 3.5.1 wurde bei der Erläuterung der Berechnung der Kraftwirkungen im elektrostatischen Feld bereits ausführlich auf die physikalische Erklärung der Kraftwirkung durch das resultierende Feld einerseits und ihre praktisch zweckmäßige Berechnung allein mit dem Erregerfeld andererseits eingegangen. Diese Erläuterungen können sinngemäß auf die Berechnung der Kraftwirkung im Magnetfeld übertragen werden.

Beispielsweise ist in Bild **5.98b** für einen langen, geraden, vom Strom I durchflossenen Leiter das resultierende Feld $\vec{B} = \vec{B}_{err} + \vec{B}_{eig}(I)$ (dick ausgezogene Feldlinien) dargestellt, das sich aus der Überlagerung des ursprünglich gegebenen, homogenen Erregerfeldes B_{err} (dünn eingezeichnete, gerade Feldlinien) und des Eigenfeldes $\vec{B}_{eig}(I)$ des stromdurchflossenen Leiters (dünn eingezeichnete, konzentrische Feldlinien) ergibt. In diesem Fall des geraden Leiters mit einem Kreisquerschnitt $R^2\pi > 0$ im homogenen Erregerfeld kann die Kraft auf den stromdurchflossenen Leiter allein mit der magnetischen Flußdichte $\vec{B}_{err}$ des Erregerfeldes berechnet werden, was wesentlich einfacher ist als die – ebenfalls mögliche – Rechnung mit der magnetischen Flußdichte $\vec{B} = \vec{B}_{err} + \vec{B}_{eig}(I)$ des resultierenden Feldes. Dies gilt um so mehr, als das Erregerfeld im allgemeinen gegeben ist, das resultierende Feld dagegen erst bestimmt werden muß.

Bei der für die Kraftberechnung zweckmäßigen Zerlegung der magnetischen Flußdichte $\vec{B} = \vec{B}_{eig} + \vec{B}_{err}$ in die Eigen- und die Erregerkomponente ist zu beachten, daß ein stationäres Strömungsgebiet (Strom) immer nur in einem geschlossenen Kreis auftritt, häufig aber nur die Kraft auf eine Teillänge dieses Kreises zu berechnen ist. Soll z. B., wie in Bild **5.99** skizziert, die Kraft auf den beweglich in dem Stromkreis gelagerten Leiter der Länge l_{12} zwischen den

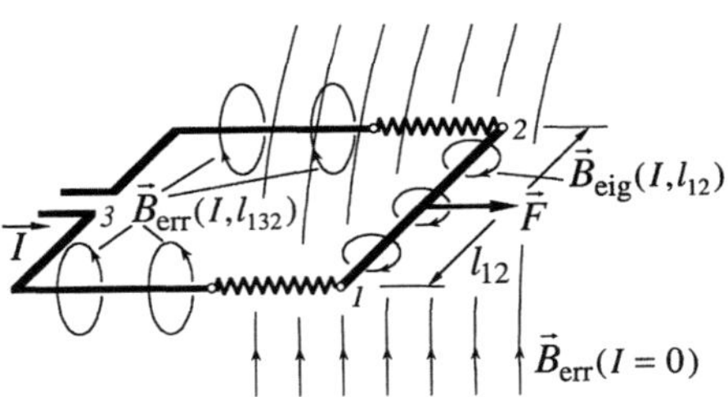

5.99   Zur Berechnung der Kraft auf die
Teillänge l_{12} eines Stromkreises

Punkten *1* und *2* berechnet werden, zählt als Eigenfeld nur die Komponente der magnetischen Flußdichte $\vec{B}_{\mathrm{eig}}(I,l_{12})$, die von der vom Strom I durchflossenen Teillänge l_{12} erregt wird. Die vom Strom I in der übrigen stromdurchflossenen Teillänge des Kreises von *1* über *3* nach *2* erregte Komponente der magnetischen Flußdichte $\vec{B}_{\mathrm{err}}(I,l_{132})$ muß dagegen zusammen mit dem unabhängig vom Stromkreis eingeprägten

Feld der magnetischen Flußdichte $\vec{B}_{\mathrm{err}}(I=0)$ als Erregerfeld $\vec{B}_{\mathrm{err}} = \vec{B}_{\mathrm{err}}(I=0) + \vec{B}_{\mathrm{err}}(I,l_{132})$ betrachtet werden.

– Für die Berechnung der Kraft auf einen Leiter der Länge l ist es zweckmäßig, das von allen Ladungsströmungen (Strömen) erregte r e s u l t i e r e n d e F e l d zu zerlegen in eine E r r e g e r - und eine E i g e n f e l d k o m p o n e n t e. Dabei wird unter der Eigenfeldkomponente nur die von dieser stromdurchflossenen Leiterlänge l – die häufig nur Teillänge eines Stromkreises ist – erregte verstanden.

Die Zweckmäßigkeit der Zerlegung des resultierenden Feldes in Eigen- und Erregerfeldkomponenten hängt insbesondere von der Art der Aufgabenstellung ab. Soll z. B. die resultierende Kraft auf einen stromdurchflossenen Leiter berechnet werden, kann häufig allein mit dem Erregerfeld gerechnet werden. Soll aber die mechanische Beanspruchung oder Deformation über die Länge oder sogar in dem Querschnitt eines Leiters bestimmt werden, so muß von dem resultierenden Feld ausgegangen werden. Bei der Vielzahl unterschiedlicher Aufgabenstellungen kann keine allgemeingültige Regel zur Vereinfachung der Rechnung über die Feldzerlegung, insbesondere der dadurch gegebenen Möglichkeit, den Leiter als Linienleiter aufzufassen, angegeben werden. Daher ist einleitend die Problematik an den exemplarischen, aber überschaubaren, einfachen Beispielen 5.52 bis 5.55 erläutert, um das Verständnis für die Anwendung der anschließend abgeleiteten, allgemeineren Gleichung zu erleichtern, insbesondere um Mißverständnissen bei ihrer Anwendung vorzubeugen.

Beispiel 5.52. Die Kräfte, die im Inneren eines vom Gleichstrom I durchflossenen, unendlich langen, geraden Leiters infolge seines eigenen Feldes $B_{\mathrm{eig}}(I)$ auftreten, sind zu erläutern. Der Leiter mit rundem Querschnitt $R^2\pi$ hat eine homogene Leitfähigkeit κ, die Permeabilität $\mu = \mu_0$ und die Permittivität $\varepsilon \approx \varepsilon_0$.

Im Inneren des Leiters verursacht die Stromdichte $\vec{S}$ die magnetische Erregung $H_{\mathrm{eig}} = rI/(2\pi R^2)$ (s. Beispiel 5.10) und damit die magnetische Flußdichte seines Eigenfeldes

$B_{\text{eig}} = H_{\text{eig}}\mu_0 = r\mu_0 S/2$. In Bild **5.100a** ist ein Leiterelement $\mathrm{d}l$ mit den Feldlinien für $\vec{S}$ und $\vec{B}_{\text{eig}}$ skizziert. In jedem Volumenelement $\mathrm{d}V = r\,\mathrm{d}\varphi\,\mathrm{d}r\,\mathrm{d}l = \mathrm{d}A\,\mathrm{d}l$ des Leiters wirkt auf die Driftladungsdichte η entsprechend Gl.(5.252) die Lorentzkraft

$$\mathrm{d}\vec{F}_l = \mathrm{d}Q_\mathrm{d}(\vec{v}_\mathrm{d} \times \vec{B}_{\text{eig}}) = \mathrm{d}A\,\mathrm{d}l(\vec{S} \times \vec{B}_{\text{eig}}) \qquad (5.253a)$$

rechtwinklig zu $\vec{v}_\mathrm{d}$ und $\vec{B}$, also radial zur Mittelachse hin orientiert. Da die Lorentzkraft primär auf die frei bewegliche Driftladung Q_d wirkt, könnte man annehmen, diese würde sich zur Leitermitte hin konzentrieren und somit eine inhomogene Stromverteilung erzwingen, was aber bei einem stationären Strom nicht der Fall ist, wie folgende Überlegungen zeigen.

Beim Einschalten des Leiterstromes wird infolge der Lorentzkraft zunächst ein Teil der frei beweglichen Ladung zur Mitte des Leiters gedrängt. Damit stellt sich eine Raumladung ϱ_i im Leiter ein mit der Gegenladung ϱ_a bzw. σ_a in der Leiteroberfläche (s. Bild **5.100b**). Die Verteilung der Raumladung ϱ_i wird dadurch bestimmt, daß das von ihr erregte elektrische Potentialfeld Coulombkräfte auf die Driftladung ausübt, die bei stationärem Strom I mit den Lorentzkräften im Gleichgewicht stehen (Hall-Effekt, vergl. Beispiel 5.4).

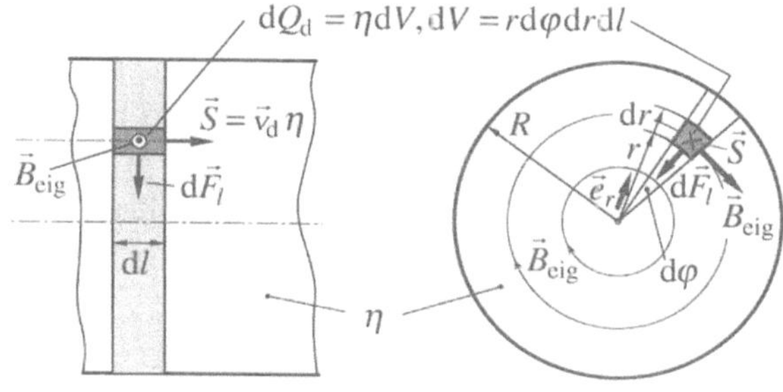

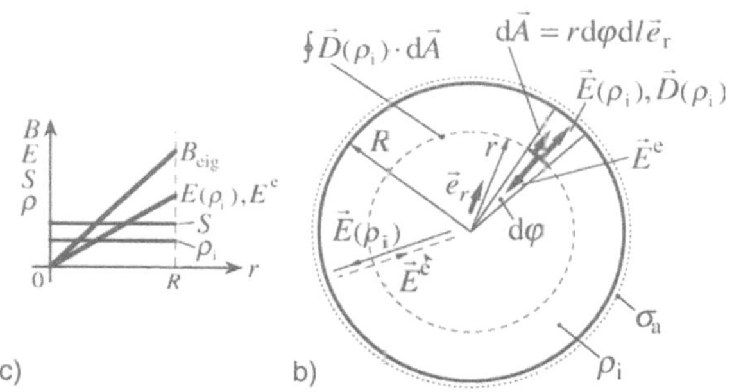

5.100 Kraft im Eigenfeld eines stromdurchflossenen Leiters: a) Querschnittselement mit magnetischem, b) elektrischem Feld; c) Feldgrößen abhängig von r

Bei einem stationären Leiterstrom I wirkt nach Gl.(5.253a) mit $B = B_{\text{eig}} = r\mu_0 S/2$ die stationäre Lorentzkraft $\mathrm{d}\vec{F}_l$, der nach Gl.(5.156) die eingeprägte elektrische Feldstärke

$$\vec{E}^\mathrm{e} = \frac{\mathrm{d}\vec{F}_l}{\mathrm{d}Q_\mathrm{d}} = (\vec{v}_\mathrm{d} \times \vec{B}) = \frac{1}{\eta}(\vec{S} \times \vec{B}) = \frac{\mu_0}{2\eta}S^2 r(-\vec{e}_\mathrm{r}) \qquad (5.253b)$$

entspricht. $\vec{E}^\mathrm{e}$ ist proportional r und bei der angenommenen Orientierung der Stromdichte $\vec{S}$ radial zur Querschnittsmitte orientiert. Diese eingeprägte elektrische Feldstärke $\vec{E}^\mathrm{e}$ wird bei einem stationären Strom kompensiert durch eine ebenfalls linear von

r abhängige elektrische Feldstärke $\vec{E}_{(\varrho_i)}$ der Raumladungsdichte ϱ_i, so daß über den ganzen Leiterquerschnitt $\vec{E}_{(\varrho_i)} + \vec{E}^e = 0$ ist ($\vec{S}$ tritt nur in Leiterlängs- und nicht in radialer Richtung auf). Nimmt man eine homogene Raumladungsverteilung ϱ_i im Leiter an, so gilt für den in Bild **5.100b** gestrichelt gezeichneten Zylinder der Gaußsche Satz $\oint \vec{D} \cdot d\vec{A} = D_{(\varrho_i)} 2r\pi\, dl = \int_V \varrho_i\, dV = \varrho_i r^2 \pi\, dl$ [s. Gl.(3.114)], aus dem sich mit ε der Betrag der elektrischen Feldstärke

$$\vec{E}_{(\varrho_i)} = \frac{\vec{D}_{(\varrho_i)}}{\varepsilon} = \frac{\varrho_i}{2\varepsilon} r\, \vec{e}_r \tag{5.254}$$

ergibt. $E_{(\varrho_i)}$ ist proportional r (wie $\vec{E}^e$) und bei positiver Raumladung $\varrho_i > 0$ radial nach außen orientiert.

Entsprechend der Forderung, daß bei stationärem Strom die radiale elektrische Feldstärke $\vec{E}_r$ Null sein muß [$\vec{E}_r = \vec{E}_{(\varrho_i)} + \vec{E}^e = 0$], ergibt sich mit den Gln.(5.253b) und (5.254)

$$r\frac{\varrho_i}{2\varepsilon}\vec{e}_r + rS^2\frac{\mu_0}{2\eta}(-\vec{e}_r) = 0$$

die Raumladungsdichte

$$\varrho_i = S^2 \frac{\varepsilon\mu_0}{\eta}\,. \tag{5.255}$$

In Bild **5.100c** sind ϱ, $|\vec{E}_{(\varrho_i)}| = |\vec{E}^e|$, $|\vec{B}_{\text{eig}}|$ und $|\vec{S}|$ abhängig von r dargestelt.

Die Erläuterungen dieses Beispiels dienen ausschließlich dem grundsätzlichen Verständnis einer Modellvorstellung von dem Phänomen der Wirkung der Lorentzkräfte in festen Leitern. Quantitativ sind die beschriebenen Lorentzkräfte und Raumladungen bei guten Leitern ohne Bedeutung. Beispielsweise stellt sich in einem Kupferleiter mit $\varepsilon \approx \varepsilon_0$, $\eta_{\text{Cu}} \approx 16\,\text{As/mm}^3$ und $S = 10\,\text{A/mm}^2$ die Raumladungsdichte $\varrho_i \approx 0.69 \cdot 10^{-22}\,\text{As/mm}^3$ ein.

Beispiel 5.53. Die Kraft, die von einem Erregerfeld auf den in Beispiel 5.52 beschriebenen, stromdurchflossenen Leiter ausgeübt wird, ist zu bestimmen. Die magnetische Flußdichte $\vec{B}_{\text{err}}$ ist für den Fall, daß der Leiterstrom Null ist, gegeben.

In jedem der bereits in Beispiel 5.52 definierten Volumenelemente mit der Stromdichte $\vec{S}\|d\vec{l}$ wirkt entsprechend Gl.(5.253a) die Kraft

$$d\vec{F} = dA\,dl(\vec{S} \times \vec{B}) = dA\,dl[\vec{S} \times (\vec{B}_{\text{err}} + \vec{B}_{\text{eig}})] = d\vec{F}_{(B_{\text{err}})} + d\vec{F}_{(B_{\text{eig}})}, \tag{5.256}$$

die von dem resultierenden Feld, also von der magnetischen Flußdichte $\vec{B}_{\text{err}}$ des Erregerfeldes und der des Eigenfeldes $\vec{B}_{\text{eig}}$ verursacht wird (s. Bild 5.101a). Die an dem ganzen Leiterelement $A\,dl$ angreifende resultierende Kraft

$$d\vec{F}_A = dl\left[\int_A (\vec{S} \times \vec{B}_{\text{err}})\,dA + \int_A (\vec{S} \times \vec{B}_{\text{eig}})\,dA\right] \tag{5.257a}$$

ergibt sich nach Integration der infinitesimalen Kraft $d\vec{F}$ nach Gl.(5.256) über den Leiterquerschnitt A. Man erkennt aus Bild **5.101a**, daß die radial nach innen wirkenden Kraftkomponenten $d\vec{F}(\vec{B}_{eig})$ infolge des Eigenfeldes $\vec{B}_{eig}$ sich gegenseitig kompensieren; ihr Integral über den Querschnitt A ist also gleich Null. Damit ist die an dem Leiterelement dl angreifende Kraft

$$d\vec{F}_A = dl \int_A (\vec{S} \times \vec{B}_{err})\, d\vec{A} \qquad (5.257b)$$

allein durch das Erregerfeld $\vec{B}_{err}$ bestimmt.

Ist $\vec{B}_{err}$ über den Leiterquerschnitt A homogen, so kann sie als konstanter Faktor vor das Integral gezogen werden. Schreibt man außerdem die Elementlänge $d\vec{l}$ als Vektor mit der Orientierung von $\vec{S} \uparrow\uparrow d\vec{l}$, so folgt aus Gl.(5.257b)

$$d\vec{F}_A = (d\vec{l} \times \vec{B}_{err}) \int_A \vec{S}\cdot d\vec{A} = I(d\vec{l} \times \vec{B}_{err})$$

$$(5.257c)$$

(s. Bild **5.101b**). Damit kann die auf eine Länge l des geraden Leiters wirkende Kraft

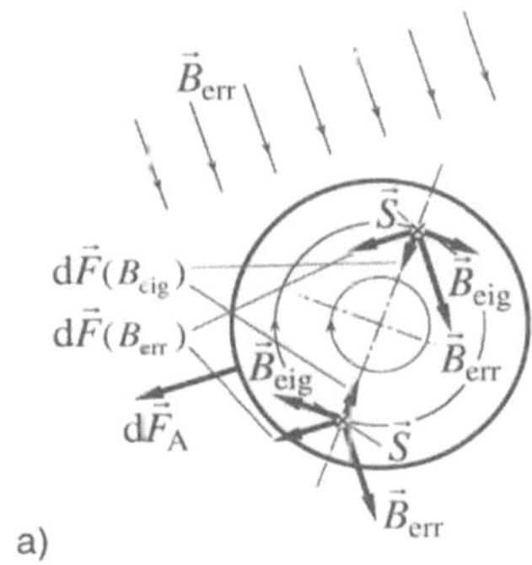

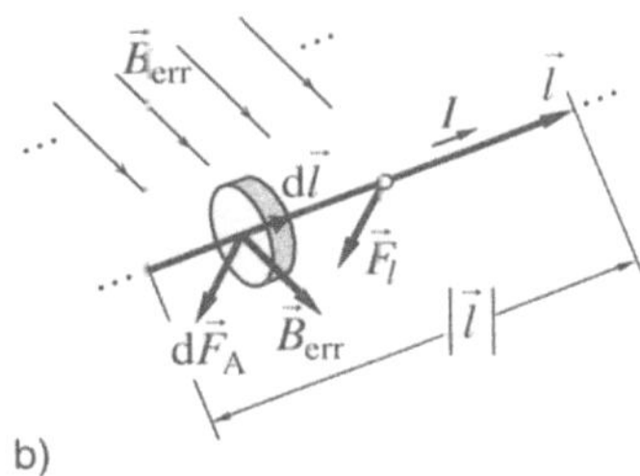

5.101 Kraft im Querschnitt eines langen, geraden Leiters (a) und dessen Darstelllung als Linienleiter (b)

$$\vec{F}_l = \int_l d\vec{F}_A = I \int_l (d\vec{l} \times \vec{B}_{err}) = I(\vec{l} \times \vec{B}_{err}) \qquad (5.258)$$

durch das Wegintegral $\int_l (d\vec{l} \times \vec{B}_{err})$ entlang des als Linienleiter aufgefaßten, realen Leiters bzw. im homogenen Feld als Produkt $\vec{l} \times \vec{B}_{err}$ berechnet werden.

Beispiel 5.54. In einen Feldraum mit homogener magnetischer Flußdichte $\vec{B}_h$ (z. B. zwischen den Polen eines Magneten) wird ein vom Strom I durchflossener rechteckiger Leiterrahmen gebracht (s. Bild **5.102**), so daß die Ebene des Leiterrahmens rechtwinklig zu $\vec{B}_h$ liegt. Die Zuleitungen sind eng verdrillt, so daß sie für magnetische Wirkungen außer acht gelassen werden können. Die Kraft auf den Leiterrahmen ist zu bestimmen.

Entlang der vier Teilleiter a_{12}, b_{23}, a_{34}, b_{41}, deren Querschnitte A vernachlässigbar klein sind, so daß diese als Linienleiter aufgefaßt werden können, wirken die magnetische Flußdichte $\vec{B}_h = const$ des gegebenen homogenen Feldes und die vom stromdurchflossenen Leiterrahmen erregte magnetische Flußdichte $\vec{B}_{(I)}$, die mit den Bezeichnungen in Bild **5.102** wie folgt bestimmt werden können.

An der Stelle l_1 des Teilleiters a_{12} bewirkt der Strom I im Teilleiter a_{34} nach Gl.(5.23), Beispiel 5.8, die Komponente der magnetischen Flußdichte $\vec{B}_{l1(a_{34})}$, die senkrecht auf der Ebene des Leiterrahmens steht, mit dem Betrag

$$B_{l1(a_{34})} = \mu_0 H_{l1(a_{34})} = \mu_0 \frac{I}{4\pi b}(\sin \varphi_3 + \sin \varphi_4)\,. \tag{5.259}$$

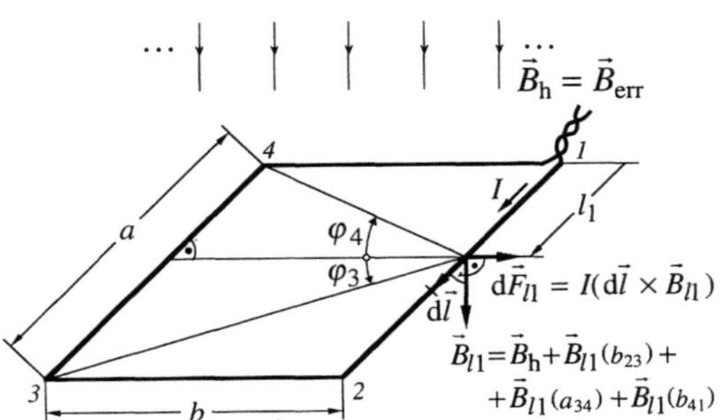

5.102 Kraftwirkung auf stromdurchflossene Leiterschleife (s. Beispiel 5.54)

In gleicher Weise können auch die von den stromdurchflossenen Teilleitern b_{23} und b_{41} an der Stelle l_1 erregten Komponenten der magnetischen Flußdichte $\vec{B}_{l1(b_{23})}$ und $\vec{B}_{l1(b_{41})}$ berechnet werden. Die Eckpunkte 2 und 1, d. h. die sich in diesen ergebenden Singularitäten, können für die grundsätzliche Erläuterung dieses Beispiels außer acht gelassen werden. Der Strom I im Teilleiter a_{12} erregt in seiner Längsachse keine magnetische Flußdichte $\vec{B}_{l1(a_{12})} = 0$.

Aus Bild **5.102** folgt, daß bei den Gegebenheiten dieses Beispiels alle Komponenten der magnetischen Flußdichte in der gleichen Richtung senkrecht zur Ebene des Leiterrahmens auftreten, die resultierende magnetische Flußdichte

$$B_{l1} = B_\mathrm{h} + B_{(I)} = B_\mathrm{h} + [B_{l1(b_{23})} + B_{l1(a_{34})} + B_{l1(b_{41})}] \tag{5.260}$$

also betragsmäßig durch Addition der Komponentenbeträge bestimmt werden kann. Entsprechend Gl.(5.258) kann dann mit der resultierenden magnetischen Flußdichte $\vec{B}_{l1}$ die resultierende Kraft

$$\mathrm{d}\vec{F} = I(\mathrm{d}\vec{l} \times \vec{B}_{l1}) \tag{5.261}$$

auf das Leiterelement $\mathrm{d}l$ an der Stelle l_1 der Teillänge a_{12} berechnet werden.

Für die Berechnung der Kraft auf den Leiterrahmen muß grundsätzlich von dem resultierenden Feld $\vec{B}_l = \vec{B}_\mathrm{h} + \vec{B}_{(I)}$ ausgegangen werden, das nach den vorstehenden Erläuterungen als Funktion der Längen l_1, l_2, l_3, l_4 entlang der Teillängen a_{12}, b_{23}, a_{34}, b_{41} berechnet werden kann. Damit ergeben sich entsprechend Gl.(5.261) die Kräfte $\mathrm{d}\vec{F}_{l1}$, $\mathrm{d}\vec{F}_{l2}$, $\mathrm{d}\vec{F}_{l3}$, $\mathrm{d}\vec{F}_{l4}$ entlang der Teillängen, die dann nach den Gesetzen der Mechanik als Querkräfte auf die Biegebeanspruchung dieser Teillängen bzw. des Rahmens führen. Ohne die Rechnung auszuführen, kann man aus Symmetrieüberlegungen folgern, daß die Kraftwirkungen infolge der resultierenden magnetischen Flußdichte $\vec{B}_l$ den Rahmen zu deformieren versuchen, daß sich aber keine resultierende Kraft ergibt, die den als starr angenommenen Rahmen als Ganzes zu verschieben oder verdrehen versucht.

Ein aus flexibler Litze gelegter, rechteckiger Leiterrahmen würde sich bei entsprechend großem Strom zum Kreis verformen, so daß in ihm keine Biege-, sondern nur noch Zugbeanspruchungen auftreten.

Beispiel 5.55. Ein vom Strom I durchflossener, rechteckiger, ebener Leiterrahmen liegt nicht rechtwinklig, wie in Beispiel 5.54 angenommen, sondern um einen beliebigen Winkel α zur magnetischen Flußdichte $\vec{B}_h$ des homogenen Feldes geneigt (s. Bild 5.103). Die unter diesen Bedingungen auf den Rahmen wirkenden Kräfte sind zu bestimmen.

Aus den Erläuterungen in Beispiel 5.54 folgt, daß das vom stromdurchflossenen Leiterrahmen erregte Feld mit $\vec{B}_{(I)}$ auch hier nur Kräfte verursachen kann, die den Rahmen zu deformieren versuchen. Ihr Integral über den ganzen Rahmen ergibt Null, an dem (starren) Rahmen als Ganzes greift keine – von $\vec{B}_{(I)}$ verursachte – resultierende Kraftkomponente an, die ihn zu verschieben oder zu verdrehen versucht. Das von dem Strom I in dem geschlossenen Rahmen erregte Feld zählt also als Eigenfeld $\vec{B}_{eig(I)}$ und kann für die Berechnung der resultierenden Kraft auf den Rahmen außer acht gelassen werden.

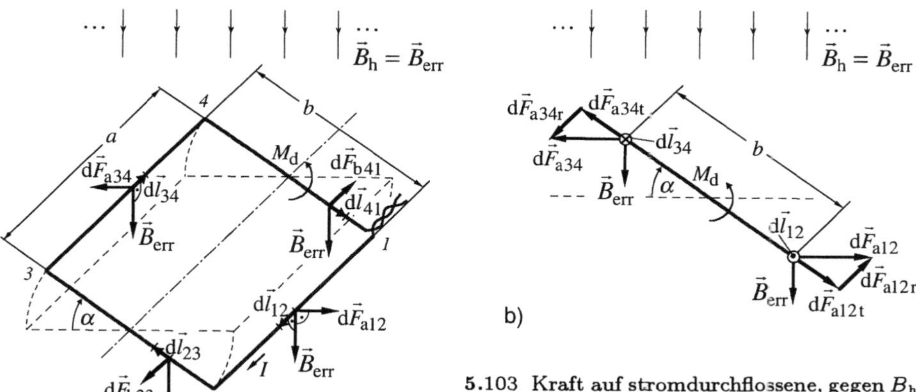

5.103 Kraft auf stromdurchflossene, gegen B_h gedrehte Leiterschleife: a) perspektivische Darstellung, b) Schnittbild

Nur das eingeprägte homogene Feld ist daher als Erregerfeld aufzufassen, mit dessen magnetischer Flußdichte $\vec{B}_{err} = \vec{B}_h$ sich für die Gegebenheiten nach Bild 5.103 die auf die vier Teillängen wirkenden infinitesimalen Kräfte

$$d\vec{F}_{a12} = I(d\vec{l}_{12} \times \vec{B}_{err}), \quad d\vec{F}_{b23} = I(d\vec{l}_{23} \times \vec{B}_{err}), \quad \cdots$$

ergeben, die im homogenen Feld entlang der Teillängen a_{12}, b_{23}, a_{34}, b_{41} jeweils konstant sind. Die in der Rahmenebene liegenden Kräfte $d\vec{F}_{b23}$, $d\vec{F}_{b41}$ bzw. die Kraftkomponenten $d\vec{F}_{a12t}$, $d\vec{F}_{a34t}$ versuchen den Rahmen zu deformieren, bewirken aber keine resultierende Kraft auf den (starren) Rahmen als solches. Sie zeigen also ähnliche Wirkung wie die Kräfte des Eigenfeldes $\vec{B}_{eig(I)}$. Dagegen bewirken die Kraftkomponenten

$\mathrm{d}\vec{F}_{\mathrm{a12r}}$ und $\mathrm{d}\vec{F}_{\mathrm{a34r}}$ des Erregerfeldes $\vec{B}_{\mathrm{err}}$ ein Drehmoment auf den Rahmen, welches den (starren) Rahmen als Ganzes zu drehen versucht. Da $\vec{B}_{\mathrm{err}}$ entlang der Teillängen konstant ist, sind die Beträge der auf die beiden Teillängen a_{12} und a_{34} wirkenden Kräfte

$$F_{\mathrm{a12}} = F_{\mathrm{a34}} = F_{\mathrm{a}} = \int\limits_{a} |\mathrm{d}\vec{F}_{\mathrm{a}}| = I \int\limits_{a} B_{\mathrm{err}}\,\mathrm{d}l \sin(\pi/2) = I B_{\mathrm{h}}\,a$$

gleich. Der Betrag des von diesem Kräftepaar F_{a12}, F_{a34} auf den Rahmen ausgeübte Drehmoment ist

$$M_{\mathrm{d}} = F_{\mathrm{a}}b\sin\alpha = I B_{\mathrm{h}}ab\sin\alpha\,. \tag{5.262}$$

Die einleitenden Beispiele 5.52 bis 5.55 demonstrieren an einfachen, leicht überschaubaren Gegebenheiten das Phänomen der Kraftwirkung auf stromdurchflossene Leiter, ihre Berechnung und dabei mögliche Vereinfachungen. Die Erläuterungen gelten grundsätzlich auch für stromdurchflossene Leiter mit komplizierterer Geometrie. Ohne im einzelnen auf die dabei möglichen, äußerst vielfältigen Konstellationen eingehen zu können, die sich aus der Leitergeometrie, dem eingeprägten Magnetfeld und der Aufgabenstellung ergeben, sind im folgenden die wichtigsten, auf praktische Gegebenheiten zugeschnittenen Rechenverfahren angegeben.

Kraftwirkung auf Linienleiter. Bei der praktischen Berechnung der Kräfte auf stromdurchflossene Leiter sind häufig folgende Voraussetzungen gegeben bzw. können angenommen werden.
a. Der Leiterquerschnitt ist vernachlässigbar klein gegenüber seiner Länge.
b. Über den Leiterquerschnitt, der nicht mehr als vernachlässigbar klein gelten kann, sind die magnetische Flußdichte $\vec{B}$ und die Stromdichte $\vec{S}$ – zumindest näherungsweise – als homogen anzusehen.
c. Kräfte im Leiterquerschnitt, die diesen zu deformieren bzw. den Leiter in seiner Längsachse zu verdrillen versuchen, interessieren nicht.

Damit kann der Leiter als linienförmig angenommen ($\mathrm{d}\vec{l}$ wie I-Zählpfeil orientiert) und die auf ein Linienelement $\mathrm{d}l$ wirkende Kraft

$$\mathrm{d}\vec{F} = I(\mathrm{d}\vec{l}\times\vec{B})\,, \tag{5.263}$$

(s. Bild **5.**104), wie in den Beispielen 5.53 bis 5.55 erläutert, berechnet werden. Diese Kraft $\mathrm{d}\vec{F}$ ist entlang des Leiters abhängig von dessen geometrischem Verlauf und der örtlichen – auf die Leitermittellinie bezogenen – magnetischen Flußdichte $\vec{B}$.

Soll die Verformung des Linienleiters bzw. seine Zug- und Biegebeanspruchung berechnet werden, so ist die Kraft $\mathrm{d}\vec{F}$ nach Gl.(5.263) mit der aus Erreger- und Eigenfeld gebildeten, resultierenden magnetischen Flußdichte $\vec{B} = \vec{B}_{\mathrm{err}} + \vec{B}_{\mathrm{eig}}$ als Funktion des Ortes l_{x} entlang des Linienleiters zu berechnen. Damit kann dann nach den Gesetzen der Mechanik die Q u e r k r a f t

$$\vec{F}_{\mathrm{q}} = I \int\limits_{l=0}^{l_{\mathrm{x}}} (\mathrm{d}\vec{l} \times \vec{B}) \tag{5.264}$$

und mit dieser unter Beachtung der Einspannbedingungen [10] das Biegemoment für den Leiter bestimmt werden.

Soll die resultierende Kraft berechnet werden, die auf den als starr angenommenen Leiter als Ganzes wirkt, so ist die an den Leiterelementen $\mathrm{d}\vec{l}$ angreifende infinitesimale Kraft $\mathrm{d}F$ nach Gl.(5.263) entlang des Leiters über seine ganze Länge L zu integrieren. Man bekommt so die an einem Leiter endlicher Länge angreifende Kraft

$$\vec{F}_{\mathrm{L}} = I \int\limits_{l=0}^{L} (\mathrm{d}\vec{l} \times \vec{B}), \tag{5.265}$$

die diesen abhängig von seiner Befestigung (Lagerung) verschiebt und/oder verdreht bzw. dieses versucht.

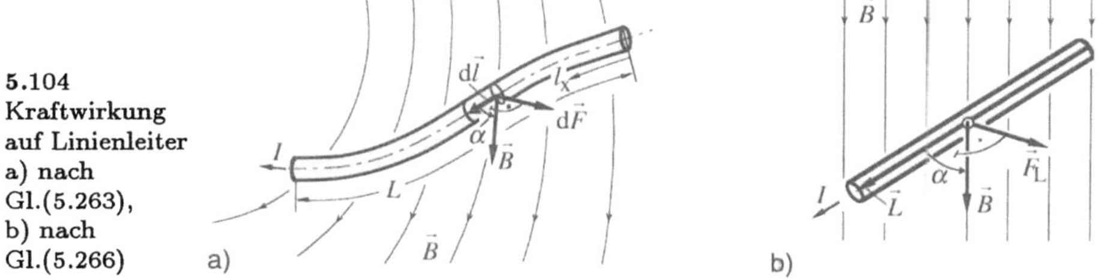

5.104 Kraftwirkung auf Linienleiter a) nach Gl.(5.263), b) nach Gl.(5.266)

In die Gln.(5.264)u.(5.265) kann im allgemeinen die magnetische Flußdichte $\vec{B}_{\mathrm{err}}$ des Erregerfeldes eingesetzt werden, d. h., die Eigenfeldkomponente $\vec{B}_{\mathrm{eig}(I,L)}$, die von der stromdurchflossenen Länge L erregt wird, kann außer acht gelassen werden. Zu beachten ist aber, daß diese Länge L im allgemeinen nur eine Teillänge eines geschlossenen Stromkreises ist und daß die von den übrigen Teillängen des Stromkreises erregten Komponenten der magnetischen Flußdichte $\vec{B}$ ggf. zu dem in die Gln.(5.264)u.(5.265) einzusetzenden Erregerfeld zu addieren sind. Soll beispielsweise die Kraft auf den auf Kontaktschienen gleitenden Leiter, wie in Bild **5.65** dargestellt, berechnet werden, so muß die Feldkomponente des Stromes I in dem Abschnitt des Leiterkreises von *1* über R_B nach *2* im Erregerfeld berücksichtigt werden.

Bei Leitern mit komplizierter Geometrie in inhomogenen Feldern ist die Auswertung des Integrals nach Gl.(5.265) schwierig, da sowohl die magnetische Flußdichte $\vec{B}$ wie auch das Wegelement $\mathrm{d}\vec{l}$ als Ortsfunktionen einzusetzen sind. In der Praxis handelt es sich aber häufig um einfache gerade Leiterformen in homogenen Feldern, für die das Integral in eine Multiplikation überführt werden kann. So ergibt sich im homogenen Erregerfeld der magnetische Flußdichte $\vec{B}_{err}$ die auf einen geraden Leiter der Länge L wirkende Kraft.

$$\vec{F}_L = I(\vec{L} \times \vec{B})\,, \quad F_L = ILB \sin \alpha \tag{5.266}$$

Der Vektor $\vec{L}$ ist in der Orientierung des Stromzählpfeiles I aufzufassen (s. Bild 5.104b).

Beispiel 5.56. In Bild **5.2** ist die parallel verlaufende Hin- und Rückleitung eines Stromkreises skizziert. Die magnetisch verursachte Kraft zwischen diesen Leitungen ist für die Gegebenheiten nach Bild **5.2** zu berechnen. Dabei kann die Leitung als sehr lang angenommen werden, so daß die Randeffekte zu vernachlässigen sind und die Berechnungen wie für unendlich lange Leiter erfolgen können.

Zunächst wird die Kraft auf den Leiter *1* in Bild **5.105** berechnet. Da ein gerader, stromdurchflossener Leiter in seinem Eigenfeld $\vec{B}_{eig1} = \vec{B}_{(I,L_1)}$ keine resultierende Kraft auf sich selbst ausübt, kann die auf ihn wirkende Kraft $\vec{F}_1$ allein mit dem Erregerfeld berechnet werden, d. h. mit der Feldkomponente, die von dem Stromkreis außerhalb der Leiterlänge L_1 (auf den die zu berechnende Kraft wirkt), also vom Strom I_2 in der Leiterlänge L_2 erregt wird. Die magnetische Flußdichte $\vec{B}_{err(I,L_2)}$ dieses Erregerfeldes kann bei vernachlässigtem Endbereich entsprechend Gl.(5.22) berechnet werden. Sie ist normal zur Ebene durch beide Leiter gerichtet mit dem Betrag $B_{err(I,L_2)} = \mu_0 I/(2\pi r_2)$ (s. Bild 5.105). In dem Bereich des Leiterquerschnittes von L_1 kann $B_{err(I,L_2)}$ als homogen und damit L_1 für die Kraftberechnung als Linienleiter angenommen werden. Damit liegt ein gerader Linienleiter L_1 im Feld einer bei $r_2 = a$ konstanten magnetischen Flußdichte $B_{err(I,L_2)} = \mu_0 I/(2\pi a)$ vor, für den nach Gl.(5.266) die auf ihn wirkende Kraft mit dem Betrag

$$\vec{F}_1 = IL_1 B_{err(I,L_2)} \sin(\pi/2) = I^2 \mu_0 \frac{L_1}{2\pi a} \tag{5.267a}$$

und der in Bild **5.105** eingezeichneten Richtung und Orientierung berechnet werden kann.

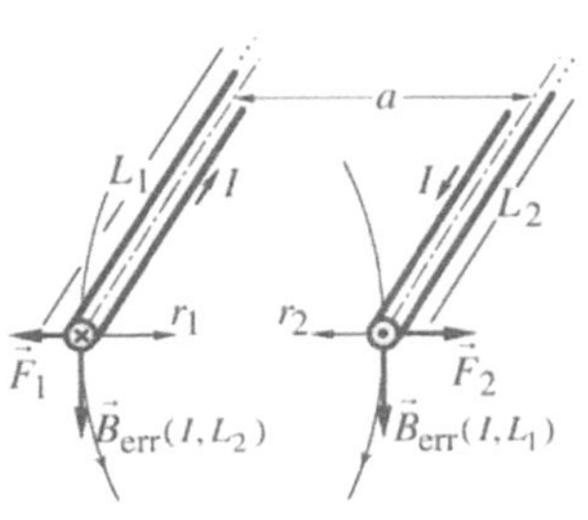

5.105 Kraftwirkung zwischen stromdurchflossenen Leitern

Sinngemäß ergibt sich so auch die Kraft $F_2 = IL_2 B_{err(I,L_1)} \sin(\pi/2) = I^2 \mu_0 L_2/(2\pi a)$ (s. Bild **5.105**).

Man erkennt, daß mit $L_1 = L_2 = L$ die Kräfte F_1 und F_2 bei gleichem Betrag entgegengesetzt orientiert sind. Die stromdurchflossenen Hin- und Rückleitungen versuchen also, sich auseinanderzuschieben. Mit den Gegebenheiten aus Bild **5.2** ergibt sich die längenbezogene Kraft

$$\frac{F}{l} = \mu_0 \frac{I^2}{2\pi a} = 4\pi \cdot 10^{-7}\,\frac{\text{Vs}}{\text{Am}} \cdot \frac{(1000\text{A})^2}{2\pi 1\text{m}} = 0,2\,\frac{\text{N}}{\text{m}}\,. \tag{5.267b}$$

Beispiel 5.57. Anhand des Bildes **5.65** ist der Induktionsvorgang für einen auf Kontaktschienen bewegten, geraden Leiter erläutert. Für diesen Leiter ist hier über die auf ihn wirkenden Kräfte das Prinzip des Generators und Motors zu erläutern.

Der in Bild **5.65a** dargestellte Leiter soll sich, wie in Bild **5.106a** skizziert, durch ein homogenes Magnetfeld zwischen den Polen eines Naturmagneten bewegen. Damit kann dieses Feld als Erregerfeld der gegebenen magnetischen Flußdichte $\vec{B}_{\text{err}}$ betrachtet werden, da die magnetische Flußdichte $\vec{B}_{\text{err}(I)}$, die von dem in Kontaktschienen und Belastung fließenden Strom I erregt wird, dagegen vernachlässigbar ist. Der in dem homogenen Erregerfeld bewegte, gerade Leiter L ist als Linienleiter aufzufassen, für den sich nach Gl.(5.266) mit $\sin\alpha = \sin(\pi/2)$ der Betrag der Kraft $F = ILB_{\text{err}}$ ergibt.

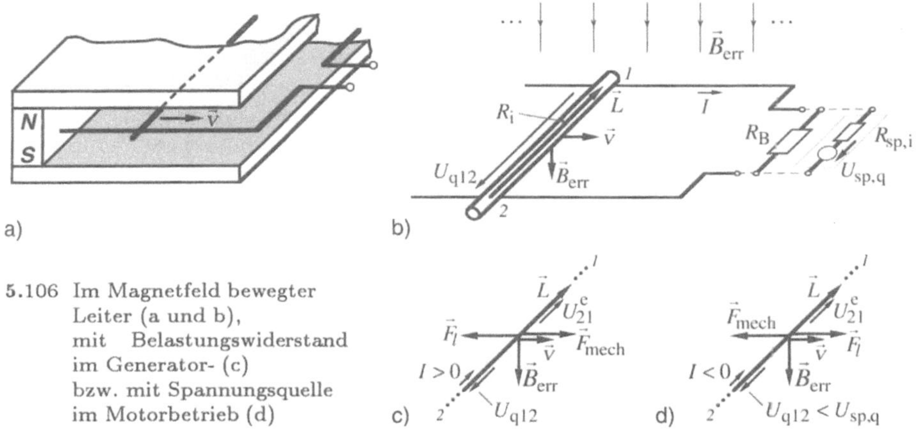

5.106 Im Magnetfeld bewegter
Leiter (a und b),
mit Belastungswiderstand
im Generator- (c)
bzw. mit Spannungsquelle
im Motorbetrieb (d)

Bewegt sich der Leiter mit der Geschwindigkeit $\vec{v}$, so wird mit den Gegebenheiten nach Bild **5.106b** in ihm nach Gl.(5.158) die eingeprägte Spannung U_{21}^{e} induziert bzw. sich nach Gl.(5.160) die Quellenspannung $U_{\text{q}12} = LvB_{\text{err}}$ einstellen.

a. Generatorbetrieb. Ist der mit $\vec{v}$ bewegte Leiter über die Kontaktschienen mit dem Widerstand R_{B} belastet, so ergibt sich aus dem Spannungssatz $\sum U = -U_{\text{q}12} + IR_{\text{i}} + IR_{\text{B}} = 0$ der Strom $I = U_{\text{q}12}/(R_{\text{i}} + R_{\text{B}}) = vLB_{\text{err}}/(R_{\text{i}} + R_{\text{B}})$ mit positivem Zahlenwert. Damit wirkt auf ihn entsprechend Gl.(5.266) die Lorentzkraft $\vec{F}_1 = I(\vec{L} \times \vec{B})$ mit dem Betrag $F_1 = ILB_{\text{err}}\sin(\pi/2)$ entgegen der Geschwindigkeit $\vec{v}$ (s. Bild **5.106c**). Bei stationärer Bewegung muß also eine mechanische Kraft

$\vec{F}_{\mathrm{mech}} \uparrow\uparrow \vec{v}$ eingeprägt werden, die den Leiter antreibt. Mit dieser eingeprägten Antriebskraft $F_{\mathrm{mech}} = F_{\mathrm{l}} = ILB_{\mathrm{err}}$ wird dem mit $\vec{v}$ bewegten Leiter mechanische Leistung $P_{\mathrm{mech}} = \vec{F}_{\mathrm{mech}} \cdot \vec{v} = ILB_{\mathrm{err}}v$ zugeführt, die über den Induktionsvorgang in elektrische Leistung $P_{\mathrm{el}} = IU_{\mathrm{q12}} = ILB_{\mathrm{err}}$ umgeformt und als solche abgegeben wird.

b. M o t o r b e t r i e b. Statt des Belastungswiderstandes R_{B} wird eine Spannungsquelle mit dem Innenwiderstand $R_{\mathrm{Sp,i}}$, der Quellenspannung $U_{\mathrm{Sp,q}}$ und der Polarität entsprechend Bild **5.106b** angeschlossen.

Aus dem Spannungssatz $\sum U = -U_{\mathrm{q12}} + IR_{\mathrm{i}} + IR_{\mathrm{Sp,i}} + U_{\mathrm{Sp,q}} = 0$ ergibt sich der Strom $I = (U_{\mathrm{q12}} - U_{\mathrm{Sp,q}})/(R_{\mathrm{i}} + R_{\mathrm{Sp,i}})$ mit negativem Vorzeichen, wenn sich die Bewegungsgeschwindigkeit $\vec{v}$ des Leiters so einstellt, daß die in ihm induzierte Quellenspannung U_{q12} kleiner ist als die der angeschlossenen Spannungsquelle $U_{\mathrm{Sp,q}} > U_{\mathrm{q12}}$. Das bedeutet, daß der Strom I entgegen der Zählpfeilorientierung (s. Bild **5.106d**) fließt. Damit wirkt die Lorentzkraft $\vec{F}_{\mathrm{l}} = I(\vec{L} \times \vec{B})$ mit gleicher Orientierung wie die Geschwindigkeit ($\vec{v} \uparrow\uparrow \vec{F}_{\mathrm{l}}$). Bei stationärer Bewegung muß eine mechanische Kraft $\vec{F}_{\mathrm{mech}} \uparrow\downarrow \vec{v}$ auf den bewegten Leiter wirken, die diesen entgegen seiner Bewegung bremst. Der Leiter wird also durch die Lorentzkraft $\vec{F}$ entgegen der „bremsenden" mechanischen Kraft F_{mech} angetrieben, so daß mechanische Leistung $P_{\mathrm{mech}} = \vec{F}_{\mathrm{mech}} \cdot \vec{v} = ILB_{\mathrm{err}}v$ abgegeben wird. Diese abgegebene mechanische Leistung wird durch den Induktionsvorgang im bewegten Leiter aus der ihm zugeführten elektrischen Leistung $P_{\mathrm{el}} = IU_{\mathrm{q}} = ILvB_{\mathrm{err}}$ umgeformt, der Leiter wirkt als Motor.

Die in Beispiel 5.57 erläuterte Energieumformung hat grundsätzliche Bedeutung und läßt sich in folgender allgemeingültiger Regel zusammenfassen.

– Bei der Bewegung eines stromdurchflossenen Leiters im zeitkonstanten Magnetfeld wird über die durch die Bewegung im Leiter induzierte eingeprägte Feldstärke $\vec{E}^{\mathrm{e}} = \vec{v} \times \vec{B}$ mechanische Energie in elektrische umgeformt oder umgekehrt. Da das Magnetfeld zeitkonstant ist, bleibt die Energie des Magnetfeldes unverändert, und die elektrische Energie ist gleich der mechanischen (Stromwärmeenergie im Leiter vernachlässigt).

Der Vorgang unterscheidet sich hinsichtlich der Energieumformung also grundsätzlich von dem Induktionsvorgang im zeitveränderlichen Magnetfeld, bei dem elektrische Energie zunächst immer in magnetische umgeformt wird oder umgekehrt.

Kraftwirkung auf Strömungsgebiete. Bei der Berechnung der Kraftwirkung auf Leiter (Strömungsgebiete) können diese nicht mehr als Linienleiter aufgefaßt werden, wenn
a. die Querschnittsabmessungen nicht mehr vernachlässigbar klein sind und die magnetische Flußdichte $\vec{B}$ über den Bereich des Querschnittes nicht homogen ist oder
b. die Verteilung der Kraft nicht nur entlang des Leiters, sondern auch über seinen Querschnitt bestimmt werden muß, z. B. um Querschnittsdeformationen bzw. Querschnittsbeanspruchungen (Verdrillung des Leiters) zu berechnen.

In diesen Fällen muß von der Stromdichte $\vec{S}$ ausgegangen werden, mit der entsprechend Gl.(5.252) die auf ein Volumenelement $dV = dA\,dl$ wirkende infinitesimale Kraft

$$d\vec{F} = (\vec{S} \times \vec{B})\,dV \tag{5.268}$$

oder auch **K r a f t d i c h t e**

$$\frac{d\vec{F}}{dV} = \vec{S} \times \vec{B} \tag{5.269}$$

als Ortsfunktion über das Leitungsgebiet berechnet werden kann (s. Bild 5.107).

Die Deformation bzw. mechanische Beanspruchung des Leiters kann nach den Gesetzen der Mechanik bestimmt werden mit der nach Gl.(5.268) berechneten Ortsfunktion der infinitesimalen Kraft $d\vec{F}$ oder auch mit der Kraftdichte $(d\vec{F}/dV) = (\vec{S} \times \vec{B})$. Dabei muß im allgemeinen in den Gln.(5.268)u.(5.269) die aus Erreger- und Eigenfeld resultierende magnetische Flußdichte $\vec{B} = \vec{B}_{\mathrm{err}} + \vec{B}_{\mathrm{eig}}$ eingesetzt werden.

Die resultierende Kraft, die auf den als starr angenommenen Leiter als Ganzes wirkt, ergibt sich durch Integration der Gln.(5.268) bzw.(5.269) über den Querschnitt A und die Länge L des Leiters. Man bekommt so ähnlich wie beim Linienleiter die an einem starren Leiter der Länge L angreifende resultierende Kraft

$$\vec{F} = \int\limits_{L} \int\limits_{A} (\vec{S} \times \vec{B})\,dA\,dl, \tag{5.270}$$

5.107 Graphik zur allgemeinen Kraftgleichung (5.268)bzw.(5.270)

die diesen abhängig von seiner Befestigung (Lagerung) verschiebt oder/und dreht bzw. dieses versucht [10]. Bei der praktischen Rechnung kann in den Gln.(5.268)u.(5.269) häufig die magnetische Flußdichte $\vec{B}_{\mathrm{err}}$ des Erregerfeldes eingesetzt werden unter Beachtung der für den Linienleiter zu Gl.(5.265) angegebenen Regeln.

Insbesondere bei geraden Leitern läßt sich das Doppelintegral Gl.(5.270) häufig dadurch vereinfachen, daß man den Leiter als ein Bündel aus mehreren Linienleitern auffaßt, für die die jeweils auf sie wirkende Kraft leichter zu bestimmen ist. Zur Berechnung der resultierenden Kraft auf den Leiter muß dann nur noch ein Integral über den Leiterquerschnitt gelöst werden.

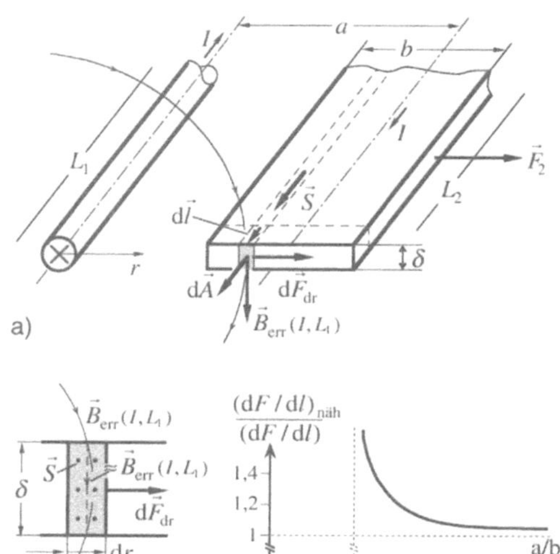

5.108 Zur Berechnung der Kraftwirkung in Beispiel 5.58

Beispiel 5.58. Bei der in Beispiel 5.56 betrachteten Doppelleitung soll der Leiter L_2 mit rechteckigem Querschnitt ausgeführt werden (s. Bild **5.108a**). Die Kraft $\vec{F}_2$ auf diesen Leiter L_2 ist abhängig vom Abstand a beider Leiter zu berechnen. Das Ergebnis ist mit dem zu vergleichen, welches sich ergibt, wenn der Recheckleiter näherungsweise als Linienleiter aufgefaßt wird.

Nach den Erläuterungen in Beispiel 5.56 kann die Kraft $\vec{F}_2$ auf den Leiter L_2 mit der magnetischen Flußdichte $\vec{B}_{\mathrm{err}(I,L_1)}$ berechnet werden, die von dem Strom I im Leiter L_1 verursacht wird. Das Eigenfeld $\vec{B}_{\mathrm{eig}(I,L_1)}$ des Stromes I im Leiter L_2 kann unberücksichtigt bleiben, da auch der lange, gerade Leiter mit rechteckigem Querschnitt in seinem eigenen Feld keine resultierende Kraft auf sich selbst ausübt. Der Leiter L_2 darf aber nicht mehr als Linienleiter aufgefaßt werden, da bei kleinen Abständen a das Erregerfeld $\vec{B}_{\mathrm{err}(I,L_1)}$ über seinen Querschnitt $b\delta$ nicht mehr als homogen anzunehmen ist.

Ist die Leiterdicke δ klein gegenüber b und dem Abstand $(a - b/2)$ zwischen beiden Leitern, so kann die magnetische Flußdichte $\vec{B}_{\mathrm{err}(I,L_1)}$ mit über δ konstantem r als homogen angenommen werden (Kreisbogen durch Sehnen ersetzt, s. Bild **5.108b**). Damit ergibt sich entsprechend Gl.(5.268) die auf ein Volumenelement $\mathrm{d}V = \mathrm{d}A \cdot \mathrm{d}l = \delta\,\mathrm{d}r\,\mathrm{d}l$ wirkende Kraft $\mathrm{d}\vec{F}_{\mathrm{dr}} = [\vec{S} \times \vec{B}_{\mathrm{err}(I,L_1)}]\delta\,\mathrm{d}r\,\mathrm{d}l$, die auf alle Volumenelemente mit gleicher Orientierung wirkt, wie in Bild **5.108** skizziert. Mit $\vec{S} \uparrow\uparrow \mathrm{d}\vec{l} \uparrow\uparrow \mathrm{d}\vec{A}$ und $\vec{B}_{\mathrm{err}(I,L_1)} \perp \mathrm{d}\vec{l}$ bzw. $\vec{S}$ kann der Betrag der infinitesimalen Kraft $\mathrm{d}F_{\mathrm{dr}} = [SB_{\mathrm{err}(I,L_1)}\sin(\pi/2)]\mathrm{d}A\,\mathrm{d}l$ über den Leiterquerschnitt integriert werden. Da $B_{\mathrm{err}(I,L_1)}$ und damit $\mathrm{d}F_{\mathrm{dr}}$ über die Leiterlänge L_2 als konstant angenommen werden kann, wird zweckmäßigerweise allein aus der Integration über den Leiterquerschnitt die längenbezogene Kraft $(\mathrm{d}F/\mathrm{d}l) = F_2/L_2$ berechnet, die mit L_2 multipliziert die Kraft auf den Leiter ergibt.

Mit $B_{\mathrm{err}(I,L_1)} = \mu_0 I/(2\pi r)$ des Erregerfeldes, $\mathrm{d}A = \delta\,\mathrm{d}r$ und $S = I/(b\delta)$ ergibt sich die auf ein Volumenelement $\delta\,\mathrm{d}r\,\mathrm{d}l$ wirkende, längenbezogene infinitesimale Kraft

$$\left(\frac{\mathrm{d}F}{\mathrm{d}l}\right)_{\mathrm{dr}} = S B_{\mathrm{err}(I,L_1)}\,\delta\,\mathrm{d}r = \frac{\mu_0 I^2}{2\pi b}\frac{\mathrm{d}r}{r},$$

die über L_2 konstant ist. Integriert man diese über die Leiterbreite b, also von $r = a - b/2$ bis $r = a + b/2$, so ergibt sich für $a > b/2$ die auf den Leiter wirkende längenbezogene Kraft

$$\frac{\mathrm{d}F}{\mathrm{d}l} = I^2 \frac{\mu_0}{2\pi b} \int\limits_{r=a-b/2}^{a+b/2} \frac{1}{r}\mathrm{d}r = I^2 \frac{\mu_0}{2\pi b} \ln \frac{a+b/2}{a-b/2}\,. \qquad (5.271)$$

Würde man den Rechteckleiter durch einen in seiner Mittellinie verlaufenden Linienleiter ersetzen, so ergäbe sich nach Beispiel 5.56, Gl.(5.267b) ein Näherungswert für die auf ihn wirkende, längenbezogene Kraft $(\mathrm{d}F/\mathrm{d}l)_{\text{näh}} = \mu_0 I^2/(2\pi a)$. Um die Abweichung dieses Näherungswertes schätzen zu können, bezieht man diesen auf den korrekten Wert nach Gl.(5.271).

$$\frac{(\mathrm{d}F/\mathrm{d}l)_{\text{näh}}}{(\mathrm{d}F/\mathrm{d}l)} = \frac{1}{(a/b)\ln\frac{2(a/b)+1}{2(a/b)-1}} = k \qquad (5.272)$$

In Bild **5.**108c ist k als Funktion von a/b dargestellt. Man erkennt, daß die Annahme eines Linienleiters häufig zu vertreten sein wird, wenn a größer als b ist.

5.5.3.3 Magnetischer Dipol. Für die Erklärung und Berechnung vieler grundsätzlicher Phänomene wird der Begriff des magnetischen Dipols angezogen, ähnlich wie der des elektrischen Dipols im elektrischen Feld (s. Abschn. 3.1.2.4).

Der klassische magnetische Dipol ist ein permanenter Stabmagnet, ähnlich Bild **5.**110b, mit deutlich ausgeprägtem Nord- und Südpol, zwischen denen sich das Magnetfeld ausbildet. Ähnlich deutlich sind Pole und Feldverlauf bei einer langen, stromdurchflossenen Spule ausgeprägt (s. Bild **5.**110a). Läßt man eine solche Spule bis auf eine Windung schrumpfen (s. Bild **5.**23a), so rücken zwar Nord- und Südpol näher zusammen, im Extremfall muß man sie als beidseitig einer Fläche auffassen, in beiden Polbereichen zeigt sich aber immer noch der auch bei langen Spulen auftretende charakteristische Feldverlauf. Die mathematische Definition eines magnetischen Dipols ist in diesem Abschnitt, ausgehend von dem einleitenden Beispiel 5.59, erläutert.

Beispiel 5.59. In Beispiel 5.55 ist erläutert, daß auf eine vom Strom I durchflossene Leiterschleife im magnetischen Feld entsprechend Bild **5.**103 ein Drehmoment $\vec{M}_\mathrm{d}$ ausgeübt wird. Der Betrag dieses Drehmomentes $M_\mathrm{d} = I B_{\text{err}} ab \sin\alpha$ für eine rechteckige Leiterschleife, die eine ebene Fläche $A = ab$ einschließt, deren Seiten a rechtwinklig und deren Seiten b um den Winkel $\alpha + \pi/2$ geneigt zum Vektor der magnetischen Flußdichte $\vec{B}_{\text{err}}$ des homogenen Feldes liegen, ergibt sich nach Beispiel 5.55, Gl.(5.262). Dieses Ergebnis ist durch eine allgemeinere Vektorgleichung auszudrücken.

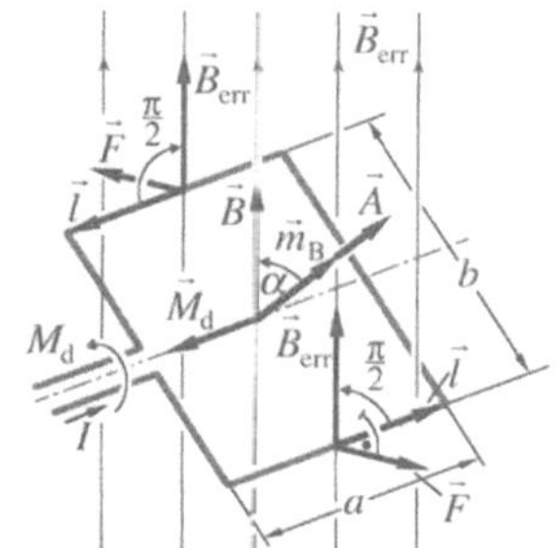

5.109 Drehmoment auf stromdurchflossenen Leiterrahmen

Die von der Leiterschleife eingeschlossene, ebene Fläche $A = ab$ kann in Größe und Lage eindeutig durch den Flächenvektor $\vec{A}$ gekennzeichnet werden mit einer Orientierung, zu der der Zählpfeil des Schleifenstromes I rechtswendig liegt (s. Bild **5.109**). Das auf die Leiterschleife wirkende Drehmoment kann ebenfalls durch einen Vektor $\vec{M}_\mathrm{d}$ dargestellt werden, der nach den Gesetzen der Mechanik in die Axialbewegung einer Rechtsschraube weist, die im Sinne des Kräftepaares gedreht wird. Damit läßt sich in der Betragsgleichung (5.262) des Drehmomentes $M_\mathrm{d} = IB_\mathrm{err}ab\sin\alpha$ das Produkt $B_\mathrm{err}ab\sin\alpha = B_\mathrm{err}A\sin\alpha$ auch als Betrag des Vektorproduktes $|\vec{A}\times\vec{B}_\mathrm{err}|$ aus Flächenvektor $\vec{A}$ und magnetischer Flußdichte $\vec{B}_\mathrm{err}$ des homogenen Erregerfeldes auffassen und somit die Drehmomentgleichung (5.262) in der vektoriellen Form $\vec{M}_\mathrm{d} = I(\vec{A}\times\vec{B}_\mathrm{err})$ schreiben.

Das in den Beispielen 5.55 und 5.59 für rechteckige Leiterschleifen ermittelte Ergebnis läßt sich in ähnlicher Weise für beliebige Schleifenformen formulieren, d. h., folgende Regel gilt allgemein.

– Auf stromdurchflossene, geschlossene Leiterschleifen wirkt im Magnetfeld ein Drehmoment $\vec{M}_\mathrm{d}$. Schließt die Leiterschleife eine beliebige, aber ebene Fläche A ein und wird der Flächenvektor $\vec{A}$ so gewählt, daß ihm der Zählpfeil für den Schleifenstrom rechtswendig zugeordnet ist, so gilt für das Drehmoment

$$\vec{M}_\mathrm{d} = I(\vec{A}\times\vec{B}_\mathrm{err})\,, \tag{5.273}$$

wenn $\vec{B}_\mathrm{err}$ die über A homogene magnetische Flußdichte des Erregerfeldes ist (s. Bild **5.109**).

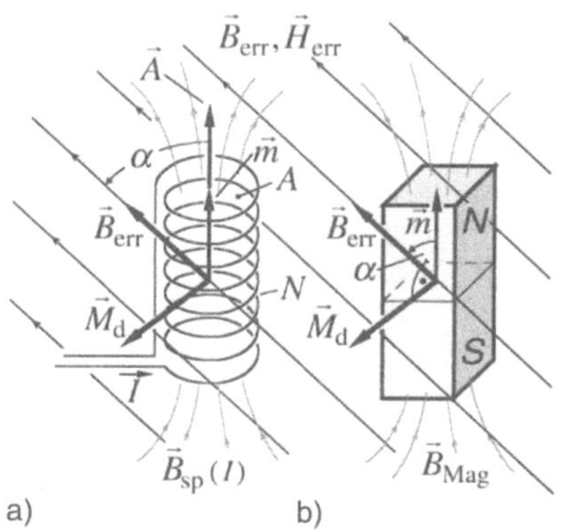

5.110 Zur Definition des Dipolmomentes
a) stromdurchflossene Spule,
b) Naturmagnet

Schichtet man N gleichsinnig hintereinander geschaltete Schleifen übereinander, wickelt man also eine Spule mit N Windungen (s. Bild **5.110a**), so wird auf jede Windung ein Drehmoment $I(\vec{A}\times\vec{B}_\mathrm{err})$ ausgeübt. Auf die ganze, als starr aufzufassende Spule wirkt dann das resultierende Drehmoment $\vec{M}_\mathrm{d} = NI(\vec{A}\times\vec{B}_\mathrm{err})$, vorausgesetzt, alle N Windungen umfassen die gleiche Fläche A, und das magnetische Erregerfeld $\vec{B}_\mathrm{err}$ ist über die ganze Spule homogen. Man kann nun die das Drehmoment bildenden Eigenschaften der Spule $NI\vec{A}$ in einer Kenngröße $\vec{m} = NI\vec{A}$ zusammenfassen, so daß deren vektorielle Multiplikation mit der magnetischen Flußdichte das auf die starre Spule als Ganzes wirkende Drehmoment $\vec{M}_\mathrm{d} = \vec{m} \times \vec{B}$ ergibt. Diese als D i p o l m o m e n t $\vec{m}$ bezeichnete Kenngröße, die man auch als das auf die magnetische Flußdichte B bezogene Drehmoment M_d des Dipols auffassen kann, hat über die hier zunächst betrachtete Spule hinaus Bedeutung als Kenngröße, die für magnetische Dipole allgemein unabhängig von ihrer Art (z. B. einzelne Leiterschleife, Spule oder Naturmagnet) wie folgt definiert ist.

- Das magnetische Dipolmoment $\vec{m}$ ist ein Vektor, der vom Nord- zum Südpol eines Dipols orientiert ist (s. Bild **5.110**). Der Betrag des Dipolmomentes eines beliebigen Dipols folgt aus dem auf ihn wirkenden Drehmoment

$$\vec{M}_\mathrm{d} = \vec{m}_\mathrm{B} \times \vec{B}_\mathrm{err} \qquad \text{oder} \qquad \vec{M}_\mathrm{d} = \vec{m}_\mathrm{H} \times \vec{H}_\mathrm{err} \qquad (5.274)$$

mit der magnetischen Flußdichte $\vec{B}_\mathrm{err}$ oder der magnetischen Erregung $\vec{H}_\mathrm{err}$ des im Dipolbereich homogenen Erregerfeldes (ohne Eigenfeld des Dipols).

Im Zuge der historischen Entwicklung sind die zwei unterschiedlichen Definitionen für das magnetische Dipolmoment entstanden, je nachdem, ob mit der magnetischen Flußdichte $\vec{B}_\mathrm{err}$ oder der magnetischen Erregung $\vec{H}_\mathrm{err}$ gerechnet wird.

Liegt ein Dipol mit seiner Süd-Nord-Richtung rechtwinklig in einem Erregerfeld, so wirkt auf ihn das maximale Moment $M_\mathrm{d\,max} = m_\mathrm{B}\,B_\mathrm{err}\sin(\pi/2) = m_\mathrm{H}\,H_\mathrm{err}\sin(\pi/2)$. Wird mit diesem maximalen Moment die Definitionsgleichung (5.274) explizit nach dem magnetischen Dipolmoment aufgelöst, so läßt dieses sich auch wie folgt deuten.

- Das maximale Moment M_dmax, das ein Erregerfeld auf einen magnetischen Dipol ausübt, bezogen auf den Betrag der magnetischen Flußdichte B_err dieses Feldes, wird als A m p e r e s c h e s m a g n e t i s c h e s M o m e n t oder e l e k t r o m a g n e t i s c h e s M o m e n t

$$m_\mathrm{B} = \frac{M_\mathrm{dmax}}{B_\mathrm{err}} \qquad \text{mit} \qquad \vec{m}_\mathrm{B} \perp \vec{B}_\mathrm{err} \qquad (5.275)$$

bezeichnet bzw., bezogen auf den Betrag der magnetischen Erregung H_err, als C o u l o m b s c h e s m a g n e t i s c h e s M o m e n t oder m a g n e t i s c h e s D i p o l m o m e n t

$$m_\mathrm{H} = \frac{M_\mathrm{dmax}}{H_\mathrm{err}} \qquad \text{mit} \qquad \vec{m}_\mathrm{H} \perp \vec{H}_\mathrm{err} \qquad (5.276)$$

5.5.3.4 Kraft auf Grenzflächen im Magnetfeld. Erfahrungsgemäß wirken auf Grenzflächen zwischen Stoffen unterschiedlicher Permeabilität Kräfte, beispielsweise auf Eisenkörper im Magnetfeld in Luft. Die Berechnung dieser Wirkung über die Kräfte auf bewegte Ladungen, die in der Grenzfläche nur noch mikrokosmisch beschrieben werden können, wäre grundsätzlich denkbar, ist aber praktisch indiskutabel. Daher sind die Berechnungsgleichungen für die Kräfte auf Grenzflächen im folgenden aus dem Energieerhaltungssatz hergeleitet. Aus Gründen der Anschaulichkeit werden analog zu den Erläuterungen im elektrischen Feld (s. Abschn. 3.5.2.1) zunächst in den Beispielen 5.60 u. 5.61 die Sonderfälle der r e c h t w i n k l i g bzw. p a r a l l e l zur Feldrichtung verlaufenden Grenzflächen betrachtet, aus denen dann der allgemeine Fall hergeleitet wird.

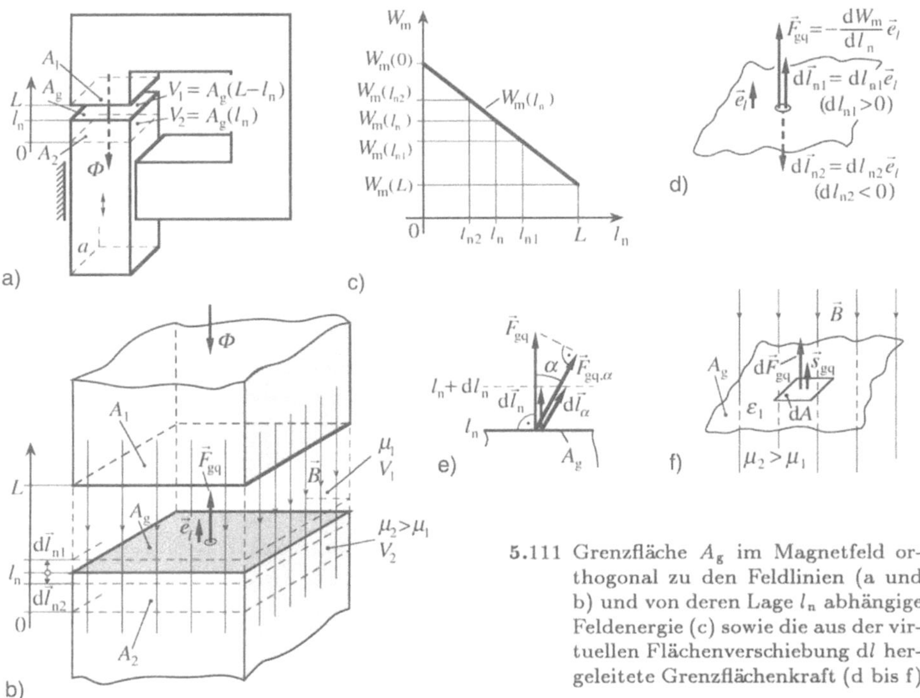

5.111 Grenzfläche A_g im Magnetfeld orthogonal zu den Feldlinien (a und b) und von deren Lage l_n abhängige Feldenergie (c) sowie die aus der virtuellen Flächenverschiebung dl hergeleitete Grenzflächenkraft (d bis f)

Beispiel 5.60. In Bild 5.111a ist ein magnetischer Kreis aus Eisen dargestellt mit einem axial verschiebbaren Anker a. Die Stirnfläche (Grenzfläche) A_g des Ankers a begrenzt mit der ihr planparallel gegenüberliegenden Polfläche $A_1 = A_\mathrm{g} = A$ einen Luftspalt, dessen Länge $(L - l_\mathrm{n})$ klein ist gegenüber den Flächenabmessungen $\sqrt{A}$, so daß Randverzerrungen vernachlässigt werden können. Die raumfeste Koordinatenachse wird so gewählt, daß die den Luftspalt begrenzende, ortsfeste Polfläche A_1 bei der konstanten Länge L liegt und die Lage der verschiebbaren Grenzfläche A_g des Ankers durch die Variable l_n beschrieben wird $(0 \leq l_\mathrm{n} \leq L)$. Betrachtet wird nun der Feldraum $V = AL$ mit $A = A_1 = A_2 = A_\mathrm{g}$, der sich aus den von der Ankerstellung

abhängigen Teilräumen $V_2 = Al_\text{n}$ der Permeabilität μ_2 (Eisen) und $V_1 = A(L - l_\text{n})$
der Permeabilität $\mu_1 < \mu_2$ (Luft) zusammensetzt (s. Bild **5.**111b). Das in dem Kreis
erregte magnetische Feld soll in beiden Teilräumen als jeweils homogen angenommen
werden können mit der magnetischen Flußdichte $B = \Phi/A$. An der Grenzfläche A_g
tritt damit nur die an beiden Seiten gleich große Normalkomponente B_n der magnetischen Flußdichte auf (s. Abschn. 5.4.1.3), aber keine Tangentialkomponenten B_t.

$$\vec{B} = \vec{B}_\text{n1} = \vec{B}_\text{n2} = \vec{B}_\text{n}, \qquad \vec{B}_\text{t1} = \vec{B}_\text{t2} = 0 \tag{5.277}$$

Mit diesen Gegebenheiten kann der in Bild **5.**111b dargestellte magnetische Feldraum
$V = V_1 + V_2$ analog dem in Bild **3.**73a dargestellten elektrischen betrachtet und der im
folgenden angegebene Rechengang anhand der ausführlichen Erläuterungen in Beispiel
3.47 nachvollzogen werden (in den verbalen Erklärungen des Beispiels ist D durch B,
E durch H, ε durch μ und Q durch Φ zu ersetzen).

Die im Feldraum $V = V_1 + V_2$ gespeicherte magnetische Feldenergie

$$W_\text{m} = w_\text{m2}Al_\text{n} + w_\text{m1}A(L - l_\text{n}) = w_\text{m1}AL + (w_\text{m2} - w_\text{m1})Al_\text{n} \tag{5.278a}$$

ergibt sich mit $w_\text{m} = B^2/(2\mu)$ [s. Gl.(5.238)] für lineare Räume

$$W_\text{m} = B_\text{n}^2 \frac{A}{2} \left[\frac{L}{\mu_1} + l_\text{n} \left(\frac{1}{\mu_2} - \frac{1}{\mu_1} \right) \right] = \frac{\Phi^2}{2A} \left[\frac{L}{\mu_1} + l_\text{n} \left(\frac{1}{\mu_2} - \frac{1}{\mu_1} \right) \right] \tag{5.278b}$$

(s. Bild **5.**111c). Stellt man sich eine virtuelle Verschiebung $\mathrm{d}\vec{l}_\text{n} = \mathrm{d}l_\text{n}\vec{e}_1$ der Grenzfläche
A_g vor und setzt voraus, daß sich dabei der magnetische Fluß Φ nicht ändert, so wird
dem Feld keine elektrische Energie zugeführt oder entzogen. Damit folgt aus dem
Energieerhaltungssatz $[\mathrm{d}W_{\text{m}(l_\text{n})} + \vec{F}_\text{gq}\mathrm{d}\vec{l}_\text{n} = 0]$ die **Grenzflächenkraft**

$$\vec{F}_\text{gq} = F_\text{gq}\vec{e}_1 = -\frac{\mathrm{d}W_\text{m}}{\mathrm{d}l_\text{n}}\vec{e}_1, \tag{5.279a}$$

die normal zur Grenzfläche in den Raum der kleineren Permeabilität μ, aber der größeren Energiedichte orientiert ist. Ihr Betrag kann für lineare Räume mit Gl.(5.278b)
direkt aus den Feldgrößen berechnet werden.

$$|\vec{F}_\text{gq}| = \left| -\frac{\mathrm{d}W_\text{m}}{\mathrm{d}l_\text{n}} \right| = A_\text{g} \frac{B_\text{n}^2}{2} \left| \frac{1}{\mu_1} - \frac{1}{\mu_2} \right| = \frac{\Phi^2}{2A_\text{g}} \left| \frac{1}{\mu_1} - \frac{1}{\mu_2} \right| \tag{5.279b}$$

In inhomogenen Feldern wird die ungleichmäßig über die Fläche verteilte Grenzflächenkraft als mechanische **Grenzflächenspannung**

$$|\vec{s}_\text{gq}| = \left| \frac{\mathrm{d}\vec{F}}{\mathrm{d}A} \right|_\text{gq} = \frac{B_\text{n}^2}{2} \left| \frac{1}{\mu_1} - \frac{1}{\mu_2} \right| = \frac{B_\text{n}^2}{\mu_1\mu_2} \left| \frac{\mu_2 - \mu_1}{2} \right| \tag{5.280a}$$

oder mit der nicht mehr beidseitig der Grenzfläche gleichen magnetischen Erregung
$H_{n1} = B_n/\mu_1$, $H_{n2} = B_n/\mu_2 = H_{n1}\mu_1/\mu_2$

$$|\vec{s}_{gq}| = \left|\frac{\mathrm{d}\vec{F}}{\mathrm{d}A}\right|_{gq} = \left|H_{n1}^2\frac{\mu_1}{2} - H_{n1}^2\frac{\mu_1^2}{2\mu_2}\right| = H_{n1}^2\frac{\mu_1}{\mu_2}\left|\frac{\mu_2 - \mu_1}{2}\right| \qquad (5.280\text{b})$$

bestimmt. Man erkennt aus Gl.(5.280a), daß der Betrag der Grenzflächenspannung
auch als Differenz der Energiedichten gedeutet werden kann.

$$|\vec{s}_{gq}| = \left|\frac{\mathrm{d}F}{\mathrm{d}A}\right|_{gq} = |w_{m1} - w_{m2}| \qquad (5.281)$$

Beispiel 5.61. In Bild **5.**112a ist ein Feldraum $V = a_{ne}bL$ zwischen den planparallelen
Polflächen $A_1 = A_2 = ba_{ne}$ skizziert, in dem ein prismatischer Anker a verschiebbar
gelagert ist. Die Stirnfläche (Grenzfläche) $A_g = bL$ des Ankers verläuft rechtwinklig zu
den Polflächen A_1 und A_2. Damit setzt sich der Feldraum $V = V_1 + V_2$ abhängig von
der Stellung a_n der Grenzfläche A_g des Ankers aus den Teilräumen $V_2 = A_g a_n$ mit
der Permeabilität μ_2 und $V_1 = A_g(a_{ne} - a_n)$ mit der Permeabilität μ_1 zusammen. Der
Abstand L der Polflächen A_1, A_2 soll klein sein gegenüber ihren Abmessungen $\sqrt{A}$, so
daß die Randverzerrungen vernachlässigbar sind und das erregte magnetische Feld in
den Teilräumen V_1 und V_2 jeweils als homogen angenommen werden kann. Damit tritt
an der Grenzfläche A_g nur die an beiden Seiten gleich große Tangentialkomponente
H_t der magnetischen Erregung auf, aber keine Normalkomponente H_n.

$$\vec{H} = \vec{H}_{t1} = \vec{H}_{t2} = \vec{H}_t, \qquad \vec{H}_{n1} = \vec{H}_{n2} = 0 \qquad (5.282)$$

Mit diesen Gegebenheiten kann der in Bild **5.**112a dargestellte magnetische Feldraum
$V = V_1 + V_2$ analog dem in Bild **3.**74 dargestellten elektrischen betrachtet und der im
folgenden angegebene Rechengang anhand der ausführlichen Erläuterungen in Beispiel
3.48 nachvollzogen werden (dabei sind D und B, E und H, ε und μ bzw. Q und Φ
jeweils als einander analoge Größen anzusehen).

Die im Feldraum $V = V_1 + V_2$ gespeicherte magnetische Feldenergie

$$W_m = w_{m2}a_n bL + w_{m1}(a_{ne} - a_n)bL = w_{m1}bLa_{ne} + (w_{m2} - w_{m1})bLa_n \qquad (5.283)$$

wird unter der Voraussetzung, daß dabei der magnetische Fluß

$$\Phi = B_{t2}a_n b + B_{t1}(a_{ne} - a_n)b = H_t b[a_{ne}\mu_1 + a_n(\mu_2 - \mu_1)] \qquad (5.284\text{a})$$

durch die Polflächen (im Feldraum) konstant bleibt, abhängig von einer virtuellen
Verschiebung $\mathrm{d}\vec{a}_n = \mathrm{d}a_n \vec{e}_a$ der Grenzfläche A_g betrachtet. Mit der bei konstantem Φ
von a_n abhängigen magnetischen Erregung

$$H_t = \frac{\Phi}{b[a_{ne}\mu_1 + a_n(\mu_2 - \mu_1)]} = H_1 = H_2 \qquad (5.284\text{b})$$

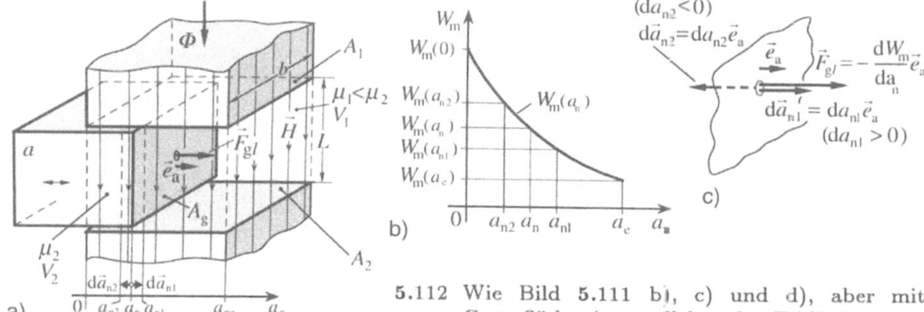

5.112 Wie Bild 5.111 b), c) und d), aber mit Grenzfläche A_g parallel zu den Feldlinien

ergibt sich für lineare Räume die Energiedichte $w_m = H^2\mu/2$ [s. Gl.(5.238)] und damit die Feldenergie

$$W_m = H_t^2\frac{bL}{2}[a_{ne}\mu_1 + a_n(\mu_2 - \mu_1)] = \frac{L}{2b}\frac{\Phi^2}{a_{ne}\mu_1 + a_n(\mu_2 - \mu_1)}, \qquad (5.285)$$

die in Bild **5.112b** abhängig von a_n dargestellt ist. Da bei $\Phi = \text{const}$ ($\dot{\Phi} = 0$) dem magnetischen Feld keine elektrische Energie zugeführt oder entzogen werden kann, folgt aus dem Energieerhaltungssatz $dW_{m(a_n)} + \vec{F}_{gl}\cdot d\vec{a}_n = 0$ die G r e n z f l ä c h e n k r a f t

$$\vec{F}_{gl} = F_{gl}\,\vec{e}_a = -\frac{dW_m}{da_n}\,\vec{e}_a, \qquad (5.286a)$$

die normal zur Grenzfläche in den Raum mit der kleineren Permeabilität orientiert ist. Das ist aber, anders als bei Grenzflächen rechtwinklig zur Feldrichtung, der Raum mit der kleineren Energiedichte $w_m = H^2\mu/2$. Für lineare Räume ergibt sich der Betrag der Grenzflächenkraft

$$|\vec{F}_{gl}| = \left|-\frac{dW_m}{da_n}\right| = \frac{L}{2b}\left|\frac{\Phi^2}{[a_{ne}\mu_1 + a_n(\mu_2 - \mu_1)]^2}(\mu_2 - \mu_1)\right| = LbH_t^2\left|\frac{\mu_2 - \mu_1}{2}\right| \quad (5.286b)$$

direkt aus den Feldgrößen. Bezieht man die Grenzflächenkraft F_{gl} auf die Grenzfläche $A_g = bL$, so bekommt man den Betrag der mechanischen G r e n z f l ä c h e n s p a n n u n g

$$|\vec{s}_{gl}| = \left|\frac{dF}{dA}\right|_{gl} = H_t^2\left|\frac{\mu_2 - \mu_1}{2}\right| = B_{t1}^2\left|\frac{\mu_2 - \mu_1}{2\mu_1^2}\right|, \qquad (5.287)$$

die auch als Differenz der Energiedichten

$$|\vec{s}_{gl}| = \left|\frac{dF}{dA}\right|_{gl} = |w_{m2} - w_{m1}| \qquad (5.288)$$

zu deuten ist.

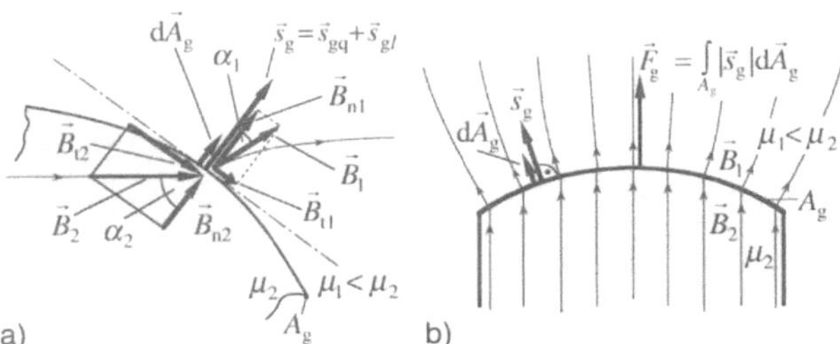

5.113
Feldlinien und mechanische Grenzflächenspannung $\vec{s}_\mathrm{g}$ in einer Schnittfläche orthogonal zur Grenzfläche A_g (b) sowie die an einem Flächenelement dA angetragenen Vektoren (a)

Kraft auf beliebige Grenzflächen im Feld konstanten magnetischen Flusses oder konstanter Durchflutung. Bei der Herleitung der Grenzflächenkraft wurde in den Beispielen 5.60 und 5.61 der magnetische Fluß des Feldes als konstant angenommen, um einen möglichst übersichtlichen Ansatz für den Energieerhaltungssatz zu bekommen. Ändert sich aber der Fluß bei einer virtuellen Verschiebung der Grenzfläche, z. B. weil die felderregende Durchflutung konstant bleibt, so gelten die an das Vorzeichen der Ableitung der Energie nach dem Verschiebungsweg entsprechend den Gln.(5.279a)u.(5.286a) geknüpften Orientierungsaussagen für die Kraft nicht mehr. Die Betragsgleichungen und die Feststellung, daß die Grenzflächenkräfte immer in den Raum der kleineren Permeabilität μ orientiert sind, gelten dagegen allgemein (s. Abschn. 5.5.3.5). Mit dieser Feststellung führt die folgende Zusammenfassung der Ergebnisse aus den Beispielen 5.60 und 5.61 auf eine allgemeingültige Betragsgleichung für die mechanische Grenzflächenspannung.

In Bild **5.113a** sind in einer Schnittebene orthogonal zu einer beliebigen Grenzfläche A_g zwischen den Räumen der Permeabilitäten μ_1 und $\mu_2 > \mu_1$ die Schnittlinie der Grenzfläche und das Feldlinienbild skizziert. An dieser Grenzfläche soll das beliebig verlaufende magnetische Feld konstanten Flusses oder konstanter Erregung bekannt sein. Wie in Bild **5.113a** skizziert, werden in jedem Flächenelement dA_g der Grenzfläche die dort auftretenden elektrischen Feldgrößen $\vec{B}$ bzw. $\vec{H}$ in ihre Normal- ($\vec{B}_\mathrm{n}$ bzw. $\vec{H}_\mathrm{n}$) und Tangentialkomponenten ($\vec{B}_\mathrm{t}$ bzw. $\vec{H}_\mathrm{t}$) zerlegt. Sowohl für die Normal- als auch für die Tangentialkomponenten ergibt sich nach den Erläuterungen in den Beispielen 5.60 und 5.61 (Grenzflächen längs und quer zur Feldrichtung) je eine Komponente der Grenzflächenspannung $\vec{s}_\mathrm{gl} = (\mathrm{d}\vec{F}/\mathrm{d}A)_\mathrm{gl}$ und $\vec{s}_\mathrm{gq} = (\mathrm{d}\vec{F}/\mathrm{d}A)_\mathrm{gq}$. Beide Komponenten $\vec{s}_\mathrm{gl}$ oder $\vec{s}_\mathrm{gq}$ sind normal zur Grenzfläche in den Raum mit der kleineren Permeabilität orientiert und können somit betragsmäßig addiert werden. Für lineare Räume mit $\mu =$ const unabhängig von B ergibt sich durch Addition der Gln.(5.280a)u.(5.287) ($|\vec{s}_\mathrm{g}| = |\vec{s}_\mathrm{gq}| + |\vec{s}_\mathrm{gl}|$) der Betrag der Grenzflächenspannung

$$|\vec{s}_\mathrm{g}| = \left(\frac{B_\mathrm{n}^2}{\mu_1\mu_2} + H_\mathrm{t}^2 \right) \left| \frac{\mu_2 - \mu_1}{2} \right| = (H_\mathrm{n1}H_\mathrm{n2} + H_\mathrm{t}^2) \left| \frac{\mu_2 - \mu_1}{2} \right| . \tag{5.289a}$$

Analog den Erläuterungen zu Gl.(3.209) wird $(H_{n1}H_{n2} + H_t^2) = \vec{H}_1 \cdot \vec{H}_2$ in Gl.(5.289a) eingesetzt, so daß der Betrag der Grenzflächenspannung

$$|\vec{s}_{\mathrm{g}}| = \left|\frac{\mu_2 - \mu_1}{2}\right| \vec{H}_1 \cdot \vec{H}_2 = \left|\frac{\mu_2 - \mu_1}{2\mu_1\mu_2}\right| \vec{B}_1 \cdot \vec{B}_2 \qquad (5.289\mathrm{b})$$

auch mit den beidseitig an einer Grenzfläche auftretenden Feldvektoren berechnet werden kann.

- Die Grenzflächenspannung $\vec{s}_{\mathrm{g}}$ auf beliebige Grenzflächen im magnetischen Feld mit zeitlich konstantem oder veränderlichem Fluß Φ ist immer normal zur Grenzfläche in den Raum der kleineren Permeabilität orientiert. Ihr Betrag kann in linearen Räumen mit den für diese konstanten Permeabilitäten μ_1 und μ_2 nach den Gln.(5.289a) oder (5.289b) berechnet werden.

Zur Berechnung der resultierenden Grenzflächenkraft auf eine starre, räumlich beliebige Grenzfläche wird diese als in infinitesimale Flächenelemente unterteilt angenommen mit den infinitesimalen Kraftkomponenten $\mathrm{d}\vec{F} = |\vec{s}_{\mathrm{g}}|\,\mathrm{d}\vec{A}$ als Produkt aus dem Betrag der Grenzflächenspannung $|\vec{s}_{\mathrm{g}}|$ nach den Gln.(5.289a) oder (5.289b) und dem Flächenvektor $\mathrm{d}\vec{A}$ mit einer Orientierung in den Raum der kleineren Permeabilität (s. Bild **5.113**b). Die Integration der Kraftkomponenten über die starre Grenzfläche A_{g} liefert die resultierende Grenzflächenkraft

$$\vec{F}_{\mathrm{g}} = \int\limits_{A_{\mathrm{g}}} |\vec{s}_{\mathrm{g}}|\cdot\mathrm{d}\vec{A}\,. \qquad (5.290)$$

Grenzflächenkräfte bei Eisen. Aufgrund der natürlich gegebenen magnetischen Eigenschaften der Materie (s. Abschn. 5.4.2) sind für die Praxis nur die Kraftwirkungen auf Grenzflächen zwischen magnetisch neutralen Stoffen (z. B. Luft) mit $\mu_r = 1$ und ferromagnetischen Stoffen mit $\mu_{r\,\mathrm{Fe}} \gg 1$ interessant. Dafür läßt sich eine Näherungsgleichung entwickeln, nach der die Grenzflächenspannung für die meisten praktischen Aufgabenstellungen mit ausreichender Genauigkeit berechnet werden kann.

Aufgrund der großen Permeabilitätsunterschiede zwischen Eisen und magnetisch neutralen Stoffen treten die magnetischen Feldlinien nahezu normal zur Eisenoberfläche aus, d. h., an der Eisenoberfläche (zum magnetisch neutralen Raum hin) ist die Tangentialkomponente B_{t1} der magnetischen Flußdichte $\vec{B}_1$ sehr klein gegenüber ihrer Normalkomponente B_{n1} (s. Abschn. 5.4.1.3).

Aus den Gln.(5.280a)u.(5.287) folgt damit, daß auch die aus der Tangentialkomponente B_{t1} resultierende Grenzflächenspannung vernachlässigbar klein ist

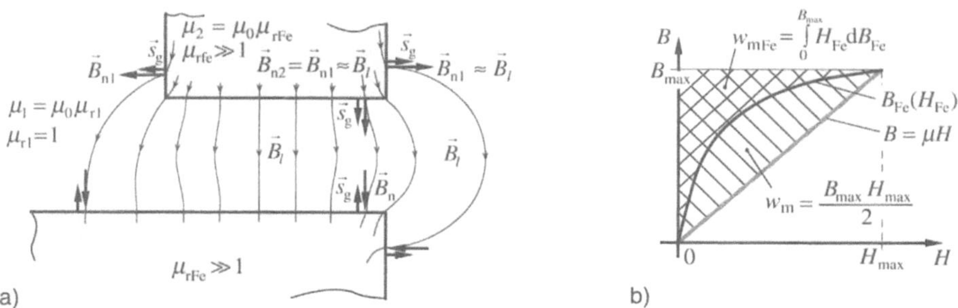

5.114 Feldlinien und mechanische Grenzflächenspannung in der Schnittebene durch einen Pol des Magneten nach Bild 5.115 (a) und graphische Deutung der Energiedichte w in Eisen bei gerader bzw. gekrümmter B-H-Kennlinie (Fläche mit einfacher und doppelter bzw. nur mit doppelter Schraffur) (b)

gegenüber der infolge der Normalkomponenten B_{n1}.

$$|\vec{s}_{gq}| = \frac{B_{n1}^2}{\mu_1\mu_2}\left|\frac{\mu_2 - \mu_1}{2}\right| \gg |\vec{s}_{gl}| = B_{t1}^2\left|\frac{\mu_2 - \mu_1}{2\mu_1^2}\right| \tag{5.291}$$

Man kann also näherungsweise die mechanische Grenzflächenspannung allein mit der Normalkomponente der magnetischen Flußdichte $\vec{B}_n$ berechnen und diese als gleich der magnetischen Flußdichte $\vec{B}_l \approx \vec{B}_n$ annehmen, die aus der Eisenoberfläche in den magnetisch neutralen Raum mit $\mu_1 = \mu_0$ übertritt (s. Bild 5.114a). Damit ergibt sich die auf Eisenoberflächen wirkende mechanische Grenzflächenspannung

$$|\vec{s}_{g\,Fe}| \approx \frac{B_l^2}{2\mu_0}\left(1 - \frac{\mu_0}{\mu_0\mu_{r\,Fe}}\right) = \frac{B_l}{2\mu_0}\left(1 - \frac{1}{\mu_{r\,Fe}}\right) \tag{5.292a}$$

mit der Permeabilität $\mu_2 = \mu_0\mu_{r\,Fe}$ für Eisen. Da bei den in der Praxis üblichen Sättigungen die Permeabilitätszahl $\mu_{r\,Fe}$ immer noch in der Größenordnung von zwei Zehnerpotenzen liegt, kann $(1 - 1/\mu_{r\,Fe}) \approx 1)$ angenommen werden und eine weitere Näherungsgleichung für die mechanische Grenzflächenspannung

$$|\vec{s}_{g\,Fe}| \approx \frac{B_l^2}{2\mu_0} \tag{5.292b}$$

angegeben werden.

Nach der Näherung Gl.(5.292b) wird die mechanische Grenzflächenspannung um einen von der Permeabilitätszahl $\mu_{r\,Fe}$ des Eisens abhängigen Fehler zu groß berechnet. Dieser Fehler ist bei geringer Sättigung ($\mu_{r\,Fe} \gg 1$) vernachlässigbar und gewinnt nur mit zunehmender Sättigung an Bedeutung (s. Beispiel 5.62). Dann ist allerdings zu beachten, daß in die aus der Energiedichtedifferenz hergeleiteten Kraftgleichungen (5.280)u.(5.287) die Energiedichte $B^2/(2\mu_0\mu_r)$ bzw. $H^2\mu_0\mu_r/2$ eingeführt wurde, die nur für Räume mit Permeabilitäten gilt, die von der magnetischen Flußdichte unabhängig sind (lineare B-H-Kennlinie). Mit zunehmender Sättigung wirkt sich aber die Nichtlinearität der B-H-Kennlinie aus, d.h., die Energiedichte des magnetischen Feldes in Eisen $w_{m\,Fe} = \int H\,dB$ ist kleiner als die für Linearität berechnete $w_m = HB/2$ (s. Bild 5.114b). Theoretisch exakt wäre ggf. auch der Hystereseeffekt zu beachten, d.h., die Dichte der reversibel gespeicherten Energie (s. Abschn. 5.5.2.1, reversible Energie des Magnetfeldes) ist für die Grenzflächenspannung maßgebend.

Beispiel 5.62. Für den in Bild **5.115a** skizzierten Hubmagneten mit den Abmessungen nach Bild **5.52** ist die Grenzflächenspannung auf den Polflächen und damit die Hubkraft in Abhängigkeit von der Durchflutung $\Theta = IN$ der stromdurchflossenen Erregerwicklung zu berechnen.

In den Beispielen 5.26u.5.27 ist der magnetische Kreis des Hubmagneten berechnet. Die Magnetisierungskennlinie $B_l = f(\Theta)$ für die magnetische Flußdichte B_l im Luftspalt zwischen den Polen ist in Bild **5.54** bis zu einer magnetischen Flußdichte $B_l = 1,6\,\mathrm{T}$ dargestellt, die bereits deutlich in der Sättigung liegt. Diese Flußdichte kann als Normalkomponente beidseitig der Polfläche A_p der Schenkel s aus Elektroblech angesehen werden ($B_l \approx B_n \approx B_{n\,Fe}$). Mit der für $B_{Fe} = 1,6\,\mathrm{T}$ aus Bild **5.44** für Elektroblech aufgesuchten magnetischen Erregung $H_{Fe} = 38\,\mathrm{A/cm}$ ergibt sich nach Gl.(5.13) die Permeabilitätszahl $\mu_{r\,Fe} = B/(\mu_0 H) = 1,6\,\mathrm{T}/(\mu_0\,38\,\mathrm{A/cm}) \approx 335$. Damit ist der Faktor $(1 - 1/\mu_{r\,Fe}) = 1 - 1/335 \approx 0,997$ in Gl.(5.292a) nahe 1, und man kann für den ganzen Bereich von $B \le 1,6\,\mathrm{T}$ mit der Näherungsgleichung (5.292b) die mechanische Grenzflächenspannung berechnen, in die jeweils die abhängig von Θ berechneten magnetischen Flußdichten B_l eingesetzt werden. Man erkennt aus Bild **5.115b**, daß die Grenzflächenspannung bei kleinen Werten quadratisch, mit Beginn der Sättigung des Eisens linear, aber bei fortschreitender Sättigung zunehmend flacher mit der Durchflutung (Flußdichte) ansteigt. Aus ökonomischen Gründen wird man also die magnetische Flußdichte B_l im Luftspalt nicht zu hoch wählen. Entspricht die daraus errechnete Hubkraft $F = 2A_p s_g = 2A_p B_l^2/(2\mu_0)$ nicht der Forderung, so muß die Polfäche A_p vergrößert werden (größeres Eisenvolumen). Die optimale Auslegung eines Hubmagneten muß die Kosten für Eisenkern, Kupferspule, aber auch die Energiekosten für das Produkt aus Strom, Spannung und Zeit, d.h. für den Betrieb des Magneten einbeziehen.

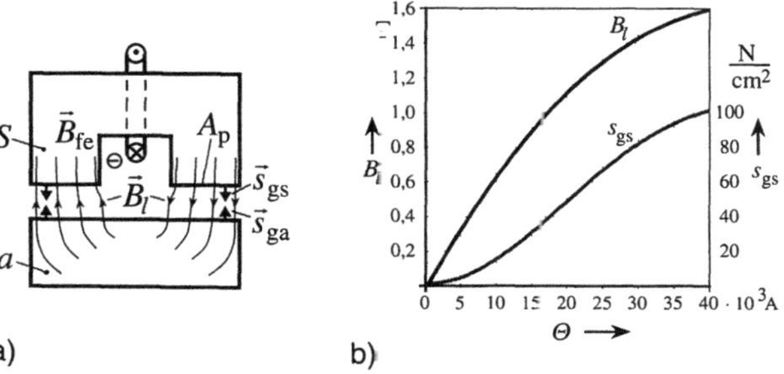

5.115 Hubmagnet (a) und mechanische Grenzflächenspannung $s_g(\Theta)$ (b)

Die Hubkraft ist im letzten Absatz aus der Grenzflächenspannung s_{gs} auf die Polflächen A_{p} der Schenkel berechnet, da das Feld beidseitig dieser Polfläche in etwa homogen verläuft und somit die Gültigkeit der Näherungsgleichung (5.292b) leicht überprüft werden kann. Dies ist zulässig, da die Kraft auf die Polflächen der Schenkel gleich ist der auf den Anker entsprechend *actio = reactio*. Eine Berechnung der Hubkraft über die Grenzflächenspannung s_{ga} des stark inhomogenen Feldes in der Grenzfläche des Ankers (s. Bild **5.**114a) mit der erheblich höheren Sättigung und kleineren Permeabilität von Grauguß wäre auch möglich, ist allerdings schwieriger und aufwendiger.

5.5.3.5 Allgemeine Kraftgleichung. In den Abschn. 5.5.3 sind bis hier Gleichungen abgeleitet, nach denen die magnetisch verursachten Kräfte unmittelbar aus den magnetischen Feldgrößen berechnet werden können. Führen diese Gleichungen auf umfangreiche Rechnungen, so empfiehlt es sich, die Kraft aus dem Energieerhaltungssatz herzuleiten. Dies wurde bereits grundsätzlich in Abschn. 5.5.3.4 für die Herleitung der magnetischen Grenzflächenkräfte erläutert, allerdings unter der Voraussetzung eines konstanten magnetischen Flusses. Bei dem im folgenden erläuterten allgemeinen Verfahren wird auf Abschn. 5.5.3.4 Bezug genommen, aber ohne die dort getroffenen Einschränkungen, d. h., die Bilanz der bei einer virtuellen Verschiebung auftretenden mechanischen, magnetischen und elektrischen Energie wird aufgestellt. Bei der Berechnung der Kraft aus der Energiebilanz wird aus Gründen der Anschaulichkeit im folgenden anhand von Bild **5.**116 ein System aus zwei Stromkreisen betrachtet, das dann aber jeweils sinngemäß auf Systeme mit einer beliebigen Anzahl von n Stromkreisen erweitert wird.

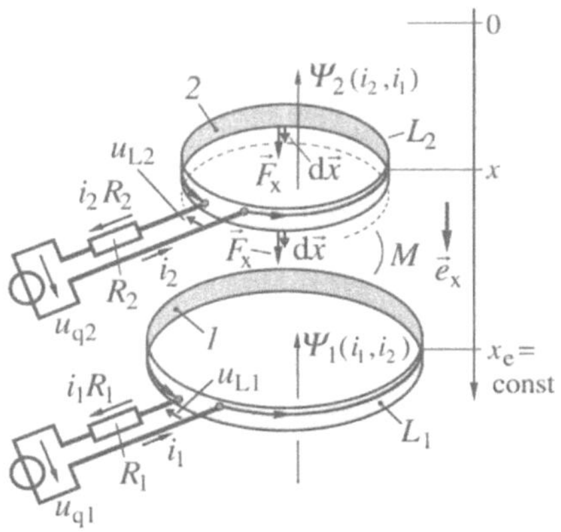

5.116 Zur Berechnung der Kraftwirkung zwischen gekoppelten Stromkreisen

Weiter gelten hier alle Erläuterungen aus Abschn. 3.5.2.2 sinngemäß, d. h., die im folgenden aus der Ableitung nach einer in beliebiger Richtung wählbaren Längenkoordinate x bestimmte Kraft $\vec{F}_\mathrm{x}$ ist immer nur die in dieser Richtung wirkende Komponente der tatsächlich durch das Feld verursachten Kraft $\vec{F}$. Soll diese Kraft $\vec{F}$ besimmt werden, so muß die Längenkoordinate x in Richtung dieser Kraft gewählt werden, die aber nur in einfachen Fällen von vornherein bekannt ist (z. B. aus der Anschauung).

In Bild **5.**116 sind zwei Stromkreise skizziert mit den eingeprägten Quellenspannungen $u_{\mathrm{q}1}$ und $u_{\mathrm{q}2}$ und den resultierenden ohmschen Widerständen R_1 und R_2. Die Kreise sind magnetisch gekoppelt, was in Bild **5.**116 durch die beiden Spulen *1* und *2* dargestellt ist, die

entsprechend Abschn. 5.5.1.5 die Größen Selbstinduktivität L_1, L_2 und Gegeninduktivität $M_{12} = M_{21} = M$ repräsentieren. Nur die beiden Stromkreise und
das mit ihnen gekoppelte Magnetfeld sollen existieren, so daß dieses System als
abgeschlossen gilt, d. h., keine Energie kann in das System hinein- oder heraus-
gelangen, z. B. durch Influenz oder elektromagnetische Strahlung. Da nach dem
Energieerhaltungsatz die Energie in einem abgeschlossenen System sich nicht
ändern kann ($W_{\mathrm{Syst}} = \mathrm{const}$), muß die Summe der Energieänderungen $\mathrm{d}W$ in
den einzelnen Elementen des Systems Null sein ($\sum \mathrm{d}W = 0$). In einem System
entsprechend Bild **5.116** muß also die Summe von allen Energien, die von den
Spannungsquellen der beiden (bzw. aller n) Stromkreise abgegeben oder aufgenommen wird ($\sum u_{\mathrm{q}}i\,\mathrm{d}t$), von allen Energien in den ohmschen Widerständen
R_{j} aller n Stromkreise ($\sum i^2 R\,\mathrm{d}t$) und der Energieänderung ($\mathrm{d}W_{\mathrm{m}}$) des mit den
Strömen aller n Stromkreise verketteten magnetischen Feldes sowie der mecha-
nischen Energie ($\vec{F}_{\mathrm{x}}\cdot\mathrm{d}\vec{x}$) infolge einer virtuellen Verschiebung $\mathrm{d}\vec{x}$ der Kraft $\vec{F}_{\mathrm{x}}$
Null sein. Die virtuelle Verschiebung $\mathrm{d}\vec{x}$ wird für die Spule, die Grenzflächen
oder allgemein den Gegenstand angenommen, für die die Kraftwirkung berech-
net werden soll. In Bild **5.116** ist beispielsweise eine axiale Verschiebung $\mathrm{d}\vec{x}$ der
Spule *2* skizziert, über die die Axialkraft $\vec{F}_{\mathrm{x}}$ auf diese Spule berechnet werden
kann. Für das System der zwei Spulen nach Bild **5.116** gilt damit

$$u_{\mathrm{q}1}i_1\mathrm{d}t + u_{\mathrm{q}2}i_2\mathrm{d}t + i_1^2 R_1\mathrm{d}t + i_2^2 R_2\mathrm{d}t + \mathrm{d}W_{\mathrm{m}} + \vec{F}_{\mathrm{x}}\cdot\mathrm{d}\vec{x} = 0 \qquad (5.293\mathrm{a})$$

und für ein System mit n Spulen

$$\sum_{j=1}^{n} u_{\mathrm{q}\mathrm{j}}i_{\mathrm{j}}\,\mathrm{d}t + \sum_{j=1}^{n} i_{\mathrm{j}}^2 R_{\mathrm{j}}\,\mathrm{d}t + \mathrm{d}W_{\mathrm{m}} + \vec{F}_{\mathrm{x}}\cdot\mathrm{d}\vec{x} = 0\,. \qquad (5.293\mathrm{b})$$

In die Energiesumme der Gln.(5.293) ist der Energieausdruck $u_{\mathrm{q}}i\,\mathrm{d}t$ der Spannungsquellen wie der für die ohmschen Widerstände $i^2 R\mathrm{d}t$ positiv aufgenommen, d. h., für die Spannungsquellen ist wie für die Widerstände das Verbraucherzählpfeilsystem eingeführt. Würde man für die Spannungsquellen das Erzeugerzählpfeilsystem wählen, so müßte nach der Energiebilanz (s. Spannungssatz) die Summe der magnetischen, elektrischen und mechanischen Energien des
Systems gleichgesetzt werden der Summe der elektrischen Energien aller Span-
nungsquellen, d. h., die Energien $u_{\mathrm{q}}i_{\mathrm{q}}\,\mathrm{d}t$ der Quellen wären negativ in Gl.(5.293)
aufzunehmen.

Mit dem Verbraucherzählpfeilsystem für alle Elemente, also auch für die Spule
(Selbstinduktionsspannung $u_{\mathrm{L}} = +L\,\mathrm{d}i/\mathrm{d}t = +\mathrm{d}\Psi/\mathrm{d}t$, s. Abschn. 5.5.1.5) gilt
für jeden Stromkreis eines Systems der Spannungssatz

$$u_{\mathrm{q}\mathrm{j}} + i_{\mathrm{j}}R_{\mathrm{j}} + \frac{\mathrm{d}\Psi_{\mathrm{j}}}{\mathrm{d}t} = 0\,. \qquad (5.294)$$

Darin ist Ψ_j der von den Strömen aller n Stromkreise in dem j-ten Stromkreis verursachte Spulenfluß, beispielsweise für die Kreise in Bild **5.116** $\Psi_1 = i_1 L_1 + i_2 M$ und $\Psi_2 = i_2 L_2 + i_1 M$ [s. Gl.(5.241a) in Bild **5.96**]. Multipliziert man den Spannungssatz eines Kreises Gl.(5.294) mit dem in diesem Kreis fließenden Strom i_j und der Zeit dt

$$u_{\mathrm{q}j} i_j \mathrm{d}t + i_j^2 R_j \mathrm{d}t + i_j \mathrm{d}\Psi_j = 0 \,, \tag{5.295}$$

hat man die Energiebilanz dieses einen galvanisch geschlossenen Kreises. Gibt beispielsweise die Spannungsquelle Energie ab ($u_{\mathrm{q}} i\,\mathrm{d}t$ gibt nach dem Verbraucherzählpfeilsystem einen negativen Wert), wird diese Energie zum Teil in Wärmeenergie $i^2 R\,\mathrm{d}t$ umgeformt und zum Teil über $i\,\mathrm{d}\Psi$ dem magnetischen Feld zugeführt ($i\,\mathrm{d}\Psi$ und $i^2 R\,\mathrm{d}t$ ergeben positive Werte), so daß die Summe entsprechend Gl.(5.295) Null ist. Die Energiebilanz für alle galvanisch geschlossenen Stromkreise eines Systems bekommt man durch Addition der Gl.(5.295) für die beiden Kreise nach Bild **5.116**

$$u_{\mathrm{q}1} i_1\,\mathrm{d}t + u_{\mathrm{q}2} i_2\,\mathrm{d}t + i_1^2 R_1\,\mathrm{d}t + i_2^2 R_2\,\mathrm{d}t + i_1\,\mathrm{d}\Psi_1 + i_2\,\mathrm{d}\Psi_2 = 0 \tag{5.296a}$$

bzw. allgemein für n Kreise

$$\sum_{j=1}^{n}(u_{\mathrm{q}j} i_j\,\mathrm{d}t + i_j^2 R_j\,\mathrm{d}t + i_j\,\mathrm{d}\Psi_j) = 0 \,. \tag{5.296b}$$

Nach diesen Gleichungen läßt sich die Summe der in den galvanischen Elementen, also in den Spannungsquellen und den ohmschen Widerständen, auftretenden elektrischen Energien durch den dieser Energiesumme entsprechenden Anteil magnetischer Energie ausdrücken.

$$u_{\mathrm{q}1} i_1\,\mathrm{d}t + u_{\mathrm{q}2} i_2\,\mathrm{d}t + i_1^2 R_1\,\mathrm{d}t + i_2^2 R_2\,\mathrm{d}t = -i_1\,\mathrm{d}\Psi_1 - i_2\,\mathrm{d}\Psi_2 \tag{5.296c}$$

$$\sum_{j=1}^{n} u_{\mathrm{q}j} i_j\,\mathrm{d}t + \sum_{j=1}^{n} i_j^2 R_j\,\mathrm{d}t = -\sum_{j=1}^{n} i_j\,\mathrm{d}\Psi_j \tag{5.296d}$$

Ersetzt man in der Energiebilanz Gln.(5.293a)bzw.(5.293b) des gesamten Systems die elektrischen Energien durch den ihnen entsprechenden Anteil magnetischer Energie nach Gln.(5.296c)u.(5.296d), so bekommt man für das System in Bild **5.116**

$$-i_1\,\mathrm{d}\Psi_1 - i_2\,\mathrm{d}\Psi_2 + \mathrm{d}W_{\mathrm{m}} + \vec{F}_{\mathrm{x}}\cdot\mathrm{d}\vec{x} = 0 \tag{5.297a}$$

oder allgemein für ein System aus n Spulen

$$-\sum_{j=1}^{n} i_{\mathrm{j}}\,\mathrm{d}\Psi_{\mathrm{j}} + \mathrm{d}W_{\mathrm{m}} + \vec{F}_{\mathrm{x}}\cdot\mathrm{d}\vec{x} = 0\,. \tag{5.297b}$$

Die explizite Auflösung dieser Energiegleichung nach der Kraft erfolgt zweckmäßigerweise getrennt für die beiden praktisch wichtigen Fälle, daß entweder der
magnetische Fluß oder die diesen erregende Durchflutung konstant ist.

Bei k o n s t a n t e m m a g n e t i s c h e m F l u ß ist $\mathrm{d}\Psi/\mathrm{d}t = 0$, es wird keine Spannung induziert, und damit wird auch keine elektrische Energie in magneti-
sche umgeformt bzw. umgekehrt. Mit $\mathrm{d}\Psi = 0$ folgt aus Gln.(5.296), daß die
Summe der Energien der Spannungsquellen ausschließlich in den Widerständen
in Wärme umgeformt wird ($\sum u_{\mathrm{qj}} i_{\mathrm{j}}\,\mathrm{d}t + \sum i_{\mathrm{j}}^2 R_{\mathrm{j}}\,\mathrm{d}t = 0$), und aus Gln.(5.297),
daß eine Änderung der magnetischen Energie eine mechanische Energie bedingt,
so daß die Energiebilanz

$$\vec{F}_{\mathrm{x}}\cdot\mathrm{d}\vec{x} = F_{\mathrm{x}}\vec{e}_{\mathrm{x}}\cdot\mathrm{d}x\,\vec{e}_{\mathrm{x}} = \mathrm{d}W_{\mathrm{m}} \tag{5.298}$$

erfüllt ist.

In einem System mit konstantem magnetischem Fluß wirkt also auf Spulen,
Leiter, Grenzflächen usw. eine Kraftkomponente

$$\vec{F}_{\mathrm{x}} = -\left(\frac{\mathrm{d}W_{\mathrm{m}}}{\mathrm{d}x}\right)_{\Psi=\mathrm{const}}\cdot\vec{e}_{\mathrm{x}} \tag{5.299}$$

in der Richtung der virtuellen Verschiebung $\mathrm{d}\vec{x}$ so orientiert, daß sich der Energieinhalt des Magnetfeldes verkleinert, mit einem Betrag, der gleich ist dem der
Ableitung der magnetischen Feldenergie $\mathrm{d}W_{\mathrm{m}}$ nach der Verschiebungsstrecke
$\mathrm{d}x$. Dieser Fall ist in Abschn. 5.5.3.4 bei der Herleitung der Kraft auf Grenzflächen ausführlich erläutert; es empfiehlt sich, diese erneut als Sonderfall der hier
behandelten allgemeinen Kraftgleichung zu betrachten.

Bei k o n s t a n t e n S t r ö m e n i_{j} in den mit dem Magnetfeld gekoppelten Kreisen ändert sich der magnetische Fluß Ψ durch eine virtuelle Verschiebung $\mathrm{d}\vec{x}$.
Damit ist $\mathrm{d}\Psi/\mathrm{d}t \neq 0$, und es werden Spannungen in den Kreisen induziert. Deshalb korrespondiert die sich mit der Verschiebung um $\mathrm{d}x$ ändernde magnetische
Feldenergie $\mathrm{d}W_{\mathrm{m}}$ nicht nur mit der mechanischen Energie $\vec{F}\cdot\mathrm{d}\vec{x}$ (wie bei konstantem Fluß $\mathrm{d}\Psi$), sondern auch mit einer elektrischen Energie $\mathrm{d}W_{\mathrm{el}}$ [die von
den Quellen und Widerständen der Stromkreise aufgenommen bzw. abgegeben
wird, s. Gln.(5.296)], so daß die Energiebilanz Gl.(5.293) erfüllt ist.

Nach Gl.(5.295) wird die elektrische Energie $[\mathrm{d}W_{\mathrm{el}} = u_{\mathrm{q}\mathrm{j}}i_{\mathrm{j}}\,\mathrm{d}t + i_{\mathrm{j}}^2 R_{\mathrm{j}}\,\mathrm{d}t]$, die in einem Kreis in magnetische umgeformt wird (oder umgekehrt), durch das Produkt aus dem Strom i_{j} dieses Kreises und der Änderung des von diesem Kreis eingeschlossenen Spulenflusses $\mathrm{d}\Psi_{\mathrm{j}}$ (der von den Strömen in allen Kreisen des Systems erregt wird) beschrieben.

$$\mathrm{d}W_{\mathrm{el}} = u_{\mathrm{q}\mathrm{j}}i_{\mathrm{j}}\,\mathrm{d}t + i_{\mathrm{j}}^2 R_{\mathrm{j}}\,\mathrm{d}t = -i_{\mathrm{j}}\,\mathrm{d}\Psi_{\mathrm{j}} \tag{5.300}$$

Wie in Abschn. 5.5.2.1 mit Gl.(5.242) angegeben, ruft nur die Hälfte der durch die induzierte Spannung $(\mathrm{d}\Psi/\mathrm{d}t)$ dem Feld zu- oder abgeführte elektrische Energie $\mathrm{d}W_{\mathrm{el}}$ eine ihr entsprechende Änderung der im magnetischen Feld gespeicherten Energie $\mathrm{d}W_{\mathrm{m}} = (\sum i\,\mathrm{d}\Psi)/2$ hervor. Es darf also nur die halbe Summe der Produkte $i_{\mathrm{j}}\,\mathrm{d}\Psi_{\mathrm{j}}$ aller mit einem Magnetfeld gekoppelten n Stromkreise gleichgesetzt werden dem Anteil der sich ändernden magnetischen Feldenergie, der aus der elektrischen Energie dieser n Kreise umgeformt wird bzw. umgekehrt.

$$\frac{1}{2}\sum_{j=1}^{n}\mathrm{d}W_{\mathrm{el}} = -\frac{1}{2}\sum_{j=1}^{n} i_{\mathrm{j}}\,\mathrm{d}\Psi_{\mathrm{j}} = -\mathrm{d}W_{\mathrm{m}(i\,\mathrm{d}\Psi)} \tag{5.301}$$

Setzt man Gl.(5.301) in Gl.(5.297b) ein, so bekommt man eine Energiebilanz

$$-2\,\mathrm{d}W_{\mathrm{m}(i\,\mathrm{d}\Psi)} + \mathrm{d}W_{\mathrm{m}} + \vec{F}\cdot\mathrm{d}\vec{x} = 0\,, \tag{5.302}$$

in der die bei einer Verschiebung um $\mathrm{d}x$ in der Zeit $\mathrm{d}t$ in den Stromkreisen auftretenden elektrischen Energien $\sum \mathrm{d}W_{\mathrm{el}}$ durch die ihnen entsprechenden Komponente der magnetischen Feldenergie $\mathrm{d}W_{\mathrm{m}(i\,\mathrm{d}\Psi)}$ beschrieben sind. Diese Energiebilanz sagt, daß die einem Magnetsystem zugeführte (oder entzogene) elektrische Energie $\mathrm{d}W_{\mathrm{el}} = 2\mathrm{d}W_{\mathrm{m}(i\,\mathrm{d}\Psi)}$ doppelt so groß ist wie die Energie $\mathrm{d}W_{\mathrm{m}}$, um die sich die im Magnetfeld gespeicherte Energie ändert, die ihrerseits aber gleich groß ist der auftretenden mechanischen Energie. Vordergründig betrachtet könnte man sich vorstellen, in einem System mit konstantem Strom würde bei einer Verschiebung um $\mathrm{d}x$ elektrische Energie $\mathrm{d}W_{\mathrm{el}}$ in magnetische Energie $2\mathrm{d}W_{\mathrm{m}(i\,\mathrm{d}\Psi)}$ umgeformt, die aber gleichzeitig zur Hälfte wieder von magnetischer in mechanische Energie umgeformt wird, so daß die Summe aus der Änderung der gespeicherten magnetischen Feldenergie $\mathrm{d}W_{\mathrm{m}}$ und der mechanischen Energie $\vec{F}\cdot\mathrm{d}\vec{x}$ gleich ist der dem Feld elektrisch zu- oder abgeführten Energie $2\mathrm{d}W_{\mathrm{m}(i\,\mathrm{d}\Psi)} = \mathrm{d}W_{\mathrm{m}} + \vec{F}\cdot\mathrm{d}\vec{x}$. Für ein System mit konstanten Strömen folgt somit aus Gl.(5.302) nach Zusammenfassen der magnetischen Energieausdrücke $\mathrm{d}W_{\mathrm{m}(i\,\mathrm{d}\Psi)}$ und $\mathrm{d}W_{\mathrm{m}}$

$$\mathrm{d}\vec{F}\cdot\mathrm{d}\vec{x} = F\,\vec{e}_{\mathrm{x}}\cdot\mathrm{d}x\,\vec{e}_{\mathrm{x}} = \mathrm{d}W_{\mathrm{m}} \tag{5.303}$$

die auf Spulen, Leiter, Grenzflächen usw. wirkende K r a f t k o m p o n e n t e

$$\vec{F} = + \left(\frac{dW_{\mathrm{m}}}{dx}\right)_{i_j \,=\, \mathrm{const}} \cdot \vec{e}_{\mathrm{x}} , \qquad (5.304)$$

die in der Richtung der virtuellen Verschiebung $d\vec{x}$ so orientiert ist, daß sich der Energieinhalt des Magnetfeldes vergrößert. Der Betrag dieser Kraft ist, wie bei Systemen mit konstantem Fluß, gleich dem Betrag der Ableitung der magnetischen Feldenergie nach der Verschiebungsstrecke dx.

Tafel 5.117   Regeln zur Bestimmung der Kraft auf Grenzflächen bzw. stromdurchflossene Leiter mit Hilfe der virtuellen Verschiebung

System aus einem oder mehreren vom Strom I oder den Strömen I_j durchflossenen Kreisen und dem mit diesen verknüpften Fluß Ψ

Bei virtueller Verschiebung $d\vec{x} = dx\vec{e}_{\mathrm{x}}$ einer Grenzfläche oder eines Leiters innerhalb des Magnetfeldes	Eine durch das Magnetfeld verursachte Kraftkomponente $\vec{F}_{\mathrm{x}} = F_{\mathrm{x}}\vec{e}_{\mathrm{x}}$			
	kann als Ableitung der Feldenergie nach dx	ist so orientiert, daß sie versucht,		
		die Energie des magnetischen Feldes bei der virtuellen Verschiebung	die Grenzfläche im magnetischen Feld	die Grenzfläche oder den stromdurchflossenen Leiter
bleibt der mit den Strömen i_j verkettete *magnetische Fluß* Ψ *konstant*.	nach Gl. (5.299) $F_{\mathrm{x}} = -\left(\dfrac{dW_{\mathrm{m}}}{dx}\right)_{\Psi\,=\,\mathrm{const}}$ berechnet werden.	zu verkleinern.	in den Raum mit der kleineren Permeabilität zu verschieben.	so zu verschieben, daß sich die Induktivität vergrößert [s. Gl. (5.305)]
bleiben die den magnetischen Fluß Ψ erregenden *Ströme* i_j *konstant*.	nach Gl. (5.304) $F_{\mathrm{x}} = \left(\dfrac{dW_{\mathrm{m}}}{dx}\right)_{i_j\,=\,\mathrm{const}}$ berechnet werden.	zu vergrößern.		$F_{\mathrm{g}} = \dfrac{I^2}{2}\left(\dfrac{dL}{dx}\right)$
sind die *Ströme* i_j und der mit diesen verkettete *magnetische Fluß* Ψ *veränderlich*.	nicht berechnet werden. $F_{\mathrm{x}} \neq \left(\dfrac{dW_{\mathrm{m}}}{dx}\right)_{\Psi\,\mathrm{und}\,i_j,\ \mathrm{abh.\,von}\,x}$	abhängig von der Änderung von Ψ und i_j zu vergrößern oder zu verkleinern oder konstant zu halten.		(gilt für Magnetfeld, das nur von einem einzigen Stromkreis der Induktivität L erregt wird)

Für viele praktische Aufgabenstellungen gilt zumindest näherungweise, daß die Ströme i_j oder der Fluß Ψ konstant sind. Wenn dies nicht zutrifft, kann die Kraft nicht mehr nach Gl.(5.299)o.(5.304) berechnet werden, beispielsweise könnte bei bestimmten Konstellationen die Energieänderung dW/dx auch gerade Null sein. Ohne Herleitung wird hier lediglich für das von einem einzigen Stromkreis erregte Magnetfeld angegeben, daß unabhängig davon, ob und wie sich der Fluß

$\Psi(i)$ oder der diesen erregende Strom i in dem Kreis ändert, sich die auf Leiter oder Grenzflächen wirkende K r a f t k o m p o n e n t e

$$\vec{F}_{\mathrm{x}} = \frac{I^2}{2}\left(\frac{\mathrm{d}L}{\mathrm{d}x}\right)\vec{e}_{\mathrm{x}} \tag{5.305}$$

aus der Ableitung $\mathrm{d}L/\mathrm{d}x$ der Selbstinduktivität L dieses Kreises nach der Länge $\mathrm{d}x$ der virtuellen Verschiebung berechnen läßt (s. Tafel 5.117).

– Im magnetischen Feld, das von einem oder mehreren Stromkreisen errregt wird, wirken auf Grenzflächen A_{g} zwischen Bereichen unterschiedlicher Permeabilität μ bzw. auf stromdurchflossene Leiter Kräfte. Eine solche resultierende Kraft kann berechnet werden

   a. als Flächenintegral der mechanischen Grenzflächenspannung nach Gln.(5.289)u.(5.290) bzw. als Längen- oder Volumenintegral der Kraftdichte $(\vec{S}\times\vec{B})$ im stromdurchflossenen Leiter nach Gl.(5.265)o.(5.270),

   b. für den Sonderfall, daß der Fluß Ψ oder die den Fluß erregenden Ströme i_{j} konstant sind, als Ableitung der Feldenergie nach der in Richtung der Kraftwirkung zu wählenden Längenkoordinate entsprechend Gl.(5.299)o.(5.304) oder

   c. für den einfachen Fall des von einem einzigen Stromkreis erregten Feldes als Ableitung der Selbstinduktivität dieses Kreises nach der in Richtung der Kraft gewählten Längenkoordinate entsprechend Gl.(5.305).

   Lösungen nach **b.** und **c.** sind nur bei einfacher Geometrie der Anordnung möglich, bei der die Richtung der Kraft aus der Anschauung bestimmt werden kann.

Zusammenfassend lassen sich folgende allgemeingültigen Regeln aufstellen.

– Eine in einer beliebigen Richtung $\mathrm{d}\vec{x} = \mathrm{d}x\,\vec{e}_{\mathrm{x}}$ wirkende Komponente $\vec{F}_{\mathrm{x}}$ der resultierenden Kraft $\vec{F}$ auf eine Grenzfläche oder einen stromdurchflossenen Leiter kann berechnet werden als Ableitung der Feldenergie bzw. der Selbstinduktivität nach der in der gewählten Richtung $\mathrm{d}\vec{x}$ festgelegten Längenkoordinate x mit $\vec{e}_{\mathrm{x}}$ in positiver Zählrichtung der x-Koordinate orientiert.

Die hier auf der Basis des Energieerhaltungssatzes über translatorische, virtuelle Verschiebungen $\mathrm{d}\vec{x}$ hergeleiteten allgemeinen Kraftgleichungen (5.299)u.(5.304) gelten naturgemäß für alle Größenpaare, deren Skalarprodukt ähnlich wie $\vec{F}\cdot\mathrm{d}\vec{x}$ eine mechanische Energie ergibt. Der letzte Absatz vor Beispiel 3.52 gilt auch hier sinngemäß.

Beispiel 5.63. In Beispiel 5.56 ist die magnetisch verursachte Kraft auf die Leiter einer vom Strom I durchflossenen Doppelleitung nach Bild **5.2** bzw. **5.105** berechnet.

In diesem Beispiel soll diese Kraft aus der Energieänderung des Magnetfeldes bestimmt werden.

Die aus Hin- und Rückleitung bestehende Doppelleitung liegt im Zuge eines geschlossenen Stromkreises, in dem der Strom I durch die Spannungsquelle und den Lastwiderstand bestimmt ist (s. Bild **5.2**); ein geänderter Abstand der Doppelleitung hat somit keinen Einfluß auf den Strom. Eine Änderung des Magnetfeldes ist also unter der Bedingung eines konstanten Stromes zu betrachten, so daß die allgemeine Kraftgleichung (5.304) gilt.

5.118
Kräfte zwischen
Leitern einer
Doppelleitung
a) Geometrie,
b) Induktivität L
und Kraft F_a abhängig vom Leiterabstand a,
c) virtuelle Verschiebung $\mathrm{d}\vec{a}_\beta$ eines Leiters in beliebiger Richtung

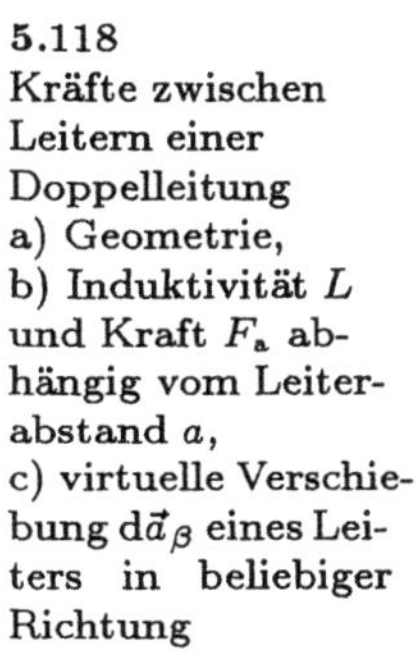
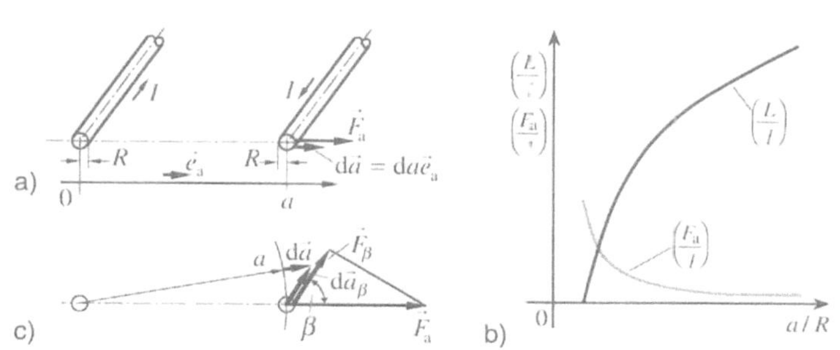

Die Energie des mit der Doppelleitung verknüpften, also von I erregten Feldes wird zweckmäßigerweise nach Gl.(5.239) mit der in Beispiel 5.24, Gl.(5.98) für die Doppelleitung bestimmten Induktivität L berechnet. Wie üblich, wird die Kraft auf die Leitungslänge l bezogen, so daß auch mit der längenbezogenen Induktivität $(L/l) = (\mu_0/\pi)\ln(a/R - 1)$ die längenbezogene Energie

$$\frac{W_\mathrm{m}}{l} = \frac{I^2 L}{2l} = I^2 \frac{\mu_0}{2\pi} \ln\left(\frac{a}{R} - 1\right) \tag{5.306a}$$

berechnet wird. Wählt man für einen Leiter – wilkürlich –, wie in Bild **5.**118a skizziert, die virtuelle Verschiebung $\mathrm{d}\vec{a} = \mathrm{d}a\,\vec{e}_\mathrm{a}$ in der Orientierung der Koordinate a (in der L/l größer wird, s. Bild **5.**118b), so ergibt sich die Ableitung der Energie

$$\frac{\mathrm{d}}{\mathrm{d}a}\left(\frac{W_\mathrm{m}}{l}\right) = I^2 \frac{\mu_0}{2\pi} \frac{1}{R} \cdot \frac{1}{a/R - 1} \tag{5.306b}$$

positiv und damit nach Gl.(5.305) die längenbezogene Kraftkomponente

$$\frac{\vec{F}_\mathrm{a}}{l} = \frac{\mathrm{d}}{\mathrm{d}a}\left(\frac{W_\mathrm{m}}{l}\right) \vec{e}_\mathrm{a} = I^2 \frac{\mu_0}{2\pi a} \cdot \frac{a/R}{a/R - 1} \vec{e}_\mathrm{a}, \tag{5.307}$$

die wie $\mathrm{d}\vec{a} = \mathrm{d}a\,\vec{e}_\mathrm{a}$ orientiert ist, also in Richtung der Vergrößerung des Leiterabstandes wirkt. Der Unterschied zwischen den Kraftgleichungen (5.307)u.(5.267b) erklärt sich dadurch, daß Gl.(5.307) über die Induktivität hergeleitet ist, die nur den magnetischen Fluß zwischen den Leiteraußenkonturen $(a - R)$ enthält (s. Beispiel 5.24), die Gl.(5.267b) aber unter der Voraussetzung des Linienleiters (s. Beispiel 5.56), damit also auch Feldkomponenten im Leiterquerschnitt indirekt berücksichtigt (s. letzter Absatz dieses Beispiels).

Nimmt man die virtuelle Verschiebung $\mathrm{d}\vec{a}_\beta$ als um den Winkel β gegenüber der Verbindungsebene beider Leiter geneigt an (s. Bild **5.115**c), so beträgt die Abstandsänderung der Leiter nur $\mathrm{d}a = \mathrm{d}a_\beta \cos\beta$. Damit wird auch die Energieänderung und damit die Kraft $\mathrm{d}\vec{F}_\beta$ in Richtung $\mathrm{d}\vec{a}_\beta$ entsprechend kleiner berechnet. Mit einer virtuellen Verschiebung $\mathrm{d}\vec{a}_\beta$ ergibt sich also nach Gl.(5.307) eine Kraft

$$\vec{F}_\beta = \frac{\mathrm{d}W_\mathrm{m}}{\mathrm{d}a_\beta} = \frac{\mathrm{d}W_\mathrm{m}}{\mathrm{d}a/\cos\beta} = F_\mathrm{a}\cos\beta\,, \tag{5.308}$$

die als die in $\mathrm{d}\vec{a}_\beta$ wirkende Komponente $F\cos\beta$ der tatsächlich in der Ebene der Leiter wirkenden Kraft F_a anzusehen ist.

Stellt man nun obige Betrachtungen für den zweiten Leiter an, so bekommt man das sinngemäß gleiche Ergebnis. Auf die Leiter einer Doppelleitung wirkt also pro Länge die Kraft mit dem Betrag

$$\frac{F}{l} = I^2\,\frac{\mu_0}{2\pi a}\cdot\frac{a/R}{a/R - 1}\,, \tag{5.309}$$

die so orientiert ist, daß sie die Leiter in ihrer Verbindungsebene auseinander drücken will.

Formal einfacher läßt sich die Orientierung der Kraft nach den in Tafel **5.117** angeführten Regeln bestimmen. Danach ist die Orientierung der Kraft allgemein so, daß sie die Induktivität L des Stromkreises bzw. bei konstantem Strom I den Energieinhalt des mit I verknüpften Feldes vergrößern will. In beiden Fällen wirkt die Kraft bei der Doppelleitung also abstandsvergrößernd.

Die Richtung der Kraft liegt also in der Verschiebungsrichtung des Leiters, die die maximale Änderung der Induktivität oder der Feldenergie zur Folge hat, bei der Doppelleitung somit in der Verbindungsebene.

Nachdem so aus der Anschauung Richtung und Orientierung der Kraft bestimmt sind, muß mit den Gln.(5.304)bzw.(5.299) nur noch ihr Betrag $|\vec{F}| = \mathrm{d}W_\mathrm{m}/\mathrm{d}a$ berechnet werden.

Abschließend sei darauf hingewiesen, daß die in Gl.(5.307) eingesetzte Energie $[W_\mathrm{m}/l = I^2(L/l)/2]$ mit der Induktivität L bestimmt ist, die in Beispiel 5.24 nur für den Feldanteil zwischen den Leiteraußenkonturen $(a - 2R)$ berechnet ist. Die damit berechnete Kraft stellt also einen Näherungswert dar, dessen Fehler aber mit zunehmendem Abstand kleiner und damit vernachlässigbar wird.

Anhang

1 Literaturangabe

[1] Alonso, M.; Finn, E. J.: Physik, Addison-Wesley Verlag (Deutschland) 1988

[2] Becker, R.; Sauter, F.: Theorie der Elektrizität. Bd. 1, 21. Aufl. Stuttgart 1973

[3] Brauch, W.; Dreyer, H.-J.; Haacke, W.: Mathematik für Ingenieure des Maschinenbaus und der Elektrotechnik. 8. Aufl. Stuttgart 1990

[4] Bronstein, I. N.; Semendjajew, K.-A.: Taschenbuch der Mathematik. 25. Aufl. Stuttgart - Leipzig 1991

[5] Dobrinski, P.; Krakau, G.; Vogel, A.: Physik für Ingenieure. 8. Aufl. Stuttgart 1993

[6] Feynman, R. P., Leighton, R. B.; Sands, M.: Vorlesungen über Physik, Bd. II, Teil 1. München - Wien 1991

[7] Frohne, H.: Einführung in die Elektrotechnik, Bd. I. 5. Aufl. Stuttgart 1987

[8] –: Einführung in die Elektrotechnik, Bd. II. 5. Aufl. Stuttgart 1989

[9] Heck, C.: Magnetische Werkstoffe und ihre technische Anwendung. Heidelberg 1975

[10] Holzmann, G.; Meyer, H.; Schumpich, G.: Technische Mechanik, Teil 1: Statik. 8. Aufl. Stuttgart 1990

[11] –: Technische Mechanik, Teil 3: Festigkeitslehre. 7. Aufl. Stuttgart 1990

[12] Jackson, J. D.: Klassische Elektrodynamik. 2. Aufl Berlin - New York 1985

[13] Kröger, R.; Unbehauen, R.: Elektrodynamik. 3. Aufl. Stuttgart 1993

[14] Küpfmüller, K.: Einführung in die theoretische Elektrotechnik. 14. Aufl. Berlin 1993

[15] Lautz, G.: Elektromagnetische Felder. 3. Aufl. Stuttgart 1993

[16] Lehner, G.: Elektromagnetische Feldtheorie. Berlin - Heidelberg - New York - London - Paris - Tokio - Hong Kong 1993

[17] Moeller, F.; Fricke, H.; Frohne, H.; Vaske, P.: Grundlagen der Elektro-
      technik. 17. Aufl. Stuttgart 1986
[18] v. Münch, W.: Elektrische und magnetische Eigenschaften der Materie.
      Stuttgart 1987
[19] Oberdorfer, G.: Lehrbuch der Elektrotechnik, Bd. I. München 1961
[20] Philippow, E.: Grundlagen der Elektrotechnik. 8. Aufl. Heidelberg
      1988
[21] –: Taschenbuch der Elektrotechnik, Bd. 1, Berlin 1976
[22] Pregla, R.: Grundlagen der Elektrotechnik, Teil 1. Heidelberg 1990
[23] Purcell, E. M.: Elektrizität und Magnetismus. Braunschweig 1976
[24] Schaumburg, H.: Werkstoffe. Stuttgart 1990
[25] Simonyi, K.: Grundgesetze des elektromagnetischen Feldes. Berlin 1963
[26] –: Physikalische Elektronik. Stuttgart 1972
[27] –: Theoretische Elektrotechnik. 10. Aufl. Berlin1993

2 Physikalische Konstanten

Elektronenruhemasse	$m_\mathrm{e} = 9,110 \cdot 10^{-31}\,\mathrm{kg}$
Protonenruhemasse	$m_\mathrm{p} = 1,673 \cdot 10^{-27}\,\mathrm{kg}$
Lichtgeschwindigkeit im leeren Raum	$c = 2,998 \cdot 10^{8}\,\mathrm{m/s}$
Feldkonstante des elektrischen Feldes	$\varepsilon_0 = 8,854 \cdot 10^{-12}\,\mathrm{As/(Vm)}$
Feldkonstante des magnetischen Feldes	$\mu_0 = 4\pi \cdot 10^{-7}\,\mathrm{Vs/(Am)}$
Feldkonstante des Gravitationsfeldes	$k_0 = 8,386 \cdot 10^{-10}\,\mathrm{Nm^2/kg^2}$
Elementarladung	$e = 1,602 \cdot 10^{-19}\,\mathrm{As}$

3 Einheiten

SI-Einheiten mit besonderen Namen; die Basiseinheiten sind gesperrt.

Größe	Formel-zeichen	SI-Einheit	Zeichen	Definitionsgleichung
Energie, Arbeit	W	Joule	J	$1\,\mathrm{J} = 1\,\mathrm{Nm} = 1\,\mathrm{Ws}$
el. Ladung	Q	Coulomb	C	$1\,\mathrm{C} = 1\,\mathrm{As}$
el. Leitwert	G	Siemens	S	$1\,\mathrm{S} = 1\,\mathrm{A/V}$
el. Spannung	U	Volt	V	$1\,\mathrm{V} = 1\,\mathrm{W/A}$
el. Strom	I	A m p e r e	A	
el. Widerstand	R	Ohm	Ω	$1\,\Omega = 1\,\mathrm{V/A}$
Frequenz	f	Hertz	Hz	$1\,\mathrm{Hz} = 1/\mathrm{s}$
Induktivität	L	Henry	H	$1\,\mathrm{H} = 1\,\mathrm{Vs/A} = 1\,\Omega\mathrm{s}$
Kapazität	C	Farad	F	$1\,\mathrm{F} = 1\,\mathrm{As/V} = 1\,\mathrm{s}/\Omega$
Kraft	F	Newton	N	$1\,\mathrm{N} = 1\,\mathrm{kgm/s^2}$
Länge	L	M e t e r	m	
Leistung	P	Watt	W	$1\,\mathrm{W} = 1\,\mathrm{J/s} = 1\,\mathrm{VA}$
magn. Fluß	Φ	Weber	Wb	$1\,\mathrm{Wb} = 1\,\mathrm{Vs}$
magn. Flußdichte	B	Tesla	T	$1\,\mathrm{T} = 1\,\mathrm{Vs/m^2}$
magn. Leitwert	Λ	Henry	H	$1\,\mathrm{H} = 1\,\mathrm{Vs/A} = 1\,\Omega\mathrm{s}$
Masse	m	K i l o g r a m m	kg	
Temperatur	ϑ	K e l v i n	K	
Zeit	t	S e k u n d e	s	

Vorsätze zur Bezeichnung von dezimalen Vielfachen und Teilen von Einheiten (DIN 1301)

Exa- (E) f.d. 10^{18}-fache	Hekto-(h) f.d. 10^{2}-fache	Nano- (n) f.d. 10^{-9}-fache
Peta- (P) f.d. 10^{15}-fache	Deka- (da) f.d. 10-fache	Pico- (p) f.d. 10^{-12}-fache
Tera- (T) f.d. 10^{12}-fache	Dezi- (d) f.d. 10^{-1}-fache	Femto-(f) f.d. 10^{-15}-fache
Giga- (G) f.d. 10^{9}-fache	Zenti- (c) f.d. 10^{-2}-fache	Atto- (a) f.d. 10^{-18}-fache
Mega-(M) f.d. 10^{6}-fache	Milli- (m) f.d. 10^{-3}-fache	
Kilo- (k) f.d. 10^{3}-fache	Mikro-(μ) f.d. 10^{-6}-fache	

4 Symbole und Schreibweisen

Mathematische Zeichen

$\int_a^b f(x)\,\mathrm{d}x$	bestimmtes Integral zwischen den Grenzen a und b
$\mathrm{F}(x)\big|_a^b$	Differenz der Werte der Funktion $\mathrm{F}(x)$ an den Grenzen a und b $\mathrm{F}(x)\big|_a^b = \mathrm{F}(b) - \mathrm{F}(a)$
$\oint$	Ring- oder Umlaufintegral über einen geschlossenen Weg oder Hüllenintegral über eine geschlossene Fläche
$\overset{\circ}{\sum}$	Summe über einen geschlossenen Umlauf
$\vec{x} \perp \vec{y}$	$\vec{x}$ liegt orthogonal zu $\vec{y}$
$\vec{x} \| \vec{y}$	$\vec{x}$ und $\vec{y}$ liegen in gleicher Richtung mit beliebigen Orientierungen
$\vec{x} \upuparrows \vec{y}$	$\vec{x}$ und $\vec{y}$ liegen in gleicher Richtung mit gleichen Orientierungen
$\vec{x} \updownarrows \vec{y}$	$\vec{x}$ und $\vec{y}$ liegen in gleicher Richtung mit entgegengesetzten Orientierungen
$\sphericalangle(\vec{x}, \vec{y})$	Winkel zwischen $\vec{x}$ und $\vec{y}$ nicht orientiert
$\dot{x}$	zeitliche Ableitung ($\dot{x} = \mathrm{d}x/\mathrm{d}t$)

Zusätzliche Auszeichnung eines Größensymbols

$\{x\}$	Zahlenwert einer Größe $x = \{x\}[x]$
$[x]$	Einheit einer Größe $x = \{x\}[x]$
$\overline{x}$	linearer Mittelwert
$\overline{|x|}$	linearer Mittelwert der Absolutwerte (Gleichrichtwert)
X	Effektivwert, wenn für die Größe der Groß- (X) und der Kleinbuchstabe (x) als Formelzeichen festgelegt sind (s. Formelzeichenliste)
$\tilde{X}, \tilde{x}$	Effektivwert, wenn nur der Klein- (x) oder nur der Großbuchstabe (X) als Formelzeichen festgelegt ist (s. Formelzeichenliste)
$x_{\max}$	Maximalwerte allgemein
$\hat{x}$	Maximalwerte bei Wechselgrößen
x_{12}	Zählpfeilgrößen, d. h. skalare Größen, die eine vom ersten zum zweiten Index orientierte Wirkung beschreiben (z. B. bei der von φ_1 nach φ_2 orientierten Spannung $u_{12} = \varphi_1 - \varphi_2$) oder die aus der Orientierung eines Integrals folgen (z. B. Spannung $u_{12} = \int_{p_1}^{p_2} \vec{E}\cdot\mathrm{d}\vec{l}$)
$\underline{X}$	komplexe Größe, d. h. in der komplexen Ebene mit Real- (Re $\underline{X}$) und Imaginärteil (Im $\underline{X}$) oder Betrag $|\underline{X}|$ und Winkel α dargestellte Größe $\underline{X} = \mathrm{Re}\,\underline{X} + \mathrm{j}\,\mathrm{Im}\,\underline{X} = |\underline{X}|e^{\mathrm{j}\alpha}$

$\vec{x}$	Vektor
$|\vec{x}|$	Betrag eines Vektors
x	positiver oder negativer Wert eines Vektors
$\vec{x}_\alpha$	Komponente eines Vektors $\vec{x}$ in der Richtung, die um α zu der von $\vec{x}$ gedreht ist
$\vec{e}$	Einsvektor ($\vec{e} = \vec{x}/x$) mit dem Betrag $|\vec{e}| = 1$, der die Richtung und Orientierung eines Vektors $\vec{x} = x\vec{e}$ angibt
$\vec{e}_\mathrm{n}$	Einsvektor normal (rechtwinklig) zu einer Fläche (Linie) gerichtet
$\vec{e}_\mathrm{t}$	Einsvektor tangential zu einer Fläche (Linie) gerichtet
$\vec{e}_\mathrm{x},\vec{e}_\mathrm{y},\vec{e}_\mathrm{z}$	Einsvektoren in kartesischen Koordinaten, in die positive Zählrichtung der x-, y-, z-Koordinaten orientiert. Zugehöriger Raumvektor $\vec{e} = \vec{e}_\mathrm{x} + \vec{e}_\mathrm{y} + \vec{e}_\mathrm{z}$ mit $|\vec{e}| = \sqrt[3]{3}$
$\vec{e}_\mathrm{r}$	Einsvektor $\vec{e}_\mathrm{r} = \vec{r}/r$ in Polar-, Kugel- oder Zylinderkoordinaten, in die positive Zählrichtung der Radiuskoordinate r orientiert
$\vec{e}_\alpha, \vec{e}_\vartheta$	Tangenteneinsvektoren tangential zum Kreisbogen mit r (Radiuskoordinate) gerichtet und in positver Zählrichtung des Winkels α oder ϑ orientiert
$y(x)$	Abhängigkeit der Größe y von der Größe x, wenn diese eine Abhängigkeit offensichtlich betont werden soll

Die Zeitabhängigkeit einer Größe wird speziell herausgestellt durch:

x	Kleinbuchstaben, wenn für die Größe der Klein- (x) und der Großbuchstabe (X) festgelegt sind (s. Formelzeichenliste)
$x(t)$	t in Klammern, wenn für die Größe nur der Groß- (X) oder nur der Kleinbuchstabe (x) als Formelzeichen festgelegt ist
x_t	den Index t, wenn die an die Größe angefügte Klammer (t) zu unübersichtlichen Ausdrücken führt

Indizes

Nur die häufig und über mehrere Abschnitte verwendeten Indizes sind hier angeführt.

Cu	Kupfer		i	innere Werte
c	Coulomb-		l	Lorentz-
d	Driftladungsgrößen		max	Maximalwerte
e	elektrisch		mech	mechanisch
Fe	Ferromagnetika (Eisen)		n	Normalkomponenten
g	Grenzfläche		t	Tangentialkomponenten
h	Hysterese		t	zeitabhängig
m	magnetisch		v	Verluste

Formelzeichen

A	Fläche	$\vec{L}$	Längenvektor einer geraden Strecke
A	Massenzahl eines Atoms	l	Länge, allgemein
A_q	Querschnittsfläche (rechtwinklig zur Längsachse)	$\vec{l}$	Längenvektor einer Geraden
$\overset{\circ}{A}$	Hüllfläche	M	Gegeninduktivität
$\vec{A}$	Flächenvektor, ebene Fläche	$\vec{M}$	Magnetisierung
a	Längenabmessung	$\vec{M}$	Drehmoment, ggf. $\vec{M}_\mathrm{d}$
$\vec{a}$	Beschleunigung	m	Masse
$\vec{a}_\mathrm{d}$	Driftbeschleunigung	m_e	Masse des Elektrons
B_r	magnetische Remanenzflußdichte	m_e	Masse eines Elementarladungsträgers, allgemein
$\vec{B}$	magnetische Flußdichte	m_p	Masse des Protons
b	Beweglichkeit	$\vec{m}_\mathrm{B}$	elektromagnetisches Moment
$\vec{E}$	elektrische Feldstärke	$\vec{m}_\mathrm{H}$	magnetisches Dipolmoment
$\vec{E}^\mathrm{e}$	eingeprägte Feldstärke	N	Neutronenzahl
e	Elementarladung, Betrag	N	Windungszahl
e_e	Elementarladung, Elektron	n	Anzahl
e_p	Elementarladung, Proton	n	Drehzahl pro Zeit
e_+	positive Elementarladung, allg.	n_d	Konzentration der Driftladungsträger
e_-	negative Elementarladung, allg.	n_e	Anzahl Elektronen
$\vec{F}$	Kraft, allgemein	n_p	Anzahl Protonen
$\vec{F}_\mathrm{c}$	Coulombkraft	n_+	Anzahl positiver Elementarteilchen
$\vec{F}_\mathrm{g}$	Grenzflächenkraft	n_-	Anzahl negativer Elementarteilchen
$\vec{F}_\mathrm{l}$	Lorentzkraft	n'	Teilchendichte (Konzentration)
f	Frequenz	P	Leistung
$\vec{f}$	Kraftdichte	$\vec{P}$	elektrische Polarisation
G	elektrischer Leitwert	P'	spezifische Verlustleistung (Wirkleistungsdichte)
g	Erdbeschleunigung	p	Leistungsdichte (Zeitfunktion)
H_c	Koerzitiv|feldstärke (-erregung)	$\vec{p}_\mathrm{e}$	elektrisches Dipolmoment
$\vec{H}$	magnetische Erregung	Q	elektrische Ladung
I, i	elektrischer Strom	Q_p	Probeladung
$\vec{J}$	magnetische Polarisation	Q_p	Punktladung
L	Induktivität allgemein, (Selbstinduktivität)	R	elektrischer Widerstand
L	Länge, konstant	R	Radius, konstant

R_m	magnetischer Widerstand
$\overset{\circ}{R}$	Widerstand eines geschlossenen Kreises (Masche)
$\vec{R}$	Ortsvektor, konstant
r	Radius, variabel
$\vec{r}$	Ortsvektor, variabal
$\vec{S}$	Stromdichte
$\vec{s}_\mathrm{g}$	mechanische Grenzflächenspannung
T	Zeitkonstante, allgemein
t	Zeit, allgemein
U, u	elektrische Spannung
$U_\mathrm{q}, u_\mathrm{q}$	Quellenspannung
$U^\mathrm{e}, u^\mathrm{e}$	eingeprägte Spannung (elektromotorische Kraft, EMK)
$\overset{\circ}{U}, \overset{\circ}{u}$	elektrische Umlaufspannung
V	Volumen
V	magnetische Spannung
$\overset{\circ}{V}$	magnetische Umlaufspannung
$\vec{v}$	Geschwindigkeit
$\vec{v}_\mathrm{abs}$	mittlere absolute Teilchengeschwindigkeit
$\vec{v}_\mathrm{d}$	mittlere Driftgeschwindigkeit
$\vec{v}_{\mathrm{d}\nu}$	Driftgeschwindigkeit eines individuellen Teilchens
W	Energie, allgemein
W_c	Energie des elektrischen Feldes
W_m	Energie des magnetischen Feldes
w	Energiedichte
w_c	Energiedichte des elektrischen Feldes
w_m	Energiedichte des magnetischen Feldes
x	Längenkoordinate
y	Längenkoordinate
Z	Protonenzahl
z	Längenkoordinate
α	Winkel
β	Winkel
γ	Winkel
ε	Permittivität (in linearen Räumen auch Dielektrizitätskonstante)
ε_0	elektrische Feldkonstante
ε_r	Permittivitätszahl (in linearen Räumen auch Dielektrizitätszahl)
$\vec{\zeta}$	Ortsvektor
η	Driftladungsdichte
Θ	Durchflutung
κ	elektrische Leitfähigkeit
κ	Suszeptibilität
Λ	magnetischer Leitwert
$\overset{\circ}{\Lambda}$	Leitwert eines geschlossenen magnetischen Kreises
λ	Linienladungsdichte
λ_abs	mittlere freie Weglänge
λ_d	mittlere Driftstrecke
$\lambda_{\mathrm{d}\nu}$	Driftstrecke eines individuellen Teilchens
μ	Permeabilität
μ_0	magnetische Feldkonstante
μ_d	differentielle Permeabilität
μ_r	Permeabilitätszahl (relative Permeabilität)
μ_rev	reversible Permeabilität
ν	Anzahl
ν	laufende Zählung
ϱ	Radius
ϱ	spezifischer elektrischer Widerstand
ϱ	Raumladungsdichte
$\vec{\varrho}$	Ortsvektor
σ	Flächenladungsdichte
$\tau_{\mathrm{d}\nu}$	Beschleunigungszeit eines individuellen Teilchens
τ_mit	mittlere Stoßzeit
τ_qmit	Mittelwert der Stoßzeitquadrate

Φ	magnetischer Fluß		Ψ	magnetischer Spulenfluß
$\overset{\circ}{\Phi}$	magnetischer Hüllenfluß		$\overset{\circ}{\Psi}$	elektrischer Hüllenfluß
φ	elektrisches Potential		ψ	skalares magnetisches Potential
φ	Winkel			
χ	Suszeptibilität		Ω	Raumwinkel
Ψ	elektrischer Fluß		ω	Kreisfrequenz

Sachverzeichnis

Moeller, Leitfaden der Elektrotechnik

Herausgegeben von Prof. Dr.-Ing. **H. Fricke,** Braunschweig, Prof. Dr.-Ing. **H. Frohne,** Hannover, Prof. Dr.-Ing. **N. Höptner,** Pforzheim, Prof. Dr.-Ing. **K.-H. Löcherer,** Hannover, und Prof. Dr.-Ing. **P. Vaske** †

Grundlagen der Elektrotechnik
Bearbeitet von Prof. Dr.-Ing. **H. Fricke,** Braunschweig, Prof. Dr.-Ing. **H. Frohne,** Hannover, und Prof. Dr.-Ing. **P. Vaske**
17., neubearbeitete Auflage. XII, 516 Seiten mit 417 teils mehrfarbigen Bildern, 27 Tafeln und 251 Beispielen. Geb. DM 64,– / ÖS 442,– / SFr 64,–   ISBN 3-519-36400-X

Elektrische Netzwerke
Von Prof. Dr.-Ing. **H. Fricke,** Braunschweig, und Prof. Dr.-Ing. **P. Vaske**
17., neubearbeitete und erweiterte Auflage. XVIII, 733 Seiten mit 567 teils mehrfarbgen Bildern, 34 Tafeln und 553 Beispielen. Geb. DM 72,– / ÖS 562,– / SFr 72,–   ISBN 3-519-06403-0

Elektrische und magnetische Felder
Von Prof. Dr.-Ing. **H. Frohne,** Hannover
XII, 482 Seiten mit 247 Bildern, 5 Tafeln und 140 Beispielen.
Geb. DM 64,– / ÖS 499,– / SFr 64,–   ISBN 3-519-06404-9

Elektrische und magnetische Eigenschaften der Materie
Von Prof. Dr. phil. nat. **W. von Münch,** Stuttgart
X, 276 Seiten mit 210 Bildern, 44 Tafeln und 40 Beispielen.
Geb. DM 56,– / ÖS 437,– / SFr 56,–   ISBN 3-519-06409-X

Elektrische Maschinen und Umformer
Teil 1: Aufbau, Wirkungsweise und Betriebsverhalten
Von Prof. Dr.-Ing. **P. Vaske**
12., neubearbeitete und erweiterte Auflage. XII, 289 Seiten mit 248 teils zweifarbigen Bildern, 12 Tafeln und 61 Beispielen. Kart. DM 54,– / ÖS 421,– / SFr 54,–   ISBN 3-519-16401-9

Halbleiterbauelemente
Von Prof. Dr.-Ing. **K.-H. Löcherer,** Hannover
X, 426 Seiten mit 330 Bildern, 11 Tafeln und 36 Beispielen.
Geb. DM 68,– / ÖS 531,– / SFr 68,–   ISBN 3-519-06423-5

Grundlagen der elektrischen Meßtechnik
Von Prof. Dr.-Ing. **H. Frohne,** Hannover, und Prof. Dr.-Ing. **E. Ueckert,** Hannover
XII, 548 Seiten mit 271 Bildern, 48 Tafeln und 111 Beispielen.
Geb. DM 78,– / ÖS 609,– / SFr 78,–   ISBN 3-519-06406-5

B. G. Teubner Stuttgart

Moeller, Leitfaden der Elektrotechnik

Grundlagen der Regelungstechnik
Von Prof. Dr.-Ing. **F. Dörrscheidt,** Paderborn, und Prof. Dr.-Ing. **W. Latzel,** Paderborn
2., durchgesehene Auflage. XII, 466 Seiten mit 401 Bildern, 30 Tafeln und 134 Beispielen.
Geb. DM 64,– / ÖS 499,– / SFr 64,–   ISBN 3-519-16421-3

Hochspannungstechnik
Von Prof. Dr.-Ing. **G. Hilgarth,** Braunschweig/Wolfenbüttel
2., überarbeitete und erweiterte Auflage. XII, 230 Seiten mit 172 Bildern, 16 Tafeln und 46 Beispielen.
Kart. DM 48,– / ÖS 375,– / SFr 48,–   ISBN 3-519-16422-1

Elektrische Energieverteilung
Von Prof. Dipl.-Ing. **R. Flosdorff,** Aachen, und Prof. Dr.-Ing. **G. Hilgarth,** Braunschweig/Wolfenbüttel
6., überarbeitete Auflage. XIII, 352 Seiten mit 274 Bildern, 47 Tafeln und 71 Beispielen.
Kart. DM 58,– / ÖS 453,– / SFr 58,–   ISBN 3-519-06424-3

Digitaltechnik
Von Prof. Dipl.-Ing. **L. Borucki,** Moers
unter Mitwirkung von Prof. Dipl.-Ing. **G. Stockfisch,** Krefeld
3., überarbeitete und erweiterte Auflage. XIV, 334 Seiten mit 318 Bildern, 82 Tafeln und 55 Beispielen.
Kart. DM 52,– / ÖS 369,– / SFr 52,–   ISBN 3-519-26415-3

Grundlagen der elektrischen Nachrichtenübertragung
Von Prof. Dr.-Ing. **H. Fricke,** Braunschweig, Prof. Dr.-Ing. habil. **K. Lamberts,** Clausthal,
und Prof. Dipl.-Ing. **E. Patzelt,** Braunschweig/Wolfenbüttel
XV, 375 Seiten mit 302 Bildern, 15 Tafeln und 39 Beispielen.
Geb. DM 58,– / ÖS 453,– / SFr 58,–   ISBN 3-519-06416-2

Grundlagen der Verstärker
Von Prof. Dr.-Ing. **H. Gad,** Lemgo, und Prof. Dr.-Ing. **H. Fricke,** Braunschweig
XII, 305 Seiten mit 202 Bildern, 1 Tafel und 90 Beispielen.
Kart. DM 54,– / ÖS 421,– / SFr 54,–   ISBN 3-519-06417-0

Grundlagen der Impulstechnik
Von Prof. Dr.-Ing. **G.-H. Schildt,** Wien
XII, 439 Seiten mit 364 Bildern, 9 Tafeln und 34 Beispielen.
Kart. DM 68,– / ÖS 531,– / SFr 68,–   ISBN 3-519-06412-X

Preisänderungen vorbehalten.

B. G. Teubner Stuttgart

MIX
Papier aus verantwortungsvollen Quellen
Paper from responsible sources
FSC® C105338

If you have any concerns about our products,
you can contact us on
ProductSafety@springernature.com

In case Publisher is established outside the EU,
the EU authorized representative is:
Springer Nature Customer Service Center GmbH
Europaplatz 3, 69115 Heidelberg, Germany

Printed by Libri Plureos GmbH
in Hamburg, Germany